国家自然科学基金委员会
建 设 部 科 学 技 术 司　联合资助

中国古代建筑史

第三卷

宋、辽、金、西夏建筑

（第二版）

郭黛姮　主编

中国建筑工业出版社

图书在版编目（CIP）数据

中国古代建筑史．第3卷，宋、辽、金、西夏建筑/郭黛姮编著．—2版．—北京：中国建筑工业出版社，2009.10（2024.1重印）

ISBN 978-7-112-09072-3

Ⅰ.①中… Ⅱ.①郭… Ⅲ.①建筑史-中国-辽宋金西夏时代 Ⅳ.①TU-092.2

中国版本图书馆CIP数据核字（2009）第198165号

责任编辑：乔　匀　王莉慧
整体设计：冯彝诤
版式设计：王莉慧
责任校对：赵　颖

国家自然科学基金委员会
建设部科学技术司　联合资助

中国古代建筑史

第三卷

宋、辽、金、西夏建筑

（第二版）

郭黛姮　主编

*

中国建筑工业出版社出版、发行（北京西郊百万庄）

各地新华书店、建筑书店经销

北京红光制版公司制版

天津翔远印刷有限公司印刷

*

开本：880×1230毫米　1/16　印张：55　字数：1672千字

2009年12月第二版　2024年1月第四次印刷

定价：**175.00**元

ISBN 978-7-112-09072-3

（14481）

《中国古代建筑史》（五卷集）

第二版出版说明

用现代科学方法进行我国传统建筑的研究，肇自梁思成、刘敦桢两位先生。在其引领下，一代学人对我国建筑古代建筑遗存进行了实地测绘和调研，写出了大量的调查研究报告，为中国古代建筑史研究奠定了重要的基础。在两位开拓者的引领和影响下，近百年来我国建筑史领域的几代学人在中国建筑史研究这一项浩大的学术工程中，不畏艰辛，辛勤耕耘，取得了丰硕的研究成果。20世纪60年代由梁思成与刘敦桢两位先生亲自负责，并由刘敦桢先生担任主编的《中国古代建筑史》就是一个重要的研究成果。这部系统而全面的中国古代建筑史学术著作，曾八易其稿，久经磨难，直到“文革”结束的1980年代，才得以出版。

本套《中国古代建筑史》（五卷）正是在继承前人研究基础上，按中国古代建筑发展过程而编写的全面、系统描述中国古代建筑历史的巨著，按照历史年代顺序编写，分为五卷。各卷作者或在梁思成先生或在刘敦桢先生麾下工作和学习过，且均为当今我国建筑史界有所建树的著名学者。从强大的编写阵容，即可窥见本套书的学术地位。而这套书又系各位学者多年潜心研究的成果，是一套全面、系统研究中国古代建筑史的资料性书籍，为建筑史研究人员、建筑学专业师生和相关专业人士学习、研究中国古代建筑史提供了详尽、重要的参考资料。

本套书具有如下特点：

（1）书中大量体现了最新的建筑考古研究成果。搜集了丰富的建筑考古资料，并对这些遗迹进行了细致的描述与分析，体现了深厚的学术见解。

（2）广泛深入地发掘了古代文献，为读者提供了具有深厚学术价值的史料。

（3）丛书探索了建筑的内在规律，体现了深湛的建筑史学观点，并增加了以往研究所不太注意的建筑类型，深入描述了建筑技术的发展。

（4）对建筑复原进行了深入探索，使一些重要的古代建筑物跃然纸上，让读者对古代建筑有了更为直观的了解，丰富了读者对古代建筑的认知。

（5）图片丰富，全套书近5000幅的图片使原本枯燥的建筑史学论述变得生动，大大地拓宽了读者对中国古代建筑的认识视野。

本套书初版于2001～2003年间，这套字数达560余万字的宏篇大著面世后即博得专业读者的好评，并传播到我国的台湾、香港地区以及韩国、日本、美国等国家，受到海内外学者的关注，成为海内外学者研究中国古代建筑的重要资料。之后，我社组织有关专家对本套图书又进行了认真审读，更正了书中不妥之处，替换了一些插图，并对全套书重新排版，在装祯和版面设计上更具美感，力求为读者提供一套内容与形式同样优秀的精品图书。

中国建筑工业出版社
2009年10月

《中国古代建筑史》（五卷集）

第一版出版说明

中国古代建筑历史的研究，肇自梁思成、刘敦桢两位先生。从20世纪30年代初开始，他们对散布于中国大地上的许多建筑遗迹、遗物进行了测量绘图，调查研究，发表了不少著作与论文；又于60年代前期，编著成《中国古代建筑史》书稿（刘敦桢主编），后因故搁置，至1980年才由中国建筑工业出版社出版。本次编著出版的五卷集《中国古代建筑史》，系继承前述而作。全书按照中国古代建筑发展过程分为五卷。

第一卷，中国古代建筑的初创、形成与第一次发展高潮，包括原始社会、夏、商、周、秦、汉建筑，东南大学刘叙杰主编。

第二卷，传统建筑继续发展，佛教建筑传入，以及中国古建筑历史第二次发展高潮，包括三国、两晋、南北朝、隋唐、五代建筑，中国建筑技术研究院建筑历史研究所傅熹年主编。

第三卷，中国古代建筑进一步规范化、模数化与成熟时期，包括宋、辽、金、西夏建筑，清华大学郭黛姮主编。

第四卷，中国古代建筑历史第三次发展高潮，元、明时期建筑，东南大学潘谷西主编。

第五卷，中国古代建筑历史第三次发展高潮之持续与向近代建筑过渡，清代建筑，中国建筑技术研究院建筑历史研究所孙大章主编。

晚清，是中国古代建筑历史发展的终结时期，接下来的就是近、现代建筑发展的历史了。但古代建筑历史的终结，并不是古典建筑的终结，在广阔的中华大地上，遗存有众多的古代建筑实物与古代建筑遗迹。在它们身上凝聚着古代人们的创造与智慧，是我们取之不尽的宝藏。对此，研究与继承都仍很不足。对古代建筑的研究，对中国古建筑历史的研究，是当今我们面临的一项重大课题。

本书的编著，曾得到国家自然科学基金委员会与建设部科技司的资助。

中国建筑工业出版社
二〇〇三年六月

前　　言

《中国古代建筑史》（五卷本）是以编年史体例编写的一部建筑史，本书作为这套五卷本的第三卷——宋、辽、金时期的建筑发展史，而独立成册。涉及的时间自公元10世纪末至13世纪末。即从960年北宋开国至公元1279年南宋灭亡，时间跨度前后共有319年。这个历史时期一大特点是在中国的大地上出现多民族政权并列的局面，本书所涉及的地域范围包括宋、辽、金、西夏几个统治政权所辖区的城市与建筑。

建筑的发展与朝代的更替并不一定是同步的，建筑与经济基础的关系远比与上层建筑的关系更为密切，这个时期尽管处在战乱频繁的年代，对于建筑的发展是不利的，但在宋朝统治区内由于统治者实行了一些开明的政策，便出现了前所未有的经济繁荣时期，同时也成为中国历史上文化空前发达的时期，历史学家陈寅恪称之为"中国文化之演进，造极于赵宋之世。"世界著名学者，美国的费正清教授在他的《中国新史》一书中称"伟大创造的时代：北宋和南宋"。这些著名学者的评价使人们重新思考、重新认识宋代这个王朝的特点。在过去一般的史书当中，宋代总是被形容为是一个屈辱、退让的朝代，然而宋代统治者不愿打仗，却成就了其经济的发展，推动了历史的前进，产生了远比历史上其他朝代更为先进的文化，同时也更领先于周围的辽、金、西夏统治区，成为他们学习的楷模。辽、金、西夏统治者尽管长于骑射，在冷兵器时代他们在军事上一度占了上风，但他们在文化上仍然不得不折服于宋王朝，无论是在他们原有的辖区还是入主中原之后，均主动接受当地以汉民族为主的先进文化。对此，辽、金、西夏的建筑可为佐证。在如此特殊的历史背景下，建筑的发展具有鲜明的特点，一些远离中原的、地处偏远的地区，却仍可看到中原强势建筑文化的若干特征。

这个历史时期在城市、建筑、工程技术等方面都取得了长足的进步，形成了中国封建社会中建筑发展的第三次高峰。和它以前的朝代相比，在城市中，冲破了里坊制的束缚，出现了商业繁华的街巷，市井建筑空前增多。从全国来看，商业以空前的规模占据了所有的城市市场，冲击着原有的政治型城市的构成模式。同时由于拓展了对外贸易，出现了以海外贸易为主的港口城市。本书对于这些城市的研究，不但利用文献资料进行分析，而且利用了近年的考古发掘资料，它提供了文献难以满足的真实状况，成为揭示城市原真性的重要依据。例如北宋东京便是依据考古资料得知了这座城市的轮廓，依此重新复原了这座城市的平面，从而纠正了过去仅仅依据文献所作的复原想象图的错误。

由于建筑技术的改进，个体建筑遗存的数量大大超过唐代，为我们留下了若干当时的人们所创造的、中国建筑发展过程中最光辉的业绩。至今成为"中国之最"的建筑；如中国最古老的木楼阁建筑，中国乃至世界最高的木塔，中国最早最大的木构殿宇。这个时期的木构建筑遗物多达几十座，不仅在干燥的北方，而且在潮湿的南方，都有遗物留存。它们比起唐代的木构建筑遗物仅仅晚了百余年，但却能大量保存，不能不归结为技术的进步。更令人惊叹的是中国木构在结构体系方面，探索出具有极好抗震性能的"高层筒体结构"的雏形。同时在砖石建筑中，也广泛地应用着多种"筒体结构"，建造出现存最高的砖塔。本书对于这时期的城市和建筑发展的成就作了翔实的记载和评价。

这个时期的建筑风格朝着柔和、绚丽的方向发展，装饰、装修、色彩的运用较前代更加娴熟。

在本书中力求通过大量的史料揭示出在这个历史时期建筑风格的变化。

这个时期建筑发展的另一项重大成就，就是产生了中国古代建筑发展史上最重要的一部建筑典籍《营造法式》，它是由朝廷主管建筑的机构“将作监”的最高官员李诫，通过“考究经史群书”并“勒人匠逐一讲说”集全国匠师的智慧编写而成的，总结了中国建筑在南、北方不同地区匠师们所采用的“经久可以行用之法”。在本书中对《营造法式》的价值作了全面评价，并依据实物对原书中若干不详之处进行了考证、分析。

为了如实记录这个时期的建筑成就，本书在编写过程中本着“重证据、重调查研究、兼顾文献”的原则，将可以找到的优秀建筑遗存或考古发掘材料尽量编入各章。

测绘图纸是忠实地记录古代建筑的重要手段，也是提供人们进行深入研究的重要基础资料，本书在编写过程中，尽量将已有的测绘图搜集利用，绘出每个重要建筑的平、立、剖面图，并选取最新的测绘图纸，例如山西大同善化寺大雄宝殿，在近年修缮过程中发现山面屋顶有一夹层，这是过去图纸中所没有的重要发现，也是对于这座建筑做法的重要补充，本书便选用了这张新图。

对于有些在这个时期具有一定代表性的建筑，但是已经毁掉，为了说明那些建筑的成就，依据文献记载或个别的建筑遗迹进行了复原研究，如正定隆兴寺大悲阁、南宋五山十刹中的建筑，均绘制了复原想像图。

本书在编写过程中得到关心此书的专家、学者的帮助。特在此致以衷心的感谢。

郭黛姮

目　录

第一章 绪 论

公元10世纪末至13世纪末的三百年间，中国正处于一个多民族政权对峙的历史时期。当时，代表汉族政权的宋，契丹族政权的辽，女真族政权的金，党项族政权的西夏，曾先后互相并存，直到13世纪末。在这个历史时期中，宋代无论在经济、还是文化、科技，都达到了中国封建社会发展的最高阶段，曾被历史学家陈寅恪称之为："华夏文化，历数千载之演进，造极于赵宋之世"。美国费正清博士也称："宋代是伟大创造的时代"，这里中外史学家所讲的"造极"和"伟大创造"的评价，对于建筑的发展来说也是当之无愧的，由于宋代处在多民族政权对峙的地理环境之下，过去的史书中以宋王朝政治上比不上唐王朝繁荣昌盛，被认为是委曲求全，屈辱投降的一代，因之对建筑的成就也就往往估计不足，甚至想当然地以为宋不如唐，尽管历史无言，但本书所载宋代建筑发展的事实，足以使人们可以正确认识宋代建筑的成就。同时，其他民族统治的地域在向宋学习、交流的基础上，也有很大发展。

一、多民族政权对峙的地理环境

1. 北宋

公元960年，在中原地区建立起北宋政权。北宋的版图北至丰州（今山西河曲）、代州（今山西代县）、坝州（今河北坝县），即今河北、山西中部一线；西至西宁州，即今青海西宁；西南至矩州（今贵阳）、邕州（今南宁），相当于今贵州、广西及云南北部；南至琼州，相当于今海南岛；东至东海。宋境内分若干路，各路又分成若干府、州、军、监为其行政区划，北宋崇宁年间为"路"划分最多的时期，全境共有24路（图1-1）。

2. 辽

辽于10世纪20年代兴起，至10世纪末与北宋对峙时期，已具有相当大的版图，其东北部已达外兴安岭，鄂霍次克海；北部接近贝加尔湖；西部到达阿尔泰山以西；东南部在朔州（今朔州）、应州（今应县）、易州（今易县）、永清（今永清）一带；东至渤海湾（图1-2）。

3. 西夏

占据今内蒙、甘肃、宁夏大部及青海北部、陕西北部。其东部重镇在今陕西榆林附近，西部重镇沙州即今敦煌。都城兴庆府即今银川。

4. 南宋

由于宋代统治集团在政治上采取守内虚外的方针，对内严加防范，对外退让妥协，致使丢掉了半壁江山，宋室南迁，史称南宋。宋室南迁后北部以淮水为界，边境重镇有楚州（今清江）、濠州（今安徽奉阳以东）、信阳（今河南信阳）、均州（今湖北均县以西），再向西经陕西至今甘肃岷县。嘉定元年（1208年）全境共分17路。

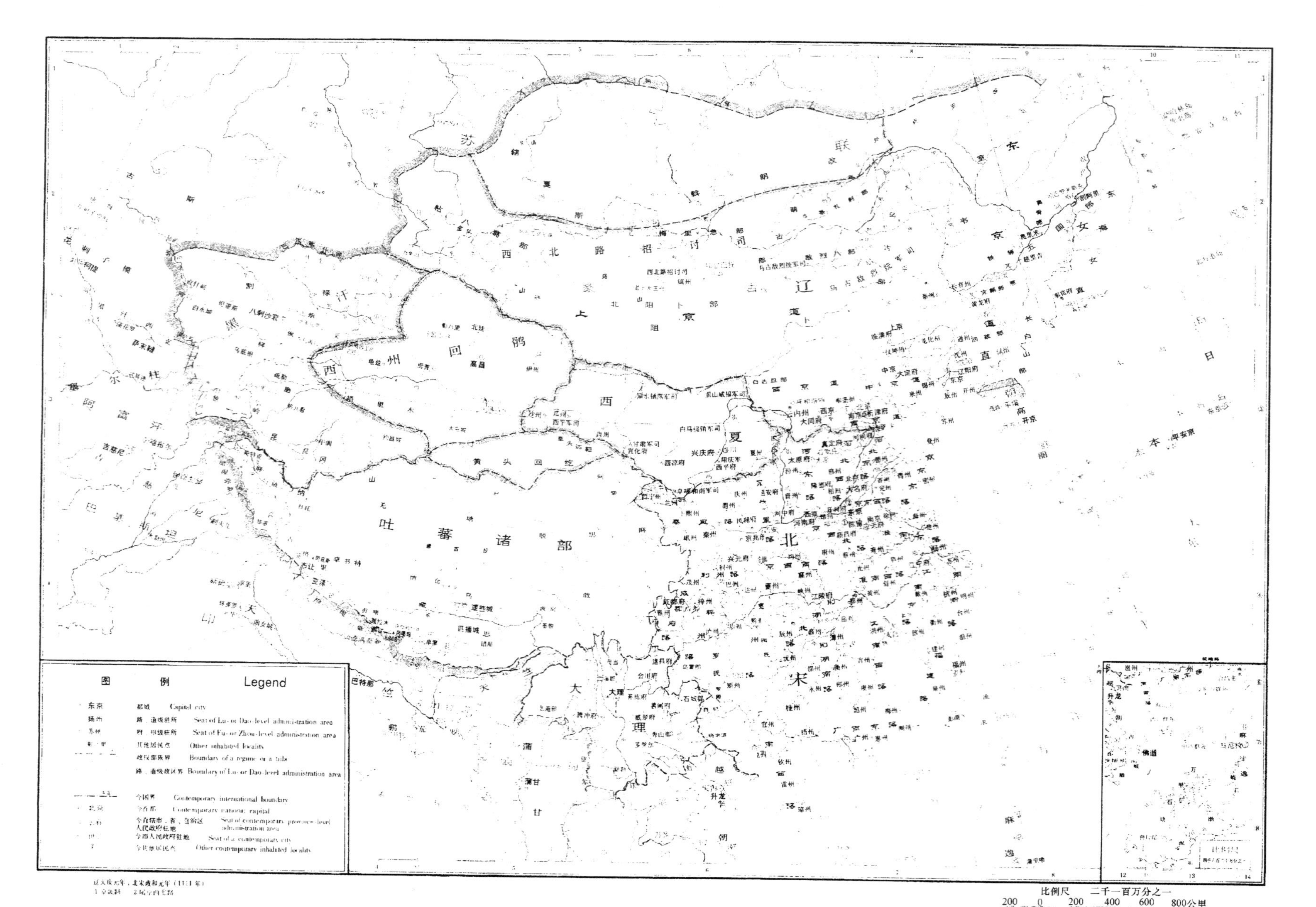

图 例 Legend
东京 都城 Capital city
路、道级驻所 Seat of Lu- or Dao-level administration area
府、州级驻所 Seat of Fu- or Zhou-level administration area
其他居民点 Other inhabited localit
政区部族界 Boundary of a regime or a tribe
路、道级政区界 Boundary of Lu- or Dao-level administration area
今国界 Contemporary international boundary
今首都 Contemporary national capital
今省级市、省、自治区人民政府驻地 Seat of contemporary province-level administration area
今市人民政府驻地 Seat of a contemporary city
今其他居民点 Other contemporary inhabited localit
比例尺 二千一百万分之一
200 0 200 400 600 800公里
辽
北
宋
西
夏
吐
蕃
诸
部
大
理
回
鹘
日
本

图 1-1　北宋·辽时期全图

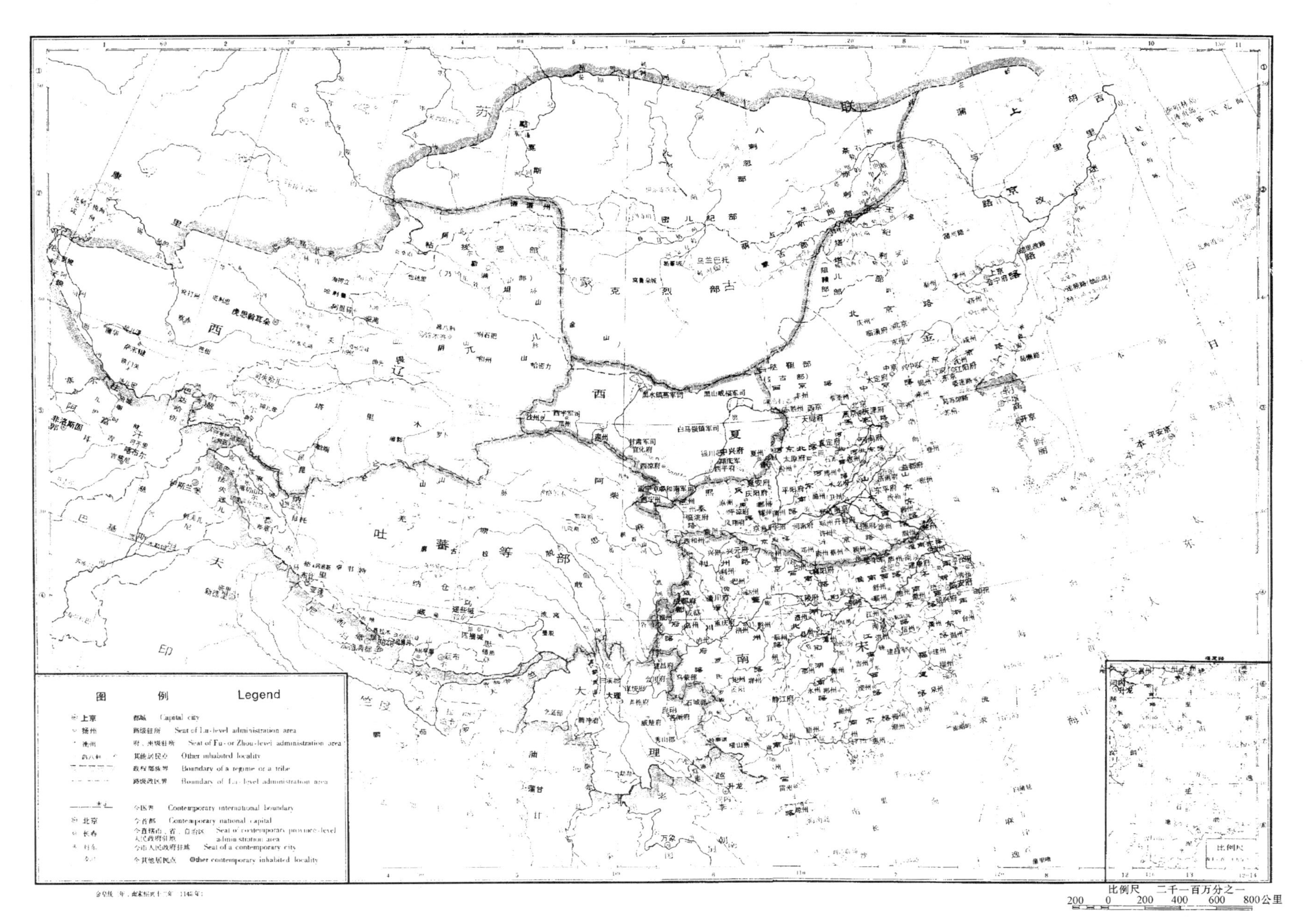
图 例
Legend
上京
都城 Capital city
路级驻所 Seat of Lu-level administration area
府、州级驻所 Seat of Fu- or Zhou-level administration area
其他居民点 Other inhabited locality
政权部族界 Boundary of a regime or a tribe
路级政区界 Boundary of Lu-level administration area
今国界 Contemporary international boundary
北京
今首都 Contemporary national capital
长春
今省级市、省、自治区人民政府驻地 Seat of contemporary province-level administration area
今市人民政府驻地 Seat of a contemporary city
今其他居民点 Other contemporary inhabited locality
比例尺 二千一百万分之一
200 0 200 400 600 800公里

图 1-2 南宋·金时期全图

5. 金

灭辽及北宋后建立政权，其所割区域为辽东部及宋北部，金承宋制，将统治区划分成若干路，如皇统二年（1142年）时为17路，大定二十九年（1189年）时为20路，泰和八年（1028年）时为19路。

金灭辽的同时，原居于辽北部的蒙古族向南扩展，占领辽的中部，直抵西夏北部边境。辽残部西撤，将西州回鹘及黑汗等政权统一成西辽。

二、宋、辽、金、西夏各朝统治区域的政治、经济、文化概况

1. 宋代

公元960年，原后周的官员——殿前都点检赵匡胤，发动陈桥兵变，被拥立为皇帝，改国号为宋，史称北宋。继而合并荆湘，讨伐后蜀、南汉、南唐，随之吴越归地，又灭北汉，在长江、黄河流域的范围实现了统一。

宋太祖建国以后便实行中央集权制，解除武将兵权，任用文官，将精锐部队编为禁军，驻守京城。并重视立法，提出“法制立，然后万事有经，而治道可必”[1]，“立法不贵太重，而贵力行”[2]。这成为赵宋政权巩固统治、保持社会稳定的重要措施，对于革除五代积弊，促进国家统一起了积极作用。为社会的经济、文化发展，提供了有利的条件。

宋代正值中国封建社会发展的成熟时期，它在人口、农业生产、工技、商贸、文化、都市化水平等方面都有着巨大的发展。宋代前期人口估计约一亿，到宋末约有一亿两千万，而汉唐盛世只不过五六千万。[3]这在历史上是空前的，它影响到国家发展的各个方面。

宋代的农业生产关系发生了巨大的变化，“封建租佃制在广大地区已占主导地位，生产者有了更多的自主权去经营各项生产，产品地租代替了劳役地租而居于支配地位”。[4]这样便提高了农民的生产积极性，当时垦田数量扩大，已达700万顷至750万顷，为唐代的两倍，且亩产量高达600至700斤，也为唐代的两倍。[5]随之官营及私营工业及手工业也得到了发展，如冶炼，以煤为鼓风炉燃料生产铸铁，并发展成可炼钢的脱碳法。到公元1078年间华北生铁产量有7.5至15万吨，为七百年后（1640年）的英国工业革命时期产量的2.5至5.0倍[6]。又如造船业，已能制造可容600～700人或可装载千吨货物的海船，当时在世界上是独一无二的[7]，中国造的有分舱区的大船——包含有四层甲板、四或六桅、……航海图用罗盘导向，这种科技远远超过西亚与欧洲[8]。手工业的发展可举纺织为例，宋代的纺织品已从唐代的粗厚型向细密轻薄方向发展了。

随之商业得以迅速发展，特别是北宋中期以后，开始出现“工商亦为本业”的思潮，出现弃农从商，官商融合的潮流，社会上层人士追求物质享乐，好新慕异成风，这更刺激了商贸活动的发展。不仅国内商业以空前规模占据了所有城市的市场、街巷，而且拓展对外贸易。由于通往西域的丝绸之路被战争阻隔，于是改行海路，出现了多处海外贸易港口。当时的明州、泉州、广州皆为重要的外贸口岸，中国货船从这些城市出海，可抵达东印度群岛、印度甚至东非。南宋时政府的岁入中外贸居于大宗，这在历史上几乎是19世纪以前仅有的孤例。

不仅经济方面高度发展，科学技术和文化也有了巨大的发展，享誉世界的中国四大发明中指南针、火药、印刷术皆产生在宋代，造纸技术虽创始于汉，但在此时也有较大提高。

文化方面在哲学、史学、文学、艺术等学科，均比前代有了较大的发展，在哲学思想领域宋初表现为儒学复兴、佛学衰退、易学盛行，至北宋中期儒、佛、道互相融合，产生了以程、朱理学为代表的新儒学，程颐、程颢开创了一套以唯心主义宇宙观来阐释和论证人事的思想体系。朱

熹集前代之大成，对儒家继承，吸收佛、道，发展为完善的唯心主义哲学理论体系。将自然观、认识论、人性论、道德修养，以“天理”、人欲”来概括，提出“人之一心，天理存则人欲亡，人欲胜则天理灭”；主张“革人欲”，“复天礼”[9]。佛学积极向儒学靠拢，揉佛入儒，著名高僧契嵩所著《镡津集》提出佛儒“心同迹异”。并将佛家的“五戒”、“十善”与儒家的“五常”等同起来。道家的老庄之学虽比不上佛家在哲学上的精致，但也被儒者进行儒学化的解释，理学家周敦颐、邵雍就是依道家陈抟的《无极图》绘出了“太极图”和“先天图”。道家代表人物张伯端直截了当地称“教虽分三，道乃归一”[10]。儒、佛、道三学合流成为北宋中期以后的哲学思想的主流。另外，对于佛、道二教从宗教本身来看，随着不同帝王的态度，各有兴盛起伏。佛教中以禅、净两宗最为流行[11]。随着佛学的儒学化，佛教的汉化更为彻底，同时也更加世俗化。史学领域以司马光的《资治通鉴》为代表，达到了封建时代史学发展的高峰。在文学领域，宋词以其柔美、婉约与豪迈奔放的不同风格先后行于词坛，在中国文学史上占有独特地位。宋诗以意象创新，含有深刻寓意而更胜一筹。宋代话本的出现，开辟了文学史上的新纪元，并成为明清白话小说的先导。

在文化方面另一重要发展是教育，不仅设中央官学，而且在北宋天圣、景祐年间地方州县大量兴办学校，并诏天下州县皆立学。随后书院兴起，宋儒入院讲学之风大盛，不同学派互相争辩，迎来了学术发展的辉煌时期。

总之，宋代无论在经济还是文化、科技，都达到了中国封建社会发展的最高阶段，因之历史学家陈寅恪指出：“华夏文化，历数千载之演进，造极于赵宋之世”[12]。美国费正清博士称：“宋代是伟大创造的时代，使中国人在工技发明、物质生产、政治哲学、政府、士人文化等方面领先全世界。”[13]

2. 辽代

辽是契丹族建立的政权，契丹源于鲜卑，至北齐《魏书》始见契丹民族名称。其先人“居于松漠之间。今永州木叶山有契丹始祖庙”[14]。契丹为游牧民族，8世纪中叶以后，才从氏族部落向地域部落转化。到9世纪末有了较大发展，耶律阿保机建立政权，并向外扩张。公元907年阿保机称帝，国号契丹，公元916年建元“神册”。当时中原正值后梁统治时期，阿保机于神册元年便向中原进攻，至公元923年已占领幽州、渔阳、怀柔、密云等地，公元926年征服渤海国，此时辽的版图“东至海，西至流沙，北绝大漠”[15]。同年回师途中阿保机死，太宗继位，又占燕云十六州。在辽的统治范围内，原契丹人聚居区仍然以“畜牧畋渔以食，皮毛以衣，转徙随时，车马为家”[16]，过着游牧生活。而汉人和渤海人则“耕稼以食，桑麻以衣，宫室以居，城郭以治”[17]。因之辽统治者采取了“因俗而治”的政策，即“以国制治契丹，以汉制待汉人”[18]，采取不同的统治方略、对策。

辽代社会在停止了对宋战争以后有120年的和平时期，生产得到发展，自景宗始到圣宗朝（969～1012年）完成了封建化的改革。在11世纪中叶，农业生产达到其历史的顶峰，随之手工业也得到发展。作为政治中心的辽代五京，也成为商业、贸易的重要城市。

辽代统治者认识到儒学对巩固其统治的作用，自太祖阿保机始，便兴儒学，并于上京建孔子庙，于南京立太学，至道宗朝儒学大盛，诏建孔庙多所[19]。与此同时，辽帝佞佛、崇佛，举世闻名，兴宗朝“朝政不纲，溺志浮屠”[20]，道宗“好佛法，能自讲其书”[21]。同时对道教也颇重视。辽帝以宗教为武器，麻醉百姓，或可算是一种落后民族统治先进民族习用的手段。

公元1125年金灭辽，在辽亡前夕，公元1124年阿保机八世孙耶律大石率部西迁，至今新疆一带，重建辽朝，史称西辽，历90余年，公元1218年为蒙元所灭。

3. 西夏

西夏是由党项族建立的政权，属版图规模最小者，但仍然达到“夏之境土，方二万余里”，“河之内外，州郡凡二十有二”[22]。在都城兴庆府周围，经济较发达，“畜牧甲天下”，此处蕃汉杂居，如其中的灵州（今灵武县西南）“其人习华风，尚礼好学”[23]，这种蕃汉杂居区向东至宋、夏边界，皆为农牧混合的经济较发达地区。西部仍为游牧区，经济落后，东西发展不平衡。

西夏与北宋的经济、文化交流促进了西夏经济发展和文化繁荣。如农业的发展，使其从逐水草而居、“不知稼穑”[24]，逐步实现农耕化，从而带动了手工业、商业的发展。在文化方面自宋输入了《周易》、孔孟的经典及佛经、历法，并学习宋代创建学校，培养了一批具有一定文化素养的统治人才。西夏在对外关系中利用宋、辽、金之间的矛盾，发展了自己，并根据自己的实力和宋、辽、金的强弱形势，变幻联合与抗争对策，使其能在西北地区维持了近200年的统治政权[25]，最后于公元1127年被元所灭。

4. 金代

金代是由女真族建立的政权，在辽统治时期，女真人尚处在从原始社会向阶级社会过渡的历史阶段，到12世纪初期，推行奴隶制，12世纪末期，迅速向封建制转化。公元1114年，处于辽统治下的女真族，联合东北地区各族掀起反辽战争，这场战争开始本为反对契丹贵族实行民族压迫的战争，随着对辽抗争的胜利，女真贵族逐步转向征服契丹以及其他各族的战争。金天会三年（1125年）金灭辽，继而把矛头转向北宋，天会四年（1126年）十二月攻陷汴京，宋室被迫南迁，形成宋金南北对峙局面。

这时女真占据了北中国的大部分土地，为了巩固其统治，于熙宗朝即天会十四年（1136年）开始推行政治改革，在思想上转为崇儒，在宗教信仰上从原信奉的具有原始“万物有灵”思想的珊蛮（萨满）教[26]转向信仰佛教，“举国上下，奉佛尤谨”[27]。当时金代对道教也有信奉，“全国崇重道教与释教同……”[28]。

北方逐渐强大起来的蒙古族，于公元1211年发动对金的战争，女真贵族统治政权最后于1234年被蒙古所灭。

三、建筑发展的特点

由于本时期处于多民族政权并存的背景之下，建筑发展是不平衡的，其中代表先进生产力与生产关系的宋代，其统治区内建筑发展较快，取得了极高的成就，在中国建筑发展史上占有重要地位。而其他各民族政权统治区的建筑发展受到落后生产关系的束缚，进展逊于宋代。但由于辽、金、西夏或采用“因俗而治”，或承宋制，或用汉匠，建筑技艺突飞猛进，在有些建筑类型中成绩斐然。

（一）宋代经济的发展所引出的城市与建筑的巨大变革

城市的发展在这一时期也是不平衡的，宋代统治区内城市发展最为迅猛，随着工农业生产的发展，商业贸易活动频繁，城市成为经济发展的重要据点。历史上中国的城市可明显分成政治性城市、军事性城堡、综合性城市。而在这一时期，宋代的政治性城市，普遍发展成为经济中心，且在大城市周围出现了专门的经济性城市——镇市。北宋东京、南宋临安皆如此，连一些地方性的府、州，也发展成当地的经济中心。这样便引起了城市建置结构的变化，完全冲破了里坊制的束缚，城市建设不再以方便统治者的统治为中心，而是沿着城市自身发展需要的轨道前进，坊巷制代替了里坊制，坊墙被推倒，城市空间发生了巨大变化，街巷中充满了商业店铺，驿站、客馆以及商业服务的各种建筑，如堆房、仓库占据着城市的水陆交通要道周围的地段，在繁华的市井之中出现了市民游艺场所——瓦市。统治者在城市规划中所追求的“惟我独尊”的城市模式一天天被削弱，都城之中再也看不到那“宫松叶叶墙头出，垂柳低低水面齐”的肃穆景象，宫殿屈尊于繁华的商业街巷之间。地方州、府衙署本来处于城市中心显要地位，但却被新发展的商业贸易区甩在一旁，失去了昔日的威严。一种新的、按照经济规律而发展的城市在这一历史时期如雨后春笋般地出现了，从此使中国古代城市发展迈上了新的阶梯。

（二）具有世界领先水平的建筑控制系统

作为官手工业的建筑业，官方为了工程管理的需要，将建筑的标准化提上日程，于是产生了中国历史上第一套建筑技术标准和建筑工料定额标准，于宋元符三年（1100年）编定了《营造法式》。这是对中国长期流行于建筑行业的经久行用之法的一次总结，同时也是对当时高标准、高质量的建筑技术的展示。在其中最关键的是制订出了一套科学而完整的木构建筑的材分°模数制，从这套制度中一方面显示出具有领先世界的力学成就，例如，对于梁、枋等受力构件断面高宽比确定为3∶2，这样的比例之科学性在于出材率高、受力性能好。在17世纪末18世纪初的数学、物理学家帕仑特才提出如何从圆木中截取最大强度的梁，其用作图法作出的结果，梁断面高宽比大体与《法式》相同。18世纪末19世纪初汤姆士·扬进一步证实断面为$\sqrt{3}$∶1的梁刚性最大，断面为$\sqrt{2}$∶1的梁强度最大，这更证明了《法式》所定梁断面的科学价值。然而，与《营造法式》同时代的世界水平又如何呢？比其晚约三百年的达·芬奇所提出的理论是“任何被支承而能自由弯曲的物件，如果截面和材料都均匀，则距支点最远处，其弯曲也最大。”通过实验，认识到“两端支承的梁的强度与其长度成反比，与其宽度成正比。”由此可见，达·芬奇并未认识到梁高比梁宽对于梁的受力更重要。到了17世纪，伽利略在《两种新科学》中提出“任何一条木尺或粗杆，如果它的宽度较厚度为大，则依宽边竖立时，其抵抗断裂的能力要比平放时为大，其比例恰为厚度与宽度之比。”伽利略从感性上认识到梁的高度尺寸影响梁的受力大小，但比《营造法式》所规定的梁断面的确切比例还显不足。由此可以从《营造法式》言之凿凿的梁断面数据中，确认中国在关于木梁的力学成就方面领先于外国科学家的结论五六百年。另一方面材分°模数制不仅可以控制结构的断面，保证结构构件具有良好的受力性能，而且还控制了建筑的尺度，和构造节点的标准化。建筑的尺度是保证建筑艺术效果的重要环节，建筑节点的标准化是提高建筑施工速度的重要措施，这一整套的控制系统保证了建筑设计和施工的质量。同时随着《法式》的海行全国，使各地区发展不平衡的建筑技术得以改善，而且一直影响到后世。明人赵琦美在南京修治公廨，自称取得事半功倍的效果乃是得益于《营造法式》便是重要例证。[29]

（三）宋代文化发展带来建筑文化的繁荣

两宋时期文化的发展是空前的，其中理学的发展占有重要地位，一些理学家所倡导的学风影响着社会思想的主流，如提出“学贵心悟，守旧无功”[30]；“君子之学必日新，日新者日进也，未有不进而不退者”。[31]这种追求日日出新，鄙薄守旧而提倡创新精神的君子们，与处在建筑业中，从徭役制解放出来的劳动者的思想恰好一拍即合。前者在儒学复兴中对先儒重新审视，有所发现、有所创新，后者则在建设活动中展现出他们的创新精神。这便使得宋代建筑在诸多方面均以前所未有的姿态表现出来，它没有拘泥于传统模式，而是结合自己的实际，建造自己这个时代的建筑。

1. 宋代建筑中所表现的创新精神

（1）新建筑类型的崛起

两宋时期的商业、娱乐、教育建筑，以崭新的面貌呈献给世人。例如商业建筑，它的出现可追溯到商周时期的“市”，但直至唐代，店铺只能在“市坊”或“里坊”之内作局部发展，然而到了宋代，才从“市坊”中解放出来占据了城市的大街小巷，迎来了其发展的辉煌时期，随之商业店铺的面貌也更加丰富多彩。从功能安排看，既有仅仅满足单一商业交换职能的，也有与“作坊”结合的。从空间安排上看，既有直接面向街巷的，也有带院落及花园的。从外观形式上看，既有单层的，也有二层、三层的。但无论哪种都要特别装饰一番，或于立面缚彩楼、欢门，或挂招牌、幌子，还有的于门前设红色杈子、绯绿帘子、金红纱梔子灯等。从此形成了中国商业建筑的独特风貌。又如文娱建筑，“戏台”的出现被认为是中国戏曲正式形成的标志。在宋代由于城市中瓦舍勾栏不断涌现，使戏曲演出的舞台从宫中或祠庙中的“露台”发展成木制的舞台，并于台上加盖房屋，形成“舞亭”或“舞楼”，完成了从露天之台向正式舞台的转变。教育建筑中的书院建筑更是新出现的一种建筑类型，是中国古代的“研究生”院，其选址远离闹市，其布局跳出了一般“庙学”模式的框框。

(2) 建筑群与个体建筑的多样化

建筑群组合的变化，既有单一轴线贯穿的建筑群，又有多条轴线并列的建筑群，还有以十字形轴线组成的建筑群。在群组之中建筑高低错落，起伏更迭，层出不穷，仅从此时的宗教建筑遗物中就可看到其变化之丰富，寺院布局既有层层殿宇平面铺展者，又有以高阁穿插于殿宇之间者，于是出现了双阁对峙或三阁鼎立等不同类例。至于个体建筑，其形象变化之多样，远胜前朝。个体建筑造型追求变化，建筑平面既有十字、工字、凸字、凹字、曲尺、圆弧、圆形、一字等多种单体形式，又有在复杂的组合平面之上，以多个高低错落的屋顶互相穿插，覆于其上群体形式，如黄鹤楼、滕王阁，其造型之绚丽多姿更是前朝所无与伦比的。这种创新精神即使在官颁建筑管理的典籍——《营造法式》中，也融于其各作制度之字里行间。这部法式在控制工料定额的同时，给工匠留有创造的余地，凡关系建筑之坚牢、工程质量之高下者，通过用材制度严格控制；而关系到艺术效果者，则可由工匠按照一定的原则结合实际建筑尺寸“随宜加减”。对于色彩“或深或浅，或轻或重，随其所写，任其自然”。因此在《营造法式》中看不到具体的对于建筑开间、进深、柱高等尺寸的规定，正是把建筑艺术看成创造性的劳动成果，这也正是今日所见宋代建筑遗物无一雷同者之原因所在。

(3) 建筑技术的创新

从建筑技术方面再作进一步审视，还可看出这种创新，使建筑技术产生了质的飞跃。诸如木构中对于殿堂、厅堂、余屋等不同结构类型的划分，依据建筑规模产生了合理的结构选型，出现了科学的木构模数和梁方断面形式，促进了建筑施工管理的法制化。另外在砖石建筑方面如砖塔，出现了高层砖砌双套筒或筒中柱的筒体结构，并以砖发券砌筑各层楼面从而代替木楼板，同时还创造出多样塔梯构造形式。这种结构方案竟与现代高层建筑中的筒体结构异曲同工。桥梁建设中的浮堡基础、蛎房固基、开合式桥梁、大跨度拱券式木桥等更属世界领先水平，得到海内外学者的共识。

2. 宋代建筑艺术中追求哲理内涵的新思潮

宋代文化思想的另一特点是以宣扬儒家伦理为基础的意象追求，例如在宋代诗论中就曾有“无〈雅〉岂明王教化，有〈风〉方识国兴衰”[32]的论题，认为不能只是雕章丽句，吟咏花间柳下，歌台舞榭，而要明先王之教化，兴赵氏之国运。于是在诗、词中出现了关心国家命运、述说人生哲理的作品，如李觏的《乡思》诗[33]：“人言落日是天涯，望极天涯不见家，已恨碧山相阻隔，碧山还被暮云遮。”李清照“欲将血泪寄山河，去洒东山一抔土。”[34]都是以诗的形式表现出知识分子的忧患意识。王安石的《元日》诗：“爆竹声中一岁除，春风送暖入屠苏，千门万户曈曈日，总把新桃换旧符。”[35]借用诗的形式寓意以新代旧的改革之必然。这些诗，使人们从美的享受中领悟思想的深邃。

在建筑艺术创作中将哲理内涵寓于环境意境塑造，如在南宋的村落规划中出现了带有“文房四宝”寓意的规划格局，以激励人们奋发有为，引导人们追求“朝为田舍郎、暮登天子堂”的人生理想。其中不仅有大宗祠一类施行伦理、教化的建筑，而且将表现兄弟手足情谊之家庭伦理精神的“望兄亭”、“送弟阁”一类建筑，被组织到村落规划中。在住宅这类大量建造的建筑中能如此这般包含儒家思想的哲理内涵，足以说明宋代建筑艺术之品位。

3. 建筑风格追求细腻柔美

尽管在宋代的理学家眼里，看不起雕章丽句的柳永、晏殊的词，但它毕竟是那一历史时期所创造文化的组成部分。由于社会生产力的提高，物质生活的丰富多彩，社会的文化心理发生了变化，人们不仅需要风格豪迈的艺术品，也需要那种具有宛转柔美艺术风格的诗词。这种社会文化心理的变化，对于造型艺术具有相当的影响。它不仅使北宋画苑中出现了“写实”、“象真”风格的花鸟画派，而且更直接地影响到建筑艺术风格，使之发生了重要的转变，一反唐代单纯追求豪迈气魄但缺少细部的遗憾，而着力于建筑细部的刻画、推敲，使建筑走向工巧、精致。木构建筑从大木作中派生出小木作工种，专事精细木件的加工制作，例如可以2、3厘米为材制作斗栱，充当木装修中的装饰物件，从而使建筑的装修、装饰工艺水平跃上新的高度。与此同时，建筑色彩、彩画品类增多，等第鲜明。五彩遍装，碾玉装等带有多种动植物、几何纹样题材的彩画，施于高等级的建筑中，唐代宫殿中使用的赤白装彩画已渐衰微。在雕刻艺术中娴熟地运用剔地起突、压地隐起、减地平钑等多种手法，雕凿出层次分明，凹凸有致的建筑装饰物。这些彩画与雕饰和具有多样化的平面和屋顶的建筑物组合在一起，便产生了新一代的绚丽、柔美的建筑风格。随之砖石建筑以将木构建筑模仿得惟妙惟肖作为时尚来追求。

（四）多民族政权对峙为佛教建筑发展带来契机

尽管宋与辽、金、西夏的统治者对佛教的发展采取了不同的政策，宋代是“存其教”，稍有推崇而又多加限制。而宋统治下的百姓，则因战争频繁，经济的拮据，走投无路而投入佛门。在11世纪初，全国僧尼曾达46万之多，大、小寺院4万所。辽、金、西夏由于统治者本身笃信佛教，比宋王朝更加支持佛教发展，王室贵族纷纷出资兴建佛教寺院。因之本时期在辽、金统治区佛教建筑取得了很高的成就，综观其特点如下：

1. 平面布局多样化。本期佛教建筑的规模或许比不上《戒坛图经》所绘的佛寺，石窟寺的开凿也远逊于前代，但建筑群体布局之丰富，群组中建筑高低起伏，错落有致，艺术效果之多彩，却令人无可厚非。佛教寺院的布局有以塔为中心、以高阁为主体型，前阁后殿型，前殿后阁型，佛殿与双阁型，七堂伽蓝型等。这些佛寺，不仅保留了前代习用型，而且能推陈出新，结合宗教本身的发展，宗教建筑个性更加鲜明，如以南宋五山为代表的十字轴式七堂伽蓝，是禅宗“心印成佛”思想的建筑表征。

2. 重视环境塑造。通过对前导空间的处理，将寺院建筑群组与周围环境融为一体。

3. 个体建筑追求宏伟、壮观。在寺院中建造“高”、“大”建筑，是信徒们所热衷的，并常以此作为寺院荣誉的标志，所以至今所存古典建筑遗物中，本时期最为高、大者首推宗教建筑，至于一些未能留存至今而保留于史籍之中者更是屡见不鲜。如应县木塔在当时人的心目中可以“高接苍天云在槛”，成为中国现存古典建筑中最高的木构建筑。禅宗五山寺院中有“千僧阁”一类的大型禅堂，能列千僧案位于其中，每当举行法事活动时，场面之壮观是空前的。五山中的径山寺还曾建起九开间的五凤楼式大门，比北宋宫殿大门宣德楼还大。天童寺山门曾为三层高阁，其主旨是要“高出云霄之上，真足以弹压山川”。这时期尽管在宗教传播上向儒家靠拢，但在这些建筑中却反映着一种突破礼制秩序、等级观念约束的倾向。

4. 技术水平高超。在辽代寺院的木构建筑中结构体系的创新难能可贵，出现了类似现代高层筒体结构的木构筒体框架，并于框架中使用斜撑构件，保证了结构整体刚性，改变了中国原有木构柱梁支架的四边形体系。在宋、辽寺院木构建筑中对斗栱的“铺作层”体系进一步改进、完善，以加强建筑整体性表现较为突出。而砖木结构物建造中，宋代砖、石塔虽以木构为蓝本，但对砖石结构体系作了多种的尝试，为了符合砖、石材料特性，而不拘泥于忠实模仿，更重视探索砖石结构本身的特性。而辽、金、西夏之佛塔结构探索不多，更重表面装饰的宗教内涵。

（五）从写实写意并存转向写意的造园艺术

这一时期园林建筑较前代有了长足的进步，在宋代，经济的繁荣成为园林发展的物质基础，苟且偷安、追求享受的社会心态促成造园之风大盛。因此北宋从皇室到官僚、富商大贾乃至文人雅士皆争相造园，以致东京“百里之内并无阒地”，载入文献的园林达150余处。而南宋临安更是“一色楼台三十里，不知何处觅孤山”。两宋时期的园林不仅数量多，而且质量有了很大提高，是继唐代全盛之后又一次新的跨越。无论是皇家园林、私家园林还是寺观园林，都已具备了中国古典园林的主要特点，即源于自然而高于自然，建筑物与自然山水完美地融合，并将诗情画意写入园林，从而使园林能表物外之情，言外之意，蕴含着深邃的意境。园林艺术从北宋初期继承唐代写实与写意并存的创作方法，经过百余年的发展，到南宋已完全写意化，促成了以后写意山水园的大发展。

就各种类型的园林来看，这时期的皇家园林规模较前代缩小，气派有所减弱，但设计更为精细。私家园林中文士园林尤其兴盛，风格简素、优雅。寺观园林也趋于文士化。

宋代园林随着佛教禅宗的流传东瀛，对日本禅僧造园有着相当的影响。当然也影响着中土其他少数民族政权统治区内的园林发展，如金代皇家园林。

（六）启迪后世的御用建筑变革

从政治上看，宋王朝比不上唐王朝繁荣昌盛，被认为是委曲求全，屈辱苟安的一代。但从经济、文化上看，却是开辟了一个了不起的新时代。在这个时代，皇室御用的宫殿、陵墓无论是建筑之宏伟性还是格局的完整性，均逊于汉、唐，但其在某些方面却改变了传统做法，成为新一代之模本。如北宋东京宫殿系沿用后周旧宫，经过迁建、改造完成了外朝、内廷、东宫、后苑等几部分的建置，但毕竟由于周围地段迫隘，不能显现宫殿在城市中的主体地位。同时，为了满足皇室重大礼仪活动的需要，如皇帝赴南郊坛祭天，需有一、两万人的大驾、卤簿、仪仗队伍，从宫殿南去，出南薰门。因此需要广阔的城市空间，安排这类活动。为此，不得不改造宫前道路，经过整饬后，出现了“自宣德门一直南去，宽二百余步”的御街，“两边乃御廊……各安黑漆杈子，路心又安朱漆杈子两行，中心御道不得人马行往”。这条御街环境优美，“杈子里有砖石砌御沟水两道，宣和间尽植莲荷，近岸植桃、李、梨、杏，杂花相间，春夏之间，望之如绣”。这本属权宜之计，但从此却开创了“御街、千步廊”制度，成为后世宫殿效仿的楷模。南宋宫殿利用杭州州治，因地处城南凤凰山，只好以北门与城市主干道相接，但宫殿礼仪活动需以南门为正门。因之临安宫城设有南北宫门，但这又成为元、明、清皇城之设前后两座宫门以便于通往城内各处的先声。

北宋的皇陵出于风水考虑，九帝八陵皆集中于河南巩县，从此开创了集中营陵制度之先河。

不仅如此，在每座陵墓之建置上，北宋虽继承了唐代的上、下宫之制，但将下宫置于上宫西北，这种布局弱化了供奉陵主神灵衣冠的下宫之地位。随之，位于上宫陵台前的献殿在朝陵礼仪中的地位尤显突出。至南宋，献殿成为陵域最主要的殿宇，陵主“梓宫”采用“攒宫”形式藏于殿后龟头屋，这本属权厝之制，但却启发了后世，明、清皇陵均取消了下宫，保留祭殿，宋陵是这种陵墓建置新格局的转折点。从以上诸例可证，宋代或因政治环境，或因风水形势，或因权宜之计，使皇室御用建筑出现种种变革，无论其主观意愿如何，在客观上却产生了建筑发展的积极因素，成为宫殿、陵墓建筑变革的先导。

一些研究文化史的人常常借用建筑的发展状况来说明一个时期的文化状况，但其中有人想当然地把宋代建筑与宋代政治混为一谈，因而任意解释历史。从唐长安的宏伟壮观概括唐代文化，从《东京梦华录》所记内容概括宋代文化，仅仅靠表面现象的观察，便得出结论，把唐代称为“隆胜时代”，而宋代仅仅以“内省、精致趋向、市井文化勃兴”来形容之。其实有的封建统治者以征战、武功为基础所形成的盛世之中，还存在着阴暗面，当时仍然靠着徭役制来进行建设，使生产者的积极性受到束缚，其建筑的发展势必受到影响。在宋代，雇募制的优越性给建筑的发展带来了勃勃生机，这是最根本的。正因为如此，才会出现一系列的伟大创举，建筑当然也不例外。在建筑界也有人模糊唐宋建筑之间的差异，笼统地称之为“唐宋建筑”，这在学术上很不确切。两者各具特点，但在建筑艺术上若论艺术性的哲理内涵之深邃、艺术风格之细腻、工巧方面宋代则远胜前朝。在建筑技术方面也是绝对超过了唐代，并且领先于世界。尽管唐代建筑技术是宋代技术发展的基础，但唐代使劳动者产生创造性劳动的环境不如宋代。这就是为什么“中华文化之演进造极于赵宋之世”的缘故。

宋、辽、金、西夏帝王世系年表 　　表 1-1

	北宋		辽		西夏	
公元	皇帝	年号	皇帝	年号	皇帝	年号
916			辽太祖耶律阿保机	神册元年		
927			辽太宗耶律德光	天显二年		
947			辽太宗耶律德光	大同元年		
947			辽世宗耶律阮	天禄元年		
951			辽穆宗耶律璟	应历元年		
960	宋太祖赵匡胤	建隆元年				
963		乾德元年				
968		开宝元年				
969			辽景宗耶律贤	保宁元年		
976	宋太宗赵光义	太平兴国元年				
979				乾亨元年		
982					西夏太祖继迁	
983			辽圣宗耶律隆绪	统和元年		
984		雍熙元年				
988		端拱元年				
990		淳化元年				
995		至道元年				
998	宋真宗赵恒	咸平元年				
1004		景德元年			西夏太宗德明	

续表

	北宋		辽		西夏	
公元	皇帝	年号	皇帝	年号	皇帝	年号
1008		大中祥符元年				
1012				开泰元年		
1017		天禧元年				
1021				太平元年		
1022		乾兴元年				
1023	宋仁宗赵祯	天圣元年				
1031			辽兴宗耶律宗真	景福元年		
1032		明道元年		重熙元年	西夏景宗元昊	显道元年
1034		景祐元年				开运元年
1036						大庆元年
1038		宝元元年			元昊始称帝	延祚元年
1040		康定元年				
1041		庆历元年				
1048					西夏毅宗谅祚	
1049		皇祐元年				宁国元年
1050						垂圣元年
1053						承道元年
1054		至和元年				
1055			辽道宗耶律洪基	清宁元年		
1056		嘉祐元年				
1057						䄇都元年
1063						拱化元年
1064	宋英宗赵曙	治平元年				
1065				咸雍元年		
1067					西夏惠宗秉常	
1068	宋神宗赵顼	熙宁元年				乾道元年
1069						国庆元年
1074						大安元年
1075				大康元年		
1078		元丰元年				
1085				大安元年		
1086	宋哲宗赵煦	元祐元年			西夏崇宗乾顺	治平元年
1090						民安元年
1094		绍圣元年				
1095				寿昌元年		
1098		元符元年				永安元年
1101	宋徽宗赵佶	建中靖国元年	辽天祚帝耶律延禧	乾统元年		贞观元年
1102		崇宁元年				
1107		大观元年				
1111				天庆元年		

续表

北宋			辽		西夏	
公元	皇帝	年号	皇帝	年号	皇帝	年号
1114						雍宁元年
1115			金太祖完颜旻	收国元年		
1117			金太祖完颜旻	天辅元年		
1118		重和元年				
1119		宣和元年				元德元年
1121			辽天祚帝	保大元年		
1123			金太宗完颜晟	天会元年		
1126	宋钦宗赵桓	靖康元年	辽亡	保大三年		

南宋			金		西夏	
公元	皇帝	年号	皇帝	年号	皇帝	年号
1127	宋高宗赵构	建炎元年	金太宗完颜晟	天会五年		正德元年
1131		绍兴元年				
1135						大德元年
1136			金熙宗完颜亶	天会十四年		
1138				天眷元年		
1139					西夏仁宗仁孝	
1140						大庆元年
1141				皇统元年		
1144						人庆元年
1149			金海陵王完颜亮	天德元年		天盛元年
1153				贞元元年		
1156				正隆元年		
1161			金世宗完颜雍	大定元年		
1163	宋孝宗赵昚	隆兴元年				
1165		乾道元年				
1170						乾祐元年
1174		淳熙元年				
1190	宋光宗赵惇	绍熙元年	金章宗元颜璟	明昌元年		
1193					西夏桓宗纯祐	
1194						天庆元年
1195	宋宁赵扩	庆元元年				
1196				承安元年		
1201		嘉泰元年		泰和元年		
1205		开禧元年				
1206					西夏襄宗安全	应天元年

续表

	南宋		金		西夏	
公元	皇帝	年号	皇帝	年号	皇帝	年号
1208		嘉定元年				
1209			金卫绍王完颜永济	大安元年		
1210					西夏神宗遵顼	皇建元年
1211						光定元年
1212				崇庆元年		
1213				至宁元年		
1213			金宣宗完颜珣	贞祐元年		
1222				元光元年		
1223					西夏献宗德旺	
1224			金哀宗完颜守绪	正大元年		乾定元年
1225	宋理宗赵昀	宝庆元年				
1226					西夏睍	
1227					西夏亡	宝义元年
1228		绍定元年				
1232				开兴元年		
1234		端平元年	金亡	天兴三年		
1237		嘉熙元年				
1241		淳祐元年				
1253		宝祐元年				
1259		开庆元年				
1260		景定元年				
1265	宋度宗赵禥	咸淳元年				
1271			元世祖忽必烈	至元八年		
1275	宋恭帝赵㬎	德祐元年				
1276	宋端宗赵昰	景炎元年				
1278	宋赵昺	祥兴元年				
1279	宋亡	祥兴二年		至元十六年		

北宋、南宋行政区划对照表 **表 1-2**

北宋				南宋			
地理志列目名称	按统治范围所划行政区	重要城市	今名	地理志列目名称	按统治范围所划行政区	重要城市	今名
开封府	京畿路	东京	（开封）				
河南府	京西北路	西京	（洛阳）				
襄阳府	京西南路	襄州	（襄阳）				
济南府	京东东路	青州	（益都）				

续表

北宋				南宋			
地理志列目名称	按统治范围所划行政区	重要城市	今名	地理志列目名称	按统治范围所划行政区	重要城市	今名
袭庆府	京东西路	兖州	（兖州）				
	河北东路	大名府	（大名）				
中山府、信德府、庆源府	河北西路	真定府 定州	（正定） （定州）				
平阳府	河东路	晋州	（临汾）				
樊州、庆阳府	永兴军路	京兆府	（西安）				
乐州	秦凤路	秦州	（天水）				
灵璧	淮南东路	扬州	（扬州）	淮南东路	扬州	（扬州）	
安庆府、寿春府	淮南西路	庐州	（合肥）	淮南西路	庐州	（合肥）	
临安府、 绍兴府、 平江府、 镇江府、 建德府	两浙路	杭州 明州 苏州 润州 睦州	（杭州） （宁波） （苏州） （镇江） （今建德东）	瑞安府 建德府	两浙东路 两浙西路	庆元府 临安 严州 建德	（宁波） （杭州） （今建德东）
徽州	江南东路	歙州	（歙县）		江南东路	建康府	（南京）
	江南西路	洪州	（南昌）	虔化瑞州	江南西路	隆兴府	（南昌）
	荆湖南路	潭州	（长沙）	宝庆府	荆湖南路	潭州	（长沙）
安德府、龙阳	荆湖北路	江陵府	（江陵）		荆湖北路	江陵府	（江陵）
					京西南路	襄阳府	（襄樊）
仙井监	成都府路	成都	（成都）		成都府路	成都	（成都）
叙州、宜宾	梓州路	梓州	（三台）	宁西	潼川府路	潼川府	（三台）
政州	利州路	兴元府	（汉中）		利州东路	兴元府	（汉中）
				政州同庆储	利州西路	沔州	（略阳）
	夔州路	夔州	（奉节）	绍庆府咸淳府	夔州路	夔州	（奉节）
政和	福建路	福州 莆田 泉州	（福州） （莆田） （泉州）		福建路	福州	（福州）
肇庆府	广南东路	广州	（广州）		广南东路	广州	（广州）
	广南西路	桂州 邕州 琼州	（桂林） （南宁） （海口）		广南西路	静江府 邕州 琼州	（桂林） （南宁） （海口）

注释

[1]《续资治通鉴长编》卷143，庆历三年九月丙戌。

[2]《宋会要辑稿》帝系11之四。

[3] 费正清《中国新史》。

[4] 漆侠《宋代在我国历史上的地位》《文史知识》1985年第二期。

[5] 漆侠《宋代社会生产力的发展及其在中国古代经济发展过程中的地位》《中国经济史研究》1986 年第一期。
[6] 同 [5]。
[7] 同 [4]。
[8] 同 [3]。
[9] 宋黎清德编《朱子语类》卷 13。
[10] 宋张伯端《悟真篇》。
[11] 中国佛教协会编《中国佛教》，知识出版社 1982 年。
[12] 陈寅恪《金明馆丛稿二编》。
[13] 费正清，《中国新史》。
[14]《辽史》营卫志，永州为今内蒙古翁牛特旗，老哈河西南。
[15]《辽史》太祖纪下赞语。
[16]《辽史》营卫志志。
[17] 同上。
[18]《辽史》百官志一。
[19] "至道宗乃诏设学养士，于是有西京学，有奉圣、归化、云、德、宏、蔚、妫、儒八州学各建孔子庙，颁赐《五经》诸家传疏，令博士、助教教之，属县附焉"（《辽史拾遗》卷 16）。
[20]《契丹国志》卷 19 马保忠传。
[21] 苏辙《栾城集》卷 41，北使论北边事劄子。
[22]《宋史》卷 486 夏国传下。
[23]《西夏书事》卷 7。
[24]《西夏书事》卷 3。
[25] 据《金史》卷 134，西夏传赞"（西夏）立国二百余年，抗衡辽、金、宋三国，偭乡无常，视三国之势强弱以为异同焉。"
[26] "珊蛮者，女真语巫妪也，以其通变如神"《三朝北盟会编》卷 3。
[27]《三朝北盟会编》政宣上帙三。
[28]《大金国志》。
[29] 赵琦美为明末南京都察院炤磨，世人评"其修治公廨，费约而功倍"，赵曰："吾取宋人将作营造式也。"
[30]《经学理窟・义理》。
[31] 同上。
[32] 宋邵雍《伊川击壤集》卷十五观物吟《四部丛刊》。
[33] 宋李觏《李觏集》卷三十六。
[34] 李清照《上枢密韩肖胄》诗。
[35] 宋王安石《王文正公文集》卷二十七。

第二章 城　　市

在公元10世纪末到13世纪下半叶这段历史时期，中国古代城市的发展，出现了一场革命，这就是城市结构从里坊制转化为坊巷制。引起这场变革的原因不仅由于社会经济发展的冲击，而且有社会政治形势的影响，对于这个问题的分析要追溯到前一个历史时期。首先反映在唐长安，安史之乱以后，唐代统治力量削弱，城市的里坊制也就随之日趋衰败，居住在坊内的百姓，深感坊墙的束缚，于是便越过坊墙从事生产、生活及其他活动。这时的官府已无力迫使百姓恢复自然倒塌或人为推倒的坊墙。到了五代时期，开封在周世宗对其进行扩建之时，更多的强调改善城市拥挤不堪的环境，以改变“屋宇交连、街衢湫隘，入夏有暑湿之苦，居常多烟火之忧”的状况，于是在四面加筑罗城。但罗城中未划定里坊，而是“候官中劈画，定军营、街巷、仓场，诸司公廨院，务了，即任百姓营造”。因此，北宋东京在继承后周扩建后的城市之时，外城便没有带围墙的里坊之设，内城里坊围墙也多残缺不全。许多史料上虽然记载北宋皇帝下诏制止侵街现象，拆掉侵占街道的房屋，且在街巷入口挂上坊牌，企图恢复长安的街鼓制，确也曾有过短时间的成效。但“侵街”和“有无坊墙”毕竟是两种不同的概念，实行街鼓制，并不等于有了坊墙，其结果只是限制了挂坊牌的街巷内居民的行动。因为当时的街道已是商肆林立，到了傍晚，街鼓敲过以后街上的人仍然可以做买卖，商业活动早已不受时间的约束，早市、夜市依然进行。街鼓的指挥管理城市居民的职能作用已经消失，不久这项用法律的形式颁布的制度便自行消亡了。由此可以说明，经济的发展是不能以某些个人的意志为转移的，任何君主都不能向经济发号施令。里坊制在经济发展的冲击下，便彻底崩溃了。

在从里坊制走向坊巷制的变革之中，城市的面貌和格局都发生了巨大的变化，城中商业街巷比比皆是，餐饮、服务业空前发达，新兴的文化娱乐场所瓦市、勾栏点缀在街巷之中。在都城中，尽管政治统治中心的宫殿区仍占据着城市重要的位置，但在它的周围已布满了繁华闹市，皇帝出行必须穿过这些闹市，再也没有唐长安那种宽阔的街道两旁只有“宫松叶叶墙头出”的景象，也找不到那“十里飘香入夹城”的帝王专用通道了。城市空间不再以显示皇权的威力为本，那熙熙攘攘在街道上活动的人群，不再受时间的约束，街鼓的管治，可以自由地在商业店铺购物，在茶楼、酒肆出入，表现出平民百姓在城市中地位的上升。

不仅都城出现了巨大的变化，地方城市也经历了这场变革。可举泉州为例，唐代的泉州是地方政治统治中心，城市为方形，丁字街贯穿全城。但宋以后便抛开了这方形的模式向外扩展，且主要向东南方向扩展，以至把城市重心移到了东南部，城市扩建部分变成了不规则的形状。之所以如此是因东南有晋江，可通海，城市随着经济的发展，海外贸易的兴旺，便向港口方向推移了。

以上的例子说明在两宋时代，城市的职能从满足统治者要求为本的《考工记》模式，转向经济活动占有重要地位的形态，即自由灵活适应地理条件和经济发展的形态。

同时随着经济发展，在较大的城市周围，出现了一批“镇”。“镇”的性质按文献所记为“民聚不成县而有税者为镇”[1]，北宋东京周围有31个镇，南宋临安周围有11个镇。这些镇实际上是一批小型商业、手工业基地，它们与大城市有着紧密的经济关系。镇与大城市和镇周围的草市，共同构成了一组多层次的经济网络。大城市从仅仅作为地方性的商品集散地，发展成区域性商品交易市场。当时全国东、南、西、北各区的区域性的中心市场有东京、临安、平江、太原、秦州、成都等。

城市作为经济网络中的节点，必须通过较为发达的水陆交通来联系，这便促进了水陆交通的发展，两宋时期中国的桥梁建筑之发展便是水上交通发达的历史见证。

镇的大量兴起，标志着自然经济型城市的大量出现，它与城市里坊制的冲破，坊巷制的出现，共同扭转了中国城市发展的方向，可以说两宋时期中国城市摆脱了政治因素主导的封闭形态走上了开放的、综合发展的轨道。

第一节　北宋东京

开封是我国著名的古都，战国时期魏国在此建都，名大梁城，五代时的后梁、后晋、后汉、后周相继定都于此，再加上北宋一代，以及金朝后期迁都至此，前后曾为七朝之都。而北宋东京是开封历史上的鼎盛时期。北宋王朝在东京建都长达167年（960～1127年）之久，在这一历史阶段，东京发展成为集政治、经济于一身的重要城市。

北宋处于我国封建社会发展的中期，正是封建社会最为辉煌的时期。封建城市体制在这一时期发生了重大变革，由于社会经济的发展，城市经济的发达，城市经济职能增加，使城市成为经济活动的场所，旧的集中市制和严格里坊制所构成的封闭的城市体制，越来越成为城市经济发展的障碍，而最终被新的灵活开放的城市体制所代替。

这一时期城市体制变革的原因是多方面的，涉及社会经济发展、政治因素和社会意识形态方面的变化，但归根到底起决定作用的仍是这一时期迅速发展的社会经济。

北宋东京的城市规划正反映了封建社会中期城市体制变革的过程，并为封建社会后期都城的规划模式提供了先例，在我国封建城市发展史上占有极为重要的地位。

一、北宋东京建设的历史背景

（一）开封的地理条件和城垣的兴筑

开封位于黄河冲积平原的西部边缘，处于华北平原与黄淮平原的交接地带，北距黄河9.1公里，地势平坦，平均海拔70米左右。这里河湖四布，土质松软，森林茂盛而盐碱不盛，优越的自然地理条件为开封城市的建设和发展提供了十分有利的条件。

关于早期开封城垣的营建有两种观点，一种以《太平寰宇记》为代表，认为春秋时期即公元前400年左右郑庄公命郑邴在此筑城，取开拓封疆之意而名开封，其位置在今朱仙镇东南的古城村，距今开封城址约50华里。而另一种较为确实可据的观点是开封起源于战国时魏惠王由安邑徙都的大梁城，距今约2300年，当时的大梁城相当于今开封城的西北部。大梁城规模宏伟，有城门十二座。据记载，魏国曾“以三十万之众，守梁七仞之城”[2]。以后又开凿运河，将开封的汴河与北面的黄河、济水沟通起来，使之成为华北平原西端的水路交汇中心。魏都大梁前后保持了130年，成为开封历史上第一个鼎盛时期。

（二）唐代及五代时梁、晋、汉三代的营建

唐德宗时为加强对东部藩镇的控制，在开封设宣武军。建中二年（781年）唐迁任永平节度使李勉兼任汴州刺史，并开始重筑汴州城，这次重筑又称“筑罗城”[3]。外城规模达到周回20里155步，相当于今日的开封城大小。在城筑好之后，已把汴河圈进城内。贞元十四年（798年）宰相董晋为宣武军节度使期间，修筑汴州城的汴河东西水门，巩固了汴州城防。唐时已是“汴州水陆一都会”[4]。

五代时，梁、晋、汉、周均建都开封。梁太祖朱全忠于公元907年“升汴州为开封府，建名东都”[5]，这是开封再次成为都城之始。

（三）后周对东京城的建设有着划时代的意义

周太祖郭威于广顺二年（952年）正月诏修补城墙，共调丁夫五万五千，服役十天，计工五十五万。

周世宗柴荣继位之后，更是着手开始对开封城进行大规模的扩建改造。由于五代时除后唐外四个朝代在此建都，大量驻军和城市人口的增加，使得原为唐州城的汴州到了后周时城市内出现了街道狭窄、屋宇拥挤等诸多问题，促使周世宗于显德二年（955年）四月下诏扩筑改造城市：

“惟王建国，实曰京师，度地居民，固有前则。东京华夷辐辏，水陆会通，时向隆平，日增繁盛，而都城因旧，制度未恢。诸卫军营，或多窄狭，百司公署，无处兴修。加以坊市之中邸店有限，工商外至，络绎无穷。僦赁之资，增添不定，贫乏之户，供办实难。而又屋宇交连，街衢湫隘，入夏有暑湿之苦，居常多烟火之忧。将便公私，须广都邑。宜令所司于京四面别筑罗城，先立标识，候将来冬末春初，农务闲时，即量差近甸人夫，渐次修筑，春作才动，便令放散。或土功未毕，即次年修筑。今后凡有营葬及兴窑灶并草市，并须去标识七里外。其标识内，候官中劈画，定军营、街巷、仓场、诸司公廨院，务了，即任百姓营造。”[6]

这一诏书，明确地反映了后周世宗改造开封城的几个主导思想：

1. 指出了当时东京从州城发展成都城，军营、官署用地不足，无处兴修；原有坊中邸店有限，租赁之资上涨，不利于工商业的发展。于是“将便公私、须广都邑”即扩建外城，解决城内屋宇交连、街道狭窄、暑湿之苦、烟火之忧等问题。

2. 东京是都城，虽“度地居民、固有前则”，如汉、唐长安建城之法，但是对东京城的规划建设只有根据实际情况而定。

3. 对百姓建房未作其他限制，待官府规划了军营、街巷、仓场、官署所用地段后“即任百姓营造”。

周世宗所指出的问题是城市发展中的一些实际问题，这些问题与现代城市规划学科所提出的问题有若干共同之处。

后周的新城于显德三年（956年）正月修筑，周围48里233步。据说城墙土取自郑州西边虎牢关，“坚密如铁”[7]。新城照顾老城，重建后的新城门与道路都与老城门和道路相协调。

东京旧城区自唐代至五代，人口稠密，街道狭窄，因此由开封知府王朴对市内道路进行经度。后周世宗柴荣又曾下诏书：

“朕昨自淮上回及京师，周览康衢，更思通济，千门万户，庶谐安逸之心，盛暑隆冬，倍感寒温之苦。其京城内街道阔五十步者，许两边人户各于五步内取便种树掘井，修盖凉棚。其三十步以下至二十五步者，各与三步，其次有差”[8]。

此次改造内城道路，不仅制定了街道宽窄的标准，将路宽分成约80米、50米、40米三种，并且允许沿街两旁8米或5米之内种树掘井、修盖凉棚，改善了城市街道环境和绿化。

这样的街道空间尺度是比较科学的。这是旧城改造的重要措施之一。

道路规划完毕之后，允许京城官民沿街"起楼阁"[9]，大将军周景首先响应。据宋人《玉壶清话》记载：

"周世宗显德中，遣周景大浚汴口，又自郑州导郭西濠达中牟。景心知汴口既浚，舟楫无壅，将有淮浙巨商贸粮斛贾万货，临汴无委泊之地，讽世宗，乞令许京城民环汴栽榆柳，起台榭，以为都会之壮。世宗许之。景率先应诏，距汴流中要起巨楼十二间[10]。方运斤，世宗辇辂过，因问之，知景所造，颇喜，赐酒犒其工，不悟其规利也。景后邀巨货于楼，山积波委，岁入数万计，今楼尚存。"

这些巨楼是用以接待巨商自水路从江浙运万货于汴京，供商客堆货、寓居并进行交易的"邸店"。周景讽鉴世宗准许京城官民临汴造屋，并首先起巨楼作为榜样，而得到世宗的鼓励，由此推想当时临汴所建接待外来客商的"邸店"必然很多。这也是世宗改建汴京的目的和措施之一，用来解决"工商外至，络绎无穷"所需"邸店"不足的问题。

同时，在显德四年（957年）世宗还"诏疏汴水北入五丈河，由是齐鲁舟楫皆达于大梁"。次年并诏"浚汴口，导河流达于淮，于是江淮舟楫皆达于大梁。"[11]解决了东京对外的水路交通问题。

柴荣对于改革旧的城市制度作出了重大贡献。在开封这种城市人口大量增加、城市用地紧张、城市经济不断发展的情况下，因地制宜采取行之有效的措施扩大城市用地，改造旧城区。市民面街而居，在街上开店营业已合法化了。这是中国城市由唐代以前封闭的市坊制度向开放的坊巷制度过渡的开始。

二、北宋东京建设概况

北宋在后周东京城基础上建立国都，城市形制基本上没有大的变化。从赵匡胤登基之际起，就开始对东京城进行改建修筑。直到北宋末年，建设活动从未间断。

北宋东京城的建设活动，大致可分为以下几方面：

（一）皇城、宫城的扩建

北宋政权建立后，赵匡胤深感皇宫狭小，乃于建隆三年（962年）下诏进行扩建。据《宋史》地理志一记载：

"建隆三年，广皇城东北隅。命有司画洛阳宫殿，按图修之。"

关于这次增筑大内的具体情况，宋人叶少蕴在其《石林燕语》卷一中记载较详：

"太祖建隆初，以大内制度草创，乃诏图洛阳宫殿，展皇城东北隅，以铁骑都尉李怀义与中贵人董役，按图营建。初命怀义等，凡诸门与殿须相望，无得辄差，故垂拱、福宁、柔仪、清居四殿正重，而左右掖于升龙、银台等门皆然，惟大庆殿与端门少差尔。宫成，太祖坐福宁寝殿，令辟开前后，召近臣入观。谕曰：'我心端直正如此，有少偏曲处，汝曹必见之矣！'群臣皆拜。后虽尝经火屡修，率不敢易其故处矣。"

这次扩建，使皇城规模达到了文献中所记之"九里十三步"的大小[12]。宫城内部诸殿经过几年努力，到开宝元年（968年）才完成。自此，"皇居始壮丽矣"[13]。现经考古发掘于今龙亭湖已掘得宫城东，西、南、北墙位置，周长实测为2520米[14]，与《宋史》〈地理志〉所载"宫城周回五里"相符。按考古发掘尺寸，东西为570米，南北约614米，这样的范围与宫城殿宇建筑群所具有的规模相对照，其北墙尚难以把宫后苑包入。另从一些北宋官方文献中的记载来看，“宫城”、“皇城”的称谓同时存在，如《宋刑统》中有“其皇城门减宫城门一等”，《宋会要》方域一中有“今后在内修造，系宫殿门内，委提举内中修造所主领，其系皇城门内宫殿门外者，即今提举在内修造所施行。”这些记载还说明皇城与宫城两者的内外关系、等级差别，这些记载与：“宫城周回五里”、“皇城九里十三步”也可吻合。由此推测，宫城皇城是同时存在的。但其具体位置有待考古发掘才能确定。

宋初扩建的皇城，是版筑土城，直到大中祥符五年（1012年）正月，才下诏“以砖垒皇城”[15]。

徽宗政和三年（1113年），再次扩大宫殿，将拱宸门外的“内酒坊、裁造院、油、醋、柴、炭、鞍、辔等库悉移它处。又迁两僧寺、两军营，而作新宫”[16]，是谓新延福宫。“其东西配大内，南北稍劣，其东直景龙门，西抵天波门……其后又跨旧城修筑。”

（二）外城的修筑

北宋东京开封地处中原，无山岳之险，因此东京最外的屏障，外城（或称新城、罗城）的增筑，从宋初到北宋末年开封城破为止，屡修不止。

据《续资治通鉴长编》卷九载：太祖开宝元年（968年）“发近甸丁夫增修京城，马步军副都头王廷乂护其役”。

真宗、仁宗之时，大中祥符元年（1008年）“勾当八作司谢德权言：京城外城女墙圮缺，水道壅塞，望发兵完筑；计工六十三万五千六十二。诏可。”[17]除此之外还有大中祥符九年至天禧二年（1016～1018年）和天圣元年（1023年），都曾修筑过[18]。

神宗一代，从即位起几乎年年修城，熙宁八年（1075年）八月神宗下诏修整外城，工程到元丰元年（1078年）十月完工，整整三年。工程情况由孙洙和李清臣撰记，刻石于南薰门上，曰：“以三岁之绩，易数百年因循之陋，崇墉迄然，周五十里一百六十五步，横度之基五丈九尺，高度之四丈，而埤堄七尺，坚若埏埴，直若引绳。惟我汴京，气象宏伟，平广四达，罔阜缭转，隐磷地中，若龙盘虎伏，睨而四据。浊河限其北，漕渠贯其内，气得中和，土号沃衍，霏烟屯云，映带门阙，望者知其为天子之宅……”[19]

此次元丰修城，将城墙加高加厚，提高了防御能力。

哲宗时相继又完成外城上辅助建筑如楼橹、战棚、马面等的建设。

外城城门的修筑，在神宗和哲宗时期分别完成。城门又分正门和偏门瓮城。

外城城壕即护龙河的修治，在真宗时就开始实施：“真宗景德二年（1005年）四月，改修京新城诸门外桥并增高之，欲通外濠舟楫使人故也”[20]。到了神宗熙宁八年（1075年）八月增修外城的同时，大举开壕，使城壕与帝都规模相称。这年十二月，宋廷下诏：“在京新城外四壁城壕，开阔五十步，下收四十步，深一丈五尺，地脉不及者，至泉止。”[21]这次从熙宁八年（1075年）至绍圣元年（1094年），前后持续了15年的修城挖河工程，是北宋最大的城防工程之一。

（三）疏浚河道

东京城有汴河、五丈河、金水河、蔡河四水流贯全城。由于四条水路担负着将全国各地，特别是东南之利运抵京城的重任，东京对四河依赖极大。因此宋廷采取多种措施保证河道畅通。如对汴河在每年春季征人调大批民工开挖引黄入汴处的河口；又在每年冬末春初，征调民工清理汴河淤积的泥沙；由于汴河河床淤塞，水流缓急不等，行舟不便，宋廷则采取措施，导伊、洛河清水入汴。同时对另外三河也采取多种措施保证河道畅通。

（四）发展城市手工业

北宋手工业可分官营和私营两大类。官营手工业为皇室服务，因此作为京师的东京，是官营手工业最为集中的地方。京师官营手工业的管理机构由工部、少府监、将作监、军器监、后苑造作所等组成，每个管理机构下都有各自的手工生产坊场。如军器监就由东西作坊、作坊物料库、皮角场和弓弩院四个主要手工坊场组成。官营手工业的生产颇具规模，分工组织严密。例如军器监下的东西作坊，是东京最大的工场之一，有兵匠共7931人，下设木作、马甲作、铁甲作等共计51作，足见其规模之大和分工之细。

私营手工业作为自发的一种生产组织，其分布遍及东京城内的大街小巷，如相国寺东的笔墨制造业，马行街上的药行等等。私营手工业所涉及的类别包含了手工业中的各种行业，不仅满足了东京一般居民的生活用品的需求，而且也为宋廷所用，如潘谷墨和刺绣等。

（五）新型的开放街市的发展和城市商业的发达

随着社会经济特别是交换经济的发展，北宋时城市的经济职能大大增强了。东京城内各大小街巷都已成为商业活动的场所，各类商业店肆林立，形成遍布全城的商业网。在城市水陆交通汇集之处形成城市中心商业区，如四条御街和汴河两岸。

除了遍及全城的大、小商业街，还出现大量的各种集市，如州桥夜市、城门早市、相国寺庙市和各种节日的集市等。

酒肆、茶楼、浴室和瓦子等餐饮业、服务业、娱乐业作为城市居民消费场所，在北宋时期也迅速发展。如大酒楼即正店，到北宋末年发展到72家；遍布城里四面城门附近和城内最繁华的潘楼街上。瓦子有六处，即是表演场所，有的同时又成为集市。

（六）各种仓场即仓库区的发展

由于北宋东京汇集国内各地的货物，特别是靠水路漕运而来的大量粮食、货物需要大量仓库区作为存放之地，在北宋初年就有25处仓场，称为"船般仓"遍及城市内主要河道旁边。随着漕运量的增加和城内税入的增大，到北宋末年各类仓场已达50余处，这其中包括如汴河沿岸的船般仓和城内的税仓。在货物运到和支纳的日子里，仓场前变成交易集市，就地买卖，热闹异常。

（七）北宋东京建设过程中街鼓制度一度恢复与消亡

北宋东京在后周的基础上发展，从周世宗开始，鼓励沿河、沿街开设邸店，以吸引外埠客商。官方还出资兴建"房廊"，出租给商人使用，并岁收课利。同时官僚为了获利也自己建造邸店和房廊。由于商业的迅猛发展，不仅在大街小巷有商业活动，而且出现了晓市和夜市。早在太祖乾德三年四月十二日诏："开封府令京城夜市至三鼓以来，不得禁止。"（《宋会要辑稿·食货》）夜市在最热闹处或中秋等节日之夜则通宵达旦。

对于东京来说，何时废除里坊制，学术界尚无定论[22]。从后周时期有关东京修外城，拓宽道路，允许街道两旁居人、种树、掘井、修盖凉棚等记载来看，这些百姓如果还会筑起"坊墙"自我管制是令人费解的，结合入宋以后发生的多次侵街事件推想，在五代扩建东京外城时本无坊墙之设。居民已面街而居，临街设肆。

到北宋初年东京内城中偶有残存的坊墙，而坊名仍保存着。宋太宗至道元年（995年）以当时城内外121坊的坊名"多涉俚俗之言"，"命张公洎制坊名，列牌于楼上"，并修残存的坊墙，同时"置冬冬鼓"（宋敏求《春明退朝录》卷上）。也就是恢复唐代的街鼓制。但未能实施多久。到了真宗咸平五年（1002年），虽再次恢复街鼓制，但在宋敏求《春明退朝录》（熙宁三年至七年所著）中称："二纪（即二十年）以来不闻街鼓之声，金吾之职废矣。"说明街鼓之制在宋仁宗中期也已自动消亡了。

这当中伴随街鼓制的同时还有官方对“侵街”现象的制止。所谓“侵街”，即占用临街地段营建房廊、邸店，以致街衢狭窄难行。为此真宗曾下旨拆除临街房屋，并“诏开封府司，约远近，置籍立表，令民自今无得侵占”。侵街现象确实反映了冲破里坊制束缚的的愿望，但制止侵街，甚至实行街鼓制，并不等于恢复到里坊制的时代。制止侵街是可以保持街道的宽度，而沿街设邸店并未禁止，街鼓制只能限制挂牌的巷子内的居民不得自由出入巷口，但对住在大街上的人仍然无法限制。而且早有开封府三鼓以后夜市不禁的太祖之诏在先，因此街鼓制已没有任何实际意义了。

街鼓制反映了封建统治者企图因循旧制的主观愿望。然而随着社会经济的发展，城市制度必然要冲破里坊制管理体制的束缚。帝王企图把百姓放在坊墙的包围之中来管理，但城市经济的发展、城市生活和社会意识的变革必然形成与旧的城市制度的矛盾。君主在任何时候都不得不服从经济条件，并且从来不能向经济发号施令。北宋出现的这一场变革与反变革的斗争，反映了中国古代城市发展，从受封建制度束缚逐步走向按照城市经济发展的需求向前迈进的科学规律。

三、北宋东京城市规划

（一）北宋东京的城市结构

北宋东京城是由皇城、宫城、内城和外城四重城垣构成。以宫城为中心，以御街等干道为骨架向四周扩展（图 2-1“北宋东京城市结构图”）。

1. 外城

外城，也叫新城、罗城，是东京城防御的主要屏障。始筑于后周世宗显德年间，当时周回 48 里 233 步，到元丰年修筑完成后，城周 50 里 165 步，城基宽 5 丈 9 尺，高 4 丈，埤垷 7 尺。

根据开封宋城考古队对北宋东京外城进行的初步勘探证实，外城西墙长 7590 米，北墙长 6940 米，东墙 7660 米，南墙 6990 米，均作直线，周长约合今 58 华里，外城形状略呈菱形[23]。

外城有城门 15 座。

南面三门：中为南薰；东为陈州（宣化门），旁有蔡河出城水门；西为戴楼（安上门），旁有蔡河入城水门。

东面有四门：最南为东水门，为汴河出城水门，《东京梦华录》卷一载：“其门跨河，有铁裹窗门，遇夜如闸垂下水面，两岸各有门，通人行路，出拐子城，夹岸百余丈。”拐子城是在东水门外夹汴河修筑的一段城墙，可对东水门起保护作用，此门实际上由一个水门和两岸的两个陆门构成。东水门北为新宋门（朝阳门）；再北为新曹门（含辉门）；最北为东北水门（善利水门），是五丈河出城水门，包括一个水门和南岸的一个陆门。

北面有四门：东起为陈桥门（永泰门）；相继为新封丘门（景阳门）、新酸枣门（通天门）；最西为卫州门，旁有永顺水门，即五丈河在北宋中期以后的入城水门。

西面有四门：南起为新郑门（顺天门）、次为西水门，乃汴河上水门，包括南北两岸的陆行门大通和宣泽，水门形式与汴河东水门同；再次为万胜门（开远门）、固子门（金耀门）；最北为西北水门（咸丰水门），为金水河上水门。

东京外城各城门形式有所不同，据《东京梦华录》卷一载，一般“城门皆瓮城三层，屈曲开门。唯南薰门、新郑门、新宋门、封丘门皆直门两重。盖此系四正门，皆留御路故也。”

外城除正门、瓮城门之外，城上“每百步设马面战棚，密置女头，旦暮修理，望之悚然”[24]。

外城外有“城壕曰护龙河，阔十余丈，壕之内外，皆植杨柳，粉墙朱户，禁人往来”[25]。

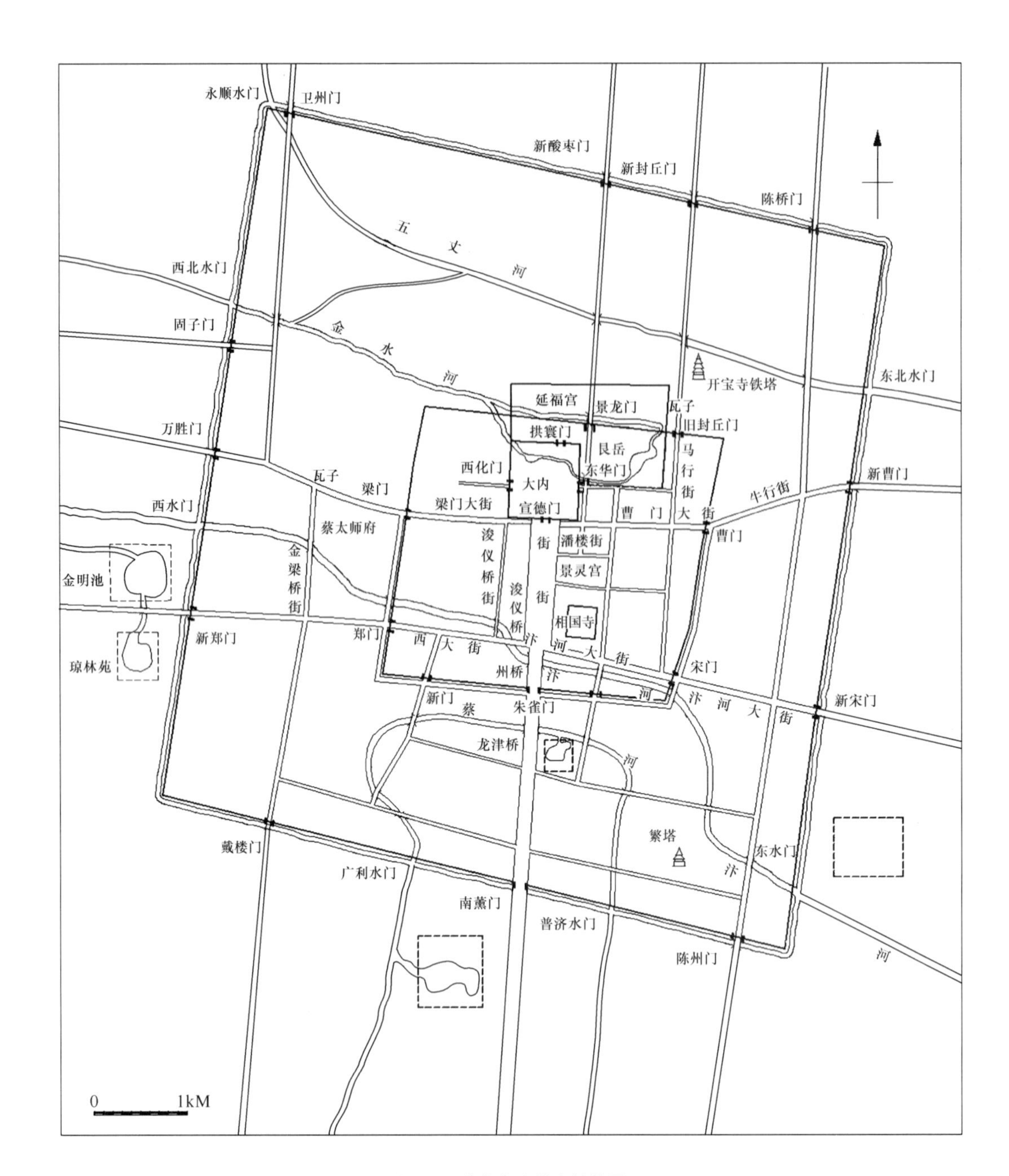

图 2-1　北宋东京城市结构图

外城墙内有牙道。据记载，元丰元年修外城时，在外城墙内开环路，距墙 7 步，路宽 5 步，少数地段因有房屋而稍窄一点[26]。城内四角地带内空 30 步，30 步内房屋统统拆除[27]。

2. 内城

东京的内城，即唐代汴州城，又称旧城、阙城、里城，周围 20 里 155 步。

内城共十门。南三门：中为朱雀门，东为保康门，西为崇明门（即新门）。东二门：南为旧宋门（丽景），北为旧曹门（望春）。西二门：南为郑门（宜秋），北为梁门（阊阖）。北三门：中为景龙门（旧酸枣门），东为旧封丘门（安远），西为金水门（天波）。另有二个角门，位于汴河南北岸。

为了防御上的需要，内城外保留有城壕，真宗时，经广济河（五丈河）将外城和内城壕联通。

3. 宫城

宫城也称皇城，又称大内，位于东京城中央略偏西北，是殿宇耸峙的北宋皇宫所在地。其周围有皇城环绕。

宫城共七门。南三门：中为宣德，东为左掖，西为右掖。东边二门：正门为东华门，其北有一门曰谚门。西边为西华门。北面是拱宸门。宣德门为皇宫正门，高大讲究，威严壮丽。

北宋东京由于宫城居中，形成了以宫城为中心，以御路等城市干道为骨架向四周扩展的城市结构。其形成的原因，在于此城是以原唐代汴州州城为基础扩建而成。而州城形制的特点一般是州衙城位居城市中央，外围以罗城。干道以衙城为中心向四周放射。后周时因州城规模与都城要求不能适应，城市内部用地紧张，在旧城周围展筑四倍于旧城的外城，最终形成了北宋东京城的外城、内城、宫城三套城的城市结构。这种宫城居中的结构，恰好与中国传统的以“中”为尊思想相吻合。同时，四套城可加大平原城市的防卫纵深，满足城防要求。东京城市结构的另一个值得注意之处是从宫城宣德门向南辟出的御街，形成全城的中轴线，从而加强了宫城在城市所处的主导地位，强化了皇权的至高无上的都城规划理念。御街宽二百多步，合现在300多米，从宫城南门直通外城南门。御街两边设有御廊，各立黑漆杈子，路心又有红漆杈子两行，中央御道，不许人马通行，御街两边在北宋后期禁止做买卖；在从宣德门到州桥一段，御街两边布置的是礼制建筑及行政官署，有景灵东西两宫、明堂、秘书省、东西两府、大晟府和太常寺、尚书省、开封府等等。不仅如此，这一段御街还带有宫廷广场的性质，成为宫廷活动的场所。如在元旦、冬至的大朝会及上寿的庆贺活动中，百官都在这里排班等候。在郊祀活动中有一两万人的大驾、卤簿、仪仗队伍从宣德门出发南去至南郊坛。因此，正需要这300多米宽的御街来安排这类重大礼仪活动。

北宋东京的这种宫城、御街与城市的关系，反映了宋代统治者对传统礼制秩序的追求，对于以后各代的都城规划也产生了巨大影响。

（二）北宋东京城陆路及水路规划

北宋东京城市干道以宫城为中心，向四周伸展，形成井字形方格网，其他一般道路和巷道也多为方格网络，有少数成丁字相交。在内、外城中还有几条斜街。道路的这种布局主要是由于城市的逐步发展、扩建，以及受城市内部河道影响所致。

城市主要干道首先是皇帝出行的御路，共有四条：

一是自宫城南的宣德门向南，过州桥，经内城朱雀门、龙津桥，出外城南薰门至南郊祭天之郊坛。

二是汴河大街，临汴河北岸，自御街州桥向东，穿宋门，出新宋门至东郊，为东京城自东部入城之传统官道，是城内最繁华的街道，著名的大相国寺即在此街北侧。

三是自州桥西去，穿郑门出新郑门，至西郊的金明池和琼林苑。又称西大街。

四是自宫城东土市子向北，穿马行街，经旧封丘门出新封丘门到北郊。土市子南去则经相国寺东门大街与汴河大街相通。这条街两旁店肆林立，马行街夜市尤盛，为东京城之主要商业区。

除了上述四条御路之外，其他较主要街道还有：

保康门大街，这条街向北穿相国寺桥至汴河大街，向南穿保康门至看街亭东，达横街。该街跨汴河、蔡河，东南之商旅舟楫，至京师多于此安泊。

宣德门前的东西向大街，从宣德门向东为潘楼街、曹门大街、牛行街。从宣德门向西为梁门大街，这条街自宫城宣德门前御路起，向西穿梁门出万胜门至西郊。梁门大街与西大街，构成从宫城起向西的主要道路。

安肃门大街，自万胜门东边瓮市子起北去，出安肃门（卫州门）至北郊，为东京城西北部的一条主要通道，街旁多寺观苑囿。

浚仪桥大街，这条街在宫城西南侧，大街为南北向，南接西大街，北接梁门大街，街两旁是北宋中央官署所在地。

金梁桥街，这条街在梁门外，南北向，南接西大街，北接梁门大街。为东京城西部商业区内的一条主街。

宣化门大街，自宣化门（陈州门）北去至汴河大街，街两边多寺观苑囿及仓库，此街地处东京城东南漕运的码头区。

街道宽度以御路为最。据《东京梦华录》载："坊巷御街，自宣德门一直南去，约阔二百余步，两边乃御廊，旧许行人买卖其间，自政和间官司禁止，各安立黑漆杈子，路心乃安朱漆杈子两行，中心御道，不得人马行往，行人皆在廊下朱漆杈子以外，杈子里有砖石瓷砌御沟水两道，宣和间尽植莲荷，近岸植桃李梨杏，杂花相间，春夏之间，望之如绣"。在当时，有专用的御路、人行道、水沟和绿化带，这样的道路设计反映了北宋在改造旧城时对街道（至少是御路）的环境治理所取得的成就。

开封城的街道普遍比唐长安、洛阳为窄。在后周世宗显德年间的城市改造过程中，柴荣下诏、王朴经度，经过大量拆迁扩展路面的工程，才使城内干道扩至50步、30步。从《清明上河图》中看到所描绘的街道宽不过15～20米。这种情况一方面是城市人口多，开封人口比唐长安多，而面积却只有长安的一半，可见城市建筑密度自然很大。另一方面是城市街道逐渐向密布店铺的商业街的方式发展，使路面被侵占。而道路的密度显然比过去大得多，一般街巷的间距变小，这也与城市商业、手工业生产的发展、里坊制度的变革有关。

东京开封府虽为北方的平原城市，有方便的陆路条件，但在宋代却是一个以水路运输为主的城市，可以说是北方的一个水城。

开封城内有四条河道：汴河、蔡河、五丈河和金水河。

汴河横穿城的东西，而且是南北大运河的一段，是城市供应、商业经济的主要交通线。《宋史》河渠志载："唯汴水横亘中国，首承大河，漕引江、湖，利尽南海，半天下之财赋，并山泽之百货，悉由此路而进"。宋代经汴河运输的粮食每年达五六百万石，因此官府每年均要组织民工挖河道，清淤泥，以保证汴河的畅通。

五丈河，其上游本为汴河分水，注入白沟、湛渠而成此河，自唐起始兴漕运，也为商旅交通最繁忙者。

蔡河，"正名惠民河，为通蔡州故也。"[28]实际上是城南的一条水路通道。蔡河向南通航问题，在后周已有举措，宋初建隆元年（960年）和建隆二年两次浚蔡河后，基本完成通航工程。

金水河，该河源为荥阳黄堆山之祝龙泉，抵汴京后东汇于五丈河，是为解决五丈河水源而开。金水河水质清而甘，成为京城市内用水的重要河流。太平兴国三年（978年）二月在京城西郊新凿池成，引金水河水入，名为金明池[29]。

京师四条主河与两套护城河之间相互联通，既便于航运交通，又可相互调节水量排除水害，使京城内外形成水路网系。

由于有四条河道横贯城市，东京城内桥梁众多，成为城市交通系统的重要组成部分。汴河上有桥十三；蔡河上有桥十三；五丈河有桥五座；金水河上有桥三座。这些桥形式多样，有虹桥式的木拱桥；有州桥式的平桥，即石梁桥；还有城壕上的吊桥及浮桥等多种多样。同时，由于桥梁处于水陆交通的交汇之处，桥头往往成为物品交易的场所，如《清明上河图》中所绘城东虹桥的景象（图2-2）。

图 2-2　北宋东京虹桥桥头交易景象

（三）商业网组织和商业街区（图 2-3）

1. 封闭的市坊制的瓦解与开放的商业街区和商业网的形成

从唐末到宋初，里坊制发生根本变革，一则是经唐末战火，坊市之墙已遭破坏，后长久失修，破败不堪；同时由于社会经济的发展，商业经济的发达，原有的里坊制已不能适应新的经济活动的要求。因此废除原有市坊制已势在必行。

由于临街开设店屋，以及从后周就开始的繁荣街市，在北宋时期恢复街鼓之制限制居民早晚上街已经难以实施。而对于侵街的禁令，并非单纯禁止面街开屋门和行商，同时还有为维持街道一定的宽度的目的。

北宋王朝虽曾多次试图恢复旧的城市管理方式，但面对城市经济的繁荣已无能为力。而且经济的发展也促使包括上层权贵在内的社会意识的变化，从官府到权贵都参与到城市商业和手工业发展的大潮中了。如沿街设“邸店”收租的权贵们，首先反对宋廷制止“侵街”拆其抵舍的举措。[30]

封闭市坊制的废止，代之以开放的商业街市和各类集市，商业网点遍布全城。大街小巷、桥头路口，都成为商业交换的场所。市的时间和空间上均大大扩展了，各种早市、夜市、庙会和各类节日集市络绎不绝。

2. 中心商业区的分布

北宋东京城内在许多交通要道上出现了繁华的新型商业街区，这些街区主要是由新兴的行市、酒楼、茶坊、食品店、瓦子等组成的。

东京城主要的商业街区，大致分布在以下八条主要街巷上：

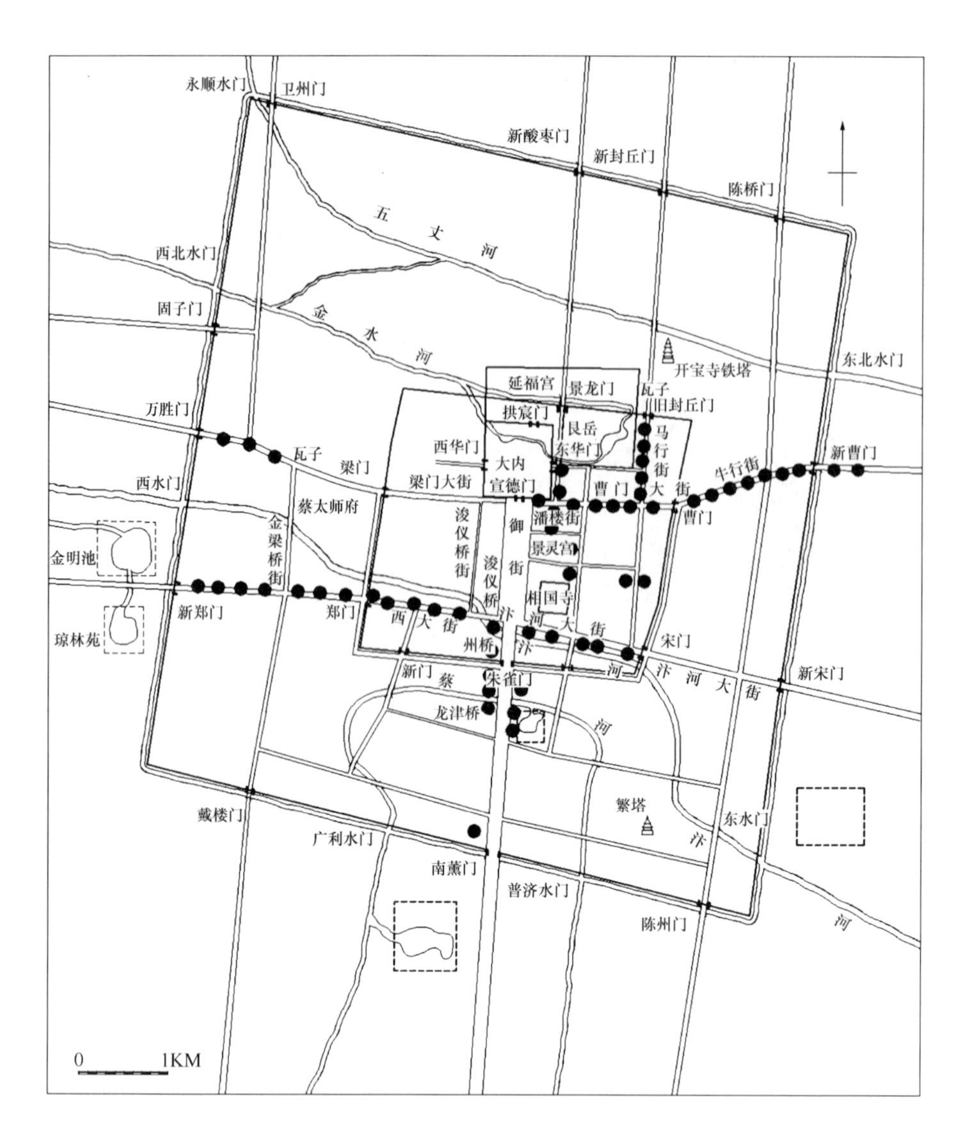

图 2-3 北宋末年东京主要行市分布图

（1）南面御街

在宣德门的左右掖门以南，建有左右千步廊，左右廊下各设有朱漆和黑漆杈子两行，行人限在朱漆杈子之外活动。这里“旧许市人买卖于其间”，是很兴盛的街市。直到北宋晚期政和年间才禁止买卖。

“过州桥，两边皆居民，街东车家炭、张家酒店，次则王楼山洞梅花包子，李家香铺、曹婆婆肉饼、李四分茶。”[31]“自州桥南去，当街水饭、熬肉、干脯，王楼前獾儿、野狐、肉脯、鸡，梅家、鹿家鹅鸭、鸡兔、肚肺、鳝鱼包子、鸡皮、腰肾、鸡碎，每个不过十五文。……至朱雀门，旋煎羊、白肠……猪脏之类。直至龙津桥须脑子肉止，谓之杂嚼，直至三更。”[32]

据以上记载可见，从州桥至朱雀门的御街上，有许多酒店和饮食店；从朱雀门到龙津桥的御街上，则全是饮食店铺，卖各种荤素食品、蔬菜、果品，《东京梦华录》中列举出多达四十余种。这一带夜市也盛。

（2）东面御街

东面御街从州桥向东，即临汴河的大街，出里城旧宋门，到外城新宋门。这一带多是客店，包括临汴河著名的十三间楼，是为从汴河来的客商准备的大型客栈。旧宋门外还有仁和店、姜店等大酒楼。

（3）西面御街

西面御街自州桥向西，出里城旧郑门，到新城新郑门。靠近州桥是果子行和许多花果铺席。再向西“街南遇仙正店，前有楼子，后有台，都人谓之‘台上’，此一店最是酒店上户……。街北薛家分茶、羊饭、熟羊肉铺。向西去皆妓女馆舍，都人谓之院街。”[33]到旧郑门，又有河王家、李七家正店等酒店。

（4）北面御街

北面御街是最繁华的一处。从宫城宣德门东去，经东西向的潘楼街，过宫城东南的东角楼，再向东到十字街头，名为土市子。这里有鹰店、真珠、匹帛、香药铺席；界身巷的金银行；徐家瓠羹店；著名的潘楼酒店，楼下即为集市；街南有最大的桑家瓦子，大小勾栏五十余座。

（5）马行街及其南北段

从土市子北去，至马行街，这里有东、西鸡儿巷，多妓馆；东鸡儿巷郭厨，是有名的“卖贵细下酒”之店。再北的庄楼楼下为马市。

从马行街北去到里城的旧封丘门，这里是医行、药行最为集中的地方。

出里城封丘门，到外城新封丘门。这里有州北瓦子；在新封丘门大街十多里长的街道两边多为茶坊与酒店及饮食店。

从土市子南去，则有铁屑楼酒店、高阳正店、得胜桥郑家油饼店等酒楼和饮食店，这里夜市尤盛。

（6）宣德门前大街

这是一条横贯全城中心的大街，东段经潘楼街、土市子，向东为十字大街，这里从五更到天明，有博易买卖，称为鬼市子。从十字大街到旧曹门一段，多有酒楼、饮食店铺。出里城旧曹门，有朱家桥瓦子。再向东即牛行街，有著名的刘家药铺，看牛楼酒店等。西段从宫城西南角西角楼，沿大街西去，即是踊路街，一路有许多客店和药铺。出梁门有州西瓦子，一直到万圣门，这条街上除个别水果店和金银铺外，都是药店和酒店。

（7）宫城东门前大街

宫城东门东华门外也是市场。“东华门外市井最盛，盖禁中买卖在此。凡饮食时新花果、鱼虾鳖蟹、鹑兔脯腊、金玉珍玩衣着，无非天下之奇。”[34]东华门外景明坊有酒楼名樊楼，原名白樊楼，宣和间修造成三层高，成为“京师酒肆之甲，饮徒常千余人”[35]，足见其规模之巨。

（8）景灵宫东门大街和相国寺东门大街

景灵宫东门大街，与北边的潘楼街和曹门大街平行。这里有熙熙楼客店，高阳正店等。

相国寺东门大街，是相国寺东门外的南北向大街。街上都是幞头、腰带、书籍、冠朵铺席。相国寺南有录事巷，多妓馆；绣巷皆绣作师姑住所。寺北有小甜水巷，南食店甚盛，妓馆也多”[36]。

以上八条街市是东京主要的商业街区。如按繁华程度排列，最繁华是潘楼街，即北面御街，其次是马行街和旧封丘门内外，还有宫城东华门前大街，宣德门前西大街，南、东、西御街等。其他几条街市的繁华程度次之。

从东京主要商业区的分布特点看，一是分布在城市主要交通干道上，如四条御街，还有沿汴河的大街，这里既是交通干道，也是商业最繁华之地。二是靠近宫城附近的街巷非常繁华，这里各类行市如酒楼、饮食、医药相当之多，特别是金银行等，有如后世“金融资本”性质的行铺也集中在这里。

3. 各类集市

在北宋末年，除了遍布东京城的繁华而密集的街市外，城市内及城市附近还有大量的集市。其中有的定日，即仅在某月某日有市；有的定时。其分布状况如下：

（1）早市和夜市

城门口、街头和桥头集市：多是早市。“每日交五更，诸寺院行者打铁牌子或木鱼循门报晓，……诸趋朝入市之人，闻此而起。诸门桥市井已开……直至天明。”这是《东京梦华录》卷三的〈天晓诸人入市〉中，所记述的城门和桥头早市的景象。早市上的买卖有瓠羹店的灌肺和炒肺，粥饭点心等早点，还有“卖洗面水”及“煎点汤茶药者”。到天明，杀猪羊作坊用车子或挑担送肉上市，动即数百。麦面也用布袋装好，用太平车或驴马驮着，守在城门外，等门开入城货卖。果子等“集于朱雀门外及州桥之西，谓之果子行”。“更有御街桥至南内前，趋朝卖药及饮食者，吟叫百端”。所谓“趋朝”是指清晨赶早市者。

除了早市以外还有夜市。如《东京梦华录》中卷之二的〈州桥夜市〉，描述了北宋东京城内从朱雀门到龙津桥的夜市景象。另外据《铁围山从谈》卷四载；在东京土市子以东十字大街上的“茶坊每五更点灯，博易买卖衣服、图画、花环、领抹之类，至晓即散，谓之鬼市子”，这里的夜市买卖，带有赌博的性质，即所谓“博易”，也叫作“扑卖”或“关扑”。北宋政府平时禁止“关扑”，只有在元旦、冬至、寒食三节，由开封府出榜，才可以各开禁三天。这里之所以形成天明前的“鬼市子”，是免得白天公开犯禁。

（2）庙市

宋代庙市流行，不少寺院常常在四月八日（佛的生日）举行盛大的庙会和集市。东京的庙市以相国寺庙市最为著名。每月在朔望和三个逢三、逢八的日子举行，共计八次[37]。

相国寺的庙市，利用两廊和院落空间，将货物分类摆布。在相国寺大三门前后卖飞禽、猫犬、珍禽、奇兽。第二三门前后卖“动用什物”。在空间开阔的庭院中设彩幕、露屋、义铺，即是临时架设的售货小棚子，犹如出售百货的小店铺，既有家用器物如蒲盒、簟席、屏帏以及洗漱用的器皿，又有马具如鞍辔，兵器如弓箭，更有时果（时鲜果子）、腊脯等食品。“近佛殿有孟家道院王道人蜜煎、赵文秀笔、潘谷墨”，皆为名家制作。两廊“有诸寺师姑卖绣作、领抹、花朵、珠翠头面、生色销金花样幞头帽子、特髻冠子、绦线之类。殿后资圣门前皆书籍、玩好、图画，以及诸路罢任官员土物香药之类”。

（3）节日的集市

节日集市，主要供应节日特殊需要的商品。如端午节有“鼓扇百索市”，即卖小鼓、扇子、合欢索、百岁索、长命索之类。市场在潘楼下、丽景门外、阊阖门、朱雀门内外、相国寺东廊、睦亲广亲宅前等处。在七夕有“乞巧市”，在潘楼前卖乞巧物，至七夕前三天，车马就不能通行了。同时，街市和瓦市都卖“磨喝乐”，即泥塑小孩。到了七月十五日中元节“先数日，市井卖冥器靴鞋、幞头帽子、金犀假带、五彩衣服。以纸糊架子盘游出卖。”[38]到年底，“近岁节，市井皆印卖门神、钟馗、桃板、桃符及财门钝驴、回头鹿马、天行帖子。卖干茄瓠、马牙菜、胶牙饧之类，以备除夕之用”[39]。“东京潘楼下，从岁前卖此等物至除夕，殆不通车马。”[40]

（四）瓦市勾栏

随着经济的发展、商业的繁荣，文化娱乐业兴起，形成在城市中占有一定空间的市民娱乐场所，于是出现了带有演戏场地——勾栏的瓦市。瓦市也称瓦舍、瓦肆，其意为“瓦者，野合易散之意也”（《都城纪胜·瓦舍众伎》），“瓦舍者，谓其来时瓦合，去时瓦解之义，易聚易散也”。“勾栏”是一种临时围合起来的演艺场。瓦市是以勾栏这样的戏场为中心而发展起来的集市，除勾栏外，还有“货药、卖卦、喝故衣、探博、饮食、剃剪、纸画、令曲之类”[41]。

东京的瓦市有六处：最大的桑家瓦子在潘楼街；朱家桥瓦，在内城东门“曹门”外；州西瓦子在内城西门“梁门”外；州北瓦子在内城北门“封丘门”外；新门瓦子在内城西南门“新门”外；保康门瓦子在内城东南门“保康门”外。这六处瓦子均匀分布在全城中。

在最大的桑家瓦子中有“大小勾栏五十余座”，“近北则中瓦，次里瓦”，“内中瓦子（的勾栏）有莲花棚、牡丹棚，里瓦子（的勾栏）夜叉棚、象棚最大，可容数千人。”（同注［41］）

瓦市的出现不仅使市民的业余生活更为丰富多彩，而且对中国文学艺术的发展起了重要作用，特别是促进了话本文学的产生。《东京梦华录·卷五·京瓦伎艺》所载北宋末年在瓦市上的表演有小说、讲史、散乐、舞旋、小儿相扑、杂剧等。瓦市中的勾栏可称得上是中国最早的公共露天剧场，瓦市本身犹如一座大的游乐场，百姓可以在这里看演出、进酒楼、购买百货杂物等。一座城市出现六座瓦市，可证当时民俗文化的发达。文化娱乐设施已成为城市中的重要组成部分，这是前所未有的。

（五）手工业分布

东京的手工业分为官营和私营两大类。其中官营手工业无论在生产规模、组织分工等方面均大大超过私营手工业。这是因为官营手工业主要是为皇室服务的。如《东京梦华录·卷一·外诸司》中就记有法酒库、内酒坊、东西作坊、文思院、上下界绫锦院、文绣院等等众多的官营手工作坊。

官营手工业的组织构成有五类：

（1）属少府监管辖的有以下五个机构：文思院、绫锦院、染院、裁造院、文绣院，主管生产皇室所用乘舆、服饰之类。

（2）属将作监管辖的有修内司、东西八作司、竹木务、事材场、麦䴬场、丹粉所、作坊物料库、退材场、窑务、帘泊场等，主管建筑工程。

（3）属军器监管辖的有东西作坊、作坊物料库、皮角场、弓弩院等四个场坊，主管生产军器。

（4）后苑造作所，“掌造禁中及皇属婚娶名物”[42]。

（5）后苑烧朱所，“掌烧变朱红以供丹漆作绘之用”[43]。

此外还有造船务、内酒坊等等专业手工作坊。

见于文献记载的手工行业作坊分布情况如下：

1. 设在里城西南部兴国坊的武器制造业作坊：又称南北作坊，制造兵器、戎具、旗帜及其他军用什物。内设木作、铁甲作、大炉作、小炉作、器械作等，共计 51 作，有兵校及工匠共 7931 人[44]，在东京当时是最大的工场之一，其中仅弓的产量就是全国各州的 2.5 倍。

2. 印刷业作坊：广布全城，东京是当时全国印刷业的四大中心之一[45]，官私作坊均极发达，尤以官刻为更佳。当时国子监、崇文院、秘书监、司天监等均有各自的刻书作坊，刻印了大批经史典籍。

此外还有若干私营刻书作坊，较为分散。

3. 水磨步磨加工业：东京的官私水磨业相当发达，以水磨制茶，也可制麦；外城北部的永顺坊和嘉庆坊以水磨务著称，官磨茶场原集中在城东汴河岸边之丁字河，元丰六年春（1083 年），因浚蔡河，宋廷乃在通津门外，用汴河水置水磨百盘，范围相当广[46]。除水磨之外还有用人力、畜力推动的步磨，主要磨制面粉。步磨的私营磨户，也有相当数量。

4. 冶铁业：外城东部显仁坊的铸铁务，是官营金属加工场。民间有小型铁铺，如《清明上河图》中即有这种小铁铺的画面。

5. 染织业：里城东北部昭庆坊的官办绫锦院，有兵匠1034人[47]。“旧有锦绮机四百余”[48]，是东京重要的纺织品生产基地。染院，设在京城西的金城坊，利用金水河水，污水排于新城墙外护龙河旁。

6. 裁造、刺绣业作坊：官办有裁造院，先在里城西南的利仁坊，后迁至里城东北部的延康坊。宫廷中所需刺绣用品多来自“闾巷市井妇人之手，或付之尼寺”。后官建文绣院一所，招工300人[49]。

7. 都曲院，在曲院街之敦义坊，为官办造酒作坊，又称内酒坊，内酒坊造的名酒称法酒。私营造酒者更多，分布于城内各处繁华的闹市。且品牌众多，东京城的大酒楼各家皆有自己的名酒，如潘楼的“琼液”，会仙楼的“玉胥”，高阳殿的“流霞”，仁和楼的“琼浆”等[50]。

8. 制药业作坊：北宋制药业发达，官办药业，除设在宫廷的御药院之外，又有官药所七个，其中两个为制药作坊，五个为官药局。私营药铺林立，如沿宫城西南角楼西去，一路上就有许多药铺。又如沿马行街北去，到里城旧封丘门，“马行南北几十里，夹道药肆，盖多国医，咸巨富”[51]。

9. 文具制造业作坊：即指“文房四宝”的生产小作坊，在大相国寺附近尤多。对此有诗记曰：“京师诸笔工，牌榜自称述；累累相国东，比若衣缝虱”[52]。又如潘谷所造之墨质量极高，遇湿不败，誉满京城。

其他手工业如造船业、陶瓷业等则大都设在城外，少量在城内。

由上可知东京各种手工业作坊分散在城内外，形成按“行”集中的态势。

（六）仓储设施的分布

东京每年漕运大量的物资，需要解决储存的问题。除宫城内藏之外，大量粮食货物存于沿河仓库或货物堆垛场。

北宋初，“京师内外凡大小二十五仓，官吏四百二十人，计每岁所给不下四百万石，……”[53]。这二十五仓即东河的里河仓，共有十个，西河的永济、永富二仓，南河亦谓之外河的广济仓，北河的广积、广储仓，此外还有税仓、天驷监的三仓、左天厩坊仓、大盈、右二厩仓，以及折中仓、茶库仓等。

此外汴河南北各有草场三所，以受京畿租赋及和市所入之草[54]。

到了北宋中期以后，随着赋税收入增多及漕运畅通，东京城的仓场建设也不断扩大。大量漕运而来的粮食货物则存放于河道两岸的仓场内。据《东京梦华录》卷一〈外诸司〉载：“自州东虹桥元丰仓、顺成仓，东水门里广济，里河折中，外河折中，富国、广盈、万盈、永丰、济远等仓。陈州门里麦仓子，州北夷门山、五丈河诸仓。约共五十余所。”比宋初增加了一倍多。

（七）居住区

东京城在北宋形成了开放的街巷式城市居住区，宋廷对于东京城采取了“厢”和“坊”的行政管理体系。

1. 北宋东京城市人口及分布情况

东京里城、外城共十厢121坊，东京城内共有近10万户居民。若每户以5人计，当时，天禧五年（1021年）居民人口有50万甚至更多。连同驻军及家属有70万。全城共计人口应在120万左右(表2-1)。

从城市人口的分布情况看，外城东部的城东左厢九坊人口密度最高，每坊平均近3000户。外城东南部左厢次之，平均一坊 1171 户。里城东北部再次之。全城的东部是人口密度最高的地方。外城东部共 26800 户，这一带是对外交通，包括陆路和水路最繁忙的地方。里城东北部共 15900 户，这里正是里城最繁华的地方，包括马行街在内。而从面积上看，里城东部的面积较外城东部面积小得多，因此这里应是城里居民密度最高的地方。

天禧五年（1021 年）东京城厢坊数与户数一览表 表 2-1

部　位	厢　名	坊　数	户　数	一坊平均户数
里城东南部	左第一厢	20	8950	447.5
里城东北部	左第二厢	16	15900	993.7
里城西南部	右第一厢	8	7000	875
里城西北部	右第二厢	2	700	350
外城东南部	城南左厢	7	8200	1171.4
外城西南部	城南右厢	13	9800	753.8
外城东北部	城北左厢	9	4000	444.4
外城西北部	城北右厢	11	7900	718.1
外城东部	城东左厢	9	26800	2977.7
外城西部	城西右厢	26	8500	326.9
全城合计		121	97750	807.9

注：此表原载日本梅原郁《宋代之开封与都市制度》《鹰陵史学》1977 年 7 月，杨宽《中国古代都城制度演变史研究》一书转载时增加“部位”一项。

从表 1 中可以看到，居民最少的是里城西北部的右二厢，只有二坊共 700 户。因为这一带是军营所在地。

2. 开放的街巷式居住区

从《东京梦华录》中所描述的北宋末年东京城内的景象可知，这时的居住区与商业店铺，酒楼和手工业作坊混杂在一起，遍布东京大小街巷。这种市坊杂处的情形，大约有三种情况：

（1）同一街巷内住宅与商店分段布置，这主要在东京城内最重要的大街和宣德门南御街。以州桥为界，以北是住宅府邸，以南则是店铺。

（2）住宅和商店、手工业作坊混杂相间。如马行街北，除了众多有名的医药铺外，“其余香药铺席，官员住舍，不欲遍记。”[55] 实际上，街巷上的商业店铺和手工业作坊本身都兼有居住功能。

（3）达官贵戚府第与商店杂处区，像郑皇后宅后面是有名的酒楼“宋厨”；明节皇后宅靠近张家油饼店，当朝的蔡太师则毗邻州西瓦子。权贵府第置于一片闹市之中，这也是以往少有的。

所谓开放的坊巷式居住区，其实质是打破了严格限制的“里坊”和“市”以后，城市中的住宅、店铺、手工业作坊乃至仓库等在城市内混杂相间，没有严格明确的用地分区界限，很难明确地把居住区从城市内部划分出来。而达官权贵的府第则相对集中在内城之内，特别是在内城里主要街道上。

3. “厢”和“坊”的行政管理体系

东京没有了以坊墙、市墙为界定的严格坊市制度，但北宋官府仍采用“厢”和“坊”的行政管理体制。

从东京的行政管理体系的构成上说，东京开封府下设两赤县，即浚仪县和开封县，这是沿用唐代汴州旧制。东京城分属两赤县统领，其中开封县管辖内城御街东部和外城的东部、南部；浚仪县（在大中祥符二年改称祥符县）管辖内城御街西部和外城西部、北部。宋真宗大中祥符元年（1008 年），京城内外开始设厢，厢成为坊的上级行政单位。同时城内全部由开封府管辖。

东京里城设有四厢46坊；外城设有六厢75坊；共计十厢121坊。里城和外城十厢所属共计121坊，各厢坊数见表2-1，若加上附郭的京东三厢、京南一厢、京西三厢和京北二厢共九厢15坊，东京城内外共计十九厢136坊。

北宋东京的厢坊制管理体制，可以说是在废除了唐代坊市制度后建立起来的新的管理体系。特别应注意的是，北宋之"坊"与唐代之"坊"有根本的区别。朱熹曾这样对比唐宋之坊："唐……官街皆用墙，居民在墙内，在出入处皆有坊门，坊中甚安……本朝宫殿街巷京城制度，皆五代仍因陋就简，所以不佳"[56]。这时坊只是一个行政基层单位。居民称呼某地已多用某街某巷，《东京梦华录》中也如是。

（八）园林和城市绿化

园林和城市绿化是城市建设的重要组成部分之一。在北宋定都开封之时，由于长期的战火频仍，水利失修，土地盐碱化，植被破坏严重，使开封周围地区风沙成灾。经过一段时间的建设，到北宋末年东京城已经是一座园林之城。这一方面是由于帝王官吏乃至寺庙都大量兴建园林；另一方面宋廷大力加强东京城的绿化，改善城市环境，为后代城市绿化提供了有益的经验。

1. 园林建设

北宋时期，据统计当时有名可举的园苑约八十余处，大型的如皇城之后苑、延福宫、艮岳，城外的著名"四苑"，即琼林苑、宜春苑、玉津园、瑞圣园，构成皇家园林的主体；帝王不惜工本地大造皇家园苑，权贵们则纷纷仿效，建造私园，发达的社会经济为大量而奢华的园苑建设提供了物质基础。如《东京梦华录》卷六中〈收灯都人出城探春〉一段通过对"探春"的记述，可知园林之盛："收灯毕，都人争先出城探春。州南则玉津园外学方池亭榭，玉仙观，转龙湾西去，一丈佛园子、王太尉园，奉圣寺前孟景初园，四里桥望牛冈剑客庙。自转龙湾东去，陈州门外园馆尤多。州东宋门外，快活林、勃脐坡、独乐园、砚台、蜘蛛楼、麦家园、虹桥、王家园。曹宋门之间东御苑、乾明崇夏尼寺。州北李驸马园。州西新郑门大路，直过金明池西道者院……以西宴宾楼，有亭榭、曲折池塘、秋千画舫，酒客税小舟，帐设游赏。相对祥祺观，直至板桥有集贤楼、莲花楼……。过板桥有下松园、王太宰园、杏花冈。金明池角南去水虎翼巷水磨下蔡太师园。南洗马桥西巷口华严尼寺，王小姑酒店北金水河两浙尼寺、巴娄寺、养种园，四时花木繁盛可观。南去药梁园、童太师园。南去铁佛寺、鸿福寺、……孟四翁酒店。州西北元有庶人园，有创台、流杯亭榭数处，放人春赏。大抵都城左近，皆是园圃，百里之内，并无闲地。"

2. 城市环境治理

（1）宫城绿化

与明清两代北京宫城不同，北宋东京宫城内除后苑绿化外，其余部位空地都种有树木花草。宫城殿庭周围种植大量槐树，在宫城道路两旁亦有旺盛的槐树。宋祁诗有："夹道宫槐鼠耳长，碧檐千步对飞廊"[57]。其他还有桧树、竹子等。宫城内一片苍翠，环境幽雅。

（2）御街和城市街道绿化

宫城宣德门外宽约二百余步的御街，有着良好的绿化。在北宋前期，主要栽种杨柳，至徽宗宣和间，更进一步美化，在御街两旁的御沟内尽植莲荷；近岸植桃李梨杏，杂花相间，形成高低不同的多层次绿化。

城内其他街道两旁，主要栽种槐柳。李元淑在《广汴都赋》中说："览夫康衢，四通五达，连骑方轨，春槐夏荫。"[58]《东京梦华录》也有："城里牙道，各植榆柳"的记载。

（3）护城河及诸河道的绿化

东京“外城壕曰护龙河”，“壕之内外，皆植杨柳”[59]，在这个周围50里的城壕内外形成一个巨大的环城绿化带。对于汴河、金水河、蔡河、五丈河岸边，自宋初以来，屡有诏令，命广植榆柳。

（九）北宋东京的用地分区

对于北宋东京城中的建筑用地，按其功能本可分为宫廷、行政、礼制、商业、手工业、仓库、文教、居住、城防和园林等区。现将各类建筑位置列表如下（见表2-2）。

北宋东京城市规划分区表 表2-2

编号	分区类别	包含内容	规划位置
1	宫廷建筑	宫禁区	宫城内
		延福区	宫城北到旧城北城墙
2	行政建筑	中央官署区	御街到州桥一段两边
		地方行政区	里城和外城的街巷中
3	礼制建筑	宗　庙	景灵两宫在宣德门外御街两边
			太庙在景灵东宫东大街东端
			郊社在尚书省南横街西端
		郊　坛	郊坛在南薰门外南郊，郊坛东北有青城和斋宫为皇帝行礼时的行宫
4	商业建筑	主要商业区	1. 御街自州桥以南
			2. 州桥以东汴河大街
			3. 州桥以西大街
			4. 潘楼街
			5. 马行街向北
			6. 宫城宣德门前东西向大街
			7. 宫城东华门前大街
			8. 景灵宫东门大街和相国寺东门大街
		其他商业网点	遍布外城、里城各条街巷
5	手工业作坊	官营手工业作坊	兴国坊的东西作坊、宣化坊、弓弩院
			国子监、崇文院；秘书监等（军器）
			永顺坊、嘉庆坊（印刷）；通津门外（水磨加工）
			兴国坊、显仁坊（金属加工）
			昭庆坊绫锦院，金城坊染院（织染业）
			先在仁和坊，后迁延康坊的裁造院；文绣院（裁造，刺绣）
			敦义坊；内酒坊和法酒库（酿酒）
			宫城内御药院（制药）
			朱雀门外讲武池（造船）
			陈留镇（官窑，陶瓷业）
		私营手工业作坊	遍布内城和外城内各街巷
6	居住建筑	府邸区	御街、马行街、宣德门前西大街等
		一般居住区	内城及外城内
7	文教建筑		太学、国子监、贡院皆在朱雀门南；武学在武成王庙内；崇文院在宫城内
8	城防建筑		环外城均有军寨；军营以外城内西北部最多

续表

<table>
<tr><th>编号</th><th>分区类别</th><th>包含内容</th><th>规划位置</th></tr>
<tr><td rowspan="4">9</td><td rowspan="4">园林建筑</td><td rowspan="3">皇家园林</td><td>艮岳在宫城东北面</td></tr>
<tr><td>外城外四郊有玉津园、宜春苑、瑞圣园、琼林苑与金明池等</td></tr>
<tr><td>外城与内城内多处</td></tr>
<tr><td>私家园林</td><td>外城内外及内城内多处</td></tr>
</table>

值得注意的是，东京城内各种不同功能的建筑没有明确的用地区段，如商业、手工业、居住和部分行政官署等在城里混杂相间，特别是在城市繁华街区。这样的情况实际上是打破了严格限制的里坊和市坊后，城市居住区、商业区、手工业区和仓库区等自由发展，没有统一规划的结果。城市内很难明确地划分出各类建筑的用地分区。从这个意义上说，北宋东京城更像近代的城市。城市根据自身消费需求和政治、经济活动的需要而产生出商业店铺、手工业作坊、仓库区、瓦子等，这种各类建筑用地自由灵活发展的情况，无疑反映了经济的发展、城市职能的多样化，反映了城市自我更新发展能力的增强。而这一切的基础应该是社会经济的发展，包括城市商业经济、手工业经济等等的繁荣。

四、北宋东京城市规划的新特点

北宋东京城市建设正处在由唐末开始的封建社会城市制度发生变革的过程中。从北宋东京可以看到与唐代城市，如长安和洛阳相比有明显不同的新的特点；但也有不可摆脱的传统。

1. 从唐汴州城和五代都城发展而来的北宋的都城形制，仍保存着“以中为尊”的封建都城格局，具体说，就是宫城居中，多重城垣环套，城市干道以宫城为中心向四周伸展。

2. 以宫城和御街形成城市中轴线。宫城位居城市中心，城南御街拓宽，形成宫城前广场，御街两边设“千步廊”，布列官署，突出宫城的中心地位，并强化御街的中轴线地位。

3. 开放的街市和各类集市代替了唐代的集中市制，形成遍布全城的商业网，在主要交通干道和宫城附近发展成中心商业区。随着城市商品经济的发展和城市消费需求的提高，旧的集中市制已经不能适应新的经济发展的要求而最终被废弃。原来仅在城门附近和临河地段开设的商业店铺，发展到各条街巷，形成遍布全城的商业网点，这种城市商业分布结构的变化，符合新型城市经济规律，对城市发展起着重要作用。

4. 改革旧坊制，以街巷式的开放居住区代替旧的里坊制。北宋时期虽然曾几次试图恢复旧坊制，但终因违背经济发展规律而一再失败，最终形成开放的街巷式居住区。

5. 改变旧的城市分区规划。一是发展为开放的遍布街巷的商业区、手工业区和居住街区，并出现新的仓场区，和瓦子一类的娱乐服务性用地。二是各种用地在城内混杂相间，彼此之间没有固定明确的用地界定。在居住区中配有为居民生活服务的各类商业、服务业网点。各类用地的分布以城市经济发展和城市消费的需求为原则。

6. 城市内部街道空间的变化，由坊墙、市墙隔离出来的封闭的街道空间，转变为由各种行业店铺和居民住宅构成的开放型街道空间。街道成为商业、手工业、消费服务业等各种城市活动的空间和场所，同时也成为居民交往的场所。宫殿被闹市包围，商业街市成为皇帝出行的必经之路。

北宋东京正处于唐宋之际城市制度变革的关键阶段。引起东京产生这些变化的原因，是多方面的：

1. 城市是从旧城基础上发展而来的，而不是一次规划建设而成。城市的发展具有连续性，新城市的建设必然受到旧城市各种现状条件的影响，其中包括旧城的地理、经济环境、城市结构、城市经济水平、城市人口等。新城市的建设过程要面对诸多现实问题，必然要因地制宜采取措施进行规划建设，而不能只按少数统治阶层的意志行事。

2. 社会经济发展无疑是推动城市制度变革的根本原因。唐代以前的城市制度是与当时不发达的封建经济相适应的。到了唐代后期，由于社会经济的发展，商品经济的发达，必然形成与旧的城市制度之间的矛盾，而最终冲破旧制度，以开放的街巷制代替封闭的里坊制。

3. 经济的发展引起社会意识形态方面的变化。沿街开店获利甚多，这对于当时的达官贵戚来说具有极大的吸引力，他们并不迷恋旧坊制的管理手段，因此尽管皇帝下诏恢复街鼓制，他们首先起来反对。最后帝王也不得不接受社会现实了。旧的封闭的城市制度既违反经济规律，同时又与上到官贵、下至百姓的意愿相抵，自然无法再恢复了。

注释

[1]《事物记原》。

[2]《史记》卷七十二　穰侯列传。

[3]《太平寰宇记》卷一　东京·开封府。

[4]《唐书》李勉传。

[5]《旧五代史》卷一百五十　郡县志。

[6]《五代会要》卷二十六　城郭。

[7]《金史》卷一百一十三，赤盏合喜传。

[8]《册府元龟》卷十四　帝王部·都邑。

[9]王辟之《渑水燕谈录》卷五。

[10]《东京梦华录》卷二宣德楼前省府宫宇条记为“十三间楼”。

[11]《资治通鉴》卷二九三、二九四。

[12]《新刊大宋宣和遗事》：“(徽宗)宣童贯、蔡京值好景良辰，命高俅、杨戬向九里十三步皇城，无日不歌欢作乐”。

[13]《宋史》卷八十五　地理志。

[14]李合群《北宋东京皇、宫二城考略》，《中原文物》1996年第三期。开封宋城考古队《明周王府紫禁城的初步勘探与发掘》，《文物》1999年第12期。

[15]《续资治通鉴长编》卷七十七，大中祥符五年正月。

[16]《宋史》卷八十五　地理志。

[17]《续资治通鉴长编》卷六十八，大中祥符元年正月丙子。

[18]《续资治通鉴长编》卷八十七、九十一、一百。

[19]《宋会要辑稿》方域一之二二、二三。

[20]《宋会要辑稿》方域一三之一九。

[21]《续资治通鉴长编》卷三百十一，元丰五年十二月甲子。

[22]有关市坊制消亡的时间问题，归纳起来有以下几种观点：一种是以日本学者加藤繁为代表的观点，认为东京市坊制在北宋末年才彻底崩坏。详见加藤繁《宋代都市的发展》。另一种观点认为严整的里坊制度在唐代后期开始松动，在唐末战火中已宣告结束。持这一观点的如日本学者梅原郁在《宋代开封与都市制度》中曾怀疑五代初年坊制就不存在了，宋代的开封一开始就没有坊制。台湾学者刘淑芬认为在五代以后再没有恢复起唐代长安、洛阳那样的规模与制度，并认为宋初君主曾经有意恢复部分唐代的坊制，但并没有能够成功。详刘淑芬《中古都城坊制的崩解》《大陆杂志》第二十八卷第一期。历史学家杨宽在《中国古代都城制度史研究》一书中则更明确地认为北宋初东京居民已面街而居。

[23]引自《北宋东京外城的初步勘探和试掘》，开封宋城考古队，《考古》1992年第12期，参见“北宋东京外城平面实测图”。

[24]《东京梦华录》卷一 东都外城。

[25]《东京梦华录》卷一 东都外城。

[26]《续资治通鉴长编》卷二百九十五，元丰元年十二月戊午。

[27]《续资治通鉴长编》卷三百三十六，元丰六年闰六月己卯。

[28]《东京梦华录》卷一 东都外城。

[29]《续资治通鉴长编》卷十九，太平兴国三年二月。

[30]《续资治通鉴长编》卷五一"咸平五年二月戊辰"条，《宋史》谢德权传。

[31]《东京梦华录》卷二 宣德楼前省府宫宇。

[32]《东京梦华录》卷二 州桥夜市。

[33]《东京梦华录》卷二 宣德楼前省府宫宇。

[34]《东京梦华录》卷一 大内。

[35]《齐东野语》卷十一。

[36]《东京梦华录》卷三 寺东门街巷。

[37]《东京梦华录》卷三"相国寺内万姓交易"记载为5次，另据王得臣《麈史》及南宋人《使燕日录》中的《湛渊静语》卷二皆记载为8次。据周宝珠《宋代东京研究》考证，后者可信。

[38]《东京梦华录》卷八 中元节。

[39]《东京梦华录》卷十 十二月。

[40] 陈元靓《岁时广记》卷四。

[41]《东京梦华录》卷二 东角楼街巷。

[42]《宋会要辑稿》职官三六之七二。

[43] 同上，职官三六之七六。

[44]《宋会要辑稿》方域三之五、五一。

[45] 据《石林燕语》卷八载："今天下印书以杭州为上，蜀本次之，福建最下，京师比岁印板殆不减杭，但纸不佳……"。

[46]《宋会要辑稿》食货八之三三。

[47]《宋会要辑稿》职官二九之八。

[48]《宋会要辑稿》食货六四之一八。

[49]《宋会要辑稿》职官二九之八。

[50]《曲洧旧闻》卷七 张能臣《名酒记》。转引自周宝珠《宋代东京研究》，河南大学出版社，1992年4月。

[51] 蔡修《铁围山丛谈》卷四。

[52]《居士外集》卷四《圣俞惠宣州笔戏书》。转引自周宝珠《宋代东京研究》，河南大学出版社，1992年4月。

[53]《文献通考》卷二十五《国用考·漕运》。

[54]《文献通考》卷二十五《国用考·漕运》。

[55]《东京梦华录》卷三 马行街北诸医铺。

[56]《朱子语类》卷一百三十八《杂类》。

[57]《景文集》卷二十六《天街纵辔晚望》。转引自周宝珠《宋代东京研究》，河南大学出版社，1992年4月。

[58] 王明清《玉照新志》卷二。转引自周宝珠《宋代东京研究》，河南大学出版社，1992年4月。

[59]《东京梦华录》卷一 东都外城。

第二节 南宋临安

杭州是我国六大古都之一。吴越国曾以此为国都，宋室南迁，又建行都，称为临安。

临安不仅是南宋的政治及文化中心，同时又是全国的一大经济都会。由于当时商品经济颇为发达，临安城市非常繁荣。从宋孝宗乾道年间（1165～1173年）至度宗咸淳年间（1265～1274

年）这一百年左右，临安府属钱塘及仁和两赤县城市人口增长两倍的这一事实，即足以概见临安城市发展的情况[1]。城市经济迅速发展，促进了城市规划工作的变革，南宋临安城市规划正承担了这一大变革的历史任务。

一、南宋以前的杭州

（一）建城历史概况

在古代，西湖还没有形成，现今的杭州市区乃是个三面环山，呈马蹄状的浅海湾。大约四千年前，居民聚居在今杭州城老和山麓西北直至余杭县良渚一带地域内。现在考古学上所称的“良渚文化”，即指这些居民所构成的文化而言。后经一段较长时间，人们逐渐向东南方向发展，迁徙到灵隐山下。据文献记载，最早的钱塘县治便在这个地方[2]。西汉初，钱塘县治仍旧在此。东汉华信筑防海塘后，西湖才形成。约在东汉中叶，钱塘县治又由灵隐山下移至宝石山东。南朝宋刘道真《钱塘记》谓：“明圣湖（西湖）在县南二百步，防海大塘在县东一里，县西则为石姥山（即今宝石山）。”此时县治位置便在这个范围内。这是今杭州城范围内建城之始，但局限于西北一隅，且规模颇为狭小。

以后由于地理上的变化，海湾淤积不断扩大，钱塘江河道也有变动，加之六朝以来的开发经营，钱塘江西岸日渐繁荣起来。隋开皇十一年（591年），将州治迁到柳浦以西，凤凰山以东[3]。由杨素主持营建杭州城，城周围三十六里九十步。这是现在杭州市区范围内首次出现的一座颇具规模的城。唐代城址无变化。

吴越王钱镠，以杭州为都，就唐城加以扩建。经过三次筑城，子城外又有内城和罗城。罗城周围达七十里，较之隋城几扩展了近一倍[4]。除西面濒湖无法发展外，其余三面都扩展了，尤其东南两面扩展较多。

北宋大抵仍承吴越之旧，不过吴越内城已拆除，即以罗城为城，但北垣局部可能稍许南移，例如吴越的北关门即稍移西南，改名余杭门。因内城既拆，已不存在三重城的格局了。

以上便是南宋建都前的杭州城市发展概况。

南宋高宗建炎三年（1129年），升杭州为临安府，称“行在所”，以原州治为行宫[5]。绍兴八年（1138年）定为行都。

南宋临安实际上是从吴越杭州的基础上发展起来的。因此，探讨南宋临安城市规划问题，这个历史因素是不可忽略的（图2-4）。

（二）吴越时代的杭州

吴越对杭州建设的经营，不仅给南宋奠都开了先河，也为现代杭州城市准备了条件，所以吴越在杭州城市建设史上留下的功绩是不可磨灭的。

五代梁龙德三年（923年），封钱镠为吴越国王，于是即以杭州为都。传至第五代钱弘俶，在宋太宗太平兴国三年（978年），始放弃割据，归并于宋。在建吴越国以前，钱镠任唐镇海军节度使，即着手经营杭州。钱氏据杭达八十四年，对杭州城市建设曾作了不少建树。现就其中几个方面的成就概述如次。

1. 扩大城址

唐城承隋城之旧，城南依山，北为平原。城的四至是东濒盐桥河，西接西湖东岩，南依凤凰山，北抵钱塘门。南垣东段划吴山于城外，西段则包金地山（今之云居山）及万松岭于城中，北垣止于虎林山（今之祖山），山在钱塘门外。

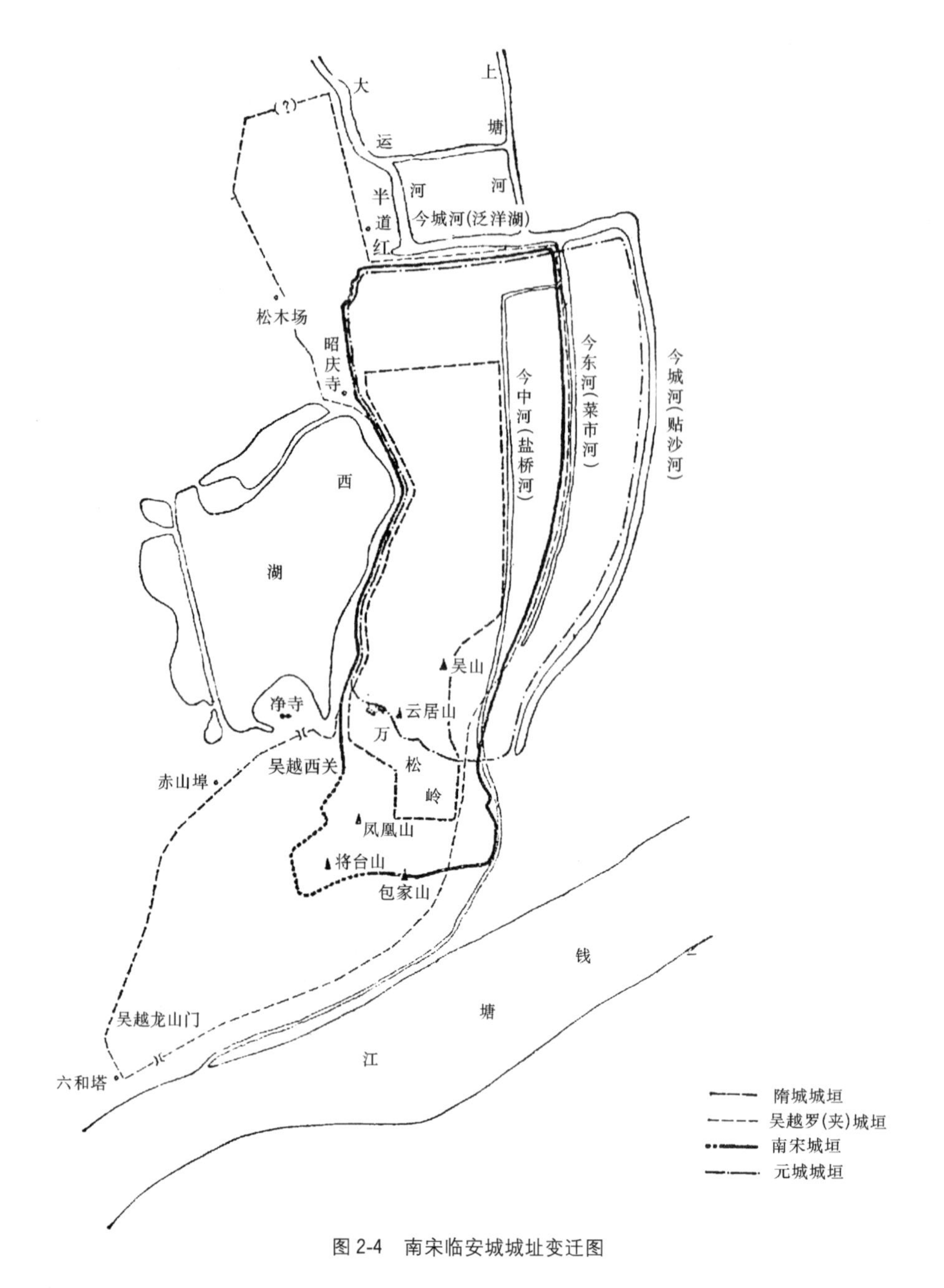

图 2-4　南宋临安城城址变迁图

吴越时杭州有三重城，即子城（宫城），内城和罗城。

内城仍承袭唐城规模，唐时城门有钱塘门、盐桥门、炭桥门及凤凰门。吴越又增辟朝天门，此门遗址即今之鼓楼。

吴越于内城之外，加筑罗城，扩展了城址，致杭城规模竟达周长 70 里。

吴越筑罗城，先后辟有龙山、西关、南土、北土、保德、竹车、候潮及通江诸门。西面濒湖未加扩展，仍以钱塘门为西门。钱元瓘时又于西城增置涌金门。

吴越除增筑罗城外并扩建了子城。

吴越子城即唐州城的子城。钱镠任镇海军节度使时，于唐光化三年（900 年），即扩展州厅西南隅，依山阜为宫室。建吴越国后，便在此基础上经营宫城，设朝于凤凰山下。子城南门称通越门，在凤凰山右。东北隅为双门（又称雹门），门外临江，建碧波亭（在今嵇接骨桥），为钱镠检阅水军处，子城规模及四至，史料无从查考。南宋宫城与吴越子城的继承关系，也有待考古发掘来判断。

2. 兴修水利

（1）筑防海塘

钱塘江潮对杭州城为患甚大，自汉以来，修筑海塘防潮冲击，成了历代杭州水利建设的一件大事。梁开平四年（910年）八月，吴越王钱镠射潮筑塘，是杭城建设史上著名的故事。钱氏这次筑塘，捍卫了杭州东城，奠定了通江门及候潮门的城基。吴越各代非常重视海塘建设，从六和塔至艮山门沿江地带，都建了石堤，保护杭州城不受江潮冲击，也为杭城的发展创造了条件。

（2）疏浚西湖

唐李密引湖水入城，凿六井，解决城中居民饮水问题。白居易更利用湖水灌溉田亩，筑堤分隔江湖，尽除湖葑，以保障西湖蓄水。吴越治湖又有了新发展。除设"撩浅军"，专责除葑浚湖，又鉴于城中诸河赖江水浸灌，常致淤塞，于是设龙山、浙江两闸，节制江流，并开涌金池，引湖水入城，以为城内诸河水源，解决泥沙淤塞问题。这是吴越对杭城水利建设的一大贡献。

（3）发展海运及治理运河

由于当时南北对峙，吴越重视发展海运，扩大对外贸易。因此大力整治钱塘江航道，使杭州海运畅通。"闽商海贾，风帆海舶，出入于江涛浩渺，烟云杳霭之间"（《美堂记》），"舟楫辐辏，望之不见其首尾"（《旧五代史》），可见其时海运发展的盛况。

吴越除发展海运外，还积极治理大运河，加宽加深河道，并设闸控制钱塘江潮之泥沙，以利航行。

此外，吴越对农田水利也采取了一系列的改进措施。从杭州、嘉兴直到江阴、武进一带，广造堰闸，并疏浚太湖、鉴湖，以防旱涝。这些水利建设，对发展以杭州为中心的广大地区的农业生产，起了积极促进的作用。

3. 确立杭州城市建设基本要点

隋杨素营建杭州州城，倚江带湖，南设州治于凤凰山，北以平陆为城市。整个杭城呈南北长东西狭的带状。这便是杭州城市最早的雏形。

吴越扩建，进一步发展了杭州城的地理特征和历史条件。分析吴越杭州城市建设的基本要点，当可看出它对以后杭州城市规划所造成的深刻影响，后世杭城规划虽依时代演进，发生了种种变革，但并未放弃吴越建设基本要点的传统。

吴越杭城建设影响较深远的有下列各点：

（1）控江保湖，综合治理

从汉迄唐，历代在筑海塘防潮袭，以及利用西湖解决城市用水问题，取得不少成绩。吴越发展了前人经验，且把两者结合起来综合治理，不仅大规模兴筑防海石塘，而且设闸节制江流，免除城内诸河淤塞之患；同时又浚治西湖，更进一步引湖水为城内河流水源，充分发挥了西湖的有利作用。吴越的控江保湖，综合治理的建设方针，一直为后世所继承，并作为建设杭城的首要任务。

（2）讲求水利，发展经济

吴越很重视发挥杭州水乡城市的地理特色，用来发展城市经济。吴越除整治钱塘江和大运河航道，发展内河及海上贸易，还在大运河流域广造塘泾，发展农业生产。吴越杭州城市经济之所以颇为发达，显见不仅商品经济繁荣，而且还有雄厚的农业经济为背景的。因此，讲求水利作为繁荣城市经济的一项重要手段，也是吴越杭城建设的基本要点之一。

（3）明确杭城扩展方向

杭州城市如何扩展？城西已濒湖，城南属丘陵，且划作宫禁。所以，城市本身的扩展，只能求诸东、北两面。吴越筑罗城，东亘江干，北近范浦，便是很好的说明。以后杭城的扩展，基本上仍是沿着吴越规划的建设要点行事。

(4) 确立杭城规划格局

隋唐设州治于凤凰山，而以北部平陆为城市。吴越就镇海军治所扩展为宫室，致子城仍居凤凰山，偏处内城南端，市、里都在内城北部平陆。增筑都城虽南部扩大到六和塔东，但这一带属丘陵地段，且毗连宫禁，未便充作市里。所以，吴越杭州虽扩展颇多，而城市主体部分却仍在宫北平陆地带。吴越营建国都，实不过进一步发展了隋城规划意匠，确立了杭城的"南宫北城"的规划格局。这种格局不仅为南宋所继承，一直到明清，也没有改变，所不同的只是元末张士诚改筑城垣，废弃南宋宫城，以和宁门为南门，截凤凰山于城外而已。至于政治中心仍居城南，市、里处城北，这个"南宫北城"或者，"前朝后市"的基本格局依然未变。

上述四项建设要点，也就是吴越杭城规划的基础。

二、南宋行都建设发展概况

南宋行都是就北宋杭州州城扩建而成的。由于这番扩建，不仅要按首都规格要求，进行城市政治等级升格的改造工作；同时更须根据其时转向后期封建社会的城市经济发展趋势，继北宋晚年之后，进一步改革旧的市坊规划制度，为后期封建社会城市规划制度奠定基础。因此，南宋临安的扩建规划，实际上既是一个具有政治与经济的双重历史任务的旧城改造规划，也是我国封建社会城市规划制度演进历程中一个具有划阶段意义的城市规划。

(一) 行都建设的演进历程

南宋行都建设大体上经历了三个发展阶段。建炎三年（1129年）以临安为行在所，至绍兴八年（1138年）正式定为行都，这段时间可视为草创阶段。自绍兴八年（1138年）至绍兴三十二年(1162年)，是扩建阶段。特别是绍兴十二年（1142年）与金人达成和议后，行都不仅兴建了不少宫室郊坛、官署、府邸、御园等，而且还扩展了皇城和外城。至高宗晚年更大规模地营建了德寿宫（"北内"）。城市建设如道路、水利等，也有发展。特别是随着工商业的进一步繁荣，更深入地开展了旧市坊规划制度的改革工作。通过这一阶段的经营，行都建设已颇具规模，城市规划结构也出现了新变化。孝宗继统，临安建设又有新进展。以后各代也不断有所补充，使临安建设日臻完备。这算是第三阶段。

1. 草创阶段

赵构是在"时危势逼，兵弱财匮"(《宋史·高宗纪》）的情况下即位的。当时军马匆匆，民心鼎沸，赵构为维系民心军心，正视困难，于建炎元年（1127年）九月下诏，对他的巡幸处所，诸事力求"因旧就简，无得骚扰"(《宋会要》)。建炎三年（1129年）以杭州为行在，以州治作行宫，即强调这种"因旧就简"精神。此后几年，虽略有营建，但规模有限。所以从建炎三年到绍兴八年，行在的宫室建设，仅在草创过程中。不仅宫室简陋，作为帝都的一些必备的礼制建筑设施，也不健全。

城市建设，基本上以维持原格局为主，无显著变化。其中较为重要的建设，大致有以下几项。

(1) 修缮城垣

因旧城年久失修，且有居民拆城建屋之事，故不得不加以修缮，以固城防。例如，绍兴二年(1132年）曾修筑外城城垣达三百余丈。但此仅属于修补旧城的活动，对城址并无影响。

（2）疏浚河道及西湖

北宋时杭州城中运河有二：一为茆山河；一为盐桥河。这两河是当时城内主要的河道。南宋初，由于泥沙淤塞，两河都难于担负建都以来的繁重运输任务。绍兴八年（1138年）知临安府张澄曾大事疏浚两河，以保证当时运输要求[6]。

西湖是临安的重要水源，对城市航运以及生产生活，关系甚巨。绍兴初仍承前代办法，常派人除葑浚湖，并禁止污染湖水，以保证城市水源和环境卫生，对维护西湖风景，也起了很好的作用。

（3）加强消防措施

临安自作为行都以来，人口众多，建筑密集，加之席屋多，故经常发生火灾，造成重大损失。例如绍兴二年（1132年）五月的一次大火灾，“火弥六、七里，延烧万余家”（《建炎以来系年要录》）。为了减少火灾，曾采取了一些重大防火措施。第一是开辟火巷，减少火灾蔓延。按照实际情况，将旧巷陌展宽，重要建筑物周围都留空地[7]。第二是取缔易燃屋盖。绍兴二年十二月曾下诏：“临安民居皆改造席屋，毋得以茅覆屋”（《建炎以来系年要录》）。第三是颁布“临安火禁条约”。规定“凡是纵火者行军法”（《系年要录》）。第四设军巡铺，监视火警。临安仿汴京旧制[8]，绍兴二年设军巡铺一百十五铺[9]，负责“巡警地方盗贼烟火”（《梦粱录》卷十）。

强化城市消防工作，是奠都后市政建设及城市管理上的新发展。开辟火巷及增置空场地，对调整旧城建筑密度，改进旧城街巷规划，显然是具有积极意义的。

（4）扩大城市工商业区

北宋时，杭州工商业颇为发达。自从作为行都，除民间工商业又有进一步发展外，官府工商业更有所增长。因而城市工商业区势必日益扩展，对城市的总体布局也影响愈深，诸如官府手工业有军器监所属之军工工业，少府监所属之内府服饰器物工业，将作监所属之土木营造工业，以及政府专利的酿酒和制醋业等。其中以兵器及酒、醋酿造业的规模为最大。这些官府手工业在临安城郊都设有不少作坊，尤以酒、醋作坊分布较广。

从以上所述不难看出临安城市的发展动向。就城市规划格局而言，宫在南、城市在宫北；东、北两面，便成了城市的主要扩展方向。当时，临安是南宋的政治中心，同时又是这个王朝的经济中心，如何适应城市经济发展的需要，是临安城市建设面临的一个重要问题。临安将继汴京之后，承担封建城市规划制度改革的历史任务。

2. 扩建阶段

自绍兴十一年（1141年）冬与金人媾和，偏安局势稍趋稳定，于是行都建设进入了第二阶段。

这十年来，由于城市经济日趋发达，人口不断增长，原有州城的各项建设与新形势需求之间的矛盾，更加显得突出。和议既成，因之临安建设也迅速发展起来。自绍兴八年（1138年）以来，特别是十二年至绍兴三十二年（1142～1162年）这段扩建活动频繁，其主要建设活动如下：

（1）皇家建筑

从绍兴十二年起，皇家建筑建设规模不断扩大，先后营建了各种宫观、庙坛、府库、学校、官署以及宗室达官的府邸。至绍兴二十八年（1158年），作为行都所必备的宫省郊庙等设施，都已大体就绪。绍兴三十二年，更建筑了规模庞大的德寿宫[10]。

此外，还经营了园苑。大内有御苑，另又于宫城外开辟了些御园；如玉津园、延祥园、富景园等。当时贵戚王公，也纷纷兴建府邸，设置私园，如杨和王府之水月园、云洞园，张循王府之真球园等，都是一时佼佼者。西湖本天下胜景，加上公私园林点缀，更为行都增色。这是临安建设一大特色，也是汴京所不及的。

（2）城市建设

1）扩展城址，修缮城垣

绍兴二十八年扩展皇城及皇城东南一带外城。外城扩展 13 丈，计修筑城垣 511 丈。新筑南门名嘉会门。经过这番扩展，皇城规模已达周回九里。对年久失修的旧城垣亦大加修缮。例如绍兴三十一年（1161 年）修缮倒塌城垣一百多处，达 1800 余丈[11]。

2）增辟道路，改善城市交通

首先为修建御街，调整城市道路布局。御街是原来杭城主要街道加以改造而成的全城南北主干道。南起皇城北门——和宁门，经朝天门，北抵城西北之景灵宫，全长 13500 尺，用三万五千多块石板铺成[12]。临安城内道路网，也以御街为主干进行了适当的调整。

其次，扩展东南城墙，还增辟了一条从候潮门，经嘉会门，直抵郊坛的宽五丈的御路[13]。城内坊巷街道，也随营建增多和改善防火条件，都放宽了路幅。有的交通冲要处及大建筑物前，还增开了街道广场。

经过这番调整改革，对改善临安城市交通状况，起了积极作用。

3）发展手工业区和市肆，繁荣城市经济

这一阶段，临安工商业又有了新发展。商品生产不断增长，商品交换更加发达。

（A）扩展工业区：随着手工业生产的增长，各种手工业作坊区也不断扩展。除增加官府手工业区，如少府与将作二监所属之各“作”及酿酒作坊外，民间各种手工业作坊发展更为迅速。不仅作坊规模日益扩大，如丝织、印书等行业的作坊；而且还增添了不少新“行”、“作”的作坊，此中尤以日用小商品为多。《武林旧事》所记仅饮食及制药的“作”，就达 12 种之多。在这些“作”、“行”中，以丝织业和印刷业，规模最大。

（B）营建房廊：房廊为临街道建造的廊式店面。北宋时杭州就有房廊[14]。南渡后，政府又继续营建房廊出赁。这种官营房廊出租的办法，孝宗时尚存在，当时尚书汪应辰曾批评孝宗“置房廊与民争得”[15]。

（C）增设各种行业街市及坊巷商业网点，扩大城市中心商业区：在前一过程的基础上，随着商品经济的进一步繁荣，行业组织的不断发展，临安城市又陆续增加了不少的行业街市。各坊巷内日用品店铺，也随商品生产的增长与人民生活要求的提高，而日益增多。特别是御街中段一带的城市中心综合商业区，由于增添各种大型铺店及酒楼、瓦子等，致市肆更加繁盛，范围亦不断扩大。临安城市新型商业网布局，至此颇具规模了。

（D）发展酒楼瓦子、茶坊及浴室等服务设施：官府经营的营业酒楼（清库），规模颇大，陈设华丽，且有官妓[16]。除官营酒楼外，尚有私营酒楼，又称“市楼”，大的其规模与官营者可相伯仲，如武林园等。坊巷中的小酒肆更多，几无处不有。

瓦子即剧场，汴京已有瓦子[17]。南渡后，临安也出现了瓦子，先是专为军中而设，继之及于民间。不仅临安禁军驻地环列，也遍布城内外。

除上述酒楼及瓦子外，还增添了不少大小茶坊和浴室，为市民服务。

（E）建置堆垛场、塌房：宋代称货栈为堆垛场或塌房，用来储存商贾货物。有官营，也有民营。临安自作为行都以来，商品经济愈加繁荣，商贾往来频繁，货物储运量陡增，所以货栈业势必更为发达。江河要道商品聚散的码头，都设有堆垛场、塌房，以利商贾。官营的场、房由“楼店务”统一管理。“楼店务”是专门“掌官邸店直出僦及修造缮完”的政府机构。

4）疏浚湖河，保障城市水源及航运

临安水利至关重要的，一为西湖，一为运河。前者关系城市水源，后者为城市航运命脉。

绍兴九年（1139年）知临安府张澄招置厢军兵士二百人，专职撩湖。对“包占种田，沃以粪土，重置于法”，以杜绝侵湖造田和污染湖水的不法行为[18]。绍兴十九年（1149年）郡守汤鹏举，以西湖秽浊堙塞，招工开撩，并补足撩湖厢军名额，建造寨房船只，专门负责疏浚西湖[19]。这两次疏浚和建立经常维护制度，对确保西湖水源和城市环境卫生，是具有积极作用的。

茅山河及盐桥河是临安城内两条水运最繁的运河。绍兴三年（1133年）浚治后，绍兴八年（1138年）及十九年（1149年）又令浚运河，以维航运。后因营建德寿宫，加之两岸民居不断侵占河道，致茅山河日渐堙塞，城内水运便以盐桥河为主了。

除浚运河外，绍兴三十二年（1162年），还诏令临安府，开掏南城外的龙山河[20]。

5）配合城郊发展，加强城市管理

南渡以来，临安人口骤增，原来州城自难容纳，故逐渐向城外市镇发展。

由于城外居民日众，市肆也随着繁荣起来。绍兴十一年（1141年）郡守俞矣的奏折，便谈到当日城郊的情况。“南北相距三十里，人烟繁盛，各比一邑”（《乾道临安志》）。说明绍兴十一年时南北城效的人口之众，市肆之盛，已相当于一个县城了。因此，申请于城外设南北两厢，以便管理[21]。以后郑湜的《城南厢厅避记》也提及：“编户日繁，南厢四十万，视北厢为倍。”从这个户口数字，更足以推见城郊的繁荣盛况。

南厢治便门外一里浙江跨浦桥北，北厢治余杭门外江涨桥镇(《乾道临安志》)。

城市在不断扩大，为加强城内治安及消防的管理，绍兴二十二年（1152年）又增置三十五个军巡铺，连同绍兴二年（1132年）建置的一百十五铺，此时城内外共置有一百五十个军巡铺了。

厢的设置，军巡铺的增多，也可从强化城市管理这一侧面，说明这个过程中临安郊区市镇的发展概貌。

通过这一段的发展，临安建设已具备了相当规模，也奠定了一百五十多年南宋行都城市的基本格局。此后第三个阶段的建设，实不过是在这一格局下加以补充调整而已。

3. 补充调整阶段

自孝宗继位直至南宋灭亡。

（1）宫室建设

多属补充调整性质的活动，并无重大的改变或新的大规模营建。

（2）城市建设

1）这一阶段的市政工程除淳熙年间修缮城垣及咸淳年间大修御街外，一般都是日常养护性的活动，没有什么大的建设活动。

至于城市服务性设施则增建不少。其中增加较多的是瓦子和官营酒楼。私营酒肆茶坊也更发达，不仅种类和数量日益增多，规模也有所扩展。

2）增建粮食仓库及水上“塌房”。孝宗建丰储仓，“于仁和县侧仓桥东”，“成厫百眼”。又置丰储西仓于余杭外，“其厫五十九眼”(见《梦梁录》)。理宗淳祐九年（1249年）又置祐仓，积贮百二十万担[22]。此后度宗时又建咸淳仓。这些粮仓的建设，对提高临安城市粮食储备能力，起了很大作用。

除政府营建粮仓外，这一阶段中私家经营塌房，“专以假赁市郭间铺度宅舍，及客旅寄藏货物”(《梦梁录》)，构成临安城市所特有的水上仓库区[23]。

3）疏浚湖河及修筑海塘堤岸

这一阶段除多次浚治西湖及城内各河道外，淳熙四年（1177年）还修筑海潮所坏塘岸[24]。

除了上述这些经常性的维修外，尚举办了两项关系临安的重大水利工程。一为孝宗淳熙十一年（1184年）开浚浙西运河，自临安北郭税务直至镇江江口闸，全长达六百余里[25]。宁宗嘉泰二年（1202年），再次浚浙西运河[26]。另一项较大的水利工程便是理宗淳祐七年（1247年）开宦塘河，此河距临安城北35里，南接北新桥、江涨桥，北达奉口河[27]。这两条水道对临安城市经济发展关系至巨，尤其浙西运河更是城市经济命脉所系。

4）增置分厢，加强城市管理

绍兴年间曾于城外置南北厢，继之又一度于城内设左右厢。

随着城市的发展，为了加强城市管理，分厢建制也在不断调整。乾道以后，城内已划分为九厢，连同城外的南、北、东、西四厢，总计城内外共置十三厢。因分厢建制有所调整，故城内诸厢所辖坊巷，也有所调整。对照《梦粱录》与《乾道临安志》两书记载的情况，便可窥知梗概。

由上述可清楚看出，这一阶段的活动并未脱离第二个阶段所奠定的基础，更无重大变化，只是补充、调整而已。

综观上述南宋行都的建设过程，实质上正是旧杭州城市的改造过程。虽然改造工作包括政治与经济两项内容，但重点却在经济方面。为了适应建都以来城市经济迅速发展的形势要求，故行都工商业建设活动比重大，而且都是直接或间接围绕改革市制这一主题来开展的。此时临安城市规划结构已呈现出新的面貌，体现了与旧杭州城市规划结构迥然不同的特征。事实表明，这番改革已逐渐深入到城市规划制度的革新过程了。

（二）郊区市镇的发展

这里所述的郊区市镇，是就临安府属赤县的郊区而言。临安府属有九县，钱塘及仁和两县附廓，为赤县。《元丰九域志》载，钱塘县有南场、北关、安溪、西溪四镇。仁和县有临平、范铺、江涨桥、汤村四镇[28]。

北宋时临安城郊市镇已有十处，即南场、北关、安溪、西溪、临平、范浦、江涨桥及汤村等八个镇，和浙江、龙山两个市[29]。

自临安作为行都以来，工商业更加发达，人口不断集中，城市渐难容纳。绍兴年间城市虽略有扩展，但远不足以适应其时形势要求。因之不得不向郊区市镇发展。除充分利用原有市镇外，又增设了一些新的市镇。《梦粱录》记述临安市镇，新增的有崇新门外南土门市，东青门外北土门市，湖州市、半道红市、赤山市。江涨桥镇由于位于大运河起点，正当交通冲要，镇市繁荣，故绍兴初年城外北厢即设治于此。这座镇市发展快，致又分成东、西两市。

南宋新增加六个市，除南土门市及北土门市在东城外，其余均分布在城的东北郊及西北郊，且以西北郊较多（图2-5）。因这一带濒大运河，交通方便，为货物集散和商旅往来的要冲。从这些新兴镇、市的分布情况，也可看出南宋临安城郊发展的方向，与吴越所规划的杭城扩展方向是一致的。

我国历史上曾出现过秦汉首都规划采取发展郊县的办法，来处理都城的扩展问题。不过他们的发展郊县，主要是出于其时“强干弱枝”的政策要求，与南宋临安为顺应转向后期封建社会城市经济发展需要，而积极开发郊区卫星市镇，自又有所区别。就这个意义而言，临安规划的这一经验，是颇值得重视的。

（三）海港的发展

吴越时代发展海运，杭州已渐成为一个海港。宋承五代之后，积极开展对外贸易。宋太祖曾于杭州设立市舶司，管理对外贸易。市舶收入甚为可观，为北宋国库重要财源之一。

南渡后，因军费开支浩繁，高宗更加重视发展对外贸易。绍兴七年（1137年）他曾指出，“市

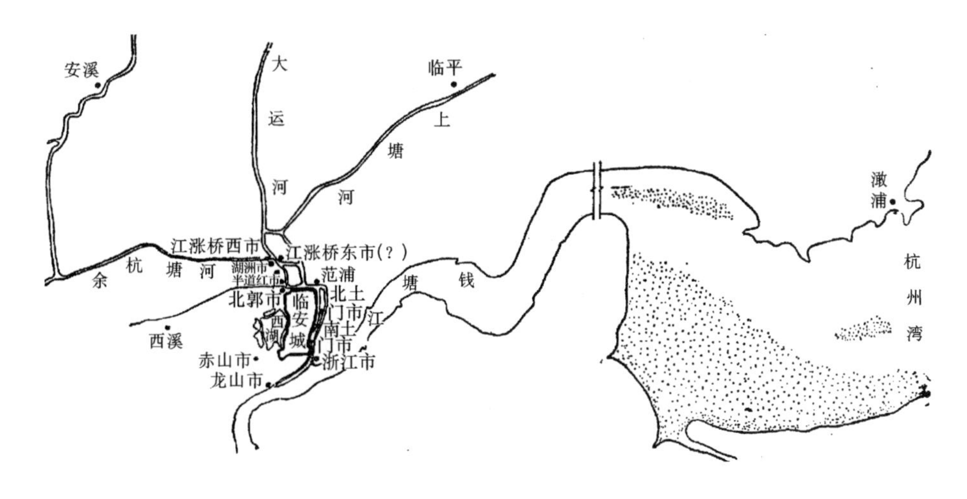

图 2-5　南宋临安城与郊区市镇及海港配置关系图

舶之利最厚，若措置合宜，所得动以百万计，岂不胜取于民？朕所以留意于此，庶几可以少宽民力尔”（《宋会要》）。因此，除继承北宋的鼓励海外贸易和加强管理，防止漏税，并实行舶来商品专卖等政策外，还积极扩大进出口商品范围，谋求增加收入。

南宋因外贸发达，杭州市舶司更显重要。临安对外贸易，有两条渠道，一为经梅岭，然后顺钱塘江而下直达临安[30]；一为由海道迳抵澉浦镇。澉浦镇在临安以东，属临安府盐官县，原为盐场，以后发展而为对外贸易港口。南宋在此设有市舶官，管理对外贸易事务。《澉水志》卷上云：“市舶场在镇东海岸。淳祐六年创市舶官，十年置场”。海港在镇东，“东达泉湖，西通交广，南对会稽，北接江阴许浦，中有苏州……”从此港“西南一潮至浙江”，海运可循浙江直抵临安城。镇境“东西十二里，南北五里”。但绍兴以后，以“烟火阜繁，生齿日众”，镇的规模当不止此。到南宋末，澉浦镇已蔚然成为一个重要对外贸易海港了。《马可波罗行纪》曾叙述当时澉浦港的情况，“其地有船舶甚众，运载种种商货往来印度及其他外国，因是此城愈增价值。有一大川自北行在城流至此海港而入海，由是船舶往来随意载货”。从马可波罗所记，可推见南宋澉浦港的发展概貌。

三、临安城市规划探讨

（一）总体布局

探索临安城市规划，不能局限于城市内部，应该联系郊区市镇，作为一个总体来考虑。否则，我们是无从了解这个作为南宋王朝的政治、经济、文化中心，人口达一百多万的临安城市总体布局全貌的（图 2-6）。

临安郊区卫星市镇都是临江濒河建置的。这些市镇利用江河航运之便，与临安城市联为一体，成为沟通临安城市与广大郊区农村及周围城市的经济桥梁。各市镇的规模大小不等，如江涨桥、旷平等市镇，规模均颇可观。它们与临安城的距离，近的不过数里，如艮山门外之范浦镇；远的则达数十里，如安溪、临平等镇。这十几处的市镇有如众星拱月一般，随河道分布形势，环列在临安城的周围。除了赤县的郊区市镇外，还有作为临安海港的澉浦镇。此镇虽不属赤县所辖，但为临安外贸港口，由钱塘江可直达临安城。这个港口市镇是临安城市的重要门户，自应成为临安城的海港区。

临安本是水乡城市，东、南临钱塘江，西北接大运河。以江河为主干，结合郊区其他大小河道，形成一个环城的大型水上交通网。临安城市的总体布局，便是充分发挥水乡城市的优势，以

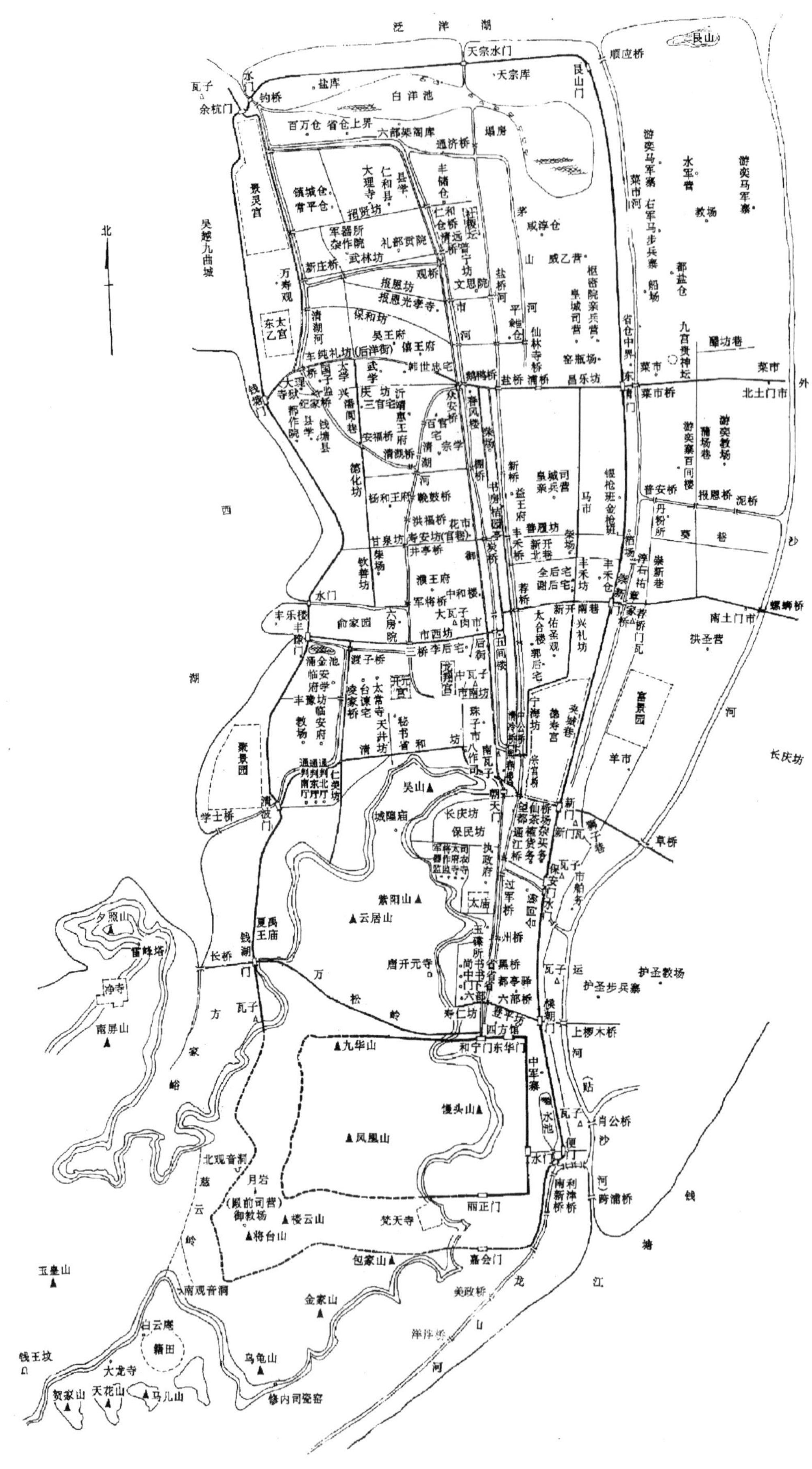

图 2-6　南宋临安城总体布局图

临安城为中心，这个水上交通网为主要脉络，配合京畿驿道，聚集周围郊区一系列的大小卫星市镇及澉浦港口而组成。南宋临安城市的总体规划结构形式，确与前代首都城市总体规划所有不同。这种不同，正是地理条件和封建社会城市经济已进入一个新的发展历程的反映。

（二）临安城的分区和规划结构

1. 城的分区

由于适应建置行都和城市经济迅速发展的新形势要求，南宋临安已就原杭州州城的规划分区，作了新的调整。一方面按照封建帝都规格，建立了宫廷区及中央行政区，并增辟了相应的新功能分区，例如宗庙、郊坛及城防等。另一方面，随着城市规划制度的变革，进一步革新了市坊规划，改进了原来杭州城市的经济分区结构。

分析临安城市的分区，按其功能可分为：宫廷、行政、商业、仓库、码头、手工业、文教、居住、城防和风景等区。现将各分区列表如下：

南宋临安城市规划分区表 表 2-3

顺序	分区类别	包含内容	规划位置
1	宫廷区	（1）宫禁区	皇城内及德寿宫
		（2）宗庙区	1）太庙在御街南段
			2）景灵宫在城市西北隅，御街北端
		（3）郊坛区	社稷坛在御街北段，余在南郊及东郊
2	行政区	（1）中央行政区	御街南段
		（2）地方行政区	西城内沿清波门至丰豫门近城垣地带
3	商业区	（1）中心综合商业区	御街中段
		（2）官府商业区	通江桥东西地带
		（3）各种专业商业区	江干湖墅及城内河道桥头和中心商业区附近街巷
4	仓库区	（1）官府粮盐仓区	盐桥以北茅山河至清湖河之间地带及城西北隅
		（2）货栈区	城北白洋池
5	码头区	（1）江河区	龙山、浙江、北关、秀州
		（2）澉浦海运码头	澉浦镇
6	手工业区	（1）官营手工业区	1）招贤坊南武林坊北、涌金门北（军工）
			2）北桥巷、义井巷（少府）
			3）康裕桥、咸淳仓南（将作）
			4）纪家桥、通江桥、保民坊（印刷）
			5）凤凰山麓（瓷业）
			6）造船、冶炼、制炭作坊区在东青门外
		（2）民营手工业区	1）丝织作坊区在三桥、市西坊一带
			2）印书作坊区在睦亲坊、棚桥一带
7	文教区	（1）太学、武学区	城北纪家桥
		（2）府县学区	在地方行政区内
8	居住区	（1）府邸区	一区在南起清河坊沿清湖河而北，直抵武林坊南一带
			二区在御街东、德寿宫北，丰乐桥南，东达丰乐坊一带
		（2）一般居住区	一区在御街东，新门以北，白洋湖以南，介于市河与盐桥河之间地带
			二区在御街西，钱塘门以南，丰豫门以北，介于中心商业区与地方行政区之间地带

续表

顺 序	分区类别	包 含 内 容	规 划 位 置
9	城防区		环城均有军寨，以东城外沿江一带为重点，驻军尤多，这一带可视为城防区
10	风景区	西湖、南山、北山	

上表所示为临安城市分区概况。其中宫廷区的郊坛，由于礼制及具体条件的关系，布置当不能集中。商业区的各种专业性商业分区（即行业街市），除零售性及少数特殊的行业街市有设置在中心商业区的外，其余批发性的行业街市则多分布在江干湖墅及城内河道的重要桥头一带，以利运输。至于手工业作坊区，其分布情况颇为复杂。除官营手工业中三监所属之兵器、服饰和营造的一些作坊，以及私营的丝织与印书等规模较大的作坊，设置较集中，可以划分成区外，其余如官府的酿酒、制醋，私营的日用小商品生产及饮食业等的作坊，多为分散设置，杂处坊巷居民区内。特别是这类私营手工业者，他们基本上是自产自销，作坊与铺店混为一体。在规划分区上，与居民区并无明显区别；而在性质上，实为亦工亦商的“工肆之人”。像这样的作坊多各业杂处，同行集结的很少，对规划分区并无影响，只宜并入一般居民坊巷的商肆，不必分行划分。

临安城市经济性的分区结构，较之北宋晚年的杭州又前进了一大步。北宋末的杭州正处于市坊规划制度改革的初级阶段，如何组织新型商业网，尚在探索中，因之，城市新的经济性分区结构还未形成。经过南宋的发展，新的市坊规划制度日臻完善，城市规划新制度已经确立，故临安城市经济分区结构较之北宋末的杭州逐渐健全了。

2. 城的规划结构

由于杭州的地理特征，自隋代建城以来，便确定了这座城市南北长、东西狭的腰鼓式形制。城内主干道与主要河道平行，由南而北，贯穿全城。这条南北主干道的轴线，便是杭城规划的主轴线。吴越建都时，杭城虽经扩展，但城的基本形制及其规划主轴线并未改变。南宋临安仍继承了前代传统，城市主干道——御街，南起皇城和宁门，北达景灵宫。临安的全盘规划结构，即是以御街为主轴线而布置的。

从临安城市规划主轴线的布置，当可看出皇城在主轴线的南端，市坊居皇城以北。很明显，这样的规划格局仍然是突出以宫为主体，按“前朝后市”之制的规划传统来安排的。

就分区规划结构而言（见表 2-3），除御街南端为宫廷区——皇城，御街南段，即皇城和宁门至朝天门，属中央行政区外，自朝天门直到众安桥的御街中段两侧地带，均划为中心综合商业区。御街南段与中央行政区相对应的通江桥东西地带，设有榷货务、都茶场、杂卖场及杂买务。“杂买务”原称“市买司”，即唐之宫市。这些都属于官府商业，结集于此，构成一个官府商业区。这两个商业分区，一居全城规划主轴线中段，一则与中央行政区并列，置于宫廷区的皇城与德寿宫之间。以如此重要的规划位置来安排经济性的分区，足以体现经济因素对规划结构的深刻影响。

不仅如此，这种影响同时还在城市规划用地的比重演变方面也有所反映。从前表中知，经济性的功能分区，除这两项外，尚有各种专业商业区、仓库区、码头区和各类手工业作坊区。这几种分区占地颇多，例如城北白洋池一带，划为仓库（塌房）区，所占面积颇为可观。其他一些分区，虽大小不等，但占地面积很多。把表中经济类各项分区，加上分布在坊巷中各种铺席的规划用地，其总和当超过宫廷类和行政类的分区规划用地。规划用地比重的变化，恰好说明经济因素对城市规划影响的增长。这种影响与规划分区结构的变化，是相适应的。

综观上述临安城的规划结构概况，可见这套结构，既保持了以宫为主体的前朝后市的传统格局，同时又突出了经济因素的重要性。临安规划结构的这个特征，便是它和过去都城规划结构既相似而又不相同的表现。

（三）主要分区规划

1. 宫廷区

南宋建都以原州治作行宫，宫室简陋，宫城规划亦未超越州治子城。绍兴十二年（1142 年）与金人达成和议，偏安局势逐渐确定，于是开始大兴土木，经营宫室。至绍兴二十八年（1158 年）更扩展宫城，周回达九里。南起钱塘江边，北抵今凤山门，东至候潮门，西迄万松岭，即为宫廷区。

宫城即位于凤凰山麓，这带地形起伏多变，故宫廷区的各种建筑设施势必随地形作出安排。

临安宫廷区的总体布局基本上还是遵循前朝后寝之制的传统形制来安排的。因此，在规划结构中，朝区便成了全局的重心，置于最重要的方位上。其他各区则按各自功能，根据传统规划格局，结合地形，配置在这个重心的周围，形成一个有机统一整体。由于地形复杂，各区内部布置，则多因地制宜，富于变化。

2. 商业网组织及新型商业网规划

（1）商业网组织

临安商品经济甚为发达，各种商肆，遍布全城。沿主干道御街，“自和宁门杈子外至观桥下，无一家不买卖者”(《梦粱录》)，和宁门外中央行政区一带御街的“早市”尤为繁盛。各坊巷也是处处有茶坊、酒肆以及各种日用必需品店铺。除商店外，城内还设有瓦子（剧场）、浴室等，为市民生活服务。在江河码头，即江干湖墅一带以及城北白洋湖，建有不少货栈（又称塌房）。

就经营性质论可分为两大类，一为负责商品流通的商业，一为满足城市生活需要的服务行业，专供商贾用的货栈，也应纳入此类。“行”是商业分工的标志，也是它的组织基础。

早在唐代，商人就有行业组织[31]，这是从古典市制中的“肆”发展起来的[32]。官府为了科索，要求商人有行业组织，以便分派差科。商人也需要组织起来，有利垄断。各按自己经营的商品分行业，各有自己的行业组织——“行”（“团”）。整个城市的商业即为聚集的各“行”（“团”），“行”（“团”）实际成了商业的组织基础。至宋，行业组织又有了新的发展，“不以其物大小，但合充用者，皆置为行”（《都城纪胜》)，扩大了行业组织的领域，而且各行本身的组织益加严密，甚至各有自己的行服[33]。以后还出现了“行语”[34]。

按照临安的情况，不仅经营各类商品流通的商业有行业组织，服务行业有的也自称“行”，例如经营浴室业的称“香水行”[35]，饮食业的叫“酒行”、“食饭行”（见《都城纪胜》)。手工业分工虽一般称“作”，却也有个别的称“行”，例如“做靴鞋者名双线行”，“钻珠子者名曰散儿行”（见《梦粱录》)。可见临安的“行”还须加以鉴别，不能把所有的“行”一概纳入商业网组织中。

临安商业组织，分工颇为细致。既有大类，各类又有官营与私营之别。在私营各类中，按经营范围的不同，划分为各种不同专业的“行”（或“团”)，而同“行”内部，又视商品流通过程的分工，分为批发商和零售商。这便是临安商业网组织内部的分工梗概。

与城市广大消费者直接发生联系的，便是各行零售商经营的各种铺户（铺席)。以及瓦子、酒肆、茶坊、浴室等，星罗棋布地遍及全城街巷，形成商业网的基层网点，也是网的纵向组织基点。

网的横向组织，便是各类各行之间，官营与私营之间的配合。一般商品，通过私营商业的各自行业组织,进入市场。官营的专卖商店，透过私营商业，经历同样渠道提供给消费者。服务性行业的横向关系，也基本相似。专卖商品与一般商品互相配合，各类各行互相配合，汇聚而为一个有机总体。

临安商业就是这样纵横结合，形成一个庞大的商业网，以满足当时临安人民生产与生活的种种需求。

(2) 新型商业网规划

集中市制彻底瓦解后，市坊区分的规划体制不复存在，代之而起的是以整个城市为领域，商肆遍及全城的新规划体制。商业布局采取了点面结合的方式。所谓“点”即指各种商肆及瓦子、酒肆、茶坊、浴室等，深入坊巷，遍布全城，形成布局上的一系列基层网点。“面”即指中心综合商业区、塌房区和各种行业性的专门分区而言，这些商业网中小的功能分区，实即商业布局上的若干集结面。其中特别是各种行业性分区——“行业街市”最关重要，是商业网纵向组织在规划上的具体表现。大多数“行业街市”，在商品流通过程中，与同行基层网点联成一体，成为整个商业网组织中点面结合的主干。临安商业网就是本着点面结合的办法进行规划的。从这里，我们可以看出，由于市制的变革，市的规划概念也发生了根本变化了。

临安是怎样具体规划这个庞大的商业网呢？可以从“面”和“点”两方面来剖析（图 2-7）。

1）“面”的配置。

(A) 中心综合商业区：自和宁门杈子外直到观桥，沿御街店铺林立，特别是从朝天门至众安桥这段御街，更是商肆栉比，甚为繁华。这带位于全城规划主轴线——御街的中段，是全城的中心地区。就规划位置而言，这一段为临安的中心综合商业区。

就此区的构成内容论，可以说是临安商业组织的缩影。有特殊商品的行业街市，如五间楼北至官巷南街的金银盐钞引交易铺，融和坊北至市南坊的珠子市和官巷的花市；也有一般商品的行业街市，如修义坊的肉市。至于零售商店，包罗的行业更为广泛，像药铺、绒线铺、彩帛铺、干果铺、扇子铺、白衣铺、幞头铺、腰带铺，如此等等，不胜枚举。临安的一些著名的商店、瓦子、酒楼乃至茶坊、饮食店，大多开设于此。这是全城商业最繁盛的地方，也是商业精华荟萃之处。夜市繁荣，通宵达旦，尤其中瓦前夜市，有如汴京州桥，甚至更为著称，高宗和孝宗曾在此观灯。

(B) 官府商业区：御街南段东侧，通江桥东西一带，为官府商业区。此区介于皇城与德寿宫之间，凡官府经营的专卖商店的专卖机构以及“宫市”（杂买务），即各种场、务，概置于此。在区内还设有会子库，“会子”是南宋的纸币，隶都茶场。“日以工匠二百有四人，以取于左帑，而印会归库。”（《梦粱录》）将官府商业区设在中央行政区附近，显见是为了便于管理。

(C) 各种专业性商业区：这指的是按行业聚集而成的行业街市。

临安行业街市可分为两种。一种是批发性质的，另一种是零售性质的。前者限于同业商贾进行交易，后者则以一般消费者为主。《咸淳临安志》卷十九列举的十几种市、行、团，“皆四方物货所聚”，大抵都属于前一种。其中鲞团就是一个例子。“城南浑水闸，有团招客旅，鲞鱼聚集于此。城内外鲞铺，不下一二百余家，皆就此上行合摭”（《梦粱录》）。至于零售性质的行业街市，由于经营的商品范围颇广，既有特殊商品，也有普通商品，自不可能每种商店都有自己的行业街市。

行业街市规模大小不一，视聚合铺户多寡而定。多则所占街区地段较长，例如五间楼北至官巷南御街，两侧多是金银钞引交易铺，计达百余家，所以这种行业街市较长。反之，则地段较短。有的行业街市虽以一市命名，其实包括了几种行业。譬如官巷，总称花市，其中实包含有方梳行、冠子行、销金行等与花饰有关的专行。因“所聚花杂、冠梳、钗环、领抹，极其工巧”（《都城纪胜》），故以花市统称之。由此可见，无论哪种行业街市，都是就所占用的街巷地段而言，并非指整个街巷的行业。

行业街市种类多，分“行”也复杂，不过决定规划的，主要在于便利供销。所以，凡批发性

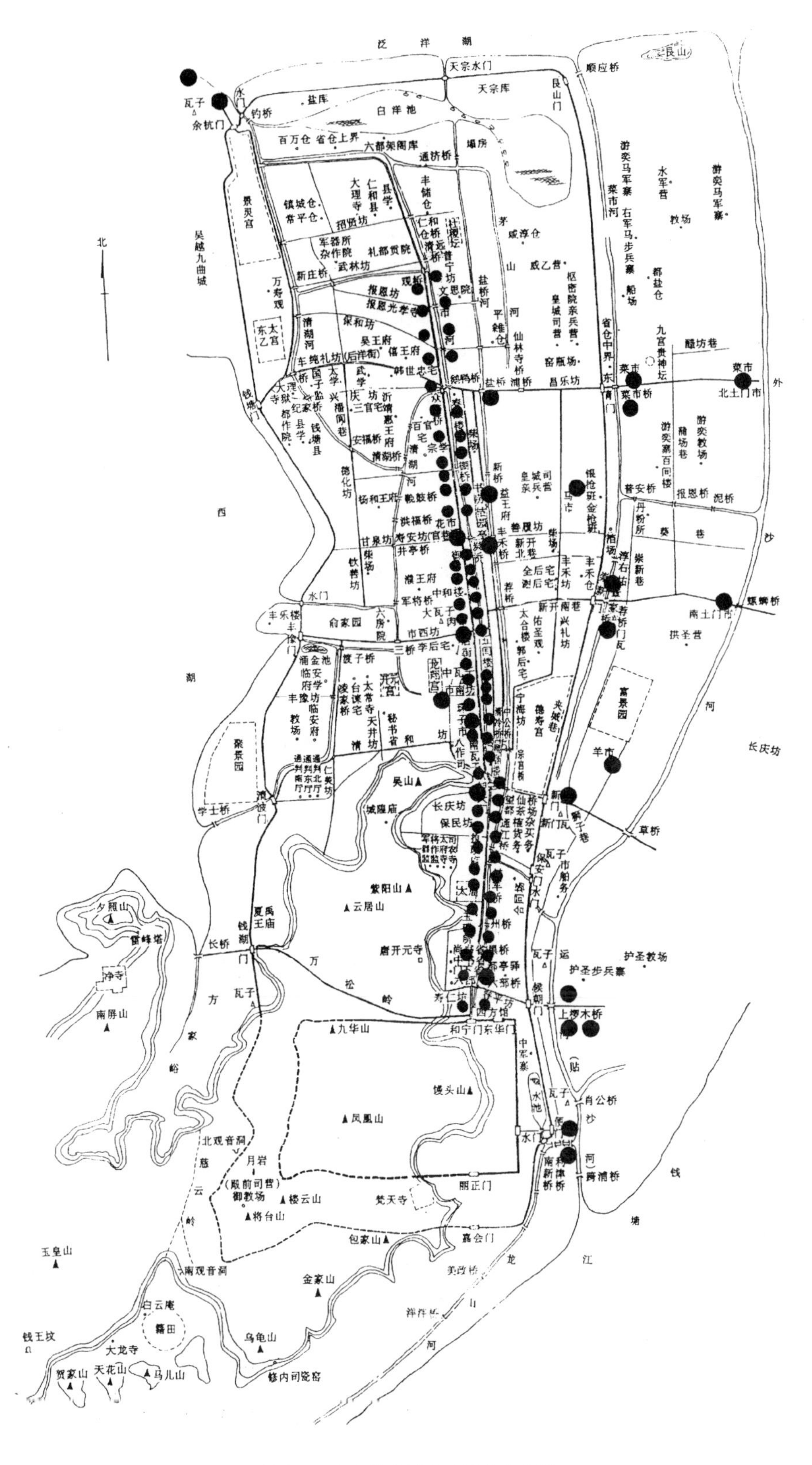

图 2-7　南宋临安城商业网点分布图

的市、行、团，大多分布在江干湖墅一带航运线上。譬如米市，主要设在北关外米市桥、黑桥。因临安食米多仰给苏、湖、常、秀诸州以及淮、广等地，货源多循大运河而来，而大运河在北关外与城内运河衔接，故选定这带设米市，以便供销。又如菜市，设在东青门外坝子桥及崇新门外南北土门，是因为临安蔬菜基地在东城外，且有东运河（菜市河）运输之便，对供销两方面都极为有利。杭人习称“东门菜”，“北门米”，便是指此而言。其他如城南浑水闸的鲞团，北关外的鱼行，候潮门外南猪行，便门外横河头布市，如此等等。这些市、行、团的设置，都是本着同一道理来规划的。设立在桥头、闸口之类地方的行业街市，其性质实为定时集市的同业街市，是客商与临安土著商同行之间的批量交易场所。

城内行业街市颇多，例如炭桥（芳润桥）的药市、修义坊的肉店、橘园亭的书房、官巷的花市、马市巷的马市、福祐巷（皮市巷）的皮市，以及前面提过的珠子市、金银盐钞引交易铺等。在这些行业街市中，有的是批发性的定时“市”，如菜市、肉市；有的为一般商品零售性的街市，书房、马市及花市等，都属于此类。另外则为特殊商品零售性街市，如珠子市。

这些街市，各自形成一个商业网中的“面”——专业性商业区，并通过与各自相关的基层网点——铺户的结合，成为庞大商业网组织的骨干。

(D) 仓库区：临安城内各类仓库甚多，有集中设置可自成一区的，也有分散设在各有关区内的。

官府粮盐仓

建都以来官府在临安建有不少的粮仓及盐仓。这些仓库大多分布在盐桥以北茅山河至清湖河之间的地域内，以城之西北隅较多。大体上茅山河东之咸淳仓及盐桥河东岸之平籴仓，可各自形成一小区。从观桥北丰储仓起，包括城西北隅白洋湖两岸之粮盐仓及清湖河东岸之镇城、常平两仓，又可构成一个小区。

货栈（塌房）

临安货栈建设颇为发达。除江干湖墅码头，即浙江、龙山、湖州等处码头区置有堆垛场或塌房外，官府商业区也有堆垛场。特别是著名的城北白洋湖塌房区，更是新颖。“其富家于水次起迭塌房十数所，每所为屋千余房，小者亦数百间，以寄藏都城店铺及客旅货物，四维皆水，亦可防避风烛，又免盗贼，甚为都城富室之便，其他州郡无比，虽荆南沙市太平州黄池，皆客商所聚，亦无此等坊院”(《都城纪胜》)。《梦粱录卷十九·塌房》亦有同样记载，并且指明了具体地点为，“自梅家桥至白洋湖、方家桥直到法物库市舶前”(《梦粱录》)。两书记述均说明临安货栈行业之发达。

临安货栈的建置形式，有集中，也有分散。白洋湖的水上塌房，便是集中成为一个独立的“塌房区”。其他则分散设置，附于各有关区内，作为该区的一个组成部分。就使用性质而言，除码头区的转运货栈和白洋湖的“塌房”为一般通用性货栈外，其他却属于专用性货栈，或为官商所用，或为海外客商服务。

为了防火，故货栈多采用石质结构，更利用临安水乡城市的特征，建成水上塌房，进一步提高货栈的防火能力，水上货栈的出现，确是南宋临安货栈建设的一个创举。

2）“点”的配置。

前面说过，“点”是指各行业的基层供销点——铺户（或铺席），也就是商业网的基本网点。服务行业的酒肆、茶坊等，也在此列。

特殊商品以及服务行业的大型“点”，主要都集结在御街中段的中心综合商业区，而一般日用必需商品和中、小型服务行业的“点”，则分布在各居民坊巷，便利市民生活。在全城坊巷中，“处处各有茶房、酒肆、面店、果子、彩帛、绒线、香烛、油酱、食米、下饭鱼肉鲞腊等铺”（《梦粱录》)。此外，服务行业尚在坊巷中开设浴堂[36]，交通要道处建置瓦子。坊巷中除了这些固定网点外，还有不少流动商贩沿街叫卖，为住户提供日用小商品的各种生熟食品[37]，以弥补网点之不足。

临安商业网点的经营范围，基本上都是专售某种单一商品的专业性铺户，例如绒线铺、彩帛铺、米铺、鲞铺等等。这正是商业分行发展的必然结果。行业组织像一条纽带一样，透过商品流通渠道，把基层网点与其相应的“面”——专业性商业区联成一体，商业网规划中点面结合的有机统一性也因此充分体现无遗了。

3. 坊巷制居住区规划

(1) 居住区的构成

临安居住区是按坊巷制作为聚居规划制度而安排的。坊巷内不仅有城市居民住宅，而且还有商业网点，形成市、坊结合的统一体。这便是临安居住区的构成特点。

临安坊巷的构成，最值得重视的是坊巷中的商业网点。居民坊巷内可以开设铺店，设立与居民日常生活密切关联的一些行业基层网点，作为全城商业网的一个重要组成部分。这是与旧坊制判然不同处，也是两种聚居规划制度的本质区别所在。前段论述商业网规划，曾谈到了这个问题。这些分布在坊巷中的基层商业网点，既是商业网的基层组织，同时又是坊巷的一个组成部分。市、坊的有机结合，正是新规划体制与市、坊区分的旧规划体制的根本差别。临安总结了东京改革经验，按照南宋江南城市经济的新发展，配合商业网规划，进一步提高了市、坊有机结合的规划水平，克服了东京坊巷网点分布以及行业配合上的一些缺点，使这种新规划制度日臻完善，这是临安继东京坊制改革后所取得的重大成果。

坊巷内设有学校，是临安坊巷制的另一项新内容。“乡校、家塾、舍馆、书会，每一里巷须一二所，弦诵之声，往往相闻”(《都城纪胜》)。反映了建都以来，临安文化发达的新面貌。

坊巷规模宋代各城市并无定制。南宋城乡虽仍沿用北宋保甲制，看来这种编户组织对城市坊巷规模，尚未曾产生过显著影响。一般说来，两坊表所截取的坊巷，大体上与原坊制规模还保持了一定的关系，平江如此，临安同样也如此。不过这个现象只能解释为历史因素遗留下来的偶然影响所致，不能视为继承旧坊制的必然结果，因为此时决定闾里规模的主要传统因素已发生了变化。例如编户建制问题，北宋虽曾为乡兵及差役，推行过保甲制。但到南宋，这种情况已有改变，城市保甲组织也日益松弛，对坊巷规模自不会产生制约作用。看来除按街巷划分坊巷外，似别无其他因素了。

坊巷实为临安城市组织管理单位，坊巷之上设有厢。厢设立厢厅，“分置厢官，以听民之讼诉，分使臣十员，以缉捕在城盗贼”(《宋史·职官志》)。“官府坊巷，近二百余步，置一军巡铺，以兵卒三五人为一铺，遇夜巡警地方盗贼烟火，或有闹吵不律，公事投铺，即与经厢察觉，解州陈讼”。“于诸坊界置立防隅官屋，屯驻军兵”(《梦粱录》)。从这些记载，便可知坊巷、厢在城市组织管理上的作用。

厢和坊巷一样，规模大小不一，并无定制。例如《乾道临安志》记的左一厢，共辖十四条坊巷，而左三厢只不过五条坊巷而已。

坊巷及厢，也有变动。《梦粱录》载：“杭旧有坊巷，废之者七”，并列举了七个坊巷名称。另一方面，也有新增辟的坊巷，例如仁和县衙相对的登省坊，就是买民地建置的。厢的变化也如此，绍兴初不过于城外置南北两厢，至南宋末年已逐渐发展到城内外分置十三厢了。坊巷及厢都有变化，因之随厢界的调整，各厢所属的坊巷也是有变化的。

(2) 居住分区规划

临安居住分区可分为两类。第一类为府邸区，此区包括皇帝潜邸、皇室贵戚以及王公大臣府第，各种官舍也附列此类内。第二类为一般居民区，即城市各阶层居民的居住区。

1) 府邸区

临安城内有两种府邸区。第一区在御街西，第二区在御街东。

第一区范围较广，南起清河坊，沿清湖河而北，一直延伸到观桥附近武林坊以南。其间有些地段与地方行政区及一般居民区相错并列，致呈断续之势。

自清河坊以北，市西坊以南，临安府治以东，后市街以西，这个地域内有龙翔宫（理宗潜邸）、开元宫（宁宗潜邸）、孟太后宅、谢太后宅、李后宅、忠王府、张循王府（曾封清河郡王，故名其地为清河坊）以及省府官属宅等。

由市西坊西端转北，为俞家园，这是南宋新开辟的居住区，其中有六房院，卿监郎官宅、韩后宅、濮王府。井亭桥附近为庄文太子府，洪福桥西有杨和王府。此府“第当清湖、洪福两桥之间，规制甚广，自居其中，旁列子舍，皆极宏丽”（《西湖游览志》）。杨府西有五房院，府北为周汉国公主第，沂靖惠王府则在第东。附近还有百官宅、十官宅、三官宅等。再北，为韩世忠宅、吴王府、僖王府以及岳飞宅等。

第二区在御街及盐桥河之东，德寿宫以北，丰乐桥以南，东达丰乐坊一带。此区范围较小，其中包括有韦太后宅、邢后宅、夏后宅、谢后宅、全后宅、庆王府、恭王府、荣王府以及十少保府等主要府邸。此区较整齐，没有与他区交错的现象。

2）一般居住区

临安自从定为行在所以后，当时追随高宗的宗室、贵戚、臣僚、军属以及南下的中原人士，纷纷进入临安。为了安置大批南来人员，不得不将原来土著居民迁徙城外，以致绍兴初年一度出现郊区人口陡增的现象。城内因人口骤然大量集中，而南来人员大多为皇室、贵戚、显宦、富贾，自必引起城市居民阶级结构的变化。这种变化也必然在居住区规划上有所反映，原来一般居民区中不少坊巷已逐渐发展成为府邸区了。不仅如此，加上建都以来宫廷官署用地增多，市肆繁荣，工商业区也在日益扩大。这些，对一般居住区的规划都产生了一定的制约作用。所以，临安城内一般居住区势必不断压缩，新的形势更有利于促进城郊市镇的发展。

一般居民区也以御街为基准，可分为两区。御街东、新门以北、白洋池以南，介于市河与盐桥河之间的狭长地带，为第一居住区。御街西、钱塘门以南、丰豫门以北，介于中心商业区与地方行政区之间的地域，是第二居住区。此区部分地段与府邸区呈犬牙交错之势，故不及第一居民区规整。除此两区外，城隅一带还穿插有居民坊巷，例如绍兴年间扩展东南外城，曾划候潮门至嘉会门外新筑御道两旁为民居用地。

一般居住区人口密度大，建筑密度高[38]，消防管理，至关重要。除设置军巡铺外，坊巷中还建有石砌塔式塌房，以备居民火警时存放重要物品[39]。临安坊巷不建坊表，也与消防要求有关[40]。

这两个居住区都毗邻闹市，因之有些坊巷铺户较多。例如第一居住区近朝天门一带之沙皮巷、漆器坊、抱剑营等，便是如此，其中还有不乏颇著声誉的铺店[41]。其次，临安自建都以来，手工业生产甚为发达，各“作”（行）的作坊几乎散布全城，故居住区中也穿插有手工业作坊。譬如第一居住区近市，致有不少日用小商品生产者混处在居民坊巷内。他们的住所，既是作坊，又兼铺店。这些“工肆之人”，行业不一，分布亦散，这种情况只好不另作区别了。

4. 手工业作坊区规划

临安手工业生产颇为发达，建都以来，除官营手工业有较大的发展外，私营手工业也随城市经济的进展，呈现出一派欣欣向荣景象。

全城手工业作坊布局，官府手工业作坊较为集中，私营手工业作坊较为分散。就经营范围看，除少数具有一定规模的主要手工业作坊较为集中外，其余日用小商品生产作坊，则多散布在各坊巷，很少按“作”集结。

临安虽作为行都，但城市并无更多扩展，致缺乏大面积基地供手工业建设作坊之用。因此，除个别官府手工业外，新建或扩展的一些手工业作坊，大多安排在原杭州作坊地带，就已有基础作些调整补充。由于条件限制，手工业区一般规模不大，且配置上也不免有些零散，特别是私营手工业，表现得更为明显。

（1）官府手工业区规划

临安城内官府手工业，主要为三监所属的各院、司、所、场、作，其次为酒醋酿造业和印刷业。

在军器、少府及将作三监组织中，其主要作坊区的分布是：军器所在礼部贡院之西，即招贤坊以南，武林坊以北的地段，这是城内的第一个军工作坊区。第二个军工作坊区，即都作院，设在涌金门北。文思院，分上下两界，服役的各作工匠很多，设在观桥东南之安国坊，即北桥巷。染坊在荐桥北义井巷。这两处是少府监所属的作坊区。将作监所属之东西八作司在康裕坊，即俗称八作司巷。丹粉所在崇新门外普安桥南，帘箔场在崇新门外淳祐桥西。修内司营在东青门内咸淳仓南，修内司窑瓶场在咸淳仓东。

官府印刷业有三方面，一为国子监印刷经、史、子、医书籍的印书作坊在纪家桥，书板阐亦设于此。另一为都茶场会子库印刷作坊，印制会子。附在通江桥东之都茶场内。其所属的造会纸局，则设在赤山湖滨，颇具规模。第三是交引库印造茶盐钞引，交引印造作坊，在保民坊太府寺门内。这三者较为集中且有一定规模。

酒醋酿造是南宋官府手工业的重要组成部分。临安酿酒作坊很多，几布遍城郊。除禁军所属作坊外，点检所直属主要作坊（煮界库）便有 13 处。此外，还有“九小库”及“碧香诸库”，参见表 2-4。

另有曲院在金沙港西北[42]，取港水造曲以酿官酒，为酿酒业作坊之一，以多荷致成名景。

临安主要醋库共 12 处，和酿酒作坊一样，散布在城郊各处。

临安点检所属酒库一览表 **表 2-4**

类　别	库　　名	地　　址
主要作坊	东库	崇新门内
	西库（金文正库）	涌金门外
	南库（升阳宫）	社坛南
	北库	祥符桥东
	中库	井亭桥北
	南上库（银瓮子库）	东青门外
	南外库（雪醅库）	嘉会门外
	北外库	江涨桥南
	西溪库	九里松大路
	天宗库	余杭门外上闸东
	赤山库	左军教场侧
	崇新库	崇新门外
	徐村库	六和塔南徐村中
九小库	安溪、余杭、奉口、解城、盐官、长安、许村、临平、汤镇	同左
碧香诸库	钱塘正库	钱塘门外上船亭南
	钱塘前库	钱塘县前
	北正库	鹅鸭桥北醋坊巷口
	煮碧香库	西桥东
	藩封栈库	礼部贡院对河桥西
	藩封正库	

注：据《梦粱录》卷十“点检所酒库”条。

上面列举的不包括禁军酒库以及地方的公使酒库和醋库等。从这些主要作坊的分布情况看，都采取分散的点式布局方式，无论酿酒或制醋，并没有集中起来，按“作”形成一个独立分区。这可能与便利供销有关，因而以此拟商业网点的办法来进行规划。

临安官府工业除上述几项外，尚有瓷业及造船业，也很有名。

杭州造船业，唐以前即有名，南宋建都后，造船业更有了发展，所造巨型海船，长二十余丈，可载重万石，可乘五六百人。其余如内河航船、渔船及西湖游船，制作更多。湖船中尤以龙舟及车船（脚踏船），更为精巧。船场在东青门外菜市河边。

《梦粱录》记载，除船场外，东青门外还有铁场、炭场、铸冶场。看来这一带是官府其他手工业较为结集的地方。

宋代瓷业颇发达，五大名窑之一的官窑，便是政府经营的。汴京沦陷，修内司即于嘉会门外凤凰山麓建置瓷窑，所产青瓷，极为精制，釉色亦莹彻，甚为时重[43]。这一带是临安官府瓷业作坊区。

（2）民间手工业区规划

临安私营手工业生产范围颇广，除军器及政府专卖品，其余生活及生产所需的商品，基本上都是私家作坊生产的。私营手工业中，最负盛名的是丝织业和印书业。不仅产量大，质量高，而且品种多，生产规模也不小。

丝织业除府监的绫锦院外，市上丝织商品均为私营作坊生产。私营丝织业铺店，多兼营本业织染作坊，生产与供销合一。这种特征反映到私营丝织业作坊规划上，势必出现作坊的分布要与商业布局保持密切关系。主要的作坊相对集中在主要商业区，次要的则散布城内各坊巷。大都在临安中心综合商业区内，如清河坊、水巷口，尤其是三桥、市西坊一带聚集较多，基本上可视为私营丝织业作坊区。

至于私营印书作坊，从一些已著录的传世南宋临安坊刻本情况，可以推知其分布梗概[44]，多分布在御街南段及中段地带。其在南段者，有大隐坊、太庙前及执政府附近几处。在御街中段的，分布范围较广，大致西起河鞔鼓桥，经睦亲坊，过御街至小河棚桥附近街巷，东连橘园亭书房（行市）。睦亲坊又名宗学巷，为南宋宗学所在，故附近书坊较多，其中陈氏家族书坊规模大，最负盛名。睦亲坊棚北大街“陈解元”、或“陈道人”或棚北睦亲坊陈宅书籍铺刊行者，堪称上乘，尤为世所珍重。御街中段这带书坊分布仍呈点状，尚未构成完整的独立分区。

其他零星散处各街巷的，为数亦可观，例如钱塘门里车桥南大街郭宅（书）铺，众安桥南街东贾官人宅开经书铺等，都是现今还有传世的刊行书籍可资查考的。

（四）道路网规划

临安城市形制为南北长东西狭，加之地形起伏，河道纵横，所以城市道路布局不得不适应这些条件的要求。

总的看，临安城市道路网结构基本上是按经纬涂制进行规划的。

御街上道路网的主干道，也是全城规划的南北主轴线。南起皇城北和宁门，北达景灵宫前斜桥，全长13500尺（宋尺）。

与御街大致呈平行的南北道共有四条。一条在御街西，为两段所组成。第一段为吴山至俞家园；第二段经德化坊，北达余杭门。这条道较长，是城之西半部的南北干道。第二、三条在御街东，介于小河与大河之间。第二条道南起朝天门，北抵众安桥东春风楼。第三条为南瓦东钟公桥至盐桥西。御街东之第四条道自南瓦东绕德寿宫，北至昌乐坊。这三条道均系清波门至新门东西干道与钱塘门至东青门东西之间的区间联络道，而非贯串城之南北的干道。

东西干道计有四条。第一条为候潮门至钱塘门；第二条从新门至清波门；第三条为崇新门至丰豫门；第四条从东青门至钱塘门。这四条道都是横跨御街，连贯东西相对应的城门之间的干道。

由于临安城市具体条件的限制，因此出现东西走向的道路多，南北走向的道路少。其次，道路多曲折，即使是主干道御街，也难矢直。有的干道甚至分段曲折组成，上面谈的东西干道中就不乏这种情况。至于干道间距，情况更为复杂，除御街中段西部部分街巷间距较为均齐外，其余大多远近不一。临安是水网城市，故道路多桥梁。城内计大河（盐桥河）有桥32座，小河（市河）有桥33座，西河（清湖河）有桥35座，小西河有桥22座，城外桥梁尚不在此列。在这些桥中，除众安桥及观桥为平梁式桥外，其余基本上都是拱桥，桥下均可通舟楫。这可以说是临安道路的基本特征。

自建都后，为了加强城市消防，一面放宽街巷路幅，一面在重要建筑物前及人流较为集中的行市所在，多留空地，辟作广场。例如执政府墙下（南仓前）、皇城司马道、贡院前、佑圣观前以及大瓦肉市、炭桥菜市、橘园亭书房、城东菜市、城北米市等处，许多卖技艺人常在这些广场演出，称为“作场”[45]，这对丰富城市文娱生活也具有积极意义。

“行在一切道路皆铺砖石”，“……通行全城之大道，两旁铺有砖石，各宽十步，中道则铺细沙，下有阴沟宣泄雨水，流于诸渠中，所以中道永远干燥……”（《马可波罗行记》）。从这段记载，便可见南宋临安道路建设在当时确是具有相当水平的。

（五）河道及城市水源

临安城东南临江，西侧滨湖，西北与大运河衔接。城内外河道纵横，不仅航运四通八达，对发展农业生产尤为有利。这个得天独厚的自然条件，正是促进临安城市经济繁荣的一大动力。

临安地势南高北低，故河道自南向北流。例如城内诸河及西湖高于城北之泛洋湖，而泛洋湖及东城外之沙河、菜市河复高于上塘河，因之水循势汇聚，经泛洋湖上塘河，北行分流入大运河及下塘河。我们从这个局部例子，便可了解临安河道流向的基本情况。

临安城诸河水源有二，一为西湖，一为钱塘江。吴越建国以前，钱塘江潮直入城内运河，常患泥沙淤塞，有碍航运。自钱芮建龙山、浙江两闸控制泥沙，继之苏轼又重修堰闸阻截江潮，不放入城，城内诸河多赖西湖调剂。环城诸河凡通江的，如沙河、龙山河、贴沙河等，则仍以钱塘江为水源。唐代、吴越都重视江湖治理，以确保水源。

临安城内共有四条河道，即茅山河、盐桥河（大河）、市河（小河）及清湖河（西河）。这四条河都是南北河道。清湖河在御街西，其余都在御街东。茅山河在北宋时虽为城内主要运河之一，但到南宋已渐淤塞，仅余东青门北一段，故实际发挥航运作用的只有三条河道，而盐桥河便成了主干了。

（1）茅山河

此河南抵龙山浙江闸，北出天宗水门，与出余杭水门之盐桥河汇于城外。后因建德寿宫，部分河道致被填塞，只留下后军东桥至梅家桥河一段河道。

（2）盐桥河（大河）

南起碧波亭（州桥附近），一派北出天宗水门，一派出余杭水门。这是南宋城内主要河道，运输最为繁重。此河走向基本上与御街平行，由南而北穿行临安城市中心区，沿河两岸多为闹市。

（3）市河（小河）

市河为沟通清湖河与盐桥河的联络河道，大部分河道与御街平行。

（4）清湖河（西河）

《咸淳临安志》载此河西自府前净因桥，过闸转北，由楼店务至转运司桥再东，由渡子桥与涌金池水合，流至金文库与三桥水合。由军将桥至清湖桥投北，由石碳桥至众安桥，又投北与市河合，入鹅鸭桥转西。一派自洗麸桥至纪家桥转北，由车桥至便桥出余杭门。

西湖水从清波门及丰豫门涌金池入城东流，首先注入清湖河，然后分为南北流。南流至断河头，北流入市河，再转盐桥河。诸河水分派流出城北之天宗水门及余杭水门，汇聚于北城外之泛洋湖[46]，再北流入上下塘河。由此可见，上下塘河便是西湖水的出路之一了。

西湖周回三十里，三面环山。“受武林诸山之水，下有渊泉百道，潴而为湖”（《西湖志》）。这便是湖水的来源。至于湖水的去路，一为经城内诸河北流入泛洋湖再转注上塘河，一为由桃花港、过下湖，而入子塘河。

就湖的水域而言，孤山耸峙湖中，东连白堤，划山后的水域为后湖，山前水域为外湖。北宋元祐间苏轼浚湖，筑堤湖西，从南山直抵北山。堤西水域称里湖。堤东水域即外湖。西湖水域由后湖、里湖及外湖三部分组成。

临安城市内外河道纵横，形成了一个庞大的水上交通网。这个交通网，不仅利用城内河道组织水乡城市所特有的“水上街道”；而且更充分发挥了城外以钱塘江及大运河为主干的一系列大小河道的效益，为发展临安城郊经济提供了极其重要的手段。就城市布局而言，这个水道网对临安城市总体规划以及城内分区结构，都具有深刻影响。

（六）园林

1. 造园概况

自绍兴十一年（1141 年）冬与金人达成和议以来，随着临安城市建设的发展，园林建设也逐渐兴起。除大内及北内（德寿宫）的宫廷园苑外，皇家尚经营了不少别馆园囿，如富景园、聚景园、延祥园、翠芳园、玉津园等。贵戚、功臣、权臣、内侍、富室乃至寺院等亦相继营筑园林。名园瑶圃，盛极一时，一代菁华荟萃于此。

据文献记载，除御园外，私家名园可稽考的几不下百处。其中如云洞、水月、梅冈、真珠、湖曲、隐秀、养乐等园，都是些精心擘划的佳构，规模亦很可观。例如杨和王的云洞园，“花木蟠郁，穷极丽雅，盛时，凡用园丁四十余人，监园使二人”（《西湖游览志》）。韩世忠的梅冈园广达一百三十亩。韩侂胄府邸造园之精巧豪华，僭拟宫禁。至于别院小筑，更是不可胜数。现将部分临安名园列表如下：

南宋临安部分名园表 　　**表 2-5**

顺序	园名	位置	附注
1	玉津	嘉会门外洋泮桥附近	御园
2	富景(东御园)	新门外(百花池上巷)	御园
3	樱桃	七宝山	御园
4	聚景	清波门外	御园
5	翠芳(屏山园)	南屏山	御园
6	延祥	孤山	御园
7	玉壶	钱塘门外	原属刘光世,后为理宗御园
8	胜景(又名庆乐、南园)	长桥南雷峰路口	本高宗别馆御园,后赐韩侂胄,再收为御园
9	水月	大佛头寺西	本杨存中园,后归御前
10	北园	天水院桥	福王府园
11	择胜	钱塘门外九曲城	秀王府园

续表

顺　序	园　　名	位　　　置	附　　　注
12	梅坡	小麦岭北龙井路口	杨太后宅园
13	集芳	葛岭前	原为张婉仪园，一度归太后殿，后归贾似道
14	挹秀	葛岭水仙庙前	杨驸马园
15	瑶池	昭庆寺西石涵桥北	中贵吕氏外宅园
16	真珠	南山路口	张循王(俊)园
17	华津洞	梯云岭	赵翼王园
18	凝碧	孤山路	张府园
19	桂隐	白洋池北	张循王孙张镃之园
20	隐秀	钱塘门外	刘鄜王别墅园
21	云洞	昭庆寺西石涵桥北	杨和王(存中)园
22	梅园	十八涧	杨和王(存王)园
23	环碧(旧名清晖)	丰豫门外柳州寺侧近杨王上船亭	杨和王(存中)园
24	秀芳	清湖北	杨和王(存中)园
25	梅冈	西马塍	韩王(世忠)园
26	斑衣	九里松旁	韩王别墅园
27	半春	葛岭玛瑙寺西	
28	琼华	葛岭玛瑙寺西	史弥远别墅
29	香月邻	葛岭后	廖药洲，后归贾似道
30	香林	九里松	苏尚书园
31	湖曲(甘园)	雷峰塔西，净慈寺对面	甘升园
32	小隐	赵公堤旁	内侍陈源园
33	总宜	孤山路西泠桥西	张内侍园
34	卢园	大麦岭	内侍卢允升小墅
35	壮观	嘉会门外包家山	内侍张侯园
36	王保生园	嘉会门外包家山	内侍王保生园
37	蒋苑使宅园	望仙桥下牛羊司侧	内侍蒋苑使园
38	富览园	万松岭	内贵王氏园
39	裴禧园	赵公堤	
40	史徽孙园	赵公堤	
41	乔幼闻园	赵公堤	
42	嬉游园	九里松	
43	谢府园	北山路	
44	罗家园	雷峰塔后	
45	白篷寺园	雷峰塔后	
46	霍家园	雷峰塔后	
47	刘氏园	方家坞	
48	一清堂园	涌金门外堤北	
49	大吴园	宝石山大佛头寺西	
50	小吴园	宝石山大佛头寺西	
51	赵郭园	昭庆寺西石涵桥北	
52	水丘园	昭庆寺西石涵桥北	
53	聚秀园	昭庆寺西石涵桥北	
54	钱氏园	昭庆寺西石涵桥北	
55	张氏园	昭庆寺西石涵桥北	
56	王氏园	昭庆寺西石涵桥北	
57	万花小隐园	昭庆寺西石涵桥北	
58	养乐园	葛岭玛瑙寺西	贾似道别墅
59	里湖内侍诸园	里湖	内侍在里湖筑有不少别业小园
60	快活	葛岭	赵婉容别墅
61	水竹院落	西泠桥南	贾似道别墅

表2-5所列，不过举其大概。从这里，不但可以推见临安园林之胜，而且可以窥测当时园林分布的情况。

杭州本以湖山优美，闻名于世，整个杭城实为一座天然园林，尤其西湖在南北两山环抱中，叠翠层峦，湖光潋滟，不啻掌上明珠。加之名园巧构罗列点缀，诸园借景湖山，扩展意境，湖山得园林润饰，更何异锦上添花。人工天然，凝为一体，浓妆淡抹，无不相宜。

我国素重造园艺术，宋人继承传统更有所发展。洛阳名园，早负盛誉，艮岳营构，又推进到一个新的发展水平。南渡后，承宣和余绪，结合临安自然景色，借鉴江南山水，造园艺术继续取得较大进展。大内小西湖，德寿宫之飞来峰、冷泉，虽规模不及汴京艮岳，但纤巧雅丽，却有过之。至于聚景、胜景、延祥等御园，配合天然，其构思之巧，颇堪称道。私家造园也不乏类似的佳构，例如杨和王的环碧、云洞，贾似道的养乐及水竹院落，韩侂胄府邸园等，或依山瞰湖，或临湖对山，诸园除台榭亭阁之美，且各具特色，或则洞壑幽邃曲折多姿，或则古木寿藤纯朴超凡。一般别业小筑，也有不少别具一格的，这里就毋庸枚举了。

除造园外，在名胜古迹处，尚兴建了一些楼台亭阁，利用园林建筑来增色湖山。虽着笔不多，纵令一桥一亭，亦落落有致。

综观上述，足见南宋临安园林建设之盛，造园艺术之高。

2. 造园规划

其布局系以西湖为中心，南北两山为环卫，随地形及景色的变化，借广阔湖山为背景，采取分段聚集，或依山，或滨湖，起伏有节，配合得宜，天然人工浑然一体。

它的主体规划结构，大体上由三段组成。南起嘉会门外玉津园，循包家山、梯云岭，直达南屏山一带，是为南段。由长桥环湖沿城北行，经钱湖门、清波门、丰豫门（涌金门），至钱塘门是为中段，孤山耸峙湖中，当属此段。自昭庆寺循湖而西，过宝石山，入葛岭，是为北段。这些地带便是三段的主体所在。这里，长桥是南段转中段的枢纽，西泠桥为北段与中段的衔接处。由长桥东行，入万松岭，为南段的另支。这支在全城园林布局上，起到了沟通东西两部分的作用。虽然园林规划重心在城西，但城东也有少数园林，如德寿宫御苑、富景园、樱桃园等，作为陪衬。南段万松岭一支，在全局上正是历七宝山东连富景等园之联系体。通过它，把东城园林聚集在重心周围。南段随南山逶迤直接南高峰；北段沿北山入九里松一带，顺山势而及北高峰，另一支则沿城至白洋池北。就现有史料来分析，看来南宋临安公私园林基本上便是按照这样的规划结构而配置的。当然，这种结构并不见得是一次规划所能形成，应是百多年来逐步实践积累的成果。

由于这种结构是因地形随景色而形成的，当时对园址的选择势必要求能够与自然地形景色协调，以收到互为因借，相得益彰的效果。因此可以说，宋人对园址选择，乃至造园的艺术格调，都经过了仔细推敲。表现在总体结构上，三段之间的园苑配置有起有伏，即一段之内，也有疏密轻重之分，其变化处，或实联，或虚转，随机措置，颇为得体合宜。

现在不妨列举一些园林具体分布情况来说明上述规划结构（图2-8）。

首先看三段总体布置。西湖虽是临安掌上明珠，若无南北两山衬托，也将黯然失色。只有千峰滴翠，方能更显现银光万顷之美。而郁郁山色也只有借潋滟湖光，才得益彰之妙。宋人造园深知两山在全局上的作用，故南北两段，随山势蜿蜒，高低错落，名园小筑，相机缔造。其近湖处，以奇峰突起之势集结名园佳构，借此渲染山林，形成全局伏笔的高潮。譬如胜景、翠芳、真珠等园之于南山南屏，云洞、水月、集芳诸园之于北山葛岭宝石山。反之，滨湖造园较少，仅有聚景、玉壶以及环碧等几处。着笔不多，却极尽工艺。恰似碧空辰星，益增西子淡装的典雅。这正是全局起笔所在，也是借山引湖，由动转静，因自然景色的变换，假明起暗伏与明伏暗起的巧妙对比，以无声胜有声的意境来突出西湖这个重心。

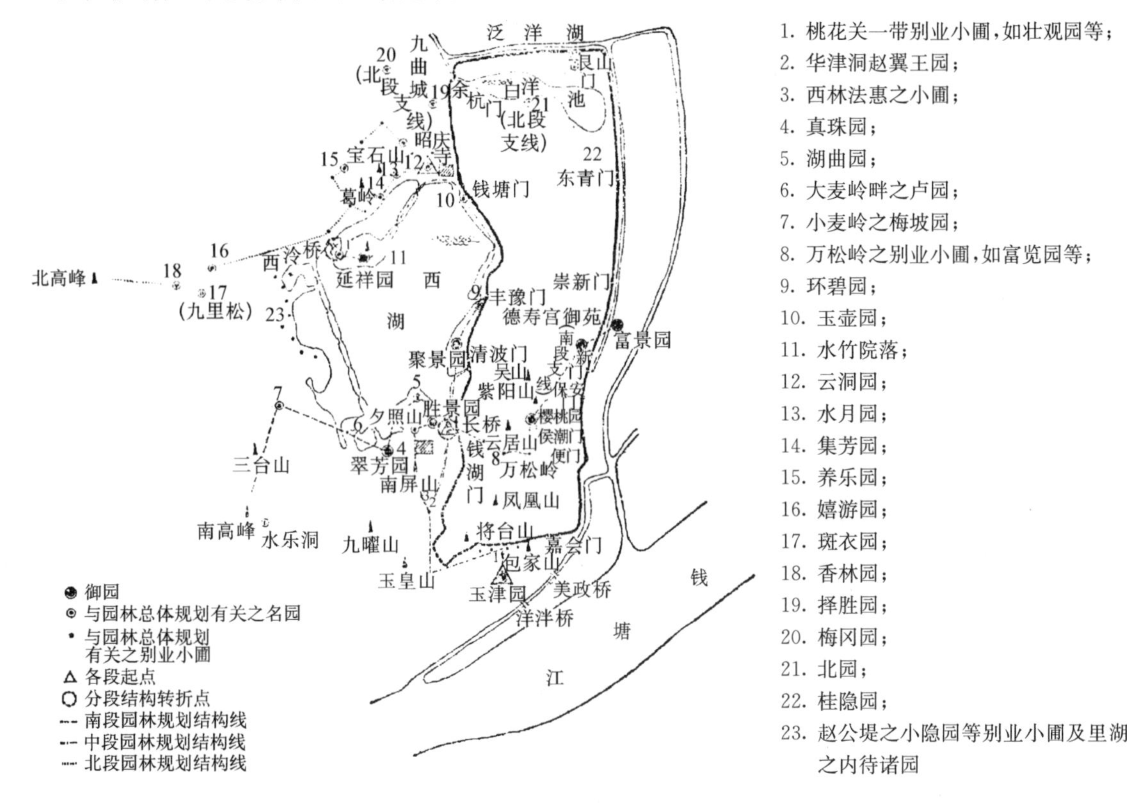

图 2-8 南宋临安城园林规划结构图

至于三段衔接，亦因地制宜，有虚有实。长桥当南屏山与万松岭及钱湖门外滨湖地带交通冲要，襟山临湖，既是山湖景色转折处，也是全城园林布局上依南山山脉联系东西两部分的枢纽。宋时此桥有三孔，跨度较长，且建有桥亭，壮丽特甚。因之借此桥沟通南屏、万松。南屏多名园巨构，万松则以别业小圃为主。长桥介于两者之间，作为南山一脉园林建筑由重入轻的过渡手段。这里便是采取一气呵成的实转方式来处理的。其与中段衔接则不然，南屏处于南段造园高潮，而钱湖门外滨湖地带正是中段起点，碧波荡漾，远山含黛，全赖天然，并无园林点缀，视南屏层峦起伏，台阁争辉，又是一番意境。长桥顺山势，以一桥飞渡的方式将两段联成一体。这种虚转之巧，正是中段园林布局得体合宜的结果。

北段与中段的转折，在葛岭、宝石山与孤山之间。这两处正处于北段和中段的园林布置高潮，倘仅持西泠桥作为转折手段，显然是力所不及，故在桥南配置"水竹院落"，以资加强。此本贾似道离亭，左挟孤山，右带苏堤，波光万顷，配以几处亭阁，既可与两段园林协调，又得借景换境之妙。这种转折方式又是另有一番风味了。

再次，再分析各段的园林配备。

嘉会门外洋泮桥附近有玉津园，这是宫廷射圃，性质与一般御园有别，故置于南城近宫处，列为南段诸园之首。为了突出玉津，在以桃林著称的包家山一带，点缀了几处小筑，作为陪衬。入梯云岭，有赵翼王园。园以水石奇胜，与方家峪西林法惠院之"雪斋"，激水为池，叠石作山，风格相似，颇合林壑深沉的自然景色。循山而北，达南屏、雷峰。这带集结有胜景、湖曲、真珠等名园佳构。至此，园苑布置已进入高潮。过翠芳园而西，大麦岭有卢园，小麦岭有梅坡园，与南高峰下水乐洞，呈遥相对应之势。从南段主体部署看，玉津以后一直运用伏笔。随景造园，格调各异，或以小筑精构润饰桃林，或借水石之奇增色林壑。寓奇趣于平淡之中，借以蓄精养锐。

进入南屏山一带，笔锋突转，真珠、胜景等园的配置，正是起笔的开端，高潮的序幕了。

中段是全局关键。这段园林措置，因借自然山水的转折和南北两段的造园起伏，以变换多姿的章法，把笔锋巧集在西湖，以揭示全局的主题。沿城滨湖地带，假明伏暗起方式，建置聚景，玉壶、环碧等园，缀饰西湖。并借远山及苏堤作对应，以显现西子之雍容素雅。继之，沿湖西转，顺白堤轻快地引出了孤山。孤山耸峙湖上，碧波环绕，本是西湖胜境，唐以来历有经营，楼阁参差，婉若琼宫玉宇，白居易喻为水中蓬莱。南宋时，山中胜迹颇多。如白居易之竹阁，僧志铨之柏堂，林逋之巢居梅圃等。绍兴年间高宗在此营建祥符御园，亭馆窈窕，丽若画图。理宗作太乙西宫，再事扩展御园，成为中段诸园之首。以孤山形势之胜，经此装点，更借北段宝石山葛岭诸园为背景，与南段南屏一带诸园及本段滨湖园林互相呼应，蔚为大观。不仅如此，还于赵公堤及里湖一带布置若干别业小圃，以为隔水帮衬。这种若隐若现的伏笔，使孤山造园境界更富有余韵。从长桥转入中段以来所蓄的明伏暗起之势，至此已经水到渠成，而再次凭借山引湖的章法，利用孤山所形成的造园高潮，则愈加体现了西湖在园林规划全局上所处的重要地位了。

北段布置与中段婉转多致又有不同。本来全局重心在西湖，南北两山不过环卫。因之，乘中段滨湖假明伏暗起笔调所蓄之势，顺地形将笔锋引导西转，以气势磅礴的直起方式，即于昭庆寺西石涵桥北一带集结云洞、瑶池、聚秀、水丘等名园，继之于宝石山麓大佛头寺附近，营建水月等园。再西又在玛瑙寺傍置养乐、半春、小隐、琼花诸园。入葛岭，更有集芳、挹秀、秀野等园。这种园林布置以一泻千里之势形成北段造园高潮。借西泠桥畔之“水竹院落”衔接孤山，使北段、中段凝成一体，假北山环卫之力，强化孤山，落笔西湖。葛岭以西，北段又转入伏笔，逶迤西行，至九里松始有斑衣、香林、嬉游等园。

北段除上述主干外，尚有另支自昭庆寺而东，沿城北行直抵白洋池一带。其间西马塍有梅冈，九曲城下有择胜园，天水院桥有北园，白洋池北有桂隐园等。这一带园圃布置较稀疏，实不过北段高潮的余绪而已。

四、从南宋临安城市规划看后期封建社会城市规划制度

综合临安城市规划的基本特征，大体上有以下几点：

1. 废除集中之市制，在全城建立包括各种商业行业和新型服务行业如瓦子、酒楼、茶坊及浴室等的商业网，以改进城市商业布局。在商业分区规划上，既设有城市中心综合商业区，又选择适合不同行业要求的地带，建置专业性商业区，居民坊巷内则设置各种日用店铺作为商业的基层网点。这种城市商业布局，充分体现了新型商业网组织的优越性。

2. 改革旧坊制，以按街巷分地段组织聚居的坊巷制来规划城市居住区。坊巷内设有商业网点，并有学校。居住区内尚配置瓦子、酒肆、茶坊、浴室。这些虽属城市商业及文教的基层组织，同时也是坊巷组织的一个组成部分。这是新坊巷制与旧坊制的主要差别。至于居住分区规划，则基本上仍保留了按阶级分区聚居的传统遗制，城内分设有府邸区和一般居民区。

临安已彻底打破了市坊区分的旧体制，吸取东京改革市坊规划制度的经验，按照城市发展新形势要求，进一步健全了市坊有机结合的新体制。上述商业布局及坊巷制居民区规划，便是新体制的具体表现。

3. 改变了旧的城市分区规划。首先取消了不适应城市发展的旧分区，如集中市场区；增加了若干新的分区，如各种性质的商业区、仓库区、码头区等。于是导致城市分区结构上的变化。在扩大经济性分区比重的同时，更改善了它们的位置，使中心综合商业区处于御街中段。从此，由

以往礼治为主，经济为辅的秩序，演变而为以经济要求为主，礼治为辅的新秩序。

4. 城市规划结构仍保持了“前朝后市”的传统格局。因此，便以贯串宫城的南北中轴线的长线作为全城规划的主轴线，主干道——御街即沿此轴线修筑。

5. 为了适应城市经济进一步发展的形势要求，临安规划采取积极经营郊区卫星市镇的办法，合理地解决了城市的扩展问题。因此，临安城市总体布局，形成以城为中心，结合周围一系列大小卫星市镇而组成的新的城镇结构形式。

以上几点可算是南宋临安城市规划的基本特征。与封建中期社会城市规划制度设计的城市特征判然不同。这种不同，正体现了规划制度的变革，表明适应封建后期社会经济形势要求的新规划制度，经过晚唐以来长时间的酝酿，至此已经成熟了。所以，我们可以说，南宋临安城市规划的基本特征，实质上也就是封建后期社会城市规划制度的基本特征。不仅南宋其他城市具有这些基本特征，元、明、清各代城市同样也如此。这种共性便是出自同一规划制度的必然反映。

注释

[1] 据《梦粱录》卷十八载，钱塘与仁和两赤县城市人口乾道年间为 145808 人，咸淳年间为 432046 人。《乾道临安志》及《咸淳临安志》同。

[2] 灵隐山，古称武林山《水经注》：“浙江又东迳灵隐山……山下有钱塘故县。”南朝刘宋之刘道真所著《钱塘记》云：“昔一境逼江流，而县在灵隐山下，至今基础犹存。

[3]《隋志》：开皇中，移州居钱塘城，复移州于柳浦西，依山筑城。

[4] 参阅《吴越备史》、《神州古史考》、《资治通鉴》、《说杭州》等。

[5] 参见《乾道临安志》、《杭州府志》及《建炎以来系年要录》等。

[6]《建炎以来系年要录》、《咸淳临安志》。

[7]《宋会要辑稿》。

[8] 参阅《东京梦华录》卷三。

[9]《建炎以来系年要录》卷 51。

[10]《宋史・舆服志》。

[11]《宋会要辑稿》。

[12]《西湖游览志》。

[13]《宋会要辑稿》。

[14] 苏轼：《乞开杭州西湖状》。

[15]《宋史・汪应辰传》。

[16] 参阅《梦粱录》及《西湖游览志》等。

[17]《东京梦华录》。

[18]《宋史・河渠志》。

[19]《咸淳临安志》。

[20]《宋会要辑稿》。

[21]《建炎以来系年要录》。

[22]《宋史・孝宗本纪及理宗本纪》。

[23]《都城纪胜》、《梦粱录》。

[24]《宋史・孝宗本纪》。

[25]《宋史・河渠志》。

[26]《宋史・宁宗本纪》。

[27]《杭州府志》。

[28] 据《乾道临安志》，江涨桥镇、临平镇及范浦镇，是宋太宗端拱元年所置。汤村镇则于端拱元年改隶仁和县。这

表明江涨桥镇等四个镇，早在北宋初已建置。

[29] 又据《宋会要辑稿·食货十六》载宋神宗熙宁十年（1077年）杭州诸场商税情况，其中除城市外，尚有浙江场、龙山场、范浦镇场、江涨桥镇场。税场应设在交通冲要市肆繁荣的地方，即市镇所在地。可见熙宁十年时，除范浦及江涨桥两镇外，浙江及龙山两处应该是市。本来浙东及海道来的船只多集中停舶在城南。城南码头最著名的为浙江码头和龙山河码头。浙江市及龙山市便是这两个码头所形成的市。这两市为货物集散要地，商税收入颇多。浙江市尤为重要，熙宁十年浙江务的商税收入达二万余贯，为郊区镇市之首，仅次于城区。龙山市亦达三千贯，居杭州税务第三位（见《宋会要辑稿·食货》）。由浙西运河及下塘河来的船只，则集结在城北。所以，《宋会要辑稿·食货》还载有北郭税场，北郭即北关，熙宁前即在此置有税场。

[30]《读史方舆纪要》。

[31] 参见贾公彦：《周礼·疏》。

[32] 参见《周礼·司市及肆长》等。

[33]《东京梦华录》。

[34]《辍耕录》。

[35] 临安浴室甚多，可参阅《马可波罗行纪》。

[36]《马可波罗行记》卷二，“……中有若干街道置有冷水浴场不少……浴场之中亦有热水浴，以备外国人未习冷水浴者之用”。

[37] 参见《梦粱录》卷十三“诸色杂货”条。

[38] 参阅《梦粱录》等。

[39]《马可波罗行记》卷二：“此城每一街市建立石塔，遇有火灾，居民可藏物于其中”。

[40]《西湖游览志》。

[41]《梦粱录》卷六“紫城九厢坊巷”条。

[42]《湖山便览》。

[43]《格古要论》。

[44] 参阅《书林清话》等。

[45] 参见《都城纪胜》及《西湖老人繁胜录》。

[46]《嘉靖仁和县志》、《艮山杂志》。

第三节　辽上京、中京、南京

辽代统治者曾先后建立了五座都城，史称辽代五京，即上京临潢府，在今内蒙古巴林左旗林东镇；东京辽阳府，在今辽宁省辽阳市；西京大同府，在今山西省大同市；中京大定府，在今内蒙古昭乌达盟宁城县；南京析津府，在今北京城西南。现选择上京、中京、南京作为辽代都城建设发展史有代表性的例子加以介绍，从中可以看出作为游牧民族的契丹统治者，逐步接受中原文化的过程在城市建设、发展中的反映。

一、辽上京

（一）背景

辽上京位于今内蒙古昭乌达盟巴林左旗林东镇南。9世纪末，辽太祖耶律阿保机所领的迭刺部曾以此为基地，故称之为“太祖创业的大部落之地”。“神册三年（918年）城之，名曰皇都，天显十三年（938年）更名上京，府曰临潢”[1]。作为太祖大部落之地时期，该地曾建有“龙眉宫”，天复三年（903年）建“明王楼”，七年（907年）为叛党焚毁，后又在此基址上建宫室。天赞初（922年）太祖“南攻燕蓟，以所俘人户散居潢水之北，县临潢水，故以名地”[2]，这就是上京名

"临潢府"之原委。同时也说明了此城所居汉人之来历，同时还有其他民族和地区的人士，也是辽统治者征伐其地后俘获人户带回上京的。城中"宦者、翰林、伎术、教坊、角觝、儒、僧、尼、道中，国人并、汾、幽、蓟为多"[3]。于是"……城南别作一城，以实汉人，名曰汉城。"[4]当时上京中人口的构成除契丹族之外，还有汉族及其他民族。致使上京分为南北二城，"北曰皇城，南曰汉城"。

（二）上京城总体布局

上京南、北两城外形均不规则，方位北偏东。北部皇城近乎方形，但西北、西南均抹角。南部成不规则的偏方形。现此二城城址已被考古发掘查明。皇城中部地形较高，是为宫室区。《辽史》称"天显元年（926年）平渤海归，乃展郛郭，建宫室……"，另据载"金主攻上京，克外郛"，是否除南、北二城外还存在一个外郛？这个外郛在何处？有待考古证实（图2-9）。

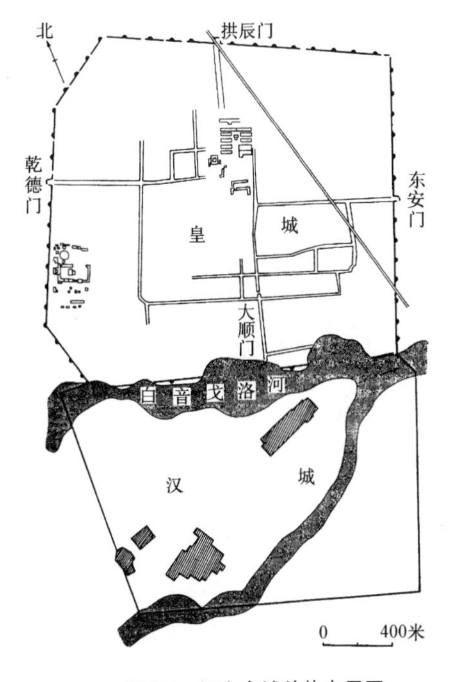

图2-9　辽上京城总体布局图

（三）皇城

皇城南北长1600米，东西宽1720米[5]，城墙四面开门，"东曰东安，南曰大顺，西曰乾德，北曰拱宸"[6]。但门不居中，东西、南北间的两门彼此错位，经考古查明，各门之内皆有道路，城内这四条道路布局成风车状，此外还有略似环路的横路与之相交连通。道路与皇城中部的大内四面皆擦边而过。文献中所称之"正南街"即应为大顺门往北至大内东侧的大街，该街左右路网较密集[7]。按文献载正南街侧为官衙所在地，即所谓"正南街东留守司衙，次南门司，次南门龙寺"[8]，此处的南门应指大顺门。在《辽史》地理志中称"街南曰临潢府，其侧临潢县"。这两处官署应在正南街南端，靠近大顺门一带。《地理志》接着便以临潢县为起点叙述了一些建筑的位置：

"县西南崇孝寺，承天皇后寺"。

"西长泰县，又西天庆观，西南国子监，监北孔子庙"。

"东节义寺"。

"西北安国寺，太宗所建，寺东齐天皇后故宅，宅东有元妃宅，即法天皇后所建也，其南具圣尼寺、绫锦院、内省、司、院，赡国省、司二仓，皆在大内西南。"[9][10]

依这段记载可知，靠近皇城西南隅为国子监、孔子庙之类的礼制文化性建筑。在临潢县西；孔子庙东北位置多宗教建筑，有承天皇后寺、崇孝寺、天长观等寺观。而在正南街东侧，大内南侧则为贵族居住区，有齐天皇后宅、元妃宅等。在这些住宅之南，大内的西南为手工业作坊及仓库等官府掌管的供应服务区。此外皇城东南还有一处八作司。在城东有节义寺。以及文献所记之"东南隅又建天雄寺，奉安列考、宣简皇帝遗像"。天雄寺则具有原庙的性质。另据胡峤《陷虏记》："上京西楼，有屋邑市肆，交易无钱而用布"。

从文献记载看出皇城南部有官署、住宅、文化建筑、寺观、市肆等，且相对集中。皇城北部未见记载。经考古察明：皇城城墙残高6～10米，断面呈梯形，底宽12～16米，与文献所记城高3丈相符，城壁有马面。城门有瓮城。城周有护城河。城内道路宽14～20米，路面铺碎石、方砖。此外，汉城西部发现寺庙基址，推断为安国寺或太祖燕寝之日月宫，皇城南城墙东段发现一寺庙基址，推断为节义寺[11]。

（四）大内

位于皇城中部偏北的高台上，北距拱宸门址约300米。大内共有三门，“内南门曰承天，有楼阁，东门曰东华，西门曰西华，此通内出入之所。”[12]“天显元年（926年）……建宫室，名以天赞，起三大殿，曰开皇、安德、五銮……太宗诏蕃部亦依汉制，御开皇殿，辟承天门受礼。”[13]对照考古所得大内建筑基址残迹，已发现大内承天门址遗迹，在大内1.5米宽的南墙上，成长方形，东、西二门址也在东西墙上找到两处大豁口，而宫殿基址则有多处。但尚未能确定文献中所称之三大殿的位置。另据宋官员薛映使辽所记“承天门内有昭德、宣政二殿与毡庐，皆向东”[14]，说明大内仍保留了契丹民族居住毡庐和以东为上的习俗[15]。

（五）汉城

有关汉城的记载有：

《辽史》地理志：“南城谓之汉城，南当横街，各有楼对峙，下列市肆。”

《旧五代史》：汉城“城中有佛寺三，僧千余人”。

这是关于汉城最直接而确切的记载，从中可以看到汉城内除有一般汉人居住建筑之外，还有一条东西向的横街，并有商业店铺当街而设。同时汉城中还有三座佛寺，能容纳僧千余人，这三座佛寺必具有相当规模。

在《辽史》地理志中还曾记有“南门之东回鹘营，回鹘商贩留居上京置营居之。”

这里虽未指明是汉城南门，但既然是回鹘商贩居住之营，不可能在皇城之内，而更可能是在汉城之中。

另外《辽史》所记诸国信使所居之“同文驿”和接待夏国使的临潢驿一类的建筑曾有人也将其归入汉城之内[16]，似不合常理。汉城的性质属社会下层人士之居所，而接待外国使臣之宾馆放在汉城岂不有失礼之嫌？这种宾馆类建筑位于皇城更为合理。

辽上京于公元1120年被金兵攻占，从此结束了其作为“都城”的历史。

将这座草原上契丹族所建的最早的都城与中原城市作一比较，其特征尤为鲜明，由于其生产仍处在较落后的阶段，商品交换仍采用以物易物的形式，当然与北宋时代的中原城市商品经济的发达是无法相比的，虽有市肆、作坊，但在城市中并不占主导地位。

上京城市结构虽然突出皇城、宫城，但道路系统并未严格地体现出以宫城为中心的思想进行布局，而且无中轴线观念，从宫城侧面擦过。皇城的城门彼此不是两两相对，而是互相错置，从实际使用出发，较少受到礼制观念的束缚。

宫城内的建筑采取东向，并设有毡卢，直接反映出契丹民族的习俗。

“汉城”、“回鹘营”之设反映着民族间的矛盾之存在。

尽管城中也可见到学习中原城市建构的影子，如皇城中有一定的功能分区，正南街为官署区等，并有汉族官员康默记、韩延徽协助建设，但上京城毕竟是一座带有浓厚的契丹民族习俗并反映着民族矛盾的都城。

二、辽中京

（一）背景

中京大定府，辽统和二十五年（1007 年）建，是辽极盛时期的陪都，位于今内蒙古昭乌达盟宁城县大明，地处开阔的老哈河（古称土河）北岸冲积平原上，这里土地肥沃，地近中原。据《辽史、地理志》载："圣宗尝过七金山土河之滨，南望支气，有浮郭楼阙之状，因议建都。"（统和）"二十五年，城之，实以汉户，号曰中京，府曰大定。""统和二十七年夏，四月丙戌朔，驻跸中京，营建宫室"；后经近 20 年的时间使其逐步完善起来。中京建于辽代中期，这时契丹民族已从游牧生活向城市定居方向发展，国力日强，西部和东部的一些少数民族政权如西夏、龟兹、于阗、女真、高丽等均成为向辽纳贡之国。同时还迫使北宋向辽纳贡，在统和二十二年与北宋签订澶渊之盟。此时圣宗便拟在土河之滨建都。这样可利于与宋交往，吸收先进的经济、文化。历史上，辽中期以后，契丹典章制度完备和文化的提高与辽代统治中心的南移不无关系。

（二）城市布局

关于辽中京的城市总体布局，文献有过记载。据宋人路振所撰《乘轺录》载，"契丹国外城高丈余，东西有廊，幅员三十里，南门曰朱夏门，凡三门，门有楼阁，自朱夏门入，街道阔百余步，东西有廊舍约三百间，居民列廛肆庑下。街东西各三坊，坊门相对"，"（前行）三里，第二重城，城南门曰阳德门，凡三间，有楼阁，城高三丈，有睥睨，幅员约七里。自阳德门入，一里而至内门，内（曰）阊阖门，凡三门，街道东西，并无居民，但有矮墙，以障空地耳。阊阖门楼有五凤，状如京师，大约制度卑陋。东西掖门去阊阖门各三百步。东西角楼相去约二里。是夕，宿大同驿，驿在阳德门外"。另宋人王曾《上契丹事》也有记载："南门曰朱夏，门内通步廊，多坊门。又有市楼四，曰天才、大衢、通阛、望阙"。这两段描述与考古发掘所得结果大体一致，由此可以看出辽中京布局的如下特点：

1. 中京城有外城、皇城、宫城，自外城朱夏门入城后三里到达皇城城门阳德门，再经一里到达宫城城门阊阖门，三门布列在一条中轴线上。考古发掘已找到这三座门的位置，且三者距离与文献复合。宫城，皇城皆在城市中轴线上，但位置偏北。（并发掘出外城至皇城宫城间有一条主干道，道两侧带有排水沟。）宫城阊阖门两侧的两门址，即应为路振所记之东西掖门，只是与阊阖门间的距离只有 180 米，因之推测路振所记的"三百步"应是"一百步"。对于宫城内的建筑，《乘轺录》曾记有从东掖门入后，至第二道门为武功门，内有武功殿。西掖门内也有文华门及文华殿。现于两掖门北 80 米处发现了建筑基址，并有一条路北行通往另外两个大型建筑基址。考古工作者推测，此即为武功殿、文华殿两建筑群基址（图 2-10）。

2. 外城中央干道左右为坊市区，路两侧各三坊，在外城区考古已发掘出东西向经路五条，南边的三条把朱夏门至阳德门间的地段分割成三排"坊"，这恰与"街东西各三坊"之记载吻合。另有南北向街道在中央大道两侧各三条。由此构成了全城的道路系统。同时也可由南北向道路的数目推测出上述的三排坊，每列应有四坊，东西两侧共有 24 坊。

3. 城市中央干道两侧出现廊舍型廛肆，即路振所说的东西有廊舍 300 间，这段廊舍也已被发掘出来，位于阳德门南 500 米处，它反映出集中设市已被商肆街道取代的状况（图 2-11）。

综观文献及考古发掘材料可知，辽中京仍以里坊制城市为其规划蓝本，全城中轴对称，宫殿居北，里坊居南，很像隋唐时代的城市结构，唯有中央干道上的市肆、房廊对其有所突破。这样的结构比辽上京保留游牧民族习俗的城市形制有所前进，但仍赶不上同期或更早（五代时期）冲破里坊制的中原地区城市。这正是辽代统治集团在政治、经济方面落后于宋的表现。

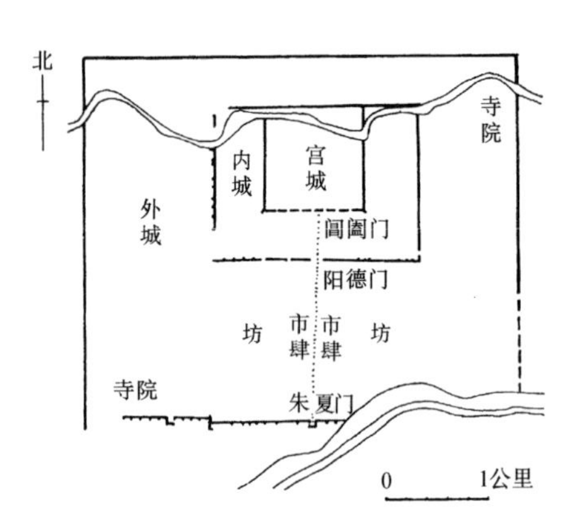

图 2-10 辽中京城宫城平面

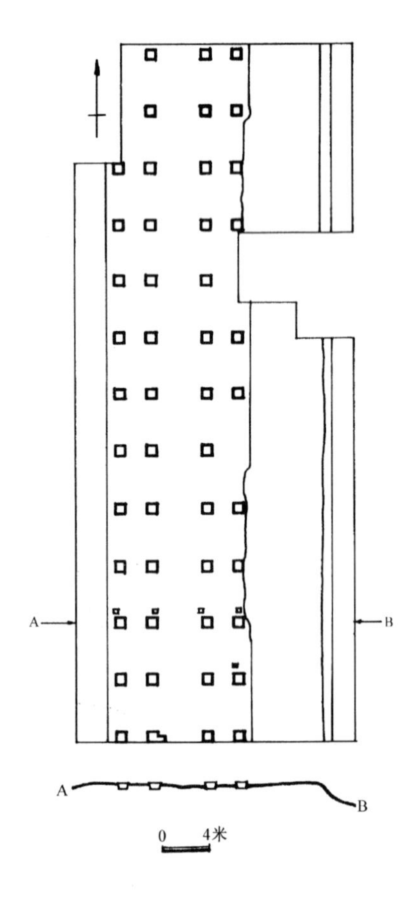

图 2-11 辽中京城外城中央干道两侧建筑遗迹

（三）辽中京建筑遗迹

外城城垣：东西长 4200 米，南北宽 3500 米，残高 4～6 米，基宽 11～15 米。南墙中部有城门、瓮城遗迹。外城中央干道宽约 64 米，用黄土、灰土及砂铺垫，路面中央略凸起，成虹面，两侧有排水沟，沟上盖有木板或石板。南北纵街和横街宽 15～24 米。外城西南隅有寺院遗址；中央有正方形佛殿一座，面宽进深皆五间，中央有佛坛。

皇城城垣：东西长 2000 米，南北宽 1500 米，东、南、北三面城墙残高 5 米，基宽 13 米，中部有城门遗迹。阳德门至阊阖门间大路宽约 40 米。

宫城：长宽各约 1000 米，南墙正中经钻探有门址，城东南、西南二转角有角楼夯土堆。另外还有阊阖门，东、西掖门，以及武功殿、文华殿两组建筑群的遗址。宫城内道路宽仅 8 米。

除此之外，还有建筑物大明塔留存至今，塔高 64 米，砖砌，八角十三层密檐式，塔的下部基座边长 4 米，基地面积 946 平方米，是一座体量很大的辽代砖塔遗物。由此推测当年佛寺规模一定相当可观。

中京城在金、元、明三代仍在继续被利用，并加以改建，但以后便逐渐荒废。

三、辽南京

（一）背景

契丹族于公元 936 年从后晋统治者手中得到了燕云十六州（今河北、山西一带），到 938 年，即耶律德光会同元年，便把唐代幽州城升为南京，成为辽代五京之一。南京古称燕京，辽统和三十年（1012 年）改称析津府。

（二）辽南京的大城

辽南京大体沿袭唐代幽州城的旧有规模，幽州过去作为唐代经略辽东的基地，曾在唐初着力经营，城内里坊齐整，街衢通达，有横贯东西的大街檀州街。公元 1008 年宋人路振出使契丹，据其所见载《乘轺录》，有关南京城池云："幽州幅员二十五里……城中凡二十六坊，坊有门楼……"另外还有其他文献对南京城的规模作了如下记载：

宋许亢宗的《奉使行程录》称：

"契丹自晋割赂建为南京，又为燕京析津府……国初更名曰燕京，军额曰清成。周围二十七里，楼壁高四十尺，楼计九百一十座，地堑三重，城门八开"。

《辽史》地理志载：

"城方三十六里，崇三丈，衡广一丈五尺，敌楼战橹具。八门：东曰安东、迎春；南曰开阳、丹凤；西曰显西、清晋；北曰通天、拱辰"。

经后世考古学者考证，城的规模以二十五里周长较为切近，并结合古迹所在位置，可证辽南京所在位置及四至（图 2-12）。

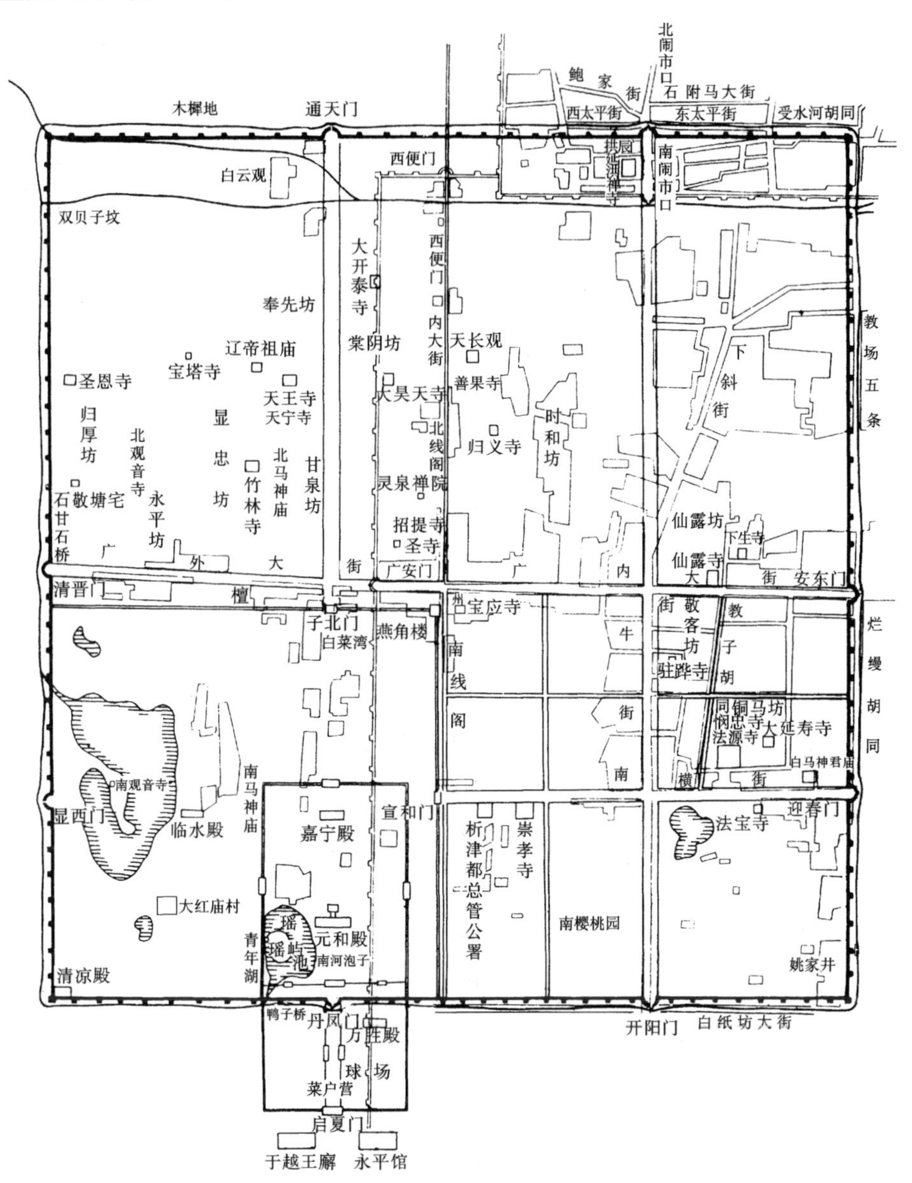

图 2-12　辽南京总体布局

辽南京城垣东壁在今北京法源寺以东，陶然亭以西，烂漫胡同一带。这可从唐建悯忠寺的位置在幽州城东部，南临檀州街，即"悯忠寺在大燕城东南隅，门临康衢"[17]得以证实。又据存于陶然亭内辽代石幢记载僧人葬于京东，先师茔侧等[18]得以进一步确认。

辽南京北壁位于今会城门村一带，这可从白云观、天宁寺等古迹的有关文献定其位置。关于元代建筑压在辽代城址上的记载有如下几则：元虞集《道园学古录》中的《游长春宫诗序》称："国朝初作大都于燕京北东，大迁民以实之，燕城废，……独所谓长春宫压在城西北隅。"长春宫的位置据《日下旧闻考》引《泊庵集》梁潜同"游长春宫遗址诗序"称"长春宫在北京城西南十里金故城中，白云观之西也"。另据陈时可《白云观处顺堂会葬记》称"长春宗师既逝，……乃易其宫之东甲第为观，号曰白云"。也可证实长春宫的位置在白云观西侧。在《篁墩集》中有过白云观诗："红尘飞尽白云生，一经深深草树平，丹灶已空仙去远，琳宫犹枕旧辽城"，进一步证实了辽南京北壁在今白云观西侧的会城门村。

辽南京西壁据出土文物推测，今从甘石桥南流的莲花河为辽南京城西的护城河。辽城垣则在护城河以东。

辽南京南垣在今白纸坊东西街稍北一线。

辽南京八门连接着城市主要道路，东西干道自清晋门至安东门一线便是檀州街。南北向干道自拱辰门至开阳门一线。因子城在"大内西南隅"，从迎春门至显西门之间的东西向道路和从通天门至丹凤门之间的南北向道路，皆遇子城而终止。显西门和丹凤门变成了子城的城门。

（三）子城

辽南京的子城又称"内城"、"皇城"，据《辽史·地理志》引《上契丹事》说：燕京"子城就罗郭西南为之"。其位置之所以偏在大城的西南隅，是因其利用唐及五代时幽州城内安禄山、刘有光等叛者的伪宫，加以改建而成。《乘轺录》称"内城幅员五里，东曰宣和门、南曰丹凤门、西曰显西门、北曰子北门。内城三门不开，止从宣和门出入"。由此可以了解子城规模应包括大城的南部城门丹凤门和西部城门显西门，幅员五里若指子城周长似乎偏小了，估计子城规模周长超过十里。

子城内主要是宫殿区和园林区，宫殿区居于子城中部偏东，其东尚有一区为内果园，据《辽史·圣宗记》载，帝王在内果园设宴，"燕民以车驾临幸，争以土物来献，上赐酺饮，至夕，六街灯火如昼，士庶嬉游，上亦微服观之。"从文献描述，内果园与南京城内六街关系密切，而子城只开东门宣和门，内果园应靠近宣和门。

宫殿区西部即以"瑶池"为代表的一区，池中有小岛"瑶屿"，上有瑶池殿，池旁有临水殿。据《辽史·游幸表》载：临水殿在皇太弟重元的府邸之内，"重熙十一年闰九月，幸南京，宴皇太弟重元第，泛舟于临水殿"。由此推想瑶池占地较大，其周围建有皇亲国戚的宅邸，重元第便是其中之一。子城的西北部为柳庄[19]。

宫殿区以围墙环绕，有三门即南端门、左掖门、右掖门，又称为外三门，各门"皆有楼阁"。外三门之内有一道内门名宣教门[20]，后改称元和门。右掖改为千秋门，左掖改为万春门。

宫殿区内主要建筑有以下几组：

1. 元和殿：为帝王举行朝贺、大典、庆功、廷试进士等活动的场所[21]。

2. 昭庆殿：是帝王与群臣举行宴会的场所[22]。

3. 嘉宁殿：为辽后期使用之殿，曾有"清宁五年（1059年）十月壬子朔，幸南京，祭兴宗于嘉宁殿"(《辽史·道宗记》) 的记载，说明其亦为宫内举行重要活动的场所。

此外，在宫殿区以南，尚有一区在丹凤门外，其中有球场、万胜殿、启夏门等。这一区是从子城前向南扩建的一区，突出于南京城的南垣，《辽史·地理志》引宋王曾《上契丹事》中提到"正南门曰启夏门，……南门外有于越王廨[23]，为宴集之所。门外永平馆，旧名碣石馆，请和后易之"。说明在南京大城丹凤门外，皇室建筑区向南延伸分布，辽宋议和后仍在使用，"永平"似寓意"永久太平"。

文献中还记载子城内有五凤楼、迎月楼、五花楼等建筑，如"保宁五年（973年）春正月，御五凤楼观灯"（《辽史·景帝记》)，"乾统四年（1104年）十月己未，幸南京；十一月乙亥，御迎月楼，赐贫民钱"（《辽史·天祚帝纪》)。推测五凤楼、迎月楼等建筑位置应在子城东南城垣附近。可以想象五凤楼观灯，是观看市民的灯节活动，当然要在靠近大城较中心的位置，才能观赏得到。

此外，在子城的西城颠建有凉殿，东北隅有燕角楼[24]。

（四）街坊区

辽南京在子城周围，便是街坊区，依文献记载二十六坊与现状对照，可确定方位的有以下几坊[25]：

① 归厚坊：在清晋门内街北，即檀州街西端路北。今广外大街，甘石桥以东路北，北观音寺西南。

② 显忠坊：在归厚坊之东，檀州街路北，永平坊东北。今广外关厢偏西路北。

③ 棠阴坊：在通天门内大街北端东侧。今西便门大街北段路西。

④ 甘泉坊：在通天门内大街南端西侧。今天宁寺以南一带。

⑤ 时和坊：在棠阴坊东南。今广内大街北善果寺一带。

⑥ 仙露坊：在安东门内，檀州街路北。今菜市口西、教子胡同北口广内大街路北一带。

⑦ 敬客坊：在檀州街路南，拱辰门至开阳门大街以东。今广内教子胡同以西一带。

⑧ 铜马坊：在迎春门内街南。今南横街西万寿宫一带。

⑨ 奉先坊：在甘泉坊以北，棠阴坊对面，通天门内路西侧。今天宁寺北、白云观南一带。

在街坊区内分布着若干寺庙，《辽史·地理志》称，"坊市廨舍寺观，盖不胜书"，金初统计辽南京较大寺院 36 所。诸多寺观分布于全城街坊之中。而廨舍位置在靠近子城宣阳门一带。辽代新建复建的著名寺庙有以下几处：

① 大昊天寺：是一座舍宅为寺的寺院，在棠阴坊[26]。

② 大开泰寺："昊天寺西北，寺之故基，辽统军邺王宅也"[27]，也是舍宅为寺者，在棠阴坊内。殿宇楼观雄壮，冠于全燕。

③ 天长观：文献载："在旧城昊天寺之东，会仙坊内，有大唐再修天长观碑"[28]。可知此观亦非辽建，至少应为唐代所建，遗存至辽。

④ 竹林寺：《元一统志》载："竹林寺，始于辽道宗清宁八年，宋楚国大长公主以左街显忠坊之赐第为佛寺，赐名竹林"。

⑤ 宝塔寺：《元一统志》载："宝塔寺在衣锦坊内，有舍利宝塔。始建于辽，至道宗大康九年（1083 年）重修"。另据《析津志》载："宝塔寺在竹林寺西北"。

⑥ 大延寿寺，"在旧城悯忠阁之东，起自东魏。……至辽保宁中建殿九间，复阁衡廊，穹极伟丽。复灾于重熙，又复兴修。"[29]

此外还有唐代遗留的悯忠寺、天王寺等，这些寺院经后世多次重修流传至今，悯忠寺即今法源寺的前身，天王寺即今存之辽天宁寺塔所在寺院。

辽南京的商业、手工业虽不甚发达，但仍有一定规模，据《契丹国志》载，"城北有市，陆海百货聚于其中……锦绣组绮，精绝天下，"甚至受到宋真宗称赞[30]。除丝织业外，瓷器、酿酒、书籍刻印等手工业也具有一定水平。但市场仍只限于城北。

辽南京更多的因循唐幽州的格局，虽有宫殿之设，城市结构并未改变，仍以十字大街为骨架，固守州城里坊制布局，表现出较强的滞后性。

注释

[1]《辽史》地理志一。

[2] 同上。

[3] 胡峤《陷虏记》。

[4]《旧五代史》。

[5] 辽宁省巴林左旗文化馆《辽上京遗址》《文物》1979年第5期。

[6] 同[1]。

[7] 李逸友《辽上京遗址》中国大百科全书《考古学》。

[8] 同[1]。

[9] 同[1]。

[10]《辽史》地理志所述方位估计未考虑该城址不是正南北方位，而是北偏东的，文中所述误认道路方位为正南北，所有建筑皆以此来定其方位，本文写作只好也依此来找其位置。

[11] 同[5]。

[12] 同[1]。

[13]《辽史》地理志。

[14]《辽史》地理志所引与《契丹国志》卷二十四引《富郑公行程录》相同。

[15]《五代史》四夷附录载“契丹好鬼而贵日，每月朔日，东向而拜日。其大会聚，视国事皆以东向为尊，四楼门屋皆东向”。

[16] 详见《辽上京遗址》《文物》1979年第5期，及《辽代都城的规划建设》《城市规划汇刊》1991年第5期。

[17]《重修舍利记》。

[18]《日下旧闻考》引《寺院册》。

[19]《禁扁》。

[20]《辽史》地理志：“内门曰宣教，外三门为南端，左掖，右掖，门有楼阁”。

[21] 据《辽史》太宗记载：“会同三年四月庚子，（耶律德光）至燕，入自拱辰门，御元和殿，行入阁礼”。《辽史·圣宗纪》载，统和四年（986年）五月丙戌，御元和殿，大宴从军将校。此书还载，“统和五年（987年）正月己卯，御元和殿，大赉将士，……统和七年（989年）二月壬子朔，上御元和殿受百官贺。

[22] 据《辽史》太宗记载：“会同三年（940年?）四月壬戌，御昭庆殿，宴南京群臣”。

[23] 贾敬颜《路振、王曾所记之燕京城》注云“此于越王，谓耶律休哥也”。

[24]《辽史》地理志。

[25] 据于杰、于光度《金中都》第二章第一节。

[26] 据《日下旧闻考》卷五十九引《书史会要》载“辽秦越大长公主舍棠阴坊第为大昊天寺，帝为碑及额，……”。

[27]《元一统志》。

[28]《元一统志》、《永乐大典》顺天府。

[29]《元一统志》。

[30] 景德二年（1005年）真宗曾把辽所送丝织品分赠近臣，并比较前朝所赠礼品，发现质地精美，大有进步，称“（过去）其质颇朴拙，今多工巧，盖幽州有织工耳”。

第四节 金上京与金中都

一、金上京

在今黑龙江省阿城县南2公里，阿什河左岸的白城，曾经是金朝太祖、太宗、熙宗、海陵王四帝的都城。时间自公元1115年至1153年。它本是上京路和会宁府的治所，金天眷元年（1138年）加号上京。此城南北长，东西短，成“L”形。其南北3351米，靠南侧东西宽2148米，靠北侧东西宽1553米[1]，北半部东侧为了避开沼泽地，故向里压缩。顺此压缩部分的外城墙向西延伸，使该城中部出现一段东西的腰垣，将城分为南北两部分。宫城设在南部西北角，地势较高且平坦，南北长645米，东西宽500米。大城四面及腰垣共有九门，七门沿城四面安设，除北面为一门外，其余三面皆各有二门。各门皆带半环形瓮城，位置不居中，南城偏西的南门，恰好与宫城南门相对。

金太祖时期“国初无城，星散而居，呼曰皇帝寨”，其位置大抵在上京城的北部，寨中只设毡帐。至金天会二年（1124年）始筑皇城。据天会三年（1125年）赴金宋使许亢宗依其所见[2]，记载了皇城建设状况及其周围景象。首先谈及距城五、六里远的地域状况：“次日馆伴同行，可五、七里，一望平原旷野，间有居民数十家，星罗棋布，纷揉错杂，不成伦次。更无城郭里巷，率皆背阴向阳，便于放牧，自在散居”。这是上京的郊外，又走了一、二里，到达上京所在地，这里“有阜宿[3]围绕三、四顷，北高丈余，云皇城也。至于宿门，就龙台下马入宿闱，西设毡帐四座，各归帐歇定。”可知这时皇城内招待宾客的仍是毡帐。后来“阁门使及祗坐班引入，即捧国书自山棚东入，陈礼物于庭下，……其山棚，左曰枕（桃?）源洞。右曰紫极洞，中作大牌，题曰翠微宫，高五、七尺。”这里仍是以“山棚”（一种简易的棚架）及庭院作为宫廷受礼场所。后来才看到未盖完的乾元殿：“殿七间，甚壮。未结盖，以仰瓦铺及泥补之，以木为鸱吻，及屋脊用墨，下铺帷幕，榜额曰乾元殿。阶高四尺许，阶前土坛方阔数丈，名曰龙墀。两厢旋结架小茅屋，幂以青幕，……日役数千人兴筑，已架屋千百间，未就，规模亦甚侈也”。这组宫殿虽然规模不小，占地有“三、四顷”，合20多公顷，且“架屋千百间”，但从其描绘看技术仍较简陋，故《大金国志》称皇城的“城邑富室，无异于中原州县廨宇，制度极草创”。到金熙宗皇统六年（1146年），“以上京会（宁）府旧内太狭，才加郡治，遂役五路工匠撤而新之”。

宫城经考古发掘，已知主殿为工字殿，自工字形中部有一条向左右伸展的墙，直达宫城东西墙，形成前朝后寝格局。前部在工字殿前，尚有两座建筑基址，最前的较小，第二座与工字前殿同，长150米，宽50米上下。前半部建筑两侧，设有两廊，直达宫门。宫门作成三门洞式。工字殿后部中央尚有基址三处，左右也有廊址。东西廊以外仍有建筑基址成南北排列，但规模稍小（图2-13）。

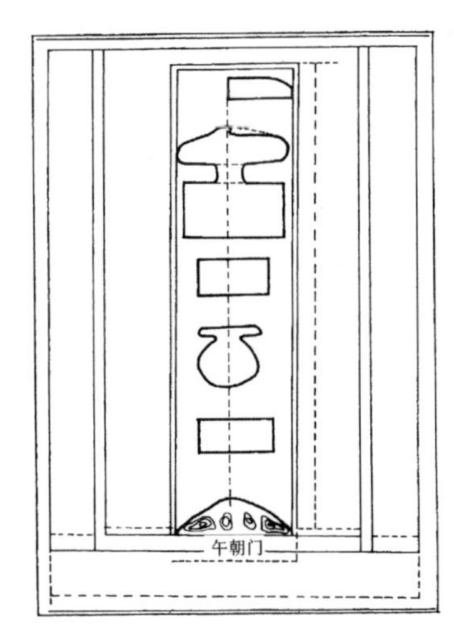

图2-13 金上京宫城遗址平面

此外，城南还发现了佛寺、庙宇及附属宫殿遗址。城北主要为民居及手工业区。

金上京的规划因地制宜，较少受到里坊制的影响，但上京宫城却多模仿北宋，故《大金国志》称其“规模曾仿汴京，然十之二、三而已”。

二、金中都

（一）迁都的历史背景

金代统治者于公元1122年攻占辽统治区的大部分，并攻入辽南京，1123年曾一度交给北宋，但1125年又从北宋手中夺回，1127年金灭北宋，占据中原。1149年金统治阶级内部发生叛乱，贵族完颜亮杀死金熙宗自立为皇帝，为了摆脱原有皇族势力，必须离开上京会宁府，于是天德三年（1151年）下令迁都，并于天德五年（1153年）正式迁都到辽南京，改名中都。在金帝下令迁都后便对原辽南京进行扩建，修建皇城、宫城。其大城及宫城均仿北宋首都汴梁的规制建造。主持修建中都城的是张浩、苏保衡、卢彦伦等，修城“役民八十万，兵夫四十万，作治数年，死者不可胜计”[4]。

（二）中都的城市结构

中都城在辽南京旧城的基础上向东、南展拓之后，使原有的宫殿区大体在城市中部稍稍偏西的位置，形成宫城、皇城、大城三套城的格局。这正是以宋东京为模式的结构（图2-14）。

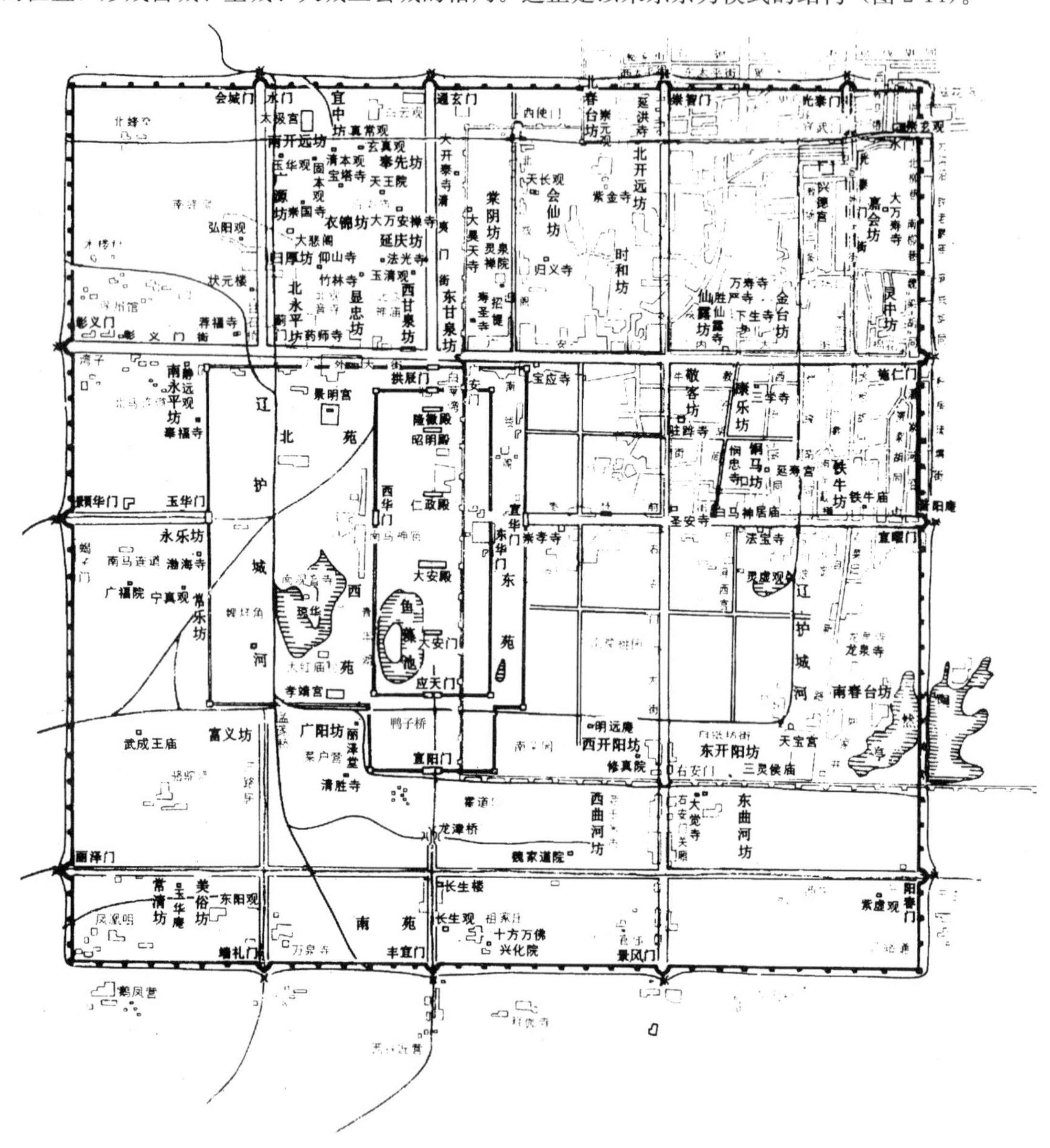

图2-14　金中都总体布局图

注：此图深色字为金中都的地名，浅色字为民国期间北京的地名。

1. 皇城与宫城

中都的宫殿位居皇城中部，是在辽南京宫殿的基础上向四面扩展而成，随之皇城城垣比辽南京子城城垣向四周均有扩展，特别是皇城西垣已扩展到辽南京大城西垣以西，辽南京的西边护城河被包在皇城之中。皇城之南垣也比辽南京的启夏门更向南伸出一段距离，皇城南门宣阳门正对大城的丰宜门，丰宜门内有一条东西向的小河，上驾龙津桥，又名天津桥。《金图经》载：“自天津桥之北曰宣阳门，……过门有两楼，曰文曰武，文之转东曰来宁馆（为辽永平馆改建），武之转西曰会同馆（为辽之于越王廨改建）”。从这段文献可知宣阳门比辽南京启夏门的位置还要往南。

皇城之内宫城之外分别布置行政机构及皇室宫苑。

南部一区从宣阳门至宫城大门应天门，在这南北两门之间，当中以御道分界，路两侧设御廊，廊之后东侧为太庙、球场、来宁馆，西侧为尚书省、六部机关、会同馆[5]。应天门前并有东西向大道通过。御道两侧设御廊，道路旁设御沟、植柳树，御路中设杈子等。

皇城东部靠南为东苑，即辽时的内果园所在地，金时除保存了原有的五凤楼、迎月楼之外，并增建“芳苑”。东苑中“楼阁甚多”（《北行日录》）。东苑以北为内府机关所在地。

皇城西部为西苑，有太液池、瑶池（鱼藻池）、浮碧池、柳庄、杏林、果园、鹿园等御园，又统称同乐园或西苑。西苑之北有北苑，内有景明宫（图2-15）。

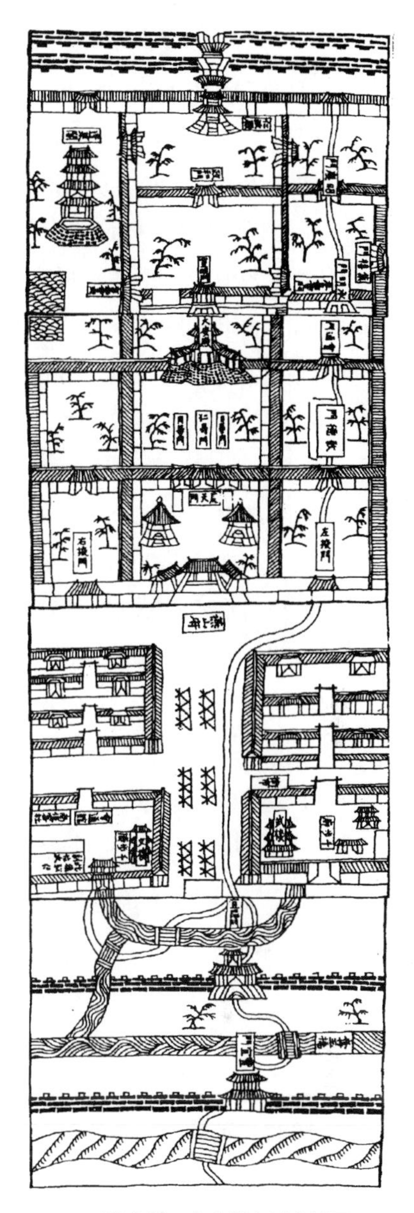

图2-15　金中都皇城宫城图

2. 大城

金中都的规模据史载“天德三年（1154年）新作大邑，燕城之南广斥三里”[6]，“西南广斥千步”[7]，“都城周长五千三百二十八丈”[8]。城市近方形，每面开三城门，“其门十二，各有标名，东曰宣曜、曰施仁、曰阳春；西曰灏华、曰丽泽、曰彰仪；南曰丰宜、曰景风、曰端礼；北曰通玄、曰会城、曰崇智。”[9]这十二门中，宣曜、灏华、丰宜、通玄居于每面正中，称为正门。其规模较大，设三门洞。余皆称为偏门，仅一门洞。近年在灏华门遗址，仍看到有长30米宽18米高6米的土岗存在，若加上外包砖墙尺寸，可以想见中都城门的体量[10]。

（三）城市道路与水系

中都城每边城门，对隅布置，每两座相对的城门之间设有街道，但因中部皇城阻隔，故全城内城门间可直通的街道只有三条：东西向两条，南北向一条。

施仁门与彰仪门间大道，是在檀州街的基础上向东延伸而成。

阳春门与丽泽门间大道，是另一条东西向大街，在檀州街以南。

崇智门与景风门间大街，是在辽南京拱辰门与开阳门间大街的基础上延伸而成，为南北向大街。

另外尚有六条街道均自城门通到皇城区终止。其中通玄门内大街是在辽南京通天门内大街的基础上修建的，据考，此街宽三十余米，此应为中都城内最宽的街道尺寸。

中都街道分成三级，通往城门的为干线，多以城门命名。如彰仪门街，丰宜门街等，次一级道路也称为街，往往以古迹或建筑命名，如："披云楼东街"，"白马神堂街"，"竹林寺东街"，"水门街"之类。此外还有称为"巷"的街道，如"杜康庙在南城春台坊西大巷内"（《析津志》），"紫虚观在阳春门内小巷近南"（《永乐大典》顺天府）。

《元一统志》记载中都城有六十二坊，但街、巷可在坊的内外通过，并以坊名或名胜古迹来命名街道，小巷也可直通大街。这正是坊界消失的佐证。以街巷制取代里坊制正是这一时期中国城市发展的一个重要特征。金中都由于是在辽南京的基础上扩建，部分地区街坊虽保留了辽南京旧有的坊名，有的将原有的坊一分为二，如有东开阳坊，西开阳坊之称，原有的坊墙已不存在。但坊内设"巷"的规制依然如旧。现经考古勘测查明，金代拓展部分与辽代里坊中的"巷"布置方式不同，皆为与大街正交的平行排列的街巷。融两代街巷于一身，正是金中都道路系统之特色。

中都城所处地段水源丰沛，为皇家宫苑提供了给水条件，城内的水系分为三组，第一组为古洗马沟水系，金代称西湖（后世称莲花池），在中都西南部，曾作为辽南京西、南的护城河，在中都城中便成为内河。第二组为中都城北的钓鱼台蓄水湖，向东南流至会成门，进入中都城的北护城河，并从长春宫北的水门进入城内，形成中都北部的一条东西向河流。第三组为来自高亮河水系的水，自正北方经南北向大水渠（今南北沟沿）导入中都北护城河。宫苑中的鱼藻池是靠附近护城河供给水源的。

（四）中都的礼制建筑

中都城不仅在总体布局上追随宋东京，且在文化上追求中原城市建筑文化模式，故修建各种礼制建筑。

除位于宣阳门内东侧的太庙以外，在大城四周设有祭祀天、地、风、雨等自然天神的坛多处：

1. 郊天台：祭祀天神之坛；据《析津志》载，"金大定十一年（1171年）拜郊所建"，"郊天台在京城之南五里"。另据《金史·礼志》载："在丰宜门外，当阙之巳地。圆坛三成，各按辰位，壝墙三匝，四面各三门。"这组建筑除坛之外，还设有斋宫、厨库等。

2. 高禖坛：建于"明昌六年"，因"章宗未有子，尚书省臣奏行高禖之祀，乃筑坛于景风门外东南端……"（《金史·礼志》）。

3. 风师坛：建于明昌五年，在景风门外东南，"岁以立春后丑日祀风师"（《金史·礼志》）。

4. 雨师坛："设坛于端礼门外西南，以立夏后申日祀雨师"（《金史·礼志》）。

5. 朝日坛：在城东是祭日神之处。《金史·礼志》载，"朝日坛曰大明，在施仁门外之东南，当阙之卯地。"

6. 夕月坛：在城西是祭月神之处，《金史·礼志》载，"夕月坛曰夜明，在彰仪门外之西北，当阙之酉地，掘地汙之，为坛其中"。

7. 地坛：城北建方坛，为祭地之所。《金史·礼志》载，"北郊方丘，在通玄门外，当阙之亥地。方坛三成，成为子午卯酉四正陛。方壝三周，四面亦三门"。

（五）商业区与手工业

中都商业繁华区有两处：一处是以檀州街为中心的"幽州市"，集中了各地的水陆百货，早在辽南京时期已很繁华，至金中都时期仍属北部市场。据文献记载，在街北一里远的大悲阁，被包在市场之中[11]，可见该市场向北扩展很多。第二处是东开阳坊的天宝宫市场，在大城东南部，这里为马匹交易场所。崇智门内大街也是一处繁华街市，不仅有工商业，还有歌舞演出场所。大定年间曾有过“街衢门肆”因皇帝经过是否需撤毁或障以帘箔之议[12]，想必只有经过繁华闹市的情况下才会如此吧。

中都的手工业较前也更为发达，主要有纺织、车舆、军器、造酒、文具营造等业，其中绫罗绵绢等作为及贡品为帝王朝廷百官俸给，故史载“范阳之绫，贡于唐宋”[13]。朝廷设“笔砚局”，“书画局”，提供御用笔砚，从而发展成著名的“燕笔”，一直流传至元代。著名的金澜酒、流霞酒，也为后世传颂。由此可见当时城内分布着相当数量的手工业作坊。

（六）中都的寺观

中都城内街坊之中有若干佛寺与道观，其中有些是前朝遗留之建筑。如辽代的大昊天寺，大开泰寺，竹林寺，宝塔寺等，唐代遗留下来的悯忠寺，天长观等。在金代新建寺观不多，见于文献记载者有大圣安寺、弘法寺、寿圣寺等。金代所建佛寺数量虽然不多，但规模不小，例如：寿圣寺在富义坊，“大定明昌间堂宇百楹，食指千计。”[14]

道观建造如金世宗大定七年（1167年）下令修复的十方天长观，历经八年完成，内有前三门、中三门、玉虚殿、通明阁、延庆殿、大明阁、五岳殿等主要建筑十余幢。并有“洞房、两庑及方丈，凡百六十楹有奇”。还有城东北仙露坊的玉虚观，也是一座规模宏大的道观。

从上都到中都，反映出随着金代统治者思想的开化，都城的规划日益向汉族都城接近的轨迹。

注释

[1] 据阿城县文管所编《金代故都上京会宁府遗址简介》。

[2] 宋许亢宗《宣和乙巳奉使行程录》。

[3] 阜宿即土墙。

[4] 范成大《揽辔录》。

[5] 关于这一区《揽辔录》中曾有详细描述：“入宣阳门……北望，其阙由西御廊首转西，至会同馆。戊子，早入见，上马出馆（即出会同馆），后循西御廊首横过至东御廊首，转北，循檐廊行，几二百间，廊分三节，每节一门，路东出第一门，通街市，第二门通球场，第三门通太庙，庙中有楼。将至宫城，廊即东转，又有许间。其西亦然……

[6]《永乐大典》顺天府大觉寺条。

[7]《元一统志》。

[8]《明洪武实录》作五千三百二十八丈，《春明梦余录》作五千三百二十丈。

[9]《金图经》。

[10]《呆斋集》曾有“今其城仅存土耳，甓皆为人取去，今取者未已”。可证明代仍能看到金中都城墙包砖的遗迹。

[11]《析津志》“圣恩寺即大悲阁，……在南城旧市之中”。

[12]《金史》世宗记载“大定二十一年二月，以元妃李氏之丧，致祭兴德宫。过市肆不闻乐声，谓宰臣曰：‘岂以妃故禁之耶，细民日作而食，若禁之，是废其生计也，其勿禁。朕前将诣兴德宫，有司请于蓟门，朕恐妨市民生业，特从他道。顾见街衢门肆，或有撤毁，障以帘箔，何必尔也！自今勿复撤毁’”。

[13]《日下旧闻考》卷一四九。

[14]《元一统志》。

第五节　宋平江府

苏州是一座具有两千五百年悠久历史的著名古城，宋时为平江府城。该城位于长江下游南岸，太湖三角洲的中心。它南临太湖，东通吴淞江，北近阳澄湖，西部有灵岩、天平、邓尉、穹隆、尧峰、七子、上方等山。受海洋性气候影响，气候温和，雨量充沛。境内河湖纵横，地理条件优越，素称鱼米之乡。又因地处太湖水系和大运河的航运要冲，商业和手工业十分发达。自古即为江南政治、经济、文化中心。

一、平江府城历史沿革

据《史记》卷三十记载，春秋吴王阖闾欲“兴霸成王”，于即位之初命伍子胥主持修筑吴城，全城设“陆门八，以象天八风。水门八，以法地八聪”。故以“象天法地”之说[1]标榜，为其后二千五百年的城市发展奠定了基础。后人又称之为阖闾城。

越国灭吴，楚威王伐越，尽取吴地，封吴地予其相国春申君。春申君在子城内修宫殿、仓库，又在外城营建市场、监狱等，并在城内外开凿了纵横交错的河道，“大内北渎，四从（纵）五横”[2]，这些工程构成了以后的城市基本格局。秦汉时期设会稽郡治。

东晋、南朝佛、道教兴盛，城市内修建了大量寺观建筑，据同治《苏州府志》和民国《吴县志》所作不完全统计，始建于这一时期的寺观宫庵共计 107 处。同时期也开始出现私家园林，如最早见于记载的私家园林即是建于东晋的顾辟疆园。

隋唐时期，这里已经是江南一座商业、手工业极其繁荣的城市。隋开皇九年（589 年）设州，因城有姑苏山而称苏州。唐代城市建设进一步发展，苏州城八道陆门和八道水门全部开通，城内河道纵横，与道路并行。居住区设于里坊之中，据《吴地记》载城里共有六十坊，各坊均设坊门，由坊正管理定时启闭。唐代延续了战国、秦汉时代的市场管理制度，集中设东西两市。唐末苏州被吴越王钱镠及其子控制。后梁龙德二年（922 年），钱氏为加强防务，重修苏州城池，首次以砖筑城，新修的砖城高二丈四尺，厚二丈五尺，里外有深壕，气势更为雄伟。

北宋开宝八年（975 年）改称平江，仍由吴越王掌管。太平兴国三年（978 年）归宋。政和三年（1113 年）升为平江府。

南宋建炎三年（1129 年）金兵入侵，平江城几乎全部毁于战火。之后一百年间，对平江城进行了大量改建和重建。到绍定二年（1229 年）已经得到了恢复和发展，其繁荣程度甚至超过了北宋时期。这时郡守李寿明主治平江，他把当时城市建设的实际情况，命张允成、张允迪、吕梃三人精细地刻绘在一块石碑上，即现存的“宋平江图碑”。此图形象地、比较准确地反映了南宋平江府城的面貌和建设的成就，特别是反映了南方水乡城市规划设计的特点（图 2-16）。

二、平江府城建筑构成[3]

从文献及平江图中可看到当时府城一级的城市中所包容的建筑类型及位置：

1. 政治机构：

府衙：位于子城中。

长洲、吴县两县衙署：位于子城以北，东西两侧，并各于城外置尉司，长洲尉司在城东北，吴县尉司在城南，负责保安。

官署：除部分在子城内，主要设于子城南门外，如司法机构提刑司、检法厅、提干厅，军事机构钤辖厅，财政机构提举司、四酒务、监酒厅、都税务、监盐厅等。

2. 礼制建筑：

社稷坛：在城南。

风伯雨师坛：在城南。

祠庙：《吴郡志》记有泰伯、春申、伍员等祠庙，子城中并有城隍庙。

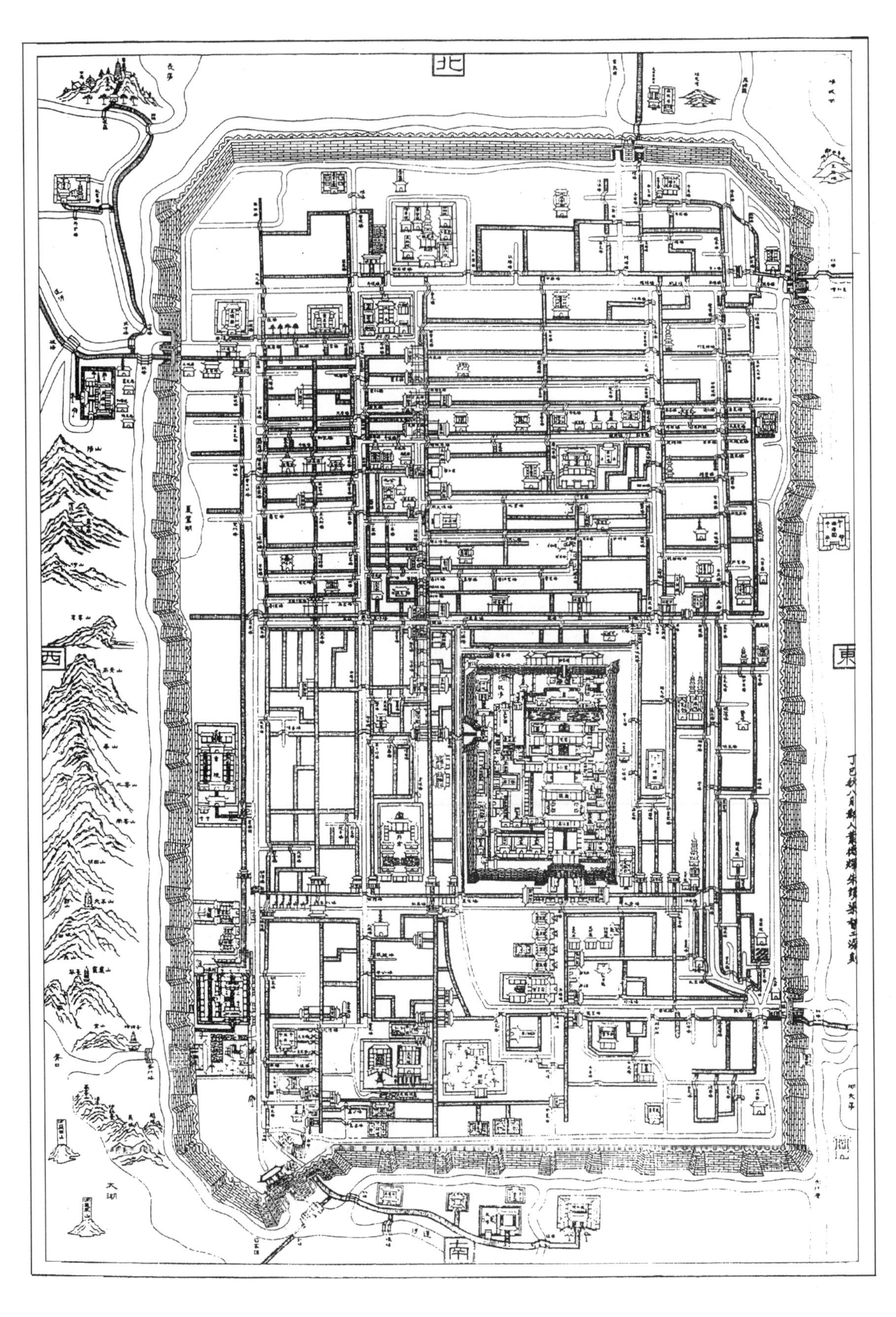

图 2-16　宋平江府图

3. 宗教建筑：

佛寺：平江图中有佛寺42处，塔13处。

道观：平江图中有6处。

4. 公益建筑：

医院：在子城南偏东。

安济院：

惠民局：在子城南偏东。

居养院：收容鳏寡孤独者，在沧浪亭以南。

慈幼局：收养孤儿。

慈济局、齐升院、漏泽园：处理贫苦死者的慈善机构。齐升院在盘门外，漏泽园在齐门和东城外各一处。

5. 公共建筑：

学校：府学，在南园以南。

贡院：在城西。

亭馆：平江图中绘有12处，如姑苏馆。为旅馆性质的建筑。

6. 商业建筑：

酒楼：平江图中绘有多处。

其他商业建筑，分布在城西繁华街巷、河道。

7. 园林建筑：

官署园林：府衙中有后部郡圃，西斋前小圃及司户厅西小圃。子城东南角墙外的东提举司，府城西墙南端的都税务。

私家园林：韩园（韩世忠园）即沧浪亭，在城南。南园，钱元璙旧园。杨园。张府为钱氏南园一部分。

其他园林：姑苏馆旁百花洲，仅通姑苏馆，似为宾馆专用。

8. 仓储建筑：

府仓：在子城外西侧，主河道旁。

茶场、盐仓：在子城外西南。

军资库、甲仗库、公使库、架阁库等在子城内。

户部百万仓：在阊门里。

9. 住宅：

分布在全城。

10. 军事建筑：

教场：子城内，南城外吴县尉司旁，北城外长洲尉司旁。

军营：东城有北军寨、威果28营；南城有雄节营、威果41营；北城有全捷21营，威果65营。

三、平江府城规划特点

（一）因地制宜选择城址

在我国城市建设史上，古老城市很多，但像平江城那样上袭春秋阖闾城，下延至今日苏州，城址一直固定在原来位置上，前后达2500年之久是罕有的。其得益于选择了一个好的城址，并因地制宜地进行开发建设。平江位于长江下游南岸，南临太湖，四面环水，河流湖泊众多，且彼此互相串通，一向有“泽国”之称，其“地势倾于东南，而吴之境为居东南最卑处，故宜多水。”太湖由东北流出之水都经过平江，平江水虽多“惟水势至此渐平故曰平江”[4]。这说明平江有很好的水利和航运条件。加上大运河绕城而过，平江成了南北航运的重要枢纽，是东南水乡物资交流的集散地。平江城的位置完全符合城市应建在“要害之处，通川之道”[5]的规划原则，这是其长期城址未变的原因之一。

平江城长期兴盛，还与城市周围具有富足的农业生产有密切的联系。这里优越的自然地理条件，又经历代不断建设，并大力改造自然，因势利导，改良水利灌溉，发展农业，到唐、宋时便成为全国主要粮食生产基地。故有“苏湖熟，天下足”之说。平江大量米、鱼、丝、茶的生产和输出，促进了商业和手工业的繁盛，为城市发展建立了物质基础。尽管苏州历史上多次遭受兵火之灾，但总能在原地迅速恢复起来。

平江城外多山，盛产建筑材料。如阳山白泥，“可用泥墁，洁白如粉，唐时岁以供进”[6]。金山、天平、灵岩、上方、狮子、七子等山的花岗石；洞庭西山、光福、邓尉等山的石灰石，又西山湖石，尧峰山的黄石等。这些为平江城两千多年的城市建设提供了取之不尽的建筑材料。

2500年前阖闾城址的选择就是综合考虑了上述因素而确定的。据《吴越春秋》阖闾内传载，阖闾在自立吴王以后，欲行国富民强之策而问计子胥：“吾国在东南偏远之地，险阻润湿有江海之害，内无守御，民无所依，仓库不设，田畴不垦，为之奈何?”胥回答说：“安君治民，兴霸成王，从近至远者，必先立城郭，设备，实仓廪，治兵库。”阖闾乃委计于子胥，子胥“相其阴阳之和，尝其水泉之味，审其土地之宜，观其草木之饶，然后营邑立城。”[7]也即对实地调研，对城址的水文、地质、地理环境、气候等进行勘查，了解水质优劣，土地肥瘠，终于选择了这一依山傍水、交通便利，适于耕作生产的地址，开始创建阖闾城，充分利用地理优势，改造劣势。其结果正如王正德《姑苏志》所说：“若夫支川曲渠，吐纳交贡，舟楫旁通，开邑罗络，则未有如吴城者。故虽号泽国，而未尝有垫溺之患，信智者之所经营乎?”对阖闾城址选择，城池建设，环境治理，称赞不已。

（二）外城、子城的城市构成形制

平江城有内、外两重城垣，分别是外城（或称大城）和子城（又称府城）。

宋范成大《吴郡志》称：“大城周四十七里，陆门八，水门八，小城周十里。门之名皆伍子胥制，东面娄、葑二门，西面阊、胥二门，南面盘、蛇二门，北面齐、平二门。唐时八门悉启。今惟启五门。”有关外城的面积、周长，各种文献记载不同。如《吴地记》记载外城规模：“周回四十二里三百步”；《吴越春秋》阖闾内传则记有：“造筑大城，周四十七里”。《越绝书》吴地记的记载更为具体：“吴大城，阖闾所造，周四十七里二百一十步二尺”，该书又记载吴大城四面城垣长度：“南面十里四十二步五尺，西面七里一十二步三尺，北面八里二百二十六步三尺，东面十一里七十九步一尺。”四面城垣之总和不过三十七、八里，故后人疑该书前文所载吴大城周回“四十七里二百一十步二尺”应为“三十七里二百一十步二尺”。由于历代城墙位置周界多有变迁，春秋战国以来，城址不知经过多少次的修改和重筑城垣，造成了上述城垣周回长度的不同记载。

外城各门位置历代基本未变。到南宋时从平江图中可见外城城门只开五座：计北面偏东的齐门，南面偏西的盘门，东面偏北的娄门，偏南的葑门，西面偏北的阊门。各门皆为水、陆两门。城西面偏南原有胥门，宋时已闭塞，在原门楼处改建为姑苏台。五门中盘门规模最大，盘门上面有闸楼，平时驻有许多士卒，并储存大量武器和物资以为防御之用。盘门为水陆两门并列，面向东南，两门皆成梯形。陆门前设有方形瓮城。水门设有两道闸门，外高内低，外窄内宽，以控制水位。城墙和门均为砖石包砌，城门门洞用木构架支撑。盘门保存至今，为我们留下了保存完好的水、陆两门的实例。

据图碑所示，城墙隔一定距离筑有向外凸出的马面，底面很宽，向上逐渐收小，上宽只相当于底宽的三分之二。依照实践证明，马面必须长且密，这样利于防守，使敌人难以接近城墙。平江城外城上的马面共计 60 余座，每逢作战时马面上需搭置战棚一类的防御工事，城墙顶部排列着整齐的雉碟。

根据城内钻探发现，城垣地下瓦砾有六七层之多，厚达三四米，同时在几处城墙上发现过六朝墓葬群，证明从春秋到六朝，城墙一直是土筑的，六朝时代平江还是一座土城，且城市的地平面比现在的城要低得多。但表示在平江图上的城墙，则已完全是砖所包砌的了。文献称在五代后梁龙德年间将原土城包砖，卢熊《苏州府志》载《图经》（按即《吴郡图经》，已佚）云：“（唐）乾符三年（876 年）刺史张博重筑，梁龙德二年（922 年）四月砖筑，高二丈四尺，厚二丈五尺，里外有濠”。然 1955 年苏州市园林管理处在清理虎丘山唐陆羽井时，曾发现井底两壁的砖与苏州城墙内出土的砖系同一形制，即一种狭长条形的砖，长约 30 厘米，宽约 8 厘米，厚约 2.5 厘米。据此推测至少在唐代已包砖，五代时吴越王钱镠重加陶甓砖，质地特坚。

大城内外设两层护城河，这也是古代城市少见之例。史称平江城“壕堑深阔”，其外城河宽约四十丈，本系运河。至于内城河的成因，殆因土城年久失修，后来重筑时乃就地取土，故成内濠。

子城，又称内城或府城，在阖闾城时即有，应是吴城的宫城。吴子城的周长《吴越春秋》、《越绝书》和《吴地记》等文献中有八里、十里和十二里三种记载。从平江图中看，子城，由于要突出其地位和表现内部众多的机构位置，尺度、比例显然被夸大了。杜瑜曾考证了子城范围，认为平江府城中的子城，大约相当于今苏州城内十梓街至前梗子巷，锦帆路至公园路的范围。子城南北距离约 550～600 米，东西距离约 400 米，子城周长约 2000 米左右，只合四里[8]。因从宋平江府至今日苏州，街巷结构，位置略有变化，此有待考古发掘证实。子城城墙结构与外城相似，惟马面仅设置在城门两侧及城墙转角处（角台）。子城位置在大城中央略偏东南，为长方形平面。城墙四周有泄水沟（代城壕），建于唐僖宗乾符二年（875 年）。城墙高度及厚度，《越绝书》说：“……其下广二丈七尺，高四丈七尺，……”。子城城门《吴郡志》载有三，但碑刻所示只见南门及西门，另一门疑在北城墙的齐云楼下面。依位置论，南门是正门，北门是后门，西门则是侧门。此外，子城又建有小型城门三座，《越绝书》载其中一座是柴路门，两座是水门。因子城内并无大的水道，故推测两水门可能为运水之门。此三小门位置无从考证。

子城城门之上都有楼，南面正门门楼面宽五间，屋顶单檐九脊，下有高台，四周栏杆。子城正门原拟作宫门，故门楼规制较大，但两旁挟楼迄未建起。改府衙门后，上为谯楼，作报时、报警之用。偏门城楼称西楼，面宽三间，屋顶单檐五脊，平台四周设栏杆。此楼在北宋时一度取名“观风楼”。子城上北面有一组建筑，主楼名“齐云楼”，位于府门中轴线上，面阔五间，屋顶单檐五脊，两侧有廊与厅堂相连，楼南城下筑高台踏步，可由此登楼。此楼建筑华丽，位于古代月华楼的旧址之上。“绍兴十四年（1144 年）重建，……轮奂特雄，不惟甲于二浙，虽蜀之西楼，鄂之南楼，岳阳楼、瘐楼，皆在下风”[9]，成为平江父老之骄傲。

（三）根据地形、水势，规划城市平面和城门位置

宋平江城平面形制来源于吴阖闾城，宋《吴郡图经续记》《姑苏志》均称之为亚字形。宋平江图也绘成亚字形。

确切讲此城平面应为略有变化的长方形。一般讲，这种长方形平面的城墙，其转角应为直角形，而从平江图中可以看到，平江城外城的东北、西北转角均抹角，西南向外凸出成弧形，东南角又是工整的直角形。这正是结合地形和考虑水势变化，因势利导而规划设计出来的特定形制。由于城北护城河水流湍急，城墙转角如果是直角，河流转角太小，水流不畅；抹角后变直角为钝角。对排水和行船都有利，并可避免急流冲毁河堤。大城的西南角不抹角，略向外凸出呈弧形，而盘门又是东南向。原因是平江城西南多山，地势较高，又接近太湖，一旦山洪暴发，水势凶猛，容易冲到城中造成水灾。所以在城市建设时把城西南转角建成外凸状，让来自胥江、运河之水绕过弧形城角，继续下流。同时把盘门位置调整为面朝东南，避开西南向正面的洪峰，且盘门单纯作成水门。这样不仅可以避免洪水冲灌城内，同时也利于防御。城东南角则不同了，在护城河转弯处有一“赤门湾”，此湾的水面较宽阔，有一条河与它连接，因水的流向是沿着城东侧、南侧流向东南角，直接流向“赤门湾”，城东南角做成直角也无妨。

亚字形的城市平面布局说明当时的规划设计很注意地形条件和水势变化，并不是机械地如其他城市那样采用方形平面。

平江城门的开辟，不拘泥于中轴对称，而是根据地势和河流走向来决定。宋以前，平江城共有八座城门，到宋时减为五座。从图可以看到这五座城门与周围主要水道走势的关系。平江城位于太湖下游，太湖东北流出的水都经此而出。凡是接近主河道的地方皆有城门，且为水、陆两门，二者并重，以加强河道的管理和城市安全。而原胥江正对的胥门，到宋时废除不开，恐怕是因为西南山势高，水势凶猛，不易防范的原因，以防止胥江洪水直冲胥门。

城市建筑布局也与水运状况密切联系，大运河之水自西侧阊、盘二门入城；与城内水道连通，并经城西南北走向的水道穿城而出，成为平江对外交通枢纽。因之在河道附近商业店铺、市场应运而生，从图中可看到“谷市桥”、“小市桥”等桥名，或可作为市场位置的地标，同时还可看到丽景楼、跨街楼、花月楼等著名大酒楼也皆在城西，还有为商业服务的仓储建筑如盐仓、府仓等。伴随商业和对外贸易，一些宾馆、驿站也出现在城门及河道旁，如姑苏馆、望云馆、宾兴馆、高丽亭等12处亭馆，用以接待中、外宾客。城东一片街巷间仅偶有几处塔、寺，城西却是一片繁华景象。

总之，平江城门位置和建筑布局经过精心规划设计，突出地反映了水乡城市的规划特点。

（四）水陆并行的城市交通系统

平江素有“泽国”之称，盖“地势倾东南，而吴之为境居东南最卑处，故宜多水。”平江位居太湖的下游，历史上太湖距离苏州要比现在更近些，如平江图所示。太湖东北流出的水都经过平江。平江城郊水道不但多而且都是活水。平江水就是吴淞江、娄江、运河和胥江的一部分。自隋开凿的大运河便把苏州纳入全国水路网络之中。运河环绕平江城的四周流过，成为其主要水道之一，是天然护城河。整个城市规划，以城外原有的主要水道为依托，引水入城，在城内开凿河道系统，使之纵横交错，构成城市脉络，形成完整的水上交通系统。这是平江规划的一大特色。同时水路与陆路相辅相成，形成相互结合的交通系统。在历史上，水路运输的地位优于陆路。宋代，在全国交通网中水道占据优势。平江城的生产、生活以及军事上皆依靠水源，所以河道便构成了这座城市的主要骨架，街道辅之。市民多“以舟代步”，城乡物资也主要靠水路运输。其河道之密，数量之多，是中国城市建设史上罕见的。全城14平方公里多的范围内，河道总长约82公里，约占道路总长的78%，从几年来考古发现来估测，那时河宽一般不小于10米，其深度在3～5米间。

城内的河与城外的水道相连，四通八达，不仅解决运输问题，同时又可以排泄洪水、雨水和污水。河道的蓄水还能提供部分城市用水，利于消防。并可美化城市环境，调节城市小气候。宋平江河道的分布，有疏有密；城北居住区密度大，河道也密，居住区人们充分利用水道生息。城南大型建筑多，河道比较稀疏。

由于河道多，城内桥梁也多，白居易诗称“绿浪东西南北水，红栏三百九十桥”。《吴郡志》记为359座，平江图中记载了310座桥的名字，其中城内有293座。

平江水路与陆路交通的并用，河道与街道平行，特别是主要交通干线和城市居住区内，基本上都是有河必有路，舟揖、车马各行其道，又相互照应，在街道与河道相交汇的地方，通过桥梁进行立体交叉，形成独特的水陆立体交通系统。人在桥上走，船在桥下过，水陆并行，交通方便。全城交通网呈井字形结构。图中网格节点呈现出桥、河、路多种多样巧妙的交叉关系，令人赞叹不已。

（五）水乡城市独特的街坊规划布局

宋朝以前城市的居住区，多为里坊制形式。从《吴郡志》记载中看，平江城内设有众多的坊。以乐桥为中心，乐桥东南有孝义坊、绣锦坊等17个；乐桥东北有干将坊、真庆坊等16个；乐桥西南有武状元坊、平泉坊等17个；乐桥西北有西市坊、嘉鱼坊等15个，共计65坊。但从平江图中，根本看不出像唐长安那样以墙包围的坊，坊名也只是刻于牌坊上，牌坊跨街而立，如孝义坊在东憩桥巷，孝友坊在南园东巷，真庆坊在天庆观巷，武状元坊在乐桥南纸廊巷，西市坊在铁瓶巷……[10]

典型的平江城居住街坊，是由城内井字形网状水、陆交通系统划分成的。多数街坊采用前街后河式。由于城市经济发达，平江人多地少，建筑特别是居住区非常密集，形成南北向一户户紧密相邻的连排式住宅，大户住宅进深多达五进至七进。由于宅前房后均临河，许多房屋临水而建，构成了“楼台俯舟楫”，“家家门前泊舟舫”的水城景观。这种与河街相邻的街坊规划布局，为居民生活和生产创造了方便条件。居民日常所需的生活资料，如柴草、粮食等，可由水路直接运抵宅下；商店的货物，手工作坊的生产原料和产品，都可通过水运到达临河码头，再转运出去。

近年来科学测定平江城的方位，无论大城还是子城都不是正南北向，而是南偏东7°54′[11]。一般解释是古代选择城址位置及方向时均考虑风水因素，而测定风水的指南设备未考虑磁偏角，故测得的方位有所偏差。但这样的城市方位却非常有利于城市住宅的通风。因城内道路以横向居多，建筑物也多与道路平行，即面向东南。平江城夏季的主导风向恰为东南风，所以建筑物按这种方向排列，适于接纳夏季风向，合理利用了气候的自然条件。

从街坊地段的划分来看，一般为东西长、南北短的长方形，东西向横街间距约在100米至150米左右。每个街坊中住宅又以南北向为进深的形式，每个住宅邻河的面宽很小。这样的住宅布局不仅有良好的朝向，而且能保持相当的安宁。

街坊的规模划分因建筑性质而有所区别，一般居住区和商店的街坊规模较小，河道和街巷较密；而寺院、宫观、官邸、园林、手工业作坊等的街坊较大，路网相对宽松。而这些大型建筑有的往往仅用院墙与河道隔开，建筑群门外架设桥梁，沟通内外，如城西北区的能仁寺；更有河道直接通入寺院、园林等大建筑的，如崇真宫、阊门外的枫桥寺（图2-17）。

平江街坊和建筑群的布局，与城市总体规划取得了有机的结合。

（六）颇具规模的子城建筑群

子城位于平江中部略偏东南，是平江城的府衙，它既是城市的行政和军事管理中心，也是城市的形态中心。其建筑由大厅、府属办事机构、府后宅、郡圃四部分组成，前堂后寝，一循古制（图2-18）。

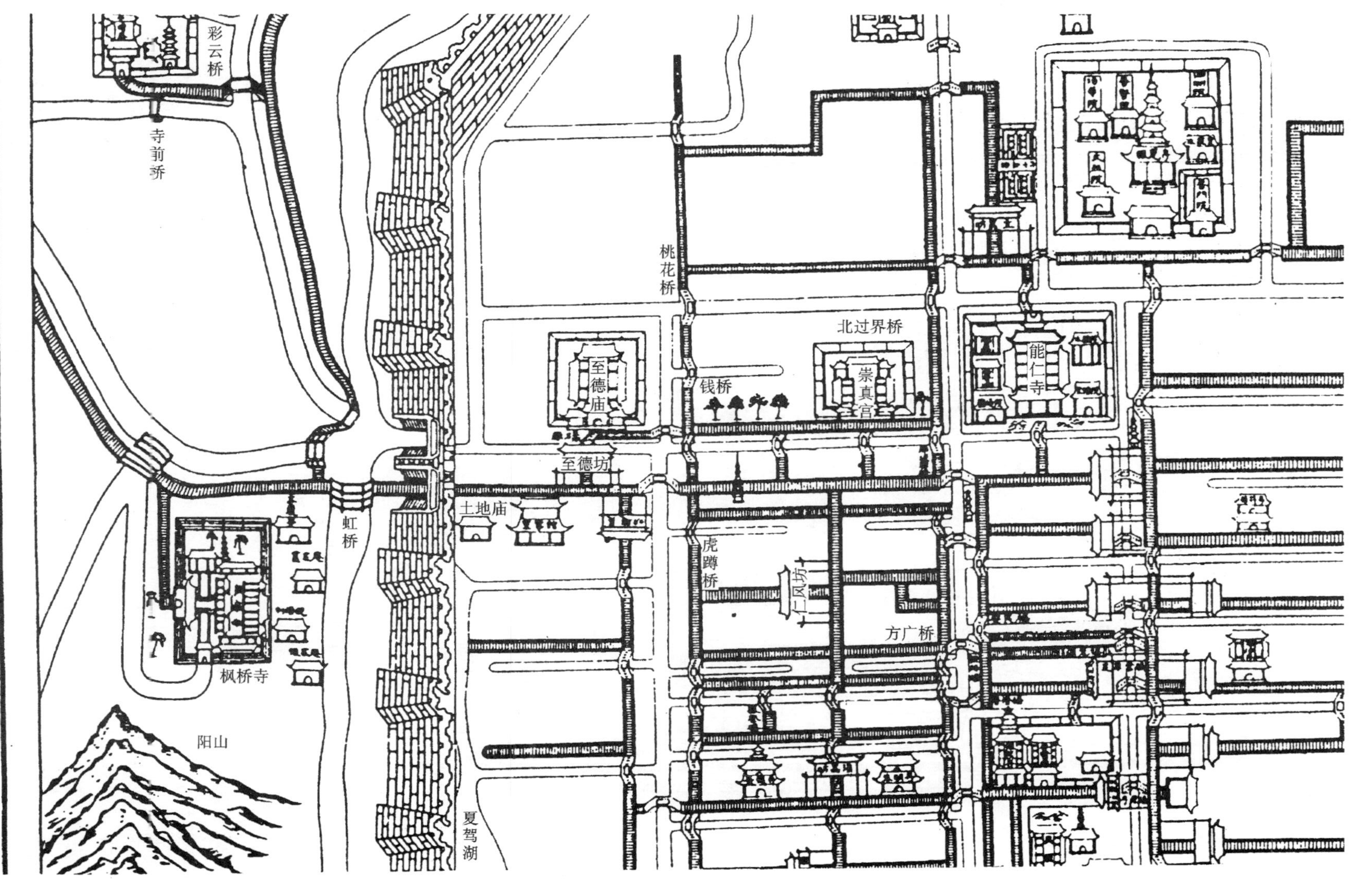

图 2-17 平江寺院园林与河道关系

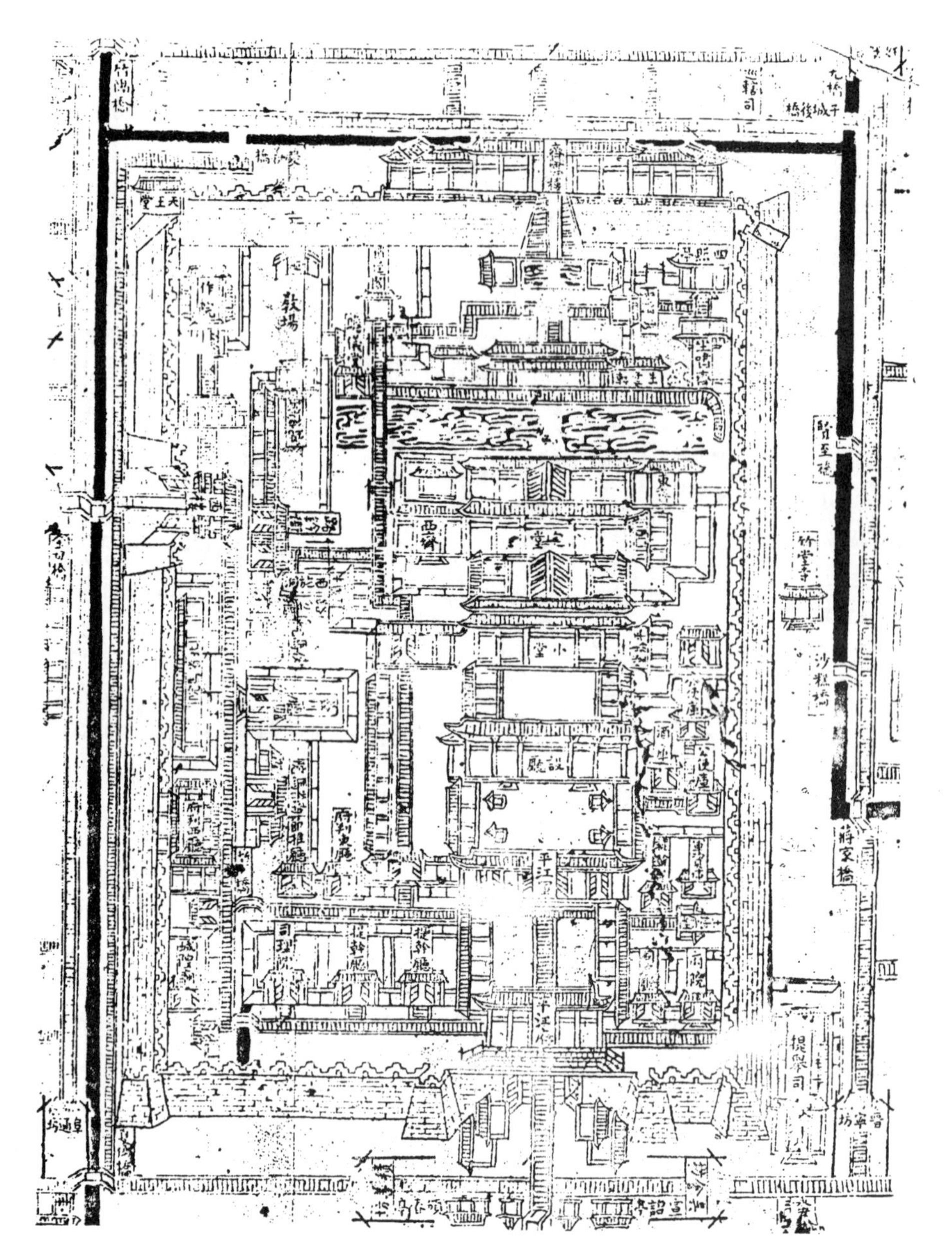

图 2-18　宋平江府图碑中“子城”拓本

在平江图中，相对于外城中自由灵活的建筑和城市空间，子城有所不同，建筑群规模、气势非常宏大并有一条明确的南北向轴线；从子城南门起到子城北端齐云楼止，子城内的主要建筑沿此轴线展开。从子城南门谯楼即图中所题“平江府”起，向北依次排列着平江军、设厅、小堂、宅堂及北墙上的齐云楼。这里是子城的核心，其中平江军为府衙之正门。设厅，又称大厅；建于北宋嘉祐年间（1057～1064 年），规模宏壮居于子城建筑之首。府后宅即小堂、宅堂及两侧之东、西斋；小堂、宅堂作王字形平面，延用唐代官署“轴心舍”形式。宅后便是郡圃，有大池及若干园林亭、阁建筑。中轴两侧，则是各种府属办事机构，日常议事，公文案牍与延纳接待之所，以及教场、兵营、作院、城隍庙等。

平江子城的中轴线，向北并没有延伸出去，向南虽有延伸至南部外城墙下，但未达外城墙边而中止了。所以子城的南北轴线并没有形成城市的轴线，或者说平江城的规划者并没有生硬地强调以南北轴线形成左右对称的形式，而是因地制宜，很恰当、合理地处理了这条轴线。

从子城南门出来的道路，跨过平桥后向南形成府前直街，两侧并列着一系列衙署：东有惠民局、提干厅、检法厅、监酒厅、钤辖厅等，西有司法厅、察推厅、四酒务、提干厅、提刑司等。平桥以及府前直街两侧衙署等建筑群的布置，所构成的空间序列，对于子城及子城内建筑群的城市中心地位及其规模气势起了强化作用。

（七）丰富的城市空间景观

由于平江城自由灵活的规划布局及江南水乡城市的特点，平江城的城市空间景观极其丰富，其景观构成包括以下诸方面：

1. 数量众多的桥梁对城市景观的贡献

从城市设计的观点看，桥梁的重要性，除交通功能之外，便在于其对城市景观所作的贡献。平江城内的桥多为石拱桥，桥面宽，起拱高。桥的分布又多在交通人流汇集之处，从桥上可观赏城市河道和街景，这样桥面也就成了空中瞭望平台。

平江城分布的多达三百余座的桥梁，不仅本身造型丰富多彩，而且还与周围的房舍、街道空间、河道空间相映成趣，共同组成城市景观。

2. 街巷入口处的牌坊丰富了街道空间景观

平江以“坊”作为城市居住邻里的划分单元。而坊的意义仅局限于地名的区分，坊名刻于牌坊上，立于街巷入口。从平江图中可以看出牌坊的分布地点；这些牌坊有木制的，也有石制的，形式有繁有简。牌坊一方面确定了居住邻里的起始范围，另一方面也成为街道空间的一座景观建筑。

3. 宝塔对城市景观的价值

平江图中标明南宋平江城内至少有 13 座宝塔。这些砖石或木构的塔，造型多种多样，不但本身可作为城市景点，同时登上塔顶，又可以俯视城市风貌，远眺城外湖光山色。更重要的是，塔由于其高大挺拔的形象与城区低矮的房舍形成对比，加上它们多在城内显要位置，具有对城市轮廓线的贡献，和作为路标、地标的价值。

从平江城宝塔分布图中还可看到塔作为主要街道或河道的对景的城市设计手法的运用。如平江城内以乐桥为中心的南北向干路，其北向正对报恩寺塔。一千年来一直影响着城北地区的城市轮廓线，成为城市重要的标志性建筑。

4. 河道空间成为居住生活空间的延伸

由于平江城内居住街坊与街道、河道平行相连，前街后河，宅前房后多临河，许多房屋临水而建，不但形成了独特的水城河街景观，而且为市民生活、生产创造了方便的条件。居民住宅的前后往往有踏步直通河道边的小码头，河道作为运输、出行的重要通道，在居民生活中起了极其重要的作用。河道通过码头与住宅相接，成为居住生活空间的延伸。

街坊临河的布置形式也是多种多样的，有一巷沿河，有二巷夹一河，有一街一廊夹一河等等。这种独特的、变化丰富的水乡城市空间景观，在平江图中清晰地表现了出来。

平江城的规划，充分体现了对地理环境的合理利用，体现出灵活自由，因地制宜的思想，创造出了丰富多彩的水乡城市空间。宋平江城不愧为中国古代城市规划史上的杰作。

注释

[1] 赵晔《吴越春秋》阖闾内传。

[2]《史记正义》。

[3] 本段系参考《吴郡志》、《平江图》及潘谷西《名城千秋》（南京工学院学报，1983 年建筑学专刊）等文献写成。

[4] 明《吴中水利全书》。

[5] 汉书卷四十九，晁错传。

[6] 朱长文《吴郡图经续记》卷中。

[7]《汉书》卷四十九，晁错传。

[8] 杜瑜《从宋〈平江图〉看平江府城的规模和布局》，《自然科学史研究》1989年1期。

[9]《吴郡志》卷六，官宇。

[10]《吴郡志》卷六，坊市。

[11] 同注 [8]。

第六节 泉州

一、泉州的历史沿革

泉州地处今福建省东南隅，面海背山。地势由西北向东南分三级倾斜，城西北为戴云山脉的大面积山地丘陵，有“闽中屋脊”之称。泉州城夹在二水之间，西面晋江绕经城南，东边洛阳江自北南流，共汇泉州湾。自梁朝以后，这两条江成为泉州港重要的内河航道。泉州湾面对台湾海峡，岩岸曲折，半岛突出，水深浪平，为一优良海湾。

泉州由于地处低纬度，西北又有山岭阻挡寒流，东南有海风调节，气候温暖湿润，属亚热带季风性气候。唐末诗人韩偓《登南台岩》诗云：“四季有花常见雨，一冬无雪却闻雷”，道出了泉州温暖湿润的气候特点。

早在新石器时期就有闽越人在这里劳动生息。西周属七闽地。春秋战国属闽越地。秦时属闽中郡地。汉时改闽中郡为闽越国。东汉分属南部都尉地。后汉三国时属吴建安郡地。晋太康三年始属晋安郡之晋安县。西晋末年中原八王肇乱，有林、黄、陈、郑、詹、丘、何、胡八姓从中原入闽，其中部分人来到后来的泉州一带，沿江而居，晋江因此得名。由于晋人带来了中原先进文化和生产技术，与本地人民共同开发，促进了这个地区农业和手工业的发展。

唐开元六年（718年），迁泉州州治于晋江县，领五县。此后开始筑城，是为唐城。

唐光启二年（886年），河南人王潮、王审邦、王审知开进福建，占领泉州。王潮为泉州刺史，王审知后领威武军节度使。唐乾宁四年（897年）以泉州属威武军。

五代后晋开运四年（947年），南唐升泉州为清源军，领九县。任命留从效为清源军节度使，后累封为晋江王。

宋建隆元年（960年），留从效降宋。因泉州地处边远，宋乾德二年（964年）改清源军为平海军，授留从效部将陈洪进节度泉、漳等州观察使；到太平兴国三年（978年），陈洪进向宋廷纳土，献上泉、漳二州并十四县，泉州属威武军。六年，析晋江东乡十六里置惠安，泉州始领七县。

二、两宋时期泉州城市经济、贸易、交通发展概况

泉州（图2-19），包括晋江、洛阳江下游滨海的港湾，有三湾十二港之称，三湾即泉州湾、深沪湾、围头湾。每湾各有四港，以泉州湾后渚港、围头湾安海港最为著名，而后渚港规模最大，居十二港之首。泉州湾的港水陆交通便利，水道深邃，港湾曲折，是天然良港。

五代时王审知、留从效及宋初的陈洪进采取了一些有利于生产的措施，使泉州一带的农业、手工业特别是陶瓷业、冶铁业和丝织业都得到发展和提高，为海外交通贸易提供了重要物质条件，而通过海外交通贸易反过来又促进社会经济的进一步繁荣。

两宋时期，泉州港步入最为繁荣的阶段。北宋时泉州与广州并列为全国最大的贸易港口。宋开宝四年（971年）最先在广州设市舶司，到元祐二年（1087年）正式在泉州设市舶司。当时泉州市舶司改在府治南水仙门内，即今泉州水门巷内。市舶司的职责是“掌番货、海舶、征榷、贸易之事，以来远人，通远物”。对商户“抽解（抽税）用定数，取之不苛”[1]，还负责接送外国商使，保护中外舶商。南宋时期泉州港已是“风樯鳞集，舶计骤增”，“涨海声中万国商”[2]，超越广州跃居全国首位，成为世界东方一大重要港口。

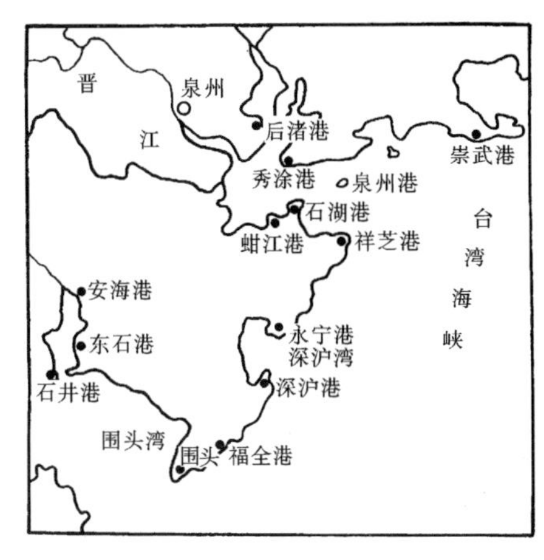

图2-19　南宋泉州港

南宋时代，泉州港对外贸易兴盛，有多方面原因；从东晋到南宋这段相当长的时期里泉州相对和平安定，生产得到显著发展。中西方日益增长的贸易需求仅靠漫长艰辛的陆上丝绸之路是不能满足的，阿拉伯、印度等商人相继由海上来到中国。北宋元祐年间（1086～1094年）泉州已与海外31个国家和地区建立了贸易关系。宋室南迁后，两浙诸路因受战火威胁，海商纷纷趋集泉州。南宋定都临安，泉州地位更显举足轻重，泉州港每年大量的贸易税收也成为宋室重要的国库来源。自建炎三年至绍兴四年（1129～1134年）泉州市舶税收入98万缗，到了绍兴三十二年（1162年）泉州、广州的市舶税收入200万缗，高宗为此称“市舶之利，颇助国用”[3]。

宋代泉州港的繁盛，与泉州造船业和航海技术的发达是分不开的。宋时，泉州拥有造船场多处，当时成为我国造船业的重要基地之一。泉州所造海船驰名海内外，中外使节、商人、旅行家、传教士等，大都选择在泉州搭船放洋或登陆。

泉州对外贸易的发展和城市经济的发达，使泉州城人口急剧增加。据《元丰九域志》载，北宋元丰年间（1078～1085年），泉州居户20万，人口百余万。和长沙，汴京（开封府）、京兆府（西安）、杭州、福州、南昌、泸州并列为全国八大州府。到南宋淳祐年间（1241～1252年），泉州的主、客户达255758户，比唐开元年间（713～741年）增加了七倍多[4]。

三、泉州城市的建设概况

泉州城由唐以前地区性政治中心，逐渐转变为宋、元时期全国最大的港口贸易城市。城市性质的转变，城市经济的繁荣促使建设迅速发展，出现了几次大规模的城市改建和扩建。泉州城市发展正是泉州整个社会经济发展的反映（图2-20）。

（一）三国至唐代

三国时孙吴景辉三年（260年）在今晋江中游北岸丰州的狮子山附近建立了一个小城，名“东安县城”，为“建安郡”九县之一。从三国到唐约五百年中，这个城址先后称为东安、晋安、南安、丰州和武荣州。

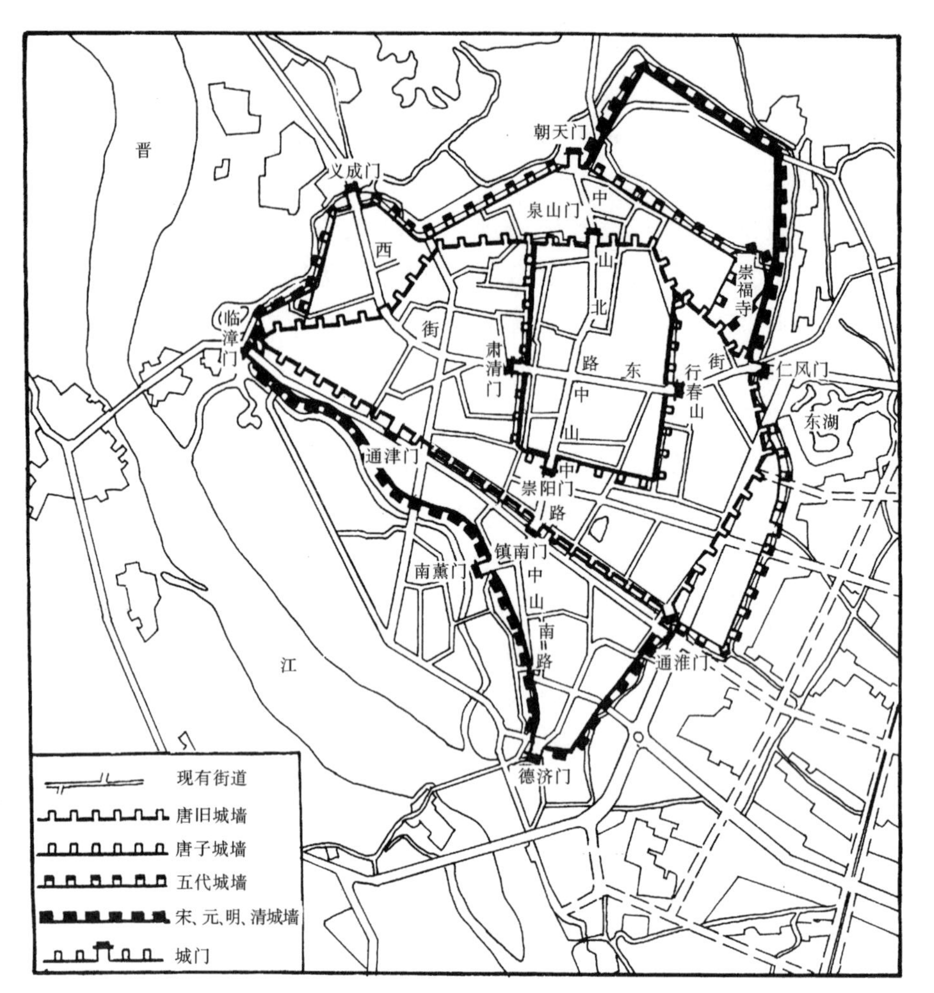

图 2-20 泉州城市平面图

到公元 8 世纪，过去作为闽南政治中心的武荣州治，向东迁到今泉州，迁治的主要原因，在于武荣州所在古丰州地处晋江中游，交通不便。于是迁到晋江下游的今泉州之地建设新城。

唐代所建泉州城，筑城时间在唐乾元以前。唐子城周围三里百六十步，平面呈长方形，设有四门，东为行春，西为肃清，南为崇阳，北为泉山。子城之外随地形变化建有不规则的多边形城墙一周，即所谓衙城。

唐泉州城内，十字路口以北，为唐“六曹新都堂署”，分掌政府事务，分别为司功、司户、司仓、司法、司兵、司田参军厅。州治位置则更靠北。晋江县治的位置“……在子城东南”[5]。十字街口以南，有东西两坊，为工商业集中点。

（二）五代至宋初

五代时期，福建在王审知的统治下相对安定。后晋开运二年（945 年），泉州升为“清源军”，领五县四场，辖县比唐增加，泉州城市经济发展，人口增加。节度使留从效在任期间，将唐代“衙城”再向外扩展出“罗城”，这时的泉州范围达 10 平方公里，城门为七个。

据《清源留氏族谱》卷三《留鄂公传》记载：“……城市旧时狭窄，至是扩大仁风、通淮等数门，教民开通衢，构云屋（货栈）……陶器钢铁，泛于蕃国，取金贝而还，民甚称便。”

留从效扩建的泉州城，中有“衙城”，即原唐城址，五代后将子城的四城门改为鼓楼，以报时辰，俗称“四鼓楼”。“罗城”的七个城门，分别为东门（仁风），西门（义成），南门（镇南）、北门（朝天），东南门（通淮，又称涂门）、西南门（临漳，又称新门），新南门（通津，又称水门）。这七个新城门名称一直沿用至今，称为“七门头子”。

五代泉州城的形状呈不规则的梯形，南长北短。五代末，王延彬扩大西门城，使它向西北突出。《晋江县志》载："王延彬为泉州刺史，其妹为西禅寺尼，拓城西地以建寺。"其后，宋初陈洪进再次扩大城东门，使城向东北突出。《县志》又载："陈洪进于宋乾德初，领清源军节度使，以城东松湾地，建崇福寺，后拓其地包之，今城北东隅、西隅地稍长者由此。俗号葫芦城，又号鲤鱼城，皆以其形似也。"

五代泉州城七门，均有水关，可通江达海。城内有两个十字街，顶十字街是子城十字街的延长，这个十字街东起洛阳江，经城内东街、西街，向西北通南安丰州至永春县。中十字街从涂门（通淮）进城，经涂门街、新门街，出新门（临漳），这是东西走向的第二条大街。从子城北门延长到罗城朝天门外，是通到北方的古大路。又从子城南门延长到罗城镇南门，这里是五代最热闹的街市。这条大街向南通到晋江边，由晋江可达海湾。五代留从效在泉州城环植刺桐，初夏开花引人入胜，为阿拉伯等国商人赞赏，以"刺桐城"闻名海外。

（三）两宋时期

北宋泉州辖七县。这时的城址与五代时大体相似，南部仍以新门、南门、涂门为界。

北宋宣和二年（1120年）改建泉州城墙，《晋江县志》载其形制："外砖内石，基横二丈，高过之。"

南宋泉州城变化较大，从新门、涂门街这一线向南扩大，一直扩到现在的下十字街，建立新的南城门南薰门。这一地带在泉州南部，称为"泉南"，是南宋泉州对外贸易最繁荣的地方。

南宋时期的泉州曾六次重修五代罗城，并有一次大规模的扩建。据《晋江县志》记载："绍兴二年，守连南夫重修（罗城）。十八年，守叶廷珪复修之。淳熙、绍熙中，守邓祚、张坚、颜师鲁相继修。嘉定四年（1211年），守邹应龙以贾胡簿之资，请于朝而大修之，罗城始固。"

北宋元祐二年（1087年）泉州设"市舶司"，位于南城界外，以便利外商。

南宋时市舶司税入丰足，"……约岁入二百万缗"[6]，能保证六次修城的实现。

为了防止水患，宋"绍定三年（1230年）守游九功于诸城口增筑瓮城各一，东瓮城二，复于南城外拓地增筑翼城。东起浯浦，西抵甘掌桥，沿江为蔽，成石城四百三十八丈，高盈丈，基阔八尺。"[7]翼城从西南的新门（临漳）起，沿江筑城，经过水门（通津）、南门，转弯到涂门，与五代罗城连在一起。把城南部分包围起来。同时还辟罗城镇南门外为"蕃坊"，十州之人在此聚集交易[8]。

据《舆地纪胜》载："泉州城划坊八十，生齿无虑五十万。"足见当时人口之繁盛。

南宋扩城后，城内干道已有顶、中、下三个十字街，延伸至城外，东到洛阳江，西到丰州，南到晋江边，北到朋山岭，东南可入海，西部可达安溪，六条街直达周围各县，并通江入海。水路自东边泉州湾后渚港到晋江口，可顺江而上到泉州南门。陆路和水路构成泉州城发达的交通网，对促进泉州城市经济的发展起了重要作用。

四、从五代到宋的几次修建和扩建看泉州城市发展的特点

1. 泉州城的几次改建和扩建与泉州城市经济贸易的发展相一致。泉州在唐时就成为全国四大港口城市之一，五代时期扩城正是唐代泉州城市发展的延续。南宋泉州一跃成为全国第一对外商贸大港，是城市经济的发展和对外商贸的需要促进了泉州多次重修五代罗城，乃至两次向南扩建翼城。元代后期的战乱打断了泉州的发展进程，泉州从极盛转为衰落，明、清几百年内泉州城再无更大发展，且因实行海禁，使泉州港日渐衰落。

2. 泉州城市发展方向是自西北向东南，自内地向海边，从清源山坡到晋江边。唐初因海外贸易的需要，州治从武荣州、古丰州迁到今泉州，由晋江中游迁向晋江下游。五代到宋元时期城址虽未更迁，而城市三次扩大，其中南宋游九功修翼城，终使泉州城南扩至晋江江边，而城的东西北三面并无再大发展。这个发展方向正反映了泉南地区，在当时由于通往海外的交通便利，致使工商业集中，商贸繁盛，因此这里成为城市发展最为活跃的地区。

3. 泉州城市形制的发展反映了城市性质的变化。封建前期的州城县城大都为方形四门，内设十字街，街坊排列整齐对称，这是地区性政治中心城市的典型模式。唐代泉州城区符合了这种城市模式。自唐以后，泉州转变为对外商贸城市，城市的位置和形状发生变化；一则由于多次扩建而成，二则由于地形所限，但最为重要的是城市经济发展方向的决定作用，使城市从西北到西南，紧紧靠着晋江，形成大弯曲的形状，而城东、北因山势而为直线短折边形。

4. 泉州在宋代作为对外商业贸易城市，商业、手工业在偏于海港的方向发展起来。

商业区的分布，在唐代子城十字街口以南划有两块商坊；到五代商业中心改在东门（仁风）、涂门（通淮）；北宋渐移到涂门（通淮）、南门（镇南）、新门（临漳）一线；南宋则移到水门（通津）、南门（镇南）一带。

手工业区，五代在城东门外碗窑村，南门外的磁灶乡，西南的炼铁场（铁矿庙）；北宋则集中在子城南崇阳门外，有花巷、打锡巷、风炉巷、莲灯巷、炉仔巷等手工业作坊区；南宋则在南门外晋江下游出现了大规模的造船工场。

同时对外交通随着商贸的繁荣日渐发达，五代有经东门、涂门两条大路以及北门朋山路通往福州。北宋洛阳桥建成，改由东北到福州。以上陆路均有驿站；现北鼓楼内有驿内埕，西鼓楼外有旧馆驿，南门有来远驿，都是古代驿站的名称。城内主要干道由五代的顶、中两条十字街扩建出下十字街。水路通过晋江可达内地，通过港湾可出海。

5. 泉南蕃坊是这座对外港口贸易城市的又一特点。南宋泉州最繁华的“泉南”地区，有大量外国商客集中侨居在这里，据《诸蕃志》载当时有 58 个海外国家和地区的商人来此。其中有的人通过商贸成为巨富后便择居泉州，并在城南建有豪华巨大的花园府第[9]。“蕃坊”的范围大致在南城门内外一带，东起青龙、聚宝街及平桥，西至富美及风炉里，北从横巷起，南至聚宝街以南的宝海庵为止。蕃坊是古代对外贸易港口城市的特殊建置，它的出现可证对外贸易的繁荣。

当时泉州的外国人以阿拉伯人最多，其他还有印度人、犹太人、意大利人、摩洛哥人、占城（越南）人、朝鲜人，最多时达万人。他们特殊的生活习惯和宗教信仰也在泉州的建设中留下遗迹，如北宋间建的伊斯兰教清净寺，涂门附近有番佛寺等。这一带还遗留了一些婆罗门教、印度教的宗教石刻。泉州东北郊外地区还有大量外国人的墓葬。

城市的建设发展，是城市经济发展的直接反映。城市扩建是城市整体发展的一个组成部分。泉州城市的发展明显反映了工商业贸易港口性城市发展的特点，这一特点在宋代乃至中国古代城市发展中都是具有代表意义的。

注释

[1]《宋史》职官志七。

[2]《泉州》〈宋元大港〉中国建筑工业出版社，1990 年。

[3] 同 [2]。

[4]《泉州府志》户口卷八。

[5]《晋江县志》。

[6]《舆地纪胜》。

[7]《晋江县志》。

[8]《泉州》〈刺桐春秋〉中国建筑工业出版社，1990年。

[9]《泉州》〈宋元大港〉中国建筑工业出版社，1990年。

第七节　明州

一、明州的历史沿革

明州（宁波）地处全国海岸线的中段，长江三角洲的东南角，唐宋以来为我国海外交通贸易的重要口岸。

秦统一中国后，这里置鄞、鄮、句章三县，属会稽郡。两汉、三国至隋，三县除隶属的州、国或县名时有变动外，其区域范围基本未变。唐开元二十六年（738年）设明州，州治在小溪（今鄞县鄞江镇），长庆元年（821年）州治从小溪迁至“三江口”（现宁波老城区），并建子城，唐末景福年间（892～893年）建罗城。北宋建隆元年（960年）称明州奉国军，南宋庆元二年（1196年）改称庆元府，元至元十三年（1276年）称庆元路，朱元璋于元至正二十七年（1367年）将庆元路改称明州府，明洪武十四年（1381年）为避国号讳，因境内有定海（今镇海）县，取“海定则波宁”之意，改称宁波府。宁波之名沿用至今。

唐明州城政治地位的确立，子城的建造，为一千多年来宁波城市的发展奠定了基础，但城市的格局形成于宋（图2-21）。

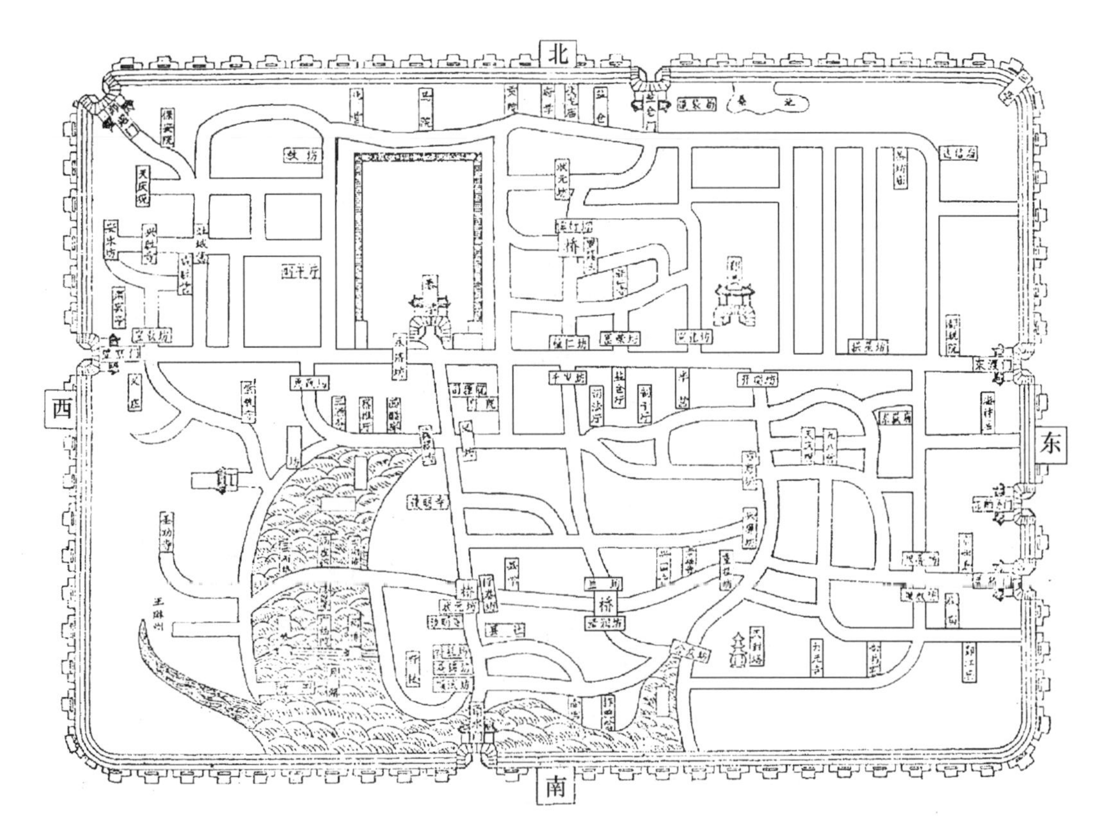

图2-21　宋代明州城市总体布局图

二、明州城市总体布局

宋代建隆元年（960年）时，明州不仅有子城和罗城，而且将鄞县县署迁入，形成一城之中两座政治统治中心的格局，此时明州称“明州奉国军”，子城位于城市北部偏西，而县署位于子城东部。子城的具体位置在今鼓楼至中山公园一带，周长420丈，设有南、东、西三门，南门名“奉国军门”。史载子城正北，有一小丘，系北宋天禧年间（1017～1021年）培土增高，目的是附会风水之说，作为子城的主山，并以远处的骠骑山（今洪圹镇马鞍山、灵山）为祖山。

罗城范围系今日所见之老城区环路以内，周长2527丈，形状不规整，四至多以江、河为界。宋初曾重修罗城，元丰元年（1078年）、宝庆二年（1226年）、宝佑五年（1257年），又曾多次修筑城墙、城门。当时罗城共开十门，西有望京门，南有甬水门、鄞江门，东有灵桥门、来安门、东渡门，东北角有渔浦门，北有盐仓门、信达门，西北角有郑堰门，其中望京、甬水二门可通漕运，盐仓门平时关闭，盐入则开，鄞江、渔浦、信达已于宝庆年间关闭[1]。明州城内建筑布局有明显的功能分区，可分为政治核心、文化园林、商贸管理等区。

1. 政治核心区

即府治所在的子城及鄞县县署所在的开明坊，占据全城北半部。子城自南门起，在一条南北轴线上布置有礼仪及政务活动性建筑，即庆元府门、仪门、设厅、进思堂、平易堂。与仪门内设厅构成一座院落的有东、西庑，两庑设府治办事机构庆元府签厅和制置司签厅。设厅之左（东），有治事厅，厅后有锦堂，为正寝。府堂（锦堂）之西有清暑堂，东有镇海楼，勾章道院设于镇海楼下。镇海楼之北有鄮山堂，堂前有水池、古桧等。子城北部桃源洞为府治后花园，内有春风堂、双瑞楼、芙蓉堂、秀明楼，以及带有曲水流觞的傅觞亭、茅亭、曲廊等十余座园林建筑。春风堂后叠石为山，山下水池清幽，芙蓉堂后小池植莲，芙蓉飘香，亭堂之间山容水态穿插辉映（图2-22）。

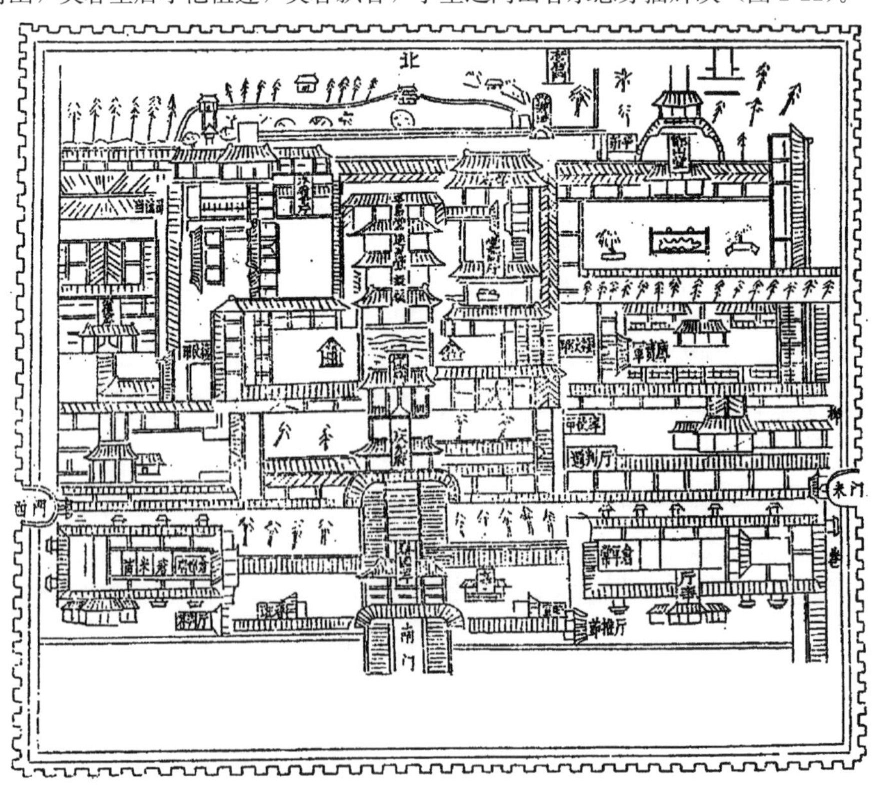

图2-22 宋代明州子城图

此外，子城之内还有若干仓储建筑，如军资库、甲仗库、苗米仓、常平仓等[2]。

2. 文化园林区

城南月湖一带，风景优美，文化发达，在宋代已成为东南名胜之地。宋哲宗元祐年间，地方官刘淑曾浚湖，堆岛，开辟成十洲。即竹洲（又称松岛）、碧沚（又称芳草洲）、月岛、花屿、烟屿、雪汀、柳汀、芙蓉洲、菊花洲、竹屿。其中竹洲风景最为清幽，四面环水，东南面为竹屿，北面为花屿，南面为烟屿。其南横有一条桃花堤，与之隔湖相望。浙东理学名家多在此讲学，并建书院、藏书楼等，当时的杨文书院设在碧沚，沈涣讲舍设在竹洲，楼郁的城南书院也在月湖之滨。故有明州邹鲁之誉。同时孝宗朝宰相史浩也在此建起私家园林“真稳馆”、“四明洞天”，作为告归后的隐居之处。史浩的“寿乐府”在菊花洲上，府内建有专为庋藏御书的“明良庆会之阁”。该阁“觚棱金碧，既耸于星辰；榱桷丹青，更交辉于海岳”[3]。其子史弥远的相府在“芙蓉洲”。史氏的别业遍布月湖东岸。月湖北岸，堰月堤上建有红莲阁。

3. 商贸区及手工业区

城东甬江、奉化、姚江三江交汇处便成为商贸最为繁华的一区，码头设在东渡门外至来安门外，市舶管理机构也应运而生，并设在城东的灵桥门内。

此外，城中还有若干集市，如月湖西侧的湖市，鄞县县署前后的大市、后市，灵桥门外奉化江东岸的甬东市等。

手工业中以造船业为代表，在宋代，明州造船技术处于全国首位，到宋天禧末（1021 年）已造船 177 艘[4]。元祐五年（1090 年）正月初四，皇帝曾颁诏温州、明州岁造船以 600 艘为额，可见其数量之多。不仅如此，且能造万斛船。明州之船在徽宗时作为徐竞出使高丽的两艘神舟，曾令高丽“倾国耸观，欢呼嘉叹”[5]。

城市的手工业布于全城。官办的手工业作坊，规模最大的为月湖西岸的作院，内设大炉作、小炉作、穿联作、磨锃作、头魁作、熟皮作、摩擦结里作、头魁衣子作、弓弩作、箭作、漆作等 13 个作坊。盐仓门东设有造袋局，射圃垛之西设有药局，月湖东北侧的美禄坊设有酒务、醋务作坊。民间的有些同业作坊往往集中在同一条街巷里，如铸冶巷一带的铸冶作坊，石板巷里的石板作坊等等。

随着商业、手工业的发展，城内出现了集中的仓库，设在临河之处，便于交通运输。如望京门外的糯米仓，盐仓门内的支盐仓，延庆寺西的平粜仓；灵桥门外的东醋库，美禄坊的西醋库等。

宋代明州，城市繁荣，人口增加，居住日趋拥挤，出现了“临水而楹，跨衢而宇”的局面。为了便于行政管理，在城内划分为四厢，共辖 51 坊，但这些坊已非里坊制的“坊”，许多“坊”成为跨街而立的坊，例如东南厢中的“重桂坊（在）新寺巷口”，东北厢的“阜财坊（在）小梁街巷口”，“广慧坊（在）大梁街巷口”，西北厢的“宜秋坊（在）应家巷口”，“影泉坊（在）菜家巷口”[6]，……凡此种种均说明里坊制的消亡。

三、明州城市道路及水系

城内的道路东、西方向以子城之前贯穿全城的大街为主干线，东起东渡门，西抵望京门，贯穿全城，南北向道路有多条，分布不规则，最主要的一条是从子城南门外至甬水门的大街，其两侧街巷则沿河分布，有大梁街、小梁街、孝文巷、白衣寺巷、姚家巷、铸冶坊巷等。大街小巷有五六十条之多[7]。路面铺以青砖、卵石，这些道路网格多成丁字形，基本保持到现代。大梁街、孝闻（文）街等街名也一直沿袭至今。

明州地区河网密布，水源丰沛；城外有奉化江、姚江、甬江及南圹河、中圹河、西圹河、前圹河、后圹河等。另有北斗河、濠河自西而南环城。城内有日、月二湖，日湖纵一百二十丈、横二十丈，周围二百五十丈。月湖纵三百五十丈，横四十丈，周围七百三十丈。二湖平时引城南它山一带的河水蓄之，以供城市用水，溢时经城东的气、食、水三喉泄于江。城内主要河道有西水关里河、南水关里河及平桥河等，平桥头及月湖的水则亭一带为内河航运码头。三河的支流缭绕全市，起着饮用、交通、消防等重要作用。全城有四明桥、迎凤桥、仓桥、车桥等120余座[8]。最长的桥为灵桥门外跨于奉化江上的东津浮桥，其长五十五丈，阔一丈四尺，下置舟十六尺以承托桥面。

四、海外贸易鼎盛时期的城市特点

明州自唐以来，成为我国主要港口城市。到两宋，海外交通贸易达到了鼎盛时期，同海外贸易有关的机构、设施的设置，形成了港城特有的风貌。

1. 海外贸易管理部门的设置

明州在唐代无专设的市舶机构。在宋代明州的市舶管理机构主要有市舶务、来远亭、舶务厅事、船场指挥营、造船监官厅事等。

市舶务，于宋太宗淳化元年（990年）设置，最初在明州的定海（今镇海）城内，后迁至州城，其址“左倚罗城”[9]，在今东渡路一带。嘉定十三年（1220年）被毁，宝庆三年（1227年）由明州通判蔡范重建，务内有“清白堂”、“双清堂”等，东、西、前、后为四个市舶库，分为二十八间，以“寸地天天皆入贡，奇祥异瑞争来送，不知何国致白环，复道渚山得银瓮。”这首小诗的28个字为房屋的编号，并设有东、西二门，东门与来安门通[10]。

来远亭，位于来安门外滨江，南宋乾道年间（1165～1173年）建，宝庆三年（1227年）重建时更名为“来安亭”。为外商到此办理签证查验手续的地方。

舶务厅事，宝庆三年设，在州城东南的戚家桥。

造船监官厅事，位于城东北滨江桃花渡口，今江左街南昌巷，大观年间（1107～1110年）造船场监官晁洗之建。

船场指挥营，在东渡门外与造船监官厅事相近。

来远局，政和七年（1117年）楼异知明州时设置，为处理外商事务的机构。

2. 接待贡使的驿馆，为外埠商人集居、活动的场所

明州城随着海外交通的发展，为了接待高丽、日本等国的贡使，设置了驿馆，并有一些波斯、阿拉伯国家的商人，在这里定居下来，形成了集居的街区。国内一些商人也在此建造了集会祭祀的场所。

接待高丽使者的“同文馆”在延（宜）秋坊，熙宁年间（1068～1077年）置。元丰二年，明州及定海县作高丽贡使馆，赐名“乐宾”[11]。政和七年，楼异知明州，建高丽使馆[12]，其位置在今月湖菊花洲的北端，宝奎巷一带。

来明州定居的阿拉伯商人，宋咸平年间（998～1003年）集居在狮子桥（今狮子街）附近，并建造了清真寺。

波斯人主要集居在今车桥街南巷一带，“有波斯巷，该地驻有波斯团”[13]。

接待日本国官员的驿馆有“涵虚馆”等，位于月湖柳汀。日本国的商人，在明州长期居住的商人，在这里建造了同乡商人集会之舍。南宋绍熙二年（1191年），福建船帮的船长沈长询舍宅为

庙，在来远亭北建造了明州第一座“天妃宫”。

明州尽管是在唐城基础上发展，但其已打破里坊制的束缚，城市的商贸区偏在东部，城墙上开的门东部数量多于西部，正是这种繁荣区域偏在一侧的反映，尽管明州为府治所在地，是政治统治的中心，但城市的发展却抛弃了以子城为中心的传统格局，而向着有利于城市商贸发展的方向演变，这再次说明在宋代经济的发展已经对城市发展起决定性作用了。

注释

[1]《宝庆四明志》卷三。

[2]《宝庆四明志》卷三。

[3]《郧峰真隐漫录》卷三十九・明良庆会阁上梁文。

[4]《宋会要辑稿》食货。

[5]《宣和奉使高丽图经》卷三四・客舟。

[6]《宝庆四明志》卷三。

[7]《宝庆四明志》卷三。

[8]《宝庆四明志》卷三。

[9]《鄞县通志》舆地志・古迹。

[10]《鄞县通志》舆地志・古迹。

[11]《勾余土音》卷一。

[12]《宝庆四明志》卷六。

[13]乾隆《鄞县志》街巷。

第八节　钓鱼城

钓鱼城建在重庆市合川县境内，距县城五公里的钓鱼山上，是南宋淳祐三年到祥兴二年（1243～1279年）四川合川军民的抗元据点。

一、地理概况

钓鱼城建在合川县境内的钓鱼山上，距县城约五公里。钓鱼山属于四川东部平行岭谷的一部分，地处华蓥山西南支脉，位于嘉陵江、渠江、涪江交会处。山高海拔在186～391米之间。山顶东、西部地势微斜，台地层层；西南角、西北角和中部地区山地隆起，形成薄刀岭、马鞍山、中岩等平顶山峦。整个山顶东西长1596米，南北宽96米，面积2.5平方公里（图2-23）。

钓鱼山峭崖拔地，突兀于江水环抱之中。由北而来的嘉陵江，在山北面的渠河口与从东北来的渠江汇合后，沿山脚西泻到合川县城，再于鸭嘴与西南来的涪江会合，绕经钓鱼山南滔滔东去，形成了一个巨大的钳形江流。这道长约20公里的天堑，在最为险要的鸡心子、丈八滩、花滩等险滩，枯水季节仅深1.2米左右，航道最窄处仅6米，但水流湍急，流速每秒6米以上。一旦洪水来临，即使水流平缓，这地段变得与前后险滩激流一样，旋涡四起，波涛汹涌。钓鱼城即建在这激流环抱的钓鱼山顶。

二、钓鱼城历史沿革

据钓鱼城护国寺和忠义祠内历代碑刻的记载，早在唐代，合川名僧石头和尚，就在山上创建了护国寺和站佛、千佛石窟等摩崖造像。南宋绍兴二十五年（1155年）思南宣慰田少卿捐资新建

图 2-23 南宋钓鱼城平面

护国寺“堂殿廊庑百有余间”，护国禅院遂成为僧徒云集的佛教名刹。乾道三年（1167 年），州人又于山顶建起著名的飞鸟楼，钓鱼山从此被人们视为游览胜地。

到南宋晚期，蒙古汗国在蒙宋联军灭金之后，发动了对南宋王朝的进攻。理宗嘉熙四年（1240 年），四川安抚制置副使彭大雅在修筑重庆城的同时，选择有重庆门户之称的合川，派部将太尉甘国于合川钓鱼山筑寨，以作重庆屏障。淳祐三年（1243 年）于钓鱼山筑城，迁合川及石照县治所于其上，屯兵积粮，作为对付蒙军的四川山城防御战的重要支柱。钓鱼城之名，即始于此。宝祐二年（1254 年）七月，新建水军码头和一字城墙。景定四年（1263 年），再一次对城郭进行加修。在皇都临安陷落的景炎元年（1276 年），军民在城内修了一座皇城，以待王室前来避难。

祥兴二年（1279 年）正月，守将王立举城降元。在元朝安西王相李德辉督饬下，钓鱼城墙垛口及城内军事设施逐渐被拆除。

三、钓鱼城的修筑与宋蒙巴蜀之战

从钓鱼城的历史沿革中可以看出，钓鱼城的修筑是与蒙宋巴蜀之战有着直接关系的。

13 世纪初，我国北方草原兴起的蒙古族，在成吉思汗的统一下建立了自己的政权。在公元 1219 年至 1227 年，征服了西域各国。随后，继为蒙古大汗的窝阔台又联合南宋发动了灭金的战争。公元 1234 年蒙宋联军灭金后，蒙古拒不履行与南宋订立的盟约（灭金后以河南之地归还南宋），宋军发起了“端平入洛”之战，北上收复汴京等地，与蒙军发生冲突，在蒙军重兵围攻下，全军溃败。蒙大汗窝阔台以此谴责南宋破坏盟约，命皇子阔端进攻四川，开始了对南宋的战争。

端平三年（1236 年）成都一度为蒙古攻陷，造成全川震恐。后蒙军退出四川，在蜀边建立了兴元、沔州、阶州等几个战略基地，以为长江上游防线。

但蒙古发动进攻南宋的战争，仍将突击口开始选在四川[1]，其深知无蜀则无江南之理，便采取了先取四川，顺江东下，席卷江南的战略。

钓鱼城在四川具有重要的战略地位：

1. 从地理位置看，合川居四川之中，钓鱼山为形胜之地，居巴蜀之中，扼三江之口，加之地形独特，天生奇险，确是巴蜀屏障，渝夔之门户”。

2. 从战史上看，合川历来是易守难攻之地。如东汉岑彭讨孙述，三国时刘备讨刘璋等战役中均显示了钓鱼山的地利之最。

3. 从经济上看，合川是膏腴之地，有利屯兵。巴蜀为天府之国，物产极其丰富，而合川居巴蜀腹地，三江汇口，水路交通便利，为极好的聚粮屯兵之所。

4. 从军事布防上看，合川钓鱼城是全川防御要点和支柱。在淳祐三年（1243 年）四川制置使余玠帅蜀期间，从公元 1243～1251 年，在全川修筑了山城 20 座，构成完整防御体系，主要分布在川东，川东北及川南山丘地带。

计有：川东九城：重庆城，钓鱼城，多功城，白帝城，瞿塘城，赤牛城，大良及小良城，三台城，天生城。

川东北七城：大获城，苦竹隘，运山城，小宁城，青居城，得汉城，平梁城。

川南四城：登高城，神臂城，紫云城，嘉定城。

川西一城：云顶城。

宋人又称这 20 城中最具战备意义的四城为“四舆”，就是川东的重庆、钓鱼、白帝，川西的嘉定。四舆中重庆处于中心位置并为军事指挥中心，其他三城各挡一面，而钓鱼城则独挡来自北方的威胁，故该城号称“巴蜀要津”。

余玠的这种依托川地险势，易守难攻，构成纵深点面结合，相互支撑的山城防御体系，对蒙古铁骑善于在平原驰骋，快速机动的特点的防御，是十分有效的。而作为守卫要津的钓鱼城，依其险峻地势，确实在抗击蒙古侵略的战争中发挥了巨大作用。

钓鱼城在淳祐三年（1243 年）迅速建成后，余玠将合川及石照县治移至城内，并调兴戎司前往驻守，从此揭开了钓鱼城保卫战的序幕。淳祐十一年（1251 年）成吉思汗之孙，拖雷之子蒙哥被拥立为大汗，次年再次大举向南宋进兵。宝祐二年（1254 年）和宝祐四年（1256 年）蒙军两次进攻合川，守将王坚使蒙军惨败而还。宝祐六年（1258 年）春，蒙哥汗完成了对南宋的战略包围后，亲率七万蒙军主力进攻四川，十个月内成都及川西北的府、州俱被占领。从 12 月起，蒙军猛攻钓鱼城，次年 4 月 24 日深夜，蒙军屡次强攻均遭败绩。宋理宗闻捷后下诏嘉奖王坚，使钓鱼城军民深受鼓舞，斗志昂扬。进入五、六月后，王坚多次出城袭击，使蒙军惶恐不安，加之夏季湿热，疫疾蔓延，蒙军士气低落。6 月 5 日晨，城中发飞石击毙蒙军总帅汪德臣。蒙哥大怒，亲选城东门外脑顶坪山堡，命筑高台，以窥城中虚实，7 月 21 日，当蒙哥出现在台楼上，城中炮击台楼，蒙哥身受重伤，后死[2]。钓鱼城之围遂解。

蒙哥之死，使蒙古征讨欧亚各地之军为争汗位匆忙回师，从而延缓了南宋灭亡的时间。

南宋景定元年（1260 年）忽必烈即汗位后，改变了灭宋战略，以主力攻取襄汉，以重兵进逼四川，并采用在四川屯田、扩军、造船、筑城的策略，使钓鱼城这座壁垒成了被困的孤岛。至景炎二年（1277 年）元军云集钓鱼城下，合川此时已连旱两年，城内无粮草，城中军民，易子而食，坚持抗战。至景炎三年（1278 年）重庆失守，钓鱼城成了四川唯一的抗元据点。祥兴二年（1279 年）春正月，城中主将王立降元，至此结束了钓鱼城军民守城抗战 36 年的光荣历史。

四、钓鱼城城防工程及建筑

1. 城墙

据《钓鱼城志》记载："钓鱼城凭险修有两道高二、三丈不等的石城墙，沿城墙一圈约十三华里，加上两侧沿山直贯嘉陵江的一字城墙，则达十六华里"。以不久前培修的护国门至新东门一段山险墙为例，墙身大多为悬崖绝壁劈削而成，平均高约 15 米，其下地势陡然，绝难攀登。墙顶为石砌跑马道，宽 3.2 米，可容三马并行，或五人并进，墙顶靠外一侧，用条石砌成高 2 米的垛口，每个垛口上部有一"凹"形缺口，为瞭望口，垛下有一方形小孔，为射洞，用以射击来犯之敌。

钓鱼城东南部地势略低的地段，为加强纵深防卫，采用了内外城的形式，修筑有两道城墙，构成双层防线，使城垒更加坚固。

在钓鱼城南北各有一字城一道，既是限制敌人在江岸活动的外围防线，又是水军码头和运输通道的屏障。现存南一字城遗址，从城南峭壁下至嘉陵江心，长约 0.5 公里，残墙平均高约 5 米，底厚 4 米，外侧陡直，难以登攀；内侧墙身有部分倾斜段，呈阶梯状，可供守城士卒上下。

在冷兵器时代的南宋晚期，利用高高的城墙，据险固守，致使蒙古丞相史天泽曾仰望其城，发出过"云梯不可接，矢不可至"的哀叹。

2. 城门

钓鱼城原建有始关、护国、小东、新东、菁华、出奇、奇胜、镇西门等八座双砌石拱券城门。它们雄峙在险绝的隘口之地，作为钓鱼城防御工程体系不可缺少的重要组成部分，起了"一夫当关，万夫莫开"的作用。在八座城门中，最为高大的要数护国门，它位于城南第二道防线，系扼守山上山下往来交通的重要孔道。城门东西向，右倚峭壁，左临悬崖，当年曾施以栈道出入。现存双拱门洞曾经过明清时代培修，高 3.15 米，宽 2.5 米，前壁厚 0.73 米，后壁厚 0.98 米，前后壁间距 0.71 米。顶部城台上面，原有城楼，但已毁，现存者系最近复原。新东门门洞现存有双层拱券的门洞，洞顶有安置闸门的门缝，门洞地面有石门槛，仍为南宋门洞遗物。

3. 飞檐洞

由护国门城楼沿城墙跑马道东行百余米，在跑马道左侧石基下，有一个钓鱼城军民出击敌人的秘密出口——飞檐洞。建造得十分隐蔽，若从洞口出城，需用绳索下，故有"可出不可入"之说。

4. 皇洞

位于城东面，新东门左侧百余步的城墙脚下，洞系条石砌筑而成，高 1.25 米，宽 1 米，洞身成直线形向内延伸，前部系拱券，后为平顶。该洞极有可能是七百多年前，钓鱼城军民为藏兵运兵而挖掘的秘密坑道出入口。

5. 武道衙门

在城内护国寺后高地上，为钓鱼山最高点，这是钓鱼城在南宋时军民抗战的"帅府"。它的前身为合川著名建筑飞舄（音戏）楼，宋乾道七年（1171 年）建，本为登高赏景之所，"飞舄"一词取自唐诗"惟有双凫舄，飞去复飞来。"钓鱼城筑起后便成为军事指挥机关——兴戎司的住所。故称"帅府"或"武道衙门"。

6. 校场

又称阅武场，系当年守将王坚、张珏等人训练士卒，检视军队的场所。

7. 古军营

坐落在城中部平缓的山顶上，是南宋晚期移驻钓鱼城中兴戎司所辖军队的驻所。当年有九幢营房和操场。

8. 皇宫、皇城

在古军营北面不远处。公元1276年南宋临安陷落之后，赵昰、赵昺二王出走，守将张珏本欲迎二王至钓鱼城，重振宋室江山，一面调集能工巧匠，在城中兴建皇宫，一面派数百人前往福建、广东沿海访寻二王下落，但一直没有消息，皇宫一直空闲未用。

9. 财库

奇胜门内大天池左侧，系当年钓鱼城守存放财物的处所，于清乾隆间掘地得银两，库址才被发现。

10. 水军码头

码头在城正南石山脚下的嘉陵江边，共两座，为南宋晚期合川军民修筑，是当时钓鱼城水军战船停泊处，整座码头以巨石垒砌而成，现存一座遗址，基高约4米，全长70米，宽约60米，呈长方形，从山脚到江边共有三层平台，不论江水涨落，均可供船只停靠。

钓鱼城是两宋时期一座特殊的城，作为一座军事城堡，能如此巧妙地与山水环境结合，因势构筑，堪称典范。

注释

[1] 据明代翰林邹智分析："立国于南者，恃长江之险。而蜀，实江之上游也。敌人有蜀，则舟师可自蜀沿江而下，而长江之险，敌人与我共之矣。由是言之，守江尤在于守蜀也。元南侵必自蜀始，……向使无钓鱼城，则无蜀久矣。无蜀，则无江南久矣。"（万历《合州志》卷1）说明了四川对于南宋王朝，钓鱼城对于四川的重要战略地位。

[2] 蒙哥之死见于文献记载的有多处，《元史》载："癸亥，帝崩于钓鱼山"，《宋季三朝政要》载"鞑靼宪宗皇帝御驾崩于钓鱼城下"。《古今记要逸编》载"元主蒙哥为坚所挫辱，愤死"。

第九节　南宋静江府城

一、南宋《静江府修筑城池图》产生的历史背景

静江府即今广西桂林，汉时始置县，唐李靖创筑城池桂州，宋仁宗至和二年（1055年）余靖筑桂州府城，包于唐城之外，唐城即为内城，南宋改称静江府。据《桂林郡志》载，南宋末，为军事防卫需要，曾四次增筑外城，即宝祐六年（1258年）广南置制使李曾伯于北部叠彩山、桂岭一线建新北城。景定元年（1260年）至咸淳元年（1265年）经略使朱祀孙建西部新外城。咸淳初年（1266～1268年）经略使赵与霦于东南两侧临漓江和南阳江部分增建泊岸石城，用以护卫东、南城墙。咸淳五年至八年（1269～1272年）经略使胡款再次增筑第二重北城。并于今鹦鹉山（宋名鹁鸠山）崖壁刻图，图左刻题记名《静江府修筑城池记》，由此知该图应为《静江府修筑城池图》，图上方有楷书所记南宋后期四次修城简况及所用工料（图2-24）。

二、静江府的几次拓展

由此"图"可看到唐、北宋、南宋桂林城的拓展的状况，以及每个阶段所反映的不同规划思

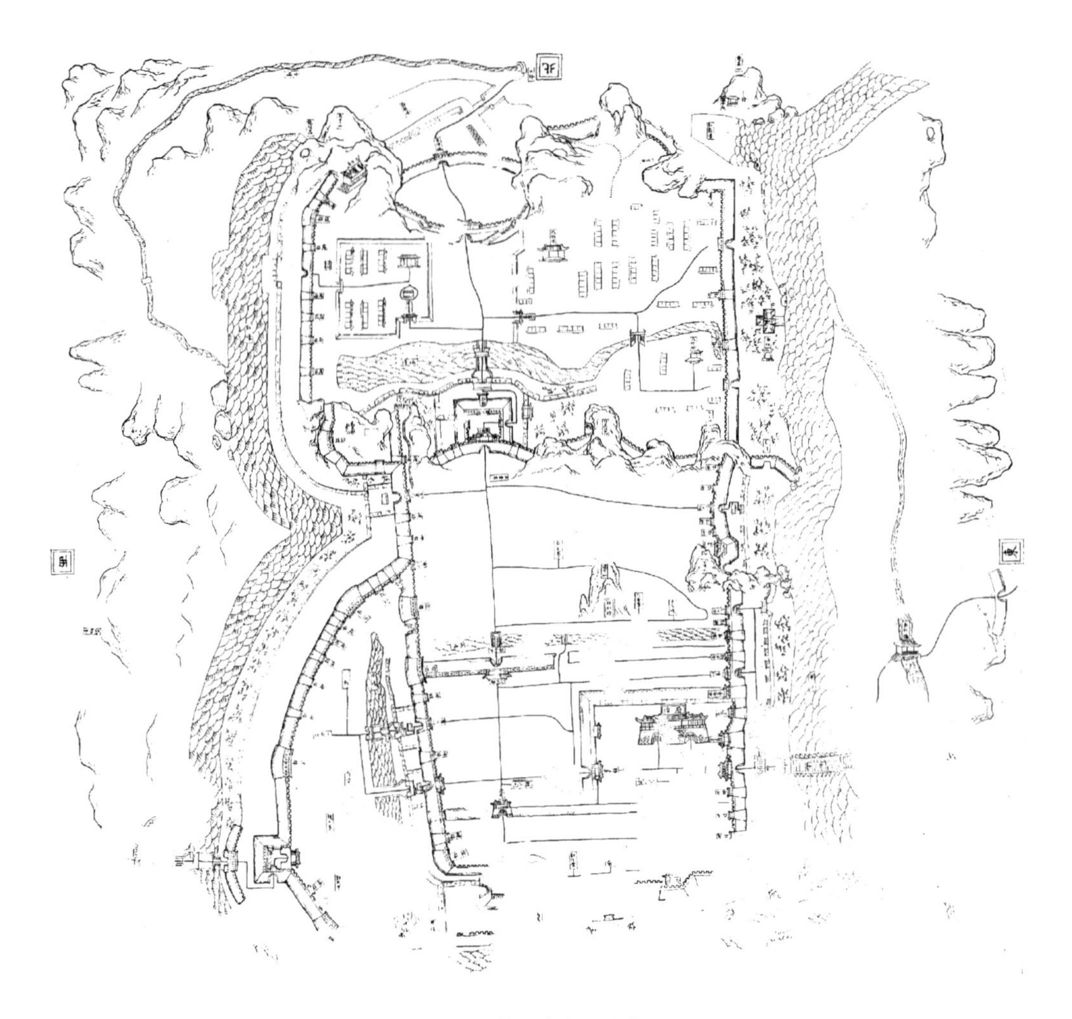

图 2-24　静江府修筑城池图

想。唐城为规则的长方形，东西长、南北短，东、西、南三面开门，即东江门、西山门和南门胜仙门，城内道路仅东江门与西山门之间可直通，余皆为丁字路。东西干道以北，中为府治，开双门洞，这正符合唐、宋“州”、“军”级规制。至北宋，于南、西、北三面作外城，仍为扁长方形，随之于城西和城北引水为护城河。外城南墙设有正门宁德门。北墙上偏西设朝宗门（又名迎恩门）。西墙上正对内城的静江军门（即西山门）设平秩门，其北又有尊义门。东墙筑于内城东墙北部，其上设有行春门。外城之内还增建了一段城墙，即将内城南墙延长至外城西墙，在这段城墙上正对朝宗门又开了一座顺庆门。外城道路除开设在顺庆门与朝宗门之间和静江军与平秩门之间的直通干道外，其余皆仍为丁字路。这样的规划布局一直到南宋绍熙年间（1190～1194 年），前后维持了 140 余年，尽管从记载看，南宋末的四次扩城集中在 14 年中，且皆为军事设防的目的，但在外城西城墙外有“府学”，北墙之外有“天庆观”，反映了宋代城市在 200 年间的发展，已将有些建筑移往城外了。而最后的四次扩城，则完全突破了原有的长方形模式，采用了因山就势的做法，就地形起伏选择有利于军事设防的地段，构筑城墙。如胡款所筑的第二道北城，完全按北部山岭的制高点，如宝华山、莫家山、栗家山、马王山、宝积山等所在位置，连成一条蜿蜒曲折的城墙。在四次扩建的外城中，道路也多取丁字路，且多与城门错位。采用这样的手段，本为军事目的，但却引起了对城市传统模式的变革，在城市发展史上具有积极的意义。

三、静江府的城防设施

宋代由于皇室软弱，国势衰微，自北宋时已陷入被辽、西夏袭击之中，统治集团以“防”为策，庆历四年（1044 年）曾公亮、丁度等奉敕撰写《武经总要》，总结攻、守城之法。熙宁八年（1075 年）曾颁布《修城法式条约》，熙宁十年（1077 年）又曾诏“中书、门下立法”[1]，修各州县城池。到了南宋，陈规又曾撰《守城机要》将当时城池建筑形制不断改进与完善。静江府在南宋末扩城，则皆按当时认为最完备的形式构筑，从静江府“图”中可以清楚地看到这点。

1. 城门

城门的形制，“图”中刻有不带瓮城的和带瓮城、月城、羊马墙的。西城门丽泽门便是很复杂的一例，它是由西月城门、城壕、水中小堡、拖板桥、羊马墙中的一段城墙及城门、瓮城门、丽泽门等部分组成的设防体系（图 2-25）。北城门镇岭门也有类似的布局（图 2-26）。南城门宁德门的布局与丽泽门不同，除瓮城和夹城之外，又在江中修建月城，创造了异常曲折的入城路线（图 2-27）。

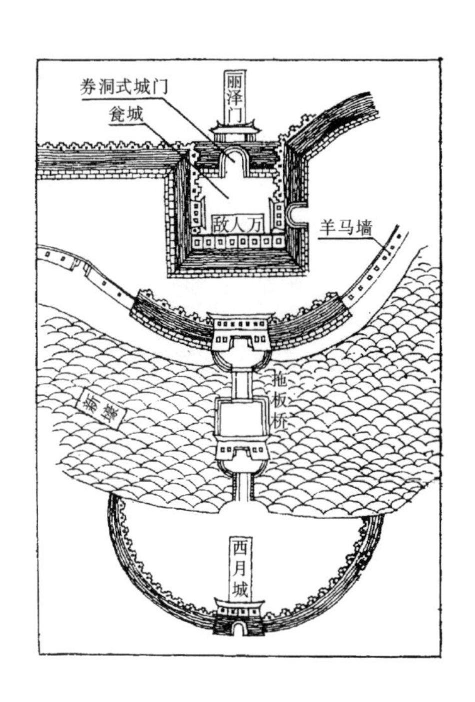

图 2-25　丽泽门

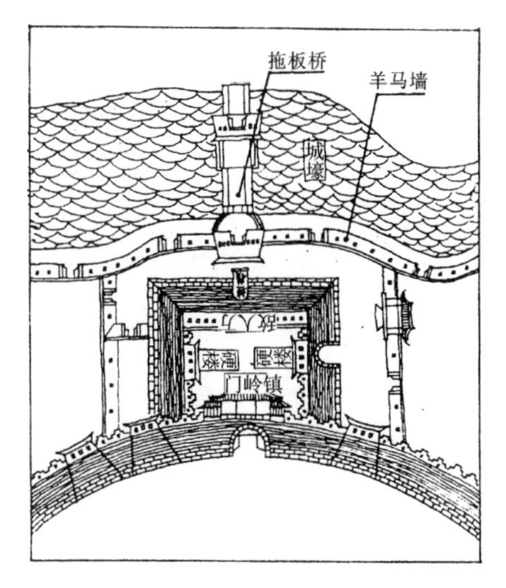

图 2-26　镇岭门

这几处城门皆有瓮城，作为掩护城门加强防御之用。《武经总要》称“门外瓮城，城外凿壕，去大城约三十步”，北宋时瓮城的形制在同书中也作了记载：“其城外瓮城，或圆或方，视地形为之，高厚与城等，惟偏开一门，左右各随其便。”[2] “图”中瓮城皆作方形，偏开一门，与上述相符。由此可证《武经总要》成为宋代修城的指导性典籍。

“图”中于城门前，瓮城之外筑月城，其功能与瓮城相似，也是为增加设防而建。这几处月城皆与城壕结合。丽泽门的月城在城壕之外，进入月城需经拖板桥才能接近瓮城。宁德门外月城筑于南阳江中，门前后皆架桥，外侧还建有羊马墙一道，且月城上设暗门。利用城壕、江水，设置防线，是静江府城防设施中的重要举措之一，这道防线是利用“桥”来完成的，在丽泽门新壕中设小堡，两端建桥，标名为“拖板桥”，这是一种置有活动桥板的特殊桥，据陈规《守城机要》载“城门外濠上，旧制多设吊桥，本以防备奔冲，遇有寇至，拽起吊桥，攻者不可越壕而来，殊不知，正碍城内出兵，若放下吊桥，然后出兵，则城外必须先见，得以为备。若兵已出，拽起桥板，则缓急难于退却，……”于是“拆去吊桥，只用实桥，城内军马进退皆便”。这里的“拖板桥”，从名称推测此桥板似可以利用辘轳车之类拖来拖去，“图”中拖板桥的两端皆有桥堡之类的建筑，可以藏匿辘轳，不被敌人发觉，因之拖板桥可能是比吊桥使用更方便者。

另在平秩门与尊义门前皆有一段影壁式矮墙，“图”中未标名称，依《守城机要》此应为“护门墙”，其功能是“使外不得见城门启闭，不敢轻视。万一敌人奔冲，则城上以炮石向下临之。”其位置和形制是：“只于城门前十步内横筑高厚墙一堵，亦设鹊台高二丈（应为尺），墙在鹊台上，高一丈三尺，脚厚八尺，上收三尺，

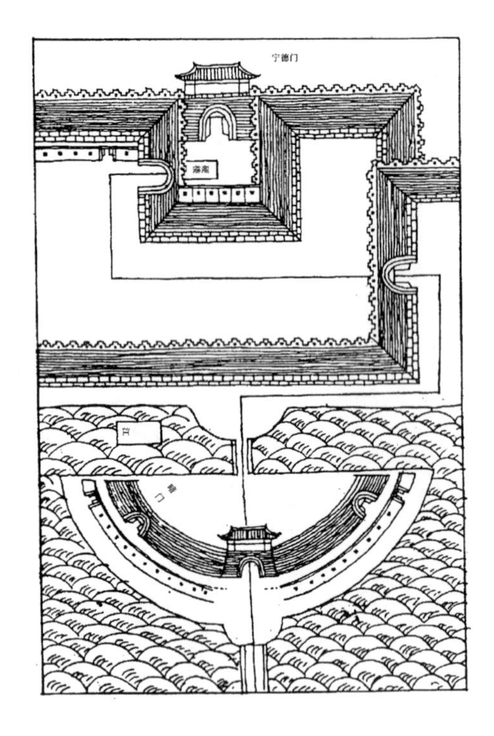

图 2-27　宁德门

两头遮过门三、二丈。”

城门本身的形制，从图上看，已皆作砖石发券式门洞，而非《营造法式》中所载的带排叉柱和横梁（又称洪门栿）的木构梯形门洞，南宋后期已普遍使用这种发券门洞。现存实例如四川金堂石城。但最早的券洞式城门图样见于《武经总要》前集卷十二（图 2-28）。而城门本身多为三重，第一重“如常制皆旧加厚”，第二重“用圆木凿眼贯穿以代板”，第三重“以木为栅，施于护门墙两边”[3]。

城门之上多设有城楼，“图”中城楼形式最复杂者为镇岭门，楼两侧带夹屋。《守城机要》称“城门旧制皆有门楼，别无机械，不能御敌，须是两层，上层施劲弓弩，可以射远，下层施刀枪。又为暗板，有急则揭去，注巨木、石，以碎攻门者。”

2. 城墙

城墙在防御体系中占有重要地位，静江府“图”中所绘城墙上的防御措施有硬楼、团楼、万人敌、羊马墙等。

硬楼，即从城墙向外突出的一段段城壁，又称马面。硬楼上有防御性构筑物，称“敌楼”，是木构的简易建筑，外侧安装带箭孔的垂钟板（图 2-29）。

团楼，是指城墙上的弧形部分，本为城墙转角处，又称“敌团”。《武经总要》有注曰“敌团，城角也”[4]。但在静江府“图”中除墙角之外，还有多处作成弧形城壁，或可称为弧形马面，其上也有“敌楼”一类设施。

万人敌是设在瓮城上的一种敌楼。

羊马墙，皆位于城墙之外，是与其平行而设的一道矮墙，又称羊马城。据《守城机要》载：“羊马城之名本防寇贼逼逐人民入城，权暂安泊羊马而已，……当于大城之外，城壕之里，去城三丈（一云去城二丈）筑鹊台高二尺（一云高二、三尺），阔四尺，台上筑墙，高八尺（一云高及一丈），脚厚五尺（一云厚六尺），上收三尺。每一丈留一空眼，以备观望。遇有缓急，即出兵在羊马城里作伏兵，……大凡攻城须填平壕，方可到羊马墙下，（即）便其攻破羊马墙，亦难为入，入亦不能驻足，攻者只能于所填壕上一路直进，守者可于羊马墙内两下夹击，又大城上砖石如雨下击，则是一面攻城，三面受敌。”由此可见羊马墙巧妙地加大了防御纵深。羊马墙图在《武经总要》城门图中也绘了出来，并记有尺寸，“羊马城高可一丈以下，八尺以上，亦偏开一门，与瓮城门相背。”

此外，在第三次扩城时，曾在筑城物料清单中有：“创筑沿江泊岸石城，自南门青带桥东起，至马王山脚下，共长七百五十八丈四尺。高一丈五尺，在上砌护险墙四尺五寸，虎蹲门五座，敌楼大小共三十座。”这即指城东临江工程，其中的泊岸石城即指江岸护城，护险墙，即为护坡顶所筑的矮墙。“图”中墙上还设有楼橹之

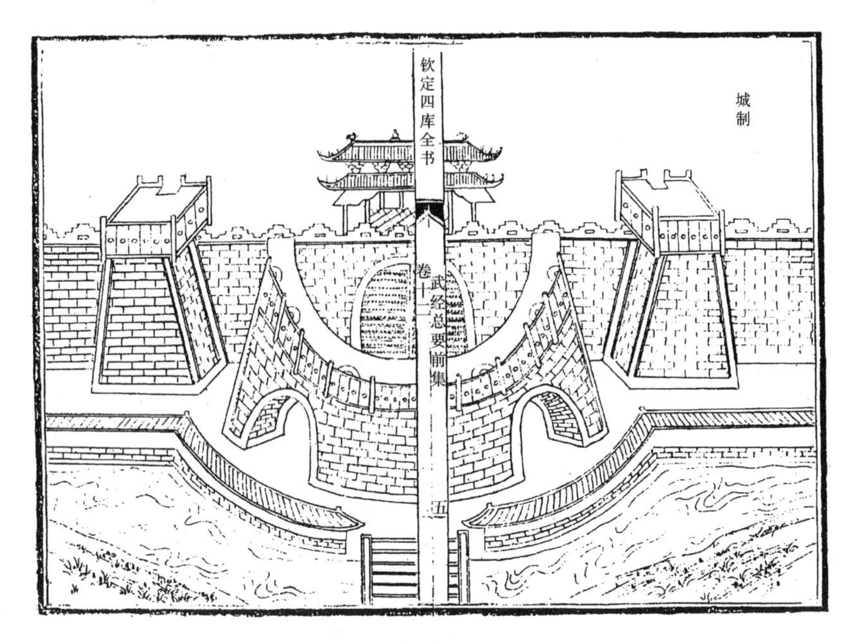

图 2-28 《武经总要》载城制图

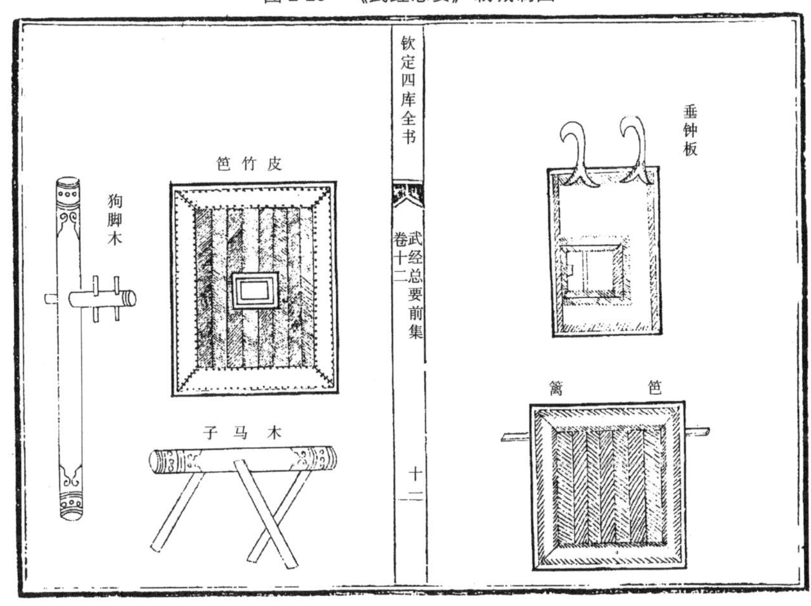

图 2-29 垂钟板

类的简易防御建筑，用以构成大城外围的一道防线。其中的虎蹲门从"图"上看应指在护险城墙上开的门洞，内设层层阶梯，可登上护险墙顶。

上述的城防设施集宋代筑城技术之大成，为研究筑城工程史提供了宝贵史料。

这幅修筑城池图的出现，据考是为表功请奖[5]，在国难当头之时，昏官污吏置军事机密于不顾，而乐道于为自己表功，将城池图刻于山崖，这不能不说是对南宋统治者的一种讽刺。

注释

[1]《宋会要辑稿》方域八之五。

[2] 宋曾公亮、丁度《武经总要》前集十二卷，四库全书子部兵家类。

[3] 陈规《守城机要》，四库全书子部兵家类。

[4] 同 [2]。

[5] 详见傅熹年《静江府修筑城池图》简析，《建筑历史研究》第三辑，中国建筑工业出版社，1992 年。

第三章　宫　　殿

这一时期的宫殿未能保存下来，从文献所能提供的有限资料看，却有着重要的历史价值。比较主要的几座宫殿如北宋东京宫殿、南宋临安宫殿、金代中都宫殿都是在原有旧宫的基础上扩建而成，它们在城市中所处的位置不同，宫殿的建置格局也有差异，但却使人看到当时的统治者对宫殿建筑艺术的审美理想和追求。这三处宫殿尽管情况不同，但均要满足唯我独尊的审美需求，而同时又不得不结合实际来处理问题。宋东京宫殿将大庆殿位置调整到与东京的内外城南门相对，临安则将宫殿北门和宁门正对着城市南北干道。金中都宫殿在因袭辽代旧宫的同时，又向外扩展，不惜通过调整中都城的四至，也使自己处在城市比较居中的位置。这几座宫殿的基本格局仍是传统的前朝后寝之制，但朝寝关系则因地制宜地加以处理。宋宫之内馆阁一类的文化建筑众多，是宋代重文轻武国策的表现。每座宫殿都拥有后苑区，临安和中都宫殿皆能利用自然山水条件来营造宫后苑。这对后世宫殿的选址提供了借鉴先例。北宋宫殿对宫前广场的处理和千步廊制度等对后世影响很大。总之，宋、金宫殿与城市的关系以及若干具体的制度，在中国古代宫殿发展史上，都具有非常重要的价值。

第一节　北宋东京宫殿

一、北宋宫殿建设的历史背景

北宋皇宫的前身为唐汴州宣武军节度使衙署。后梁开国皇帝朱温即位后，升汴州为开封府，从此变成后梁的首都，同时修建了宫殿[1]。

关于后梁宫殿的布局，从记载可以看到宫内主要有崇元、玄德、金祥、万岁等殿，其中将崇元称为正殿，玄德称为东殿[2]，形成东西向上并列两座殿的格局，这种布局一直影响到北宋，是北宋开封宫殿的基础。

后唐时期，重新将开封府降为州府。因后唐将后梁视为“伪庭”，故将其宫殿作了降级处理[3]。

后晋的开国皇帝石敬瑭，因看中开封乃水陆要冲之地，将首都从洛阳又迁回开封，以汴州行宫为大宁宫。但只是改变了一些殿宇的名称，并未见有扩建、改建的记载。

后周建都开封以后，对开封进行了一番建设。但是，作为皇家居住的大内却未见有何扩建，只是仿照唐长安城的皇城、宫城制度，在门、殿的名称上作些改变[4]。

北宋开国皇帝赵匡胤，一改五代诸帝只改名称不搞建设的做法，以一个大国之君的雄才伟略，不仅对京城进行了增修，而且对皇城和宫城都作了较大规模的建设[5]。

太祖建国之初的扩建从根本上改变了原有建筑的等级，使之从一个普通的州衙升为国家级宫殿。其扩建与重修有两个特点。第一，其修缮摹本为西京宫室[6]，也即依唐代洛阳宫殿制度行事。

第二，因在五代遗留的宫阙旧址上加以扩建的，照顾到原有的基础。但却对建筑布局进行局部调整，如将主要殿宇置于一条轴线之上[7]，使其秩序井然。并开通宫殿南门宣德门前大道，使其直通东京内城南门朱雀门及外城南门南薰门，同时还引五丈河水入皇城[8]。在扩建期间皇帝曾亲临现场巡视[9]。北宋时期宫殿又有宫城和大内等别称。

太祖建国之初所作的扩建基本上奠定了开封北宋宫殿的规模，其后诸帝由于政治、经济等原因，没有大的扩建，只有局部增建，或因火灾而进行的重建。见于记载的有以下几例：

太宗时期由于考虑到拆迁民居影响社会安定，况且当时经济在五代动乱后尚未得到全面恢复，无力安置拆迁的居民。另外，太宗此举还考虑到其以非常手段登基，恐怕政局难稳，因而只迁出内三数司，并未扩建宫城[10]。

真宗、仁宗年间，宫城内二次火灾，烧毁长春（重拱）、崇德（紫宸）、会庆（集英）、承明等殿[11]。后重建，于仁宗天圣十年（1032 年）十月修筑完工。

神宗时期是宫城内增修较多的时期。在营造上，专门划分了职责范围，设内修造所，主管宫门以内的修缮工程[12]。神宗熙宁二年（1069 年），修建庆寿、宝慈二宫。四年，于后苑建玉华殿。七年，在玉华殿后建山亭一、祥鸾阁一、基春殿一。八年，造睿思殿。元丰二年（1079 年），造承极殿，并殿前二亭及殿东小石池。五年，延福宫造神御殿。这些修建项目是在整个京城修建高潮的大背景下进行的，由于经过数十年的和平时期，这时宋代的经济已经有了很大的发展。到熙宁八年在总结修缮经验后，认为必须“特选官总领其役”，以保证工程的进度和经费的合理利用[13]。这样从熙宁八年（1075 年）到元丰元年（1078 年）的三年中，京城修建项目“初度功五百七十九万有奇，至是所省者十之三”。

哲宗时没有大的建设活动。只在睿思殿的后苑隙地上建了一座宣和殿，仅三间，殿后及左右皆临山池，环境幽雅[14]。

徽宗时宫城内的建设不多，仅于“政和五年（1115 年）八月，诏秘书省移于他所，以其地建明堂。”徽宗时许多建设都是在宫城外进行的。譬如政和三年（1113 年），在宰相蔡京的主持下，于皇宫北建延福宫，修艮岳等。

二、东京宫殿的总体布局

东京“宫城周回五里”[15]，南有三门，中为宣德，东曰左掖，西曰右掖。东西两面各有东、西华门，居于东、西城墙中部，北有拱宸一门，居于北城墙偏东位置。宫城四角设有角楼。宫殿内部大致可分成外朝、内廷、后苑、学士院、内诸司等区。在东西华门干道以南为外朝，干道以北以宣祐门至拱宸门间南北路为界，又分成东西两区，西区为内廷，东区为学士院、内诸司。另外在宫城的西北角又有后苑一区，各区建筑各有不同职能（图 3-1）。

（一）外朝区

为皇帝举行朝会庆典及最高统治层办事机构所在地。这区主要建筑群有五组。

1. 大庆殿群组

入宣德门后，东西有左、右升龙门及两廊，正北在宫城中轴线上即为大庆殿群组，它包括有大庆门及左、右日精门，九开间的大庆殿，殿前东西各六十间的长廊，左、右太和门。大庆殿左右有东、西挟殿各五间，殿后有后阁，阁后为大庆殿北门，又称端拱门。大庆殿“殿庭广阔”，“可容数万人”。“每遇大礼，车驾斋宿及正朔朝会于此殿”[16]。凡朝会册尊号，飨明堂恭谢天地，即此殿行礼。郊祀，斋宿殿之后阁[17]。

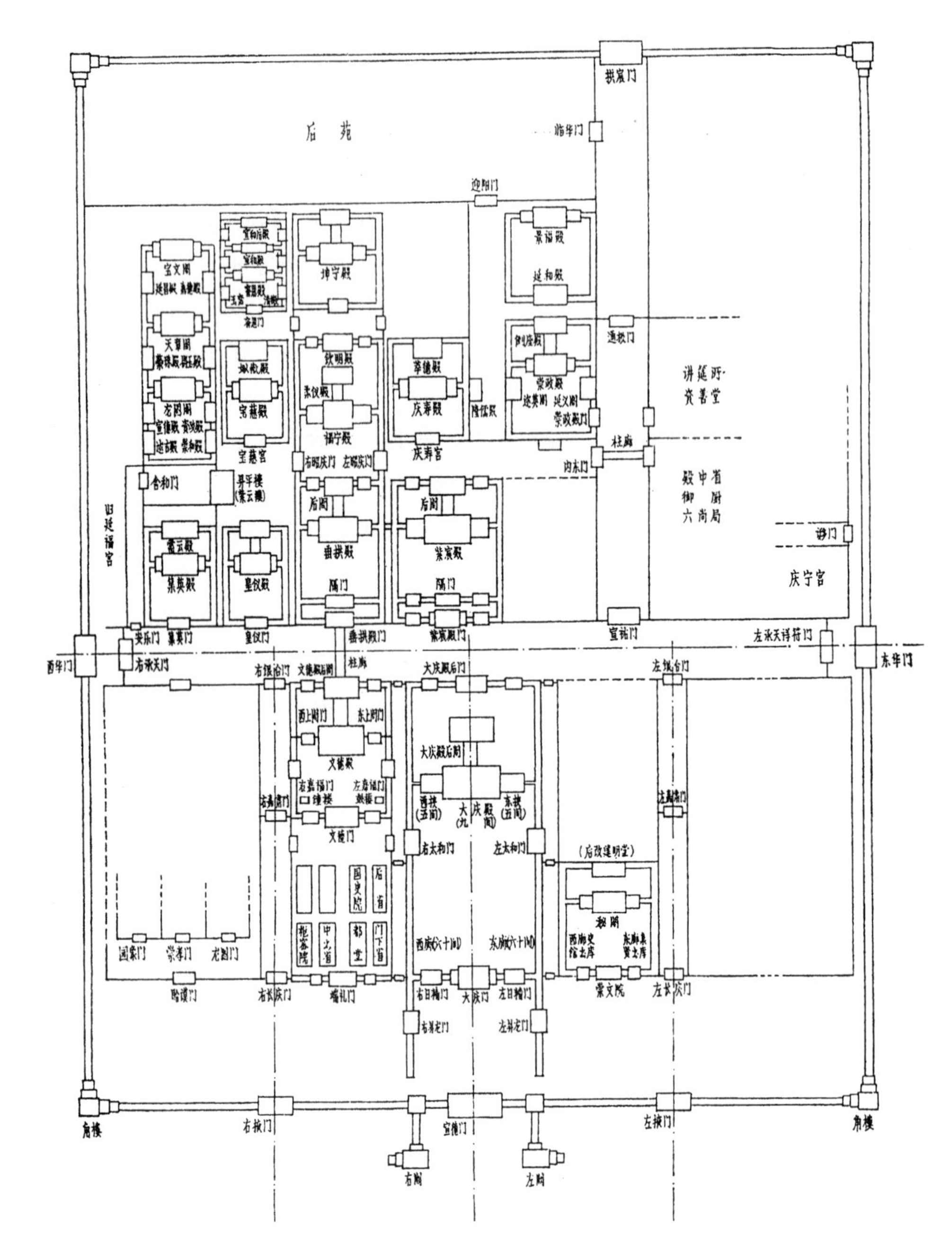

图 3-1　北宋东京宫殿建筑布局

2. 文德殿群组

在大庆殿群组之西，自宣德门入，经右升龙门至端礼门，“凡三门，各列戟二十四支”。穿过端礼门及门内之朝堂，便是正衙文德殿群组。入文德门，院内东南隅有鼓楼，西南隅有钟楼，东西有两廊及廊门，左、右嘉福门，正北即文德殿，殿左右两侧为东、西上阁门，殿后有后阁，北临东、西华门之间的大街。后阁与街北的垂拱殿之间，有柱廊相通，是宫城南北两部分建筑群的连接处。文德殿在“太祖时”元朔亦御此殿，其后常陈入阁仪如大庆殿，飨明堂，恭谢天地，即斋于殿之后阁。熙宁以后，月朔视朝御此殿[18]。

3. 紫宸殿群组

在大庆殿群组以北，稍偏西，主要建筑有紫宸殿门、隔门、紫宸殿及后阁，“视朝之前殿也”，“每诞节称觞及朔望御此殿”[19]，“正朔受朝于此”[20]，兼作宴殿[21]。

4. 政事堂、枢密院建筑群组

在文德殿前，即端礼门内的朝堂，为中央官署所在地，“入门（右掖门）东去街北廊乃枢密院、次中书省、次都堂、次门下省，次大庆殿”[22]，其北又有国史院、后省。都堂又称政事堂。中书省，“为宰相治事之所”[23]。政事堂又称东府，管理行政，其西的枢密院，管理军政，又称西府，两者对持文武二二柄“号称二府”[24]。

5. 西南区

在枢密院之西，由右掖门穿右长庆门，右嘉肃门至右银台门，组成宫城南区西侧的一条南北路，与东、西华门之间的干道相连。这条南北路再西，有显谟、徽猷等阁[25]。显谟阁藏神宗御集。路东有宣徽院、学士院[26]。

6. 东南区

自左掖门向北，为宫内藏书之所——馆阁，又称崇文院、秘阁。太平兴国中对此址的旧车辂院进行改建，将原宫内位于右长庆门东北的集贤、昭文、史馆等三馆之书迁此，“置集贤书于东庑，昭文书于西庑，史馆书于南庑，赐名崇文院……端拱中，始分三馆，书万余卷，别为秘阁……三馆与秘阁始合为一”，故谓之“馆阁”[27]。

神宗时改馆阁为秘书省，政和五年（1115年）又迁秘书省于宣德门外之东侧，以其地为明堂。北宋后期凡朝会、祭祀、庆赏等大典多在此举行。

（二）内廷区西部

这一区是常朝及寝宫区，建筑群组甚多。主要有十余组。

1. 垂拱殿群组

在紫宸殿西，正对文德殿，并有柱廊相通，其由垂拱殿门、阁门、垂拱殿、后阁等建筑组成。为“常日视朝之所”[28]，也兼作宴殿[29]。

2. 皇仪殿

在垂拱殿之西。咸平年间，明德太后曾居此。

3. 集英殿

在皇仪殿之西，其后有需云殿，“宴殿也”[30]。“每春秋诞圣节，赐宴此殿，熙宁以后亲策进士于此殿。”[31]

4. 升平楼

在皇仪、集英之北，又称紫云楼，为“宫中观宴之所。”

5. 崇政、延和、景福殿群组

在紫宸殿东北，靠近内东门。崇政殿为皇帝“阅书之所。殿东、西延义、迩英二阁为侍臣讲读之所……崇政殿后有柱廊、倒座殿。”再后为景福殿，殿前有水阁，南有延和殿，左右有廊庑，“旧试贡举人，考官设次于两廊”[32]。

6. 福宁、坤宁殿群组

福宁殿与坤宁殿皆在垂拱殿以北，福宁殿为正寝殿，殿前有左、右昭庆门，殿后有柔仪、钦明等殿。坤宁殿则自成一组，为皇后居所。福宁殿群组以东为庆寿宫，内有庆寿、萃德二殿。以西为宝慈宫，内有宝慈、姒薇二殿。二宫皆为太皇太后居所。

7. 龙图、天章、宝文诸阁群组

三者皆在此区的西北部，内藏皇帝御集、御书。龙图阁大中祥符初建，东序有资政、崇和二殿，西序有宣德、述古二殿。其北为天章阁，建于天禧五年，奉真宗御集、御书，阁之东、西序为群玉、蕊珠二殿。天章阁以北为宝文阁，奉仁宗御笔、御书，阁东、西序为嘉德、延昌二殿，殿间植桃花，并设有流杯渠[33]。

8. 旧延福宫、广圣宫群组

位于西华门里以北之处，广圣宫在延福宫之北，内有太清、玉清、冲和、集福、会祥五殿”[34]，是后宫祈福之所。旧延福宫后充作百司供应之所。

（三）内廷区东部

这一区除靠近东华门处的太子宫庆宁宫之外，余皆为内诸司占用，有六尚局、御厨、殿中省、资善堂等。

（四）后苑

后苑位于宫内西北部，面积虽不大，但山石巉岩峻立，奇花异木扶疏，更有池沼流水、轩馆亭阁，是帝后们的游宴之所。其主要建筑有保和殿、宣和殿、列岫轩、天真阁、凝德殿、全真殿、瑶林殿、玉真轩、太宁阁、稽古阁、延春阁、宜圣殿、化成殿、金华殿、清新殿、流杯殿等，并有临漪、华渚、琳霄、垂云、骞凤、层峦等亭。园林建筑体量不大，但环境处理精致合宜。如宣和殿，入殿者，需经小花径、碧芦丛才达其东便门，殿本身仅三楹两挟，建筑上未施文采，下部仅以纯朱涂饰，上部梁方刷绿。宣和殿两庑有琼兰、凝芳两座三间小殿，皆置于峰峦之间，琼兰之山泉出石窦，凝芳背后小山，有石自壁隐出，崭岩峻立。再后有环碧沼、假山、云华殿、太宁阁等。其间并有幽花异木，扶疏茂密。这一小园“纵横不满百步，（百步约合 170 米）……楹无金瑱，碧无珠珰，阶无玉砌，而沼池岩谷，豁涧原隰。太湖之石，泗滨之磬，澄竹山茶，崇兰香茝，葩华而纷郁……”[35]

后苑中不仅有游赏一类的建筑，还有藏书楼、贮藏殿、宴殿等。如太清楼贮四库书，保和殿左挟设古今儒书，史子楮墨，右挟存道家金柜玉笈之书，稽古阁存汉、晋、隋、唐书画，古鼎彝器。化成殿存四方进贡珍果。金华殿曾于大中祥符年间作为宴辅臣场所[36]。

三、东京宫殿的建筑特点

（一）东京宫殿总体布局

1. 从总体布局来看，大体保持了前朝后寝的格局，但重要建筑群组未能沿一条中轴线安排，表现出较多的旧宫改造的特点，整个宫殿群组中只有大庆殿一组建筑是在北宋初期特别调整了建筑群与城市的关系，使其中轴线在穿过宫城大门宣德门后，继续向南经州桥、内城大门朱雀门、龙津桥，直达东京南部外城大门南薰门，从而使宫殿取得在城市中的至尊地位。而外朝的文德、紫宸和内廷垂拱、集英等殿宇只好偏在大庆殿西侧。

2. 将官署纳入宫城之中，于文德殿前布置了枢密院和政事堂（文、武二府），文德殿后用廊连通内廷，这样便出现了与大庆殿并列的另一条轴线，这种两条轴线并列的局面在中国宫殿发展史上是极为少见的。就宋东京宫殿来看，是不得已而为之的结果。同时，外臣活动范围直到东、西华门之间的横街以北，“朝”、“寝”分界未能从布局上明确体现。

（二）个体建筑及建筑群

1. 建筑群特点

东京宫殿中有多组建筑群，但其构成模式非常相似，例如大庆殿群组，是一组以大庆殿为核心的带廊庑建筑群，主建筑大庆殿及挟殿，其台基已经考古发掘出来，为凸字形，“东西宽 80 米”，南北最大进深 60 多米，殿基残高 6 米左右。另外，周围有东西廊庑等也已被证实，现发掘出

“其四周环有宽 10 米，长约千米的包砖夯土廊庑”基址[37]。这种中央为大殿，大殿左右带挟殿，殿后有阁，周围有廊庑的建筑群是这一时期典型的宫殿建筑布局方式，只不过大庆殿加大了殿前院落空间，以便容纳万人的庆典活动（图 3-2）。

2. 工字殿

宋代凡重要建筑多采用工字殿形制，东京宫殿建筑群中的主殿也多如此。据宋赵彦卫《云麓漫抄》卷三记载：“本朝殿后皆有主廊，廊后有小室三楹，室之左右各有廊，通东西正廊。每乘舆

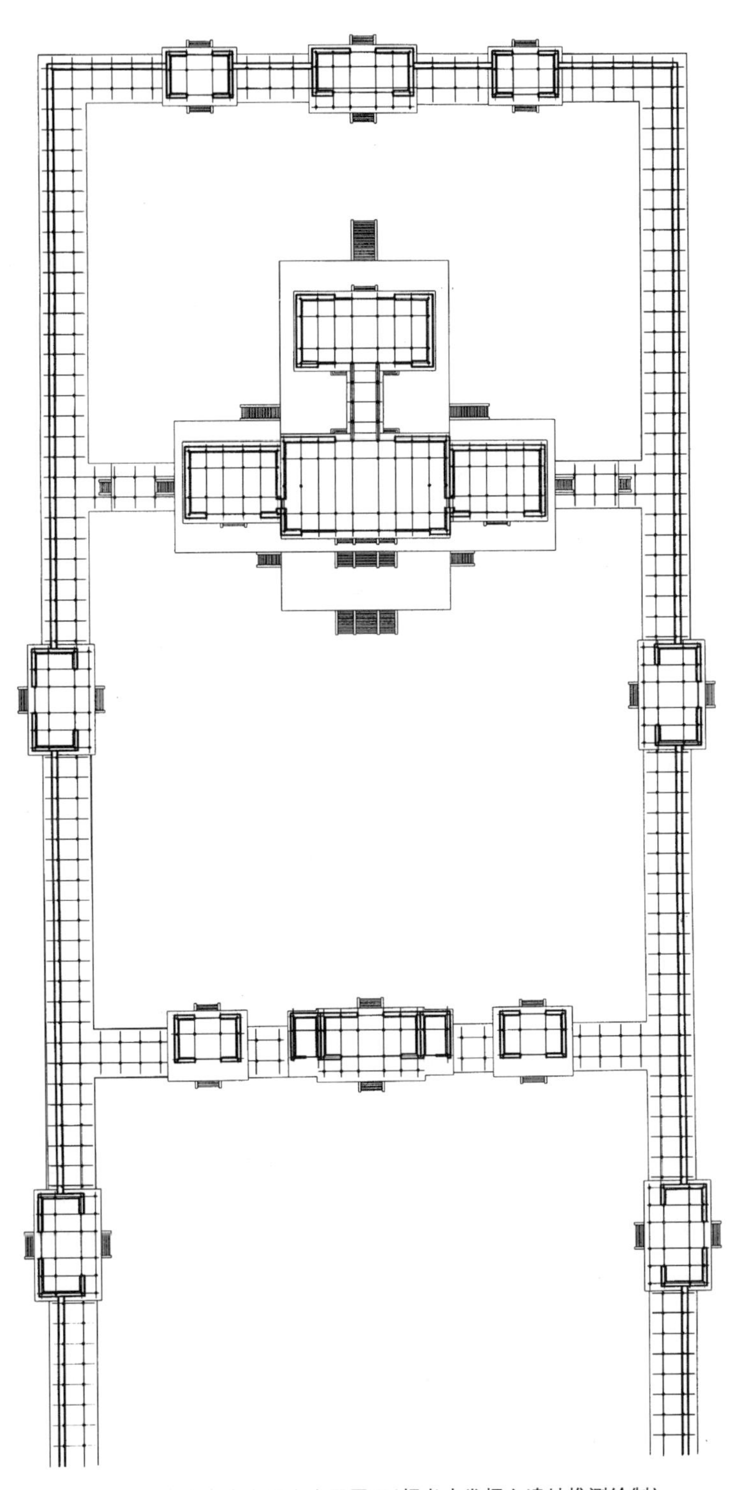

图 3-2　北宋东京宫殿大庆殿平面（据考古发掘之遗址推测绘制）

自内出，先坐此殿；俟班报齐，然后御殿。”在东京宫殿的文献中也屡有记载殿与后阁的使用情况者，如“正殿曰大庆，至朝会册尊号御此殿，行礼郊祀斋宿殿之后阁。”“文德殿即正衙殿……享明堂恭谢天地即斋于殿之后阁”[38]。由此可知，当时主要殿宇的构成模式及使用功能。这种形式还影响到金代建筑。对此，在金山西繁峙县岩山寺壁画中曾展示了完整的形象资料。另外，在宋西京洛阳的宫殿中也出现建有后阁的殿宇[39]。

3. 阁门

在文德殿左右曾记有东、西上阁门，是两座较为特殊的建筑，就其功能来看，是阁门使宣读圣旨之处，“拜表称贺，则于东上阁门”。同时，帝王去景灵宫宗庙，朝拜祖先塑像之前，需先在西上阁门举行仪式，这种利用大殿两侧的门，作为举行重要仪式的场所，是宋代宫殿建筑的又一特点。

4. 钟、鼓楼

在宋代宫殿中设有钟鼓楼，以便报时。见于文献记载的有两处，一是《东京梦华录》所载，在大庆殿庭，一是《宋会要辑稿》所载，在文德殿庭。“大庆殿，庭设两楼，如寺院钟楼，上有太史局，保章正测验刻漏，逐时刻执牙牌奏。”[40]文德殿的“殿庭东南隅有鼓楼，其下漏室，西南隅钟楼”[41]。两者皆提到“刻漏”、“漏室”，可知当时报时采用的是铜壶滴漏这种古代时计。钟、鼓楼的设置在宋以后的宫殿中已不存在了。

5. 宣德楼

关于宋代宫殿个体建筑的史料极少，只有宣德楼这座宫殿的大门曾绘于宋徽宗的《瑞鹤图》，同时在北宋铜钟上也有一浮雕的形象。另据《东京梦华录》载：“大内正门宣德门列五门，门皆金钉朱漆，壁皆砖石间甃，镌镂龙凤飞云之状，莫非雕甍画栋，峻角层榱，覆以琉璃瓦，曲尺朵楼，朱栏彩槛，下列两阙亭相对……”与铜钟上的宣德楼大体吻合。综合以上资料可知，宣德楼下为宫城城门墩台，上开五门，墩顶建有平座，加钩阑，上部门楼为单檐四阿顶七开间，左右有斜廊连接两侧的朵楼，朵楼为单檐九脊顶，自朵楼向前伸出行廊，与一子母阙楼相接。阙楼前后三层相错，最前的母阙作三开间，后两子阙皆单间。子母阙楼皆作单檐九脊顶。在《东京梦华录》中所记的“曲尺朵楼”即指此。需说明这是徽宗时改建后的形象，在此前宣德门只开三门洞，对此（宋）陆游《家事旧闻》卷下曾有过记载：“宣德门本汴州鼓角门……制度极卑陋，至神宗时始增大之，然也不过三门而已，蔡京本无学术，辄曰：‘天子五门，今三门，非古也’……因得以借口穷极土木之工。改门名曰：“太极楼”，或谓“太极”非美，乃复曰“宣德门”……[42]按徽宗《瑞鹤图》所绘之规模看，与下部的开三门洞相匹配的宣德楼则只有五间。《瑞鹤图》绘于大观二年（公元1108年），而重修之宣德楼并改门名为太极楼的时间，应在大观十年。北宋时期相当长的时间里宣德楼是下开三门洞上置五开间门楼的形象（图3-3～3-6）。

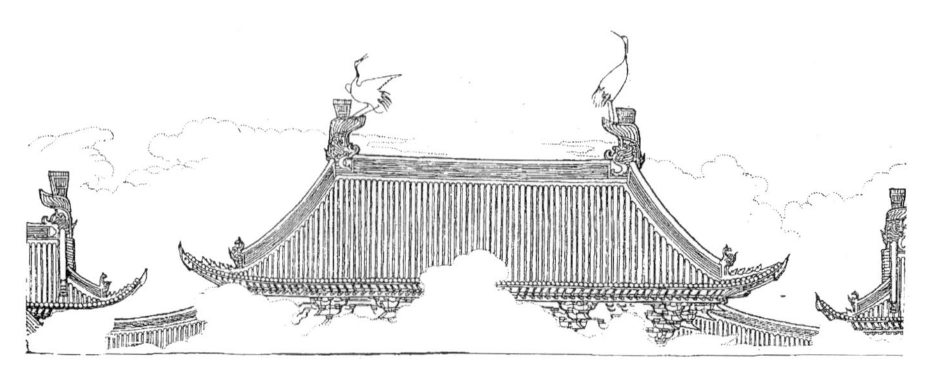

图3-3　宋徽宗赵佶《瑞鹤图》中之东京宫城城门宣德楼

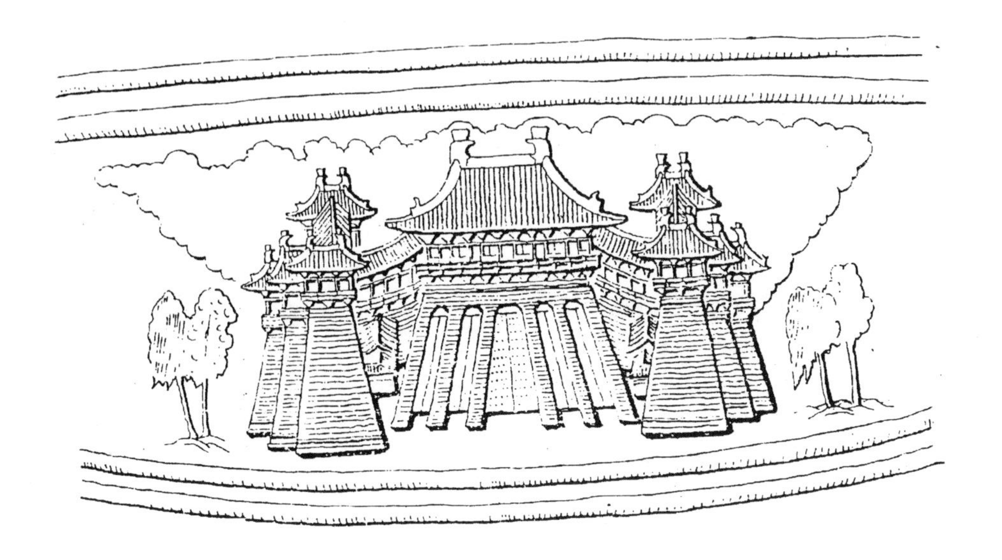

图 3-4　辽宁博物馆藏北宋铁钟上的东京宣德楼形象

图 3-5　北宋东京宫城城门宣德楼复原立面图

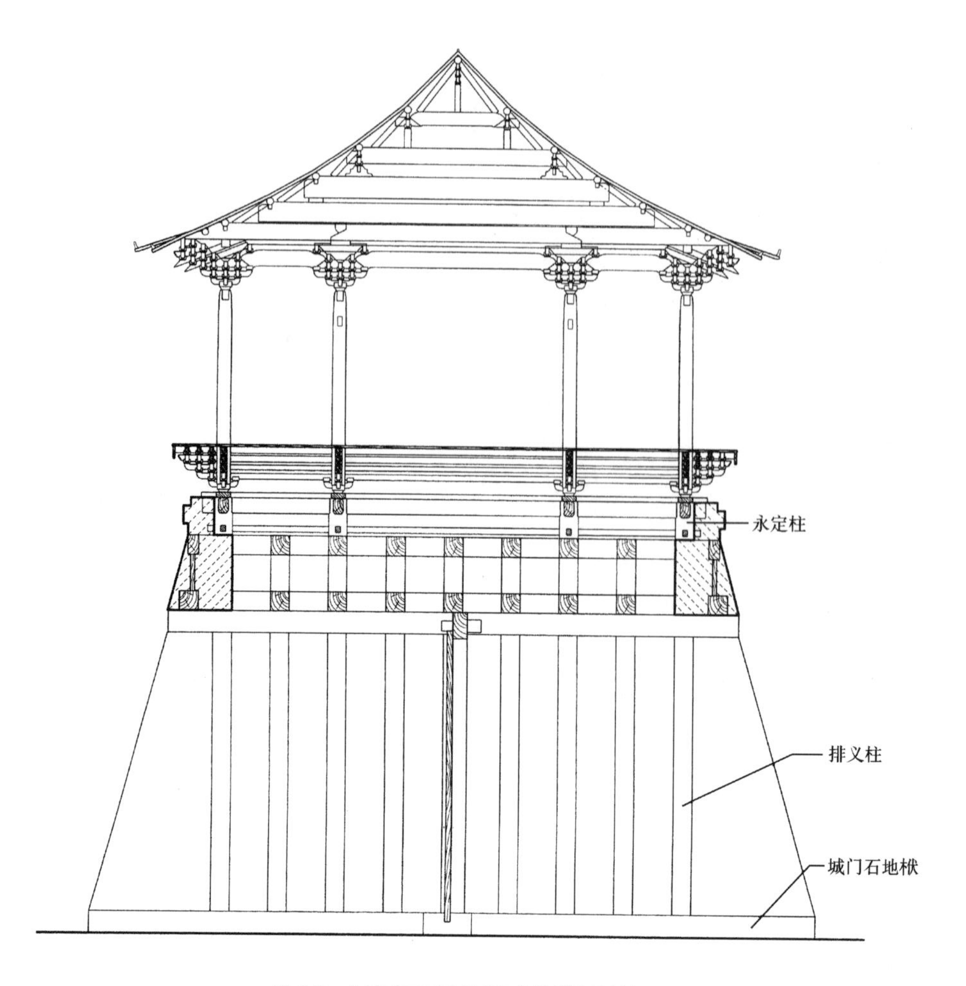

图 3-6 北宋东京宫城城门宣德楼复原剖面图

北宋东京宫殿建筑一览表

表 3-1

殿名（赐名年代）	曾用名（年代）	备注
宣德门（景祐元年）	建国（梁初），后改咸安 显德（晋初），后改明德 丹风（太平兴国三年），后改乾元（太平兴国九年）、正阳（大中祥符八年）	
左掖门（乾德六年）		
右掖门（乾德六年）		
东华门（开宝四年）	宽仁（梁）、东一门	
西华门（开宝四年）	神兽（梁）、西一门	
拱宸门（大中祥符五年）	厚载（梁），后改玄武（大中祥符五年）、北一门	
大庆门（大中祥符五年）	元化（梁）	
左升龙门（乾德六年）		
右升龙门（乾德六年）		
大庆殿（景祐元年）	崇元（梁）、乾元（乾德四年重修后） 朝元（太平兴国九年五月灾后） 天安（大中祥符四年灾后）	
大庆殿后阁		
左太和门（大中祥符八年）	金乌（梁）日华（国初）	
右太和门（大中祥符八年）	玉兔（梁）月华（国初）	
文德殿门		
文德殿（太平兴国九年）	端明（后唐）文明（国初）	
文德殿后阁		
左嘉福门（明道元年）	左勤政门	
右嘉福门（明道元年）	右勤政门（旧名）	
鼓楼，其下有漏室		在文德殿廷东南隅
钟殿（楼）		在文德殿廷西南隅
东上阁门		
西上阁门		
左长庆门		
右长庆门		
左嘉肃门		
右嘉肃门		

续表

殿名（赐名年代）	曾用名（年代）	备注
左银台门		
右银台门		
宣祐门（明道元年）	天光（旧名）、大宁（大中祥符八年）	
紫宸门		
隔门		
紫宸殿（明道元年）	崇德（旧名）	
垂拱殿门		
垂拱殿（明道元年）	长春（旧名）	在文德殿后，紫宸殿西，通紫宸
东北角门子		
福宁殿（明道元年）	万岁（国初）、诞庆（大中祥符七年）	在垂拱殿后
庆寿殿		在福宁殿东
萃德殿		在福宁殿东
坤宁殿		在福宁殿后
左昭庆门（大中祥符七年）		
右昭庆门（大中祥符七年）		
柔仪殿（景祐二年）	万岁后殿（国初）、崇徽（章献明肃皇后居时）	在福宁殿后
崇庆殿*		
隆祐殿*	慈德（绍圣元年改）、圣瑞（绍圣二年改）	
崇恩殿		昭怀后居
宁德殿		显肃郑后居
宝慈殿（熙宁元年）		在福宁殿西
姒徽殿		
钦明殿（治平三年）	天和（旧名）、观文（明道元年） 清居（明道元年以后）	
睿思殿		
宣和殿	保和（宣和元年）	
观文殿（庆历八年）	延恩（旧名）、真游（大中祥符元年） 集圣、肃仪	
延真门（大中祥符七年）		真游殿西门
积庆殿	真君殿	
感真阁		在积庆殿前
福圣殿		明道中奉真宗御容
寿宁堂		明道中奉圣祖御容
庆云殿（景祐二年重修）		在天章阁东
玉京殿（景祐二年重修）		在天章阁东
清景殿（景祐二年重修）		在天章阁东
西凉殿（景祐二年重修）		在天章阁东
慈德殿（景祐四年）	嘉庆（初名）、宝庆宫*（景祐二年章惠太后所居时）	
景宁殿（治平二年）		内中神御殿
皇仪殿门		
皇仪殿（明道元年）	明德、滋德 滋福（元宝四年）、万安宫（咸平三年） 滋福（大中祥符七年）	
集英殿（明道元年）	玄德（旧名）、广政（旧名） 大明（开宝二年）、含光（淳化元年） 会庆（大中祥符八年）、元和（明道元年）	
需云殿（熙宁初）	玉华（旧名）、琼英（旧名）	
升平楼（明道元年）	紫云楼（旧名）	
安乐门		
景晖门（天禧五年）		在安乐门外西北
含和门（熙宁十年）		
龙图阁（大中祥符初建）		
资政殿		龙图阁东序
崇和殿		龙图阁东序
宣德殿		龙图阁西序
述古殿		龙图阁西序
大章阁（天禧五年建）		在龙图阁北
群玉殿		天章阁东序
蕊珠殿		天章阁西序
宝文阁（庆历初）	寿昌	在天章阁北
嘉德殿		宝文阁东序
延康殿		宝文阁西序
左承天祥符门（乾德六年）		
右承天祥符门（乾德六年）		
元符观		
颁门（熙宁十年）		
庆宁宫（治平二年）	兴庆*	在东华门西北之南廊英宗皇子所居

续表

殿名（赐名年代）	曾用名（年代）	备注
崇文院		
延福宫		
穆清殿		在延福宫内
灵顾殿		在延福宫内
性智殿		在延福宫内
广圣宫（天圣二年建）		
长宁宫		
降真阁（景祐二年）		在长宁宫内
宣祐门		
资善堂（大中祥符元年建）		位于元符观前
讲筵所（庆历初）	说书之所（旧名）	在资善堂内
引见门		
通极门（熙宁十年）		
临华门（熙宁十年）		
内东门		
御厨		
小殿		召学士之所
崇政殿门		
崇政殿（太平兴国八年）	简贤、讲武	阅事之所（大中祥符七年始建）
延义阁		崇政殿东序
迩英阁		崇政殿西序
倒座殿		在崇政殿后
景福殿		在崇政殿后
水　阁		
延和殿（景祐元年）	承明（大中祥符七年建并赐名） 明良（明道元年）、端明	在崇政殿后
迎阳门（明道元年十一月）	宣和（大中祥符七年建并赐名） 开曜（明道元年十月）、苑东门（俗名）	
太清楼		
走马楼		
延春阁	万春阁（旧名）、凤仪阁、翔鸾阁（宝元中改）	
宣圣殿		奉祖宗圣容
嘉瑞殿	崇圣殿（旧名）	
宣明殿		
安福殿		
宝跋殿		
化成殿（明道元年）	玉宸（旧名）	储四方进供珍果
金华殿		宴辅臣处
清心殿		
流杯殿		
清晖殿		
亲稼殿（景祐二年建）	华景亭、翠芳亭	
橙实亭		
瑶津亭		

注：上表据《宋会要辑稿》和《禁扁》录制，其中带＊者为只载于《禁扁》者。

注释

[1] 据《石林燕语》卷一“京师大内，梁氏建国，止以为建昌宫，本宣武军节度使治所，未暇增大也。后唐庄宗迁洛，复废以为宣武军，晋天福中，因高祖临幸，更号为大宁宫。”

[2] 据《册府元龟》“正殿为崇元殿，东殿为玄德殿，内殿为金祥殿，万岁堂为万岁殿，门如殿名。大内正门为元化门。皇城南门为建国门”，“正衙东门为崇礼门，东偏门为银堂门。”。

[3] 据《册府元龟》载：“后唐庄宗同光元年（923年）冬十二月壬申，敕汴州伪庭所立，殿宇诸门并去牌额复本名。其宣武军额置于咸安门，所在宫苑即充行宫，应有不合安鸱吻处并可去之。”

[4] 清顾炎武《历代宅京记》卷十六描述：“以唐都长安时京城等门比定东京诸门，熏风为京城门，明德门为皇城门，启运等为宫城门，升龙等为宫门，崇元等为殿门。”

[5]《宋会要辑稿》方域一，载：“在太祖建隆三年（962年）正月十五日，发开封浚仪县民数千人广皇城之东北隅。五月，命有司按西京宫室图修京城，义成军节度使韩重斌督役。”

[6]《邵氏闻见录》，东京大内“梁太祖因宣武军置建昌宫。晋改大宁宫。周世宗虽加营缮，然未如王者之制。”因而，“太祖得天下之初，即遣使图西京大内，按以改作”。

[7] 叶少蕴《石林燕语》：“初命怀义等，凡诸门与殿需相望，无得辄差，故垂拱、福宁、柔仪、清居四殿正重，而左、右掖与升龙、银台等诸门皆然，惟大庆与端门少差尔。宫成，帝坐福宁寝殿，令辟门前后，召近臣入观。谕

曰："我心端直正如此，有少偏曲处，汝曹心见之矣。后虽尝经火屡修，率不敢易其故处矣。"

[8]《宋会要辑稿》方域一，建隆"四年（963年）五月十四日，诏重修大内，以铁骑都将李怀义，内班都知赵仁遂护其役。……乾德三年（965年）四月十三日，募诸军子弟导五丈河水通皇城为池"。

[9]《宋会要辑稿》方域一，建隆"四年二月七日，帝亲视皇城版筑之役。十一日，修崇元殿，帝召近臣及侍卫军校上梁"。

[10]《宋会要辑稿》方域一，"太宗雍熙二年九月十七日（985年），以楚王宫火，欲广宫城，诏殿前都指挥使刘延翰等经度之，画图来上，帝恐动民居，曰：内城褊隘，诚合开展，拆动居人，朕又不忍，令罢之，但迁出在内三数司而已。"

[11]《宋会要辑稿》方域一，"真宗大中祥符八年（1015年）四月二十四日大内火"，"仁宗天圣十年（1032年）八月二十三日，内庭火，延燔长春、崇德、会庆、承明殿"。

[12]《宋会要辑稿》方域一，神宗熙宁二年（1069年）"诏今后在内修造，系宫殿门内，委提举内中修造所主领，其系皇城内宫殿门外者，即令提举在内修造所施行。"

[13]《宋会要辑稿》方域一，熙宁八年（1075年）诏"都城久失修治，熙宁初虽尝设官缮完，费工以数十万计，今遣人视之，乃颓圮如故，若非特选官总领其役，旷日持久必不能就绪。"

[14]《宋会要辑稿》方域一，"哲宗绍圣二年（1095年）四月，宣和殿成，宣和殿者止三楹，两侧后有二小沼，临之以山。殿广深才数丈，制度极小。后太皇太后垂帘之际，为臣僚论列，遂毁拆，独余其址存焉。及徽宗亲政久之，宣和于是旋复"。

[15]《宋史》地理志。

[16]《东京梦华录》卷一。

[17]《宋会要辑稿》方域一。

[18]《宋会要辑稿》方域一。

[19]《宋史》地理志。

[20]《东京梦华录》卷一"大内"。

[21]《文昌杂录》卷五："元丰甲子正月五日宴北辽国信使于紫宸殿"。

[22]《东京梦华录》卷一，大内。

[23]《宋会要辑稿》职官一。

[24]《宋史》职官志，枢密院。

[25] 周宝珠《宋东京研究》，河南大学出版社，1992年4月。

[26] 郭湖生《北宋东京》，《建筑师》71期，1996.8。

[27]《石林燕语》卷二。

[28]《宋会要辑稿》方域一。

[29]《宋会要辑稿》方域一"节度及契丹使辞见亦宴此殿"。

[30]《宋史》地理志。

[31]《宋会要辑稿》方域一。

[32]《宋会要辑稿》方域一。

[33] 同上。

[34]《宋史》地理志。

[35] 王明清《挥麈录·余语》卷一。

[36]《宋会要辑稿》方域一。

[37] 丘刚《北宋东京皇宫沿革考略》，史学月刊89，4。

其中所谓"包砖夯土廊庑"，从其千米之长来看，应包含主要建筑地基在内，不仅是廊子。因为廊庑只有东西各六十间，充其量不过四五百米长，既然长近千米，应包括大殿周围的一些建筑。

[38]《宋会要辑稿》方域一。

[39] 据《宋会要辑稿》方域一记载洛阳宫殿"天兴殿，旧曰太极后殿，太平兴国三年改今名，后有殿阁"。

[40]《东京梦华录》。

[41]《宋会要辑稿》方域三。

[42] 转引自傅熹年《山西省繁峙县岩山寺南殿金代壁画中所绘建筑的初步分析》。

第二节 南宋临安宫殿

一、临安宫殿营建的历史背景

南宋临安宫殿是在特殊的历史条件下产生的，建炎三年（1129 年）二月，高宗自扬州逃到杭州，以州治为行宫，七月将杭州升为临安府，到了绍兴二年（1132 年），行都从绍兴迁往临安，便决定在临安兴建行宫。当时对于行宫的选地，有两种方案，一种方案是选择风景优雅的西溪、留下一带建新宫。另一方案是以凤凰山东麓的杭州州治为基础，扩建成行宫。经比较，采取了后一方案。这也是由于当时处在政局动荡，财力不足状况下的选择，因此临安宫殿位置不同于历史上几个朝代的宫殿；居于京城北部或城市中轴线北端以讲求气派，而是坐落在临安城东南部。且宫殿仍以南大门为正门，宫殿与北部官署、太庙等建筑的关系是倒置的。因此，绍兴二十八年（1159 年）在宫殿东南部，皇城之外，于候潮门与嘉会门之间，扩展出一条专为皇帝的车驾、仪仗南北通行的路[1]。

（一）宫殿位置

临安宫殿又称大内、皇城、南内，它的具体范围只有一些零散记载，通过这些记载并对照《咸淳临安志》所载《皇城图》，大致可以得出这样的印象（图 3-7）。

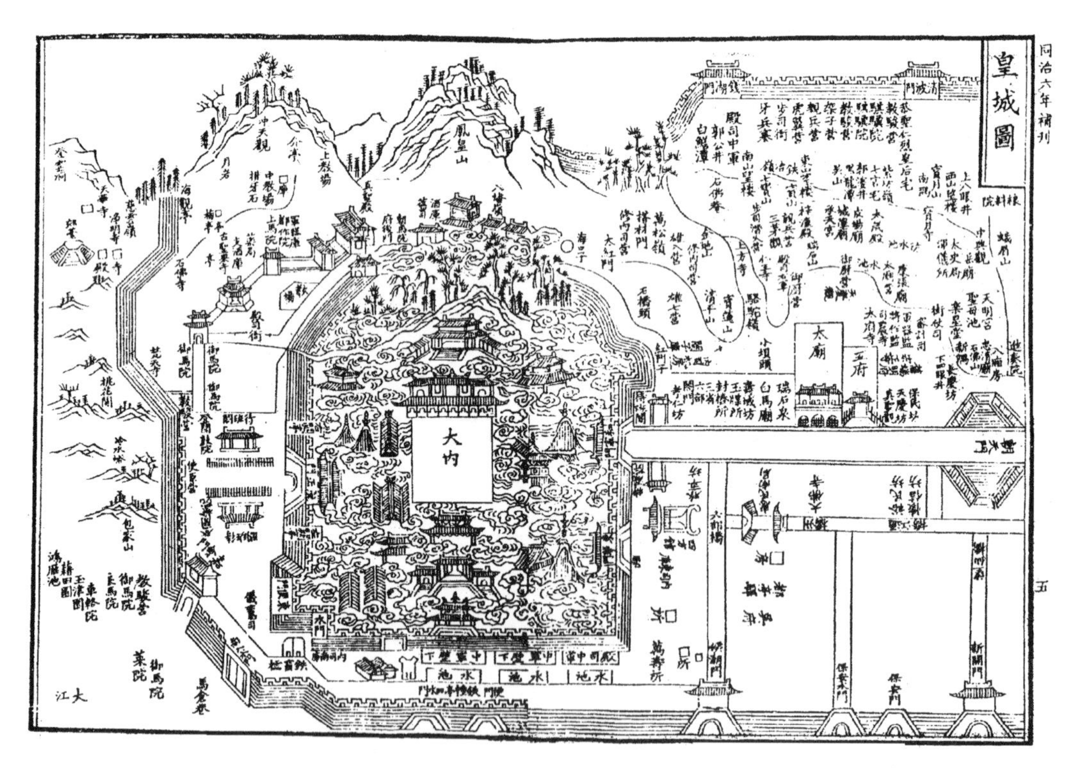

图 3-7 皇城图

1. 皇城北部城墙及城门位置

《梦粱录》：

大内“后门名和宁，在孝仁，登平坊中”。

《咸淳临安志》卷上八载：

“万松岭在和宁门西”……又称，“万松岭在大内之西，皆为第宅居……”

对照现代杭州地图，和宁门大约在今万松岭路一带，皇城北墙约在万松岭路南部山坡上。

2. 皇城南部城墙及城门位置

南部现存五代梵天寺经幢两座，《皇城图》中标出了“梵天寺”的位置，图上南偏西有“古圣果寺”，在梵天寺与圣果寺以北，图上有殿司卫衙，据《咸淳临安志》卷七十六所载，圣果寺“中兴后其地为殿前司”，与皇城图位置标示相同。另据《皇城九里》一文[2]考证，皇城图中御马院在殿前司东南，梵天寺东北。以梵天寺现存两经幢为基点，发现寺北有一处名苕帚湾的溪流，其上的跨溪桥当地俗称“御林桥”，御林桥应由御林军得名。御林军属殿前司，由于“御林桥”存在，因之可以判断皇城南墙在梵天寺北部，今杭州市地图所标之宋城一带。

3. 皇城东部城墙

徐一夔《行宫考》称：

“今以地度之，南自圣果路入，北侧入城环至德侔天地牌坊，东沿河，西至山冈，随其上下以为宫殿”。

这里的“东沿河”说明东部皇城以河为界，与今日杭州地图对照，靠近中河路南段有一条“中河”。这可能就是皇城东墙外的护城河[3]。它与《咸淳临安志》卷三十八所称的“宫城外水池，一在东宫之东，淳祐八年（1248年）赵安抚与奏请凿池二十所，各阔一丈四尺，深四尺五寸，通长二百二十尺，甃以坚石，缭以短垣”可能有某种联系，设想若将二十个水池的长度联起来，有1.4公里长，与现代杭州市地图中凤山门到南星桥之间的河长相近。宋亡以后，经过了几百年形成一条河是完全可能的，因此明代的徐一夔考证东边界限时已成为“东沿河”的状况了。

4. 皇城西部城墙位置：从《皇城图》可知，在凤凰山下。

据上面的分析，临安大内范围从凤凰山东麓，至万松岭以南，至中河南段，至梵天寺以北，大约是宫城城墙周围九里的范围。在这个范围内“自平陆至山冈，随其上下以为宫殿”[4]。

（二）临安宫殿的建设沿革

临安大内因州治之旧，尽管“州治屋宇不多，六宫居必隘窄，且东南春夏之交多雨，蒸润非京师比”。[5]但高宗在南迁的过程中有旨：“止今草创，仅蔽风雨足矣，椽楹未暇丹雘（红色油漆）亦无害”，“务要精省，不得华饰”。[6]当时修内司乞造三百间，高宗诏“减二百”，初始规模可见一斑。据文献记载的建设活动如下：

绍兴二年（1132年）九月筑成行宫南门丽正门，门外建东、西阙亭，东、西待漏院。

绍兴九年（1139年）因宋金议和将成，高宗之母作为人质将从金营返回，于是命修内司建慈宁宫，以待太后归来，当年10月建成。

绍兴十一年（1141年）和议成功，次年便建造文德、垂拱、崇政等殿，作为常朝四参官起居之地。

绍兴十五年（1145年）建敷文阁，以存徽宗的图籍，宝瑞之物。并建钦先孝思殿，以奉历代神御。

绍兴二十四年（1154年）建天章等六阁，保存太祖太宗、真宗、神宗哲宗诸祖宗的图籍、宝瑞、御图、御书等。

绍兴二十六年（1156年）建纯福殿。

绍兴二十八年（1158年）增筑皇城东南外城，及西华门。

福宁殿，作为皇帝寝殿，也于绍兴二十八年（1158年）兴建。

乾道初年（约1164年）建选德殿，又称射殿。

乾道七年（1171年）建立太子宫门。

淳熙十五年（1188年），建焕章阁，藏高宗御制图籍。

庆元二年（1196年）五月，建华文阁，藏孝宗御制图籍。

嘉泰元年（1201年）11月，建宝谟阁，藏光宗御制图籍。

宝庆二年（1226年）十月，建宝章阁，藏宁宗御制图籍。

咸淳元年（1265年）六月，建显文阁，藏理宗御制图籍。

另外，在宫后苑高宗时还建有复古堂、为皇帝燕闲休息之处，绍兴二十八年（1158年）建损斋，亦是高宗燕闲之所。

以上的建设年表只不过是全部建设活动的一部分，尚有若干改建项目，工程量也占相当的比例，尽管初始时曾经强调“务要精省”，但在孝宗（1163～1189年）以后，陆续增建，以致“一时制画规模，悉与东京相埒”[7]。据万历《钱塘县志》载，南宋大内共有殿三十、堂三十三、斋四、楼七、阁二十、台六、轩一、阁六、观一、亭九十……。[8]《武林旧事》曾开列了殿宇名称。（详见表3-2）

此外，东宫的建设，也具有相当规模，且完全是南宋时在大内专为太子新建的宫殿。

乾道七年（1171年），光宗被立为太子时，便在丽正门内以东，建造太子宫门，为东宫建设活动之始，接着，于淳熙二年（1175年），创建射堂，为游艺之地，同时，“囿中荣观、玉洞、清赏等堂及凤山楼皆次第建置。”[9]在理宗朝，度宗为太子时，又对东宫进行了扩建，北部新增建的殿堂有凝华殿、彝斋、新益堂、绎已堂、瞻篆堂等。但东宫之内并非仅此几座殿堂而已，还有若干园林亭榭。

（三）德寿宫

德寿宫为高宗、孝宗禅位退居后生活起居的宫殿，位置在凤凰山宫殿以北，故有“北宫”、“北内”之称，德寿宫是在秦桧旧宅的基础上所筑的新宫，修筑时间为绍兴三十二年（1162年）。主要建设活动是将旧宅改建成一座大型皇家宫苑，内有载忻殿，又称德寿殿，皇帝在此举行盛典，另外还有寝殿、射殿、食殿、灵芝殿等十余座殿宇，并有规模较大的后苑，凿池引水，建造若干厅堂亭馆。到咸淳四年（1268年），此宫废掉，一半改建为道宫，另一半降为民舍。

二、临安宫殿的总体布局

临安大内分为外朝、内朝、东宫、学士院、宫后苑五个部分。由于大内位于凤凰山余脉之间，《湖山便览》载凤凰山东麓为回峰，现称为“馒头山”，也在大内范围。大内所处地段岗阜连绵[10]。因此《南宋古迹考》称“自平陆至山冈随其上下以为宫殿”。据陈随应《南渡行宫记》的描绘，五个部分之间的关系落错布置，外朝殿堂居于南部和西部，内朝偏东北，东宫居东南，学士院靠北门，宫后苑在北部。大体成前朝后寝的格局。

临安大内皇城主要的城门共四座，南为丽正门，北为和宁门，东为东华门，按《梦粱录》所载，并对照皇城图，可知东华门位置在皇城东北角，其南还有一座东便门，在皇城的东南角[11]。西部据《武林旧事》载有西华门，皇城图西部无此门，只有一座“府后门”，或许这就是西华门的别称。

另外，据《南渡行宫记》载，大内有南宫门，在丽正门内。有北宫门，在和宁门内。有太子宫门（即东宫门）在丽正门与南宫门之间东侧[12]。这里的南北宫门可能是作为限定内朝的门，太子宫门则可作为东宫与外界分隔的依据。同时说明丽正门比和宁门偏西，因丽正门东部还要容纳东宫里的建筑群组。

（一）外朝

外朝建筑主要有四组：第一组为大庆殿。是举行上寿朝贺，百官听麻[13]、明堂祭典、策士唱合等大朝会用的殿宇，位于丽正门内。第二组为垂拱殿，是常朝四参官起居之地。第三组为后殿，淳熙八年秋（1181年）后殿拥舍改成延和殿以后，凡是冬至、正旦、寒食大礼，作为皇帝斋宿之地。第四组为端诚殿，又可易名为“崇德”、“讲武”，以满足不同的功能要求。

这四组建筑的关系，从以下文献记载可以推测一二：

1. 关于大庆殿

《梦粱录》卷七“丽正门内正衙，即大庆殿”。

2. 关于垂拱殿

《南渡行宫记》：“报国寺即垂拱殿”[14]。根据报国寺的遗迹可以进一步寻觅垂拱殿的位置。

《南宋古迹考》[15]“南至笤帚湾，抵北至柳翠桥，皆报国寺界”。笤帚湾的地名至今未变，柳翠桥位于万松岭下[16]。

3. 关于后殿与端诚殿

《南渡行宫记》“（垂拱）殿后拥舍七间，右便门通后殿，殿左一殿，随时易名，明堂、郊祀曰端诚，策士唱名曰集英，宴对奉使曰崇德，武举及军班授官曰讲武。

另据《云麓漫钞》称“端诚殿在（凤凰）山之右腑”。

从上述文献可知几殿之关系，大庆殿靠近丽正门，垂拱殿在其西侧，后殿在垂拱殿之北，端诚殿在后殿之东。对照现在杭州市地图看，这几组殿皆在皇城西半部偏南。

（二）内朝

内朝为帝后起居、生活的处所，殿宇众多，且各种文献记载不一，现列表于后（表二），其中主要殿宇功能及位置，散见于各文献，现整理如下：

1. 福宁殿：皇帝寝殿，殿侧有清暑楼，光宗时改为寿康宫。

2. 勤政殿：“勤政，即木帷寝殿也”[17]。也是皇帝寝殿。

3. 嘉明殿：在勤政殿之前，是一处由廊庑环绕的建筑群，为皇帝进膳所[18]。与嘉明殿相对的有殿中省、六尚局（六尚局指尚食、尚药、尚医、尚乘、尚辇等六局），掌管皇室膳食、车辇、服饰等。嘉明殿使用时“殿上常列禁卫两重，时刻提醒，出入甚严”。

4. 崇政殿：以旧射殿改建，是学士侍从掌读史书，讲释经义之处，宋代宫中有“崇政殿说书”之衔，王十朋，范成大等人曾任其职。此殿位置靠西。

5. 选德殿：又名射殿，理宗（宝庆元年至景定五年，1225～1264年）时为讲殿，取“选射观德”之意。据载殿内设屏风，列官员姓名，随时标出其政绩备览[19]。对于中外奏报，军国之几务，也皆于此省决。选德殿是皇帝与群臣议事，考察官员政绩的殿宇，在崇政殿之东，靠近福宁殿。

6. 缉熙殿：是理宗绍定六年（1233年）由旧讲殿改建而成，供其在此读书自娱，寄情翰墨，位置靠近崇政殿。

7. 钦先孝思殿：在崇政殿之东，又名内中神御殿，“凡朔望、节序、生辰、酌献行香，用家人礼”[20]。

8. 复古殿：为皇帝燕闲休息之处，同时也在这里阅读奏章，与文武大臣研究咨访历代治国之策，高宗时还常于此作画写字。由于临近宫后苑的小西湖，又是夏日纳凉的去处。元夕时节也在此殿张灯结彩，作为观灯处所之一。

9. 坤宁殿：皇太后所居寝殿。

10. 秾华殿：皇后寝殿。

11. 慈元殿：理宗谢皇后寝殿。

12. 仁明殿：度宗全皇后寝殿。

13. 受厘殿：钦圣向后寝殿。

内朝还有贵妃、昭仪、婕妤等位宫人直舍，靠近东部。

（三）东宫

在丽正门与南宫门之间的位置为太子宫门，入宫门后，便是一片园林景象："垂杨夹道，间芙蓉，环朱栏，二里至外宫门"。东宫内主要殿堂有以下几组：

1. 新益堂：为一组讲堂，"讲堂七楹……正殿向明，左圣堂，右祠堂"，外为讲官直舍，其后为凝华殿。

2. 瞻箓堂：在凝华殿之后，以竹环绕之，其中的建筑左边为寝室，右边为齐安位内人直舍，共百二十楹。

3. 彝斋：为太子赐号，也是一组寝殿，形式为二层楼重檐建筑，杨太后曾垂帘于此，又称慈明殿。

4. 慈宁殿，是为迎接显仁韦后从金营中返回临安，所建的一组寝殿，后来在此曾为韦后举行过 70 岁、80 岁两次庆寿典礼。

此外还有博雅楼、绣香堂、杨春亭、清斋亭、玉质亭等园林建筑，楼、亭四周芙蓉、木樨、梅花竞相争妍，"雕栏花甃，万卉中出秋千"，环境格外幽雅。

（四）宫后苑

从内朝的嘉明殿（原称绎已堂）经过一条 180 间的锦臙廊便可通到御前主要殿宇，而"廊外即后苑"，后苑不但有各种名花奇木，而且有不少殿堂，成为帝王日常频繁活动的处所。后苑还有人工湖，称"小西湖"，人工叠山飞来峰，与自然山林环境融为一体。殿堂亭榭分布其间。其主要殿宇有以下几组：

1. 翠寒堂：高宗时以"日本国罗木建造，不施丹雘，白如象齿"[21]，堂前有古松，修竹，苍翠蔽日，"层峦奇草，静穷萦深，寒瀑飞空，下注大池可十亩"，池中有红白菡萏万柄；庭院中有茉莉、素馨、玉桂、建兰等南国花卉数百盆，每当鼓以风轮，清芬满殿。夏日到此，"初不知人间有寒暑"[22]。

2. 观堂与凌虚楼：距翠寒堂不远，一山崔巍，建有观堂，为焚香祝天之所。山下一溪萦带，通小西湖。小溪两岸"怪石夹列，洞穴深杳，豁然平朗，翚飞翼拱凌虚楼"[23]。楼对面即为瑞庆殿、损斋。

3. 瑞庆殿：据《武林旧事》载，"禁中例于八日作重九排当[24]，庆瑞殿分列万菊，灿然炫眼，且点菊灯，略如元夕……盖赏灯之宴，权舆于此。"[25]冬至大朝会在此举行晚筵。

4. 清燕殿：重九时禁中人在此赏橙、橘。冬至大朝之后，中午于此设御宴。元夕在此观灯[26]。

5. 膺福殿：元夕观灯处，殿内除布置各式彩灯外，还做出各种特殊的装修，如"梁栋窗户间为涌壁"，可造成"龙凤噀水，蜿蜒如生"的效果；并在"小窗间垂小水晶帘，流苏宝带，交映璀璨。"御坐居于殿内正中，"恍然如在广寒清虚府中也"。

在后苑还有许多殿宇、亭、阁，如澄碧殿，皇帝常赐宴于此；损斋，为皇帝燕闲之所；此外还有清华、芙蓉、倚佳等阁。苑中几十座亭子或在花间，或在池中，或近水口，或处山顶，并有流杯亭，射亭独具特色。苑中还有小桥旱船，架临池溪，几座庵堂，几处小园充满其间，显示出皇家宫苑的豪华气派。

此外，在宫苑中于选德殿前设有球场，供帝王观球，打马球。

（五）其他建筑

1. 学士院，在和宁门内东侧，沿袭唐代北门学士院之制，有玉堂殿，擒文堂等建筑。

2. 宫内附属用房，如财帛、生料库，在东宫。内藏库、军器库，在外朝。外库、御药库、御酒库等在内朝。一些办事机构，如内侍者、大都巡栏司，内东门司等，也属内朝范围。还有仪鸾、修内、八作、翰林诸司位于东华门里。

3. 收藏书籍、文物的馆阁，其中天章阁，位于内朝北宫门的东南方。

4. 御书院，有三处，即文囿案、稽古堂、书林堂。

三、临安宫殿的建筑特点

（一）外朝殿宇精省

从上述的建设活动看出，外朝殿宇只增建了文德、垂拱、崇政等殿，《咸淳临安志》卷一载："文德殿；正衙，六参官起居，百官听宣布，绍兴十二年建。紫宸殿，上寿；大庆殿、朝贺；明堂殿，宗祀；集英殿，策士；以上四殿皆文德殿，随事揭名。"《梦梁录》卷八也有类似的记载。"丽正门内正衙；即大庆殿，遇明堂大礼，正朔大朝会，俱御之。如六参起居，百官听麻，改殿牌为文德殿；圣节上寿，改名紫宸；进士唱名，易牌集英；明烟为明堂殿"。由此可知，当时外朝采用了一殿多用的办法，在使用中，各种活动具有不同的氛围，全靠制作舞台场景式的办法来完成，例如，凡遇明堂大礼，正朔大朝会时，便按大庆殿的规格来布置。据《梦梁录》记载：

"遇大朝会，驾坐大庆殿，有介胄长大武士四人，立于殿陛四角，谓之'镇殿将军'。殿西庑皆列法驾、卤簿、仪仗。龙墀立清凉伞十把，效太宗朝立诸王班次，如钱武肃、孟蜀王等也。百官皆冠冕朝服，诸州进奏吏各执方物之贡。诸外国正副贺正使随班入贺，百僚执政，俱于殿廊侍班"[27]。大庆殿内外，气氛庄严肃穆。

紫宸殿使用之时，则布置成另外一种气氛，以满足皇帝赐宴的需要。这时，"殿前山棚结彩，飞龙舞风之形，教乐所人员等效学百禽鸣，内外肃然，止闻半空和鸣，鸾凤翔集。"[28]宴会进行过程中，百官进酒，同时击鼓、奏乐、演出百戏，又是另一番场面。

集英殿为殿试场所，使用时不再作更多的布景，而是在殿试前三天，"宣押知制诰、详定，考试等官赴学士院锁院，命御策题，然后宣押赴殿。士人诣集英殿起居，就殿庑赐座引试，依图分庑坐定，各赐印刊策题"……[29]殿庭内外除考官、应试生之外，少有多余人员，气氛显得格外森严。

这就是古代"多功能厅堂"的使用状况。虽然从历代帝王所追求的豪华排场上论，颇为逊色，但也确实在"精省"的前提下，能满足使用的需求，与当时的国力是吻合的。对于封建王朝的统治者来说，避免耗费巨资，修建外朝宫殿这是一种进步，但这种进步并不是自觉的。

（二）主要殿宇及建筑群

1. 大庆殿

据《梦梁录》描绘，"殿西庑列法驾卤簿仪仗"……（《梦梁录》卷一，〈元旦大朝会〉）

"就殿庑赐坐引试，分庑坐定……"（《梦梁录》卷三，〈士人殿试唱名〉）。

"百官执政俱于殿廊侍班"（《梦梁录》卷一，〈元旦大朝会〉）。

"殿前有龙墀，并有"武士四人，立殿陛之角"。

大庆殿是一组有主殿、大门、东西庑、回廊的建筑群。据载高宗在此举行了第一次大朝会，孝宗在此举行庆祝八十大寿的庆寿册宝，因此大庆殿至少为一座九间殿。其院落若能容纳大朝会，至少要有五六十米宽，六七十米深。

2. 垂拱殿

《建炎以来朝野杂记》对垂拱殿一组建筑作了较详细的描述，这是临安大内唯一的最详细的建筑记录。

"其广仅如大郡之设厅……每殿为屋五间，十二架，修六丈，广八丈四尺，殿南檐屋三间，修一丈五尺，广亦如之，两朵殿各二间，东西廊各二十间，南廊九间，其中为殿门，三间六架，修三丈，广四丈六尺。殿后拥舍七间，寿皇（高宗）因以为延和殿"。《南渡行宫记》载：延和殿有"右便门通后殿"。

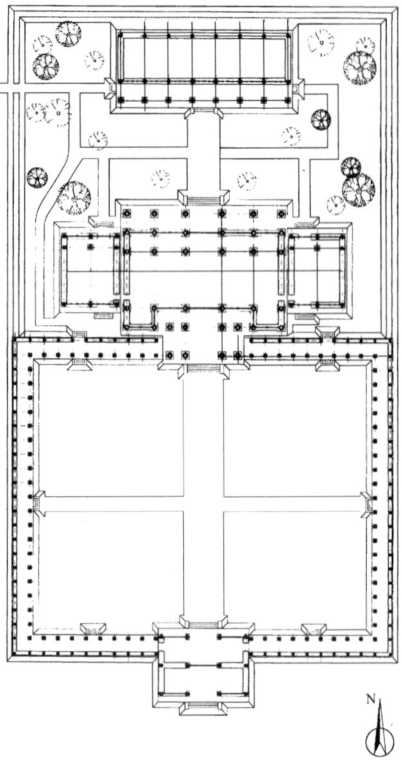

依据这段文字可知，垂拱殿实为一廊院式建筑群，前后两进。第一进院落主要殿宇为垂拱殿，殿东西两侧带有朵殿。过 20 间东西廊后，转到南廊，两端各九间，中央夹一门。但这里朵殿及两廊，南廊尺寸未给出，现按通常的建筑尺度，推定朵殿两间广 28 尺，另外再依据大门和南廊长度推算，此处南廊九间理介为大门两侧各九间，即每侧长 67.5 尺，总长为 135 尺，则加上大门，院落南面宽 181 尺[30]。再看东西廊 20 间，假定廊子开间为 7.5 尺，则可得出廊子长度为 150 尺，院子的尺度控制在宽 181 尺、深 150 尺的范围，约合宽 58 米、深 48 米。这样的尺度对于中等规模的建筑群是合适的。第二进院主要建筑即为拥舍七间了。其右侧有一小门，通后殿。至于"殿南檐屋三间"在何位置，尚不明确，似应设于垂拱殿前檐下，以抱厦形式存在。据此绘出这组建筑的平面复原想象图（图 3-8。）

图3-8 南宋临安大内建筑垂拱殿平面复原想象图

对于这组建筑群中的垂拱殿，依据文献，可作出以下的复原想象图（图 3-9、3-10）。现说明如下：

开间划分：此建筑殿身采用逐间递减式，心间广 20 尺，两次间广 17 尺，两梢间各广 15 尺。侧立面共四开间，总进深 60 尺，两梢间各广 10 尺。至于南檐屋，其"修一丈五尺"可理解为自殿身前檐向前伸出 15 尺，而"广亦如之"不可能是广 15 尺，因为这一尺寸难以做成三间，故将其"广亦如之"理解成开间处理如同殿身，做成"递减式"，当心间广 20 尺，次间广 10 尺。

椽架及构架：殿身椽架为 12 架，每架水平长 5 尺，构架采用前后乳栿对六椽栿、乳栿用五柱形式，身内双槽。前部减除当心间前檐柱，以便接南檐屋。按常见的宋代抱厦形式推测，南檐屋应采用九脊顶，以山面朝前。其心间构架为抱厦檐柱与殿身檐柱间架丁栿，再于丁栿上作阁头栿及平梁以承角梁、槫、椽，并承出际、搏

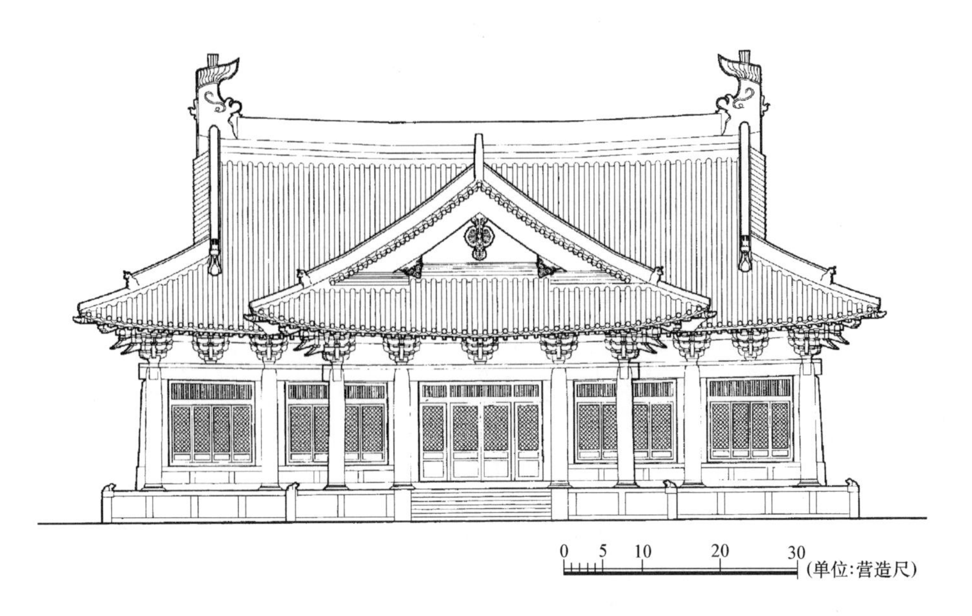

图 3-9 南宋临安大内建筑垂拱殿立面复原想象图

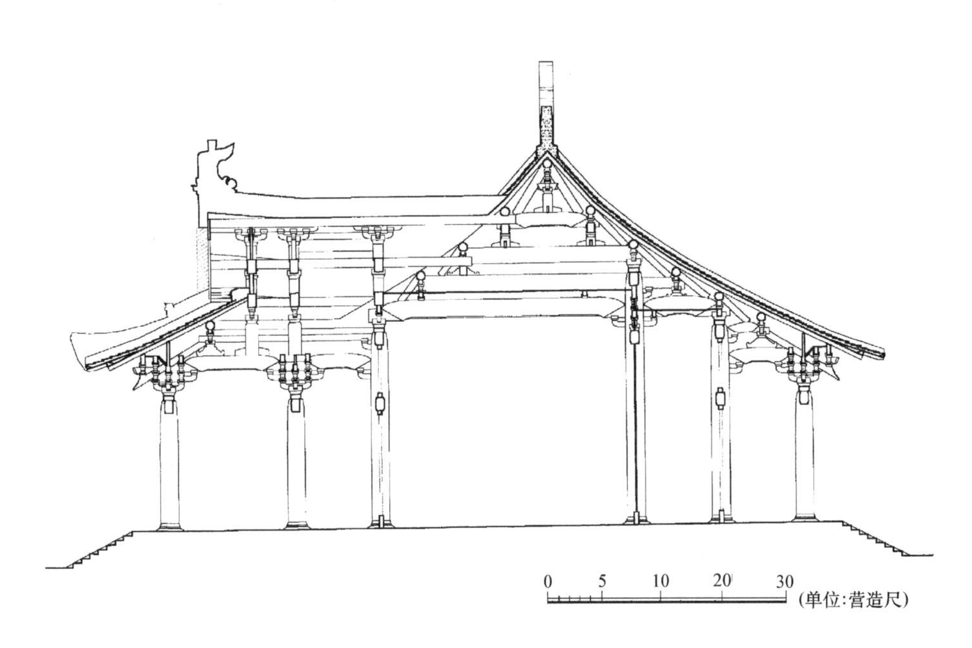

图 3-10 南宋临安大内建筑垂拱殿剖面复原想象图

风等。南檐屋椽架共 8 架，每架水平长 5 尺，以便与殿身搭接。

铺作：采用三等材，五铺作单杪单下昂，逐间皆用单补间。

柱高：本着柱高不越间广的原则，柱高定为 18 尺。

屋顶形式：采用九脊顶。

最终形式：垂拱殿为正面五开间，侧面四开间，单檐九脊顶之建筑。

殿门：

开间：当心间宽 16 尺，两次间各宽 15 尺。

进深，六架椽，每架水平长 5 尺。侧立面作两间。

构架形式："前后三椽栿分心用三柱"。

斗栱：用四等材，四铺作插昂造，每间皆用双补间。

屋顶：单檐九脊顶。

柱高：不越间广，考虑为12尺。

最终形式：殿门为正面三开间，侧面两开间，单檐九脊顶建筑。

3. 新益堂

据《南渡行宫记》描述：

“讲堂七楹，匾新益，外为讲官直舍；正殿向明，左圣堂、右祠堂。这里可能为前后两进的院落，新益堂本身作为一进，新益堂外的讲官直舍有可能做成一座单独的小院落，但又需靠近新益堂。对新益堂的描述没有廊子，只是圣堂、祠堂等建筑左、右对称排列。

此外，嘉明殿也是一组带有廊、庑的建筑群组。

总的来看，宫内建群组众多，每组规模不大。每组除主要殿堂之外，多带有廊庑。

4. 宫门的形制

南面宫门丽正门：据《梦粱录》卷八载：

“其门有三，皆金钉朱户。画栋雕甍，覆以铜瓦，镌镂龙凤飞骧之状，巍峨壮丽，光耀溢目。左右列阙，待百官侍班阁子。登闻鼓院、检院相对，悉皆红杈子，排列森然……”

又据《武林旧事》卷一《登门肆赦》一节描述皇帝要到“丽正门御楼”，并多次称“门下如何，门上如何”，由此可证，丽正门系一座城门楼，下部城墙开的是“其门有三，皆金钉朱户”。而城门楼上的建筑则“画栋雕甍，覆以铜瓦，镌镂龙凤飞骧之状……”且此城门楼左右列阙，其具体形象可参见山西繁峙岩山寺壁画所列城阙及门楼。城门前面还设有附属用房，即登闻鼓院、检院，相对排列。并有“红杈子”（又称拒马杈子，用交叉木棍作的道路路障）列于大门两侧。这些设置均承袭汴梁宫殿之传统，和宁门与丽正门的形式相同。

《武林旧事》卷四《故都宫殿》所列临安大内建筑一览表 **表3-2**

门			
丽正（南门）	和宁（北门）	东华（东门）	西华（西门）
苑东	苑西	北宫	南宫
南水门	东水门	会通	上阁
宣德	隔门	斜门	关门
玉华阁	含和	贻谟（二门系天章阁）	
殿			
垂拱（常朝四参）	文德（六参宣布）	大庆（明堂朝贺）	紫宸（生寿）
集英（策士）			
以上谓之“正朝”。亦有随事更名者。			
后殿			
延和（斋宿避殿）	崇政（即祥曦）	福宁（寝殿）	复古（高宗建）
选德（孝宗建。御屏有监司郡守姓名）	缉熙（理宗建）	熙明（即修政，度宗建）	明华
清燕	膺福	庆瑞（即天顺，理宗建）	射殿
需云（大燕）	符宝（贮恭膺天命之宝）	嘉明（度宗以绎已堂改）	明堂（即文德合祭改）
坤宁（皇后）	艦华（皇后）	慈明（杨太后。累朝母后皆旋更名）	慈元（谢太后）
仁明（全太后）	进食（即勤政）	钦先（神御）	孝思（神御）
清华			

续表

堂			
翠寒(高宗以日本罗木建，古松数十株)	澄碧（观堂）	芳春	凌寒
钟美（牡丹）	灿锦（海棠）	燕喜	静华
清赏	稽古（御书院）	清远	清彻
澄碧（水堂）	蕊渊	环秀（山堂）	文囿（御书院）
书林（御书院）	华馆	衍秀	披香
德勤	云锦（荷堂，李阳冰书扁）	清霁	萼绿华(梅堂,李阳冰书额，度宗易名“琼姿”)
碧琳	凝光	澄辉	绣香
呈芳	会景(青花石柱，香楠栿额，玛瑙石砌)	正始(后殿，谢后改宁寿殿)	怡然（惠顺位）
信美（婉容位）			
斋			
损斋（高宗建）	彝斋	谨习斋	燕申斋
楼			
博雅（书楼）	观德	万景	清暑
清美	明远	倚香	
阁			
龙图（太祖、太宗）	天章(真宗，并祀祖宗神御)	宝文（仁宗）	显谟（神宗）
徽猷（哲宗）	敷文（徽宗）	焕章（高宗）	华文（孝宗）
宝谟（光宗）	宝章（宁宗）	显文（理宗）	云章（祖宗御书）
清华	凌虚	清漏	倚桂
来凤	观音	芙蓉	万春（太后殿）
台			
钦天（奉天）	宴春	秋芳	天开图画
舒啸	跄台		
轩			
晚清			
閤			
清华	睿思	怡真	容膝
受厘	绿绮		
观			
云涛			
亭			
清凉（宋刻“清泳”）	清趣	清颢	清晖
清迴	清隐	清寒	清激（放水）
清氤	清兴	静香	静华
春研	春华	春阳	春信（梅）
融春	寻春	映春	余春

续表

亭			
留春	皆春	寒碧	寒香
香琼	香玉（梅）	香界	碧岑
滟碧（鱼池）	琼英	琼秀	明秀
濯秀	衍秀	深秀（假山）	锦烟
锦浪（桃花）	绣锦	万锦	丽锦
丛锦	照妆（海棠）	浣绮	缀金（橙橘）
缀琼（梨花）	秾香	暗香	晚节香（菊）
岩香（桂）	云岫（山亭）	映波	含晖
达观	秀野	凌寒（梅竹）	涵虚
平津	真赏	芳远	垂纶（近池）
鱼乐（池上）	喷雪（放水）	流芳	芳屿（山子）
玉质	此君（竹）	聚芳	延芳
兰亭	激瑞	崇峻	惠和
浮醴	泛羽（并流杯亭）	凌穹（山顶）	迎薰
会英	正己（射亭）	丹晖	凝光
雪迳（梅）	参月	共乐	迎祥
莹妆	植杖（村庄）	可乐	文杏
壶中天	别是一家春(度宗新刱或谓此非讦也,未几果验)		
园			
小桃源（观桃）	杏坞	梅岗	瑶圃
村庄	桐木园		
庵			
寂然	怡真		
坡			
玛瑙	洗马		
桥			
万岁	清平	春波	玉虹
泉			
穗泉			
御舟			
兰桡	荃桡	旱船	
教场			
南教场	北教场		

不同文献中的临安宫殿内朝殿堂一览表　　表 3-3

序号	《梦梁录》	《武林旧事》	《南渡行宫记》	《咸淳临安志》	《宋史·地理志》
1	延和	延和（宿斋避殿）		延和	延和
2	崇政	崇政即祥曦	崇政	祥曦（崇政）	崇政祥曦
3	福宁	福宁	木围即福宁	福宁	
4	复古	复古	复古	复古	复古
5	缉熙	缉熙	缉熙	缉熙（讲筵之所）	
6	勤政	进食		进政	
7	嘉明	嘉明		嘉明	
8	射殿	射殿	射殿曰选德		
9	选德				选德
10	奉神	孝思 钦先	钦先孝思	奉神	钦先孝思
11		熙明（修政）	熙明（讲筵之所）		
12		明华			
13		清燕			
14		膺福			
15		庆瑞（顺庆）	瑞庆殿		
16		需云			
17	坤宁	坤宁	坤宁殿		
18		符宝			
19		秾华			
20		慈明			
21		慈元			
22		仁明			
23		清华			
24	和宁		睿思		慈宁在东宫

注释

[1] 《舆地记胜》卷第一，《行在所》
《宋会要辑稿》 “圣驾亲郊，由候潮门经从所展街道直抵郊台，极为快便”。

[2] 王士伦《皇城九里——南宋故宫》，原载《南宋京城杭州》，浙江人民出版社，1988。

[3] 同[2]。

[4]《南宋古迹考》卷一，《宫殿考》。

[5]《宋会要辑稿》方域二。

[6]《宋会要辑稿》方域二。

[7] 张奕光，《南宋杂事诗》序。

[8] 聂心汤，万历《钱塘县志·纪都》。

[9]《咸淳临安志》卷二。

[10] 赵彦卫《云麓漫钞》卷三：“所谓余杭之凤凰山，即今临安府大内丽正门之正面案山。山势自西北掀腾而来，至此山止，分左右二翼。大内在山之左腑，后有山包之，第二包即相府第，第三包太庙，第四包执政府，包尽处为朝天门；端诚在山之右腑，后有山包之，第二包即郊坛，第三包即易安斋，第四包即马院”。

[11]《梦梁录》卷八，“入登平坊，沿内城有内门，曰东华，守禁尤严。沿内城向南，皆殿司，中军将卒立寨卫护，名之中军圣下寨。寨门外左右俱置护龙水池，沿寨门向南有便门，谓之东便门。”

[12] 太子宫门据《咸淳临安志》载“在丽正门内之东”，与《南渡行宫记》载：“东宫在丽正门内，南宫门外”，两者互相补充，可说明其位置。

[13] 宋代任免将相的诏书是用一种带麻的纸，听宣读诏书即称听麻。

[14] 报国寺系元至元二十一年（1284年）在宋宫旧址上改建。

[15]《仁和县志》卷二。

[16]《南宋古迹考》引《考古录》。

[17]《梦梁录》卷八《大内》。

[18]《梦梁录》卷八："每遇进膳，自殿中省对嘉明殿，禁卫成列，约拦不许过往"，只有供应侍者出入往来。"殿之廊庑，皆知省，御药、御带、门司内辖等官幕次，听候喧唤，……内诸司所属人员等上番者，俱聚于廊庑，只候服役。"可见帝王进膳之讲究排场。

[19]《咸淳临安志》卷一《行在所录》记载：殿内御座后有大屏风，正面"分画诸道，列监司郡守为两行，各标职位姓名"，背面有全国行政区疆域图。若"群臣有图方略来上，可采者辄栖之壁，以备观览"。

[20] 王应麟《玉海》卷一六〇。

[21]《武林旧事》卷三，〈禁中纳凉〉。

[22] 同 [21]。

[23] 陈随应《南渡行宫记》。

[24] 一种宴会形式，据《武林旧事》卷三〈赏花〉解释："大抵内宴赏，初坐、再坐，插食盘架者，谓之"排当"，否则谓之"进酒"。

[25]《武林旧事》卷三〈重九〉。

[26]《武林旧事》卷二〈元夕〉。

[27]《梦梁录》卷一，《元旦大朝会》。

[28]《梦梁录》卷三，《宰执亲王南班百官入内上寿宴》，这里的山棚结彩，相当于后世的院内搭天棚，綵牌楼的做法。

[29]《梦梁录》卷三，《士人赴殿试唱名》。

[30] 北面大殿按面宽为84尺计算。

第三节 金中都宫殿

一、中都宫殿建设的历史背景

公元1149年金帝完颜亮即位后，为了便于统治，准备将首都从上京会宁迁至燕京，天德三年（1151年）开始扩建燕京城，同时，修建皇城、宫城。曾"调诸路民夫匠营燕宫室，一依京师制度"，并"遣画工写京师（即宋东京）宫室制度，至于阔狭修短，曲画其数，授之左相张浩辈按图修之"[1]。此时，宋廷已南迁，金除派匠师写京师图样之处，还"择汴京窗户刻镂工巧以往"[2]，即拆卸宋宫建筑装修、装饰之类运到中都，所以《揽辔录》中也记载"金朝北宫营制宫殿，其屏窗扆皆破汴都辇致于此"。两年后，宫殿建成，天德五年，（1153年）正式迁都燕京，改名中都。

二、宫城的位置及规模

金中都平面近似方形，皇城位于都城中部偏西，皇城南门名宣阳门，北门名拱辰门，东门名宣华门，西门名玉华门[3]。宫城位于皇城中央偏东。宫城四围九里三十步，其内"殿凡九重，殿三十有六，楼阁倍之"。[4]南面有三门，中为应天门，门两侧相距一里左右各设一门，为左掖、右掖门。宫城东西两面设有东、西华门，北面亦有一门。宫城正中为一条中轴线，贯穿南北，主要的宫殿建筑都建在这条中轴线上。中轴线向南延伸，通过皇城南门宣阳门及都城的南门丰宜门；向北延伸通过皇城北面的拱辰门直达都城的北门通会门。

宫城之外，东部为东苑和内府相关。宫城西部广大地区为西苑及西华潭，为一较大的御园，又称同乐园或西园。西园的北部为北苑，内有湖泊，景明宫。这些群组皆围在皇城之内[5]。

三、宫殿的总体布局

1. 平面分区

宫殿从平面看由中央区、东部区和西部区组成，三区成东西并列之式。

中央区为朝寝区，分外朝与内廷两部分。外朝是皇帝举行登基、元旦、寿节等朝会大典及朝见使臣的场所，内廷是处理朝政及帝后居住之处。

东部区有东宫；为皇太子及皇太后居住之处。还有内省各部门。

西部区由鱼藻池、中宫及西宫组成，前部有一小型御园，后部是妃嫔居所。

2. 宫前广场

金中都宫殿正门应天门外是一T形广场。中间为御道，御道两侧是千步廊。左侧千步廊外设太庙，右侧千步廊外设尚书省，六部。

御街千步廊的运用继承了宋代宫殿的制度（图3-11、3-12）。

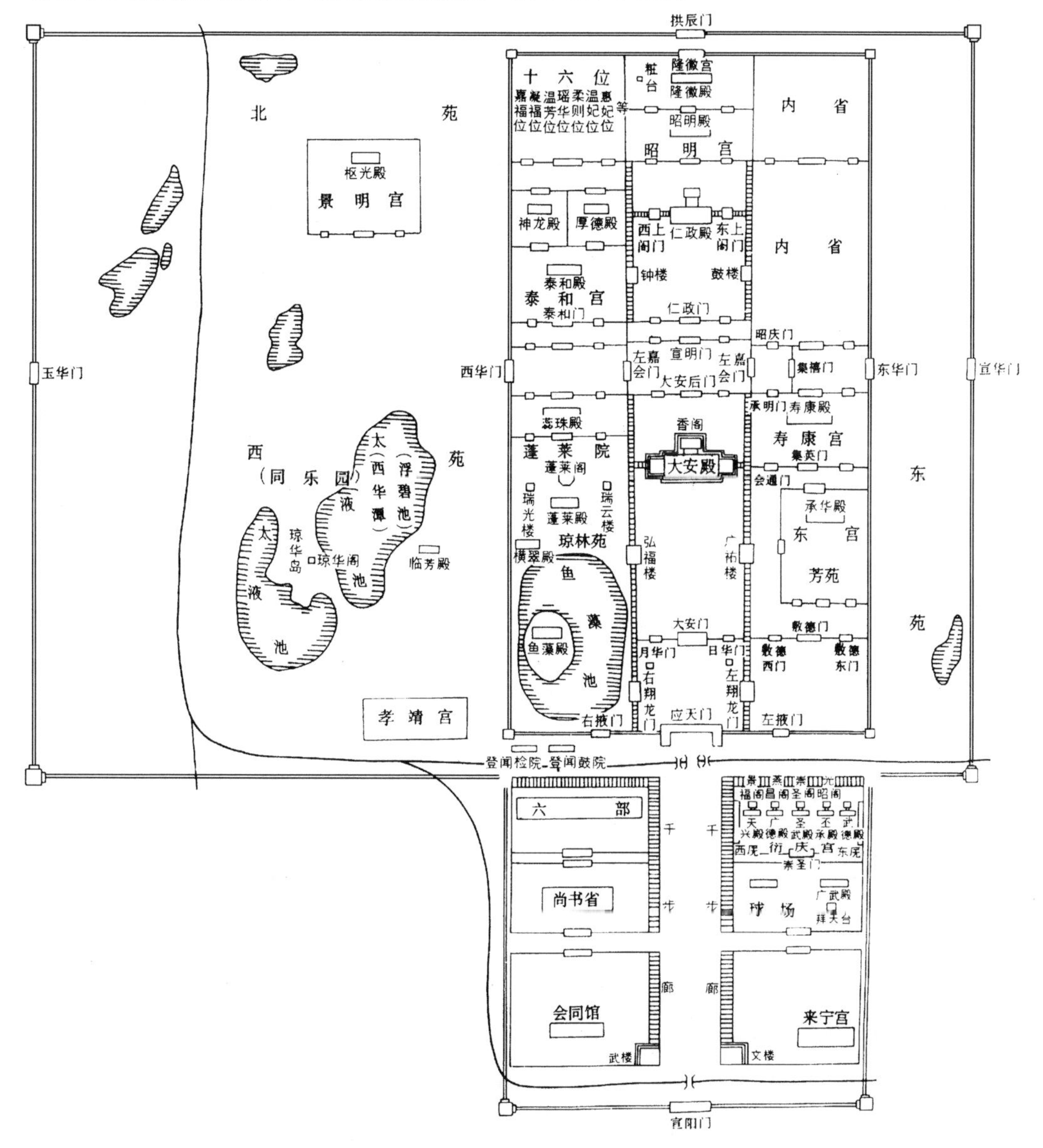

图3-11　金中都皇城宫城总体布局示意图

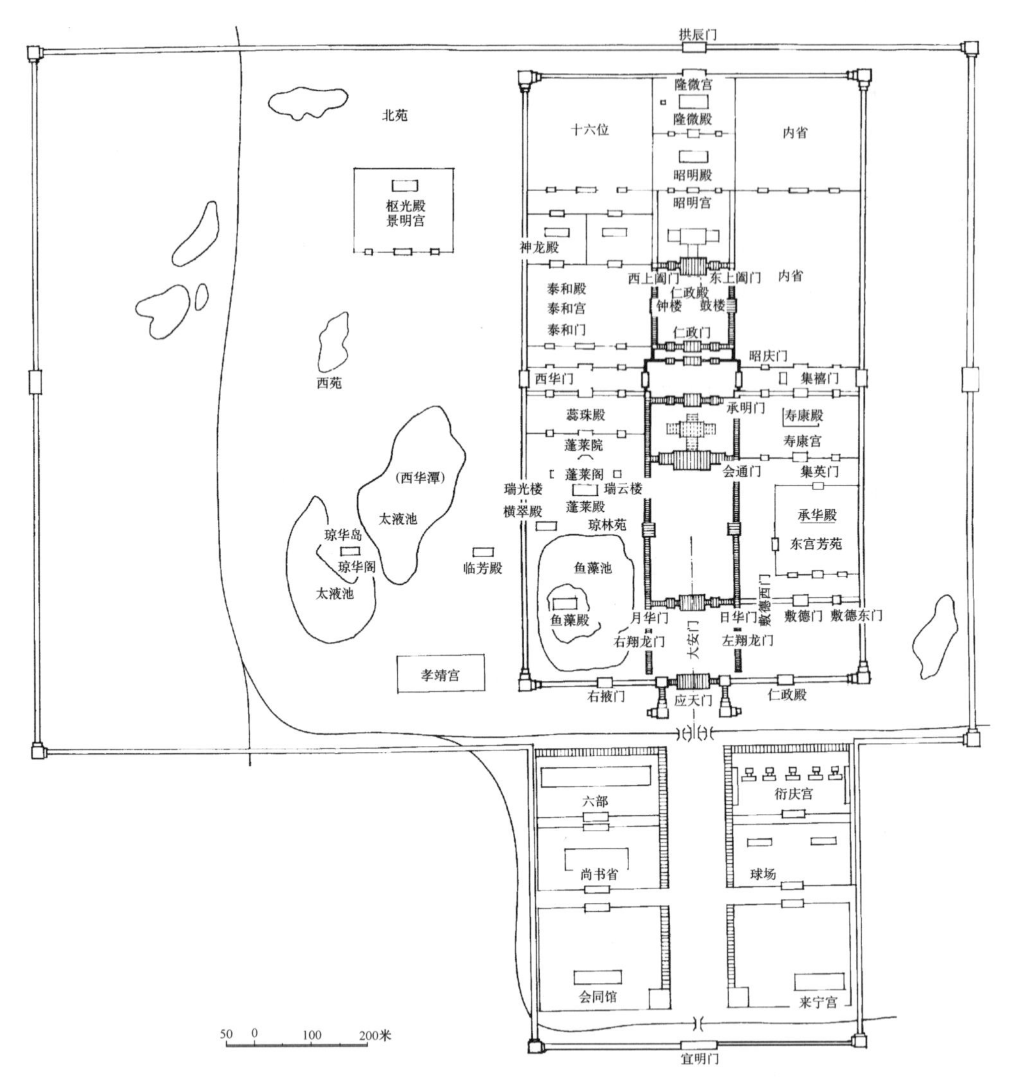

图 3-12 金中都宫殿建筑群组复原推想图

四、宫殿各区建筑概况

1. 中央区

宫殿中部采用前朝后寝格局，自宫城大门应天门开始，沿中轴线排列着一系列的殿宇，两侧围以廊庑，共同组成一进进院落，形成以大安殿为大朝场所和以仁政殿为常朝场所的外朝区。外朝区之后是内廷区。

外朝区前后共三进院落，自应天门进入之后，便是第一进，即大安殿门前的院落。据《北行日录》载，“大安殿门九间，两旁行廊三间，为日华、月华门各三间，又行廊七间，两厢各三十间，中起左右翔龙门……”可知这里是以行廊围合的近于方形的院落空间。院内除开设通达四处之门外，并有东西井亭等小建筑。

进入大安门后为第二进院落，其中有“露台三层”，台上为大安殿。“大安殿十一间，朵殿各五间，行廊各四间，东西廊各六十间，中起二楼各五间，左曰广祐……右曰弘福……”[6]这段记载说明了大安殿院落是一个以六十间东西廊围合而成的矩形空间，在三层台子之上的大安殿及朵殿，成为这一院落空间的主体，广祐与弘福二楼与大安殿在院落中成三足鼎立之势。

大安殿后有香阁，再往北又有一道后门，构成第三进院落。

过大安殿后门，经直通东、西华门的横街，便是常朝之所仁政殿，殿前有两道门，第一道门是宣明门，正对大安殿后门[7]。宣明门内有一庭院，该院可“列卫士二百许人”，同时这里还是朝臣待班的场所。宣明门内是仁政门，入门后即为仁政殿。

仁政殿九间，前有露台，“殿两旁各有朵殿，殿之上两高楼曰东、西上阁门”[8]，这与《北行日录》记载的“殿两旁廊二间，高门三间，又廊二间，通一行二十五间”[9]基本吻合，这里的“高门”即应为东西上阁门，它与前述之“朵殿”似乎为一幢建筑。该院东西“两廊各三十间，中有钟、鼓楼。”[10]仁政殿规模比大庆殿要小一些，是宫中第二座大殿，本是辽南京宫殿中的嘉宁殿，金代仍沿用，从其位置居于金宫之中部，可看出金宫在辽宫基础上向四周扩展，追求向北宋宫室模式看齐的设计思想。

仁政殿之后为帝后寝宫，其中昭明殿为皇帝正位[11]，隆徽殿为皇后正位[12]，昭明宫内有皇妃的“妆台”一直保存到明代。内寝区较之外朝区建筑减少，规模要小得多。

2. 东区

东区分成三个部分，即东宫、寿康宫、内省。

《金史》地理志载：大安殿之东北为东宫，从左掖门入，过敷德门，门内即为东宫。宋使范成大在《揽辔录》中记载：“入敷德门，自侧门入，又东北行，直东，有殿宇门，曰东宫。墙内亭观甚多”，“楼观龙飞”[13]，是皇太子住所。东宫之北是集英门，门北为寿康宫，内有寿康殿，是皇太后住所[14]。

经寿康宫西北之承明门，入昭庆门，其北即是内省所在地。包括有宣徽院、记注院、益政院、卫尉司、修内司等部门的办事处。

承明门与昭庆门之间向东可通集禧门，再东通东华门。向西可通左嘉会门，进入大安殿后门之横街。东宫与大安殿东廊之间有一条通道，是宫中常用的通行之路。皇帝举行常朝时，内外使臣皆“入左掖门，直北、循大安殿东廊后壁行，入敷德门，”然后“自会通东小门北入承明门”，再向西拐弯“入左嘉会门”，之后在宣明门内候朝。

3. 西区

西区是宫内园林和寝宫区，有琼林苑、泰和宫，十六位皇妃之寝宫等。西区南部即辽南京时的瑶池及瑶屿，全称鱼藻池，岛上有鱼藻殿，这里又称琼林苑。入右掖门即可见鱼藻池。另据《北行日录》描写在大安殿西廊的弘福楼之后“有数殿，以黄琉璃瓦结盖，号为金殿，闻是中宫。”对照《事林广记》乙集“京城之图”可知，中宫在鱼藻之北，有蓬莱阁、蕊珠宫、瑞光楼等[15]。

《大金国志》曾记载：“……正中位曰皇帝正位，后曰皇后正位，位之东曰内省，西曰十六位，乃妃嫔居之……”可知在西区北部最后，是“十六位”妃嫔的寝宫，在帝后寝宫之西，与内省处对称位置。在十六位以南还有一些宫殿，如泰和、厚德、神龙等[16]。

五、个体建筑特点

金中都修建之前，由于先选遣画工写东京宫室制度，并按图修之，因此金中都宫殿建筑制度多受宋宫殿制度影响。比如宫城中的应天门，大安殿等建筑皆模仿宋东京宫殿而造。

1. 应天门

应天门的形制，据《北行日录》描述为，“正门十一间，下列五门，号应天。左右有行楼，折而南，朵楼曲尺各三层，四垂……”由此可知，应天门是一座由几个建筑组合而成的门，它的平面为凹字形。所谓正门十一间，下列五门，说明为门楼形式，下部有墩台，上部的木构建筑为十一间、下部在墩台上开了五个门洞，并“安朱门五，施以金钉”[17]所谓“左右有行楼折而南”可理解为左右有一段“行廊”经过一个亭子式的建筑“朵楼”之后，“折而南”。之所以称“行楼”并非木构建筑本身为二层高，只是因设在墩台上，故称为楼。其所谓“左右朵楼曲尺各三层”指“凹”字形建筑最前部的突出部分，这实际是“阙”的遗制。在《东京梦华录》中就曾有将阙叫做“曲尺朵楼”的称呼。《北行日录》也为宋使所著，可能有同样的俗称。由于阙采用了子母阙的形式，每边的母阙外部一侧接子阙，后部又有向后突出的子阙，所以成了曲尺形的建筑，因而产生了“朵楼曲尺”之称。所谓三层，应是指母阙与二子阙在立面上前后错落三个层次，而“四垂”应指四层屋檐，在母阙上使用了二层屋檐。两个子阙各用一层单檐。这组建筑的屋顶采用琉璃瓦覆盖[18]，非常壮观。在金代建筑资料中，山西繁峙县岩山寺南殿东壁南侧之壁画，即画出了与应天门建筑群组相似的一座门，亦为凹字形。门楼、朵楼、阙楼、行廊均齐全，只是规模缩小，门楼仅五间，下部门墩上只开三个门洞。双阙均二层，即只有一母阙一子阙，壁画上所反映的建筑形象是对应天门形象的资料的补充。

2. 大安殿

大安殿是中都宫殿中最重要的建筑，而文献记载却不详。《北行日录》中只讲“大安殿十一间，朵殿各五间……”还谈到“露台三层，两旁各为曲水，石级十四，最上层中间又为涩道……”从上述记载可知，大安殿是建在三层露台之上的建筑，两侧有朵殿与之相接。大安殿平面形式据史料所记，推测此殿之后尚有楼阁一类的建筑，如《金史》卷九十二徒单克宁传所载“大定二十六年（1186 年）十一月戊午，宰相入见香阁。”卷十一章宗记也记有“泰和三年（1203 年）冬十月壬子，右丞仆散揆至自北边。丙辰，召至香阁慰劳之”。这些材料说明，大安殿在前，其后有香阁。

岩山寺南殿壁画中西壁的一幅所绘内容也可作为了解大安殿建筑群组情况的资料，其中即绘有前殿、主廊、后殿、香阁等建筑（图 3-13）。壁画中的主殿规模肯定须小于大安殿，否则会有逾制之嫌，但其各部形制尚可借以补充大安殿文献之缺，有几处可以说明问题，例如，前殿，设有斗栱，采用重檐、黄琉璃瓦屋顶，前檐装修采用双腰串格子门，殿下砌砖台基，殿前接月台，前檐明间设有踏步到达月台，月台边缘装钩阑。月台南面不设踏道，只有东西两侧踏道通向庭院，这种踏道布置方式在中都宫殿中也有记载。如范成大《揽辔录》中记载进入仁政殿时即“上东阶，却转南，由露台北行入殿”，说明台阶不是放在正南，岩山寺壁画中的东壁一组也绘有类似的场面（图 3-14、3-15）。

壁画中有后殿，高二层，上层用重檐，下层单檐，歇山黄琉璃瓦顶，上、下层皆有斗栱，内檐安格子门。下层两侧有挟屋。

壁画中的香阁，从后殿背后向北突出，成二层楼阁，采用单檐歇山瓦顶，以山面朝北。

岩山寺壁画之所以能极真实反映中都宫殿状况，并非没有依据。据考证[19]，在西壁画的上方有一题记，有施主及画家题名，其中的领衔画匠为王逵。此人为少府监图画署所属“图画匠”。肯定这位宫廷画匠非常熟悉中都宫殿形制。西壁壁画完成于中都宫殿建成十四年之后，其所绘建筑形制反映中都宫殿情况是无疑的。

中都宫殿修建之前，完颜亮曾派画工摹写宋汴梁宫室制度，然后进行修改，按图修建，修建之后的建筑可能有所创新、变化，从岩山寺壁画中反映出若干与北宋宫殿不同的特点，如工字殿后出后楼香阁，阙楼采用十字脊，城楼用重檐等。这些特点定会引起人们对中都宫殿建筑形制的进一步思考。

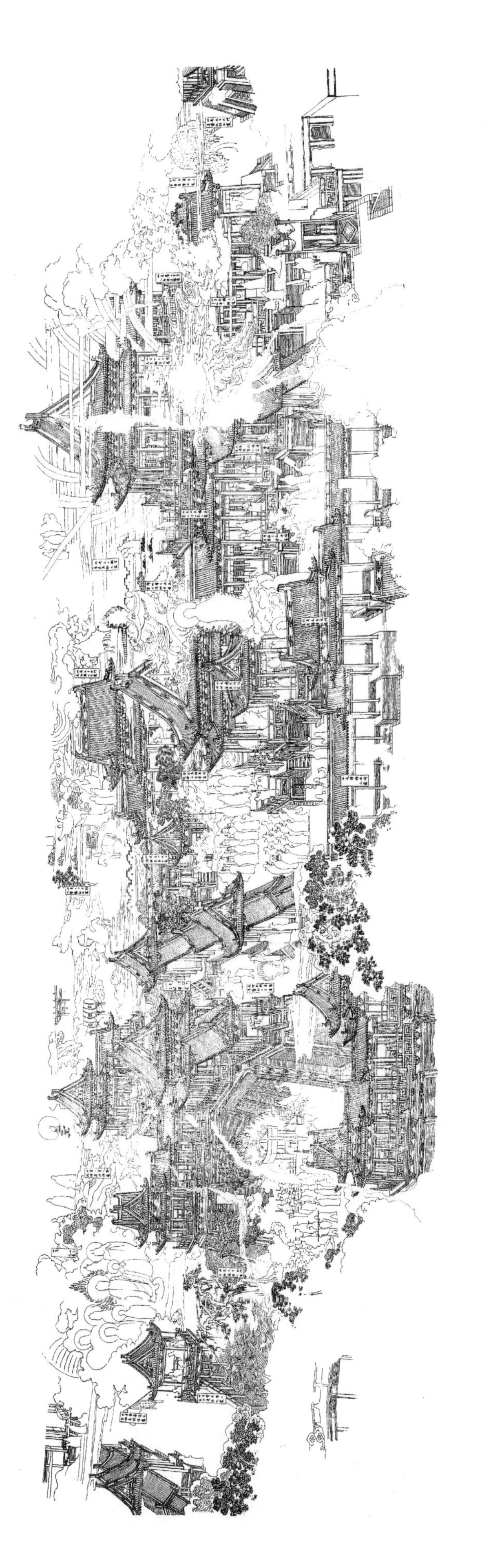

图3-13 岩山寺南殿金代壁画西壁摹本

图 3-14 岩山寺南殿金代壁画东壁南侧摹本

图 3-15 岩山寺南殿金代壁画东壁西侧壁画“圣母之殿”摹本

金中都宫城中还有其他建筑形制是仿宋的。比如，宫城中常朝之殿仁政殿两侧建有东、西上阁门，宋汴梁城中的主殿文德殿两侧也建有东、西上阁门，可见金中都宫城在修建时，保留了宋东京宫城中建阁门的制度。

另外，金中都宫城中设有钟、鼓楼，位于仁政殿前东、西行廊之间[20]。这也是承袭了宋宫建钟、鼓楼的做法。

总之，金代中都城及宫殿虽然是少数民族女真人所建，但由于有宋朝的技术人员及匠人参与设计施工，并仿照宋东京宫城建筑进行设计布局，因此金中都宫殿建筑仍可称为是 12 世纪前后中国宫殿建筑的代表。

金中都宫殿建筑及文献一览表 表 3-4

名称	位置	制度			创建或废毁年月	备注
		间数	高	建筑形式与装銮		
应天门（通天门）（图）（志）（端门）	内城正南门（志） 正门（行） 驰道之北（揽）	十一（史） 十二（行）	观高八丈（图） 楼高八丈（志）	左右有楼。（史） 朱门五，施以金钉。（图）（志） 四角皆楼，楼瓦琉璃金钉朱户五门列焉（志） 下列五门，左右各有行楼，折而南朵楼曲尺各三层四垂朵楼。（行） 两挟有楼如左右升龙之制，东西两角楼每楼次第攒三檐与挟楼接，极工巧。（揽）		旧名通天，大定五年改。（史） 门常扃。（志）
左右掖门	应天门东西相去里许（图）（志） 东西偏门（志） 东西城之中（行） 应天门左右（史）					
检鼓院	应天门城下（行）					
角楼	内城两角（行）			朵楼曲尺三层。（行）		
宣华门	内城之正东（图）（志）					按《金图经》作南城，误
玉华门	内城正西（图）（志）					
拱辰门（后朝门）（志）	内城北（图） 内城正北门（志）			制度一与宣华、玉华等，金碧翚飞，规模壮丽。（志）		
左右翔龙门	应天门内（史） 大安殿门外（行）			两旁行廊三间，为日华、月华门各三间，又行廊七间，两厢各三十间，中起左、右翔龙门。（行）		按《揽辔录》作左右翔凤门
日华月华门	端门内（揽）	各三（行）				
大安殿门		九（行）				
大安殿	前殿（史）（揽）	十一（行）		朵殿各五间，行廊各四间，东西廊各六十间，中起二楼各五间，顶为大金龙盘其上，余十间皆结窗顶，小拱三层皆为金，为小龙间置其中，曲折皆钉以绣额，壁柱衣绣，露台三层，两旁各有曲水，石级十四，最上层中间又为涩道。（行）		

续表

名称	位置	制度			创建或废毁年月	备注
		间数	高	建筑形式与装銮		
广祐 弘福 楼	东廊对东宫（行） 西廊西为中宫（行）	各五（行）				
左嘉会门	集禧门西（行） 承明门西与右嘉会门相对（揽） 大安殿后门之后相对（行）			东西门，门有二楼，大安殿后门之后。（史） 门有楼。（行）（揽）		
右嘉会门	大安殿后，宣明门前（行）					
宣明门	大安殿北（史）（行） 常朝后殿门（史）（揽）			宣明门三。（行）		
仁政门 隔门	宣明门北（史） 宣明门内（揽） 殿门后（行）			仁政殿侧门三。（行） 隔门。（揽） 檐下上以木雕为铜瓦小拱，甚巧丽，随门五间，每是朱门四扇，金钉灿然。（行）		
仁政殿	仁政门内（史）	九（行）（辕）		常朝之所。（史） 前有露台，殿两旁廊二间高门三间，又廊二间，通一行二十五间，两廊各三十间，中有钟鼓楼。（行） 东西两御廊。（揽） 前设露台廊各三十间，中有钟鼓楼，旁为朵殿，殿上为两高楼。（史）		
东 西 上阁门				仁政殿两旁各有朵殿，殿之上两高楼曰东西上阁门。（揽）		按（史）作仁政门旁，误
敷德门（行）	左掖门后（行） 左掖门内直北大安殿东廊后壁（揽） 掖门内（辕） 左右掖门内殿东（史）			两门（敷集）左右各又有门（行） 敷德西廊有门即大安殿门外左翔龙门之后。（行）		
东宫（隆庆宫）	大安殿东北（行） 敷德内门东北行（揽）			墙内亭观甚多。（揽）		明昌五年以隆庆宫为东宫，慈训殿为承华殿

续表

名称	位置	制度			创建或废毁年月	备注
		间数	高	建筑形式与装銮		
承华殿（慈训殿）						
东苑	敷德门东廊外（行）			楼观翚飞。（行）		
集英门	敷德门后（行） 东宫直北面南（揽）			列三门，中曰集英门，云是故寿康殿，母后所居。（揽）		
寿康宫				为寿康宫母后所居。（史）		
会通门	集英门之右东偏为东宫（行） 集英门西（揽）（史）			西有长廊中起高楼即大安殿前广祐楼，门内西廊，即大安殿东（廊）。（行）		
承明门	会通门后（行） 会通门北（揽）（史）			自会通东小门北入（揽）		
昭庆门	北向与承明相对（行） 承明门又北（揽）（史）					
集禧门	昭庆门东（行）（揽）（史）			西即左嘉会门之后。（行）		
尚书省（内省）	集禧门外（揽）（史） 通天门内东（图）（志）					
十六位	通天门内西（图）（志）					妃嫔所居。（图）

注：1. 本表转引自王璞子《辽金燕京城坊宫殿略述》《科技史文集》第11辑，上海科技出版社，1984年。
2. 此表系根据《金史》地理志、《金图经》、《大金国志》、《禁扁》、《北行日录》、《揽辔录》、《北辕录》编成，简称（史）、（图）、（志）、（禁）、（行）、（揽）、（辕）。

注释

[1]《金图经》，转引自《大金国志》附录二。

[2]《癸辛杂识》。

[3]《大金国志》。

[4] 同注 [1]。

[5] 于杰、于光度《金中都》，北京出版社，1989年。

[6] 楼钥《北行日录》。

[7]《金史·地理志》“大安殿后门之后也，其北曰宣明门，则常朝后殿门也。”

[8] 范成大，《揽辔录》。

[9] 楼钥《北行日录》。

[10] 同上。

[11]《金史》百官志载“昭明殿……大定二十九年设”。据《永乐大典》顺天府载“昭明观在旧皇城内，乃金昭明宫旧址”。《析津志》载：洗妆台，在南城金故宫西、寿安酒楼北，此台贮李妃以为梳妆之所，今昭明观是也。

[12]《金史》百官志载："隆徽殿，都监、同监。本隆和殿，系皇后位"。

[13]《北行日录》。

[14]《金史》地理志载："（东宫）正北列三门，中曰粹英，为寿康宫，母后所居也"。

[15] 据《中州集》中的诗句："蕊珠宫阙对蓬瀛"，可以认为蕊珠殿也在中宫一带，此诗为作者陪章宗登瑞光楼时所作，又说明瑞光楼也在中宫之地。

[16] 据《金史》五行志载：大定二年，闰二月廉政卯，神龙殿、十六位焚，延及太和，厚德殿"。

[17]《大金国志》。

[18]《大金国志》载"四角朵楼瓦琉璃，金钉朱户五门列焉"。

[19] 见傅熹年《山西省繁峙县岩山寺南殿金代壁画中所绘建筑的初步分析》。

[20]《金史》地理志。

第四节　辽行宫

辽代在这时仍保留游牧民族习俗，尽管其在"五京"中曾利用燕蓟等地工匠建造宫室，但一年四季皇帝多在行宫中渡过，处理政务即于"春水"、"秋山"、"坐冬"、"纳凉"的游牧活动中进行。这种活动称之为"捺钵"，其安营扎寨之处即其宫殿之所在。《辽史》《营卫志》曾记载广平淀的一次冬捺钵情况："冬捺钵曰广平淀，在永州东南三十里，本名白马淀。东西二十余里，南北十余里。地甚坦夷，四望皆沙碛，木多榆柳。其地饶沙，冬月稍暖，牙帐多于此坐冬，与南北大臣会议国事，时出校猎讲武，兼受南宋及诸国礼贡。皇帝牙帐以枪为硬寨，用毛绳连系。每枪下黑毡伞一，以庇卫士风雪。枪外小毡帐一层，每帐五人，各执兵仗为禁围。南有省方殿，殿北约二里曰寿宁殿，皆木柱竹榱，以毡为盖，彩绘韬柱，锦为壁衣，加绯绣额。又以黄布绣龙为地障，窗、槅皆以毡为之，缚以黄油绢。基高尺余，两厢廊庑也以毡盖，无门户。省方殿北有鹿皮帐，帐次北有八方公用殿。寿宁殿北有长春帐，卫以硬寨。宫用契丹兵四千人，每日轮番千人抵直。禁围外卓枪为寨，夜则拔枪移卓御寝帐。周围拒马[1]，外设铺，传铃宿卫"。这种具有戏剧色彩的宫殿尽管建筑物本身简陋，只是一座座毡帐而已，但却也反映着一定的规划设计思想，殿宇防卫森严，等第有序，尊卑分明。皇帝使用的寿宁殿"彩绘韬柱、锦为壁衣，加绯绣额"，追求华丽，且铺上"黄布绣龙"的地毯，说明辽帝也相信自己是"真龙天子"。从这个侧面也反映出契丹与汉文化合璧的建筑特点。

另据沈括《熙宁使虏图抄》记载了熙宁八年（辽大康元年，公元1075年）使辽时所见道宗在犊山（今大兴安岭南部的永安山附近）夏捺钵的情景："有屋，单于（道宗）之朝寝，后萧之朝凡三，其余皆毡庐，不过数十，悉东向。庭以松干表其前，一人持牌立松干之间，曰阁门。其东相向六、七帐，曰中书、枢密院、客省。又东毡庐一，旁驻毡车六，前植纛，曰太庙，皆草莽之中。东数里有缭涧，涧东原湿十余里，其西北与北皆山也，其北山，庭之所依者曰'犊儿'，过犊儿北十余里曰'市场'，小民之为市者，以车从之于山间。"这里反映了行宫之外朝及朝廷行政机构的建置，及其与太庙、市场的关系。这一充当行宫的建筑群虽然总体朝东，为契丹民族"贵日"的反映，而行宫主要殿宇之前布置排列整齐的朝廷行政机构之毡帐，且设"阁门"，肯定是受汉宫影响的结果。行宫之营与小民之市以犊山相隔绝，但又可"以车从之于山间"，互相沟通，满足宫廷某些物质生活需要。也是"前朝后市"的一种罢了。

注释

[1] 拒马：用一排交叉的木棍所做的路障，又称拒马叉子。

第四章 祠　　庙

第一节 祠庙建筑发展的历史背景

一、以礼治国是宋代君王的国策

祭祀天地神祇是中国古代帝王直接参与的重大礼仪活动，是君权神授的具体体现，因此受到历代帝王的重视。但是，到了唐末、五代，战乱频繁，朝代更迭。特别是五代的短短 53 年之中，有 13 位君王变成了阶下囚，其中并有 8 人被弑。君权神授的观念被打破，代之而起的是“天子，兵强马壮者为之”[1]。北宋王朝的统治者当然不希望再出现前朝的教训，用几十万的禁军驻守京城以抵御可能再出现的“兵强马壮者”。但仅仅如此是不够的，必须寻求一种精神上的武器，来维护其统治，于是采取了加强礼制的国策，通过礼制活动，强化君权神授的观念。开国后便重新修订各种礼仪制度，频繁地举行礼仪活动，同时还建造了各种类型的礼制建筑。每位帝王都把祈求神灵保佑作为维护自己统治的精神支柱，因此宋代是中国礼制建筑发展的鼎盛时期之一。宋太祖即位的第二年，便下诏，命集儒学之士，研讨详定太常博士聂崇义献上的“重集三礼图”。到了开宝中期，“四方渐平、民稍休息”。便命官吏编纂了《开宝通礼》二百卷，继之又编写《通礼义纂》一百卷，作为有宋一代礼制活动的纲要。宋真宗统治时期(998～1021 年)，与契丹通好，天下无事，于是便“封泰山、祀汾阴，天书、圣祖崇奉迭兴……”[2]仁宗景祐四年至庆历三年（1037～1043 年)，编出《太常新礼》及《祀仪》。皇祐中期（1051 年前后)，历任四朝宰相 50 年的文彦博，曾撰《大享明堂记》20 卷。到了北宋中、后期，神宗、哲宗朝，又掀起了一次修改礼仪制度的活动，一些官员认为“国朝大率皆循唐故，至于坛壝神位、法驾舆辇、仗卫仪物，亦兼用历代之制。其间情文讹舛，多戾于古……”[3]因此需要再来一次修订。《宋史》称宋代的“祀礼修于元丰，而成于元祐，至崇宁复有所增损”[4]。

北宋末，徽宗皇帝进行了北宋时期第三次修订礼仪制度的活动，大观三年（1109 年）完成《吉礼》231 卷，《祭服制度》16 卷，两年后的政和元年（1111 年）又续修成 477 卷，政和三年(1113 年）完成《五礼新仪》220 卷。这一系列的规制修订不仅改变了前朝仪礼规模，还将久废之礼恢复，如先蚕礼，于真宗时恢复便是一例。

南渡以后，仍不忘恢复北宋的礼仪活动，高宗提出“晋武平吴之后，上下不知有礼，旋致祸乱。周礼不秉，其何能国?”正因如此，即使在逃到扬州之时，仍“筑坛于江都县之东南，”并于建炎二年（1128 年）冬祀昊天上帝于此。到临安以后便又逐渐复筑起一些礼制建筑。

然而在这些表象的背后，还有着深层的政治内涵，宋代帝王所从事的礼仪活动绝不是简单的礼节的表征，更不是一般地秉承周礼，宋哲宗时的礼部尚书苏轼就曾指出在举行郊祀活动中有诸多方面与周礼无关，即如：

“郊而肆赦，非周礼也”；

“优赏诸军，非周礼也”；

“自后妃以下至文武百官皆得荫补亲属，非周礼也”；

“自宰相、宗室以下至百官皆有赐赉，非周礼也”[5]。

苏轼所举诸多方面洽好说明郊祀的政治性特征，实际上是借“礼”为名进行政治交易的活动。通过肆赦可缓和阶级矛盾，通过优赏诸军可平息各种反叛情绪，不再出现“兵强马壮者”的造反。通过荫补百官亲属，使各级政权更多地掌握在官僚子弟的手中，既可维持其统治精神的一贯性，又可免除官僚们的后顾之忧。至于赐赉百官更是拉陇亲信的必要手段。因此宋代的郊祀制度已成为维系其政治统治的纽带，在郊祀制度发展史上产生了前所未有的变异。

皇帝的亲祀活动可随政治的需要而增减、变更，例如宋初曾以“三岁一郊遂为定制”也[6]，但徽宗执政的25年之间，亲郊达23次之多。又如真宗搞大规模的泰山封禅活动，也是有政治的目的举动；在大中祥符元年十月（1008年），称泰山降天书，符瑞，皇帝携百官去泰山封禅，前后历时47日，并称通过封禅，可以“镇服四海，夸示外国”。实际这次活动是在“澶渊之盟”以后，为“涤耻”而为之。恰好辽统治者十分迷信，再加上当时辽统治者内部矛盾加剧，对宋进犯减弱。利用这个有利时机举行封禅活动，使其带有了神秘色彩。正如《宋史纪事本末》所分析的：“澶渊既盟，封禅事作，祥瑞沓臻，天书屡降，导迎奠定，一国君臣如病狂然，吁可怪也。”

宋代将皇帝亲郊活动通过扩展其内涵而使礼仪活动的影响扩大，使其成为牵动整个社会的仪典，用以标榜其文治精神。但这种排场巨大的活动是要靠金钱为后盾的，当时苏洵就曾指出：“一经大礼，费以万亿；赋敛之不轻，民之不聊生，皆此之故也”。但尽管如此，由于北宋的封建专治统治，君王以金钱换取其抬高自己身价的筹码，其国策是不可逆转的。还是苏洵说出了问题的实质；“以陛下节用爱民，非不欲去此矣，顾以为所以来久远，恐一旦去之，天下必以为少恩，而豪凶无赖之兵或因以为词而生乱。”[7]有宋一代，表面上礼仪庆典的隆重排场空前，但却埋藏着隐患。

二、宋代礼制活动系谱

古代祭祀之事分为吉、凶、嘉、宾、军五礼，吉礼为五礼之首，“主邦国神祇祭祀之事”[8]。北宋时期每年属“吉礼”范畴的祭祀活动分为大祀、中祀、小祀三个等级。大祀活动指对天地、宗庙的祭祀礼仪。往往要由皇帝亲自率臣参加。中祀指祭祀日、月、星、辰、社稷。小祀指祭祀山、川、岳、渎及风伯、雨师等。北宋官方颁定的大祀活动有以下诸项：

1. 正月祈谷，淳化、至道年间太宗皆躬行祈谷之礼，在圜丘坛。

2. 孟夏雨祀，即四月份求雨，开宝中太祖曾躬行大雩之礼，于南郊圜丘。

天禧五年（1021年）礼部重新制定制度，另建雩坛于圜丘之左巳地。元丰五年（1082年）秋七月始建雩坛。

3. 季秋大享明堂，即九月份在明堂举行的祭祀活动。

4. 冬至在圜丘祭昊天上帝。宋初每三年举行一次天地合祭的活动，元丰四年（1081年）开始分祀，帝王亲祀北郊坛。元丰六年冬至祀昊天上帝于圜丘。

5. 正月祀感生帝，乾德元年（963年）即确定奉赤帝为感生帝，为五帝之一，在都城南郊筑坛祭祀。

6. 四立日及土王日祀五方帝；即立春、立夏、立秋、立冬，及夏末的土王日专祀五方帝。各建坛于国门之外。东方为青帝之坛，西方为白帝之坛，南方为赤帝之坛，北方为黑帝之坛，中部为黄帝之坛。

7. 春分祀日神于朝日坛。

8. 秋分祀月神于夕月坛。

9. 立春祀太一神于东太一宫[9]。

10. 立秋祀太一神于西太一宫。

11. 腊日大蜡祭百神，古代年终合祭与农业生产有关的诸神称"大蜡"祭。宋尚火德，以戊日为腊，并于国之四方建蜡祭坛[10]。

12. 夏至祭皇地祇（地神）。

13. 孟冬祭神州地祇。

14. 四孟、季冬荐享太庙、后庙。

15. 仲春、仲秋及腊日祭太社、太稷。自京城至州县皆有此项祭祀礼仪。而州县只有春、秋二祭。

16. 仲夏、仲冬祀九宫贵神。九宫贵神为天神，主风、雨、霜、雪、雹、疫。九宫神坛在国之东郊，宋初为中祀，至咸平中期（在1000年前后）升为大祀，神坛占地范围增大。并于泰山下行宫之东别建九宫坛。宋室南迁之后于绍兴十一年在临安府东再建九宫坛。

此外还有中祀活动九次，如祭五龙、风师、先农、先蚕、雨师、文宣王、武成王等，小礼活动九次，如妈祖、先牧、寿星、灵星等。

太平兴国八年（983年）以后，确定"立春祀东岳岱山于兖州，东镇沂山于沂州，东海于莱州，淮渎于唐州。立夏日祀南岳衡山于衡州，南镇会稽山于越州，南海于广州，江渎于成都府。立秋日祀西岳华山于华州，西镇吴山于陇州"。岳、镇、海、渎有不在封域者，则采用"望祭"仪式，例如："西海河渎并于洛中府，西海就河渎庙望祭。立冬祀北岳恒山、北镇医巫闾山于定州，北镇就北岳庙望祭。北海、济渎并于孟州，北海就济渎庙望祭。土王日祭中岳嵩山于河南府，中镇霍山于晋州"（《宋史·礼志五》）。南宋时期"岳镇海渎，每年四立日分祭东、西、南、北如祭五方帝之礼。"

望祭之制不仅限于疆域之外者，"凡郊坛，值雨雪，即斋宫门望祭殿望拜"。

为了配合礼仪活动从开国以后的不断升级，建造坛庙的建筑活动与日俱增。坛庙建筑制度一改再改，建筑规模随之扩大，例如：南郊坛，宋初所建为四层坛，总高32.4尺，底径20丈。政和三年重建为三层坛，总高27×3=81尺，底径扩展成81丈。北郊坛，原来的二层坛，面广49尺，东西44尺，总高9.5尺，认为其"卑陋不应典礼"。到嘉祐五年（1060年）达到底边方360尺的规模。除祭天、地祇之坛以外，其余各坛也都经过扩建、增筑，如仁宗皇祐年间（1049～1054年）按唐《郊祀录》修改五方坛坛高尺寸；并增高加大朝日坛、夕月坛。总的来看，大型礼制建筑的建设活动皆在北宋中、后期，如元符年间（1098～1100年）创建景灵西宫，崇宁年间（1102～1106年）因帝王亲祀方泽而改建方泽坛。并作明堂、立九庙等。

需要指出的是明堂的使用是北宋后期的事，也是宋代郊祀活动的重要特点，据载"宋初虽有季秋大享明堂之礼，然未尝亲祠，只命有司摄事，沿隋唐旧制，寓祭南郊坛。至仁宗皇祐二年（1050年），始以大庆殿为明堂，合祭天、地、三圣、并侑百神，从事一如圜丘南郊之仪。盖当郊祀之岁，而移其礼用之于明堂，故不容不重其事也”[11]。至北宋后期，特别是南宋时期，在明堂的祭祀活动增多，之所以出现这样的变化，明人王圻道出了其缘委：“南渡以后，当郊祀之岁，每以赀用不足，权停郊祀，止享明堂。”[12]由于财政的窘困，迫使其郊祀活动从室外转入室内，从而压缩了规模，节省了开支。据统计北宋皇帝亲祀南郊坛有16次，亲祀明堂有17次，南宋一代亲祀南郊坛19次，亲祀明堂达30次之多[13]。这时明堂的含义已有所弱化了[14]。

注释

[1]《旧五代史》卷九十八，晋书二十四，安重荣传。

[2]《宋史》卷九十八礼一。

[3]《宋史》卷九十八礼一。

[4]《宋史》卷九十八礼一。

[5]《文献通考》卷七十一，郊社考四。

[6]章如愚《群书考索》卷二十五。

[7]苏洵《嘉祐集》卷九，上皇帝书。

[8]《宋史》卷九十八，礼一。

[9]《正义》：“太一，天帝之别名也。刘伯庄云：太一，天神之最尊贵者也。”

[10]《宋史》卷一〇三礼六。

[11]马端临《文献通考》卷七十四郊社考七。

[12]明王圻《续文献通考》卷八十六郊社考四。

[13]杨倩描《宋代郊祀制度初探》，《世界宗教研究》1988年4期。

[14]在春秋战国以前，明堂是天子祭祀祖宗的场所，同时也作为召见诸侯、颁布政令的处所。《考工记》中曾对夏、商、周时代的明堂建筑形制作过简括的记载，对于“明堂”之命名，表现了“明政教”（《考工记》）“明诸侯之尊卑”（《礼记正义》）的含义，到了汉代，班固撰《白虎通》中提出“天子立明堂者，所以通神灵，感天地，正四时，出教化，宗有德，重有道，显有能，褒有行者也”。把明堂的含义与天子的审美理想结合了起来，凡是天子在统治中所需要借助的神灵天地之力可通过“立明堂”得到满足。汉《淮南子》中还称：“昔者神农之治天下也……甘雨时降，五谷蕃植。春生夏长，秋收冬藏。月省时考，岁终献功，以时尝谷，祀于明堂。”更可证实“明堂”的场所精神，它为满足统治者的主观需求，而被赋予了种种带有浪漫色彩的功能，因此后世的明堂发展成祭祀天地、四时、五帝、祖宗、百神的场所，是最高等级的礼制建筑。同时对明堂的形制提出了要满足各种象征含义的要求。

第二节 宋、金重要礼制建筑类型及形制

一、祭坛

（一）祭坛的构成

宋代大部分祭祀天、地、日、月、社稷等自然之神的礼制建筑，均采用祭坛的形式。利用“不屋而坛，当受霜露风雨，以达天气之气”，表现了一种人可与天直接对话的理念。宋代祭坛类型繁多，各类神主的坛，大小、高低、层数、形式方圆各有不同，总占地及四周围墙层数，所处方位也各不相同。同时在祭坛旁设有为参加祭典帝王、官员的更衣、斋戒等建筑，即大次、小次、青城等。大次、小次均为临时张起的幄，大次在坛壝之外，为皇帝更衣之所，小次在坛侧，为祭礼活动时临时休息之所。宋史载南郊坛“设皇帝更衣坛于东壝东门之内道北，南向”。到仁宗天圣六年（1028年），则筑外壝，大约在熙宁七年（1074年）便设青城斋宫[1]。元丰年间，所筑北郊坛曾筑有斋宫。帝王参加祭祀活动一般需在冬至前三日斋戒，先赴太庙，宿太庙，然后赴青城斋宫，

再至大次更衣。仁宗天圣二年（1024 年）和神宗元丰七年（1084 年）的南郊大祀皆如是。活动结束后皇帝仍需归大次，还青城，接受百官称贺于端诚殿，再回宫。此外，有的祭坛因其所祀神主不同，而设有特殊建筑或区域，如社稷坛坛侧建有斋厅三楹，以备望祭。先农坛，除建祭坛之外还设有观耕台，而其青城设于千亩之外。先蚕坛设有亲蚕区。并在先蚕坛侧筑蚕室 27 座，别构殿一区。并仿汉制设置茧馆，立织室。还于先蚕坛南建桑林设采桑坛。在采桑坛外，坛壝东门之内道北设皇后幄次[2]，南向。

（二）各类祭坛形制

1. 南郊圜丘坛

为祭天之坛，位于都城南郊，内坛宋初为四层圜坛。政和三年（1113 年）改为三层圜坛，层数及尺寸皆用阳数。《宋史》载：一层底径“用九九之数，广八十一丈”；第二层“用六九之数，广五十四丈；第三层“用三九之数，广二十七丈”；每层高二十七尺，各层四面出陛，“乾之策也。”周围筑有三重围墙，称三壝，间距为三十六步（合 180 尺），“成层与壝皆三，参天地之数也。”（图 4-1）

南宋临安所筑圜丘，尺寸减小，仍用四层，各层未合阳数。

·燎坛：在内坛之外，丙地。高 12 尺。

·大次：在东壝东门之内道北的一座帐幄。

·小次：在内坛侧面的一座帐幄。

·青城：即斋宫，其主要建筑有端成殿，斋宫大门名泰禋门，便殿名熙成殿，正东祥曦门，正西景曜门，端成殿前东、西门名为左、右嘉德门，殿后三门即拱极门，内东侧门为夤明门，内西侧门为肃成门，此外还有后园门宝华门。推想该组建筑应为筑有两层围墙的一座院落，端诚殿在内院，大致居中，便殿在外院，内、外院四面皆开门，此外并设有东偏门。青城至主祭坛 518 步（合 2590 尺）。

2. 北郊方泽坛

为祭地祇之所，由内坛和斋宫组成。

内坛：元丰七年（1084 年）诏改北郊圜坛为方丘。并称圜坛象于乾，方坛当效法于坤。于是将原有三层坛改为二层；底层“广三十六丈”，二层“广二十四丈”每层高十八尺，总高三十六尺，“其广与崇皆得六六之数，以坤用六故也”，周围出四陛，用二壝，间距二十四步（120 尺）。并“治四面稍令低下，以应泽中之制。”由上可知方译坛是四周低于自然地平而筑的一座二层方坛。

斋宫：与南郊青城相似，斋宫内主要殿宇为厚德殿，此外有大门广禋、正东门含光、正西门咸亨、正北门至顺，以及偏门、便殿等建筑。建筑群四周并增设四座角楼。

3. 社稷坛

分别立有“社坛”和“稷坛”，但形制相同，社坛在东，稷坛在西。“自京师至州县皆有其祀”，京师者称太社、太稷。太社坛以五色土筑成单层方形坛，广 5 丈，高 5 尺，正中立有社石，社石埋入土中，形式如钟。四周有墙垣围绕，每面墙垣涂上各方颜色。墙垣除南面外，每面各有一屋，三门，每门立 24 戟。墙垣内植以槐树。

诸侯之坛为天子之半。

《景定建康志》所载南宋时期因淳熙年间（1174～1189 年）屡有自然灾害而重建的社坛，是将多坛组合在一处的，府城级的礼制建筑群（图 4-2），它包括了社坛、稷坛、风坛、雨坛、雷坛五座，

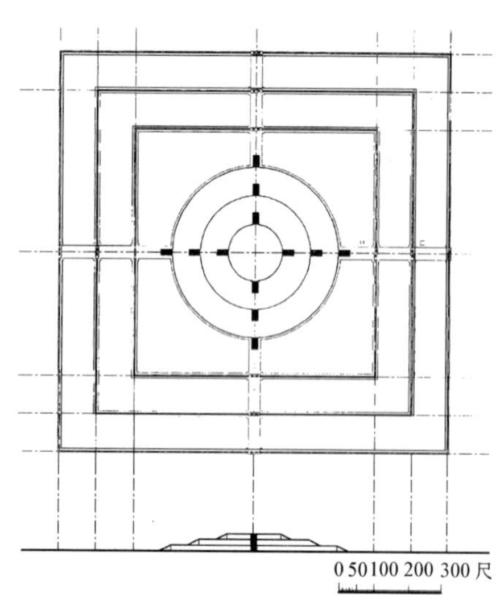

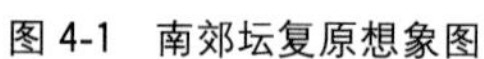

图 4-1 南郊坛复原想象图

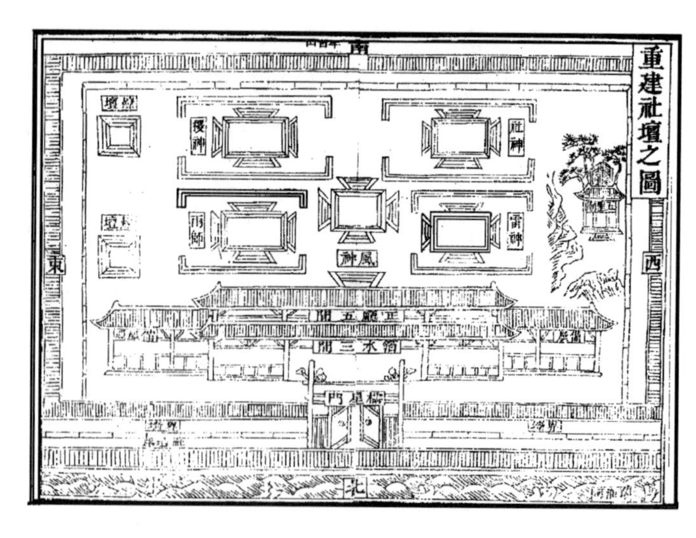

图 4-2 《景定建康志》所载社坛图

此五坛皆为三层方坛四面出陛的形式，社、稷二坛置于南部，坛上皆按方位铺方色之土。风、雨、雷三坛“位北向南”，五坛中，除风坛之外，各坛四周皆筑一壝，五坛之外再设一壝。在五坛的东南部另设有燎坛两座。五坛位于秦淮河南岸，外壝面秦淮开棂星门，这样就形成了以北侧为主要入口的局面。由于社稷坛所祭之神为土、谷之神，属阴，故以北为上，祭拜时面向南。门内有正殿五间，正面前部带抱厦三间，此应为拜殿。正殿两侧的“备屋”，应为举行礼仪活动的服务用房[3]。

祭坛中采用单层方坛者为数众多，除社稷坛之外，尚有夕月坛也颇具特色。夕月坛放置在比地平凹下的坎中，凹下部分为 40 尺见方，深 3 尺，夕月坛本身 20 尺见方，高 1 尺，四面出陛。举行祭礼时先降入坎中，然后升坛。坛外设两壝，相隔各 25 步（125 尺）。与夕月坛相对应的朝日坛则从地平面升高，也采用了 40 尺见方的尺寸，坛高 8 尺。此处采用一高一低与阴、阳呼应的手法将两座坛处理成不同的形式。

4. 九宫贵神坛

宋初采用 2 层形式，第一层为方 120 尺的坛，高 3 尺；第二层为方 100 尺的坛，也高 3 尺，在二层之上还设有 9 个小坛，每个高仅 1.5 尺，广（方）8 尺。小坛彼此相距 16 尺，周有两壝。《政和新仪》中的九宫贵神坛变成三层，一层方 140 尺，二层方 120 尺，三层为 100 尺，各高 3 尺。上部“依方位置小坛九”，各高 1.5 尺，广（方）8 尺。出四陛，两壝，内外两重壝间距 25 步（125 尺）。在大坛上加小坛的做法仅此一例。

5. 其他类型祭坛

除以上所举祭坛形制之外，其他各种名目的祭坛一般多为一层，形式有方有圆。其中较有特点的是泰山祭坛和汾阴后土坛；泰山祭坛，分成上下两部分，山上坛，举行祭天活动，是太平兴国中利用前代已“摧圮”的封禅址上重建而成，为一层圆坛，“径五丈，高九尺，四陛，上饰以青，四面如其方色；一壝，广一丈，围以青绳三周”。山下的小丘作封祀坛举行祭地活动。封祀坛做成四层圆坛，十二陛，“上饰以玄，四面如方色；外为三壝”。两者之东南方皆设有一座方坛，称之为燎坛，高二丈，方一丈。此外还在山下的社首小丘建有一座八角形三层高并逐层放大的社首坛，共同形成泰山祭坛群。形制也是较特别的。

祀汾阴后土之坛，坛为八角形，三层，上阔 16 步（合 80 尺），八陛，上陛广 8 尺，中广 10 尺，下广 12 尺，三重壝，四面开门。

从以上诸多例子[4]，可知当时祭坛形制的概况。

二、祠庙

（一）祠庙建筑的构成

在礼制建筑中除祭坛之外，还有祠庙一类，采取建筑群的形式，这类建筑群以主祭殿为中心，沿着一条纵轴线向前后伸展。主祭殿所在的建筑空间多采用回廊院落式；其前列几重门殿，每重门殿各居一进院落。其后又有一两进院落。主祭殿规模大，等第高。有的礼制建筑群除中轴线上的建筑之外，还有一些附属建筑。建筑群周围设有墙垣、角楼等。其构成模式仿照当时最高等级的宫殿，因为这是给“神”或“先贤”修筑的建筑。并由皇家主管建筑工程的部门来出建筑图样。还有一类是“明堂”，由于它是集祭祀、布政于一身的礼制建筑，且多规章限制，建筑形制尤为特殊。

现将祠庙内典型建筑及其布局特点作一分析：

1. 前导空间的建筑

在祠庙大门之前总有一较大空间作为前导，其中布置的建筑有遥参亭、准令下马亭、护龙池、棂星门等。其中棂星门是普遍采用的，其他建筑各庙不同，如遥参亭仅在东岳岱庙及中岳庙出现。下马亭、护龙池仅在南岳庙中出现。棂星门皆采用三座乌头门并列形制，三者中高边低（图 4-3），如登封中岳庙、汾阴后土祠皆如是。遥参亭形制从中岳庙图碑所见者为方亭，屋顶作重檐十字脊（图 4-4），与现存之八角形亭完全不同。

2. 庙垣及其上建筑

祠庙庙垣多随其占地安排，大多为方整的围垣，如祭自然之神者。少数成自由形状，如晋祠。方整庙垣四角皆设角楼，有方形和曲尺形两种。方形者如汾阴后土祠（图4-5），曲尺形者作二叠或三叠阙式，如中岳庙为二叠阙式，岱庙宋代角楼从遗址分析为三叠阙式（图 4-6）。南侧角楼与庙正门一般处于同一东西线上，而庙垣可从南侧角楼再向南延伸，转折，至棂星门结束。这时庙正门与南侧角楼皆用廊屋连接。也有的自南侧角楼即转折至庙正南门结束，如泰安岱庙即是。庙北门设在与北侧角楼东西一线的北垣中央，东西墙垣有的设东、西华门，也有只开随墙小门者。凡在墙垣上直接开设的庙门，多做成城楼形式。

3. 庙正南门

作门殿或城楼，实例如岱庙之正南门。门殿者开间多作五间，启三门，下置矮基出单阶。在三橙版门两侧立叉子。屋顶作九脊或四阿、单檐。门殿两侧与廊屋相连。廊间可置偏门，或于近角楼处做掖门。做城门楼者，墙垣仿城墙形式，门开于墙垣上，采用方形木梁门洞，内装版门，城台上门殿形制同上。

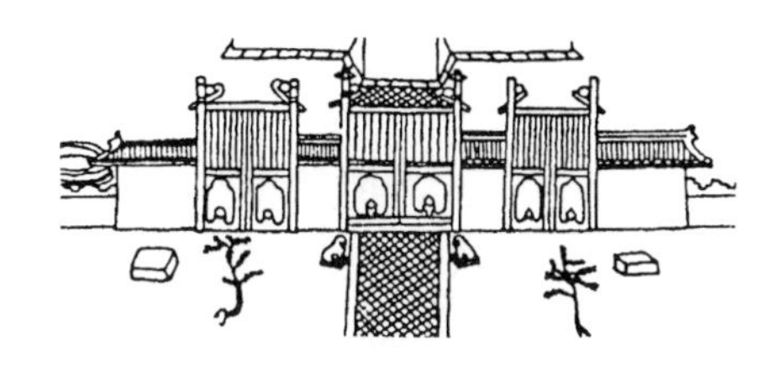

图 4-3　汾阴后土祠棂星门（局部）

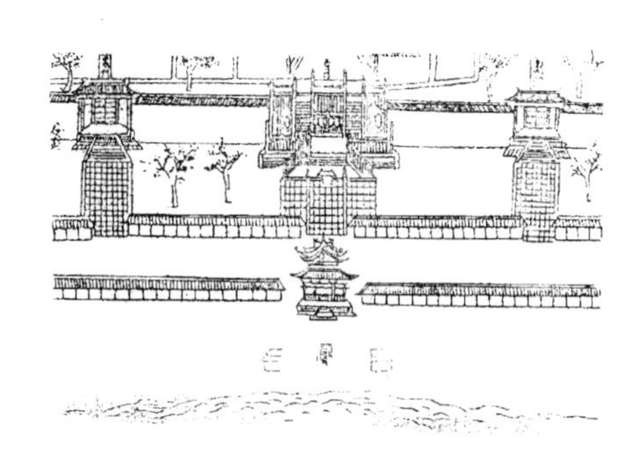

图 4-4　中岳庙遥参亭、棂星门

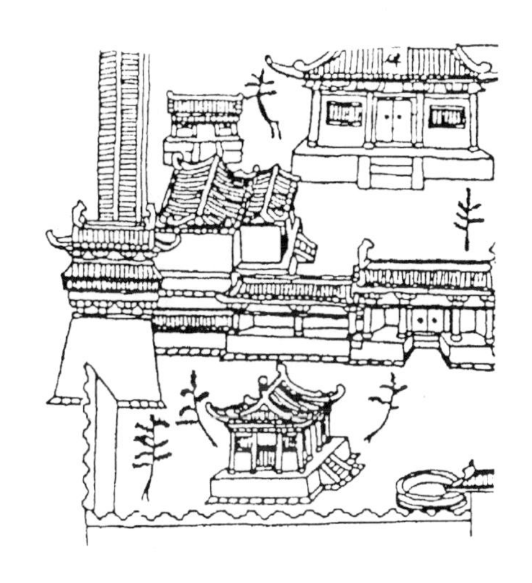

图 4-5　方形角楼（汾阴后土祠）

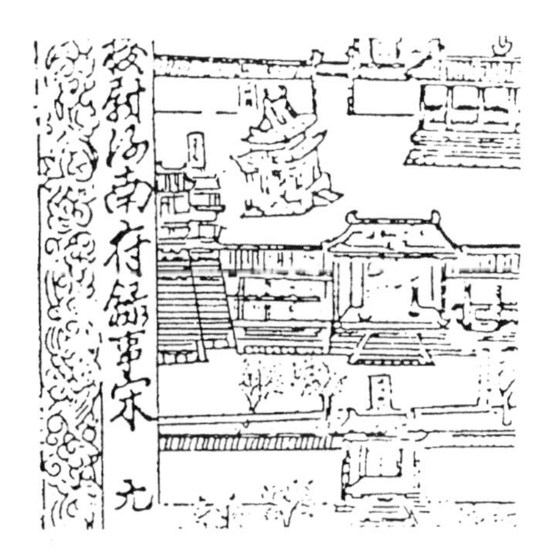

图 4-6　曲尺形角楼（登封中岳庙）

4. 庙内核心殿宇——正殿与寝殿

祭庙中的主要殿宇皆设正殿与寝殿。因当时将神封为帝，随之便有供帝使用的朝与寝，这样便出现了采用前朝后寝格局的正殿与寝殿。正殿规模宏伟，可达七至九间，皆用重檐四阿顶，坐落在较高的台基之上，基前置双阶。寝殿规制稍减，两者之间多设连廊，构成工字殿，中岳庙的“琉璃正殿”、“琉璃过道”、“琉璃后殿”，后土祠的“坤柔殿”、“寝殿”皆如此。这种工字殿还见于济源济渎庙之渊德殿及其寝殿、连廊，现尚存有宋代所建寝殿及部分连廊遗址。

正殿与寝殿周围多作回廊环绕，但在寝殿两侧常常布置一些小殿，做成通脊连檐房屋。

5. 正殿前殿庭

正殿前有较宏敞的庭院，院内设有献殿或露台（也有写作“路台”者）。有的两者皆有之。如中岳庙，院内有“降神小殿”，后有露台。后土祠则只有露台而无献殿。文献记载中此类例子较多，如宋东京在六月二十四神保观所供之神生日时，“于殿前露台上设乐棚，教坊钧容直作乐，更互杂剧舞旋。”在诸岳庙举行祭祀活动时“设登歌奠献”[5]，露台可能即是作为登歌之用的台。只设献殿而无露台者如晋祠，但献殿与圣母殿非同期所建，或不具典型性。

6. 门殿数重

在庙南门与正殿之间往往设有多重门殿，后土祠设三重门，中岳庙和南岳庙、孔庙皆设两重门；这也是依照宫殿之制的又一表现。这每重门常用体量大小及屋顶形制的变化来区别其重要性，重要者可作五开间四阿顶，次要者仅三开间厦两头造。

除此之外，在中轴群组两侧和后部还有若干附属建筑，每座庙依其所祀神祇的不同而有所变化。这些祠庙虽在墙垣之内建筑多整齐对称，但很注重美化环境，植松、栽竹，打破单调感，同时注意周边环境选择，多山水之胜。

（二）祠庙建筑遗物遗迹

1. 宋代的曲阜孔庙

（1）宋代孔庙发展的历史背景

孔庙源于公元前5世纪的孔子故居，当时因宅立庙，以后随着历代尊孔活动的发展而不断扩大，到了北宋时代，帝王对儒家的进一步推崇，从开国皇帝的亲自谒拜孔子庙到真宗皇帝为孔子加谥号——至圣文宣王，尊孔活动逐步升级。随之对孔庙的扩建达到了前所未有的水平，突破了旧时因宅立庙的框框。首先宋太祖下诏，在孔庙大门前立戟16枚，用正一品礼[6]，到宋徽宗政和元年（1111年）还曾敕孔子庙门列24戟，制同太庙[7]，把孔庙的规格提高，达到了国家级建筑的等级。宋太宗于太平兴国八年（983年）派员修理孔庙，这次的修理是“鼎新规，革旧制……轮奂之制，振古莫俦”[8]。宋真宗在大中祥符元年（1008年），泰山封禅返回时谒孔子庙，幸孔子之父叔梁纥的享堂，“幸孔林，降舆乘马，至文宣王基设奠再拜。”并命官分别祭奠72弟子及孔子之父母。同时诏追谥孔子为至圣文宣王，追封孔子父叔梁纥为齐国公，母颜氏为鲁国太夫人，孔子妻并官氏为郓国夫人[9]。这时孔子的声望空前，其45代孙孔道辅上章，称祖庙卑陋不称，请加修崇。于是诏转运使以官钱修葺，即命孔道辅临督工役。天禧五年（1021年），孔道辅得到了为宋真宗修建行殿所剩的木材，“……乃大扩规制，增广殿庭”。这次修缮于乾兴元年（1022年），“移大殿于后讲堂，旧基不欲毁拆，即以为坛，环植以杏，名曰杏坛；又于坛前建御赞殿，以容真宗赞孔子碑。”到了宋仁宗景祐五年（1038年）建五贤堂以祀孟子、荀子、扬雄、王通、韩愈。仁宗庆历八年（1048年），建鲁国太夫人殿。神宗元丰五年（1082年），再修孔子庙。此后，于哲宗绍圣三年（1096年），徽宗政和元年（1111年）由孔子的四十七代孙孔若蒙，四十八代孙孔端友又曾在获得封号的同时监修孔庙。徽宗崇宁年间，将正殿更名为“大成殿”并于政和四年（1114 年）颁赐了御书大成殿额，以褒扬孔子集圣人之大成。如《孟子万章》称：“孔子之谓集大成。集大成也者，金声而玉振也。”由以上的时间表可知，自宋真宗起，仁宗、神宗、哲宗、徽宗几代都曾对孔庙进行修葺，经过这近一个世纪的修缮扩建，孔庙成为一座国家级的礼制建筑，同时在徽宗崇宁三年（1104 年）还诏天下州县皆立文宣王庙，形成了一次全国性的修建礼制建筑的活动，这在礼制建筑发展史上，具有划时代的意义。北宋是中国历史上尊孔读经的高潮时期，也是孔庙建筑发展的渤兴时期，因此宋代曲阜孔庙建筑的布局对后世礼制建筑的发展有着重要影响。

（2）宋代孔庙的布局

从孔子后裔宋孔传于宋绍兴四年（1134 年）所撰《东家杂记·宅图》一书的文字记载，并对照孔元措于金正大四年（1227 年）所著《孔氏祖庭广记》中录入的“宋阙里庙制图”（图 4-7），可知宋代孔庙的建置情况。西半为祭祀部分，东半为庙宅，与今日曲阜孔庙现状类似。

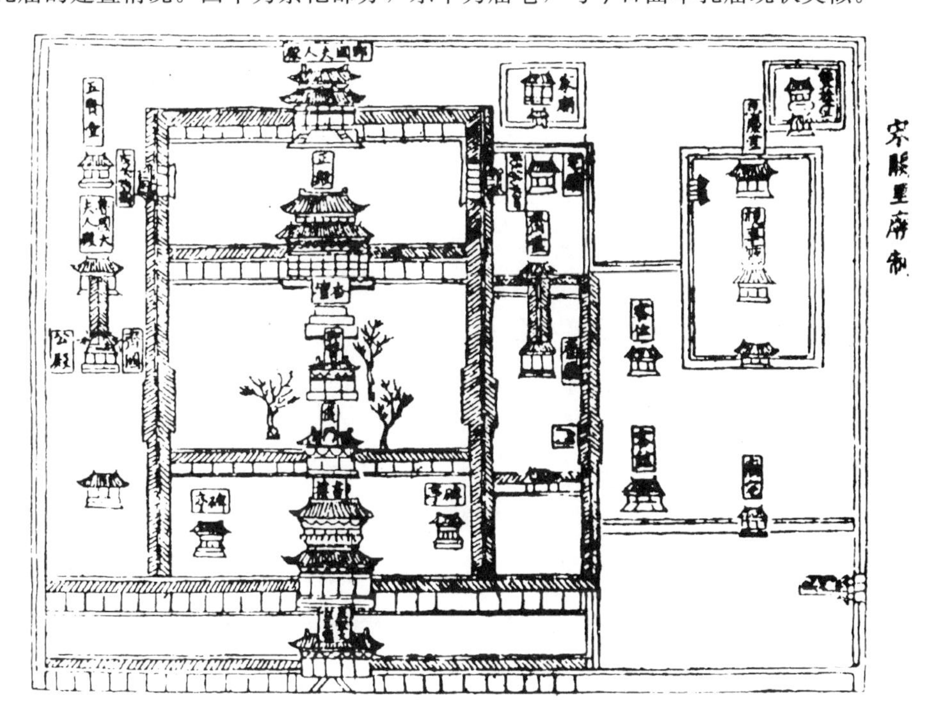

图 4-7　宋阙里庙制图

祭祀部分的建筑群中部采用廊院式布局，由以下几组庭院和建筑物组成：

1）第一进院落：主要建筑有外门和书楼。

外门，又称前三门。门为五开间带斗栱单檐屋顶之建筑，门上有宋仁宗御书“至圣文宣王庙”匾额。门两侧各有廊庑十数间向东西伸展。入门后为一夹长形院落，此为第一进院落，院内只有书楼一幢建筑。据考证，前三门大约在今同文门位置。

书楼，又称御书楼，藏宋真宗皇帝所赐九经书和宋太宗御制、御书 150 卷等。据《东家杂记》卷上载：“太宗皇帝曾于至道三年（997 年）九月诏四十五代孙许州长葛令延世上殿，询以家门故事……先是殿中丞方演言：兖州曲阜县西方宣王庙有书楼而无典籍，请赐九经及先帝御书……”由此可知孔庙中先有书楼，后有赐书活动，宋以前的史料中也未曾有过皇帝赐书的事，因此书楼的兴建可以推想是因该庙祭祀的人认为孔子是一位教育家，因而把书楼放在入门后的显赫位置。并为后世太学、府学所模仿[10]。书楼建筑采用了五开间两重楼带平座式样，檐下及平座皆使用斗栱。整座楼建在一个较高的基台之上。楼的两侧各有较低矮的廊庑十数间向东西伸展。书楼前院的东西两面只有围墙，而无廊屋。

2）第二进院落：主要建筑有仪门和碑亭，过书楼便进入第二进院落，从这一进开始，中部为主要祭祀活动区，比第一进院落东西方向有所压缩。仪门采用三开间，单檐带斗栱形式。东西两座碑亭对称布置，按比例，似为一间大小，东碑亭又称“本朝修庙碑亭”，西碑亭又称“唐封孔子太师碑亭”。院落四周廊庑环绕，中间铺有“御路”。

3）第三进院落：这是整个建筑群的主要院落，建于真宗乾兴元年（1022年），院落北侧布置着建筑群中最大的建筑物正殿，采用七开间重檐歇山式屋顶，檐下有斗栱。大殿之前还有两座小型建筑，一座是御赞殿，布置在仪门之后，三开间单檐带斗栱，其后为杏坛，相传原来这里曾有一座建筑，是孔子讲学之处，在汉唐期间充当孔庙正殿，乾兴元年扩大孔庙时正殿北移，当时的工程监理孔中宪便利用旧殿基改筑成砖坛，周围环植杏树，砖坛因此而称杏坛[11]。院落四周有廊庑环绕。至今曲阜孔庙大成殿前院落虽几经改建，但仍保持了廊庑环绕的格局，这使宋代廊院式建筑群的环境特色得以传承。

4）第四进院落中的建筑：正殿之后，为一组带廊子的四合院，院内正北为郓国夫人殿，放置孔子夫人神位，是一座五间重檐式建筑，檐下带斗栱。此殿属寝殿性质。东西还有两座殿宇，东庑又称泗水侯殿，西庑又称沂水侯殿，放置泗水侯和沂水侯神位。

5）西侧院的建筑：西侧院为南北狭长的院落，其长度相当于中部第二进、第三进、第四进院的总长，但建筑很少，只有四幢，主要的是孔子父母的祭殿，即齐国公殿与鲁国太夫人殿，放置孔子父叔梁纥和母颜征的神位，两殿间有连廊，成工字形布局。其后为五贤祠。

6）东侧院建筑：东侧院与西侧院大体对称，但不是南北通长的一个院落，而是分成三进，第一进只有廊庑，和一座三开间的门，入门后为工字形的斋厅、斋堂，四周为廊屋，第三进院内有宅厅一处，这几幢建筑规模相同，都是三开间的房屋，其主要功能为家学。

7）家庙：在东侧院之北，单独成一院落，入门后便是一座三开间的小殿。

具有管理性质的建筑群，设在东半部分，由最东部围墙上的东门出入，其中主要建筑为视事厅。与庙宅门，形成一条南北轴线。客馆、客位等建筑散布此区西部，双桂堂在东北部，这一区的建筑用于举办祭典活动时接待宾客，处理公务等。

（3）宋代孔庙建筑群的特点

1）等第分明、秩序井然。宋代建筑有严格的等级制度，在曲阜孔庙中从建筑的规模和屋顶形式等方面都明确地反映了这种等级关系。孔庙正殿为该建筑群中最主要的建筑，等级最高，因此开间多达七间，屋顶用重檐。依次为书楼、郓国夫人殿、三门等，皆为五间重檐或单檐，再次为仪门、御赞殿、泗水侯殿、沂水侯殿等，皆为三间单檐。上述每座建筑的重要程度，在群组中的地位，使人一目了然。同时，利用院落空间广狭的变化来衬托出建筑的主从关系。从宋《阙里庙制图》中还可清楚地看出斗栱的使用，祖庙一区主要建筑皆用斗栱，应属殿堂式一类。东部公务、会客一区的建筑则多不用斗栱，属附属性建筑，与庙的身份相比，等级当然应该降低。在这里斗栱也是分别主次等第的标志性符号，这与宋代一般建筑以斗栱作为等第高低的标志完全一致。从图中划得很简单的建筑造型，已可判断出当时在孔庙中建筑等第的差序格局，具有强烈的秩序感。

2）中轴贯穿、统领全局。宋代的孔庙在祖庙一区有一条明确的中轴线，在这条轴线上布置了七幢建筑，一座祭坛，成为整个庙区的主体，中轴两侧的建筑，东西两区形成两条次轴，中、东、西三区并列的祭祀区与无明显轴线的办公区形成对比，突出了其统领全局的地位。

3）主要庭院喜用廊院，尚留唐代遗风。空间环境显得亲切宜人，使中轴建筑所带给人的严肃气氛得到缓和。

4）宋朝虽流行工字殿，但并非是主要殿宇建筑的惟一形式。

2. 金代的曲阜孔庙

（1）金代重修孔庙的历史背景

金天会七年（1129年），曲阜孔庙遭到金兵毁坏。后来金代统治者逐渐认识到儒家学说对其统治的作用，正如庙内金碑所记，“大定间，天子留意儒术，建学养士，以风四方，举遗礼、兴废坠，旷然以文致太平”[12]。在金开国二十多年以后，便对孔庙逐渐开展了修缮活动，例如“皇统九年（1149年）……修复正殿，后八年又营两廊”[13]，到了金明昌年间，金章宗完颜璟更进一步认识到“文明之治，以为兴化致理，必本于尊师重道，于是奠谒先圣”。并对侍臣说：“天子立教于洙泗之上，有天下者所当取法，乃今遗祠久不加葺，且其隘陋，不足以称圣师之居”。于是下诏，决心大规模地进行修缮活动，让工程部门的官员计算修缮所需费用，赐予孔庙工程，共计“七万六千四百余千”，同时还命令选择干臣，典领工役，并要求对工程更精益求精，“不责急成而责以可久，不期于侈而期于有制”。这次由皇帝亲自下诏的孔庙工程，从明昌二年到六年（1191～1195年）共计四年时间，完成了殿堂、廊庑、门、亭、斋、厨等各类建筑共计三百六十余楹，使得孔庙建筑“位叙有次，像设有仪，表以杰阁，周以崇垣”[14]，构成颇具规模的建筑群。这次的修建活动后的孔庙面貌，对照《金阙里庙制图》（图4-8）便可清楚地了解。

（2）金代孔庙建筑的布局

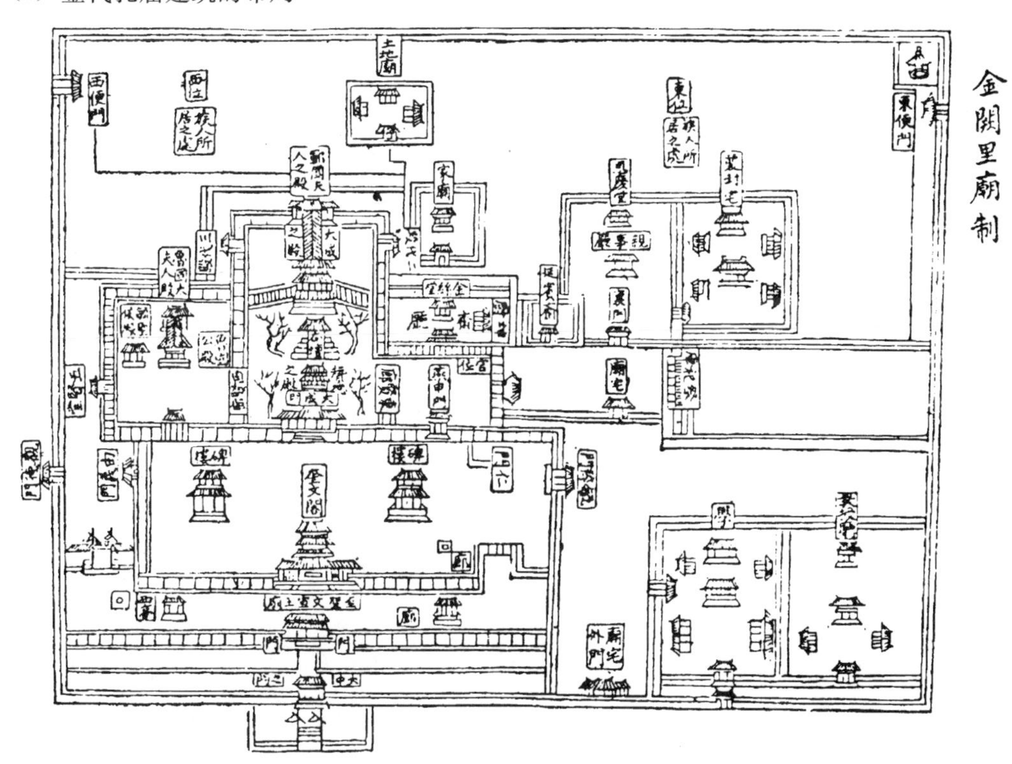

图4-8 金阙里庙制图

1）庙区前部：金代孔庙在宋代孔庙的基础上向四面扩展，最核心的庙区仍保持了原有的一条中轴线，这条轴线最前部的一道门——大中之门，做成三开间、单檐顶，门两侧有新加的围墙向东西伸展后环绕四面，这就是所谓的“周以崇垣”。在这道围墙上开了许多道门，以便直通各区。大中之门之前还设有一道棂星门，突出围墙之外。中轴线上原有建筑恢复后也有所变化，从图上看原书楼增高增大，更名为奎文阁。图上所绘之建筑形式中部为一座三层四檐的楼阁，底层在左右各附加一座三开间、单层单檐的挟殿。奎文阁前院有东西两亭，为新增之物，奎文阁左右有廊庑伸延至东、西围墙。

2）大成门及门前院落：过奎文阁，原有仪门改成五开间的大成门，院内东、西碑亭变成了重檐三开间的建筑，改称碑楼。该院向东西扩展了许多，使鲁国公殿一区的入口包入西墙以内，东墙推到原庙宅门附近。东、西墙上各有二门，东为毓粹、居仁，西为观德、由义。

3）大成殿及殿前院落：正殿更名为大成殿，仍为七开间、重檐九脊顶，殿两侧有斜廊与东西廊庑相连，这表明殿的台基加高，才会使用斜廊。大殿和周围廊庑“皆以碧瓦为缘，外柱以石，刻龙为文，其藻栱之饰，涂以青碧……至于栏槛帘拢并朱漆之”[15]。从这段描写可知，建筑面貌一反宋代素雅风格。使用了绿色琉璃剪边瓦顶，青绿彩画斗栱，朱红色栏槛帘拢，并采用龙雕石柱。殿前院落中原有的御赞殿改名为赞德之殿，杏坛被加盖上一座单檐歇山顶的亭子，改变了原有杏坛所独具的祭祀先圣的祭坛品格。

4）郓国夫人殿及殿前院落：金代在大成殿与郓国夫人殿之间增设了连廊，增加了两殿之间的联系，使之成为一座工字殿。殿前院落被一分为二，原有的泗水侯殿与沂水侯殿改为二代祖殿与三代祖殿。

5）大成殿东、西侧院的建筑：原在西部有齐国公殿与鲁国太夫人殿一组建筑，被廊庑围绕起来，形成与大成殿并列的格局，原在东部的斋厅一区也用廊连起来，增设燕申门，改宋斋厅的后堂为金丝堂，增设神厨等建筑，这里在宋时曾用作讲堂，宋仁宗景祐年间另建讲学堂后，这里变成了祭祀活动的辅助性用房。家庙位置仍在东侧院最北部，自成一院。

6）东半部的管理用房区：由于加设外围墙，将庙宅门一组在外围墙上单独设门，称外庙宅门，并出现了一条轴线，即有外庙宅门、庙宅门、里门、视事厅、恩庆堂等。在这条轴线两侧又新增若干建筑群组，西侧有延宾斋一组小院，东侧有袭封宅一组二进院。在庙宅门东侧还有祭器库。据考外宅门所形成的这条轴线相当于今天的阙里东街位置，外门相当于今鼓楼位置，庙宅门约在今“孔子故宅门位置，里门在今孔府西路西南隅”[16]。

庙学区：在外庙宅门以东，新增独立的庙学区，学堂和教授厅各成一院，学堂内前院有正房五间，东、西厢各五间，后院内有正房三间，东、西厢三间。最南部设门二重，第一重为墙门，仅一间，第二重为三开间的墙门。教授厅部分建筑比前者少，只有一进四合院和后部一座厅堂。

在庙围墙之内还有族人所居之处，东位、西位和土地庙等。

（3）金代孔庙建筑的特点

1）规模扩展，包容了住宅、袭封宅、族人住所等，为明代进一步扩建衍圣公府中的建筑打下了基础。

2）突出了大成殿的主体特征；在大成殿前形成一条中轴线，沿着这条轴线展开建筑空间序列。前部五座建筑，平面铺开，建筑四周空间疏朗。进入大成门后，空间虽然稍有压缩，但纵深感增强，且将大成殿置于高台之上，两翼斜廊向前环抱，中部杏林满布，其间虽有杏坛与赞德之殿两座体量不大的建筑存在，大成殿的主体地位仍然一跃而出。在中轴线的空间处理上使水平与竖向相结合，变化更加丰富，环境气氛庄严肃穆。入大成门之后便可见绿树高台，气宇轩昂的大殿，崇敬之情油然而生。

3）建筑群组布局，具有向心性；大成殿所处的庭院是整个孔庙的核心，周围的一座座建筑分别安排在各自的院落中，这些院落以跨院的形式置于东西廊庑两侧，体现着从属性质。管理部门的视事厅一组，虽有建筑对位的轴线关系，但因院落处理成不完整的形式，轴线并不明显，这是由于其在整个孔庙中的地位所决定的。由此明显看出当年修庙的规划者主从分明的规划思想。

4）曲阜孔庙中的金代建筑遗物——碑亭（8号及11号）

奎文阁后的两座金代所建碑亭一直保留至今，其平面为三开间，方形，明间开敞，两次间砌墙，重檐歇山顶，外檐用八角形石柱，内檐用木柱。下檐用五铺作单杪单下昂斗栱，外跳重栱计心造，里转出双杪偷心造，在第二跳华栱上有鞾楔和上昂，紧贴在下昂尾部，昂尾直达内柱的由额下的一组重栱上（图4-9）。这组斗栱前后出丁华抹颏栱，斗栱靠木枋承托。下昂背上还有一块木

图4-9　孔庙金代碑亭剖面

华板。上檐为六铺作单杪双下昂斗栱，里转五铺作出双杪，里外皆为计心造。斗栱的布局较特别，当心间用双补间，次间无补间。上层屋顶下无一般建筑中使用的抬梁式构架，而是使用了四根抹角栿，承托上平槫及槫下木枋，木枋上立蜀柱承托脊槫。屋顶总举高为2米，前后橑风槫之间距为6.66米，举折按3.33举一，接近《法式》殿阁举高比例。整组构架交代简洁明快，并富有艺术性。该建筑斗栱做法也颇具时代特征，下檐补间铺作斗栱组合手法与河南登封少林寺初祖庵大殿非常相似（图4-10），如昂尾承托着一组带丁华抹颏栱的斗栱及栱上由额（初祖庵此处为下平槫）。昂尾下部有一层附加斜木方和鞾楔，再下为两跳偷心造华栱。只是要头做法用足材且上有华板与初祖庵大殿不同。柱头铺作斗栱中使用了平出的昂，耍头前部端峰成凹曲线，为宋代建筑所没有，可认为是金代的特殊做法，平出昂曾见于金晋祠献殿。上檐斗栱全部用计心造，非常规矩，很像宋式斗栱风格。碑亭柱子的材质为外石内木，对照大成殿使用石雕龙柱始于金代的记载，可以推想碑亭系在原宋代碑亭基础上扩展改建而成，并保留着原有宋代碑亭的若干材料和细部做法。

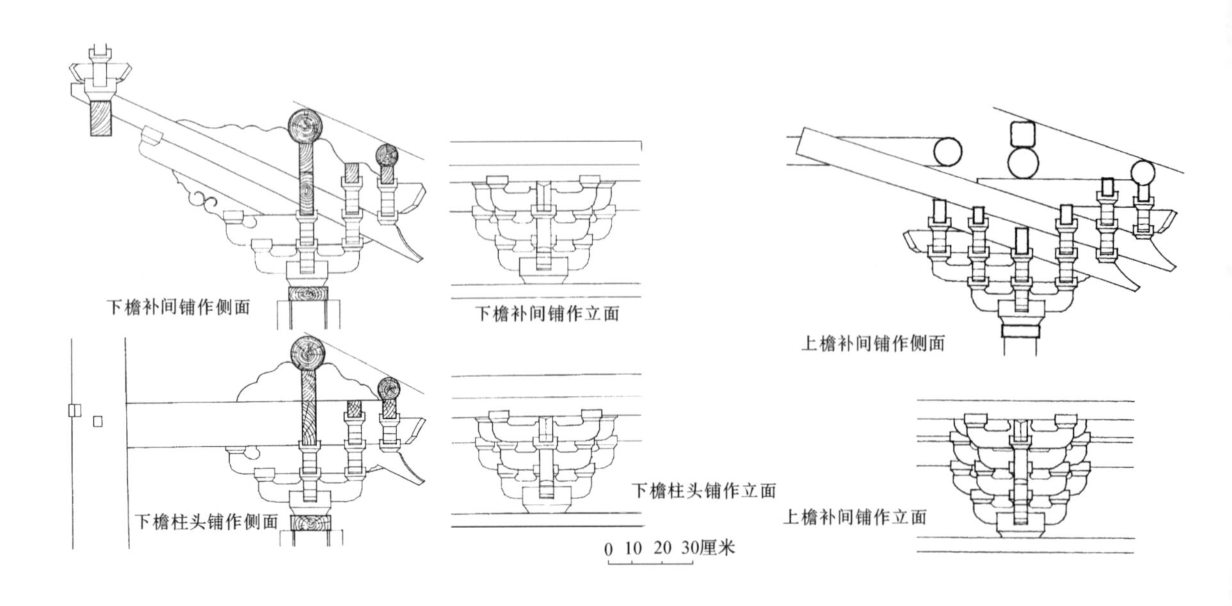

图 4-10 孔庙金代碑亭斗栱

3. 孔子弟子庙

在宋、金时代，随着尊孔高潮迭起，对于孔子弟子也立庙祭祀，例如颜回的祭庙，在金代已有，明昌四年（1193 年）曾进行过维修，见于“鲁国图”（图 4-11）[17]，且与史籍中的记载“庙距孔庙七里，所在古城东北隅”[18]相符。孟子庙建于北宋，最早的孟庙由孔道辅（孔子的第四十五代孙）于宋仁宗景佑四年（1037 年）创建，地址在山东邹县东郊四基山的孟子墓旁。到了宋神宗时期，曾追封孟子为邹国公，追封次年，在邹县重建了孟子庙，规模不大，正殿三间，两厢各三间，

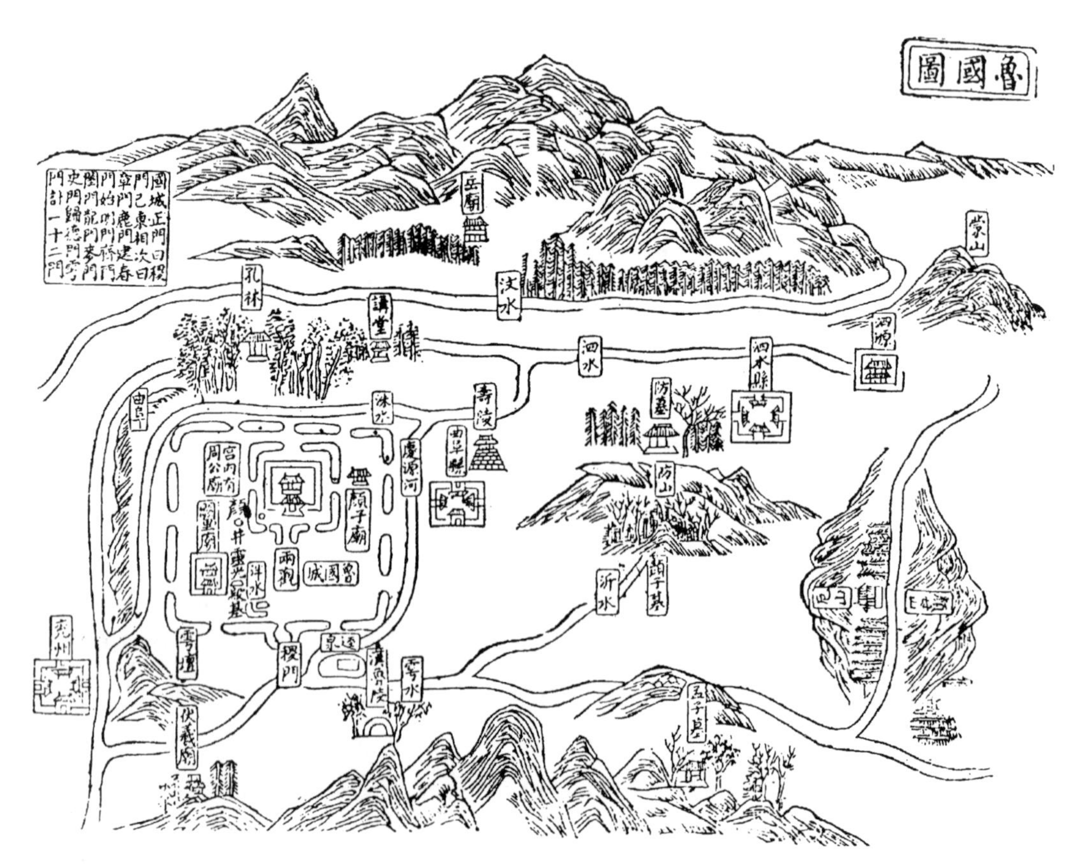

图 4-11 鲁国图

前部大厅仅一间，因庙址近水，频频被毁坏，于宣和三年（1121年）迁庙于城南高处，在此一直延续至今，当年建筑形制可从“宋南门外庙制”图中了解一二[19]。孟庙主要祭祀区采用廊院形式，廊院之外周边设有一重围墙，在围墙上开门，称神门，三开间带斗栱，单檐顶。神门后为廊院大门仪门，也为三间带斗栱式大门，体量大于前者。廊院内仅设一座主殿即正殿，仍为三间带斗栱式殿宇，剩下四周全部做廊屋。院内种植树木较多，有仿孔庙杏坛植树之意，形成一种幽雅而崇高的环境气氛。主祭庙东北侧有孟母庙，东南侧有孟氏家庙，西南侧有崇扬孟子思想的有功之臣——韩愈、扬雄的祭祠。从这幅“宋南门外庙制”图中所看到的孟庙构成格局基本来自孔庙的模式，只是建筑物减少了许多，按伦理秩序当然要比孔庙等级降低（图 4-12）。

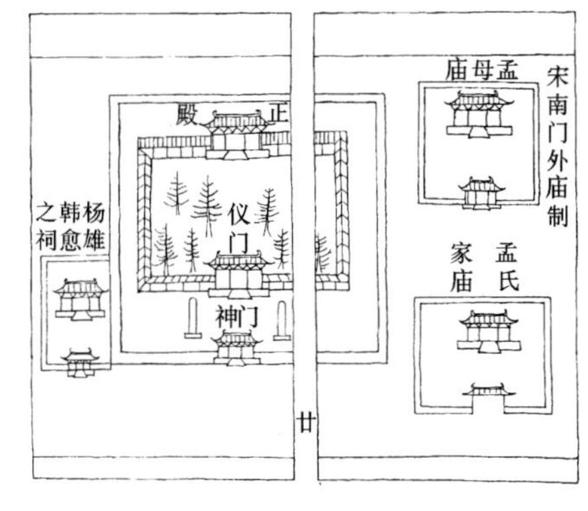

图 4-12 宋代孟庙图

4. 宋汾阴后土祠

（1）背景

古代称地神或土神为后土，据《礼记·郊特牲》称：“地载万物，天垂象，取材于地，取法于天，是以尊天而亲地也。故教民美报焉。”[20]因此建庙祭祀。山西荣河县古称汾阴，在汾阴立后土之庙始于西汉后元元年（公元前 88 年），北魏郦道元《水经注》载：“汾阴城西北隅脽丘上，有后土祠。”汉唐以来，几代皇帝曾亲祀后土于汾阴。到宋代祀后土活动有增无减，因之对庙之修建也随之不断，并曾迁移庙址，据《文献通考》卷二十六载：宋太祖“开宝九年（976 年）徙庙稍南”，“太宗太平兴国四年（979 年）八月十三日诏重修后土庙，命河中府岁时至祭……用中祀礼……”[21]“真宗景德三年（1006 年）十月十四日，内出脽上后土庙图，令陈尧叟量加修饰”。并于景德四年（1007 年）正月，将后土庙的祭礼活动升为大祀礼[22]。到了大中祥符四年二月（1011 年）又曾有过一次大祀活动，在这次活动之前，从大中祥符三年（1010 年）八月至次年二月又曾兴工修庙，用了“凡土木工三百九十余万……”工日[23]，由此可知自宋太祖至宋真宗时期，对后土祠有过较多的修建活动，此后北宋其他帝王未再有过重大修建之举，仅宋徽宗时期政和六年（1116 年）为庙加上尊号。关于宋代后土祠的面貌，幸好有《蒲州荣河县创立承天效法厚德光大后土皇地祇庙像图》碑（简称庙貌碑）得以存留至今，使人们对宋后土庙形制可以有一概略的印象（图 4-13、4-14）。

（2）后土祠平面布局与个体建筑形制

汾阴后土祠庙貌碑刻于金天会十五年（1137 年），记载了自景德四年（1006 年）升为大祀以后的祠庙面貌[24]，后土祠“南北长七百三十二步（约合 3360 尺＝1102.1 米），东西阔三百二十步（约合1600尺＝524米）”位于汾河与黄河交汇之处的东南侧。整个祠

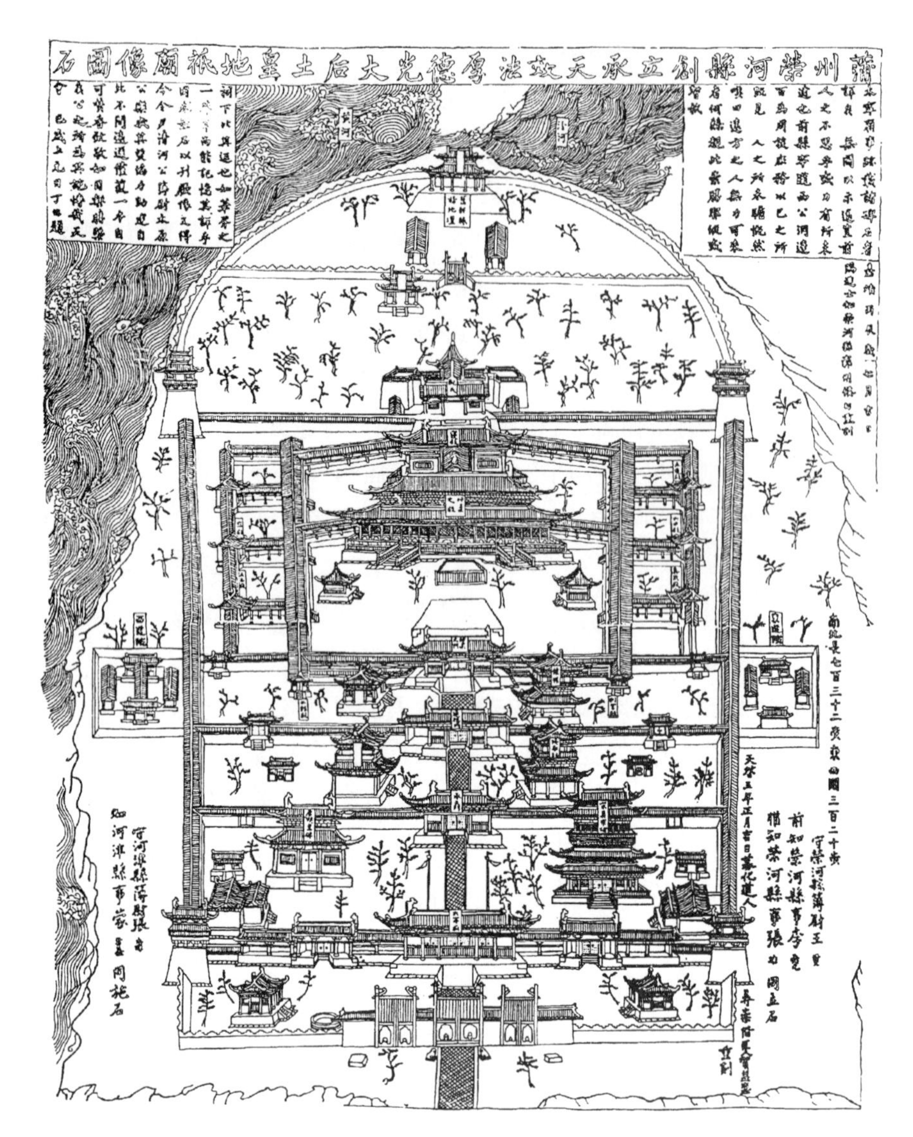

图 4-13 宋汾阴后土祠庙貌碑摹本

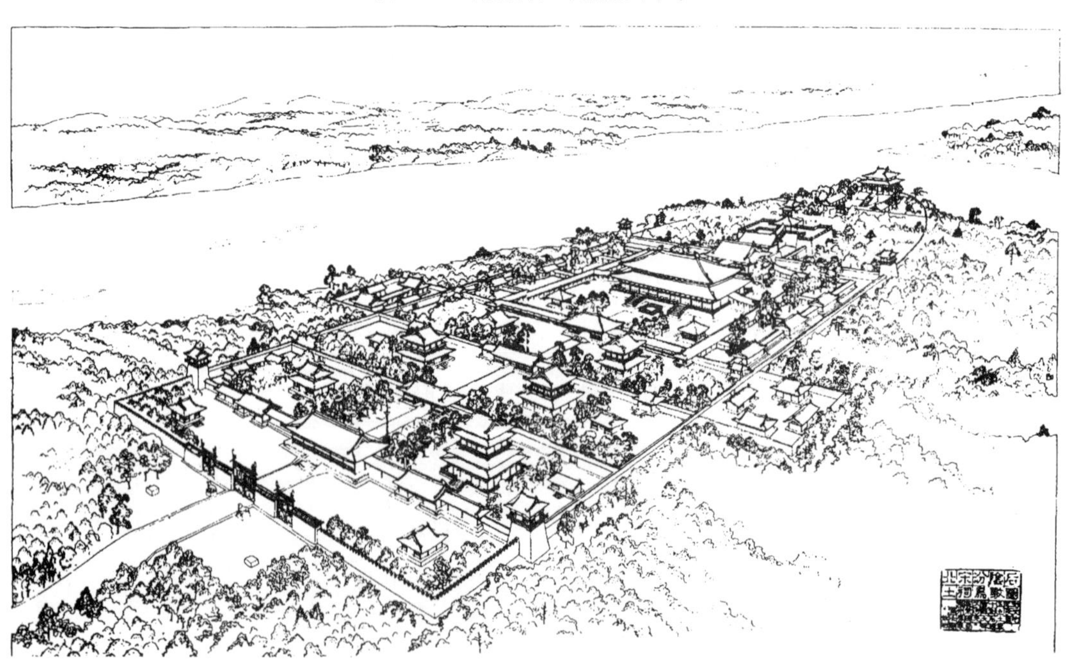

图 4-14 宋汾阴后土祠鸟瞰图

庙前后有八进院落，中央由一条中轴线将所有主要建筑贯穿起来，周围以方整的围墙环绕，围墙最后成半圆形。

1）第一进院落及其建筑

在主要祭祀区之前，有五道门。第一道做成棂星门三座，当中一座较高大，门上均有屋顶，门前有石狮一对，三座门两侧各有一上马台，入门后便是第一进院落。院内正中为五开间九脊大门，单檐带斗栱名太宁门，大门当心间放宽，次、梢间相等，五间中仅三间开门，门设在中柱位置，前檐柱间设有一排叉子式栏杆，大门左右两侧各有一座悬山屋顶三开间式小门，带斗栱，也仅在当心间开门，门扇设在中柱位置，门的台基采用断砌造形式，可通车马。这两座门与太宁门用两间廊屋相连，门的另一侧还有三间廊屋，再外即为两道围墙，与庙的围墙上所设望楼相接。两望楼采用高台平座，上设三间小殿的形式。小殿用九脊顶，平座下和小殿檐下均有斗栱。院前东西各有一座三开间九脊顶的小亭，西侧亭前有一水井。

2）第二进院落

正中为承天门，三间九脊顶，台基断砌造，于当心间中柱设门扇。一条甬路直穿此门，甬路南端，太宁庙门北，有二幡杆，上挂旌幡随风飘荡。

院东部有一座高大建筑，名宋真宗碑楼[25]。楼的外观为二层，上层三开间，重檐九脊带斗栱。中为平座带斗栱。下层五开间，重檐带斗栱。内部看应为三层，其中平座和下层腰檐处为暗层。据此作复原图如下（图 4-15～4-18）。院西部有唐明皇碑楼[26]，三开间重檐九脊顶带斗栱。

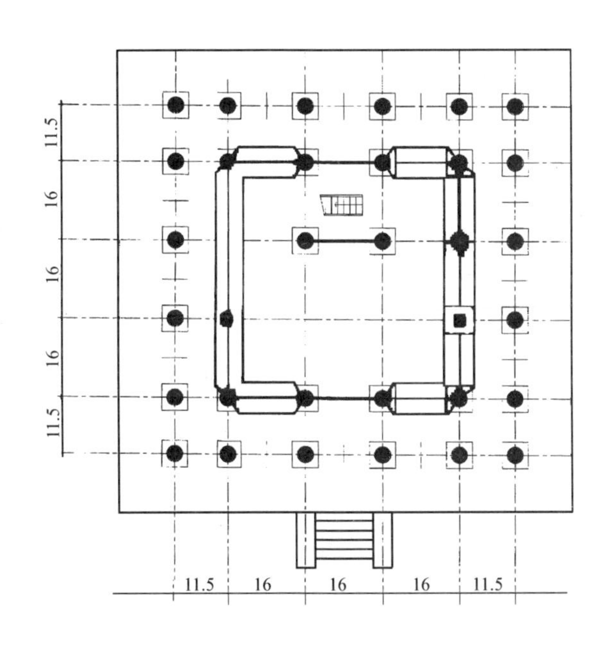

图 4-15　宋真宗碑楼一层平面复原想象图（单位：营造尺）

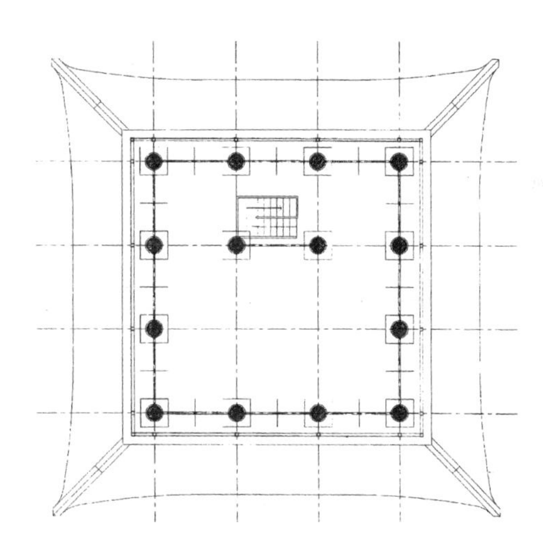

图 4-16　宋真宗碑楼二层平面复原想象图

此外，每座碑楼之侧还有一座小殿，处在两厢，朝向东、西，五开间，勾连搭式屋顶，即主要部分用九脊，前面带三间悬山式抱厦。此建筑可能系享碑之祠所[27]。院内东、西各有一更小的三间殿，悬山顶，用途不详。

3）第三进院落

院内正中为延禧门，三开间，悬山顶，附带两座挟屋，门仍设于当心间中柱位置。院内东侧有“修庙记”碑楼[28]，三间二层九脊带平座腰檐形式，有斗栱。坐西朝东。其对面也为一楼，名称模糊不清，建筑形式与前者相似。二楼之东、西各有一座三间小殿，中有辘辘、井圈，当为

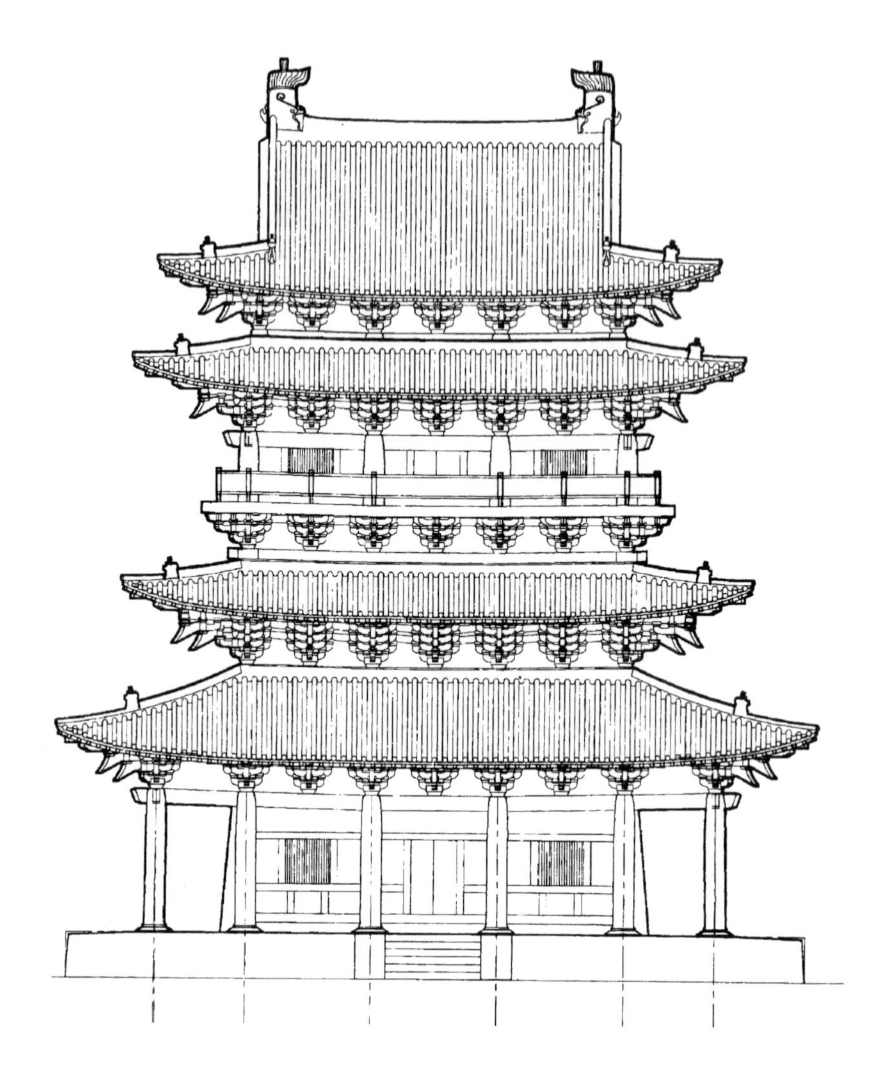

图 4-17　宋真宗碑楼立面复原想象图

井亭。

此外，在延禧门两侧向东西延伸的墙上开有腰门两座，均为单间带九脊顶的小门。

4）第四进院落

院门正中为坤柔之门，是祭祀区的主门，形制为三开间四阿顶带斗栱，门前院落中有钟楼一座，形制同“修庙记”碑楼，坐东朝西，对面有一三间单层亭。门之左右有廊向两侧延伸在与后部廊院东西廊相交处，各向前突出一间，作山面朝前的屋顶，左名曰“二郎殿”，右名曰“判官殿”。在这一院落的东西墙外，各有一组四合院，名“道院”，与此院有门可通。这两院看上去颇显多余，有附加之感，可能是道士住所，因道教曾把后土作为道教尊神“四御”中的第四位天帝，是主管大地山川的尊神[29]。

5）第五进院落

这里是全庙的中心，主殿“坤柔之殿”即布置在这座院落正中，大殿九开间，重檐四注顶，带斗栱，殿的基座较其他建筑稍高，前设左右双阶，当心间虽放宽，但前部并无台阶上下。正对当心间的阶前院落有一栅栏围绕之池，此池之南又有一方台。院内东西各有一方亭，做攒尖顶。主殿两侧有斜廊，向左右伸展，与围廊相衔接。

6）第六进院落

院内主要建筑为坤柔殿之后殿，名曰“寝殿”，与坤柔殿以前廊子相连通，建筑为三开间，单

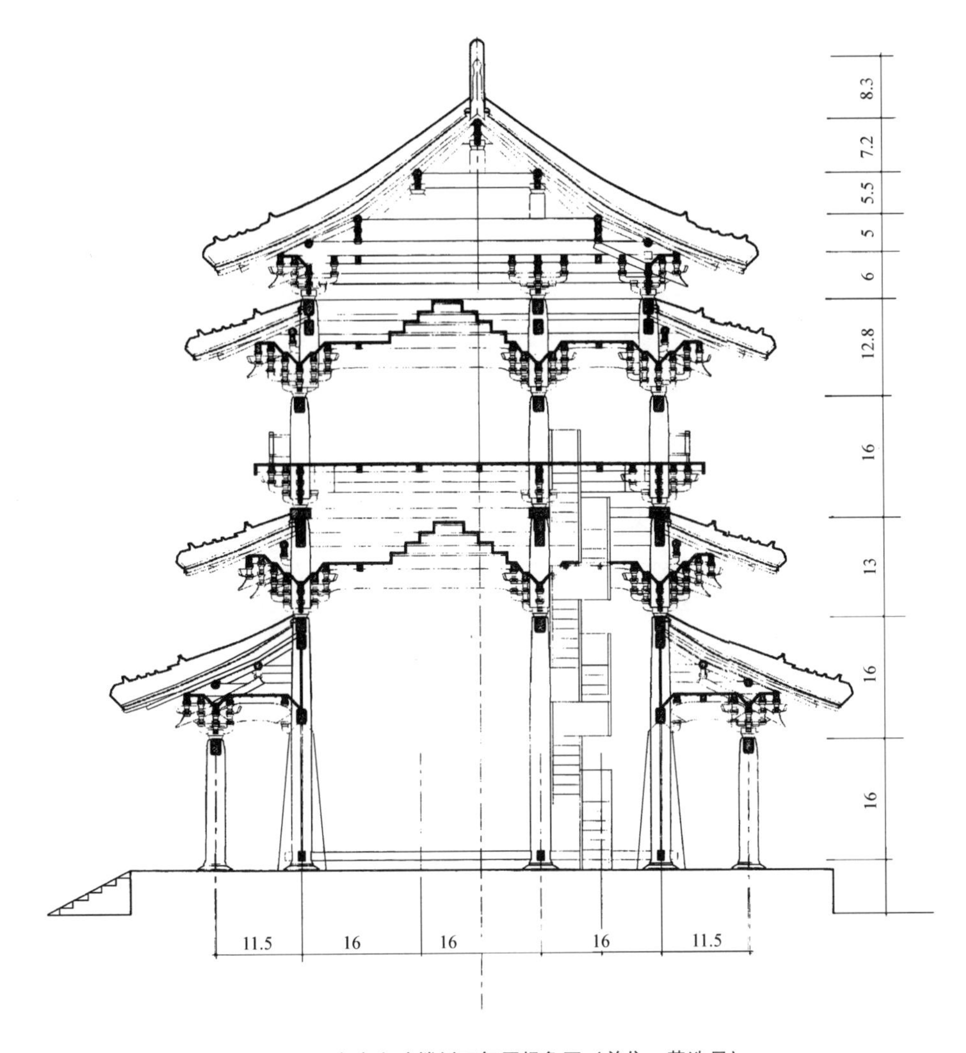

图 4-18 宋真宗碑楼剖面复原想象图（单位：营造尺）

檐九脊顶。寝殿两侧也有斜廊向东西延伸，到东西围廊为止。

在第五和第六进院落两侧，各有三个小院，跨在廊外，每院仅有一座小殿，成东、西向布局。其名称左边有：六丁殿，五岳殿，□□□，右边有：五道殿、六甲殿、真武殿等，从其名字可以推测为祭祀道教诸神之所。

7）第七、八进院落

在廊院之北，有一道围墙，东西直抵角楼。靠近中部，设有一高台，台上有一悬山单檐带斗栱的三间小殿，名曰："配天"，配天殿后又有一坛，成东西向的工字形，坛上正中有一亭，以斜廊与配天殿相通。两者连成一座前低后高的立体形工字殿，此亭可能是为《文献通考》中所记的"（真宗）分奠诸神，登鄈邱亭，望河湾"之鄈邱亭。在配天这组建筑及工字坛之北，尚留有较大空地，应属第八进院落，遍植树木。林中，偏西北位置还有一座小殿，三开间，重檐九脊顶，名称不辨，可能为貝服所。亭北有围墙，上开棂星门，便可进入第九进院落。

8）第九进院落

入棂星门后为一坛，名曰"旧轩辕扫地坛"，上建重檐九脊顶带斗栱的五开间殿一座，坛下两厢有二悬山顶建筑，扫地坛前有二古树，此正如文献所记"经度制置使诣，脽上筑坛如方丘，庙北古双柏旁有堆阜，即其地为之。"[30]庙后以半圆形围墙包围，直至角楼。

（3）后土祠建筑群的特点

1）作为国家级进行大祀活动的场所，规模宏大，建筑等第高，其中主殿作九开间，重檐四阿顶，宋代建筑最大可做到 11 间，重檐四阿顶，此处之九间殿可算第二级，表明此庙之等级非同一般。前设五重门，更显出这一建筑群组的宏伟气势。令人联想起皇家建筑的多重门禁制度。

2）主祭区采用廊院式布局，且建筑空间向纵向伸展，比前面多进院落压缩了空间的宽度，以便与廊庑尺度相配，从而更加烘托出主殿之雄伟。与主殿相连之廊做成斜廊，是为这一时期廊院建筑群之特征。明清以后这种做法几乎再也见不到了。

3）围墙做成南方北圆形式，是“阴阳”思想在建筑群组合中的反映。“后土”之神代表地，古代阴阳哲学认为天为阳，地为阴，后土神的形象自隋以后逐渐变为女性，女性属阴，以月象征，故作半圆形。北京天坛外围墙也作南方北圆，是明嘉靖九年以前天地合祭制度的产物，也是以圆象月以北为阴的思想之表现。

4）建筑群组的空间序列采用前部疏敞、后部集中的处理手法，前四进院落扁方，到第五进转成纵长，前四进院中建筑居中者均为门，都是一层，体量低小，两侧均布置二层楼以上的建筑，体量较大，且各门均做断砌造，入太宁庙门后便见一线串通，直达坤柔殿。两侧楼阁相夹，使得这条轴线非常实在地表现出来。过坤柔殿及寝殿后，这条中轴线才转为虚轴，到达配天殿后的工字坛，轴线结束，但尚未终了，最后的轩辕扫地坛高高隆起，才算最后画上了一个惊叹号。中轴两侧的建筑采取了向心式布置手法，大多朝向中轴，成东西向，特别是坤柔殿东西廊之外的六座小殿，每个小殿自成一院，皆只有廊屋陪衬，均朝东向或西向，这在一般建筑群组合中极为少见，是规划者具有明确的向心观念的表现。

5）个体建筑形式丰富多样；后土祠中各类建筑追求形式的变化，如“门”类，有乌头门、门屋。门屋中的组合有三门带连廊者，如太宁门。有一门带挟屋者如延禧门。还有单独一幢门屋者。门采用的屋顶随其等第的重要程度而变化，有四阿顶如坤柔门。有九脊顶者，大多数门取这种形制。有悬山顶者，如太宁门两侧的门。再看楼阁建筑，这里除一般常见的二层楼带腰檐平座者之外，还有二层上下皆重檐带平座的楼阁，如宋真宗碑楼，这种形制的楼阁在现存实物中已绝迹。我国的楼阁或塔，在平座之下带有一重腰檐者较多，如正定隆兴寺转轮藏殿，应县木塔等，而平座与两层腰檐结合的例子只见于应县木塔底层和日本建筑，如药师寺东塔（720 年建），因此宋真宗碑楼为我们提供了重檐平座楼阁的宝贵史料（见复原想象图）。再有，工字殿，一般前后建筑以平廊相连，如这里的坤柔之殿及其他宋代建筑中所见的形式，而像配天殿与后部亭子，用斜廊连接前后两座不在同一标高上的建筑，尚属少见。这里又为研究工字殿提供了一种新颖的形式。

5. 登封中岳庙

（1）背景

对中岳的祭拜活动很早，而中岳立庙始于秦，称“太室祠”，但当时庙址并非此地，至唐开元间始迁现处。北宋乾德二年（964 年）和大中祥符六年（1003 年）两次大规模的修建活动，“增建殿宇并创建碑楼八百五十间，塑尊像及装饰、修新旧画壁等共四百七十十所”[31]。此外还对“杂用二十三处，行廊一百余间，莫不饰以丹青绘之。”[32]到金代，中岳庙经过一百多年的风雨，已变成“基构仅存，而缮修不时，上漏旁穿风雨，骞剥玩岁，惕日殆不能支”[33]的局面。金初虽经稍事修缮，但仍因“积久弊陋，未足以称神之居。”于金大定十六年至十八年（1176～1178 年）由官方出资又进行了一次大规模修缮，这次的修缮对于“庙制规模大小、广狭、位置、像设，悉仍其旧，无事改作。”仅仅是“视其栋楹榱桷之挠折朽败者，则彻易之；垣墉阶陛之罅摧圮者，则更筑之；髹彤黝垩藻绘之漫灭不鲜者，则加饰之。”[34]此后于承安年间又曾再次修葺，并于承安五年（1200 年）刻图立碑，使今人从《大金承安重修中岳庙图》碑上可以看到当时中岳庙的格局。从金代重修文献可知，金代对庙制规模大小、广狭、位置、像设仍悉其旧，因之图碑所反映的中岳庙建置状况应属宋代面貌。

（2）中岳庙平面布局与个体建筑形制

大金承安五年（1200年）所立《大金承安重修中岳庙图》碑比汾阴后土祠庙貌碑晚了63年，可以说是它的姐妹篇，这两座碑所记载的礼制建筑形制颇为相似。中岳庙比后土祠规模稍小（图4-19、4-20）。

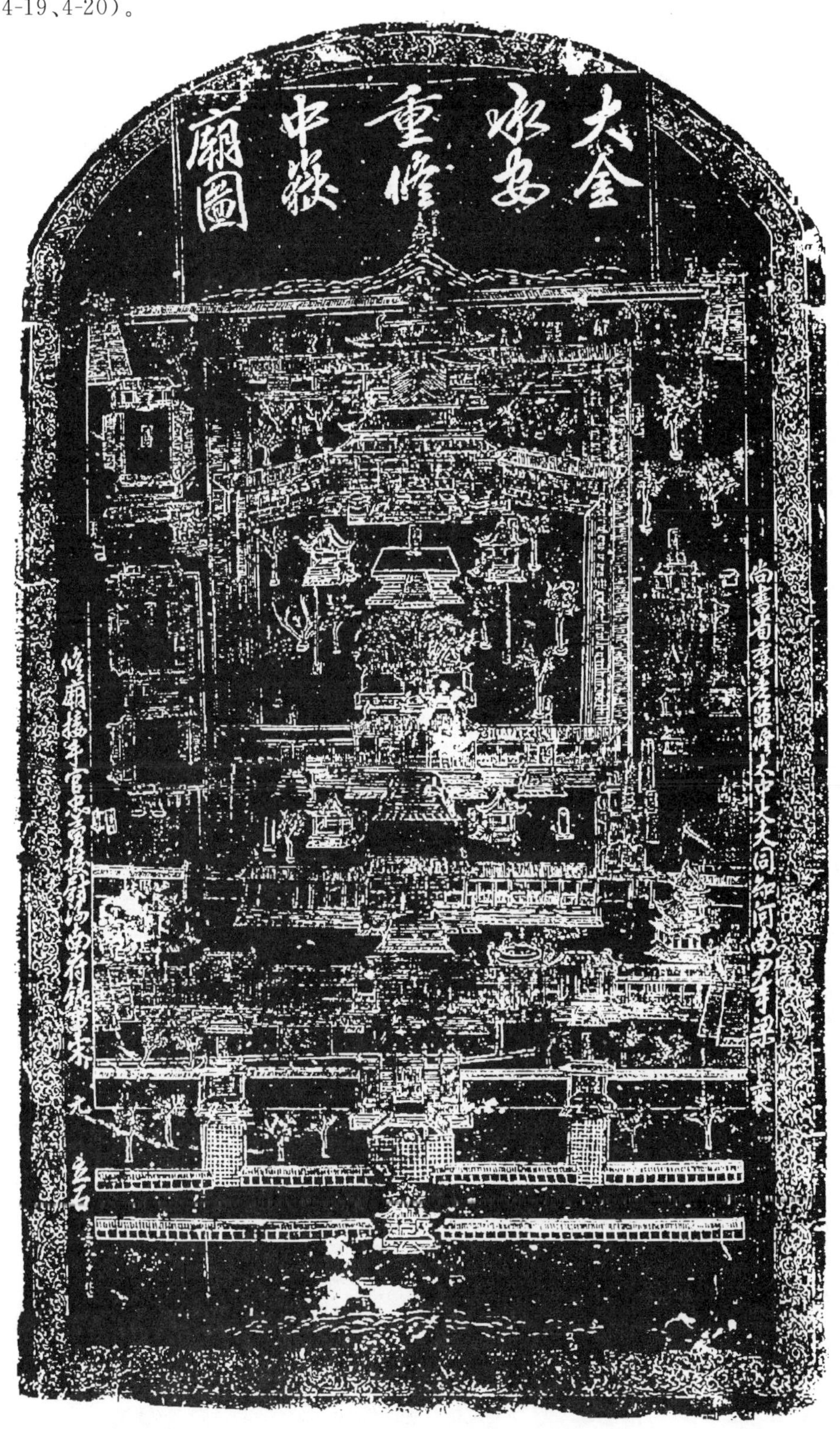

图4-19 《大金承安重修中岳庙图》碑拓片

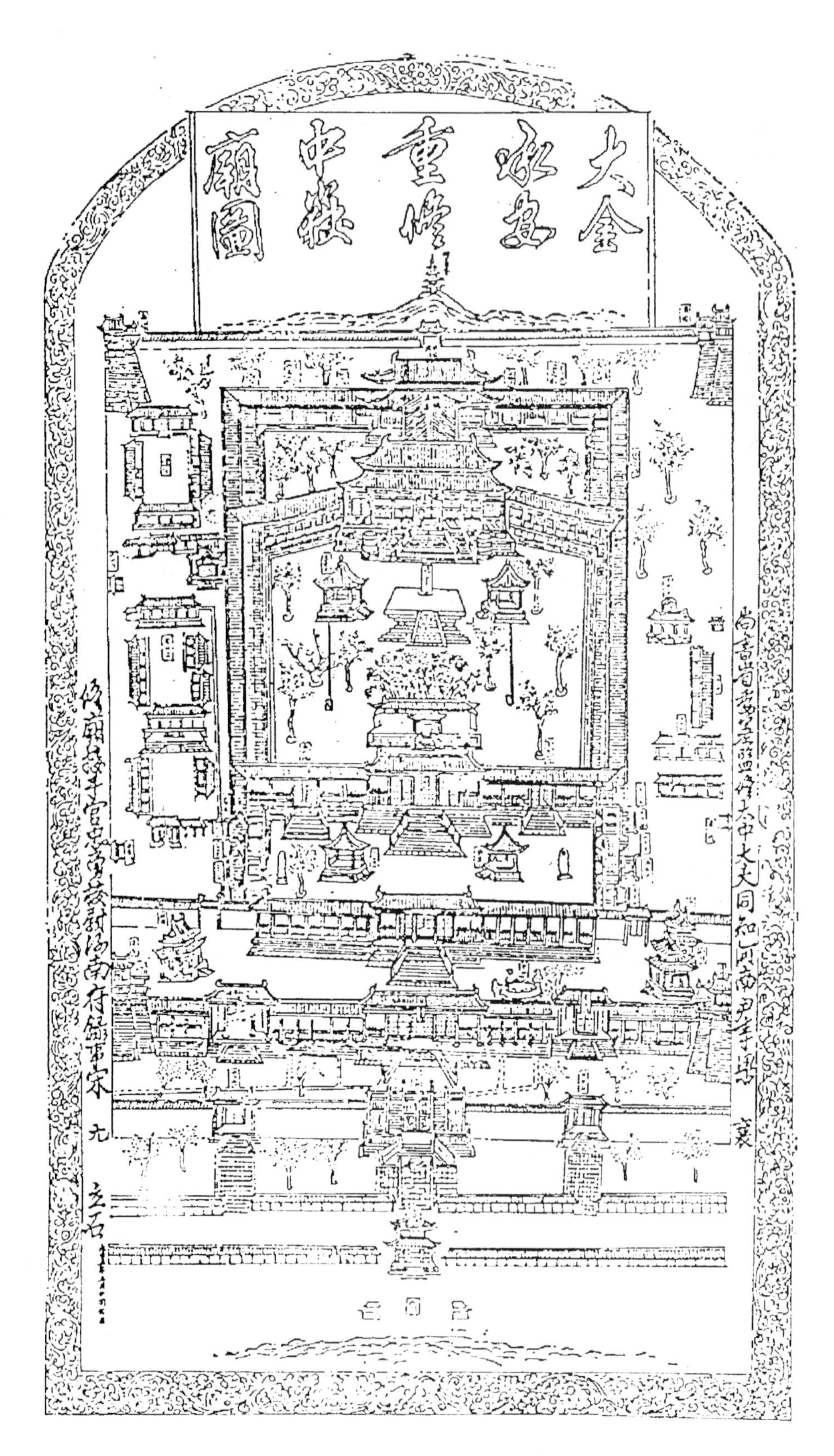

图 4-20 《大金承安重修中岳庙图》碑摹绘

1）庙前区段

宋、金时代中岳庙前后共六进。庙前临通衢，庙门外路南建有一座重檐十字脊的方亭，此亭可能相当于现存之遥参亭。方亭两侧有矮墙向左右伸展。庙门前树有绰楔——旌表用的木柱。木柱两侧也有矮墙。绰楔之后才是庙的大门“正阳门”，采用乌头门形制。三门并列，置于一台基上，台基周围设钩阑，前部伸出踏道。此门左右还有一座东、西偏门，为单间有屋顶的版门，位于围墙之上。

2）第一进院落

进入正阳门后，便是下三门，五开间，单檐顶，左右有廊屋六间，再次又有东、西挟门各三间。掖门两侧又有廊屋五间，直连东西角楼，推测角楼为曲尺形平面。

3）第二进院落

院落主要建筑为中三门，五开间，单檐悬山顶。此门坐落在砖砌的台子上，周围有钩阑围绕，门两侧有廊屋八间，廊屋阶基与门阶基同高。廊东西改成围墙，其上还有两座偏门，两者形式小有所不同。中三门门前院中有火池一座，池周有四人像。池东有碑楼两座，西部有碑楼一座，皆三开间重檐九脊顶。

4）第三进院落

自中三门起，采用“目”字形平面的廊院，作为全庙的核心，入中三门后，为第三进院落，院内主要建筑即上三门，这是祭殿前的最主要的一道门，门屋为五开间单檐五脊顶，位于砖阶基之上。左、右廊屋各五间，并各于当中一间开门，称为东、西掖门。上三门前有两座井亭，廊院东、西各有小殿几座，东庑有东岳、南岳两殿，西庑有西岳、北岳两殿，此外东部还有雷君、山雷公、府君诸殿，西部还有二郎、真武、土君诸殿，与四岳殿比肩而立。这些小殿之名皆标在图中。

5）第四进院落

入上三门后便是主要祭殿所在的院落，四周廊庑环绕，院中正殿名“琉璃正殿”七开间，重檐四注顶，坐落在砖砌阶基之上，阶基前列东西二阶，两阶之间的空地有一小台子，台子朝前的一面做成隔身版柱造形式，前设踏道，题名“露台”。大殿两侧有斜廊通向东西廊庑。殿前院落的建筑物有四座，上三门之内，首先是一座降神之殿，庋藏历代奉祀的祝版，是一座小殿，三开间单檐顶，前出一九脊顶小抱厦，作为小殿的入口，可登台阶进入。小殿后有一丛竹子，竹子两旁，树一对旗杆。殿北有露台一座，做成须弥座形式，露台两侧有两座小亭，做攒尖顶。

6）第五进院落

这一进院落内的主要建筑为寝殿，名“琉璃后殿”。用廊子与正殿相通，廊子题名“琉璃过道”。寝殿为重檐九脊顶形式，寝殿两侧有建筑数间，通脊连檐直抵东西廊，东半段标有“玉仙殿”、“玉英圣后之殿”、“九子夫人之殿”，西半段标有“后土殿”、“金□夫人之殿”、“王母殿”等，每殿各开 门，做版门形式，门两侧开有直棂窗。院内树木繁茂。此院在东廊独设一门，名“进食门”。

在第三、四、五进院落的东西两侧，布置有道院、斋殿、监厨厅之类的建筑，西部有三组四合院，东部散置建筑数幢，其中的监厨厅作“丁”字形布局。

7）第六进院落

即寝殿之后，庙的后围墙之内的院落，正中只有一座小门，两端有两座角楼，此外便是树木，从此院可沿角楼南行到中三门西侧的偏门，故形成围在核心廊院四周的院落空间。自然，在南北两角楼之间还设有一道围墙，只是图上未画出。但在围墙中部分别绘有东、西华门。庙之北还有一山丘，上建一小塔（或称之为小亭），相当于现存的“黄盖亭。”

（3）中岳庙建筑群的特点

1）建筑群规模宏大，但级别比后土祠降低一等，这表现在以下几方面的处理：

（A）正殿仅有七开间，比后土祠的九间殿略小，屋顶仍为重檐四阿形制。殿前阶基仍采用东西阶形式，在礼仪活动中从东阶升殿，从西阶降。

（B）正殿前设门四重，少于后土祠。核心区之前的各进院落中建筑不甚规整，核心区之后部铺陈不多，核心区左右的建筑物也不整齐，对主祭建筑的衬托作用减弱。

2）正殿之前的建筑空间序列仍很有特色，特别是庙的对面还设有一座小亭，庙的大门不作临街的安排，而是先树绰楔，两侧设矮围墙，造成一种序幕的氛围。到正阳门处又设一道高围墙，再内又有围廊三重，使建筑群的空间层次鲜明。在上、中、下三门两侧均用廊庑，使空间严肃而不强硬。

3）中轴线仍很突出，从前到后，中轴线上共有12座建筑。前部的绰楔和通衢对面的亭，及最后山丘上的小塔，对于庙的中轴线起了加强的作用。

4）正殿与寝殿仍采用工字殿形式。且均使用了琉璃，在整个建筑群中光彩夺目。庙的核心院落用廊院，庙的外围四周环以围墙，四角设有角楼。

5）设置露台，此台用途不详，除前述作为登歌“舞台”之推测外，由于该台左右有二亭，据宋史曾记载：“帝自制五岳醮告文，遣使醮告。即建坛之地构亭立石柱、刻文其上。”因此也有可能此台为帝王遣使醮告之坛，即用酒祭神的场所。由于其设于主祭院内正中，是与祭祀活动有密切关系的建筑。

6）寝殿两侧廊庑做成殿宇，有别于后土祠，或当时流行的一般廊院式建筑，但殿宇建筑采用通脊连檐的形式，外观与廊屋差别不大，只是立面上增设了版门与直棂窗。

总之，中岳庙是当时的大型礼制建筑之一，其殿、庭形制具有典型性。

6. 衡山南岳庙

南岳庙位于湖南衡山，创建于唐开元十三年[35]。开宝九年（976年）宋太祖诏修南岳庙[36]，至南宋“绍兴二十五年（1155年）火发殿上，烧后廊，壁本不圮，官不时覆护，渐为风雨所坏”[37]后“帅司重修，稍复旧观”[38]。南宋人陈耕叟于隆兴间（1163～1164年）所撰《南岳总胜集》记载了重修后的南岳庙建置概况。

该庙四面群山环抱，北有紫盖峰，东有喜阳峰、西有集贤峰，南有吐雾峰，更有溪涧流水，九湍三叠注入庙内鸡鸣池，“棂星门外护龙池、溪流合入涧，分注平野”。

该庙最前方为“棂星门三间，东西有水池、火池，前有护龙池”。

棂星门之北为“嘉应门五间……东有左掖门，西有右掖门，东西廊二十六间……东、西、南、北各有角楼”，参照中岳庙图碑可勾画出南岳庙的南门，及其与廊屋、角楼相连的关系，共同构成庙的外围建筑。

嘉应门之北有“顺成门三间……廊十六间”。

南岳庙的核心部分为镇南殿群组，主要大殿“镇南殿以尊奉司天昭圣帝”，同时还设有“蕃禧殿以尊奉司天昭帝、景明圣后……殿内两侧设东、西寝，帐□庄梳洗之属”。在蕃禧殿外还有“东太子殿，建炎中并封侯爵曰世德侯、世烈侯、世显侯。西公主殿，奉安三位公主。三十六宫，计屋六十六间，东、西各有门，周围壁画宫嫔……”

据上记推测，镇南殿至少为一座九开间的殿宇，蕃禧殿可能为五开间，左右各带两开间朵殿，朵殿充作东、西寝。至于太子殿及公主殿，参照中岳庙图，可能即分布于东、西寝两侧的通脊连檐房屋之间，每边隔间设一门。示一安放神主之殿，共六间。这样主要建筑总计三十间。上述文献中的三十六宫可能指绘宫嫔壁画的廊庑，每面十八间，环绕在主要殿宇两侧。故“计屋六十六间”。

这种布局从范成大的《骖鸾录》所记也可得到证实：“……正殿独一神座，监庙与礼直官日上香火，后殿乃与后并处。湖南马氏所植古松满庭，殿后东、西、北三廊壁画后宫，武洞清所作……朵殿又画嫔御……”

在镇南殿之东有“东香火门三间、廊十七间，塑辇官，设仪仗、壁画扈从威仪……”镇南殿之西有“西香火门三间，廊十七间，塑辇官，设仪仗，壁画扈从威仪”。

群组南侧有“镇南门五间”。

庭院中有“铁盒、露台、卦亭”，在镇南殿前有石龛灯一座。

东西香火门和廊，应分布在镇南殿前庭院两侧，直至镇南门间。

在这核心群组之北即为北围墙，其上之“灵贶门为庙之北门”。

核心群组以外的庙内其他建筑，还有以下几处：

“东华门、西华门并廊七间有塑画仪卫兵马像，南海广利王殿、江渎源王殿。东、西便门廊各十四间，画神仪仗队、雷雨部众，东廊外有滴漏、鸡鸣池、铜壶、漏箭、景乐等，次北有清斋宫，前有九紫八白堂，刊岳山图碑、祭仪碑、禁斫山碑、唐咸通记异碑、析参政谒南岳庙诗碑、解秽石。朝廷遣使醮告致斋于此。北有神厨，门之南监生太保位，逐月造酌献祭食，次北有仓龙井……西廊外有神库、仓库厅共二十间，中庭有金砂井”。

这段文字从记载顺序分析，东、西华门与东、西便门有密切关系。其中东、西华门，推测其应在镇南门与顺成门之间的东、西围墙上，而东、西便门应正对东、西华门，从文中称“东廊外”，“西廊外”分析，东西便门即设在东西廊上，东、西廊应为镇南门与顺成门之间的连廊。从其东、西廊外之建筑，作为朝廷遣使醮告致斋的场所和神厨、神库之功能分析，使用上述建筑从东、西华门外进入也是合理的途径。

此外，《南岳总胜集》中还记有下列一些建筑。

“东壁列东岳圣帝殿、东门侍郎堂、天曹君殿、地府君殿、司命君殿、北岳圣帝殿、龙王堂庙”。

“西壁列西岳圣帝殿、南门侍郎堂、南方七宿殿、司录君殿、中岳圣帝殿、西门侍郎堂、忠靖王殿”。

这两组建筑应位于核心群组两侧，推测可能成三合院式布列。

另外在嘉应门内外还有一些小型建筑，如门外有修庙碑、准令下马亭，门内有司鼓神二尊，碑楼四座。东北碑楼置《大宋新修南岳司天王碑》，楼上悬一铁钟。东南碑楼置《大宋南岳司天昭圣帝碑》，西北碑楼置《大宋重修南丘司天工碑》，楼上有　衙鼓。西南碑楼置《大宋新修司天王碑》。

其他附属建筑如：“灵贶门之北设有北门侍郎庙”。

“棂星门之北有监官廨宇，前有司房客位”。

“嘉应门之东有监庙廨宇，其次有东小门”。

整座庙宇在南宋时代极其壮观，且风景秀丽，按陈耕叟的概括是“周围二三里，约八百余间，千杉翠拥，万瓦生烟，一水三朝，群峰四合。现据上述史料做一建筑群平面布局复原想象图（图4-21）。

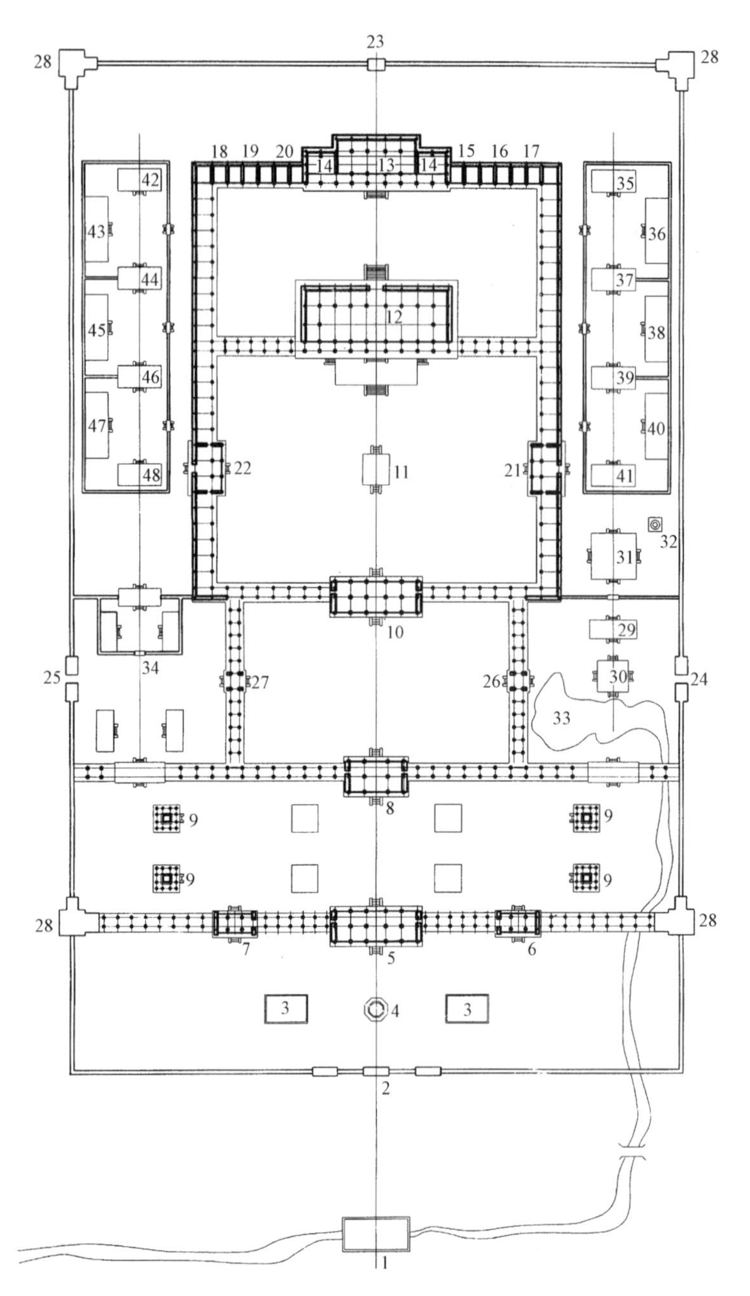

图 4-21　南宋南岳庙平面复原想象图

1. 护龙池；2. 棂星门；3. 水池，火池；4. 下马亭；5. 嘉应门；6. 左掖门；7. 西掖门；8. 顺成门；9. 石碑；10. 镇南门；11. 露台；12. 镇南殿；13. 蕃喜殿；14. 朵殿；15，16，17. 东太子殿；18，19，20. 西公主殿；21. 东香火门；22. 西香火门；23. 灵贶门；24. 东华门；25. 西华门；26. 东便门；27. 西便门；28. 角楼；29. 清斋宫；30. 九紫八白堂；31. 神厨；32. 苍龙井；33. 鸡鸣池；34. 神库，仓库厅；35. 东门侍郎堂；36. 东岳圣帝殿；37. 天曹君殿；38. 司命君殿；39. 地府君殿；40. 北岳圣帝殿；41. 龙王堂庙；42. 南门侍郎堂；43. 西岳圣帝殿；44. 南方七宿殿；45. 中岳圣帝殿；46. 司录君殿；47. 忠靖王殿；48. 西门侍郎堂

7. 宋太原晋祠

（1）历史沿革

晋祠最早为古唐地，是周武王的次子叔虞的封地，因境内有晋水，改国号为晋。又因其兴农田水利有功，后人为其建祠。该祠最早的创建年代无可考，据魏书地理志称："晋阳西南有悬瓮山，一名龙山，晋水所出，东入汾有晋祠……后人因之为池沼，建祠水侧，结飞梁于池上。"北魏郦道元在《水经注·晋水注》中也曾记载"昔智伯遇晋水，以灌晋阳，其川上溯，后人踵其遗迹

蓄以为沼，沼西际山枕水，有唐叔虞祠”之事。由此可知北魏之前已有晋祠，不过祠的主人不是邑姜。北齐文宣帝高洋将晋阳定为别都，并于“北齐天保中大起楼观，祠西山上有望川亭，祠中两泉，北名善利，南名难老，皆做亭以庇之，祠南大池西岸，有流杯池，池上曰均福堂，堂后曰仁智轩，其南曰涌雪亭，池中岛上曰清华堂，亭曰环翠。”[39]由此可知北齐天保年间（550～559年）曾有过一次重建，晋祠已颇具规模[40]。唐代帝王亲自于晋祠树碑立石，许多唐代诗人赞美处于园林环境中的晋祠，如李益诗“风壤瞻唐本，山祠阅晋综，水亭开帘幕，严榭引簪裾”。白居易晋水二池诗：“笙歌闻四面，楼阁在中央，春变烟波色，晴添树木光……”据此可知，当时晋祠中曾有“楼观”“楼阁”之类的高大建筑。

宋太宗太平兴国四年（979年），灭北汉后拆除古晋阳城，移并州治于唐明镇（即今太原城所在地）。同时对晋祠进行扩建，据太平兴国九年（984年）赵昌言所撰《修晋祠碑》[41]记载，“乃眷灵祠，旧制仍陋，宜命有司俾新大之……观夫正殿中启，长廊周布，莲甍盖日，翼檐而□飞。巨栋横空，蜿蜒而虬龙，栏堂延而□□□□□□万栱星攒，千楹藻耀。皓壁光凝于秋月，璇题色晃于朝霞，轮焉奂焉，于兹大备。况复前临曲沼，泉源鉴澈于百寻，后拥危峰，山岫屏开于万仞……”；另据至元四年（1267年）《重修汾东王庙记》碑“适天圣（1023～1031年）后改封汾东王（指对唐叔虞所加的新封号），又复建女郎祠于水源之西，东向，熙宁中始加昭济圣母，号则其品秩能明矣，主殿南百步为三门，南二百步许为景清门，门之外东折数十步合南北驿路，则庙之制甚雄且壮矣。”又据太原县志载：潇群太守周景柱《晋祠记》称“圣母庙故为女郎祠，宋真宗时因祈雨有应，加封号称昭济圣母”。

从上述文献可知，圣母庙修建之缘起，修晋祠碑中所谓的“…正殿中启，长廊周布……前临曲沼，后拥危峰”等描述与现存圣母殿之状况是相同的。而圣母殿所在位置是整个晋祠用地南北向空间的中央，恰在善利与难老两泉之间，故称正殿中启。与前碑记或文献中所称：“沼西枕水有唐叔虞祠”，或北齐天保年间的景况“祠西山上有望川亭，祠中两泉，北名善利，南名难老”相对照，说明在现今圣母殿的位置，自晋起一直有祠庙建筑，到太平兴国九年，新建“巨栋横空”。但当时未必是作为祭祀圣母的建筑，直到宋真宗时才昭济圣母，从而将殿宇改称圣母殿。由此可以确认圣母殿建筑的建造年代应为北宋太平兴国九年以前[42]。到了金代，在圣母殿前又加建了献殿，后来又陆续增加对越坊、钟、鼓楼[43]、水镜台等，使宋代确立的圣母殿主轴线更加突出了。宋以后，晋祠在元至元二年，明洪武、天顺、景泰。清康熙、乾隆等朝又有数次重修和曾建。因此，晋祠内还有三台阁、关帝庙、昊天祠、东岳殿、文昌宫、三圣祠、胜瀛楼等。这些建筑布置皆采取向心式，以烘托圣母殿区（图4-22、4-23）。

（2）晋祠内现存的宋、金建筑及塑像

晋祠内除唐碑之外，最早的建筑物是宋代所建的圣母殿、鱼沼飞梁、金人台等。此后便是金代添加的献殿。其他建筑则都是明、清时代遗物。

1）圣母殿

（A）圣母殿的年代：现存圣母殿据脊槫下的题记：“大宋崇宁元年（1102年）九月十八日奉敕重建”可以确定其年代，然前述之赵昌言撰修晋祠碑，将圣母殿的始建年代提前，到崇宁年间（1102～1106年）又奉敕重建。现存者即这次重建之建筑。这之间前后经过了多次重修，究其原因与自然灾害有关，据文献载，宋景佑四年十二月初二日（1038年1月9日）曾在太原地区发生了7.3级地震，烈度达10度；宋建中靖国元年十二月辛亥（1102年1月15日）曾发生过一次6.3级地震，烈度达8度，这次的地震使晋祠西侧的悬瓮山巨石摧堕，瓮山毁坏，因此也必然要波及圣

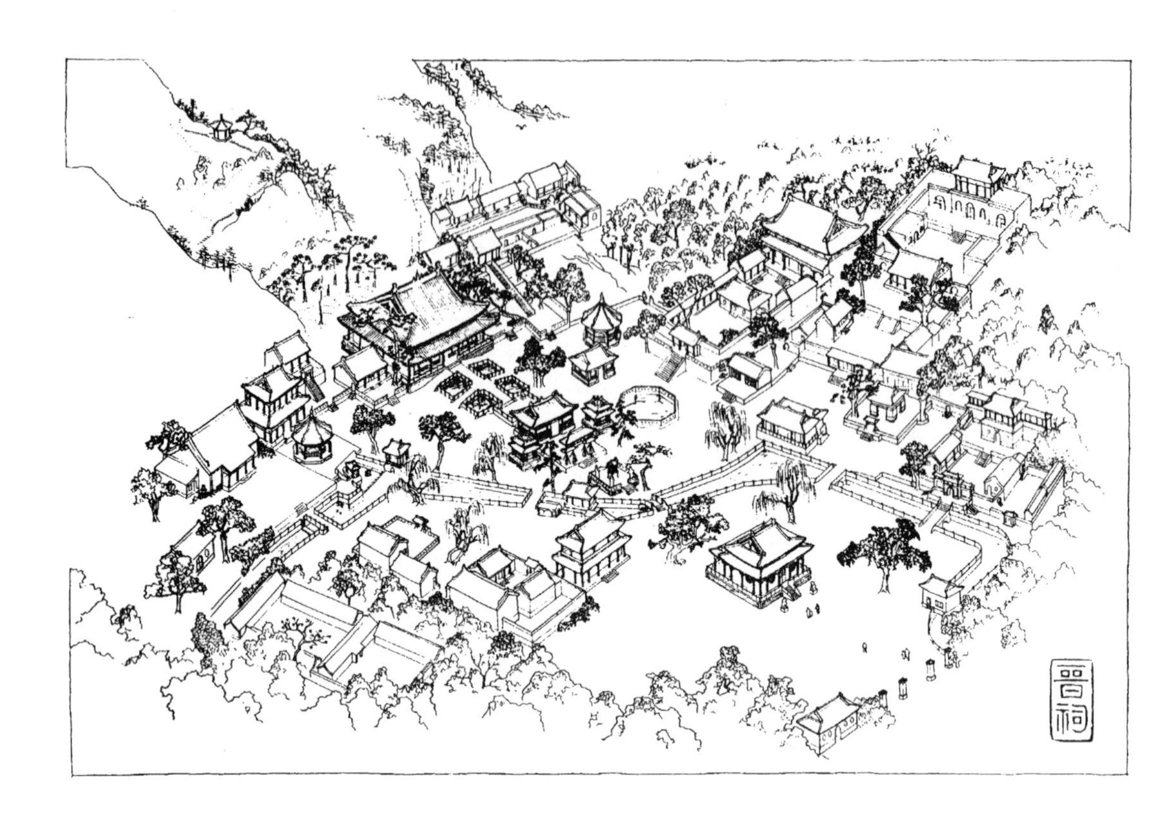

图 4-22　晋祠鸟瞰图

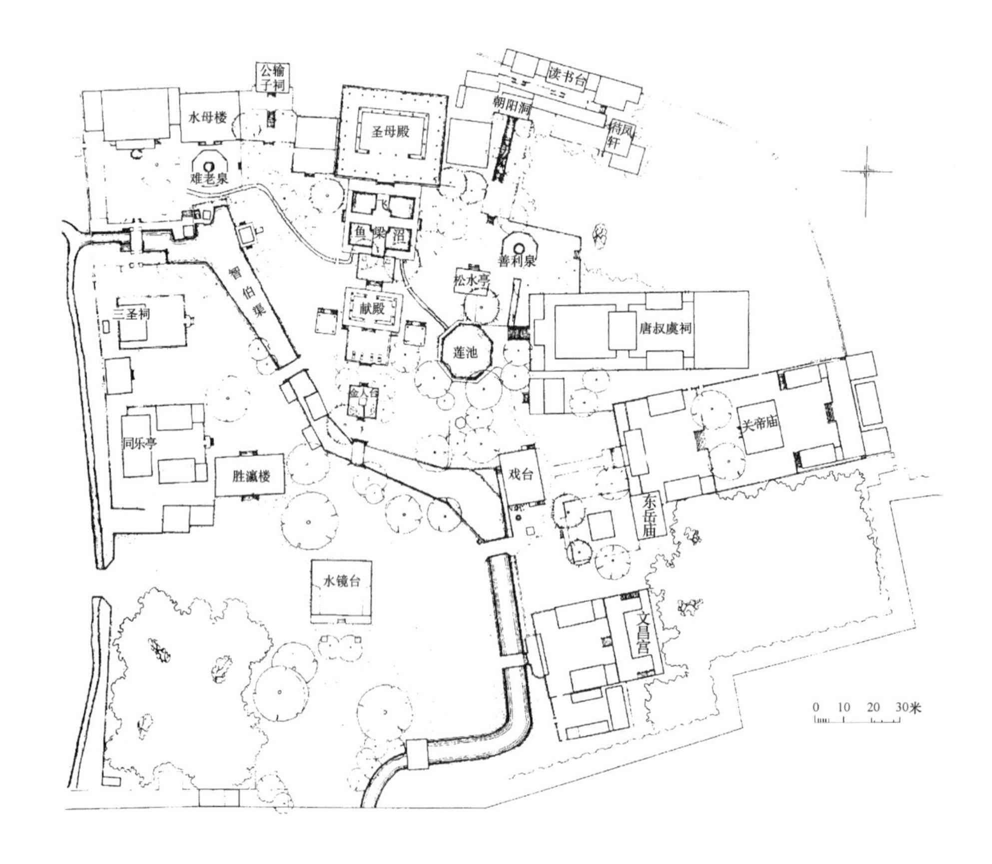

图 4-23　晋祠总平面

母殿，所以现存圣母殿所题崇宁元年九月十八日（1102年10月）应是这次地震后重建的年代。自始建到崇宁元年对晋祠又有若干次修葺或添建活动，有些修葺活动在圣母殿上留下了时代的印记，如在圣母座椅背面留有元祐二年（1087年）太原府吕吉等人于殿前廊柱上雕造木盘龙的墨书题记，由此可证崇宁“重建”应视为一次保存原构的“重修”活动（图4-24～4-27）。

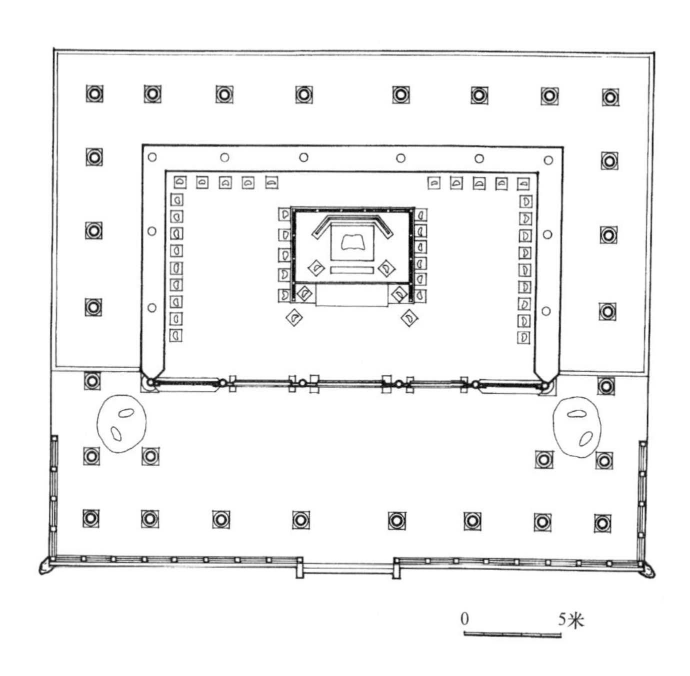

图4-24　晋祠圣母殿平面

（B）圣母殿的建筑形制与特点：

a. 结构构架

圣母殿面阔七间，进深六间，重檐九脊顶。殿身面阔五间，进深八架椽，副阶周匝。殿身采用殿堂式构架体系，形制为乳栿对六椽栿用三柱。内柱与外柱同高。副阶构架为乳栿、劄牵，插入殿身檐柱。至前檐改用四椽栿，其上叠架三椽栿，插入殿身内柱。殿身前檐柱做成短柱，立在三椽栿上。这样便在前廊形成了较开敞的祭拜空间。殿身后部乳栿之上有劄牵。六椽栿之上有五椽栿、四椽栿、平梁层层叠落，梁间用驼峰垫托，只有平梁梁端的驼峰上又架有一层十字相交的斗栱。各层梁端均有袢间枋作为纵向联系构件，它们与斗栱中的罗汉方、正心素枋及柱头间的阑额、普拍枋，共同构成纵向梁架。各层梁的两端均有叉手、托脚，整组构架彻上明造，对称整齐，只是最下一层的乳栿及六椽栿梁断面小于上部各梁，似觉不够合理。山面设有丁栿，搭在六椽栿上，为承托山面椽尾及出际，于丁栿上另立草架。殿的角部在45°对角线方向设有递角栿和隐衬角栿，栿上置十字相交的令栱，以承托下平槫交角，再上则施隐角梁。而其大角尾施于槫、替木及十字令栱之下，与下昂尾相抵，子角梁尾则只到正心方交角处，即正对角柱中心的位置。为防止子角梁向前滑动或翻跌，将隐角梁前端叉入子角梁尾。这种做法对于《营造法式》规定子角梁长度为何“外至小连檐，下斜至柱心”提供了答案，是极其珍贵的一例（图4-28）。整座建筑屋顶坡度较缓，前后橑风槫间距与总举高之比接近4∶1。

殿身及副阶柱均有明显地侧脚与升起，殿前八根副阶檐柱均做成盘龙柱形式，龙为宋元祐二年（1087年）雕成，是我国现存最早的木盘龙柱。

b. 斗栱

圣母殿斗栱于上檐施六铺作，下檐减一铺，施五铺作斗栱，正好符合法式“下屋减上屋一铺”

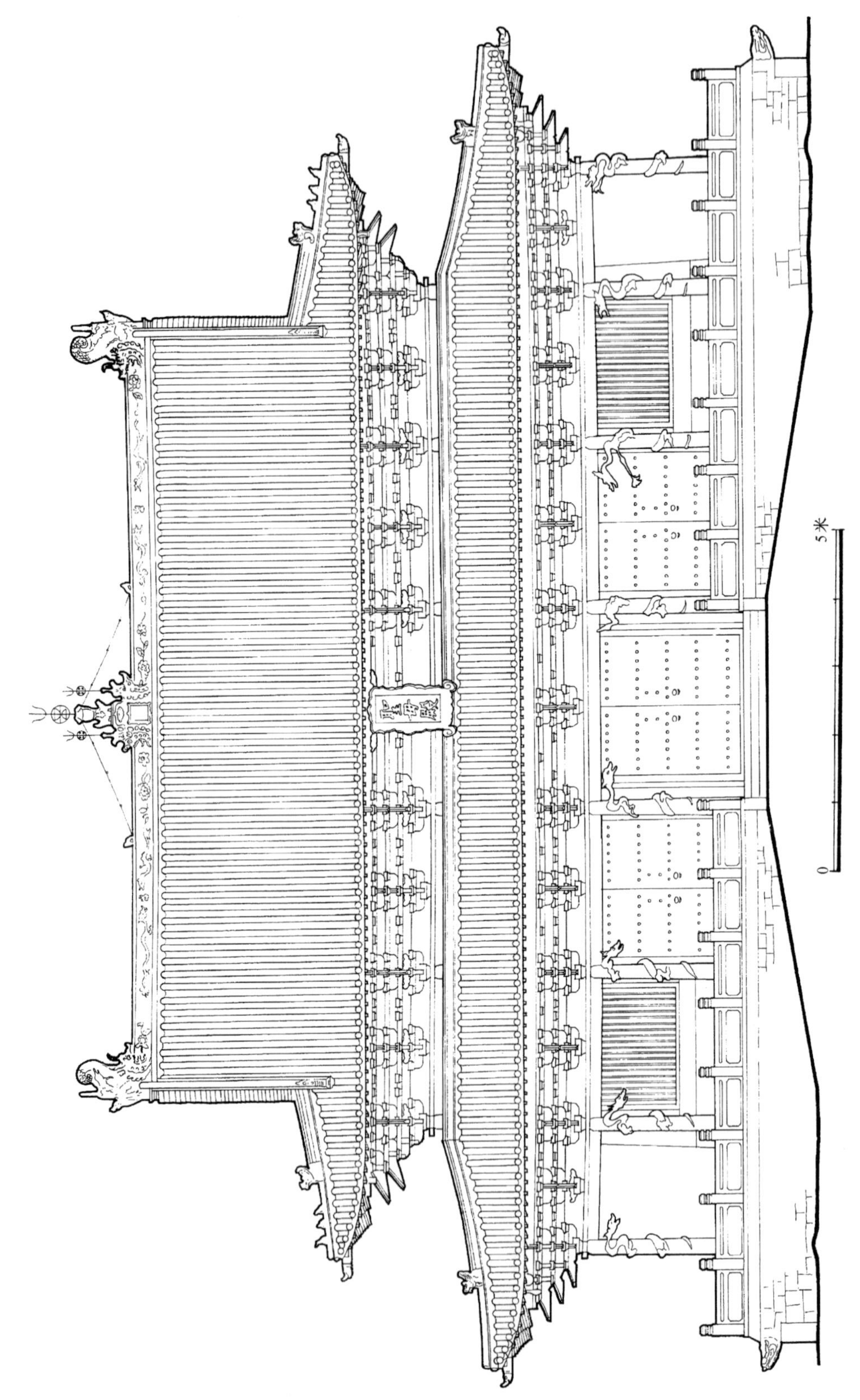

图4-25 晋祠圣母殿正立面

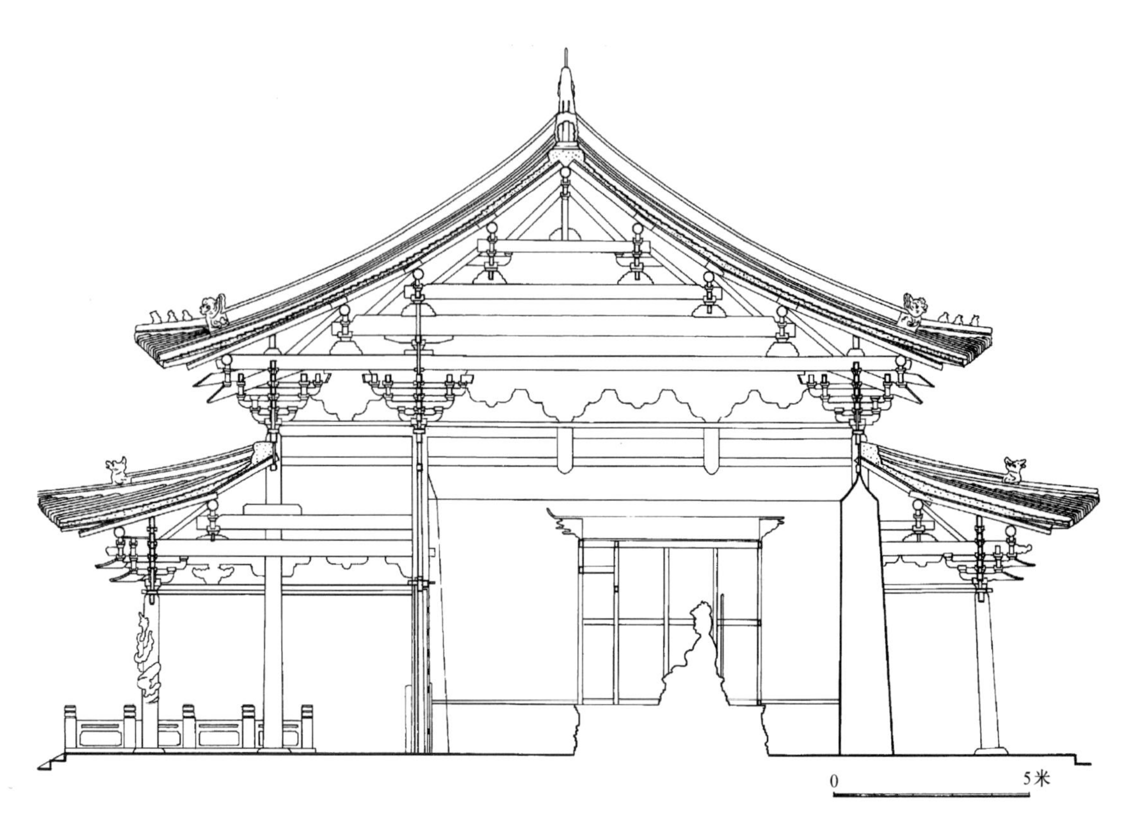

图 4-26 晋祠圣母殿明间横剖面

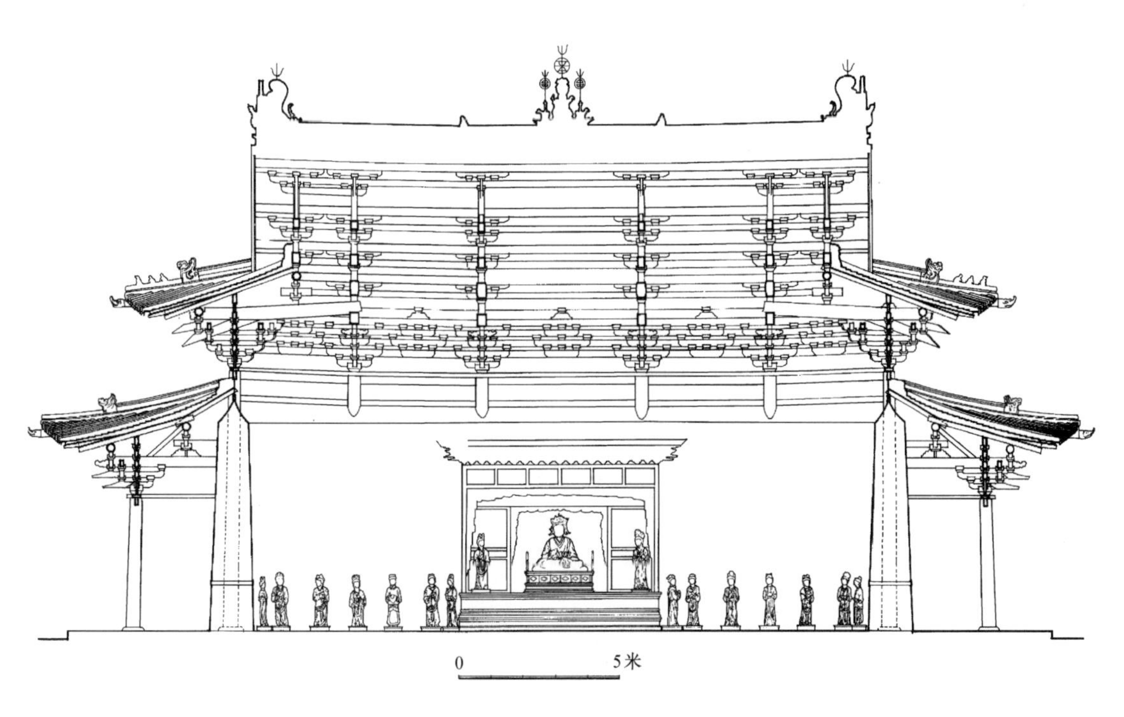

图 4-27 晋祠圣母殿纵剖面

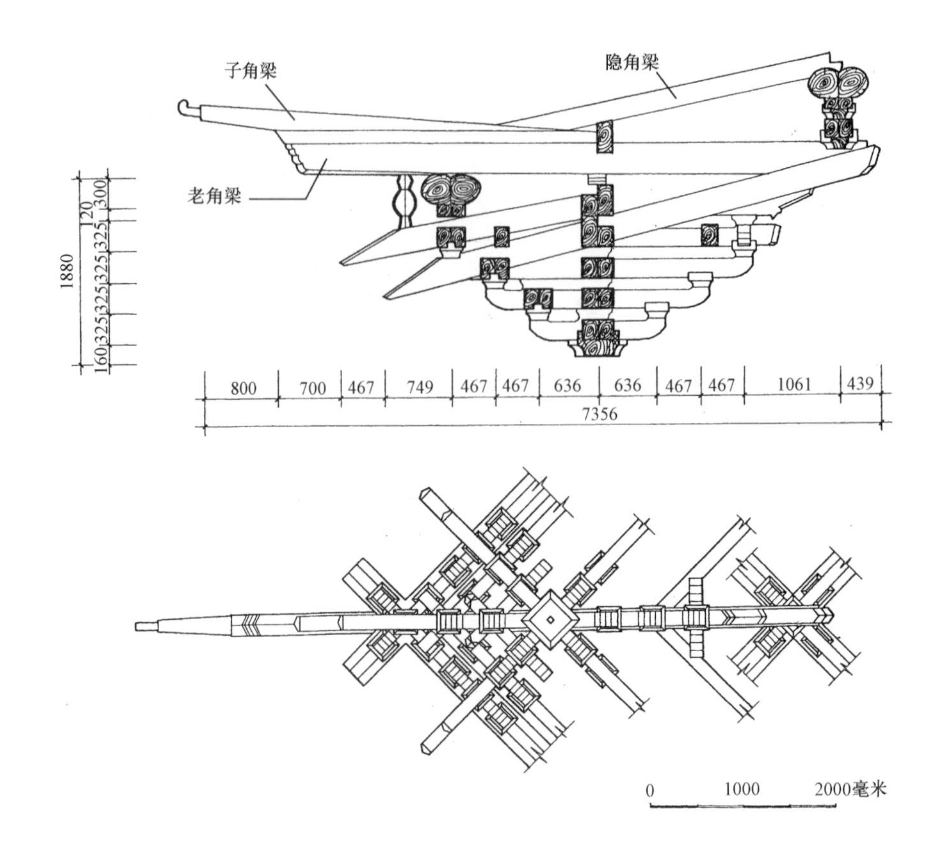

图 4-28 角梁及转角铺作

之规矩。而上下檐及内檐斗栱组合方式有所变化，有的做“下昂造”，有的做“卷头造”，有的全偷心造，有的计心与偷心组合，因之可分成以下八类：

①上檐柱头铺作：采用六铺双杪单下昂斗栱，里转出三杪，梁栿压在铺作之上，位于铺作衬方头的高度。外跳第一跳华栱跳头上承托翼形栱，第二跳华栱跳头施瓜子栱及素枋，做成单栱计心造形式，第三跳下昂后尾压在檐栿之下，昂头上施令栱、替木及橑风槫。本应与令栱相交的耍头变成了假昂头，而在一般铺作衬方头的位置，恰好为乳栿及六椽栿的出头，端部与橑风槫下的替木相交后，出耍头形式的梁头。里跳华栱第一跳偷心。第二跳作单栱计心造，跳头施瓜子栱与罗汉方，第三跳跳头施异形栱，与耍头相交上无素方，是一种特殊的计心造做法。在铺作正心位置为泥道栱上施柱头方四重，素方间有散斗垫托，第一层素方上隐刻慢栱（图 4-29）。

②上檐补间铺作：仅分布在前檐及山面前部梢间，每间一朵。采用单杪平出双下昂六铺作斗栱，里转出双杪。外跳第一跳华栱头施翼形栱，第二跳平昂头施瓜子栱及罗汉方，第三跳平昂头施令栱，与耍头相交，上施替木及橑风槫。里跳华栱第一跳偷心，第二跳跳头施梭形栱与外跳第三跳平昂后尾相交出耍头，上承罗汉方（图 4-30）。横栱在正心位置仍然施泥道栱及四层柱头方，并隐刻慢栱。

③上檐转角铺作：正、侧面均同柱头铺作，仅角部多出一缝 45°栱、昂，即角华栱两跳，角昂一跳，由昂一跳，上承宝瓶。里转出三杪。其列栱为第一跳华栱与泥道栱出跳相列，第二跳华栱与素枋出跳相列，异形栱列耍头，瓜子栱与梭形栱分首相列，身内隐出鸳鸯交首栱，角昂上令栱列华栱(图 4-31)。

④下檐柱头铺作：采用平出双下昂单栱计心造五铺作斗栱，里转出双杪偷心造。四椽栿和乳栿均伸入斗栱，充当耍头和衬方头。横栱在正心用泥道栱及三层柱头方，在外跳第一跳跳头用瓜子栱及罗汉方，第二跳跳头为令栱、替木及橑风槫（图 4-32）。

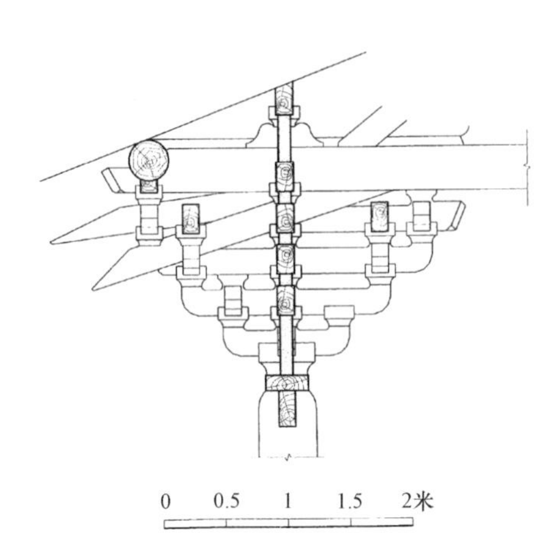

图 4-29 上檐柱头铺作

图 4-30 上檐补间铺作、柱头铺作里跳

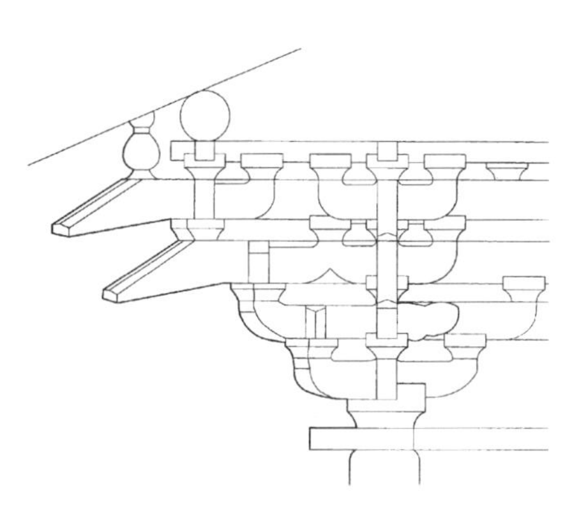

图 4-31① 上檐转角铺作立面

图 4-31② 上檐转角铺作外观

图 4-32 下檐柱头铺作外观

⑤下檐补间铺作：分布规律同上檐，采用单杪单下昂五铺作计心造斗栱，里转出双杪偷心造。横栱正心出泥道栱及柱头方四重，每一层柱头方无隐刻慢栱。外跳第一跳华栱头施瓜子栱及罗汉方，第二跳下昂头施令栱及替木、橑风槫。昂尾上撤下平槫，耍头作成昂头形式。另外，梢间一朵泥道栱以翼形栱代之。

⑥下檐转角铺作：正侧两面与柱头铺作同，角部多出一缝45°角昂，再加由昂，上下共三重平出昂。其列栱为泥道栱与平出昂出跳相列，瓜子栱与平出昂出跳相列，令栱与异形栱出跳分首相列(图4-33)。

⑦内檐柱头铺作：采用卷头造六铺作，前后皆出三杪，横栱对称布置，第一杪偷心，第二杪计心，跳头施瓜子栱，上承罗汉方，第三杪计心，跳头承异形栱。横栱在正心位置施泥道栱，上承柱头方三层，至檐䇲之下（图4-34）。

图4-33 下檐柱头铺作及转角铺作

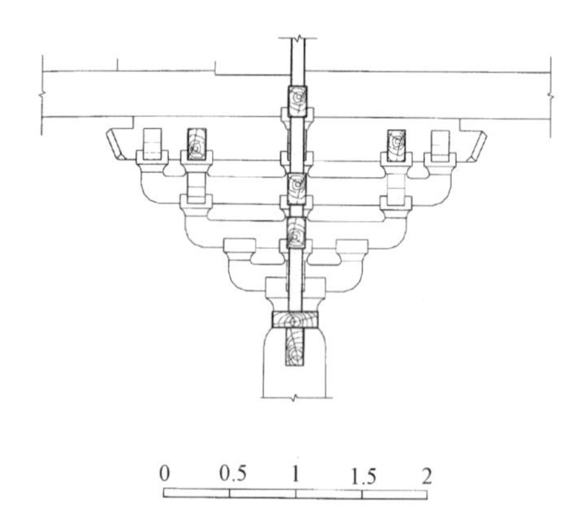

图4-34 内檐柱头铺作

⑧内檐补间铺作：采用卷头造五铺作，前后皆出双杪，第一杪偷心，第二杪计心，跳头施异形栱，承耍头及素方。

以上诸多斗栱类型反映了圣母殿经重修的遗迹，其中平出昂的手法用于柱头铺作，斜昂用于补间铺作，使其受力各得其所，且施工简便易行。另外，圣母殿斗栱中使用罗汉方较少，这是由于有些出跳使用偷心造的缘故，这种做法不如全计心造者对于构架的整体性有利。

c. 圣母殿装修

外檐装修采用版门、直棂窗做法，直棂窗作破子棂式。内檐装修部位只有圣母像之佛龛，采用宋式佛帐做法：下为砖基座，做成隔身版柱式。上部三面为木板壁，前面做毬文格子的隔扇两扇，中间放圣母像，佛帐顶部有斗栱及毘卢帽式的檐子。

此外圣母殿内还存有43尊宋代塑像，即圣母及侍女，像的大小与真人尺度相近，塑像各有不同表情，姿态服装发式因人而异，比例造型优美，被誉为宋塑中的上品。

2）鱼沼飞梁

鱼沼是以晋水蓄为池沼。飞梁则是架在池沼上的一座梁桥。它的始建年代在北魏之前，因《水经注》中即有“水侧有凉堂，结飞梁于水上”之描述。沼中原为晋水的第二源头，泉眼出水量大，鱼游众多，故称鱼沼。现存之鱼沼飞梁皆为宋代遗物，池沼为长方形，南北长17.90米，东西宽14.80米。池沼四周建有青石泊岸墙。飞梁平面成十字形。东西向的桥为平桥，桥面较宽，南北向的桥较窄，斜搭在东西向的桥上，整座桥下共有34根石柱，排列成十字形，柱子采用小八角形断面，柱础为覆盆式上刻宝装莲花。柱头上施栌斗及十字形华栱，承托着木制梁枋及桥面板，柱间还有联系的木枋，置于阑额位置。桥上四周有石栏杆围绕[44]。这座十字形桥之所以称飞梁，其名取自古代文献，如《甘泉赋》中有“历倒景而绝飞梁兮”之句；又如《后汉书》梁统传附梁冀有：“台阁周通，更相临望；飞梁石蹬，凌跨水道。架虚为桥，若飞也。”可见人们是将凌空架设之桥称为飞梁（图 4-35）。

3）献殿

位于圣母殿与鱼沼飞梁之前，据梁架题记可知，建于金大定八年（公元 1168 年）[45]。是用作放置供奉圣母祭品的享殿，故称献殿。该殿面宽三间，进深三间，单檐九脊顶（图 4-36～4-38）。

图 4-35　鱼沼飞梁

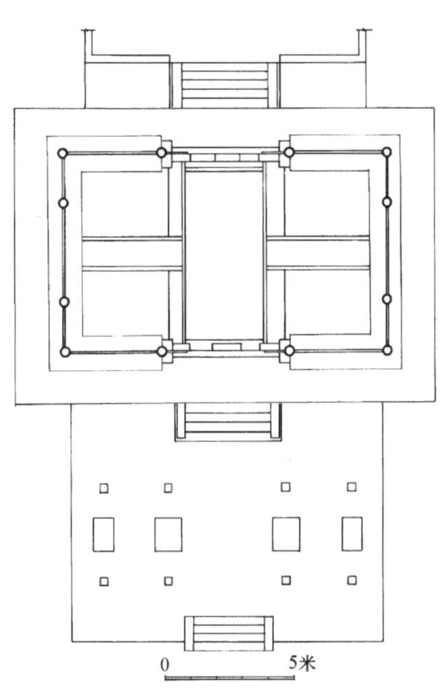

图 4-36　晋祠献殿平面

图 4-37　晋祠献殿正立面

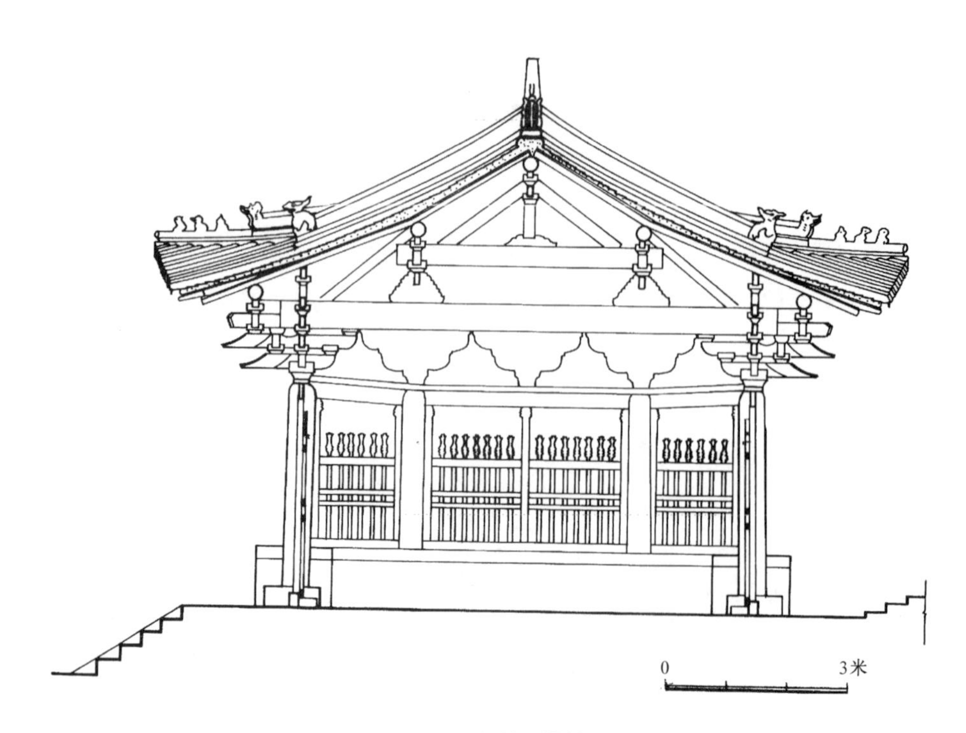

图 4-38　晋祠献殿横剖面

（A）梁架结构：该殿进深仅有四架椽，采用前后通檐用二柱的构架，主要大梁为四椽栿，上架平梁，用驼峰垫托。四椽两端伸入柱头铺作，越过柱中线后截断梁的前端另做出半截耍头与半截衬方头。这种做法极为少见，可能是后世重修造成的。构架其他部分与宋代建筑手法相同，托脚、叉手、蜀柱都很规矩。纵向连系构件有袢间、阑额、普拍方及斗栱中的柱头方等。屋顶举高与榱檐方间矩之比仍在1∶4左右。

（B）斗栱

柱头铺作：为平出双下昂五铺作里转出双杪偷心造，横栱在正心位置施泥道栱，及四层柱头方，最下一层柱头方上隐刻出慢栱，外跳第一跳跳头施异形块，第二跳跳头上施令栱，并与耍头相交，上承榱风槫。

补间铺作：为单杪单下昂五铺作里转出双杪。外跳第一跳跳头上施翼形栱，第二跳下昂头上施令栱，承榱风槫，并与批竹昂式耍头相交，里跳第一跳偷心，第二跳跳头施梭形栱与耍头相交，承托昂尾，昂尾上彻下平槫，挑一材两栔。

转角铺作，正侧面同柱头铺作，另于角部斜出跳一缝，有二平出角昂及平出由昂，承托榱风槫。里跳出双杪，第一跳偷心，第二跳跳头施梭形栱与耍头相交，并用十字翼形栱承下平槫及角梁。

由上三方面可看出，其斗栱做法与圣母殿有相似之处，主要表现在使用平出昂的做法，这在金代建筑中极为少见，或可能是受了圣母殿的影响所致。

（C）装修：献殿装修非常简单，殿的外檐装修皆用叉子形式，当心间叉子高度相当于门扇高，次间则作于槛墙之上。叉子高度相当于窗扇高。

屋面瓦饰采用琉璃剪边做法，脊部雕花琉璃均为明代遗物，有部分垂兽、蹲兽可能为早期遗物。

在晋祠中除圣母殿、献殿、鱼沼飞梁之外，宋代遗物还有立于鱼沼东部月台上的一对铁狮，狮的胸前有题记为“太原文水弟子郭丑牛兄……政和八年（1118 年）四月二十六日”。狮的姿态雄健有力。另外，在献殿以东，有金人台，上放四个铁制镇水金神像，其中西北角的一尊为北宋绍圣四年（1097年）三月铸造，前胸题记："有维大宋太原府，魏城会刘植……绍圣四年三月朔日立此金神"。西南角者为绍圣五年（1098年）所铸，后于明永乐二十一年（1423年）补铸。另两尊年代更晚。四尊金神铸像中以绍圣四年铸造者水平较高，身体各部比例匀称，一足向前跨出半步，体态刚劲有力，铸像至今已近900年，仍光泽莹亮不锈。

(3) 宋、金时代晋祠的建筑艺术特色

1) 选址与总体规划

晋祠选择了背山面水的地段，而这里的水并不是一般常见的江河湖泊，而是泉水集中的地段，泉眼很多，水源丰盈，形成晋水的第二源头。而古代匠师就在水上建造起这组祠庙，依泉水的大小，采用不同的建筑手段，难老、善利二泉，一南一北，相距约110米。早在北齐天保年间（550～559年）已在泉眼旁各建一亭，以标示其位置，而在两亭之间的泉眼，则被"蓄以为沼"，因鱼游众多故名鱼沼。而晋祠的主要建筑则选择在这泉水集中的地段，匠师们大胆地将主要建筑圣母殿安排在鱼沼西侧，使难老、善利二泉在大殿左右形成对称的格局。圣母殿前需要有一定的空间，供人们活动，于是创造性地将飞梁架设在鱼沼之上，鱼沼飞梁成为祭拜圣母者必经之路，这一独特的环境处理，势必给祭拜的人群以特殊的心理感受，每当人们走在虚空高架的飞梁之上，脚下池水清澈，鱼群游弋，令人涤除一切烦恼，以纯真的心境怀念着圣母的圣明。

圣母殿前，鱼沼飞梁、献殿、金人台等形成一条明显的中轴线，尽管两侧的建筑已非原貌，这条轴线在晋祠中有着突出的地位，它保存着宋、金时代礼制建筑群的严整性的一面，但同时又结合晋祠所在的特殊地理环境，将严整之中加入鱼沼飞梁这类较有动态的建筑。同时在这条轴线的两侧又安排了不是绝对对称的难老、善利二泉，轴线前方还有智伯渠斜穿而过。成功地将严正的中轴线寓于水渠、流泉、悬瓮山等自然景物之间。使带有中轴线的建筑群所具有的纪念性寓于园林环境之中，无怪乎历代不少到过晋祠的文人雅士都着力地歌颂了晋祠的优美环境，如白居易的《晋水二池》诗中写道：

"……笙歌闻四面，楼阁在中央，春变烟波色，晴天树木光……"

又如李白《忆旧游寄谯郡元参军》诗：

"……晋祠流水如碧玉，浮舟弄水萧鼓鸣，微波龙鳞沙草绿，兴来携妓恣经过，其若扬花似雪何。"

2) 浓厚的人文气息

晋祠不但环境优美，而且具有浓厚的人文气息，圣母殿是一座祭祀人们心幕中富有智慧之"神"的殿堂。圣母为唐叔虞之母邑姜，是周代的皇后，她头戴凤冠，身着霞披，左手微举，凝视前方。在圣母像周围布置了42尊仕女宦官像，并依照宫廷内的女官所担当的文印、翰墨等不同职务塑出不同形象。同时还有若干宫女，为皇后侍起居、奉饮食、梳妆、洒扫、奏乐、歌舞等。有的体态丰满，有的身材纤弱，但大多表情庄重，姿态沉静，只有极少数面带笑容，她们那面无表情的样子，表现出在权贵圣母周围，谨慎小心行事的内心世界，这正是宋代宫廷生活的写照。通过这组塑像，和盘托出的不是圣母一人，而是一组宫廷生活的片段。这样便使"神"化了的圣母，又回到了人间。使祭拜者与她的距离缩小，尽管大多数祭拜者是圣母统治下的臣民，有等级之差，但毕竟不是虚无缥缈的，这组塑像反映了祭拜者对现世统治者的期望。在圣母殿的建筑处理上，采用加宽前廊的手法，为祭拜者提供了较大的活动空间。同时圣母像的帐座低矮，仕女所幸站在只有约20厘米高的小台上，削弱了一般祭殿的严肃气氛，祭拜者虽未能贴近圣母像，但却可从开敞的外廊空间，接近人体比例的塑像尺度，与人处在同等高度的若干塑像中得到了一种亲近感。

好像祭拜者也置身于这组塑像之中一样，使圣母殿建筑环境具有较强的人文气息。

三、明堂

（一）修建明堂的历史背景

北宋初，仁宗皇佑年间（1049～1054年）曾议建明堂之事，但未成，直至北宋末，元丰年间，礼官曾请求建明堂，崇宁三年（1104年），蔡京为相时称“……方今泉币所积赢五千万，和足以广乐，富足以备礼，于是铸九鼎，建明堂，修方泽，立道观……大兴工役”。

当时姚舜仁献上“明堂图议”，徽宗便下诏，“依所定营建”。于政和七年（1117年）四月建成。

（二）北宋明堂制度

据政和五年（1115年）诏书可知，北宋明堂是在总结了夏、商、周的制度后，由徽宗皇帝亲自提出“度以九筵，分其五室，通以八风，上圜下方，参合先王之制”的设计思想，并进一步说明之：“联益世室之度，兼四阿重屋之制，度以九尺之筵，上圆象天，下方法地，四户以合四序，八窗以应八节，五室以象五行，十二堂以听十二朔。九阶、四阿，每室四户，夹以八窗。”认为这样的明堂便可“享帝严文，听朔布政于一堂之上，于古皆合”……并命令明堂使司遵图建立。这里所列的明堂制度是以《考工记》所记的周制为蓝本的制度，即“度以九尺之筵……堂崇一筵……凡室二筵……”明堂使蔡京又进一步补充：“三代之制，修广不相袭，夏度以六尺之步，商度以八尺之寻，而周以九尺之筵，世每近，制每广。“今若以二筵为太室，则室中设版位，礼器已不可容，理当增广”，于是改成“今从周制，以九尺之筵为度，太室修四筵（三丈六尺），广五筵（四丈五尺），共九筵。木、火、金，水四室各修三筵，益四五（三丈一尺五寸），广四筵（三丈六尺），共七筵，益四尺五寸。十二堂古无修广之数，今亦广以九尺之筵。明堂、玄堂各修四筵（三丈六尺）。广五筵（四丈五尺）。左右各修广四筵（三丈六尺）。青阳、总章各修广四筵（三丈六尺）。左右各修四筵（三丈六尺）。广三筵，益四五（三丈一尺五寸）。四阿各四筵（三丈六尺）。堂柱外基各一筵（九尺）。堂总修一十九筵（一十七丈一尺）。广二十一筵（一十八丈九尺）[46]。

据以上引文可知明堂建筑内容有：太室，金、木、水、火四室，十二堂等。其修、广如表4-1：

明堂建筑尺寸表 单位：尺 **表4-1**

	长（修）	宽（广）
①太室	36	45
②木、火、金、水四室	15	36
③十二堂		
1. 明堂	36	45
2. 平朔	36	45
3、4. 左个	36	36
5、6. 右个	36	36
7. 青阳	36	36
8. 总章	36	36
9. 左个（青）	36	31.5
10. 右个（青）	36	31.5
11. 左个（总）	36	31.5
12. 右个（总）	36	31.5
④四阿	36	36

其中明堂中所包容的房间数目，每室门窗数目，以及建筑形式都具有很强的象征意义，而其象征的内容多是历代沿续下来的，约定俗成的含意。例如，关于“四序”，即春夏秋冬四季。关于“八节”，即立春、春分、立夏、夏至、立秋、秋分、立冬、冬至。这八节在古代不仅仅代表气候的变化，还有深一层的含意；“二至者，寒暑之极；二分者阴阳之和；四立者生、长、收、藏之始”（《周髀算经·下二》）。因此，“四序”、“八节”反映了古人把气候变化与古代哲学思想融合在一起的理念。“八节”既可指导农耕社会务农，又告知人们一定的哲理。关于“五行”，是对“五行”哲学思想的附会，用以象征古代世界万物的构成与变化。关于听“十二朔”；听朔是指古代帝王于每月之初一听朝治事的行为，听十二朔则象征帝王不脱离朝政，因而可以满足“听朔布政于一堂之上”的功能要求。

（三）明堂复原

对于北宋明堂，曾有不止一人做过复原设计，平面多做成“五室四天井”式，立面也由于对制度行文的不同理解，做出不同的形式。但这类方案在使用和结构上均存在若干问题，且与制度不完全相合，因此需重新做一复原探讨。现将明堂采取如下方案（图 4-39～4-41）：

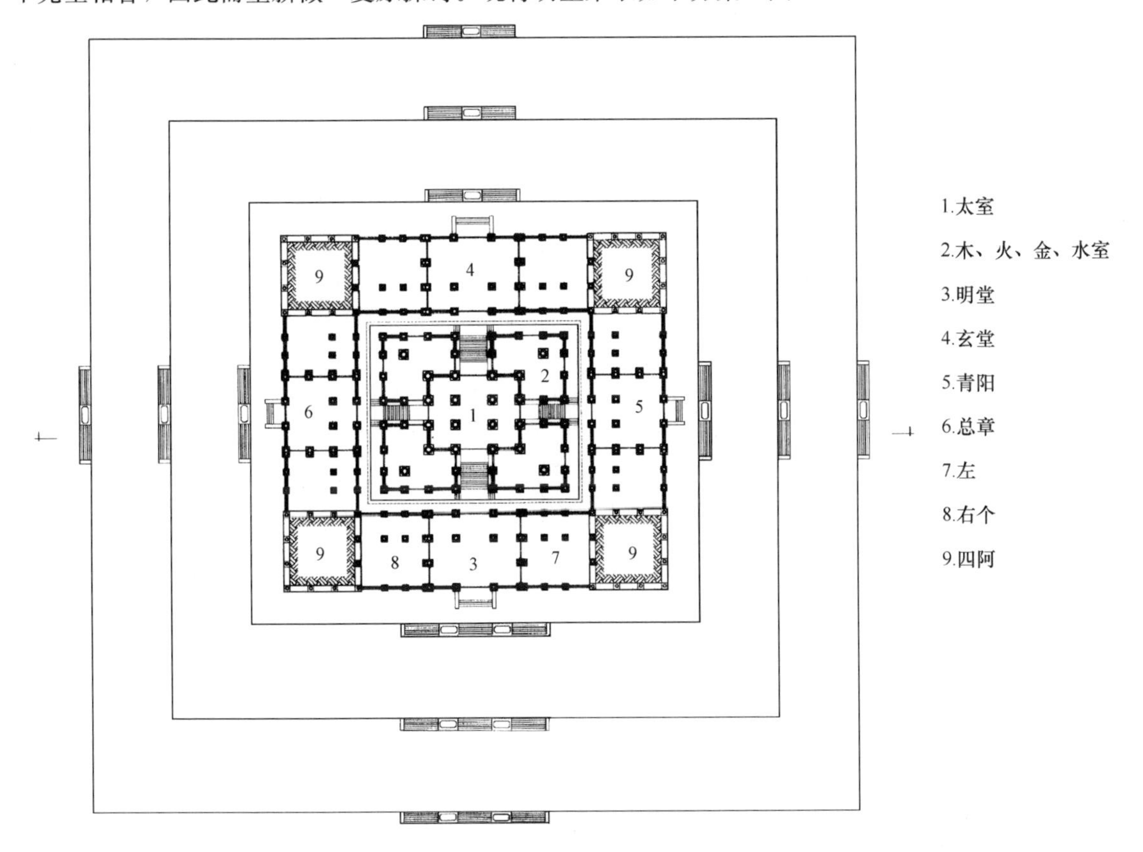

图 4-39　北宋明堂复原想象图平面

（1）平面布局：以太室为中心，木、火、金、水四室置于四角，作曲尺形，与太室咬合成一体，五室构成严整格局，其四周留有院落一圈，院落之外再布置十二堂，每面一堂加两个，至角部加四隅。

（2）立面：太室做成二层带平座的楼阁式建筑，上覆四阿顶。木、火、金、水做一层单坡顶，环绕于太室平座之下，五室坐落在一台基上。十二堂中明堂、平朔、青阳、总章各为一幢九脊顶建筑，左右个及四隅做通脊连接式房屋，附于四堂两侧。整组建筑又由一座三重台基承托，四面均设踏道。

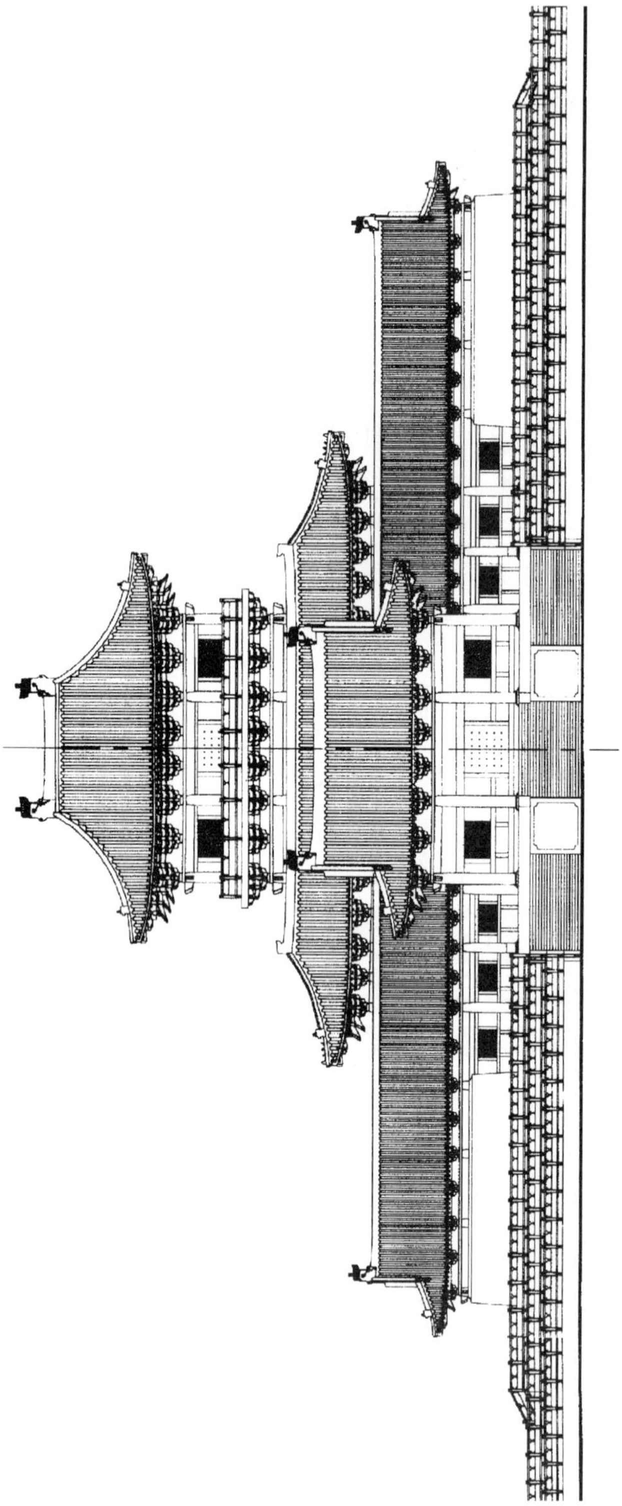

图4-40 北宋明堂复原想象图立面

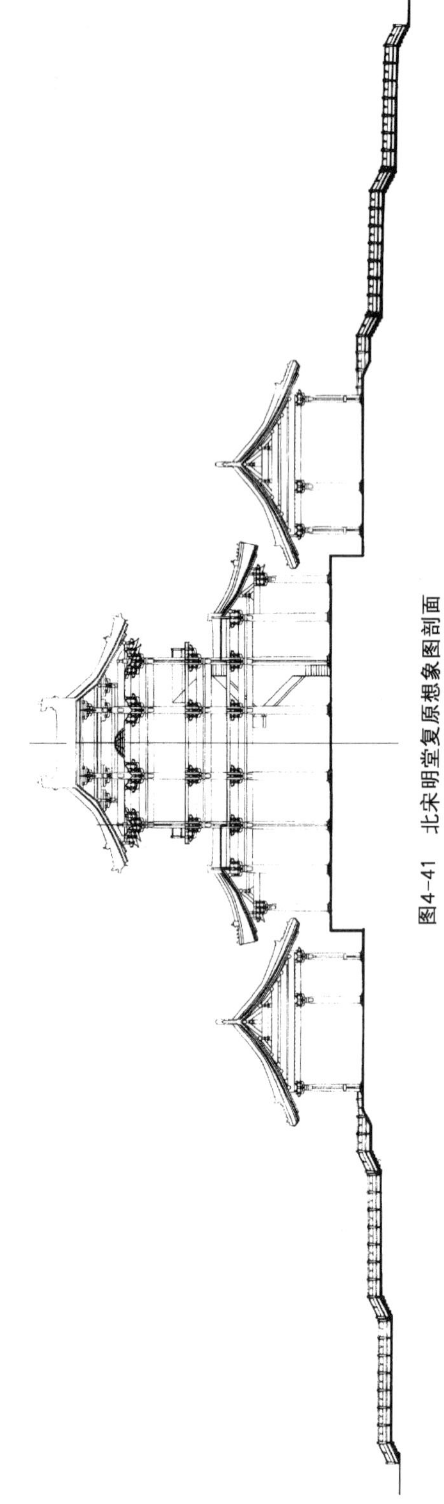

图4-41 北宋明堂复原想象图剖面

（3）用材等第：太室据其修广尺寸和身份选用二等材；木、火、金、水四室减太室一等，选用三等材；周围各堂采用四等材；而左右个及四隅采用六等材，使之与四堂及主体五室反差加大。

（4）斗栱：太室外檐采用五铺作单杪单下昂计心造，里转五铺作出双杪，当心间采用双补间，两次间改用单补间。四室也用五铺作，各间皆用单补间。四堂除用材等第改变外，铺作布置随太室。左右个及四隅用四铺作卷头造，不用补间铺作。

（5）构架：太室及四堂皆作殿堂式，设明栿，草栿两套构架，内外柱同高，皆作八架椽屋。太室平座及上层采用插柱造。木、火、金、水四室作乳栿、劄牵彻上明造，其内柱高同太室一层柱。外檐柱皆尊寻“柱高不越间广”之原则。

（6）阶基：本方案在满足前述制度中“堂阶为三级，级崇三尺，共为一筵”的总前提下，增设院内五室之阶基，以满足五室为主体的建筑艺术处理原则，同时改善通风、采光条件。阶基所出踏道共为九处即“九阶”，南面出三阶，其余三面各出双阶。

（7）装修：外檐太室及四堂当心间做版门，两次间做直棂窗，其余建筑对外者皆为直棂窗。彼此间于室内柱间做格子门，互相连通。室内天花饰藻井、平棊。

（8）瓦饰：按蔡攸建议建筑上层用纯青琉璃瓦，下层用纯黄琉璃瓦，用以象征“天玄地黄”，“鸱尾不施拒鹊”。并于正脊中部施铜云龙，以代替火珠。殿之四角皆垂铃[47]。

（9）色彩与装饰：按蔡攸的建议：“明堂设施，杂以五色，而各以其方所尚之色。八窗八柱则以青、黄、绿相间，堂室柱门栏楯并涂以朱。”还提出“其他随所向，甃以五色石”。“栏楯柱端以铜为文鹿或辟邪为饰。”这样可将木构部分涂以朱红色，八窗及窗旁槏柱用青、绿、黄相间涂饰，钩阑除涂红色之外；并于柱顶装铜制的文鹿、辟邪之类。室内地面按照所在方位铺不同颜色的石版；明堂为红色石，玄堂为黑色石，青阳为青色石，总章为白色石，太室为黄色石[48]。

复原中对明堂制度中的一些问题需作进一步探讨：

关于“四阿重屋”，宋徽宗曾解释为“阿，屋之曲也。重，屋之复也。”何谓“屋之曲也”？《淮南子·本经》“乔枝菱阿”注称“阿，曲屋”《词源》引《傳》载“丘阿，曲阿也”。并解释为“曲隅”、“土阜”，依此类解释，将四室复原成“曲屋，置于太室四角，正复合四阿之含意。将太室做成两层，即合“重屋之意”。宋明堂制度除述及“四阿重屋”之外，还讲到“九阶、四阿……每室四户……”这第二个“四阿”接在“九阶”之后，似与“九阶”有某种呼应关系。古人曾称“亚形所以象庙室耳”[49]；亚形，即指方形缺四角，这意味着，庙一类的建筑在总体布局上应体现出亚形，商代曾有“四隅之阿，四柱复屋”之说，于是古人将明堂之四角在亚形缺角处，做上土台，构成“岳阿”，这便是制度中的第二处“四阿”。

关于“四户八窗”，姚舜仁所奏《明堂图》进一步解释为“每室四户以法四时，旁为两窗，以象八节。”[50]这对于太室二层来讲，每面三开间，各开一户两窗，即复合四户八窗之说，而对于四室之窗，除朝室外开窗外，朝太室的两个面也应开窗，这仍复合户“旁为两窗”之说。

关于“上圆下方”之说，从建筑平面或屋顶形式上皆难复合，故以室内装修为之，太室上做圆形藻井，下铺方形地面心石。

（四）明堂位置及环境

据政和五年（1115年）诏，“相方视址，于寝之窗”又言“明堂宜正临丙方近东，以据福德之地”[51]，于是选择了宫城之内，寝宫的东南方，大庆殿东侧，并搬迁了原有的秘书省至宣德门以东地段的建筑。以明堂为主体的建筑自成一院，院四周有回廊，四面设门即南为应门，东为青阳门，西为总章门，北为平朔门。各门及廊皆施素瓦，并作琉璃剪边。院内有松、梓、桧等植物，环境幽雅。

注释

[1] 神宗熙宁七年（1074 年）曾下诏，参定青城殿宇门名。

[2] 亲蚕活动由皇后参加，故设皇后幄次。

[3]《景定建康志》卷四十四，祠祀志一。

[4] 祭坛尺寸及形制均来自《宋史》卷九十九至一百四。

[5]《宋会要辑稿》礼二十八："帝……谒后土庙，设登歌奠献……"

[6]《宋史》卷一百五"议礼局言，建隆三年，诏国子监庙门立戟十六，用正一品礼。"

[7]《宋史》卷九十八礼一，五礼之序。

[8] 宋吕蒙正，《宋兖州文宣王庙碑铭并序》

[9]《宋史》卷一百五。

[10] 临安太学、建康府学、平江府学中均有书楼，见本书第八章。

[11] 宋孔传《东家杂记》卷下：杏坛："先圣殿前有坛一所，即先圣教授堂遗址也……后世因以为殿。本朝乾兴间，增广殿庭，移大殿于后，讲堂旧基不欲毁拆，即以瓴甓为坛，环植以杏，鲁人因名曰杏坛"。

[12] 金碑，《重建郓国夫人殿记》。

[13] 同上。

[14] 党怀英《重修至圣文宣王庙碑》《孔氏祖庭广记》卷十二。

[15] 孔元措《孔氏祖庭广记》卷九〈金修庙制度〉。

[16] 南京工学院建筑系、曲阜文物管理委员会合编《曲阜孔庙建筑》23 页，中国建筑工业出版社　1987 年 12 月。

[17] 鲁国图：孔元措《孔氏祖庭广记》。

[18] 王明远《重修兖国公庙记》（1255 年）。

[19]《宋南门外庙制》原载明洪武六年方志，现在碑存于孟庙邾国公殿前廊下。

[20] 转引自《华夏诸神》P37 页。

[21]《宋会要辑稿・礼二十八》。

[22]《宋会要辑稿・礼二十六》。

[23]《宋朝事实》卷十一。

[24] 此碑立于山西万荣县庙前村后土庙献殿前。今之后土庙并非原物，因明万历年间汾河缺口，原庙已无存，现庙经康熙、同治两次移地重建至现址。

[25] 碑楼内宋真宗碑文，即大中祥符四年之"汾阴朝觐坛颂"，王钦若撰。

[26] 碑楼内唐明皇碑，即开元二十一年（733 年）之"后土神祠碑"张说撰。

[27] 王世仁《记汾阴后土祠庙貌碑》，《考古》1963 年第五期。

[28] 此即景德三年（1006 年）修庙之碑。

[29] 乌书田《华夏诸神》。

[30]《宋史》卷一百四，礼七。

[31] 宋陈知征《增修中岳中天崇圣帝庙碑》，原载景日昣纂《嵩岳庙史》。

[32] 宋骆文蔚《重修中岳庙记》，原载《嵩岳庙史》。

[33] 金蔗久约《重修中岳庙碑》，原载《嵩岳庙史》。

[34] 同上。

[35] 李元度《南岳志》。

[36] 同上。

[37] 范成大《骖鸾录》。

[38] 李元度《南岳志》。

[39] 元至元年间立"汾东王庙碑"。

[40] 据《齐书》记载，后主天统五年（569 年）三月行幸晋阳，四月诏以并州尚书省为大基灵寺，晋祠为大崇皇寺。"

[41] 此碑现存唐叔虞祠西廊下。

[42] 柴泽俊等《太原晋祠圣母殿修缮工程报告》，文物出版社 2000 年 1 月。

[43] “对越”坊及钟鼓楼建于明万历三十四年（1606 年）。

[44] 该桥已于 1955 年照原样翻修。

[45] 明万历二十二年（1594 年）修补，1955 年照原样翻修。

[46] 元脱脱等撰《宋史》卷一百一，礼四。

[47]《宋会要辑稿》礼二四。

[48] 同上。

[49] 宋张抡《绍兴内府古器评》上〈商父乙觚〉。

[50]《宋会要辑稿》礼二四。

[51] 元脱脱等撰《宋史》卷一百一，礼四。

第五章 陵 墓

第一节 北宋皇陵

一、综述

宋代是历史上首次集中设置帝王陵区的朝代，这对以后各代帝王陵的建置产生了重要的影响。

北宋帝王陵寝主要位于今河南巩义市（原名巩县）西村、芝田、孝义、回郭镇附近（图5-1），宋室九帝除徽、钦二帝之外，其余七帝均葬于此，即太祖赵匡胤（927～976年）的永昌陵、太宗

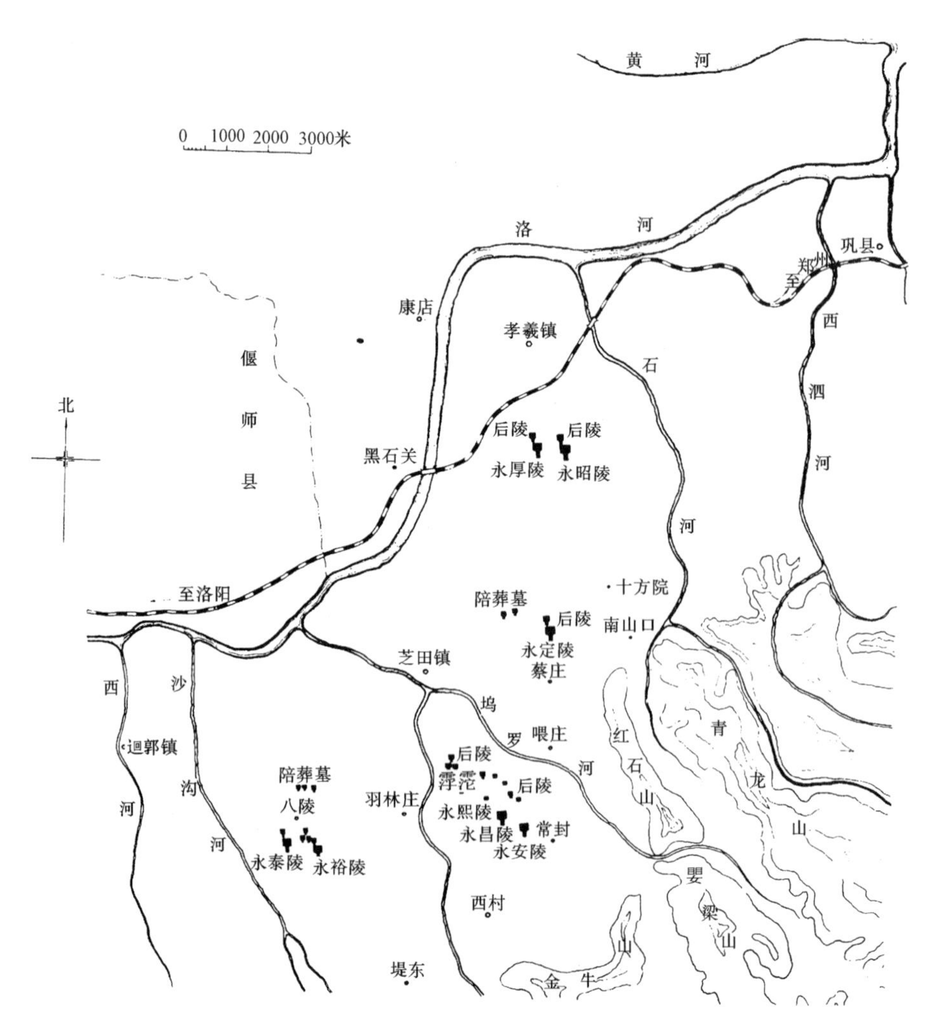

图 5-1 北宋皇陵位置示意图

赵光义（939～997年）的永熙陵、真宗赵恒（968～1022年）的永定陵、仁宗赵祯（1012～1063年）的永昭陵、英宗赵曙（1032～1067年）的永厚陵、神宗赵顼（1048～1085年）的永裕陵和哲宗赵煦（1077～1100年）的永泰陵。另外还有赵匡胤的父亲赵宏殷的永安陵，也于乾德初年改卜于此，因之这里共有七帝八陵。在陵区中还包括了21个后陵及皇亲、皇族、未成年子孙、功臣墓，总计约三百多座，形成了一个庞大的陵墓群（见表5-1）。从乾德二年（964年）至政和三年（1113年），前后共营建达150年之久。

巩县宋陵分区及葬、陪葬情况　　表5-1

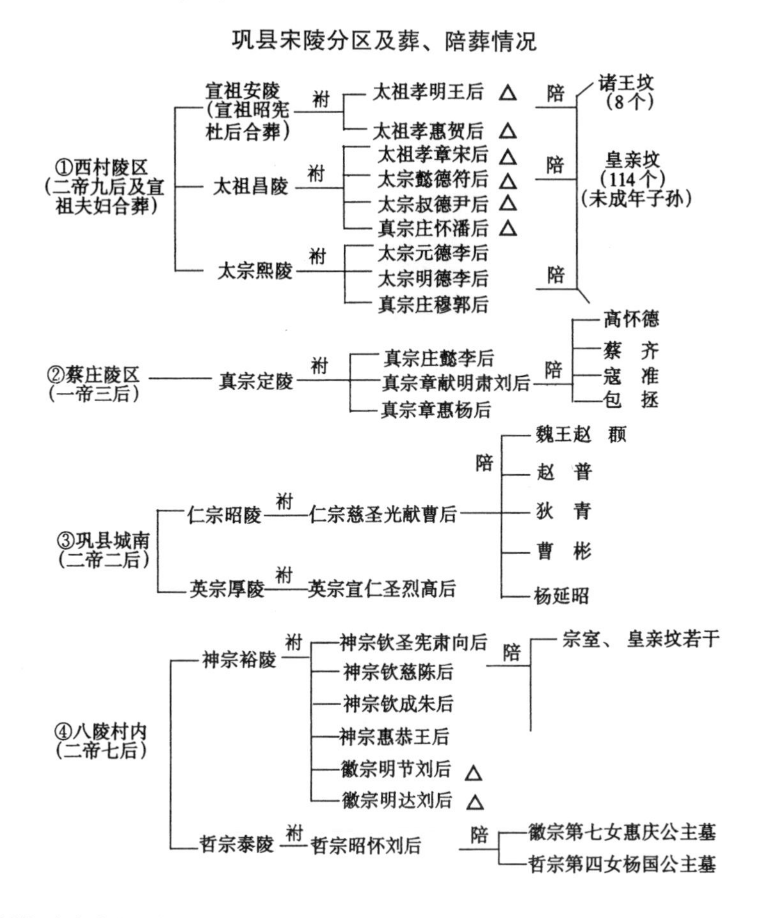

注：△者为史料所记应有陵墓，今或未考证核实或已毁佚。

另据史载，宋太祖建国之初，还曾追改地处幽州的先祖四世之墓为陵．即僖祖赵朓钦陵、顺祖赵珽康陵、翼祖赵敬定陵、宣祖赵弘殷安陵（在今保定一带）。并于乾德二年（964年）改卜安陵于巩县。后于真宗咸平六年（1003年）又将康、定二陵迁往河南县（今洛阳）。

徽、钦二帝客亡北国，其中徽宗崩于五国城（今黑龙江与混同江交汇地段），至南宋绍兴十二年（1142年），徽宗之柩还宋，葬绍兴。钦宗崩于燕京（今北京西南），乾道七年（1171年）金葬钦宗于巩洛之原。同时将徽宗“同钦宗梓宫南还葬此（巩县）”[1]，因之巩县志曾载有徽宗陵名永佑，钦宗陵名永献[2]。

巩县八陵所处地段，南为嵩山少室山脉，北当黄河支流伊洛河以南，东有青龙山、红石山等，群峰绵亘。其下岗阜自南而北，自东而西逐渐平缓，被视为风水吉祥之地。陵区分布成三组，最早营建的三陵永安，永昌、永熙在陵区中部，地处平川“柏林如织，万山来朝，遥揖嵩少，三陵柏林相接，地平如掌”（南宋赵彦卫《云麓漫钞》）。永定陵在其东北，约三公里，地处高岗。再往北是永昭、永厚二陵，地形稍有起伏，在陵区西南方又有永裕、永泰二陵，地势平坦，整个陵区“东南穹而西北垂”。（图5-1、5-2）。

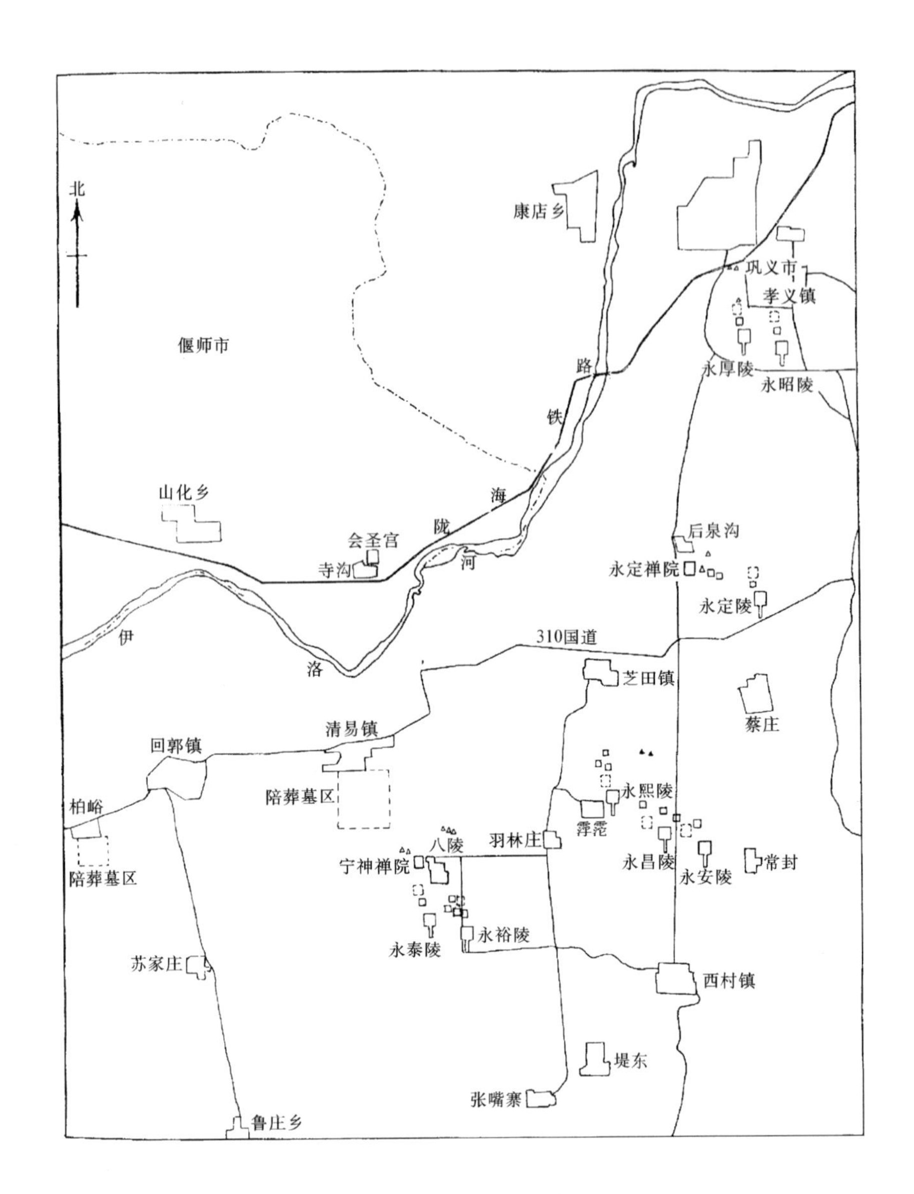

图 5-2　北宋皇陵陵墓分布图

历代帝王丧礼规矩已成定制，宋代也无例外，大致要有以下诸多礼仪：举哀、小敛（尸体着衣）、大敛（尸体入棺）、立谥号、撰哀册、谥册文、卜选葬日、葬地（营陵）、灵驾发引及奠礼、下葬、神主回京及虞礼、祔享祖庙而告吉。一般历代帝王神主祔庙于死后两年，即“大祥”之后，而宋代文献记载帝后祔庙皆在七、八个月内完成[3]，从表 1 所列即可证实。其中太祖、太宗为七个月，真宗以后为八个月。北宋帝王所遵循的正是《周礼》所谓“古者天子七个月而葬，诸侯五月而葬……”的传统规矩。而宋代皇帝又生不营圹，在“皇帝山陵有期”的条件下，皇陵营建时间有限，每帝驾崩之后至神主祔庙总共七八个月，前边要去掉卜选陵地的时间，后边又要为下葬后至祔庙尚需留出虞祭诸礼的时间，这样算下来营造时间不过六七个月。施工工期如此之短，既要完成木构、砖石构一整套建筑，又要雕凿几十件石刻，施工紧张程度是可想而知的。

宋代后陵皆祔于帝陵，若皇后先薨，则不修后陵，先攒它处，待帝陵修成后再建，若已先有帝陵，则后陵建造简于帝陵，祔庙“不取七月之期”，“每事务从简”，从薨日至下葬（或权攒）大约三五个月（详见表 5-2～5-4）。

帝王下葬、祔庙时间表 表 5-2

（皇帝）	崩 日	营 陵	掩 皇 堂	祔 庙
太 祖	开宝九年 （976 年）十月二十二日		太平兴国二年 （977 年） 四月二十五日（六个月）	太平兴国二年 （977 年） 五月十九日（七个月）
太 宗	至道三年 （997 年）三月二十九日	定山陵制度 四月十七日	十月十八日（六个半月）	十一月二日（七个月）
真 宗	乾兴元年 （1022 年）二月十九日	选址 三月十六日 度皇堂地 六月五日 定皇堂制 六月十六日	十月十三日（近八个月）	十月二十三日（八个月）
仁 宗	嘉祐八年 （1063 年）三月二十九日	选址 五月十二日	十月十七日（六个半月）	十一月二十九日（八个月整）
英 宗	治平四年 （1067 年）正月八日		八月二十七日（七个半月）	
神 宗	元丰八年 （1085 年）三月五日		十月二十一日（七个半月）	十一月五日（八个月整）
哲 宗	元符三年 （1100 年）正月十二日		八月八日（近七个月）	九月一日（近八个月）

注：月日前无年代者，与同行左栏同。

后妃薨日、下葬时间表 表 5-3

	薨 日	定园陵制度	下 葬	祔 庙
宣祖昭宪 （原明宪）杜后	建隆二年 （962 年）六月二日		十月十六日（四个半月，原安陵）	十一月四日（五个月）
			乾德二年（964 年） 四月九日（改卜安陵）	
太祖孝明王后	乾德元年 （963 年）十二月七日		乾德二年（964 年） 四月九日（四月）安陵西北	四月二十六日 （四个半月）
太祖孝惠贺后	？		乾德二年（964 年） 四月九日安陵北	四月二十六日
太祖孝章宋后	至道元年 （995 年）四月二十八日		六月六日权攒	
			至道三年（997 年） 正月二十日昌陵北	二月二日
太宗元德李后	太平兴国二年 （977 年）三月十二日	咸平二年 （999 年）四月 选园陵址	初葬普安院 咸平三年（1000 年） 四月八日熙陵	
太宗明德李后	景德元年 （1004 年）三月十五日		九月二十二日 迁攒	十月七日
			景德三年 （1006 年）十月二十九日熙陵	

注：月日前无年代者，与同行左栏同，并依此类推。

后妃薨日、下葬时间表 表 5-4

	薨　日	定园陵制度	下　葬	祔　庙
真宗庄穆（原章穆）郭后	景德四年（1007年）四月十五日	四月二十一日	六月二十一日（二月）熙陵西北	七月（三个月）
庄懿李后	明道元年（1032年）二月二十六日		初葬洪福禅院明道二年（1033年）十月五日定陵西北	十月十七日
章献明肃刘后	明道二年（1033年）三月二十七日	四月十日	明道二年（1033年）十月五日定陵西北	十月十七日（六个半月）
章惠杨后	景祐三年（1036年）十一月五日		景祐四年（1037年）二月六日定陵西北	二月十六日（三月余）
仁宗慈圣光献曹后	元丰二年（1079年）十月二十日	十一月	元丰三年（1080年）三月十日昭陵西北	三月二十二日（五个月）
英宗宣仁圣烈高后	元祐八年（1093年）九月三日	九月十四日	绍圣元年（1094年）四月一日厚陵	
神宗钦圣宪肃向后	建中靖国元年（1101年）正月十三日	二月	同年五月六日　裕陵	五月二十六日（四个半月）
钦慈陈后	元祐四年（1089年）		？　裕陵	
钦成朱后	崇宁元年（1102年）二月		同年五月　裕陵	
哲宗昭怀刘后	政和三年（1113年）二月九日		同年五月　泰陵	
徽宗显恭（原惠恭）王后	大观二年（1108年）九月二十六日	十月二十四日园陵斩草；十一月十三日斥土	十二月二十七日　裕陵	

二、北宋皇陵建置特点

1. 建置格局

各陵建置大体相同，皆坐北朝南，偏东约6°，每陵所占有的地域称“兆域”或“茔域”。兆域之内分为帝陵区、后陵区和陪葬墓区。帝陵区有上宫、下宫，后陵区每后皆有自己独立的上宫、下宫。兆域边界“周以枳橘”，植篱为界，又称篱寨。篱寨有内、外之别，最外一周称外篱，在帝陵周围或后陵周围各有一周称内篱。兆域之内禁止采樵，警卫森严。

在兆域之外，还有一些自为茔域的亲王坟，以及供帝王谒拜山陵时下榻的行宫，为先帝及死者祈福的禅院，看守山陵培育柏林的“柏子户”住房等建筑。

2. 帝陵上宫

帝陵上宫是各陵域中最重要的部分，位于兆域的南部。它以崇高的陵台为核心，四周环以围墙，称神墙。在神墙的四角设有角阙，每面神墙的正中设有神门。门以所处之方位定名，故有东、西、南、北神门之称。南神门附近设有献殿、阙亭、铺屋等建筑。献殿为朝陵的祭奠之所，据文献记载可推知其位置在南神门内，而阙亭则在南神门外东西两侧，依其使用功能，两者相距不远。铺屋则应在南神门两旁[4]。此外，各神门外均有石狮一对，武士一对，南神门内并有宫人一对。

陵台：依文献记载，永安陵“陵台三层，正方，下层每面长九十尺”；永熙陵“陵台方二百五十尺”，其余各帝陵陵台未见记载。而在《宋史》礼志二十六中曾载太祖孝明皇后“陵台再成（再层之意），四面各长七十五尺”。后陵再层与安陵三层对照，颇为复合中国传统之奇数为阳，偶数为阴的阴阳观念。但另据宋人郑刚中《西行道里记》曾有“昭陵……神台二层，皆植柏，层高二丈许”之说。考郑刚中所记时间系宋亡之后，昭陵陵台原本也可能为三层，后来可能因战火或自然灾害使之蜕变成二层。因在宋代文献中曾有陵台夯土损坏之记载，如“治平元年京师自夏历秋，久雨不止，摧真宗及穆、献、懿三后陵台”（《宋史》五行志三）。又如高宗绍兴十年检视诸陵发现“永安、永昌、永熙陵神台璺裂，斫损枳橘柏株……诏……如法补饰”（《宋会要辑稿》礼三七）。由此推断，帝陵陵台应为“三层”，后陵者“再层”。但今经千年风雨剥蚀所见已皆为单层截顶方锥了。

陵台之下即为皇堂地宫，地宫尺寸各陵不同，文献载安陵“皇堂下深五十七尺，高三十九尺”[5]，熙陵“皇堂深百尺，方广八十尺”，定陵“皇堂深八十一尺，方百四十尺”，至仁宗朝，于明道二年（1033年），太帝礼院与司天监详定山陵制度中曾规定：“皇堂深五十七尺”，(《宋会要辑稿》礼三七）但对皇堂高度和方广未见有规定。从以上诸文献可知，皇堂下深至少在18.5米，更有深者可达26米至32米。这一深度大大超过明十三陵定陵地宫之深度。

此外，对于上宫神墙长度，南神门至乳台、鹊台的距离，文献也有规定，与实测小有出入。现据实测尺寸可知，神墙边长在210~250米间，包容面积在5.2公顷左右，最大的永昭陵面积为6.05公顷，最小的永厚陵为4.4公顷。但有一点值得注意，所有上宫尺寸皆比仁宗明道二年诏定制度要大。分明是向早期已建之陵看齐（详表5-5、5-6）。

帝陵上宫有关尺寸　　表5-5

陵名／年代		b 皇堂方广	h_0 陵台高	h_1 皇堂高	h_2 皇堂下深	a 陵台底边长	a_1 神墙长	a_2 南神门至乳台	a_3 乳台至鹊台	H_1 神墙高	H_2 乳台高	H_3 鹊台高	资料来源
安陵 乾德二年（964年）	史料		三层	39尺	57尺	90尺正方	$\frac{460}{4}$=115步=690尺	95步=570尺	95步=570尺	9.5尺	25尺	29尺	《宋会要辑稿·礼三七》《宋史·礼志二十五》
	合今（米）			12.8	18.7	29.52	226	187	187				
	今测（米）		6.4			22.50	227（南北）230（东西）	151	141				郭湖生等《河南巩县宋陵调查》
昌陵 开宝九年（976年）	今测（米）		14.8			55（南北）48（东西）	231.6(南北)235（东西）	142.5	155				郭湖生等《河南巩县宋陵调查》
熙陵 至道三年（997年）	史料	方80尺	?		100尺	250尺							《宋会要辑稿·礼二九》《宋史·礼志二十五》
	合今（米）	26.32			32	82							
	今测（米）		17.0			58.2（南北）59（东西）	231.6(南北)233(东西)	151.9	152.1				郭湖生等《河南巩县宋陵调查》

续表

陵名 / 年代		b 皇堂方广	h_0 陵台高	h_1 皇堂高	h_2 皇堂下深	a 陵台底边长	a_1 神墙长	a_2 南神门至乳台	a_3 乳台至鹊台	H_1 神墙高	H_2 乳台高	H_3 鹊台高	资料来源
定陵 乾兴元年(1022年)	史料		?		81尺	140尺							《宋会要辑稿·礼三七》《宋史·礼志二十五》
	合今(米)				26.57	45.9							
	今测(米)		17.2			58	230	155	153				郭湖生等《河南巩县宋陵调查》
昭陵 嘉祐八年(1063年)	今测(米)		16.8			55(南北) 56(东西)	242(南北) 250(东西)	149.7	152.1				同上
厚陵 治平四年(1067年)	今测(米)		15.0			54(南北) 56(东西)	205(南北) 214(东西)	145.2	159				同上
裕陵 元丰八年(1085年)	今测(米)		17.8			45(南北) 59(东西)	233(南北) 229(东西)	113.5	149				同上
泰陵 元符三年(1100年)	今测(米)		17.0			50.4	227(南北) 231(东西)	142	159				同上

北宋山陵制度所定帝陵上宫尺寸 表5-6

陵名 / 年代		b 皇堂方广	h_0 陵台高	h_1 皇堂高	h_2 皇堂下深	a 陵台底边长	a_1 神墙长	a_2 南神门至乳台	a_3 乳台至鹊台	H_1 神墙高	H_2 乳台高	H_3 鹊台高	资料来源
仁宗 道明二年(1033年)	诏定山陵制度				57尺		65步 390尺	45步=270尺	45步=270尺	7.5尺	19尺	23尺	《宋会要辑稿·礼三七》
	合今(米)				18.7		127.9	88.6	88.6	2.46	6.23	7.54	

沿上宫南北轴线向南延伸，约300米的范围内，排列着门阙、仪仗。最南为一对鹊台，台上建有楼观，史载台高二丈九尺至二丈三尺，据全陵最高地势。鹊台之北，约150米左右的地方，又置乳台一对，上建楼观，史载其高二丈六尺至一丈九尺。乳台以北便是神道，两侧对称排列着十七对石象生，最南为一对望柱，依次有：象、瑞禽、角端、马、虎、羊等动物及客使、武官、文臣等。石刻保存完整的为永熙、永裕等陵。

3. 后陵上宫

建置大体同帝陵，仅规模减小，神墙包容范围390尺见方至45尺见方，合1.64公顷至2.17公顷，不足帝陵的一半，神墙高度也减帝陵2尺。后陵陵台为二层阶级式方台，下部边长75尺，台高约30尺，皇堂下深45尺至57尺[6]。南神门外，仍有献殿、阙亭、铺屋等，神墙以南的乳台、鹊台均比帝陵低六尺，两者与南神门之距离也相应缩短（见表5-7）。神道石刻减少为八对，最南仍为望柱，然后是马、虎、羊、武官、文臣。南神门外仍有门狮一对，门内还有宫人一对，东、西、北神门前也均设有门狮一对。但陵台前无石刻，等级明显下降。

后陵上宫位置皆在帝陵上宫神墙外西北方位。每处具体方位及尺寸参差不一。

后陵上宫有关尺度（符号含义同表5-5） **表5-7**

	b 皇堂方广	h_0 陵台高	h_1 皇堂高	h_2 皇堂	a 陵台底边长	a_1 神墙长	a_2 南神门至乳台	a_3 乳台至鹊台	H_1 神墙高	H_2 乳台高	H_3 鹊台高	资料来源
太祖孝明王后		30尺		45尺	7.5尺	65步	45步		7.5尺	23尺		《宋史·礼志二十六》《宋会要辑稿·礼三一》
太祖孝惠贺后		30尺		45尺	75尺	65步	45步		7.5尺	23尺		
太祖孝章宋后		30尺		45尺	75尺	65步	45步		7.5尺	23尺		《宋史·礼志二十六》
真宗章献明肃刘后				57尺		65步	45步	45步	7.5尺	19尺	23尺	《宋史·礼志二十六》
真宗章惠杨后				45尺					10尺			《宋会要辑稿·礼三二》
仁宗慈圣光献曹后						75步						《宋史·礼志二十六》《宋会要辑稿·礼三二》
英宗宣仁圣烈高后	同上（诏园陵依慈圣光献太皇太后之制）					同上			同上			《宋史·礼志二十六》
神宗钦圣宪肃向后	25尺	21尺		56尺					13尺	27尺	41尺	《宋会要辑稿·礼三三》
神宗钦成朱后				45尺					11尺			《宋会要辑稿·礼三七》

4. 下宫

亦称寝宫，为供奉陵主灵魂之所。李攸《宋朝事实》卷十三曾记载永厚陵下宫内“有正殿、置龙輴，后置御座。影殿置御容。东幄卧神帛，后置御衣数事。斋殿旁，皆守陵宫人所居，其东有浣濯院，有南厨。厨南陵使廨舍，殿西则使副廨舍。”[7]另据《宋史》礼志二十六所记，陪葬墓的“园庙”之内有神门屋，殿宇、神厨、斋院、棂星门等，据此推知，下宫内有正殿、影殿、斋殿、浣濯院、神厨、陵使廨舍、宫人居所、库屋、神门屋等，为满足祭祀仪礼之需，每幢建筑各有不同功能。

（1）正殿：殿内“后置御座”及“龙輴”。

（2）影殿：内陈设陵主御容，有宫人“朝暮上食，四时祭享”。[8]其“东幄卧神帛，后置御衣。”[9]

（3）斋殿：或称斋宫，斋院。为祭享活动前的斋戒场所。

以上三殿依次布置在下宫中轴线上。此外，两侧还有一些建筑即：

（4）浣濯院，洗濯之所。

（5）神厨，制作祭品之所。

（6）陵使廨舍，朝陵官及山陵使的临时住所，分东西两处，东廨舍在神厨之南，西廨舍在正殿或影殿之西。文献中又称“公宇”[10]。

（7）东、西序为放置“陪葬皇子，皇孙，公主未出阁者及诸王夫人之蚤亡者”[11]的禅位之处，从其名称分析，可能是影殿的东西小室。

此外，还有宋陵宫人住所，库屋等附属建筑。

总之，下宫是一处庞大的祭祀建筑群，四周有围墙包围，方位在帝后上宫之“壬”方，即北偏西方向。或“丙”方，即南偏东方向。

5. 陪葬坟墓

巩县宋陵设在每座皇陵兆域之内的陪葬墓较多。就其性质看，有亲王坟，皇子、皇孙坟，也有大臣墓。这些坟墓建置按照等第之别规模大小不一[12]。

6. 行宫与禅院

行宫：建置无可考，但可知其位置是在永安镇，如景德四年（公元 1007 年），真宗朝陵……“斋于永安镇行宫，太宫进蔬膳。是夜……帝乘马……至安陵……行奠献礼”[13]。

禅院：《宋会要辑稿》礼二十九记载，巩县陵区共有三所禅院，一为永安禅院，建于景德四年以前或称永安寺，为永安、永昌、永熙三陵共用。乾兴元年（1022 年）又于永定陵建永定禅院，后改称永定昭孝禅院，为永定、永昭、永厚三陵共用。其位置在“永厚陵南至永定陵七里一百三十一步，东至永昭陵九十步”处。永裕、永泰二陵附近另建有宁坤禅院。

7. 柏子户

陵区植柏是为历代营陵之传统，宋承古制，也于陵区种植松、柏。据史载，由于“先是帝以园林松柏归于旁侧山林移植，颇甚扰人”，至真宗景德元年（1004 年）六月“诏永安县诸陵园松柏，宜令守当使臣等，督课奉陵柏子户，每年以时收柏子，于滨河隙地布种，俟其滋茂，即移植以补其缺”，于是下诏为三陵置柏子户 80 人，后又为永定陵设一百户，仁宗时将诸陵柏子户减半。有了柏子户专门负责种柏、育柏，兆域内，神道两侧及陵台上，皆满布柏树，便形成了“柏林如织”，如“入柏城”[14]的优美环境。

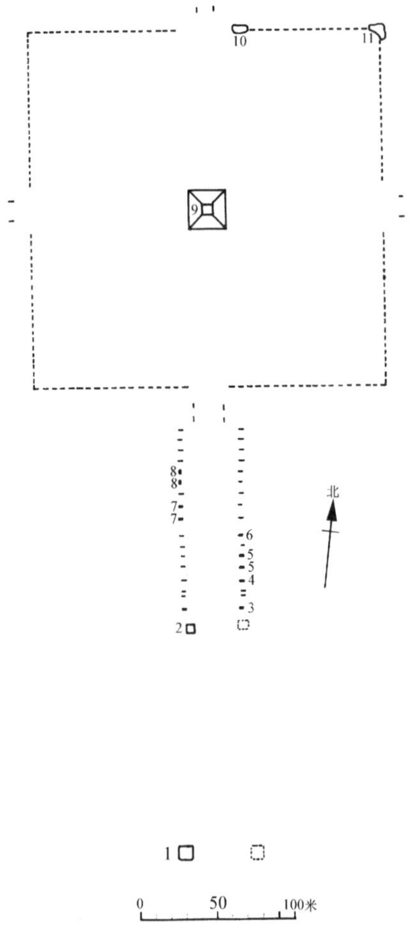

三、北宋皇陵现状

巩县北宋八陵早在靖康、建炎间已被金兵破坏，南宋初之景象从郑刚中的《西行道里记》中可略知一二；郑氏途经永厚、永昭两陵，“……陵四面阙角楼观虽存，颠毁亦半。随阙角为神门，南向，门内（外）列石羊、马、驼、象之类。神台二层皆植柏，层高二丈许……钦慈曹太皇（后）陵望之可见。又号下宫者，乃酌献之地，今无屋，而遗基历历可问。余陵规模皆如此。厚陵下宫为火焚，林木枯立”。到了元代，连那些历历可问的基地也被“尽犁为墟”了。

自元至今又历数百年，宋陵残破日益加剧，现在仅存的每一座土台，每一块石雕，都已成为珍贵文物，故将各陵现状简要整理如下：

1. 永安陵

已被泥沙部分淤积淹没，帝陵上宫仅存陵台、东北角阙夯土残台、北神门残台，其前门阙、仪仗尚存部分残迹，石人仅胸部以上露出地面（图 5-3）。周围无祔葬陵及其他遗迹。

图 5-3　巩县宋永安陵平面
1. 鹊台；2. 乳台；3. 望柱；4. 角端；5. 石马；6. 石虎；7. 石羊；8. 蕃使；9. 陵台；10. 神门；11. 角阙

2. 永昌、永熙陵

帝陵、后陵上宫格局尚可清晰辨认，陵台及石刻保存尚好，其中永熙陵更完整。但祔葬之元德李后陵陵台已被盗挖，盗洞直通皇堂地宫，破坏严重（图 5-4）。永熙陵附近还发现了鸱尾及垂脊兽残块，风格较为古朴。

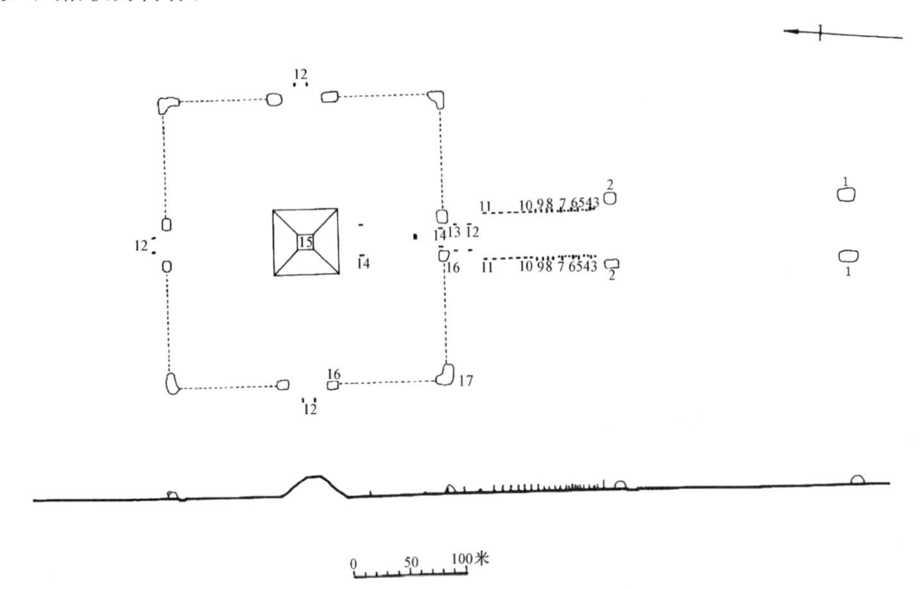

图 5-4 宋永熙陵帝陵平面、剖面

1. 鹊台； 2. 乳台； 3. 望柱； 4. 象与驯象人； 5. 瑞禽； 6. 角端；
7. 马与控马官； 8. 石虎； 9. 石羊； 10. 蕃使； 11. 文武臣； 12. 门狮；
13. 武士； 14. 宫人； 15. 陵台； 16. 神门； 17. 角阙

3. 永定陵

帝陵、后陵上宫格局完整，石象生是宋陵中保存最完整的一处，下宫位置大体可以辨认，处于后陵上宫北侧（图 5-5、5-6）。

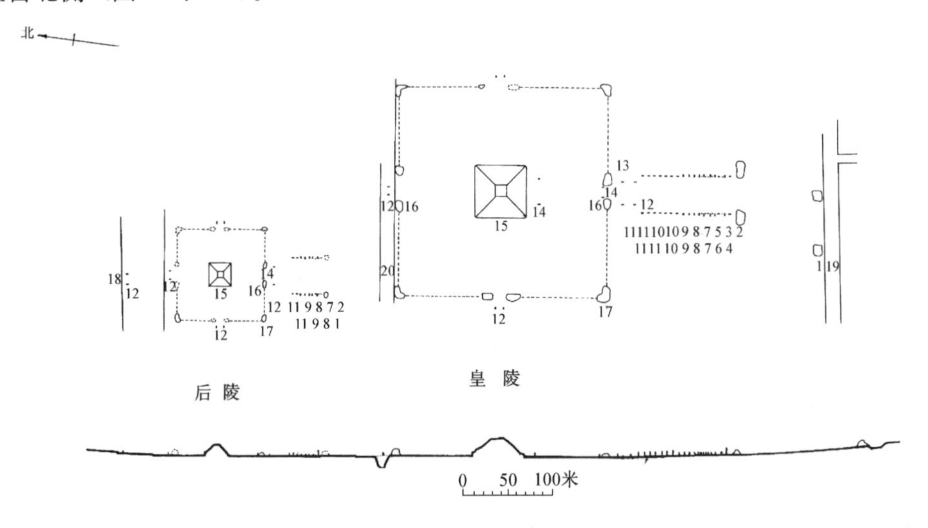

图 5-5 宋永定陵平面、剖面

1. 鹊台； 2. 乳台； 3. 望柱； 4. 象与驯象人； 5. 瑞禽； 6. 角端； 7. 马与控马官；
8. 石虎； 9. 石羊； 10. 蕃使； 11. 文武臣； 12. 门狮； 13. 武士； 14. 宫人；
15. 陵台； 16. 神门； 17. 角阙； 18. 下宫； 19. 公路； 20. 沟

在永定陵西北约 1 公里处，1995 年曾发掘出永定禅院部分遗迹，在 3000 平方米的范围内发现一座僧房基址，该建筑坐东朝西，南北长近百米，东西宽 8.8 米，南北向约 20 间，开间宽在 4.5 米至 2.7 米范围，进深方向从柱础残迹看，室内有两排内柱，间距 3.3 米，内柱至外墙边 1.65 米，室内进深净宽 6.6 米，外墙厚 1.1 米。僧房外墙构造系外表用条砖，内包三排半截砖，墙外做散水。柱础用青石，边长 30 至 56 厘米不等，厚度 7 至 22 厘米。室内地面用方砖或条砖平铺，砖面仅高于散水面 10 厘米。僧房南端一间埋有陶缸 10 口，腹径 1.0 至 1.1 米，高 1.0 米以上，推测其为贮粮器具。僧房距禅院东墙 11.3 米，在僧房中部向西有连廊遗址。这一禅院遗址虽很不完整，但仍对研究宋代陵寝禅院建筑有相当价值[15]。

4. 永昭、永厚陵

帝、后陵上宫格局完整，永昭陵尚留神墙残迹。下宫位置尚留有门狮一对。石刻保存尚好（图 5-7）。

图 5-6 宋永定陵

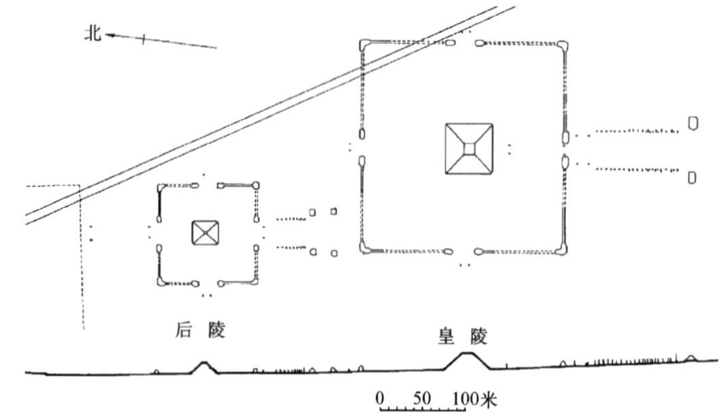

图 5-7 宋永昭陵平面、剖面

1995 年 6 月，已对永昭陵区内的鹊台、乳台、神门门阙、神墙转角等处遗迹进行了发掘，其中鹊台一侧东西长约 13.4 米，南北宽约 12.15 米，残高 4.5 米，台体以黄土夯筑，表面包砖，砖层厚 60 厘米，采用条砖顺丁相间砌筑，竖直方向且用各砖层层内收的露龈砌法，每层露龈宽 0.8～1 厘米。在鹊台以北的乳台采用三出阙形式，台一侧的平面东西总长 19.7 米，南北两壁则两次内收。每次收 22 厘米，因之台的南北宽度为 10.3～9.25 米，靠中轴神道一端较宽。乳台也用夯土台包砖作法，包砖宽为 60～100 厘米。神门采用门阙形制，此次发掘门阙基址一对，平面形制与乳台相同，基址东西长 19.3 米，南北最宽处为 9.8 米。南北两壁经两次内收后与神墙相接，神墙至角，在放置角阙处又层层外出并转折，平面成曲尺形（图 5-8）。在两门阙之间有一座三开间门屋基址，当心间宽 5.5 米，两次间宽 3.8 米，在进深方向设中柱一列，在中柱部位次间有墙基一条，与山墙墙基连成一体(图5-9)。其上部建筑形制如何，有待进一步研究。近日又曾发掘出阙

图 5-8 宋永昭陵神墙角阙遗迹

图 5-9 宋永昭陵神墙神门基址

亭基址，为一曲尺形建筑，每面三间，间宽 3.8 米，四周台基宽 1.6 米，高 0.6 米，两当心间并有慢道伸出。《宋会要辑稿》礼三三曾记有神宗钦圣宪肃皇后的永裕陵所设阙亭，与此发掘极为相近。此外，在发掘中还清理出大量砖瓦构件残件，如瓦当有兽面、莲花、树木等纹饰，脊兽是在大板瓦上附一兽头，此兽头作独角、长舌、卷唇、张口状。还有鸱吻、嫔伽等，造型也很生动[16]。另在永昭陵东北角阙约一公里处曾发现雕有减地平钑海石榴花之础石。

5. 永裕陵、永泰陵

永裕陵保存有帝陵上宫及四座后陵上宫，在帝陵上宫南神门前尚保留有一对上马石，上雕云龙纹，精致异常。永泰陵有帝陵上宫及一座后陵上宫，并留有一段四米多高的神墙。石刻保存尚完整，门阙、鹊台等夯土台保存高度最高（图 5-10～5-12）。

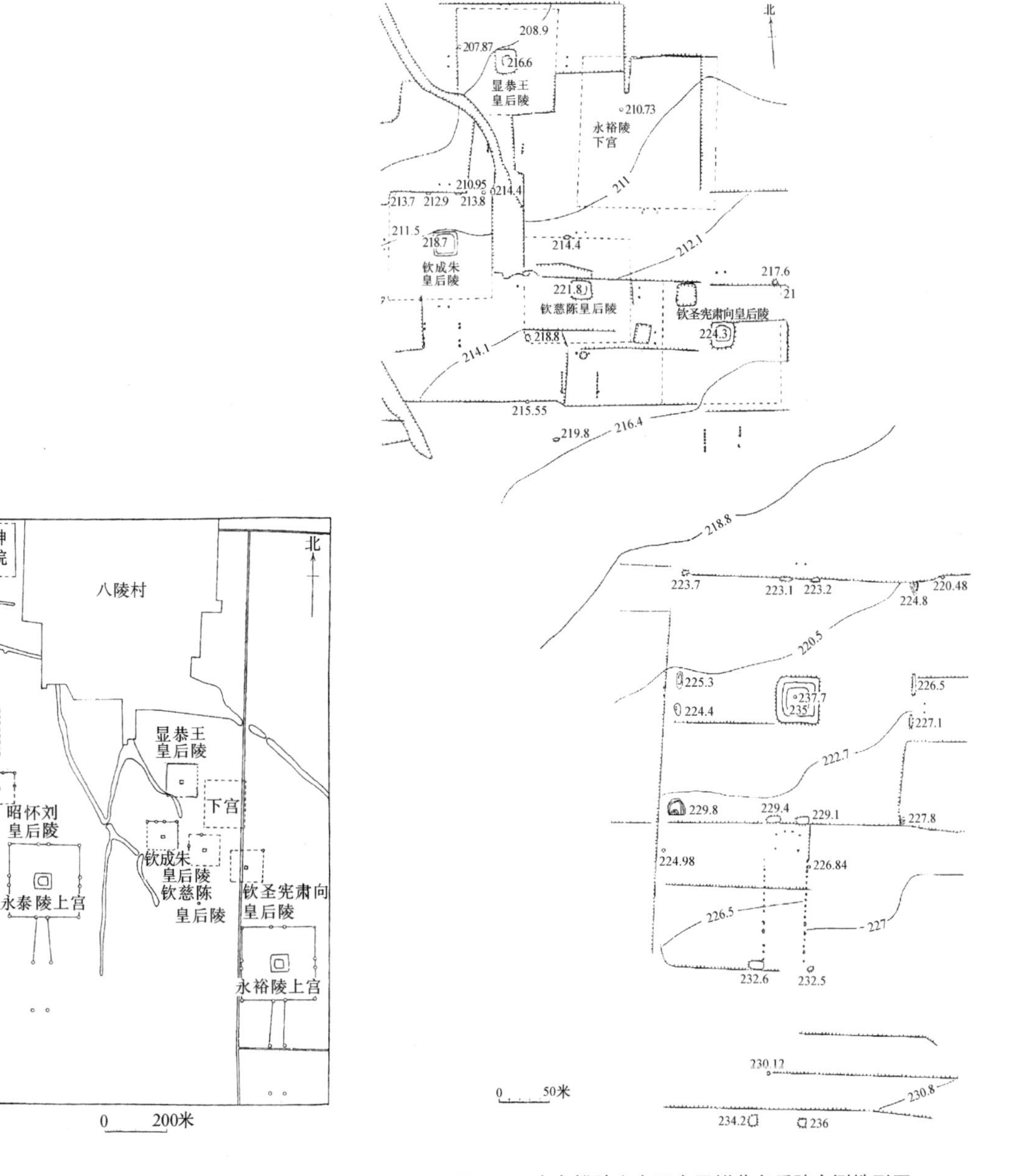

图 5-10 宋永裕、永泰陵上、下宫平面关系图

图 5-11 宋永裕陵上宫下宫及祔葬皇后陵实测地形图

各陵之鹊台、乳台及神门、角阙之夯土台残存高度和大小不一，永泰陵西北角阙残高达 7.5 米。永定陵之鹊台，乳台残高达 6.2 米。从遗址看，当年台的四周围以栏杆。栏杆原为木质，“大中祥符五年（1012 年）十月，三陵副使言，山门、角阙、乳台、鹊台勾阑损腐，宜用柏木制换，

帝以用木为之不久，命悉以砖代之。”现已在永裕陵、永昭陵、永昌陵等多处发现砖勾阑残片，有万字栏板、蜀柱等（图 5-13）。永昌陵之勾栏砖表面还涂有朱红色。但栏板尺度不大，总高度不过 60 厘米，以此推之，台上建筑不会很高。

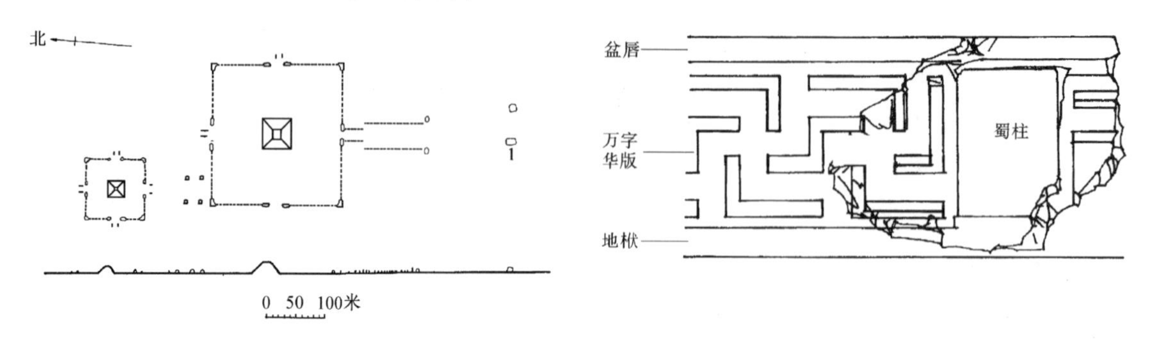

图 5-12 宋永泰陵平面、立面

图 5-13 宋永裕陵出土陶钩阑残片（万字纹片）

此外，在永厚陵之北，另有一大冢，根据文献推知，应为英宗之父，濮安懿王之坟[17]，及赵普等功臣墓。在永定陵之北有高怀德、寇准，包拯等功臣墓。另还有几处自为茔域的皇族坟墓，在这些墓前多有石象生为标志。

四、地宫与墓室

巩县八陵及其祔葬陪葬墓均尚未正式发掘，史料记载也过于简略，地宫形制尚不明确，但祔葬之元德李后陵及陪葬之亲王坟；魏王赵紪夫妇合葬墓，因早年被盗破坏，已于 1961 年和 1985 年得到发掘，故可从中窥见地宫形制之一斑。

1. 元德李后陵地宫

李后为真宗生母、太宗之妃，太平兴国二年（公元 977 年）卒，咸平元年（公元 998 年）谥号元德，三年四月祔葬永熙陵西北。

地宫由墓道、甬道、墓室三部分组成（图 5-14），全长约 50 米，方位大致坐北向南，埋深 15 米。

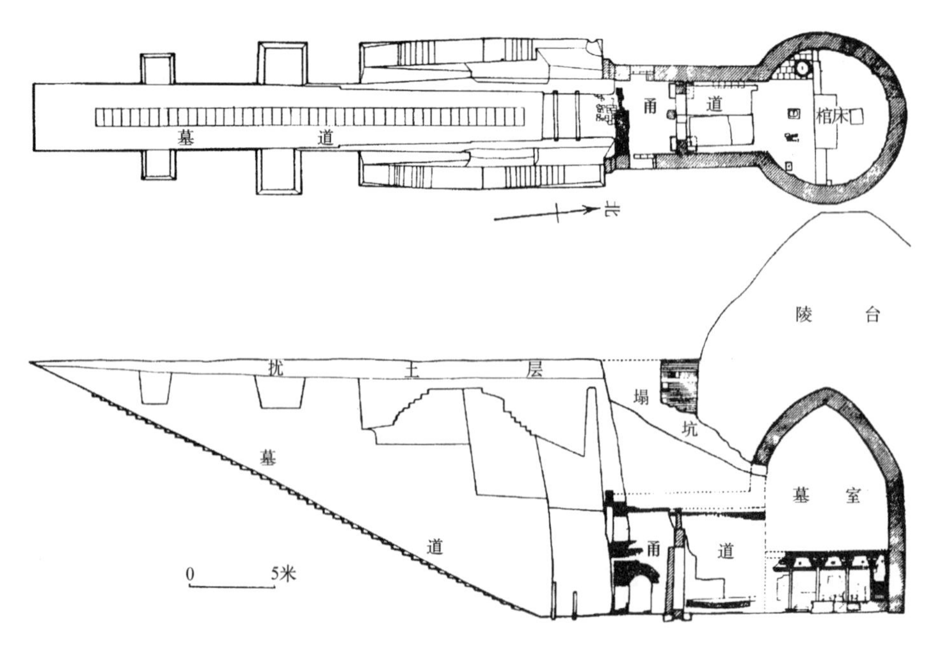

图 5-14 宋太宗元德李后陵墓室平面、剖面图

墓道：为一阶级式斜坡道，全长34米，南端口宽3.8米，北端底宽2.5米。踏道居中，宽1米。墓道北段上半部有向外扩宽的踏道，南段也有两组外凸的空间。

甬道：为墓道与墓室之间连接的空间，长9米，宽4.3米，高6米，顶用砖发券砌成拱顶，壁厚0.9米，表面敷草泥，抹青灰。甬道中部偏南设墓室之门，门外两侧墙壁上各有一壁龛。

墓室：平面接近圆形，直径7.95米，墓壁用砖砌筑，以泥勾缝，壁厚0.95米，顶部用砖逐层内收，砌成穹顶。穹顶中心至地面高12.26米。墓室地面距地表15米，上部陵台突出地表约8米。墓室内部壁画上有用砖雕出的木装修轮廓。

墓壁周围砌有突出壁面5～7厘米的抹角倚柱十根，将壁面划分为9开间，柱间距为1.65米，柱高2.5米，宽0.19米，柱间有阑额，柱头上有用砖砌出的柱头铺作，斗栱形制为无出跳的扶壁重栱，仅在栌斗口内出一假昂头，在第二层泥道栱处又出一耍头。“耍头锋面刻人首、人身，两手合掌”。斗栱及素方均用红白两色刷饰，栱眼壁有墨线勾勒的盆花图案。斗栱以上还雕有椽及望板两重，及屋檐之筒瓦、瓦当和重唇板瓦。每个开间中的墙壁上，还有用砖雕出的窗、栏杆、桌、椅、盆架、梳妆台、衣架、灯檠等家具。

墓室南面出口处作成券门，用四重券砌成，发券逐层挑出，突出壁面，形成门框。券门内顶部有虎形雕刻，门框用白粉刷饰。

墓顶砖穹隆表面粉刷后彩绘，“最下接近屋檐处用红、黑、青灰色绘宫室楼阁，线条粗率，但可辨版门（门钉可数），直棂窗、挟屋、四注顶及鸱尾等……宫殿楼阁间绘有粉白云朵，云气以上则为青灰色之苍穹，浑然一片直至于顶。其间以白粉涂成，径约5～8厘米的圆点，满布天空以象星辰。自东南隅向上斜贯穹顶复下至西北隅，有白粉画银河一道，边缘明显而向中心淡薄，约宽20～30厘米”[18]。

墓室北部置棺床，高出地面62厘米，东西长7.9米，南北宽4.7米，棺床南立面为须弥座形式，束腰上有减地平钑卷草，其他部分用线刻花卉。

墓门为双扇石版门，门扇高3.96米，宽1.65米，厚29～34厘米，仅一端有门轴，长出门扇，东扇为50厘米，西扇为33厘米，径为34、32厘米。墓门上部有直额、越（月）额，下部有门砧石和门砌（即门限），两侧有立挟。当中有搕锁柱，立在直额下。墓门各项尺寸与史料所记尺寸相近，门扇原来安装在立挟内部，发掘时已向内倾伏在地（图5-15）。墓门门扇及直额、越额上皆雕有线刻画，门扇上为武士像，人物刻画得刚健有力。直额中部有线刻飞天，周围衬以祥云，雕刻线条流畅。[19]

元德李后陵地宫为单室砖墓，形制较简单，其规模既逊于唐代之懿德太子墓和永泰公主墓，也比不上晚于它的宋代民间墓，如哲宗朝的河南禹县白沙宋墓。墓内装修、装饰也不算讲究，这正是宋代皇帝自太宗以后皆有遗诏“山陵制度务从俭约”[20]，“命务坚完，毋过华饰”[21]方针的体现。

2. 魏王赵頵夫妇合葬墓墓室

魏王赵頵为英宗之四子，元祐三年（1088年）薨，元祐九年（1094年）二月葬于永厚陵北约500米处，同年三月，夫人王氏与之合葬。

魏王夫妇墓为砖砌单室墓，由墓道，甬道，墓室组成，墓道为一斜坡道，长13.5米，宽5.25米。墓道北端为墓门，入门后为一甬道，宽3.2米，长5.5米，砖发券顶高约5米。墓室为圆形，径6.54米，作砖砌之穹隆顶，高6.48米。整座墓室无特殊装饰，风格简素，仅墓门处做成仿木构建筑之门头，门洞作四道砌发券，上部有砖雕之斗栱三朵，（每朵作扶壁重栱形式）椽子，屋檐等。门洞洞口没有可开关的门扇，均用石板封死。但可分辨出门额、立颊及搕锁柱等构件，与元德李后陵之墓门类似（图5-16）。

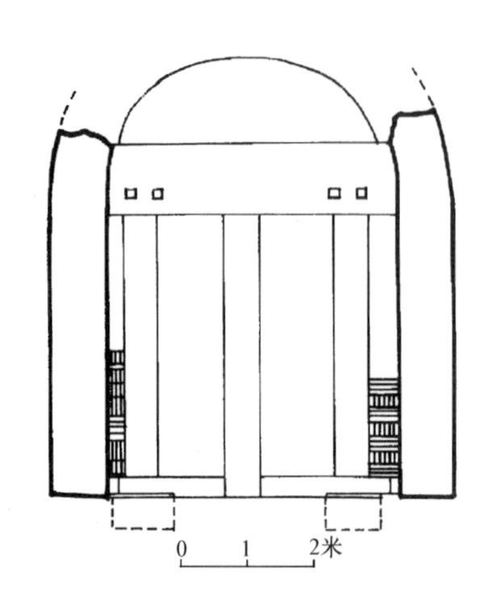

图 5-15　宋太宗元德李后陵地宫墓门

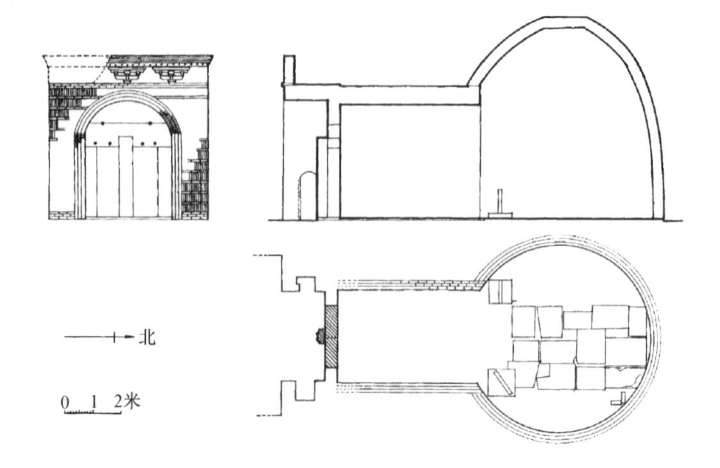

图 5-16　宋魏王夫妇合葬墓墓室平面、剖面及墓门立面

五、后陵木构建筑复原

八陵地面以上的木构建筑无一留存，仅遗部分门阙、角阙、乳台、鹊台之夯土台基址，文献记载中也仅一鳞半爪，惟《宋会要》中记载了后陵献殿形制尺寸，异常珍贵，故录于下，作一复原研究。

1. 献殿

据《宋会要辑稿》礼三三“钦圣宪肃皇后”条载：钦圣宪肃向后陵（神宗裕陵之祔葬后陵）有“献殿一座，共深五十五尺，殿身三间各六椽，五铺下昂作事，四铺（转）角，二厦头，步向修盖，平柱长二丈一尺八寸，副阶一十六间，各两椽，四铺下昂作事，四转角，步间修盖，平柱长一丈。”由此可对献殿形制作如下分析：

（1）献殿总体形式：殿身三间，副阶周匝，重檐厦两头造。

（2）献殿平面形式：在开间方向为殿身三开间副阶两间，共五开间。而进深方向仅知深五十五尺，未讲有几间，但据“副阶一十六间”一语，可以理解为进深方向殿身亦为三间，加上副阶后也为五间，这样即可符合“副阶一十六间”的数字，这里的“间”字应解释为四根柱子所围合的空间之间。

（3）殿身身内分槽形式：依殿之性质，为举行祭拜之所，故殿身应有后内柱，可置照壁于内柱间，前放祭品之类，因之可采用乳袱对四椽栿，身内单槽之形式。

（4）殿侧样：为殿身六架椽屋，身内单槽，四椽栿对乳栿用三柱，斗栱采用单杪单昂或双下昂五铺作，副阶周匝二架椽屋、斗栱采用四铺作插昂造。

（5）“四铺角”、“二厦头”之术语与《营造法式》中的“厦两头造”、“四徘徊转角”的说法对照，便可解释为“四转角”、“厦两头”，是指屋顶形式，为《法式》中所谓的“厦两头造”。

（6）柱高：这里给出了副阶平柱高为一丈，殿身平柱高为二丈一尺八寸，依上述各项，对照《营造法式》用材等第、范围，一般三间殿在三等材至五等材之间，故可将殿身选用四等材，副阶选用五等材。便可作出复原想象图[22]（图 5-17～5-19）。

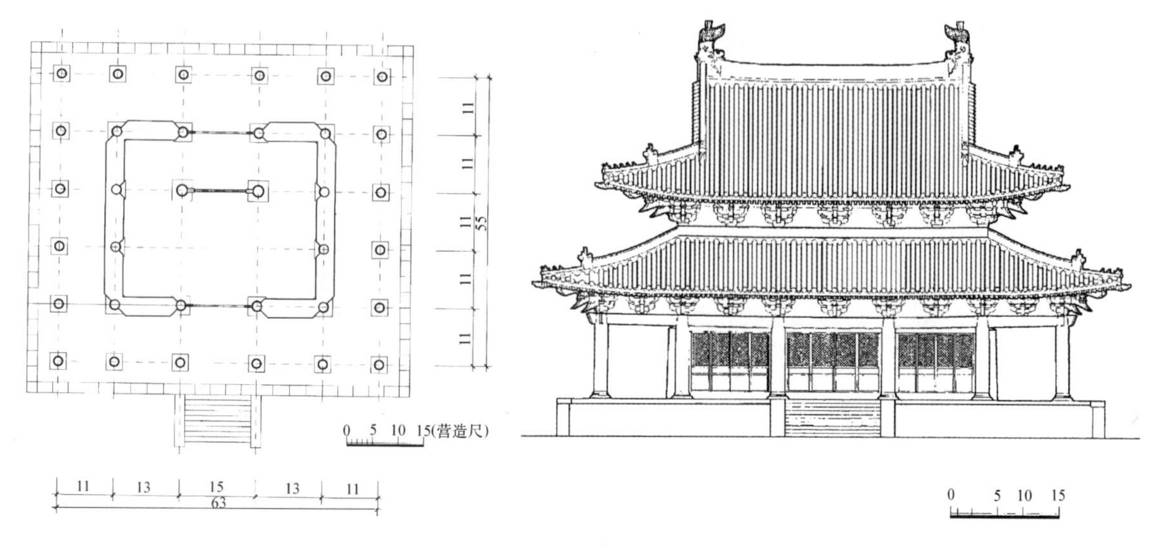

图 5-17 北宋皇陵献殿复原平面想象图

图 5-18 北宋皇陵献殿复原立面想象图

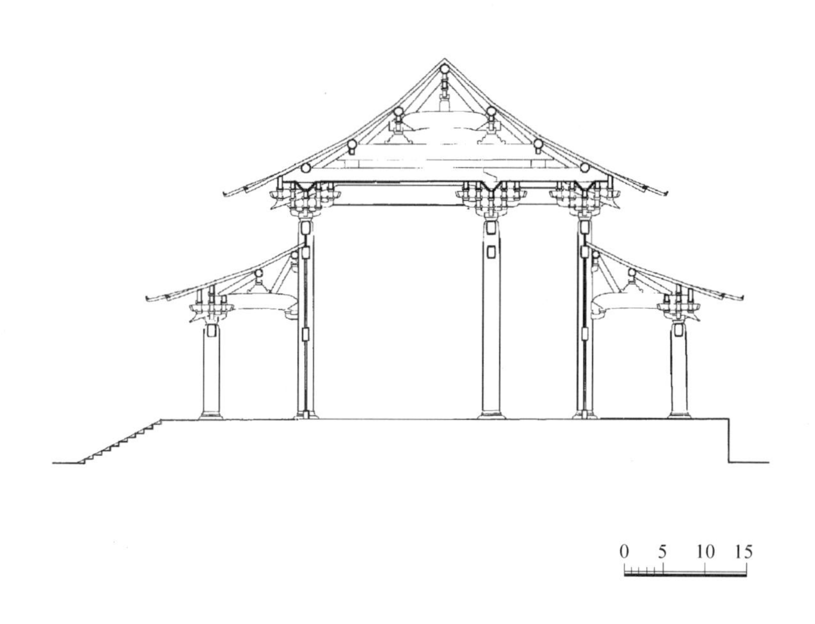

图 5-19 北宋皇陵献殿复原剖面想象图

这一史料中给出柱高尺寸，不仅为复原提供了肯定的数据，而且对研究宋代建筑之高度和《营造法式》一书也提供了可靠的材料。

2. 其他

此外，还有关于阙亭，铺屋形制之记载，如“阙亭二座，每座五间，各四椽，四铺柱头作事……每座二废一转角。”此可理解为五开间悬山顶，平面为曲尺形之建筑。“铺屋四座，每座二间各二椽，单斗直替作事。”可理解为进深为两架椽之两开间小建筑，其斗栱按《营选法式》应为“单斗支替”形式，此种斗栱形象用于外檐的情况至为罕见。

六、宋陵石刻

1. 石刻概况

巩县宋陵从永安到永泰，历时 150 年，其墓仪石刻从内容到数量均有一定规制。

（1）帝陵

1）永昌以后七帝之陵：神道石刻由望柱至文臣共17对，再加四神门处对外门狮各1对，南神门外镇陵将军、南神门内宫人、陵台前内侍各1对，共计24对，58件（图5-20）。

图5-20 宋太宗永熙陵望柱及石象生

此外，永熙、永裕陵在镇陵将军之间稍北又有马台1对。此二陵石刻25对，60件。

2）安陵：石刻现仅存9块，根据史料分析石刻至少也应有17对。

（2）后陵

规制统一。神道石刻由望柱至文臣共8对，加狮子4对、南神门处宫人1对，共13对30件（表5-8～5-11）。

巩县宋陵石刻尺度比较表　　表5-8

类别 / 尺寸（米） / 陵名	望柱			石象				驯象人				瑞禽				角端			
	高	宽	座高	高	长	宽	座高	高	长	宽	座高	高	长	宽	座高	高	长	宽	座高
永安陵	5.60	0.85	0.50													0.80▼	1.60	0.50	
永昌陵	5.80	1.00	0.35	2.15	2.55	1.10	0.70▼	2.23	0.79	0.56	0.40▼	2.20	1.73	0.63	0.65	2.00	2.00	0.80	0.70
永熙陵 皇陵	6.20	1.00	0.94▼	2.86	3.10	1.38	0.30▼	2.70	0.78	0.50	0.20▼	3.17	1.89	0.80	0.30▼	2.60	2.58	0.94	0.52▼
永熙陵 后陵	4.10▼	0.85																	
永定陵 皇陵	5.70	1.05	0.80▼	2.60	2.60	1.00	0.41▼	2.25▼	0.75	0.41		2.10	2.10	0.70	0.25▼	2.58	2.00	1.00	0.66
永定陵 后陵	4.80	0.75	0.55▼																
永昭陵 皇陵	5.80	1.00	0.50▼	2.05	2.63	1.20	0.47▼	2.90	0.80	0.60	0.52▼	3.60	2.10	0.80	0.59▼	2.50	2.96	1.04	0.57▼
永昭陵 后陵	4.12	0.72	0.30▼																
永厚陵 皇陵	5.60	0.95	0.45▼	2.30	3.15	1.00	0.20▼					2.60	1.59	0.59	0.45▼	2.10	2.05	0.84	0.25▼
永厚陵 后陵	3.17▼	0.88																	

续表

陵名		望柱			石象				驯象人				瑞禽				角端			
类别 尺寸(米)		高	宽	座高	高	长	宽	座高	高	长	宽	座高	高	长	宽	座高	高	长	宽	座高
永裕陵	皇陵	5.70	1.20	0.35▼	2.66	1.55	1.30	0.44▼					2.43▼	1.88	0.83		2.22	2.20	0.80	0.61▼
	后陵	4.50	0.95	0.20▼																
永泰陵	皇陵	5.70	0.80	0.10▼	2.44	1.70	1.20	0.83	2.26▼	0.60	0.40		2.37	1.58	0.50	0.74	2.33	2.10	0.83	0.23▼
	后陵																			

注：1. “▼”表示下部已被埋入土内。

2. 表中望柱高度为估计值。

3. 本表转引自《河南巩县宋陵调查》。

巩县宋陵石刻尺度比较表 表 5-9

陵名		石马				控马官				石虎				石羊				“蕃使”			
类别 尺寸(米)		高	长	宽	座高	高	长	宽	座高	高	长	宽	座高	高	长	宽	座高	高	长	宽	座高
永安陵		1.70	1.60	0.50	0.15▼									0.70▼	1.20	0.40		1.00▼	0.45	0.30	
永昌陵		2.10	1.80	0.74	1.01	2.70	0.70	0.50	0.54▼	1.70	1.30	0.55	0.50▼	1.60	1.20	0.50	0.48	0.60▼	0.85	0.68	
永熙陵	皇陵	2.62	2.50	0.97	0.57	3.35	0.90	0.74	0.57	2.00	1.60	0.80	0.66	2.36	2.05	0.87	0.58	3.35	1.30	0.66	0.55
	后陵	1.70～1.30	1.85	0.70						0.95▼	1.70	0.75		0.70▼	1.65	0.75					
永定陵	皇陵	2.54	2.66	0.75	0.78	3.10	1.08	0.70	0.90▼	2.10	1.10	0.94	0.61	2.05	2.10	1.20	0.52	2.12～3.15	1.00	0.88	0.30▼
	后陵	1.90▼	1.70	0.65		2.50▼	0.50	0.45		1.78	1.45	0.60	0.43								
永昭陵	皇陵	2.10	2.45	0.84	0.60	3.50	0.96	0.60	0.47▼	2.27	1.40	0.92	0.50	2.04	1.93	0.95	0.58	3.04～3.30	0.53～0.70	0.70～0.90	0.30～0.60▼
	后陵	1.90	1.95	0.75	0.57▼	1.80▼	0.70	0.35		1.90	1.65	0.75	0.70	1.87	1.60	0.75	0.63▼				
永厚陵	皇陵	2.05	2.33	0.78	0.23	2.82	0.75	0.38	0.60	2.05▼	1.40	0.88		1.75	1.07	0.63	0.43▼	2.52～2.61	0.85	0.45	0.85～0.93
	后陵	1.60	2.00	0.90	0.40▼	1.50▼	0.70	0.40		0.70▼	1.90	0.50		1.64	1.58	0.72	0.55				
永裕陵	皇陵	2.30	2.43	0.93	0.75▼					1.97	1.23	0.60	0.32	2.08	1.65	0.80	0.38▼	2.65	0.97	0.53	0.22▼
	后陵																				
永泰陵	皇陵	2.36	2.36	0.94		2.90	0.74	0.50	0.51▼	1.55	1.32	0.70	0.52	1.75	1.06	0.70	0.53	2.75	0.73～0.79	0.44～0.55	0.32～0.38▼
	后陵	1.68	2.10	0.70																	

巩县宋陵石刻尺度比较表 表 5-10

陵名 \ 尺寸(米) \ 类别		文武臣				武士				宫人				门狮								其他
														南神门前门狮								
		高	长	宽	座高	高	长	宽	座高	高	长	宽	座高					高	长	宽	座高	
永安陵																						
永昌陵		0.60▼	0.85	0.60		2.50▼	1.10	0.70		2.70▼	0.57	0.40										
永熙陵	皇陵	4.10	0.67	1.20	0.78	4.00	1.22	0.92	0.70	3.16～3.30	0.60～0.80	1.00～1.10	0.26～0.43▼	1.90	3.08	0.82	0.70▼	2.05～1.58	0.70	0.70～0.90	0.53▼	方石5.96×2.78
	后陵	0.90▼	0.80	0.50										1.00▼	1.80	0.90		1.15	1.00	0.90	0.25▼	
永定陵	皇陵	3.77～4.82	1.00	0.70	0.49▼	2.26	2.65	1.40	0.52▼	3.25	0.85	0.70	0.60	2.26	2.65	1.40	0.52	2.30	1.40	1.00	0.64	
	后陵	2.50	0.78	0.65	0.48	2.50	0.78	0.65	0.48	1.60▼	0.70	0.35		1.95▼	1.67	0.80		1.25	1.10	0.90	0.30▼	
永昭陵	皇陵	2.60～3.75	0.87～1.00	0.70		2.80▼	1.20	0.90		3.60	0.44	0.74～1.00		2.00▼	2.80	1.20		2.05	1.70	1.00	0.53	
	后陵	2.84▼	0.62	0.95	0.48▼									1.10▼	2.50	0.90	0.25▼	1.05	1.23	0.97	0.20▼	
永厚陵	皇陵	3.35	0.60	0.86	0.70～0.87	3.23▼	0.88	0.74		2.60▼	0.70	0.50	0.46▼	1.00▼	2.50	0.90		2.00▼	1.68	0.95		
	后陵	1.90～2.90	0.70～0.90	0.60										0.60▼	1.60	0.60		1.20～1.60▼	1.00～1.60	0.50～0.70	0.94	
永裕陵	皇陵	3.82	0.90	0.52	0.10▼	3.90▼	1.30	0.70						2.10	2.36	0.88	0.12▼	1.85	1.27	0.85	0.48	
	后陵													0.70▼		0.78		1.70▼	1.00	0.80		
永泰陵	皇陵	3.26～3.48	1.00	0.55～0.85	0.26▼	3.80	1.12	0.69		2.86	0.67	0.40	0.45	2.28	2.10	0.80	0.37▼	1.90	1.37	0.76	0.10▼	
	后陵													1.96	1.37	0.76	0.10▼	1.78▼	1.00	0.75		

史料中后陵石刻尺寸(附李后陵相应尺寸) 表 5-11

尺寸 \ 类别	望柱		马			马官			虎			羊			文武官			宫人			狮子		
	高	径	长	头高	厚	高	阔	厚	高	阔	厚	高	阔	厚	高	阔	厚	高	阔	厚	高	阔	厚
史料(尺):	14	2.5	10	6	3.5	8.5	2.5	3	6.5	5	3	6.5	6	2.5	9.5	2.5	2	8	2.5	2	6.5	5	3
合今(米):	4.63	0.83	3.28	1.98	1.15	2.80	0.83	0.66	2.14	1.64	0.98	2.14	1.98	0.82	3.13	0.82	0.68	2.64	0.82	0.66	2.14	1.64	0.98
实测李后陵(米)	5.2	0.966(加基座)	1.9	2	0.7	2.76	0.8	0.5	1.8	1.15	0.6	1.9	1.4	0.7	3.38	0.8	0.57	2.8	0.75	0.5	1.8 1.9	1.1 1.15	0.7* 0.75

注：1 *上排数字为东、西、北神门门狮，下排为南神门门狮。

2 史料中所有石刻底座均高 0.8 尺。

史料有两处记有后陵石刻名件及尺寸[23]，兹将其列表于后并附元德李后陵相应尺寸（表 5-11）。其中，狮虎尺度完全一样，羊与之出入不多，马亦在高、厚上与之接近；而宫人，马官尺寸完全一样，文武官在阔、厚上与之相同，仅在高度上稍胜；这样在石料选材与加工雕凿上皆较便利，与宋陵营建有期之要求相一致。同时，神道石刻群因此而起伏有致；最南端望柱为至高，马因夹于马官间，整组尺度比之其他动物为大，从而作一过渡，虎羊略低，最后文、武官又升高。一眼望去有主有次，形成一个极统一的整体。

（3）亲王大臣墓

功臣墓石刻 4 对 8 件，望柱、虎、羊、石人各 1 对。亲王墓石刻至少 5 对 10 件：望柱、马、虎、羊、石人各1对。其中马可能还配有控马官1对（帝、后陵仗马均为一马配二控马官），因之亲王墓石刻可能为5对12件。

2. 宋陵石刻的象征意义

陵墓前置石象生，始于秦汉。其意“皆所以表饰坟垄如生前之象仪卫耳”[24]，即象征大朝会的仪仗。至北宋安陵，除继承前代之石人、马、虎、及望柱外，增加了一对角端。自昌陵起又增象与象奴、瑞禽。因之北宋之石象生仅角端、瑞禽及象与象奴较为独特，其余皆承唐制。

（1）望柱：位于石刻群最南端，紧靠乳台。方基覆莲柱础，柱身八棱，上刻云龙飞凤、牡丹等纹饰。柱身有收分，柱头做仰覆莲间以宝珠，其上加合瓣莲华结顶，造型干净利索。

（2）象与象奴：象体形厚大，长鼻着地，身被锦锈，额有辔勒，背景莲座。象奴身材矮短，披发卷曲，头饰珠宝。

墓前置石象虽非始于北宋，但现存陵墓以宋陵置之为最早。宋时与外族交往甚频，象即为外族入贡所献，宋人视之为异兽。象奴当是驯象入贡同时配来。宋陵雕造此“异兽”，以表征祥瑞，所谓“异物见则谓之瑞”[25]，同时也是与邻邦友谊的象征。

（3）瑞禽（图5-21）：处于四高米、两米余宽之碑面上，做成剔地起突式雕刻，碑顶部有方形，笏头形等不同形式。瑞禽形象为马头、龙颈、凤身（尾）、鹏翼，是纯粹主观臆造之“异兽”，表征“王者之嘉瑞也”[26]。

（4）角端（图5-22）：形体似狮，鼻生独角，上唇特长，或伸或卷，体质厚重，胸脯突出，或于胸部及前肢刻麟纹，亦是一种异兽。按史有“角端者，日行万八千里，又晓四夷之语，明君圣主在位，明达方外幽远之事”[27]。此兽之神异，与南朝及唐陵之壁邪、天禄相似。

图5-21　永熙陵瑞禽石屏

图5-22　太祖陵角端

（5）仗马与控马官（图5-23）：仗马装束齐备，鞍、鞯、镫、缰、羁等非常写实，一般为立马，仅安陵马腹下与座连体。控马官分立仗马两旁，头戴幞头，着袍系带，手执杖缰或搭汗巾。宋陵置仗马，当是其卤簿仪仗设有御马之反映。墓前置马，以歌王者征战功绩，扬帝之神威。

（6）虎与羊及其他动物（图5-24、5-25）：虎取蹲坐之态，羊为昂首卧姿；体态匀称，造型远较其他石刻为简。自古虎羊即被视为去邪之物；据《说文》“羊，祥也”。北宋帝陵虎、羊、仗马均各二对，而象、瑞禽、角端仅一对；后陵比帝陵减省制度，却不省仗马与虎、羊，且独虎、羊仍保持各二对，表现出追求吉祥的传统观念。

图 5-23　神宗陵仗马与控马官

图 5-24　宋永裕陵石虎

图 5-25　宋陵石羊

(7) 客使：在各陵神道两侧的人像石刻出现了一些相貌、服饰具有外域特征的人物，均称客使或蕃使，多者5～6人，少者3人。每人特征不同，代表来自不同的国度，《宋史》所记日本、高丽、占城国、大食国、交趾国等岁岁来贡的国家[28]，在宋陵中皆可找到其代表，例如永昭陵西侧一位身材高大、方脸并长有卷曲胡须，身着宽袍束腰者，仪态端庄，其身旁有象一头，显然是一位印度或缅甸的贡象使者。永裕陵的客使头戴高冠毡帽，身着长袍很像中亚国家的使者。还有的身着紧身长袍，腰束绣花板带，手捧犀牛角者，具有东南亚国家使臣特点[29]……宋陵客使反映了宋代与外域交往的频繁，从这些客使紧随在文臣武将之后说明他们是作为国宾的身份，出现在神道上，这表现了宋代帝王使四夷臣服，借以炫耀国威的寓意，它与唐陵将俘虏刻于神道两旁所反映的震慑、奴役思想迥异（图5-26、5-27）。

(8) 武官文臣（图5-28、5-29）：武官位文臣之南，二者冠服相近，皆宽袍大袖头戴冠。武官把剑拄地，文臣执笏在胸。

此亦宋承唐制。但唐陵之十对文武官排列乃文在武之南。而宋序班之制，文职在武职之上，故文臣近北。

从望柱到文官，仪仗石刻由南至北排列，其类型分布甚有规律。大体上，石人（文武官及客

图 5-26　永昭陵客使

图 5-27　永熙陵客使

图 5-28　文臣

图 5-29　太祖陵武官

使）位北，动物位南；传统题材（马虎、羊、人）位北，新创题材（角端、瑞禽及象等“异兽”）位南，而最南端置以标表皇室陵墓建筑之望柱，将这一切统帅起来。

（9）四神门外门狮（图 5-30）：皆牡牝成对。牡狮张口怒目，卷鬣，牝狮稍显驯顺、披鬣。帝陵除南神门为走狮外，余皆蹲狮。后陵四神门也皆蹲狮；此制承唐。

（10）镇陵将军：身躯厚大，异于其他石人，披甲执锐，威风凛凛。其东西相去比神道石刻缩短许多，表体又增大，预示着随后将是一个庄严圣地（献殿、陵台）。

（11）南神门内宫人与陵台前内侍：皆眉目细长、削肩，宫人戴巾头，或拱手侍立或执骨朵、毬杖，皆表侍奉陵主起居时善解人意之姿态。

镇陵将军、宫人、内侍是宋陵比之唐陵所增加者而明清又没有的。

3. 宋陵石刻艺术风格演变

（1）初宋之晚唐风格

安陵，建于赵宋定鼎初年，石雕尚无定制，造型质朴，不事华饰，技法较粗。石马、虎下部不做透雕与座连体，承晚唐五代之艺术风格。

昌陵，奠定宋陵石刻规制，其形体增大，造型敦厚；刀法洗练如文臣，线条较流畅，纹饰疏朗如瑞禽碑壁（图 5-31），仍保留有一部分晚唐遗风，以镇陵将军为代表。

图 5-30　永裕陵门狮

图 5-31　永昌陵瑞禽石屏

（2）早期之写实倾向

熙陵，太宗时期政局稳定，经济上升，故陵之规模与石刻气魄均胜于昌陵而为后代仿效，石刻形体高大，人物造型雄健浑实，刀法较细密，体现出不同人物的不同性格，写实倾向渐强，如吊唁之客使神态刻画逼真，服饰之各具特征，及镇陵将军盔甲上浮雕纹饰开始细致丰富（图5-32）。动物造型则强调体积感并增加细部刻画，如石羊昂首祥卧，轮廓清晰优美，乃于整体感上着力表现头部。

定陵，继承熙陵壮阔雄伟之制，人物造型不如熙陵生动，如客使形象表情较呆板。但细部增多，如宫人，内侍手执骨朵，拂尘等。动物形象浑厚，体态丰满而纹饰增多。

（3）中期之写实新风

昭陵，仁宗朝社会较安定，文化、艺术均有长足发展，陵墓石刻出现了新特点。人物造型不像先前那般粗壮有时近乎臃肿而肥胖的比例，着力于突出不同人物身份之相应情态，如文臣之雍容大度，客使之悲恸，镇陵将军之内在力量。细部处理亦多，如武臣柱剑，对其手指关节之起伏均作了刻画，衣纹反映出体态变化与形体转折。又如瑞禽碑壁纹显得更繁细。

厚陵，规模虽小，但石刻风格在承循昭陵之基础上又有较大发展。突出表现在人物造型，比例明显变得修长秀美，如宫人、文、武臣。角端的刻画突出了它能奋飞迅走的个性。至此可以说宋陵石刻已完全摆脱了早期所受晚唐、五代风格之影响，实现了宋陵石刻风格由早期向晚期之过渡。

（4）晚期之成熟风格

裕陵，神宗朝政治、经济力量虽已开始衰弱，但绘画、书法、雕刻等文化艺术却长足发展。裕陵石刻显现了不同以往的风格，即细腻、写实、生动、逼真，并注意了神韵、风度的表达。人像比例更加苗条，脸型更加俊秀，人物的精神状态突破了以往哀戚表情的刻画，出现新的风格，如文臣之潇洒，控马官之宁和。人物面部如颧骨、额丘、眉弓、下颌等处及衣纹等于文、武官、客使均有细致刻划。动物中特别是虎、羊也明显较前更苗条了。裕陵双狮不仅比例准确，姿态活泼，且通过拴在胫旁之铁链搭于背上而与整个狮身动势吻合，借以表现出行走之动态，堪称石刻之佳作。其他如石象眼眶皱纹与头部刻划，上马台之云龙浮雕（图 5-33），皆很生动。

泰陵，北宋末年经济日衰，石刻形制比裕陵为小。风格与裕陵相近，注意动势与细部刻划，如石象，造型逼真，有动感，全身重心略前倾，同时头部刻划较细，眼部肌肉和鼻子的自然后垂都

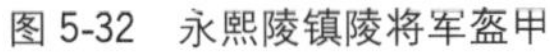
图 5-32 永熙陵镇陵将军盔甲

图 5-33 永裕陵上马台

刻划得淋漓尽致。客使形象极为写实，衣裙多褶而线条自由圆转贴身，代替了以前的平直线条，使之更具有形体感。镇陵将军较之以前比例稍瘦，甲胄纹饰更细，表情更生动。其他人物亦各具特征，各守其职，宛若在帝王生前的宫廷中一样，生活气息较浓。至此，宋陵石刻已日趋成熟、完美，成为宋代石刻的优秀代表。

七、阴阳堪舆对宋陵之影响

1. 宋、金时期在陵墓营建中使用的阴阳葬书

古人云“宅葬者，养生送死大事也”，秦汉以降，术学蜂起，阴阳风水之术由兴至盛，占家屡有著述，对丧葬堪舆之术颇具影响者，唐以前有晋郭璞《葬经》，至唐代有由吾公裕之《葬经》和僧一行之《葬经》。北宋初这两部葬经仍颇为流行，并用于北宋皇陵建设之中，至仁宗朝，诏臣王洙等编辑《地理新书》，全书共十五卷，其内容涉及“城邑营垒、寺署邮传，市宅衢街”之阴阳祸福[30]。有关葬事者凡十篇，包括有五姓所属，宅居地形，冢墓形气，筮兆域，卜冢宅地势高下，山水凶忌，冢穴吉凶，葬年月日吉凶，行丧避忌等方面。这是一部北宋官修的阴阳堪舆术书，它对北宋皇室与民间陵墓坟茔之建设均有重要影响。直到金、元时期，还曾不止一次的重新刊刻，延用不衰。金末元初之际，又有张景文著《大汉原陵秘葬经》，原书按序可知分为十卷，但《永乐大典》收录时未记卷次，于目录中仅存 50 篇[31]。其中择“坟台穴尺寸”篇与由吾《葬经》略同，另有某些章节与《地理新书》相合，仅繁简略有不同，如表 5-12 所列其中的部分条目，两者几乎完全相同。两书所涉及的一些章节，每每提到“刘启明之说”，如《地理新书》中〈宅居地形〉、〈形气吉凶〉、〈水势吉凶〉等节均引用了刘启明之说，而《秘葬经》中也屡见“刘启明问先生曰”。这里的刘启明系宋代占卜家，其著作见于《宋史·艺文志》五行类。《地》、《秘》两书某些章节竟出自同一位宋代占卜家，足证两书之渊源关系。两者所不同的是《地理新书》涉及范围广，不仅是葬书，且涉及阳宅、城市、寺司、衙署、邮亭、传舍、军营、壁垒等诸多方面，而《秘藏经》

则仅限于丧葬一类。《秘藏经》虽比《地理新书》成书年代稍晚，但其所反映的葬俗、葬式的时间不限于金、元，对研究宋代的丧葬事宜也颇有参考价值。例如关于皇堂前御道尺寸及石象生的安置意义和数量，《秘葬经》在“碑碣墓仪法篇”按天子、亲王、公侯、下五品、庶人分成不同等第，列出不同制度并附图，从其所列制度中，对照现存北宋皇陵神道与明十三陵神道，可看出石象生前后之发展变化，例如其既有了北宋皇陵中所见的羊、虎、马、象，又有宋陵中没有而在明陵中出现的骆驼，从中反映了墓仪制度从北宋向明代的演变的轨迹。同时，还说明了宋陵中所特有的石象生如瑞禽、飞马等，自金以后即已消失。

《地理新书》与《大汉原陵秘葬经》有关葬事相近条目比较　表 5-12

出　处	地　理　新　书	大　汉　原　陵　秘　葬　经	出　处
卷七· 五音利宜 五音小利向	［商音］壬向水流艮出，安坟在丙 ［角音］丙向水流坤出，安坟在壬 ［宫羽音］甲向水流巽出，安坟在庚 ［徵音］庚向水流乾出，安坟在甲	商姓利路丙午……　丙为地穴 角姓利路壬子……　壬为地穴 宫羽姓利路庚酉……　庚为地穴 徵姓利路甲卯……　甲为地穴	第 14 篇， 辨五姓利路
卷二· 地形吉凶	古之王者葬高山，诸侯葬连岗，大夫葬长原，庶人葬平地，各有宜也。高山处万物之上，居八风之位，谓之奉天，盖高原之顶也。其平方千步，吉。连岗者象继嗣无穷也，其平方五百步，吉。长原者象禄位，其平方百步，吉。平坦者象无位。用其贵贱高低，吉。违之凶	凡天子坟围，山连百里不断……凡诸侯地，卿相地、山冈连七十里……凡大夫庶人，山冈三十里相连……	第 2 篇， 相山冈篇
卷十三· 步地取吉穴	凡葬有八法，步地也有八焉 一曰阡陌，谓平原法…… 二曰金车龙影，…… 三曰窟…… 四曰突…… 五曰垅…… 六曰墩…… 七曰卧马…… 八曰昭穆，亦名贯鱼，入先茔内葬者即左昭右穆，如贯鱼之形……，惟河南、河北、关中、陇外并用此法（并附五姓之昭穆葬方位图）	辨八葬法篇，五姓昭穆贯鱼葬图	第 25 篇， 辨八葬法篇
卷十三· 步地取吉穴 附之图说明	商姓祖坟壬丙庚三穴，葬毕再向正东偏南乙地作一坟，名昭穆葬，不得过卯地分位，仿此	商姓贯鱼葬：祖穴壬丙庚三穴，在于正南偏东，丙化一坟谓一（之）贯鱼葬，不得过午地，吉……（或）于正东偏南乙地化一坟……不过卯地	第 25 篇， 辨八葬法篇 之附图说明
卷十三· 步地取吉穴 附之图说明	角姓祖坟丙壬甲三穴，葬毕再向正西偏北辛地作一坟，谓之昭穆葬，不得过酉地分位，仿此	角姓贯鱼葬：祖坟丙壬甲三穴，在于正北偏西壬地化一坟，谓贯鱼葬，不得过子地，吉……（或）于正西偏北化一坟……不得过酉地。大吉	第 25 篇， 辨八葬法篇 之附图说明
卷十三· 步地取吉穴 附之图说明	徵姓祖坟下，庚甲丙三穴，葬毕再向正北偏东癸地作一坟，谓之昭穆葬，不得过于子地分位，仿此	徵姓贯于葬：祖坟庚甲丙三穴，在于正东偏北甲地（原文脱漏）化一坟，谓贯鱼葬，不得过卯地，大吉……（或）于正北偏东化一坟……不得过子地，大吉也	第 25 篇， 辨八葬法篇 之附图说明
卷十三· 步地取吉穴 附之图说明	宫羽姓祖坟下，甲庚壬三穴，葬毕再于正南偏西丁地作一坟，谓之昭穆葬，不得过于午地分位，仿此	宫羽姓贯鱼葬：祖坟甲庚壬三穴，在于正西偏南化一坟，谓之贯鱼葬，不得过酉地，（或）于正南偏西丁地（原文脱漏）化一穴……不得过午地	第 25 篇， 辨八葬法篇 之附图说明

注：上表中《秘葬经》条文次序为了便于与《地理新书》对照，与原文次序有所调整。

在“碑碣墓仪法篇”中还记有关于墓仪制度中所出现的各种人物或碑碣、道路尺寸，明确记载了隐喻于尺寸之中的象征意义，这是说明当时陵寝设计思想的宝贵资料。例如：

“天子山陵皇堂，前御道广十八步，合九天九地也；

前安宰相四人，六尚书、左右谏议，左右金吾，左右仆射，左右太尉，各长九尺二寸，合九州二仪也；

灵台碑……长一丈二尺，合十二月……

左右皇门使，各长八尺三寸，合八卦三才也……

御马二匹，长九尺、高五尺，合九宫五行也……

侍官四对，长六尺三寸，合六律三才也……

舍人将军，各长九尺，法按九宫……

御马二匹，长八尺高四尺，合八卦四时也……”

这里有九天、九地、九州、九宫、五行、八卦、四时、三才等诸多象征意义，再对照天子山陵墓仪图（图 5-34），清楚地表现出天子在众臣拱卫之下，九州天下，自然界、社会上的各种事物，仍然要臣服于陵寝中的天子的设计思想。对照亲王墓仪制度，可以看出，不但墓前石象生减少，而且拱卫大臣减少，石象生的象征意义也仅限于“十二月”，“八卦四时”，“二十四节气”之类，明确了与帝王不同的等级、身份（图 5-35）[32]。这是传统的“灵魂不死”之观念在陵墓建筑中的重要表现。

这些葬书中对宋代陵墓影响最大的要算是“五音姓利”之说与“角姓昭穆葬”。它在皇陵与民间陵墓中皆有所反映。

所谓“五音姓利”之说是将人的姓氏按音分成五大类，即“宫”、“商”、“角”、“徵”、“羽”，将人按姓氏定位，配以“五行”以便定其阴、阳宅所应处的风水地理形势，《地理新书》卷一，五行定位篇称：“人，生则有居室，终则有兆域，举其姓氏，配之以五行，因其盛衰以错于地，五行变然后吉凶生，吉凶生然后利害明，圣人将使民就利违害，是以谋及卜筮占相焉。”人的姓氏之来历据《风俗通》称有九种，与人的封爵、职官、居处、方国、宗族等诸多因素有关，“或谓五姓者五帝之裔”（《地理新书》卷一，“五姓所属”篇）地理风水之术便依五姓所属，提出阴、阳二宅如何于方位、山势、水势、衢巷、草木、时辰等诸多方面寻求好运，求吉避凶。

在《地理新书》卷十三步地取吉穴条，曾提出“葬有八法”[33]，其中昭穆葬法对皇陵和民间墓葬皆有重要影响，所谓昭穆葬法即指先茔与后起之穴采用左昭右穆的排列方式，因其形式如柳条穿鱼之状（图5-36）故名贯鱼葬[34]。依据五音姓利之说，每音与五行对位后将取自己应有的吉方，例如：《地理新书》卷十三附有乔道用添（即乔氏所加的说明）及图如下：商姓，相对于地心（即先茔），祖

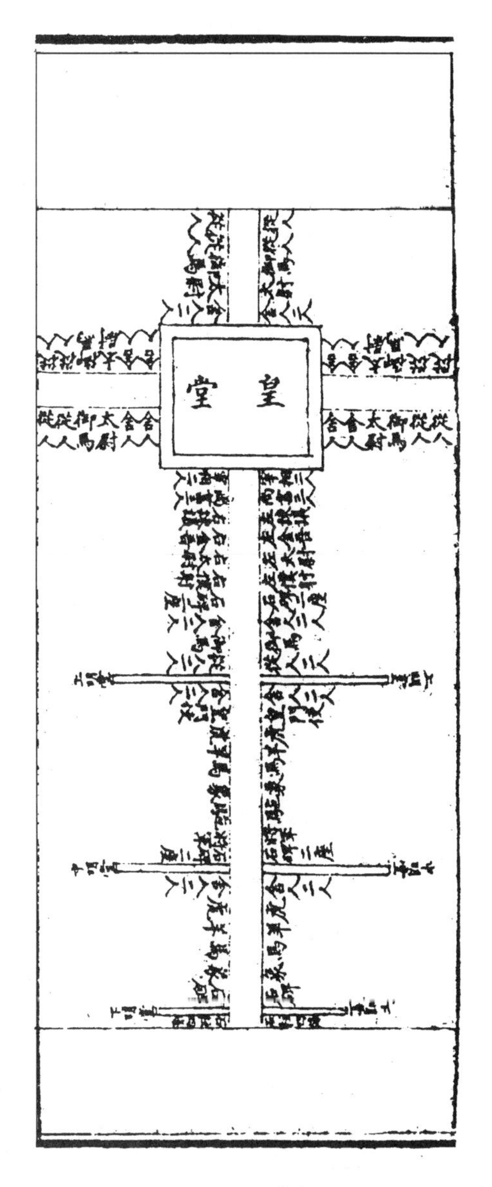

图 5-34　天子墓仪图

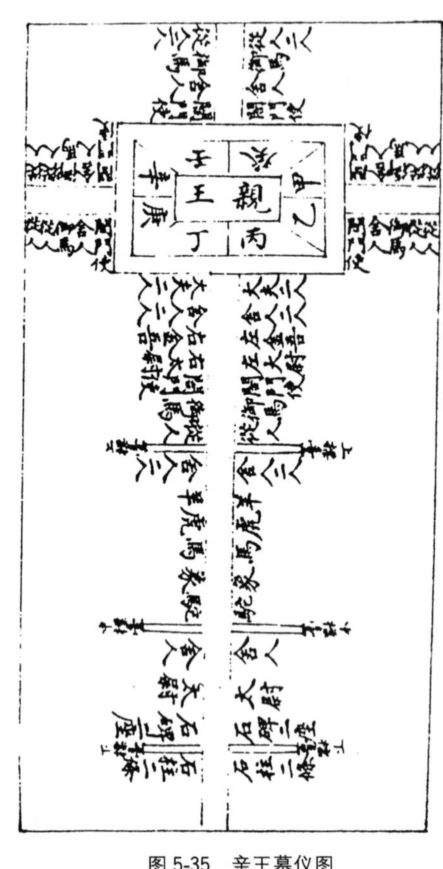

图 5-35　亲王墓仪图

穴位壬（北西），则昭穴位丙（即祖穴南东），穆穴位庚（即祖穴西南，昭穴西北）。角姓，相对于地心，祖穴位丙（东南），昭穴位壬（即祖穴西北），穆穴位甲（即祖穴东北，昭穴东南）。徵姓，相对于地心，祖穴位庚（西南），昭穴位甲（即祖穴东北），穆穴位丙（即祖穴东南，昭穴西南）。宫羽姓，相对于地心，祖穴位甲（东北），昭穴位庚（即祖穴西南），穆穴位壬（即祖穴西北，昭穴东北）。五音姓利与昭穆葬法，在唐代所遗《相阴阳宅书》及张忠贤《葬录》[35]中皆有记载，与此并有诸多相同之处，说明《地理新书》与之有关密切关系。五音姓利之说没有科学价值，充满迷信思想，但对了解当时葬制甚为重要。

2. 阴阳堪舆对北宋皇陵之影响

宋帝虽生不营圹，死后又祔庙有期，致使陵寝建造显得仓促，但当时的社会风气是“葬不厚于古，而阴阳禁忌则甚焉”[36]。因此北宋皇室专门设有阴阳官，并召请习阴阳地理者，与礼部司天监官员共同商措帝后山陵建设事宜。帝后的卜葬者依阴阳风水之术揆择吉日吉时[37]，且在坟台、墓穴的尺寸、方位的确定，上、下宫占地大小等诸多方面皆依阴阳葬书参酌增损。

（1）神墙、陵台、皇堂尺寸之确定

北宋皇陵上、下宫营建因受阴阳风水之左右，尺寸大小不一，例如关于皇堂埋深：

《宋会要辑稿》礼二九载：“司天监主簿侯道宁状，按由吾《葬经》，天子皇堂下深九十尺，下通三泉，又一行《葬经》，皇堂下深八十一尺，合九九之数，合请用一行之说”。

在确定钦成朱后皇堂时“礼部言……依去年皇堂故例开深六十九尺，打筑六尺，地用六十三尺。今来阴阳官胡晟等状，依经法开掘五十三尺，打筑八尺外，地用四十五尺”[38]这里的“经法”即指当时使用的《葬经》。

关于上宫神墙尺寸之确定，也需依据经法，如徽宗钦成朱后陵开始时定为一丈，后因“神墙高一丈，即未合经法，若用九尺或一丈一尺，及神台等者依去年故例修制，各别无妨碍，内参酌增损丈尺名件，即阴阳书不载，若依所请，即无妨碍……”后参考建中靖国元年（1101 年）园陵神墙大小，系为一丈三尺，最后：“诏用一丈一尺”[39]。

（2）陵地与方位之勘选

1）巩县陵址之确定，巩县地处中岳嵩山以北，黄河支流洛水以南，正符合五音姓利说中所要求的赵宋王朝之陵地形势，按赵属角音，利于丙、壬，其茔地要求“东南地穹而西北地垂，东南有山而西北无山”[40]，丙方有山而壬方有水，故巩县所处位置对赵宋王朝来说是秀气所聚，风水尚佳。

2）诸陵朝向：由于角音所利，诸陵朝向率坐北而南偏东 6°，陵之轴线协于丙、壬方位。这里的丙、壬皆系相对于“地心”而言（图5-37）。实际勘舆活动中，“地心”当指已建起的墓（如祖坟等，或即《地理新书》所言之“先茔”），即将下葬者之穴当位其丙或壬方。巩县宋陵依此确定一些陵址的方位相互关系。如后陵，皆位于帝陵（先茔）之西北，无一例外。

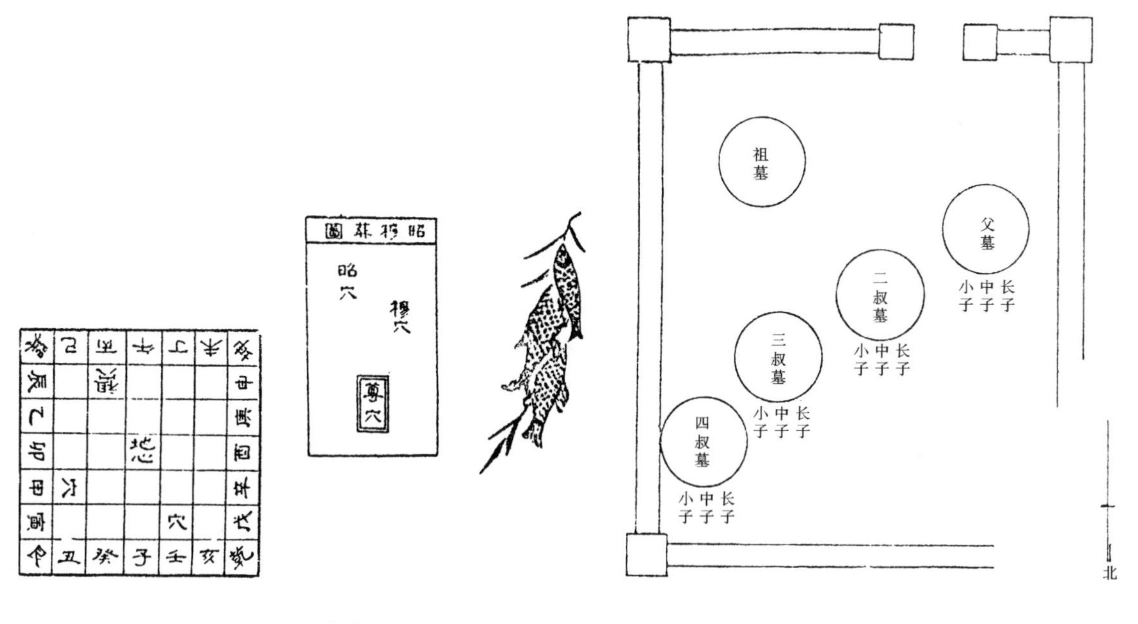

图 5-36　贯鱼葬图　　　　图 5-37　陵墓与先茔关系图

同一兆域内有几个后陵时，晚建之陵皆在早起之后陵（先茔）的西北方。大体上后陵彼此之间也成“壬方”对位关系，而未能在前一后陵之壬地者，选址时亦要在帝陵及最早之后陵北，而非其他方位。

另外，所有下宫皆在帝陵上宫西北。其他如永定禅院选址在定陵西北隅，皆合于吉方。

现存帝陵，按其现状分为四个陵区，除定陵独立一处外，每个陵区各陵间皆成“壬方”排列：西村陵区，永安西北为永昌，永昌西北又永熙；永昭西北为永厚，永裕西北为永泰。因巩县皇陵地域广阔，故将八陵按区考虑其方位关系使之合于角姓所利。

3）角姓昭穆葬与宋陵

流行于河南的昭穆葬法，表现了较严格的宗法关系，其将先茔与一昭一穆共三代之穴，布置得井然有序。

而赵宋皇陵，从宣祖至哲宗共八世，以三代为一组度之，均未吻合角姓昭穆贯鱼葬式。主要矛盾在“穆穴”位置未合其说。分析其因，可能有以下两点：①陵域甚广，难构其说，本该为穆穴之地，风水未必上佳，因此改选他处营建。②穆穴之地可能迫隘。各陵组成要素繁多，除帝穴外尚有后穴等附穴及下宫等建筑，而穆穴既要在昭穴之丙方，又要在尊穴之甲方，其上宫门阙仪仗可能会与尊穴之下宫或陪葬坟过于逼近。

八陵中只有永安、永昌、永熙三陵相距较近。但是永昌、永熙陵“同位于昭”。因太宗乃太祖之弟，非父昭子穆关系，《宋史》曾记宋初太宗祔庙时因非太祖之子，而和太祖“同位异坐”，以维昭穆之序不乱。故永熙未处甲地称穆，而复在永昌西北。

可以说，七帝八陵确难构于角姓昭穆葬式。但在《宋会要辑稿》礼三七中曾记有明德皇太后“园陵宜在元德皇太后陵西安葬……其地西稍高，地势不平，按一行《地理经》地有垄不平，拥塞风水，宜平治之，正在永熙陵（即太宗陵）壬地，如贯鱼之形……”“贯鱼之形”即所谓朝穆贯鱼葬，壬地即永熙陵之西北，这里把永熙陵作为尊穴，而以明德皇太后陵为昭穴，在此将帝后关系也借用了“昭穆”之序来处理。

另外还有一例是亲王濮园王坟与夫人坟的布局关系，俨然依循角姓昭穆葬法布置。据《宋会要辑稿·礼四十》载：神宗元丰二年有司曾“请广濮安懿王园域，作三穴，以濮安懿王穴为尊穴，任夫人葬第二穴，韩夫人葬第三穴。诏濮安懿王坟域勿复广，任夫人葬甲穴，韩夫人外祔壬穴。”惟壬穴限于园域不阔而未与主穴、甲穴同处一域，但原布局思想乃是三穴同茔的昭穆关系。以上表明，角姓昭穆贯鱼葬在宋陵中只有在同一兆域（或茔域）中才体现出来，整个陵区因地势条件未能体现。

(3) 陵园布局特点

1) 各陵建筑组群的特殊安排

北宋各陵地面皆南高北低（实为东南穹而西北垂），由鹊台、乳台至上宫（献殿、陵台）逐渐下降，其中永定、永昭二陵尤甚，陵台顶面竟然低于鹊台处地面，这就造成中心建筑——陵台地位并不突出，与传统建筑群逐进增高，置中心建筑于至高台基或台地上之惯例迥然不同，为历代陵墓所罕见。但根据史料分析，鹊、乳台上楼观形制不大，而南神门处的几幢建筑反而有相当的体量。例如南神门本身为立于山门之上的门楼。其后的献殿，在后陵中已是五开间的九脊殿，帝陵献殿当更具相当体量，或可出现七间、九间之五脊殿，由南至北建筑等级逐增，体量渐大，从而较好地强调了中轴线，衬托出位于最北的陵台之神圣。

巩县宋陵受勘舆影响而致建筑群处理颇具特色：地形虽逐进渐低，乃凭建筑体量、屋顶形式之变化而求得中心建筑地位之崇高。

2) 上、下宫分区明显

宋代统治者相信五音姓利之说，由于角音所利，宋陵一改唐代于陵西南出“寝”（下宫）之例，将下宫移到帝陵上宫西北（除熙陵外，亦在后陵下宫之北）；这样，“功能分区”明确，且非常符合朝陵程序：皇帝先步入上宫，在献殿内举行隆重祭奠仪式，之后，帝遣官竭下宫。自己并不亲往（因下宫只置先帝衣容，并无重要祭礼），从而可顺内篱朝谒诸后陵等。这样从方位上、制度上都更加突出了以祭祀朝拜为主题的仪礼，降低了日常供奉陵主在礼仪制度中的地位。

3) 相对集中的总体布局

由于赵姓谐于角音而确定了各陵方位，因此诸陵朝向统一。这样，尽管各陵自立门户，各布仪仗，八陵未设一个总入口及公共神道，但诸陵彼此间有内在联系（规律性）和呼应关系，即一致的朝向，相同的建制，相似的方位（如帝后陵之间，上下宫之间），故在总体上有统一感，彼此呼应。这与汉唐诸陵布局分散而彼此孤立完全不同。这种集中布局思想在南宋诸陵（攒宫）中得到继承，并由此而影响了明、清皇陵之布局。

4) 分明的等级制度

巩县北宋皇陵虽有明显的几区，但每一茔域中建筑的布局、体量、尺度都体现着分明的等级。首先表现在帝陵与后陵建筑规模的差异，从陵内的主体建筑高低大小，到石象生的数量、尺度，均有着明显的等级差别，陪葬墓与帝后陵之间差别更甚。这正是葬经中墓仪制度的体现。在每一陵域都可看出建筑群组之间所表现的一套由高级到低级的封建礼制秩序。帝王作为人间的统治者，具有至高无尚的权力，他们永远不愿放弃这种权力，在幽冥界中，仍然要显示充当统治者的地位与权威。

注释

[1] 乾隆《巩县志》。

[2] 徽宗崩后据《南烬记闻》载，已被金人按当地习俗火化，按《宋史・礼志》载“绍兴十二年金人归徽宗之丧……在会稽……乾道七年（1171年），辛卯三月，金人以一品礼葬钦宗于巩洛之原”，而巩县宋陵域之内，宋神宗永裕陵正北三里确曾有二大冢，1958年被夷为平地，据当地文物管理部门考证认为此即徽、钦二帝之陵，其中徽宗者仅为衣冠冢。详见《中原文物》1992年第4期，傅永魁、杨瑞甫《北宋徽钦二帝陵墓考》。

[3]《宋会要辑稿》礼三一明德皇后条载“诸庙既及七月，即合依时荐享。”又《宋史》礼志二十五神宗葬事条载礼官议曰：“祔庙而后即吉，财（才）八月矣”。

[4] 据《宋会要辑稿》礼三八载：景德三年（1106年）五月，“诏应臣僚诣陵朝拜者，并于阙庭（亭）前下马，俟门开入宫朝拜”。又《礼三七》记载：“熙宁九年（1076年）五月……言状见陵官奉祀牙床祭器等，祀毕但置于献殿内，暴露日久，易致腐剥，况诸陵宫门有东西阙庭（亭），请以东阙庭（亭），专藏牙床祭器，遇行礼毕即收藏，从之”。

[5]《宋史》礼志二十五及《宋会要辑稿》礼三七“改卜安陵条”：“新陵皇堂下深五十七尺，高三十九尺。陵台三层，正方，下层每面长九十尺。南神门至乳台，乳台至鹊台皆五十步，乳台高二十五尺，鹊台增四尺，神墙高九尺五寸，周回四百六十步，各置神门、角阙。”

[6]《宋史》礼志二十六。

[7] 李攸《宋朝事实》卷十三。

[8]《宋史》礼志二十五。

[9] 同注7。

[10]《宋会要辑稿》“大中祥符八年（1015年）诏……三陵副使都监公宇并在下宫内，屡不禁火，可移于宫外”。

[11]《宋史》礼志二十六。

[12]《宋史》礼志二十六载“……凡凶仪……其明器……皆不定数，故所有石羊、虎、望柱各二。三品以上加石人二人。”

[13]《宋史》礼志二十六。

[14]《宋史》礼志十七载：“朝陵定扈从官人数，入柏城者，仆射以上三人，承、郎以上二人，余各一人。”

[15]《巩义宋陵考古获重要发现》，中国文物报，总479期，1996.4.14

[16]《巩义宋陵考古获重要发现》，中国文物报，总479期，1996.4.14

[17]《宋会要辑稿》礼二九。

[18] 转引自郭湖生、戚德耀、李容淦《河南巩县宋陵调查》，《考古》1964年11期。

[19] 同上。

[20]《宋会要辑稿》礼二十九。

[21]《宋会要辑稿》礼二十五“仁宗”葬条。

[22] 在复原中，瓦及瓦饰未找到文字依据，仅参考宋画及出土文物绘之。

[23]《宋会要辑稿》礼三二“章献明肃皇后”条及礼三三，“钦圣宪肃皇后”条。

[24] 唐・封演《封氏见闻记》。

[25]《论衡・指瑞》。

[26]《春秋・左传》“麟凤王灵，王者之嘉端也。”

[27]《宋书・符瑞志》。

[28]《宋史》载：

・乾德三年（965年）十月：甘回鹘可汗、于阗国王遣史来朝，进马千匹，橐驼五百头，玉石百团，琥珀五百斤。

・乾德四年（966年）三月、四月“占城国遣使来献”。

・太平兴国七年（982年）十二月，“占城国献驯象”。

・景德四年（1007年）十二月：“河南六谷、夏州、沙州、大食、占城、蒲端国、西南蕃、溪峒蛮来贡。”

· 大中祥符八年（1015 年）注辇国贡土物，珍珠衫帽。

· 大中祥符九年（1015 年）注辇国贡土物，珍珠衫帽。

· 大中祥符九年（1016 年）十二月，“占城国、宗哥族及西蕃首领来贡”。

· 庆历二年（1042 年）十一月，“占城国献驯象”。

· 嘉祐三年（1058 年）六月，“交址国贡异兽”。

· 嘉祐六年（1061 年）十二月，“占城国献驯象”。

· 嘉祐八年（1063 年）正月，“交址国献驯象九”。

· 绍兴二年（1132 年），“占城国王派遣使者贡沉香、犀牛角，象牙，玳瑁等”。

· 绍兴三年（1133 年），“三佛齐进贡南珠、象牙龙涎、珊瑚、琉璃、香菜等”。

以上史料转引自付永魁《宋陵客使初探》。

[29] 参见付永魁《宋陵客使初探》。

[30]《地理新书》十五卷目录

监本补完地理新书目录

卷之一

（四方定位）

土圭图　土圭求地中图　定台测候图

祖冲之立表图

（日影取正）

祖定揆日图　参影考极图

（水地定平）

水地定平图　后而景表图　二十四气昼夜刻漏图

易纬晷景长短　二至表景　周天度数

（五行定位）

东方木　南方火　中央土　西方金　北方水

（五姓所属）

宫音　商音　角音　徵音　羽音

（城邑地形）

营豳　岐山　洛邑　楚丘　丘延翰八卦法

八卦山水生向图

（军垒地形）

丘延翰营垒变八卦（与城邑同）

卷之二

（宅居地形）

险阳二宅吉凶图　道路沟渠

（地形吉凶）

风水说　内外宅法

（形气吉凶）

宅居形气　冢墓形气

（土壤虚实）

掘土称重法

卷之三

（罔原吉凶）

上中下三篇　山形图解

卷之四

（水势吉凶）

流水　潢潦水　带剑水　斗水　箭水　清血水

乱水　客水　二宅吉凶图　冢墓吉凶图

（衢巷道路）

二宅吉凶图　冢墓吉凶图

（草木吉凶）

阳宅　阴宅

卷之五

（筮地吉凶）先筮后卜

筮宅居　筮兆域　筮地吉凶

卷之六

（卜地吉凶）

六神行法配五乡　卜冢宅形势高下　占宅五兆

卜宅之法

（内外从山）

五音三十八将内从外从位　五音男女位

朝野驿马位　内将十七将所主　外从二十一从所主

内外从山吉凶　将从山来形势

（朝山砂形）

朝山　贵山　（桃符　革表　文笔　捍门　旌节　铜鱼　进奉　罗城　屏障）

福山　（官禄　人丁　资财　奴婢　田宅　六畜　寿军）

卷之七

（五音利宜）

五音山势　五音尚向　五音所宜

五音地脉　取宅地　地势佳否

五音大利向（并图）　五音小利向（并图）　五音自如向（并图）

五音粗通向（并图）　五音凶败向（并图）　五音地来势（今附）

大音大水流势（今附归此）

卷之八

（山水凶忌）

八风来势　穿地得物吉凶　相冢

八元四元吉凶　凶忌地形　贼山

恶山　十吉十凶　择吉地法

十二成　百二十败

卷之九

（史传事验）

事验上　事验下

卷之十

（年月吉凶）

论魁罡同旬立成法　推五姓大小墓受杀年月

五姓用天覆地载在月者吉　五姓用五龙胎忌年月

葬年五姓傍通立成法　葬月五姓旁通立成法

百日内承凶葬法

（主人年月避忌）

主人本命傍通立成法　　四促大通年月

四孟小通年月　　四季墓杀年月

五姓蒿里黄泉路通年月　　五姓重神入墓年月

五姓光明沐浴年月　　五姓大小墓受杀年月

推魁罡年月　　五姓大小墓受杀年月

加临葬年祭主　　加临祭主行年　　加临祭主生月

四兽覆临吉凶　　功曹传送通否

卷之十一

（择日吉凶）

三甲子图　　鸣吠上下不呼日　　加临吉凶

杂吉凶日　　年命冲破吉凶　　推诸土禁

（择时吉凶）

择时吉凶　　百刻立成图　　二十四气太阳躔度

二十四气日出入刻　　安冢穴日时　　五姓杂忌吉时应候

卷之十二

（冢穴吉凶）

六甲置丧庭冢穴法　　地下明鉴二十四路法

二十四路内外冢穴法　　开三闭九法

五姓六甲八卦冢穴步数　　孙季邕八卦冢穴开三闭九说

天覆地载法　　蒿里黄泉法　　建破形冲及冢藏法

营冢月日吉凶　　门陌冲阡法　　阴阳门陌法

卷之十三

（冢穴吉凶）

步地取穴　　墩葬卧马取吉穴　　五姓取穴附葬图

上下利方　　取地合四兽法　　冢穴三会四福法

便丧取地立成法　　野外权厝吉地法　　禽交六尺立成法

论四禽四兽古尺今尺之异　　禽交吉凶图

论六甲八卦冢法　　八卦冢禽交尺法　　中焦折壁法

卷之十四

（阡陌顷亩）

阡陌取三合法

封树高下法

顷亩合吉穴法

三灵七分擘四十九穴图

（祭坛位置）

明堂祭坛神位

明堂开天门地户人门鬼路位列之图

（斩草建旐）

斩草忌龙虎符入墓年月

卷之十五

（行丧避忌）

三鉴六道吉凶　　六道抵向　　三奸六伏诸避忌方位

（送丧避忌）

魁罡丧门所加历　　墓主灾星丧车三杀所加历

男女行年入墓　　五姓墓内神祇方位傍通

（丧祭杂忌）

丧葬　　治丧　　送葬　　祔葬　　坟茔　　取土

祭祀　　男女行年　　五姓十二月呼龙法

开故祔新法　　改葬开墓法　　葬后谢墓法

五音姓氏赁验

（诸杀杂历）

岁杀历　　雌雄杀历　　推户杀法　　推传符法　　殃杀出方　　（附）禳除镇厌

（师术禁忌）

择师法　　华盖方　　师禁方　　师侯方　　师命方　　师偶方

（风乡瑞应）

风响吉凶　　瑞应吉凶　　吕才论宅位葬书之弊

孙季邕奏废伪书名件

监本补完地理新书目录

[31]《大汉原陵秘葬经》50篇目录（原载《永乐大典》卷八千一百九十九，十九庚）

①选坟地法篇②相山岗法篇③辨风水法篇④四方定正法篇⑤定五姓法篇⑥择葬年法篇⑦择葬月法篇⑧择葬日法篇⑨择时下事篇⑩凶葬法篇⑪置明堂法篇⑫择神道路篇⑬择三要法篇⑭择五姓利路篇⑮辨古道吉凶⑯辨古丘墓吉凶⑰辨阡陌步数吉凶⑱辨茔坟零步⑲择内外冢行丧⑳六甲开三闭九㉑八卦开四闭十八㉒择斩草法㉓造棺椁法㉔择开故墓㉕辨八葬法㉖辨四等譬穴法㉗穿地得物㉘冥婚仪礼㉙择送葬法㉚发引地灵㉛辨烟神曲路㉜辨孝义制㉝辨设置厨帐㉞辨下事时应候㉟辨掩闭骨殖㊱辨旒旐法㊲车舆仪制㊳占风云气㊴应此吉凶法㊵盟器神杀㊶碑碣墓仪法㊷坟台穴尺寸㊸择射墓法㊹择白埋小殡㊺择殃杀所篇㊻择师法篇㊼择用事篇㊽射白埋墓定阴阳人㊾覆古坟冢篇㊿不见骨殖篇

[32]《大汉原陵秘葬经》碑碣墓仪法篇

碑碣墓仪法篇

天子山陵皇堂。前御道广十八步。(合九天九地也。)前安宰相四人。六尚书。左右谏议。左右金吾。左右仆射。左右太尉。(各长九尺二寸。合九州二仪也。)灵台碑二座。至禁围里。(长一丈二尺。合十二月。相离四步。各长一丈五尺。安一对。)里禁围前安左右侍人。左右皇门使。(各长八尺三寸。合八卦三才也。)御马二匹。(长九尺高五尺。合九宫五行也。)侍官四对。(长六尺三寸。合六律三才。)至明堂前。御道阔十五步。长五十五步。前安通使舍人二对。石虎一对，羊一对。马一对。象一对。驼一对。左右将军。灵台碑二座。接引舍人二对。华表柱二对。(各相去一丈二尺。)至中明堂前。明堂空御路长六步。阔一十五步。舍人将军。(各长九尺。法按九宫。)虎一对。(长六尺高四尺。)羊一对。(长五尺。高三尺。)马一对。(长八尺。高四尺。)象。(长一丈。高六尺。)驼。(长八尺。高五尺。)碑。(长一丈二尺。)华表柱。(长一丈二尺。)左一门。右一门。后宰门。各安阁门使二人。左右舍人一对。左右太尉一对。(各长九尺。合九宫也。)御马二匹。(长八尺。高四尺。合八卦四时也。)从官四对。(长四尺。合四时吉。)逐姓于长生方上安碑楼两座高九尺。碑长三丈三尺。依此用之大吉也。

亲王墓仪碑碣。凡亲王灵台前。上大夫四人。左右舍人。左右金吾。左右太尉。(各长六尺。合六律。相去二步。)隐台碑二座。(高一丈二尺。按十二时辰。)禁围前标柱一座。牙道东西阔十二步（按十二月）。长四十五步。前安阁门使二人。舍人二人。御马二匹。从人四人。马。(高八尺。长四尺。合八卦四时。)从人。(各长四尺。合四时。)石羊一对。(长四尺。高三尺。)石虎一对。(长四尺五寸。高三尺。)驼一对。(长八尺。高四尺。)象一对。(长八尺，高四尺。)隐台碑二座。(长九尺。)舍人一对。太尉一对。(各长六尺。)华表柱二对。(各长九尺。)左一门。右一门。前安阁门使一对。舍人一对。(各长六尺。)御马二匹。(长七尺高四尺。)从人二对。(长四尺。)于本姓长生方上安碑楼一座。(高八尺。合八卦。)碑（长二丈四尺。合二十四气。)已（以）上亲王用之。

公侯卿相碑碣仪制。凡卿相墓围前街道阔五步。长三十五步。前安舍人一对。(长五尺五寸。)石羊一对。(长四尺。高三尺。)石虎一对。(长四尺五寸。高三尺。)五笋柱二条。(长九尺。相去二步。)长生方上安碑楼一座。(高六十尺。碑长一丈五尺。)三代为将相要碑楼。上五品官方得安。中五品官石羊。石虎。石笋柱各一对。下五品官与庶人同。只要石幢石柱。式云。常以沟渎加姓墓上津梁。下安碑楼也。吉。朝官只用舍人一对石柱一对吉也。

庶人幢碣仪制。凡下五品官至庶人。同于祖穴前安石幢。上雕陀罗尼经。石柱上刻祖先姓名并月日。石幢长一丈二尺。按一年十二月也。或九尺。按九宫。庶人安之。亡者生天界。生者安吉大富贵。凡石者天曹注生有石功曹。安百斤。得子孙大吉也。式云常以虚丘加冢体。天梁下安之。大吉。安幢幡法当去穴二步安之。即吉庆吉也。

[33]《地理新书》中的八种葬法：结合不同地形条件，选择墓穴位置。

"一曰阡陌，谓平原法"，以步地取吉找穴。

"二曰金车龙影"，即指东西长，南北短的条状地形，如何找穴，并指出"此法虽有，世多不用"。

"三曰窟，谓在山岗腹肋中回抱之处……葬山用窟"。

"四曰突"，指在因山或平地遇到"突形而起者"……"若能用即窟中看突，突中看窟，方可长久也"。

"五曰垅，谓平地微有小垄，细而长"……"依内禽交命步法安之"。

"六曰墩，谓土地窄狭，不得已，依古墩而葬"。

"七曰卧马"，将新葬者与原有旧穴"向后斜行，如鹰行之势"。

"八曰昭穆，亦名贯鱼，入先茔内葬者即左昭右穆如贯鱼之形……唯河南、河北、关中、垅外并用此法。

[34] 据《地理新书》昭穆葬图说明：昭穆亦名贯鱼者，谓左穴在前，右穴在后，斜而次之如穿鱼之状也，又礼曰："冢人奉图先君之葬，君居其中，昭穆居左右也。"

[35]《相阴阳宅书》为法人伯希和从敦煌窃得，其中《相阴阳宅书》残卷现藏巴黎国民图书馆，中国北京国家图书馆藏有原件照片。在宿白《白沙宋墓》注 169 中确认其为晚唐人氏所著，《葬录》为英人斯坦因自敦煌窃得。书前有唐昭宗乾宁三年（896 年）序文，因此可知其成书年代。现藏伦敦大英博物馆，北京国家图书馆藏有原件照片。以上两者皆为残卷。

[36] 司马光《葬论》。

[37]《宋会要辑稿》礼三一载：明德李后丧，择阴阳官以诸家葬书同选定园陵岁月、方位、缘今岁在甲辰，不利动木，须俟丙午年十月方吉，请止于今年闰九月二十二日就西北壬地权攒"。

[38]《宋会要辑稿》礼三七。

[39] 同上。

[40] 南宋赵彦卫《云麓漫钞》。

第二节　南宋皇陵

一、综述

靖康之变，宋室南渡，在政权立足未稳之时，便已开始营陵事宜。绍兴元年，隆祐太后病故，当时朝廷欲仿北宋故制修建山陵，但因太后留有遗命："择近地权殡，俟息兵归葬园陵。梓取周身，勿拘旧制，以为他日迁奉之便。"[1] 鉴于当时国家财力窘困，无力承担兴修山陵之巨资，又有官员奏请，"帝后陵寝，今存伊洛，不日复中原，即归祔矣。宜以攒宫为名，佥以为当。"[2] 于是从简安葬隆祐太后，谥昭慈献烈皇后。昭慈攒宫择地绍兴市东南 18 公里之上皇山。以后南宋皇帝归复中原已成泡影，上皇山便成为南宋帝后之归宿，南宋九帝除最后三帝外，皆以攒宫形制葬于上皇山，史称南宋六陵。上皇山曾因此而改称攒宫山。除此之外，还包括徽宗攒宫[3]，因之上皇山共有七座帝陵，以及一些皇后祔葬陵。

南宋六陵即：高宗赵构（1127～1187 年）之永思陵，孝宗赵昚（1163～1194 年）之永阜陵，光宗赵惇（1190～1200 年）之永崇陵，宁宗赵扩（1195～1225 年）之永茂陵，理宗赵昀（1225～1265 年）之永穆陵，度宗赵禥（1265～1275 年）之永绍陵。此外还有徽宗赵佶之永祐陵。

南宋帝陵虽属权宜之计，但对陵地选址仍很注重，上皇山山冈雄伟，风景秀丽，北面为雾连山，南面为新妇尖山，两山略呈合抱形势，中间一片平坦之地，即为南宋帝后陵区，只是面积不大，早在永思陵建成之时已感到“陵域相望，地势殊迫”[4]，后来又增筑五陵，殊迫程度可以想见。因此，南宋帝后陵不像北宋，许多皇后死后并未祔葬帝陵，而被分散殡葬在临安、绍兴等地的寺院内。皇子、未出嫁之公主也均不在皇陵陪葬。

南宋皇陵在宋室覆亡之后，便遭较大破坏。据南宋周密《癸辛杂识》记载，元至元二十二年（1285年）该陵遭“盗行发掘”，以劫掠财宝，使山陵严重毁坏，明清两代虽称予以保护，但仍每况愈下。至今已面目全非，仅存一座墓穴。因此，对六陵位置、规模、建置等只能依文献考之。

二、六陵建造年代、位置及相互关系

1. 永思陵，建成于淳熙十五年（1188年）三月，位于徽宗显仁皇后（韦后）攒宫之西，而显仁皇后“攒于徽宗永祐陵之西”[5]。永祐陵，是陵区所建的第二座陵，其位置在第一座陵即哲宗后“昭慈攒宫西北五十步”[6]依此可知永思陵并谢后祔葬陵的大概位置。

2. 永阜陵，建成于绍熙五年（1194年）十一月，位置在“永祐陵下宫之西南，永思陵下宫之东南”[7]并有祔葬后墓一座。

3. 永崇陵，建成于庆元七年（1201年）三月。位置在“永阜陵西、永思陵下空闲地段”[8]。

4. 永茂陵，宣庆元年（1225年）三月，改泰宁寺，建攒宫，在新妇尖山东北坡，“距昭慈陵侧一里许”[9]，并有杨后祔葬墓一座。

5. 永穆陵，建于景定六年（1265年）三月，位于陵域北部雾连山下。

6. 永绍陵，建于德祐元年（1275年）正月，在永穆陵旁。据以上史料，对六陵关系可有一初步印象（图5-38）[10]。

图5-38　南宋六陵关系图

三、南宋陵寝建筑特点

从文献可知，南宋六陵因具有临时性，不及北宋皇陵讲究排场，且所处地段殊迫，但仍有相当规模。史称徽宗攒宫用地 250 亩，以此类推，每座陵域可拥有 16 公顷之地，其中仍可安排不少建筑群组，现依周必大《思陵录》[11] 所载南宋官方修奉使司关于永思陵的交割勘验文件，对高宗永思陵作一剖析：

永思陵总体布局分为上宫、下宫两个部分，上宫建筑有外篱、里篱、红灰墙、鹊台、殿门、献殿、棂星门等。下宫建筑有外篱、白灰围墙、殿门、前殿、后殿、东西廊、棂星门、换衣厅等，此外在外篱门与殿门之间还有神游亭、庙子、奉使房、香火房等。在白灰墙棂星门附近并有铺屋。

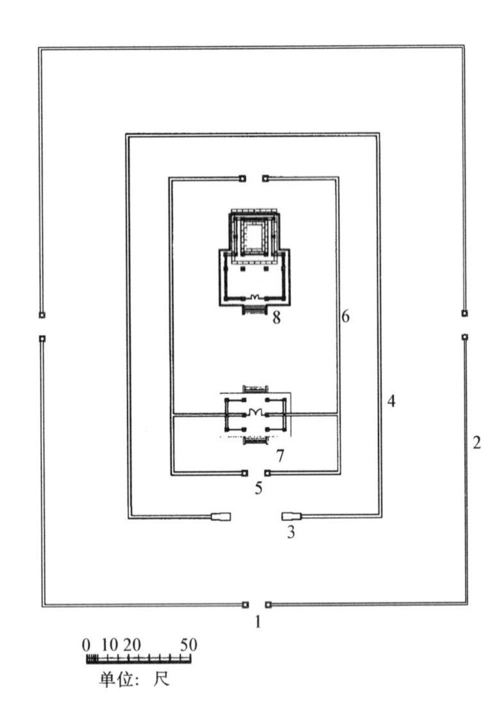

图 5-39　南宋永思陵上宫平面复原想象图
1. 外篱门；2. 外篱；　3. 内鹊台；4. 里篱；
5. 棂星门；6. 红灰墙；7. 殿门；　8. 龟头殿

（一）上宫（图 5-39）

1. 外篱及外篱门

文献载："外篱门一座、安卓门二扇，并矾红刷油造柱木并门，及两壁札缚打立实竹篱二十余丈，并立篱健石。"

外篱是上宫边界的一道围篱，外篱门应设在上宫建筑群的南北中轴线上，因围篱为"札缚打立实竹篱"，故门须采用两立柱，于柱上安门扇的形制，类似《营造法式》中的合版软门，门及柱皆刷红色。上文所记之二十余丈，可能是指竹篱在门两侧的宽度。

2. 里篱

文献载："里篱砖墙系中城砖，绕檐垒砌，周回长八十七丈，止用甋（瓪）板瓦结瓦行陇。"

这是一道用中城砖砌筑的围墙，墙顶覆以筒、板瓦，周长 87 丈。

3. 内鹊台、红灰墙、棂星门

文献载："红灰墙周回长六十三丈五尺，止用杚笆椽，铺钉竹笆，甋（瓪）板瓦结瓦行陇"（此处之"杚笆椽"似应为墙顶部的骨架，其上再铺钉竹笆，顶部盖瓦。）；矾红刷造杚笆椽，红灰泥饰。围墙下脚用银铤砖叠砌隔减，并中城砖垒砌鹊台二堵。"

红灰墙是上宫的第三道围墙，此墙下部为银铤砖垒砌的裙墙，上部为土墙，表面用红灰涂抹，上部有瓦顶。按行文顺序，这道红灰墙应与鹊台有关，但按北宋皇陵推测，鹊台位置不应在此。从鹊台使用的材料为"中城砖叠砌"，则应将鹊台置于里篱，位置处于中轴线两侧。而红灰墙本身也应有门，这里使用的门似应为文中所谓的"棂星门"。按文献载："棂星门"有"南北共二座，柱头上各安阀阅，并各安门二扇，肘叶、门钹、桶子全，并石门砧及矾红油造柱木、门户。"依上文可知其形制为《营造法式》中的乌头门一类，由两根立柱深埋地下，称之为挟门柱，用以作为门扇的依托，这两柱冲天，上有象征旌表功绩的装饰物，即阀阅[12]。一般此柱间门扇上作直棂下为实心拼板，中带腰花板。门扇下部置石门砧，上部应有额及鸡栖木。前后两座棂星门及柱皆为红色。

4. 殿门

文献载："上宫中有殿门一座，三间四椽，入深二丈，心间阔一丈六尺，两次间各阔一丈二尺，四铺下昂绞耍头柱骨朵子"此处的"柱头骨朵子"即柱头铺作之意，宋代习将细木棍顶着的物品称为骨朵，如同花茎顶着花蕾一般，如帝后出行时，仪仗中即有高举"骨朵"者[13]。"四铺下昂绞耍头"应理解为四铺作下昂斗栱，此处所谓的"绞耍头"，即表示不同于插昂造，而以昂尾与耍头相交后上彻下平槫。

"分心柱，四寸五分材，月梁栿、彻脊、明圆椽、顺板，飞子白板，直废造"此段文字说明山门是用分心斗底槽，彻上明造，梁栿为月梁，无天花板的构造方式。其中的"顺板"可理解为一种望板的铺钉方式，"白板"可理解为飞子间的望板，"直废造"可理解为两坡悬山顶建筑之屋顶，《营造法式》卷五"楝"条曾有"凡出际之制，槫至两稍间两际各出柱头，又谓之屋废"，依此，屋废即屋顶之边缘，"直废造"即屋顶边缘为直线，故此只有两坡顶房屋才如是。

"下檐平柱高一丈二尺，柱置（櫍）在内，头顶丹粉赤白装造，矾红油造柱木，硬门三合，额、颊、地栿、门关、铁鹅台桶子，黑油浮瓯钉叶段门钹，头顶铺钉竹笆，瓪板瓦结瓦行珑，安鸱吻，周回山斜额道壁，洛红灰泥饰，土坯垒砌两山墙，红灰泥饰，中城砖铺砌地面，垒砌阶头，高二尺五寸，并砌散水，白石压阑石碇并前后踏道及安砌面南，白石墁地"。

这里除指出"下檐平柱高一丈二尺"之外，主要讲装饰及装修情况。

彩画：于柱头处用丹粉赤白装，柱身仍为"矾红油造"。

门的构造：这座门殿类型的建筑，当中的门扇为硬门三合造，这里所说的"硬门"是一种做工考究的板门，将木板用櫍、透拴和劄三者契合而成，故称三合。其额、颊、地栿、门关等也皆用硬木，以红油油饰。门轴下的构造为鹅台铁桶子，鹅台指门轴下部石门砧上的突起物，似鹅头上的凸起，铁桶子是指门轴下部所安的圆形断面的一段粗铁管，以此套在鹅台之上。门上的门钉、门钹、铁叶之类皆涂黑油。

屋顶构造：以竹笆为望板，用筒、板瓦结瓦，并安鸱吻。

山面做法：以土坯垒砌山墙及山尖部分（文中所谓的山斜额道壁），表面皆用红灰泥饰。

地面做法：台基高二尺五寸，上有压栏石，阶前做踏道，台基周围砌散水，南部用白石墁地，门殿地面用中城砖铺砌。

综上所述，此殿形制为门殿三开间，四架椽，构架用分心斗底槽，斗栱用八等材四铺作下昂绞耍头，室内用彻上明造，门扇安于中柱间，殿阶高 2.5 尺，前后设踏道。彩画采用丹粉刷饰。殿门位置应在红灰墙之内，门两侧应有墙向东、西伸展，至红灰墙止。《思陵录》中有"东壁隔截砖墙绕檐垒砌，长四十丈。"似应指此，但原文可能有脱漏文字，若为"至东、西壁隔截砖墙……"则顺理成章。

5. 龟头殿

即上宫之主殿，《思陵录》载："殿一座，三间六椽，入深三丈，心间阔一丈六尺，两次间各宽一丈二尺，并龟头一座，三间，入深二丈四尺，心间宽一丈六尺，两次间各宽五尺，并四铺下昂柱头骨朵子，月梁栿绞单栱屏风柱，五寸二分五厘材，彻脊、明圆椽、顺板，内龟头连檐，四椽月梁栿，五寸二分五厘材，圆椽。厦板两转出角、四入角，飞子、白板。下檐平柱高一丈二尺，柱置（櫍）在内。"

这段说明了此殿的规模和形制，即殿身三间，进深六架椽，每架椽长 5 尺，龟头殿面阔减小，进深也减少，采用四椽栿。但其与殿身结构关系未作交代，一般有两种可能，一是做穿插屋顶，龟头屋本身起正脊，垂直插入主殿，另一是做勾连搭式的屋顶，各个自成体系，前后仅仅相互靠在一起，但此种会产生屋顶的水平天沟，在宋代建筑中未见实例，故以采用前者为宜。此外，再从“月梁栿绞单栱屏风柱”一语看，在正殿与龟头殿之间应设有屏风，屏风柱应为正殿的当心间后内柱，屏风即置于后内柱间，这样主殿的梁架可采用四椽栿对乳栿用三柱形式。内柱头上设栌斗，栌斗口内出单栱支承月梁，便构成“月梁栿绞单栱屏风柱”。主殿和龟头殿屋顶形式未加说明，但从“厦板两转出角、四入角”一语推测“厦板两转出角”者即为两坡之悬山顶，四入角者为九脊顶，故将主殿之屋顶做成九脊顶，其后龟头部分做成悬山顶（图5-40、5-41）。

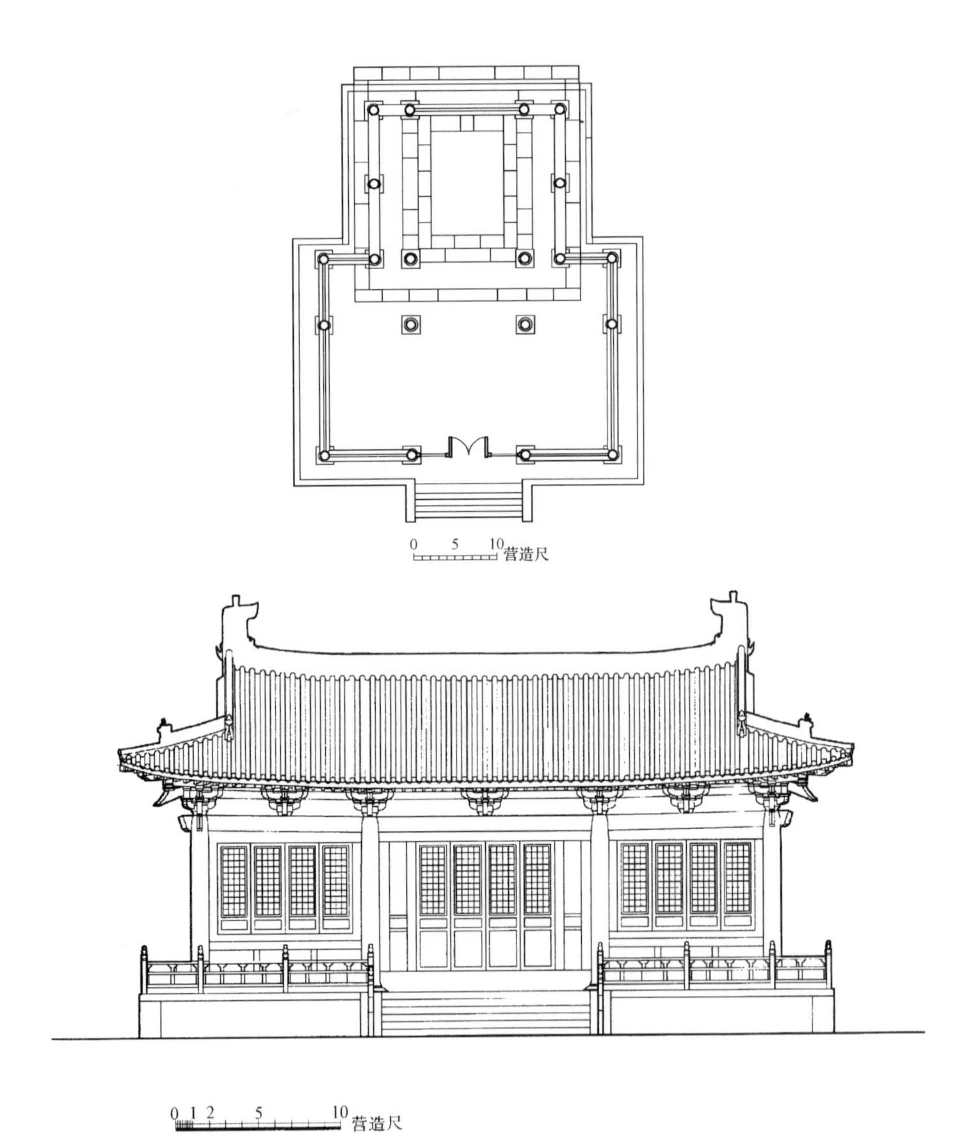

图 5-40 南宋永思陵上宫龟头殿复原想象平面图与立面图

关于殿的装修、装饰：柱子“头顶并系丹粉赤白装造法，红油造柱木。周回避风萫共一百二十扇，并勾栏子一十七间，并系矾红油造，及腔内出线小绞子共三十八扇，系朱红漆造，黄纱糊饰。”此处的“避风萫”为何物，及其具体做法尚待考。而“腔内出线小绞子”似指窗扇一类构件。勾栏子应指木栏杆，位置在殿阶基四周。

关于殿的屋顶做法采用“铺钉竹笆”的望板，“瓪（瓪）板瓦结瓦行垅，并安鸱吻”，“周迴山

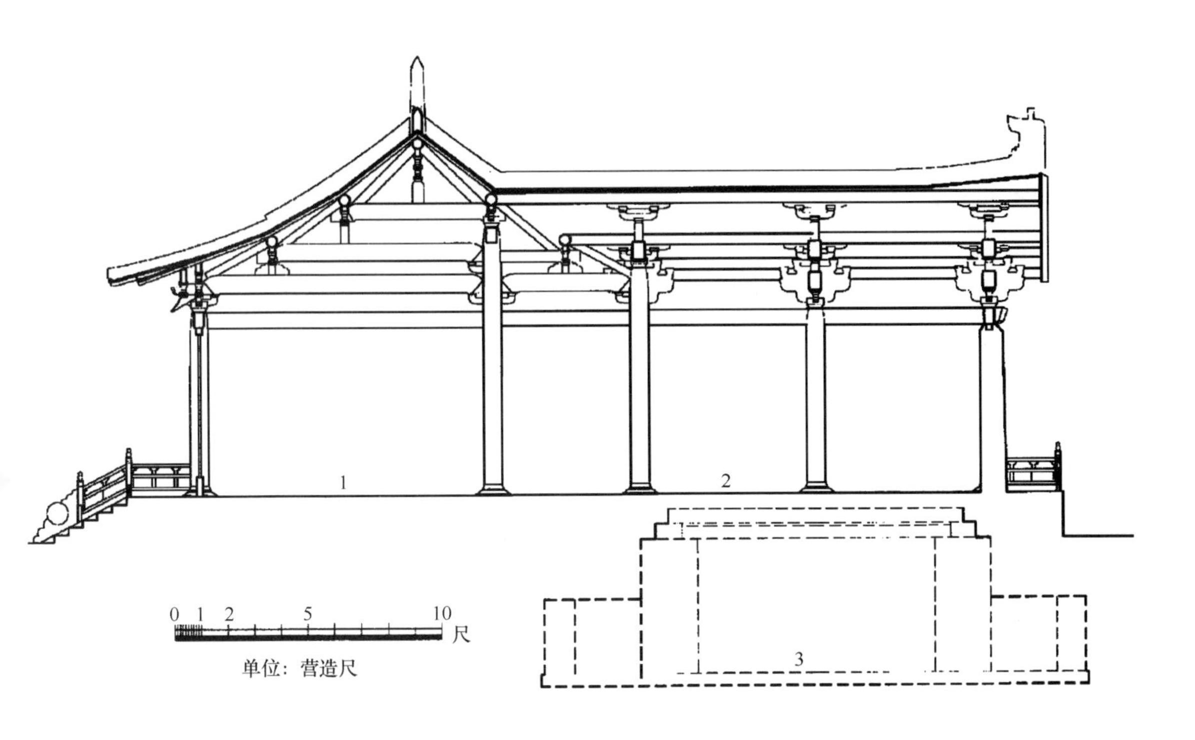

图 5-41 南宋永思陵上宫龟头殿复原想象剖面图

1. 主殿；2. 龟头屋；3. 皇堂石藏子

斜额道，壁子，并红灰泥饰”，这里的“周回山斜额道”指何物待考。壁子可理解为山面墙壁，因只有这里才会使用“红灰泥饰”。

殿身阶基做法：“方砖铺砌地面，中城砖垒砌阶头，高三尺。并砌周回散水”。殿前出踏道，并设有勾栏，“望柱覆莲，柱头狮子，”即勾栏之望柱顶部作覆莲结束，其上以狮子为柱头。

龟头屋内即为皇堂石藏子所在地，石藏子为在室内地平下所筑之石室，内藏梓宫。

文献载石藏子“里明南北长一丈六尺二寸，东西阔一丈六寸，白石箱壁二重，共厚四尺，擗土石一重，厚一尺，深九尺，上用青石压栏一重，厚八寸，铺承重柏木方子二十二条，上铺白毡二重，安砌盖条青石十条，高一尺，打筑铺砌砖、土共厚一尺，通深一丈二尺，箱壁石用铁古子，并铅锡浇灌”。另据查验上宫皇堂石藏照会可知，石藏子之外有胶土环绕，宽度为四尺四寸，其外有“擗土石一重，各厚一尺”，皇堂之内设椁，“椁长一丈二尺二寸，高七尺一寸，阔五尺五寸。”另关于皇堂丈尺并石段、柏木方等数目项中又有关于皇堂施工的总尺寸，即：“皇堂开通长三丈七尺六寸，通阔三丈二尺，深九尺，系里明。用擗土石五层，周回用一百六十段双石头，各长四尺，阔二尺，厚一尺垒砌”，“底板石三十段，内六段各长一丈二尺，阔三尺二寸，二十四段各四尺，阔二尺五寸，厚八寸。又据《思陵录》淳熙十五年三月戊午记事载：“纳梓宫于中（即椁之中），覆以天盘囊网，乃用青石为压栏，次铺承柏木枋二十余条，次铺白毡二重，次铺竹篾。然后用青石条掩攒讫，上用香土二寸，客土六寸。然后以方砖砌地，其实土不及尺耳”。据上文可绘一图(图 5-42)[14]。

石藏子的构造之要点，主要在于将木制梓宫以石构箱体包砌，箱体最下做底版石，四壁做厢壁石，上部盖以条石，而其中较为特殊者有三：

一是厢壁外又置胶土及擗土石壁，这种做法据《宋会要辑稿》载：“十二月八日，攒宫修奉司言：'攒宫不藏，利害至重，二浙土薄地卑，易为见水，若不措置，深恐未便，谨别彩画石藏子图一本，兼照得厢壁石藏外五尺，别置石壁一重，中间用胶土打筑，与石藏一平，虽工力倍增，恐可御湿'，从之"。这是宋人以胶土为防潮层的一种做法。

二是在石厢壁盖顶之下使用了柏木方作为承重构件，因其垮度 10.6 尺，约合 3.5 米，单纯用条石，恐不够安全。

三是文中提及梓宫上"覆以天盘囊网"为何物，待考。此物并非建筑构造所需，或许出于对死者魂灵的保祐而加的饰物。

依上述可知，上宫主体建筑虽然用材不大，仅选用七等材，但整个建筑群中主体建筑体量仍然跃居全宫之上，整组建筑群布局显现出庄重、肃穆，具有纪念性的氛围。

（二）下宫（图 5-43）

1. 外篱及外篱门

形制应与上宫相同，文献中仅有外篱门一座，及"东西两壁各打实竹篱长二十九丈六尺，并竹篱门二座"，由此推测外篱上除南端有外篱门一座以外，并有东、西二座竹篱上开的便门。

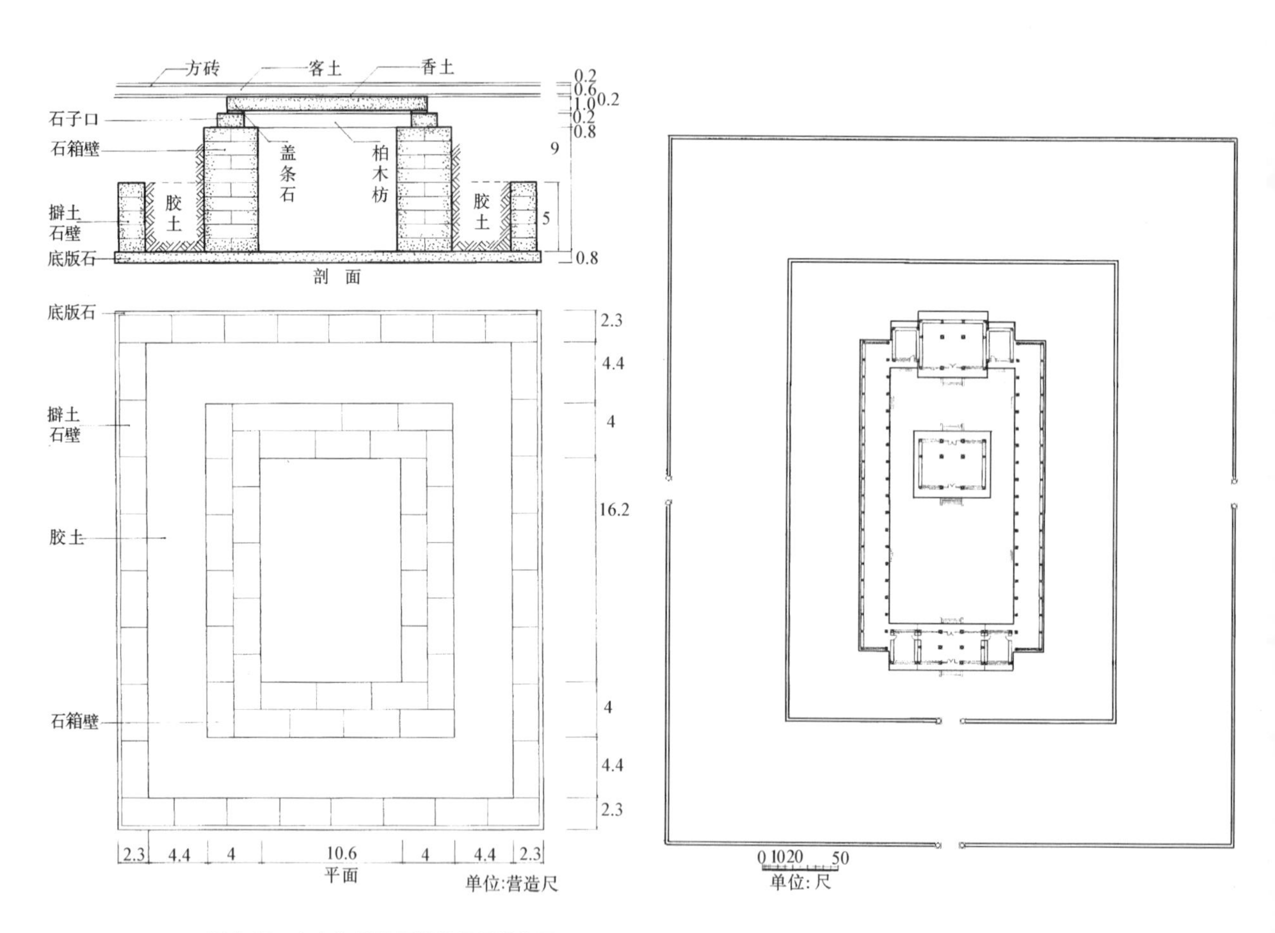

图 5-42 南宋永思陵石藏子复原想象图

图 5-43 南宋永思陵下宫平面复原想象图

2. 白灰墙及棂星门

按文献记载"周白灰围墙，长一百三丈六尺，上用杦笆椽，中板瓦结瓦行垅，矾红刷造杦笆椽，白灰泥饰"，其位置应在外篱以内，其构造应与上宫之红灰墙相同。另文献中记有"棂星门一座，柱头上安阀阅，并安卓门二扇，并系矾红刷油造，及钉肘叶、门钹、鹅台、桶子并石门砧"，此门即应设在白灰墙南壁，下宫之中轴线上，形制也为乌头门。

3. 殿门

文献载“殿门一座，三间四椽，入深二丈，各间宽一丈四尺，重斗（斗）口跳，身内单栱，方直栿，彻脊、明圆椽，顺板，飞子白板，分心柱，直废造，下檐平柱高一丈四尺，柱置（櫍）在内”。这是一座三开间，进深四架椽的两坡顶建筑，室内梁栿未用月梁，而用直栿，彻上明造，构造形制为“前后乳栿用三柱”，斗栱为斗口跳，泥道栱用单栱，分槽形式采用“分心斗底槽”。此构架中惟“下檐平柱高一丈四尺”与宋代习用的“柱高不越间广”且多低于间广之做法不同，采用了柱高等于间广的做法，通过复原设计，发现立面造型柱子偏高，再看其上宫殿门的柱高低于间广二尺，故此处从造型艺术来看，以柱高采用一丈一尺为宜。

文献中对殿门之装修，装饰等还作了规定，即为柱子“头顶丹粉赤白装造法，红油造柱木，并软硬门二合，及颊、额、地栿、门关等并黄油浮瓯钉及门钹、肘叶、鹅台、桶子”。这里除了讲柱子和门用彩画的做法为“丹粉赤白装”之外，对于门扇的构造指出是用“软硬门二合”的构造。在《营造法式》中有“合版软门”一类，拼板采用二合的构造，表面仍为硬门的形式，故称软硬门。此外，这座殿门的屋顶以“铺钉竹笆”为望板，上部用“瓪（甋）板瓦结瓦行垅并鸱吻”。山墙用“土坯垒砌，红灰泥饰”，铺地用中城砖，建筑阶基高 2 尺，用白石压栏，前后均设有踏道。

殿门有“东西两挟各一间，四椽，入深一丈六尺，间阔一丈六尺，单斗支替、方额、混栿、方椽、硬檐，下檐柱高八尺五寸，柱置（櫍）在内，头顶丹粉赤白装造，矾红油造柱木。黑油杈子二间”；这里的东、西挟为依附于殿门山墙两侧的建筑，它的进深、柱高均比殿门减小，斗栱降为单斗支替，整个建筑等级下降。其中的黑油杈子二间应指放在建筑次间前后檐柱位置的栏杆类遮挡物。似可拆卸，这一时期的绘画或碑刻中，常有此类形象。文献中对挟屋的屋顶做法的记载也显出比殿门降低，除望板需铺钉竹笆之外，瓦件未用甋瓦，而仅以“中板瓦结瓦”，阶基高为一尺五寸，也低于殿门，其余铺砌、山墙等则与殿门相同。

这座带夹屋的殿门形象可参见汾阴后土祠庙貌碑。

4. 前、后殿

这是下宫中的主要建筑，两者大小及做法相同，但后殿带有夹屋。

前、后殿皆为“三间、六椽，入深三丈，各间阔一丈四尺，四铺卷头，胫内绞单栱攀间，心间前栿项柱，两山秋千柱，彻脊明，五寸二分五厘材，柱头骨朵子，直废造，下檐平柱高一丈一尺，柱置（櫍）在内。”

从上述记载，对于前、后殿的形制可以肯定的有以下几点：

（1）开间三间，每间广 14 尺，通面阔 42 尺。

（2）进深 30 尺，六架椽，每个椽架平长 5 尺。

（3）柱高：下檐平柱为 11 尺。

（4）建筑用材等第，为七等材。

但文中对构架形式、屋顶形式未作明确交代，例如文中“胫内绞单栱攀间”似指内柱在厅堂式构架中升高至中平槫时，与攀间方垂直正交。因此，构架可能作成四椽栿对乳栿用三柱形式。而一般外檐柱所用斗栱是哪一类，本应在“柱头骨朵子”一句之后予以交待，但文中前部有“四铺卷头”一语，应即指采用四铺作卷头造斗栱。至于屋顶形制，按此建筑在下宫中的身份，应以厦两头造即九脊顶为宜，但依“直废造”一句仍应为两坡悬山顶。

文献中对前、后殿的装饰、装修记载如下：柱子“头顶并系丹粉赤白装造法，红油造柱木，并板壁二十四扇朱红漆造，出线小绞隔子四十扇，黄纱糊饰，安钉鍮石叶段事件，并矾红油造避风䕲八十扇，并勾栏子八间”。这里指明了建筑彩画等第，即柱头用丹粉赤白装造，柱身刷红油。室内隔墙用板壁，涂朱红油漆。“出线小绞隔子”推测为宋代常用的方格眼式格子门、窗，其格子之棂条断面为带突起线脚者。这座三开间的建筑用40扇门、窗，从其每开间十四尺的尺度看，可能于前后当心间作门扇各六扇，前后两次间各作窗扇七扇，门每扇门宽60厘米左右，窗扇稍窄。门窗背后用黄纱糊饰，代替窗纸，显示了皇家建筑的规格。文中“避风䕲”为何物待考。“勾栏子八间”，可理解为殿前所安的石勾栏，从尺度上分析，这“八间”不可能绕殿一周，仅仅是殿台基之上，踏道的两侧各四间。

文献中接着又叙述了屋顶构造及建筑中使用砖石的情况，“头顶（即屋面）铺钉竹笆，瓪（瓪）板瓦结瓦行垅，并安鸱吻”。建筑的地面用方砖铺砌，阶基用“中城砖垒砌阶头，高二尺五寸”，“白石压栏石碇，并踏道二座，引手勾栏子，望柱覆莲柱头狮子。”引手勾栏似指设于踏道两旁的斜勾栏，此应与上述之殿前勾栏相接。踏道二座一般置于殿的前、后当心间处。

此外，在后殿两侧还设有“东西两夹各一间，六椽，入深三丈，各间阔一丈六尺，方额、混栿，方椽、硬檐造，头顶并系丹粉赤白装造，矾红油造柱木，中城砖铺砌地面，土坯垒砌坯墙，白灰泥饰，头顶铺钉竹笆，白灰仰泥。白石压栏石碇及中城砖砌阶头，高一尺五寸，并安卓红隔子八扇，黄纱糊造，鍮石叶段事件”。从上述可知，此建筑为后殿两侧之夹屋，低殿身一等，这不仅表现在阶基变矮，而且结构构件做法也简化，梁栿用“混栿”，似指未作加工的原木。屋顶仅于竹笆上做“白灰仰泥”，未提及瓦件使用事宜，似有遗漏，对照殿门夹屋做法，应有中板瓦结瓦。但门窗仍然用格子门窗，以黄纱糊饰，另外还遗漏柱高尺寸，也可参照殿门夹屋柱高八尺五寸之值。

5. 东西廊

文献中记有“东西两廊，一十八间，四椽，入深一丈六尺，各间宽一丈一尺，下檐单蚪（斗）直（支）替，方额混栿，方椽硬檐造，头顶丹粉赤白装造，矾红油造柱木，中城砖铺砌地面，并砌阶头，高一尺五寸，头顶铺钉竹笆，白灰仰泥，中板瓦结瓦，白石压栏石碇，东西两下檐并系土墙三十六间，白灰泥饰”。

按当时一般建筑群布局状况可知，此东西廊应位于殿门与后殿之间，从其所给尺寸看，廊总长为198尺，合66米，充当殿门至后殿之间的院落进深也是合适的。

东西廊的进深一丈六尺，合五米以上，这在明清建筑中是见不到的，然而在唐宋时期，这种宽廊使用较多。文中“东西两下檐并系土墙三十六间”即指廊的后檐墙为土坯墙，表面以“白灰泥饰”。

廊的结构采用“混栿方额”，斗栱采用“单斗支替”与殿之夹屋等第相近。

此外，在下宫中还有神厨五间，神厨过廊三间，奉使房二间，香火房二间，潜火屋并库屋四间，换衣厅三间，铺屋围墙里外五间，庙子一座，神游亭一座，过道门四门等建筑。这些建筑均系下宫中的附属建筑，奉使房可能为管理下宫的官员用房，位置应在外篱门附近，换衣厅可能相当于明清之具服殿，位于外篱门内神道东侧。铺屋，为巡查警卫人员使用，分设于白灰围墙内外各五间。而庙子和神游亭从名称上看，其性质与祭祀活动有关，则应与前者分开，可能在外篱与白灰墙之间北侧。另外还有厨库一类建筑，也应在白灰墙与外篱之间。

在上、下宫中皆有火窑子一座，其性质“疑即明清之燎炉（俗称焚帛炉），位于殿门之内，前殿之前。”

至于上、下宫之间相对位置，未见记载，但南宋陵寝规则仍以北宋为蓝本，因此下宫也应位于上宫之西北，择取丙壬方位。

从永思陵看，建筑等级不高，主要殿宇规模不过三间，这正是南宋财力困乏之反映，另从《宋会要辑稿》中也可察觉，每陵修建都以“尊遗诏山陵制度务从俭约”为原则，因之南宋帝陵攒宫确实体现出这种“俭约”精神。

注释

[1]《宋史》礼志卷一百二十三。

[2] 王明清《挥麈前录》卷一。

[3] 绍兴十二年（1142年）金人归还徽宗及郑后、邢后三人棺木，于绍兴筑攒宫。

[4] 周必大《思陵录》卷下。

[5]《宋史》后妃传卷二百四十三。

[6]《宋史》礼志卷一百二十二。

[7]《宋会要辑稿》礼三七。

[8]《宋会要辑稿》礼三七。

[9]《宋会要辑稿》礼三十，宁宗条载：永茂陵选址之初，本欲“在永崇陵下”，但因“迫溪，无地可择”，后至泰宁寺，以为“泰宁山形势起伏，龙虎掩抱，依经书于此丙攸建大行皇帝神穴亦合……”此处“为绝胜之境，岗峦怀抱，气脉隐藏，朝揖分明，落势特达，乃是天造地设”……于是定下攒宫位置，并认为“今此神穴，坐壬向丙，亦与国音为利益”。

[10] 采自《康熙会稽县志》。

[11] 周必大：南宋高宗绍兴二十年（1150年）进士，淳熙十四年（1187年）十月高宗崩，周必大为太傅，负责高宗攒宫奉安一事，并对此经过作了详细记叙，名《思陵录》。其中关于永思陵建筑情况则转录当时官署之文牒，计修奉使司交割上、下宫及验查上宫皇堂石藏照会各一件，此文件成为了解南宋皇陵建筑概貌的珍贵历史档案，现录于后。

修奉使司交割永思陵上下宫照会

圣神武文宪孝皇帝永思陵攒宫修奉使司据都壕寨官符思永申据修奉监修申契勘依奉圣旨指挥修奉永思陵攒宫今据诸作合干人都壕寨于庆等状申开具造到上下宫殿宇门廊间架安卓等下项并于三月十二日一切毕工伏乞移文所属交割施行候指挥右所据申到在前伏乞备申修奉使司取候指挥交割施行申候指挥本司寻牒都壕寨官吏更切子细契勘如今来所具到数目别无差漏即一面交割施行去后续据监修官入内内侍省内侍殿头杨荣显等申并已交割付永思陵攒宫司及守到本宫交割讫公文入案申乞照会

一上宫

殿一座三间六椽入深三丈心间阔一丈六尺两次间各阔一丈二尺并龟头一座三间入深二丈四尺心间阔一丈六尺两次间各阔五尺并四铺下昂柱头骨朵子月梁栿绞单栱屏风柱五寸二分五厘材彻脊明圆椽顺板内龟头连檐四椽月梁栿五寸二分五厘材圆椽厦板两转出角四入角飞子白板下檐平柱高一丈二尺柱置在内头顶并系丹粉赤白装造法红油造柱木周回避风菭共一百二十扇并勾栏子一十七间并系矾红刷油造及腔内出线小绞子共三十八扇系朱红漆造黄纱糊饰安钉鍮石叶段事件头顶铺钉竹笆甋板瓦结瓦行垅并安鸱吻周回山斜额道壁子并红灰泥饰方砖铺砌地面中城砖垒砌堦头高三尺并砌周回散水面南墁地白石压栏石碇踏道角石角柱并引手勾栏子望柱覆莲柱头狮子

龟头皇堂石藏子一座里明南北长一丈六尺二寸东西阔一丈六寸白石箱壁二重共厚四尺掰土石一重厚一尺深九尺上用青石压栏一重厚八寸铺承重柏木枋子二十二条上铺白毡二重安砌盖条青石十条高一尺打筑铺砌砖土共厚一尺通深一丈二尺箱壁石用铁古字并铅锡浇灌

殿门一座三间四椽入深二丈心间阔一丈六尺两次间各阔一丈二尺四铺下昂绞耍头柱头骨朵子分心柱四寸五分材月梁栿彻脊明圆椽顺板飞子白板直废造下檐平柱高一丈二尺柱置在内头顶丹粉赤白装造矾红油造柱木硬门三合额颊地栿门关铁鹅台桶子黑油浮瓯钉叶段门钹头顶铺钉竹笆甋板瓦结瓦行垅安鸱吻周回山斜额道壁落红灰泥饰土坯垒

砌两山墙红灰泥饰中城砖铺砌地面垒砌堦头高二尺五寸并砌散水白石压栏石碇并前后踏道及安砌面南白石墁地

火窑子一座作二三叠涩腰花坐头顶显柱头斗口跳骨朵子中城砖并条砖飞放檐槽小瓪板瓦结瓦行垅并三壁卷辇门子砖窗裹用铁索并丹粉赤白装造

殿前中城砖六瓣垒砌水缸四座并设坐水大桶二只提水桶一十只并洒子

棂星门南北共二座柱头上各安阀阅并安门二扇肘叶门钹桶子全并石门砧及矾红油造柱木门户

外篱门一座安卓门二扇并矾红刷油造柱木并门及两壁札缚打立实竹篱二十余丈并立篱健石

红灰墙周回长六十三丈五尺止用杈笆椽铺钉竹笆瓪板瓦结瓦行垄矾红刷造杈笆椽红灰泥饰围墙下脚用银铤砖垒砌隔减并中城砖垒砌鹊台二堵

里篱砖墙系中城砖绕檐垒砌周回长八十七丈止用瓪板瓦结瓦行垄

东壁隔截砖墙系中城砖绕檐垒砌长四十丈

土地庙一座并龟头一间头顶并系丹粉赤白红油造柱木等白灰泥饰壁落并仰瓪中城砖砌地面并阶头中板瓦结瓦行垄并面南西壁垒砌火窑子一座土地神像共七尊黑漆供床一张

巡铺屋墙里外共四间并白灰泥饰壁落中板瓦结瓦行垅矾红刷油造柱木立旌地旌并周回檐槽并砖砌水缸四座

条砖砂堦东西路道阔四丈长四十尺

一下宫

殿门一座三间四椽入深二丈各间阔一丈四尺重斗口跳身内单栱方直废彻脊明圆椽顺板飞子白板分心柱直废造下檐平柱高一丈四尺柱置在内头顶丹粉赤白装造法红油造柱木并软硬门二合及颊额地栿门关等并黄油浮瓯钉及门钹肘叶鹅台桶子头顶铺钉竹笆瓪板瓦结瓦行垄并鸱吻及周回额道山斜壁子并红灰造作并土坯垒砌两山墙红灰泥饰中城砖铺砌地面并阶头高二尺并砌散水及安砌白石压栏石碇并前后踏道

火窑子一座下作二三叠涩腰花坐头顶显柱头斗口跳骨朵子中城砖并条砖飞放檐槽小瓪板瓦结瓦行垄三壁卷辇门子砖窗里用铁索及用丹粉赤白装造

前后殿二座各三间六椽入深三丈各间阔一丈四尺四铺卷头胫内绞单栱攀间心间前栿项柱两山鞦韆柱彻脊明五寸二分五厘材圆椽顺板飞子白板柱头骨朵子直废造下檐平柱高一丈一尺柱置在内头顶并系丹粉赤白装造法红油造柱木并板壁二十四扇朱红漆造出线小绞隔子四十扇黄纱糊饰安钉鍮石叶段事件并红油造避风萫八十扇并勾栏子八间头顶铺钉竹笆瓪板瓦结瓦行垄并安鸱吻方砖砌地面中城砖叠砌阶头高二尺五寸并打花侧砌天井子甬路并两壁路道及包砌水缸四座白石压栏石碇并踏道二座引手勾栏子望柱履莲柱头狮子

殿门东西两挟各一间四椽入深二丈各间阔一丈六尺单斗直替方额混斗方椽硬檐下檐柱高八尺五寸柱置在内头顶丹粉赤白装造矾红油造柱木黑油杈子二间头顶铺钉竹笆白灰仰瓪中板瓦结瓦周回壁落白灰泥饰并土坯垒砌坯墙用白灰泥饰中城砖铺砌地面并堦高一尺五寸白石压栏石碇

东西两廊一十八间四椽入深一丈六尺各间阔一丈一尺下檐单斗直替方额混栿方椽硬檐造头顶丹粉赤白装造矾红油造柱木中城砖铺砌地面并砌堦头高一尺五寸头顶铺钉竹笆白灰仰瓪中板瓦结瓦白石压栏石碇东西两下檐并系土墙三十六间白灰泥饰

后殿东西两挟各一间六椽入深三丈各间阔一丈六尺方额混栿方椽硬檐造头顶并系丹粉赤白装造矾红油造柱木中城砖铺砌地面土坯垒砌坯墙白灰泥饰头顶铺钉竹笆白灰仰瓪白石压栏石碇及中城砖砌堦头高一尺五寸并案卓朱红隔子八扇黄纱糊造鍮石叶段事件

棂星门一座柱头上安阀阅并安卓门二扇并系矾红刷油造及钉肘叶门钹鹅台桶子并石门砧

外篱门一坐安卓门二扇并矾红刷油造及安白石门砧

绰楔门一座安卓门二扇并矾红油造

棂星门里中城砖包砌水缸四座

神厨五间四椽入深二丈各间阔一丈一尺单斗直替方额混栿方椽硬檐心间安钉平暗椽板一间头顶丹粉赤白装造矾红油造柱木直棂窗白灰泥饰壁落中板瓦结瓦并垒砌锅灶五事坾二只白石压栏石碇

神厨过廊三间并奉使房二间及香火房二间头顶并丹粉赤白装造矾红油造柱木黑油直棂窗头顶铺钉竹笆仰泥中板瓦结瓦行垄白灰泥饰周回壁落中城砖砌地面白石压栏石碇内香火房垒砌火窑子一座

潜火屋并库屋四间头顶檐槽丹粉赤白装造中板瓦结瓦行垄白灰泥饰壁落矾红油造柱木门户黑油直棂窗中城砖垒砌阶头

换衣厅三间头顶中板瓦结瓦铺钉竹笆白灰仰泥并周回壁落矾红油柱木黑油直棂窗隔子丹粉赤白装造头顶中城砖铺砌地面并垒砌阶头白石压栏石碇前后夹道

铺屋围墙里外五间头顶中板瓦结瓦白灰壁落矾红刷造周回檐槽及矾红油造柱木立旌地栿中城砖垒砌阶头砖砌水缸五座

庙子一座并龟头顶中板瓦结瓦行垄头顶丹粉赤白装造矾红油造柱木白灰逕壁落中城砖砌地面并阶头及踏道土地神像共七尊黑漆供床一张

神游亭一座头顶瓪瓦结瓦行垄三面坐嵌勾栏子周回擗帘杆挂䓨并矾红油造头顶丹粉赤白装饰方砖砌地面中城砖垒砌阶头并踏道一座及安白石基台一副并面南垒砌花台一座长一丈八尺阔一丈五尺上安白石压栏系白石望柱上擦黑油方木棂子十一丈过道门四门头顶中板瓦结瓦白灰仰逕并壁落丹粉赤白装造矾红油柱木

周回白灰围墙长一百三丈六尺上用杚笆椽中板瓦结瓦行垄矾红刷造杚笆椽白灰泥饰

一上下宫东壁札缚打立实竹篱七十余丈西壁展套茨篱一百余丈

一上下宫诸处白石板安砌路道长一百八十余丈

一上下宫东西两壁各打实竹篱长二十九丈六尺并竹篱门二座

右件如前谨具申尚书省伏乞照会谨状

淳熙十五年三月日履正大夫昭庆军承宣使入内内侍省副都知攒宫修奉钤辖霍汝弼降授右武大夫荣州刺史殿前副指挥使攒宫修奉都护郭棣

修奉使司验查永思陵皇堂石藏照会

圣神武文宪孝皇帝永思陵攒宫修奉司承按行使司牒勘会本司于今月十九日将带太史局判局克择官诣攒宫按视得圣神武文宪孝皇帝攒宫茔域神穴并神围四正并依得元按标剳地段除已奏闻外请照会施行本司寻牒都壕寨官照应故例施行去后今据都壕寨官符思永申本司寻牒监修官施行去后据回申都壕寨于庆等状已将神穴心桩土末起折讫又用底板石铺砌了当今来所修永思陵皇堂四壁箱壁石各系二重共阔四尺胶土各阔四尺四寸擗土石一重系各厚一尺通共元开南北长三丈七尺六寸东西阔三丈二尺用石板安砌打筑圆备其皇堂里明深九尺长一丈六尺二寸阔一丈六寸椁长一丈二尺二寸高七尺一寸阔五尺五寸将来四壁若下神煞并椁底及进梓宫次进椁身并安设天盘囊网委得并无妨碍本司保明是实申乞照会续又据都壕寨官符思永申据监修官申寻勒合干人杨椿等开具皇堂丈尺并石段柏木枋等数目下项申乞照会

一皇堂开通长三丈七尺六寸通阔三丈二尺深九尺系里明用擗土石五层周回用一百六十段双石头各长四尺阔二尺厚一尺垒砌

一底板石三十段内六段各长一丈二尺阔三尺二寸二十四段各长四尽阔二尺五寸厚八寸

一石藏里明长一丈六尺二寸阔一丈六寸深九尺系九层双石头各长四尺阔二尺厚一尺用三百二十四段垒砌并神穴心口已铺砌了当用过石一段

一青石子口一十四段石藏上压栏使用各阔一尺九寸五分厚八寸长短不等

一青石盖条用一十条各长一丈五尺阔二尺厚一尺

一承重柏木枋二十二条阔狭不等折合阔一丈六尺二寸长一丈二尺二寸各厚八寸青石盖条承重柏木枋并已安范内试了当

一毡条铺两重长一丈六尺阔一丈二尺用八六白毡四领四六白毡八领两重共约厚二寸

一掩攒讫皇堂上用香土二寸于香土上用客土六寸铺衬讫用方砖铺砌地面

右谨具申尚书省伏乞照会谨状

淳熙十五年三月日具位如前

[12] 阀阅：本为乢宦门前旌表功绩的柱了，《玉篇》中有：在（门）左口阀，在右口阅，此处的阀阅装丁柱头之上，即以斜木板钉其上，可参见绘画中常见的形象。

[13]《宋史》卷一百四十四仪卫志二，“行幸仪卫”条：“凡皇仪司，随焉人数，崇政殿只应亲从四指挥，共二百五十二人，执擎骨朵，充禁卫”。即是一例。

[14] 该图录自陈仲篪《宋永思陵平面及石藏子之初步研究》，中国营造学社汇刊第六卷，第三期。

第三节 辽代皇陵

一、综述

据《辽史·本记》载，辽代皇陵有太祖耶律阿保机（916～926年）[1]的祖陵，在祖州城。太宗耶律德光（927～947年）的怀陵，在怀州。世宗耶律阮（947～951年）的显陵，在显州。穆宗耶律璟（951～970年）陵，在怀陵侧。景宗耶律贤（951～970年）的乾陵。[2]圣宗耶律隆绪（984～1031年）的庆陵，在庆州。兴宗耶律宗真（1032～1056年）的兴陵，在庆州。道宗耶律洪基（1055～1101年）的福陵，在庆州。祖州、怀州、庆州，均为奉陵邑，皆在辽代上京临潢府西部和西北部，今内蒙巴林左旗和右旗内，显州在今辽宁北镇。其中大多数陵未经正式发掘，祖州、庆州、显州等奉陵邑也多废毁。史料记载又皆过于简略，现仅以在20世纪初被盗掘的庆陵为代表，对辽代帝陵形制及特点作一研究。

二、庆陵选址与陵区概况

庆陵在今大兴安岭南部的庆云山下，该山原名缅山，辽圣宗太平三年（1023年）七月赐名永安山。据《辽史·地理志》“庆州”条载：“庆州……本太保山黑河之地，严谷险峻，穆宗建城，号黑河州，每年岁末射虎障鹰……圣宗秋畋，爱其奇秀……圣宗驻跸，爱羡曰，吾万岁后当葬此。兴宗遵遗命，建永庆陵”。自圣宗始，其子、孙及后妃皆葬庆云山。现庆云山有三座陵，即庆陵、兴陵、福陵。三陵彼此间距在600至1100米以上，各自因山就势，设有自己的陵域（图5-44、5-45），皆成西北—东南走向。

圣宗于辽太平十一年六月崩于大福河行宫，八月发赴庆州，十一月葬于永庆陵，缅山从此改称庆云山。

庆云山标高1489米[3]，山上长满榆、柏、桦木，植被良好。在山的第五段中部有三峰并立，庆陵即位于三峰之南约600米处的山坳中[4]。

三、庆陵的建置[5]

庆陵又称庆东陵，墓室未设封土性标识，仅藏于庆云山的东南向斜坡之内（图5-46），墓室埋入土中，最深处10米。墓室之前230米处尚有一组殿堂遗址，其前1190米处为陵门。

1. 陵门

现仅存两座土台，当年可能为一阙门。

2. 殿址

依山坡前部垫起，形成一台基，长约120米，宽约66米，从遗址辨认建筑群中有主殿、两厢配殿、殿门以及两廊共同围合成一大院落。殿门两侧向前突出，极似“五凤楼”一类的建筑，大殿南北长而东西窄。《辽史·地理志》曾记载庆陵“有望仙殿、御容殿”，或许即应在其中。

3. 墓室由前室、中室、后室及前室东、西副室、中室东、西副室组成，各室之间连以通道。入墓门之前有一段圹道，入门后经羡道进入约8平方米的前室，前室成为一个交通厅，左右通东、西副室，向后（北）通中室，中室在诸墓室中面积最大，约25平方米。中室向左、右通副室，向北达后室。后室属第二个大室，面积约20平方米。从平面布局分析，中室象征皇帝起居殿宇，后

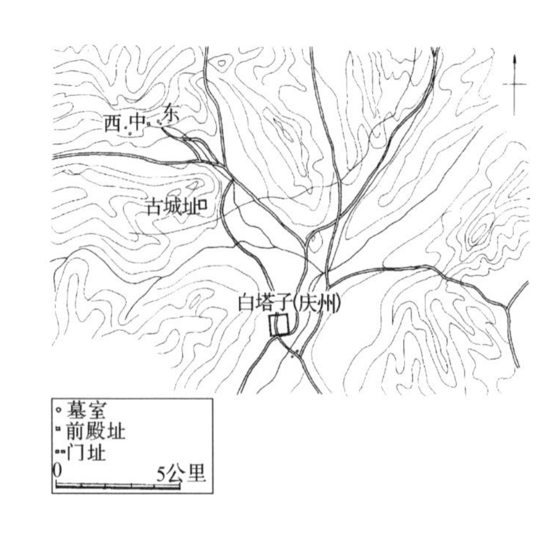

图 5-44 辽庆陵地理位置图

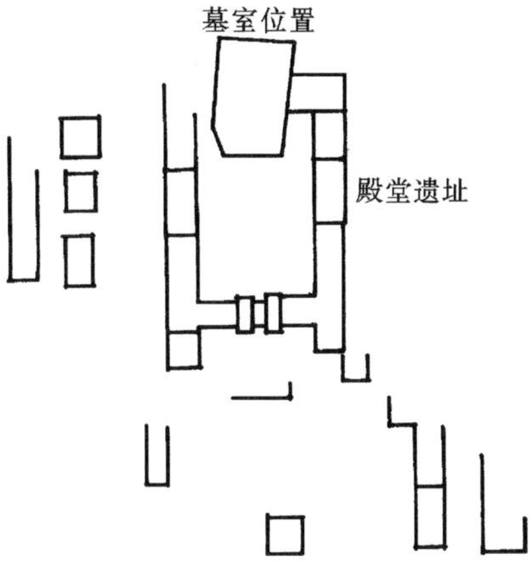

墓室位置

殿堂遗址

图 5-46 辽庆陵殿堂遗址图

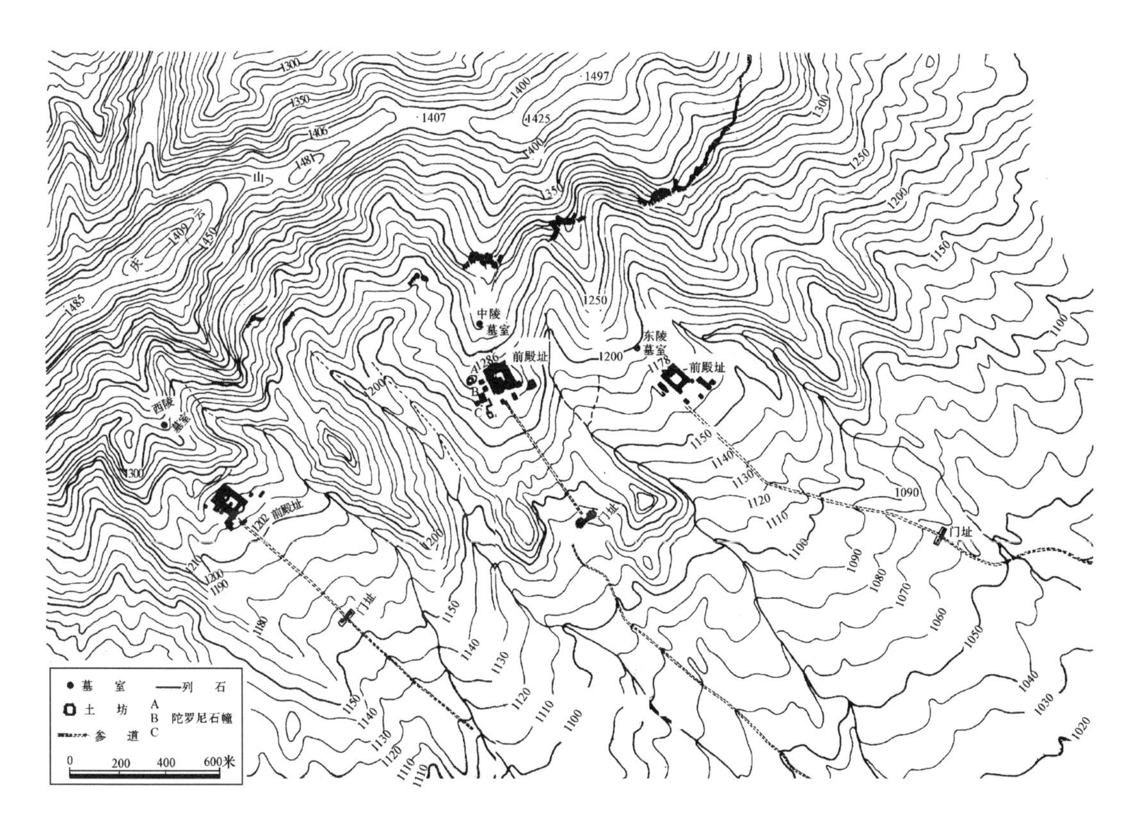

图 5-45 辽庆陵兆域图

室则为寝室即皇帝墓室，其余几小室可能属后妃之墓室或库屋。

四、庆陵墓室结构

主要墓室皆用穹隆顶，除后室外皆用厚约 35 厘米的立砌砖穹隆，至顶部皆留约 40 厘米左右的孔洞，改用平砖填充。后室穹隆顶厚度较前者增加四倍。砖壁之厚随穹隆顶，只是砌法不同，采用横、竖交叉式，每砌四皮平砖则改砌立砖一层。过道作筒券，门洞也皆用砖发券。墓室直径最大者 5.6 米，小者 3.3 米左右，墓室高度最高者 6.5 米，一般副室在 3.5 米左右（图5-47、5-48）。墓室各处尺寸详见表 5-13。

庆陵墓室尺寸明细表（单位：米） 表 5-13

位　置	直径或宽度	长　度	高　度
前　室	2.40	3.27	4.08
中　室	5.6	5.0（南北）5.3（东西）	6.38
后　室	5.14	4.82（南北）	约 6.50
前室东副室	3.27	2.9	3.48
前室西副室	3.36	3.0	3.67
中室东副室	3.27	2.49	3.64
中室西副室	3.30	3.0	3.68
羡　道	2.36	2.21	3.21
前室北通廊	2.0	1.98	2.74
中室北通廊前半	1.94	2.06	2.80
中室北通廊后半	2.10	1.85	3.20
前室东通廊	1.74	2.0	2.48
前室西通廊	1.77	2.08	2.48
中室东通廊	1.61	2.09	2.47
中室西通廊	1.63	2.12	2.48
圹道下部	2.58	不明	
圹道上部	2.86	不明	4.60

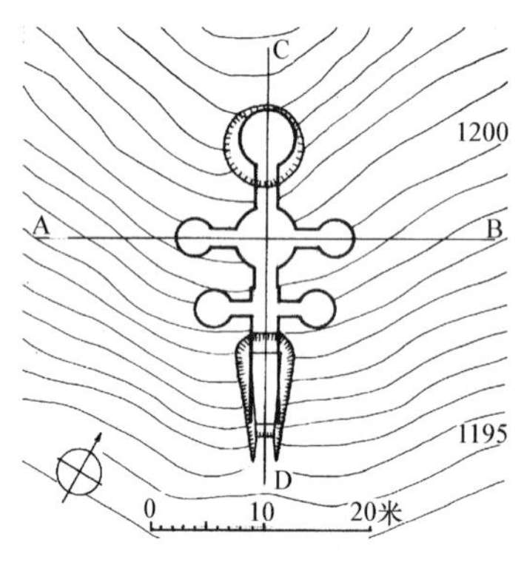

图 5-47　辽庆陵墓室平面

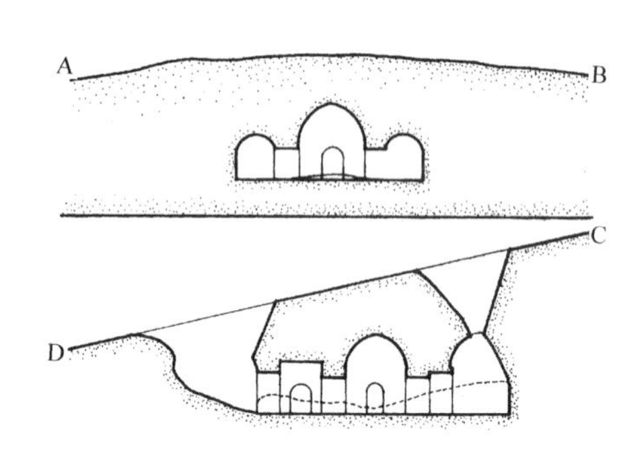

图 5-48　辽庆陵墓室剖面

五、庆陵墓室壁画与彩画

墓室原有多处壁画及彩画，但因多已剥失，现仅能从几处保存下来的遗迹，窥知一二。

中室彩画和壁画保存较好。壁画位于墙壁四斜面，采用淡彩青绿山水，表现的题材为春、夏、秋、冬四季之景色。春天春草满地，并有盛开的桃花，水池浮游的水禽。夏天牡丹花开，鹿群闲游。秋天在长着红叶的秋色山岩之下咆哮的雄鹿四处遥望。冬季则林木萧疏，鹿群奔跑。其采用绘画史中的“平远山水”画法，这在当时唐宋时期的绘画中是少见的。它不仅表现了四季风景，而且反映了契丹人的狩猎生活，从题材选择到绘画技法，在辽代绘画中堪称上品（图 5-49）。

墓室内壁的砖壁及穹隆顶虽然原未用砖砌出仿木构的柱、额、斗栱等构件，但却靠彩画影作柱、额、斗栱、穹顶阳马等，其中柱子以深红色为地，柱头画一整二破花瓣，每瓣用青色或绿色晕染。柱脚也有与柱头相似之花瓣，柱身画黄色龙，在蓝色晕染的云朵间徐徐下降。在柱子之上画了一条带牡丹花边的缦帐，牡丹花边，赭地间兰花，缦帐涂黄色并带赭色皱纹，悬于阑额之下。

阑额本身在正对斗栱栌斗处画方胜、箍头，左右画一整二破花瓣，额方心画斜十字间半柿蒂图案。斗栱上无论斗或栱皆以柿蒂、半柿蒂或四分之一柿蒂为母题布满。自泥道栱向两侧伸出素方，也采用同样画法。斗栱上的柿蒂颜色皆以青、绿晕染并勾黑边，以红色为花心，浅蓝为地。

在泥道栱素方之下，阑额之上的部位，充作栱眼壁，两端留白色拐角，中间以深红为地，上绘铺地卷成式花卉。为了衬托斗栱，在斗的上部和栱眼位置皆留白色长方块。

穹隆顶以八条阳马分成八瓣，阳马为黄地上绘青、绿相间带弧的菱形纹。穹顶上的每瓣自上而下分成三段，上用浅红地，下用深红地，中用赭红地，在正对券门处的南北两辨中段放宽，画两条降龙及云朵，其余四辨中段皆画凤与云。穹隆八瓣下段也皆绘云朵。所有云朵均用蓝色或绿色晕染（图 5-50）。

图 5-49　辽庆陵墓室壁画

图 5-50　辽庆陵墓室彩画

庆陵彩画属五彩遍装类，彩画色彩浓重、欢快，壁画色彩清淡、幽雅，两者形成鲜明对比。从彩画题材看，除图案性的柿蒂花瓣之外，以龙为核心，描写龙自天而降，凤在龙周围环绕，这正是帝王与后妃的象征。结合上述四季山水壁画来看，非常清楚地说明墓室壁画表现的是契丹族皇室的现实生活。

注释

[1] 本节各帝年号皆为在位时间。

[2] 辽史未记耶律景之陵，依《续通鉴纲目》记载为葬永昌陵。

[3] 标高根据陵地测量点起算。

[4] 对祖陵、怀陵考古界虽有所研究，知其地点，及部分城内建筑遗址，但有关陵寝形制方面的资料尚极欠缺。

[5] 关于庆陵据刘振鹭《辽代永庆陵被掘纪略》（收入〈辽陵石刻集录〉卷 6）载：

"民国 2 年（1913 年），林西县长以查勘林东垦地，道出其地，读碑文，识为辽圣宗陵，意其必富宝藏，遂于民国 3 年（1914 年）秘密发掘。"后于 1930 年和 1931 年，日人关野真、竹岛卓一曾去调查，1935 年（日本昭和 10 年）和 1939 年（昭和 14 年）又进行两次正式调查、测绘、摄影，并于 1952 年（昭和 27 年）正式出版了《庆陵》一书，作者为田村实造，小林行雄共著。本文插图和建筑尺寸等有关资料皆转引自该书。

第四节 金代皇陵

金代皇陵位于金中都西南，即今北京房山县西北二十里的云峰山下，建于贞元三年（1155年）。据《金史·海陵王纪》载："贞元三年三月乙卯，命以大房山云峰寺为山陵，建行宫其麓……迁太祖、太宗梓宫……十月梓宫到中都……始葬太祖以下十帝于大房山。"由此可知，云峰山陵区，是从改卜先祖之陵开始的；对此，在《金图经》中也曾有过明确记载：金之先世本无山陵，后卜葬于护国林之东，"迨亮（海陵王完颜亮）徙燕，始有置陵寝意，遂令司天台卜地于燕山四围。年余方得良乡县西五十余里大红山曰大红谷，曰龙喊峰，岗峦秀拔，林木森密……亮寻毁其寺，遂迁祖宗、父、叔，改葬于寺基之上。又将正殿元位佛像处凿穴，以奉安太祖旻、太宗晟、文德宗宗干（海陵王之父），其余各随昭穆焉"（此处的"大红谷"据《大金国志校证》推测为"大房山"）。当时的陵区筑有世宗完颜雍（大定二十九年，1189年）的兴陵，章宗完颜璟（泰和八年，1208年）的道陵，熙宗完颜亶（皇统九年，1149年）的思陵；以及改卜的帝陵即太祖睿陵，太宗恭陵和光陵、熙陵、建陵、辉陵、安陵、定陵、永陵、泰陵、献陵、乔陵和后妃墓等数十座。而完颜亮本人的陵并不在此，因其靠杀熙宗篡权，在侵宋战争中于瓜州（今扬州）被部将所杀，他死后初葬于云峰山陵区，后被贬为庶人，逐出陵区，改葬于陵外西南四十里的荒僻之野。

云峰山陵区的金代皇陵地面建筑已于明末因帝王迷信风水，全部被毁，地宫也曾被盗，仅存一些土冢和建筑基址。清代曾重建太祖睿陵和太宗恭陵。

第五节 西夏王陵

一、西夏王陵位置及总体布局

西夏王陵位于其都城兴庆府以西约35公里的贺兰山东麓，这里地势开阔，西北方峰峦重叠，一片苍茫。明人《古冢谣》对其作了生动的写照："贺兰山下古冢稠，高地有如浮水沤。道逢古老向我告，方是昔年王与侯"。[1]，明《嘉靖宁夏新志》中更明确地指出，"贺兰山之东，数冢巍然，即伪夏嘉、裕诸陵是也……"[2]另于《西夏书事》中也曾记有关于裕、嘉二陵在贺兰山的史实[3]。近年来，考古工作者通过发掘、研究，进一步证实，在贺兰山东麓南起榆树沟，北迄泉齐沟，东至西干渠的九座大冢和206座小冢即是西夏王陵及其陪葬墓，它包括了太祖继迁（　～1004年）的裕陵、太宗德明（1004～1032年）的嘉陵、景宗元昊（1032～1048年）的泰陵，毅宗谅祚（1048～1067年）的安陵，惠宗秉常（1067～1086年）的献陵，崇宗乾顺（1086～1139年）的显陵，仁宗仁孝（1139～1193年）的寿陵，桓宗纯祐（1193～1206年）的庄陵，襄宗安全（1206～1211年）的康陵[4]。整个陵区成西南、东北方向，长10余公里，宽4.5公里，总面积近50平方公里。在这一广阔的区域内，九陵明显地分成四组，每组两陵或三陵，其周围有若干陪葬墓。许成、杜玉冰所著《西夏陵》一书中将其自南而北编成1至9号陵（图5-51），从已发掘的7号陵证实陵主为第七帝仁孝之陵[5]，进而推测各陵陵主，并认为陵区总布局系按北宋《地理新书》所载角姓贯鱼葬法堪舆取穴的[6]。即：

"1号陵在东南，居丙位，为祖穴"（即太祖裕陵），"2号陵在西北，居壬位，为昭穴"（即太宗嘉陵），如图 5-51 一区所示。“3 号陵在东北，居甲位，为穆穴，”（即景宗泰陵），“三穴葬毕，又在正北偏西壬地作 4 号陵，为昭穴”（即毅宗安陵），如图 5-51 二区所示。“5 号陵居甲位，为穆穴”（即惠宗献陵）[7] 如图 5-51 三区所示。以上这五座陵的布局与《地理新书》的“昭穆贯鱼葬”角姓取穴法确可相合，但图 5-51 中 6、7、8、9 几座陵的位置并不符合昭穆关系。因此《地理新书》之贯鱼葬法是否成为西夏陵布局之惟一依据，尚待进一步研究。从各陵方位的不尽一致推测，其取穴方式或许可能另有所依。从总体看，后期的几座陵与贺兰山的关系愈加密切。

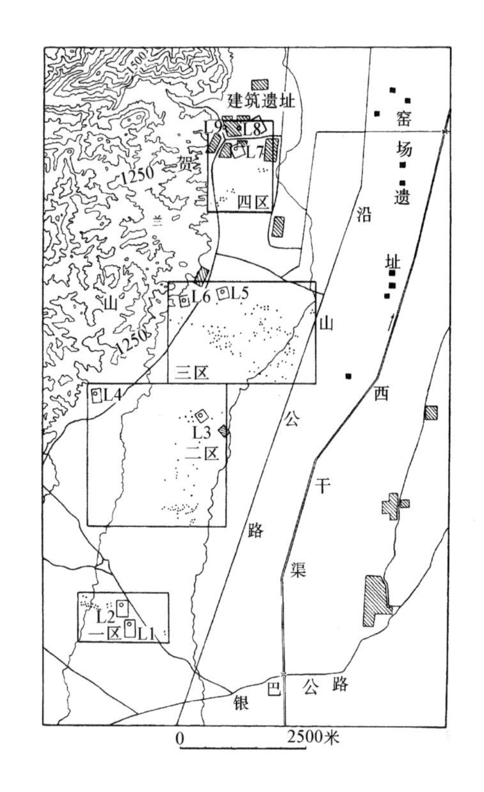

图 5-51 西夏王陵陵墓总体布局图

二、西夏王陵建置

明《嘉靖宁夏新志》称“其制度仿巩县宋陵而作”。这一语概括了西夏陵建置的基本特征，现存的九座陵的建置大同小异，每座陵的陵域虽有大小不同，大者占地 15 万平方米，如三号陵，小者为 8 万平方米和 10 万平方米。每座陵的核心都分是由神墙四面包围的陵城，但包容面积大小不一，多数在 3 万平方米上下，4 号陵最小，仅 1.8 万平方米，但其陵域并未减小。陵城主要建有献殿、陵台、墓道、墓室。神墙四面中部皆设有门阙，四角设有角台。陵城南侧前凸一月城。在陵城之外，有的陵又设一重外城，由外寨墙四面或三面包围。如 5、6 号陵也有不设外寨墙；仅在陵域的四角远离陵城设角台，作为限定范围的标志物，如 3、4 号陵。另外在月城以外，各陵均设有鹊台，碑亭（图 5-52～5-59），各陵所留建筑遗迹详见表 5-14～5-17。

1. 陵城、神墙及门阙

各陵内城神墙皆为夯土墙，基宽 2.5～3.0 米，现存残高最大者 3.4 米，神墙四面正中开门，门道宽多为 16～17 米，也有稍窄的，宽度为 12 米，皆作双阙式。阙台遗迹最大者宽 4.5 米，长 9.0 米或宽 5.0 米，长 8.6 米，残高最大者达 6.3 米。其中 3 号陵内城门阙遗址为每边三座夯土台串联在一起，且宽度有所变化，估计其原为两座三出阙。在神墙四角皆设有曲尺形角阙，多数为一般平直的曲尺形。遗迹中最大者为残高 5.5 米的 6 号陵角阙，自角部向两侧各伸长 12 米，而 3 号陵的角阙残迹为五个圆锥形夯土基座，成曲尺形布置，估计这个角阙的原型与 3 号陵门阙的三出形式相同。

2. 月城神墙及门阙

九座陵的内城南神墙外皆设有月城。其城墙减薄，墙基宽仅 2.0 米，凸出南神墙 50 米左右，东西向长在 100～130 米间，只有 4 号陵尤短，因该陵陵城南神墙仅长 104 米，月城南墙长度则只有 86 米。月城门阙宽度在 16～18 米间，门阙也采用双阙形式。月城内中轴甬道两侧有石象生遗迹。

图 5-52 西夏王陵 1 号 2 号陵鸟瞰

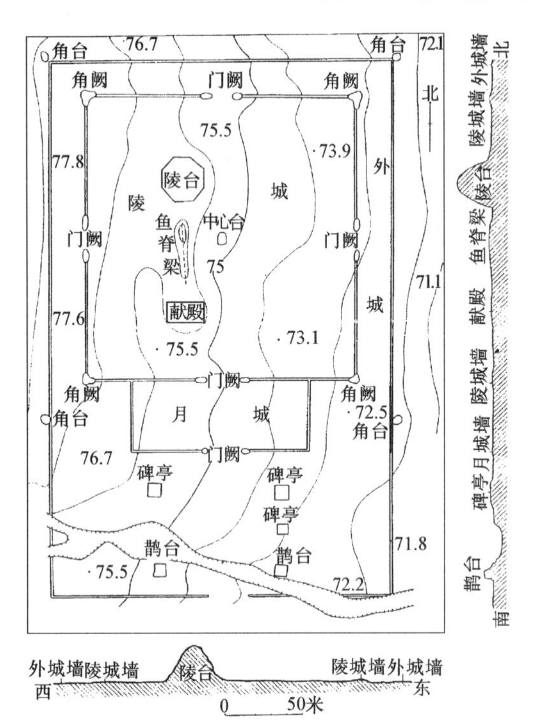

图 5-53 西夏王陵 1 号陵平面、纵剖、横剖图

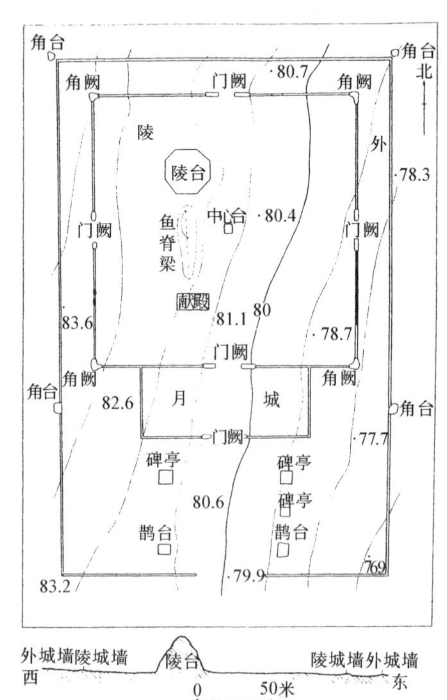

图 5-54 西夏王陵 2 号陵平面、横剖面

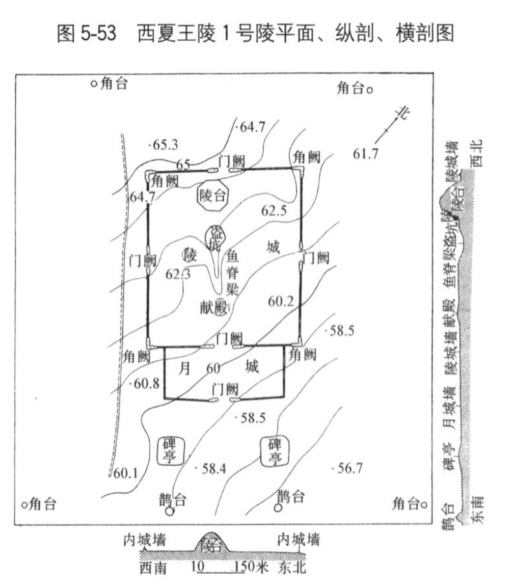

图 5-55 西夏王陵 3 号陵平面、纵剖、横剖面

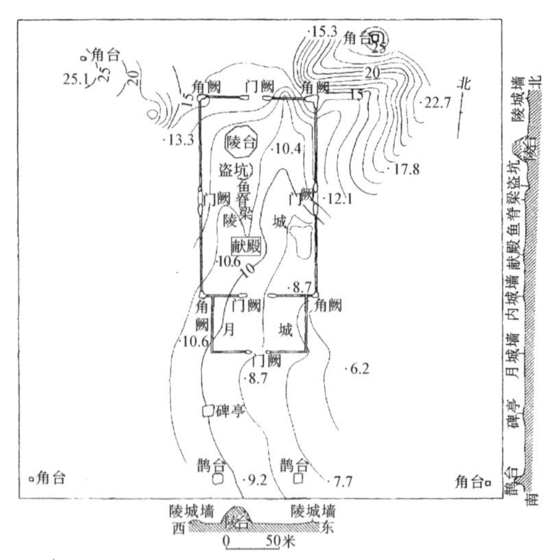

图 5-56 西夏王陵 4 号陵平面、纵剖、横剖面

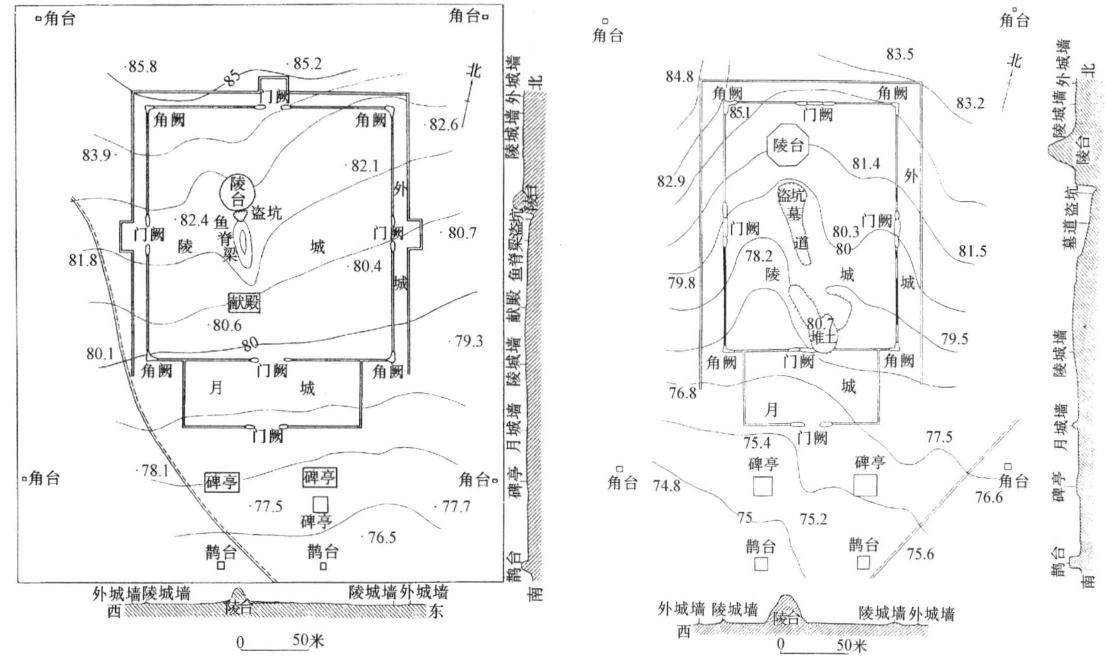

图 5-57 西夏王陵 5 号陵平面、纵剖、横剖面

图 5-58 西夏王陵 6 号陵平面、纵剖、横剖面

3. 献殿

各陵献殿均在南神墙以北 30～45 米的位置，且皆偏离陵城中线以西，最甚者偏离 24 米，最小者偏离 4.25 米。目前献殿本身仅存一夯土台基址，多为长方形，从其平面尺寸推测，大者为五间六椽或四椽，小者不过三间四椽。其中三号陵献殿基址成椭圆形，且长轴达 20 米，其上部建筑物也应较为特殊。5 号陵献殿遗有带花纹的铺地方砖，说明当年建筑是非常讲究的高等级者。

4. 陵台与墓室

各陵陵台位置皆在陵城北侧偏西，与北神墙的距离远近不一，两者相距最远的 5 号陵为 55 米，最近的 3 号陵仅 10 米。但各陵陵台与献殿间距离大约在 60 米至 80 米间，比较相近，从已发掘的 6 号陵可知，这段距离之内，布置着墓道与墓室。其余诸陵虽未发掘，但都有一突起的土岗，被称为“鱼脊梁”，即是墓道位置。陵台本身皆为一不甚规整的阶梯状八棱台，八边形平面边长 14～12 米，各陵陵台阶梯层数不同，1、2 号陵为 9 层，3、6、7 号陵为 7 层，4 号陵为 5 层，各陵皆残留有横向插孔及竖向柱洞，如一号陵为一座八面九级陵台，竖向每级有 2～3 排水平孔洞，八面的每面又有竖直柱洞两行，孔洞直径 20 厘米。“陵台周围散落的各种建筑物遗迹十分密集，除普通砖瓦建筑材料外，还有许多绿色琉璃饰物，如鸱吻，兽头、脊饰及瓷制槽心瓦、白瓷瓦等”[8]，6 号陵的陵台为一八面七级棱台，“底层高 4 米，上部细瘦……基部每边以平砖错缝，顺砌三层，砖砌部分的上部（指表层），以草拌泥涂抹，再以赭红泥浆抹光。陵台上部几层的台阶上残留有瓦、瓦当等遗物……紧靠陵台周围出土了大量（的）瓦、瓦当、兽头以及木炭、朽木等。”[9] 从这些遗迹推测，陵台表面有层层伸出的瓦屋檐，且使用了绿色琉璃瓦，底层有一段壁面，系在夯土之外包砖，砖之外抹泥，并涂成赭红色，陵台表面仿木构建筑，做成三开间的形式，有木柱嵌入每面的二行竖直柱洞之内。水平孔洞则系每层屋檐椽飞及木梁使用的孔洞。

在 6 号陵，于陵台前 18 米处有一盗坑；坑下即为墓室（图 5-60、5-61）。主墓室为一梯形平面，前窄后宽，窄边长 6.8 米，宽边长 7.8 米，进深 5.6 米，墓室地面距地表 24.86 米。主墓室两侧附有两耳室，东侧者3.0米×2.0米，地面比主墓室低16厘米，东壁有残留朽木板，东、南两

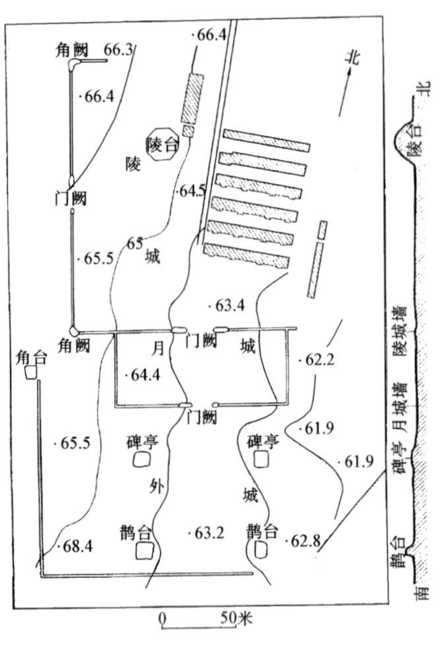

图 5-59 西夏王陵 7 号陵平面、剖面

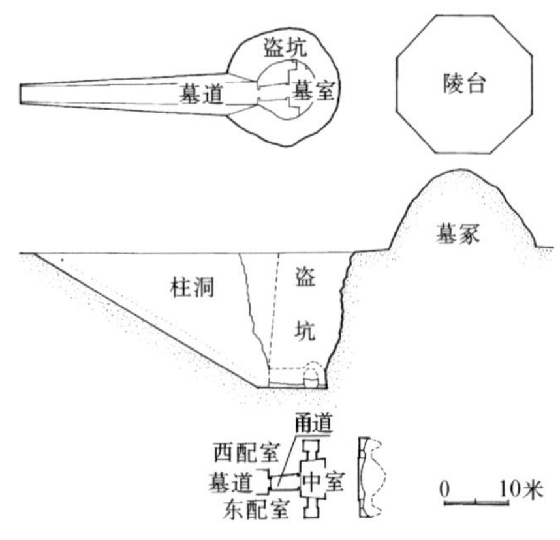

图 5-60 西夏王陵 6 号陵墓室平面、剖面

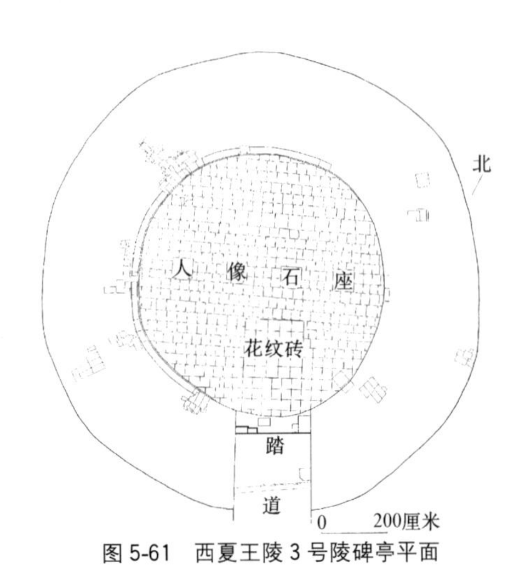

图 5-61 西夏王陵 3 号陵碑亭平面

角残留有木角柱。西侧者 3 米×2 米，地面比主墓室高 8 厘米。壁上也有残留朽木。主墓室与两耳室之间均以长、宽为 1.8 米的短过道相连，主墓室及两耳室地面皆用方砖铺砌。由于盗坑破坏，墓室高度及顶部结构不明。

主墓室之前经过一段甬道便是通往地表的墓道，甬道本身亦成前窄后宽之梯形，长 6.2 米、宽 2.3 米，残高 5.7 米。地面铺方砖，甬道内出土有门的铜副肘板、及铜浮枢等，并发现若干竖立及散乱的木板及圆木，甬道门前有断裂的石板，似为封门板。甬道之南，即为墓道，长 49 米，方位 160°，墓道也作成梯形，南窄北宽、上宽下窄。南部上口宽 4.9 米，下口宽 3.9 米，北部上口宽 8.3 米，下口宽 4.9 米。坡度约 30°，最深处距地表 24.6 米。壁面发现用草泥灰上敷白灰的残迹。壁面下部发现柱洞两排，行距 2.0 米，平行于墓道，每排柱洞的水平间距 0.8 米，上下垂直距离 0.4 米，孔径 17 厘米至 30 厘米，深 29 厘米至 60 厘米，下填碎砖石。从上述推测，两排柱洞似为当年所立的木骨架遗迹，作为墓道顶部的支撑结构。

从这惟一被发掘的 6 号陵推想其构造，甬道、墓室、耳室等皆系在生土中挖出土洞后，用木护墙板加以修饰，而墓道则为大开挖部分，另有木骨架支撑墓道顶部。

5. 鹊台

各陵皆设有二鹊台，其距北部月城南神墙多在 100 米左右，仅 1、2 号陵只有 70 米。两鹊台本身间距在 70 米左右，台多取覆斗形式，其残迹底边长约 8 米至 9 米，上收后顶边仅 5 米至 6 米，残高最大者 9 米。6 号陵鹊台保存最完整，底边长 9 米，东鹊台高 7.7 米，顶部有瓦砾堆积。西鹊台高 8.3 米，顶部有高 1.3 米的方形土坯砌体。外抹白灰，内夯黄土。四周有砖瓦残块。东鹊台下部距地面 80 厘米处残留一圈水平孔洞，每面 10 至 12 个，孔径 15 厘米，这可能是为加固夯土台所使用的水平方向木骨朽后遗留之洞。

6. 碑亭

各陵在鹊台与月城南墙之间设有碑亭，一般为左右对称的两座，仅 1、2 号陵为三座，碑亭现仅存夯土台基，个别的台基有铺地砖及柱础遗迹。并发现有残碑，及砖、瓦、鸱尾等。碑亭尺度大小不一，最大的为 6 号陵东碑亭，台基底边 22 米×21 米，台面 19 米×18 米，高 2.4 米，其上的木构建筑至少为三开间，或许为带副阶的五开间碑楼。在各陵碑亭建筑中，往往一陵之内，碑亭尺寸不同，有的左右布局对称，但大小不一，如 6 号陵西碑亭比东碑亭基长宽均要小 6 米。另外，凡有三碑亭者，皆有一小两大，形制也不统一。这可能是由于立碑人的等第身份不同，碑的大小不同，随之碑亭大小各异。

西夏王陵遗迹一览表（单位：除注明者外皆为米） **表 5-14**

陵名			1 号陵	2 号陵	3 号陵	4 号陵	5 号陵	6 号陵	7 号陵
茔域面积（万米^2）			8 万米^2	8 万米^2	15 万米^2	10 万米^2	10 万米^2	10 万米^2	8 万米^2
方位（度）			175	175	135	160	160	175	170
外城	寨墙	寨墙长宽 平面形式 残迹高 基宽	340×224 四面包围 0.3～0.4 1.8	340×224 四面包围 0.3～0.5 1.8	无	无	三面包围成东、西、北中央有瓮城 1.2	220×165 三面包围	仅存西南角
外城	寨墙	门址 门道宽	南面正中 25	南面正中 47					
外城	角台	夯土台残迹尺寸（长×宽×高）位置	6×6×5（底） 4×4（顶） 北侧者位于西角，两侧者位于东西两墙南段1/3处	6×6×4.5 4×4 同左	径 5 高 7 北侧两座间距280，南侧两座间距410，南北角台间距410	5×5×5.5 北侧两座建于小山岗上间距750，南侧两座间距410，南北角台间距400	5×5×4.5 北侧两座间距340距寨墙85，南侧两座间距340与碑亭一线南北相距365	6×6×4.6 3.4×3.4 北侧两角台各斜距寨墙转角280南侧角台间距405与碑亭—线南北相距420	仅存一座西南角台
寨墙与神墙	间距	东、北、西三面中～中	24.15	同左			10	16	

西夏王陵遗迹一览表 （单位：米） **表 5-15**

陵名			1 号陵	2 号陵	3 号陵	4 号陵	5 号陵	6 号陵	7 号陵
陵城	神墙	神墙长宽 包容面积 基宽 残高 门址 门道宽	180×176 31680 米^2 2.5 1.0 神墙四面正中开门 16～12	约 177×177 31329 米^2 2.5 3.4 同左 16～10	179×166 29714 米^2 3.0 2.2～2.6 同左 16	175×104 18200 米^2 2.5 0.5～1 同左	183×183 33489 米^2 2.5 0.5 同左 17	183×130 23790 米^2 3.0 2.5 同左 12	西墙残长 184 南墙残长 155 17～13
陵城	门阙	门式 保存较好者 长×宽 残高	双阙 东门 7.5×4.5 3.2～4	双阙 南门、东门 9×4.7 4.5～5	双三出阙式 西门南阙 4.5×4.5，4.1×4，4.2×3.5 北阙 4.5×4.5，4×4，4.4×3.5 西门南阙 5，4.4 3.4 北 5.5,5,4	双阙 东门 9×4 4.5～3	双阙 西门 9×3.5 3.5	双阙 南门西阙 8.6×5 6.3～5.1	双阙 南阙
陵城	角阙	形式 最大残留角阙长 高	曲尺 东北角阙向西、南伸 9.8 6	曲尺 东北角阙向西、南伸 9.0 5～3.5	曲尺 西南角阙由5个圆锥形夯土基座组成 6	曲尺 西北角阙向东伸 7.2 向南伸 8.0 3.7	曲尺 西北角阙向南伸 6.0 向东伸 6.7 3.7	曲尺 东北角阙向西南伸 12 5.5～4.0	曲尺 西北角阙

西夏王陵遗迹一览表 （单位：米） **表 5-16**

陵名			1 号陵	2 号陵	3 号陵	4 号陵	5 号陵	6 号陵	7 号陵
月城	神墙	墙基宽 东西长 南北长 门道宽	2.0 115 47 16	2.0 115 47 16	2.0 120 52	2.0 约 86 50	2.0 130 46 18	2.0 100 40 17	120 50
月城	门阙	基宽 残长 残高	2.5 2.5 1.8	3 4.3 2.3～3	3.5 12 0.7	3.0 6 3.2～2.4	3.0 0.5～1	3.5 6.4 5～2.1	

西夏王陵遗迹一览表　（单位：米）　续表

陵名			1 号 陵	2 号 陵	3 号 陵	4 号 陵	5 号 陵	6 号 陵	7 号 陵
献殿	位置	殿南缘距南神墙北缘	35	35	30	35	约 35	45	无
		自南北神门间轴线西偏	24.1 度	24 度	4.25 度	约 7.5 度	16 度	9 度	
	残迹	平面尺寸 夯土台残高	18×10 1.2	18×11 1	椭圆形，长轴 20 0.7	16×11 1.2	19×14	19.4×12 0.9	
陵台	位置	台北缘距北神墙南缘	34	35	10	27	55	约 14	约 45
		自南北神门间轴线西偏	33.2	26	11.5	15	25	约 18	约 24
	残迹	形状	阶梯状八棱	阶梯状八棱	阶梯状八棱	阶梯状八棱	已被破坏尚残留一圆锥体	阶梯状八棱	阶梯状八棱
		平面尺寸（底边长） 高	13 23 九层	12 23.4	14 21 七层	13 15 五层	径 25 8	12 16 七层	12 11.5 七层
		陵台与献殿间距离	约 65	约 63	约 87	约 72	约 60		

西夏王陵遗迹一览表　（单位：米）　表 5-17

陵名			1 号陵	2 号陵	3 号陵	4 号陵	5 号陵	6 号陵	7 号陵
鹊台	位置	台北缘距月城神墙南缘	约 71	约 70	约 110（与南角台连成一线）	约 108（同左）	93	98	96
		两台间距（内缘）	70	70	75	64	70	65	70
	残迹	形状	覆斗形	覆斗形	圆柱形上部内收	覆斗形	覆斗形	覆斗形	
		底边长	8	8	底径 8	8	8	9	10
		顶边长	6	6		5			
		高	6	6	7	9	6	8.3	9
碑亭	位置	数量（座）	3	3	2	1	3	2	2
		中轴两侧外缘间距 北缘距凸形神墙距离	大碑亭 70	大碑亭 70	80		大碑亭 60 30	60 37	70 30
	残迹	仅存夯土台尺寸 大者 小者	10×10 高 2.3 7.6×7.6 高 1.6		方形圆角台在 21.5×21.5 上有圆形建筑基址，径 13.5 米，内存四石座，方 0.63×0.63×0.6 正面浮雕人像	夯土台基 15×15 高 1.2	大 15×15 高 1.2	东 22×21 西 16×15	16×16 2.0

注：本表依《西夏陵》一书中的资料完成，其中带 * 者系据原始资料推算，表中只列七陵，因 8、9 号陵已被严重破坏。
本表中"寨墙"、"神墙"之称谓系据宋陵定名。
本表中尺寸带"约××"者系据《西夏陵》书中图纸尺寸量测所得。

另外在 3 号陵碑亭中发现更为特殊的形制，此建筑阶基平面为方形圆角，做成三级，逐级上收，最下一级 21.5 米×21.5 米，台面为 15.5 米×15.5 米，高 2.35 米，四壁以绳纹砖包砌。台面之上又有一个径 13.4 米的圆形基址，其中心部位，径 7.5 米范围的地面铺方砖，在东西轴线上立四个方形石座[10]，长宽皆为 63 厘米，高 60 厘米，石座间距在 1.2 米上下，每座中心有一榫孔，每个石座正面皆雕一屈膝跪坐之人像，形相笨拙有力，表现出较强的负重能力。这些石座或许曾充当卧碑基座的一部分。

7. 外城、外寨墙、角台

在九陵之中只有1、2、5、6、7号陵设有外城，3、4号陵未设外城。外城做法有两类，一类为外寨墙四面包围内城，但与内城神墙距离不等，东、西、北三面相同，南面放大，如1、2号陵，东、西、北三面距神墙皆为24.15米。而南面距月城南南神墙放至93米，以包容碑亭、鹊台等建筑。而另一种外城做法是仅在东、西、北三面设外寨墙，东、西两面伸至陵城南神墙即止，形成三面包围式，如5、6号陵。以上两种外寨墙的东、西、北三面均成封闭状，不设门阙，四面包围式仅设南门阙，三面包围式则南面完全敞开。5号陵的外寨墙在陵城东、西、北神门出入处，设有外凸的瓮城，显然是考虑到门阙使用功能之需求，一般外寨墙多为平直的夯土墙。

角台：九陵皆设有角台，仅1、2号陵的角台依外寨墙而设，其余各陵角台皆远离神墙或外寨墙，北侧角台在北神墙或寨墙五十米以外，而南侧角台最远不过鹊台一线，有的仅达碑亭或月城一线。角台似有守卫瞭望之功能，对依山坡而建的陵，便选小山头位置为角台，如4号陵利用自然地形，显示出建设者的灵活性。

三、陪葬墓及其他

西夏王陵周围有二百多座陪葬墓，[11]随着墓主身份的不同，规模、形制各异。其中最显赫者则仿王陵建置，仅规模减小，多数依王陵模式简化而成，最简单者仅留一土冢。已发掘的两座规模稍大的陪葬墓，一座在5号陵以东300米处，编号为M177。另一座在6号陵北部1700米处，编号为M182。这两座墓在总体布局方面皆如上述，M177有内、外两重墓墙，及前部突出的月形墙，其前有两碑亭，墓墙仅开正南一门，门内有一照壁，墓墙四角有角楼，墓冢在墓域内最北部，中轴线西侧。M182平面更简单，仅一重墓墙，墙南开门，门内设照壁，墓冢位置与M177相仿（图5-62、5-63）。

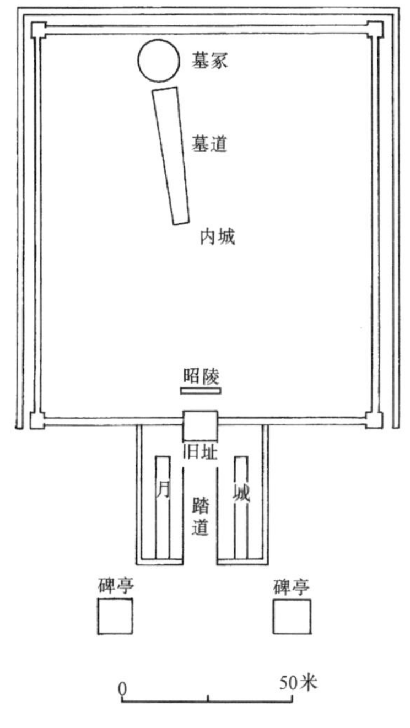

图5-62 西夏王陵M177墓兆域平面

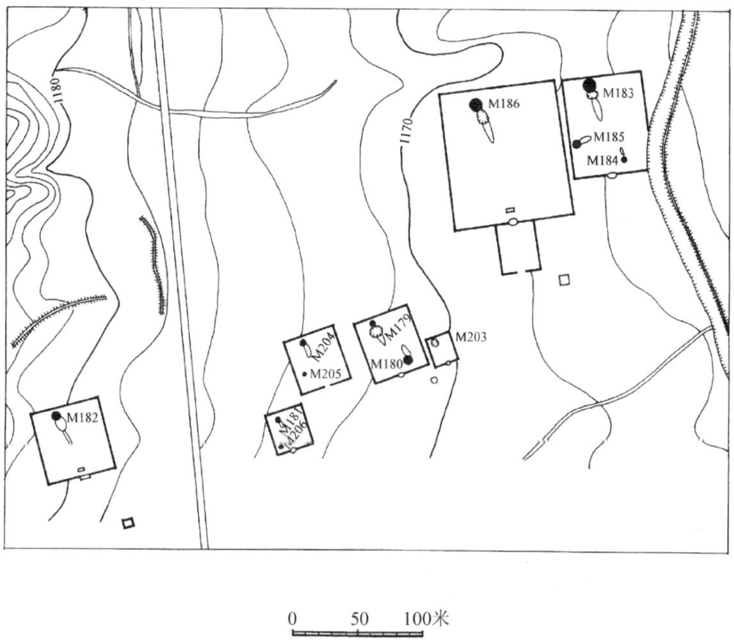

图5-63 西夏王陵M182等陪葬墓群兆域平面

M182与M177的墓室构成相同，皆为单室墓，前有墓道通往地表，两者埋深相近（图5-64、图5-65），M177深12米，M82深12.5米，墓室结构皆为生土中掏挖而成的土洞。M177底边为方形，边长5米，上部为穹隆顶，高6米。M182为不规则的多边形，内径约3.8米，上部也为穹隆顶，高3.5米。墓门用木板封死。两者墓室位置皆在地面土冢之下，这与已发掘的6号陵完全不同。但这两座墓室所采用的土洞上部掏挖成穹隆式构造及墓室高度对研究已被破坏的6号陵颇有参考价值。陪葬墓177号土冢残高约12米，为圆锥形夯土冢，底径12米，顶径5.8米，下部表面遗存白灰面层。

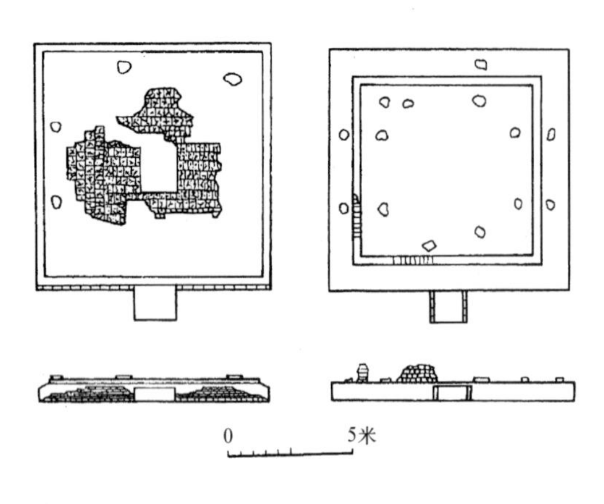

图5-64 西夏王陵M177墓室平面、剖面

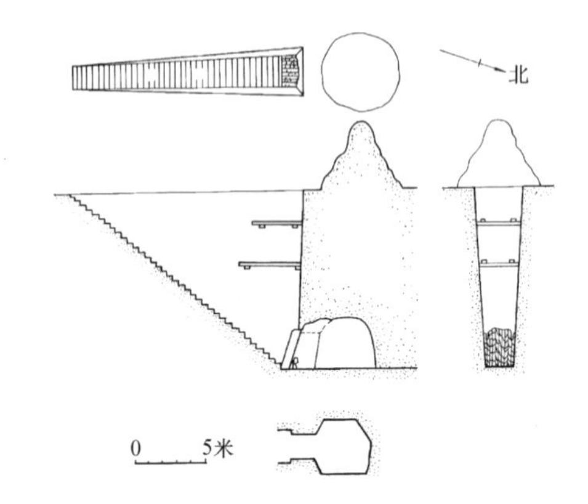

图5-65 西夏王陵M182墓室墓道平面、剖面

在陵区东部和北部还有两处与陵墓建筑完全不同的建筑群遗址，东部已被防护林扰乱，北部者尚完整，建筑群采用院落式布局，遗址可分辨出分隔建筑群的院墙基址及一些大型殿宇基址，建筑群占地56000平方米，东西宽160米，南北长350米，是一座颇具规模的大型建筑群（图5-66）。

四、西夏王陵所反映的西夏建筑信息

西夏地面建筑遗存极少，除去几座佛塔，便是西夏陵区了，这里不仅记录了西夏陵墓本身的建筑特点，更宝贵的是它能反映出作为少数民族“党项族”对建筑的艺术追求和技术水平。从陵区的建筑艺术看，其接受了汉地建筑文化，仿照宋陵制度建造了自己的“帝陵”。陵区从各陵与墓占地的多寡，建制完备程度，表现出陵墓主人不同身份、等第，说明西夏统治者对汉人礼制秩序的认同，这正是“称中原王朝之位号，仿中原王朝之舆服，行中原王朝之封建法令”[12]的具体体现。但王陵在总体布局中方位变化，缺少逻辑关系，又显出其作为游牧民族的某些特点。更有甚者，在几座王陵之中主要建筑献殿和陵台，皆偏离中轴线。对此在沈括《梦溪笔谈》曾有“盖西戎之俗，所居正寝，常留中间以奉鬼神，不敢居之……”恰好说明了西夏人的陵墓中主要建筑之所以避开中轴线的原因[13]。表现出西夏与汉族建筑的不同文化内涵。

西夏王陵未见后妃之陵，估计其采用夫妇合葬之制。对此在陪葬墓发掘中或可佐证，M177号墓即有一男、三女，并曾有多次入葬遗迹。

西夏王陵虽称仿宋陵之制，但无下宫之设，这也是其不同于宋陵制度之处。

西夏王陵内多夯土建筑，如门阙、角阙、角台、鹊台、陵台，及内、外城的墙体，建筑之基座等。这些夯土台能存留近千年说明了其对夯土技术运用之娴熟，然而其中的陵台不仅是一座夯土台，而且外表有层层琉璃瓦出檐，下部有赭红色墙身，成为西夏人对古代高台建筑的新发展。

从陵区出土的砖、瓦残片，反映了西夏人已掌握较好的制砖、瓦技术，尤其是琉璃脊兽及鸱尾。在6号陵出土的鸱尾高1.5米，宽0.6米，厚0.3米，并施绿色釉面，通体光亮，姿态生动，其张口、突鼻、翻唇，造型活泼，堪称琉璃上品（图5-67、5-68）。

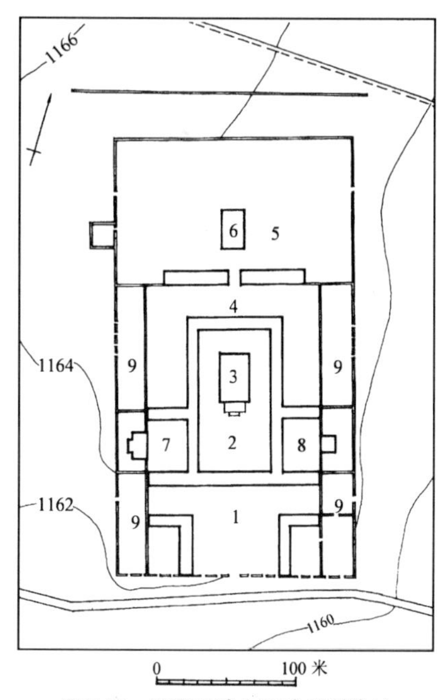

图5-66 西夏王陵大型建筑群遗址

1. 前院；2. 内院；3. 中心大殿；4. 中院；5. 后院；6. 后大殿；7. 西院；8. 东院；9. 跨院

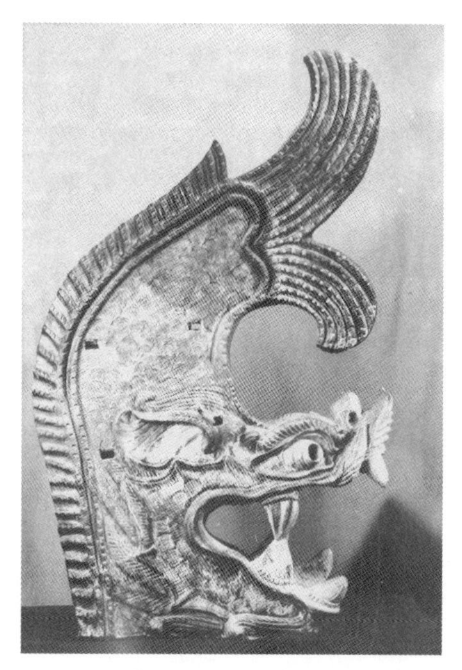

图5-67 西夏王陵琉璃鸱尾

在6号陵出土的石望柱，是西夏陵石雕的精品。望柱采用压地隐起式雕法，上部做仰覆莲柱头，柱身做行龙云纹，龙身、龙爪依望柱方形外缘互相盘绕、翻卷，造型之生动在同期遗物中名列前茅。遗憾的是此条望柱只有上半段，下部做法不详，望柱断面31厘米×30厘米，残高1.23米。6号陵还出土了螭首、兽头等石雕，皆为剔地起突式雕法，造型也非常精美（图5-69、5-70）。这些做法与中原建筑中所见几无异样，但在3号陵东碑亭石座所见的人像雕刻，风格迥异，人像形体笨拙，身首比例奇特，反映了西夏陵石刻特有的古拙风格（图5-71）。

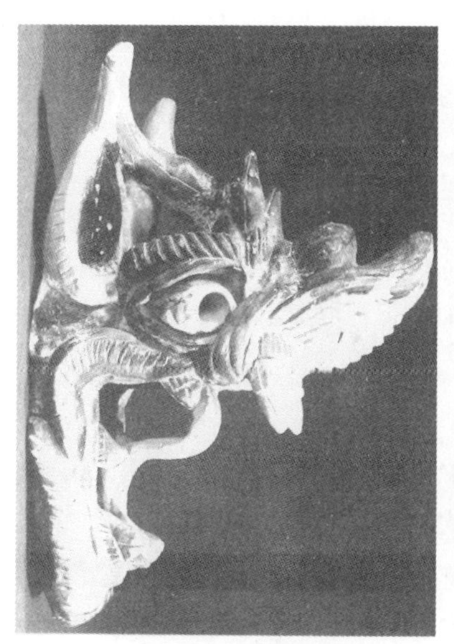

图5-68 西夏王陵琉璃脊兽

图5-69 西夏王陵石雕望柱

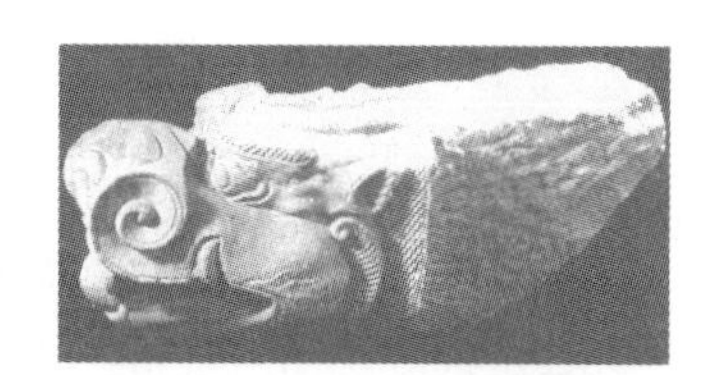

图5-70 西夏王陵石雕螭首

图5-71 西夏王陵石座上的浮雕人像

注释

[1]《嘉靖宁夏新志》卷七，作者朱秩炅，系朱元璋之曾孙，因其父被封安塞王，自少即居宁夏。

[2]《嘉靖宁夏新志》卷二。

[3] 清吴广成《西夏书事》卷八：

"景德元年（1004年）春正月，保吉（继迁）卒……秋七月葬保吉于贺兰山，在山西南麓。宝元中（1039年），元昊称帝，号为裕陵。"

同书卷十一又载：

"明道元年（1032年）……冬十月，夏王赵德明卒，年五十一……葬于嘉陵，在贺兰山，元昊称帝后追号"

[4]《宋史·夏国传》载有西夏十二个帝号但只记九个陵号，正与贺兰山下的九陵相合，西夏末帝晛继位的第二年即被蒙元军杀死，故无陵。

[5] 宁夏文物考古研究所从7号陵出土的残碑额证明该陵主人为仁孝。

[6] 关于《地理新书》及其中的角姓昭穆贯鱼葬法，详北宋皇陵一节有关章节。

[7] 许成·杜玉冰所著《西夏陵》中分析，西夏王姓氏几次改变，唐时赐姓李，至北宋，"端拱初……屡发兵讨继迁不克，用宰相赵普计，欲委继迁以边事，令图之，因召赴阙，赐姓赵氏，更名保忠"（《宋史》夏国传）。淳化二年（991年）"秋七月……李继迁……奉表归顺，丙午，授继迁银州观察使，赐国姓，名曰保吉。"以此推测其王陵系按赵氏为角音的昭穆贯鱼葬法取穴。

[8]《西夏陵》P16。

[9]《西夏陵》P33。

[10] 据《西夏陵》一书载现仅存三个，另一个只存遗迹。

[11] 陪葬墓数量及编号皆据《西夏陵》一书所载，其中尚有若干被破坏得无更多遗迹之陪葬墓未计入。

[12]《续资治通鉴长编》卷一百五十。

[13] 转引自《西夏陵》。

第六节 民间墓葬

在宋、辽、金时期的民间墓葬分为墓室葬、石棺葬、木棺葬、火葬等不同形式，其中墓室葬是较为讲究的一种葬式，多为官吏、富商、地主等人使用。其葬制有单身葬、合葬、分室合葬等不同类别。由于墓主身份之差异，社会地位和经济实力之不同，乃至地方风俗习惯的差别，使墓室葬具有多种构成类型和装饰手法。

一、墓室葬的类型及形制

一般每座墓均由墓道、甬道、墓室组成。墓门设在墓道与甬道相连接处。有时墓门前形成一座小天井。墓门以内则可有多室、三室、二室、单室等不同构成形式。也有的不设墓道，直接在甬道口设墓门。墓室葬大多无地面建筑，将墓室全部安排在地面以下，埋深不太大，浅者墓顶覆土只有60厘米厚，深者在一米以上。

1. 多室墓

在已发掘的宋、辽、金墓中，以北京南郊辽代赵德钧墓为最大，共有九室[1]。全部用砖砌成，各室均为圆形，可分为前、中、后三进，每一进都有中部一个大室和左右两个小耳室组成，三进之间由甬道相连，耳室与主室间也有甬道连接。该组墓室中，最大的中室径4.12米，为放置棺木之处。该室周围砌有八根壁柱，柱头上有砖砌斗栱，为四铺作插昂式。柱与柱之间砌出一道阑额。中室四面有门，与前、后室及左、右耳室相通。中室之右耳室面积次之，径3.31米，室内砌有六根壁柱，将墙壁分成六间，柱头间有阑额及砖砌之直棂窗。

东、西两侧的一间均有壁画。前室与后室直径均在2.74～2.62米间，室内仅出四壁柱。前、后室的耳室直径更小，仅1.92～1.76米。在前室的左右耳室中砌有灶台，上放铁锅、石锅、玉碗、铜勺等，此应为厨房。后室的左耳室有两堆铜钱，应为“钱库”。后室的右耳室内地面上发现腐烂有机物一层，可能为“粮库”。由上可知，该墓多室之功能系模仿住宅之功能，充分体现着“虽死犹生”的观念。该墓墓顶已塌毁，有的墓室仅存半壁残墙（图5-72）。据墓志铭载，墓主为北平王赵德钧及其夫人种氏，墓的建造年代在辽天显十二年（937年）以后。

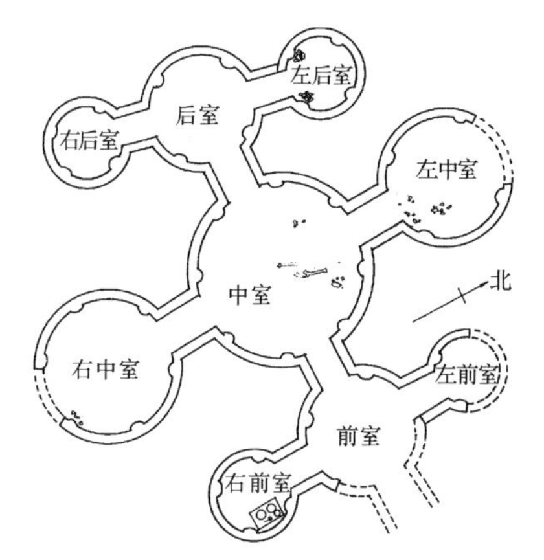

图5-72 赵德钧墓平面

宋墓中墓室最多的为建于北宋宣和元年（1119年）的陕西丹凤县商雒镇六室墓[2]，其在多室墓中名列第二。这座墓以一间六边形的中室为核心，向五面扩展，每面有一座长方形墓室，以甬道相连，正南面设门，仅伸出一段甬道。墓室顶部结构均用砖叠涩垒砌，中室顶部呈六角攒尖顶，其余五室均为四角攒尖顶，六室面积不等，中室稍大，六边形边长1.55米，总面积为6.2平方米，高4.5米，其余各室深1.94米，宽2.08米，面积为4平方米，高3.2米。此墓仅中室有仿木构之雕砖柱、额、普拍方、斗栱等。四周的五个墓室皆砌有棺床（图5-73）。

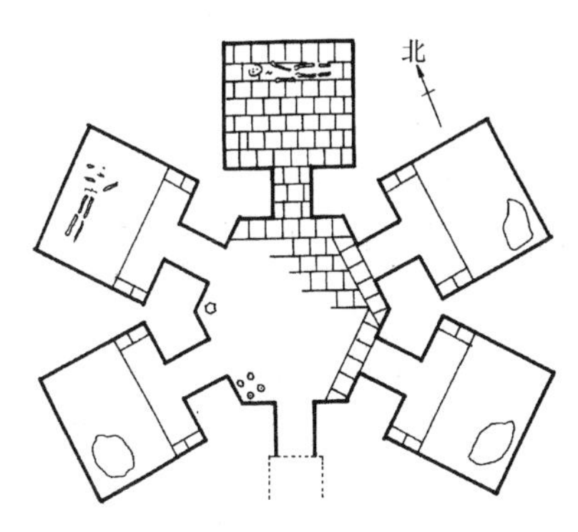

图5-73 陕西商雒镇宋墓平面

在辽宁法库叶茂台还发现了一座四室辽墓[3]（图5-74），墓室皆为方形，主墓室前有一中室，其两侧为两个耳室，方1.6米。主墓室方3.8米。主墓室与耳室墙面皆微带弧形，顶部采用穹窿顶。主墓室中有一具石棺放在木制棺床上，棺外罩了一座木构九脊小帐。石棺表面满雕压地隐起花纹，制作精细。

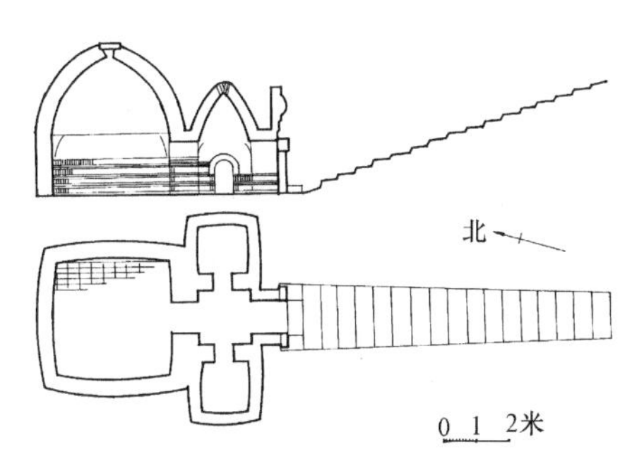

图5-74 法库叶茂台四室辽墓平面、剖面

2. 三室墓

主要见于辽墓，金墓也偶有使用三室者。由一个主墓室和两个耳室组成，在吉林哲里木盟和内蒙库伦旗均发现了其主墓室为八边形，耳室为六边形的类型。哲盟的一座稍大，主墓室进深5米，宽5.22米，高4.9米，耳室进深3.15米，宽3.28米，高3.15米，主墓室面积为19.2平方米，耳室面积为7平方米[4]。主室与耳室关系舒展。墓门前设有一个小天井。墓室结构均为砖砌穹隆顶（图5-75）。内蒙库伦旗的一座三室墓将耳室紧贴在主墓室的两侧，关系显得局促。这两座墓内部皆有砖雕仿木构的装修。另外还有一种方圆混合形墓室的三室墓，如辽宁新民巴图营子墓，主墓室成略带圆弧之方形，耳室为方形（图5-76）。

3. 二室墓

二室墓分为前后串连式和左右并列式两种类型，前后串连式在宋、辽、金墓中皆有实例，如河南禹县白沙一号宋墓，该墓的墓道、甬道、前室、过道、后室五个部分串通于一条中轴线上，墓门设于甬道与墓道交接处，墓室结构为砖砌穹窿顶。整座墓室建于一个土洞之内，即如《司马氏书仪》所载之“穿圹”法：“其坚土之乡，先凿埏道，深者千尺，然后旁穿窟室以为圹，或以砖范之……”其砖结构与土洞壁间尚留有一窄窄的空隙。白沙一号墓前室成扁方形平面，深 1.84 米，宽 2.28 米，高 4.22 米，后室为六边形平面，边长 1.26～1.30 米，高 4.0 米，两室地平高差近 40 厘米。墓门、前后墓室及过道均做仿木构之装修。

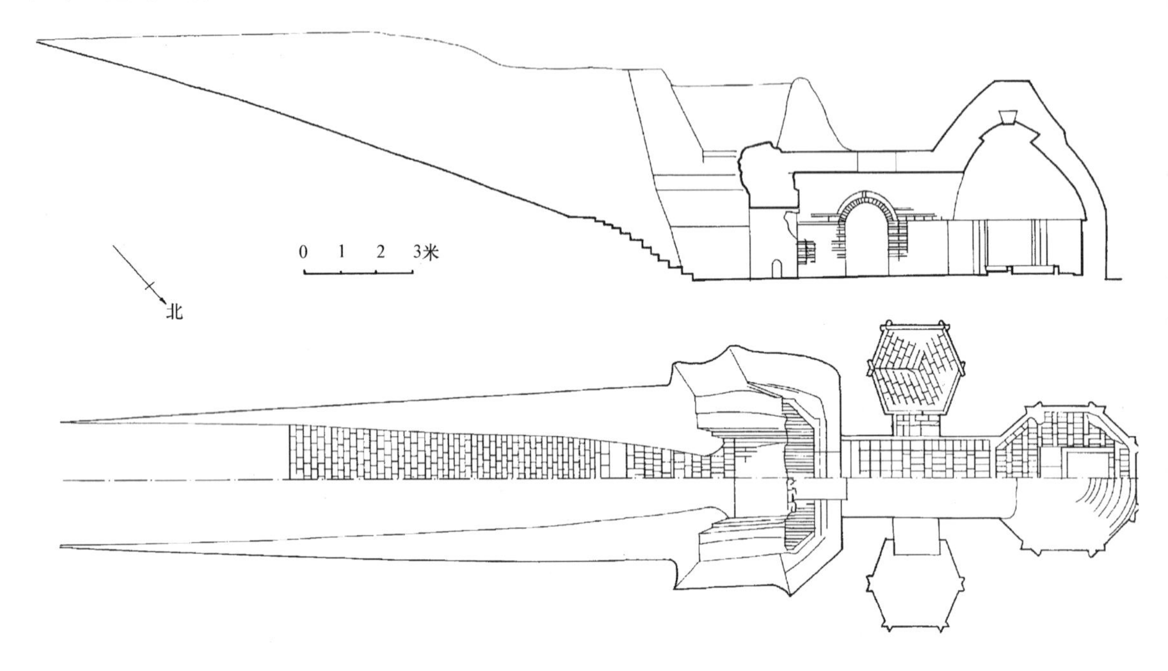

图 5-75 哲里木盟辽三室墓平面、剖面

在辽墓的二室墓中，有主墓室在前的形式，如北京西郊百万庄辽墓[5]，亦有主墓室在后的形式，如宣化下八里村的辽壁画墓。[6]北京辽墓墓室为圆形，前后两者以甬道相接，前室与墓道直接连通，棺椁放于前室，而后室用来放墓志铭。宣化辽墓前后室皆为方形，两者相贴，前室前即为墓门及阶梯形墓道。此墓壁画绘制水平较高，木雕、石雕等随葬品也较精美（图 5-77、5-78）。

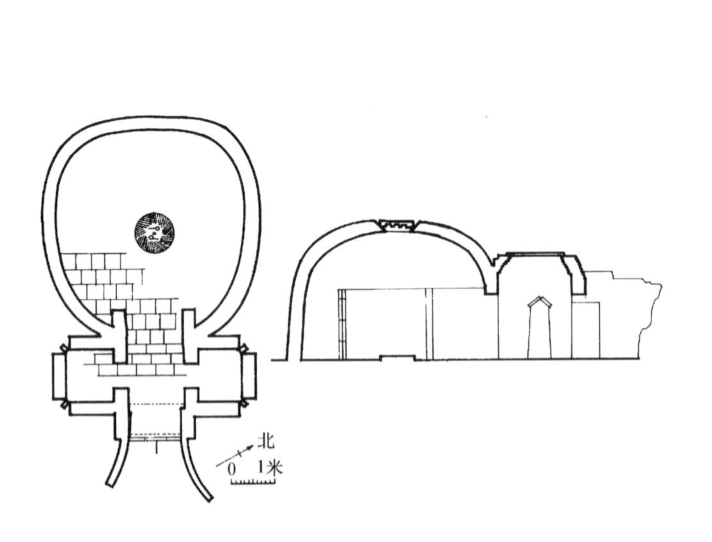

图 5-76 辽宁新民巴图营子三室辽墓平面、剖面

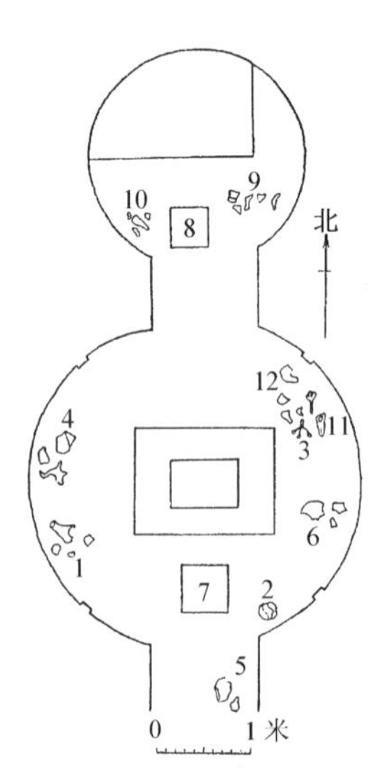

图 5-77 北京西郊百万庄辽墓平面
1 三节陶罐；2. 铁灯碗；3. 铁三足灯架；4、5、9、10 瓷片；6. 残木盒；7、8. 墓志；11. 铁锁；12. 陶片

左右并列式的二室墓主要见于宋墓，且所处地域在长江以南居多，北方仅在宁夏泾源发现了一座。[7]而南方所发现的二室并列墓大多未做仿木构之墓室装修，仅用砖、石砌成长方形、船形、梯形等。只有在四川广元[8]、重庆等地曾发现带有柱、额、斗栱等仿木构件或带有雕刻的画像石墓。二室并列墓有的内部相通，成 H 形或H形，有的互相隔绝，个别二室并列墓左右又附加了小龛（图 5-79～5-82）。重庆井口宋墓是一座并列二室墓[9]，每座墓室长 3.6 米，宽 1.28 米，高 3.0 米，两室相距 1.03 米，中间有过道相通。该墓以大石块砌筑，用石材所雕斗栱、柱、梁，比例匀称，尺度准确，且雕有格扇假门，半开半掩，门上花格作四斜毬纹，障水板上雕如意纹。腰花板作成两块，很特别。在额仿上还雕有苍龙、白虎、朱雀、玄武四神图。此外，墙壁上还有十一幅孝悌故事浮雕。此墓建于 1115～1279 年间（图 5-83、5-84）。

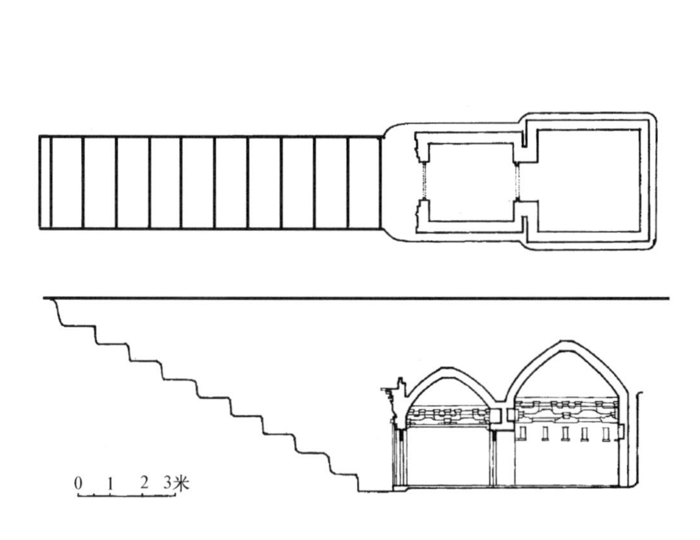

图 5-78　宣化下八里村辽墓平面、剖面

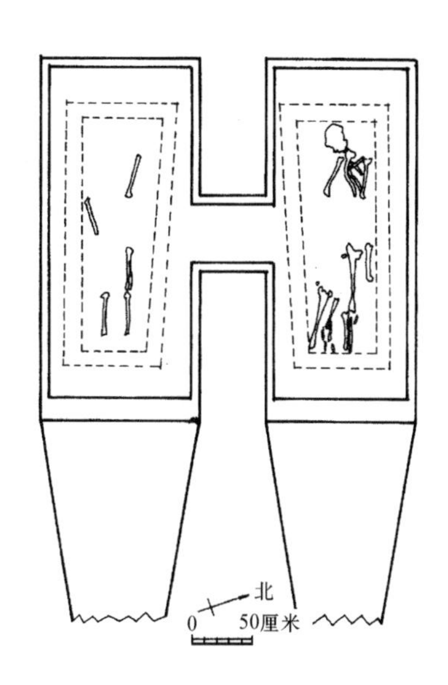

图 5-79　二室并列墓，宁夏泾源宋墓平面

图 5-80　四川广元石刻宋墓墓室平面

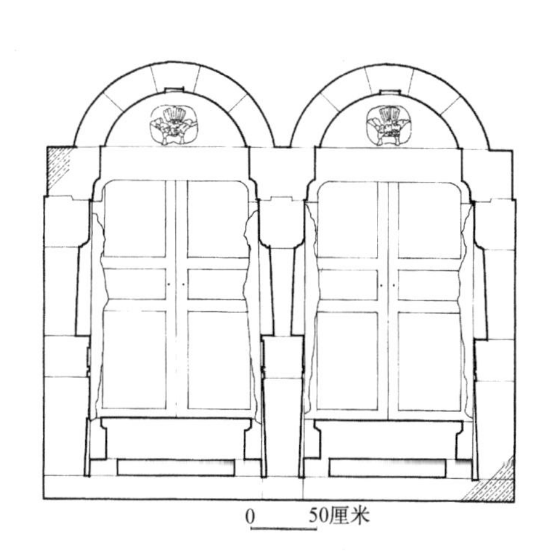

图 5-81　四川广元石刻宋墓墓室剖面

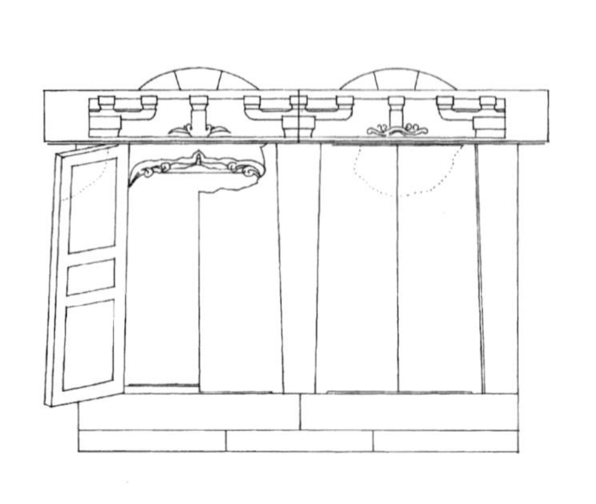
图 5-82 四川广元石刻宋墓墓门立面

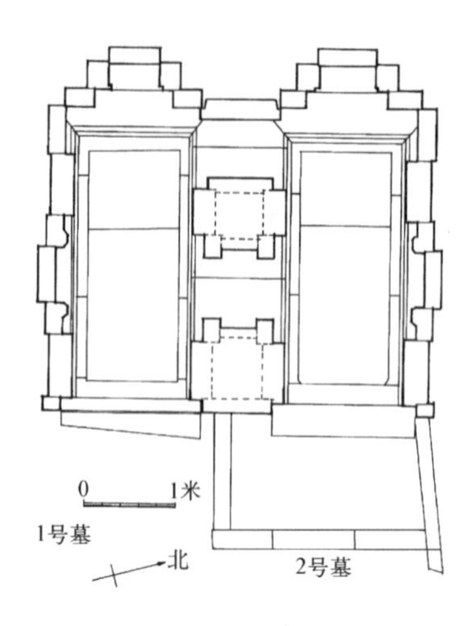

图 5-83 重庆井口宋墓平面

4. 单室墓

墓室有方形、圆形，八边形、六边形等数种，墓室面积不大，小的仅四平方米左右，稍大者不过六七平方米。但其结构和装修却有着多种形式，北方的宋、金单室墓主要采用砖构、穹窿顶，内有砖砌仿木构装修，这种可以山西汾阳M5号金墓和山西稷山金墓为代表。在江南几省发现了长方形、船形的筒券顶或平顶宋代单室墓，如四川荣昌沙坝子宋墓[10]，墓室总长5.14米，宽2.78米，高3.85米，平面形式在长方形基础上有变化。此墓雕刻不仅做出柱、梁、斗栱，而且对构件做了再加工，柱子为八角形，梁栿做成月梁式，柱头、柱脚、梁端等部位均按木构的特点进行了艺术加工，如柱脚雕仰莲纹，柱头处加了雀替，这些处理颇具匠心。此外，构件表面还有各种压地隐起或线刻图案花卉、四神图等（图5-85～5-87）。江南的单室墓中还有的做成上下两层，上层放随葬品，下层放棺木。这类墓在浙江、江苏、安徽、湖北、广东等省均可找到。此外，辽代单室墓有一种用大石条砌筑，屋顶层层叠涩，最上部以横竖两层石条来封口，石条内部还有一层用木方子做成的木护墙，高度只有一米多。这类单室墓多做成八边形，在内蒙发现较多（图5-88）[11]。

图 5-84 重庆井口宋墓横剖面

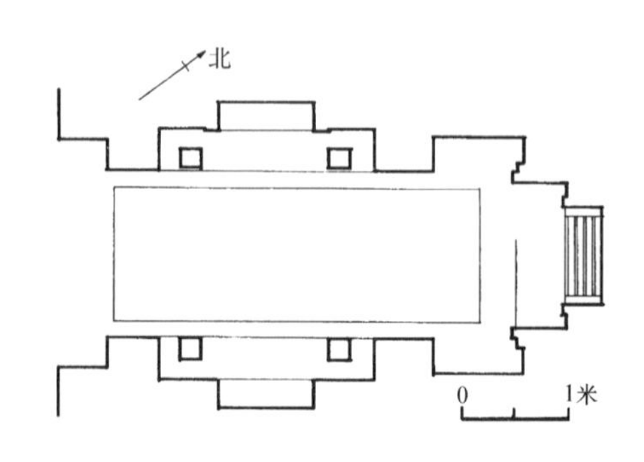

图 5-85 四川荣昌县沙坝子宋墓平面

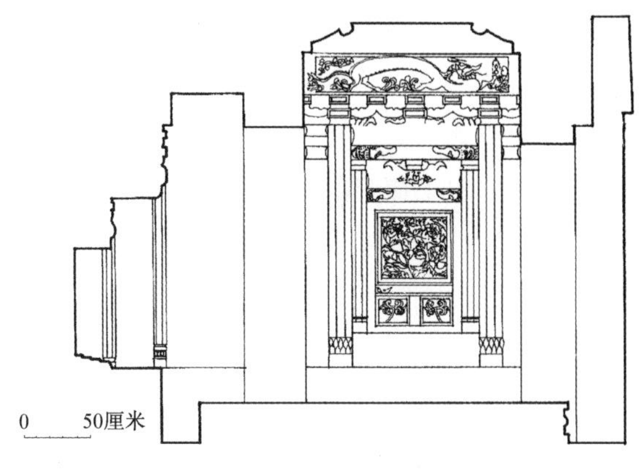

图 5-86 四川荣昌县沙坝子宋墓东南立面

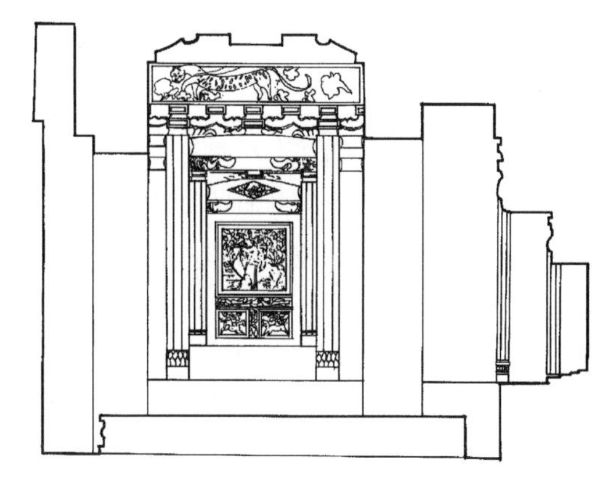
图 5-87 四川荣昌县沙坝子宋墓西北立面

二、装修与装饰

1. 墓门

墓门是宋、辽、金时代民间墓的重点处理部位，一般多做成仿木构的门楼形式，门楼依附在一面竖立的墙壁上。墙的下部开门洞，洞口做成半圆形或方形，洞口周围有仿木构的倚柱，立颊、阑额、门额等。阑额以上有普拍枋、斗栱、檐头的椽飞、瓦头、屋脊等。白沙宋墓[12]墓门是典型的宋式做法，其门洞做方形，洞口与仿木构件联结紧凑，立柱上有两朵柱头铺作和一朵补间铺作，皆为五铺作单杪单下昂斗栱，但出跳很短，斗栱之上挑出一短檐。最上以屋脊结束。辽墓墓门常做成半圆形券洞，洞口周围有的做门框，有的只有两道水平方向的挑砖，其上便放一朵朵斗栱，斗栱有的做成四铺作单栱造，有的五铺作重栱造，一座门上可放三朵或五朵斗栱，还有使用斜华栱的。门洞上之挑檐长短不一，挑檐短的如白沙宋墓，挑檐长的如内蒙哲盟辽墓，顶部不仅有正脊，还有垂脊或戗脊。

洞口有的以砖封填，有的采用带铺首、门钉之仿木门扇，但门额上的门簪仍然用砖雕成，宋墓中一般为两个门簪，雕成四瓣柿蒂形（图 5-89、5-90）。

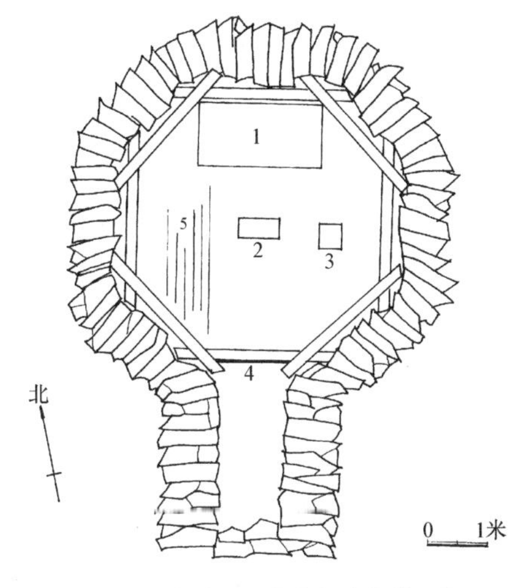

图 5-88 内蒙石砌带木护墙的单室墓

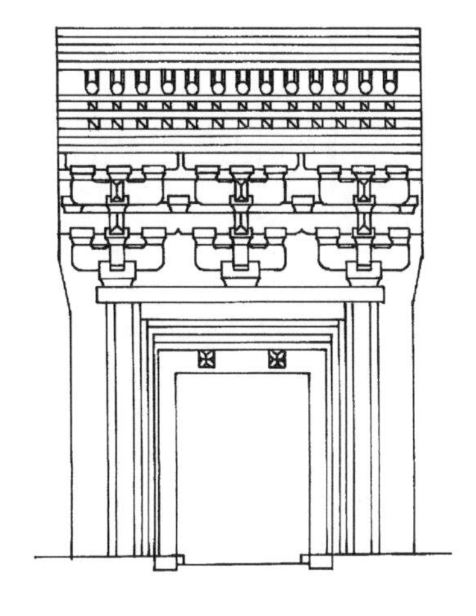
图 5-89 河南禹县白沙宋墓一号墓门

2. 墓室

墓室装修有以下几种类型：

（1）砖雕仿木结构：砖墓墓室本身的结构为砖墙上覆砖叠涩穹隆顶，但在墙壁表面多以砖雕做出木构建筑中的柱、阑额、普拍枋、斗栱等，有时柱间墙壁上还雕出简单的直棂窗、版门之类。

有的还雕出家具，如桌、椅、灯架、衣架等，甚至雕出墓主夫妇对坐桌旁。这类做法在宋代墓室中多见，典型的如白沙宋墓、郑州南关外宋墓[13]。在辽代这类墓室中有的没有雕家具，但却重点装饰假门，如河北迁安上芦村辽墓，在假门上做出三角形山尖式门头。在北宋墓中最有特色的是对版门的处理，做成半开启的样子，有时还雕一位少女在门扇边半掩半露，到南宋和金代这种装饰更为流行。南宋画院中曾以此为题作画，据邓椿《画继》卷十杂说论所载，“尝见一轴……画一殿廊，金碧熀耀，朱门半开，一宫女露半身于户外，以箕贮果皮作弃掷状……笔墨精致有如此者。”在宋墓室中的这一题材的出现，给沉闷的墓室空间增加了生气，好像预示假门之后尚有院落、房舍，具有一种空间延伸感。

（2）砖雕精致仿木装修：在金代的墓室中出现了以砖雕仿木构的基础上再加精致木装修的做法，墓室内除了柱额斗栱之外，还可见到须弥座栏杆、格子门、戏台等，同时尽力加入大量的砖雕剔地起突花卉、图案、人物故事等，雕砖技巧比北宋时期大大提高（图 5-91、5-92）。雕刻内容从无主题的一般装修发展到以墓主生活场景为主题的装修，不仅表现墓主过去生活的场所之景象，而且加入了墓主在场所中的活动。例如：金明昌七年（1196 年）的山西侯马董海墓，后室就有墓

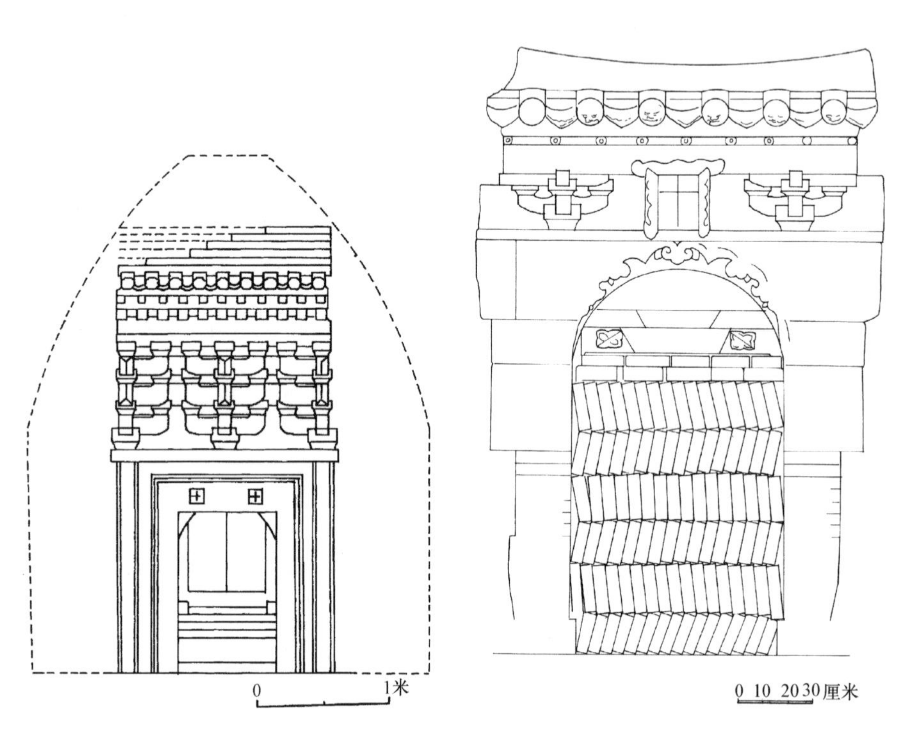

图 5-90　河南禹县白沙宋墓二号墓门

图 5-91　山西汾阳 M5 号金墓墓门正立面

图 5-92　郑州南关外北宋砖室墓四壁展开图

主生活在厅堂中的情景，堂上县挂一卷帘，下坠桃子、灯笼、鱼等，墓主夫妇二人对坐在堂内桌旁，桌上置有杯盏、盘，男主人手端酒杯正欲饮酒，桌下放二酒坛，一空一满，空者倒地，满者立放，并用红布包着坛盖。墓主两旁有二侍女站立。再旁边是两扇格子门，用它来区别厅堂室内与院落空间。这样的画面寓意为："常开芳宴，表夫妻相爱耳"[14]。山西汾阳 M5 号金墓[15]也有类似的场面，如西北壁雕墓主夫妻二人正在饮茶，西壁雕仕女送茶，西南壁雕女主人正欲自卧室走出，东北壁雕男主人在柜台前作业等，歌颂了墓主生前悠闲自在的生活（图 5-93～5-97）。在山西稷山的金墓中，有着更明确的装饰主题，是反映墓主观看杂剧的场景[16]。稷山已发掘的九座墓室中基本格局相同，都是以南壁雕戏台，东、西两壁各雕格子门一樘，做六扇，北壁则雕墓主端坐在版门前，或厅堂前，面对南壁戏台，观看杂剧表演。也有做成边宴饮边观剧的场面，将墓主夫妇对坐桌前，桌上摆着水果，茶盏之类。较复杂者在东、西两侧的格子门前雕着许多观众，坐在

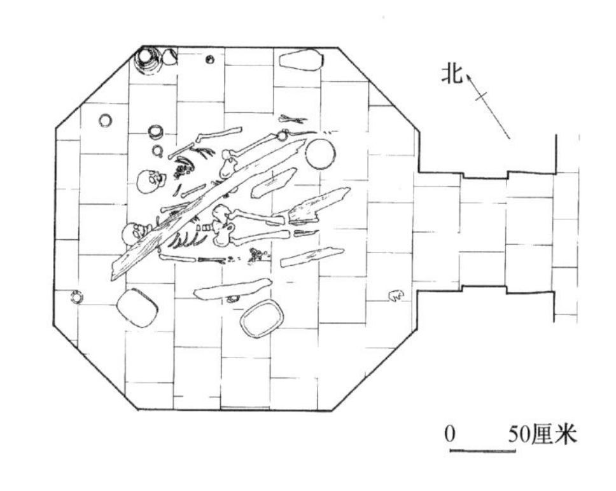

图 5-93　山西汾阳金墓 M5 号墓平面

图 5-94　山西汾阳金墓 M5 号墓立面展示图
1. 西壁；2. 西北壁；3. 北壁

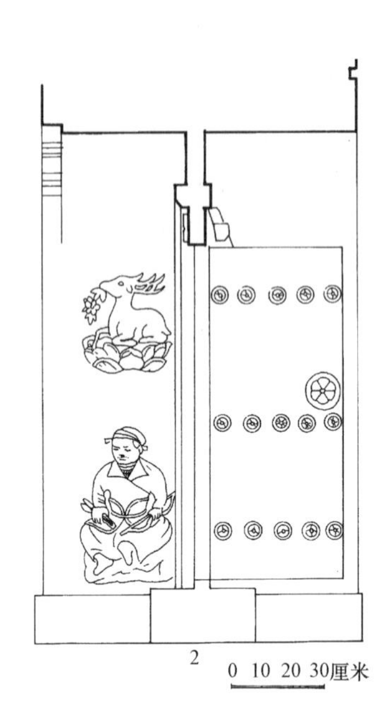

图 5-95 山西汾阳金墓 M5 号墓墓门背立面及剖面

1. 墓门背立面；2. 墓门剖面

图 5-96 山西汾阳金墓 M5 号墓墓壁立面（东，南，西南）

1. 东；2. 南壁；3. 西南壁

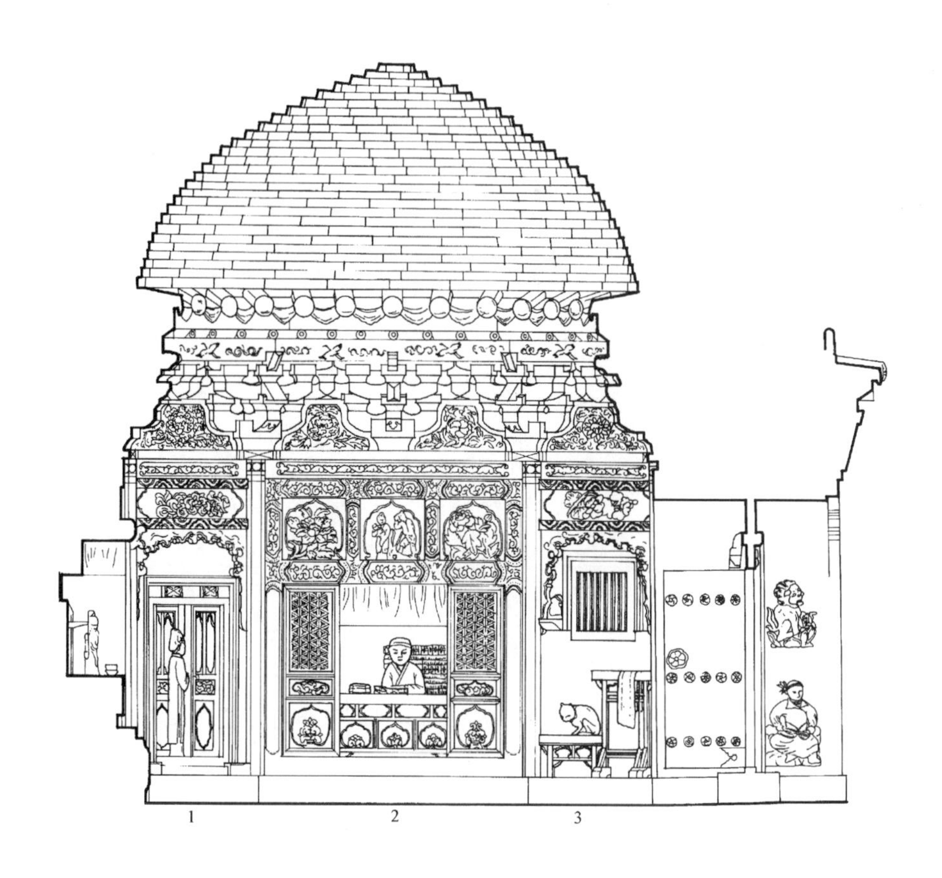

图 5-97 山西汾阳金墓 M5 号墓墓壁立面（北，东北，东）
1. 北壁；2. 东北壁；3. 东壁

柱廊中观戏。这样的场景可以理解为一座四合院，南侧为戏台，北侧为正房，东西为厢房。墓主人当然占据正房席位，宾客则居两厢。这正是北宋以后“王侯将相歌伎填室、鸿商富贾舞女成群”[17]的写照（图 5-98～5-100）。

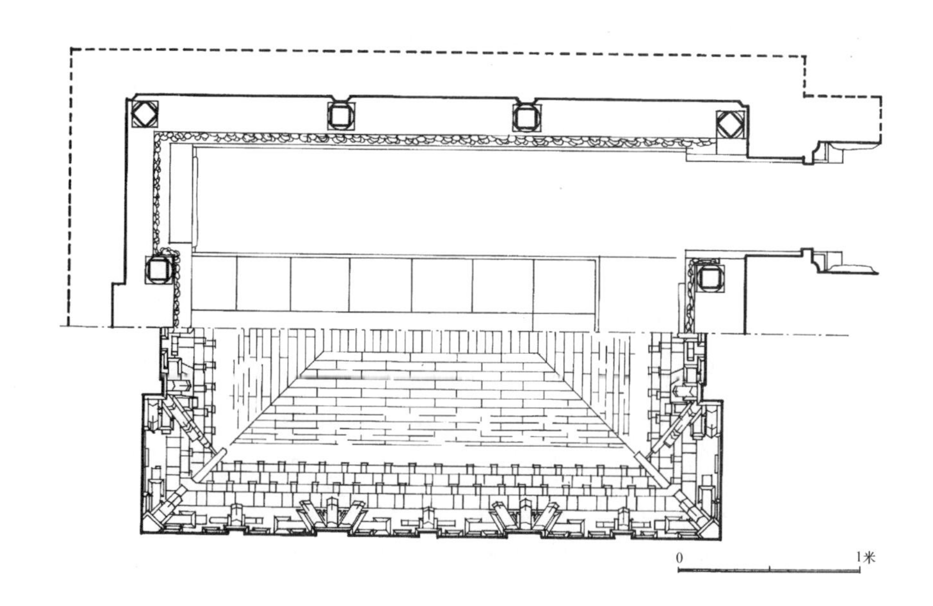

图 5-98 山西稷山金墓墓主看杂剧戏台平面

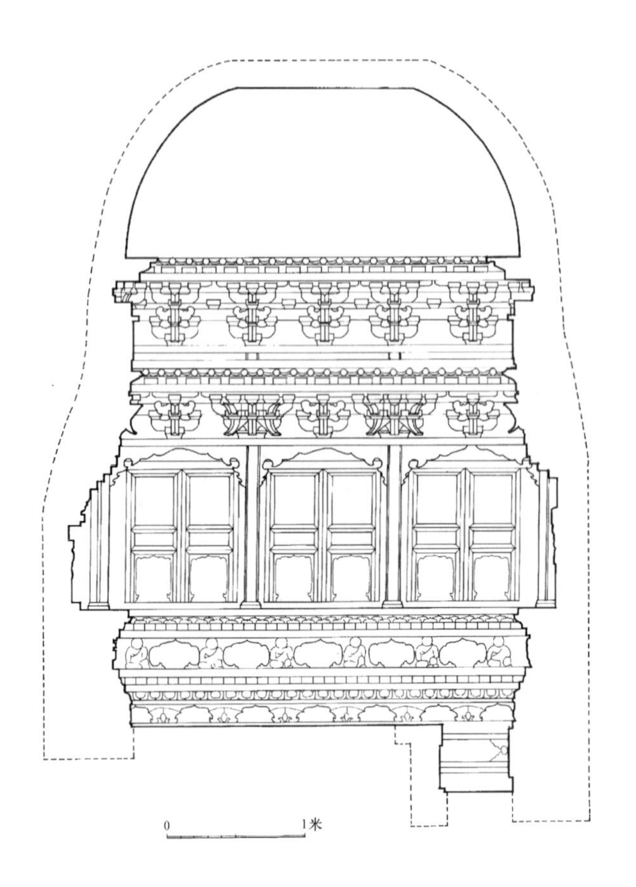

图 5-99 山西稷山金墓剖面

这些金墓中的仿木装修，比文献记载和地面建筑之遗物更为丰富多彩，如格子门的花格，形式繁多，有四斜方格眼，四斜毬纹，六出锁纹，六椀菱花（此为借用清式名称）、万字纹、叠胜等。比《营造法式》的“毬纹格眼”复杂多了（图 5-101）。此外，还有文献所不载者，如屏风，在辽、宋、金墓中有许多例子，其中侯马董明墓后室中以砖雕成的两座屏风尤其珍贵，右边一座为整块壁板上雕凤凰牡丹图，左边一座分成六格，格内雕菊花、莲花等图案。屏风下部带有前后伸出的支托。这些例子为研究当时木装修的发展状况提供了宝贵的材料。

（3）绘制壁画：在辽墓的墓室中有以壁画为主要装饰手法的优秀作品，例如，内蒙库伦旗七、八号墓和吉林哲盟库伦旗一号墓[18]，均有较多的壁画，其中哲盟辽墓之壁画绘于墓门门洞两侧、天井、墓道等处。壁画内容丰富，技巧娴熟，色彩绚丽，形象生动，在辽墓壁画中属上乘之作。例如门洞两侧之门神，身着恺甲，手持宝剑，姿态威武。天井中的壁画绘有树木、写生花卉、人物等，其所绘之树、竹、仙鹤，栩栩如生，人物比例修长，仪态端庄。墓道上的两幅壁画，北壁为墓主出行图，南壁为墓主归来图。北壁壁画全长 22 米，围绕主人出行主题，前后连贯，气势雄伟，整幅画中有人物二十九个，其中有男女主人、仆人、侍从、鼓手、马夫等各种不同职别的人物，姿态服饰各不相同，如女主人旁有女侍为其整容，手持铜镜，镜中画着女主人像，男主人旁的侍从躬身倾听吩咐等都刻画得淋漓尽致。画面以墓主人为中心，前呼后拥，车马相接，呈现出一副豪华阔绰，骄横显赫的景象。南壁归来图在 22 米的画面中有二十四个人物，以及车、马、骆驼等。这幅画中的人物大都面向墓室方向，形态疲倦，神情懒散，两只骆驼呈跪卧姿态，高车驾起，呈现出一种车毂乍停，主人入内，女仆忙着向内室搬送什物，男仆则在长途跋涉之后稍事休息的景象（图 5-102）。该壁画采用黑线敷彩，其人、物造型比例之准确，表现人物情态的技巧之娴熟，是古代壁画中少有的优秀实例。

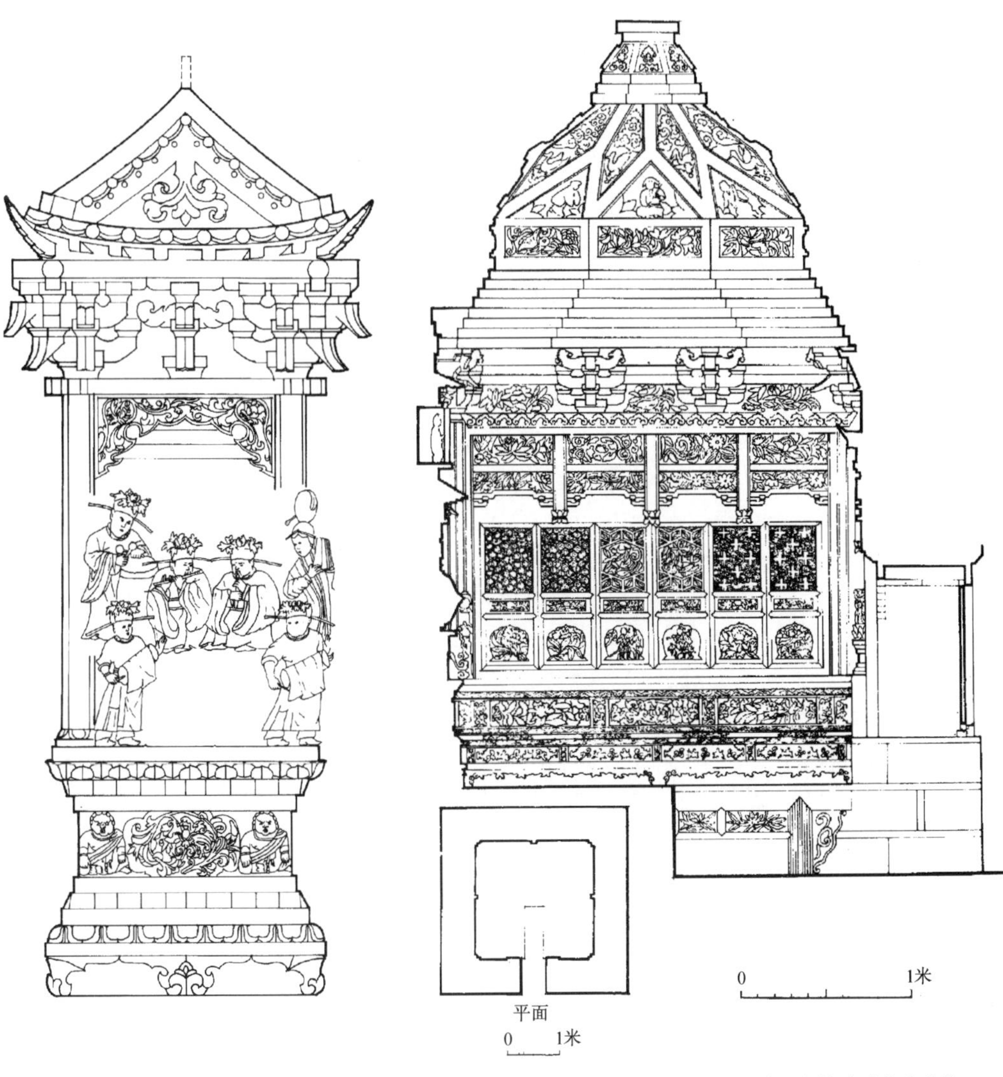

图 5-100 山西稷山金墓舞亭

图 5-101 金代山西侯马董海墓墓室中的砖雕仿木装修

图 5-102 哲盟库伦旗一号墓墓主出行图、归来图

（4）画像石室：在石砌墓室内以石雕作为装饰手段，复杂的雕出柱子、额枋、斗栱及动物纹样、植物花卉，如贵州遵义杨璨墓，四川广元、重庆、荣昌、宜宾等地的几座宋墓。简单的如锦西大卧铺辽墓，仅在平石板上以线刻画形式绘出孝悌故事。在四川的几座宋墓中，广元宋墓[19]、重庆井口宋墓和荣昌沙坝子宋墓雕刻水平较高。例如广元宋墓，四壁除雕有八幅壁画式浮雕外，还有人物、花卉、动物、格子门等（图 5-103～5-106）。但与此相比，贵州杨璨墓则更胜一筹，其无论是在总体布局中繁简之取拾，还是对雕刻技巧之运用皆具有极高的水平。该墓建于南宋淳祐年间（1241～1252 年），墓主为南宋播州安抚使杨璨及夫人。墓室分为南北两部分，每部分皆有前后二室，墓内以石雕刻出壁龛、牌坊、抱厦以及人物、花卉、龙、狮等。雕刻以剔地起突的高浮雕，塑造了武士，文官的形象，人物神态自然。以压地隐起和减地平钑的浅雕，刻画墓壁各种装饰纹样，雕刻工整精湛，是宋代石雕中少有的精品（图 5-107）。

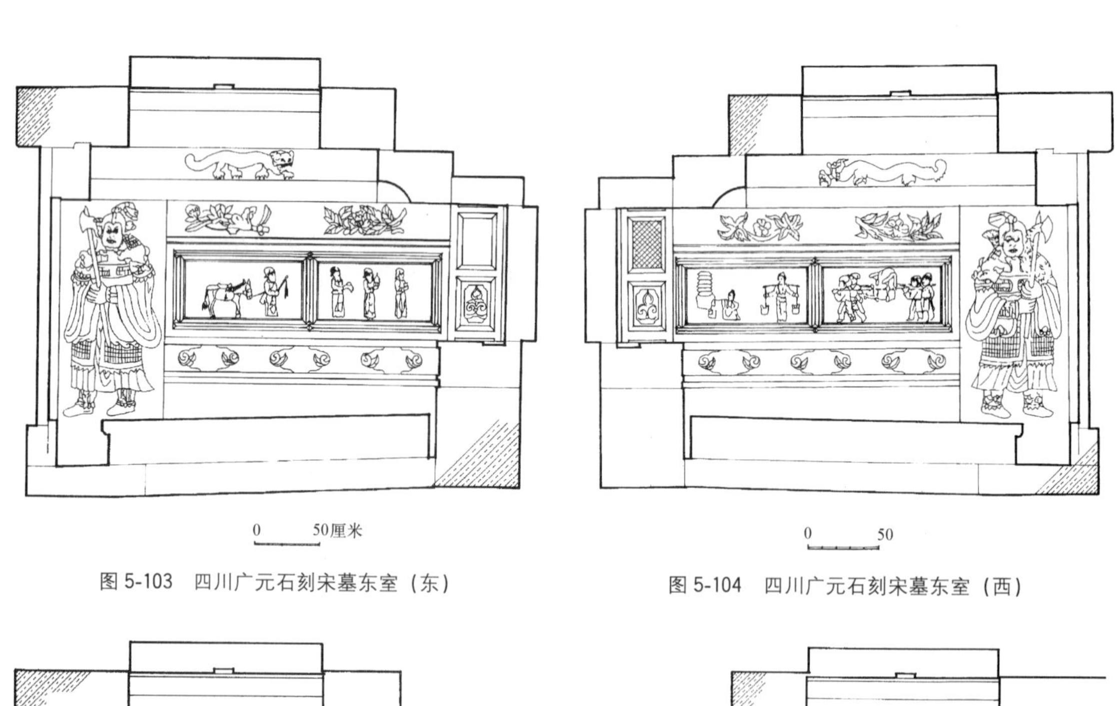

图 5-103 四川广元石刻宋墓东室（东）

图 5-104 四川广元石刻宋墓东室（西）

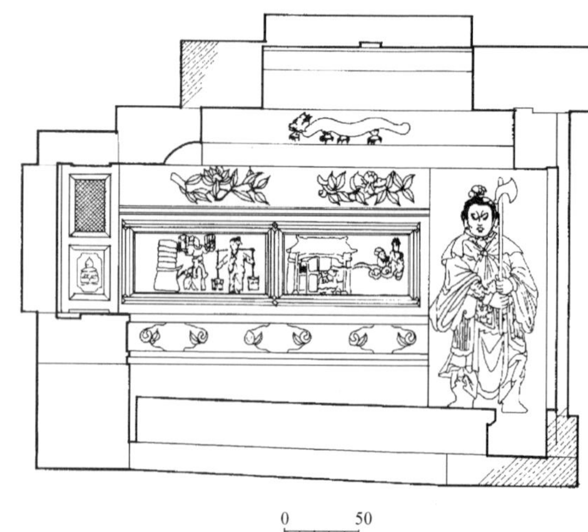

图 5-105 四川广元石刻宋墓西室（东）

图 5-106 四川广元石刻宋墓西室（西）

（5）墓室内附小木作九脊帐的装修：在众多的民间墓葬中，仅于前述之辽宁法库叶茂台的辽墓中发现了一座纯粹木制的小木作九脊帐[20]，作为石棺外的罩子，置于木制棺床之上。小帐三开间，上施九脊顶，正面当心间施版门，两次间做破子棂窗，其余各间皆做木板壁。所有立柱柱头上皆放一只大栌斗，承托柱头枋。版门用荷叶钉钉在立柱上。屋顶、屋脊均为木板制成，正脊两端装有龙首式鸱吻，龙口向外，头上并带有两角。帐下为一木构须弥座台子，台面为木地板，下垫砖基，以承托石棺床。须弥座的形象完美，上下各为三层叠涩，束腰周围雕出壶门，其内彩绘牡丹花、行狮、虎头等。台周有寻杖栏杆，栏板上也施彩绘。以九脊小帐作为墓内装修甚为罕见和珍贵（图 5-108～5-110），此外在内蒙赤峰的一座辽墓中曾使用着一个非常精致的棺床架，其上带壶门的基座、钩阑比例匀称，造型优美，也是很难得的木装修精品（图 5-111）。

图 5-107　贵州杨璨墓

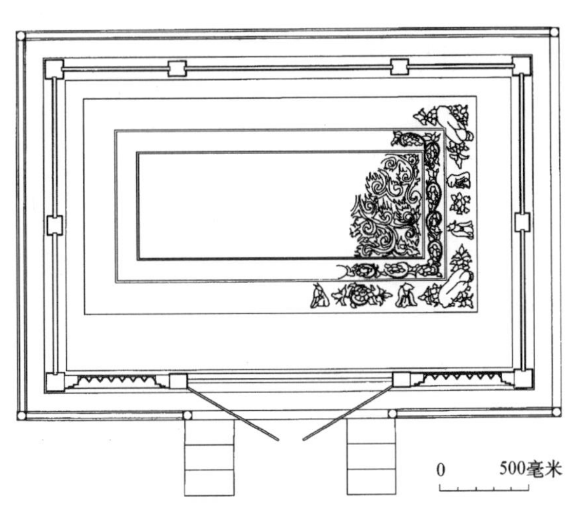

图 5-108　法库叶茂台辽墓中的九脊小帐平面

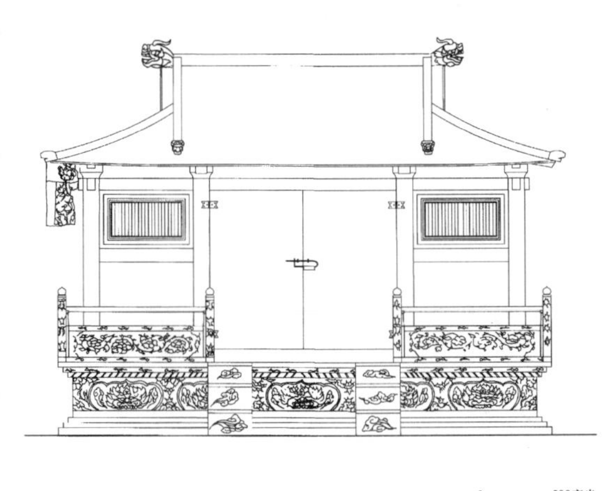

图 5-109　法库叶茂台辽墓中的九脊小帐复原立面

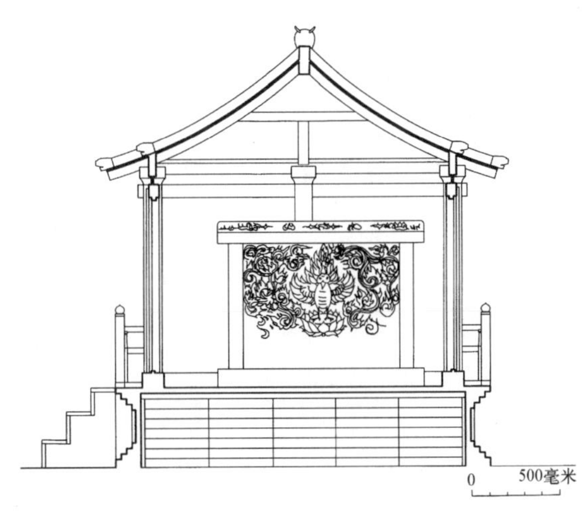

图 5-110　法库叶茂台辽墓中的九脊小帐剖面

图 5-111　赤峰辽墓棺床架

三、彩画

仿木构砖墓普遍在青砖表面抹灰，并涂以各种色彩，
使所雕构件更接近木构建筑的真实情况。除此之外，对所雕之人物、家具、器物，也适当施以色彩。例如，侯马董海墓，斗栱、额、普柏枋均涂朱红，并用白粉勾边，前室之门楼、柱子涂黑，后室之厅堂、柱子涂黄，格子门框子涂绿，格子涂红，竹帘涂黄绿色，家具涂暗红色，墓主男人穿的袍衫涂白，女人的袍衫涂红，凡此种种，颇具写实风格。

民间墓中，彩画水平最高的当属白沙宋墓，其不仅对构件施彩，而且在构件表面绘各种花纹。

白沙宋墓彩画以赭红色调为主调，反映了北宋民间建筑彩画的风格及形制，它不仅印证了《营造法式》所载的彩画某些制度，而且补充了新的内容。

辽墓中的彩画以平涂为主，用色系谱与宋式有所不同，例如，内蒙库伦旗七号墓，墓门斗栱用色如下：

补间铺作中的栌斗、交互斗涂黑色，华栱下白、上黄，昂、齐心斗涂赭色，泥道栱施黄色并在黄色中勾出赭色木纹，其上散斗和第二层泥道栱涂蓝色，枋子涂赭色，再上散斗涂黑色，枋子涂黄色。色调较清冷。

宋、辽、金民间墓虽不像帝王陵寝那样宏伟壮观，但却也可称得上是地下之宝藏，它是未受风雨浸蚀，少受人为破坏的文物建筑，尽管它的规模受到财力物力之限制，但却保存着最真实的历史信息，它所表现的价值不仅仅是它本身的艺术风格和技术水平，而且为这一时期的建筑发展史中的某些环节填补了空白。

四、民间墓葬实例：白沙宋墓

1. 白沙宋墓概况

白沙宋墓位于河南禹县白沙镇西北 60 里的颍水东部，地面上无任何遗存，1951 年 11 月在颍水上游修建白沙水库工程，民工取土时，在地面下一米左右，发现了砖建墓顶，揭开之后，便见满布壁画的墓室，这就是白沙一号宋墓，同年 12 月又发现了白沙二号宋墓，1952 年 1 月发现了白沙三号宋墓。当时这一地区总共发现的从战国至明清墓葬约 300 余座。

白沙宋墓年代的确定是依一号墓室过道东壁下方的题记：“元符二年赵大翁布（?）”及出土的地券年月“大宋元符二年九月□日赵……”说明此墓建于公元 1099 年。二号墓内无任何纪年题记，宿白在《白沙宋墓》一书中曾对其斗栱、门簪、彩画等诸方面与唐、辽、宋的建筑遗物作了比较。依建筑细部做法及装饰风格看，晚于一号墓。三号墓也无任何纪年题记，其风格和做法更晚于二号墓。但三墓自成一组，与发掘现场的其他墓葬有明显区别。

2. 一号墓

(1) 墓室构成

一号墓由前后二室组成，前室为凸字形，后室为六边形，两者之前有一段短甬道，墓门即设于甬道端部，墓室方位取南北向稍偏东。

凸字形前室前半部分宽 2.28 米，深（长）1.84 米，后半部分宽 1.43 米，深（长）1.2 米，前室总深度（长度）为 3.04 米。前室室内高度因地面起伏和天花起伏颇有变化，在入口处仅存 48 厘米×57 厘米的一块扁方形地面，其周围三面皆为高 37 厘米的砖床，向北一直延伸入后室。在砖床以上，壁画四周便是仿木结构的柱、额、斗栱，及顶部天花。天花也成凸字形平面，层层上收后；

在前半部又凸起一盝顶。自地面至盝顶室内总高 3.85 米。一般部位自砖床至顶为 3.15 米。后室六边形每面长在 1.26～1.30 米间不等，室内也砌一砖床，仅于入口处留出一块 55 厘米×106 厘米的长方形地面，砖床高 40 厘米，砖床至顶高 2.6 米。在砖床中部有一小方孔，6 厘米×10 厘米，下通生土，此应即为阴阳书中所谓墓地取穴之穴位所在。

（2）墓室壁面

前室壁面作仿木构建筑形式，自砖床面起，最下部为地栿[4]，端部作圭脚形装饰，上部为壁柱，柱间施阑额、普拍方，普拍方突出阑额，其上即施斗栱，四铺作下昂计心造，前室前半部分，斗栱分柱头铺作与补间铺作，后半部分无补间铺作，在凹角和突角皆施转角铺作。柱头、补间铺作做法相同，仅转角铺作施 45°斜构件一缝。凹角处仅施一角华栱，凸角处则在正、侧两面原有栱、昂之基础上，加施角华栱一缝，使铺作组合尤为复杂。斗栱用材高 15 厘米，宽 9 厘米，栔高 5.2 厘米，与《营造法式》所列建筑用材的高宽比稍有不同，其尺寸介于《法式》七、八等材之间。斗栱虽为砖砌，但仍挑出壁面，使之具立体感，其下昂伸出长度为 28 厘米，耍头伸出 18.5 厘米。斗栱细部处理；栱的造型稍显笨拙，惟下昂上做琴面、下带华头子，耍头做出了蚂蚱头，透出几分精巧（图 5-112、5-113）。

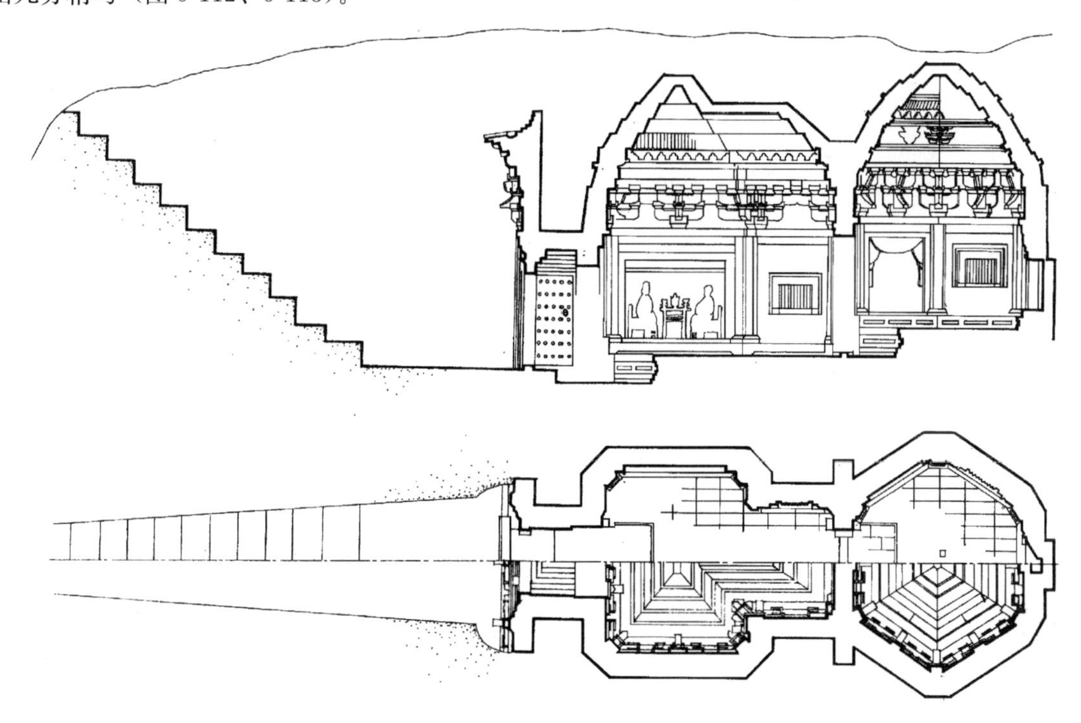

图 5-112　河南禹县白沙宋墓 1 号墓平面、剖面

后室也为仿木构式，壁面先于砖床面上砌地栿，然后做柱、额、普拍方，砌斗栱，最上顶棚层层内收，成一六边形攒尖顶。壁面所砌柱、额与前室相同，但斗栱有所不同，就布局来看，除六角之转角铺作外每面设补间铺作一朵，皆为四铺作下昂造斗栱，整齐划一。枓栱用材与前室相同，泥道栱及令栱长度皆比前室减小，昂及耍头挑出壁面尺寸也与前室相同。令栱之上所承散斗及齐心斗随天花之内收，成向内倾斜状（详见表 5-18）。

白沙宋墓 1 号墓斗栱尺寸表　（单位：厘米）　**表 5-18**

栱　类	泥道栱	隐出泥道慢栱	令栱	替木	昂	耍头	华栱第一跳挑出	昂第二跳挑出
前室　栱长	73.3		58		28	28	11	
后室　栱长	46		46		28	18.5		
墓门　栱长	65	80	55	76.5	22	16	13	6

续表

栱　类	泥道栱	隐出泥道慢栱	令栱	替木	昂	耍头	华栱第一跳挑出	昂第二跳挑出
斗　　类	上宽	下宽	耳高	耳平	欹高	总高	附注	
前室　栌斗	25	21	5.5	5.2	5.5	16.2	部分栌斗欹有内顱	
前室　散斗	15.5	13	4.5	1.5	3.5	9.5	散斗、交互斗、齐心斗略同，皆有欹内顱	
后室　栌斗 散斗	22.5 15	18.5 12	5.5 5.2	5.5 1.8	5 4.3	16 11.3	斗欹内顱　交互斗、齐心斗　略同	
墓门　栌斗 散斗	23.5 16	20 12	5 4.5	5 1.5	5 4	15 10	栌斗欹无内顱，散斗、交互斗、齐心斗有内顱	

图 5-113　河南禹县白沙宋墓 1 号墓室剖透

(3) 墓室天花

前室在斗栱上承替木、方形抹角素方，其上便是墓室顶棚，在混肚方、仰阳版两层线脚之上为山花焦叶，然后内收三层，只留前半部分，最上做扁方形盝顶，后半部分与其成丁字形相接。每个层面均绘彩画，有毬纹、叠胜、莲瓣等图案。

后室天花，在栱上先做三重线脚，然后斜施小斗栱一周，小斗栱之上再砌山花蕉叶，然后上收成一六瓣攒尖式。

(4) 墓室壁面装修

前室壁面前部东西壁做壁画，西壁壁面绘夫妻对坐桌旁，象征夫妻恩爱，常开芳宴。后部东、西壁以砖砌破子棂窗两樘；窗额、子桯、立颊、棂条清晰分明。前室北壁为一门洞，通往后室，洞口上施砖过梁，砖块间有 5～7 毫米的锈蚀铁片，与砖块紧贴，此铁片可能为施工时灌入之铁水铸成。

后室北壁设一假门，作左扇半开状，门扇周围有门额、立颊、地栿，并用线脚框边。门额上砌有门砧四枚，中间两枚做圆形，另外两枚做柿蒂形。后室东北、西北做二直棂窗，形同前室。东南、西南二壁绘壁画。

（5）墓门、甬道、墓道

在墓室最前方的甬道 1.26 米长，0.91 米宽，做砖叠涩顶。甬道之前即为墓门，墓门之外有在生土中挖成的阶梯形墓道，长 5.73 米。墓门采用砖砌仿木构式门脸，上部有瓦屋檐，下部为柱、额斗栱及门洞口。其做法是在门的左右立两个倚柱，形似方柱抹角，柱上有阑额，普拍方、三朵五铺作单杪单下昂斗栱，斗栱上承撩风槫、椽、飞、瓦顶、屋脊。斗栱用材与墓室相同。两倚柱间阑额之下先砌出层层叠涩退入之线脚，然后砌出门额和立颊。门额上施方形门簪两枚，表面雕柿蒂纹。门扇敞开，在甬道内用砖砌出版门形式，每扇上饰门钉七排及门环。墓门通高 3.68 米。

（6）墓室彩画

整座墓的墓门、甬道、前室、后室所有仿木构部分皆绘有彩画，其用色手法多以赭色为地，以青色作花卉或图案晕染，花纹题材有卷草、牡丹花、柿蒂、半柿蒂，梭身柿蒂、莲辨、方胜、斜十字纹、斜格纹、四斜毬纹、罗地龟纹等。所绘纹饰皆以褐线勾边外留白色缘道，形体不规矩，较自由，有些几何纹样缺少方整韵律。只有墓室入口门额下、券口上的三朵宝相花和其周边额、颊上的卷草画得认真严格。晕染方法皆以深色压心，浅色在外，未用对晕手法。整个室内由于遍地皆有彩画，气氛热烈，但觉艺术性稍差。现将各部位的彩画题材及用色列表如下：

一号墓各部位彩画一览表（表 5-19、5-20）。

白沙宋墓 1 号墓各部位彩画一览表　　表 5-19

部位		纹样	色彩
墓门	阑额	柿蒂	赭地
	正面门额、立颊	卷草	赭地蓝花
	背面门额立颊	流云、双禽、牡丹	
甬道	版门		通刷赭色
	门钉、门环		黄色
	顶部	顶心画赭色叠胜	通刷黄色
前室	南壁正中入口	上画出立颊、门额，内施墨线卷草	
	门额下券口	宝相花三朵	青晕降心
	柱子		
	柱头	箍头、半柿蒂或方胜	赭地青晕
	柱础	覆盆上绘墨线仰莲	墨线、赭地
	柱身	梭身柿蒂，一整二破	青晕墨线、赭地
	柱脚	箍头、仰莲	青晕墨线、赭地
	阑额端部	箍头	黄色
	阑额（南壁）	额身中部作斜十字纹（四个半方胜）	青赭相间、墨线
	阑额（东西壁）	卷草纹	青赭相间、墨线
	阑额（东西壁北段）	三角格纹	青赭相间、墨线
	普拍方端部 普拍方	半柿蒂或中间带斜十字纹	黄色 青晕墨线赭地
	斗栱		
	斗：	仰莲辨、半柿蒂、¼柿蒂、方胜	赭地青晕或粉地赭晕或白地赭心墨线
	栱	柿蒂、三角形格，菱形格	赭地青晕或青赭相间
	昂咀	半柿蒂	赭地青晕
	昂底、昂面	方胜	赭地或蓝地墨线
	昂侧	斜格或柿蒂	赭地青晕或青赭相间
	耍头正面及鹊台	方胜	赭心白地墨线
	栱眼壁	牡丹	青晕、降心
	素方（东西壁）	梭身柿蒂	赭地青晕
	（东西壁北段）	毬纹	赭色青地
	柱头方（东西壁）	半方胜	赭地

白沙宋墓1号墓各部位彩画一览表 表5-20

部位			纹样	色彩
前室	盝顶天花自下而上共有七个层次，每层分为斜面和平面，平面部分很窄，只涂赭白二色	混肚方 山花帐头 下层斜收面 中层斜收面 北部上层小斜收面 南部上层大斜收面 北部平顶 南部最上层斜收面 南部平顶	莲瓣 突起如意头 垂旒 北部画毬纹 南部画龟纹柿蒂 莲瓣 莲瓣 方胜 莲瓣 叠胜	青心白辨 赭地浅赭如意头 黄、蓝、赭相间 白地赭纹 赭地青纹或青晕 赭、青晕相间 赭、青晕相间 青地、青心、赭晕 赭、青晕相间 降、青色
	壁面	直棂窗		通刷赭色
后室（多处与前室同）	北壁假门 盝顶处小斗栱	门扇 门簪 下部两层随瓣方 随瓣方心 栱眼壁	门钉 门环 柿蒂 每层两两相对包角叶 中部一条宽线 上下棱椽道 云朵	赭地 蓝色 蓝色 黄心赭晕 淡黄色 青色 青色 墨绘

3. 2号墓

2号墓是一座单室墓，位于1号墓西北20米处。由墓室甬道及墓门组成，方位正南北，也是一座仿木构砖墓（图5-114～5-116）。

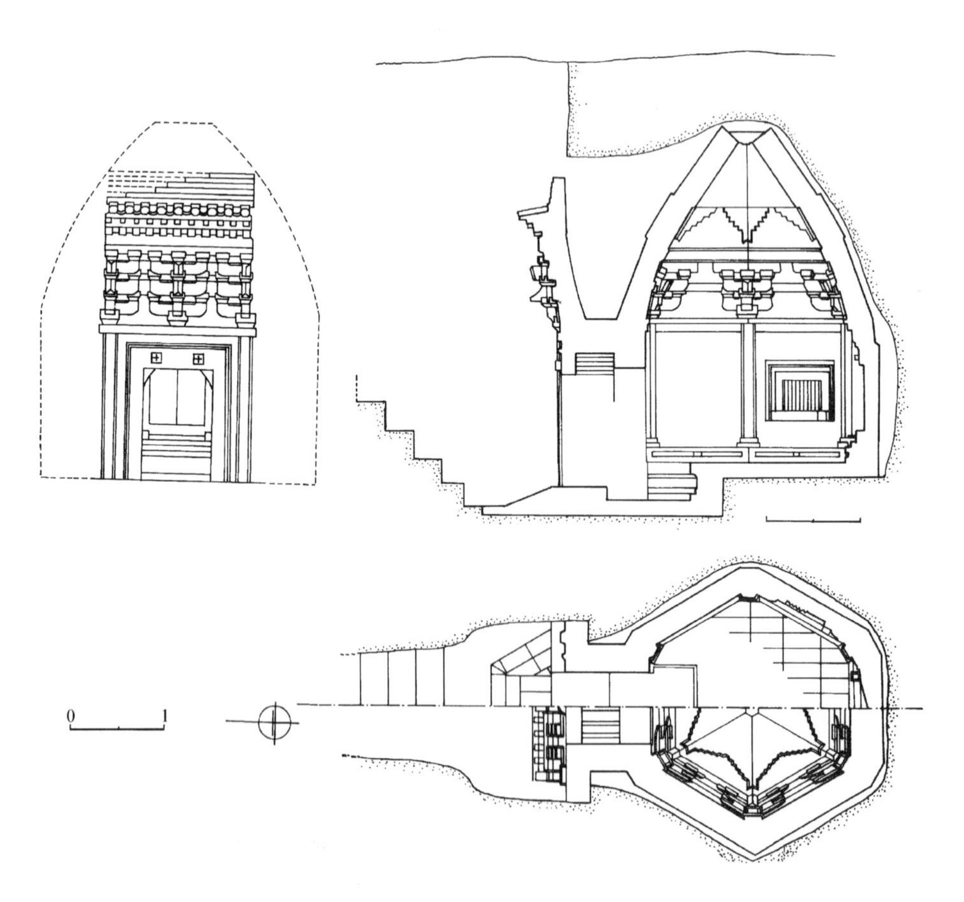

图5-114 河南禹县白沙宋墓2号墓平面、剖面

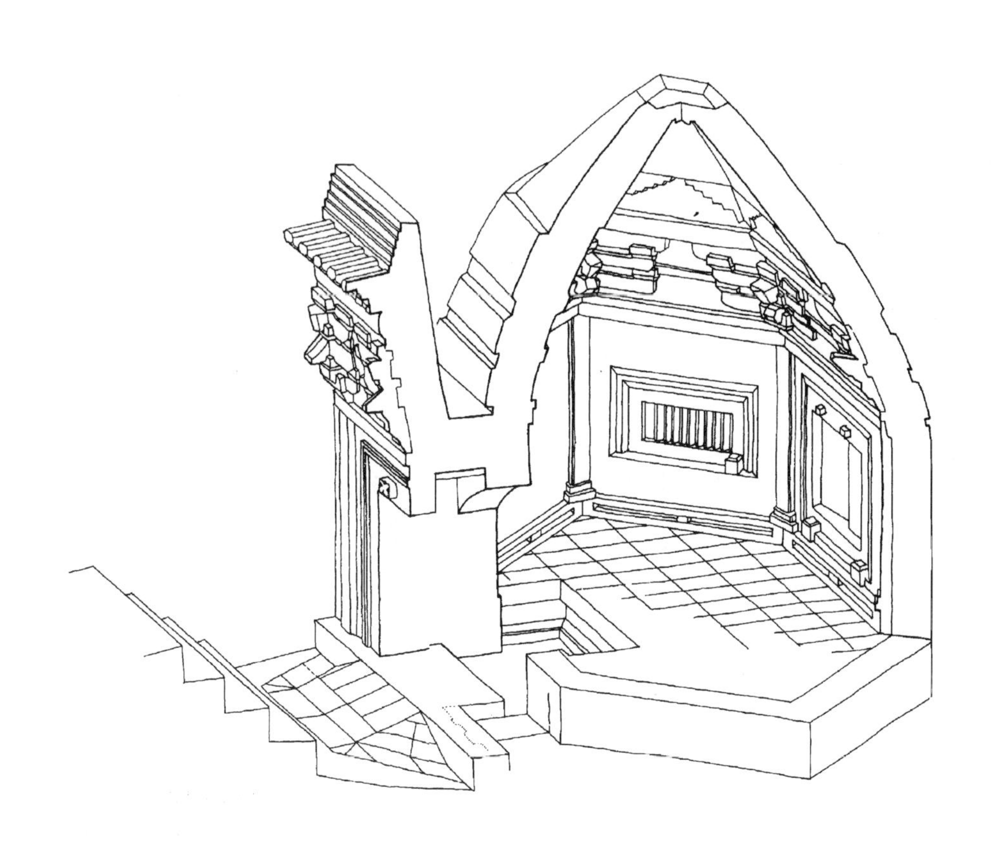

图 5-115 河南禹县白沙宋墓 2 号墓剖透

（1）墓室结构及构造

二号墓墓室结构非常简单，下为砖壁，顶部自砖壁向上收分成攒尖顶。六边形墓室，室内每边长 1.2～1.26 米不等，入门处留出 50 厘米×70 厘米的一块地面，其三面皆砌砖床，高 39 厘米。墓室地面至天花总高 3.79 米。自砖床以上六边形角部各砌倚柱一根，柱子立于地栿之上。柱头处砌出阑额、普拍方，上施砖斗栱，四铺作卷头造，柱间未施补间铺作，斗栱之上砌素方及墓顶天花和六瓣攒尖顶，中腰砌有折边线脚，增加了天花的层次感。整个墓室仿木柱、额与斗栱间比例失衡，柱、额断面很小，柱断面（面宽）仅比材广稍大，额广不足一材，这在真正的木构建筑中是不可能的。

（2）墓室装修

于北壁作砖砌半开假门一樘；形制与一号墓后室墓门基本相同，仅门簪只做两枚柿蒂形。门的立颊之下砌有门砧。另于西北、东北二壁砌出破子棂窗。

（3）墓室壁画与彩画

二号墓在甬道及墓室墙壁皆有壁画，但下部及顶部已漫漶剥失，仅留部分残迹，壁画内容为人物现实生活场景，其中西南壁所绘男女二人对坐，其旁立二侍者，似为墓主夫妇日常生活之一幕。

彩画部分主要绘于仿木构构件表面，如南壁正中入口两侧的砖砌立颊、门额皆以淡蓝、淡赭相间为地，蓝、赭之间边界模糊，再以墨线勾勒卷草纹。并以淡赭色勾出门簪后尾二枚，以与外面门簪相应。门额之下的券面中央绘一大朵牡丹花，花两侧各有一飞翔之水禽，花、鸟之间填以云朵。以红、青相间晕染出牡丹花瓣、水禽羽翼及云朵。墓室壁柱柱头画莲瓣，用红色晕染。柱身画柿蒂，用青色晕染，中施绛紫色花心，衬赭地。南壁阑额两端箍头以青、赭、黄三色相间，额心以赭地上画青晕柿蒂、普拍方则以淡黄地上画墨色木纹，两端画黄色箍头。

东南壁阑额心用墨线勾勒卷草，以淡赭为地，北壁额心用墨线勾勒海石榴，做枝条卷成式。

斗栱部分：外缘皆留白缘道，内涂赭心，大栌斗及齐心斗多绘莲花或仰覆莲（图5-116），栱心及柱头栱方绘墨线云文、卷草纹，替木及素方绘柿蒂，散斗绘卷草或柿蒂纹等。最为特殊的是耍头正面绘一兽面，此不见于文献，但《营造法式》大木作制度造耍头之制中曾称其为“胡孙头”，疑即因此而得名。栱眼壁中绘写生花卉，如下层栱眼壁绘有绛紫色花绿叶之没骨牡丹。

东南壁上层斗栱栱眼壁绘有一朱色果盘，内盛时鲜果品，涂成红、青色。

4. 3号墓

3号墓与2号墓规模、形制、装修皆相近，故不再重复介绍（图5-117、5-118）。惟彩画风格不同，例如墓室南壁券面做白底，随弧形轮廓中央部位画三朵枝条卷成式牡丹花及一朵花蕾。花朵施粉红色，花叶施绿色，皆用褐色线勾出花瓣和叶片，但未做叠晕。花卉之上券面两侧各绘一只水禽，涂深赭色，用褐色勾出羽翼、头、脚的轮廓。墓室斗栱之栱眼壁画没骨牡丹写生花，施粉、绿二色，以白色衬底。风格较1、2号墓活泼自由。

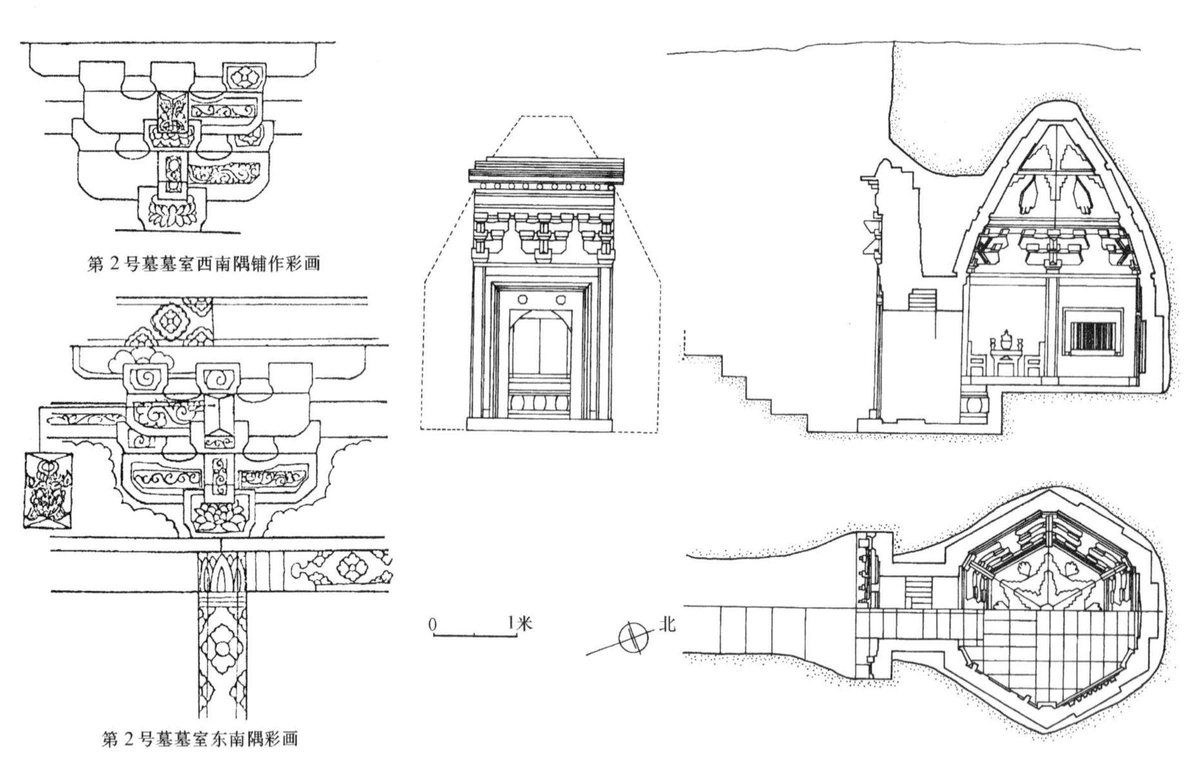

图5-116 河南禹县白沙宋墓2号墓斗栱

图5-117 河南禹县白沙宋墓3号墓平面、剖面

3号墓方向仍为南北向，北偏西20°。位于1号墓东北15.8米，2号墓东南13米处。从1、2、3号墓的相互关系分析，其与《地理新书》中所绘昭穆葬图布局极为相近，《地理新书》卷十三冢穴吉凶、步地取吉穴条曾明确指出；八葬法中的昭穆葬法流行于河南，白沙宋墓的三墓关系恰合其中的角姓昭穆葬法，即以祖穴在丙位，其昭穴在壬位，居祖穴西北，穆穴在甲位，居昭穴东南祖穴东北。据此推断，1号至3号墓为父、子、孙三代之墓。

图 5-118 河南禹县白沙宋墓 3 号墓剖透

注释

[1] 北京文物队“北京南郊辽赵德钧墓”，《考古》1962.5。

[2] 陕西省文物管理委员会“陕西丹凤县商雒镇宋墓清理简报”，《文物参考资料》1956.12.39。

[3] 辽宁省博物馆 辽宁铁岭地区文物组发掘小组“法库叶茂台辽墓记略”，《文物》1975.12.26。

[4] 吉林省博物馆 哲里木盟文化局“吉林哲里木盟库伦旗一号辽墓发掘简报”，《文物》1973.8.2。

[5] 北京文物队 “北京西郊百万庄辽墓发掘简报”，《考古》1963.3.145。

[6] 王树民“宣化辽墓出土见闻记”，《河北地方志通讯》1985.3.12。

[7] 宁夏博物馆考古组“宁夏泾源宋墓出土一批精美砖雕”，《文物》1981.3.64。

[8] 四川省博物馆 广元县文管所《四川广元石刻宋墓清理简报》，《文物》1982.6.53。

[9] 重庆市博物馆历史组《重庆井口宋墓清理简报》，《文物》1961.11.53。

[10] 四川省博物馆 荣昌县文化馆《“四川荣昌县沙坝子宋墓》，《文物》1984.7.72。

[11] 翁牛特旗文化馆 昭乌达盟文物工作站“内蒙古解放营子辽墓发掘简报”，《考古》1979.4.33。

[12] 白沙宋墓一节及有关材料据宿白《白沙宋墓》一书写成，图版也皆转引自此书。

[13] 河南省文物工作队“郑州南关外北宋砖室墓”，《文物参考资料》1958.5.52。

[14] 罗晔《醉翁谈录》壬集卷一。

[15]“山西汾阳金墓发掘简报”山西省考古研究所、汾阳县博物馆，《文物》1992.12。

[16] 山西省考古研究所“山西稷山金墓发掘简报”，《文物》1983.1.45。

[17] 陈旸《乐书》卷 187〈乐图论俗部・杂乐俳倡〉上。

[18] 吉林省博物馆 哲里木盟文化局“吉林哲里木盟库伦旗一号辽墓发掘简报”，《文物》1973.8.2。

[19] 四川省博物馆 广元县文管所“四川广元石刻宋墓清理简报”，《文物》1982.6.53。

[20] 曹汛“叶茂台辽墓中的棺床小帐”，《文物》1975.12。

第六章　宗教建筑

第一节　佛教建筑发展的历史背景

一、宋代官方对佛教的态度

历代宗教建筑的兴衰与当时统治集团对宗教的态度息息相关。经过前代“三武一宗”的灭佛运动之后，佛教若想再兴，势必需要新一代统治者的再次支持。在宋、辽、金、西夏时期，由于每个统治集团都面临着一系列的社会矛盾，企图利用宗教来维护其统治，成为这时期各个统治集团共同的方略，但他们的具体做法有所不同，因之对宗教建筑发展的影响也不同。宋代统治集团在外部不断受到异族侵扰，内部受到人民的反抗；这种双重压力促使其采取了支持佛教的行动，借以作为统治百姓的有力武器。于是产生了若干支持佛教的举措，如派僧人去印度求法[1]，于开宝四年（971年）完成[2]官刻第一部大藏经，并在朝廷设立了译经院、印经院等[3]。同时，僧侣人数与日俱增，在北宋开国不到50年的宋真宗时期，全国已有僧尼46万余人，京城和各路设立戒坛72所，全国大小寺院近4万所。神宗时，因遇荒灾，更以发度牒收费为权宜之策，僧尼人数再增。到南宋时还曾出现对僧人加收免役税，以为财政收入，绍兴中期甚至用多卖度牒以助军费，至使“无路不逢僧”，后来不得不下令停发度牒[4]。

然而，总的来看宋代官方对佛教的支持，既比不上唐代和元代，也比不上同时期的辽、金、西夏，而是采取了“存其教”，稍有推崇，多加限制的政策[5]。太祖建隆元年六月（960年）曾有诏书“诸路州府寺院，经显德二年停废者，勿复置，当废未毁者存之”[6]。乾德五年（967年）又下令不再毁坏铜铸像，但不准再铸造[7]。当时曾有不少僧人申请建置寺院，太宗认为“甚无谓也”。并作出“自来累有诏书约束，除旧有名籍者存之，所在不得上请建置。”[8]洛阳龙门石窟石佛曾在会昌灭法时被毁坏，真宗时有人进言，请朝廷修复，真宗则称：“军国用度，不欲以奉外教，恐劳费滋甚也”[9]。仁宗末年还将在籍的30万僧尼裁减了10万。

宋代皇室对佛教利用之意大于信仰之心。有时，面对激化的社会矛盾，则需要以宗教为麻醉剂。有时，经济结据，又要靠宗教来取得经济利益。因此可以说宋代对佛教采取的是两面政策。在这样的背景之下，官方对佛教建筑的投入是有限的。

二、宋代佛教的发展状况

这一时期，从佛教本身的宗教意义来看，在辽、金、西夏统治区可能算是更具有宗教意味，而在宋统治区，则已大大地世俗化了。佛教成为皇室的附庸，自觉地投靠皇室，甚至不惜改变佛教戒律，向皇帝顶礼膜拜。把寺院内庄严肃穆的礼佛院落，变成商贸活动的场所。许多步入空门的人不是出于信仰的需求，而是因为社会现实的原因，社会下层往往因经济拮据，走投无路，而投入佛门，以逃避役税[10]。社会上层人士则因思想或政治原因，例如科举失意，对变法遭非议，甚至还有为躲避社会刑法制裁而转入佛门。因此这些僧侣不是为了来世往生净土，而是为了现世谋求生路；其中遵守戒律者少，作奸犯科者多，真心修行者少，热衷红尘者多，他们把教义置之脑后，对来世不抱希望，有强烈的入世欲望，这与佛教的世俗化一拍即合。因此禅宗备受青睐，禅宗寺院建筑经唐末、五代的发展，至宋代已日益完善，“徽宗崇宁二年编集《禅苑清规》时，丛林制度已灿然大备”[11]。

由于僧侣的成员素质不佳，在佛教发展史中，宋代没有自成体系的思想，而却有不少新奇入世的言论，一些名僧呼吁着“如意自在”、“放之自然”。实际上宋僧在理论方面向儒家靠拢，在政治方面向政府靠拢，在生活方面向世人靠拢。僧人赞宁称：“以尊崇儒术为佛事”，僧人秘演好论天下事，自谓“浮屠其服，而儒其心”。僧契嵩著《辅教篇》，以佛五戒来附会儒家五常。宋代的寺院建筑实行子院制度，正是受到儒家伦理思想影响的结果。

在北宋的佛教史上还曾出现过改佛为道的运动，宋徽宗企图以行政手段完成这一举动，但仅仅一年事情便过去了，佛教徒在精神上受到一定的冲击，但影响不大。

南宋在佛教发展上的重大举措之一便是宁宗淳熙年间，史弥远奏请制定禅院等级，钦定五山十刹，其目的是“推次甲乙，皆有定等，尊表五山以为诸刹纲领”[12]。当时各宗寺院皆有五山，以禅宗五山、十刹在历史上影响最大。这些寺院尽管并非宋代创建，但却于此时改为禅寺，并有若干重建、增建、改建的建筑活动，从它们的建置情况当可窥见南宋佛教发展之一斑。

南宋钦定五山十刹寺院：

五山：

第一，临安径山兴圣万寿寺。（径山寺）创建于唐天宝初年（742年）。

第二，临安北山景德灵隐寺，创于东晋咸和元年（326年），宋景德四年（1007年）改为禅寺。

第三，临安南山净慈报恩光孝寺，创于后周显德元年（954年），绍熙四年（1193年）改为禅寺。

第四，明州太白天童景德寺，创于晋永康年间（300～301年）。

第五，明州阿育山广利寺，创于南朝宋元嘉二年（425年），宋大中祥符元年（1008年）改为禅寺。

十刹：

第一，临安，中天竺山天圣万寿永祚寺（法净寺），创于隋开皇十七年（597年）。

第二，浙江吴兴道场山护圣万寿寺。

第三，南京蒋山太平兴国寺（灵谷寺），创于梁天监十三年（514年）。

第四，平江（苏州）万寿山报恩光孝寺（万寿寺），原为教寺，南宋绍兴九年（1139年）改为禅寺。

第五，浙江奉化雪窦山资圣寺（雪窦寺），创于晋。

第六，浙江永嘉江心山龙翔寺（江心寺）。

第七，福建闽侯雪峰山崇圣寺。

第八，浙江义乌黄云山宝林寺，创于梁大同六年（540年）。

第九，平江虎丘云岩寺，创于隋仁寿元年（601年）。

第十，浙江天台山国清教忠寺（国清寺），创于隋开皇十八年（598年）。

三、辽代皇室支持佛教的发展

对于辽代统治者来说，信奉佛教是其吸收汉地文化，借以统治汉人的工具。因此，辽代皇帝曾亲自研究佛教，并支持佛教的发展。在辽圣宗、兴宗、道宗三朝（983～1100年），佛教在辽管辖统治地区曾兴盛过一百多年，其保护与支持佛教的活动有以下诸方面：

①帝后礼佛、祈愿、追荐、饭僧活动。

②拨款支持房山云居寺续刻石经，这一活动始于隋代，后于唐末中断，辽圣宗太平七年（1027年）恢复刻经，至道宗朝完成《涅槃》、《华严》、《般若》、《宝积》四大部之后，先续刻其他经典四十七帙，后又于大安九年至十年续刻四十四帙，总共约5000片（石），一直存留至今。工程之浩大，显示了当时对宗教之狂热程度。

③雕印契丹藏，契丹藏是在圣宗太平元年（1021年）得宋刻蜀版大藏经之后倡刻的，它补充了宋刻蜀版之不足，始刻于辽兴宗重熙年间（1032～1054年），完成于辽道宗清宁八年（1062年）。

④兴建寺院，辽代皇室支持寺庙兴建和寺院经济的发展。圣宗之女秦越大长公主舍南京私宅（辽南京即今北京西南地段），建大昊天寺，同时施田百顷，民户百家。兰陵郡人肖氏施中京大定府静安寺土地3000顷及财物若干。现存著名辽代寺院建筑中与皇室有关者不乏其例，如蓟县独乐寺、大同华严寺、应县佛宫寺、庆州白塔寺等。当时的一些权贵、富豪也效仿皇室，支持佛教的发展。因此辽代统治虽短，领域不过华北、东北地区，在其统治地区内兴建佛寺数量相当可观，现存的著名辽代塔寺就有17处（详见本章第四节表6-21）。

四、金代皇室支持佛教建筑的兴建

金代统治者在入主中原以前，已从高丽、渤海国方面传入佛教。在其以武力征服辽、宋之后，便确定"以儒治国，以佛治心"的统治策略，皇室出资兴建佛寺。例如太宗在金天会年间（1123～1137年）为海慧大师在燕京（中都）建寺，此寺于熙宗时命名为大延圣寺，世宗时改名为大圣安寺。熙宗还命僧海会（？～1145年）为他在上京会宁府建大储庆寺。世宗在中都为玄冥禅师建大庆寿寺，并赐沃田二十顷，钱二万贯，重建昊天寺，赐田百顷。修建中都郊外之香山寺，并改名为永安寺，赐田2000顷，钱二万贯。同时世宗还在东京建清安禅寺。后来其母贞懿太后出家为尼，又于清安禅寺别建尼院，由内府出资三十万贯。并施田200顷，钱百万。但金代禁止民间建寺。

金代度僧制度较严格，僧人需经课试，才准进入佛门。并于五台山等佛教圣地别置僧官，负责管理庄严名刹。

五、西夏皇室支持佛教建筑的兴建

西夏王朝所在的地域正置从西域进入中原的通道，这一地段佛教势力本已颇有影响，到了西夏统治的200年间，帝王又兴崇佛之举，频繁入宋地求索佛经，同时创建佛寺、佛塔。例如元昊准备称帝之时，便曾搜集舍利，建连云塔[13]。1047年元昊又于兴庆府东十五里建高台寺，以贮大藏经[14]。在天祐垂圣元年至福圣承道三年（1050～1055年）动用兵民数万人建承天寺，此寺今尚存承天寺塔[15]。民安四年（1093年）帝后发愿重修凉州感应塔、护国寺、大云寺。1099年于甘州由国师建宏仁寺。同时还在莫高窟、榆林窟造石窟，塑佛像，榆林16窟的第五号大佛即为1072年所修。西夏诸帝对佛教信奉的狂热程度不亚于辽、金，例如其第五代孝仁皇帝为一部佛经的刻印和教施，在大度民寺举行大法会长达十昼夜。佛教确实成为其统治的精神支柱。

注释

[1]《宋史·太祖记》乾德四年，派僧人行勤等157人去印度求法。

[2] 太祖时派内官张从信往益州（今成都），雕刻中国第一部官刻大藏经。

[3] 太宗太平兴国五年，（980年）中印度僧人法天、法贤、施护先后来京城，为此朝廷设立译经院，恢复已中断了169年的译经活动，太宗并亲自作《新译三藏圣教序》。

[4]《建炎以来系年要录》卷145，绍兴十二年五月。

[5] 程民生《略论宋代的僧侣与佛教政策》《世界宗教研究》1986年第四期。

[6]《长编》卷1，建隆元年六月辛卯。

[7]《长编》卷8，乾德五年七月。

[8]《长编》卷66，景德四年九月甲戌。

[9]《长编》卷65，景德四年二月己卯。

[10] 太宗时"东南之俗，连村跨邑去为僧者，盖慵稼穑而避徭役耳。泉州奏：未剃僧尼系籍者四千余人，其已剃者数万人，尤可惊骇"。（《宋朝事实类苑》卷2《祖宗圣训》）在两浙、福建、荆湖、广南各路，百姓也因附不出身丁钱，"民有子或亲不养……或度为释老"。（《长编》卷76，大中祥符四年七月壬申）

[11]《佛光大辞典》丛林条。

[12]《重修净慈报恩光孝禅寺记》。

[13] 嘉靖《宁夏新志》卷2，《葬舍利碣铭》。

[14]《西夏书事》卷18。

[15] 承天寺塔在乾隆四年（1793年）毁于地震，现存者为嘉庆二十五年（1820年）重建。

第二节 佛教寺院建置特点

一、寺院规模

由于宋代官方对佛教的发展采取了限制与利用相结合的两面政策，因之在寺院的建筑发展上制定了一些具体政策。当时，随着僧尼人数的增多，需要修建更多的寺院，而官方主动出资建造的寺院数量不多，并不能容纳数以万计的僧尼，于是在社会上出现了私创寺院的现象，官方为了限制这种行为，便采取由朝廷控制授予寺额的政策。创寺者需向地方官府申请，由地方报请朝廷颁降寺额，如不办理申请手续，便要受到惩罚。宋真宗时期以"……诸处不系名额寺院多奸盗，骚扰乡间"为名，下诏"悉毁之，有私及一间以上，募靠者论如法"[1]。但私创寺院之风仍未停止，到北宋中期，"在京诸道州军寺观计有三万八千九百余所"[2]。面对如此巨大的佛教发展浪潮，宋代统治者提出从寺院规模上予以限制，于是规定寺院屋宇及三十间以上者，可申请寺额，对不及此规模者，则必须依靠大寺院。这样便出现了"子院"制度，一些有名的大寺院，可以接纳若干子院，这些子院多围绕大寺院周围兴建。例如建州建阳县（今福建武夷山南建阳县）开福寺"其中分二十三院，各有名曰……二十三子院皆系开福物业，分头佃作，一门而入，则中间殿宇、佛像、法堂皆诸小院共之……"[3]这表明了一种以大寺院的佛殿、法堂为核心，周围布置子院的寺院总体布局关系。东京大相国寺的子院见于文献的有法华院、文殊院、净土院、维摩院、泗州院、智海院、惠林院、宝梵院等，"各有住持僧官。"[4]元丰"庚申（三年）……制革相国寺六十四院为二禅八律"[5]。子院建筑数量不多，如东京"大相国寺虽有六十余院，一院或止（只）有屋数间，檐庑相接，各具庖爨"[6]。子院平时"分头佃作"，"各具包爨"经济上是独立的，但仍须向母院纳贡。宗教活动则受母院领导。这一时期的大寺院均掌有相当数量的庄田，不仅宋统治区如此，辽的寺院也如此。义县奉国寺，不但有若干子院，而且有“菜园”、“仓后园子”以及“城外常住庄田中铺山、万佛堂、小汉寨、青石崖”[7]。辽代的奉国寺与前述开福寺有所不同，它没有明确的子院制度，但却有若干属寺，《大奉国寺庄田记》碑记载有“城下院”、宝胜寺、大觉寺、福胜院、“乡下院”、音城玉泉寺、山前云峰寺、段哥寨寺、采哥寨寺、康家北寨云岩寺、周孙哥寨寺[8]。其规模也是相当可观的。

二、寺院建筑布局

1. 以塔为主体的寺院

自汉代佛教传入中国开始出现的这种寺院布局一直流传到公元10世纪以后的一些辽代寺院，例如建于辽清宁二年（1056年）的山西应县佛宫寺，便是以释迦塔为主体的寺院，塔后建有佛殿。建于辽重熙十八年（1049年）的内蒙庆州白塔（释迦佛舍利塔），现仅存一塔，当年也是一座寺院，塔后有佛殿。建于辽清宁三年（1057年）的锦州大广济寺，是以一座砖塔为寺院主体，塔的前后均有殿宇。另据《全辽文》卷十载，辽南京大昊天寺在九间佛殿与法堂之间添建了一座木塔，此举正说明当时在辽代统治区更能接受以塔为主体的早期佛寺之模式。

以塔为中心的寺院，据考古发掘可知，平面布局较完整的是庆州释迦佛舍利塔佛寺。山门之内即为大塔，周围有廊庑环绕，塔后为佛殿。院落成竖长方形，塔与山门的距离几乎与塔的总高73.2米相等，塔与佛殿的距离比塔高还要大些，约80米。而塔与两侧廊庑的距离只有20米。主要塔院后部尚有若干佛殿，分列于中部与西部两组院落之中，中部院落依然就塔院中轴线延伸，有佛寺中殿与后殿，西部院落就中殿东西轴线转折后，作前后两进，西前院单独设门出入。由于此寺建于辽代陵邑庆陵所在地，据此推测中部塔院及佛殿院落为主要礼佛场所，西院可能是专为皇室使用的建筑群组。

与此同时，还有诸多带塔寺院，但塔的位置已不在中轴线上，而是偏居一隅，如虎丘云岩寺塔、房山云居寺塔、莆田广化寺塔皆如此。还有的寺院出现双塔并立于佛殿之前，如苏州罗汉院；也有将双塔置于中轴群组以外的，如泉州开元寺。塔在寺院中位置的调整，在宋代寺院中尤为突出，这正反映了把塔作为宗教象征的观念正在淡化。

2. 以高阁为主体，高阁在前，佛殿、法堂在后

这类寺院在敦煌从中唐至五代的壁画中均可看到，说明唐代已经流行，现存佛光寺大殿的前身即为高阁。在这一时期，可以蓟县独乐寺为代表，但遗憾的是独乐寺辽代建筑只存山门、观音阁，佛寺全貌如何，尚不得而知。幸好从文献记载中找到与独乐寺平面布局相关的例子，现存辽代奉国寺即属此类寺院。据金、元碑记等文献资料可知[9]，辽代的奉国寺有七佛殿九间，后法堂、正观音阁、东三乘阁、西弥陀阁，四圣贤洞120间（即围廊），伽蓝堂一座，前三门五间以及斋堂、僧房、方丈、厨房等。对照寺址现状，可知其原在山门内有观音阁，阁后为七佛殿、后法堂[10]。辽代佛寺中这种前高阁后佛殿的寺院，以供奉观音高大立像的楼阁为中心，与辽代皇室尊“白衣观音”为家神的信仰有密切关系[11]。

3. 前佛殿、后高阁

将高阁放在殿后的布局在敦煌盛唐、晚唐的壁画中有过多幅，见于宋代寺院的例子如河北正定隆兴寺，寺院中轴线上的建筑有山门，大觉六师殿、摩尼殿、大悲阁及阁前的转轮藏殿和慈氏阁，阁后殿宇。该寺始建于隋，北宋初重建寺内主要建筑大悲阁（现已非原物），并于其北拆却九间讲堂。现存寺内主要佛殿为摩尼殿，建于宋皇佑四年（1054年），慈氏阁、转轮藏也皆为宋代建

筑，而大觉六师殿原建于元丰年间（1078～1085年）（现已毁），山门建于金代（1115～1234年）。整个寺院纵深展开，殿宇重叠，高潮迭起。院落空间时宽时窄，随建筑错落而变幻。大悲阁与周围的转轮藏、慈氏阁所形成的空间，成为整组寺院建筑群的高潮，具有极强的感染力。类似的例子还有东京大相国寺。这座寺院曾历北齐、隋、唐至宋，屡经改建扩大，北宋时期，是皇室于京城着力建设的主要寺院。在寺院中轴线上和两厢位置布置了多重殿阁，其主殿为弥勒殿，中轴线上殿前有大三门，第二三门，殿后有资圣阁，殿两侧前有钟楼，经藏后有普贤、文殊二阁，周围有廊环绕。并于大三门、二三门之间设东、西塔院（图6-1）[12]。资圣阁，与文殊、普贤二阁形成三阁鼎立格局。这类形式是唐、宋之际有代表性的佛寺布局形式[13]。

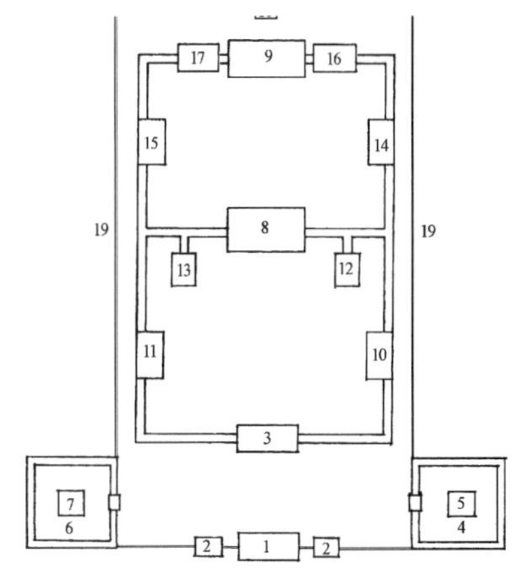

图6-1　北宋东京大相国寺主院平面复原示意图

1. 大三门；2. 胁门；3. 第二三门；4. 东塔院；5. 普满塔；6. 西塔院；7. 广愿塔；8. 弥勒殿；9. 资圣阁；10. 仁济殿；11. 宝奎殿；12. 钟楼；13. 经藏；14. 普贤阁；15. 文殊阁；16. 渡殿；17. 渡殿；18. 便门；19. 遮火墙

4. 以佛殿为主体，殿前后置双阁

现存佛寺中这类寺院可以山西大同善化寺为代表。善化寺中轴线的建筑有山门、三圣殿、大雄宝殿。大雄宝殿前有文殊阁、普贤阁及周围回廊。该寺始建于唐开元年间，但寺内现存建筑皆为辽、金遗物；其中大雄宝殿建于辽，其余如山门、三圣殿和普贤阁皆系金代重建。文殊阁及回廊现已无存，但寺院布局仍清晰可见。

在甘肃安西的榆林窟第三窟壁画中也曾绘有此类佛寺，其佛殿形制为主殿四面出抱厦与正定隆兴寺摩尼殿几乎完全相同，殿后则有两阁对峙，再后为另一楼阁（图6-2）。

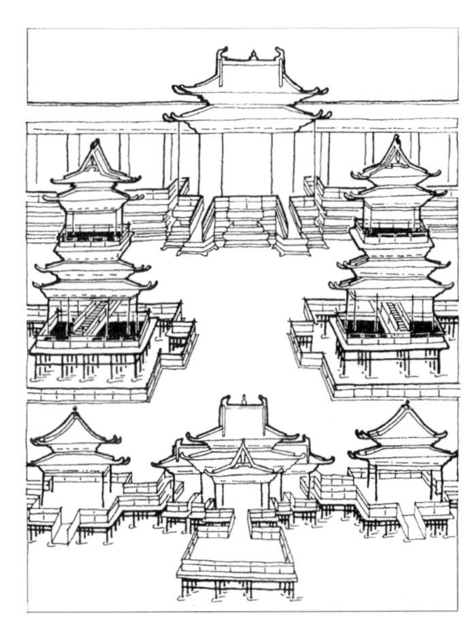

图6-2　甘肃安西榆林窟西夏第三窟北壁西方净土变中的佛寺

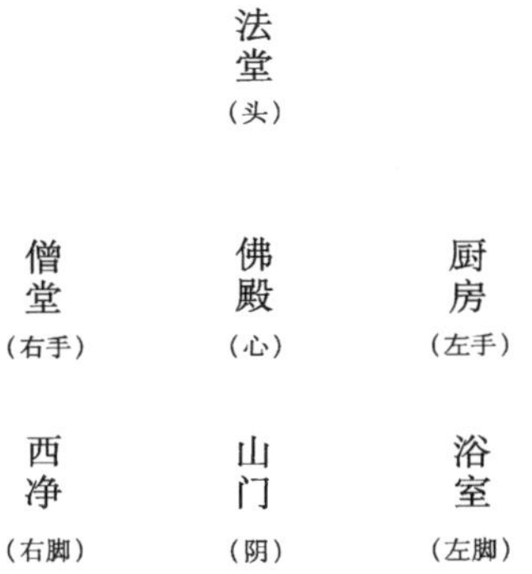

始建于辽的山西大同华严寺也曾采用过这类布局，据金大定二年《重建薄伽教藏记》载，华严寺在金天眷三年“仍其旧址而时建九间、五间之殿；又构慈氏、观音降魔之阁，及会经、钟楼、三门、朵殿”，另具《大同县志》卷五称华严寺“旧有南北阁”的记载[14]，均可证明华严寺曾采用“二阁夹一殿”的形式。

在辽南京大昊天寺也是“中广殿而崛起……傍层楼而对峙……”[15]的格局，因此这种布局可认为是辽代寺院的典型形式。

5. 七堂伽蓝式

属禅宗寺院格局。禅宗祖师达摩“来梁隐居魏地，六祖相继至大寂之世，凡二百五十余年，未有禅居”[16]，而是“多居律寺，然于说法、住持未合规度”[17]，至唐德宗、宪宗时期（780～820年）百丈大智禅师“创意，别立禅居”[18]，并规定禅刹制度。

据《安斋随笔》后编十四载，禅宗佛寺有七堂，即为山门、佛殿、法堂、僧房、厨房、浴室、西净（便所）。日僧道忠无著（1653～1744年）所著《禅林象器笺》中“伽蓝”条有“七堂伽蓝”之称，并附图解（图6-3）。南宋时期，五山十刹为代表的禅宗寺院即属七堂伽蓝类型。大约绘于南宋淳佑七年至宝佑四年（1247～

	法堂（头）	
僧堂（右手）	佛殿（心）	厨房（左手）
西净（右脚）	山门（阴）	浴室（左脚）

图6-3　七堂伽蓝图解

1256 年）的日本京都东福寺所藏《大宋诸山图》，记载了南宋时期灵隐寺、天童寺、万年寺的平面草图（图 6-4～6-6），从这几张图所绘殿堂平面布置格局与《禅林象器笺》所附之七堂伽蓝图完全一致。这几座寺院都以一组沿中轴线布置的建筑群为主体，两侧布置若干附属建筑。例如灵隐寺中轴线上的建筑有山门、佛殿、卢舍那殿、法堂、前方丈、方丈、坐禅室等，而在佛殿的东西两

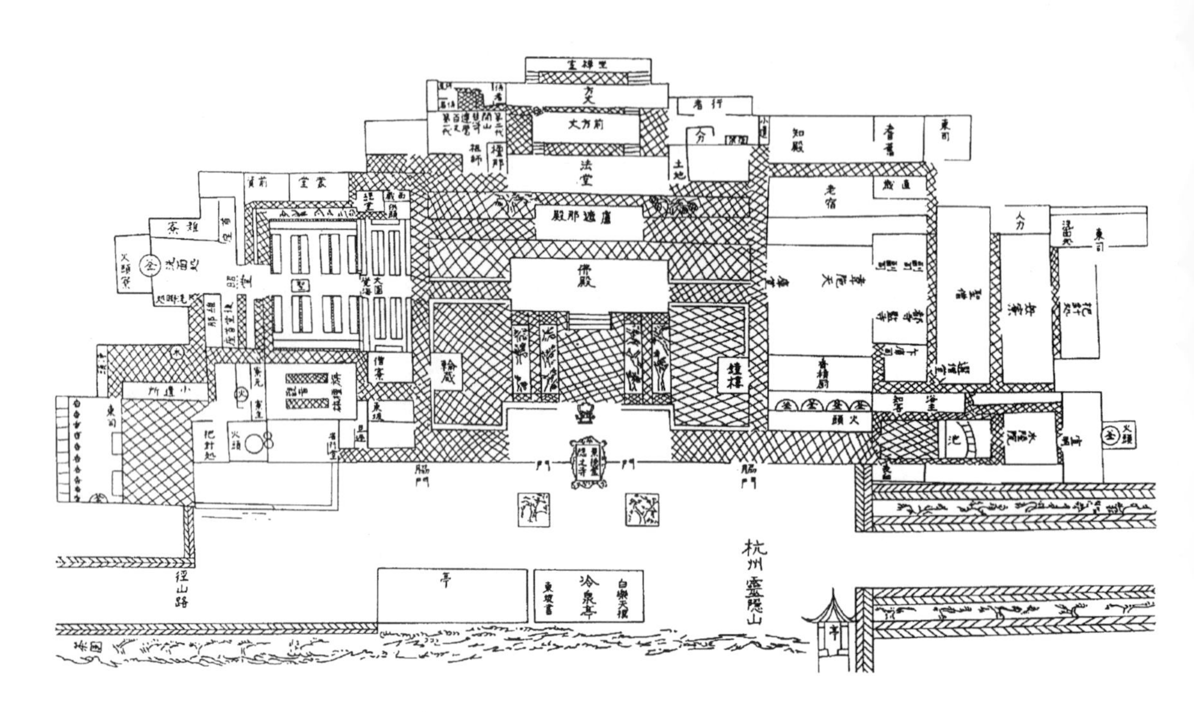

图 6-4　灵隐寺平面布局

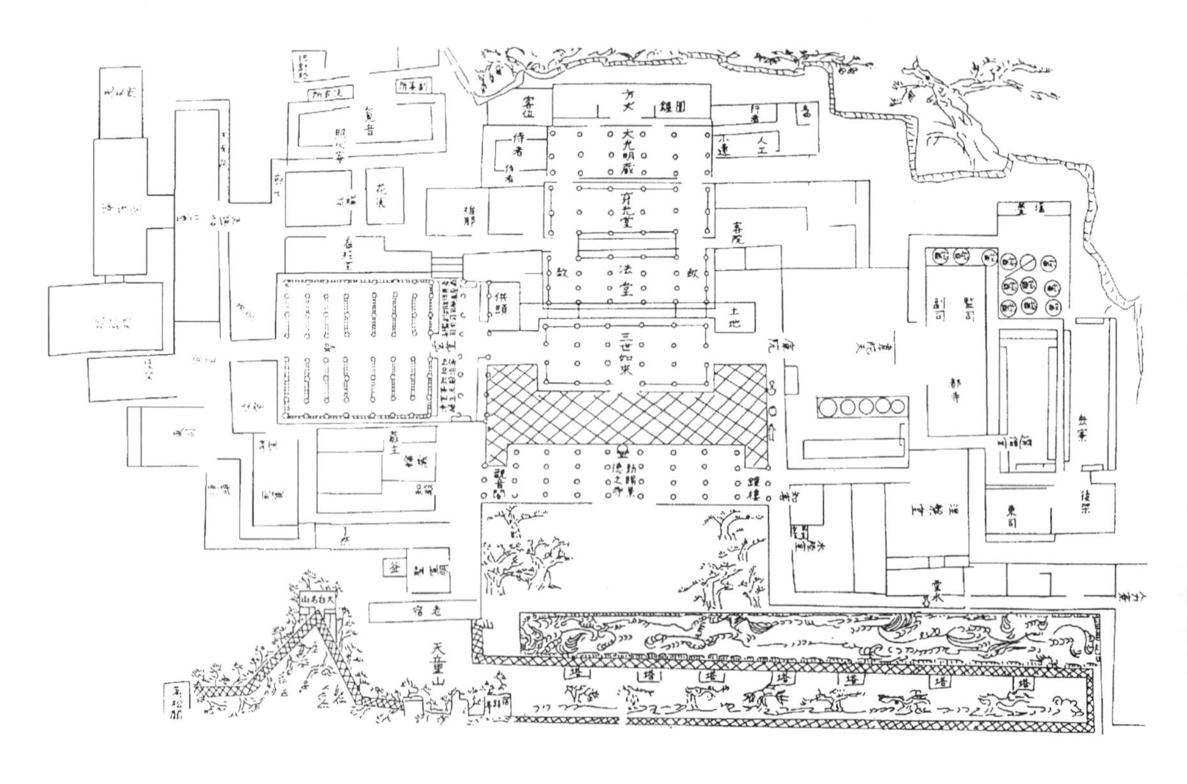

图 6-5　天童寺平面布局

侧出现了库院与僧堂，正是所谓“山门朝佛殿，厨库对僧堂”[19]的格局。天童寺、万年寺也都在中轴线上设有山门、佛殿、法堂、方丈，而佛殿两侧是僧堂对库院。这可算是南宋禅宗寺院的典型格局。中轴线上的建筑主要是宗教礼仪性建筑，中轴两侧则更多的是僧人日常活动的建筑。本来僧舍散处在主体建筑之外，而这时建起僧堂，置于佛殿近旁，并与库院相对出现一条东西轴线，形成十字形轴线格局。佛殿居中心，道忠把这中心比作人体的心，僧堂是僧人日常坐禅的场所，僧众在僧堂通过修行而将佛法了然于心，进而成佛。禅宗寺院出现这种布局，与其主张“心印成佛”恰好吻合，因此南宋禅宗寺院平面与四百多年后的道忠七堂伽蓝图如此相似。七堂伽蓝形式还适应南宋时期的子院制度，当时有许多小型寺院，依附于大寺院成为其“子院”。子院不设独立的佛殿、法堂，而与大寺院共用。这类寺院也采取中轴布置山门、佛殿、法堂的形式，例如，前述的建州建阳县开福寺二十三子院一门而入，“则中殿宇，佛像、法堂，皆诸小院共之……”从这样的记载推测，其布局可能是采取山门、殿宇、佛像、法堂布置在主轴线上，子院居于主轴线建筑群两侧的形式。可看作是在七堂伽蓝的基础上向外扩展的例子。

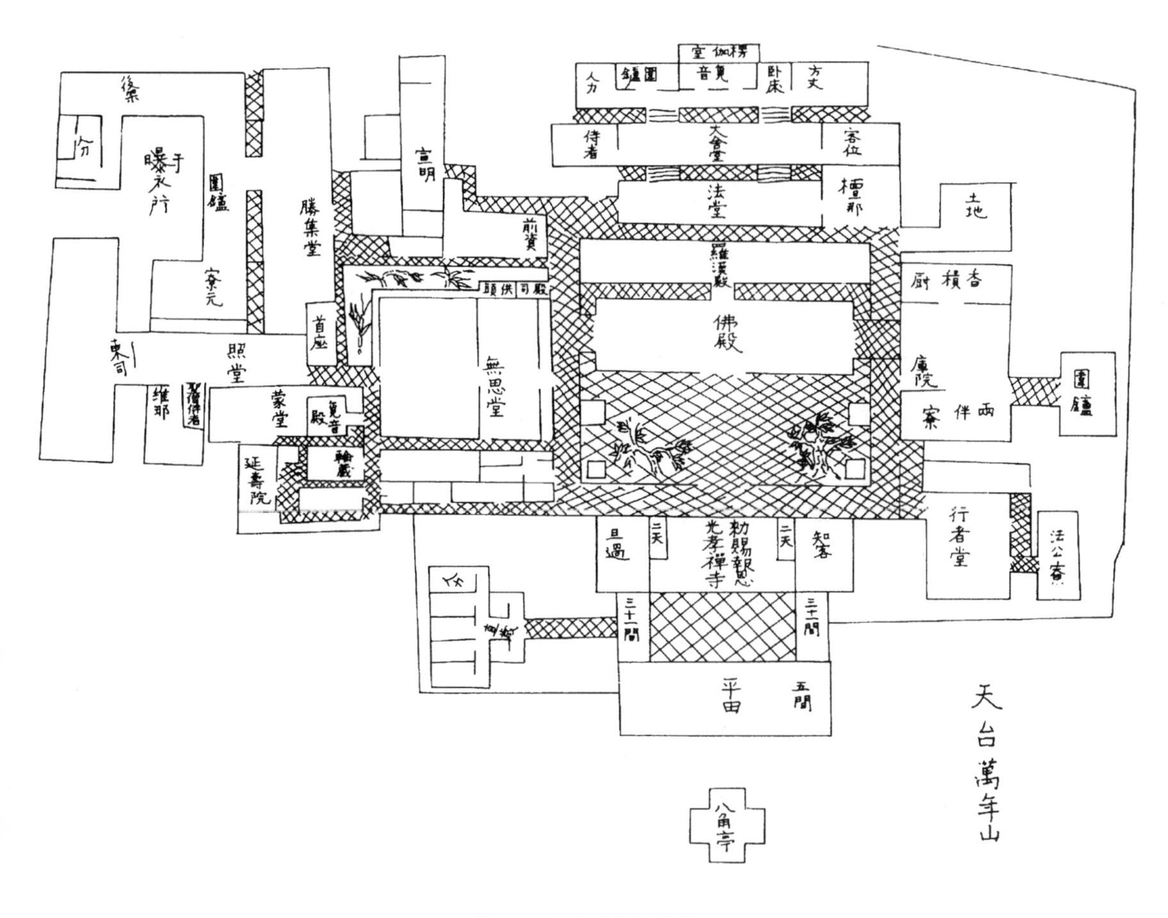

图 6-6 万年寺平面布局

三、寺院个体建筑

1. 山门

这一时期佛寺的大门，有“三门”、“山门”的不同名称，如东京大相国寺的山门即称“大三门”，“第二三门”。三门之意用以象征“三解脱”，即“空门”、“无相’、“无作”，但并非一定有三座门[20]。大相国寺把外门三座中最前的一座称为“大三门”，两侧的称为胁门，第二重门称为“第二三门”即是一例。而山门，从南宋“五山”即可明了，其中的每座寺院被称为第一山，第二山……这样的称呼可理解为寺院的规模较大，成为诸多寺院之首，故以“山”来称谓，其门自然可以称“山门”了。山门的形式多样，小型的如三开间的门屋，见于独乐寺，善化寺等，大型的常做成楼阁形式，可以与宫殿大门媲美。例如：关于大相国寺山门，据记载：

• “寺大门，四重阁也”；（《参天台五台山记》第四）。

• “（相国寺）重楼三门，至道元年（995年）造”（《北道刊误志》）；“为楼其上，甚雄”（《燕翼贻谋录》）。

• “（相国）寺三门阁上并资圣阁，各有金罗汉五百尊”（《东京梦华录》）。

又如关于杭州径山寺山门的记载也是一座颇为壮观的楼阁，“门临双径驾五凤楼九间，奉安五百应真，翼以行道阁，列诸天五十三善知士”[21]。类似的例子还有宁波天童寺山门，是一座七开间的三层楼阁。文献称：“门为高阁，延袤两庑，铸千佛列其上……”“横十有四丈，深八十四尺，众楹（柱子）具三十有五尺，外开三门，上为藻井……举千佛居之……”[22]这座山门的平面尺寸合47米×26米，高度约12米，可见其规模之大。一些寺院把山门作成高阁，通过宏伟的建筑来显示寺院的等级之高显。如大相国寺，是依宋太宗之命重建的，太宗并为其亲书匾额，当然需要用最高等级的建筑来表示其受到皇家之恩宠。另外，建造高大的楼阁，借以显示寺院实力和佛法的威力，也是宋代大型寺院追求的时尚，如天童寺的山门，原本只是二层楼阁，但受阴阳家的蛊惑，曰“此寺所以未大显著，山川宏大而栋宇不称”，于是改建成三层七间的大阁，使其“高出云霄之上，真足以弹压山川[23]。

2. 佛殿

佛殿在寺院中随其位置的不同，寺院规模的差异，而有所变化，在大型寺院中佛殿可达九间，如义县奉国寺大殿，内供佛像最多者五尊，通面宽达48.2米，通进深达25.13米。大同上华严寺大雄宝殿，也是九开间的大殿，通面宽53.7米，通进深27.44米，是现存早期佛殿中面积最大的一座。中型佛殿以七间五间居多，七间者面宽在40米上下，进深在25米至30米，如正定隆兴寺摩尼殿。小型佛殿则为三开间建筑，面宽多不过10余米，进深也在10米上下，平面近方形，如少林寺初祖庵大殿。但这些佛殿建筑不论大小，普遍不设回廊，皆以门窗装修封于檐柱间，显示出一种庄严肃穆气氛。在总体造型方面，辽代大型佛殿多为单檐四阿顶，较为严肃。宋代佛殿喜用九脊顶，较为活泼。如正定隆兴寺摩尼殿，和榆林第三窟西夏壁画所绘佛殿，皆作重檐九脊，且四面出一龟头屋。据考，敦煌壁画在宋以前未出现过重檐屋顶的佛殿，更无四出抱厦做法，而在河北正定与千里之遥的榆林窟之间却出现了具有惊人相似的建筑形象，这正说明从唐至宋建筑风格具有划时代的转变，仰慕宋代文化的西夏，便接受了这种新的风格。在佛殿内部空间处理上，企图扩展礼佛空间，是辽金佛殿的普遍追求，因此出现了移柱或减柱的做法。最甚者在七间殿宇中，前内柱只留两棵，余皆取消，使殿内空间豁然开朗，如山西五台山佛光寺文殊殿。这种功能上的追求，促进了对结构技术的探索，在佛殿中出现了类似现代建筑中的组合梁架。但宋代佛殿柱网排列齐整，不作减柱移柱，似乎偏于保守，或许是追求结构体系的完美。对于佛殿内部空间的扩大，采用四出抱厦一类的方法加以弥补。

3. 佛阁与楼阁

佛阁是寺院中位于中轴线上的楼阁，体量高大、宏伟，例如文献记载辽宁义县奉国寺的正观音阁，是一座七开间的楼阁。大相国寺的后阁，位于正殿之后的资圣阁，被誉为“楼阁最高而见存者”，在当时寺内的资圣、朝元、登云三阁中手屈一指，“资圣阁雄丽，五檐滴水，庐山五百罗汉在焉……”[24]据记载，资圣阁左、右朵殿各五间[25]，则阁本身起码七间，或更大。五檐滴水的楼阁估计高可达30～40米。登阁后“见京内如掌，广大不可思议”[26]。可见其高度之超群，其规模可参照正定隆兴寺大悲阁的尺度。大悲阁也是一座带有左、右耳阁的大型楼阁，其中部楼阁依柱础遗迹可知为面宽七开间，进深五开间，前部带抱厦，其高度据寺志记载为四层，复原后高度近40米。当时大型寺院中轴线上建造高大的楼阁建筑绝非少数。遗憾的是这类楼阁的现存遗物仅有蓟县独乐寺观音阁，其规模虽稍小，仅为面宽五间，进深四间，总高23米的中型楼阁，但其以结构的坚固性，体系的科学性而产生的长寿效应，享誉世界，成为世界现存最古老的楼阁之一。

另一类在寺院中轴两侧的楼阁，规模较小，最多使用大三间，如正定隆兴寺慈氏阁，有的还只有小三间，如善化寺普贤阁。就楼阁的功能性质来看，寺院中还有钟楼或藏经楼，也与佛阁夹杂布列。综观中轴两侧所置楼阁，有以三乘与弥陀对峙者，如奉国寺；有以文殊与普贤对峙者，如善化寺；有以慈氏阁与转轮藏对峙者，如隆兴寺；有以钟楼与经藏对峙，如大相国寺“左钟曰楼，右经曰藏”[27]。南宋五山寺院也如是。但惟独不见钟楼与鼓楼对峙之实例。因此可以推断，在这个时期，虽有用鼓之旁证[28]，但是否单独设鼓楼尚无可信依据，即使有鼓楼，鼓楼仍未进入寺院建筑的中轴群组中。

4. 转轮藏与壁藏

这时期大型寺院中专门设有储藏佛经的建筑，现存的华严寺薄迦教藏殿即是一座以壁藏形式来储藏佛经的殿宇，这种类型的藏经殿宇并不多见。而另一种以转轮藏形式来储存佛经，却成为此时常见的形式。例如，在北方的正定隆兴寺，东京（开封）大相国寺，在南方的浙江临安灵隐寺，宁波天童寺，天台万年寺等，皆设有转轮藏殿。这些均是宋代寺院，且多为禅宗寺院。自南北朝傅翕[29]发明用转轮藏储经以来，此时可称得上是建造转轮藏的辉煌时期，质量之高，做功之精，是空前绝后的。然而，转轮藏的发达，并非象征对佛教更虔诚，联系前节所述宋代佛教的特点，说明转轮藏的流行适合佛教世俗化的大潮。

5. 僧堂

在南宋时期，僧堂在建筑群中逐渐显赫，一些大寺院中纷纷以超大型建筑为僧堂。这不仅是为了容纳更多的僧人，而且成为禅宗寺院的一个特色。例如径山寺在绍兴十年（1140年）曾建千僧阁，天童寺在绍兴二年至四年（1132～1134年）建大僧堂，据日僧宏智正觉对这座新僧堂的记载“前后十四间，二十架，三过廊，两天井，日屋承雨，下无廧陼，纵二百尺，广六十丈，牕牖床榻，深明严结”[30]，这座建筑所占地盘有纵深70米，宽200米，从“三过廊”、“两天井”的描述可知为“□□”形建筑。又据《大宋诸山图》所绘天童寺平面看，这座大僧堂的规模在寺中是超群的。另有李邴《千僧阁记》描绘了径山寺千僧阁的内部是“以卢舍那南向巍然居中，列千僧案位于左右，设连床，斋粥于其下”。对照《径山寺海会堂图》[31]对大僧堂的平面布局可有一粗略概念，堂中供奉佛像，僧人睡的长连床排列成行。它既是僧众坐禅的场所，也是僧众寮舍。这种大僧堂的出现，是因南宋高僧辈出，经常入寺讲学，为满足僧人聚集听讲，表示对听众的平等待遇而设。对此，文献曾有记载，“所聚学众无多少，无高下，尽入僧堂，依夏（下）次安排，设长连床，施椸架，挂搭道具。卧必斜枕床脣，右肋吉祥睡者，以其坐禅既久，略偃息而已，具四威仪也。除入室请益，任学者勤怠，或上或下，不拘常准。其阖院大众，朝参夕聚，长老上堂升坐主事，徒众雁立侧聆，宾主问酬激扬宗要者，示依法而住也……”[32]（图6-7）。元代以后这种大僧堂

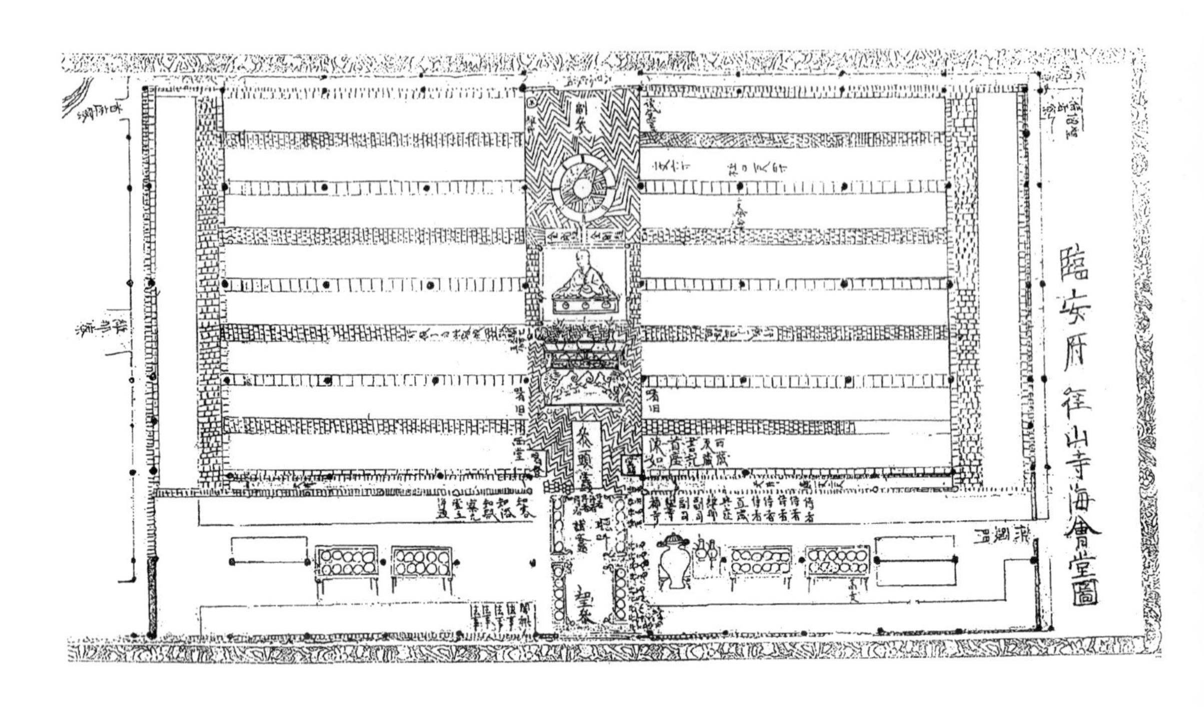

图 6-7 径山寺海会堂图

多因遭受火灾，而毁坏，到了明代便分化成禅堂、斋堂、僧寮了。大僧堂应属南宋时期大型寺院中特殊类型的建筑。

6. 罗汉院

宋、辽寺院中常有五百罗汉，多置于重层山门的上层，或设置在单独的楼阁之上。然而，宋代的净慈寺却不同，据成寻《参天台五台山记》载，该寺是以大佛殿和五百罗汉院为主体的一座寺院，单独设有罗汉院，院内有二石塔，高三丈许，共九层，每层雕造五百罗汉。这说明宋代已开始将罗汉置于独立的建筑群中供奉。据高僧传卷十二载，五百罗汉早在东晋时代，在天台山已出现，而净慈寺的罗汉院创建于吴越时期的显德元年（公元 954 年）。南宋初失火，到绍兴二十三年至二十八年（1153～1158 年），又曾再建罗汉殿[33]。单独以“罗汉”作殿名反映了寺院中对供奉罗汉的重视较前提高，并影响到明清大型寺院建筑的构成。

7. 回廊

在这一时期的寺院中，主体部分的殿宇周围，多有回廊环绕，如文献所记大奉国寺有“四圣贤洞一百二十间”，此即指回廊。而东京大相国寺则于“宋真宗咸平四年增建翼廊……”[34]其主院四面有廊约二百间[35]。临安径山寺也是“宝殿中峙……长廊楼观，外接三门……”庆州释迦佛舍利塔佛寺也发掘出回廊基址。由上可知无论是两宋还是辽金所建寺院诸多设有回廊。大奉国寺“旁架长廊二百间，中塑一百二十贤圣”[36]，另一座元至正碑称奉国寺内有“四圣贤洞一百二十间”[37]。这时期的回廊与唐代有所不同，唐时回廊独立于两厢位置的殿宇之外，而这时的回廊与两厢的殿阁结合起来安排，如善化寺所见。

8. 佛塔

这个时期的木构佛塔仅存应县木塔一例，然而，就是这仅此一例，却证明着当时中国建筑所达到的领先世界的技术水平，它不仅造型完美、而且技术先进，它采用的筒体结构，使其经受了多次大地震而能岿然屹立。砖石塔的遗物留存较多，不但形式丰富多彩，平面有方形、六边形、八边形，外观有密檐式、楼阁式、花塔，而且结构技术水平高超，出现了薄壁单筒、厚壁单筒、双套筒、筒中柱、实心砌体、砖心木檐木平座、下砖上木结构等不同的结构形式，造出了中国建塔史上最宏伟最高的砖塔——定县开元寺料敌塔，高达84米。在解决如何登塔的问题中，有塔心柱的采用穿心式楼梯，厚壁者采用穿壁绕平座式或壁内折上式，双套筒者于两筒之间布置塔梯，这些充分反映了造塔匠师们的聪明才智。

砖石塔的塔身立面多有雕饰，并以此来表达造塔之人或时代的思想及审美情趣，借以感化信众。例如泉州开元寺双石塔，刻满寓于佛教义理的人物故事。东塔的雕饰描绘的是东方娑婆，即指现实世界，认为这里充满苦难，释迦牟尼教化众生皈依佛教。西塔的雕饰描绘的是西方极乐世界，那里"没有众苦，但受诸乐"。朝阳北塔表现的是佛本生故事，北京天宁寺塔表现的是圆觉经中的圆觉道场。湖州飞英塔内中心小佛塔第五层上石刻匾额为"恭为祝延今上圣寿无疆"，这为考据南宋佛教向皇帝顶礼膜拜的史实之佐证。总之，塔仍是此时佛寺中的重要建筑。

此外，当时的寺院中还有法堂、伽蓝堂、弥陀殿等后世常见的殿堂。

四、寺院环境

寺院选址寻求优美的山水环境本是一个古老的传统，然而，这一时期的寺院建筑，已非常重视环境的塑造，通过人为的加工，使寺院环境更具有超尘脱俗的宗教意味，特别是在远离城市的山地寺庙，尤为出色。其主要表现在对前导空间的处理上，这可以五山十刹的几座寺院为例，现在人们来到这些寺院总会感受到那"二十里松林天童寺"，"十里松门国清寺"，"九里松径灵隐寺"所具有的令人心灵纯净的魅力。然而这些丛林在创寺之初并不存在，那"灵隐寺路九里松，唐刺史袁仁敬所植，左右各三行，相隔八、九尺……"[38] "天童寺之前古松夹道二十里，大中祥符间僧子凝所植也"[39]，而径山寺曾经历了"以会昌沙汰而废"，"咸道间无上兴之，又后八十余年，（约为北宋初年）庆赏……为屋三百楹，翦去樗栎，手植杉桧，不知其几，今之参天合抱之木皆是也。"[40]经过对寺院前导空间的人为加工，使得欲登佛门的人净化了灵魂，培养了对宗教的虔诚纯真的心态。王安石去天童寺的感受是"二十里松行欲尽，青山捧出梵王宫"[41]，正是那二十里松林的魅力，使这位大思想家、改革家也将一座寺院奉为宫殿而敬之。这时期在前导空间的处理上，除了以丛林引导之外，有的以溪流为引导，如灵隐、天台乃至山西高平开化寺。溪上架桥，建亭，成为参拜之路的若干小憩之处。如灵隐寺前曾有冷泉、虚白、候仙、观风、见山诸亭，"五亭相望，如指之列，可谓殚矣"[42]。这些建筑的设置，使那些经长途跋涉前来朝山的香客们的期待感，不断地得到了满足。

对寺院总体布局采取严肃的崇拜空间与自由的生活空间相结合，中部山门、佛殿、法堂等殿、阁严整对称。两侧禅堂、僧房结合自然环境错落安排。如《大宋诸山图》中的寺院的布局，是宋代寺院环境处理的又一特色。表现出与唐《道宣图经》中的寺院完全不同的风格，它反映着前后两个时期不同的环境观，五山寺院的布局可认为是宋代儒道佛三教合流哲学思想在寺院建筑中的体现。中轴线上的群组表现出了强烈的礼制秩序，是依照有主有次的儒家思想所建造的山门、佛殿、法堂、建筑群，体现着佛国净土的佛与法。而中轴两侧，除僧堂与库院需堂堂正正居于佛殿两侧之外，其余建筑布局没有限制，任其自由安排，且与地形结合，高低错落，又表现出道家"师法自然"的思想。

宋、辽、金、西夏时期是中国佛教建筑发展最活跃的时期，其总体布局和个体建筑均呈现着不拘一格、色彩缤纷的特点。它们饱含着中国建筑艺术和技术的信息，体现着宗教思想的变化所引起的建筑艺术、技术价值取向的变化，是中国建筑发展史上的重要篇章。

注释

[1]《续资治通鉴长编》卷九十一，天禧二年夏四月戊子。

[2]《古灵集》卷五。

[3]《名公书判清名集》。

[4]《东京梦华录》。

[5] 释念常《佛祖历代通载》卷十九。

[6]《续资治通鉴长编》卷三十三，元丰三年夏四月丁酉。

[7]《大奉国寺庄田记》碑阴。

[8] 同注 [7]。

[9] 见元至正十五年（1355 年）《大奉国寺庄田记》，金明昌三年《宜州大奉国寺续装两洞贤圣题名记》。

[10] 曹汛《独乐寺观音阁认宗寻亲》。

[11]《辽史・地理志卷三十七》"太宗援石晋主中国，自潞州回，入幽州，幸大悲阁，指此像曰：'我梦神人送石郎为中国帝，即此也。'因移木叶山（在今内蒙西拉木伦河与老哈河汇合处）建庙，春秋告祭，尊为家神。"

[12] 详见徐苹方《北宋开封大相国寺平面复原图说》，《文物与考古论文集》，文物出版社 1986 年 12 月。

[13] 据《汴京遗迹志》载，资圣阁建于唐天宝四年。

[14] 因华严寺主要殿宇朝东，其前的阁若处在两厢位置，应是一南一北，故称南、北阁。

[15]《燕京大昊天寺碑》。

[16] 宋・陆庵《祖庭事苑》卷 8。

[17] 宋・杨亿撰《古清规序》，转引自嘉靖庚申《百丈清规》。

[18] 同注 [16]。

[19] 宋僧《大休录》日本寿福寺语录。

[20]《释氏要览》："凡寺院有开三门者，只有一门亦呼为三门者，佛地论云：……三解脱门……喻法、空、涅槃也，三解脱门谓空门、无相门、无作门。今寺院是持戒修道者求涅槃人之居，故由三门入也。"

[21] 楼钥《径山兴圣万寿禅寺记》。

[22] 楼钥《天童山千佛阁记》。

[23] 楼钥《天童山千佛阁记》。

[24] 周密《癸辛杂识》别集上・汴梁杂事。

[25]《参天台五台山记》第四。"次礼（相国寺）卢舍那大殿，左右渡殿各五间……次登大殿高阁上，礼五百罗汉金色等身像、中尊释迦等身像。烧香了。西楼上有文殊宝殿，狮子眷属皆具。东楼上有普贤像，白马眷属皆足。……登阁上礼五百罗汉，皆金色也。"此处的卢舍那大殿即资圣阁的首层。

[26] 同注 [25]。

[27] 宋白《大宋新修大相国寺碑铭》。

[28] 宋・李弥逊《独宿昭亭山寺》："山寒六月飞双雪，楼殿深夜钟鼓歇。"

宋・程渊《肖山觉苑寺雪后杜门》："诗书废放道眼净，钟鼓杲隔禅房深。"

宋・陈元靓《事林广记》续集卷三〈禅教类〉载："天明开净，首座率大众坐堂闻一通鼓，首座大众上法堂二通鼓，知事走上参三通鼓"等皆反映了寺院用鼓的情况。(转引自萧默《敦煌建筑研究》)。

[29] 傅翕，法名善慧大士（497～569 年）梁朝人，禅宗著名尊宿，为转轮藏创始人（见唐楼颖《善慧大士录》)。

[30] 宏智正觉自记《明州天童山景德寺新僧堂记》，宋拓，日本东福寺藏。

[31]《大宋诸山图》，藏日本石川大乘寺。

[32] 宋・杨亿撰《古清规序》。

[33] 曹勋《五百罗汉记》。

[34] 程珌《重建寺记》。

[35]《参天台五台山记》第四："（相国寺）四面廊各（?）二百间许。"

[36] 元大德七年（1303 年）《大元国大宁路义州重修大奉国寺碑并序》。

[37] 元至正十五年（1355年）《大奉国寺庄田记》。

[38]《咸淳临安志》。

[39]《宝庆四明志》。

[40] 楼钥《径山兴圣万寿禅寺记》。

[41]《天童寺志》。

[42]《淳祐临安志》白居易〈冷泉亭记〉。

第三节 现存佛寺实例

一、蓟县独乐寺

1. 独乐寺创建的历史沿革

据清康熙年间朱彝尊《日下旧闻》卷三十引《盘山志》称："独乐寺不知创自何代，至辽时重修，有翰林院学士承旨刘成碑，统和四年（986年）孟夏立，其文略曰：'故尚父秦王请谈真大师入独乐寺，修观音阁，以统和二年（984年）冬十月再建，上下两级，东西五间，南北八架大阁一所。重塑十一面观世音菩萨像'"。这是有关独乐寺建寺年代最早的材料，为了证实材料之可靠性，史学界一些学者对尚父秦王和刘成二人著专文考证[1]，尚父秦王系韩匡嗣，为辽代汉官，"父知古发迹于太祖之初起，其后一门忠于盛辽代"，匡嗣曾任西南诏讨使。独乐寺现存建筑反映了较高的等第规制，与韩氏家族这样的权势背景不无密切关系。而独乐寺的创建时间当在辽代以前，以现存观音阁上的华带牌为太白书"观音之阁"推测，该寺在唐已存在。自辽统和二年重建后，至今的一千多年之间，又有多次自然或人为的破坏，并有数次维修。对于自然破坏，有史可依的记载有：辽清宁二年（1056年）、元至正五年（1345年）、明成化十七年（1481年）、明天启四年（1624年），清康熙十八年（1679年）、1976年唐山地震等多次大地震的袭击，据统计资料，独乐寺经历的大小地震达28次之多[2]。此外还有光绪二十六年（1900年）八国联军的破坏，民国6年（1917年）军阀驻军破坏，民国28年（1939年）日本侵略军占据的破坏[3]。而对于独乐寺的维修，史料中的记载多为壁画的重绘，提及修葺的有四次，即"明万历末"、"清康熙初"、"康熙十八年"、"清光绪二十七年"。但这几次修葺均未涉及建筑的结构构架，且至今在观音阁二楼楼梯口东侧南、北两块墙壁上仍保存有历代游人题记，最早的为"金大定八年（1168年）四月三日……至此闲游记杨僧□□示"，还有元"至元十二年（1275年）四月十日"，元"至元十七年（1280年）大都路□乐黄道□记"，以及明、清多条[4]，足证该寺主体建筑虽曾修葺，但建筑原构未改。公元1961年被列为全国重点文物建筑保护单位，此后得到科学保护，于1995年对观音阁进行了一次全面的重修。

2. 独乐寺位置及总体布局

独乐寺位于蓟县西大街路北，靠近县城西门，寺院山门前有影壁，位于马路南侧，其位置与康熙《蓟州志》蓟州城图所载相符。该寺山门之外原有一对旗杆，现仅存的夹杆石可标示前方地界的位置。寺院早期总体布局和规模已无从查考，目前的建筑有山门、观音阁，阁后的韦陀亭，及一组小型四合院。山门与观音阁之间的院落内有东、西配殿，此外在观音阁东北角有一组小院，称为"坐落"，只有三间小殿，是为清帝谒陵所建行宫，阁西院落原为僧房，现改作文化馆。独乐寺中部占地前后长150米，左右宽70米。其中除山门与观音阁之外，皆为清代建筑。从山门和观音阁的等第规制推测，寺院在辽代本应于阁后有与之相称的殿宇，现存的前、后殿和东、西配殿各三间的清代小四合院，正压在被毁的早期殿宇基址上，无法得知寺院原貌。不过从现在山门与观音阁的位置看，当年独乐寺，在观音阁后不会有比其更重要的大型建筑，因此，这座寺院布局属于以阁为中心的类型（图 6-8）。

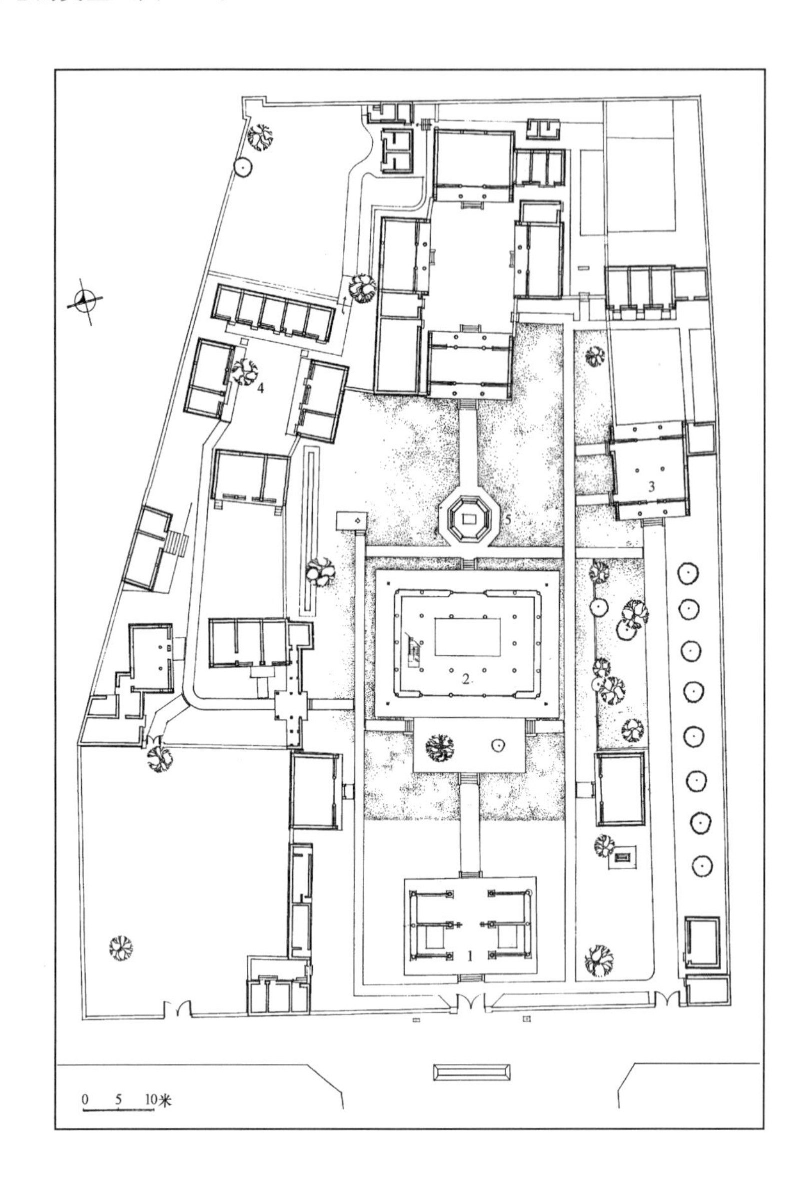

图 6-8 独乐寺现状平面

1. 山门；2. 观音阁；3. 座落；4. 僧房；5. 韦陀亭

独乐寺山门与观音阁相距 36 米，（按外檐柱轴线间距）两者并不在一条南北轴线上，观音阁稍稍偏东[5]。但不为一般人所察觉。观音阁高 23 米，两者间距仅为阁高的 1.5 倍，在这一时期的宗教建筑群组中，这组建筑是两座主体建筑之间距离最短的一个。入山门后，观音阁迎面高耸，几乎看不到天空。阁前又伸出月台，更拉近了两者的关系，人们进入山门，来不及思索什么，便已跨上月台，进入了观音阁。阁内十六米高的观音像，直通三层，入阁后更需仰望才能看到那十一面观音的脸部。这一建筑群以紧凑的空间处理造成神秘而壮观的印象，是非常有特色的。

3. 山门

（1）平面与立面（图 6-9～6-11）

山门平面面宽三开间，进深两间，通面宽 16.56 米，当心间稍放宽为 6.1 米，比次间宽 89 厘米。通进深 8.67 米，当中立中柱。整幢建筑坐落在一座 45 厘米高的低矮台基上，建筑柱高比开间小得多，只有 4.33 米，合当心间面阔的 71%。柱子较粗，下径为 51 厘米，上径 47 厘米。且带有侧脚，上部覆以四阿顶。檐下斗栱雄大，支托着那深远而飘逸的屋檐，再佩上五条屋脊的弹性曲线，和正脊两端上翘的鸱尾，使整幢建筑造型刚劲有力，而又稳固坚实，表现着这座千年寿命的建筑所独有的魅力。

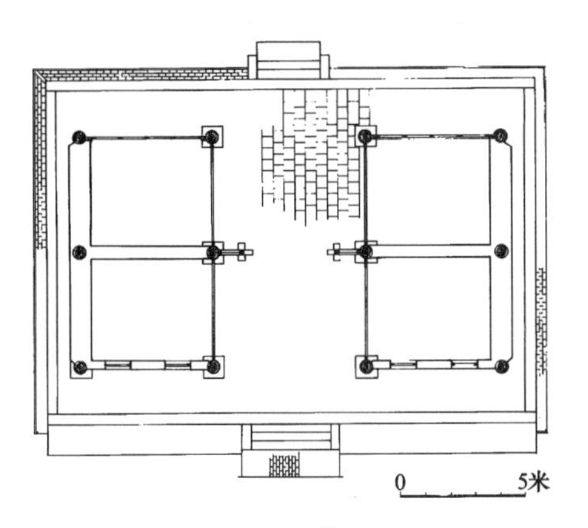

图 6-9　独乐寺山门平面

图 6-10　独乐寺山门

图 6-11　独乐寺山门立面

山门作为一座门殿，前后檐柱的当心间未做装修，仅于次间安直棂窗，门扇装于当心间的中柱上，次间中柱以前的空间立两尊持剑的护卫金刚力士，继承了辽代门神持剑的习俗[6]。

（2）构架（图 6-12～6-14）

山门虽采用四架椽屋前后乳栿用三柱的构架形式，但是以通檐用二柱为基础，中柱柱头上虽有斗栱之设，但实际独立于梁架之外，前后檐柱之间的梁为一条四椽栿，上承平梁、蜀柱。由当心间檐柱所承托的两品梁架之间，纵向联系构件除襻间方之外主要是各柱上的阑额、柱头方，尤其在次间这些纵向的额、方成为保证构架整体性的重要构件。次间屋顶的荷载通过续角梁搭在正脊的增出部分，传递到当心间柱子承托的梁架之上。四阿顶的这种做法，构思巧妙，手法简洁，令人赞叹。

构架中前后檐柱比中柱稍高，且有相当于柱高 2%的侧脚，这样的处理使构架的内聚力加强，梁柱间各处榫卯连接更加紧密。

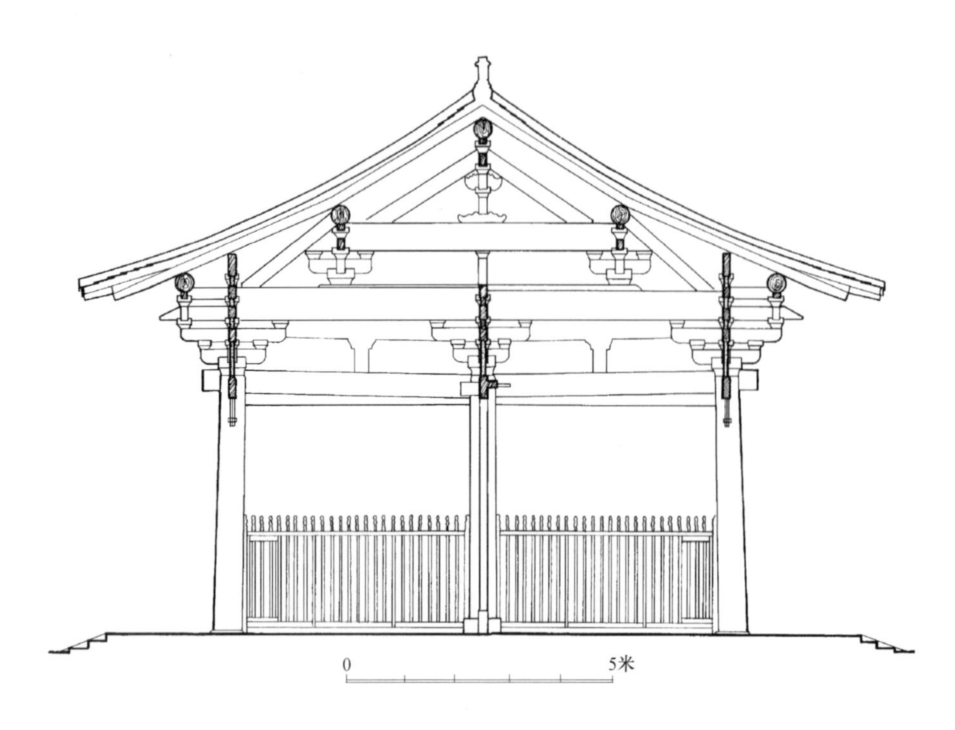

图 6-12 独乐寺山门横剖面

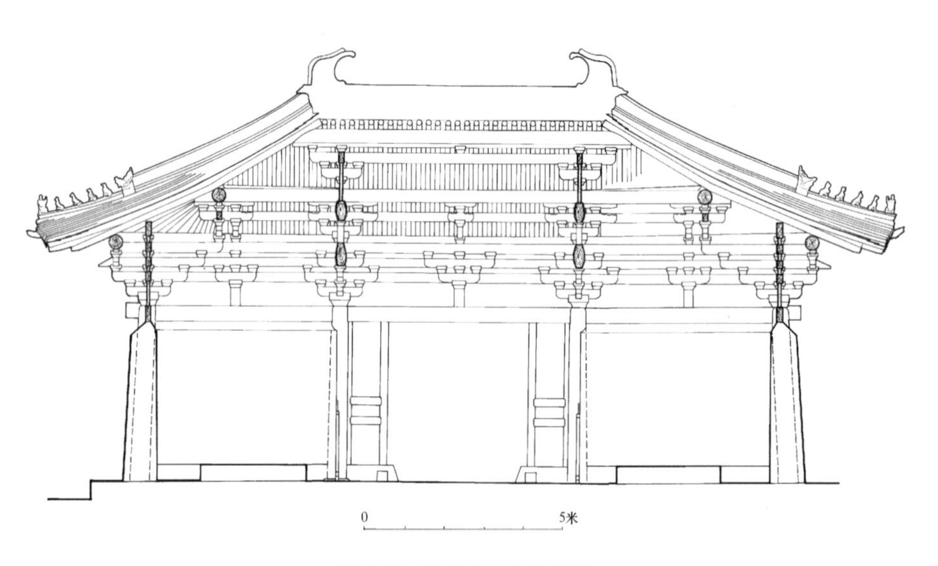

图 6-13 独乐寺山门纵剖面

屋顶前后撩风槫相距 10.26 米，总举高为 2.57 米，接近《营造法式》关于厅堂举折制度之规定。屋顶外观造型显得格外平缓而舒展。

（3）斗栱

斗栱采用卷头造类型，在梁架之下形成一个铺作层，按分心斗底槽形式布局，用材尺寸高 24 厘米，宽 16.5 厘米，相当于《营造法式》的三等材。内外檐各间皆施补间铺作一朵，共有斗栱五种，即外檐三种，内檐两种。

1）外檐柱头铺作：五铺作出双杪偷心造，里转同外跳。扶壁栱施泥道栱一重，其上为三重柱头方，至椽下施压槽方。四椽栿入斗栱过柱头方后充当衬方头及耍头伸出，耍头端部斜刹成批竹昂式与令栱相交，上承替木及撩风槫。山面与正、背面者小有不同，无入斗栱之梁，里跳改成出单杪，上承素方三重，方上隐刻华栱头三跳，再上承令栱、素方及山面下平槫（图 6-15、6-16）。

2）外檐补间铺作：栌斗升高一足材，下用蜀柱垫托，立于阑额之上。外跳自栌斗口内出双杪华栱，第二杪跳头承替木及橑风槫，里转出四杪，承襻间方及替木、下平槫。扶壁栱完全隐刻于柱头方上（图 6-17、6-18）。

图 6-14 独乐寺山门构架

图 6-16 独乐寺山门外檐柱头铺作

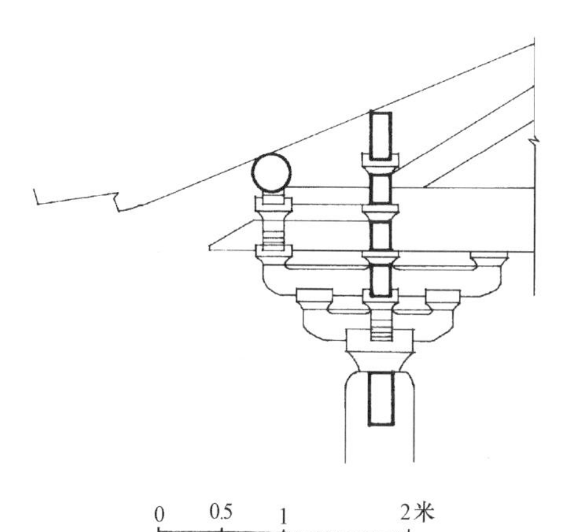

图 6-15① 独乐寺山门外檐柱头铺作侧面

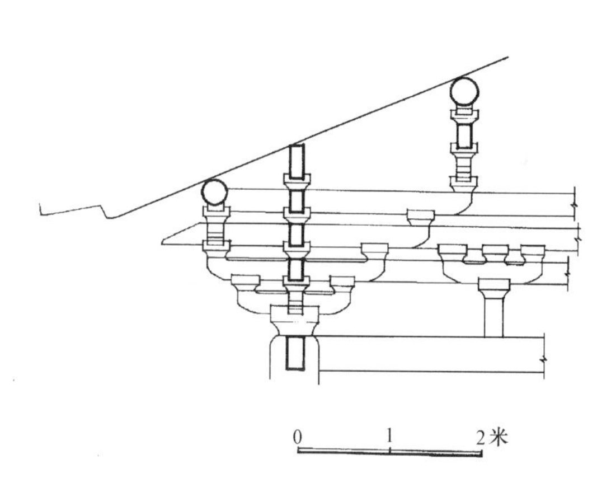

图 6-15② 独乐寺山门山面外檐柱头铺作侧面

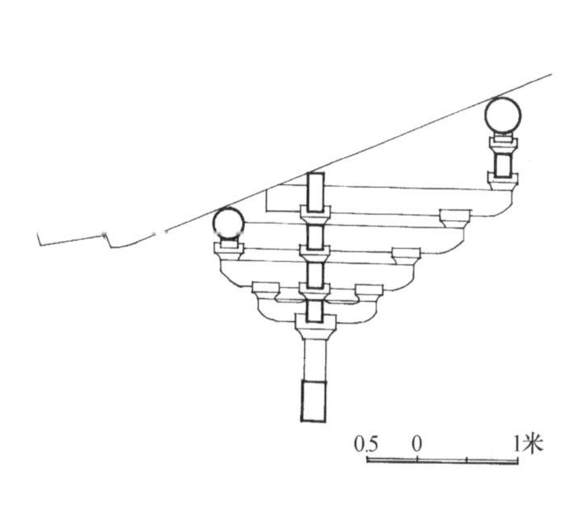

图 6-17 独乐寺山门外檐补间铺作侧面

图 6-18 独乐寺山门外檐补间铺作、转角铺作

3）外檐转角铺作：外跳在柱头铺作基础上增加角华栱一缝，出三杪，另于第三跳栱的高度，通过柱中心线，安一抹角慢栱，与第三跳角华栱垂直相交。抹角慢栱两端安散斗以承替木及橑风槫。外跳列栱中，第一跳华栱与泥道栱出跳相列，第二跳华栱与柱头方出跳相列，令栱与小栱头出跳相列。里跳仅出角华栱五杪，以承襻间方，上托正、侧两面下平槫相交之点，其上即角梁尾（图 6-19、6-20）。

图 6-19　独乐寺山门外檐转角铺作

图 6-20　独乐寺山门转角及补间铺作里跳承下平槫及角梁尾

4）中柱柱头铺作：前后出双杪，托于四椽栿下，左右出单杪，上承柱头方三层。

5）内槽补间铺作，仅于方上隐刻横栱，垫以散斗，只起装饰作用，不受力。

（4）其他

山门墙体、装修，瓦屋面皆为后世重修更换，只有正脊两端之鸱尾，仍为辽代式样，兽头口衔正脊，尾部上翘并向内翻卷，轮廓成一富有弹性之曲线，是现存较早期鸱尾中的精品，此物能留存下来，实为难能可贵。

4. 观音阁

（1）平面及立面

观音阁面宽五间，进深八架椽，侧面显四间。坐落在 90 厘米高的石砌台基上。采用单檐九脊顶，外观高两层，内部结构实为三层，在两层之间的平座、腰檐处为一暗层（图 6-21）。

图 6-21　独乐寺观音阁

由于阁内所设观音塑像高 15.4 米，通达三层，故阁的三层平面尽管柱网形式相同，但梁额布局有所不同，再加上插柱造的结构方式和柱的侧脚，因之各层开间，进深尺寸大小不等，详见表 6-1：

观音阁各层开间进深尺寸表（厘米） **表 6-1**

位置		明间		次间		梢间		通面阔	
		柱头	柱根	柱头	柱根	柱头	柱根	柱头	柱根
开间	上层	452	454	430	431	293	298	1898	1921
	平座	454	461	431	431	298	298	1912	1919
	下层	467	472	431	432	332	342	1993	2020
进深	上层			366	370	293	298	1318	1336
	平座			370	370	298	298	1336	1336
	下层			370	370	332	340	1404	1420

下层平面布局采用内外两圈柱子，外檐柱之间除正面当中三间，背面心间作格子门外，其余各间皆为实墙，墙厚达 103～110 厘米，两山、背面将柱包在墙中，仅角柱半露，因前面梢间也有墙体。一层内柱间中部置佛坛一座，高 105 厘米，上立三尊塑像，中部为 11 面观音主像，高达 15.4 米，两侧各立一尊胁侍菩萨。后檐内柱间仅明间有墙，朝向后门的一面塑须弥山及倒座观音像一尊，两侧塑有童子和韦驮。

下层西北角设单跑楼梯可通上层（图 6-22）。

平座层作为结构层出现，中部为空井，仅内外柱间设楼板，这一层只有内墙，没有外墙，外檐柱间被腰檐及由额、博脊等结构物遮挡。内柱间施夹泥墙。内外柱间的空间完全是封闭的黑暗的，仅西端梢间因为设有楼梯间，则有上、下层的光线射入。在夹泥墙以内利用斗栱出跳做出了窄窄的室内平座，平座外缘设雁翅板及木栏杆（图 6-23）。

上层平面在内柱间留有六角形空井，在当心间的内柱柱头与侧面中间的柱头各做抹角方一条。于是，空井变成了六角形，形状稍扁，两端在侧面内柱处的夹角仅有 78.36°，其余四角为 140.82°[7]，这样的扁六角形从造型处理上看，与观音像的平面轮廓是相吻合的。同时，抹角方的使用，在结构处理上，又可增加空井的平面刚度。上层外檐柱间格子门及墙的位置与下层相同，内外柱间的空间完全敞开。外檐有平座一周环绕，平座宽 117 厘米，前檐当心间平座向前突出 66 厘米，为登上楼阁礼佛的人们提供了较宽敞的观景平台。平座四周设有雁翅板及木栏杆。

观音阁的立面由下层柱身、斗栱、腰檐、平座、上层柱身，斗栱、屋顶等七个水平层叠落而成，它不但总体造型宏伟，比例优美，而且与建筑的平面尺寸有着一些几何关系：

第一，若以建筑的次间面宽 b 为基数，则可发现自阶基地面至平座柱顶的高度为 2b。

第二，从阶基地面至上檐柱顶的高度为 3b。

第三，建筑通面宽与阶基地面至脊槫背的高度相等。

第四，建筑外轮廓的总宽度（即算至柱外挑檐端部）与建筑阶基地面至脊槫背的高度之比为3∶2。

这些数据为研究古代匠师的立面设计手法提供了有益的线索（图 6-24～6-26）。

建筑立面由于柱子皆带有生起和侧脚，产生一种向上的透视效果，使该建筑更加挺拔、壮丽。

（2）构架

1）构架组成：

观音阁构架由三层框架叠落而成（图6-27～6-29），每一层各自成为一个完整的体系，即由柱、

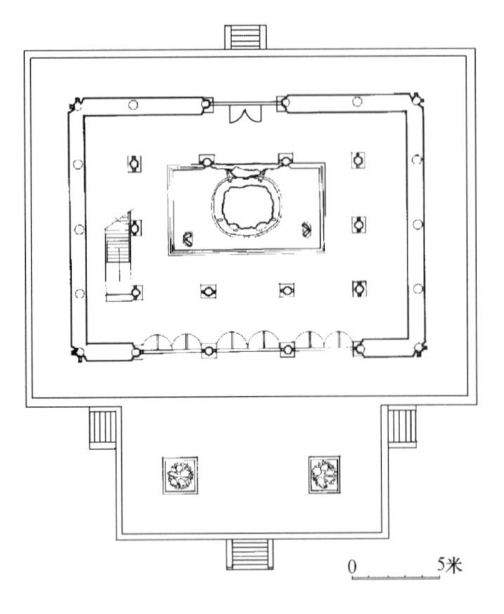

图 6-22 独乐寺观音阁一层平面

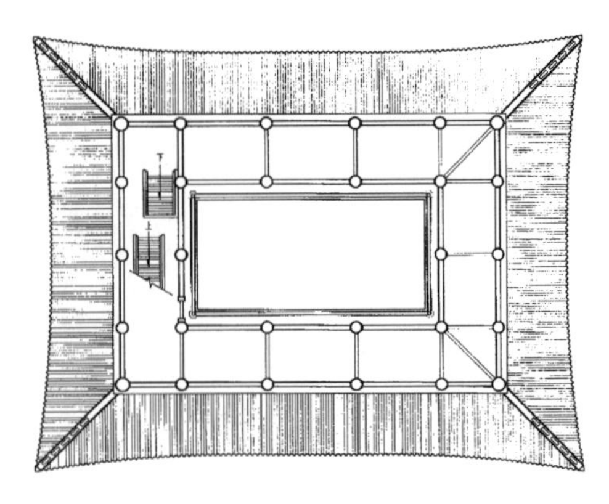

图 6-23 独乐寺观音阁平座层平面

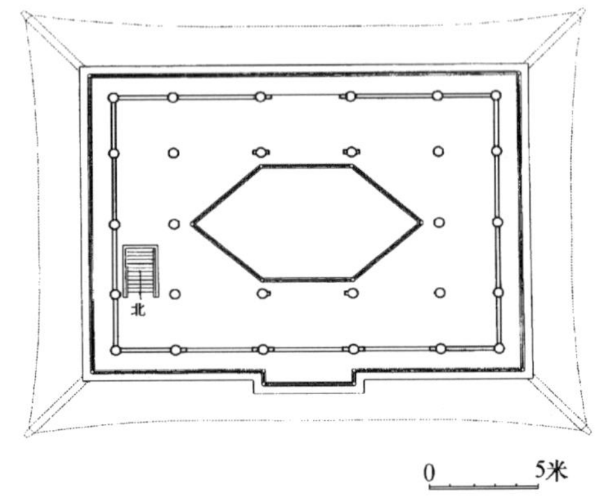

图 6-24 独乐寺观音阁二层平面

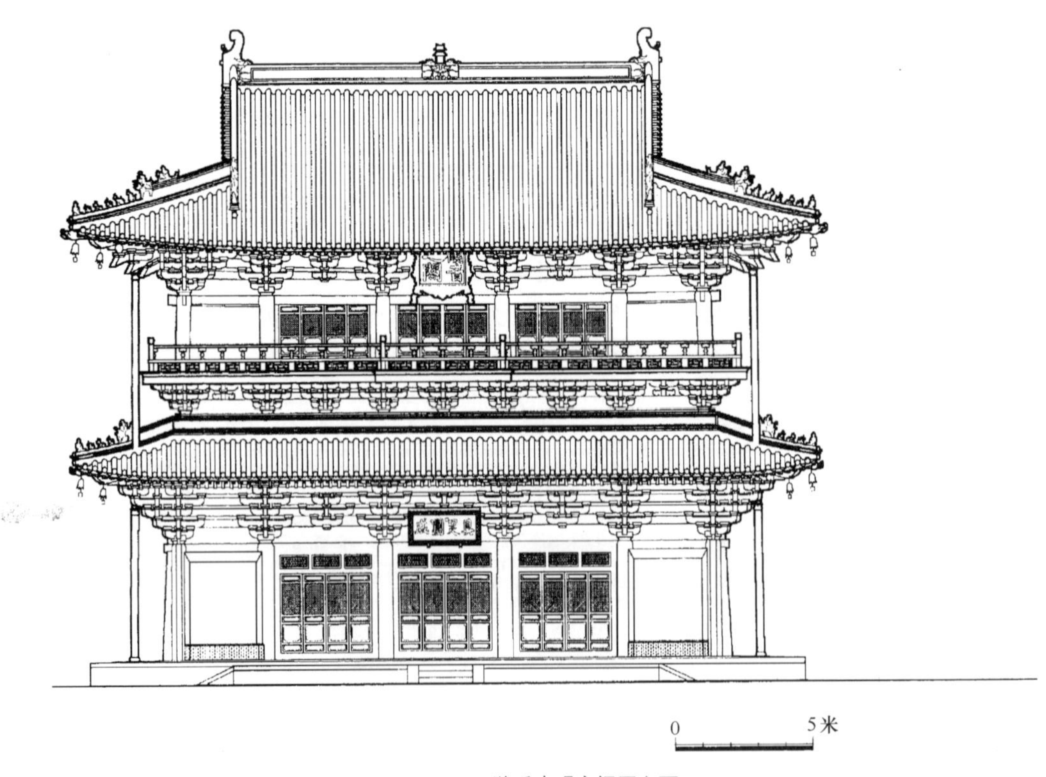

图 6-25 独乐寺观音阁正立面

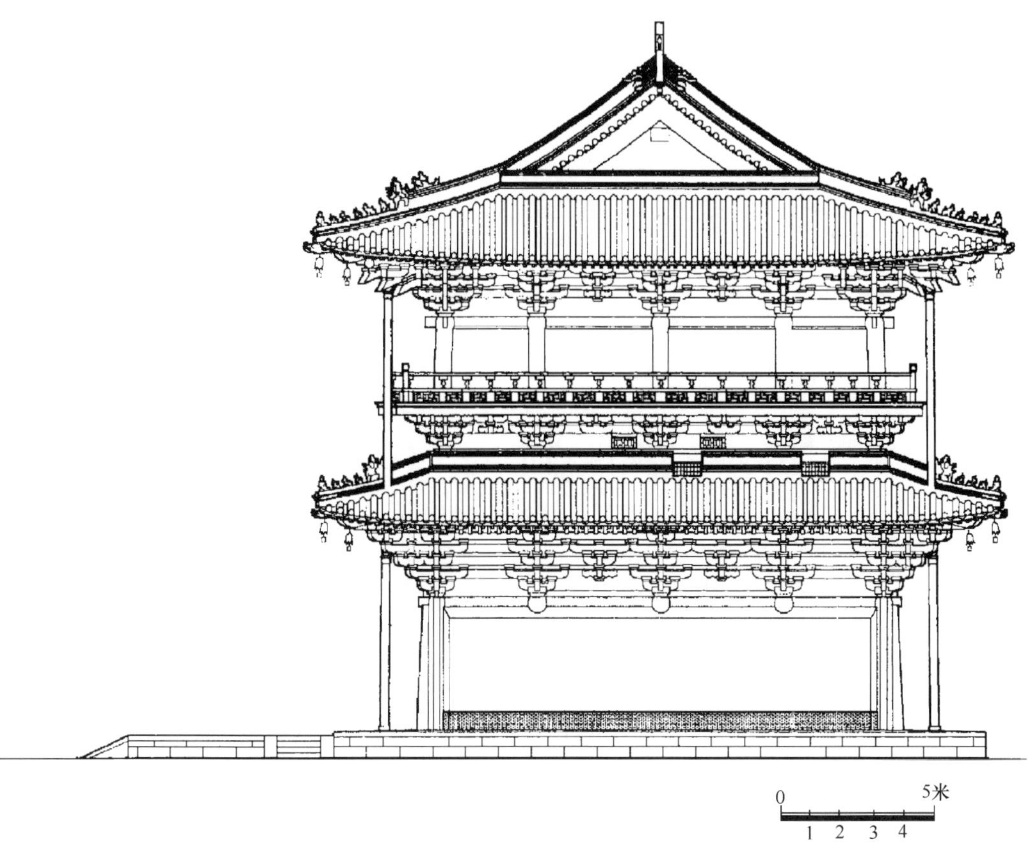

图 6-26 独乐寺观音阁侧立面

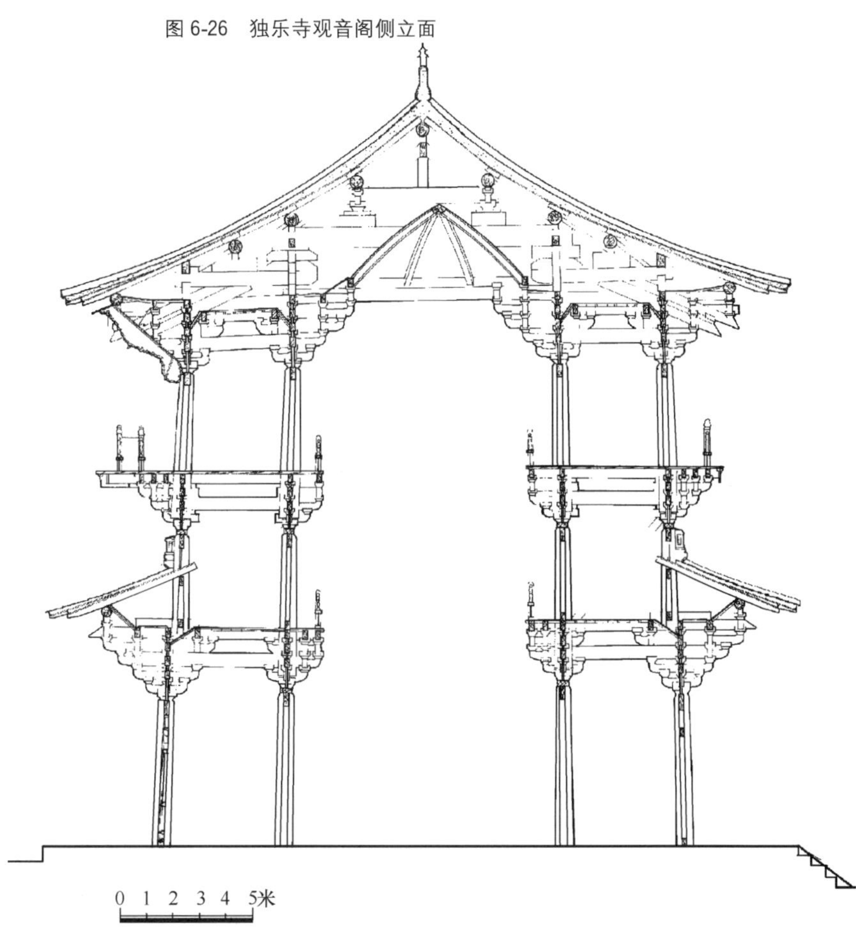

图 6-27 独乐寺观音阁明间横剖面

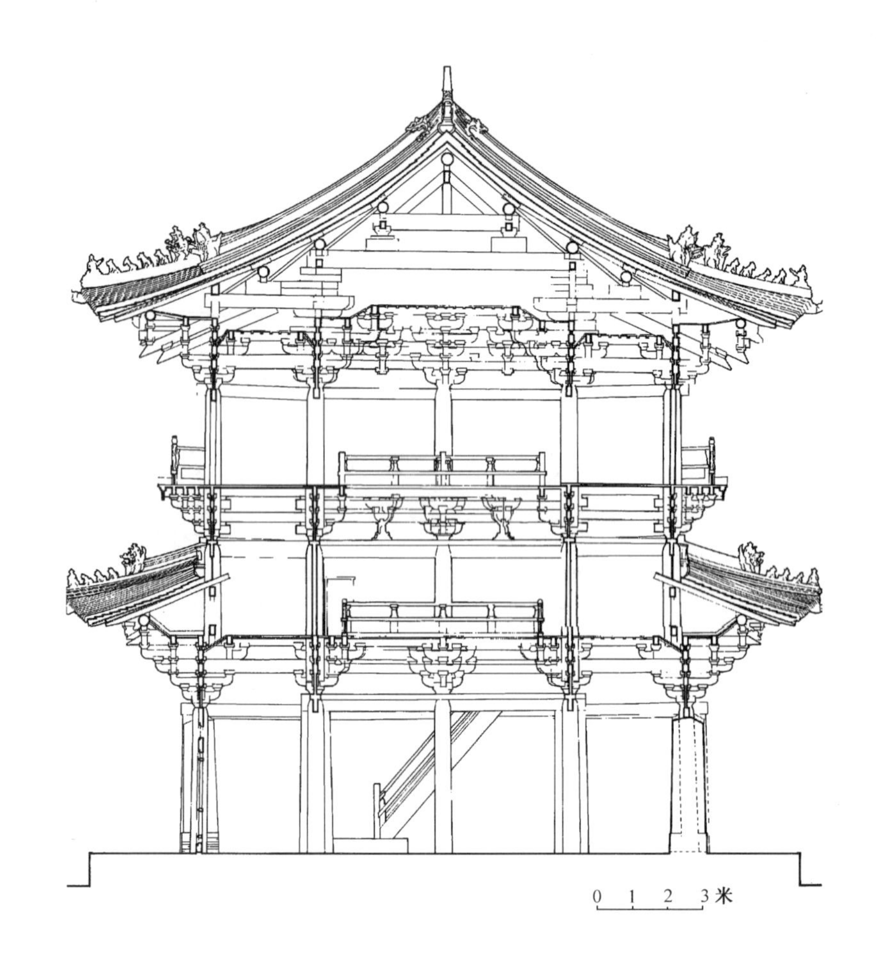

图 6-28 独乐寺观音阁次间横剖面

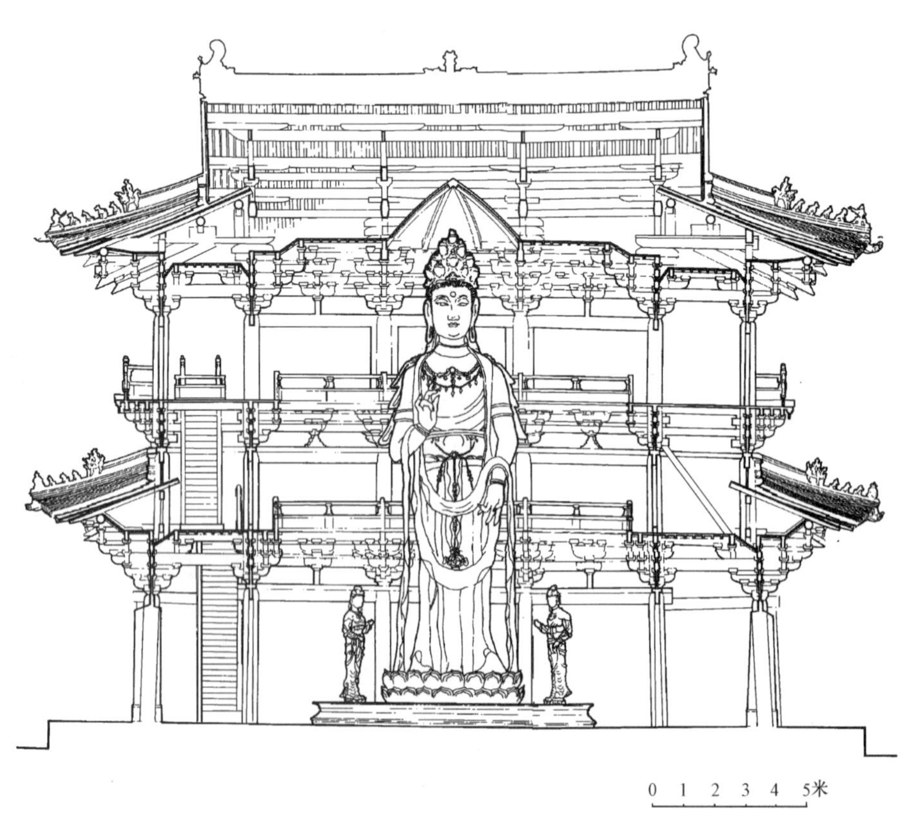

图 6-29 独乐寺观音阁纵剖面

梁、额、斗栱组合而成。三者所不同的是下层和平座层均由内、外两圈柱子与其间的梁、额、斗栱构成回字形梁架，中部是空的。上层则设置了前后乳栿对四椽栿用四柱的抬梁式构架，三层构架之间以插柱造的方式叠落在一起。随着平座层平面尺寸向中部的收缩，外檐柱的位置内移，上下柱并不对中。仅内檐柱上下对中。上层柱无论在外檐还是内檐，皆与平座层上下对中。观音阁作为三层叠落的构架，如何来完成在古代建筑中惯用的柱之生起和侧脚，是一个令人感兴趣的问题。《营造法式》中曾指出，“若楼阁柱侧脚，只以柱以上为则，侧脚上更加侧脚，逐层仿比”。而对柱之生起，在楼阁中如何处理《营造法式》中从未提及。观音阁的做法为我们提供了可贵的实物例证。现将柱子生起侧脚的尺寸列于表 6-2：

柱子生起尺寸表（厘米）　　　　**表 6-2**

柱高					生起
位置		当心间平柱	次间柱	角柱	
下层	正面外檐柱	406	410		4
				420	10
	山面外檐柱	415（中柱）	415		0
				420	5
	内柱	429	429		0
平座	正面外檐柱	248	253		5
				257	4
	山面外檐柱	253（中柱）	253		0
				257	4
	内柱	253	253		0
上层	正面外檐柱	268	272		4
				275	3
	山面外檐柱	273（中柱）	273		0
				275	2
	内柱	274	277		3

由上表可以看出下层柱生起比平座层和上层均大，但比《法式》规定的五间生高四寸的幅度要小，内柱基本不做生起，山面柱生起比正面要小，因建筑通进深尺寸小于通面宽，为求得檐口曲率的统一效果，山面生起必然会减少。上层内柱也做了生起，次间柱高于当心间，但内柱的尺寸不应比外檐柱高，这里所列数据内柱高于外檐柱，可能因年久，用材产生不均匀变形所致，并非初始的设计意图。

再看柱之侧脚；以柱脚为原点，柱头坐标值及柱侧脚值如表 6-3 所示：

柱子侧脚尺寸表（厘米）[8]　　　　**表 6-3**

		正面檐柱						山面檐柱			
		当心间平柱	侧脚/柱高	次间柱	侧脚/柱高	角柱	侧脚/柱高	次间柱	侧脚/柱高	中柱	侧脚/柱高
下层	x	2.5		3.5		13.5		13.5		13.5	
	y	8		8		8		0		0	
	侧脚	8.4	2%	8.7	2%	15.69	3.7%	13.5	3.25%	13.5	3.2%

续表

		正面檐柱						山面檐柱			
		当心间平柱	侧脚/柱高	次间柱	侧脚/柱高	角柱	侧脚/柱高	次间柱	侧脚/柱高	中柱	侧脚/柱高
平座层	x	3.5		3.5		3.5		3.5		3.5	
	y	0		0		0		0		0	
	侧脚*	3.5	1.4%	3.5	1.38%	3.5	1.38%	3.5	1.38%	3.5	1.38%
上层	x	1		2		7		7		7	
	y	7		7		7		2		0	
	侧脚	7.1	2.7%	7.3	2.7%	9.89	3.6%	7.3	2.7%	7	2.6%

注：x，y为柱头坐标。

表中侧脚*者柱子仅向x方向倾斜，不符合一般建筑侧脚规则。

从上表中可看出，下层和上层的外檐柱在x和y两个方向均设有侧脚，这与《法式》中的侧脚概念有所不同。观音阁的做法更加增强了结构构件之间的内聚力。上表中各柱侧脚值不等，各层角柱比其他柱子侧脚要大得多，下层柱侧脚的绝对值虽超过上层，但侧脚与柱高之比多小于上层。平座层仅仅由于当心间柱头平面尺寸的单向减小而产生柱子向x方向倾斜的现象，其本身不能作为侧脚论处。总体来看，侧脚幅度均比《法式》规定的侧脚/柱高＝1%～0.8%要大。

在观音阁构架中，上下层柱径在50厘米左右，多数柱无收分或柱身之卷杀，仅在柱头处急杀成覆盆状。下层柱径相当于柱高的1/8.7，上层柱径相当于柱高的1/5.36。平座柱粗细不等，四角柱径为56厘米，其余多数为46厘米。相当于柱高的1/5.4。平座柱与上层柱的柱脚皆做十字开口，上层柱插于平座斗栱中心，而平座柱则插于下层柱的柱头方里侧、衬方头与地栿的相交处。

2）构架特色：

观音阁构架中独具特色之处有二：

一是关于构架总体构成的形式，是由三层框架叠加，最上用抬梁构成九脊屋顶。在三层框架四周，内外柱间均布置有短梁——乳栿。乳栿的一端伸入外檐柱头铺作，另一端伸入内檐柱头铺作，通过榫卯与铺作中的斗、栱、方结合在一起。铺作之间的柱头方、压槽方、罗汉方等纵向构件与乳栿垂直交叉形成了方格网，分布在框架四周，上下共三道，网格中间铺有天花板或楼板。这样便构成了三道刚性环，它有如现代建筑中所采用的竹节加筋层，在抵抗水平荷载时起了加强作用，提高了结构的整体刚度。

二是在框架中布置着若干组斜构件，对改善框架的受力状况起着重要的作用。其观音阁结构中使用斜构件的部位较多。在框架的水平方向，有两种斜梁：第一种是处于建筑四角的四组递角栿，每组上下都有四条。第二种是暗层中间部分，在内柱间采用了四根抹角栿，使三层框架的中腰，出现了一个六边形的框子。另外，在框架的竖直方向，柱子之间也有斜构件：一种是在外檐，第一层和第三层角柱与相邻的次间檐柱之间所设的斜撑。斜撑的上端抵到次间檐柱与阑额相交处，下端则抵到角柱根部；另一种是在其他埋于墙内的外檐柱间和暗层的内柱间，设有倒三角形斜撑，它们同时充当了外墙和内部荆笆抹泥墙的龙骨。除上述之外，目前在暗层还可看到一些斜构件，有的在内外柱之间，有的在外檐柱之间，成不规则的布局。从其构造方式看，似为后世逐渐添加。特别是内外柱间前后两排斜撑，均朝同一方向倾斜，更能说明这一问题。仅就前面所讲的斜构件来看，它们对于提高框架的刚度，是非常有利的。特别是在楼阁的四角，形成了近似空间网架的四组刚性较强的支撑体（图6-30、6-31）。

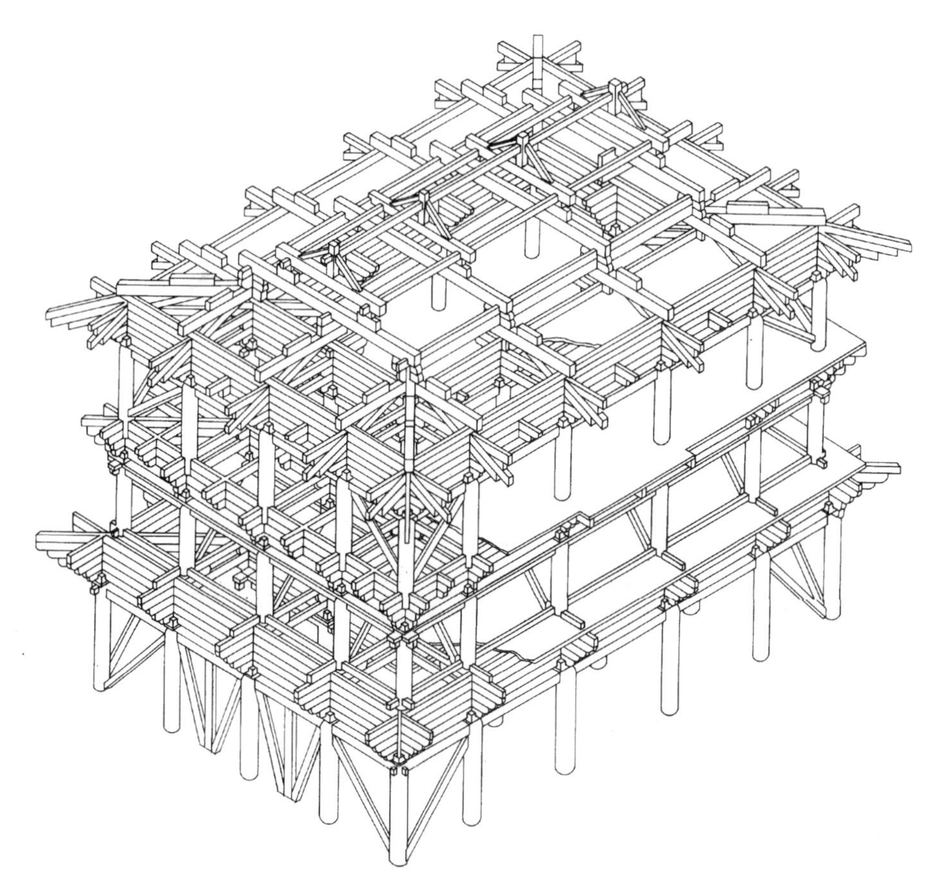

图 6-30　独乐寺观音阁构架轴测

图 6-31　独乐寺观音阁墙内斜构架下部

日本学者福岛正人在《建筑学序说》一书中曾经谈到：日本是在 1855 年安政大地震以后，才出现使用柱间斜撑的做法，并称此为日本耐震构造法的开始。它至今仍普遍被使用在抗震结构中。然而，在 10 世纪末的观音阁以及与其同时代的山西应县佛宫寺木塔中都采用了柱间斜撑的做法，说明这是当时带有一定普遍性的结构加固措施，致使观音阁构架历经千年天灾考验，显示出优异的科学性。

但有一点不足之处，这就是关于“插柱造”的做法，由于插柱造的节点在受到来自水平方向的外力袭击时便成为最薄弱的环节，因此在观音阁现状的测绘图中反映了柱的变形严重，其中内柱本应在一条竖直线上，但经过若干次地震、出现了地震残留变形，第一、三层柱身内倾，第二层柱身外倾（图 6-32），三段柱子已变成了 S 形。这正是平座暗层中出现南北向支撑的原因。这座阁中插柱造所反映的问题，也是楼阁发展过程中所遇到的普遍性问题。元代以后，插柱造的内柱转变成通柱造，使得楼阁建筑构造产生了革新，因此目前存留的明、清楼阁建筑数量超过宋辽时期数十倍，而且其中有些建筑还曾经受了多次地震侵害而安然无恙。观音阁的构架对研究中国古代木构楼阁的发展轨迹具有重要的意义。

3）观音阁构架及构件的细部特征：

上层构架举折：总举高为459厘米，前后樣檐方心间距为1698厘米，总举高为前后撩檐方心间距的1/3.7，接近《法式》厅堂建筑的坡度。各步架水平长度稍有差别，下短上长，各步架举高随之调整，斜率从0.4变成0.77。详见表6-4。

图6-32 独乐寺观音阁构架变形后剖面

步架及举高尺寸表（厘米） 表6-4

	撩檐槫至下平槫	下平槫至中平槫	中平槫至上平槫	上平槫至脊槫
各步架水平距离	327（190+137）	156	183	183
各步架举高	132	79	107	141
各步架斜率	0.4	0.51	0.59	0.77

纵向构架特点：

纵向在两品梁架间施阑额、普拍方、襻间等组成纵向构架，其中普拍方在《法式》中规定仅施于“平座铺作”下，而观音阁的纵架中普拍方不仅用于平座层的内外柱间，而且用于下层内柱间。

上层四品梁架于脊槫、上平槫、中平槫间皆施单材襻间，但三者尺寸不同，脊槫下者超过一材，上平槫下者为标准的一材，中平槫下小于一材。这种现象的产生，可能是由于使用旧料的缘故。

上层山面自次间梁架出际长度为 143.5 厘米，小于主要步架长度。山面的屋面由山面柱头铺作上所施丁栿上的下平槫及中平槫承托，未设《法式》中的矗头栿（相当于清式采步金性质的梁）。而梁、槫的架设均为短木旧料“随宜支撑固济”，反映出观音阁为辽代匠师利用前朝旧物建造之迹象。

屋檐生出与生起：观音阁屋檐生起靠柱生起和转角铺作所施之生头木来完成，其尺寸如表 6-5：

檐部生出生起尺寸表（单位：厘米）　　表 6-5

	角柱生起	生头木	檐部生出	椽水平长	椽径	飞子水平长	飞子断面	上檐出	总生出
上檐	7	25.5	32.5	97	15.0	45	10×9.0	332	53
下檐	14	27	41	105	13.5	45	10×9.5	316	40

由上表可以看出，上檐生起尺寸为 2 椽径左右，下檐生起尺寸合 3 椽径，而生出尺寸上檐接近 3.5 椽径，下檐为 3 椽径。其生出尺寸与清式建筑已相同，但生起尺寸尚小于清式建筑。下层上檐出为平柱高的 77.7%，上层上檐出为平柱高的 116%。足见辽代建筑出檐之大。

（3）斗栱

斗栱布局采用金箱斗底槽形式。三个结构层中共有 24 种类形，各层斗栱用材稍有差异，上层内外檐、下层外檐斗栱足材高相等，均为 38.5 厘米×18 厘米，单材高差为 1 厘米，下层为 27 厘米，上层为 26 厘米，可以认为是施工误差所致。下层内檐用材减小，材高变成 25.5 厘米，但足材高仍为 38.5 厘米，可归属为二等材。平座斗栱用材减小，尺寸为 23.5 厘米×16 厘米，足材为 34.5 厘米×16 厘米，故可归属为三等材（图 6-33、6-34）。

斗栱形制：下层及平座为卷头造，上层外檐为下昂造（图 6-35）。

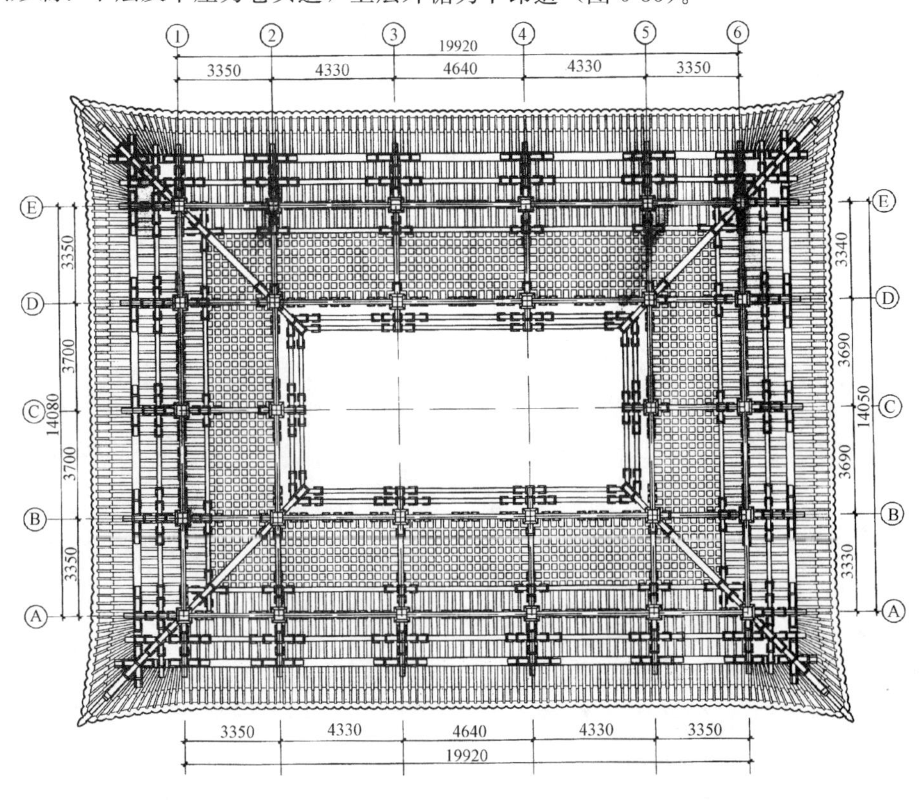

图 6-33　独乐寺观音阁下层斗栱分槽现状图

下层外檐斗栱四种：

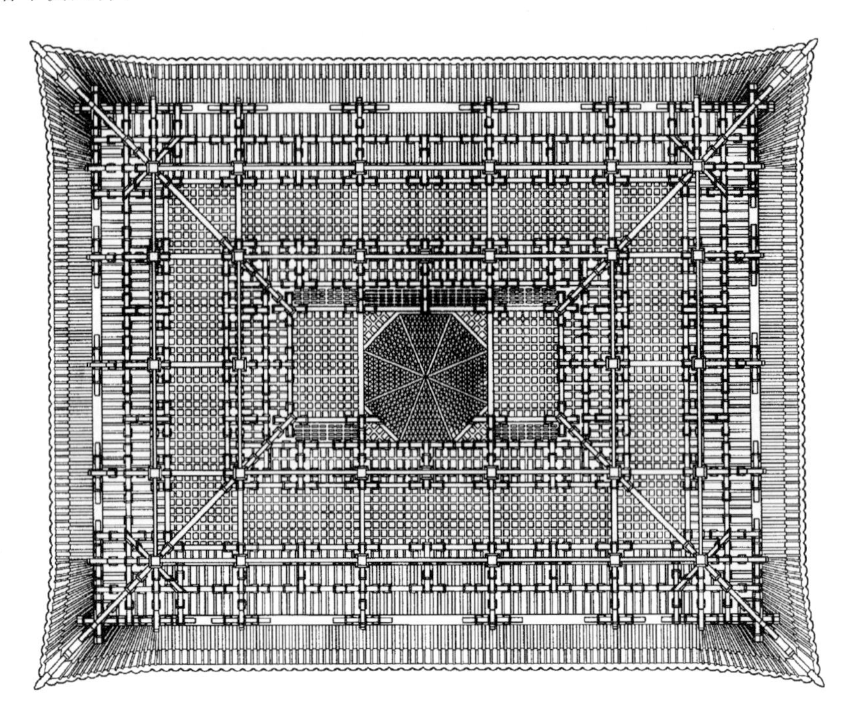

图 6-34 独乐寺观音阁上层斗栱分槽图

①柱头铺作：七铺作出四杪，隔跳偷心重栱造，里转出双杪，承乳栿，栿上有骑栿令栱及华栱承平棊方。外跳第二跳华栱头承瓜子栱、慢栱，上承素方，第四跳华栱头承令栱与批竹昂式平出耍头相交，上承替木及橑风槫。正心施泥道栱及素方四重（图 6-36、6-37）[9]。

②补间铺作：正、侧面梢间皆无补间铺作，其余各间施补间铺作一朵，有两种做法。正面的补间铺作系利用柱头方隐刻而成，木方间以散斗垫托，无华栱出跳 。最下层的方之下有一小斗及蜀柱，置于阑额之上。山面补间与正面小有不同，在最下层方上先隐刻一异形栱，然后再逐层隐刻泥道栱和慢栱（图 6-38、6-39）。

③转角铺作：七铺作出四杪并于 45°方向增加角华栱一缝，共五跳 。在栌斗口中泥道栱与第一跳华栱相列，上部二、三、四跳华栱与柱头方相列，第二跳华栱头上之瓜子栱及慢栱伸至第二、三跳角华栱后与华栱出跳相列，第四跳跳头上令栱未做列栱，仅于第四跳角华栱头做十字相交的令栱，再与第五跳角华栱相交（图 6-40、6-41）。

图 6-35 独乐寺观音阁下层平座层上层外檐柱头补间铺作

图 6-36 独乐寺观音阁下檐柱头铺作

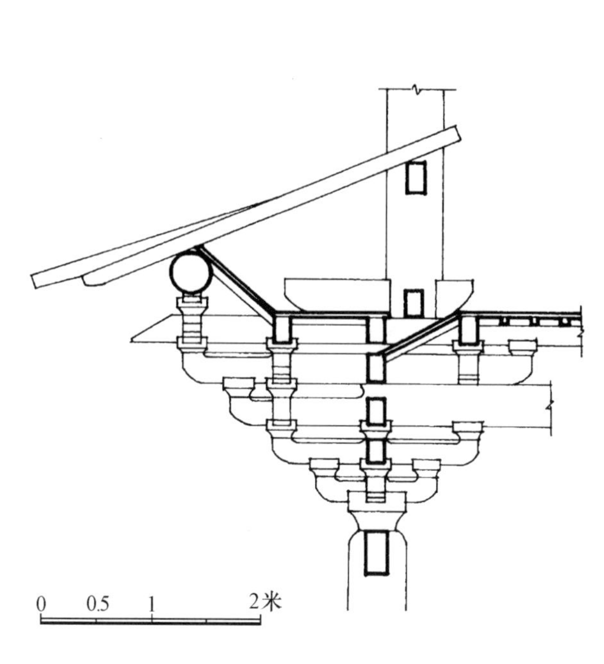

图 6-37 独乐寺观音阁下檐柱头铺作侧面

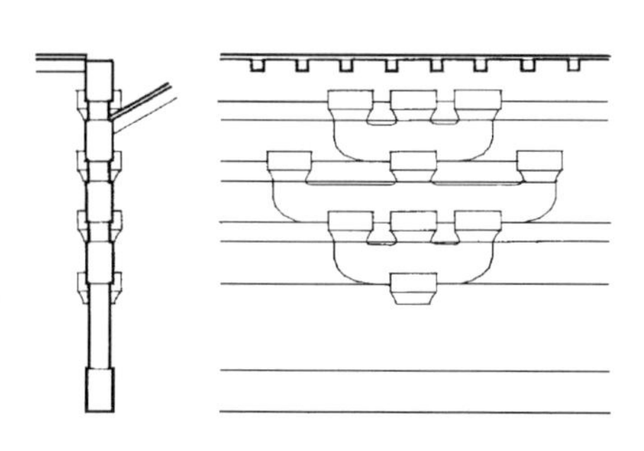

图 6-38 独乐寺观音阁下层正面外檐补间铺作

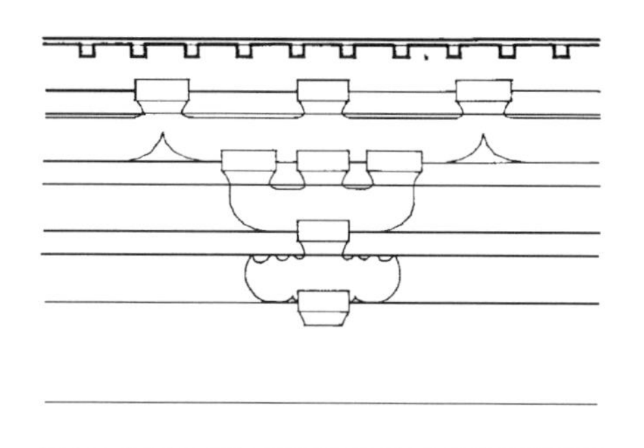

图 6-39 独乐寺观音阁下层山面外檐补间铺作

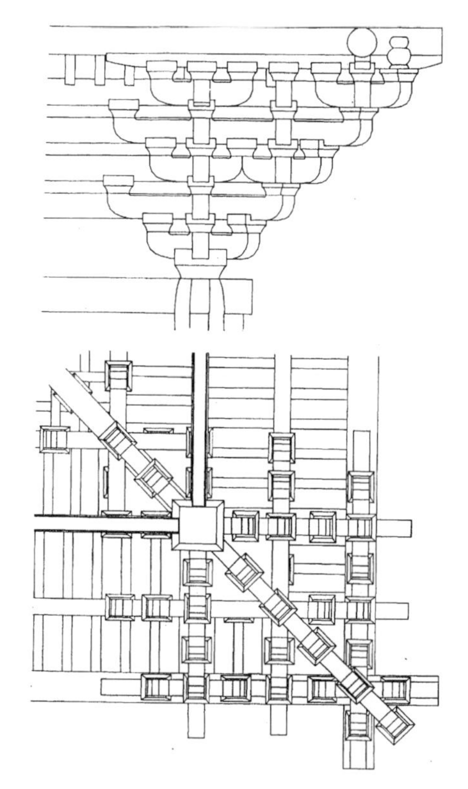

图 6-40 独乐寺观音阁下层外檐转角铺作仰视平面及正立面

图 6-41 独乐寺观音阁下层外檐转角铺作

平座层外檐斗栱共五种（图 6-42、6-43）：

①柱头铺作：六铺做出三杪，重栱计心造，第一跳华栱上承瓜子栱、慢栱、素方，第二跳跳头上承令栱、素方，第三跳跳头承素方，此素方与充当耍头的木方相交。里跳第一跳做华栱，上承地面方，第三跳再做华栱，上承铺板方，铺作正心扶壁栱为泥道栱，上承柱头方三层。

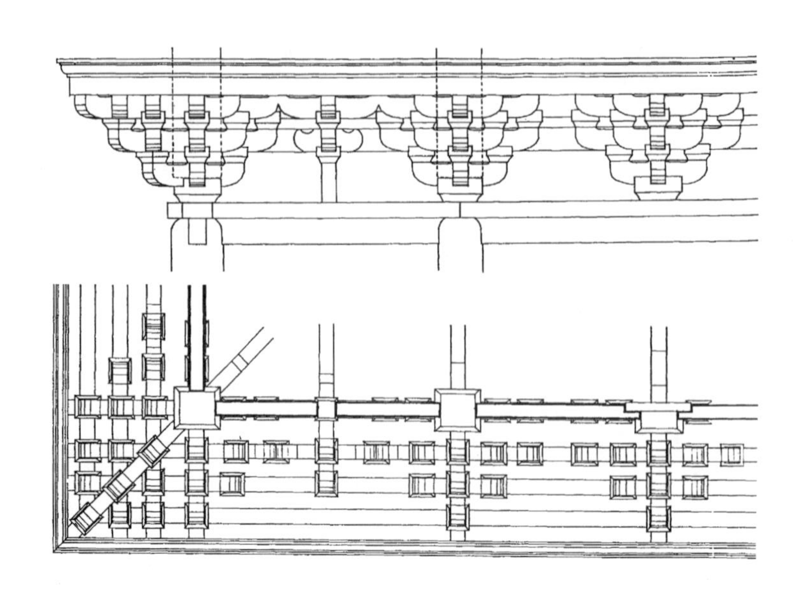

图 6-42　独乐寺观音阁平座外檐铺作平面、立面

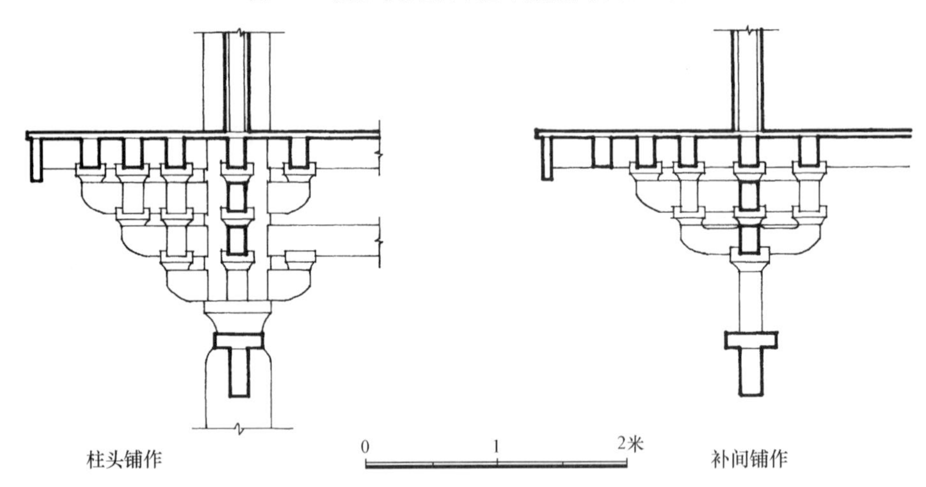

图 6-43　独乐寺观音阁平座外檐铺作

②补间铺作：在平座层的补间铺作有三种做法，第一种外观与柱头铺作相同，仅里跳出现若干变化，外跳的华栱后尾在里跳变成短木方，只有第三跳后尾做成铺板方。此种用于当心间和次间。第二种为山面补间铺作，下用蜀柱支起栌斗，上部仅出两跳华栱，第一跳跳头承令栱、素方，第二跳跳头承素方，与充当要头的木方相交，木方继续前伸至雁翅板。第三种为正面梢间补间铺作，与山面补间铺作基本相同，因开间变小，仅于铺作最下层柱头方上隐刻成异形栱，跳头上令栱与其左右的柱头铺作及转角铺作中同高之慢栱连栱交隐。

③转角铺作：于柱头铺作基础上斜出角华栱一缝，列栱做法皆遵定制。

上层外檐斗栱共三种：

①柱头铺作：七铺作双杪双下昂，隔跳偷心造。第二跳华栱头承瓜子栱、慢栱，第四跳下昂头承令栱与充当要头的方木相交，上承替木及橑风槫。里转第一跳华栱上承明栿。栿上做骑栿令栱与华栱相交，上承平棊方以托平阁，下昂尾伸至平阁以上，压于草栿之下。正心扶壁栱仅有泥道栱一层，上施柱头方多层，直至草栿端（图 6-44）。

②补间铺作：正侧面稍间未施，其余各间皆用五铺作出双杪卷头造斗栱，下一杪偷心，第二跳华栱头承令栱及素方，里转出一杪，上承令栱及平棊方。正心未施扶壁栱，仅有柱头方三层，自下而上隐刻有异形栱、泥道栱，慢栱（图 6-45）。

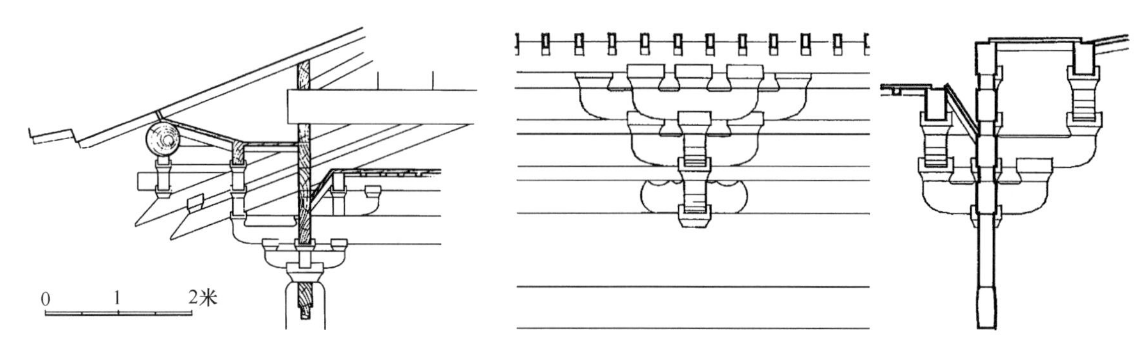

图 6-44 独乐寺观音阁上层外檐柱头铺作侧样　　图 6-45 独乐寺观音阁上层外檐补间铺作

③转角铺作：在柱头铺作基础上增加角华栱一缝。抹角华栱一缝。角华栱一缝上出华栱两跳，下昂两跳，上加由昂一跳。抹角华栱缝上仅出华栱两跳 ，但华栱头抹成斜面以便与横栱平行。由于有了抹角栱一缝，使正身第二跳华栱头上之横栱加长至抹角栱跳头之外，构成瓜子栱、慢栱与两跳华栱分首相列，而这两跳华栱高于两跳下昂，因此不再承托令栱，直接承托替木及橑风槫。同时在抹角栱第二跳跳头也承有两跳华栱，其上再承替木及撩风槫。而正身第二层下昂上之令栱未做列栱，仅在第二层角昂上有两令栱相正交，又同时与由昂相交。由昂上置宝瓶，以承角梁。（图 6-46）此处所采用的抹角华栱体现着匠师企图改善悬挑翼角受力状况的信息。

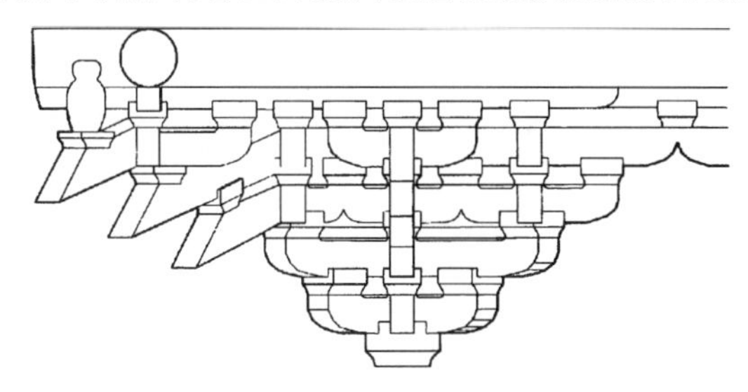

图 6-46 独乐寺观音阁上层外檐转角铺作

内檐斗栱：全部采用卷头造，向内的一面为斗栱之正面，向外的一面则构成斗栱的后尾。下层和平座层斗栱皆置于普拍方上，上层内檐斗栱依然未施普拍方。

下层内檐斗栱共三种：

①柱头铺作：五铺作向内出双杪重栱计心造，外转第一、三跳各出一杪偷心造，第二跳为明乳栿，第四跳为平棊方。

②补间铺作，仅正面设置，做法与外檐相同。

③转角铺作：仅置向内的角华栱一缝，五铺作出双杪，第一跳华栱头上承瓜子栱与慢栱，第二跳角华栱头上承令栱，其瓜子栱长度至柱头方为止，作切几头，铺作中的泥道栱后尾与华栱相列。角华栱后尾也伸出华栱，这三条华栱皆承角部明乳栿和递角乳栿。

内檐平座斗栱共五种：

①当心间柱头铺作：主体为五铺作出双杪偷心造斗栱。为了承托六角形空井边缘的梁方，在这组铺作中增加了与正身华栱成 52°角的半截斜置泥道栱及其上的两层柱头方（图 6-47）。

②山面中柱柱头铺作：仍然为五铺作偷心造斗栱，但在第一跳华栱后尾容纳了两条斜置的泥道栱，每只栱与华栱的夹角只有 38°，第二条华栱上承令栱，令栱之齐心斗做成了平盘斗，以便上承两条夹角为 76 度的素方，此素方即栏杆之地栿。在斜置的泥道栱之上仍有斜置的抹角方与当心间柱头铺作相搭。

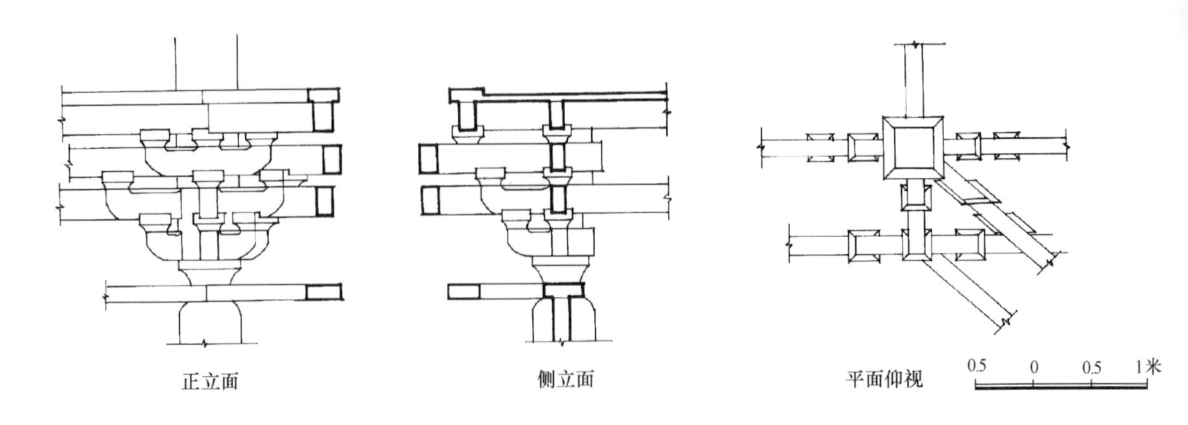

图 6-47　独乐寺观音阁平座层内檐当心间柱头铺作

③内额及普拍方上补间铺作：五铺作双杪偷心造。第二跳华栱头上承令栱，栱上承素方，方上铺地板。正心扶壁栱施泥道栱一重，上承素方三重，隐刻慢栱及令栱。

④抹角普拍方上补间铺作：五铺作出双杪偷心造，无栌斗，齐心斗下垫以驼峰。无令栱，第二跳华栱头直接承素方（木栏杆之地栿）（图 6-48）。

⑤转角铺作：仅出角华栱三跳，偷心造，第三跳跳头上置平盘斗，承三条素方，方上铺地板。

上层内檐斗栱三种：

①柱头铺作：七铺作出四杪，一、三杪偷心，第二杪重栱计心造。与外檐下层柱头铺作基本相同，后尾则与上层外檐柱头铺作相同，在北侧之铺作因需承藻井中的抹角方，使第四跳跳头所承之令栱端头靠藻井的一面按 45°方向抹斜（图 6-49）。

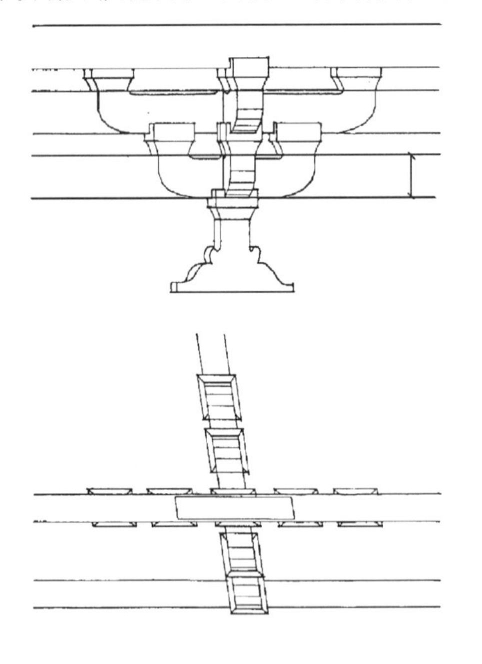

图 6-48　独乐寺观音阁内檐平座抹角方上补间铺作

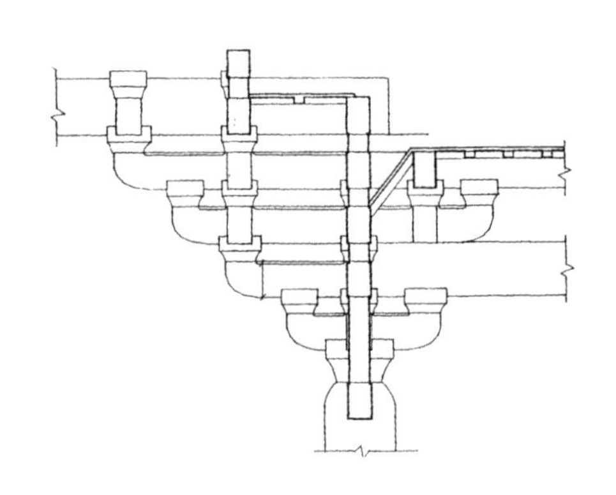

图 6-49　独乐寺观音阁上层内檐柱头铺作

②补间铺作：五铺作双杪偷心造，于柱头铺作之间的第一层素方上施齐心斗，自齐心斗出华栱两跳，第二跳跳头施令栱，承平棊方以支托平阁椽。北面当心间的补间铺作有所不同，未用令栱而改施异形栱，并于异形栱上的素方上又隐刻出一条令栱（图 6-50）。

③转角铺作：七铺作斗栱，角华栱出四杪。第一跳偷心，第二跳角华栱跳头承正、侧方向的短异形栱，与第三跳角华栱相交后延伸至正侧两面的柱头方，端部做切几头，形成异形栱与切几

头相列的形式。第三跳角华栱后尾承正面之短令栱与侧（山）面自补间铺作的令栱延伸之木方，与第四跳角华栱相交。第四跳角华栱承正侧两令栱，上承平棊方（图 6-51）。

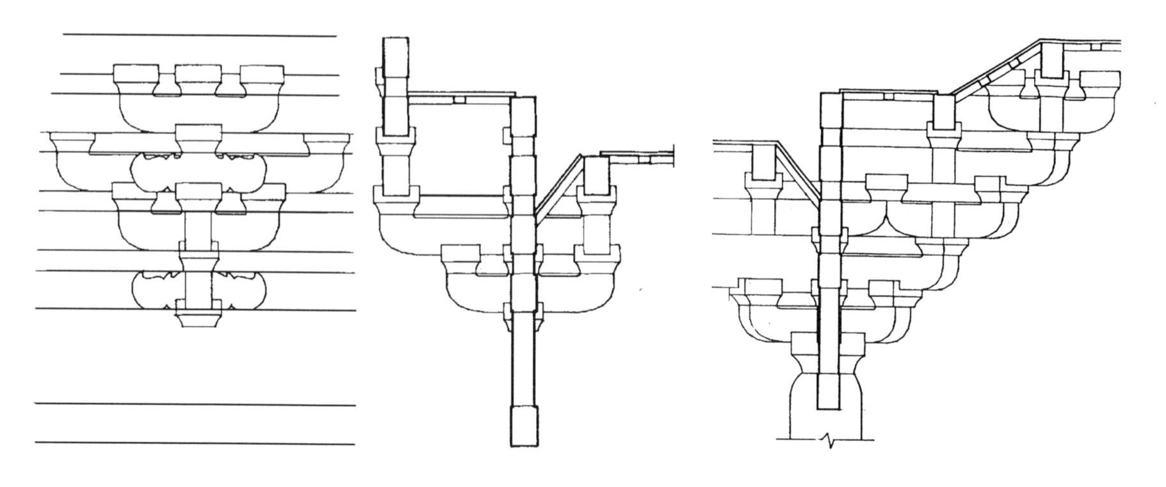

图 6-50 独乐寺观音阁上层北面内檐补间铺作

图 6-51 独乐寺观音阁上层内檐转角铺作

据上所述将斗栱类型及数量见表 6-6。

观音阁斗栱一览表 表 6-6

部位			形制特点	数量		各层数量
				种类	朵数	
外檐斗栱	下层	柱头铺作	七铺作重栱出四杪，一、三杪偷心	一	14	28
		补间铺作	无出跳华栱，于柱头方上隐刻横栱	二	10	
		转角铺作	七铺作出四杪，角华栱缝出五杪	一	4	
	平座层	柱头铺作	六铺作出三杪，重栱计心造	一	14	36
		补间铺作	外同柱头铺作，里跳变成短木方	三	18	
		转角铺作	同柱头铺作，增角华栱一缝	一	4	
	上层	柱头铺作	七铺作双杪双下昂，一、三跳偷心	一	14	36
		补间铺作	五铺作出双杪卷头造，下一杪偷心	三	18	
		转角铺作	七铺作双杪双下昂，增加角华栱与抹角华栱各一缝	一	4	
内檐斗栱	下层	柱头铺作	五铺作出双杪，重栱计心造	一	4	16
		补间铺作	作扶壁栱	二	6	
		转角铺作	仅有向内角华栱一缝，出双杪并计心	一	4	
	平座层	柱头铺作	五铺作出双杪偷心造	二	6	24
		补间铺作	五铺作出双杪偷心造	三	14	
		转角铺作	仅出角华栱三杪偷心造	一	4	
	上层	柱头铺作	七铺作出四杪，一、三杪偷心，第二杪重栱计心造	一	6	20
		补间铺作	五铺作出双杪偷心造	二	10	
		转角铺作	仅出角华栱四杪，第一、三杪偷心	一	4	
总计				24	152	152

从上的统计表中可以看出古代工匠对斗栱承受荷载状况的分析，平座层斗栱数量最多，补间铺作一朵未减，内外共 60 朵，反映了对平座承受活荷载的重视。而在下层的外檐补间铺作只有隐出的横栱，基本不承受挑檐荷载，上层补间铺作出跳比柱头铺作减少，承托挑檐的功能主要靠柱头铺作来完成。铺作层作为整体的受力体系的观念尚未形成。但比山门的斗栱体系有所改进，因此从斗栱的状况来看观音阁肯定晚于山门的建造年代。

（4）小木作

观音阁上门窗均已为后世所为，仅有平阇、藻井、勾栏、胡梯应属辽代遗物。

平阇与藻井：观音阁的下层、上层均采用平阇式天花。平阇椽所构成之方格为 28 厘米见方，平阇椽直接搭在平棊方上。同时在斗栱的令栱以内的部分，斜置于两层素方之间，遮椽板位置也做平阇。平阇椽以上有木板覆盖，现在所见者系近年修缮时配置（图 6-52）。上层中部有八角形藻井，由八条阳马汇集于一点，其间以更小的木条编成三角形小格子，其上再覆木板（图6-53）。

图 6-52 独乐寺观音阁上层平阇

图 6-53 独乐寺观音阁藻井

勾栏：于平座层、上层中部空井四周，及上层室外平座之上皆施木勾栏。每面施通长的寻杖，下为斗子蜀柱、盆唇，单层花板。花板皆用几何纹式木雕，纹样追求变化，仅上层室内六面十二格即有六种（图 6-54）。上层室外的木勾栏已失原貌，后世将云栱瘿项改为清式的宝瓶，花板部分改为素方木板。

胡梯：位于西部梢间，只有两盘（即两跑），第一跑自南向北，共 30 步，可达平座层，第二跑自北向南，共 20 步可达上层。每跑斜度均 45°，梯的起步处为一 32 厘米高的小平台，台上立望柱，柱高 1.57 米，楼梯跑的上部也立一条与扶手同高的望柱，在两柱间先架起两条长大木板，相当于现代建筑中的楼梯边梁，然后将踏步板嵌于这种木边梁之中，两条边梁之间有横向木条起拉接作用，藏于踏步板之下。边梁之上即为斜勾栏，做法与水平勾栏基本相同（图 6-55），只是取消了花板而改成在蜀柱间施以长长的一条卧棂。观音阁的胡梯做法是对《营造法式》卷七胡梯一节的极好注释。

其他

观音阁采用石砌阶基，阶基长 26.7 米，宽 20.6 米，高 0.9 米。前设月台，比阶基低 10 厘米，长 16.26 米，宽 7.26 米。三面设踏道各五级，月台上留有柏树一株，乾隆诗中称为“古柏镇前庭”，在 200 多年前已成“古柏”，可见树龄之高。阶基外缘墙采用不甚规矩的花岗石砌筑，墙顶砌有压栏石，地面铺方砖。

观音阁的外墙系用土坯砌筑，下部有砖砌墙下隔碱，内壁抹泥沙，上绘壁画，但现存壁画已非辽代所绘，其为明代遗物。墙外抹红灰，与木构部分的土红刷饰色调一致。顶部瓦屋面皆施灰色陶瓦，瓦件尺寸不一，为历代更换所致。

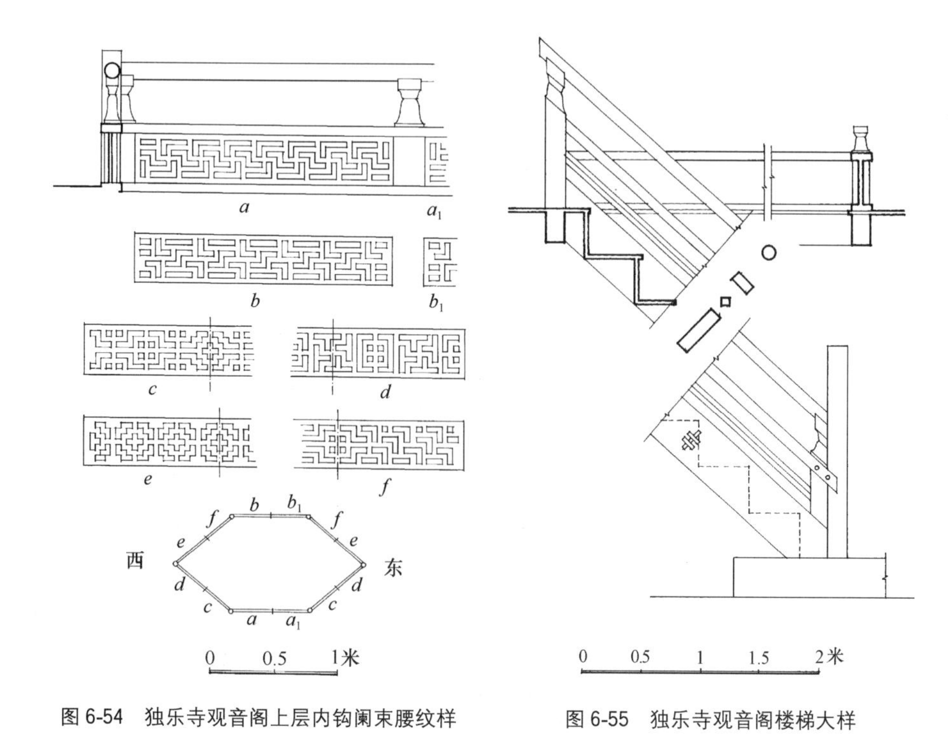

图 6-54　独乐寺观音阁上层内钩阑束腰纹样

图 6-55　独乐寺观音阁楼梯大样

二、辽宁义县奉国寺

1. 寺院历史沿革

奉国寺建于辽开泰九年（1020 年），元大德七年《大元国大宁路义州重修大奉国寺碑》曾对此作了明确的记载：“州之东北维寺曰咸熙，后改奉国，盖其始也，开泰九年处士焦希斌创其基。”另据寺僧普纯称：光绪八年重修时曾发现钉在大殿梁上的木牌墨书题记：“辽开泰九年正月十四日起工”[10]，更可进一步证实该寺始建年代。当时寺的规模据元至正十五年（1355 年）《大奉国寺庄田记》碑（现存寺内）记载：“义州大奉国寺七佛殿九间，后法堂九间，正观音阁、东三乘阁、西弥陀阁、四贤圣堂一百二十间，伽蓝堂一座，前三门五间，东斋堂七间，东僧房十间，正方丈三间，正厨房五间，东厨房四间，小厨房两间，井一眼，东至巷，南至巷，西至巷，北至巷。巷东菜园一处，东至王家墙，南至巷，西至巷，北至巷。法堂后院子十二处，东至官仓，南至巷，西至巷，北至郑明卿界墙。仓后园子一处，东至巷，南至官仓，西至郑明卿界墙，北至巷。南街长安殿一处，东、北二至王淮宝界墙，南至赵家界墙，西至街。寺西浴房，正房三间，平房二间，井一眼，东至巷，南至赵元举界墙，西至张益祥界墙，北至巷。”从这段记载，还可以看出寺院的格局，分成宗教崇祀区，僧人生活区，寺北院子十二处一区，寺西浴房一区，南街长安店一区，仓后园子一区，菜园一处，共有七区。其中宗教崇祀区居中央，其余几区皆围绕在崇祀区周围，不仅有僧人居住、生活用房，还有他们的浴室、客房（即长安店）、种菜场地等。俨然像一个小社区，这个小区是与世俗脱离的，独立的，生活自给的，有独自信仰的社区。

此外，奉国寺还有若干附属寺院及寺产，据《大奉国寺庄田记》碑阴所记，有“常住庄田中铺山，万佛堂，小汉寨，青崖”等[11]。

奉国寺“在城下院有宝胜寺、大觉寺、福胜院。在乡下下院有音城玉泉寺，山前云峰寺，段哥寨寺，采哥寨寺，康家北寨云岩寺，奚哥寨寺，周孙哥寨寺等”[12]。

奉国寺在一座州城之中能够占有如此的规模，可见辽代佛教之兴盛。

有关奉国寺在辽代的面貌虽然未找到辽代的文献，但寺内所存金明昌三年（1192年）《宜州大奉国寺续装两洞圣贤题名记》中记载，当时的寺院是“宝殿穹临，高堂双峙，隆楼杰阁，金碧辉映。潭潭大厦，盈以千计，非独甲于东营，视佗郡亦为甲。”后来，在辽乾统七年，“当辽亡时……捷公（寺僧）以佛殿前两庑为洞，塑一百二十贤圣于其中，施以重彩，加以涂金，巍峨飞动，观者惊悚”，但四十二尊装銮未毕，工程由于辽的灭亡而停顿，直至三十年之后的金明昌三年才完成。

金元之际，虽兵火频仍，但此寺未遭破坏，只是在元初至元二十七年（1290年）有过一次地震，寺内建筑受损，后由普颜可里美思公主和附马宁昌郡王施助，曾进行了两年的修缮。后来，寺院状况如元大德七年（1303年）《大元国大宁路义州重修大奉国寺碑》所记：“观其宝殿崔嵬，俨居七佛，法堂宏敞，可纳千僧，飞楼耀日以高撑，危楼倚云而对峙，至如宾馆、僧寮、帑藏、厨舍无一不备，旁架长廊二百间，中塑一百二十贤圣……义□□起，辽金遗刹一炬殆尽，独奉国孑然而在……既而僧政雄辩大师杨公……极精力，磬泉具，加之修葺，故得保完如昔。”后来于元至正十五年（1355年）又对寺院财产进行一清理，写成《大奉国寺庄田记》，这便是从建寺至元代前后三百多年的历史。然而今天所见到的奉国寺却并非如此，寺内仅存大雄殿一座辽代建筑，余皆明、清所建。有据可查的有明嘉靖十五年（1536年）曾妆銮佛像和壁画，万历三十一年（1063年）重塑倒座观音。清初康熙三年（1164年）有过一次修葺活动，在康熙三十七年（1698年）又发生一次大地震，寺内建筑遭到严重的破坏，经过两年多的修理，使正殿恢复原貌，同时增建万寿殿，牌坊等。后来在康熙六十一年（1722年）、乾隆十八年（1753年）又陆续增建了二门、三门、配殿和西宫、围墙等。这便是今日所见的状况。与辽至元时期的盛况相比，不仅规模缩小，建筑数量及体量也远不比从前。以后又有过几次小型维修，直到20世纪80年代末对大殿进行了一次较彻底的保护性修缮，使得这座近千年的古刹中仅存的历史见证大雄殿能够得到妥善的保护（图6-56）。

2. 寺院的平面建置

《大奉国寺庄田记》比较明确地记载了辽代寺院宗教性崇祀空间的建筑格局，同时对照前文所列的金、元时代碑文，大致可知其基本格局是沿一条南北向轴线展开，大雄殿是核心，殿后有法堂，殿前有三阁鼎立，即正观音阁，东三乘阁，西弥陀阁，再前则为伽兰堂，前三门，周围有围廊，即碑中所谓的四圣贤堂120间。对照金明昌碑中的“宝殿穹临，高堂双峙”一句，可理解为大雄殿即宝殿，对峙的高堂即宝殿前东、西侧的两座楼阁——东三乘阁，西弥陀阁。再对照元大德碑中的“旁架长廊二百间，中塑一百二十贤圣”则可知，前述“四贤圣堂一百二十间”与此同指大殿两侧的周围廊，及其中布置的120尊塑像。而这围廊是辽末的格局，本来佛殿前只有两庑，后才改成长廊。正观音阁的位置是很明确的，放在中轴线的正位，其前当然是“前三门”了，惟一不够明确的是伽蓝堂的位置，按后世常见的做法，姑且可以放在正观音阁前的东厢房位置。考察现存奉国寺大殿室外的状况，其前月台，与一般辽代寺院中所见相似，惟独其后，还有一段窄窄的台子，估计这应是通向后法堂的甬路，这种做法类似山西朔县崇福寺弥陀殿与其后之观音殿的关系。

3. 寺内现存惟一辽代殿宇——大雄殿

（1）平面与立面

大雄殿又名七佛殿，面宽九间，通面宽48.2米，进深十架椽，通进深25.13米，建于3米高的台基上，台基东西长55.8米，南北宽25.91米，前附月台，东西长37米，南北宽15米，台基

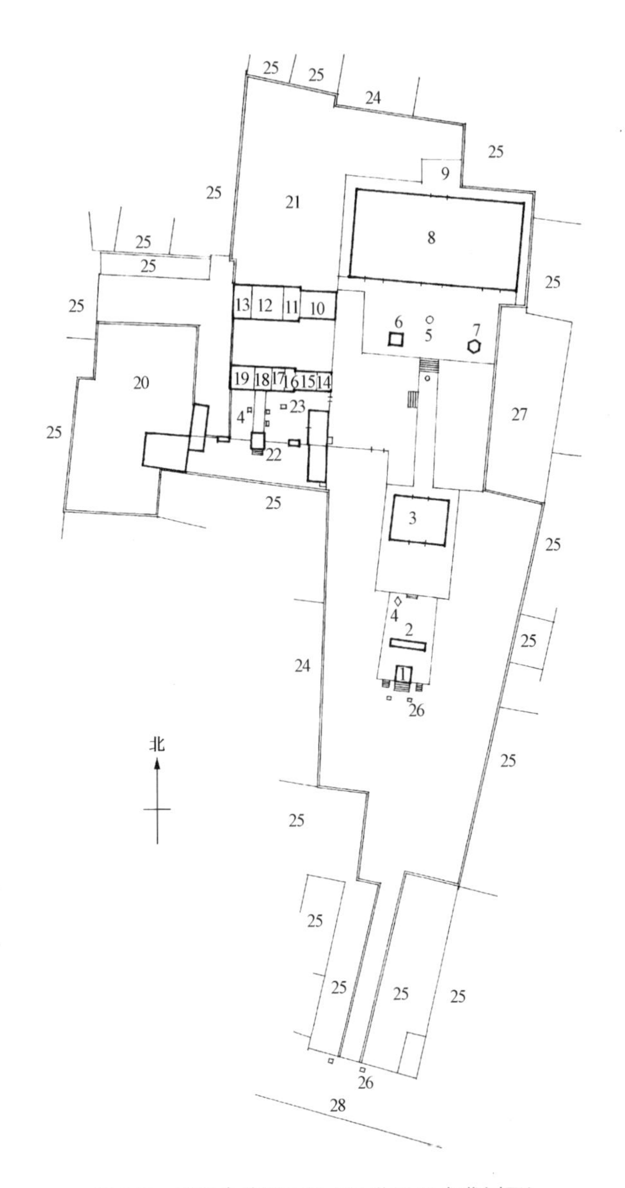

1. 山门；
2. 牌坊；
3. 无量殿；
4. 碑；
5. 石香炉；
6. 碑亭；
7. 钟亭；
8. 大雄宝殿；
9. 台；
10. 仓库；
11. 祖堂；
12. 后佛殿；
13. 功德殿；
14. 十方堂；
15. 厨舍；
16. 客室；
17. 禅堂；
18. 大悲殿；
19. 方丈室；
20. 菜园；
21. 树园；
22. 便门；
23. 井；
24. 城隍庙；
25. 住宅；
26. 狮子；
27. 待征地；
28. 街道

图 6-56　奉国寺总平面图（20 世纪 40 年代测图）

边缘有矮墙环绕，充作栏杆。大殿平面柱网布列，正侧两面不同，正面采用开间逐间递减式，侧面五间各间尺寸基本相同。内柱在两山及后部环列一周，而前面金柱减少，退后一间再立一排内柱，以使前部礼佛空间宽敞。前后内柱间的空间基本为佛坛占据。大雄殿采用单檐庑殿顶，正立面除两端梢间之外，皆开门，侧立面五间六柱皆埋入山墙，整座建筑显得格外庄严肃穆（图 6-57、6-58）。

（2）构架

在这座殿宇中共有八缝梁架，当中六缝梁架采用殿堂与厅堂混合式构架（图 6-59～6-61），十架椽屋前四椽栿，中六椽栿与前四椽栿重叠两椽架，后乳栿，用四柱。内外柱不同高，内柱本身也不同高，前槽内柱高度升至六椽栿下，后槽内柱（后金柱）高度升至草乳栿下。前四椽栿及后部的乳栿皆为一端搭在外檐柱头铺作上，另一端插入内柱和金柱柱身。六椽栿有三处支撑点，即后金柱柱头铺作，前内柱柱头铺作，以及四椽栿中部的一组斗栱，形成一根连续梁 。六椽栿上再以简支方式架设了四椽栿和平梁。此外在乳栿之上又有草乳栿及劄牵，在四椽栿上也有草栿和劄牵，四椽栿本身带有缴背，平梁之下有顺栿串。由此可见横梁的数量比一般建筑为多。

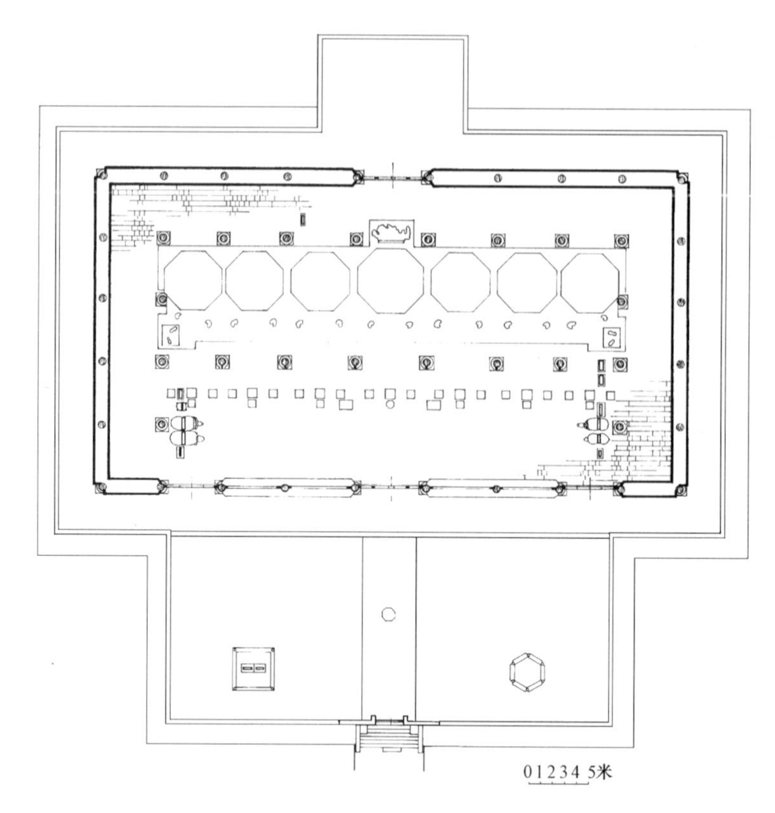

图 6-57　奉国寺大殿平面

图 6-58　奉国寺大殿立面

图 6-59　奉国寺大殿剖面

就纵架而论，内、外檐柱间有普拍方、阑额及多重素方。山面尽间置丁栿，稍间和第二次间设顺梁（图 6-62）。此外还有柱头铺作中的素方、罗汉方以及各缝下的襻间，利用这些木方，形成

图 6-60　奉国寺大殿剖透

图 6-61　奉国寺大殿构架

图 6-62　奉国寺大殿构架尽间山面丁栿及屋内额

上下两层闭合的木框，对于大殿的构架整体性起了较好的作用，所以这座大殿历经几次地震仍能安然无恙。

大殿柱子带有生起和侧脚，外檐平柱高 5.95 米，至角柱生高 36 厘米，合宋营造尺 11.5 寸，比《法式》“九间生八寸”大了近 12 厘米。侧脚为 13 厘米，合柱高的 2%，也比《法式》规定侧脚为 1%要大得多。殿身檐柱下径 67 厘米，相当于柱高的 1/8.9，殿内外槽六根金柱径 70 厘米，比檐柱梢梢加粗。

大殿内构件断面符合《法式》用材比例，其具体尺寸与法式有所不同。详见表 6-7：

奉国寺大殿构架尺寸 表 6-7

构 件 名 称	尺寸（厘米）	折合标准材分°（广×厚）	《法式》规定标准
六椽栿	71×48	36.8 分°×25 分°，广二材一栔	广四材
内柱径	70	36.3 分°，广二材一栔	广二材二栔
四椽栿	65×57	33.6 分°×30 分°，广二材四分°弱	广三材
檐柱径	67	34.7 分°，广二材五分°弱	广二材二栔
内柱间四椽栿	54×38	28.5 分°×20 分°，广不足二材	广三材
平 梁	54×38	28.5 分°×20 分°，广不足二材	广二材二栔
乳栿，丁栿	54×38	28.5 分°×20 分°，广不足二材	广二材二栔
普拍方	20×44	10.3 分°×23 分°，厚一材一栔强	厚一材一栔
压槽方	44×20	23 分°×10.3 分°，广一材一栔强	无规定
阑 额	40×20	20 分°×10.3 分°，广一材一栔	广二材
劄 牵	40×20	20 分°×10.3 分°，广一材一栔	广 35 分°
缴 背	38×48	19.7 分°×25 分°，广一材一栔弱	无规定
三椽栿	29×20	15 分°×10.3 分°，广一材	广二材二栔
蜀柱径	29	15 分°，合一材	广一材半
槫 径	29	15 分°，合一材	广一材一栔
叉手、托脚、襻间	29×20	15 分°×10.3 分°，广一材	广一材
替 木	20×16	10.3 分°×8.2 分°，广不足一材	广 12 分°

通过上表所列尺寸，可以看出梁架构件比《法式》标准要小。但实际的构架中加了附属的构件，如六椽栿上加缴背，即变成了广 57.5 分°，这样就与《法式》的“广四材”接近了。平梁和四椽栿皆增加了顺栿串，也等于加大了断面，顺栿串可协助原构件承受荷载。

（3）斗栱

斗栱用材：材高 29 厘米，相当于宋营造寸 9.06 寸，材宽 20 厘米，相当于 6.25 寸，材的高宽比为 15 分°：10.3 分°，栔高 14 厘米，合 7.2 分°，尺寸比《法式》的“栔高 6 分°”稍大，斗栱用材尺寸与《法式》所列一等材相近，与九间殿之规模相称。

内、外檐共有斗栱五种：

1）外檐柱头铺作：七铺作双杪双下昂，重栱造，第一、三跳偷心，里转五铺作出双杪偷心造。乳栿或四椽栿至正心方后入斗栱，直抵批竹昂下，在里跳第二跳华栱头的上方，梁栿上皮施骑栿令栱。扶壁栱只用泥道栱一条，其上承柱头方六层（图 6-63）。

2）外檐补间铺作：外跳构造形式与柱头铺作相同，仅栌斗高度稍小，下垫一驼峰，另外扶壁栱做法是将泥道栱改成翼形栱，其上有六层柱头方，最下两层隐出泥道栱、慢栱。里转出双杪，

图 6-63　奉国寺大殿外檐柱头铺作、补间铺作

下一杪偷心，第二杪跳头承瓜子栱、慢栱及四层罗汉方，靠下的三层方子上分别隐刻瓜子栱、慢栱、令栱。

3）外檐转角铺作：角栌斗正侧两面出跳为四杪华栱，与柱头铺作采用完全不同的方式，这是非常少见的现象。这四杪之中，一、三杪偷心。角栌斗 45°方向仍出两层角华栱、两层角昂和一层由昂。第二层角华栱上正侧两面再承华栱两跳，第二层角昂平盘斗上再承令栱一跳，两者共同承撩风槫及替木。由昂上设角神，承大角梁。角栌斗两侧各置附角斗一枚，附角斗出跳情况与补间铺作相同。但扶壁栱未做翼形栱，仍为泥道栱。附角斗一缝所承之横栱与角栌斗一缝相应者皆作成连栱。该铺作里转仅于角栌斗出五杪角华栱，皆偷心，上承子角梁尾。附角斗里跳出三跳 ，第一跳为翼形栱，第二跳为华栱，这两跳皆偷心，第三跳华栱计心，上施横栱承罗汉方（图 6-64）。

4）内檐后内柱及稍间内柱柱头铺作：从栌斗口内出四杪，皆偷心。上承六椽栿，这四杪华栱实为构架中的草乳栿及劄牵之后尾。通过内柱柱头铺作把构架中的六椽栿、乳栿、劄牵连成一体。扶壁栱仍为泥道栱，上承五层柱头方，并隐刻出慢栱、令栱各两层，相间出现。方子之间用散斗垫托(图6-65)。

图 6-64　奉国寺大殿外檐转角铺作

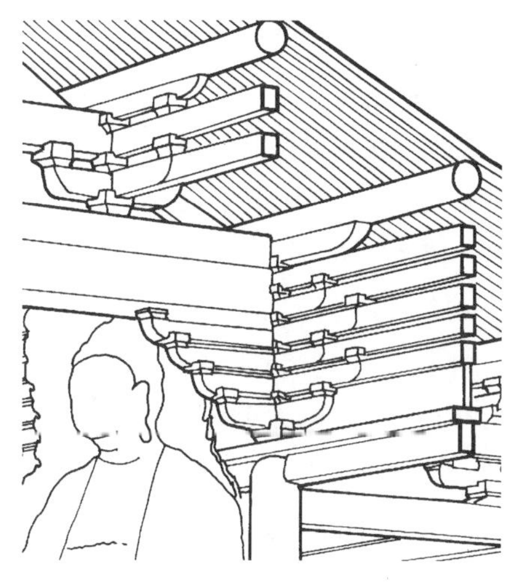

图 6-65　奉国寺大殿内檐梢间后金柱柱头铺作

5）内檐补间铺作：于内柱间的普拍方上立蜀柱，柱上置栌斗、泥道栱，再上置柱头方五层，木方间有散斗垫托，从散斗所在位置看，可能有彩绘的泥道栱、慢栱、令栱显现于木方之上，但

现已无存（图 6-66）。

（4）彩画

大殿内檐斗栱及梁架主要构件尚保留有部分辽代彩画，其题材和构图与辽庆陵中的彩画相近。斗栱中绘有莲荷花，宝相花，团窠柿蒂，以及各种形式的琐纹。彩色以朱红、黄丹为主，兼施青绿。栱眼壁上花卉图案有宝相花、海石榴、牡丹花等，枝条用金钱描绘，花叶以青、绿、红为主色。

大殿主梁六椽栿和四椽栿的梁底均绘云朵及飞天，飞天身着长裙，头部朝殿内的七佛，手执果盘或花卉，作供养七佛之状，色调为朱红衬地，以青绿涂饰服装，面部、手足用褚色描绘轮廓。周围云朵以墨色晕染。飞天轻盈飘逸，形态自然。是这一时期建筑彩画遗物中的上乘之作（图 6-67）。

此外，在上架的四椽栿底面和前内柱从栌斗口向前伸出的顺栿串底面上，皆绘有用卷草纹组成的草凤，以土朱为地，图案采用石绿为主色，以红、白二色相间品合，形象生动，色彩明快，也是一处佳作。

此外在梁额构件上还有画网目文图案者多处，形式有六种，色彩以土朱、石绿两色晕染，两色之间以白粉为界，奉国寺大殿所存辽代彩画，在这时期的建筑遗物中当属凤毛麟角，是非常珍贵的遗物。

（5）瓦石

大殿前檐柱下尚留有精美石雕柱础多个，以 120 厘米见方的石块，上部雕成覆盆状、盆高 6 厘米，表面雕压地隐起花，题材有牡丹花，宝相花，莲荷花，卷草纹等多种形式，是为辽代原物（图 6-68）。

屋面铺筒、瓪瓦，筒瓦长 12 厘米，径 20 厘米，瓪瓦长 42 厘米，宽 33 厘米。勾头有双凤、饕餮等纹饰。滴水用重唇瓪瓦，瓦端有回文或卷草等纹饰。这与义县嘉福寺辽塔上瓦件纹样相同，即应为辽代原物，但屋顶上之吻兽、屋脊，已是近年重修补作之物。

三、浙江宁波保国寺大殿

1. 寺院历史及环境

保国寺位于宁波市西北 20 里的灵山，寺院周围丛林密布，虎溪回环，朝拜者依“松风寻旧径，涧水浣征尘”[13]，走过一段蜿蜒之路，方可见寺院那“墙低容树入，楼小得云留”[14]的纯朴风貌。尽管寺院规模不大，但却使人感受到“尘埃不到处，僻性最相宜”[15]的环境氛围。保国寺所在基址最迟在汉代已成为骠骑将军之子中书郎隐居之处，后舍宅为寺，初名灵山寺。唐武宗会昌五年废，僖宗广明元年（880 年）再兴，赐额保国寺。宋真宗大中祥符四年（1011 年）德贤尊者来主寺，将“山门、大殿，悉鼎新之”。至祥符六年（1013 年）佛殿建成，“昂栱星斗结构甚奇，为四明诸刹之冠”[16]。当时同期建造的还有天王殿，并于天禧四年（1021 年）建方丈室。宋仁宗庆历年间（1042～1048 年）建祖堂，至南宋绍兴年间（1131～1162 年）建法堂、净土池、十六观堂等，明道元年（1032 年）建朝元阁[17]。由此可知两宋时期的保国寺内主要建筑有山门、天王殿、大殿、法堂、方丈、祖堂、十六观堂、朝元阁、净土池等。而现在的保国寺内所存宋代建筑仅有佛殿和净土池，其余建筑皆已无存，或于原址重建，或易为其他殿堂（图 6-69）。天王殿，钟、鼓楼，法堂，藏经楼等，多为清代重修后的遗物。[18]山门为 20 世纪 80 年代从他处移来。大殿也于清康熙二十三年（1684 年）将原有宋代殿宇“前拔游巡两翼，增广重檐”。又于乾隆十年（1745 年）“移梁换柱，立磉植楹”。至乾隆三十一年（1766 年）“内外殿基悉以石铺”。宋构只存现大殿上檐之下的构架，大殿下檐构架及门窗装修皆为清构。

图 6-67① 奉国寺大殿彩画

图 6-66 奉国寺大殿内檐补间铺作

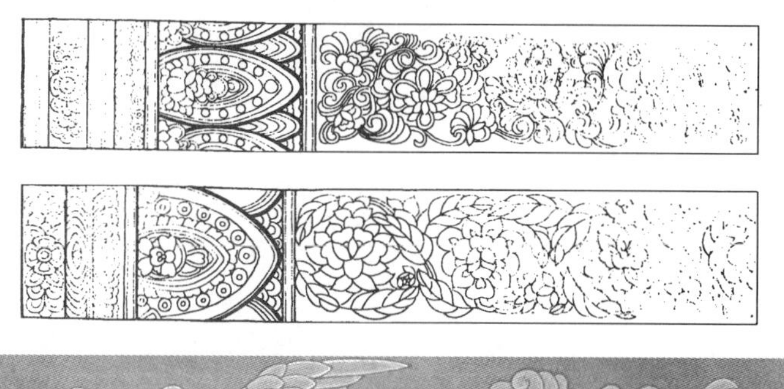

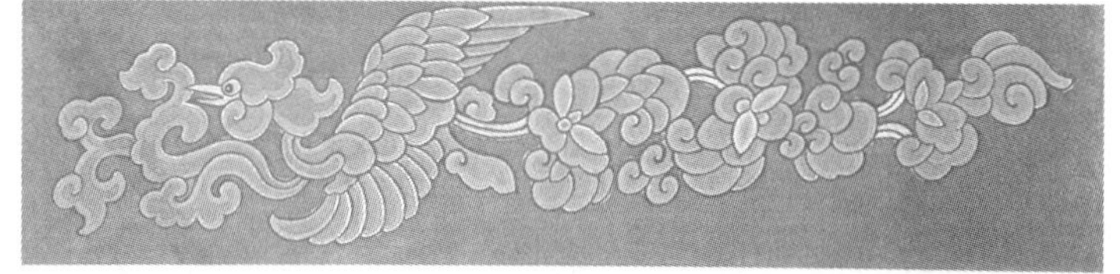

图 6-67② 奉国寺大殿彩画

图 6-68 奉国寺大殿柱础

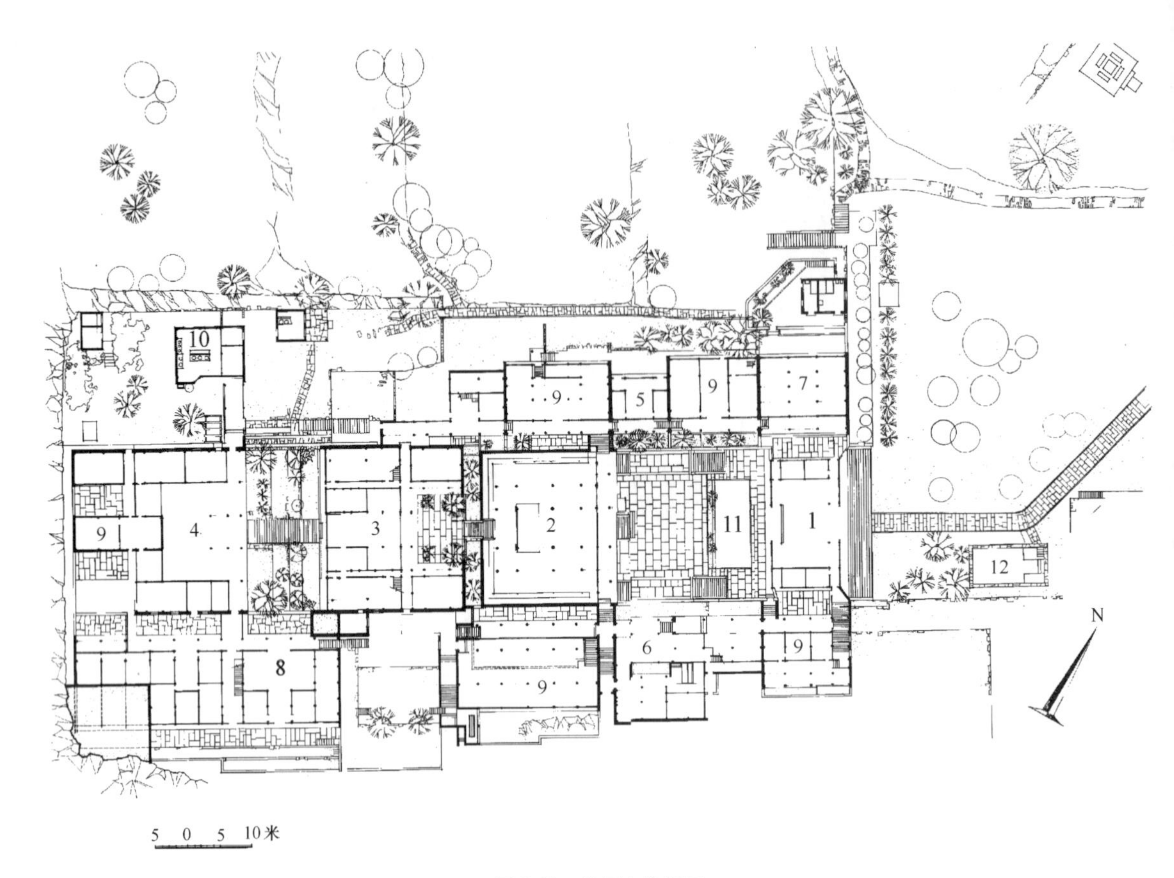

图 6-69 保国寺总平面

1. 天王殿； 2. 大殿；3. 法堂；4. 藏经楼；5. 钟楼； 6. 鼓楼；7. 客堂；
8. 信众客房；9. 后世添建房屋；10. 厨房； 11. 净土池；12. 水池

寺院所处地段高低错落，寺内殿堂也随之坐落在不同高度的四层台地上（图 6-70），第一层台地较空旷，建有山门、天王殿和殿后净土池。其中天王殿坐西南朝东北，山门座东南朝西北，入门后需转 90°，方能进入天王殿。放生池设于这进院落的东南角。[19]天王殿是位于寺院的主轴线上的第一座殿宇，殿后紧临净土池，池西南院落地平升高至第二层台地，寺内主要建筑“大殿”即位于此，坐西南朝东北，建于一高台基上，两厢位置现有后世所修之钟、鼓二楼。随楼阁的前檐，筑有两道粉墙，粉墙前端直到天王殿，后端直到佛殿，因此院落空间狭窄而封闭，只有净土池中

图 6-70 保国寺鸟瞰

图 6-71 保国寺大殿

朵朵四色莲花带来几分生机。池边利用院落地平叠起形成的石壁，雕有康熙年间题字“一碧涵空”。东侧钟楼左右另有客堂、文武祠等一列建筑，西侧鼓楼左右有禅堂等一列。而这两列建筑皆隐于粉墙之外。

大殿之后为第三台地，设法堂。从殿内登石阶，出殿后门便来到法堂前小院，仅有正厅五间，东、西楼各三间，穿过法堂便是最后一进院落，现在为藏经楼所在地；从法堂后门拾级而上，即可到达。楼旁有香客宿舍，楼西北有旁院，置厨房、库房等。

寺院依山开出四层台地，主轴线上院落受地形限制，宽、深均不大。从寺志所记两宋时期建筑遗迹推测，现寺的主轴线还大体保持了两宋时期的规模，但最后一进院落并非宋时开辟，建筑也多为清代修建。当时的主要建筑有天王殿、大殿、法堂等，依次排列。但这些建筑的两厢之房屋属后世添加，如法堂东、西楼“昔本荒基”，乾隆元年迁建于此。又如钟楼“相传旧有钟楼在大殿东南青龙山嘴后”。或许那里就是宋代钟楼所在地。可以推测，两宋时期保国寺核心部分规模不大，但寺院建筑分布不局限于中轴线范围，周围山嘴处尚有少数建筑点染其间。

2. 大殿

（1）平面及立面

佛殿面宽七间，进深六间，当中的面宽三间进深三间为宋代遗物。清代于前檐增建两间，后檐增建一间，左右各增建两间，构成大殿下檐（图 6-72）。

大殿采用重檐歇山式屋顶，上檐用宋式构架承托，下檐为清代添建，另立柱、梁支撑。山面也做重檐，背立面只存上檐。山面下檐屋顶至背立面转角处与法堂院内之马头墙相撞结束。只有正立面带前廊并设有门窗，两山皆做实墙，背立面也做实墙，殿后门凸出后墙与法堂院墙门合而为一。门窗构件也皆为清代补装（图 6-71、6-73、6-74）。

（2）构架

大殿上檐构架四榀皆为宋代原物，中间的两缝作厅堂式构架，采用八架椽屋前三椽栿、中三椽栿、后乳栿用三柱形式（图 6-75）。前后内柱不同高，前内柱直达平梁端，后内柱仅达三椽栿端部中平槫下。前檐柱与前内柱间作平棊、平闇、藻井等天花装修，三椽栿露明于天花以下，构架中、后部的三椽栿、乳栿则均为彻上明造。[20]前三椽栿比后乳栿低一足材，两山乳栿与后乳栿同高。乳栿上设劄牵，劄牵梁端入栌斗，与横栱相交，横栱四层相叠，以承下平槫及素方。前部三椽栿上坐斗栱，承平棊方，由平棊方承大藻井与平棊。天花以上有草架随宜支撑固济，以承上部

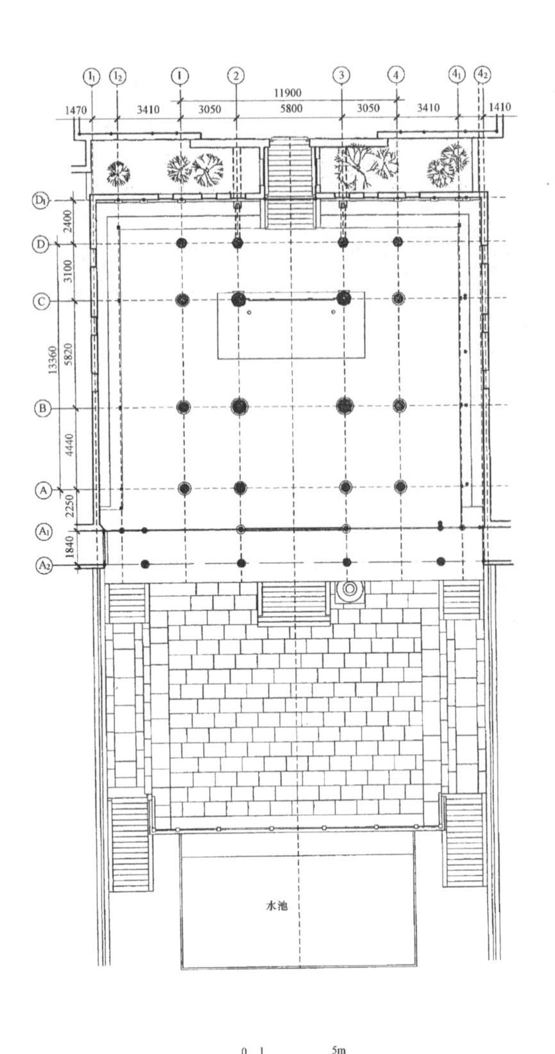

图 6-72　宁波保国寺大殿平面图

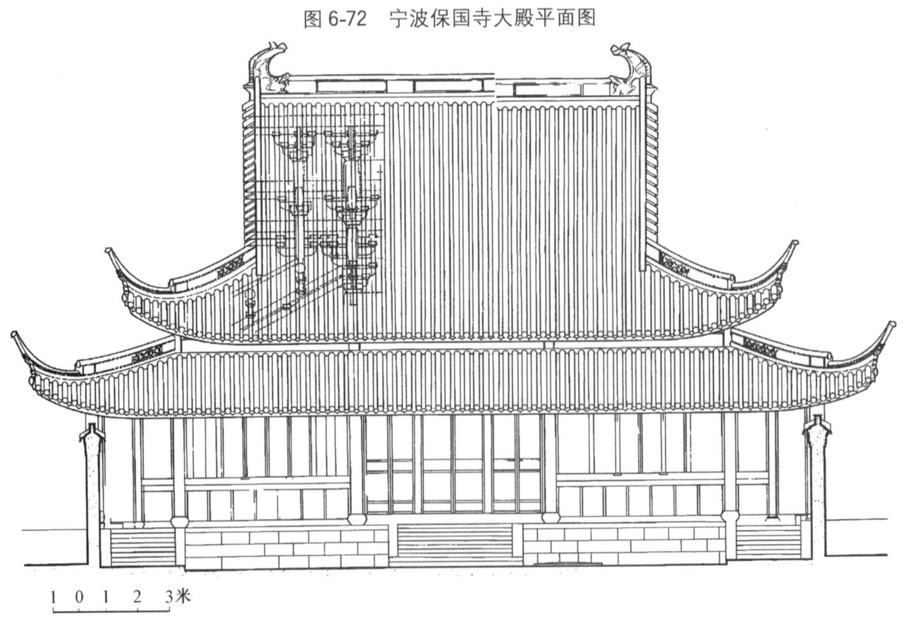

图 6-73　保国寺大殿正立面

的中平槫，而下平槫则靠“自槫安蜀柱以插昂尾”作为支点。当中两内柱间所承之三椽栿，一端入前内柱，一端搭在后内柱柱头铺作之上，上承平梁、蜀柱。这条三椽栿断面较大，梁总高 90 厘米，起鰤后高 76 厘米，相当于四材，梁宽 36 厘米，高宽比为 2.1∶1。

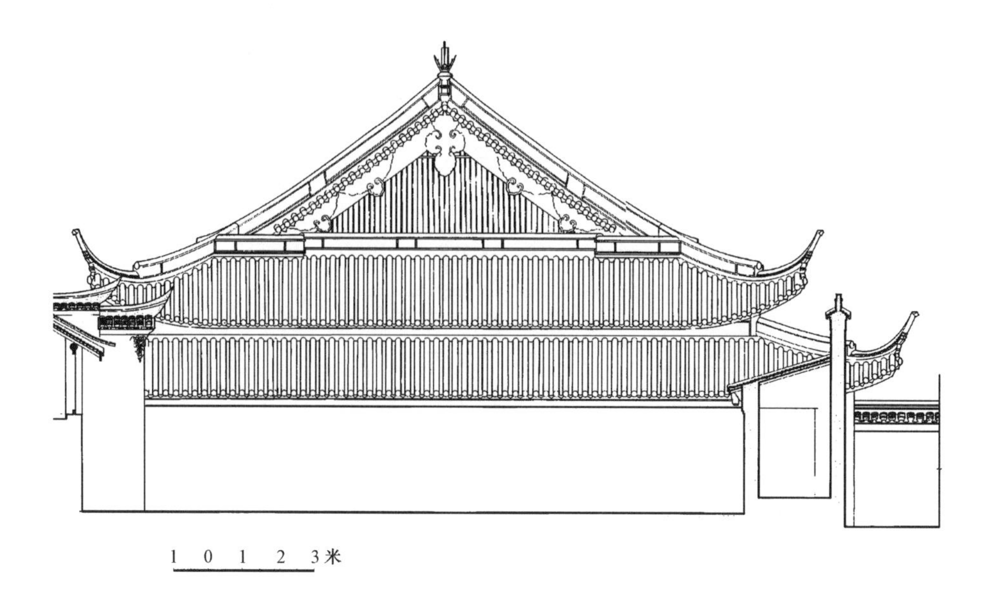

图 6-74 保国寺大殿侧立面

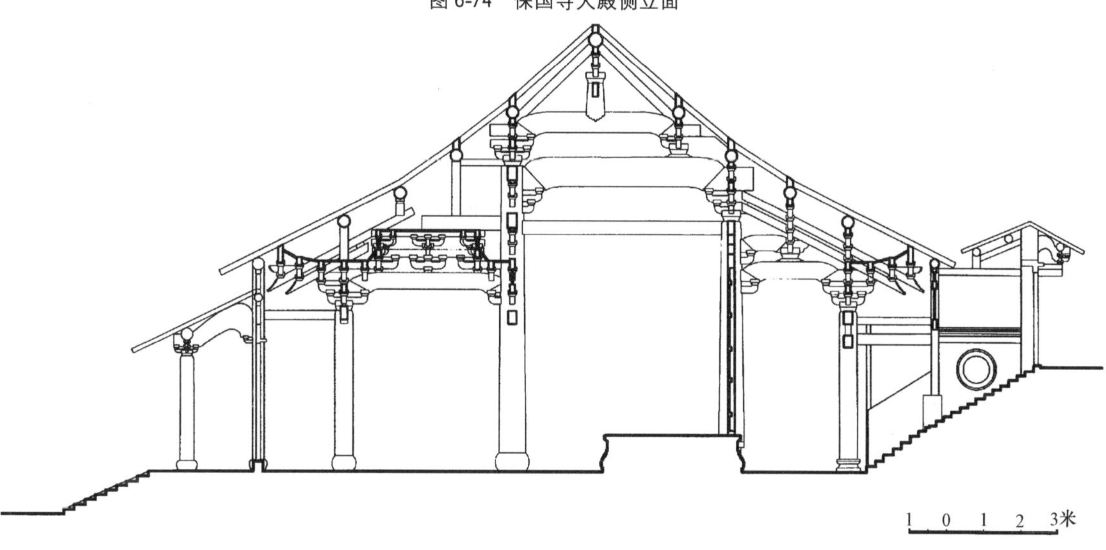

图 6-75 保国寺大殿横剖面

另外，在次间中部为承山面出际之槫、方，另设梁架一缝，以平梁为主，平梁两端靠蜀柱支撑，蜀柱立于山面下平槫上，这条下平槫靠两组斗栱支托，最后将荷载传至山面乳栿。此平梁以上部分与中间两缝大体相同。

构架的纵向联系构件较多，在前内柱间，除置于柱头的阑额之外，还有两内额，两素方位于阑额以下。此外柱头以上还有襻间两道。后内柱间内额用四道木方组成，柱头以上，设有襻间方一道。另外，在各槫下皆设襻间方一道。平梁上蜀柱间设顺脊串一条（图 6-76）。

（3）柱及柱础

佛殿柱有三种高度，外檐柱，前内柱，后内柱。柱子断面形式有六种（图 6-77～6-79）。即瓜棱拼合柱两种，包镶式瓜棱柱，整木柱 3/4 带瓜棱，整木柱 1/2 带瓜棱，整木瓜棱柱等。其中内柱瓜棱拼合柱的方法是用四条断面小的圆木料采用木楔，两两贯通，拼成一体，再用辅助木片拼贴凹陷处，形成八棱。所有柱子皆有收分，但未做卷杀。外檐柱有生起，角柱比平柱仅生起 3 厘米，小于《法式》一间生二寸之规定。外檐柱下径为 50 厘米左右，合两材一架，上径约 44 厘米。前内柱下径 77 厘米，合三材一架，上径 55 厘米。后内柱下径 70 厘米，合三材半架，上径 65 厘米。

柱础皆非宋代原物，形式也不统一，是经多次更换的结果。

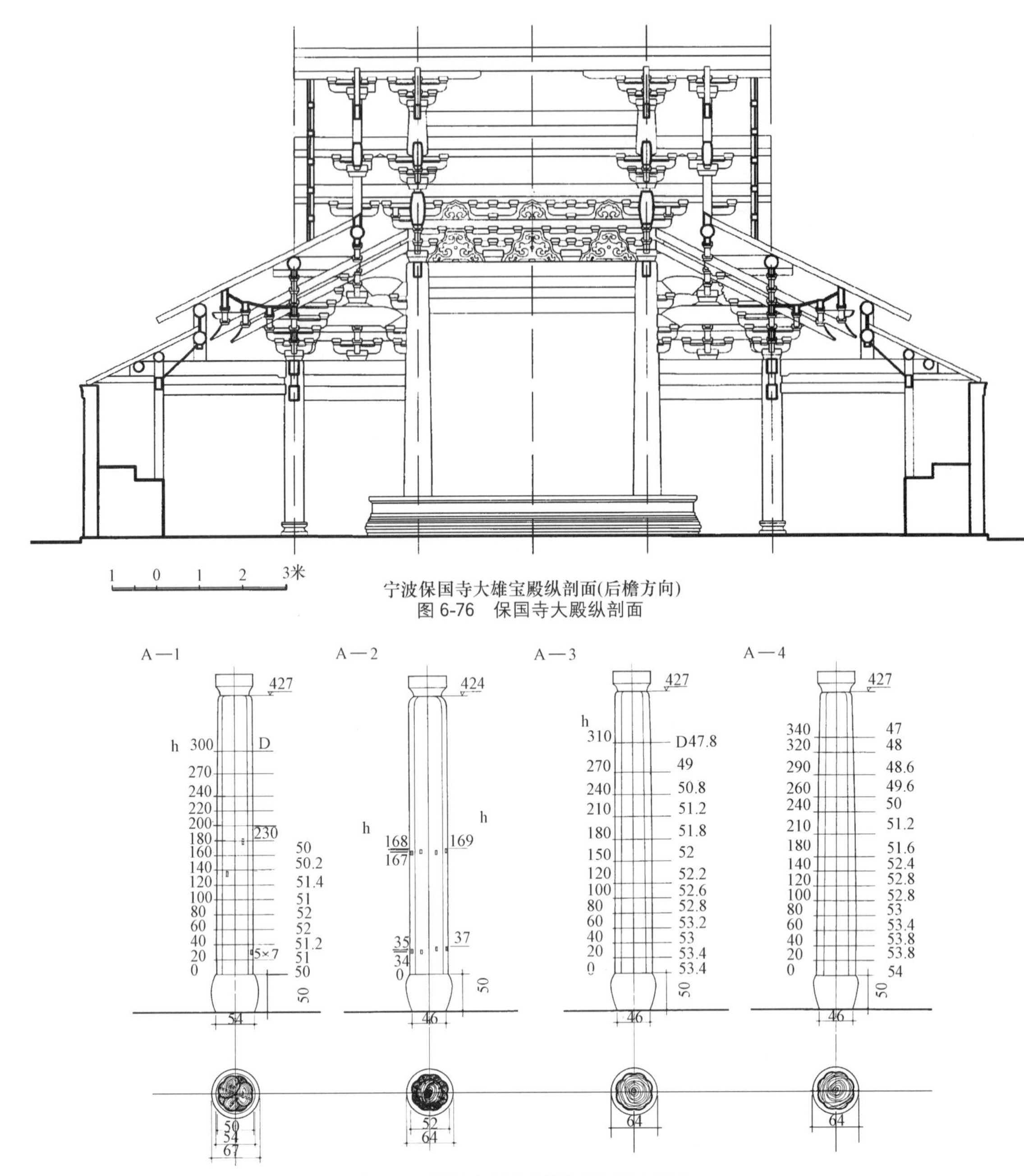

图 6-76 保国寺大殿纵剖面

图 6-77 保国寺大殿瓜楞柱平面及立面之一

此外，殿内尚留有宋代佛坛一座，位于后内柱前，后内柱即自坛上立起，佛坛形式为石砌须弥座式，高 1.0 米，束腰以上仅两层线脚，束腰以下为叠涩座，有宽窄不同的线脚共 10 层，束腰本身宽 23 厘米，上雕减地平滲如意纹，后面中部刻有捐赠人题记，年代为“崇宁元年五月”（图 6-80）。

（4）斗栱

构架中的斗栱共有 16 种。外檐斗栱有前檐柱头、补间、转角铺作，后檐柱头、补间、转角铺作，山面柱头、东山面补间铺作，西山面补间铺作等。内檐斗栱有前内柱柱头铺作，前内柱柱中铺作，后内柱柱头铺作，前内柱内额间斗栱，后内柱内额间斗栱，前三椽袱上补间铺作，乳袱上补间铺作，平梁端头斗栱，藻井斗栱，平棊斗栱等。

斗栱布局采用身内双槽形式，当心间用双补间，次稍间用单补间。用材分为两类：第一类为 21.75 厘米×14.5 厘米，用于外檐，内檐；第二类为 17 厘米×11 厘米用于藻井、平棊。第一类用于外檐者皆做下昂造，用于内檐者则为卷头造。第二类全部为卷头造。现分述如下：

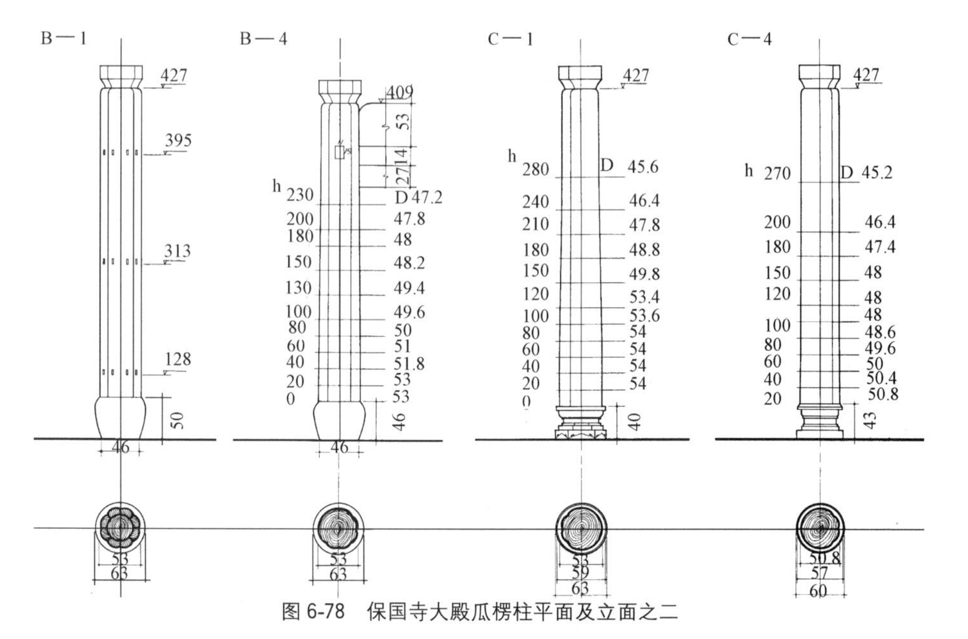
图 6-78 保国寺大殿瓜楞柱平面及立面之二

图 6-79 保国寺大殿瓜楞柱

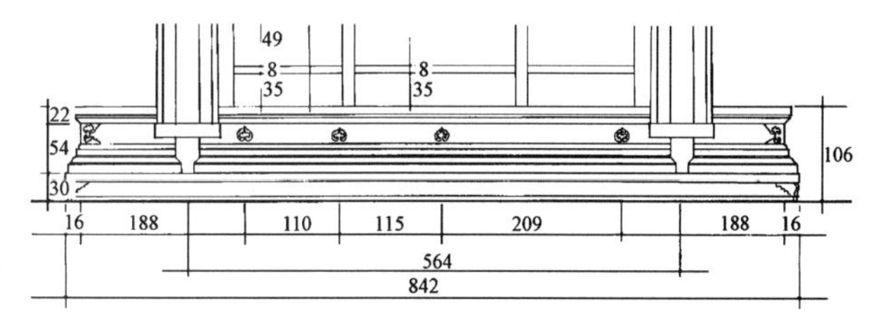
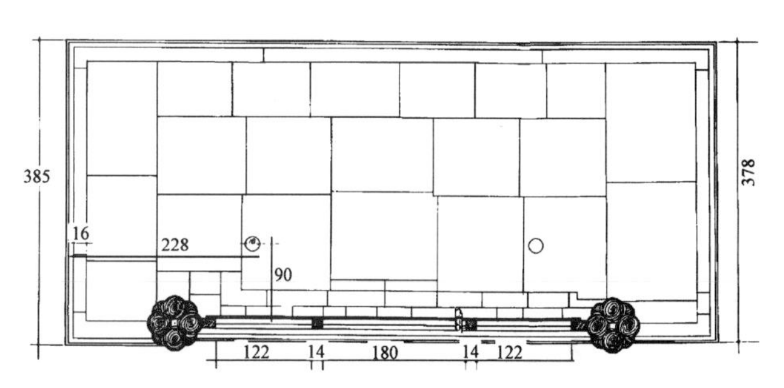
图 6-80 保国寺大殿宋代佛坛平面、立面

外檐斗栱：

1）前檐柱头铺作：七铺作双杪双下昂，下一杪偷心，其余各跳皆单栱计心，里转出一杪，承三椽栿，其上第三跳高度有骑栿令栱及素方，里转第四跳高度于三椽栿背上置交互斗承令栱及平綦斗栱。三椽栿前端充当第二跳华栱。外跳两重昂尾伸入平闇后，上层昂尾上彻下平槫，结束处采用"自槫安蜀柱以插昂尾"做法。下层昂尾至里转第一跳分位截断，与上层昂尾间以木块填充，使两者连成一体（图 6-81、6-82）。昂尾在经过正心缝上短柱时，嵌在柱身开挖的凹槽中。铺作中华栱用足材，其余栱、昂皆用单材。

2）前檐补间铺作：七铺作双杪双下昂，下一杪偷心，其余各跳皆单栱计心，最外跳承令栱及橑檐方，耍头与令栱相交。里转出三杪，下一杪偷心，第二、三杪单栱计心，上承素方及平綦方。昂尾上彻下平槫，做法同柱头铺作（图 6-81、6-82）。

3）前檐转角铺作：七铺作双杪双下昂，下一杪偷心，45°方向出角华栱及角昂一缝，角昂上更施由昂一条，角部一缝的第二、三跳跳头与正身横栱相交出列栱，皆作瓜子栱与小栱头出跳相列，第四跳跳头列栱为令栱与小栱头出跳相列。里转出角华栱三杪，下一杪偷心，角昂尾上彻下平槫，但由昂及下层昂尾仅达到第二跳角华栱端分位。正身缝之昂身至正心斜切后，贴附于角昂尾两侧。铺作中仅角华栱用足材，其余构件皆单材（图 6-83）。

图 6-81 保国寺大殿前檐柱头及补间铺作

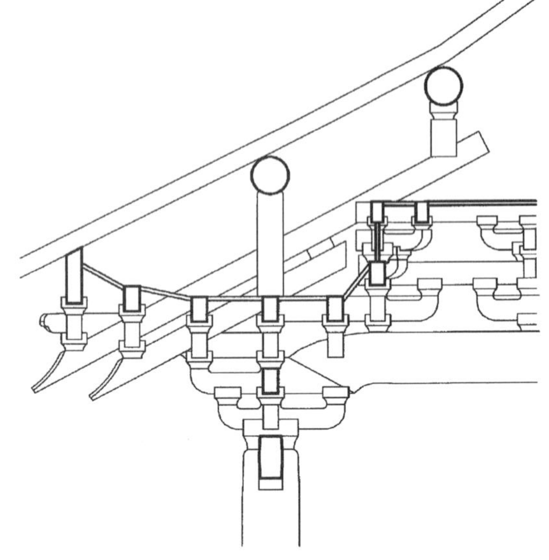

图 6-82 保国寺大殿前檐柱头铺作

4）山面柱头铺作：七铺作双杪双下昂，里转出双杪，承乳栿。外跳昂尾直达内柱位置，插入柱头或柱身（前内柱处），里跳上承乳栿。乳栿入斗栱后充华头子（图 6-84、6-85），山面在前内柱分位的铺作里跳作 45°方向之虾须栱两跳。

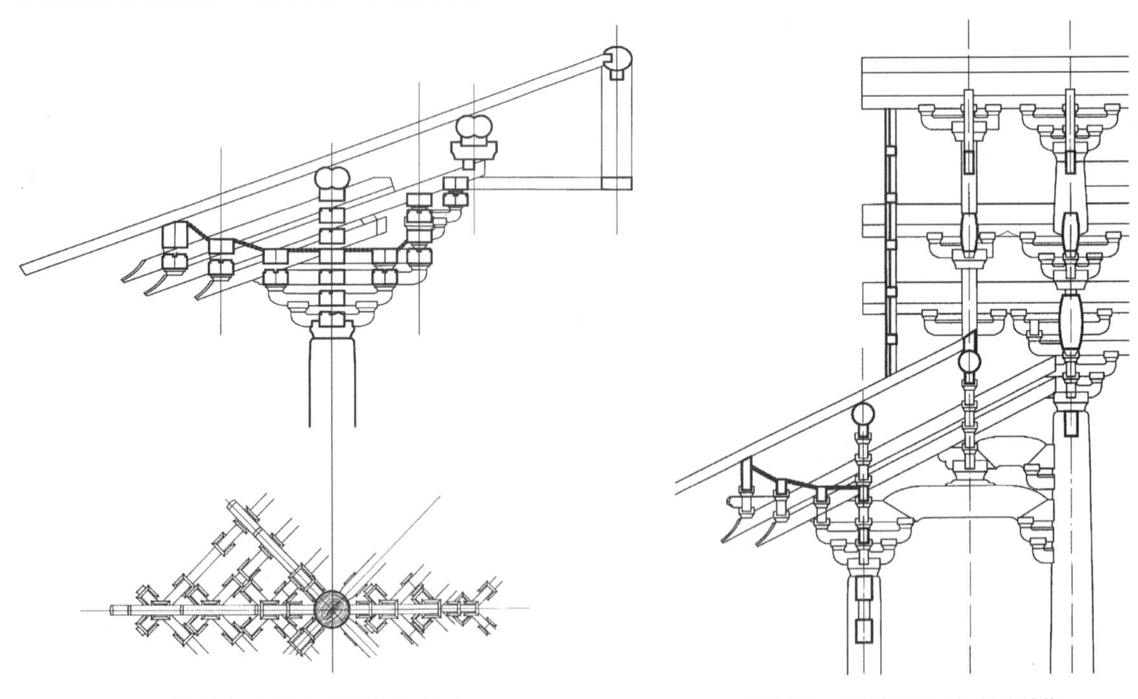

图 6-83 保国寺大殿前檐转角铺作

图 6-84 保国寺大殿山面柱头铺作

5）东南侧山面补间铺作：外跳七铺作，双杪双下昂，下一杪偷心，里转出四杪，全部偷心造，最上做鞾楔。下昂尾至山面下平槫，挑一材两栔（图 6-86）。

6）西北侧山面补间铺作：外跳同上，里转出五杪全部偷心造（图 6-87）。

7）后檐柱头铺作：外跳同前檐，里转出双杪承乳栿，昂尾上彻后内柱柱头铺作，与其相撞后结束（图6-88）。

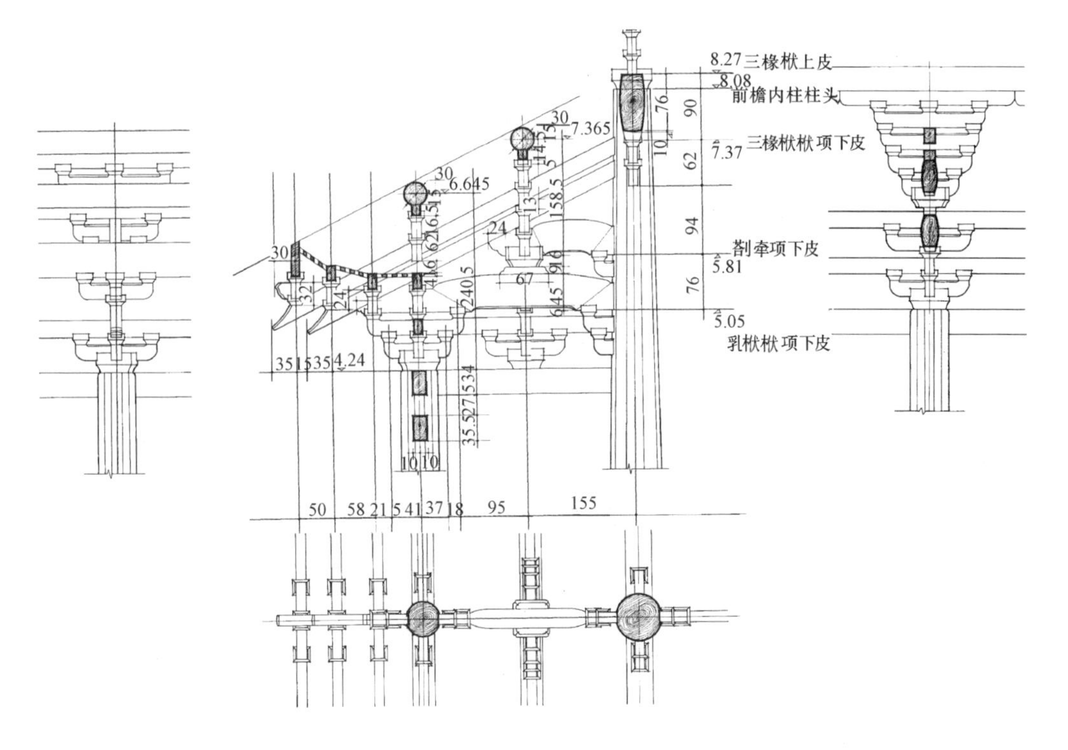

图 6-85　保国寺大殿山面前内柱分位柱头铺作

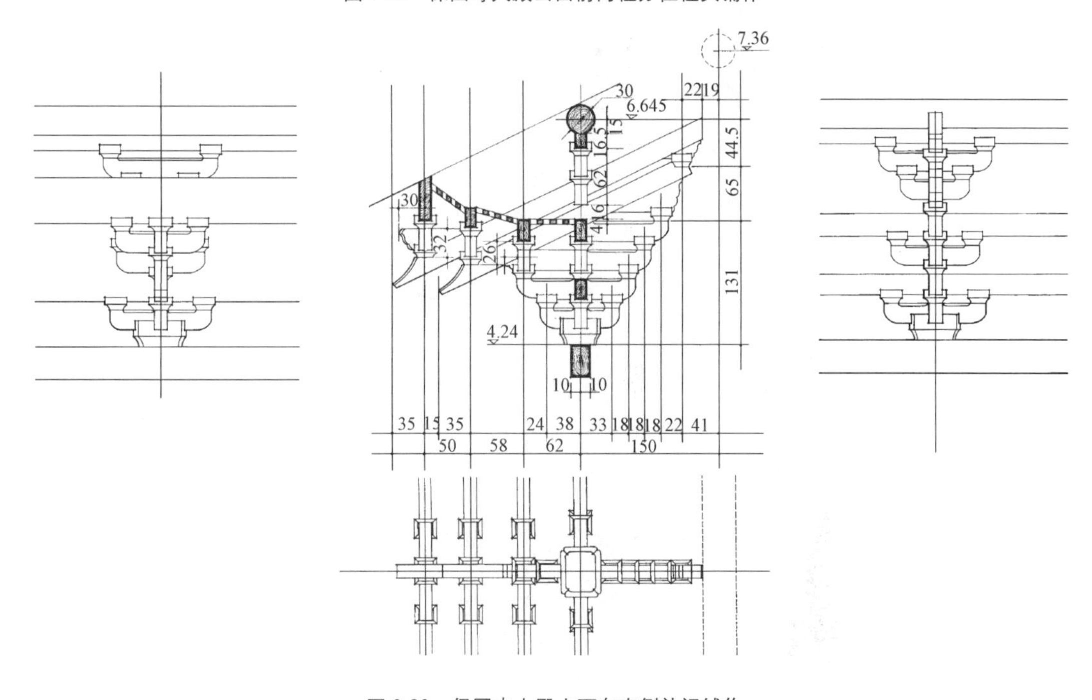

图 6-86　保国寺大殿山面东南侧补间铺作

8）后檐补间铺作:外跳同柱头铺作,里转出四杪,上置鞾楔,昂尾至下平槫挑一材两栔(图 6-88)。

9）后檐转角铺作：外跳与前檐转角铺作相同，里跳出角华栱五杪，角昂昂尾至内柱上部之蜀柱结束，但由昂仅达角柱心结束（图 6-89）。

内檐斗栱：

1）前内柱柱头铺作：里跳出双杪托平梁，外跳第一跳做卷头，第二跳为栱后尾，斫成方头。柱心扶壁栱为单栱造，有两横栱两襻间方，相间设置，上一层襻间方取代了上平槫下之替木（图 6-90）。

2）前内柱柱中铺作：在内柱中部有上下两组以丁头栱组成的铺作，上部的一组向内出丁头栱

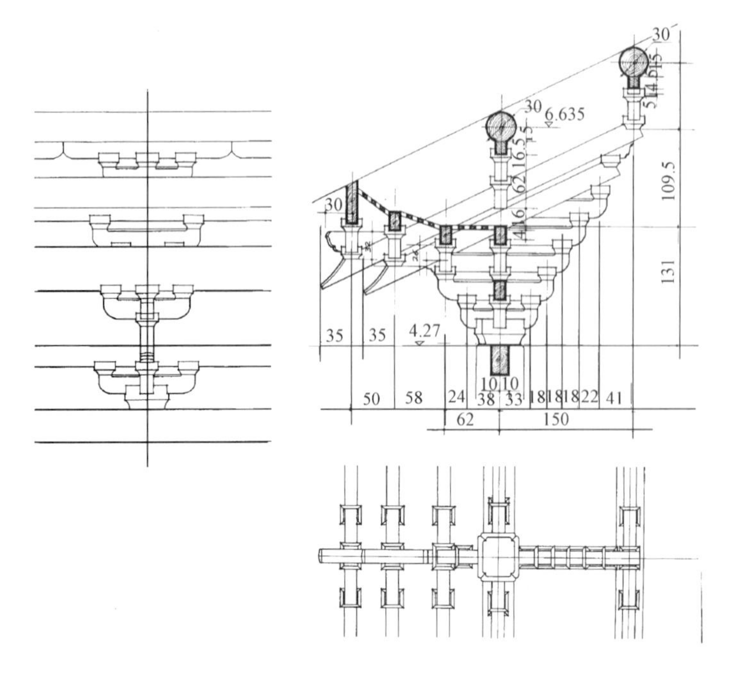

图 6-87　保国寺大殿山面西北侧补间铺作

图 6-88　保国寺大殿后檐柱头铺作

两跳，承构架中部之三椽栿，下部一组向外出丁头栱一跳，承前檐之三椽栿，其第三跳高度位置又有骑栿栱及素方，第四跳高度于三椽栿背上置交互斗，用以承令栱及平棊斗栱（图 6-75）。

3）前内柱间内额上补间铺作：只有半边栱，自栌斗口内出华栱三杪，下一杪偷心，第二、三跳跳头承瓜子栱上承素方及平棊方（图 6-91）。正心扶壁栱皆单栱造，做两令栱两素方。方上承中栌斗，再承横重栱，上承屋内额，额上又承中栌斗、横向重栱，再上承柱头处屋内额（图 6-92）。

4）后内柱柱头铺作，里跳出双杪，外转短木方两重，这里不做卷头，为了与外檐柱头铺作之下昂尾相抵。柱心扶壁栱用重栱，上承素方及单栱，再上承替木及中平槫（图 6-93）。

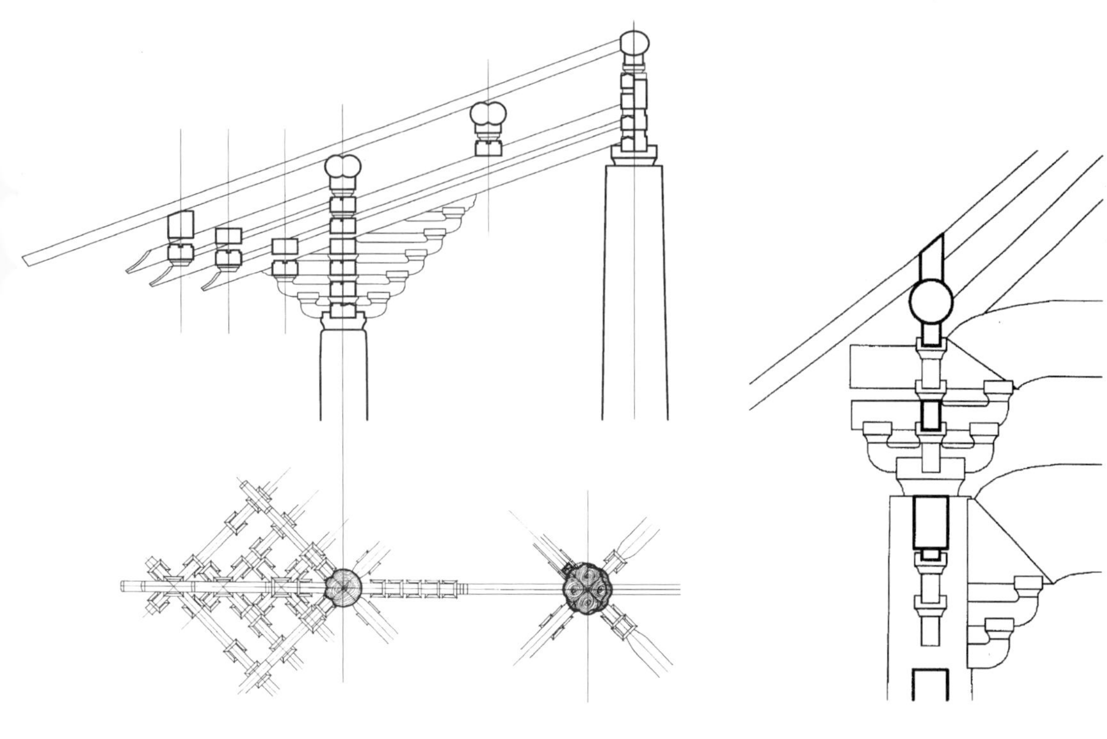

图 6-89 保国寺大殿后檐转角铺作

图 6-90 保国寺大殿前内柱柱头铺作

5）后内柱间补间铺作：仅做扶壁栱，重栱造，上承襻间方，方上以单斗支令栱及替木。栱眼壁处有后世添加之雕花板。（图 6-94）。

图 6-91 保国寺大殿藻井及内额上补间铺作

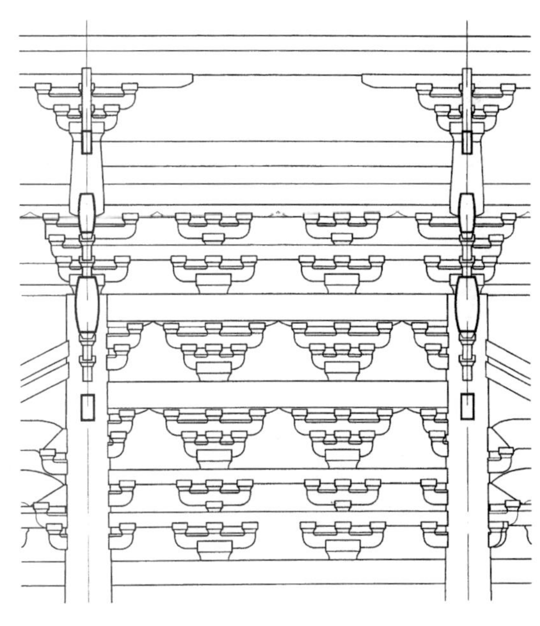

图 6-92 保国寺大殿前内柱间补间铺作背面

6）前檐三椽栿上补间铺作：在前檐三椽栿上施斗栱仅为一组单斗支令栱素方式，相当于清式的一斗三升斗栱，然后从齐心斗处的素方中出双杪及横栱素方，以承平棊（图 6-95）。

7）山面乳栿上铺作：为承托山面上平槫，并使外檐柱头铺作中长两架之下昂尾保持稳定，于山面乳栿上做一组卷头造斗栱，自栌斗口内出四杪，上至下平槫，与昂尾相绞（图 6-96）。

装修斗栱，另详装修一节。

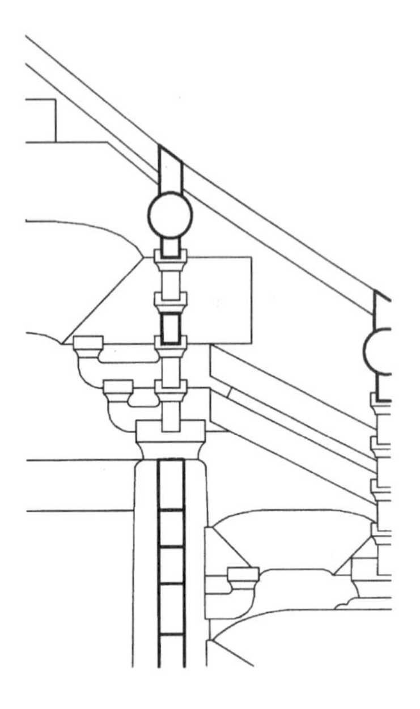

图 6-93　保国寺大殿后内柱柱头铺作

图 6-94　保国寺大殿后内柱补间铺作

（5）装修

大殿外檐装修已易为清式，内檐尚留有宋代原物，即殿堂前部当心间所做的大藻井一个，两次间所做的小藻井各一个，在大藻井两侧做平棊，在斗栱遮椽板处做平阇（图 6-97～6-99）。

图 6-95　保国寺大殿三椽栿上补间铺作

图 6-96　保国寺大殿山面乳栿上铺作

图 6-97　保国寺大殿大藻井小藻井・平棊

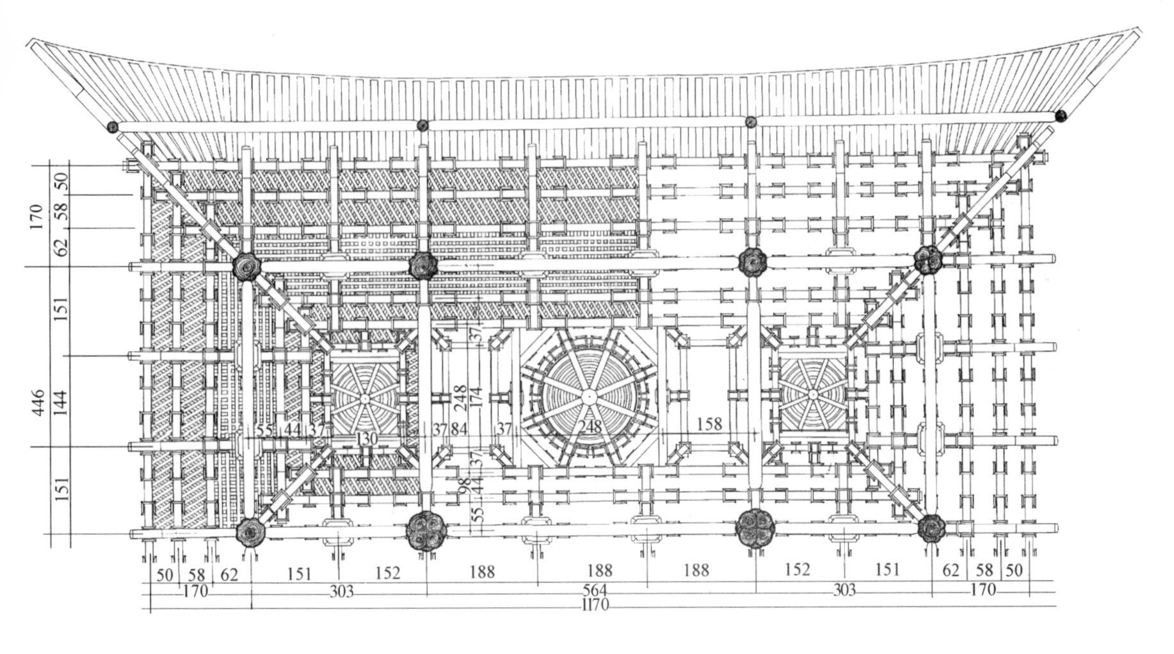

图 6-98 保国寺大殿大藻井小藻井・平闇平面

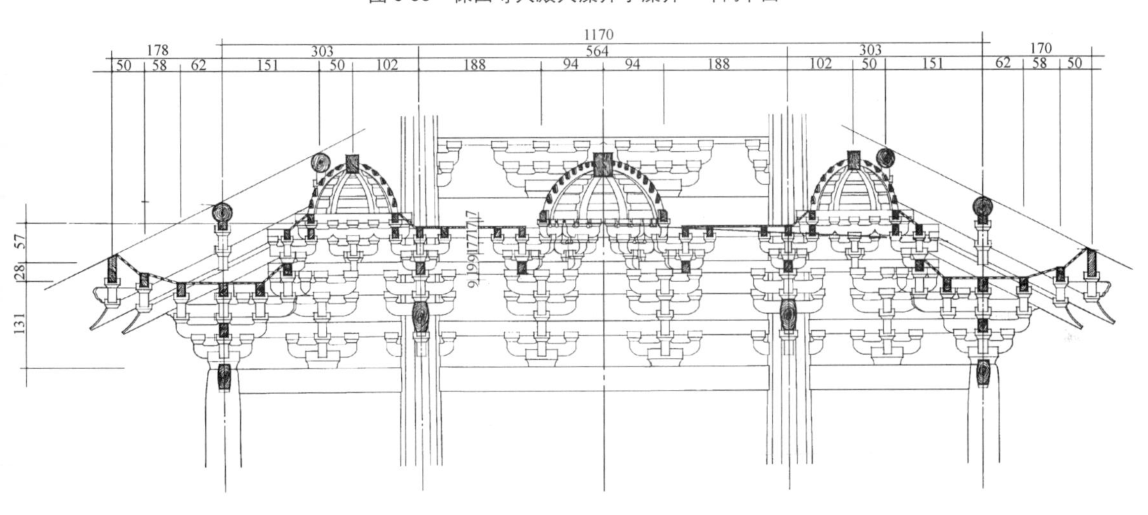

图 6-99 保国寺大殿大藻井小藻井・平闇剖面

大藻井的构成:大藻井下部为八角井,由平棊方围合而,于八角井各角置小栌斗;自栌斗口出华栱,在此华栱之下尚有一条更短的假华栱承托,但这条短栱未能入栌斗,仅插于平棊方上。华栱跳头承令栱,令栱身长做圆弧形,以承圆井,令栱上的齐心斗承阳马,八条阳马皆做弧形,汇于顶端,中心做六角形短棱柱。阳马之间有弧形木条围合成圆环,上下共八道,每道宽度有所变化,彼此之间并留有空隙,从下上望可见遮挡在这圆环式天花以上部分的草架。大藻井圆井直径 185 厘米,高 90 厘米。

小藻井做法与大藻井相似,仅直径缩小为 128 厘米,高度仍为 90 厘米。

平棊:在大藻井与三椽栿之间做整块长方形平棊。其做法是于平棊方上出两跳华栱,栱上铺木板,板上绘彩画。

平闇:在外檐铺作及藻井周围铺作的遮椽板处皆采用平闇式装修,做方格及菱形格子,平闇椽上未铺板。

(6) 大殿的结构、装修特点及价值

保国寺大殿建造年代比《营造法式》成书年代早了近 100 年,但它的许多结构做法,斗栱做法,乃至装修做法,与《法式》所提及的问题如出一辙,有的甚至成为《法式》做法的孤例。因此它可能是掌握宋代木构做法的权威性实例，具有很高的文物价值。例如佛殿室内空间考虑礼佛需要，结构布局很有特色，在殿前做三椽栿，使内柱后退，留出较大的使用空间，在这个人们活动最多的空间中进行重点装修，刻意雕琢，做出藻井、平棊、平阇，气氛显得格外隆重。后部由四内柱围合的空间设佛坛，此处梁架彻上明造，空间抬高，至主梁下已达 7.4 米。为在佛坛上装置佛像创造了合适的空间尺度。四内柱周围空间，随着外檐斗栱层层出跳，由低到高，对中部设置佛像的空间起着烘托作用。

大殿斗栱组合类型较多，依据斗栱所处不同位置变幻斗栱组合方式，充分发挥斗栱各部件的力学性能。就斗栱构件来看，在山面及背面柱头铺作与内柱之间，不仅使外檐与内柱连成一体，而且产生了一种向心的受力趋势，增强了构架的整体性。大胆使用长昂，多处使用半截华栱，并使用了虾须栱之类很少见的构造做法，体现着工匠灵活运用斗栱解决实际问题的创造才能。

大殿斗栱用材，殿身为 0.65 寸×0.44 寸，合《法式》五等材，符合《法式》“殿小三间、厅堂大三间则用之”的规则。藻井斗栱用材为 0.5 寸×0.31 寸，介于法式七、八等材之间，与《法式》殿内藻井用八等材的规定也基本符合。这是现存宋、辽、金时代木装修中惟一按《法式》规定选择装修用材等第的例子。关于单材与足材的使用，《法式》造栱之制中有“华栱……足材栱也，若补间铺作则用单材”，此殿柱头铺作及补间铺作的华栱即按此规定制成。另外，《法式》关于丁头栱的使用曾指出，若只里跳转角者，谓之虾须栱，用鼓卯到心，以斜长加之……”此殿内山面前檐柱外檐斗栱，因安置小藻井在“里跳转角”处使用了虾须栱，且用鼓卯到心。在平棊位置的四角也使用了虾须栱。另外，有些斗栱组合形式，如里跳用出四杪，或五杪偷心造，大斗承四重横栱等作法为《法式》大木作不载。这些都是海内仅存的孤例，是极其珍贵的遗物。

大殿天花装修集平棊、平阇、藻井于一身，在宋代建筑中也是仅存的一例，而其藻井形式却是江浙地区宋代有代表性的做法，目前在一些宋塔中也存在着同样形式的遗物，如苏州报恩寺塔，湖州飞英塔，青浦县金泽镇颐浩寺大殿等。但与《营造法式》卷八小木作制度中的藻井作法有所不同，保国寺大殿按大木作用材制作的藻井，风格简洁、粗犷，将其与《法式》藻井相对照，可以看出前后八十九年之差的建筑风格之变化。这座大殿是北宋初期的作品，其结构、装修均正处于从凝重、庄严向绚丽多彩的方向转变的阶段。

殿中拼合柱是使用小料充大材以承重载的最早遗物，将拼接缝隙作成瓜棱外形更是匠心独运。这种做法反映出自宋开始木构用材已朝省料方向发展。

四、大同华严寺

1. 寺院历史沿革

关于寺的创建年代有多种记载，有关文献如下：

（1）“寺肇自李唐”（明成化碑）

（2）“唐尉迟敬增修”（明万历碑）

（3）“唐贞观重修碑犹存”（清初《重修上华严寺碑记》）

这是属于寺创始于唐的史料。

（4）“辽清宁八年（1062 年）建华严寺，奉安诸帝石像铜像。”（辽史・地理志）

（5）“辽重熙七年(1038 年)岁次戊寅玖月甲午朔十五日戊申午时建”(薄伽教藏殿梁下题记)。

（4）、（5）两条皆为寺建于辽之史料，但两者时间先后矛盾。再看相关之记载：

（6）“辽清宁八年(1062 年)建寺,奉安诸帝铜、石像,旧有南北阁、东西廊,像在北阁下。”(《大同县志・卷五》)

(7)“华严寺……有南北阁，东西廊，北阁下铜、石像数尊。中石像五，男三女二。铜像六，男四女二。内一铜人，衮冕帝王之像，余皆巾帻常服危坐，相传辽帝后像”(《山西通志·卷六十九》)。

从（6）、（7）两条中皆可看出奉安诸帝后像为建寺之主要目的，使华严寺具有辽代帝王家庙性质。因此《辽史·地理志》所记应视作确定创建该寺年代之依据。从薄伽一词的含意可知，其本为梵文 BHAGAVAT，意为“世尊”，是佛的十个称号之一，薄伽教藏即为佛教经藏。由此可知，这座殿宇只不过是一座藏经之殿，按传统寺院布局，它不会远离主殿。这时薄伽教藏有可能属另一处寺院，因此年代才有这 24 年之差，由此推测薄伽教藏可能早已存在，但在华严寺建成以后归并到华严寺中。

另据金大定二年（1162 年）《重修薄伽教藏记》碑载，金兵攻入后“殿阁楼观，俄而灰之。惟斋堂、厨库、宝塔、经藏、洎守司徒大师影堂存焉”……“至天眷三年（1140 年）闰六月……乃仍其旧址，而时建九间五间之殿。又构慈氏观音降魔之阁、及会经、钟楼、三门、垛殿。不设期日，巍乎有成，其左、右洞房，四面廊庑尚阙如也。其费十千余万。”此后，又事修葺，“刘楚剪茨，基之有缺者完其缺；地之不平者治以平，四置花木，中置栏槛。其费五百余万……”这次的重修活动规模可观，使寺院与辽时不相上下，至元初仍为巨刹，据至正十年（1350 年）碑载，“大殿、方丈、厨库、堂寮、朽者新之，废者兴之，残诸成之，有同创建。本寺教藏零落甚多，或写或补，并令周足，金铺佛焰，丹漆门楹……香灯烁列，钟鼓一新……又于市面创建浴室、药局、塌房、及赁住房廊近百余间，以赡僧弗。”元代不仅修葺寺院建筑，而且添建若干世俗建筑，从这一侧面也反映出佛教向世俗化方向演化的特点，佛寺建筑中也出现了出租房屋之举。“元末，屡经兵焚，倾圮特甚，惟正殿巍然独存。”[21] 正殿于洪武三年（1370 年）改为大有仓，洪武“二十四年（1391 年）教藏置僧纲司，复立寺”[22]，即今下华严寺。后至宣德年间（1426～1435 年）因高僧了然来寺说法，曾修殿造像。在景泰五年（1454 年）以前还曾有过“构天花平綦，彩绘檐栱”[23] 的修葺活动，此举说明大雄宝殿已重新起用，但具体何年不详。据万历九年（1581 年）《上华严寺重修碑记》之名称可知，大雄宝殿一区已称为“上寺”，对照上述洪武二十四年“复立寺”，可知华严寺在明代已分为上、下二寺。另需补充的是近年实测中发现题记有明正统十三年（1448 年）工匠、画匠题名，因之从“宣德”至“景泰五年”之间的建设活动应指这一次。明末清初上寺又曾有过一次兵燹，至康、乾、民国，又皆有过重修、重建活动。下寺于万历、嘉庆、道光、民国时期也进行过若干修葺。但现在上、下华严寺内留存的辽代建筑仅薄伽教藏殿，金代建筑仅大雄宝殿（图 6-100）。

2. 辽、金时期华严寺布局特点

有关华严寺在辽代的布局状况，据《大同县志》记载：“辽清宁八年（1062 年）建寺，奉安诸帝铜、石像，旧有南北阁、东西廊，像在北阁下”，《山西通志》记载“华严寺……有南北阁，东西廊。北阁下铜石像数尊……相传辽帝后像”可知，当年华严寺采取的是中央为大殿，因大殿坐西朝东，故殿两侧之廊被称之为西廊。殿前，院子对面的廊子即为东廊。处在两厢位置的建筑为南、北阁，姑且将该寺布局称之为两阁夹一殿式。至金代，天眷三年（1140 年）所建之“九间五间殿”即指面宽九间进深五间的大雄宝殿，至于慈氏阁与钟楼，虽属两阁类型，这与《县志》《通志》所称的南、北阁可能位置不同，因在金代在大定六年（1166 年），曾有世宗到西京幸寺，观辽诸帝铜像一事，而原南、北阁即为放置辽帝铜、石像的建筑，说明在大定六年南、北阁依然存在[24]，因之慈氏阁与钟楼可能为新增建者，垛殿位置不明。与辽时相比，金代寺院在原有大殿与南北阁的基础上，增加了慈氏阁、会经堂与钟楼，但“左右洞房，四面廊庑尚阙”，三门位置应在以大雄宝殿中轴线为寺院主轴的最前方。文献中所称的“宝塔”在何位置，则难以判断。

薄伽教藏一区在寺之东南方，另成一组。在1933年中国营造学社调查时尚存两座辽代建筑即薄伽教藏及海会殿，两者成正、厢格局，海会殿体量极大，面积为薄伽教藏两倍，从此可推想当年这组建筑群规模之大，但其原貌格局不明。

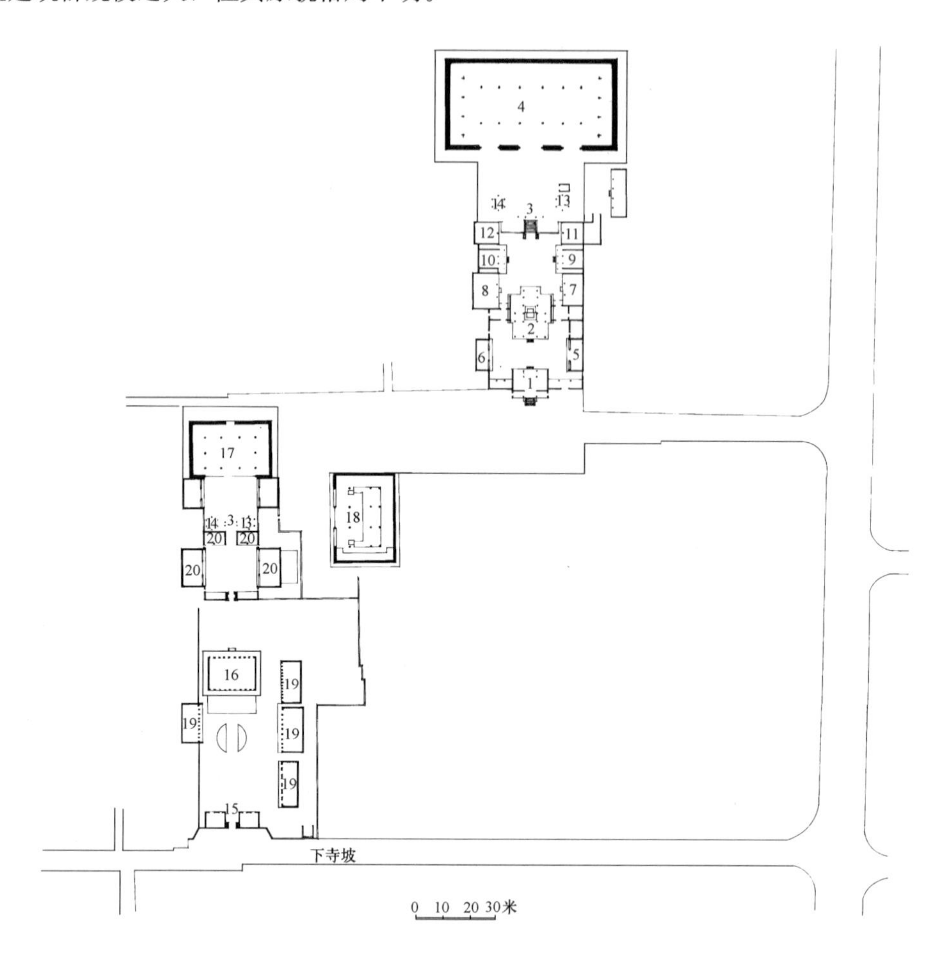

图6-100 上、下华严寺现状总平面

1. 上寺山门； 2. 前殿； 3. 牌楼； 4. 大雄宝殿； 5. 云水堂； 6. 念佛堂； 7. 客室； 8. 禅堂； 9. 祖师堂； 10. 财神殿； 11. 师房； 12. 殿主寮； 13. 钟亭； 14. 鼓亭； 15. 下寺山门； 16. 天王殿； 17. 薄迦教藏； 18. 海会殿（已毁）； 19. 展室； 20. 僧房

华严寺的建筑布局另一特点是主要建筑的朝向特殊，皆坐西朝东。这座具有辽代帝王家庙性质的建筑，采用这样的方位，与辽代民族习俗当有一定关系。如《辽史·百官志》载，“辽俗东向而尚左……。”《新五代史·四夷附录》载：“契丹好鬼而贵日，每月朔旦，东向而拜日。其大会聚、视国事，皆以东向为尊，四楼门屋皆东向。”《辽史·礼志》载皇室重要礼仪活动中，皆要面西而拜。华严寺大雄宝殿，薄伽教藏殿中佛像皆坐西面东，礼佛者则需面西而拜，与礼志中的规定相符，与作为帝王家庙的身份也相称。

华严寺内主要大殿皆坐落在较大的台基之上，其前方设有高大月台，可视为辽、金时期寺院建筑的一大特点，台基本身的长宽比在55%～75%范围。而华严寺大雄宝殿为100∶56，薄伽教藏殿为100∶75。台基高度最大达4米左右，最低的也在1米以上，华严寺大雄宝殿台基高4米，薄伽教藏殿台基高4.2米。与建筑柱高相比，大雄宝殿柱高为7.32米，台基高为柱高的54.6%。薄伽教藏殿，柱高5米，台基高为柱高的80%。如此高大的台基，在辽、金建筑中也是少见的。华严寺为平地建寺，体现出利用高大的台基来烘托主体建筑的设计构思。不仅如此，辽、金建筑在台基前都设有月台，月台一般比殿阶面宽略小，大体上为台基总宽的2/3，深度尺寸大小不一，大雄宝殿月台宽深两者之比近乎 2 比 1，而薄伽教藏殿则为 1.2 比 1[25]。

3. 寺内重要殿宇

（1）上华严寺大雄宝殿

1）平面及立面：大殿面宽 9 间通面宽 53.70 米，进深 5 间通进深 27.44 米，以檐柱中计算总面积达 1473.53 平方米。坐落在 4 米高的台基之上，台基四边均向外伸展，通面宽方向为 61.4 米，通进深方向为 34.33 米（图 6-101～6-103，表 6-8）。

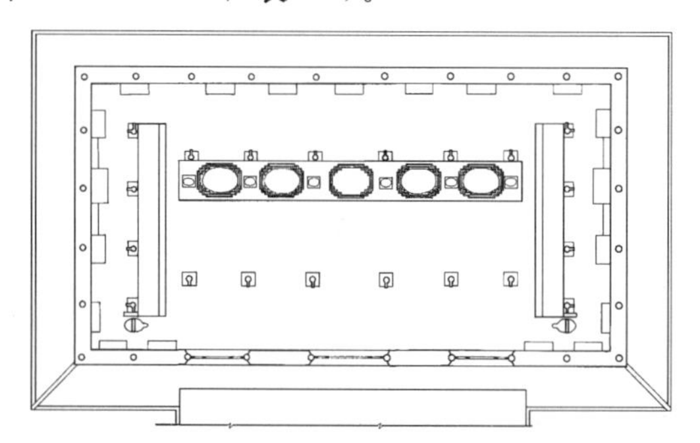

图 6-101　上华严寺大雄宝殿平面

图 6-102　上华严寺大雄宝殿立面

图 6-103　上华严寺大雄宝殿

大雄宝殿开间、进深尺寸表　（米）　　　　　　表 6-8

	当心间		次　间		次　间		梢　间		尽　间	总　计
开间尺寸	7.00		6.65		5.90		5.65		5.15	53.70
递减差		0.35		0.75		0.25		0.50		
进深尺寸	6.00						5.58		5.14	27.44
递减差						0.42		0.44		

建筑开间划分采用逐间递减方式，但递减值不等，在逐间皆用双补间的情况之下，每朵铺作间的中到中递减值多数在“一尺”（32.8 厘米）范围，大体符合《法式》中要求的“若开间逐间递减，每补间铺作一朵不得过一尺”的要求。大殿正面九间，侧面五间，进深十架椽，室内平面柱网布列，采用两种模式，当中的五间，仅设前后二内柱，与山面柱列错位；梢间与尽间之间的一列内柱随山面柱网排列，这样做的目的是由于大殿采用四阿顶，在这列柱的位置上已不需要叠架几层檐栿，因此不必按当中几间的柱网布置内柱。同时是为了使角梁后尾的支撑点落在尽间与梢间之间的内柱上，续角梁再从此处上升至屋脊之下，最后由次间与梢间之间的纵向襻间方上所驾的一缝平梁及蜀柱来支托。减少了靠梁架间接支撑角梁的几率，有利于角梁的稳定，不变形，从而保证了整座建筑的坚固、耐久。大殿采用单檐四阿顶，正面只在当心间及第二次间开门，余皆封以实墙至阑额下。阑额以上施一列斗栱，以支托深远出檐。这座建筑风格庄重而肃穆，显现着佛法的威严。

2）构架

梁架：当中五间的六组梁架采用前后三椽栿用四柱形式（图 6-104～6-106），每一榀梁架便以内柱与外檐柱共同支托三椽栿，以升高的两内柱支托当中一组檐栿。这组梁的最下部为一条六椽

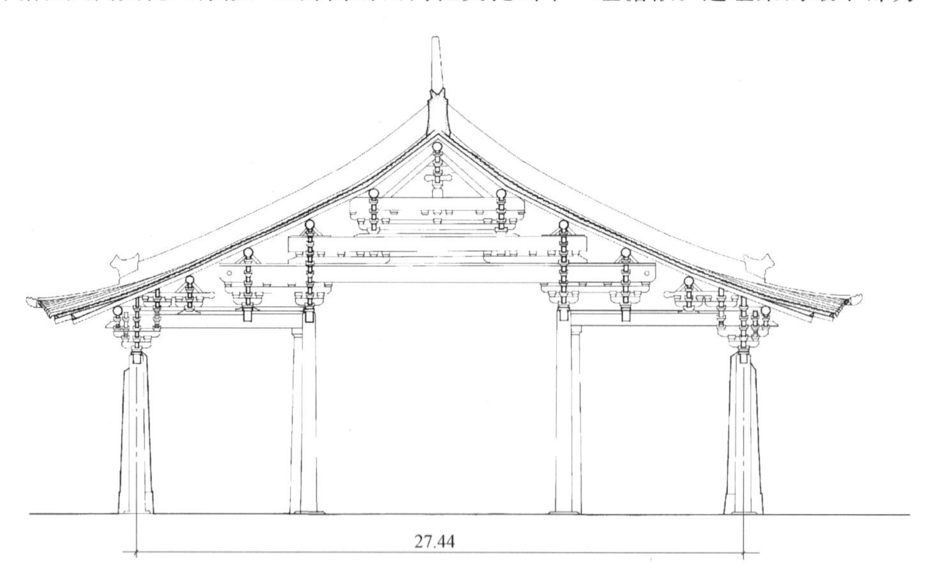

图 6-104　上华严寺大雄宝殿横剖

栿，其以两内柱为支点，并向两端延伸，与三椽栿重叠，端部以三椽栿上的斗栱为支点，形成一条连续梁。这条梁总长为 4.35＋11.6＋4.35＝20.3 米，当中支撑点间距为 11.60 米，减少了梁的跨度，并可与两端的梁共同工作，改善了梁的受力情况。其上又有一条四椽栿和一条平梁。需进一步说明的是③轴与⑧轴的梁架，因位于四阿顶山面之下，四椽栿上的平梁取消，而于③～④轴与⑦～⑧轴间另施平梁一缝。这缝平梁犹如清式建筑中的太平梁，靠上平槫分位之下的一条扒梁

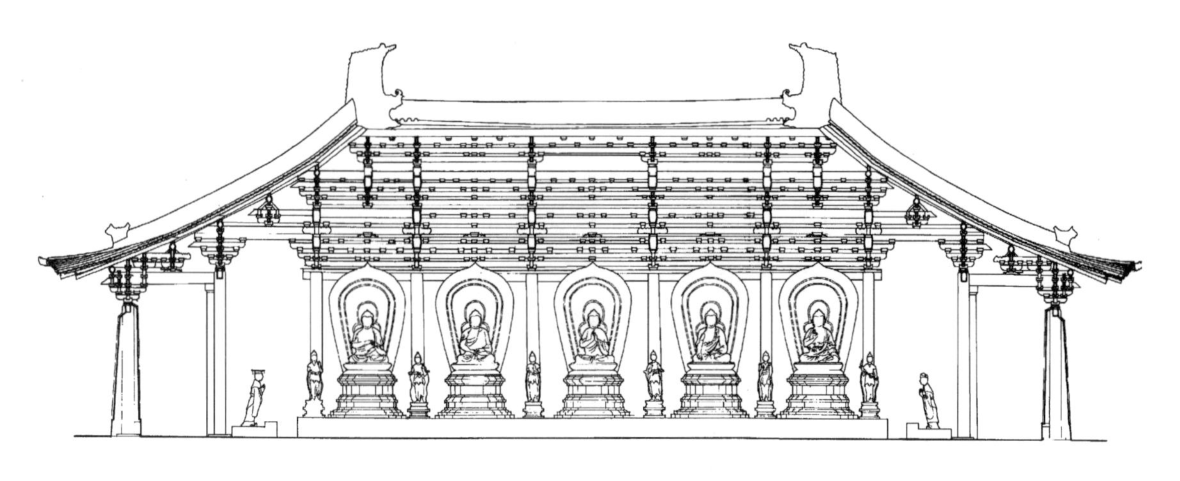

图 6-105 上华严寺大雄宝殿纵剖

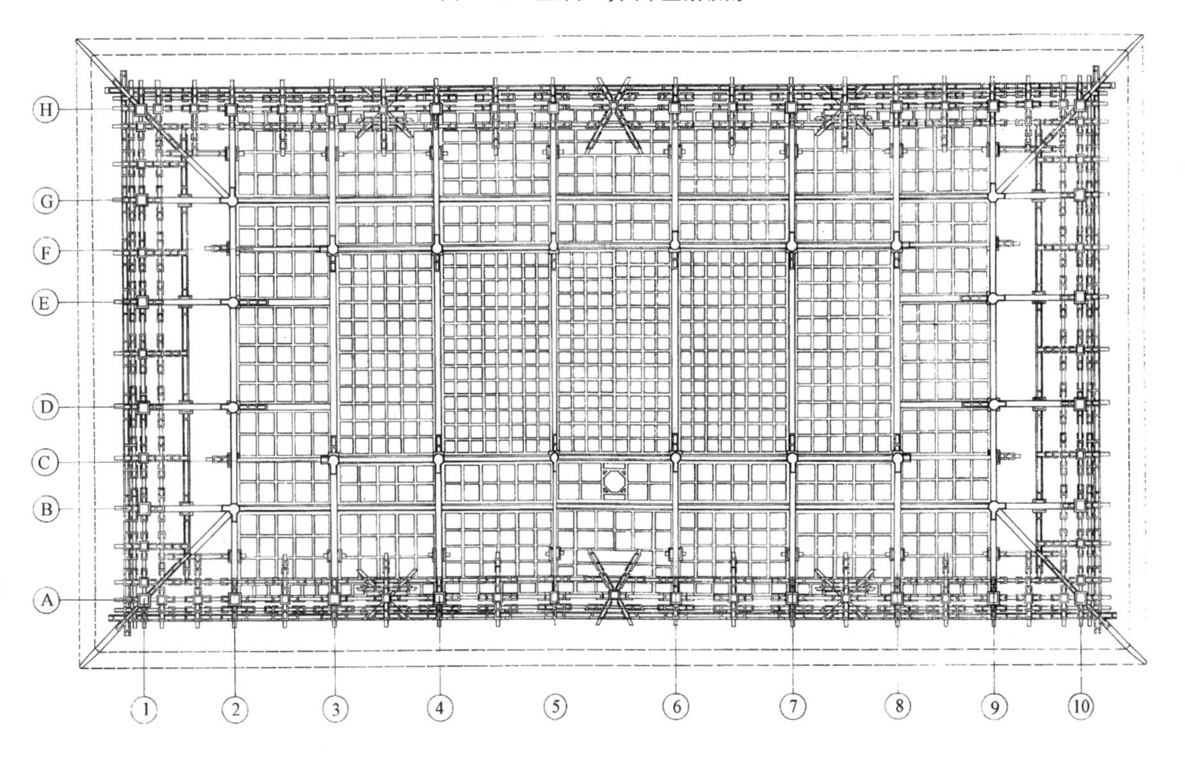

图 6-106 上华严寺大雄宝殿现状仰视

来支托。此外，②轴和⑨轴未作梁架，靠内柱升高和斗栱支托山面第三缝槫。上述这种梁架形式应归属殿堂厅堂混合型构架一类。梁架中所有构件的交接点皆用斗栱来支架，整榀梁架为直梁体系，当年没有天花，彻上露明造，处处交待妥贴。

纵向梁架，除梢间与尽间之间用两椽长丁栿、乳栿外其余多用襻间作为两榀梁架间的联系构件。襻间方最多使用了三层，内柱柱头方四层，在正脊下使用了三层，只有正脊当心间使用了两层。脊槫上设有生头木，是通长的一条。当心间断面高 12 厘米，至端部生起为 30 厘米。另外柱头处所施阑额与普拍方也是重要的纵向联结构件。但较为特殊的是在三椽栿靠近内柱的三分之一处，施一条与普拍方类似的构件，端部嵌入三椽栿。

在纵向梁架中最为特殊的问题是梢间，这里由于内柱的互相错位，无法采用正常的方法将两榀梁架连系起来，于是采用了扒梁来联结。扒梁位于②～③轴及⑧～⑨轴之间，共四条，中间的两条自山面内柱柱头铺作向内伸，搭在六椽栿上，前后的两条由山面内柱一缝即②轴上的补间铺作向内伸，于第二次间金柱之柱头铺作上，嵌入六椽栿，扒梁中部设斗栱支撑山面中平槫，此槫与正身中平槫的交接点，便成为续角梁的支点（图 6-106、6-107）[26]。

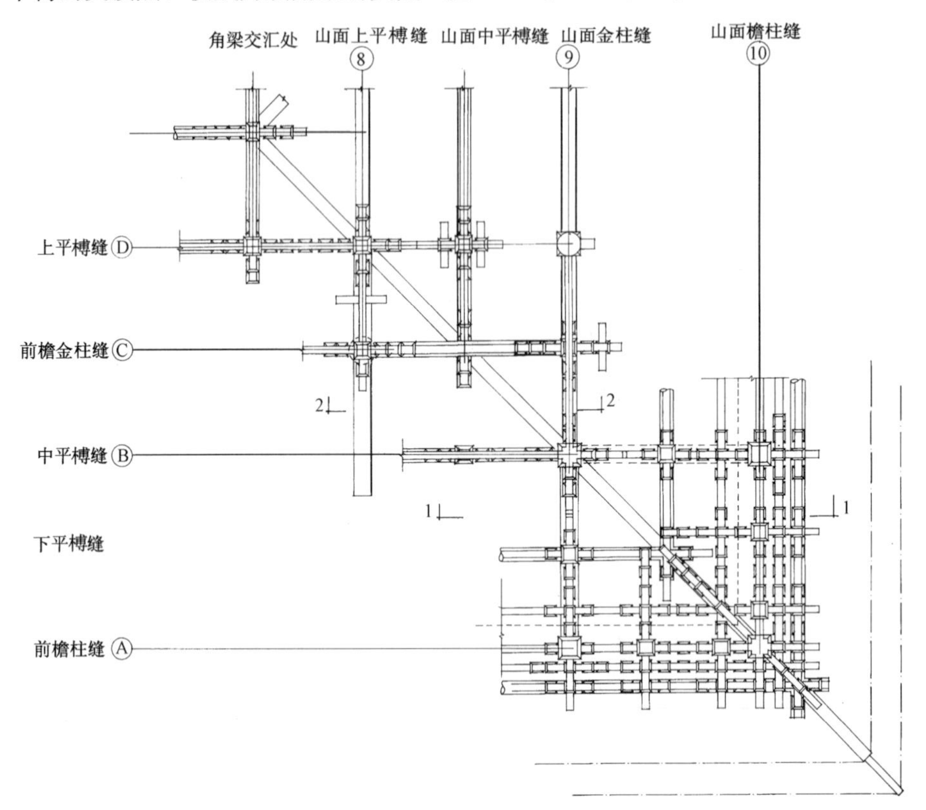

图 6-107　上华严寺大雄宝殿槫架间距及角梁仰视平面

角梁：大殿屋顶使用了子角梁、大角梁与续角梁。正脊没有增出现象。自角部沿 45°方向上升，至脊槫，在脊槫下部有蜀柱、平梁承托，这一缝平梁支架在扒梁之上。扒梁两端依靠第二次间左右两缝（即③、④和⑦、⑧轴间）梁架的四椽栿支托。其余每段角梁的支点也皆落在扒梁或内柱上，支点分布整齐。老角梁头刻作了两卷瓣。子角梁端有套兽装饰，老角梁与续角梁斜批相搭，子角梁伏于大角梁背之上（图 6-105、6-108、6-109）。

举折：大殿前后橑檐槫之间的水平距离为 29.56 米，举高为 7.4 米，举高与前后橑檐方间距之比为 1/3.99，屋顶坡度为 26.2°。

用槫及造檐：

大殿前后共十架椽，中间的几个椽架长度小有差异，平均为 283 厘米，合 8.63 尺，只是最外一架减少了 43 厘米，仅长 240 厘米，就其实际尺寸而论比法式所谓的最大椽架为 7.5 尺还要大。大殿出檐达 280 厘米，合 8.5 尺，较《法式》造檐之制所定之尺寸，十架檐屋出 4.5～5 尺，要大得多；与柱高相比，（柱高 21.3 尺）合柱高的 39%，若算上斗栱出跳尺寸，则合柱高的 53%。真可谓出檐深远啊！

大殿用椽采用天然圆木，大头径 21～23 厘米，小头径 17～19 厘米，采用头尾斜批相搭做法，檐椽之头有卷杀。椽间距为 27～30 厘米。飞子长 80 厘米，是檐出的 40%。

用柱：大殿外檐柱有生起，平柱高 7.0 米，角柱为 7.32 米，平均每间生高 8 厘米，比《法式》规定的每间生高 2 寸稍大。柱身上细下粗，下径为 69 厘米，合 2 材 3/4 栔，接近《法式》规定厅堂柱径二材一栔的尺寸，近乎柱高的 1/10；上径为 63 厘米，上部仅柱头处作卷杀，成覆盆状。内柱生高，柱高为9.15～9.37米，柱径与外檐柱相同。梁栿、阑额等主要构件尺寸如表6-9：

上华严寺大殿主要构件尺寸 表6-9

	椽长（平长）	椽径		檐出 自橑檐方心出	飞子出	飞子出/檐出	布椽稀密， 椽中一中
大雄宝殿	9间 8.63尺（283厘米）	材分° 10分°	实大 0.61尺	6.1尺 （200厘米）	2.4尺 （80厘米）	$\frac{4}{10}$	0.85尺
《法式》规定	9～11间 7.00～7.5尺	10分°	0.6尺	4.6尺	2.75尺	$\frac{6}{10}$	0.9～0.95尺

3）斗栱

大殿斗栱用材统一，材高30厘米，厚20厘米，合9.2寸×6.1寸，比一等材稍大，栔高13厘米。大殿斗栱主要在外檐，内檐仅于内柱柱头、六椽栿及平梁梁端施以一跳或两跳偷心造华栱，内檐斗栱中无横栱，只有正心方多重。大殿斗栱共有9种，全部采用卷头造。

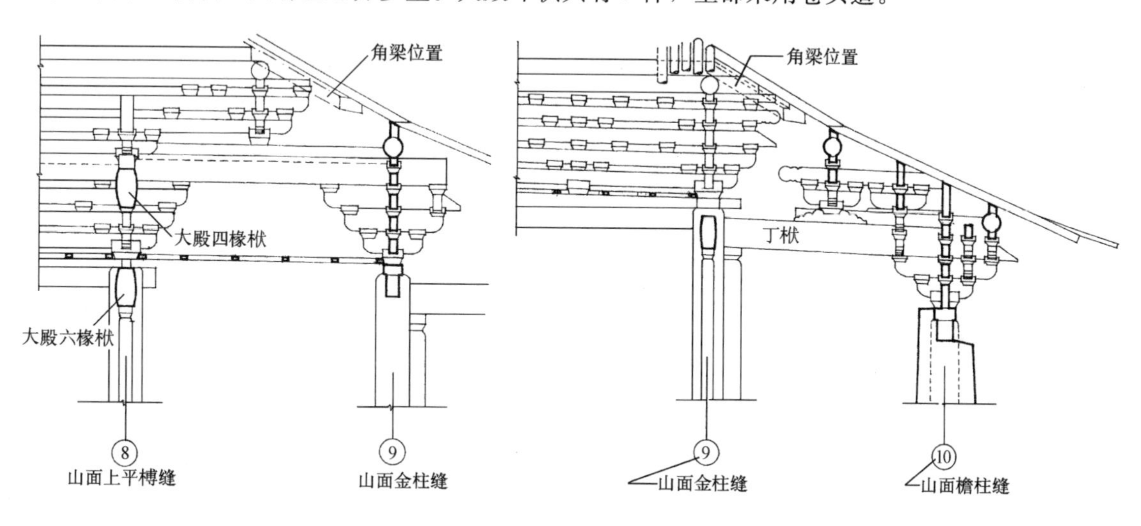

图6-108 上华严寺大雄宝殿2-2剖面角梁位置图

图6-109 上华严寺大雄宝殿1-1剖面角梁位置图

①外檐柱头铺作：五铺作出双杪，重栱计心造。第一杪跳头施瓜子栱、慢栱、素方，第二杪跳头施令栱、替木、橑风槫。里转五铺作，下一杪偷心，第二杪跳头施瓜子栱、慢栱、素方两重。三椽栿梁头入斗栱时断面未变，过柱头方后减成一材，继续前伸，至外跳头与令栱相交，出头做成耍头，耍头形式似批竹昂昂头。与梁头相交的里跳瓜子栱、慢栱形成绞栿栱，在第二跳慢栱之上做交互枓，上有一华栱与素方十字相交，这在一般斗栱中极少见。这组斗栱的扶壁栱为泥道栱，上施柱头方三重，最上有一道断面更高的压槽方（图6-110）。

②外檐当心间补间铺作：这是一组采用60°方向斜华栱的特殊形式斗栱，其栌斗口除了出泥道栱之外，又在与泥道栱成60°角的位置，出两条斜华栱，外跳五铺作出两杪，皆作计心，第一跳跳头上施横栱两重，即瓜子栱、慢栱，第二跳施令栱、素方，与耍头相交，耍头刻做云头形式。里转八铺作，出五杪，第二跳计心，跳头上施瓜子栱、慢栱。其中第三跳为耍头后尾，第四跳为衬方头后尾，第五跳承下平槫、替木、素方。正心除泥道栱外，施素方三重，上为压槽方（图6-111）。

③外檐第二次间的补间铺作：这组斗栱也使用了斜华栱，但与前者不同，是45°方向的斜栱与正身华栱同时使用，在五铺作重栱造的标准型中于第二跳华栱层的中心加入斜栱，其后尾也成米字型布局（图6-112）。

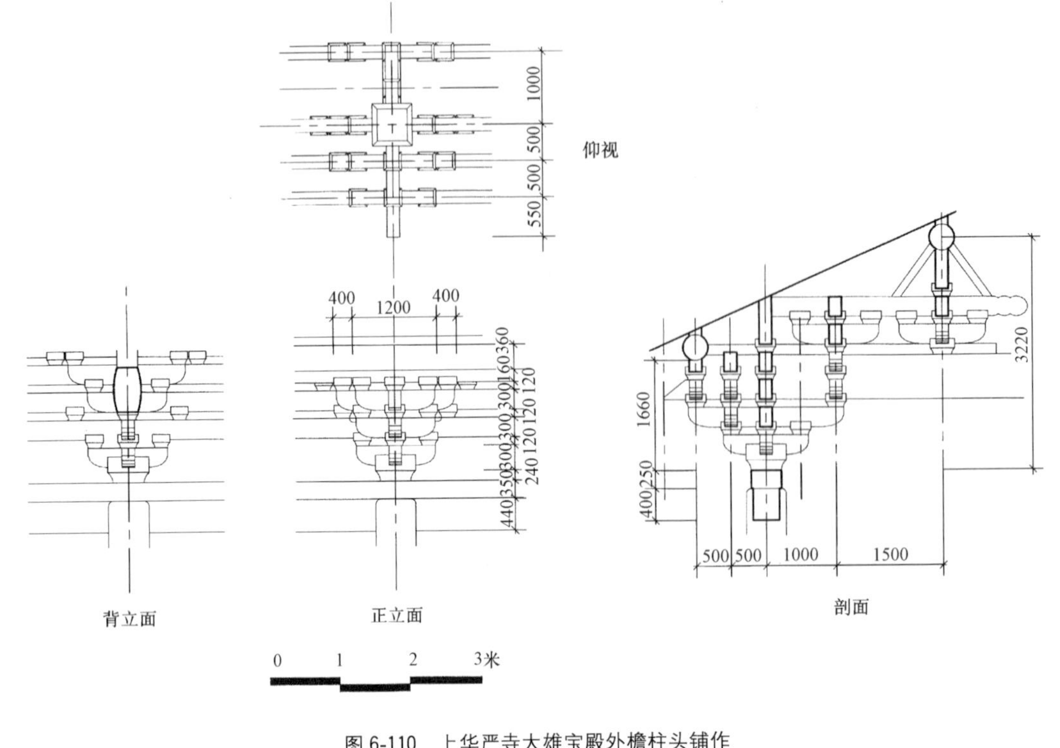

图 6-110　上华严寺大雄宝殿外檐柱头铺作

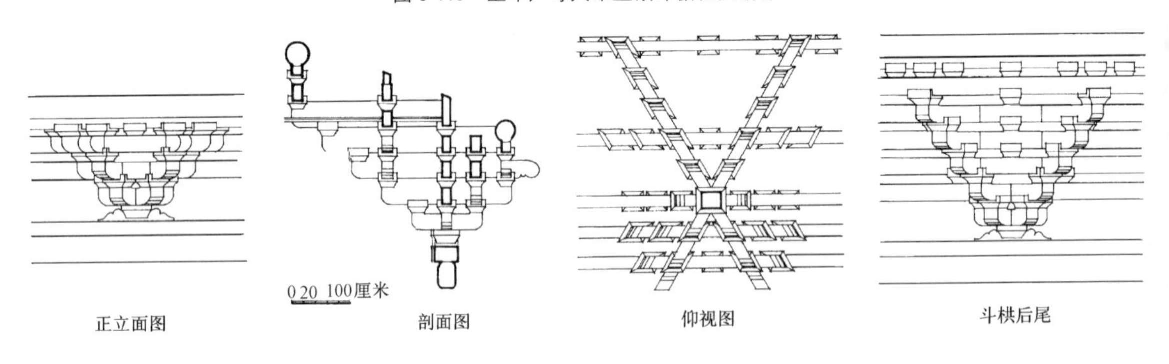

图 6-111　上华严寺大雄宝殿外檐当心间补间铺作

图 6-112①　上华严寺大雄宝殿外檐第二次间补间铺作外跳

图 6-112②　上华严寺大雄宝殿外檐第二次间补间铺作里跳

④外檐一般补间铺作：五铺作重栱计心造，外跳第一跳头承瓜子栱、慢栱，第二跳跳头承令栱、替木、橑风槫，耍头与令栱相交出头刻做云头形。里转出五杪，第二杪计心承瓜子栱、慢栱，上置素方二重，紧贴椽下。也有将慢栱改成素方者。第三杪为耍头后尾，第四杪为衬方头后尾。

第五杪前端抵橑檐方，后端做栱头托散斗承第四缝槫下之襻间。补间铺作栌头比柱头铺作稍矮，下部垫有小驼峰（图 6-113）。

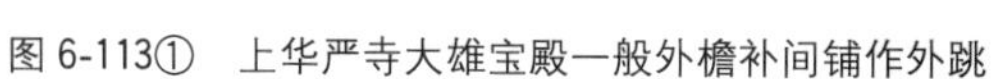

图 6-113① 上华严寺大雄宝殿一般外檐补间铺作外跳

图 6-113② 上华严寺大雄宝殿一般外檐补间铺作里跳

⑤外檐转角铺作：由于尽间采用补间铺作两朵，其中一朵独立存在，另一朵则靠近转角铺作，使转角铺作中外跳横栱皆与这组补间铺作中的横栱连栱交隐。从整座建筑斗栱的布列皆用单补间的特点看，这组补间铺作应附属于转角铺作，但一般附角枓应紧贴角栌斗，与此有所不同。这组附角铺作的位置，恰好在过角补间铺作里转第二跳与转角铺作里跳角华栱相交的位置，附角铺作里跳华栱第二跳上的素方与补间铺作里跳第二跳瓜子栱上的素方相列，与铺作层关系交待妥贴。转角铺作外跳除正身华栱两跳并计心之外，角华栱出三跳，与一般建筑的转角铺作将角华栱或角昂加一跳的做法相同，这座大殿屋顶起翘极平缓。转角铺作内部出角华栱五跳，直抵下平槫交会点（图 6-114）。

⑥内檐前后金柱柱头铺作：自栌斗口内前后仅出两层华栱，以承托六椽栿，栌斗左右未施泥道栱，直接使用素方，其上下共有七层素方重叠，方与方之间设散斗，位置相当于泥道栱、慢栱所在之处，但方上未隐刻出栱形（图 6-115）。

图 6-114 上华严寺大雄宝殿外檐转角铺作

图 6-115 上华严寺大雄宝殿内檐前后金柱柱头铺作

⑦梢间与尽间之间的山面内檐柱头铺作：自栌斗口向殿外侧出华栱两重，耍头一重，五铺作偷心造，第二跳华栱与翼形栱十字相交，其后尾出华栱三重，承托丁栿。扶壁栱位置不设泥道栱，仍然为素方多重（图 6-116、6-117）。

⑧三椽栿上的二组补间铺作：

甲组，置于靠近外檐 1/3 处，四铺作斗栱，在木方垫托的栌斗上出华栱一跳，上承翼形栱，与柱头铺作相连。华栱正心置素方两重及替木，上承下平槫，槫两侧有托脚支顶（图 6-118）。山面乳栿之上也有这组斗栱。

图 6-116　上华严寺大雄宝殿梢间与尽间之间的内檐山面柱头铺作

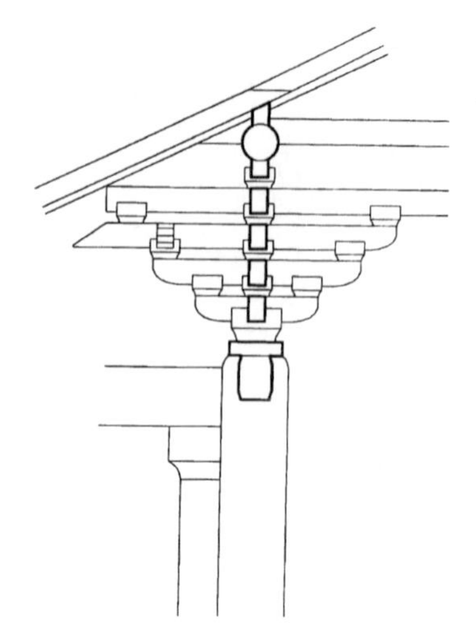

图 6-117　上华严寺大雄宝殿山面左右梢间内额上的补间铺作

乙组：置于靠近内槽 1/3 处，五铺作斗栱，在小驼峰垫托的栌斗上置华栱两跳，上承六椽栿端部，第二跳华栱后尾加长与内柱柱头铺作相连，栌斗正心处出数层木方支托中平槫（图 6-119）。

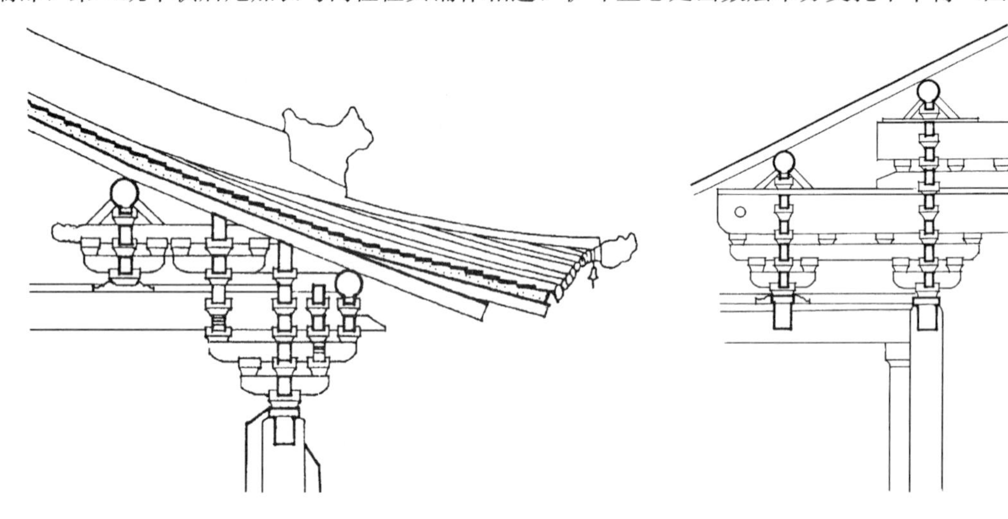

图 6-118　上华严寺大雄宝殿三椽栿上的甲组补间铺作

图 6-119　上华严寺大雄宝殿三椽栿上的乙组补间铺作

总的看大殿斗栱类型虽多，但逻辑性强，所用斗栱以五铺作为主，用材等级虽为一等，但斗栱等级不高。因此斗栱总高与檐柱高之比只有 1∶4.3，在辽金时期的实例中，一般为 1∶3，与之相比斗栱偏小。斗栱本身均用卷头，不用下昂或上昂，构造简化。

4）大殿瓦饰、墙体与装修

大殿屡经重修，瓦饰、墙体、装修都曾被后人更换，但仍保留了少量原物或传统做法：

正脊鸱尾：北端鸱尾，为金代遗物。高 4.5 米，宽 2.80 米，厚 0.68 米，由八块琉璃构件组成（图 6-120），南端鸱尾高 4.55 米，宽 2.76 米，厚 0.50 米，由 25 块琉璃构件组成，均用铁扒钉连接固定（图 6-121）。

殿顶筒瓦，径（宽）23 厘米，最长者 80 厘米，厚 3 厘米。板瓦前宽 32 厘米，后宽 26 厘米，长 48 厘米，厚 25 厘米。勾头为饕餮纹，滴水为花边板瓦，下边有锯齿纹。可能为辽、金时期形制，或遗物。

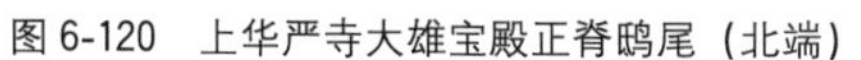
图 6-120　上华严寺大雄宝殿正脊鸱尾（北端）

图 6-121　上华严寺大雄宝殿正脊鸱尾（南端）

墙身：大殿墙体上部用土坯砌筑，在下部 90 厘米处作墙下隔减，埋 10 厘米厚木板一层，隔减之下为砖砌，与《法式》造墙制度相同。墙厚下部为 1.67 米，隔碱以上有收分，外收 20 厘米，内收 10 厘米。墙体总高，内部到栌斗底为 7.46 米，外部到阑额下为 6.25 米。

5）门窗

大殿仅在正面三间即当心间和第二次间设门，门的上半部有窗，门窗之间有门额横贯。门额以下，当中施两槏柱，充作板门立颊，榇柱上部于板门之外做欢门，榇柱两侧有余塞板、抱框、双腰串造。板门外面用木板拼合，里面有横向穿带。板门上施门钉七排，每排九钉。门额以上做五樘四直方格眼式高窗，其上还有一条扁长的窗，施于阑额之下（图 6-122、6-123）。

图 6-122　上华严寺大雄宝殿门窗

图 6-123　上华严寺大雄宝殿门窗

殿内除尽间外皆有明代所装井口天花，彩画也为明代所绘。

（2）薄伽教藏殿

1）平面与立面

面宽五间，进深八架椽，山面作四间，通面宽 25.65 米，通进深 18.47 米，内柱布列成环状，与正面及山面外檐柱对应。因建筑之功能为庋藏经卷，故除正面三间开门之外，其余皆做实墙，以便沿墙安放壁藏。后部当心间壁藏做飞桥式天宫楼阁，其下开一高窗。建筑开间划分采取逐间递减做法，至梢间正面与山面柱间距基本相等，为角梁后尾支托提供了有利条件（图 6-124）。

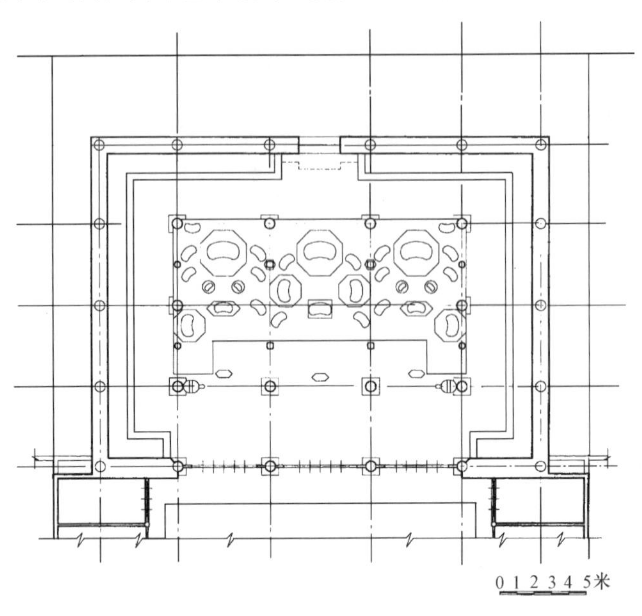

图 6-124 薄伽教藏殿平面

薄迦教藏殿采用单檐九脊顶，正面当中三间所装隔扇门，打破了殿四周实墙所造成的沉闷气氛。整座建筑坐落在 4.2 米的高台上，殿前有宽敞的月台，四周围以石栏，月台上现存古槐一株，它的存在是这座寺内最古老的殿宇之历史见证，同时也给大殿增添了几分生机（图 6-125）。

图 6-125 薄伽教藏殿立面

2）构架

此殿有天花，梁架分成明栿和草栿两套系统。大殿当心间两侧的两缝梁架采用乳栿对四椽栿用四柱形式，内外柱同高，此为明栿系统。比较特殊的是，乳栿与四椽栿之标高相差一足材，其上另有草栿四椽栿及平梁，但目前天花以上的草栿已非原构。次间梁架恰巧位于九脊顶山花之位置，于四椽栿中间加分心柱，以承山面屋顶荷载（图 6-126）。

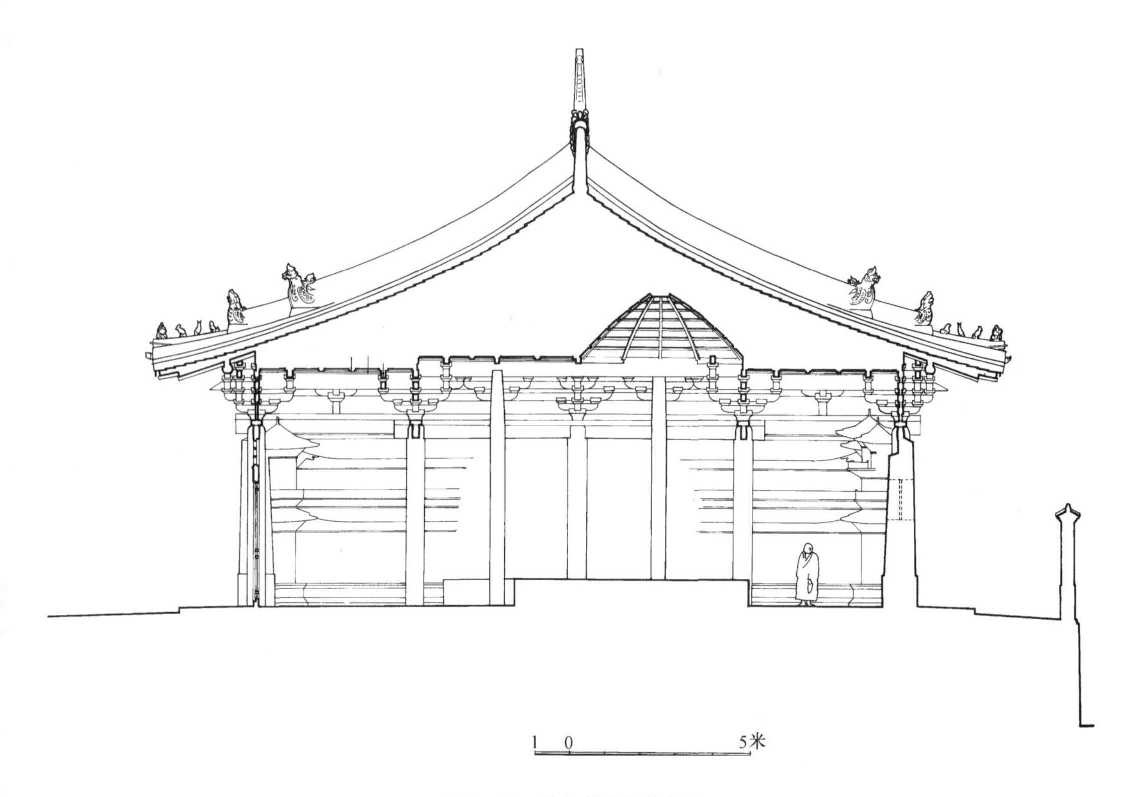

图 6-126 薄伽教藏殿横剖面

大殿纵向构件除屋顶内梁架间设襻间之外，内外柱间阑额、普拍方沿建筑四周布置，有如内外两道圈梁，对加强大殿结构的整体性起着重要作用（图 6-127）。

图 6-127 薄伽教藏殿纵剖面

大殿明栿皆用直梁，四椽栿高二材半栔，厚不足两材。乳栿高一材二栔，厚一材。阑额高 38 厘米，厚一材（15 厘米），内额高 40 厘米，厚 17 厘米，普拍方高 17 厘米，厚 35 厘米。梁额用材皆比《法式》规定要小。

用柱：此殿柱有生起。柱径上下不同，上径等于栌斗面宽。下径檐柱仅 51 厘米，内柱 57～60 厘米不等，平均 58.5 厘米，合两材一栔，柱径尺寸与《法式》厅堂柱相同，柱身有卷杀。檐柱高

4.98 米，柱径为柱高的 1/9.78，内柱高亦为 4.98 米，柱径为柱高的 1/8.25。

3）屋顶

采用九脊顶，两山出际较大，按博风板外皮计，出际长为 1.2 米，屋顶檐部于橑风槫上加生头木，高 17 厘米，长达次间，同时脊槫上也置生头木，使屋顶生起平缓。构成了造型柔和优美的凹曲面。

此殿用圆椽、方飞子，椽径 11 厘米。二者端部皆带卷杀，大殿檐出，1.92 米，飞子为椽长的 3/10。檐出为柱高的 3.8/10。

4）斗栱

材栔：材高 23～24 厘米，厚 17 厘米，高厚比为 15∶10.9。按材高 15 分°求得每分°为 1.56 厘米，栔高 10～11 厘米，相当 6.7 分°，栔厚 12.5 厘米，相当于 8 分°。

斗栱全部采用卷头造，共计 8 种，其中瓜子栱与令栱等长，泥道栱与慢栱较法式规定之材分°增长。华栱出跳不等，第二跳比第一跳为短。

①外檐柱头铺作：五铺作出双杪重栱计心造，第一跳华栱头上承瓜子栱、慢栱。第二跳华栱承令栱，与批竹昂式耍头相交，令栱上置替木及橑风槫。里转五铺作下一杪偷心。第二跳华栱承托乳栿，跳头并出绞栿令栱，承托平棊方。扶壁栱处施泥道栱及素方三重，在第一层素方之上隐出慢栱（图6-128）。

②外檐补间铺作：为一种特殊的四铺作斗栱，在栌斗之下，有蜀柱支托，然后出华栱，第一跳华栱直接承令栱和第二跳华栱，第二跳华栱直接承替木和橑风槫。横向泥道栱、慢栱皆在素方上隐刻出来。去掉了耍头一层，相应地横栱也去掉了一层慢栱。高度减少了一材一栔。此外栌斗尺寸高与柱头铺作同，宽度比柱头铺作稍稍减少。蜀柱高约一材一栔即 33 厘米，断面为 27 厘米×27 厘米的方形（图 6-129）。

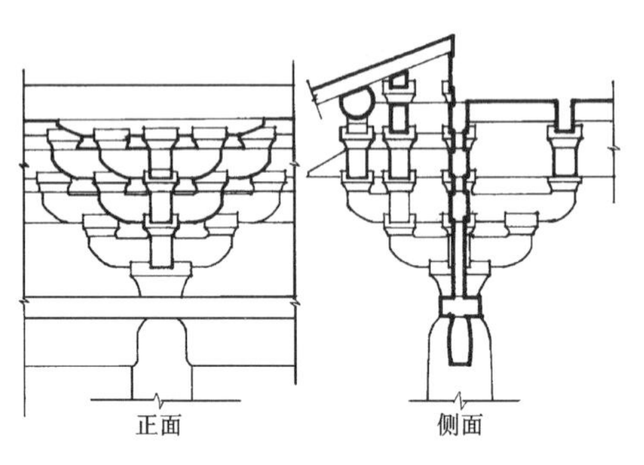

图 6-128　薄伽教藏殿外檐柱头铺作正立面、侧立面

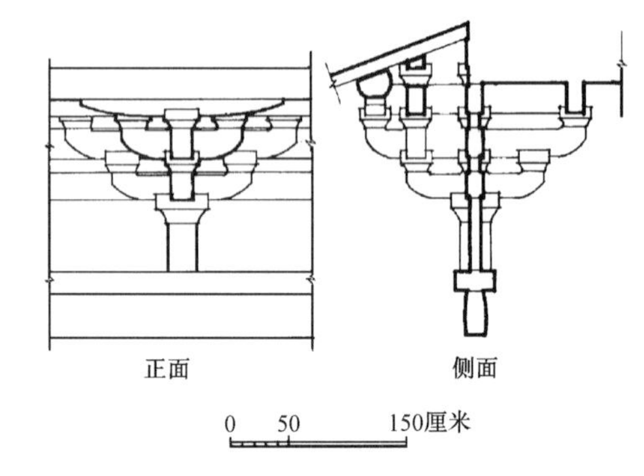

图 6-129　薄伽教藏殿补间铺作正立面、侧立面

③外檐转角铺作：五铺作出双杪，其特殊之处在于与角华栱垂直方向增施抹角华栱。外部出角华栱三重，第三重角栱上置宝瓶，承托大角梁。抹角栱皆出两跳，抹角栱的使用，可协助正身华栱和角华栱承托角部屋顶之荷载，成为后世增加补间铺作数量分担挑檐荷载的先声。内转角以出两跳角华栱来承托该殿角部之递角栿（图 6-130）。

④内檐当心间内柱上柱头铺作：内外出跳不等，向外出双杪，下一杪偷心，做法同外檐柱头铺作里跳，向里出三杪，第一跳偷心，第二跳承重栱及平棊方，第三跳跳头施平盘斗承四椽栿。扶壁栱同外檐柱头铺作（图 6-131）。

⑤内檐山面分心柱柱头铺作：其外跳同上，向内出四杪，第二跳计心，跳头施瓜子栱、慢栱、平棊方，余皆偷心。第四跳跳头直接承平棊方。扶壁栱同上。

⑥内檐中央三间及分心柱以前之补间铺作：置于内额与普拍方上，采用蜀柱支托栌斗式，外跳出双杪，下一杪偷心，第二跳上承平棊方，里跳出三杪，仅第二跳计心，跳头施令栱，与第三

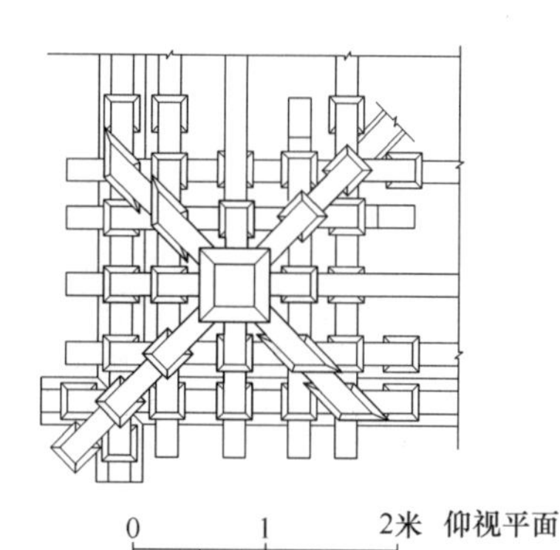

图 6-130 薄伽教藏殿外檐转角铺作仰视平面及透视

图 6-131 薄伽教藏殿内檐当心间内柱上柱头铺作

跳华栱相交。第三跳偷心上承平綦方。

⑦内檐在分心柱以后的补间铺作：仅里跳改为出双杪，余皆与前者相同。

⑧内檐金柱上转角铺作：在内柱柱头铺作基础上，增加角华栱，内外角皆出双杪。外侧角华栱前端到递角栿下，里侧第二跳华栱承托十字相交之令栱，及其上的素方、平綦方。

5）内檐装修

壁藏：薄伽教藏殿之重要功能是藏储经卷，壁藏便是完成储存经卷的重要内檐装修遗物。该殿壁藏沿正面梢间及山面、背面设置，共计 38 间，南北壁各 11 间，东壁之左右梢间各二间，西壁之左右次、梢间各六间，另于西壁当心间做飞桥式天宫楼阁。每间之宽不完全相等，最宽者 1.548 米，其余稍窄。壁藏下部有砖砌基座，为须弥座式，高约 68 厘米，台面宽 90 厘米。基座以上深为宽的 1/3，约 51 厘米，做成上下两层楼阁建筑形式，下层为经橱，上层为神龛。经橱内铺木板，有如一般书架之状，经橱柱高 1.85 米，作方柱，正面宽 10.5 厘米。神龛用带卷杀之圆柱，径 8.8 厘米。在南、北两面，正中的三间上层做成小殿带夹屋形式，中央小殿为九脊顶，夹屋为半九脊顶，其余各间皆做两坡顶，通脊连檐。中央小殿与夹屋占有下部经橱三间之宽度，但小殿开间放宽，夹屋开间变窄。小殿柱高比一般神龛高出 71.2 厘米，夹屋柱高比小殿低 35.2 厘米，东壁壁藏结束之处最后一间也为一九脊小殿。壁藏下层经橱各间处理相同，屋顶皆为腰檐，檐上为二层平座。一般神龛通高 4.24 米，至小殿屋顶正脊总高 4.80 米，若加下部之基座则一般位置高度为 4.92 米，至小殿正脊为 5.48 米（图 6-132～6-135）。

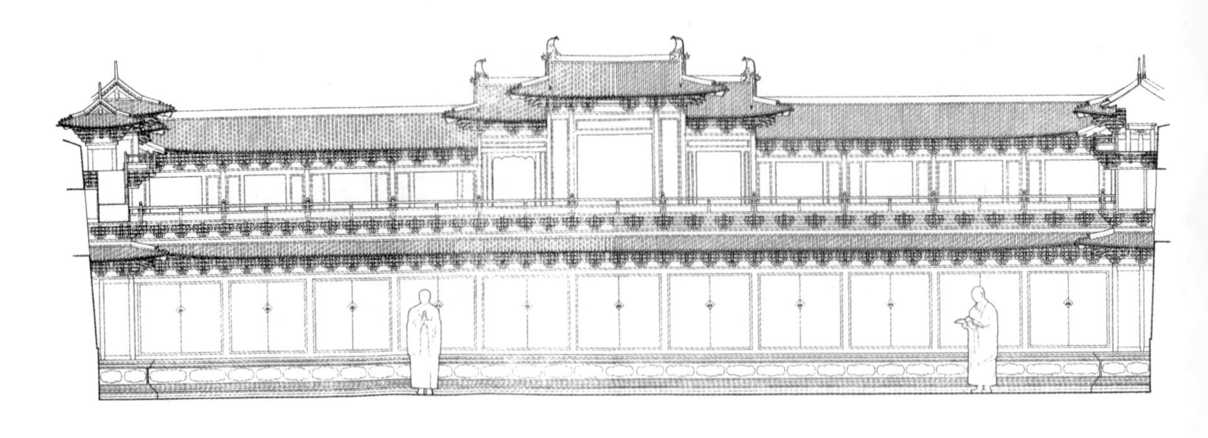

图 6-132 薄伽教藏殿壁藏南立面

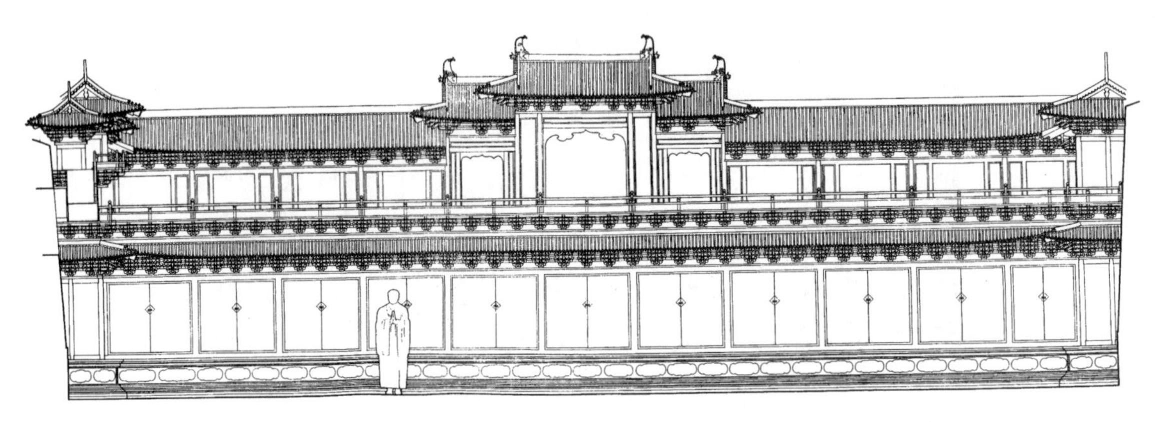

图 6-133 薄伽教藏殿壁藏北立面

天宫楼阁在飞桥中部，也做成三间小殿带夹屋形式。小殿仍做九脊顶，夹屋做半九脊顶（图 6-136）。壁藏上、下檐斗栱采用七铺作双杪双下昂重栱计心造，每间置补间铺作三朵。平座斗栱采用六铺作出三杪重栱计心造。平座斗栱布局南北两侧不同，北侧仍用补间铺作三朵，南侧改为补间铺作两朵（图 6-133、6-134）。

壁藏门窗栏杆：壁藏下部经橱做双扇版门，开间之间以方柱立于地栿之上。柱内有立颊，并

图 6-134 薄伽教藏殿壁藏

于阑额下与地栿上施木框，作为版门之门框。上部神龛在每间两侧约面宽 1/5 处，于阑额下立方形槏柱，槏柱之间即为神龛，槏柱两侧装板。小殿位置做法相似，只是在北壁小殿槏柱以内做欢门造。壁藏平座栏杆采用斗子蜀柱单钩阑，钩阑高 26.1 厘米，望柱高 35 厘米，钩阑总长约为开间的 1/2，束腰处花板皆雕几何图案，纹样有 34 种之多（图6-137）。

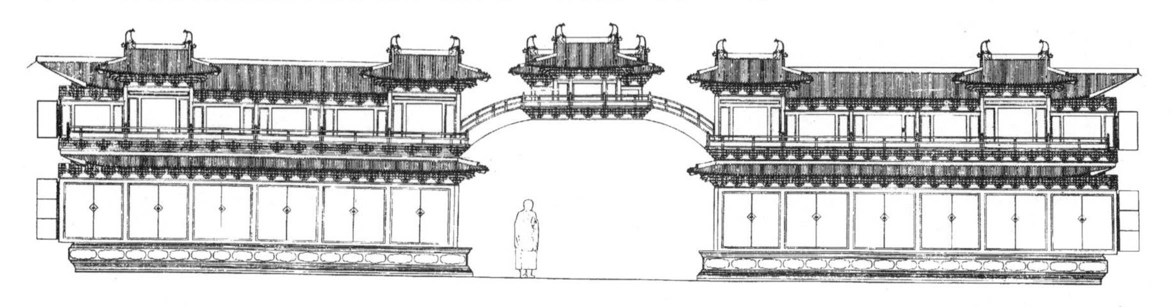

图 6-135 薄伽教藏殿飞桥西立面

图 6-136 薄伽教藏殿飞桥

壁藏斗栱：共有 17 种，其栱长、材分°及各栱彼此关系与薄伽教藏殿外檐斗栱相似，但除天宫楼阁平座之外，其余皆只有外侧半边。

柱头铺作：七铺作双杪双下昂重栱计心造，第三跳偷心。采用批竹昂式耍头。下昂亦为批竹昂（图 6-138）。

补间铺作：

①壁藏上层：七铺作双杪双下昂重栱造，余同柱头铺作。

②北壁小殿当心间带 45°斜华栱的补间铺作：在一般补间铺作的基础上增加四重斜华栱，从栌

斗口向两角方向伸出。斜栱亦为第三跳偷心，第四跳承橑檐方下之替木，无令栱与耍头。由于有了斜华栱，横栱则彼此相连成一体，第二跳跳头上的瓜子栱连栱交隐，外端做成翼形栱（图6-139，6-140）。

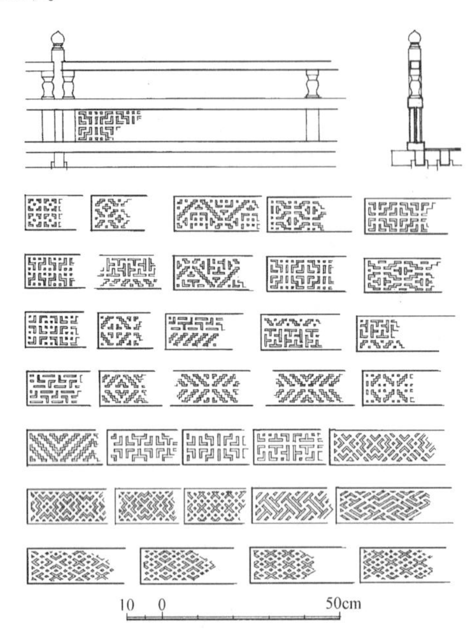

图 6-137　薄伽教藏殿壁藏钩阑花板纹样 34 种

图 6-138　薄伽教藏殿壁藏斗栱

图 6-139　薄伽教藏殿北壁带 45°斜华栱的补间铺作

图 6-140　薄伽教藏殿北壁小殿及夹屋补间铺作

③天宫楼阁两侧夹屋之补间铺作：五铺做出双杪重栱造。泥道栱上施罗汉方，隐出慢栱（图6-141）。

④天宫楼阁夹屋侧面补间铺作：下无蜀柱支托，但较正面提高一材一栔，成四铺作重栱造。蜀柱可能是工匠疏忽而未安装（图 6-141）。

⑤壁藏平座与天宫楼阁夹屋平座之补间铺作：均采用六铺作卷头重栱计心造。天宫楼阁平座与圜桥相交处，补间铺作里侧从下减一跳（图 6-142）。

⑥天宫楼阁当心间平座斗栱：华栱出跳比两侧夹屋的华栱增大，因平座前凸 11 厘米，通过第二跳、第三跳华栱的加长来完成这凸出的部分。为了与两侧华栱衔接，于第二跳华栱中段置交互斗，以承托两侧令栱及相应的栱方，在第三跳华栱中段也置交互斗，承托两侧之素方，其跳头再置一交互斗承托耍头与素方（图 6-143）。

图 6-141　薄伽教藏殿天宫楼阁夹屋上的补间铺作

图 6-142　薄伽教藏殿天宫楼阁夹屋平座之补间铺作

转角铺作：共有外转角七种，内转角三种：

①壁藏上下檐外转角：栌斗正侧二面各做七铺作双杪双下昂，第三跳偷心。另在 45°方向出角华栱二重，角昂二重，由昂一重，上承大角梁。同时自栌斗口出抹角栱两跳，皆计心。但壁藏在前檐墙处的外转角铺做无抹角栱（图 6-144）。

图 6-143　薄伽教藏殿北侧壁藏小殿外转角、小殿夹屋外转角

图 6-144　薄伽教藏殿北侧壁藏小殿外转角

②北侧壁藏小殿挟屋外转角：比第①种的抹角栱增加成四跳，但第一跳角华栱被两侧壁藏的屋面截掉（图 6-133）。

③北侧壁藏小殿外转角：做法同②并在转角铺作上增设附角斗及其上栱昂（图 6-133）。

④天宫楼阁中央三间之外转角：同壁藏上下檐的外转角（图 6-145），但无抹角栱。

⑤天宫楼阁挟屋外转角：出双杪，45°方向出角华栱三层。

⑥壁藏平座外转角：正、侧面出三杪计心，至角部出角华栱与抹角华栱，下两跳跳头承相应之列栱。第三跳跳头承钩阑之地栿。北侧壁藏的平座外转角铺作皆带附角斗一缝，在圜桥子下的一组侧面省去抹角栱一缝（图 6-146）。

⑦天宫楼阁平座及前后壁北侧平座外转角：栌斗两侧各增加附角斗一缝。自栌斗口皆出三杪并计心，无抹角栱，只有角华栱，也出三杪计心。横栱皆做列栱及连栱（图 6-147）。这组平座铺作的内转角只有正侧两附角斗所出的一跳华栱和三重角华栱，以及相应的横栱，用以承托天宫楼阁底面的平棊。平棊为木雕剔地簇四毬纹，做法异常别致（图 6-148）。

图 6-145　薄伽教藏殿天宫楼阁中央三间之外转角

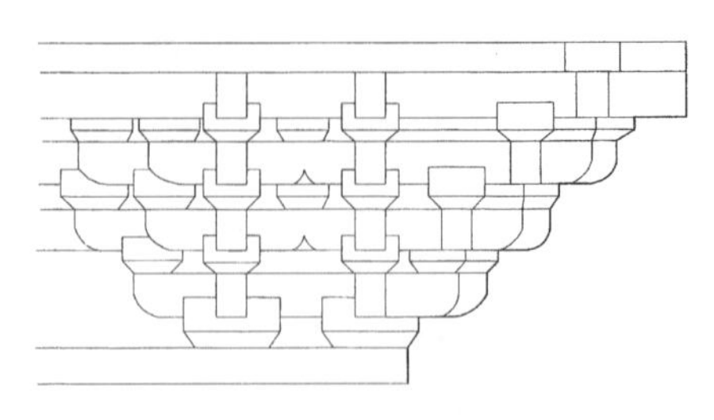

图 6-146　薄伽教藏殿壁藏平座外转角

图 6-147　薄伽教藏殿天宫楼阁平座外转角

图 6-148　薄伽教藏殿天宫楼阁平座内转角

⑧壁藏下层腰檐之内转角：无正身出跳栱，仅在 45°角华栱一缝上扩展，栌斗口内出第一跳角华栱，及两面的泥道栱，第一跳角华栱上施平盘斗，斗的两面再施瓜子栱、慢栱等，第二跳角华栱上构件也以同样方式处理，再上即为第三跳角昂，偷心造，第四跳角昂上施平盘头承托令栱、耍头。

⑨壁藏平座内转角：全部用卷头造，在 45°角华栱一缝上扩展，共出三层角华栱，全部计心造(图6-149)。

⑩壁藏上檐内转角铺作：除 45°角华栱一缝外，在两面各加附角斗，但仅出一跳华栱。角部出两栱两昂，第三跳角昂偷心，余皆计心，第四跳角昂承十字相交之令栱及耍头，上承替木，橑檐方及凹角梁（图 6-150）。

图 6-149　薄伽教藏殿壁藏平座内转角

图 6-150　薄伽教藏殿壁藏上檐内转角

以上是壁藏的 17 种斗栱，其种类之多的原因，有的是建筑起伏变化引起的，有的可能是出自不同工匠之手造成的，但大的系统仍然是统一的。在斗栱用材只有 4 厘米高，3 厘米宽的情况之下，做出如此复杂的斗栱组合来，其难度之大可想而知。

壁藏屋顶皆用木料制成，上下檐挑出长度自栱眼壁算起皆为59.7厘米，椽、飞长度成2∶1之比例。椽径在2.1厘米上下，两垄瓦间距宽在5.0厘米上下，其椽头做出卷杀，瓦饰雕出勾头滴水，处处无不显示做工之精巧。其九脊顶造型优美，凹曲屋面的轮廓秀丽，并配以形象生动的鸱尾，垂兽及小兽，真可谓精美绝伦了。

平綦与藻井：

薄伽教藏殿当中三间后部设有藻井，一大二小，其余皆施平綦。藻井形状为不等边之八棱锥体，共有八条阳马，在阳马上覆板，板下有横肋。平綦为方形或长方形格子，做法是先在平綦方上置桯，方位与平綦方垂直，再于桯上置贴，方位与桯垂直，这样便构成方格，方格四周施小木条——难子，再于其上装背板，即天花板（图6-151）。

6）彩画

该殿彩画中，凡鲜艳者均经后世不止一次的重装，在内槽的部分斗栱及个别的栌斗、散斗、平綦中尚留有颜色较暗的早期彩画，在华栱、慢栱、瓜子栱上其画法是外棱缘道内绘有锁纹、簟纹、三角柿蒂，用黑线轮廓，朱、绿二色填充。平綦上绘有牡丹花。另在壁藏背后的阑额上，1985年重修时发现一种彩画，形状为团花，有如团科宝照一类，但很不规则，更应属辽代原物（图6-152），与山西大同辽墓中的彩画相近。另外在四椽栿底彩画写生花，平綦上的宝相华，平綦周围杂饰宝相华等均与奉国寺大殿彩画相似，一些平綦壁板上的花卉及人物有重描痕迹，很难确定年代。

图6-151　薄伽教藏殿平綦与藻井

图6-152　薄伽教藏殿彩画

五、大同善化寺

1. 寺院历史沿革

寺创于唐开元年间，原名开元寺[27]，但寺内未见唐代建筑遗存，据该寺山门内所存金大定十六年（1176年）《西京大普恩寺重修大殿碑》记载："大金西都普恩寺，自古号为大兰若。辽后屡遭烽烬，楼阁飞为埃坋，堂殿聚为瓦砾。前日栋宇所仅存者，十不三四。"后经僧圆满发愿重修，从金天会六年（1128年）至金皇统三年（1143年），历十五载始成。"凡为大殿、暨东西朵殿、罗汉堂、文殊、普贤阁及前殿、大门，左右斜廊合八十余盈。瓴甓变于埏埴，丹雘供其绘画。榱椽梁柱，节而不侈，阶序牖闼，广而有容。"同时还重绘了壁画，重塑五百罗汉。此次重修奠定了该寺的基础，后虽于明、清两代又曾有过几次修缮，但未有大的改动。明正统十年（1445年）的一次修缮之后，将寺名改为"善化寺"（图6-153）。

结合寺内现存建筑与金碑所记对照，其中大雄宝殿，从建筑式样上分辨，与普贤阁、三圣殿和山门有所差异，而与华严寺中所有辽代建筑更为接近，故其应属大定以前遗物，即"前日栋宇所存者，十不三四"中的幸存者。而普贤阁、三圣殿及山门即为金代所建。"斜廊"的遗址还可辨认，文殊阁、罗汉堂等均已无存。现存的建筑还有朵殿和配殿，已属明代以后所建式样（图6-154）。

2. 善化寺寺院布局特点

据金大定碑描绘，对照该寺现状，可知这是一组有大殿和文殊、普贤二阁的廊院式建筑群，是辽代寺院有代表性的一种类型，而三圣殿的前身，在辽代是何建筑，却是一个值得探讨的问题，有人提出此处可能原为一座楼阁[28]。从总平面图上看，山门与三圣殿的台明间距离为23米，三圣殿与大雄宝殿的台明间距离为46米，后者为前者的一倍。如果山门、三圣殿、大雄宝殿同为一层

图6-153　大同善化寺

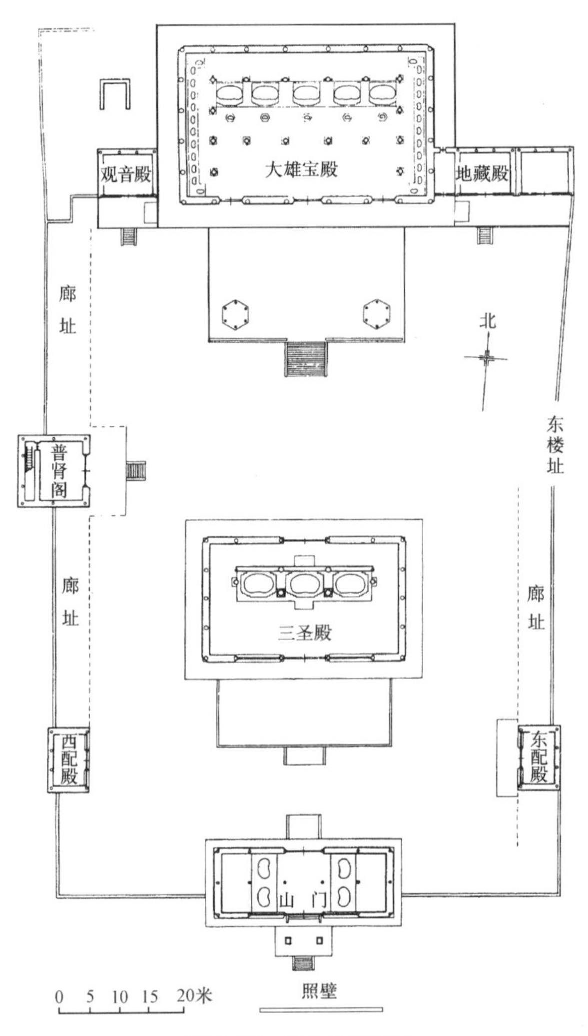

图6-154　善化寺总平面

殿宇，而院落空间的差别又这样大，为何如此，难以解释。若以独乐寺为参照物，从山门台明至观音阁月台的距离为22.5米，至观音阁台明的距离为30米，依此推测三圣殿的前身可能是一座楼阁，因遭“烽烬”而使“楼阁飞为埃坋。”关于周围廊，碑文中有“左右斜廊”一语，从现存城市1/1000测图看，这“斜廊”的“斜”字，不应是平面上的斜度。似指立面上的斜廊，而“左右”两字表明依附在主体的左右，可能出现在与文殊、普贤二阁或与大殿两侧之朵殿连接处。当年这座寺庙曾是楼阁鼎立、斜廊穿插、空间非常丰富的建筑群。

3. 寺内个体建筑

(1) 大雄宝殿

1) 平面与立面

大殿面阔七间，通面宽41米，进深五间，十架椽，通进深25米，开间逐间递减。内柱柱网布列整齐，只减少两列，其余柱子没有移位现象，所减之柱即前槽次间、明间金柱，后部内槽的次间、明间内柱。而梢间与尽间的柱列与山面檐柱对应布置。大殿采用单檐四阿顶，正立面门窗隔间设置，虚实相间，其余三面皆做实墙（图6-155～6-158）。

图6-155 善化寺大雄宝殿

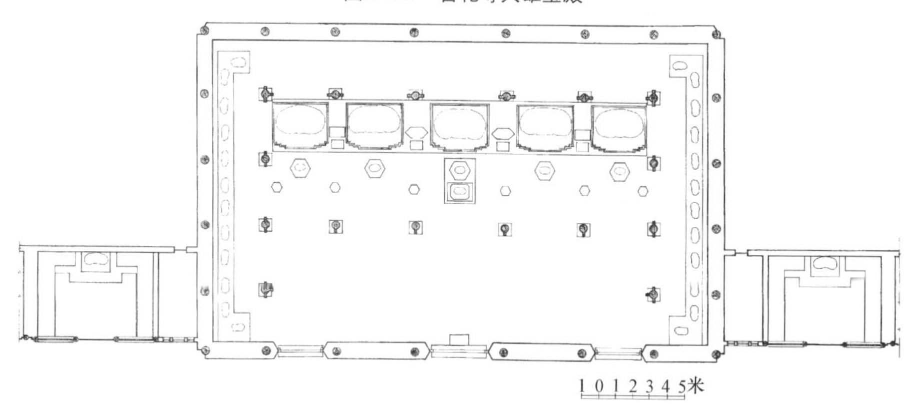

图6-156 善化寺大雄宝殿平面

2) 构架

大殿内外柱不同高，采取殿堂与厅堂混合式构架。梁架形式分为两类，当心间及次间采用前部四椽栿、中部六椽栿、后部乳栿用四柱形式。其中六椽栿与四椽栿局部互相重叠；自四椽栿中央施驼峰、

图 6-157　善化寺大雄宝殿正立面

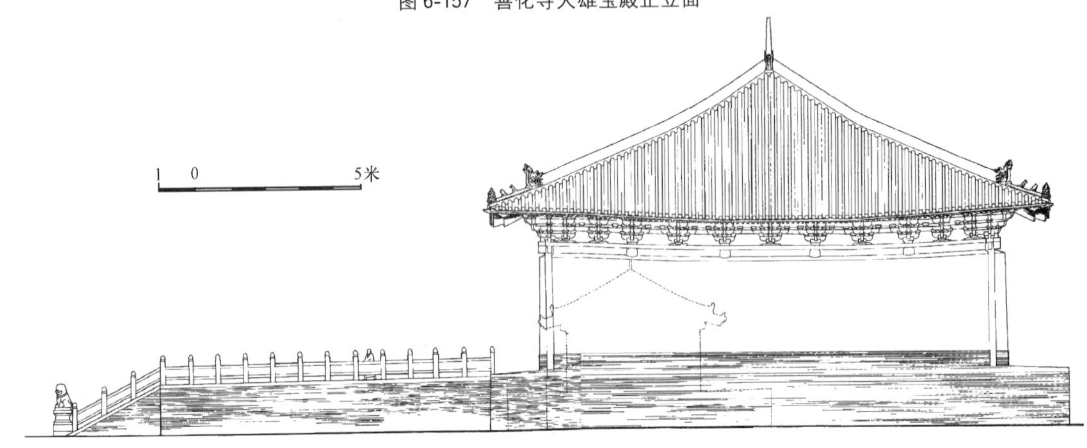

图 6-158　善化寺大雄宝殿侧立面

大斗、承内额及素方，并作为六椽栿前部支座。六椽栿上又叠落有四椽栿及平梁。在乳栿及前部四椽栿上皆于下平槫与中平槫之间对称设有劄牵，以求保持中、下平槫位置稳定。梁架中六椽栿及其上的四椽栿均施缴背，六椽栿前端还有两椽长的顺栿串，以弥补梁栿断面之不足。前檐柱与内柱间的四椽栿由于两端柱子标高不同，内高外低，栿外端入柱头铺作，里端插入内柱柱身（图 6-159）。

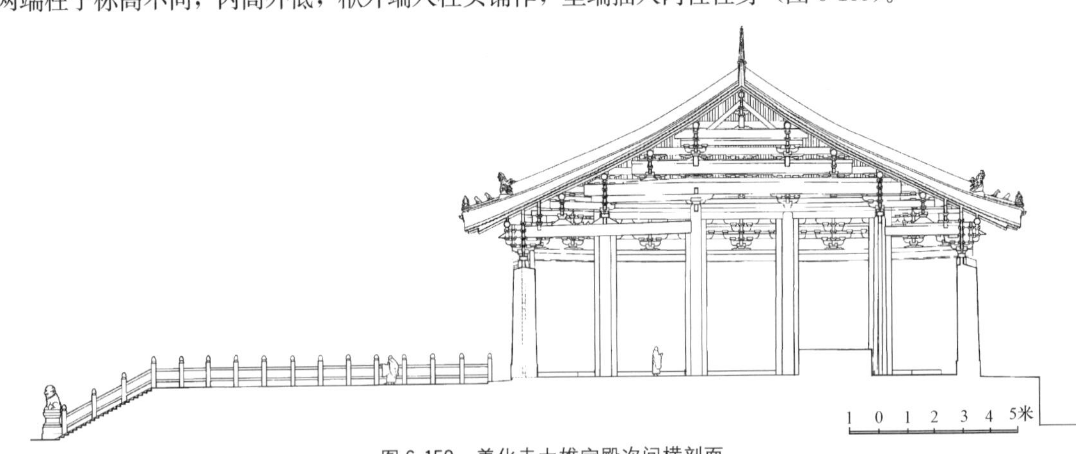

图 6-159　善化寺大雄宝殿次间横剖面

梢间与尽间之间的构架采用十架椽屋用六柱形式，在这五个柱间之中，前后两间仍用乳栿做法，中间三间变成柱头间施阑额及普拍方，上部为铺作、素方四层及替木方，直达山面平槫之下。

梁架之间的纵向构件有几种：一种是阑额、普拍方；另一种则是襻间；脊槫下为单材襻间，其余各处所施襻间两材、三材、四材者皆有。还有一类，是扒梁，在次间六椽栿上部的四椽栿之间有顺扒梁置于上平槫缝之下。在山面外檐柱与山面金柱间有乳栿，自山面金柱至六椽栿又置有丁栿（图6-160、6-161）。

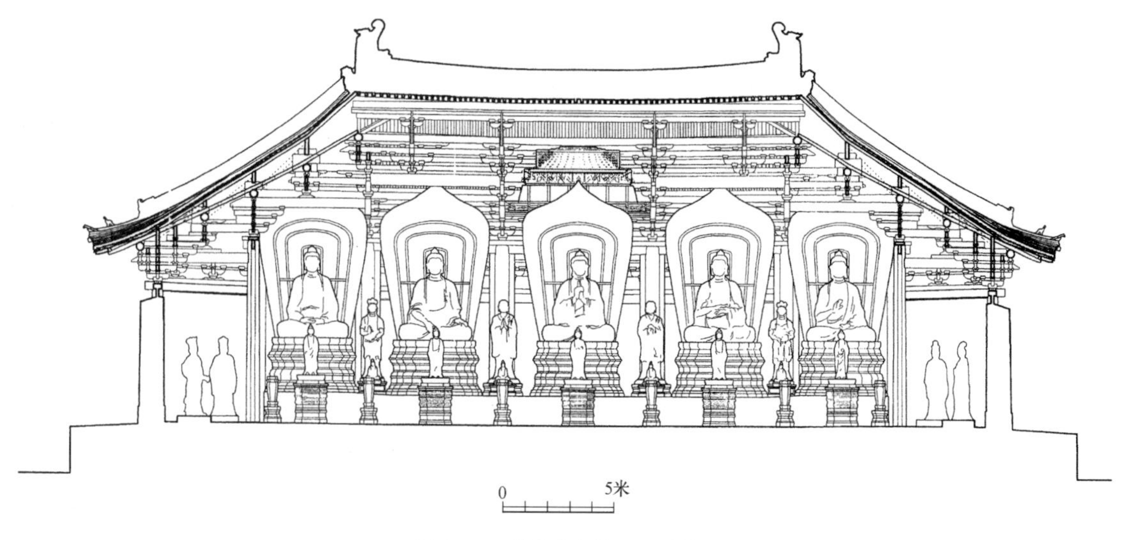

图 6-160 善化寺大雄宝殿纵剖面

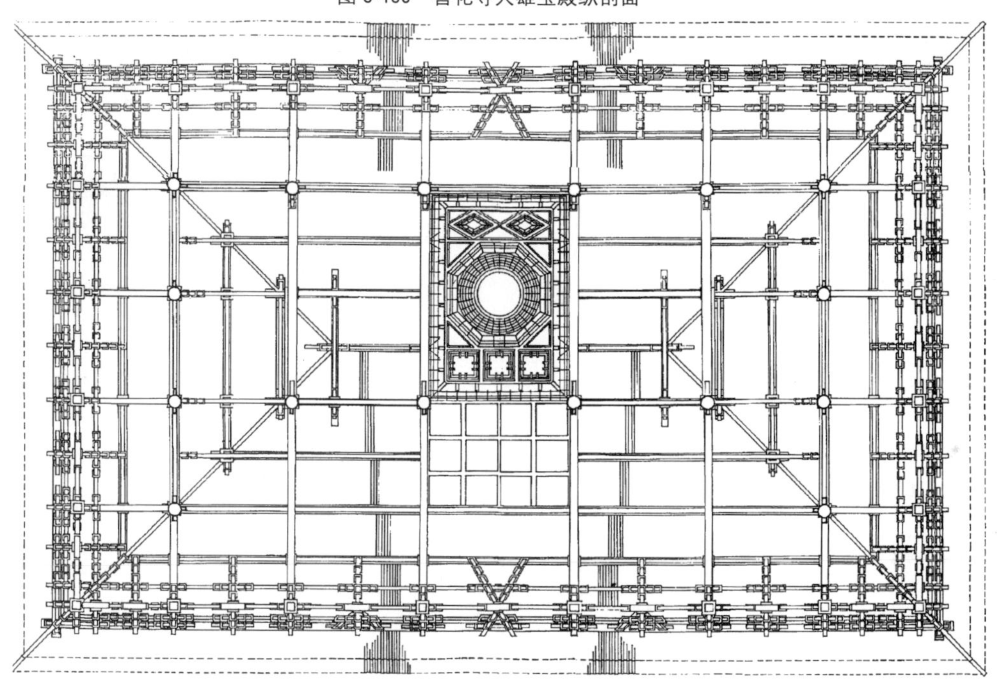

图 6-161 善化寺大雄宝殿梁架仰视平面

用柱：大殿平柱高 9.28 米，下径 67 厘米。柱径为柱高的 1/9.37。柱有生起，角柱比平柱高 42 厘米，超过《法式》规定的生起尺寸。

3）斗栱

材栔：材广 26 厘米，厚 17 厘米，栔高 11～12 厘米，比《法式》之二等材稍小，材的广厚之比接近3：2,与《法式》符合，但栔高合 6.6 分°，比《法式》规定稍大。

殿内斗栱共有 7 种，皆用卷头造。

①外檐柱头铺作：五铺作重栱出双杪并计心，里转五铺作偷心造。四椽栿至正心方后入斗栱，前端断面缩小，做成批竹昂式耍头。斗栱里跳在四椽栿上施骑栿令栱，承素方（图 6-162）。

②外檐当心间补间铺作：五铺作计心造，里转出五杪。第二杪计心，但华栱为 60°斜栱两缝（图 6-163）。

③山面左右次间补间铺作：五铺作计心造，里转出五杪，第三杪计心。外侧除正中出跳之外，并在第一跳瓜子栱跳头出 45°方向斜华栱两缝（图 6-164）。

④外檐山面左右梢间补间铺作：同上，但无斜华栱（图 6-165）。

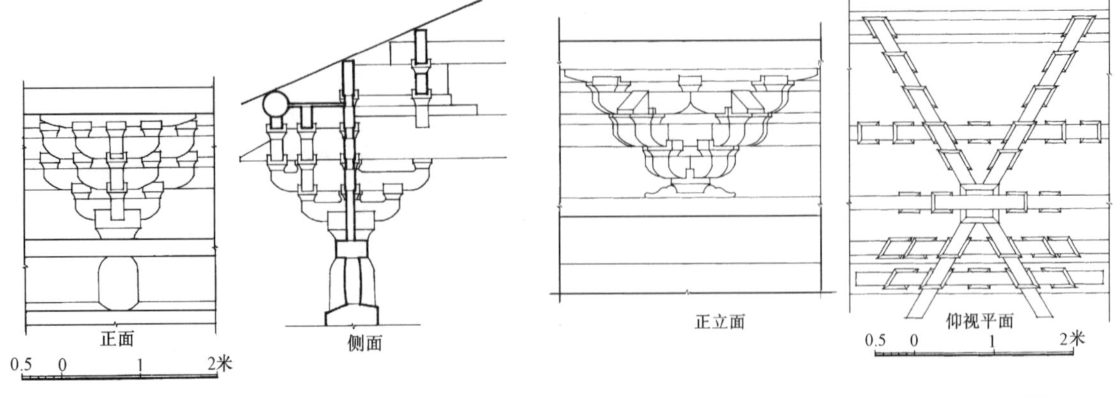

图 6-162　善化寺大雄宝殿外檐柱头铺作正立、侧立面

图 6-163　善化寺大雄宝殿外檐当心间补间铺作

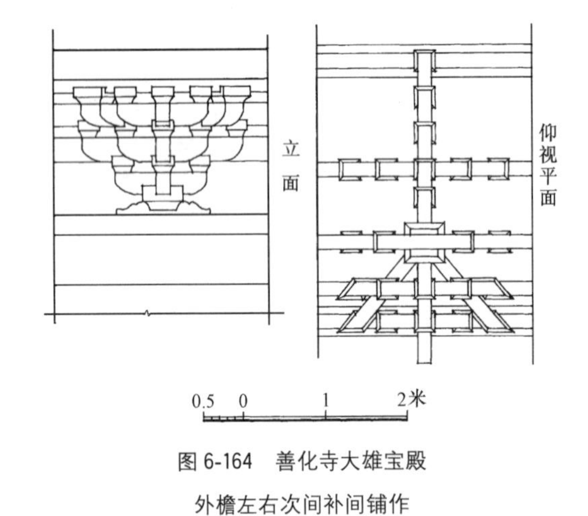

图 6-164　善化寺大雄宝殿外檐左右次间补间铺作

图 6-165　善化寺大雄宝殿外檐左右稍间补间铺作立面

⑤外檐尽间补间铺作：五铺作出双杪计心，里转出五杪，第三杪计心。但瓜子栱改为翼形栱（图 6-166*a*）。

⑥外檐转角铺作：在柱头铺作基础上增加附角斗一缝，其横栱皆连栱交隐。另于 45°方向里外跳皆作角华栱，外跳出三杪，平盘枓上托角神，再托老角梁（图 6-166*b*）。里跳出五杪。

a

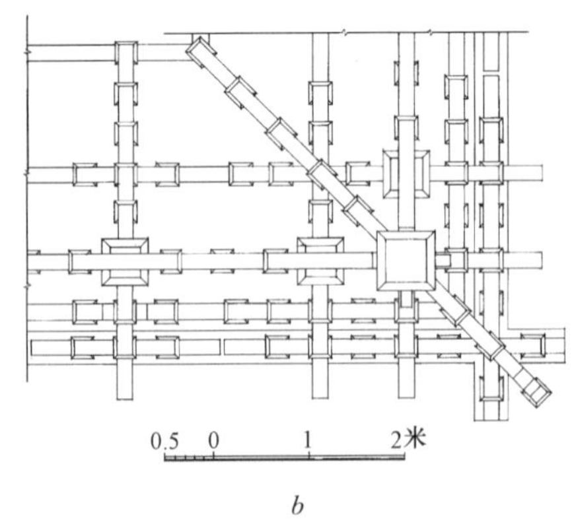

b

图 6-166　善化寺大雄宝殿外檐尽间补间铺作及转角铺作平面

⑦内檐柱头铺作。在后内柱上者，与劄牵组合在一起，栌斗承托的第一层栱的后尾为劄牵，其出头做成足材华栱形式，劄牵之上叠一层短木方，至里跳出栱头，构成第二层华栱，承托六椽栿。在山面内柱柱头铺作，也用此法，只是里侧有三层华栱出跳，承托上部之丁栿。皆用偷心造（图 6-167）。

大殿各式补间铺作斗栱中栌斗高度减少，下垫驼峰。这种做法是辽代建筑中常用的手法。

4）墙体

该殿墙体下部用砖砌筑，上部用土坯砖砌筑，两者之间做“墙下隔减”一道，隔减用木板铺成，土坯砖中还夹有木骨，水平铺砌上下共九层，各层间隔大小不等。木骨及隔减皆厚 18 厘米。另外在西壁南端也曾出现一处竖直摆放木骨的做法，宽 10 厘米，厚 7 厘米。土坯外部有一道抹灰层饰面。这种做法与《法式》的壕寨制度所载城墙中加入纴木的做法非常相似。《法式》中的纴木长 10～12 尺，径 5～7 寸，与此尺寸相近。

5）屋顶

大殿采用四阿顶，总举高为前后橑风槫距离的四分之一，再加上通进深的 2.2%，屋顶坡度为 27.75°，比《法式》厅堂制度举高还小，大殿折屋做法仅于第一、第二缝槫上显示，其余皆为直线，也与《法式》折屋之制不同。屋面角梁沿 45°方向径直向上到脊部，脊槫未作增出，屋面檐部除随柱升起之外，并于橑风槫上置生头木，高一材，以使屋檐起翘稍有增加。大殿檐出约 2.1 米，自柱心出达 3.0 米。檐出与柱高之比接近1∶2。

6）内外檐装修

大殿前檐仅设三樘门，而无窗，门位于当心间及两梢间，隔间一设，每樘门由门额分隔成上下两部分，上部为四直方格眼之窗，下部为双扇版门，整樘门之宽度仅为开间宽度的五分之三。门两侧有余塞版，双腰串造。

平綦与藻井：大殿仅于当心间施藻井与平綦，其余部分皆彻上明造。藻井位于前内柱与后金柱之间，稍稍靠后，井前有方格形平綦，后有菱形平綦，周围有七铺作小斗栱及绘有小佛像的斜板环绕，藻井本身分成上下两层，下部为八角井，嵌于方井之中，四角出角蝉，八角井成八棱台形，内施七铺作双杪双下昂重栱计心造斗栱。第三跳施翼形栱，第四跳施令栱，昂咀、耍头皆取批竹昂式。藻井上层做成截顶圆锥体，施八铺作重栱计心卷头造斗栱，上下两层斗栱朵数不同，下部的八棱台共用斗栱 24 朵，上部的圆锥体共用斗栱 32 朵，两者用材尺寸不同。其精细程度当属现存辽代小木装修之冠。藻井四周平綦形式有菱形、长方形、近方形等不同处理方式（图 6-168）。

（2）普贤阁

1）平、立面与结构

该阁建于一座砖砌阶基之上，基高 1.12 米。建筑外观为二层楼阁，实际结构是三层，在一、二层之间尚有一结构暗层。建筑平面为方形，无内柱，但外观上正、背面皆划分成三开间，山面下部

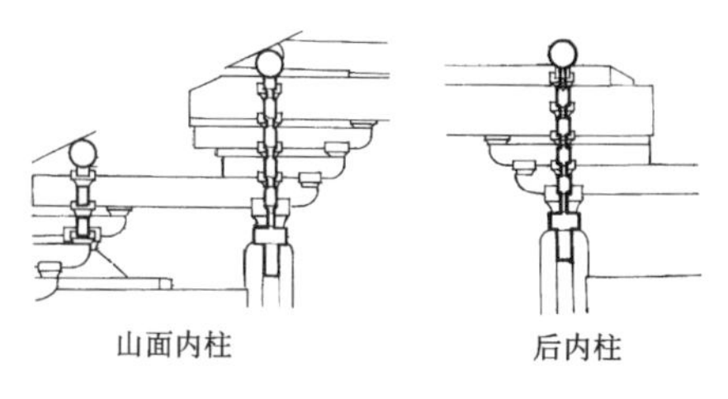

图 6-167　善化寺大雄宝殿内檐柱头铺作

图 6-168　善化寺大雄宝殿藻井

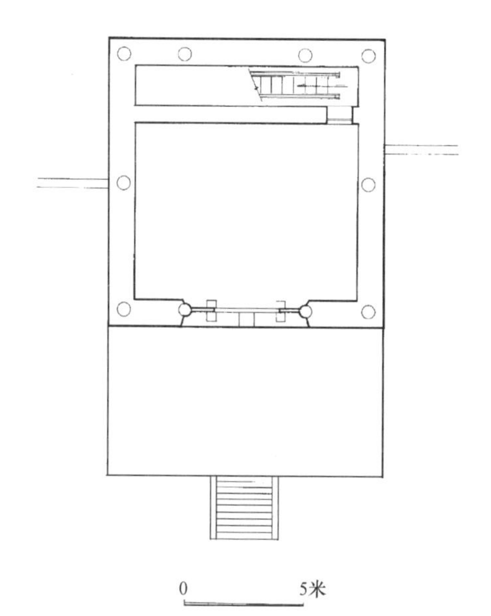

图 6-169　善化寺普贤阁下层平面

为两开间，上部亦为三开间（图 6-169～6-173）。一层通面宽与通进深皆为 10.40 米，二层通面宽 9.80 米，通进深 9.81 米（图 6-174～6-176）。上层与暗层及下层的柱子采用插柱造做法，柱子层层向内收进。楼阁结构三层不尽相同，第一层和暗层皆用两条四椽栿搭在前、后檐柱上，但楼板架在暗层上，故仅在暗层的四椽栿上加缴背，上承铺板方，方上铺木地板。下层四椽栿除承天花之重外，在楼梯间位置承休息板。上层为两榀抬梁式构架，搭在上层前、后檐柱上。构架最下部为四椽栿，上托平梁，蜀柱。构架纵向主要靠各层阑额，及斗栱中的素方，屋顶的槫和襻间等构件起联系作用。在两山设丁栿，栿上有驼峰、斗栱承托平梁，这根平梁同时既支托山花板，又承山面椽尾，应称之为阁头栿。增设此梁是九脊顶山面的构造需求。构架下层平柱高 5.03 米，径 53 厘米，柱径为柱高的 1/9.5。角柱生起明显。各层柱间皆施阑额及普拍方（图 6-177、6-178）。

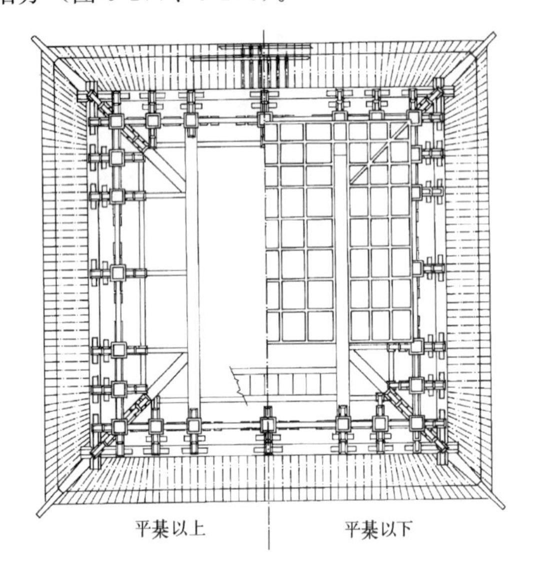

图 6-170　善化寺普贤阁下层梁架仰视平面

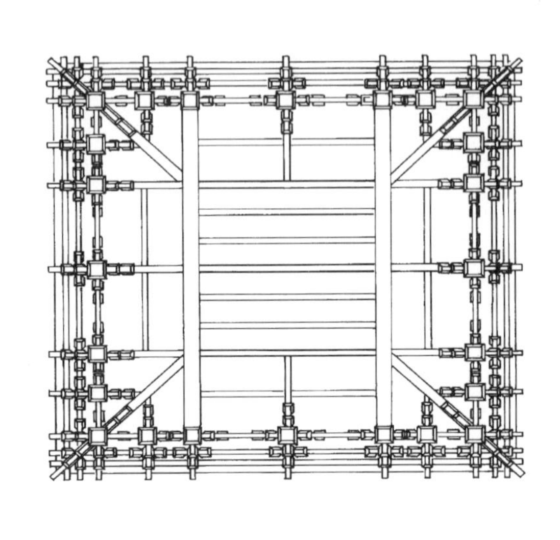

图 6-171　善化寺普贤阁平座梁架仰视平面

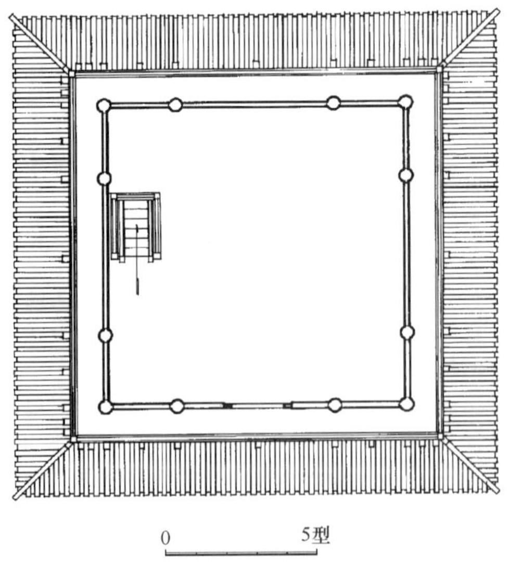

图 6-172　善化寺普贤阁上层楼板平面

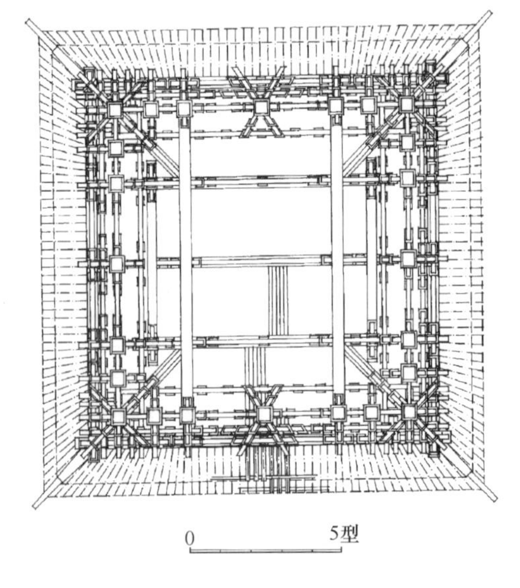

图 6-173　善化寺普贤阁上层梁架平面仰视

该阁上层采用九脊顶，下层为腰檐平座。上层前后橑檐方间距 11.38 米，总举高 2.93 米，合四分举一。该阁瓦饰、吻兽已非辽代原物。

图 6-174　善化寺普贤阁正立面外观

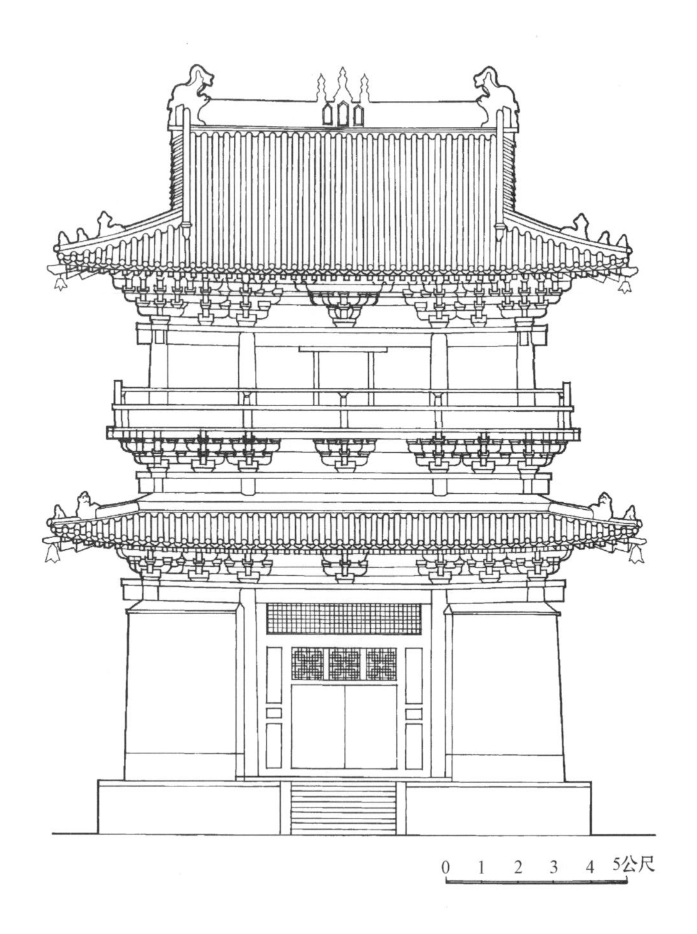

图 6-175　善化寺普贤阁正立面

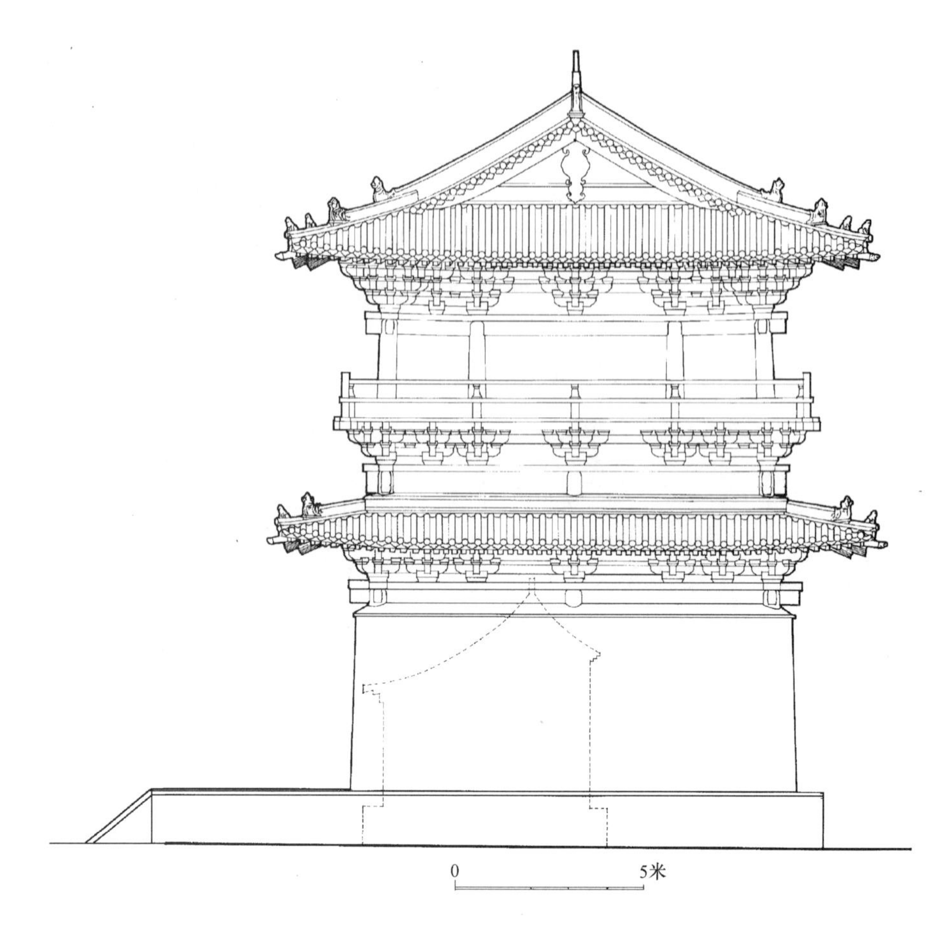

图 6-176 善化寺普贤阁侧立面

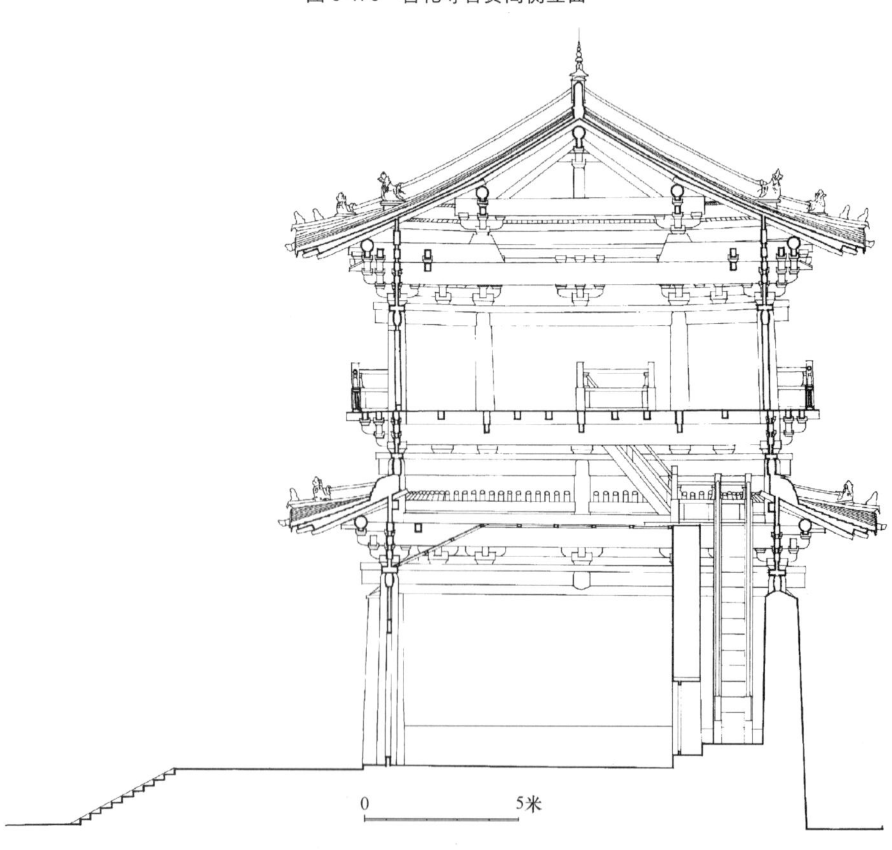

图 6-177 善化寺普贤阁横剖面

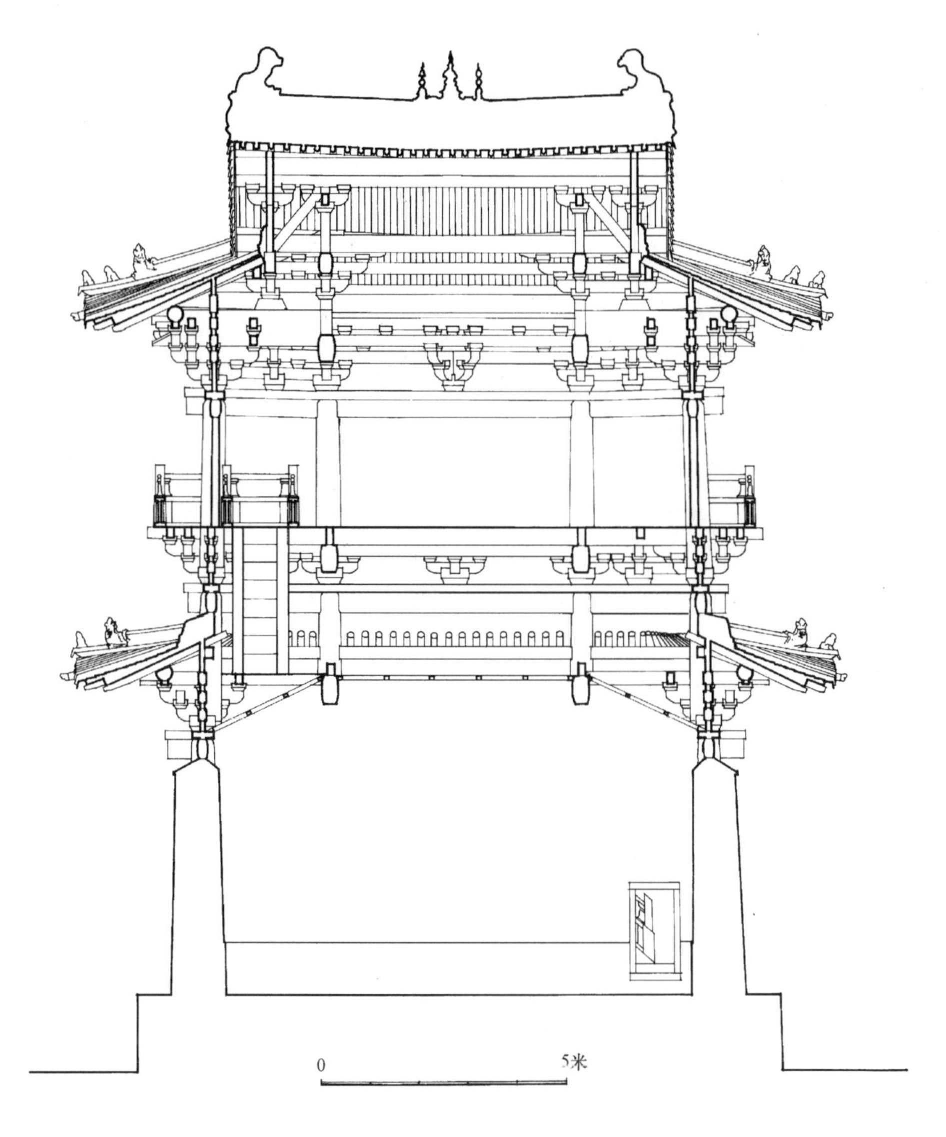

图 6-178 善化寺普贤阁纵剖面

2）斗栱

该阁虽然尺度不大，但斗栱仍有较多变化，从总体布局看，正立面三层斗栱皆采用单补间，尽管当心间放宽，斗栱布局原则不变，因之斗栱间距不匀。侧立面由于下部两层只有两开间，因开间放宽，每间皆为双补间，而第三层的三开间又变成每间皆作单补间了，但三层铺作的位置上下是对位的，只不过在下部的柱头铺作的位置到了第三层变成了补间铺作，而第三层的柱头铺作处在第一、二层又成为补间铺作了（图 6-179）。

从斗栱组合关系看，所有斗栱皆用卷头造，外部皆为出双杪形式，但其上的横栱在第一、二层皆为单栱造，在第三层出现了重栱造。在第一、二层斗栱虽为出双杪，但减去耍头一层，只留衬方头。如若称其为五铺作实际并无五层栱方，只能说是不完整的五铺作。

就斗栱类别来看，典型的、独立的柱头铺作只有山面一、二层中柱所施者，典型的独立的补间铺作只有正背面当心间和山面三层当心间所施者，其余则皆采取柱头、补间、转角铺作三者相连组合的形式。横栱则多连栱交隐。斗栱用材广 22～23 厘米，厚 15～16 厘米，栔高 10～12 厘米，合《法式》四等材弱。

图 6-179　善化寺普贤阁山面铺作

①下檐前后檐柱头铺作：外檐出双杪，里转出单杪，单栱计心造。无耍头层，四椽羌压在里跳华栱上，四椽羌出头充当外跳第二杪华栱头。

②下檐山面柱头铺作：仅在里跳与前述不同，变成出双杪，衬方头后尾为铺板方，承托两次间之楼板。

③下檐补间铺作：与两山柱头铺作同。

④下檐转角铺作：正侧两面皆出双杪，并增角华栱两跳，以承橑风榑。角华栱里跳亦出两跳，以承递角羌（图 6-180）。

图 6-180　善化寺普贤阁下檐转角铺作

⑤平座正背面柱头铺作：外跳出双杪，无耍头，上施衬方头，外跳第一跳承令栱、素方，单栱计心造，里跳自栌斗口即承平座层之四椽羌。外跳华栱即为此四椽羌之出头（图 6-181）。

⑥平座山面柱头铺作：外跳同上述之柱头铺作，里跳第一跳华栱偷心，第二跳华栱为单材，与其上之铺板方实拍（图 6-182）。

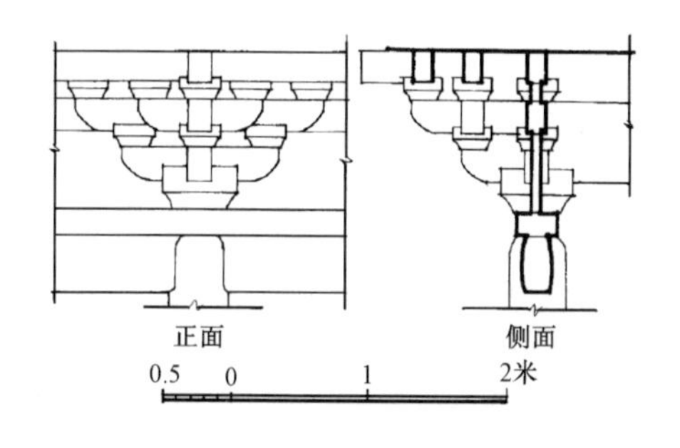

图 6-181 善化寺普贤阁平座正背面柱头铺作正、侧立面

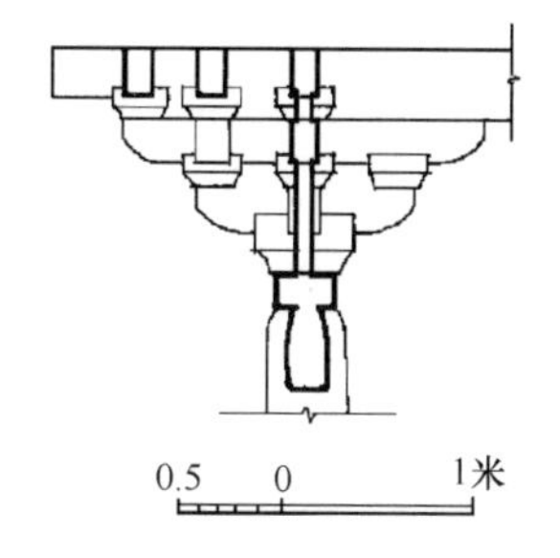

图 6-182 善化寺普贤阁平座山面柱头铺作侧立面

⑦平座当心间补间铺作：外跳出双杪计心，里跳亦出双杪，下一杪偷心。上承楞木，楞木外端为衬方头。

⑧平座转角铺作：正侧两面出双杪，华栱后尾与补间铺作之泥道栱及栱上素方相列。转角处出角华栱两跳，里跳亦出两跳，以承斜置之楞木。

⑨上檐柱头、转角、补间铺作：此三者横栱皆连成一体，外跳采用重栱计心造，出跳的栱除华栱两跳之外，在转角铺作有角华栱三跳，并增设抹角华栱两跳。至使转角铺作栌斗口每面出栱三缝，第二跳高度出栱五缝。里跳仅角华栱出三杪，上承递角栿。补间铺作里跳出双杪，上承素方。正面柱头铺作里跳出单杪，上承四椽栿（图 6-183）。山面柱头铺作里跳出双杪，上承丁栿。

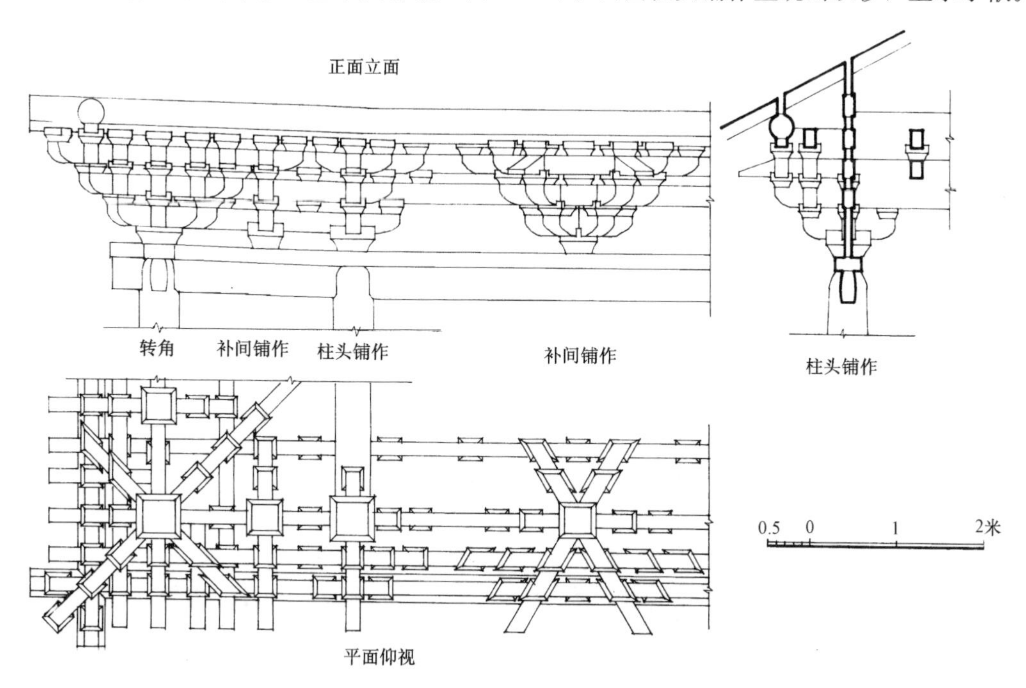

图 6-183 善化寺普贤阁上檐柱头、转角、补间铺作

⑩上檐正面当心间补间铺作：内外皆出斜华栱两缝，两者夹角为 60°。每缝皆出双杪，重栱计心造。两缝斜华栱上之横栱皆连栱交隐。上檐山面补间铺作则采用标准的五铺作卷头造斗栱形式。

（3）三圣殿

1）平面与立面

三圣殿面宽五开间，当中三间尺寸相近，至梢间突然减小。进深八架椽，山面用五柱，隐于山墙之内，柱间距大小不一，中间小、梢间大。通面宽 32.68 米，通进深 20.50 米。建筑柱网不甚规矩，内柱出现减柱、移柱现象，后内柱四根，当心间者在后檐中平槫下，次间者在后檐上平槫下，此外还有四根辅柱，柱径很细，有的且支顶于主梁之下，为后世添加（图 6-184、6-185）。

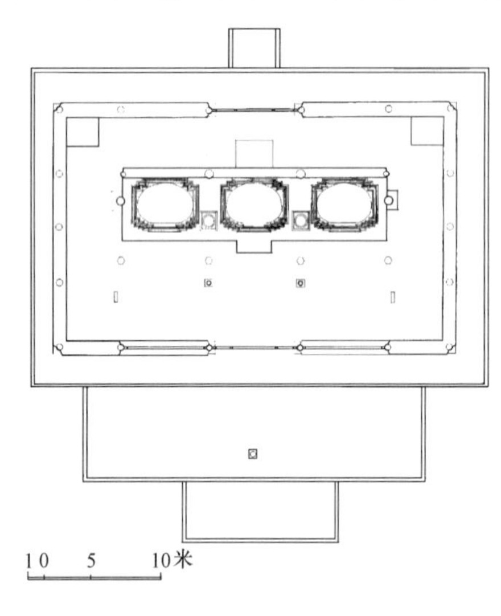

图 6-184 善化寺三圣殿平面

图 6-185 善化寺三圣殿

正立面当心间施版门，两次间施直棂窗，背立面仅当心间施一版门，其余各门皆为实墙。其上即为铺作和单檐四阿顶，屋顶在立面上所占比例超过立面总高的二分之一，显得格外宏大（图 6-186～6-188）。

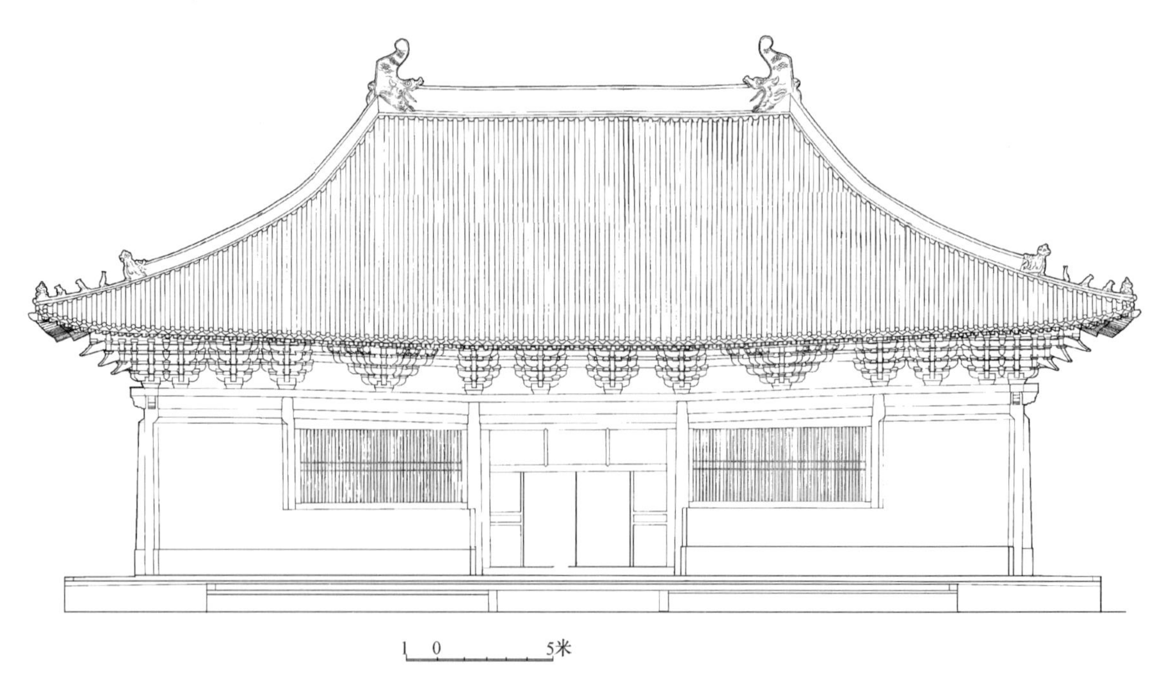

图 6-186 善化寺三圣殿正立面

2）构架

由于减柱、移柱使梁架各榀做法不同，当心间为八架椽屋六椽栿对乳栿用三柱形式，六椽栿之上立蜀柱，与后内柱共同承四椽栿和平梁。另于前后第二椽架分位并安劄牵。构架中的梁栿断面格外巨大，

图 6-187 善化寺三圣殿侧立面

图 6-188 善化寺三圣殿背面

六椽栿分为上下两层，上层高两材两栔，下层高两材一栔，总高达 78 分°。乳栿也分上下两层，总高四材。四椽栿和平梁均上加缴背。因构架为彻上明造，承托梁端的斗栱和梁头做了统一风格的修饰，如栱头做云头状、六椽栿梁头做三卷瓣、四椽栿梁头做两卷瓣等（图 6-189）。

次间梁架由于恰巧在四阿顶的第二缝槫下，梁架前部自前檐柱柱头铺作搭五椽栿，其后尾插入内柱，后部为自后檐柱柱头铺作搭三椽栿，其后尾插入内柱，其上至后内柱柱头高度施内额与劄牵，内额前端用五椽栿上中平槫下所施的前蜀柱承托，前部的劄牵后端也依靠此前蜀柱承之，其前端用五椽栿背上的一组斗栱支托。后部的劄牵前端用后蜀柱承托，这根蜀柱立于后部的三椽栿背上，后劄牵的后端也以一组斗栱承托。在内柱与后内柱之间还有一短小内额（图 6-190）。

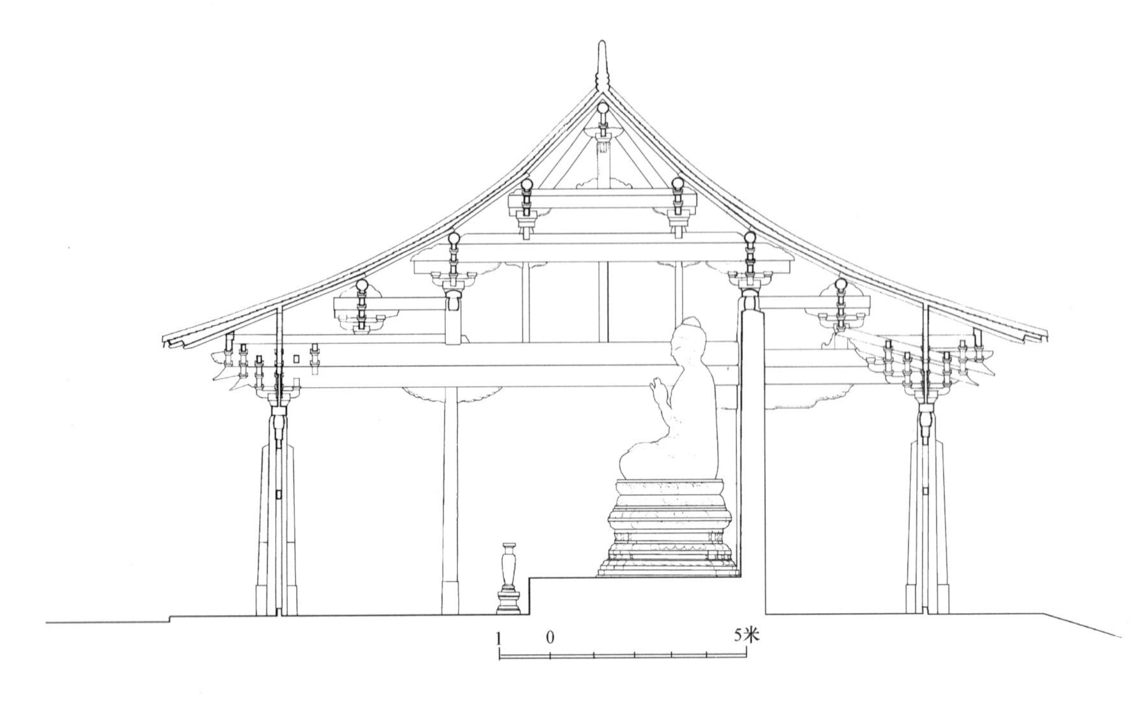

图 6-189 善化寺三圣殿当心间横剖面

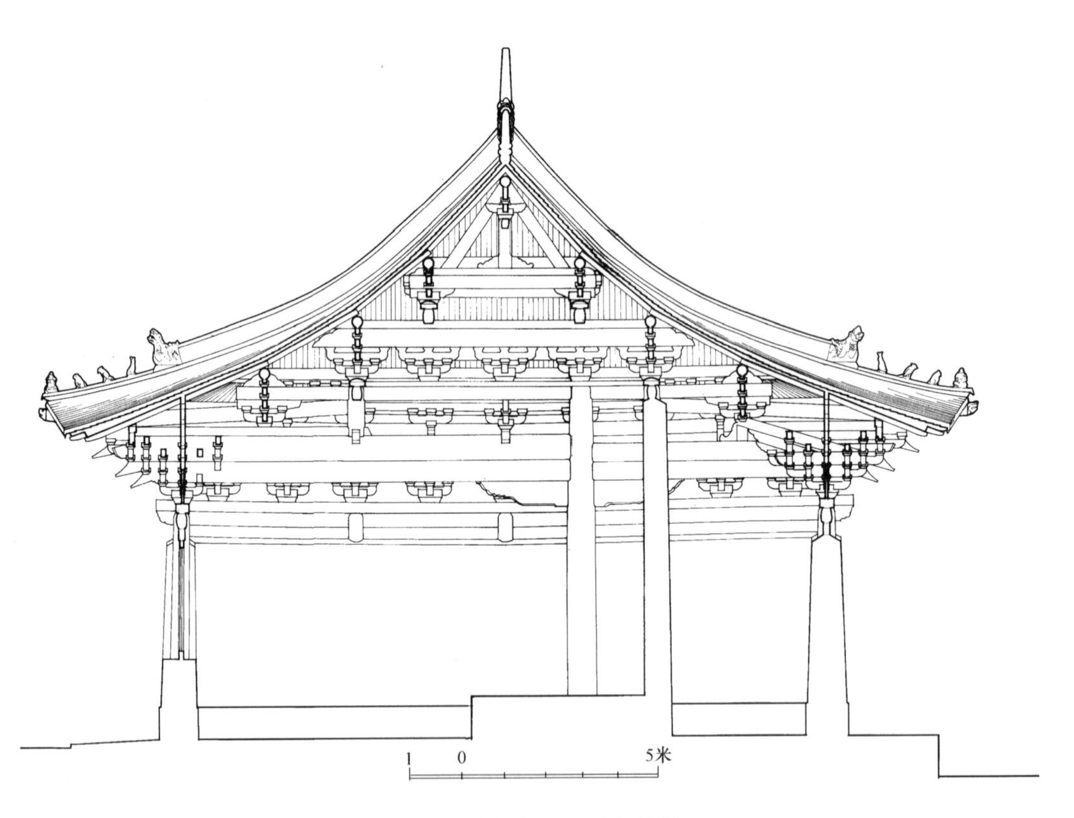

图 6-190 善化寺三圣殿次间横剖面

纵向梁架在外檐主要是阑额和普拍方，在室内于各缝槫下施两材襻间。并在次间，前、后上平槫缝之下施顺扒梁，顺扒梁两端分别搭在当心间和次间的四椽栿上，顺扒梁上施普拍方，方上坐斗栱承平梁，平梁上立蜀柱以承山面四阿顶之续角梁端，此蜀柱与当心间梁架上蜀柱之间以顺脊串相连系。梢间施乳栿与丁栿，均斜置于外檐柱头铺作与内柱或梁栿之上，其上并设有劄牵（图 6-191、6-192）。

图 6-191 善化寺三圣殿纵剖面

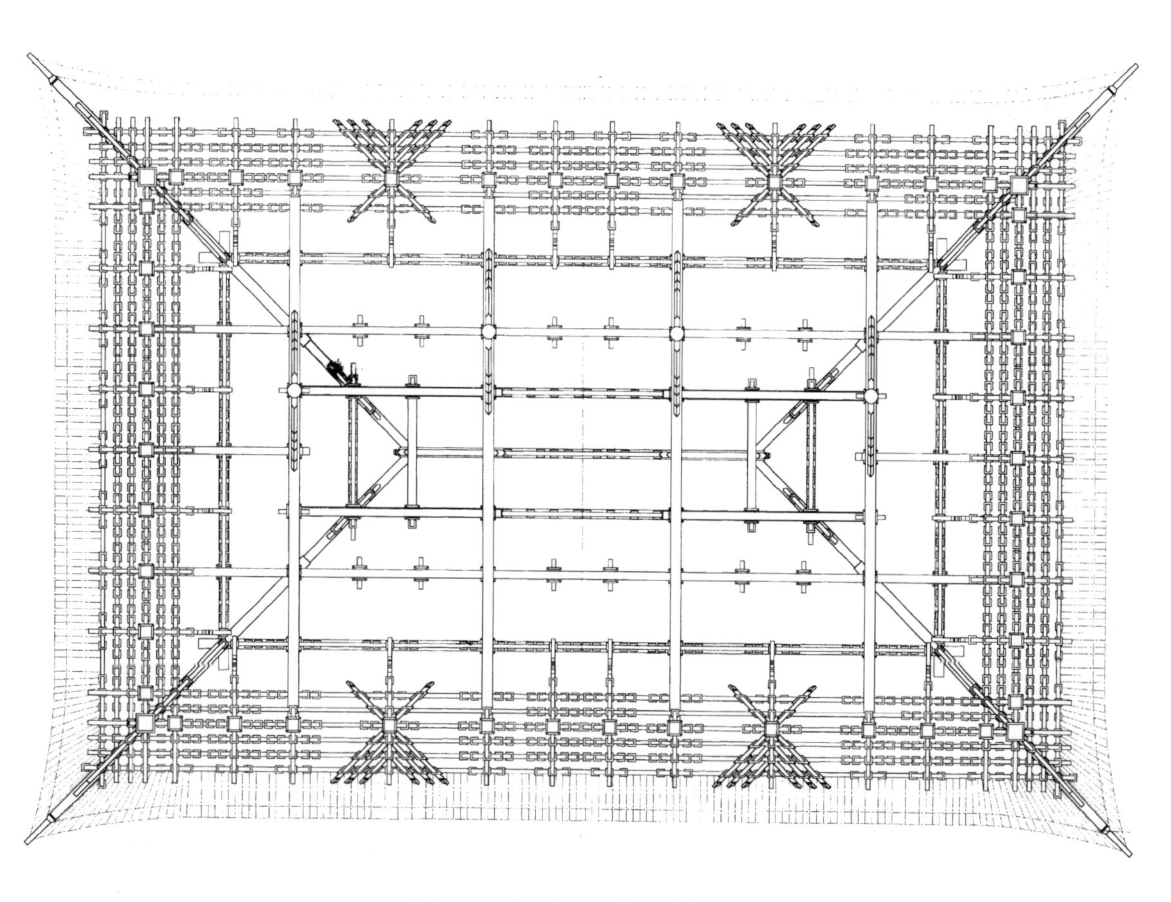
图 6-192 善化寺三圣殿梁架仰视平面

三圣殿构架之如此复杂，其原因可能因当时材料长短所限，工匠采用了移柱做法所致。但仍表现出工匠对不规则构架纵横相互关系的重视，采取了一系列“随宜固济”措施。

构架采用内、外柱不同高的殿堂厅堂混合式体系。外檐柱有生起，当心间平柱高6.19米，角柱高6.59米，总生起40厘米，大大超过《法式》每间生起二寸之规定。平柱柱径58厘米，合两材半栔。柱高与柱径之比为10.7∶1，内柱79厘米，合三材，但柱高为9.8米，柱高与柱径之比为12.4∶1。

举折：前后橑檐方之间距为22.10米，总举高为7.26米，基本符合殿堂举折以三分举一的《法式》原则。但各架椽长不等，下部两架较长，折屋位置不甚规矩。此殿出檐较深，上檐出达到柱高的二分之一以上。

3）斗栱

三圣殿斗栱用材高26厘米，厚16～17厘米，栔高10～11厘米，相当于《法式》的二等材弱。斗栱主要分布于外檐，配列较为特殊，正、背立面当心间和梢间皆施补间铺作两朵，次间只施补间铺作一朵；但这一朵斗栱所占空间极大。两山中部两间施补间铺作一朵，而梢间反而施两朵。内柱及梁栿上斗栱虽出跳不多，但在各缝槫下皆以木方与梁或方绞合一起，形成闭合木框，对加强构架的整体性起了重要作用。

①外檐柱头铺作，六铺作单杪双下昂，里转四铺作出一杪，重栱计心造。六椽栿入斗栱后下层充华头子上层充耍头，外跳双下昂仅做插昂，压于六椽栿上层之下。扶壁栱施泥道栱、慢栱，上承柱头方三层，里跳第一跳跳头施绞栿栱，在此作异形栱式。在第二跳分位施栿瓜子丁头栱，上承慢栱及素方。山面柱头铺作里跳出三杪，第一、二跳重栱计心，第三跳偷心，直接承乳栿或丁栿（图6-193）。

②外檐正面当心间、梢间及山面补间铺作：六铺作单杪双下昂，里转出三杪重栱计心造。下昂尾上彻下平槫，挑四斗四方。方上隐出瓜子栱、慢栱、令栱。外跳耍头刻作龙头式，与令栱相交上承橑檐方。里跳第一跳瓜子栱刻作云形，第一跳下昂尾安鞾楔。扶壁栱、方均同柱头铺作（图6-194）。

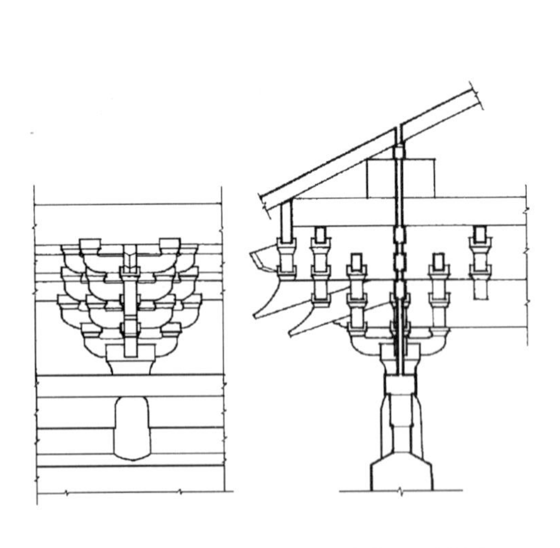

图6-193 善化寺三圣殿柱头铺作正、侧立面

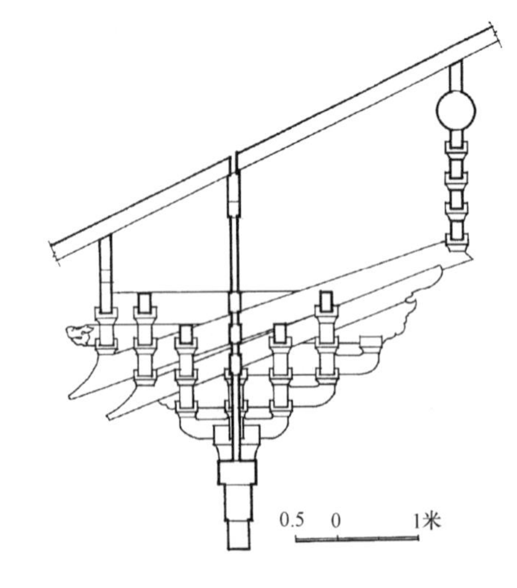

图6-194 善化寺三圣殿外檐补间铺作侧立面

③次间补间铺作：为一朵带45°斜华栱的六铺作卷头造斗栱。外跳正身出三杪，三层华栱两侧各出斜华栱一缝，每缝斜华栱按其高度又分别出三杪、两杪、一杪。至第四跳高度出现七个耍头并列之局面。此七个耍头与一条通长令栱相交，上承橑檐方。里跳仅于第一跳华栱两侧出斜华栱

一缝，仅两跳。而正身华栱三杪之上乃有鞾楔和下昂尾（挑斡）及所挑之栱方。里跳瓜子栱仍做成异形栱。此种斗栱的装饰意义大于结构意义，是工匠显示技巧的表现（图 6-195、6-196）。

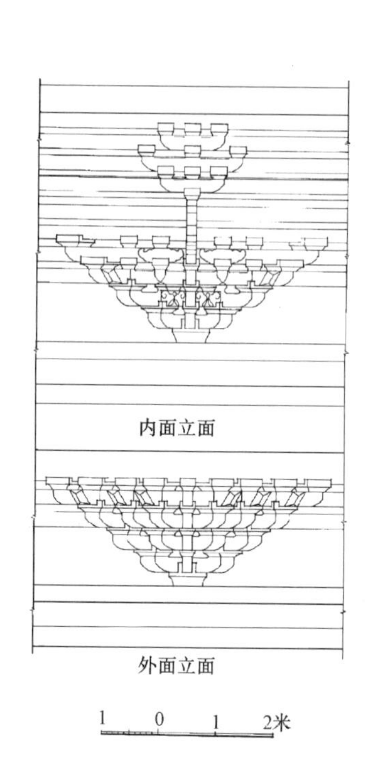

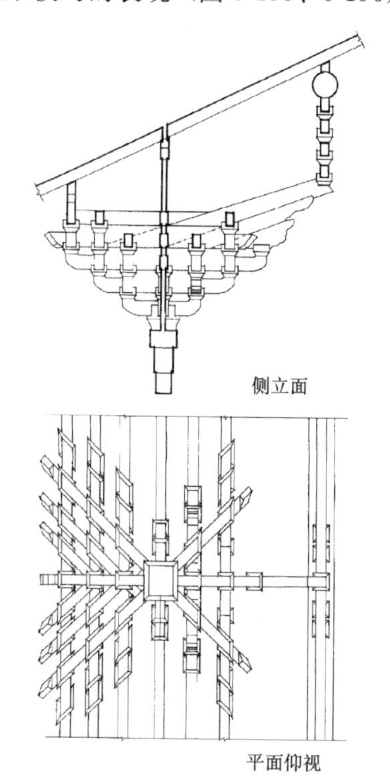

图 6-195 善化寺三圣殿外檐次间补间铺作内立面、外立面、平面、侧立面

图 6-196 善化寺三圣殿外檐次间补间铺作

④外檐转角铺作：由于梢间施补间铺作两朵，而正面梢间比当心间小了 2.52 米，为了保持补间铺作的间距与当心间或山面相近，于是将一朵补间铺作与转角铺作组合在一起，使转角铺作出现附角斗栱，转角铺作本身外跳仍为六铺作单杪双下昂式，并于 45°出角华栱、角昂、由昂，里转出角华栱三杪，上承鞾楔及由昂尾、递角栿。附角斗栱外跳同补间铺作，里跳昂尾仅伸至第二跳跳头上的横栱处并与角昂相撞。这一转角铺作中的列栱加长，皆用分首相列之式，横栱皆做鸳鸯交首栱。外跳列栱有七种，即泥道栱与华栱分首相列，泥道慢栱与华头子分首相列，瓜子栱与华栱分首相列，瓜子栱上慢栱与华栱分首相列，上一跳瓜子栱与小栱头分首相列，其上慢栱与耍头分

首相列，令栱与小栱头分首相列。里跳附角斗上的瓜子栱、慢栱皆与切几头相列（图 6-197）。

⑤内檐斗栱，仅于栌斗上承十字相交的栱，这组斗栱之上再承楷头与素方，共同承梁端。

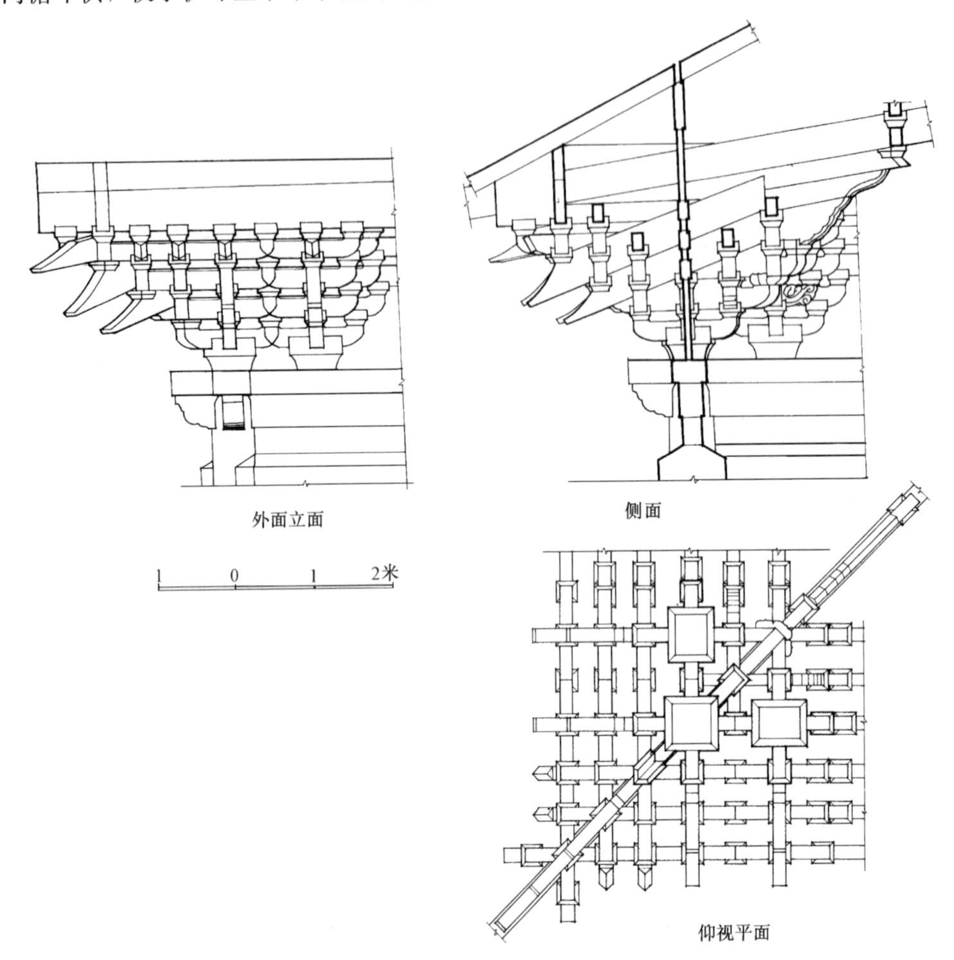

图 6-197 善化寺三圣殿转角铺作

4）其他

①门窗装修

正面当心间用版门：其做法是在柱间阑额下施由额及门额，额间装障日版。柱最下施地栿，门额与地栿间立槏柱及立颊，槏柱与立颊间施余塞板，腰串造。立颊以内施版门。背立面也施一版门。正立面两次间满装直棂窗，次间开间 7.34 米，直棂窗有 49 棂之多，棂上下有桯，中间有横串，将棂固定，左右有立颊作边框。这样大的窗在其他建筑中是少见的。按《法式》规定：间广一丈用 21 棂，每增加一尺则加两棂。此处间广为 22.9 尺，应设 47 棂，这里安装了 49 棂，棂条尺寸小于《法式》规定。

②墙

三圣殿墙高达由额之下，分成两段，下段五分之一高处用青砖砌筑，上加一层横木板，即墙下隔减（碱），墙之上半用土坯砌筑，内夹有竖向木筋。

（4）山门

1）平面与立面：面宽五间，开间逐间递减，递减率几乎相等，通面宽 28.14 米，进深四架椽，通进深 10.04 米，内柱仅有分心柱一排。立面采用四阿顶，正背面皆于当心间辟门，正面两次间设直棂窗。余皆做实墙，整幢建筑坐落在高 1 米左右的台基之上，基前中部出月台，设踏跺（图 6-198～6-201）。

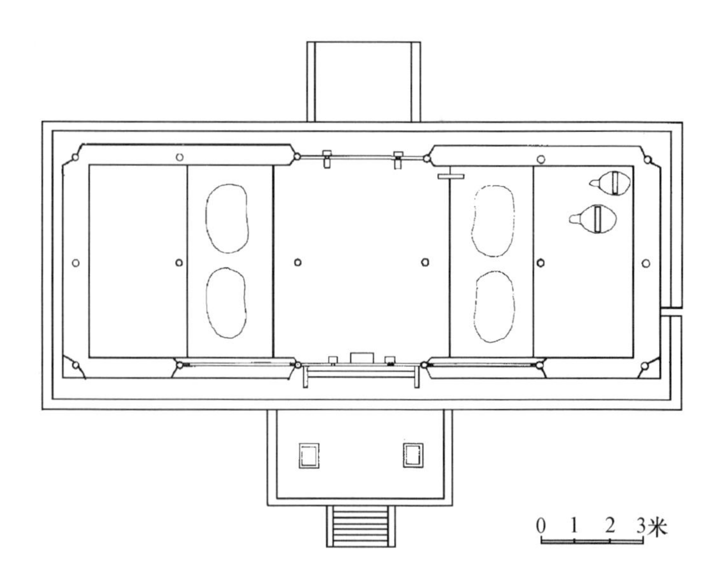

图 6-198　善化寺山门平面

图 6-199　善化寺山门正立面

图 6-200　善化寺山门外观

图 6-201　善化寺山门侧立面

2）构架：当中四椐梁架采用四架椽屋前后乳栿分心用三柱形式，内外柱同高。上部未做平梁，于中柱上立蜀柱与乳栿上斗栱共同承两条劄牵，两劄牵之上，中柱分位再立蜀柱及叉手。构架纵向于各槫缝施襻间，脊槫下蜀柱间施顺脊串，当心间中柱缝上加施月梁形襻间。在内外柱柱头间施阑额及普拍方。并于承托劄牵端的驼峰间也施一扁木方，其下并有另一单材襻间。纵向联系构件尤显充裕。另于四角设抹角梁四根，每根梁中托递角栿，上施十字栱承下平槫交点。构架中对梁栿、驼峰、合楷等多加曲线修饰，成为其一显著特点。乳栿、劄牵皆做月梁式，这在北方辽、金建筑中是少见的，山门月梁与宋《法式》不同之点在于梁肩采用隐形之月梁形状。驼峰入瓣也为隐刻之物（图 6-202、6-203）。

图 6-202　善化寺山门横剖面

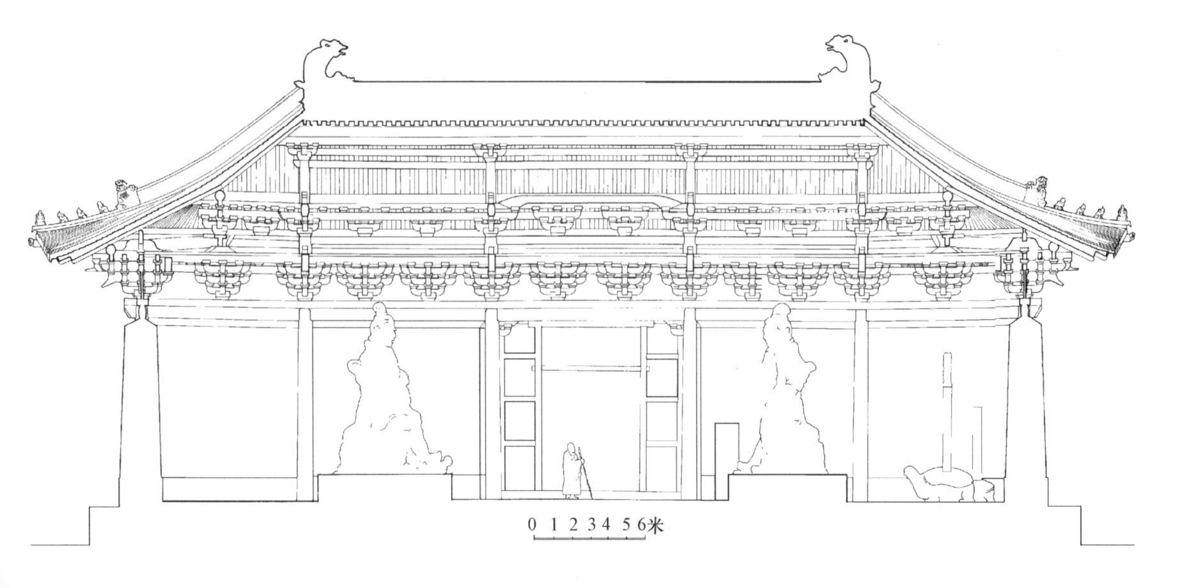

图 6-203 善化寺山门纵剖面

构架柱子有生起，平柱高 5.86 米，角柱高 6 米，生起 14 厘米，近接“三间生四寸”之《法式》规定。柱径 47 厘米，为柱高的 1/12.5，长细比尤大。柱身未做卷杀，仅有收分。

屋面举折：前后橑檐方间距为 11.84 米，总举高为 3.64 米，相当于四分举一，比《法式》厅堂举折还要小，所以立面上看，屋顶较为低矮。但出檐为柱高的 1/2，仍不失辽、金建筑风貌。

3）斗栱：山门构架规矩，斗栱配列整齐，外檐止立面、山面皆用双补间，且分布均匀，仅仅在梢间将补间铺作靠外侧者与转角铺作共同组合。内檐斗栱主要施于中柱一缝，劄牵两端也有简单铺作。斗栱布局采用分心斗底槽式（图 6-204）。斗栱用材广 24 厘米，厚 16 厘米，栔广 10～11 厘米。相当于《法式》三等材。

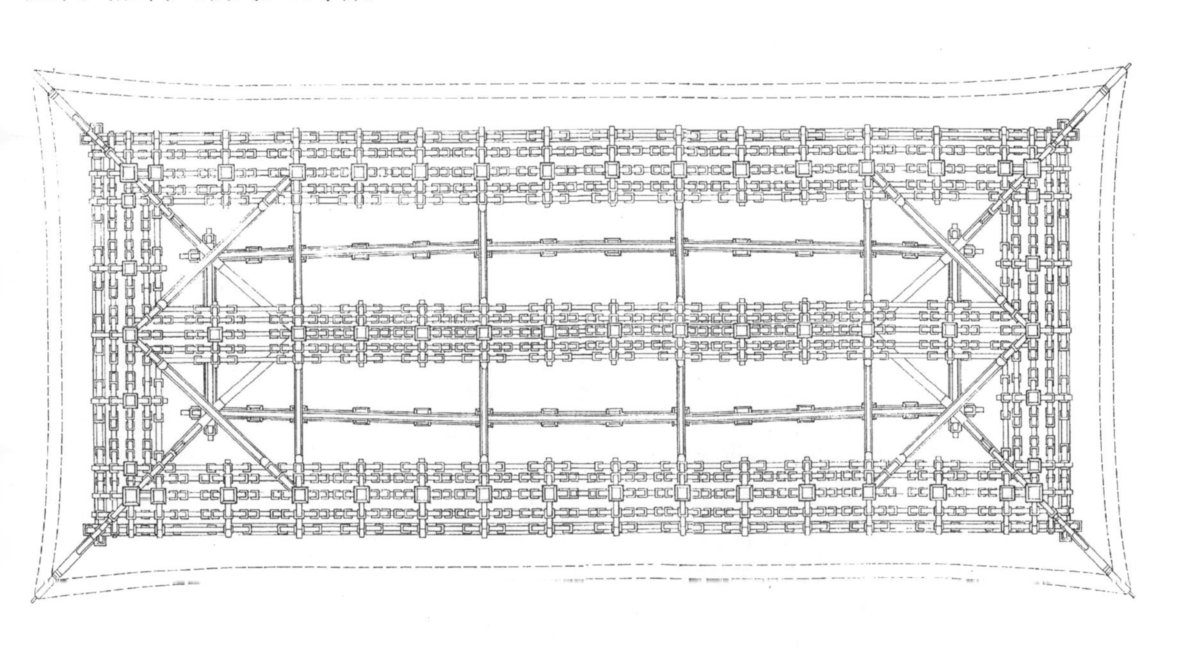

图 6-204 善化寺山门梁架仰视平面

外檐斗栱有四种。

①外檐柱头铺作：五铺单杪单昂，重栱计心造，第一跳华栱头承瓜子栱、慢栱、素方，第二跳昂承令栱，与耍头相交，上承通长之替木与橑风槫。外跳的昂系水平放置的假昂，昂尾在里跳

充当第二跳华栱。因之里转出双杪并计心，第二跳华栱承乳栿，与绞栿令栱相交，栱上置罗汉方。由于乳栿入斗栱后前伸充耍头，其上之缴背前伸后充衬方头。正心一缝施泥道栱、慢栱、素方两重及一合楷形短木，最上承压槽方（图 6-205）。次间柱头铺作里跳出 45°斜华栱一缝以承抹角梁。

②山面中柱柱头铺作：外跳同前后檐柱头铺作，里跳自栌斗口出三缝华栱，一正两斜，正出者承中柱柱头方，两斜者承托来自前后檐的两条抹角梁。

③外檐补间铺作：五铺作出一杪一插昂，重栱计心造，里转出双杪，横栱配置同柱头铺作（图 6-206）。

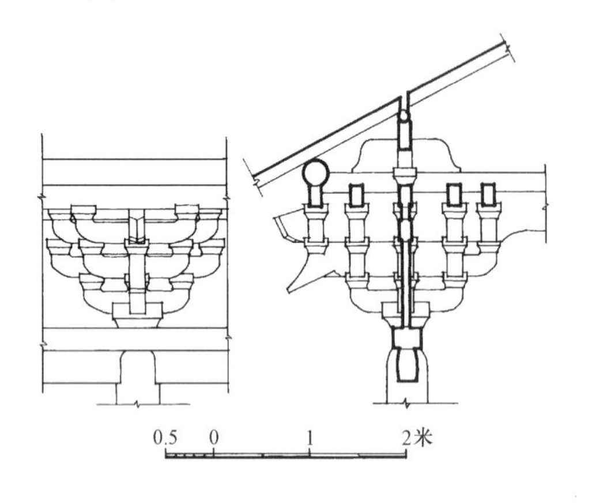

图 6-205　善化寺山门柱头铺作正立面、侧立面

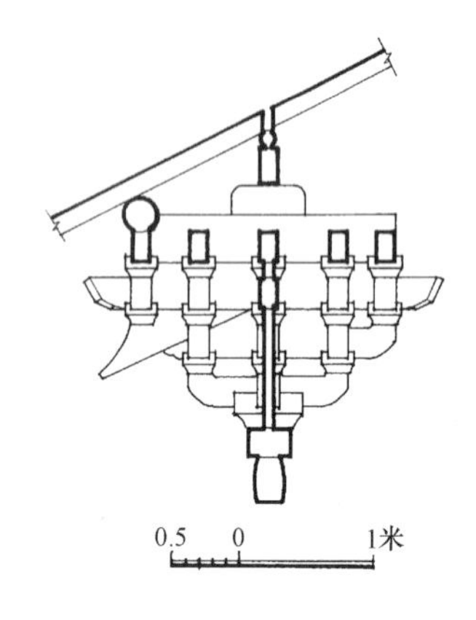

图 6-206　善化寺山门补间铺作侧立面

④外檐转角铺作：外跳在柱头铺作基础上加施角华栱一缝，上置角昂及由昂，并伸至里跳。外跳因补间铺作移近，出现附角斗栱一缝。里跳除角华栱三跳、角昂、由昂后尾之外仅有附角斗栱之华栱两跳，第一跳计心，第二跳与角华栱相交。角昂及由昂尾上挑以承角梁。外跳横栱因附角斗栱而加长作连栱交隐，并与出跳栱、昂分首相列。里跳令栱与第三跳角华栱相交，令栱上之素方与角昂尾相交（图 6-204、6-207）。

内檐斗栱共有五种（图 6-204、6-208）：

①内檐柱头铺作：五铺作卷头造，里外对称皆做双杪重栱并计心，于第二跳华栱上承乳伏。横栱设置皆同外檐。

图 6-207　善化寺山门外檐转角铺作

图 6-208　善化寺山门内檐铺作

②内檐补间铺作：与柱头铺作基本相同，仅改为第二跳华栱上承耍头和衬方头。

③中柱上蜀柱柱头铺作：自栌斗口前后出一杪华栱承劄牵，于栌斗口左右出单栱、承襻间方

(图 6-202)。

④驼峰上斗栱：栌斗承一层十字相交的华栱与令栱，承梁端及襻间（图 6-202）。

⑤顺脊串上之蜀柱柱头铺作：栌斗承丁华抹颏栱及襻间方，方上隐刻令栱。

门窗装修及檐墙做法与三圣殿基本相同。

六、正定隆兴寺

（一）寺院历史沿革与总体布局

隆兴寺始建于隋开皇六年（586 年），初名龙藏寺，唐代改今名，北宋开宝二年（969 年），宋太祖赵匡胤鉴于寺内原有铜佛已毁于契丹入侵[29]，下诏“复建阁、铸铜像”[30]，并曾动用军匠 3000 人，此举说明隆兴寺在北宋时期是受到皇帝恩宠的一座寺院。而在宋代，寺院的布局和规模如何呢？从乾隆十三年（1748 年）所绘寺院总平面图看，主要建筑集中布置在一条南北轴线上（图 6-209），南端有影壁、牌坊、石桥等前导性小建筑，然后是天王殿、大觉六师殿、摩尼殿、戒坛、大悲阁、弥陀殿、敬业殿、药师殿等。戒坛在寺志中记载其旧名为舍利塔，且周围有游廊44

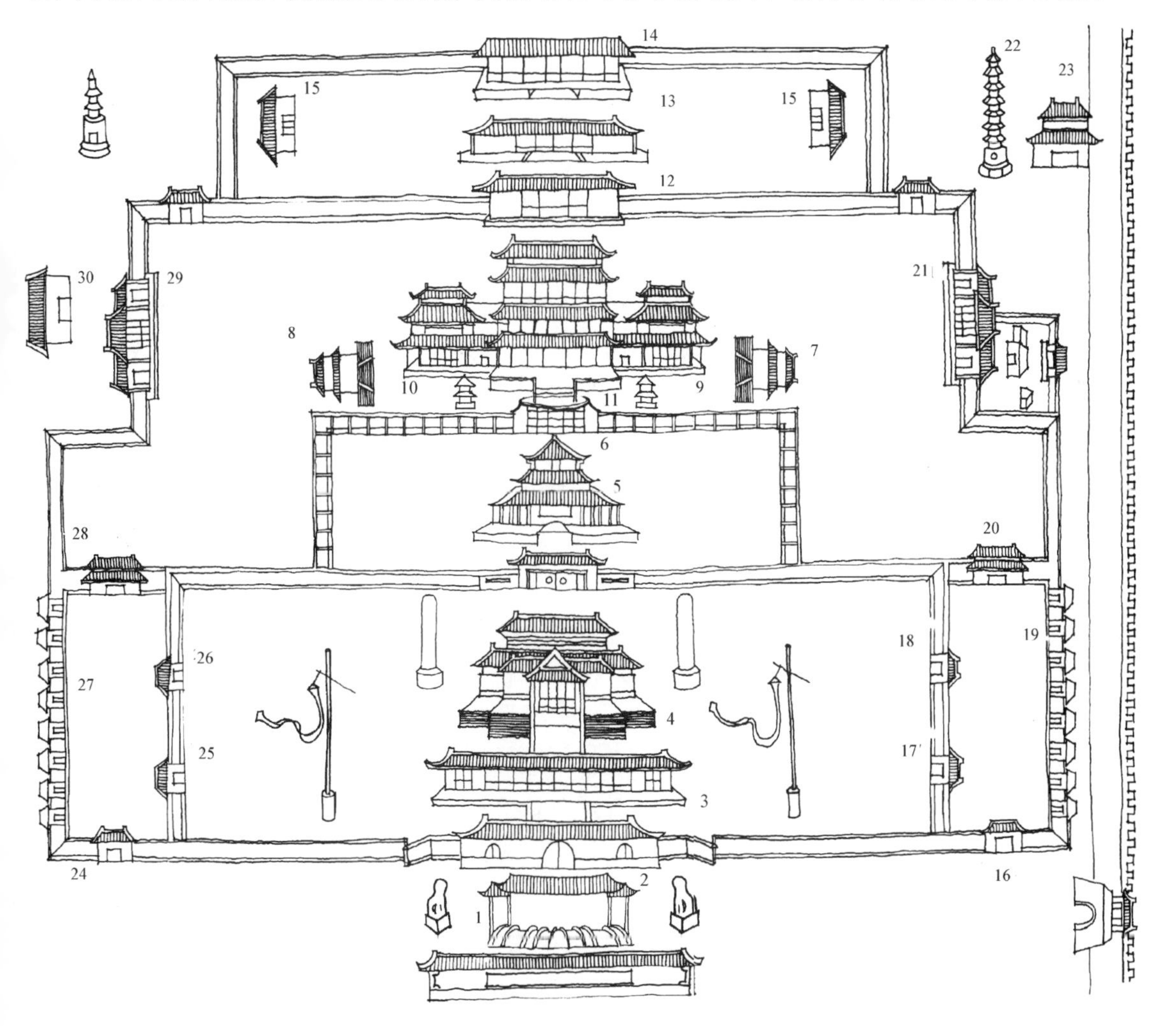

图 6-209　隆兴寺乾隆年间寺院图

1. 牌坊；　2. 山门；　3. 六师殿；　4. 摩尼殿；　5. 戒坛；　6. 韦陀殿；　7. 慈氏阁；　8. 转轮藏；　9. 御书楼；　10. 集庆阁；　11. 大悲阁；　12. 弥陀殿；　13. 净业殿；　14. 药师殿；　15. 僧舍；　16. 东山门；　17. 雨花门；　18. 方便门；　19. 东廊僧舍；　20. 钟楼；　21. 伽蓝殿；　22. 梦堂和尚塔；23. 井亭；　24. 西山门；　25. 鹿苑门；　26. 般若门；　27. 西廊僧舍；　28. 鼓楼；　29. 祖师殿；　30. 行宫东门

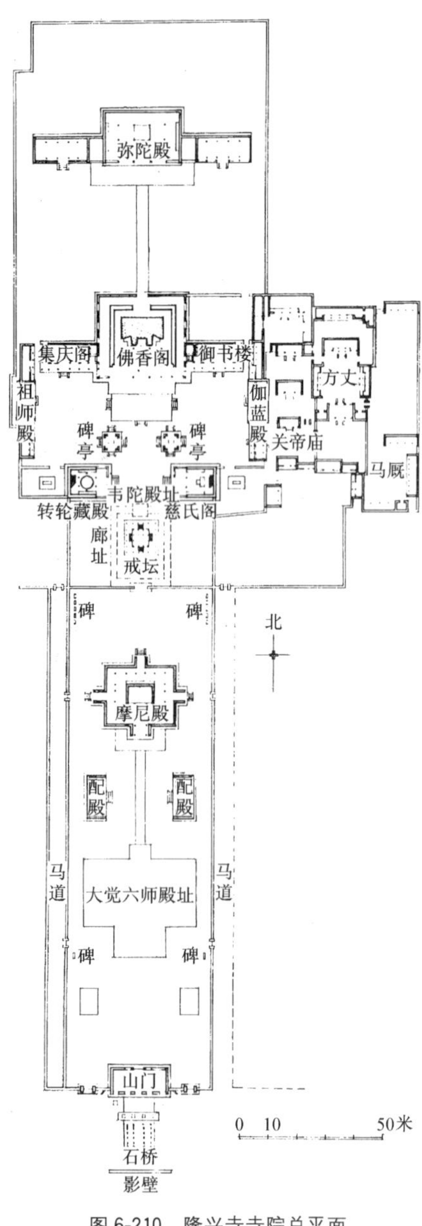

图 6-210 隆兴寺寺院总平面

间，据此推测，在隋唐时此处曾建有一舍利塔，宋初开宝四年（971 年）建大悲阁时它可能还存在，仅于“基北拆却九间讲堂”[31]，而在此址兴建大悲阁。以后，宋太宗赵光义命官府出资于太平兴国七年至端拱元年（982～988 年）再修龙兴寺，“阁之成也，宜固之以廊宇，严之以闬闳……”此时是“长廊翼舒……千柱重门，洞启壮丽，豁然四达”。对这次的修建活动，记载不甚准确，除大悲阁比较明确之外，从“廊宇”，“长廊”等用词推测，与后世所谓的“游廊”不无关系，而其规模已达“千柱重门”。考现存天王殿（即山门），虽经乾隆四十五年（1780 年）大修，明显看出是在原有建筑上增添了部分清式斗栱，而原有结构做法与正定县文庙（已确认为五代建筑）又有诸多相似之点，因此这座建筑的年代也可归属与大悲阁同期。摩尼殿于 1976 年新发现之题记为建于北宋皇祐四年（1052 年）[32]，大觉六师殿据寺志载建于北宋元丰年间（1078～1085 年）。因此可以断定，隆兴寺内位于大悲阁前方中轴线上的建筑，是从宋初至元丰年间前后经过将近百年的时间逐步兴建的。其中“舍利塔”如何易为戒坛尚待进一步研究，但现在戒坛基座之下明显可见一更古老的石砌基座，或可为舍利塔基。而慈氏阁、转轮藏作为主轴两侧的配阁，从形制判断其建造年代也不会与主体建筑大悲阁相差太远。可以说隆兴寺是宋代“三阁鼎立”的寺院布局形式之代表，具有了一种山门、佛殿、高阁、后殿的空间序列。至于大悲阁之后的殿宇，原已无存，现皆为明代建造或从他处迁此[33]。此外，寺的中轴群组以东为僧寮，西部为皇帝行宫，但皆仅存部分晚期建筑。现寺院中轴主体部分的地段，东西宽近 100 米，南北长为 500 米，寺院总面积在 5 公顷以上（图 6-210）[34]。

（二）寺内主要宋代建筑

1. 大悲阁（佛香阁）、御书楼、集庆阁

这是寺内宋代兴建的最大一组建筑，当时由“八作司十将徐谦修盖”。大阁内有铸铜菩萨像一尊，像高七丈三尺（宋乾德元年碑）。阁高十三丈（元正统三年碑）。大阁两侧有东、西耳阁，各高七丈三尺（元正统三年碑）。另据清乾隆十三年寺志载，大悲阁所占地盘东西宽 136.5 尺，南北长 116.5 尺，上下共四层，总计 279 间。两耳阁所占地盘东西宽 74 尺，南北长 47 尺，内分上下 54 间。从这些数据对宋代所建大悲阁之规模可有一粗略的概念。

大悲阁自建成后，有过多次重修，但直到明代，主体结构仍比较坚牢，据嘉靖二十六年碑记记载，“自宋历元……明成化初计四百五十年，其间之物湮没者不知其几……惟石像（应为铜像）与阁屹然并存，而阁之栏槛、棚木间有损者。又七十年，为嘉靖庚子世（即嘉靖十九年，公元 1540 年）……凌阁上下内外为坏，顿殊一日，西南隅栋楹櫨桷遽倾坠，甓瓦委地，完者无几。隅西北、东北各敝坏过半，未坏者一隅而已，所赖初制之工致，结架之曲密，不至于废……”于是“凡倾坠者，腐朽者，可先时善治者，一一为之，罔不备轮奂复美，阁鼎新矣，于乙巳五月工告”。从以上的记载可知，当时主体结构未动，主要修缮的是外檐斗栱，屋顶的檐瓦以及栏槛、棚木之类的装修。此后，至乾隆十三年编写寺志以前，未见大悲阁主体结构重修之记载，但从寺志所绘之图样，并与《支那文化史绩》一书所刊之照片对照，大悲阁的外部斗栱、门窗，已为明清建筑常见式样，因此可以推测，大悲阁之梁、柱间架在清乾隆时仍保持了宋代格局，但斗栱以上部分则按当时形式重新制作了。自明嘉靖大修后，万历年间有过一次大修，清康熙四十二年至四十八年（1703～1709年）也曾重修，使“佛楼巍焕，法轮烜赫”。大悲阁虽然由于后期的重修使其细部逐渐脱离原貌。但可以推断结构未曾有过根本性的变故。这点可以用1933年梁思成教授考查正定隆兴寺之时的记载为佐证：“阁已破坏到不可收拾的地步，屋顶已完全坍塌，观音像露天已数十年，但就现存部分还可看见宋代原来的梁柱和斗栱，外部却完全是清式。”这说明乾隆十三年寺志所记内部结构状况即应为宋代大悲阁之结构状况。

现将宋代大悲阁作一复原设想：

按现存宋代柱础遗迹及月台遗迹，可以推测出宋代大悲阁是一座面宽七间，进深六间的建筑（图6-211），阁的高度则需根据现存铜佛的尺寸来确定。实测铜佛像高21.3米，基座高2.35米，总高为23.65米。据此绘制复原想像图；将大悲阁设计成一座四层楼阁，中部为一高大连通四层的空间，四周设有跑马廊，阁的顶部做成九脊顶。在大佛头上，前后内柱间架设两条13米长的通长檐栿，椽架长度按6.15尺计，整幢建筑的屋顶部分，梁架采用前后乳栿对六椽栿形式，依此绘出剖面图，阁的结构总高达37米，加上瓦面，屋脊等则与“阁高十三丈”的记载相近。大悲阁的外部造型依据上述的结构布局而做成一座多层楼阁，下部副阶周匝，前无抱厦，上部为两重平座，三重屋檐。其中二、三层下檐是靠在平座上立柱来支撑的，即所谓“缠腰”形式，这两层屋檐的

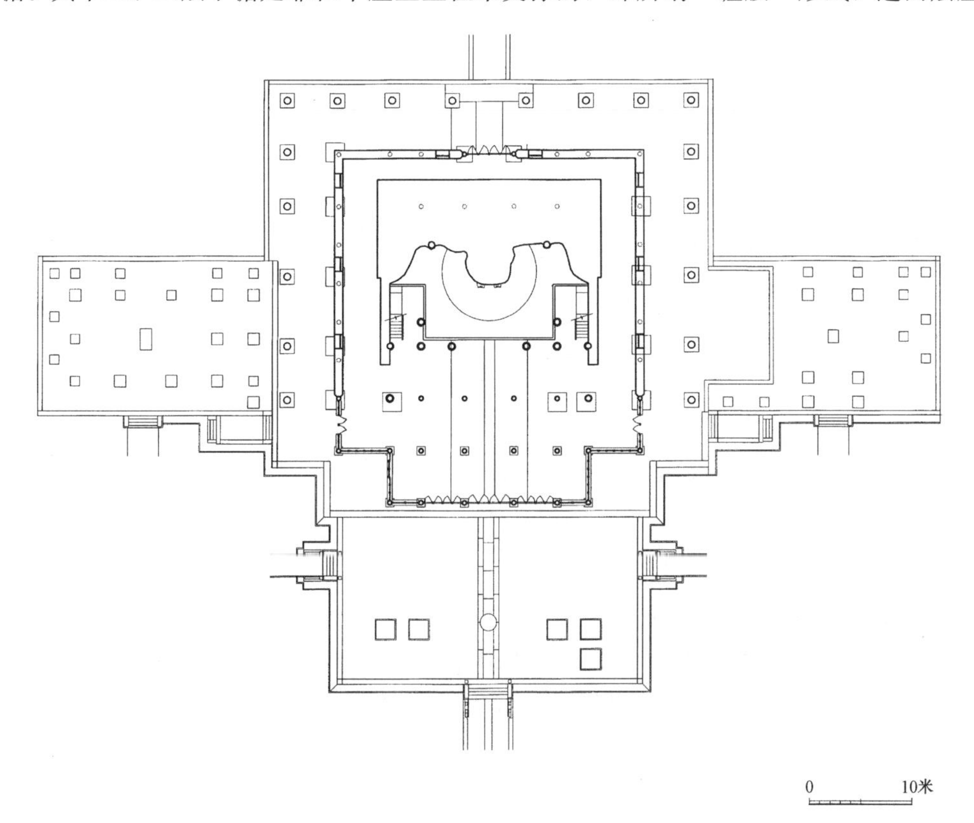

图6-211　隆兴寺大悲阁现状平面图

重量是靠平座斗栱传到楼阁的外檐柱上。这种在平座上建缠腰的做法，在《江南五山禅刹图式》中也曾见过[35]，推测当属宋代做法，但现已失传（图 6-212～6-214）。

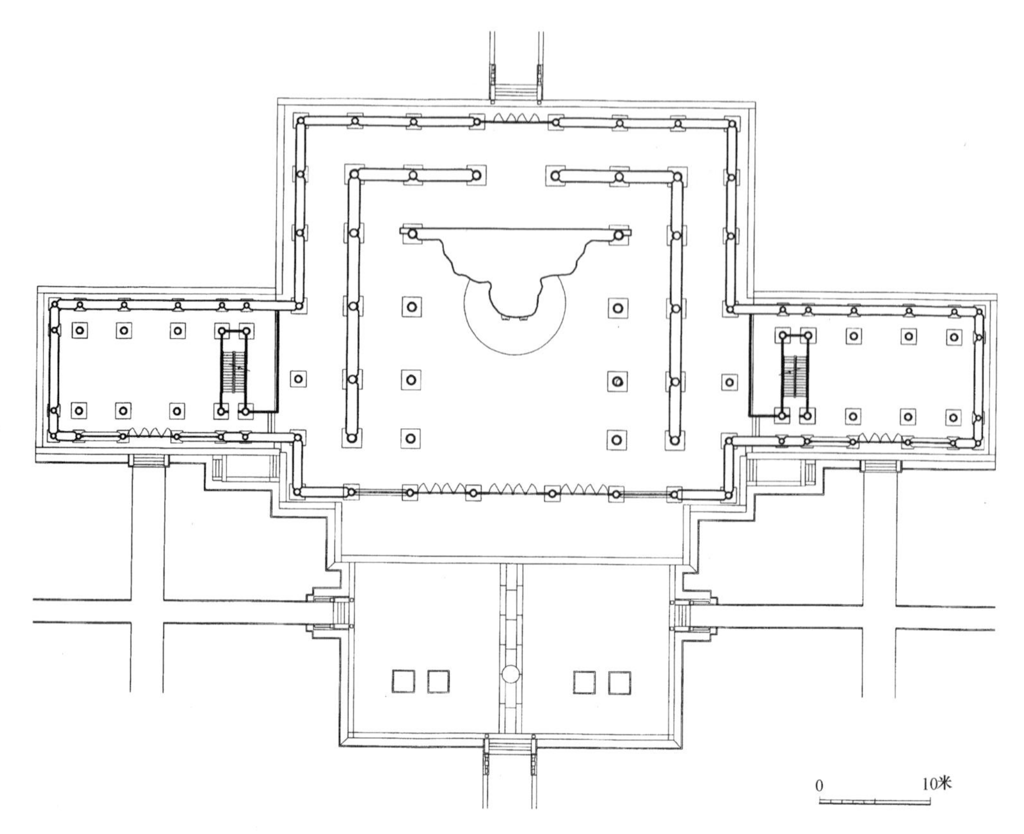

图 6-212 隆兴寺大悲阁平面复原图

图 6-213 隆兴寺大悲阁立面复原图

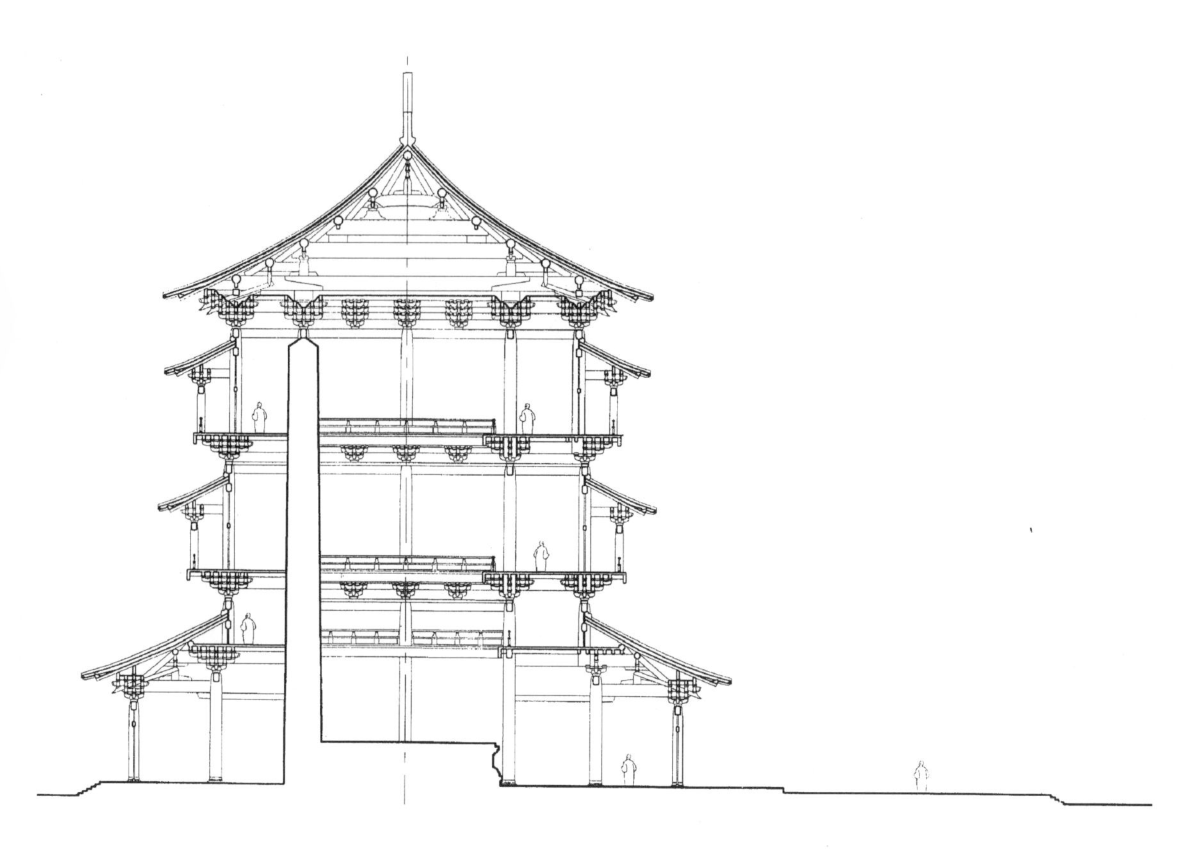

图 6-214　隆兴寺大悲阁剖面复原图

大悲阁内现在所存珍贵宋代遗物只有铜制菩萨像及石雕须弥座。菩萨像据史料记载，当年由官府监修，动用军工参加开挖地基和铸造施工。据寺志载须弥座下地基处理非常坚固，用礓砾、土石、石灰等材料填筑多层，整个像上下分成七个部分铸造，即莲座、脚膝以下，脐轮、胃臆、腋下、肩膊、头顶。另外再加上 42 条手臂，臂为铜铸筒子，雕木为手。须弥座采用白色石雕包砌表层，总高 2.35 米，中部束腰用壸门柱子，上下叠涩作，各层线脚起伏皆有雕饰，多作"压地隐起"式雕刻，题材除第二层为仰莲之外，其余各层皆为自由连续构图之植物纹样。壸门及柱子用"剔地起突"雕刻，柱子雕力士像。壸门共计 18 间，内为各种乐伎，中部六间为击鼓、摇鼓、腰鼓、舞蹈、吹奏，弹奏。东侧六间为弹琵琶、吹笛、舞蹈、奏扬琴等。西侧六间为吹笙，打镲、舞蹈、弹竖琴等。造型优美，姿态玲珑，是宋雕之精品，反映了当时音乐、舞蹈发展之盛况，以及一千年前品种丰富的乐器，这个须弥座雕饰虽多，但主次分明，采用之雕刻手法妥当，具有很好的总体艺术效果（图 6-215、6-216）。

2. 摩尼殿

摩尼殿是隆兴寺内重要的殿宇之一，自北宋皇　四年（1052 年）建成至今已近千载，虽经历代修葺，原貌未改[36]，是现存最早的宋代木构建筑之一（图 6-217、6-218）。

（1）平面及立面

摩尼殿面宽七间，进深也为七间，每面皆出一抱厦。平面成十字形，通面宽 33.29 米，通进深 27.12 米（图 6-219）。整个建筑坐落在 1.2 米高的台基上，前部并有一月台，四立面除每面当心间抱厦处设门窗外，余皆以墙砌筑，不露各间柱、额，仅于墙顶之上方显出斗栱一列，并利用栱眼壁开高窗，作为室内通风，采光孔道。建筑屋顶做重檐九脊，四抱厦也做九脊式，插入下檐，屋顶造型之丰富当属现存宋代建筑之冠。四抱厦大小不一，南面最宽，将殿宇当心间沿柱网前伸后，两侧各增一小间，成三开间式样，其余三面均与当心间同宽（图 6-220）。

图 6-215　隆兴寺大悲阁佛坛须弥座壶门雕塑

图 6-216　隆兴寺大悲阁佛坛须弥座（摄于大悲阁落架时）

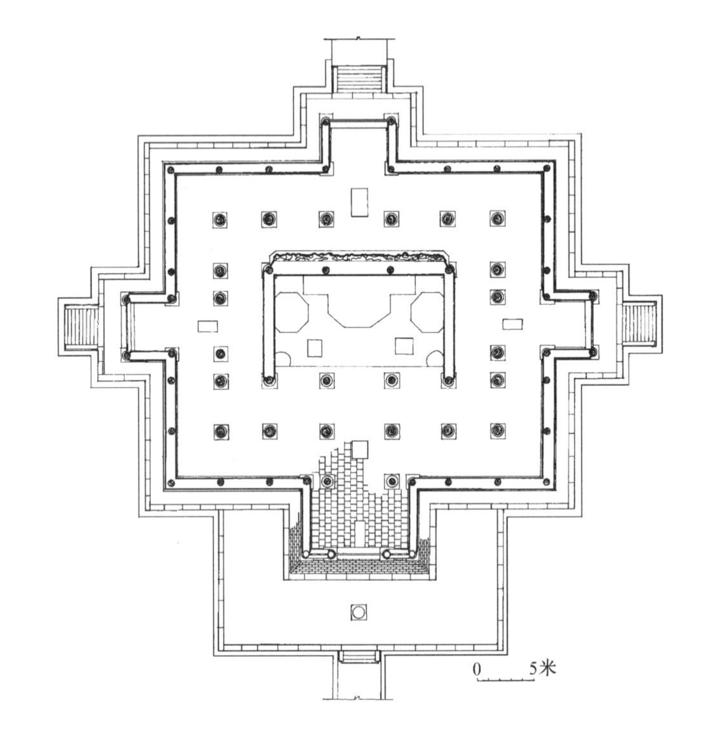

图 6-217　隆兴寺摩尼殿平面

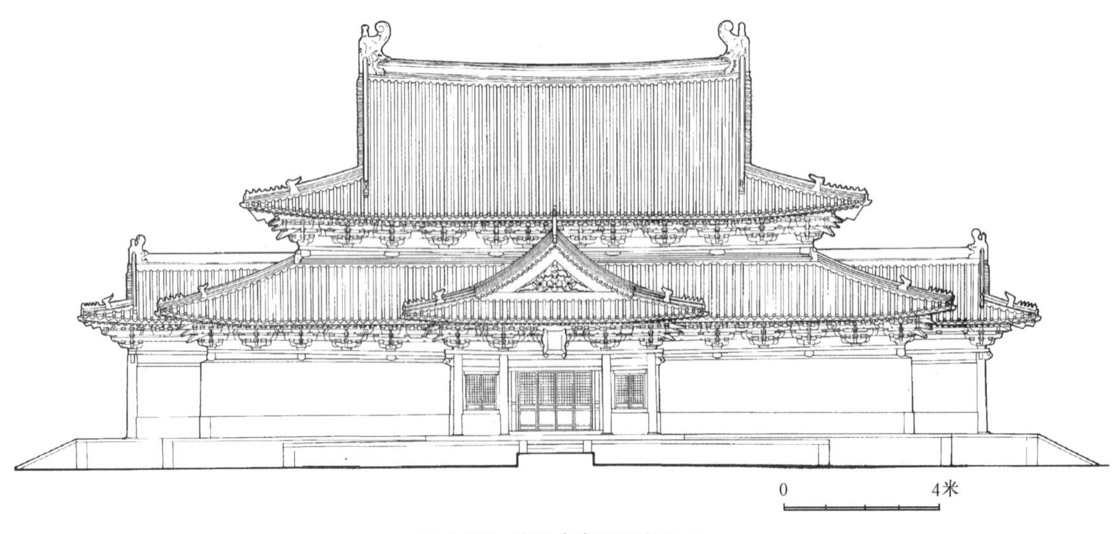

图 6-218　隆兴寺摩尼殿南立面

图 6-219 隆兴寺摩尼殿一

图 6-220 隆兴寺摩尼殿二

(2) 结构形式

摩尼殿采用殿堂式构架，八架椽屋前后乳栿对四椽栿用四柱，副阶周匝。四面当心间又有四抱厦构架与副阶垂直相搭。上檐仅于四椽栿位置设天花，置明栿、草栿两套梁架，余皆彻上明造。上檐明栿未做月梁，上檐屋顶覆盖着当中五开间，九脊顶两山自次间梁架向外出际，纵架中皆用单材襻间，上承替木及槫；襻间及槫直接生起而未用生头木，构架处处交待得干净利落。殿身内外柱不同高，内柱比外柱高一材。副阶构架只有一乳栿，一端搭于下檐柱斗栱上，一端插入上檐柱（图 6-221～6-223）。四个抱厦均采用“前后通檐用二柱”式构架一缝，梁长四椽架，置于抱厦与副阶相交部位。抱厦从此缝梁架前伸。为承托抱厦的九脊顶山面，前部另加一缝“阁头栿”梁架。这一缝梁架靠抱厦前檐上的斗栱里跳所出的两跳华栱及耍头等构件承托，这在一般建筑中是极少见的（图 6-224、6-225）。此外在靠上檐柱位置抱厦构架还有平梁一缝搭于副阶乳栿之上，以承抱厦与副阶相交处的凹角梁，朝南的抱厦与另外三者不同，其主梁长六架椽，而梁下在四架椽长的位置上，有两柱支托。梁的两端伸至外檐斗栱中，梁头充衬方头。南抱厦山花位置的一缝阁头栿梁架，四椽栿落在前檐柱斗栱后尾上，其上又有平梁、蜀柱。四椽栿与平梁之间的间距很小，只用一只大斗垫托。此外紧靠上檐柱位置还有一榀梁架，也只有四椽栿和平梁、蜀柱。四椽栿搭在副阶的乳栿之上（图 6-221、6-223、6-226～6-229）。

图 6-221 隆兴寺摩尼殿明间横剖面

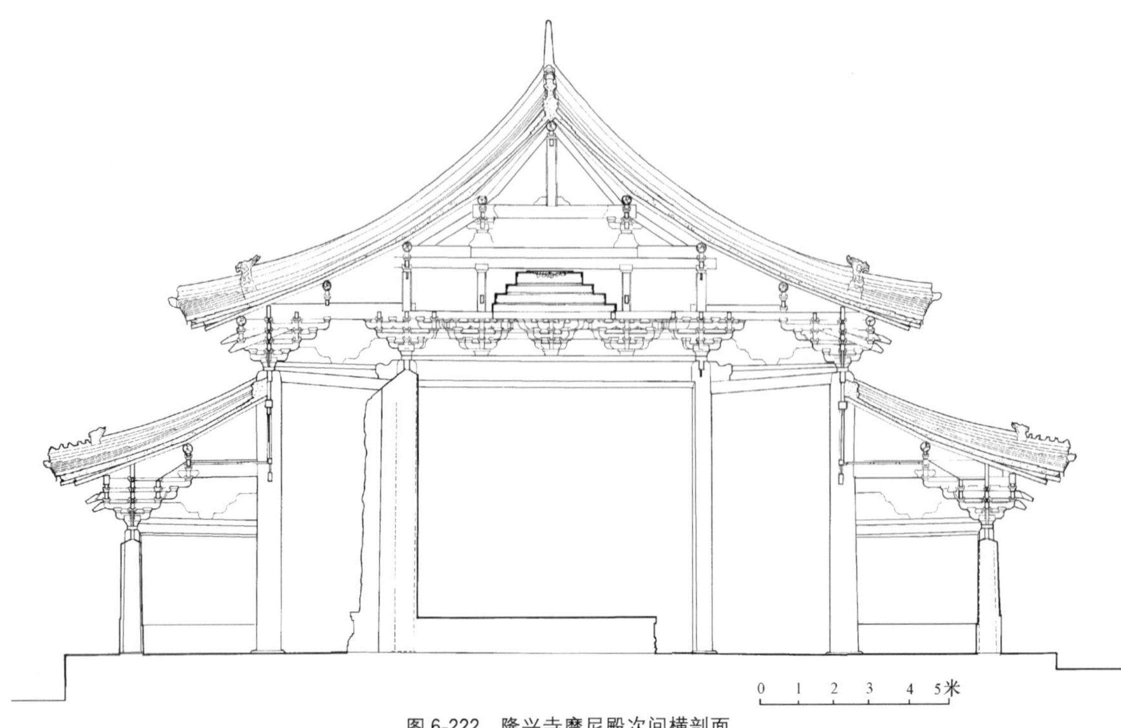

图 6-222 隆兴寺摩尼殿次间横剖面

图 6-223 隆兴寺摩尼殿纵剖面

图 6-224 隆兴寺摩尼殿南抱厦内转角铺作上承阑头袱

图 6-225 隆兴寺摩尼殿北抱厦补间铺作里跳及转角铺作承托阑头袱

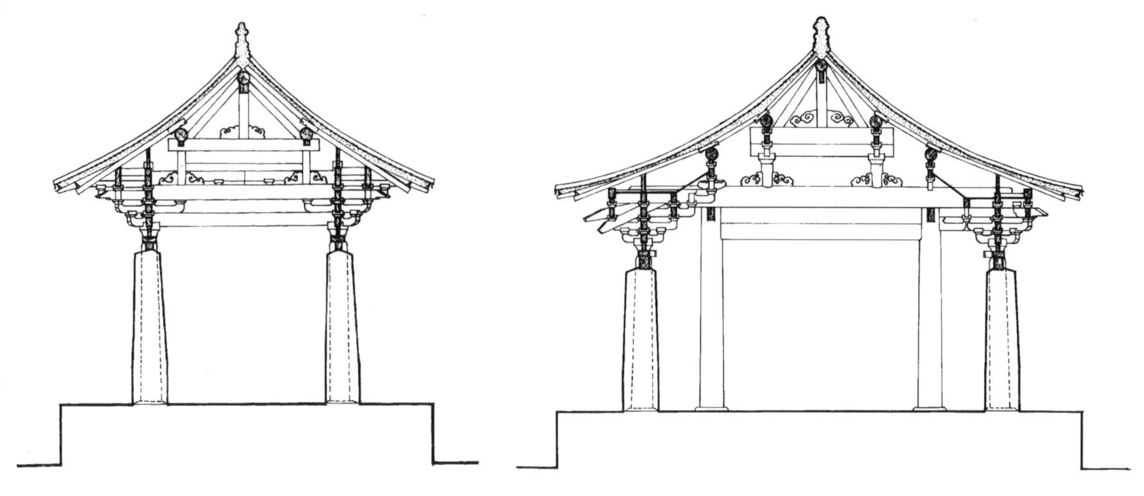

图 6-226 隆兴寺摩尼殿东抱厦剖面

图 6-227 隆兴寺摩尼殿南抱厦剖面

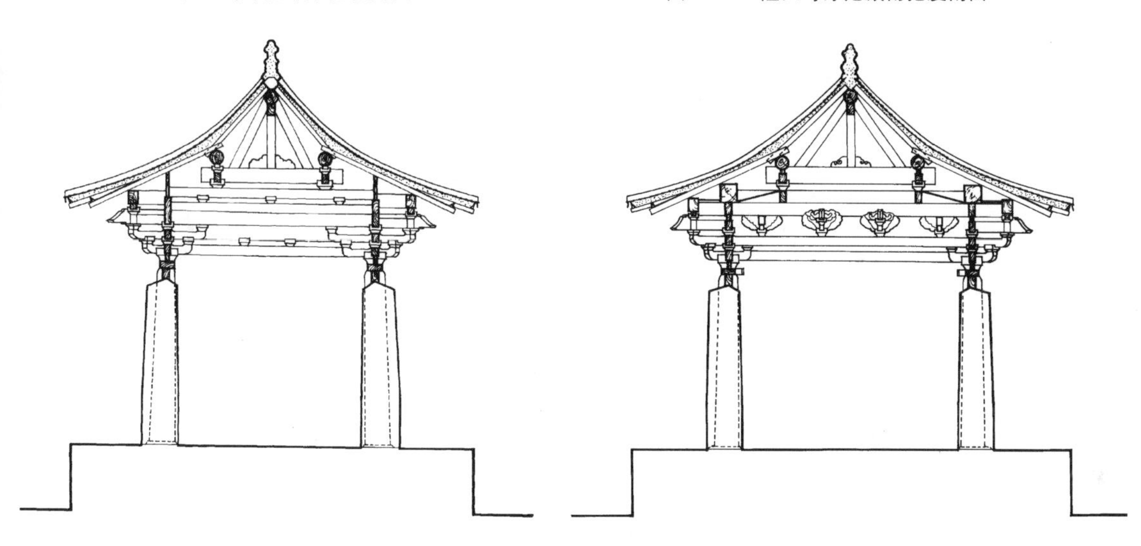

图 6-228 隆兴寺摩尼殿西抱厦剖面

图 6-229 隆兴寺摩尼殿北抱厦剖面

摩尼殿的梁架用材极不规矩，同样一条梁，在各缝的截面不同，有大有小，例如平梁，在东次间为 41 厘米×24 厘米，而在明间则为 32 厘米×31 厘米，而明间四椽草栿只有 33 厘米×23 厘米，阑额只有 25 厘米×13 厘米，四椽明栿约 51 厘米×23 厘米，其上还有一块附加的平板木方。这可能是多次修缮所致。更为特殊的是，大梁以短料相接，明间四椽草栿即用两条短料，以榫卯相接，在接口下部有替木蜀柱等支顶，使荷载直接传到下部明栿上。东、西次间的草栿，各用五根短料组成上下两层。

构架中柱之生起及侧脚皆极为明显。屋顶举析总举高为 1/3.41，介于《法式》的殿阁与厅堂之间。

摩尼殿由于采用十字形平面，在上下檐中出现了 16 个外转角，8 个内转角，出现了多处角梁，宋式角梁的构造，在这里找到了例证（图 6-230）。它采用的是子角梁伏在老角梁之上，两者再伏于下平槫与橑风槫之上。这样的做法经过近年的考验，出现了滑脱现象，后世重修时改成了老角梁与子角梁合抱下平槫的处理。在摩尼殿的几个抱厦的角梁中，记载了不同时期角梁做法的历史信息，也反映了宋代角梁做法的一些弊病，经过改进，终于形成了较合理的清式角梁做法。

（3）斗栱

摩尼殿斗栱分布于内、外檐，上檐斗栱布局采用金箱斗底槽格局，下檐副阶及抱厦主要分布

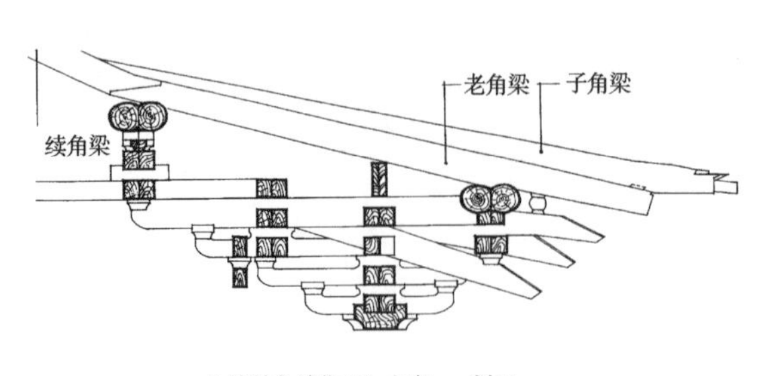

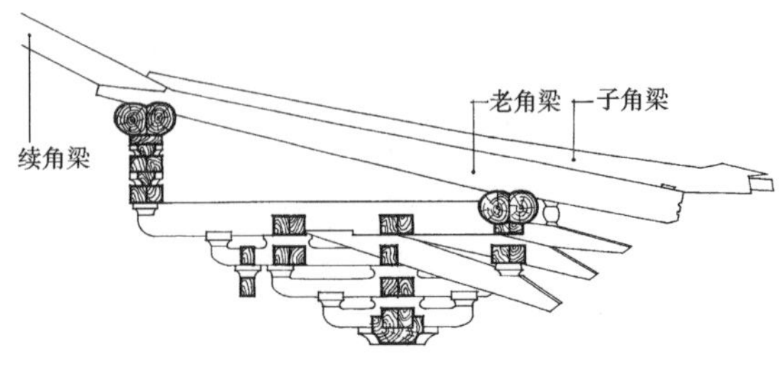

图6-230 隆兴寺摩尼殿角梁剖视

于外檐，随外柱安排。各间皆做单补间，只有南向当心间上檐用双补间。在四抱厦中南、东、西抱厦均为单补间，仅北抱厦采用双补间。斗栱用材上、下檐小有不同，上檐斗栱用材为21厘米×16厘米，下檐斗栱用材为21厘米×15厘米。相当于《营造法式》的五等材。整座建筑共有斗栱百余朵，基本都是五铺作偷心造，分成两类，一类为单杪单下昂，一类为出双杪，每类中均有带45°斜华栱者，皆用于补间铺作。但由于建筑形体复杂，随之斗栱产生变化，类型多达二十余种，现将主要几种分述如下：

①上下檐外檐柱头铺作：五铺作单杪单下昂，下一杪偷心，第二跳昂头承令栱及批竹昂形耍头，上承替木及橑风槫。里转出四杪，第二杪计心，承素方两重。正心扶壁栱仅施泥道栱，上施柱头方三重及压槽方一重，慢栱隐刻于柱头方上。乳栿位于铺作之上，与压槽方同高，下檐者令栱皆隐刻于木方之上（图6-231、6-232）。

图6-231 隆兴寺摩尼殿下檐柱头及补间铺作

图6-232 隆兴寺摩尼殿下檐柱头及补间铺作里跳

②上下檐外檐补间铺作：正身栱昂同柱头铺作，另加45°方向斜华栱两缝，正交于栌斗中心，斜华栱里外皆出两跳，正面抹斜，以便与横栱平行，第二跳斜华栱端置一平放的批竹昂形耍头，与令栱相交，外跳令栱加长至斜华栱端交互斗以外，犹如三令栱连栱交隐。里跳则将令栱隐刻于素方之上。并与柱头铺作之令栱连身对隐。

③上下檐及南抱厦外檐转角铺作：正身斗栱同柱头铺作，另于45°方向增加角华栱及角昂一缝，角昂上未做真由昂，但却保留了平置的批竹昂式双层耍头。在下檐转角这双层耍头之下层者微向下斜。铺作中华栱与泥道栱相列，素方上隐刻之令栱与小栱头分首相列（图6-233、6-234），里转出双杪、耍头、再一杪以承下平槫及阑头栿（图6-235）。

④上檐内柱柱头铺作：前后皆出双杪五铺作偷心造，扶壁栱仅施泥道栱及柱头方三层，上承乳栿、四椽明栿及蜀柱，柱上施栌斗，四椽草栿，襻间方交于栌斗口内。

⑤上檐内柱间补间铺作，与外檐同（图6-236）。

图 6-233 隆兴寺摩尼殿下檐东南转角铺作

图 6-234 隆兴寺摩尼殿南抱厦转角铺作

图 6-235 隆兴寺摩尼殿南抱厦转角及柱头铺作里跳

图 6-236 隆兴寺摩尼殿上檐内柱补间铺作

⑥上檐内柱转角铺作：正身同上檐柱头铺作，另增加 45°角华栱一缝，华栱列泥道栱，令栱列小栱头（图 6-237）。

⑦南抱厦当心间柱头铺作：形制与外檐下檐补间铺作基本相同，正身栱里转出四杪，斜华栱里转仅出一杪，第二杪斜栱后部做成抹角方，抹角方中部托角华栱及角梁尾上（图 6-238、6-235）。

⑧南抱厦与副阶内转角铺作；外跳仅出角华栱两跳，上承耍头、素方，再承凹角梁。里转出角华栱三杪上承楷头，至槫下分位（图 6-239、6-240）。同时北向出双杪上承耍头及楷头，至槫下。东西向只出一杪，承梁方。

⑨东、西、北三抱厦转角铺作，正身及 45°一缝皆出双杪，未施昂。西、北两面耍头为平置的批竹昂式，东、北两面耍头为琴面昂式（图 6-241、6-242）。

图 6-237 隆兴寺摩尼殿上檐内柱转角铺作

图 6-238 隆兴寺摩尼殿南抱厦当心间柱头铺作

图 6-239 隆兴寺摩尼殿南抱厦与副阶间内转角铺作外跳

图 6-240 隆兴寺摩尼殿南抱厦与副阶内转角铺作里跳

图 6-241 隆兴寺摩尼殿北抱厦东北转角铺作

图 6-242 隆兴寺摩尼殿东抱厦转角铺作

⑩东、西、北三抱厦补间铺作：皆出双杪并带45°斜栱两缝，里转基本同外跳，北抱第二跳斜华栱兼作抹角方（图 6-243、6-244）。

这幢建筑中大量使用斜华栱，并利用其里跳构成抹角方，改善了角部的受力状况。几座抱厦斗栱构件形制的差异是应与明成化二年大修关系密切[37]。

此外，摩尼殿于1976～1979年进行了一次彻底修理，这次除对木构部分进行维修之外还对木装修、壁画、瓦屋面进行了修理，这几部分已无宋代原物，只是部分保存了后期遗物，如藻井即是其中之一。原有清代的井口天花，1976年大修后取消。残损的门窗也为1976年更换。室内壁画为明代遗物，1976年修缮时揭取后再复原。瓦件脊饰皆为明清遗物，修缮时全部保存下来。

3. 转轮藏殿

（1）平面与立面

这座建筑因其内部置藏经用的轮藏而得名，为一座2层楼阁，建筑面宽三开间，当心间宽5.38米，次间宽4.27米，通面宽13.92米。进深三开间，当中一间宽4.67米，次间宽4.27米，前部带抱厦，进深3.95米，通进深17.25米，下层柱因放轮藏而移位，上层柱网仍然整齐划一。建筑采用单檐九脊顶，中部有平座、腰檐，下部有矮矮的基座，一层除抱厦开门窗外，其余三面皆以厚160厘米的实墙封死，结构柱子埋于墙中，至腰檐以上方可见柱头及额、方平座以上则完全不同，四面皆施门窗装修，平座周围绕以栏杆，显得格外通透。上、下层柱均带有生起和侧脚，每层角柱皆比平柱生起4厘米，下层侧脚为1.3％。这座建筑总体造型具有稳重端庄，又不失秀丽之美感（图 6-245、6-246）。

图 6-243 隆兴寺摩尼殿北抱厦转角及补间铺作

图 6-244 隆兴寺摩尼殿西抱厦转角及补间铺作

图 6-245 隆兴寺转轮藏殿

（2）构架

上层结构以乳栿对四椽栿为基本格局，而又采用诸多灵活处理（图 6-247、6-248）。如前部的四椽栿下加一柱，柱上再立蜀柱，使与后内柱同高，然后再架平梁。平梁之上、下的蜀柱皆有大叉手来支撑，使之格外稳定。山面丁栿利用天然木材的弯曲，斜置于外檐斗栱与四椽栿间，并插入蜀柱，做得异常巧妙。梁架各处手法不拘程式，工匠随宜摆布，例如梁、方之下的垫托构件所用的各式驼峰、梁柱相交处的楷头，均显出工匠的娴熟技术。上层屋顶举折为 3.34 分举 1，前后橑风槫间距 14.50 米，举高为 4.30 米。屋面举折介于《法式》规定的殿阁与厅堂之间。二层楼面铺木板，靠架设于内外柱头铺作上的铺板方承托。在平座位置，楼板皆依垂直于外檐方向铺设，以利外檐排水。这幢楼阁建筑上下两层仍采用插柱造方式，实际上柱子分成三段，上层柱插入平座斗栱，柱子互相对中。平座柱插入下层斗栱，柱脚骑于栱方之上（图 6-249），但柱中心比下檐柱后退 20 厘米。各层柱身均有收分，至柱头急刹成覆盆状。内、外柱径各不相同，柱子的长细比，也随之变化，现列表如 6-10：

隆兴寺转轮藏殿柱子尺寸　　　　表 6-10

位　　置	柱　　高（厘米）	直　　径（厘米）	长　细　比
下层檐柱	465	54	11.6%
下层后内柱	840	67	8%
上层檐柱	440	54	12.3%
上层后内柱	720	60	8.3%
副阶檐柱	355	30	8.4%

注：表中数据引自余鸣谦《河北正定隆兴寺转轮藏殿的初步分析》。

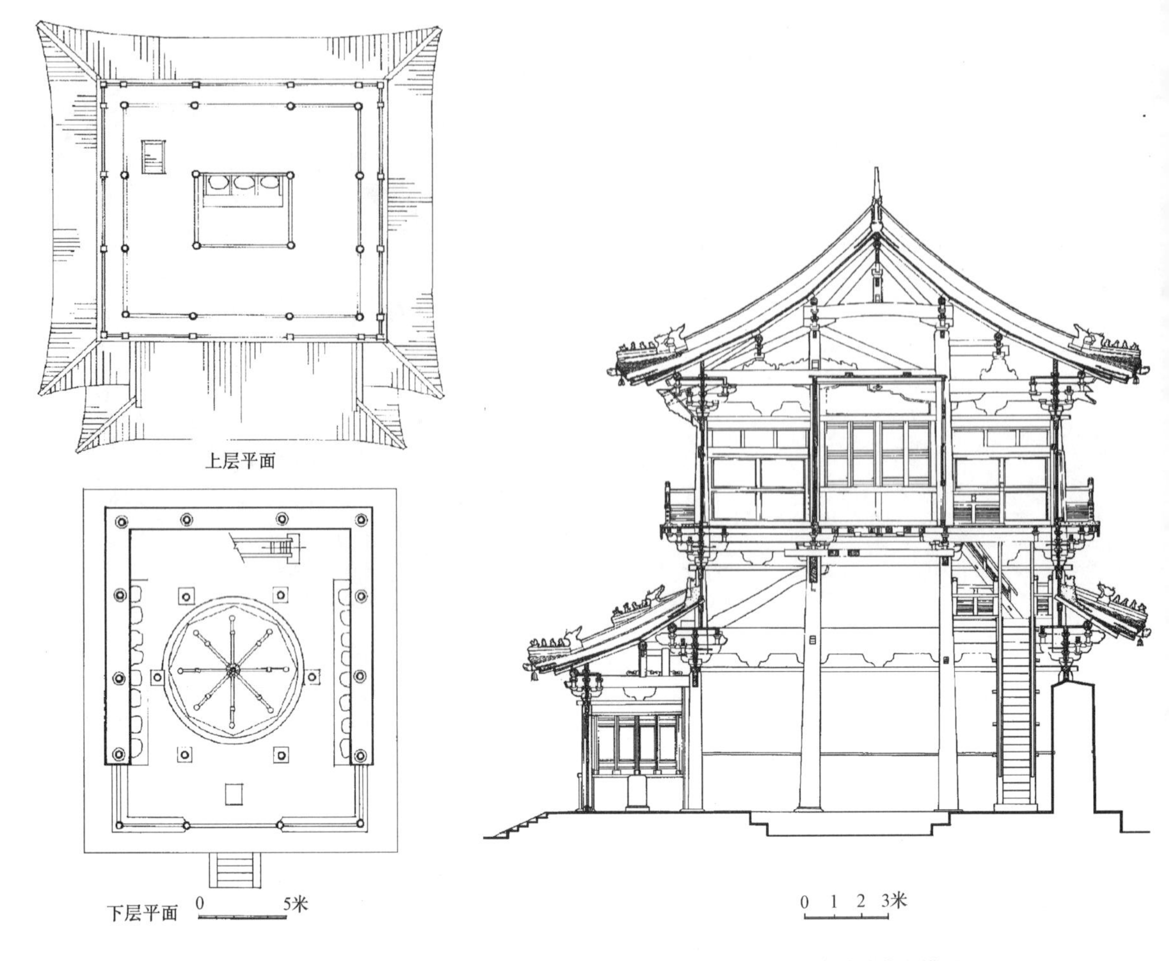

图 6-246 隆兴寺转轮藏殿上、下层平面

图 6-247 隆兴寺转轮藏殿横剖

图 6-248 隆兴寺转轮藏殿室内梁架

图 6-249 隆兴寺转轮藏殿插柱造

（3）斗栱

仅施于外檐柱间及一层内柱柱头之上，外檐当心间用双补间，梢间及山面皆用单补间。斗栱用材不尽相同，材高在 20～22 厘米间，材厚在 15～18 厘米间，约合法式四等材。

①上檐柱头铺作：前檐为五铺作单杪双下昂单栱计心造，此处的双下昂因第二昂极短，未出跳，只从令栱外伸出一昂头，不能算一跳，故其只有五铺作。令栱之上承替木及橑风槫，替木与

耍头相交，这种做法极少见。里跳出三杪，第二跳计心，跳头施令栱承素方，第三跳跳头承托上部梁栿（图 6-250）。后檐采用平出之假昂代替真昂。

②上檐补间铺作：外跳同柱头铺作，里跳出双杪，昂尾上彻下平槫，只跳一斗（图 6-251）。

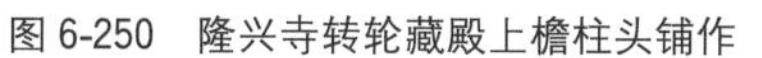

图 6-250 隆兴寺转轮藏殿上檐柱头铺作

图 6-251 隆兴寺转轮藏殿上檐补间铺作

③上檐转角铺作：正身斗栱同柱头铺作，另于 45°方向斜出角华栱、角昂一缝，泥道栱与华栱出跳相列，瓜子栱与华栱出跳相列，令栱与小栱头分首相列。里跳仅出角栱三跳，其上有角昂尾，上彻下平槫交点。另于第二跳角华栱跳头加施两瓜子栱，十字相交，以承素方（图 6-252）。

④下檐柱头铺作：五铺作出双杪单栱计心造，里转出双杪，下一杪偷心（图 6-253①）。

补间铺作同柱头铺作。转角铺作正身同柱头铺作，另出 45°角华栱一缝，列栱均为标准做法（图 6-253②）。

图 6-252 隆兴寺转轮藏殿上檐转角铺作

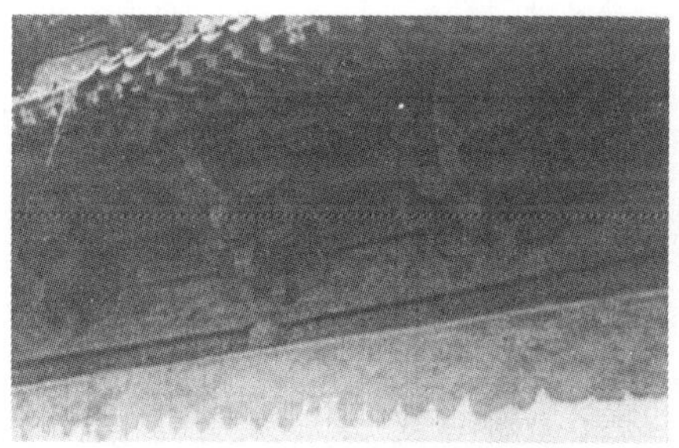

图 6-253① 隆兴寺转轮藏殿南侧山面下檐柱头及补间铺作

图 6-253② 隆兴寺转轮藏殿下檐转角铺作

⑤下层内柱柱头铺作：四铺作卷头造，正心位置做重栱。

⑥抱厦柱头及补间铺作，四铺作卷头造，跳头承令栱与耍头相交。正心施泥道栱及柱头方（图 6-254）。

⑦平座柱头铺作：六铺作出三杪单栱计心造，令栱以长木方代之。里跳用足材实拍栱两跳。第二跳跳头施令栱与乳栿相绞，上承铺板方（图 6-255）。

⑧平座补间铺作，外跳同上，里跳做实拍栱三跳，第三跳与令栱相交上承铺板方。

⑨平座转角铺作：正身同柱头铺作，另出 45°角华栱一缝，其里跳压于递角梁下，列栱按标准做法。

此外，在前内柱下尚留有素覆盆式柱础，厚 44 厘米，当为宋代原物。后内柱下及墙内各柱下皆用平石础垫托，石础厚 27 厘米。此做法为这一时期的建筑中常见，如独乐寺观音阁，应县木塔、善化寺普贤阁等皆曾使用。

4. 储经柜转轮藏

图 6-254 隆兴寺转轮藏殿抱厦柱头及补间铺作

图 6-255 隆兴寺转轮藏殿平座柱头及补间铺作

这座转轮藏是现存最早的一座。

采取重檐小亭式，平面为正八边形，形心设立轴，上端从建筑的大木结构上搭出一个架子，限定轴的位置。下端立在地坑内的藏针上（类似今日之轴承），当受到推动力时，即可旋转。转轮藏藏身高二丈五尺（8.0 米），每边长八尺（2.6 米），由藏座、藏身、藏顶三部分组成。藏座上内外各八根柱子，构成藏身，在八根内柱以内，有若干斜柱、横方撑在藏轴上。藏座以下，在八根内外柱之间，也有若干横方，并与立轴固定，形成轮藏之骨架。原有经屉即应置于内外柱之间的空间，在内柱以内的空间还设有佛像之龛或壁板，挡住中央的藏身骨架。在八个外柱之间皆有木钩阑。下部圆形地坑四周也有一道矮木栏杆，以防止人滑入坑中（图 6-256～6-259）。

图 6-256 隆兴寺转轮藏储经柜

图 6-257 隆兴寺转轮藏储经柜藏身外柱

转轮藏有如将一座建筑缩小了比尺，因此建筑上应有的构件它皆仿造，如藏座，仿须弥座形式，表面做成有雕饰的花板。藏身每面分成三间，中间的两柱只是垂莲柱，仅有角柱落在藏座上，柱身有蟠龙雕饰，柱上部有阑额，普拍方，再上即为斗栱。斗栱布局为每面当心间用两朵，梢间用一朵、上、下檐的斗栱皆为八铺作重栱计心造，出双杪三下昂。斗栱形制与《营造法式》八铺作完全相同，这是国内现存古建筑中使用八铺作斗栱的惟一孤例。屋顶部分上檐采用圆形，下檐为八角形，檐头皆以木料刻出华头甋瓦、滴水瓦及下檐屋脊，上檐则只刻了花边式檐头。檐下椽、飞俱全，亦为木刻。当年这座转轮藏既华丽又坚牢，是宋代小木作中难得的珍品。

图 6-258 隆兴寺转轮藏储经柜内部中心柱构造

图 6-259 隆兴寺转轮藏储经柜藏针

5. 慈氏阁

慈氏阁建筑外观与转轮藏殿基本相同，内部有所区别，总体布局减少两根内柱（图 6-260、6-261），结构形式不同，如楼阁平座采用了永定柱造，这是现存惟一孤例（图 6-262），为了使室内

图 6-260 隆兴寺慈氏阁

空间能容纳佛像，下层内柱只有两根，直通上层。到了二层又将前列的两根内柱恢复，立于前檐柱与后内柱之间的大梁上，并于柱脚下放置一个大的平盘斗，这种处理非常少见（图 6-263）。斗栱处理，下层因永定柱造平座，而使下檐出现半截华栱形的五铺作斗栱。上檐斗栱中采用假昂做法，此可能为后世重修所致，因其上部梁架已非宋构。

隆兴寺内的其他建筑中只有山门还保留了宋代结构的一部分，如构架采用六架椽屋，分心槽用三柱的形制，但其斗栱已成宋、清混合式的了。在柱头铺作中上部构件雄大，作五铺作双杪偷心

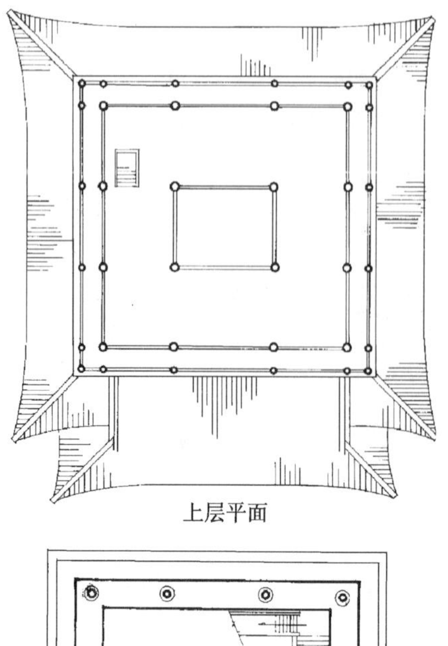

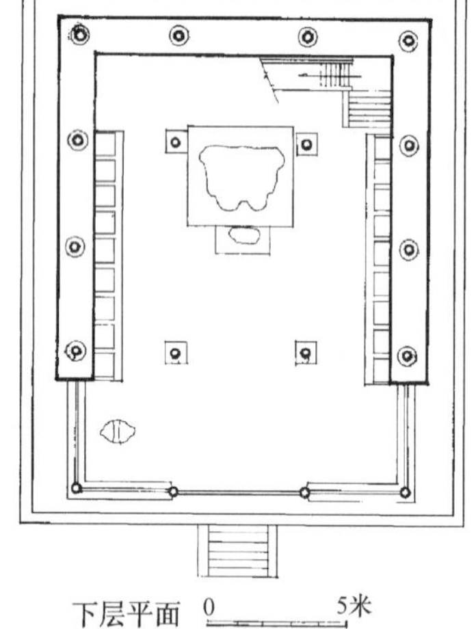

图 6-261　隆兴寺慈氏阁上、下层平面

图 6-262　隆兴寺慈氏阁永定柱造构造示意图

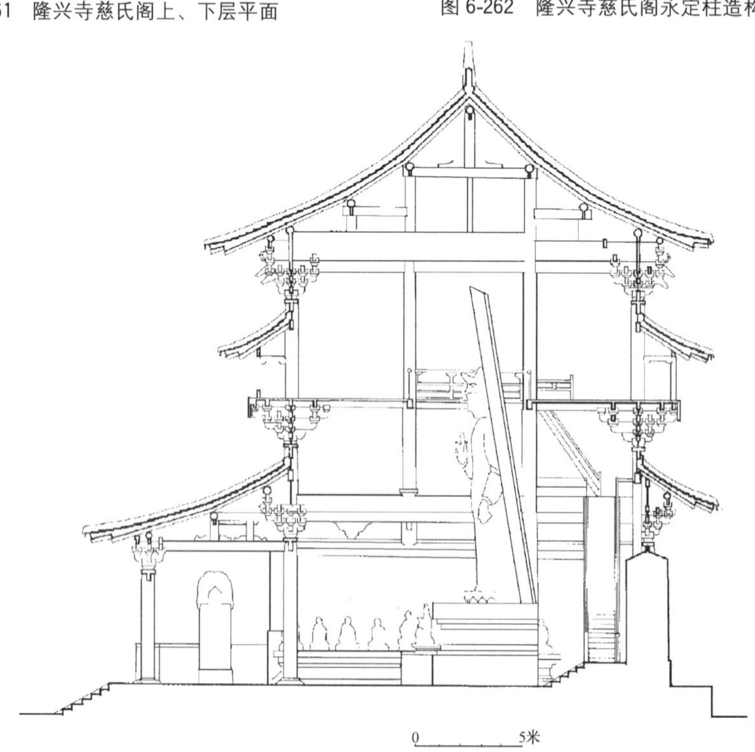

图 6-263　隆兴寺慈氏阁横剖面

造，下部却变成比例完全不同的小型构件，而且在补间铺作位置，出现了一排清式平身科（图 6-264）。这种看上去颇不协调的处理，在今天看来，似乎倒是符合“建筑作为历史信息的载体”之功能的，清代工匠未完全复原原物，也未全部换成清式模样，从文物保护的尺度来衡量，并非有多大错误，反而可表明维修的年代。在清代这样的维修虽属偶然，但对研究这幢建筑的历史颇有价值。

图 6-264 隆兴寺山门梁架

七、应县佛宫寺释迦塔

1. 应县佛宫寺总体布局与历史沿革

应县佛宫寺以释迦塔而闻名于世。释迦塔（简称木塔）是一座震古烁今之宗教建筑遗物，有天下第一之美誉，即所谓“天下浮屠不可胜记，而应州佛宫寺木塔为第一。”[38]佛宫寺是一处以塔为核心的寺院，但寺的创始年代史书记载不一，一说创建于晋天福年间（936～943 年），辽清宁二年重修[39]。另一说是辽清宁二年（1056 年）由田和尚奉敕募建，至金明昌三年增修益完[40]。但据五代史载，晋天福元年后晋曾将云、应十六州割让给辽[41]，在这种兵火频仍的社会背景下，很难设想由后晋组织众多人力物力从事宗教建筑活动，因之第一种说法无由成立。而建于辽清宁二年之说，从政治大环境看，是可能的，其理由有二：一是在这一带已经有七八十年无战乱，辽在此地统治较为稳固；二是辽兴宗之后肖氏系应州人，其父肖孝穆为兴宗朝颇有权势之人。兴宗本人又是崇佛之帝，因此推测肖孝穆作为辽朝的皇亲国戚，应州的显赫家族对于募建这座寺院起了重要作用，故能于清宁二年建成这样规模宏大的寺院和佛塔。

经过九百多年的岁月，寺院原有四至范围已难窥测，从文献资料和建筑遗迹可知当时寺内还有以下一些建筑：

（1）“塔后有大雄殿九间”，据田蕙《重修佛宫寺释迦塔记》，对照 1933 年营造学社调查现状，可知原寺中轴线上塔后有砖砌台基，高 3.3 米，面宽 60.41 米，深 41.61 米，这一高台基应即为九间之大雄殿所在地，现在此处已易为一组清代建筑群。

（2）塔前原有钟楼，据明《应州新修钟楼记》和《跋钟楼记》记载，寺于明昌二年铸巨钟，后因钟楼倒塌致使此钟倒卧土中，后移到州治东，新建钟楼。原有钟楼建筑大小依钟的大小推测；面宽、进深皆应在 10 米以上[42]。

（3）塔前有山门，1933 年仍留有基址为面宽五间通面宽 19.81 米，近深二间，通进深 6.37

米，其开间进深尺度与木塔副阶尺度相似，故应属辽代建筑规模。

佛宫寺中轴线上建筑不多。塔前只有山门，钟楼，塔后只有大雄殿。因此田蕙记称“其袤不广数亩，环列门庑不数十楹”。至于中轴的左右或许还会有一些附属建筑，作为僧房或庖厨、仓廪之类，但现已无从查找了（图 6-265、6-266）。

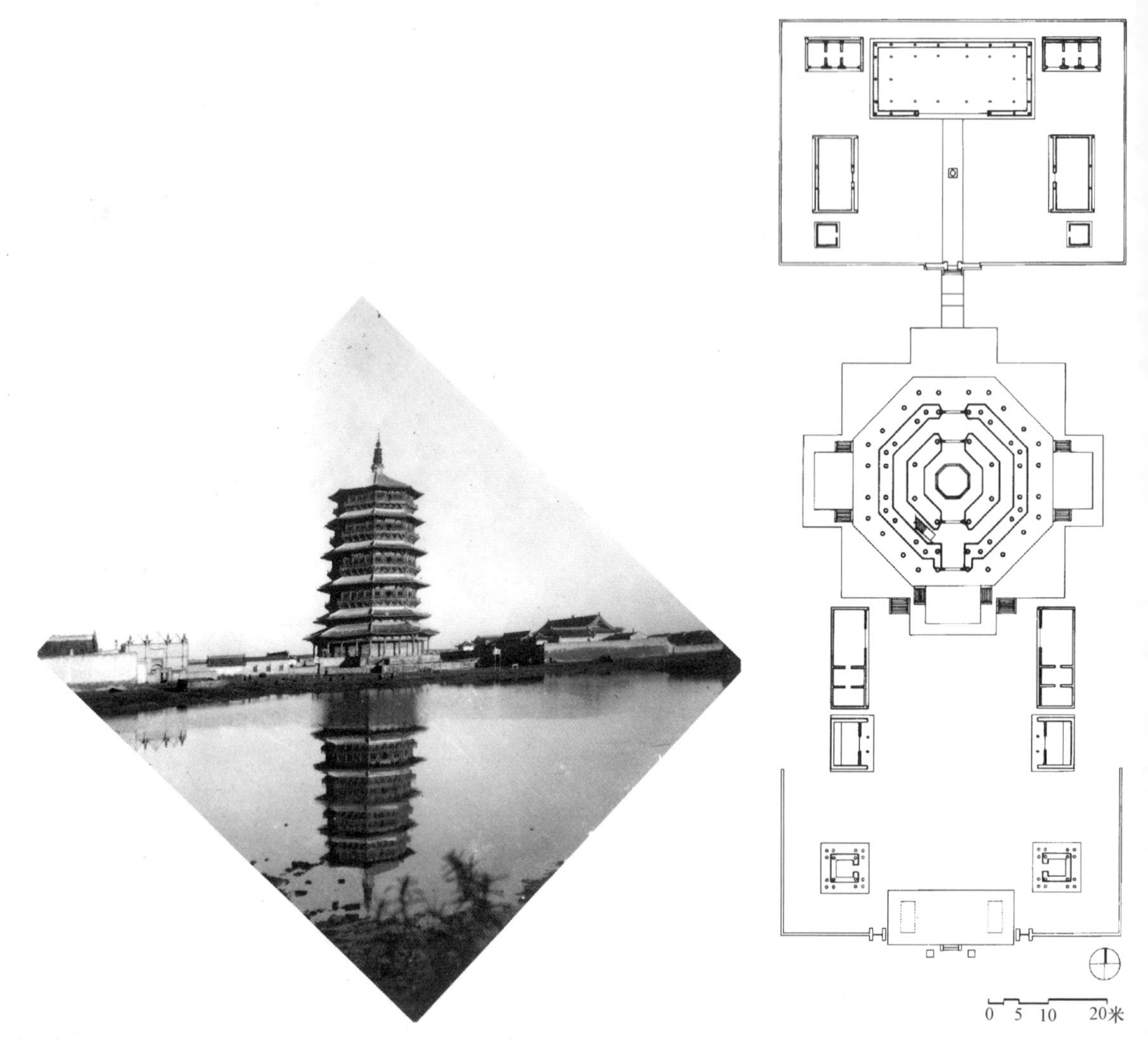

图 6-265 应县木塔

图 6-266 应县佛宫寺总平面

释迦塔的历史：释迦塔自建成至今已九百余年，在这九个世纪之中其经历了自然的和人为的各种灾异，在它的身上不仅包含了各种灾害作用下的历史信息，同时透过每次修理也显示了各种抗灾的历史信息。释迦塔的历史是一部显示古代造塔工程技术光辉成就的历史。

有关记载释迦塔整修的资料，前后共 11 次，现依时间顺序列表 6-11 于下：

佛宫寺释迦塔整修情况 **表 6-11**

年　代	文献依据	修建活动
1. 金明昌四年至明昌六年（1193～1195 年）	田蕙《重修应州志》卷二	铸钟
2. 元延祐七年（1320 年）	释迦塔牌匾所记	奉敕重建
3. 明正德三年（1508 年）	田蕙《重修应州志》卷二	出帑金命镇守太监周善补修
4. 明万历七年（1576 年）	田蕙《重修佛宫寺释迦塔记》	寺僧、乡人募币金重修
5. 清康熙六十一年（1722 年）	重修释迦塔记（嵌砌于南月台西端）重修匾记	知州章弘重修，塔□低洼时□墙垣坍塌

续表

年　代	文 献 依 据	修 建 活 动
6. 清乾隆五十二年（1787年）	重修碑记	吴法恒重修
7. 清同治五年（1866年）	重修佛宫寺碑记	乡耆重修塔上檐，补塑神像彩画
8. 清光绪十三年（1887年）	二层匾牌记	重修二檐佛像坐下暗檐中椽损坏
9. 民国17年（1928年）	重修序（刻于五层内槽南面匾牌上）	受炮击后由乡绅商人布施重修
10. 民国18年（1929年）	重修匾记（施于第二层内槽北面）	大行和尚募化重修缺者添之，破者补之
11. 民国25年（1936年）	大行口述	大行和尚募化重修

在这十一次修缮活动中有的只是表面“修葺一新”的性质，有的则与塔的存亡至关重要。从田蕙《重修佛宫寺释迦塔记》称“自辽清宁至今六百余祀矣……乾兑之方，坤维多震，父老记今（金?）元迄我明，大震凡七，而塔历屡震屹然壁立。”在《重修应州志》卷二还记载了“顺帝时地大震七日，塔屹然不动”。另据吴炳《应州续志》卷一·灾祥记载“弘治十四年末，应州黑风大作”。“正德八年，应州地震有声”。这些记载表明应县木塔多次受到地震袭击。然而，除县志所记之外，考查历史上的地震，与此有关的还有若干次，其中值得注意的是，元大德九年（1305年）怀仁、应县一带地震，约6.5级，震中距应县10公里，对木塔产生很大影响。此次地震与元延祐七年被称为奉敕重建的那次修缮关系密切。另外，明天启六年（1626年）6月28日灵丘地震也达七级，震中距应县90公里。这次与康熙六十一年的重修也有密切关系。此后，木塔在民国15年曾因军阀混战，身受炮击，中弹200余发，至使“柱、梁杆、墙壁、檐台无不受其毁坏”。[43]“炮弹炸毁塔顶及云罗宝盖等”。这与1928年、1929年的修理又是密切相关的。通过对照可知，在11次维修中有三次是属于地震、炮击破坏的抗震、抗冲击加固性质。这是关系到木塔寿命的重要维修，也是木塔保护史上的重要举措。

2. 释迦塔的建筑形制及特点

（1）概貌

释迦塔是一座八边形木塔，底层直径30.27米。坐落在高3.86米的大阶基上。外观5层，内部9层，其中有四个暗层，五个明层。明层所在位置即第一、三、五、七、九层，暗层所在位置即两个明层之间的腰檐、平座位置。塔身首层带有副阶，与腰檐组合形成重檐形式，其余各层皆为单檐。塔的上部覆以攒尖顶，顶上有9.9米高的巨大铸铁塔刹。塔的总高自地至刹顶为67.31米，是世上现存最高的木塔，也是惟一的巨形木塔。

（2）阶基

释迦塔阶基分为上、下两层，上层为八边形，直径35.47米，高2.1米，东、西、南三面有月台前伸，各面宽度、深度各不相同。东、西月台宽度在7米以上，深在5米以上，南面月台宽达9.37米，深达6.67米。月台两侧各为踏道，通往下层。下层阶基为方形，各面之宽在40米以下，但尺寸极不规则，下层阶基高1.66米。四面又各出一尺寸不等的月台（表6-12）。

释迦塔阶基尺寸表（单位：米）　　**表6-12**

	东		东南	南		西南	西		西北	北		东北
	宽	深	宽	宽	深	宽	宽	深	宽	宽	深	宽
上层阶基（八边形）	14.34		14.34	14.34		14.34	14.34		14.34	14.34		14.34
上层月台	7.66	5.31		9.37	6.67		7.45	5.72				
下层阶基	41.06			39.50			40.15			41.06		
下层月台	13.74	4.0		15.30	6.11		12.96	5.08		14.19	5.32	

阶基采用不规整的石块砌筑，在下层阶基西南角及南月台两角，上层阶基月台及各角皆幸存角石，上雕石狮，是为辽代原物。角石尺寸除个别的较小外，皆在58～62厘米见方，最大者约75厘米见方。角兽姿态各异，有的抬头望塔，有的卷身朝外伏在地上，有的与阶基两边成45°方向伏卧，形态古拙可爱（图6-267、6-268）。

（3）平面

释加塔平面为正八边形，第一层的副阶，每面分成三间，做成周围廊形式。塔身外檐柱位置砌以厚墙，仅留南北二门。塔内又有内柱一圈，也多包在厚墙之中，形成六面有墙，仅留出南北两面敞开的室内空间，中心部位放置佛坛。内外墙之间留出一条狭窄的过道，在西南一侧放置登塔扶梯。南面外墙在当心间位置向南伸至副阶柱，构成一个小小的门厅。二至五层平面皆为内外两圈柱子，外柱共有24根，仍将每面分成三间，但开间不等，当心间与一般殿堂建筑尺度相近，两次间则较小，只有两米多宽。内柱八根，柱间以叉子式钩阑围绕，内柱以内的空间，中部设佛坛，各层佛坛形制及佛像数量、位置皆不同，多为后世所为，并非辽代原物。各层平面中利用内、外柱间的空间作为礼佛空间，同时布置楼梯，上、下几层的楼梯位置有所变化，每层所在方位不一，整座塔身共有九跑楼梯，除一层楼梯第二跑在西侧之外，其余各层皆布置在四个斜方位，沿顺时针方向登塔。每一方位上、下布置两跑，隔两层才重叠一次。外柱以外二至五层设平座，供信众登高远眺。塔身各层平面的绝对尺寸不同，层层向内收缩。各层柱头尺寸通面宽以1.5辽尺的比率缩小。[44]（图6-269～6-278）如表6-13所示：

图6-267　应县木塔阶基及石狮一

图6-268　应县木塔阶基及石狮二

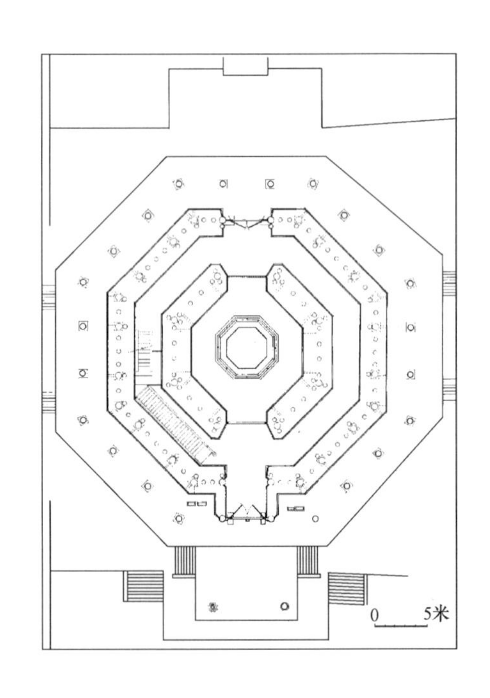

图6-269　应县木塔首层平面

释迦塔各层柱头平面通面宽尺寸表（单位：厘米）　　**表6-13**

	通面宽（厘米）	折合辽尺	线性回归后尺寸（1辽尺＝29.46厘米）
副阶柱头	1253	42.5	42.5
一层柱头	968	33	33

续表

	通面宽（厘米）	折合辽尺	线性回归后尺寸（1辽尺=29.46厘米）
二层平座柱头	931	31.6	31.5
二层柱头	927	31.46	31.5
三层平座柱头	901	30.6	30
三层柱头	883	30	30
四层平座柱头	847	28.75	28.5
四层柱头	842	28.58	28.5
五层平座柱头	802	27	27
五层柱头	798	27	27

柱头尺寸这一有规律的变化，揭示了木塔平面构成的规律。

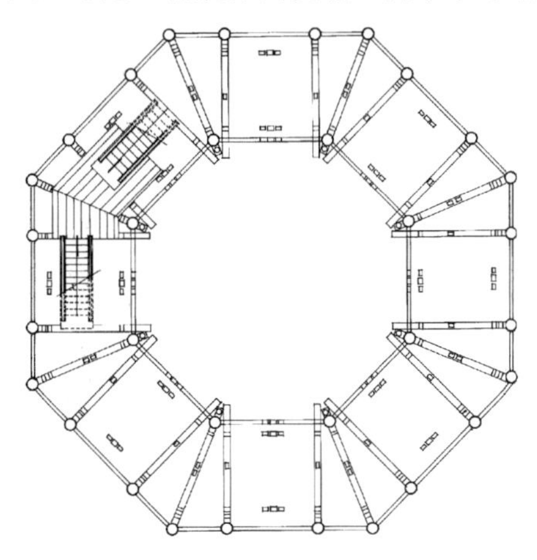

图 6-270　应县木塔二层平座平面

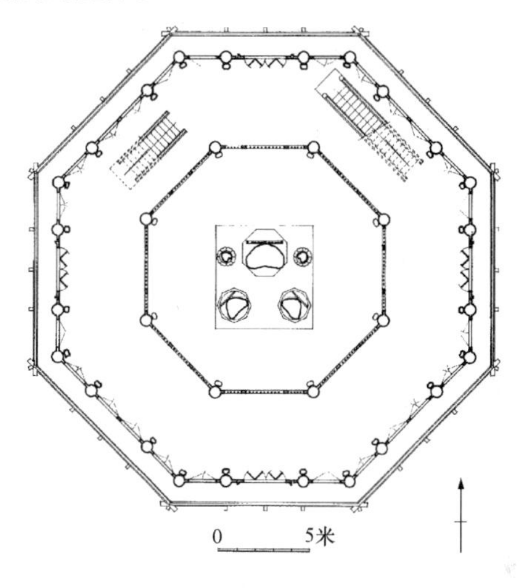

图 6-271　应县木塔二层平面

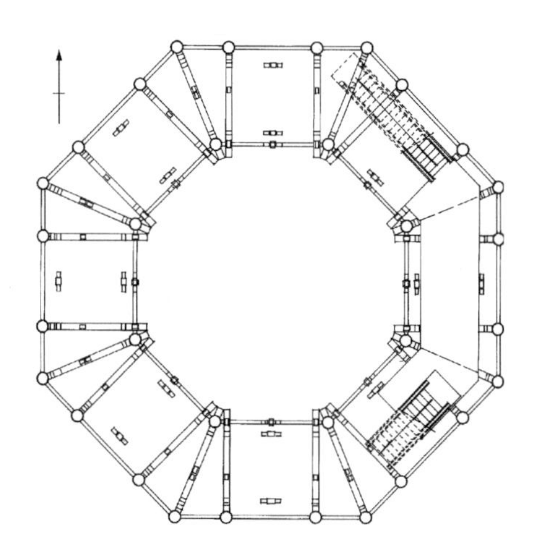

图 6-272　应县木塔三层平座平面

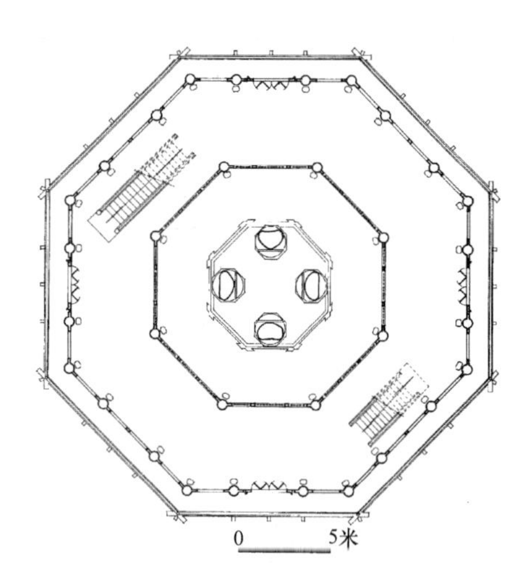

图 6-273　应县木塔三层平面

（4）木塔结构体系

总体上为木框架筒体结构。

木塔各层均采用内外两圈柱子，每圈柱与柱之间各自用阑额相连，两圈柱子之间架设乳栿，在各平座层于柱间阑额上，南北向架设两条六椽栿，以承明层楼板。在每一层由内、外柱与阑额、

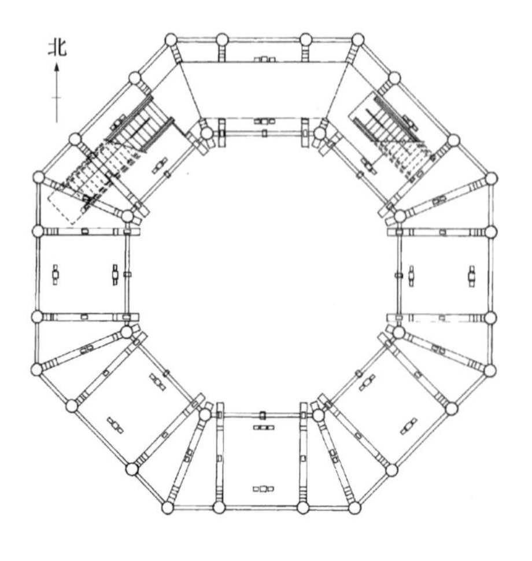

图 6-274 应县木塔四层平座平面

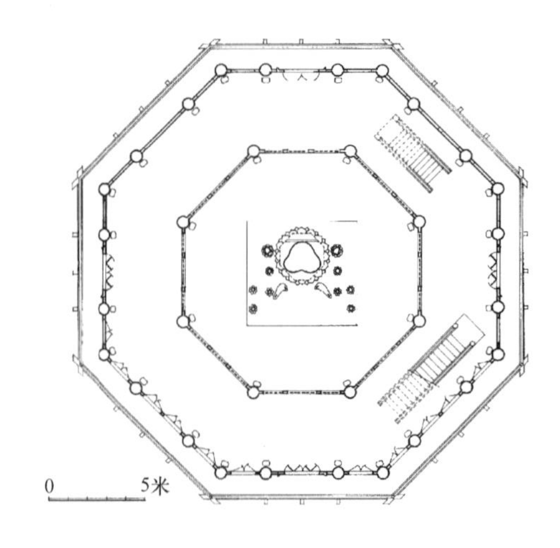

图 6-275 应县木塔四层平面

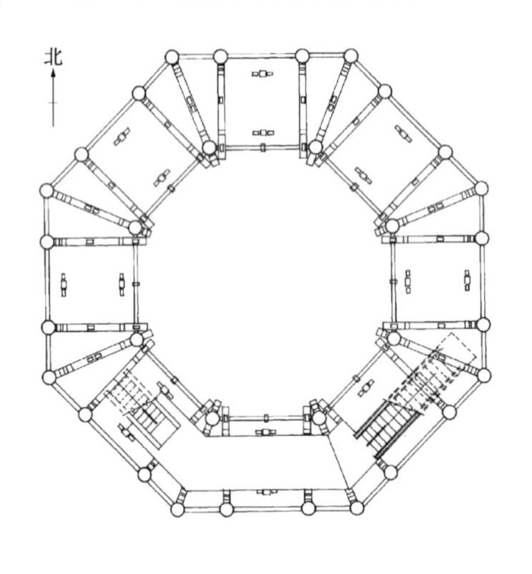

图 6-276 应县木塔五层平座平面

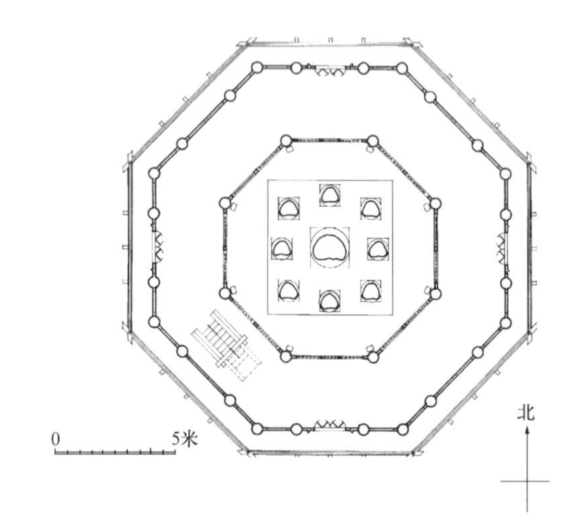

图 6-277 应县木塔五层平面

乳栿、铺作的素方等形成一个八边形环，上下有九个这样的环叠落在一起。这九个环中，位于平座层的四个环做法与明层不同，在径向内外柱间设有斜撑。一种为设于内外角柱的递角乳栿上的径向斜撑，有两条，一条从乳栿中部伸向内柱外侧上部，另一条伸向外柱里侧上部。还有一种径向斜撑，只有一条，位于与每面当心间檐柱对应位置的乳栿上，下端在乳栿中部，上端撑于外檐柱里侧上部。此外，在二层至五层的平座层中，内柱之间还有一圈弦向支架也带有斜撑。这组弦向支架中部带立柱，成▽式的倒三角形，立柱上端支于平座内柱阑额之下，并做缺口榫，与阑额咬合，下端立于斗栱的柱头方上，斜撑则从中部立柱下端伸向阑额与内柱相交的交角。平座层的弦向和径向的支架，增强了平座层的抗侧移刚度。在内柱间的弦向支架上部，铺作层的位置，沿着八边形柱中线一缝，设重叠的多层木方，形成闭合的圈梁，在每个转角处，每面在径向与外檐柱相对应的位置及每面中部，设有与弦向相交的木方，与外檐平座斗栱相联结。这种木方除在每面正心设一条外，其余位置皆设上下两条，一条充当铺板方，一条在下部相当斗栱第二跳的高度，这两条木方将内外槽联成一体。除此之外，在木方的上、下垫有一些短木方，类似于出跳栱的做法，木方之高有的做成单材，有的做成足材，还有的只有一絜之大小。除内槽平座的木方之外，在有斗栱的部位也有众多的木方，也构成了若干个闭合的八边形的环状圈梁。此外，在木塔外檐柱间，除了四正面之外，斜向四面均为灰泥墙，墙内原有斜撑，在 1936 年才被折除，全部更换为格子门[45]。由于这些柱间弦向及径向斜撑的运用，增强了柱间的平面刚度。由柱头方构成的闭合

图 6-278 应县木塔立面

木框起着圈梁作用，使木塔的结构体系有如一个刚性很强的八棱筒，故可归属为“古代高层木框架筒体结构”一类，它与现代建筑中的筒体结构有诸多相似之处。现代的筒体结构被认为具有最理想的抗震性能，从而使应县木塔在受到多次地震、炮击之后仍能屹然壁立的历史，确实也可证实古代木框架筒体结构的优异抗震性能（图 6-279）。

木塔的结构体系是中国古代木构建筑中最具科学性的体系，它超越了抬梁式、穿斗式等体系

图 6-279 应县木塔剖面

中所出现的柱、梁组合成平行四边形的不稳定状态，而将柱、梁间施以斜撑，且斜撑的方向既有弦向也有径向[46]，再配上上、下若干道圈梁式的闭合木框，总体上便构成了一种空间结构，在中国木构发展史上写下了最辉煌的篇章。

（5）斗栱

释迦塔上所用斗栱共计 54 种，其中柱头铺作 10 种，补间铺作 29 种，转角铺作 15 种。各个部位的斗栱组合方式根据出檐长短、所承构件状况的变化而有所不同。同时，材分°尺寸也不完全相同，这可能属施工中的误差，现将斗栱用材及组合情况列表 6-14 如下：

释迦塔铺作用材尺寸表[47]单位：厘米　　　　**表 6-14**

尺寸	①27×18	②26.5×16.5	③26.5×16	④26×17.5	⑤26×17
材分°	＜15：10＞	＜15：9.3＞	＜15：9＞	＜15：10＞	＜15：9.8＞
尺寸	⑥25.5×17	⑦25.5×16.5	⑧25.5×15.5	⑨25×17.5	⑩25×16.5
材分°	＜15：10＞	＜15：9.7＞	＜15：9.1＞	＜15：10.5＞	＜15：10＞
尺寸	⑪24.5×19	⑫24.5×17	⑬24×16		
材分°	＜15：11.6＞	＜15：10.4＞	＜15：10＞		

在上列的 13 组数据中使用最多的是 25.5×17，这个材的高、宽比恰为 15：10，其余的 12 种有 7 种接近或直接采用 15：10 的比例，因此可以认为木塔斗栱用材绝大多数是遵循了 15：10 的用材比例。就用材等第而言，推测这些另碎的公制尺寸背后应该有更规律的尺寸，估计是用辽尺为基准的，以辽尺一尺等于 29.46 厘米折算[48]，绝大多数在一、二等材之间，最大者比一等稍稍大，即 27 厘米×18 厘米＝9.16×6.1（寸）＞9×6（寸）。最小者比二等材稍小即 24 厘米×16 厘米＝8.15×5.13（寸）＜8.25×5.5（寸），使用最多的材 25.5 厘米×16 厘米＝8.65×5.7（寸）＞8.25×5.5（寸）。

从斗栱构成的规律看，分成两大类。第一类为卷头造斗栱，第二类为下昂造斗栱。从使用部位看，木塔内檐全部使用了卷头造，只是在外檐部位才两者皆有之。因之，整座塔的斗栱类型以卷头造为主。

1）外檐斗栱：

下昂造斗栱

一般建筑只有外檐檐下可以用下昂造斗栱，但由于木塔建筑平面的特殊性，各层皆有一圈屋檐，屋面进深很浅，使用下昂造斗栱的优势并不明显，补间铺作的昂尾不能“上撤下平槫”，因之木塔未大量使用下昂造斗栱。仅在一层檐下的柱头铺作，补间铺作，转角铺作，和二层的柱头铺作与转角铺作使用了下昂造斗栱。且皆为七铺作斗栱，由于一、二层出檐均比上部大，使用下昂造可使屋面不会因挑出的长度大，而造成檐头也随之抬高的状况，更有利于发挥屋檐遮阳挡雨的功能。木塔在下部一、二层使用下昂造的选择，是很科学的。

卷头造斗栱：

外檐斗栱除一、二层之外的其余各层，皆为卷头造，从六铺作至四铺作，随着木塔层数的增加，斗栱铺作数成减少趋势，即第三层用六铺作，第四层用五铺作，第五层用四铺作。这样使木塔的出檐层层向上减缩，铺作层高度也逐层减少。

卷头造的斗栱，在木塔上变化较多，其表现在以下诸方面：

①柱头铺作与补间铺作组合规律不同：补间铺作在同一层之中采用与柱头铺作不同高度的做

法，例如副阶斗栱；柱头铺作为五铺作出双杪，偷心造，批竹要头。次间补间则于栌斗下增加蜀柱与驼峰，使斗栱构件比柱头铺抬高一足材，随之上部的耍头一层被取消。

②补间铺作中使用斜华栱，斜栱与立面之夹角分为60°与45°两种，属第一种的例如二层外檐当心间补间铺作，其位置相当于柱头铺作第二跳的高度，自补间铺作的栌斗（位于蜀柱上的平盘斗）中挑出斜华栱两跳。第二跳斜华栱跳头上承托着两个连体令栱。属第二种有多处，例如副阶补间斜华栱于正心第三跳位置挑出一跳，上承素方，比较简单。第三层四斜面外檐补间铺作，斜华栱自第三跳正心的斗向里外斜出一跳，跳头上承素方。四正面的补间铺作斜华栱于第二跳正心的斗向里外斜出两跳，上承素方。第一种带斜栱的铺作，二斜栱间仍使用了正身华栱，外侧出三跳，里转出两跳。

③补间铺作大栌枓下皆用驼峰垫托，其作用在于扩大栌斗底面，以避免普拍方和阑额受集中荷载而被压坏。

④补间铺作中，于华栱跳头常施异形栱，如副阶、三层外檐、五层外檐。

⑤耍头处理很不规则，有的外檐柱头铺作耍头作批竹昂形，补间铺作耍头做异形栱式，如副阶外檐。也有的在同一朵铺作中外侧耍头做批竹昂形，里侧耍头做异形栱，如三层和四层的补间铺作。

⑥转角铺作中在正心位置出列栱层数较多，但无论有几层列栱，皆只有第一跳做成“华栱与泥道栱出跳相列”，其余各跳华栱皆与柱头方出跳相列。其他位置的列栱多采用瓜子栱或令栱与华栱或小栱头分首相列。卷头造的列栱端部皆随八边形轮廓抹成斜面，不同于一般的华栱，如三、四、五层转角铺作。只有最外一跳的列栱栱头仍然是直面。下昂造的列栱栱头一律做成直面，如一、二层的转角铺作。木塔转角铺作里跳或不做列栱，或只做一简单的出头。

⑦木塔上的斗栱除第四层外，第一跳皆做偷心造，其中第五层采用实拍栱偷心，做法较为特殊。

2）平座斗栱：木塔各层平座皆用卷头造，二、三层平座为标准的六铺做计心造，三层平座的东、西、南、北四个正面和四层的八个面的补间铺作，于第二、三跳增加了斜华栱两缝，使铺板方支点加密，对平座受力起了良好的作用。五层平座斗栱做成五铺作，但平座出跳总宽度并未减小，把最上一层木方挑出长度增加了一跳，与素方共同承托平座，虽稍显薄弱，但仍维持了千年寿命。

3）内槽斗栱：内槽斗栱主要分布在每个明层内柱柱头。暗层，也即平座层内柱间未施斗栱。内檐斗栱上下五层皆用卷头造，向塔心室挑出四杪华栱，一、三杪偷心。向回廊挑出两杪华栱，下一杪偷心。由于内柱比外檐柱升高一足材，所以内槽斗栱也比外檐斗栱提高一足材。内槽斗栱转角铺作中的列栱比较简单，皆只有两缝，一缝位于柱头方，一缝位于塔心室第二跳华栱跳头，这里的列栱多为瓜子栱与异形栱出跳相列。

总的看54种中有若干相似者，其变化的原因有属于使结构荷载均匀分布的问题，也有为立面斗栱布局均匀的问题，还有为木塔总体结构和造型所要求，例如各层高度逐渐减少，层层屋檐挑出逐渐减小，以使塔身更显高耸，因而以斗栱的减跳、减铺来满足这一要求。

斗栱对于木塔整体的结构作用也是不可忽视的重要方面，由于斗栱系统本身是由若干小木料榫接在一起，出现了许多小型的悬臂梁，它们对于调整倾角、平衡弯矩起着重要的作用，因此在受到地震、炮击后，它成为一种阻尼装置，通过斗栱榫卯间的摩擦、错位，可以消耗掉外来的巨大能量，因此使整个结构具有较好的抗震、抗冲击性能（见表6-15）。

释迦塔所用斗栱做法明细表[49]　　表 6-15

	柱头铺作	补间铺作	转角铺作
副阶斗栱	五铺作出双杪单栱造，下一杪偷心，第二跳里外跳头皆施令栱，外跳上承替木、橑檐方，里跳上承平棊方。乳栿用第二跳承托，入斗栱后前伸，充当批竹耍头。斗栱正心横栱仅施泥道栱一重，上承素方三重，最上施替木及承椽方（图 6-280～6-282）	当心间补间铺作用五铺作出双杪单栱计心造，自正心第三材处出45°斜华栱两缝，正身华栱第二跳外跳承令栱与异形耍头，上承替木及橑檐方。里跳承异形栱与素方。栌斗下用驼峰垫托。正心栱方同柱头铺作。 次间补间铺作比当心间提高一足材，下用蜀柱驼峰垫起，斗栱里外跳皆出华栱两跳，外跳第一跳跳头承异形栱，第二跳承替木及橑檐方。里跳第一跳偷心，第二跳承平棊方。正心无泥道栱，正心方同柱头铺作	外跳出角华栱三跳，列栱；沿八边形柱中线缝过角出两跳华栱，第一跳与泥道栱出跳相列，第二跳与柱头方相列，方上隐出慢栱。第二跳华栱头上承令栱，与小栱头分首相列，此令栱并与批竹昂式耍头相交，上承替木及橑檐方
一层外檐斗栱	七铺作双杪双下昂，第一、三杪偷心，里转出双杪，下一杪偷心。外跳第一跳华栱头作成方形，无卷杀。第二跳跳头上承重栱素方，方上施遮椽板，板上又施散斗，上承替木，橑檐方，第四跳下昂头上施令栱，再施替木、橑檐方。 里跳第二跳上承重栱素方，与乳栿相交，素方上空一架之宽，其上有草栿插于上层柱脚，并压下昂尾。下部乳栿上坐华栱头，托算程方，正心横栱施泥道栱一重，素方五重，方上相间隐出瓜子栱、慢栱（图 6-283、6-284）	七铺作双杪双下昂一、三杪偷心，里转出双杪，下一杪偷心。栌斗下用驼峰和蜀柱垫起一足材，至使耍头层取消，下昂尾过柱中线后被截断。第二跳华栱跳头皆施单栱，其余做法同柱头铺作	外跳出角华栱两跳，角昂两跳，由昂一跳，里转角华栱两跳。列栱沿八边形柱中线缝过角出四杪，第一跳华栱与泥道栱出跳相列，上部三跳华栱与柱头方出跳相列。其中第二跳华栱头上承正身的重栱和横向的瓜子栱，此瓜子栱延伸过角与小栱头分首相列。小栱头上承异形耍头。瓜子栱上之慢栱一端与旁边的柱头铺作中的木方连栱交隐，另一端过角与异形耍头分首相列。第四跳角昂上承相列之两令栱（图 6-285）
内槽斗栱		向塔心室出四杪，一、三杪偷心。第二跳华栱头上用重栱素方，第四跳承平棊方。外转出双杪，下一杪偷心，第二跳上施令栱，承平棊方，柱中心线上用素方五重。栌斗下用驼峰垫托（图 6-286）	向塔心室出四杪，一、三杪偷心。外转出一杪。里跳第二跳华栱头上用重栱素方，重栱过角与素方相列，素方伸至柱中线一缝止。方上隐出鸳鸯交首栱。第四跳跳头上承平棊方及藻井阳马。内柱中心线上用素方五重。外跳角华栱承托角乳栿，列栱中的华栱承明间乳栿，乳栿背上施骑栿栱及华栱头，共同承平棊方及算程方
二层外檐斗栱	基本同一层，仅外跳衬方头伸出橑檐方之外，端部刻成异形栱形式，里转第二跳华栱头上无横栱，只承乳栿。乳栿背上有骑栿令栱与华栱头相交（图 6-287、6-288）	当心间补间铺作仅自栌斗口出两缝 60 度斜华栱各两杪，下一杪偷心，上一杪承令栱，两令栱连栱交隐，令栱上部承异形栱式衬方出头。里转与外跳同，仅无衬方出头。里、外耍头皆未出头	外跳出角华栱二重，角昂两重，由昂一重，里转出双杪。列栱自八边形柱中线缝过角向外挑出华栱两跳，第一跳与泥道栱相列，第二跳与柱头方相列。同时在第二跳跳头上正出下昂两跳，第一重下昂偷心，第二重下昂头承异形栱及异形耍头，上承替木及橑檐方。昂尾压于草乳栿下。与正出下昂相交的瓜子栱，延伸过角与小栱头分首相列。小栱头承异形栱，第四跳角昂上承相列之两令栱，最上一层由昂仅有昂嘴下斜，昂尾延水平方向内伸，其上宝瓶改为短柱，支于角梁下

续表

	柱头铺作	补间铺作	转角铺作
内槽斗栱		与第一层基本相同，仅外转第一杪为计心，承异形栱	与一层内槽转角补作基本相同，仅列栱的华栱头形式有所变化，未作成斜栱头。第二跳华栱头上仅瓜子栱与小栱头相列。慢栱仍与素方相列（图6-289）
三层外檐斗栱	六铺作出三杪，下一杪偷心。里转出双杪，下一杪偷心，单栱造。外跳第二跳跳头上承瓜子栱及两重素方，第三跳跳头上承令栱、替木、橑檐方，并出批竹昂形耍头。里跳第二跳承乳栿及绞栿令栱，乳栿前伸，端部充当外跳第三跳华栱头。绞栿令栱上承素方两重。柱头正心横栱用泥道栱一重上承素方四重（图6-290、6-291）	四正面补间铺作为六铺作卷头造斗栱，外跳出三杪计心造。里转出双杪并计心。里外第一跳皆承异形栱，外跳第二跳承瓜子栱，第三跳承令栱，与批竹耍头相交。里跳第二杪承令栱与异形耍头相交。另于正心第二跳出45°斜华栱两缝各两跳，上承素方。 四斜面补间铺作仅内外第一跳华栱头上不用异形栱，改用瓜子栱，于正心第三跳出斜华栱一重。余同上	外跳出角华栱三杪，里转出双杪。列栱沿八边形柱中线缝过角出华栱三跳，第一跳华栱与泥道栱出跳相列，第二、三跳华栱与柱头方出跳相列。第二跳华栱头承瓜子栱，过角与华栱头分首相列，其上承素方与批竹耍头出跳相列。第三跳华栱承异形栱，与批竹耍头相交，过角与小栱头分首相列。里跳第二跳华栱承令栱与异形栱出跳相列
内槽斗栱		四正面补间铺作与二层外檐补间铺作基本相同。栌斗下无蜀柱。四斜面补间铺作向塔心室出四杪，一、三杪偷心，第四跳上承平棊方，外转出双杪。同时，自栌斗心出45°斜华栱两缝，各两跳。第二跳跳头上承横向批竹昂头分首形构件，其上承素方两重。外跳第三跳跳头承平棊方一重（图6-292）	与第一层基本相同，仅向塔心室出的第二跳华栱头上瓜子栱与异形栱相列，其上慢栱与补间铺作连栱交隐，并过角与素方相列
四层外檐斗栱	五铺作重栱计心造，里转出一杪，偷心。外跳第一跳华栱上承瓜子栱、慢栱、素方，第二跳华栱上承令栱、替木、橑檐方，正心横栱仅泥道栱一重上承素方四重。里跳华栱上承乳栿，乳栿前伸出头充外跳第二跳华栱，栿上隐出第二跳华栱，上承骑栿令栱，与坐于栿背上的第三跳华栱头相交，上承平棊方，算程方（图6-293、6-294）	外跳同柱头铺作，里跳出双杪，下一杪偷心，第二跳华栱承令栱与异形耍头相交，上承平棊方	外跳出角华栱两杪，里转出一杪。沿八边形柱中线缝过角出华栱两跳，第一跳与泥道栱出跳相列，第二跳与柱头方相列。第一跳跳头瓜子栱上承异形栱，两者皆至角华栱止，不出列栱。第二跳跳头上承令栱，与小栱头分首相列
内槽斗栱		向塔心室出四杪，一、三杪偷心，第二杪上施令栱及素方两重，外转出双杪、计心造，第一跳跳头承异形栱，第二跳跳头承令栱，与异形耍头相交，上承平棊方（图6-295）	与第三层相同，仅向塔心室的第二跳跳头上承瓜子栱与异形栱相列，其上无慢栱，只有小栱头与素方相列
五层外檐斗栱	先于栌斗口内出一与替木尺寸相同的栱，其上实柏一两跳长的华栱，外跳华栱头上承令栱与批竹耍头相交，再上承替木及橑檐方。里跳华栱承乳栿，及绞栿瓜子栱，上承骑栿慢栱及素方、乳栿背上坐一华栱头，承草乳栿。正心用替木、慢栱及柱头方两重，承椽方一重（图6-296、6-297）	里外各自栌斗斗耳上皮出华栱两跳，第一跳跳头上承异形栱，外跳第二跳跳头上承替木及橑檐方，里跳第二跳跳头上承令栱与异形耍头相交，其上承平棊方。泥道栱改用替木及慢栱	外跳出替木及角华栱两跳。沿八边形中线缝过角出华栱长两跳，下垫替木，泥道慢栱过角与华栱出跳相列，华栱跳头上令栱与批竹耍头分首相列。里转出角华栱一跳，瓜子栱与异形栱出跳相列，其上慢栱与柱头铺作连栱交隐

续表

	柱头铺作	补间铺作	转角铺作
内槽斗栱		与四层内槽补间铺作基本相同，仅在塔心室的第一跳华栱头上多加异形栱一重（图6-298）	东西四角向塔心室一侧出角栱四跳。南北四角出三跳，上承六椽栿。第二跳上用令栱承素方两重。余同四层
二层三层四层平座斗栱	外跳出三杪，计心造，第一跳上承重栱、素方，第二跳上承令栱、素方，第三跳上承铺版方向前伸出之出头木，与素方相交，柱中心缝施素方四重，方间用散斗垫托。里跳为各华栱后尾，作长短不一的木方，方间施垫木。每层各有两条木方延长与内槽铺作相连（图6-299、6-300）	二、三层平座四斜面外跳构造做法同柱头铺作，里跳仅铺版方与内槽铺作相连。三层四正面平座铺作于中心第三跳位置加施45°斜华栱两缝各一跳，第四层四斜面平座铺作于中心第二跳位置加施45°斜华栱两缝各两跳。正出的第一跳华栱头上于四正面施瓜子栱，于四层四斜面施异形栱，里跳同上	外跳出角华栱三重，柱头方过角斜出华栱三跳，第一跳上用重栱，伸至角华栱，第二跳上用瓜子栱与华栱头分首相列。里转同柱头铺作，上层柱脚仅插于铺作里跳
五层平座斗栱	外跳出华栱两跳，第一跳跳头承令栱、素方，第二跳承铺版方向外伸出之出头木，出头木长加一跳，与素方相交，里跳为各华栱后尾，第二跳华栱用足材，后尾伸至内槽（图6-301）	做法同柱头铺作	外跳出角华栱两跳，柱头方过角斜出华栱两跳，第一跳跳头上施令栱，伸至角华栱止，里跳同柱头铺作

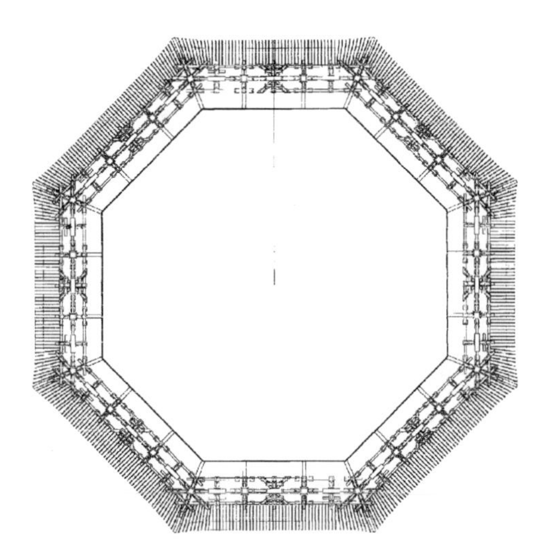

图6-280　应县木塔副阶仰视平面

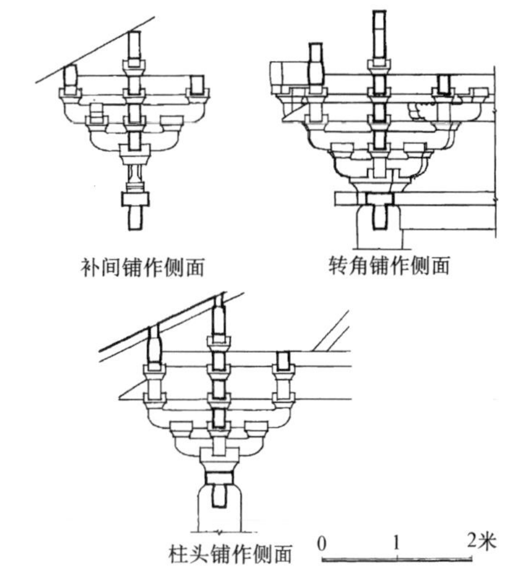

图6-281　应县木塔副阶次间铺作

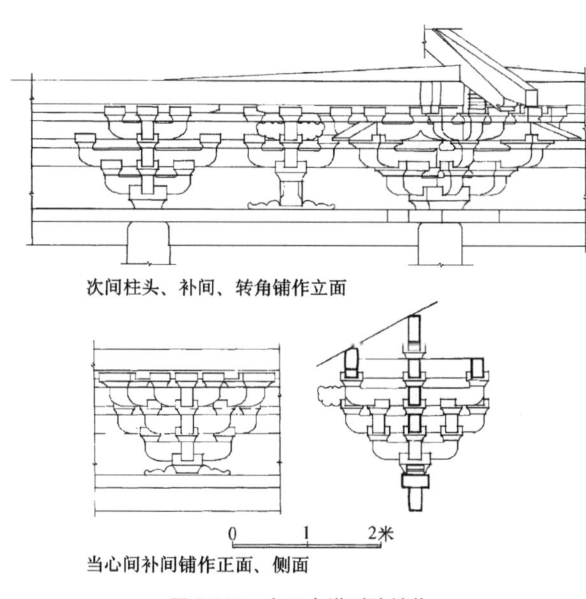

图6-282　应县木塔副阶铺作

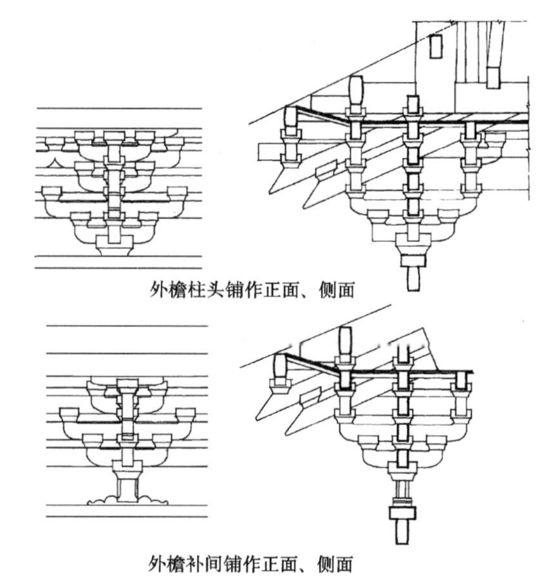

图6-283　应县木塔一层外檐铺作

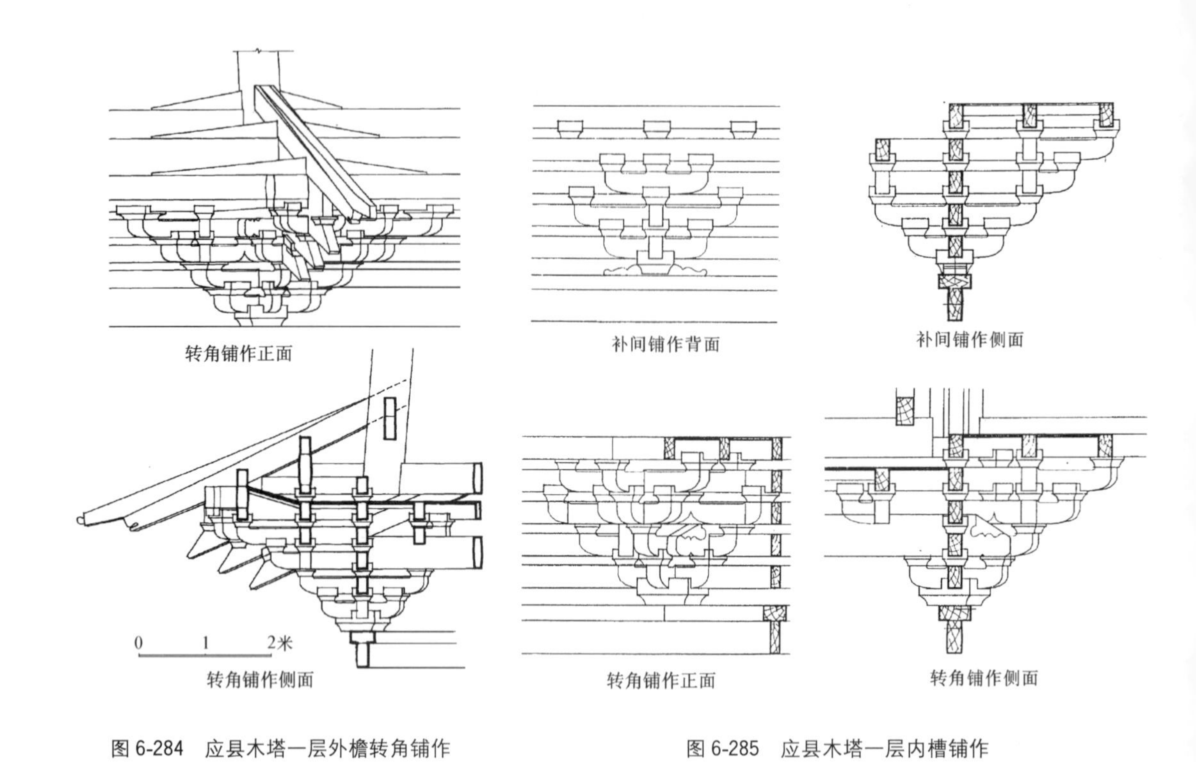

图 6-284 应县木塔一层外檐转角铺作

图 6-285 应县木塔一层内槽铺作

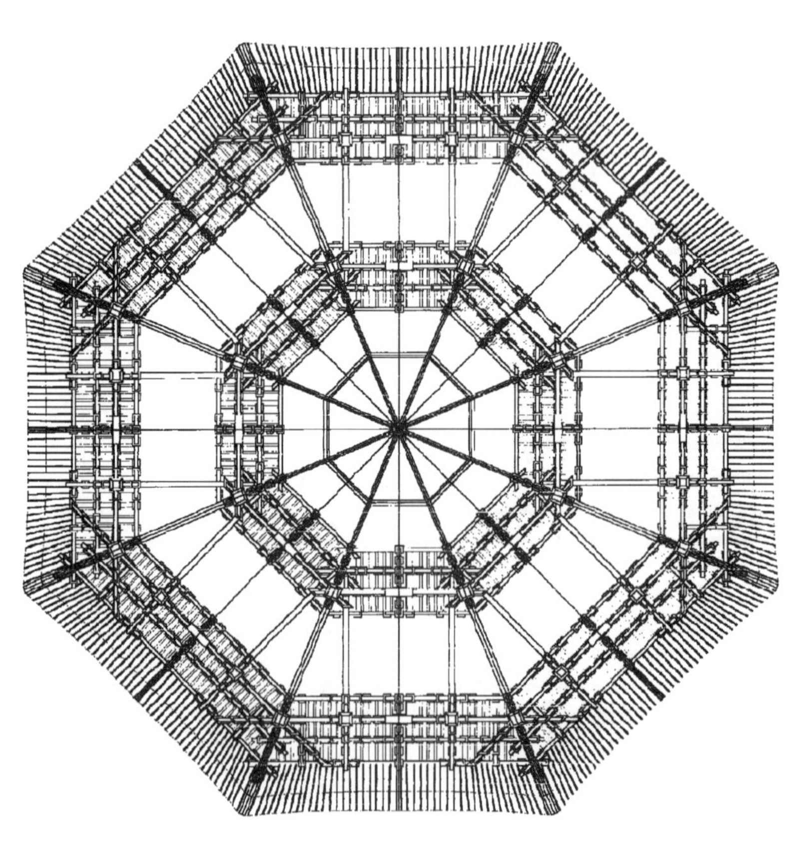

图 6-286 应县木塔一层仰视平面

外檐柱头铺作侧面
外檐补间铺作侧面
外檐转角铺作侧面
外檐柱头铺作正面
外檐补间铺作正面
外檐转角铺作正面

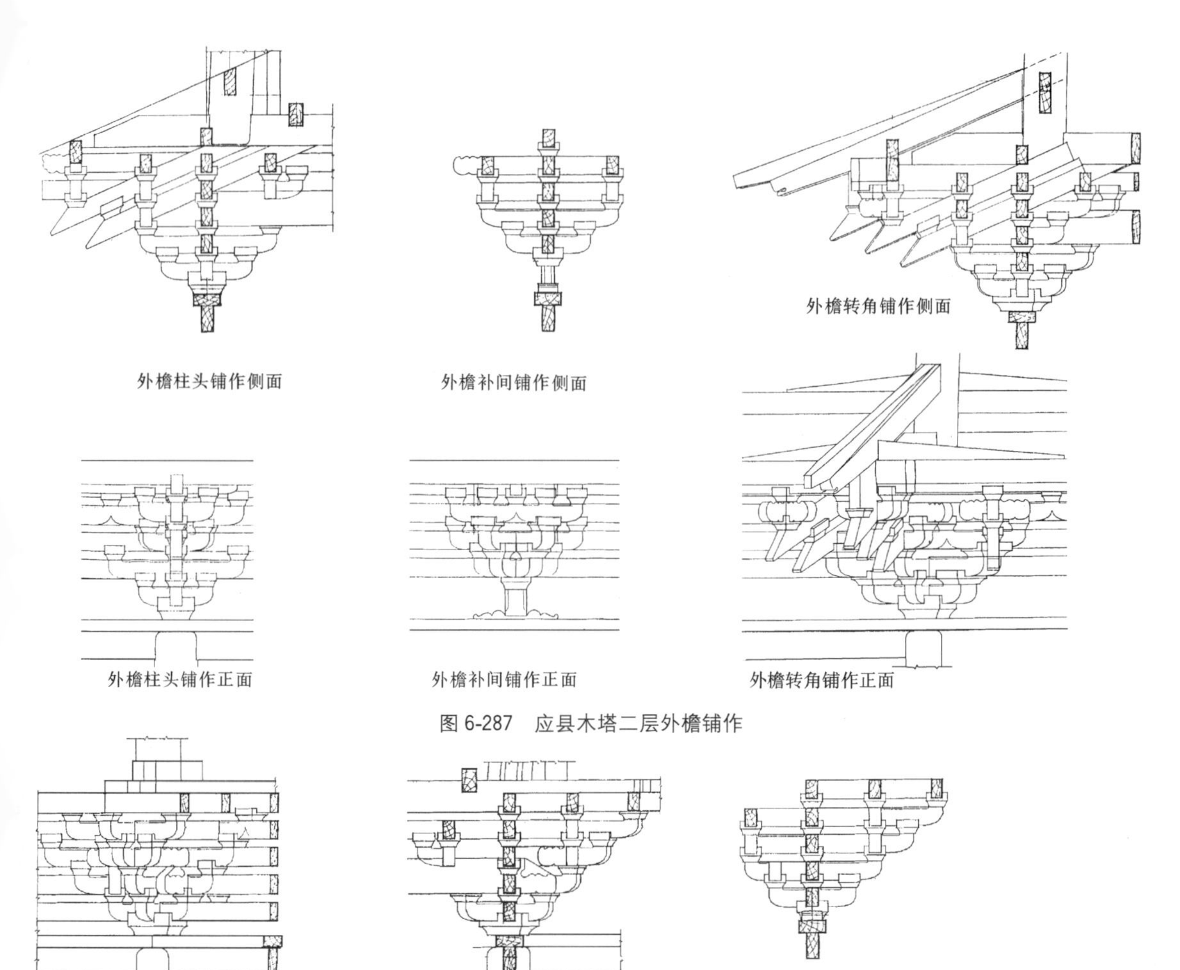

图 6-287 应县木塔二层外檐铺作

转角铺作正面
转角铺作侧面
补间铺作侧面

图 6-288 应县木塔二层内槽铺作

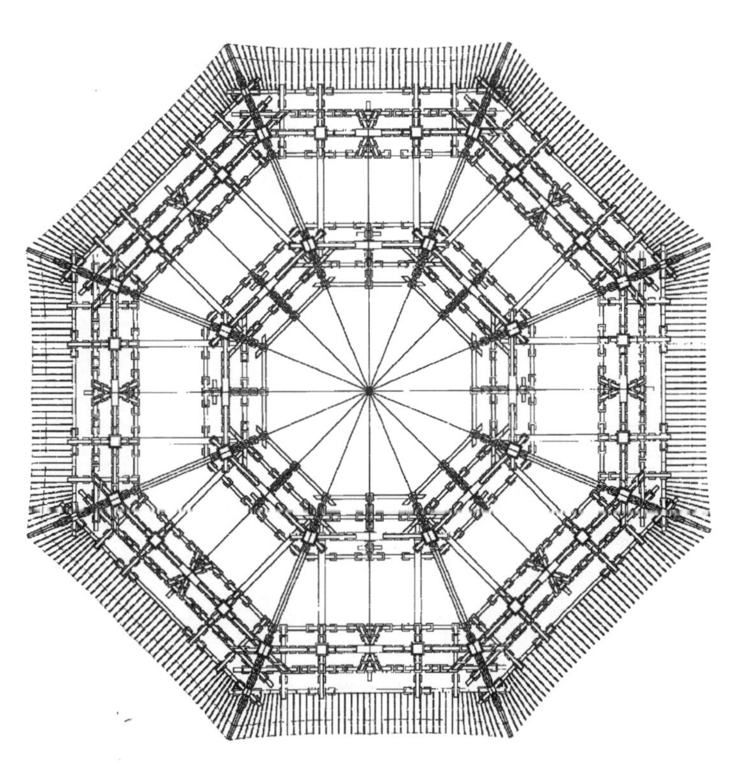

图 6-289 应县木塔二层仰视平面

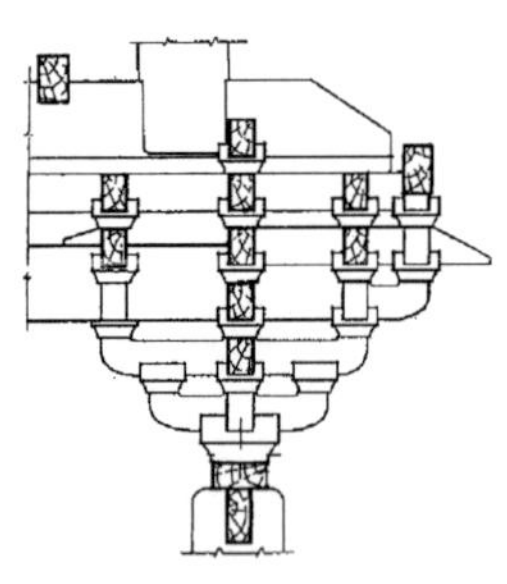

外檐柱头铺作侧面

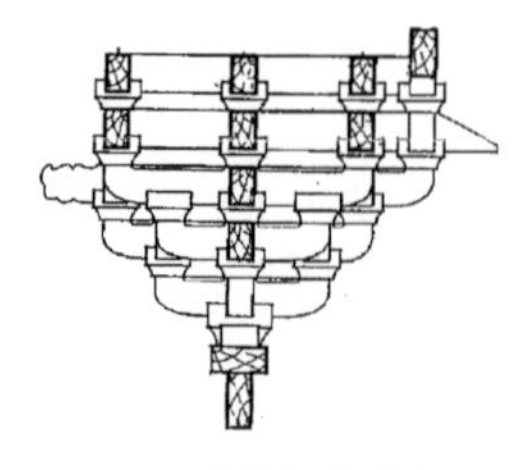

南面外檐补间铺作侧面

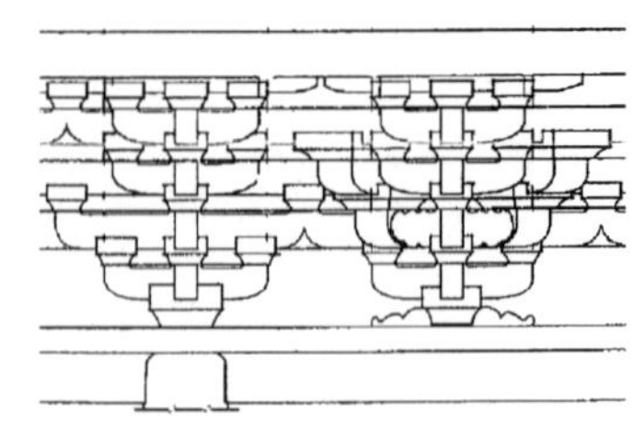

南面外檐柱头、补间铺作正面

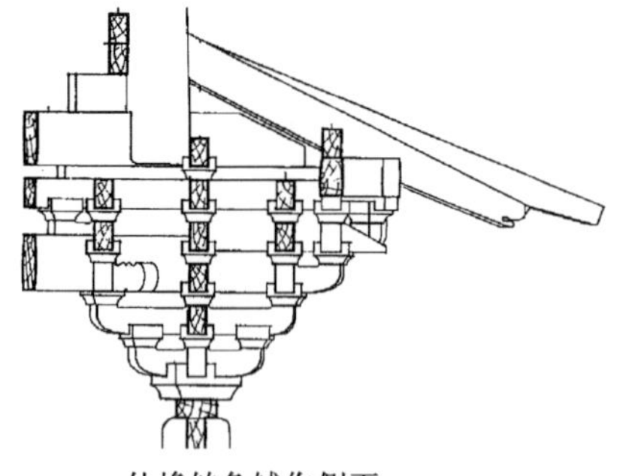

外檐转角铺作侧面

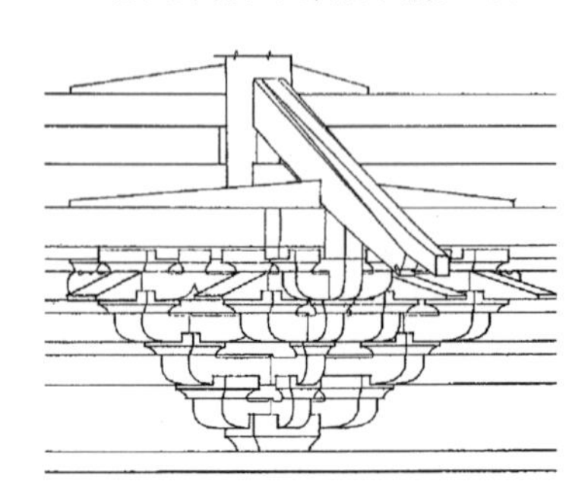

外檐转角铺作正面

图 6-290 应县木塔三层外檐铺作

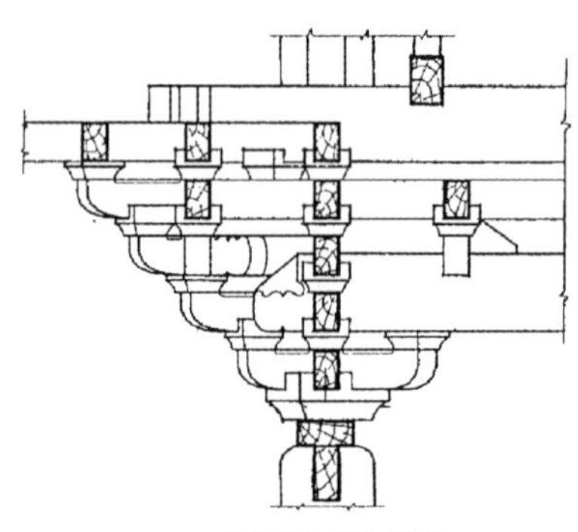

内槽转角铺作侧面

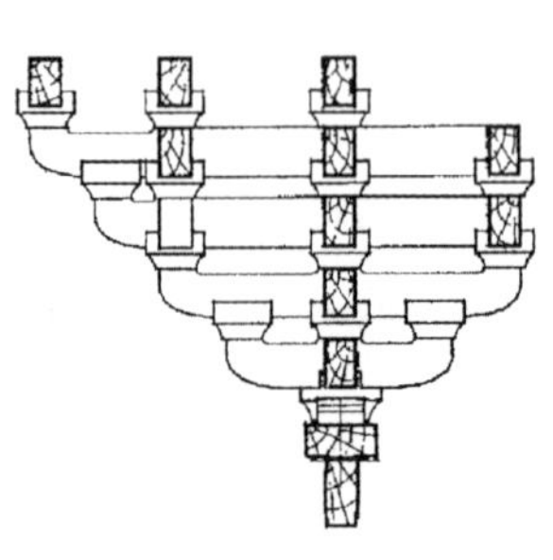

东南面内槽补间铺作侧面

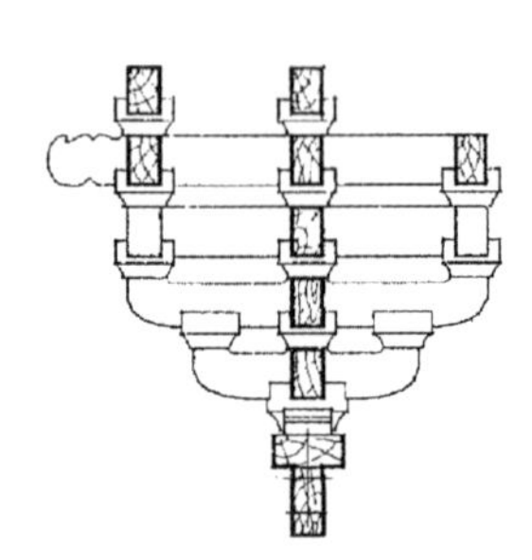

南面内槽补间铺作侧面

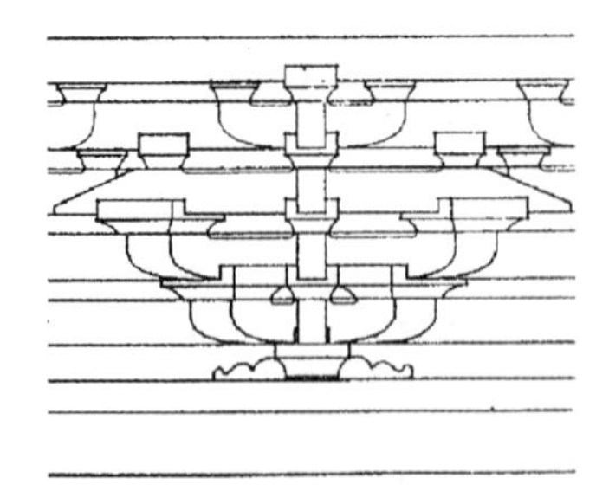

东南面内槽补间铺作正面

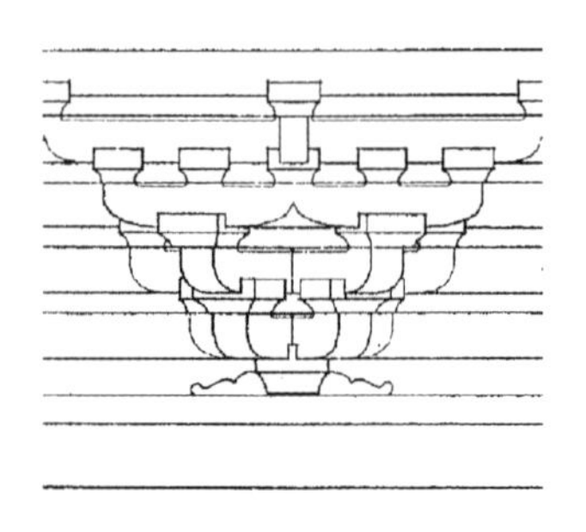

南面内槽补间铺作正面

图 6-291 应县木塔三层内槽铺作

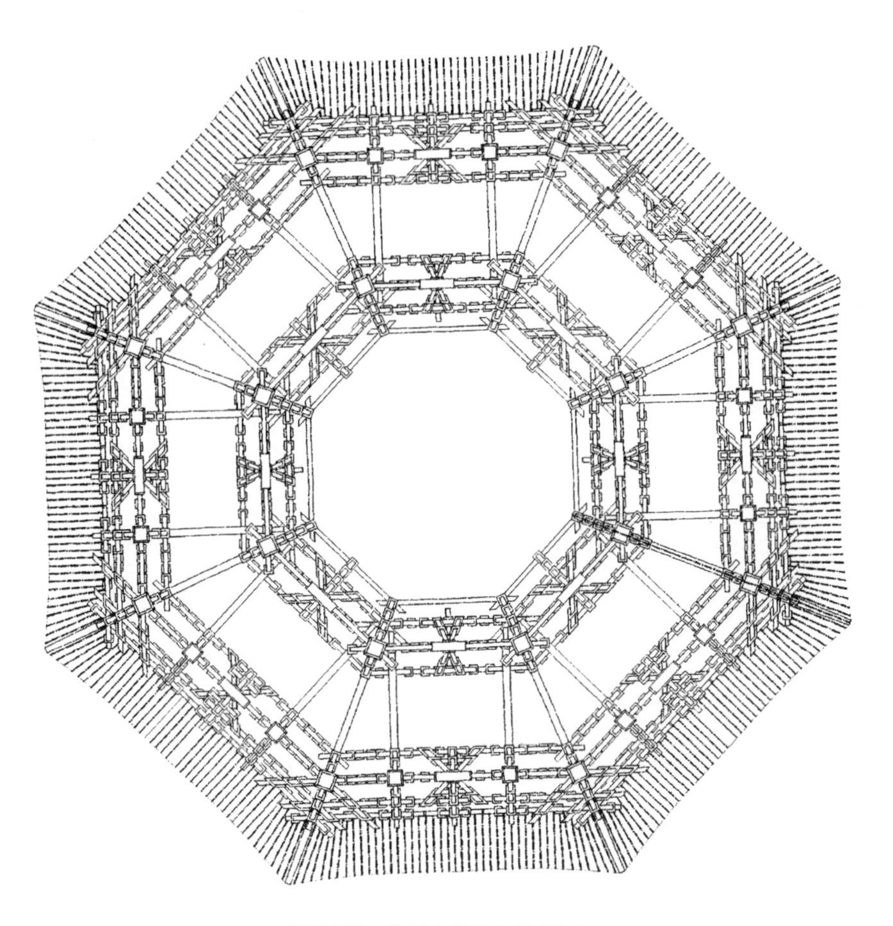

图 6-292 应县木塔三层仰视平面

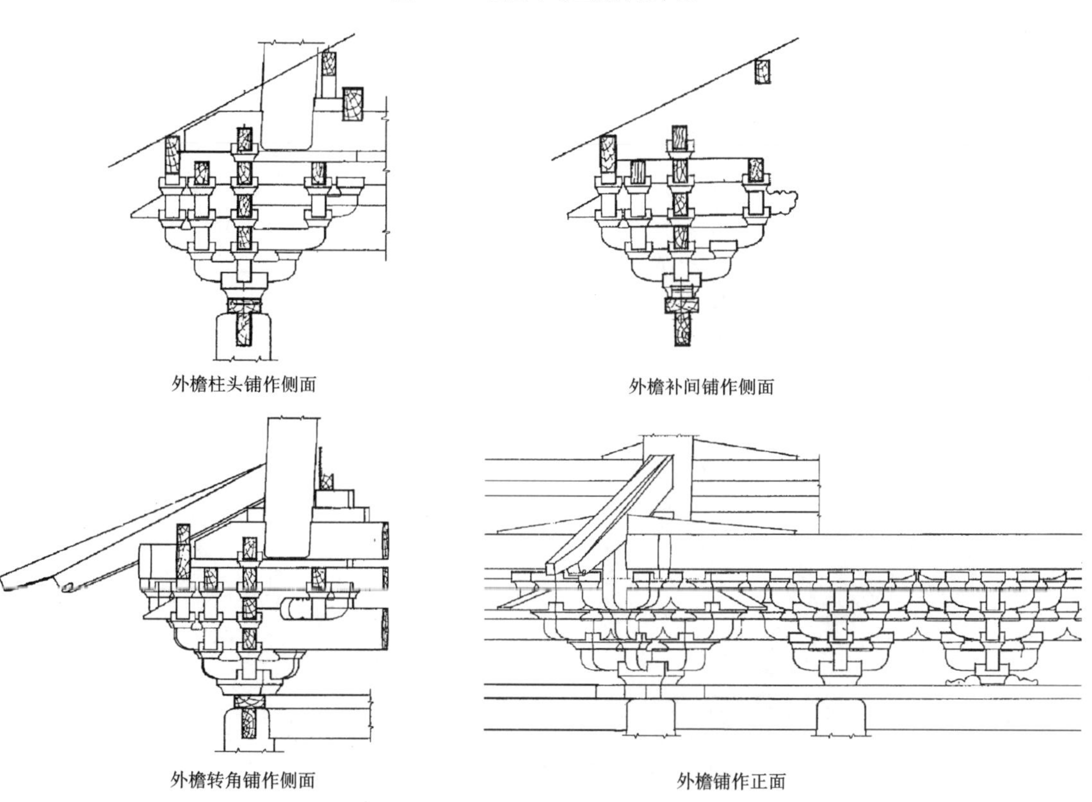

图 6-293 应县木塔四层外檐铺作

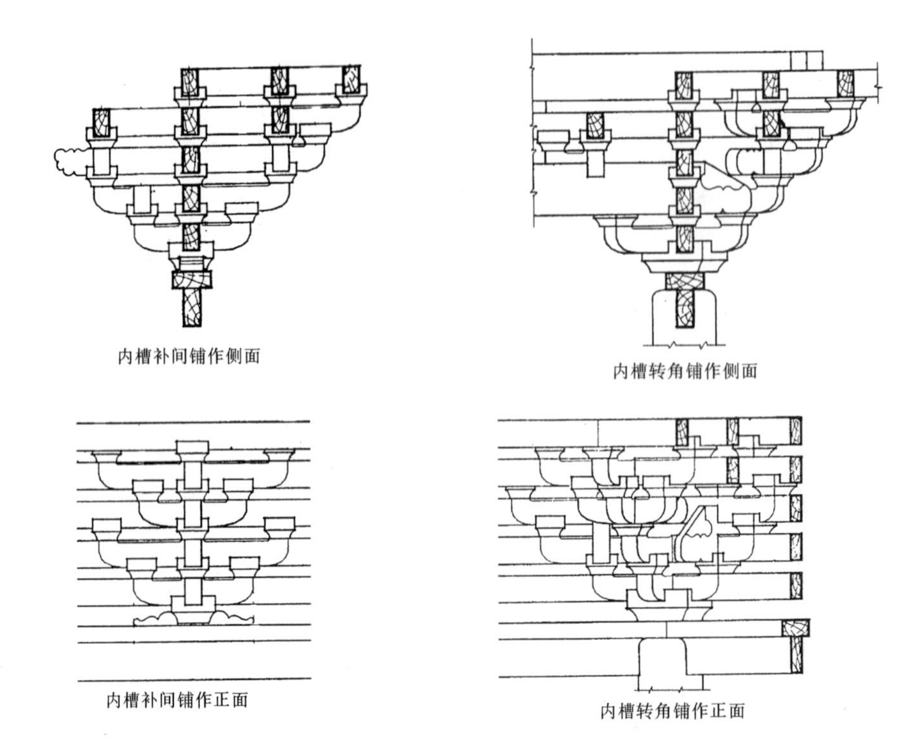

图 6-294 应县木塔四层内槽铺作

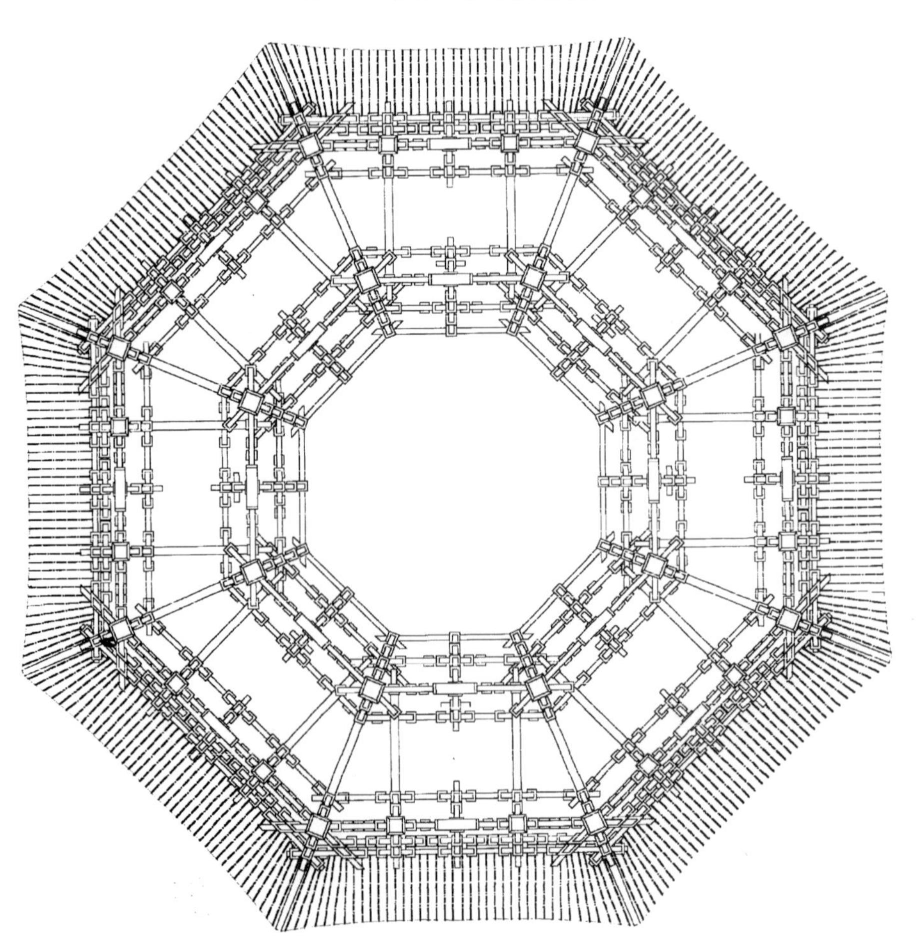

图 6-295 应县木塔四层仰视平面

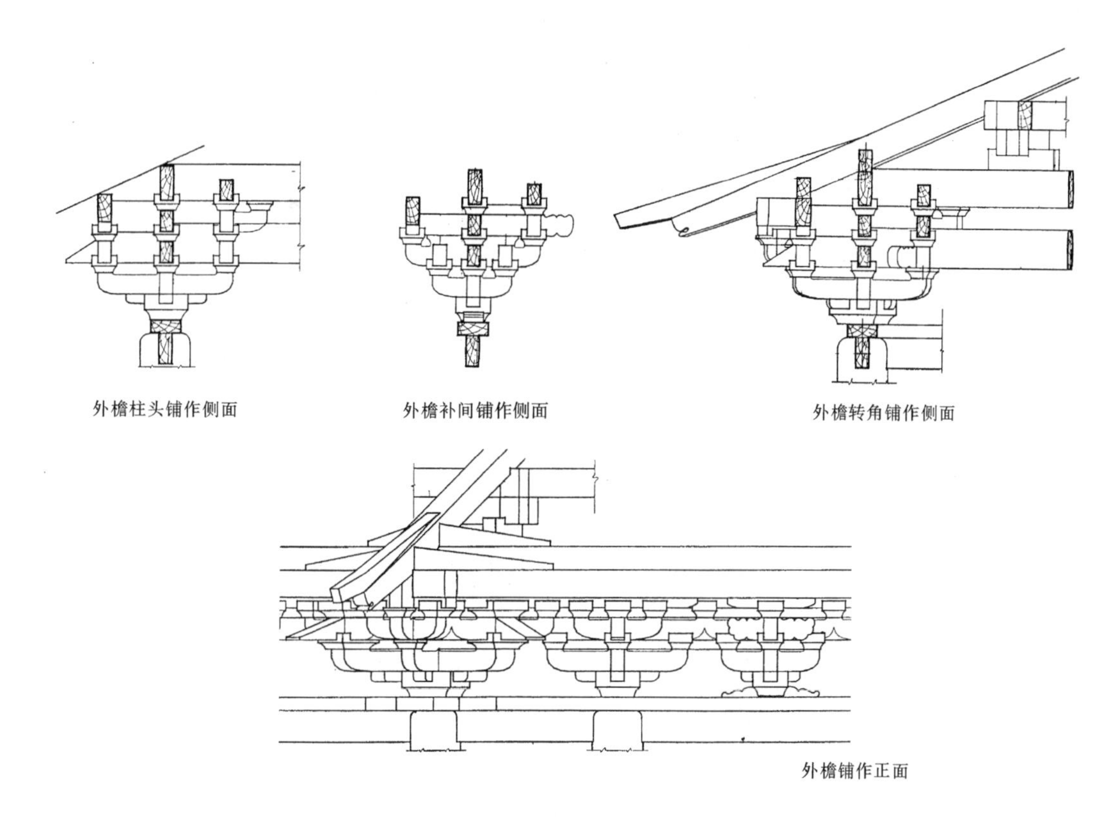

图 6-296　应县木塔五层外檐铺作

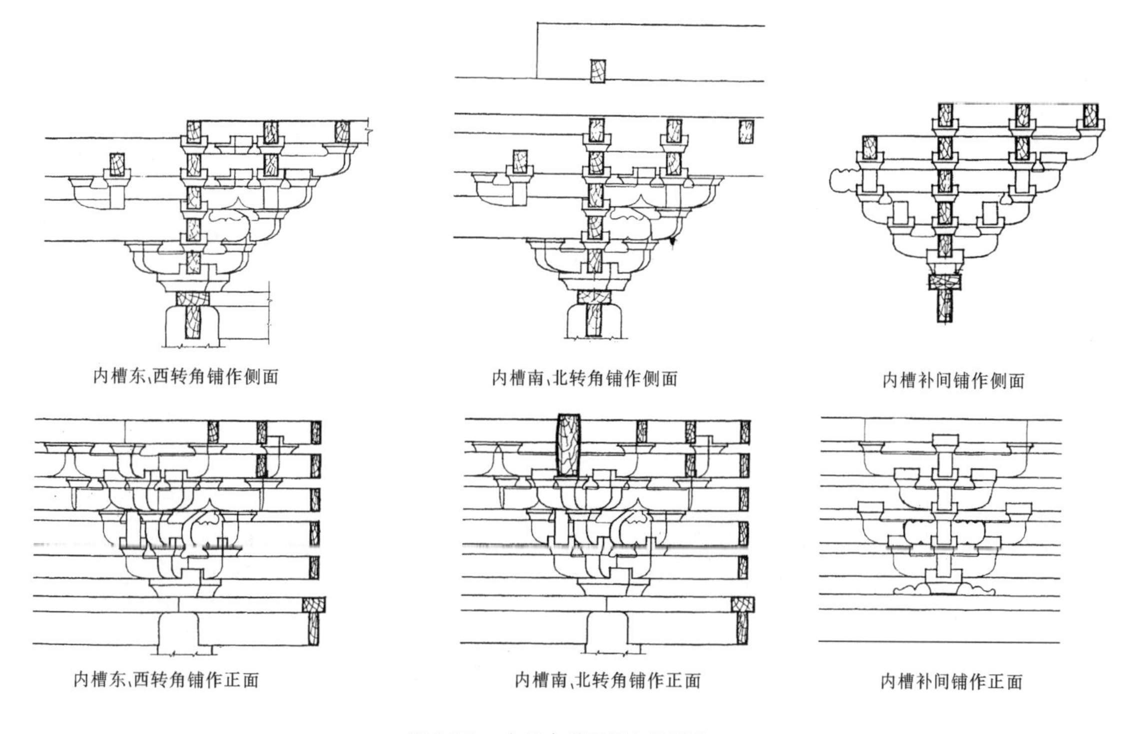

图 6-297　应县木塔五层内槽铺作

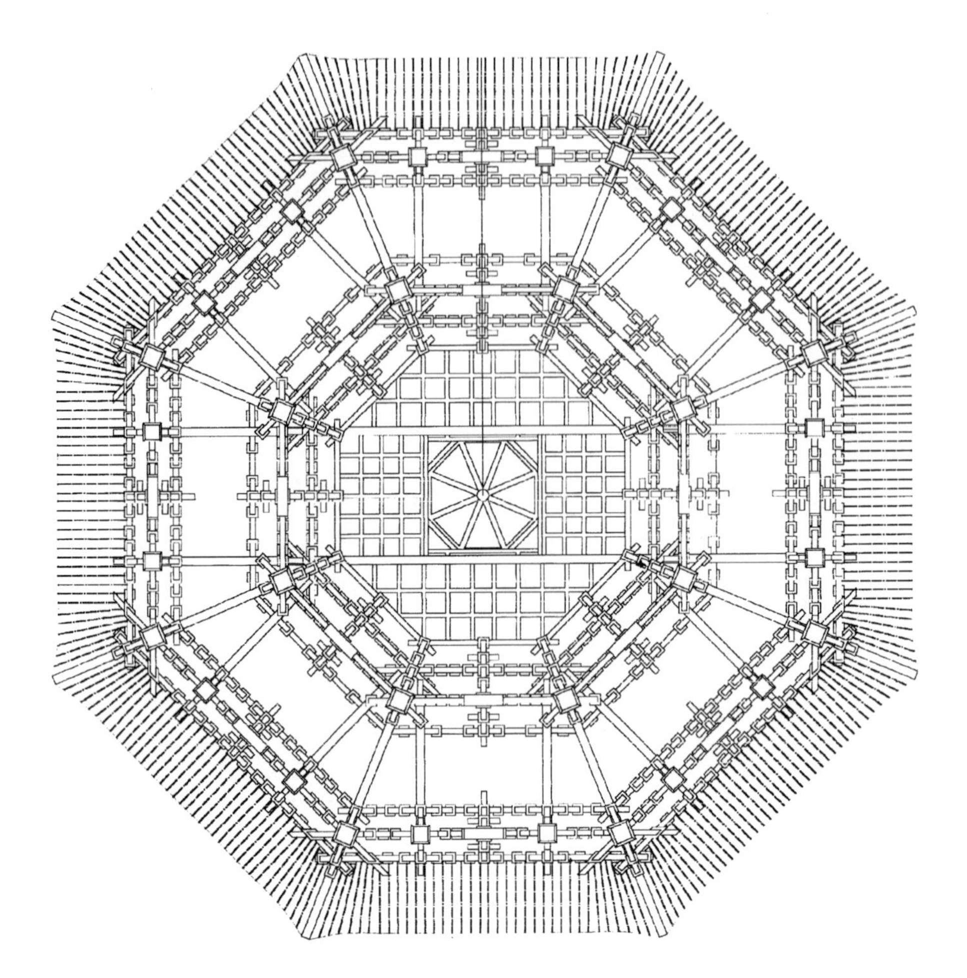

图 6-298 应县木塔五层仰视平面

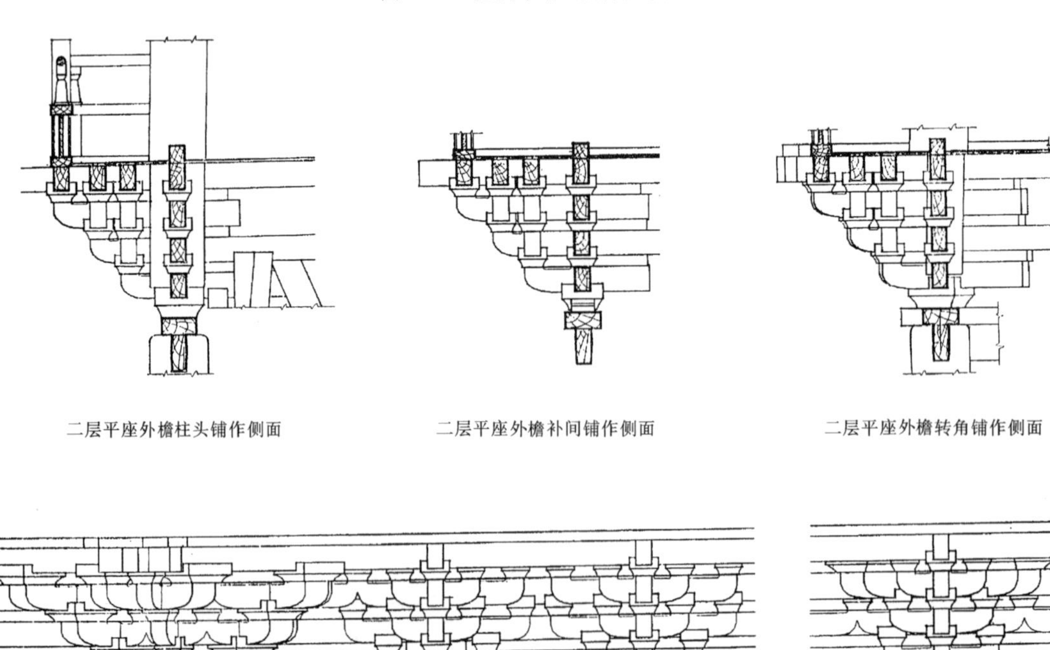

图 6-299 应县木塔二层平座铺作

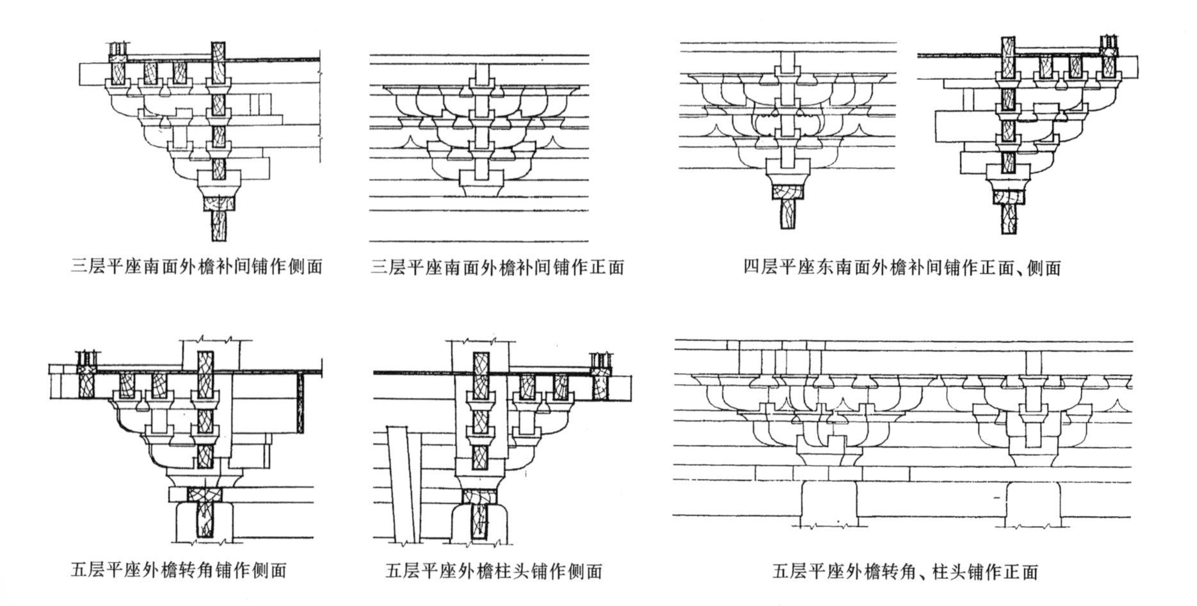

图 6-300 应县木塔三、四层平座铺作

图 6-301 应县木塔五层平座铺作

（6）小木作装修

木塔保留辽代或早期小木作遗物只有藻井、版门、胡梯、钩阑。

塔上藻井施于第一层和第五层，前者较精致，采用八角井形式，转角处用阳马为骨架，在各条阳马长度的下 1/3 处横施一条随瓣方，由阳马与随瓣方划分的梯形和三角形格子之间皆用小木方拼出菱形、方形小格子，其上安背板。藻井直径 9.48 米，高 3.14 米。此外一层尚留有平綦，但其是否辽代原物难以判断。

第一层南面的版门被视为小木作珍品，其特点是在柱间使用了双重的门额和立颊，外边的一重表面作线脚，并突出柱外，里边的一重表面为平面。门扇双扇高 3.06 米，宽 2.57 米，不同于《法式》“广与高方”的原则，接近“减广不得过五分之一”的规矩。门扇背后用四楅，采用 6 厘米厚木板拼合而成。于门内额上施门簪两枚，以固定鸡棲木。并有立添置于门外中缝之前(图 6-302)。

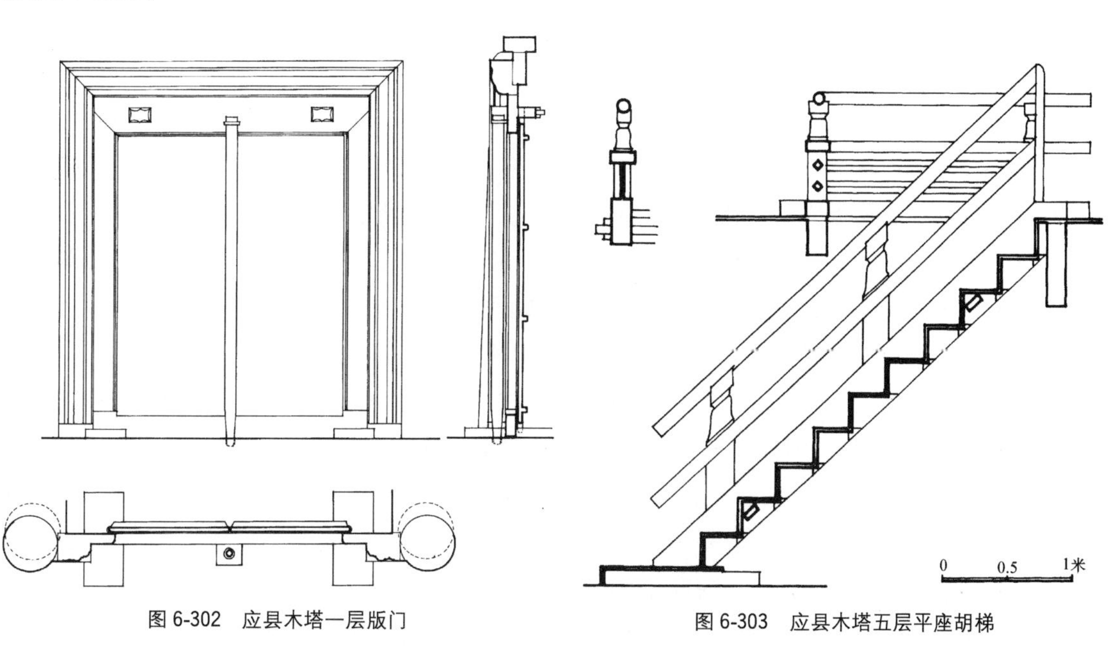

图 6-302 应县木塔一层版门

图 6-303 应县木塔五层平座胡梯

木塔胡梯在各层皆沿顺时针方向，布置成单跑阶梯，每跑胡梯起步之处皆设一梯台，有的于其上立两短柱。自梯台斜置两颊，搭至上层梁栿背，两颊间穿棍两、三条，颊内嵌促踏板，颊上安钩阑，作斗子蜀柱式，蜀柱间用平板填充，斗子上承寻杖（图 6-303）。

各层平座皆设有单钩阑，采用斗子蜀柱式，每面转角处置望柱。望柱间施蜀柱，蜀柱间安板，斗子承寻杖。一般自平座之铺板方至寻杖高 1.09 米。望柱高 1.25 米，木塔钩阑朴实无华，比例适度。

（7）释迦塔平立面构成特点

释迦塔立面造型呈现出很强的节奏感，却又有诸多变化，如果以第二至第五层为标准层来看，它们的柱高（即从楼面至普拍方下皮）比较相近，即为 2.86 米（二层），2.84 米（三层）2.83 米（四层）2.73 米（五层），但各层斗栱由于所用的构造方式不同，有下昂造，有卷头造，再加上有减铺的做法，至使立面构成的规律并不明显，《应县木塔》一书中曾指出，如果从下层檐柱的普拍方上皮算到上一层檐柱的普拍方上皮，便发现了一个 884 厘米左右的公因数，这每段的 884 厘米由两部分构成，下半段是从下层檐柱的普拍方上皮到平座的普拍方上皮；由外檐斗栱与平座柱构成。上半段则由平座斗栱与上层檐柱构成。而这上半段各层几乎相同，下半段则有规律的递减了，对此现象据《唐宋辽时期建筑的尺度构成及其比较》一文推想，它是按某一整数尺寸构成的[50]，这种推想是有一定道理的，仔细考察其主要尺寸，便可发现一些有规律的现象（表 6-16）。

释迦塔各层面宽与层高尺寸 表 6-16

	通面宽（八边形边长）按柱头平面计算		层高尺寸（下层平座柱普拍方上皮至上层檐柱普拍方上皮）			
	实测尺寸（厘米）	复原成辽尺 1 辽尺＝29.46 厘米	实测尺寸（厘米）		复原成辽尺 1 辽尺＝29.46 厘米	
第五层	798	27（18x）	773	上半段 412 下半段 361	26.25（17.5x）	上半段 14.00 下半段 12.25
第四层	842	28.5（19x）	884	上半段 455 下半段 429	30.00（20x）	上半段 15.50 下半段 14.50
第三层	883	30（20x）	882	上半段 455 下半段 427	30.00（20x）	上半段 15.50 下半段 14.50
第二层	927	31.5（21x）	883	上半段 458 下半段 425	30.00（20x）	上半段 15.50 下半段 14.50
第一层	968	33（22x）	885	副阶柱高 443	30.00（20x）	副阶柱高 15.00

注：表中的 1 辽尺＝29.46 厘米[51]。

在上表中，出现最多的数据是第三层面阔 30 尺，第一至四层的层高都是以 30 尺作为设计依据的。而这一尺寸恰为副阶檐柱高的一倍。因此可以推测这是工匠设计的基准数据之一；再看二、三、四层的外檐柱的真实长度，即包含楼面以下插柱造的榫卯所需的长度，这是古代匠师在立面设计中必须考虑的，因此 15.5 尺在立面设计中反复出现，这里的尺寸可以看作是柱高加柱脚开榫高加大栌斗高的总尺寸，如果去掉栌斗高的尺寸（30 厘米≈一辽尺），则柱高为 14.5 尺，实际取材应按 15 尺，除去施工加荒部分，便是这个数值，因此 15 尺应是上部几层柱子用料的尺寸。而这 15 尺的 1/10 便成了工匠设计中变化所采用的模数，柱平面尺寸以 1.5 尺为等差级数（即上表中的 x），在竖向也多次使用 1.5 尺的倍数。因此 1.5 尺可以认为是释迦塔平面尺寸和竖向尺寸的设计模数，平面以 20 倍于此模数为出发点来调整上下相关各层的尺寸，竖向也以此模数为基准，进行调整，但与平面的调整方式不同。此外，还发现外檐柱头平面内接圆的周长，相当于从地面至刹顶的尺寸。这可能也是当时匠师所谙的设计原则之一。

释迦塔如何完成尺度上的调整？在平面上层层内收是靠上层柱比下层柱向内退进，外檐主要是平座柱向内退入大约半个柱经，内槽柱第三层平座柱以柱身内倾来完成向内收缩的要求，第五层退半柱经，二、四层并不明显。在立面上木塔柱无生起，虽有侧脚，但尺度变化不多。主要靠斗栱组合和出跳数的变化，使木塔上出现逐层收缩的外轮廓，从而增加了立面高耸的透视感。木塔异常宏伟、壮观，造成了“突兀碧空”、“高出云表”的艺术效果。

（8）释迦塔的残损状况

这座寿命已达九个半世纪的古塔，在经受地震、炮击、风雨侵蚀等天灾人祸的侵袭之后，其身上毕竟要出现若干残损，历史上尽管进行了若干次维修，由于缺乏科学的指导，有些维修并不能达到理想的保护效果，甚至起了相反的作用，例如 1936 年拆掉塔体四斜面的外檐夹泥墙及墙内斜撑，造成明层与暗层之间的刚度不均，刚度比值增大，从而引起应力集中。就目前现状来看，释迦塔残损主要有以下几个方面。

·整体扭转及倾斜，据 1975 年观测数据如表 6-17 所示[52]：

释迦塔整体扭转及倾斜度 **表 6-17**

各层中心值偏移状况	垂直倾斜度	扭转度
二层平座较底层 向 N53.04°方向偏移 12.64 毫米	19.485 毫米/米	水平方向顺时针 0.58°
三层顶较二层顶 向 N69.66°方向偏移 15.4 毫米	1.783 毫米/米	水平方向顺时针 16.04°
四层顶较三层顶 向 N29.45°方向偏移 72.8 毫米	9.381 毫米/米	水平方向逆时针 40.21°
五层顶较四层顶 向 N221.5°方向偏移 227.2 毫米	22.428 毫米/米	水平方向逆时针 7.95°

总的看，塔体向东北方向倾斜，以二层和五层最大。而塔体扭转方向上下不同，二、三层为顺时针方向，四、五层为逆时针方向。二十多年后的今天，上述现象有所加剧。

·塔内构件破坏，如柱身被压裂，柱脚劈裂。栌斗、华栱及普拍方等横纹受压构件被压坏。

·塔内构件位移增大，如各层檐柱向不同方向倾斜严重，二层平座柱皆向外闪，对塔体的安全威胁最大。斗栱斗底及栱端滑移，栱臂扭转加剧。

·释迦塔的结构虽采用优质木材，但经过近千年的岁月，材质也发生了若干变化，除构件产生开裂现象以外，表层老化在各处普遍存在；有些通风不畅的部位，出现局部腐朽。

另外，各层刚度不同，明层与暗层、首层与二层平座之间的刚度差别很大，是造成外檐柱产生扭转的原因，特别是 1936 年拆掉立面檐柱间的斜撑之后。

针对上述情况，文保部门已决定采取相应维修保护措施，使这座中国木构建筑发展史上的灿烂明星，能永垂青史。

八、山西五台山佛光寺文殊殿

文殊殿为佛光寺的北配殿，建于金天会十五年（1137 年）。面宽七间，进深八架椽，山面显四间，采用悬山式屋顶，正面当中三间设版门，两梢间设直棂窗，两尽间做实墙。背面当心间开门，其余各间无门窗。此殿室内内柱仅四根，即前内柱两根、后内柱两根，且不对位。其余内柱皆减掉，由此引起内部梁架处理的若干变化（图 6-304、6-305）。

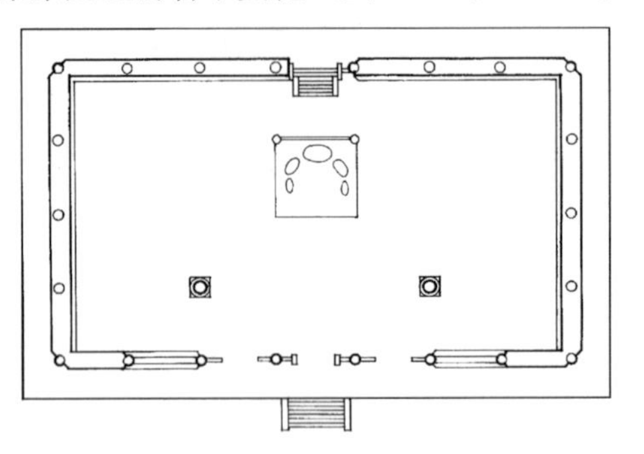

图 6-304 佛光寺文殊殿平面

图 6-305 佛光寺文殊殿正立面

1. 构架

就一榀梁架而言，有两类，一类有内柱，一类无内柱。当心间的两榀为有后内柱者，采用前后乳栿对四椽栿用三柱的厅堂式构架，后内柱升至榑下，前部的内柱减掉后，靠通长三间的大额承前乳栿。次间构架只有前内柱，也采用了与当心间构架相同的形式，只是内柱位置由后部换到了前部。梢间的构架则采用了无内柱的形式，成为前后乳栿对四椽栿用二柱形式。这时乳栿及四椽栿皆靠内柱与山柱间的内额支托。因此，这幢建筑结构的最大特点是内额的使用及其做法，不仅长度做成两间或三间通长，而且使用上、下两层，共同工作。下层由额承乳栿，上层内额承四椽栿。下层由额断面尤其粗壮，达 75 厘米×53 厘米。两层额间有蜀柱相联结，后内额在上下两层额方的两端并有斜撑与蜀柱间的绰幕方相交，类似现代建筑中的组合梁架。同时为了增强内额端部抗剪能力，在柱子与内额相交处做出长楷头。此外在这幢建筑中由于减柱法的施用，非常重视纵向联结构件的作用，自脊榑始，各榑下皆安有襻间，脊榑下未施替木，单材襻间紧贴榑下，在蜀柱柱头处安楷头，以保证襻间方的搭接。上平榑处的襻间为两材襻间，上层安于替木之下，与梁头相交处隐出令栱，下层安于驼峰之间。其余襻间皆为一材，置于替木以下（图 6-306、6-307）。

文殊殿梁架组合关系的变革为室内空间的自由度提供了有利的条件，其中特别是组合梁的使用，表现出当时工匠对结构的创新精神。继文殊之后又有不止一处的效仿者，但高下有别。如河南济源奉先观大殿，其仅限于拔掉内柱用长内额代之，而未用组合构件，不能不认为两者有质的差别。而朔州崇福寺弥陀殿则也采用了组合梁，且构件断面减小，充分发挥了梁的整体作用，应属上乘之作。

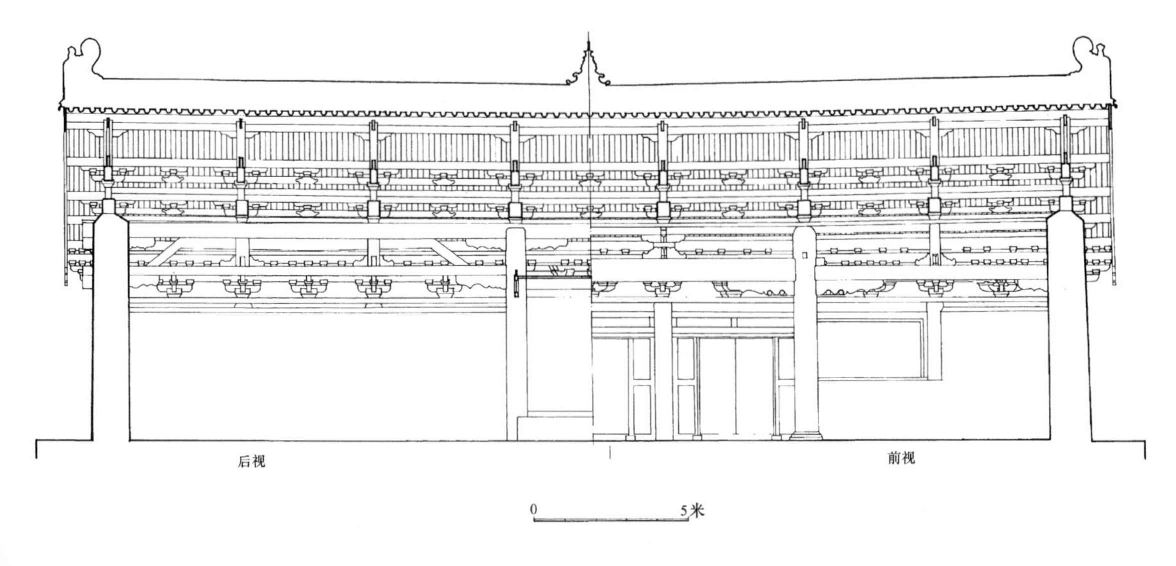

图 6-306 佛光寺文殊殿纵剖面

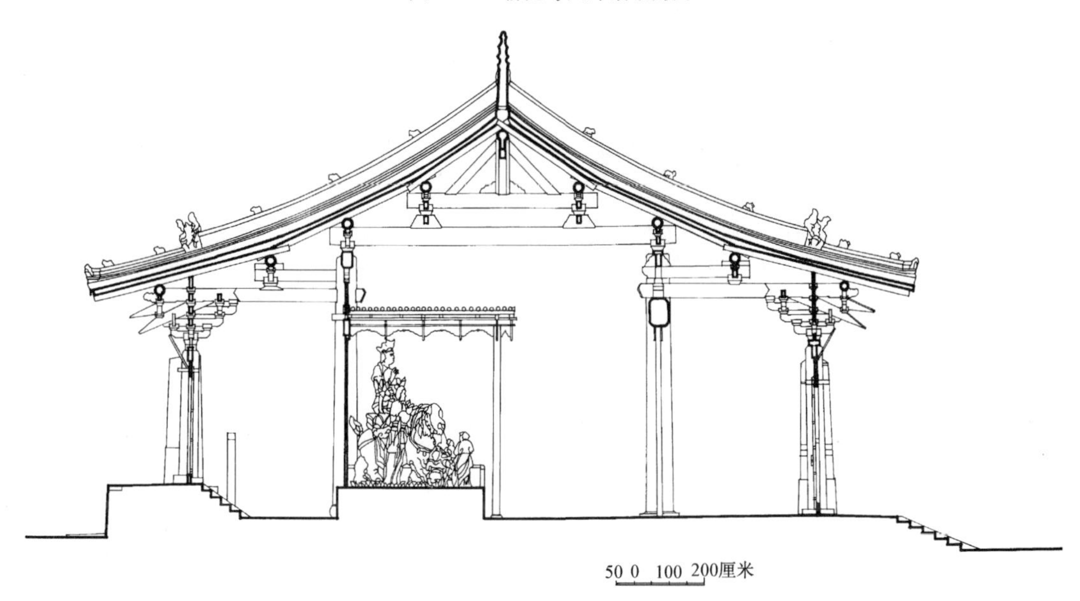

图 6-307 佛光寺文殊殿当心间横剖面

构架中柱子的做法与《法式》规定相近，外檐柱皆有升起，比《法式》中的“七间升六寸”稍大，角柱升起达30厘米，相当于九寸多。内外柱身皆做梭柱，檐柱较细，径56厘米，合两材一栔。前内柱最粗，径79厘米，合三材一栔。后内柱径62厘米，合两材一栔半。从柱径的粗细，可以看出工匠对柱子所需承载能力大小的判别。

2. 斗栱

斗栱用材为23.5厘米×15厘米，约合法式三等材。殿内斗栱有四种：

(1) 外檐柱头铺作：五铺作单杪单下昂，里转出双杪，下一杪偷心。但外部耍头作成批竹昂形，内部耍头做成栱头形，乳栿入斗栱后充当衬方头，并伸出橑风槫之外，作成云头形。前檐令栱隐出于通长木方间，上承替木及橑风槫。后檐仍有令栱，上承橑檐方。正心除泥道栱外，上施柱头方三层，压槽方一层。由于此建筑为悬山顶，无转角铺作，但最外边的一朵柱头铺作外侧，泥道栱上承二层横栱，再上承柱头方与压槽方。外跳第一跳华栱头承异形栱。整组斗栱中使用横栱较少（图6-308）。

补间铺作分成三种类型，均为五铺作卷头造，未使用下昂。

（2）前檐当心间与次间補间铺作：栌斗口内出三缝华栱，即正身栱和45°斜栱，上下各两跳；在外跳正身第一跳华栱跳头上又出三缝华栱，一正两斜，同时与异形横栱相交，横栱左右伸至斜华栱跳头以外。第二跳跳头承令栱连栱交隐，当中耍头做云头形，两端耍头仍为一般耍头形式。里跳一正两斜共三缝华栱，下一杪偷心，第二跳承令栱，上承平綦方（图6-308、6-309）。

（3）前檐梢间与后檐当心间梢间补间铺作：与前檐当心间次间者基本相同，仅外跳第二跳正身华栱跳头不再出斜栱。里外跳完全对称。（图6-310）。

（4）后檐次、梢间补间铺作：五铺作出双杪，外跳第一跳华栱跳头承异形栱，第二跳承令栱，与耍头相交，耍头做云头形。令栱上承橑檐方。里跳下一杪偷心，第二杪承令栱，上承素方。令栱与栱头形耍头相交，里转五铺作出双杪，下一杪偷心，第二跳华栱上承令栱、素枋（图6-311）。

图6-308　佛光寺文殊殿外檐柱头铺作、当心间补间铺作

图6-309　佛光寺文殊殿次间补间铺作

图6-310　佛光寺文殊殿后檐当心间补间铺作

图6-311　佛光寺文殊殿后檐次、梢间补间铺作里跳

3. 装修

文殊殿使用版门四樘。前檐三樘做法相同，皆于阑额之下约60厘米位置设门额一道，下部于柱脚间设地栿一道，在门额与地栿之间安立颊和槏柱，立颊之下有木质门砧，与地栿相交。门额里侧有鸡栖木，用两枚门簪固定。木门砧与鸡栖木共同支撑版门之立轴。版门门扇用多条木板拼合而成，属"合版软门"一类，门板背后有横辐五道，正面安门钉五路，每路六枚。门扇上装有铺首。此外在门额与阑额间装有障日版，立颊与槏柱间装有余塞板。

后檐版门做法与前檐基本相同，只是因后部室外地平抬高，版门也随之上提，压掉了障日板，而使门额紧贴于阑额之下了。

文殊殿在第二次间装有直棂窗各一樘，其做法是在与门额同高的位置设窗额，窗额之下，槛墙之上，贴柱子安设窗的立颊，内安横钤立旌和窗棂 21 条，棂中间安承棂串。

文殊殿门窗构造做法与《营造法式》中小木作规定极其相似，是这时期门窗装修的珍贵遗物（图6-312）。

此外殿内还保留着雕刻精美的宝装莲瓣柱础，每个均按四正四斜方向做八瓣，瓣间空隙处再做一小瓣。瓣尖向内卷曲成半圆形轮廓，花瓣显得格外丰满肥厚，极有特色。但近世维修后已被砖铺地面覆盖（图 6-313）。

图 6-312　佛光寺文殊殿门窗装修

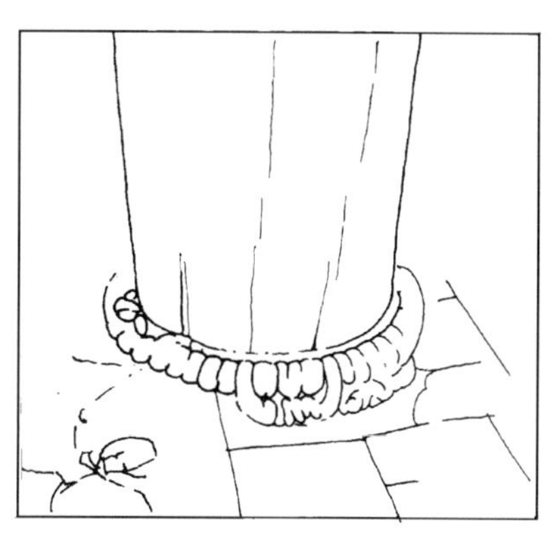

图 6-313　佛光寺文殊殿莲瓣柱础

九、山西朔州崇福寺弥陀殿

弥陀殿原为崇福寺大雄殿之后的一座殿宇，建于金皇统三年（1143 年），当时还建有观音殿，位于弥陀殿后部。据考，该寺初创于唐，重建于辽，名林衙寺，至金大规模增建后，于天德二年（1150 年）改称崇福寺，后历元、明、清各代至今。在明代曾有较大规模改建，现存寺内建筑千佛楼、文殊堂、地藏堂、钟鼓楼，皆为明洪武十六年（1383 年）建造，大雄宝殿为明成化年间建筑，并经清代重修。金代建筑仅存弥陀、观音二殿（图 6-314）。

1. 平面及立面

弥陀殿面宽七间、通面宽 41.32 米，进深四间，八架椽，通进深 22.7 米。采用单檐九脊顶。大殿坐落在 2.53 米高的台子上，四周台明比建筑宽 3.7 米。建筑开间正面当中三间相等，皆为 6.2 米。梢间比次间减少 60 厘米，开间尺寸为 5.6 米，但尽间又稍有增大，变成 5.76 米。侧面也有开间尺寸反常现象，当中两间为 5.6 米，角部两间为 5.75 米（图 6-315、6-316），建筑内部柱子虽布列成一内环，但在前金柱一缝，出现减柱和移柱做法，将五间六柱作成三间四柱，使得建筑的室内空间产生了较大变化，前部礼佛空间具有开敞的效果（图 6-317）。

2. 构架

该建筑内、外柱不同高，横向梁架属厅堂型，是常见的前、后乳栿对四椽栿形式。但只有三柱能与梁架支点对位，即前、后檐柱及金柱。

由于前金柱位置的变化，使得前金柱所在的内槽出现较特殊的纵向梁架，以解决横向梁架的支撑点问题，于是在前金柱之间，设有纵向的组合式大额，即由上下两条额方及方间斜撑、驼峰等构件组成。整座建筑对纵向梁架的处理比较重视，在山面中央金柱上加设有丁栿一道，前端架

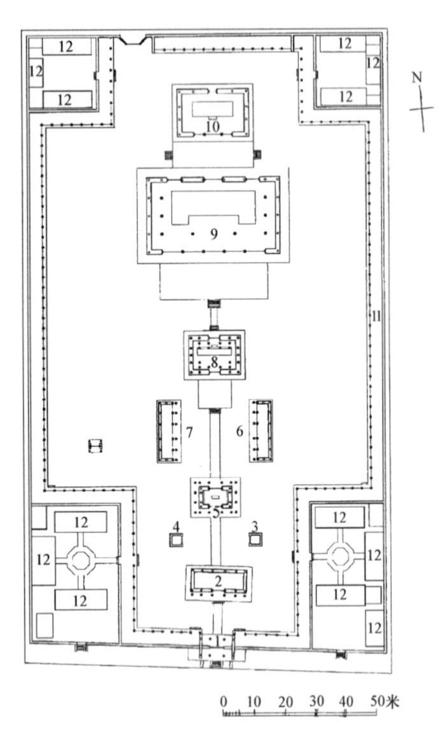

图 6-314 崇福寺总平面

1. 山门 2. 金刚殿 3. 钟楼 4. 鼓楼
5. 千佛阁 6. 地藏堂 7. 文殊堂 8. 大雄宝殿
9. 弥陀殿 10. 观音殿 11. 回廊 12. 附属用房

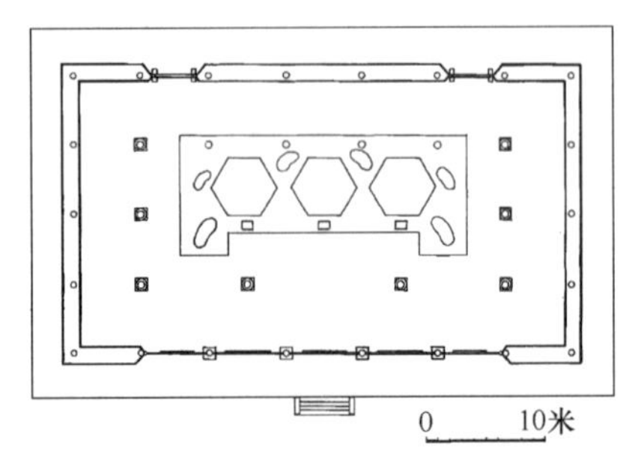

图 6-315 崇福寺弥陀殿平面

于金柱柱头，后尾置于四椽栿上。此外，在各槫缝之下皆施襻间方，正脊下用通长木方代替一般建筑上常用的替木和单材襻间，其余各槫下皆用两材襻间。

另外，其横向梁架也颇有特点，前檐乳栿，前端设于铺作层之上，后尾搭在组合式大额下层木方上，乳栿之上设驼峰、大斗、支托劄牵。劄牵后尾与大额上层相交。后檐及两山乳栿之下有顺栿串一道，自柱头铺作中的第二跳华栱位置伸出。乳栿上的劄牵插于内柱的柱头（图 6-318、6-319）。

3. 斗栱

材高 26 厘米，厚 18 厘米，栔高 10.5 厘米，相当于《法式》二等材。

（1）前檐柱头铺作：七铺作双杪双下昂，单栱造，第一杪跳头施异形栱，第二杪计心造。在 45°方向出斜华栱两缝各两杪，其上承一加长的瓜子栱及耍头。在正身第二跳跳头再出斜华栱两缝各两杪，其第二杪斜华栱上均托加长的令栱及耍头一重，铺作中耍头做批竹昂式，不但出头如此，后尾也随昂身上斜，其上铺一层衬方头，直伸至橑风槫外，出头形式为蚂蚱头，或麻叶头。铺作里转出四杪，并出斜栱同外跳。第四杪承素方及耍头，上承乳栿（图 6-320、6-321）。

（2）后檐及两山柱头铺作：七铺作双杪双下昂，第一杪出异形栱，第二杪出瓜子栱及与补间铺作连栱交隐之慢栱，第三杪偷心，第四杪上承令栱、批竹昂式耍头、蚂蚱头式衬方头，再上承替木方及橑风槫。里转出三杪，第二跳隐刻于顺栿串上（图 6-322）。

（3）前檐、两山、后檐次间之补间铺作：七铺作出四杪，无斜栱，一、三跳跳头承异形栱，第二杪承瓜子栱、慢栱，第四杪上承替木方、橑风槫及耍头。其余同柱头铺作，里外对称（图 6-323）。

（4）后檐次间及梢间铺间铺作：七铺作出四杪，带斜栱。斜栱出跳做法与前檐柱头铺作大体相同（图 6-324）。

（5）转角铺作：七铺作双杪双下昂，自栌斗口出正身华栱、斜华栱、抹角栱四缝。正身第一杪华栱承异形栱，第二杪华栱承下昂及左右两缝 45°斜华栱。其中之一长度至抹角栱上，另一条构成列栱，这种列栱在此期建筑中是为孤例。角华栱外跳出双杪双昂及批竹昂式耍头，里转出四杪角华栱。横栱皆连栱交隐。余同柱头铺作（图 6-325）。

内檐斗栱简单，内柱上自栌斗口出两层实拍栱，扶壁栱皆以柱头方隐刻泥道栱、慢栱，且未设带出跳栱的补间铺作。

4. 装修

弥陀殿仅存外檐门窗装修，前檐在当中五开间作格子门，后檐七间中有三间开版门，自心间向两侧隔间设之。前檐的五间格子门

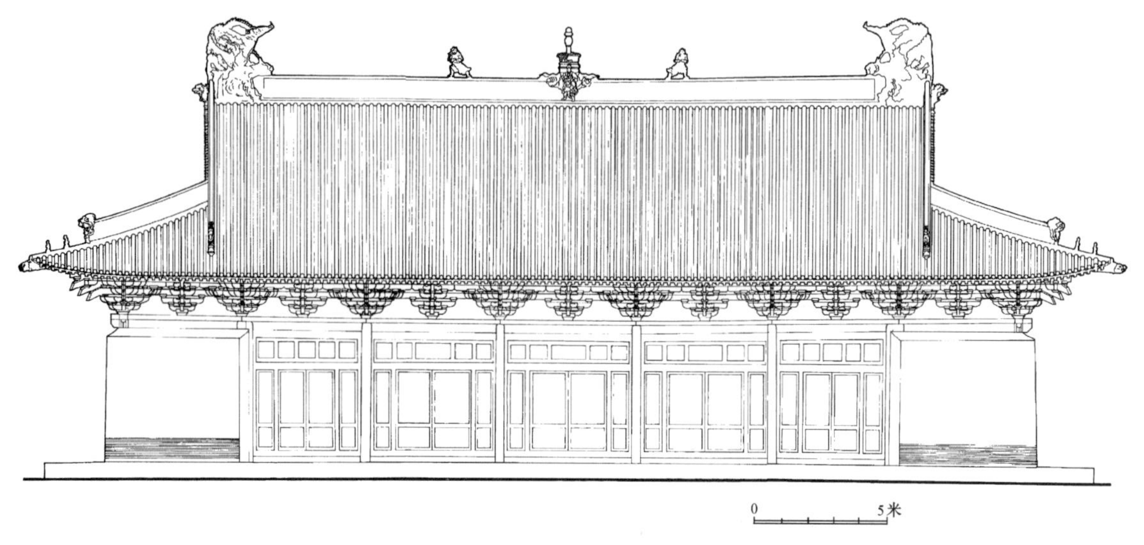

图 6-316　崇福寺弥陀殿正立面

图 6-317　崇福寺弥陀殿剖透

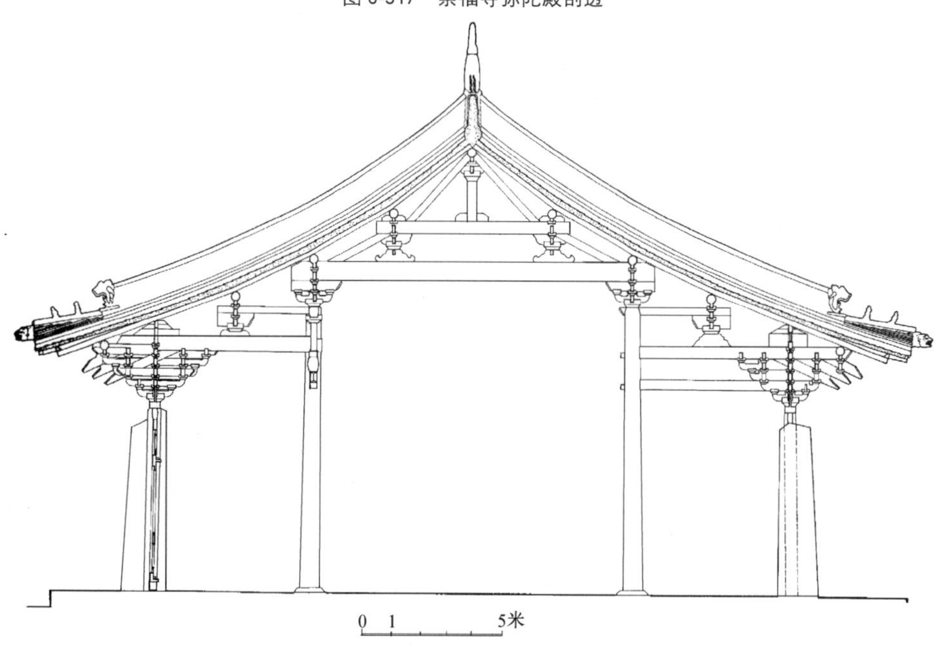

图 6-318　崇福寺弥陀殿横剖

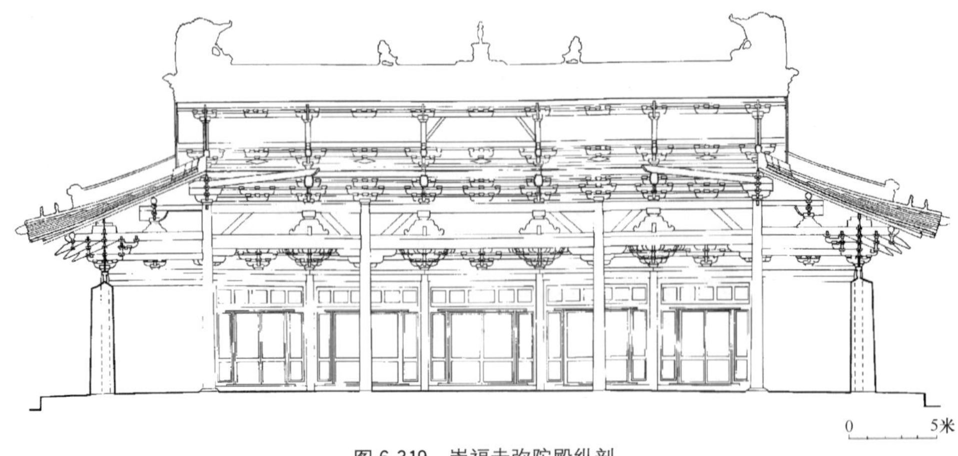

图 6-319 崇福寺弥陀殿纵剖

图 6-320 崇福寺弥陀殿前檐柱头铺作

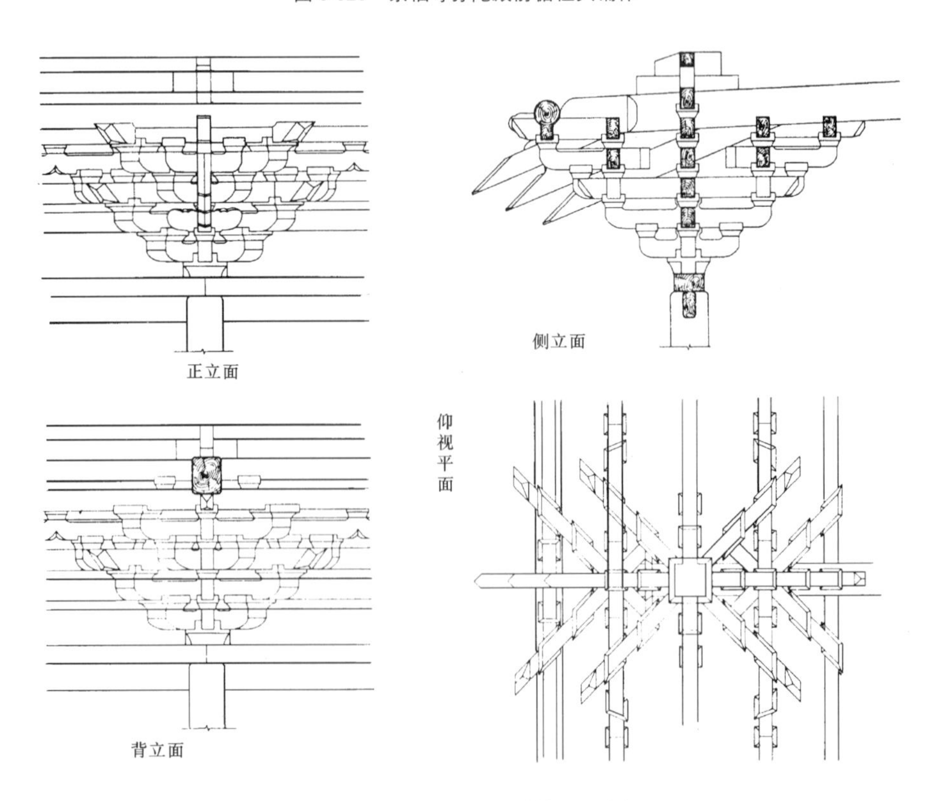

图 6-321 崇福寺弥陀殿前檐柱头铺作

图 6-322 崇福寺弥陀殿后檐及两山柱头铺作

图 6-323 崇福寺弥陀殿前檐、两山、后檐次间补间铺作

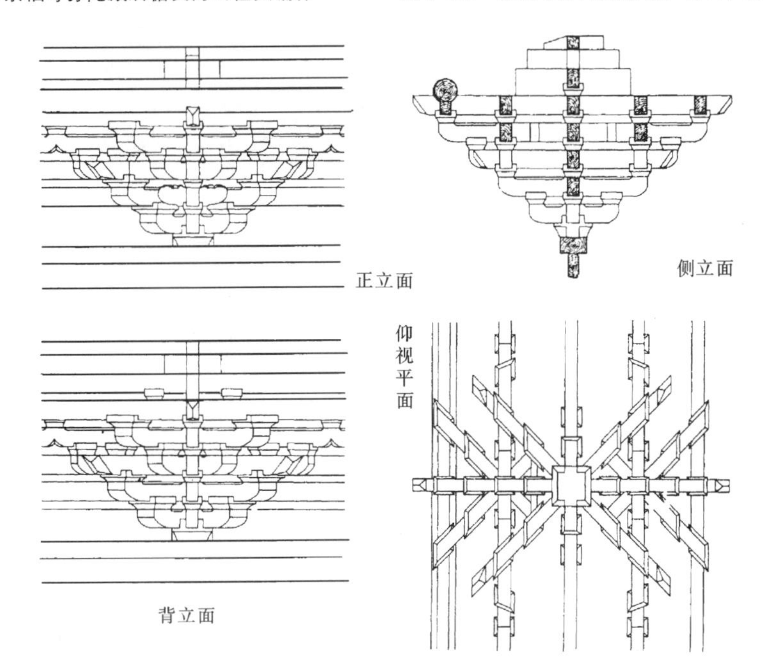

图 6-324 崇福寺弥陀殿后檐明间、梢间补间铺作

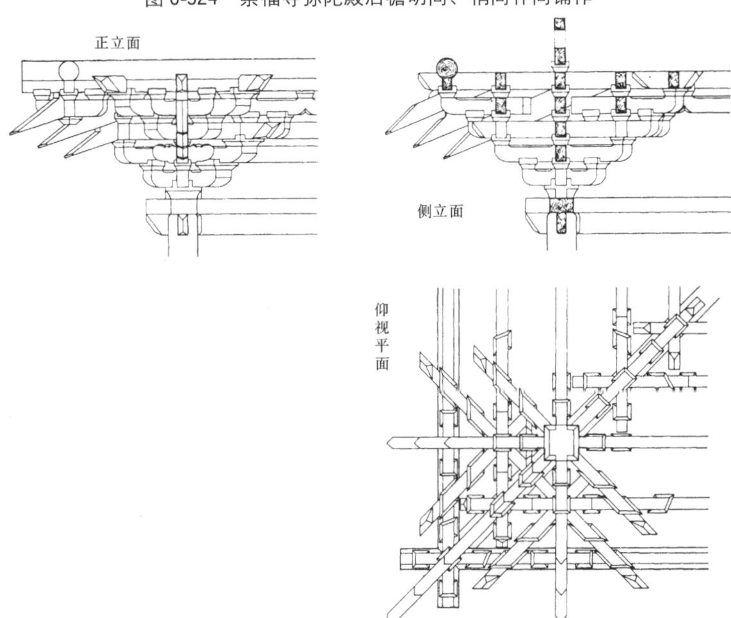

图 6-325 崇福寺弥陀殿转角铺作

总体形式相同，每樘门设有上、中门额两条，地栿一条，在上、中门额之间施格子窗一列，共五扇，当中的一扇尤宽。在中门额与地栿间施门扇，每樘四扇，中间两开扇加宽，比边扇宽一倍，边扇为死扇。每扇门施单腰串，下部装板作牙头护缝。上部为格心，门窗扇的格心做法有四斜毬纹，四斜毬纹嵌十字花，扁米字格，方米字格，簇六橄榄瓣菱花，外带条纹框簇六橄榄瓣菱花，簇六条纹框菱花，外带采出条径簇六石榴瓣菱花，三交六瓣菱花等九种形式（图 6-326～6-331）。

图 6-326　崇福寺弥陀殿门窗装修立面

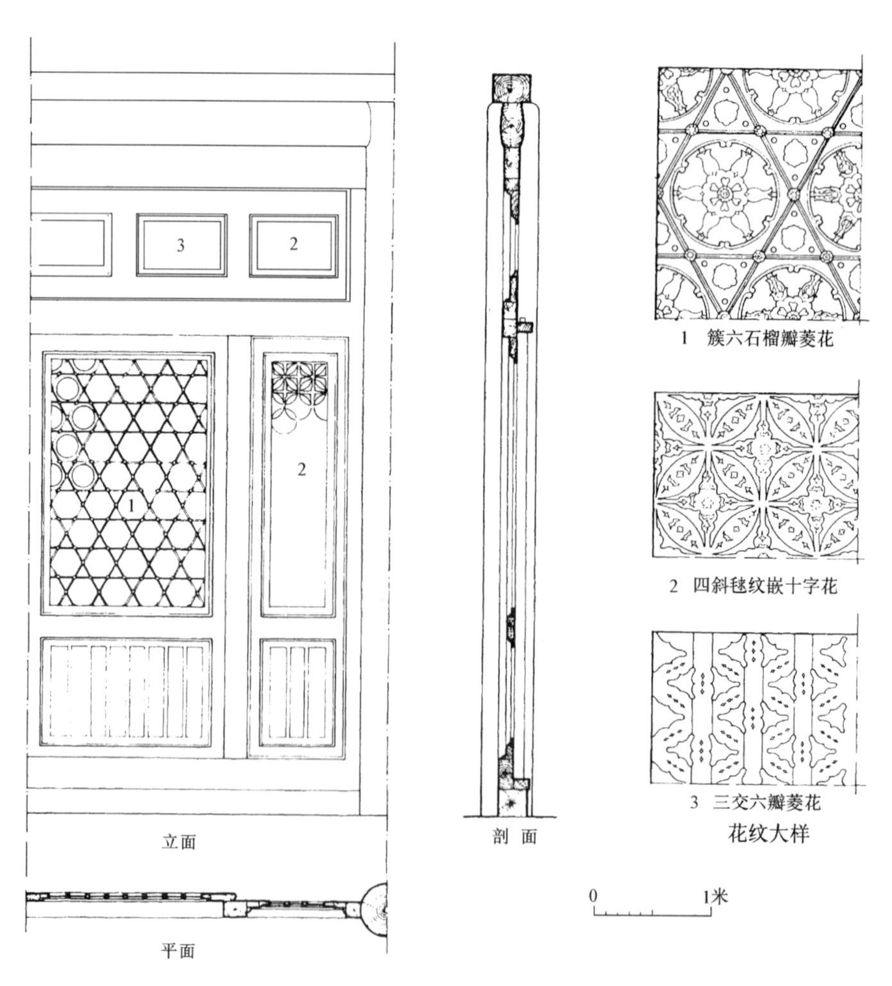

图 6-327　崇福寺弥陀殿门窗

图 6-328 崇福寺弥陀殿门窗簇六石榴瓣菱花格子花纹

图 6-329 崇福寺弥陀殿门窗四斜毬纹嵌十字花纹

图 6-330 崇福寺弥陀殿门窗三交条纹菱花

图 6-331 崇福寺弥陀殿门窗米字格花纹

格子门的花纹组合情况各不相同，成两两对称形式，当心间的横披窗格有四斜毬纹嵌十字菱花，簇六橄榄瓣菱花，其下部门扇当中两开扇为簇六石榴瓣菱花，两边死扇为四斜毬纹嵌十字花。两次间横披窗格有扁米字格，方米字格，其下部门扇当中两开扇为条纹菱花，两边死扇为簇六橄榄瓣菱花。两梢间的横披窗格有四斜毬纹，四斜毬纹嵌十字花，簇六橄榄瓣菱花。其下部门扇当中两开扇为外带条纹框簇六橄榄瓣菱花，两边死扇为簇六橄榄瓣菱花。这样以多种形式的菱花来装修一幢建筑，在传统建筑装修中是极为少见的，反映了当时工匠对菱花形式勇于探索的精神，虽然其中有些格子棂条仍然很粗很厚，透光率不高，但这正是后世精致菱花窗格的先声，它在艺术效果方面和技术做法方面都为我们研究菱花窗的发展过程留下了珍贵的遗物。

十、登封少林寺初祖庵

初祖庵位于河南省登封县城西北 13 公里处，正置中岳嵩山西麓。在少林寺西北方约两公里的玉乳峰下，是为纪念佛教禅宗初祖达摩而修建的一处佛教庵堂[53]。此庵规模不大，占地约 2600 平方米，东西宽 35 米，南北长 75 米，方向坐西北、朝东南。庵内原有山门、正殿、殿后二亭（西亭传为达摩面壁处，东亭传为祀达摩父母处）、千佛阁、配殿等，但建筑大多已坍毁，仅存宋代所建大殿及清代所建的两座小亭，直至 20 世纪 80 年代在对大殿进行保护维修的同时，复建了山门及一

图 6-332　少林寺初祖庵寺前环境

图 6-333　少林寺初祖庵大殿

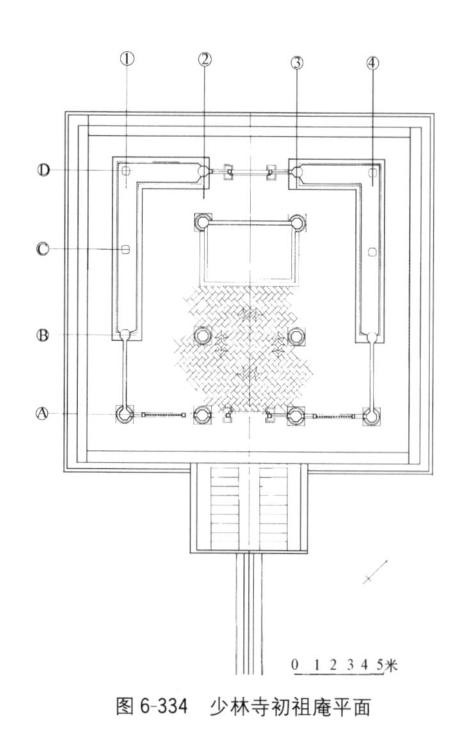

图 6-334　少林寺初祖庵平面

些附属建筑。

初祖庵所处环境极其优美，周围群山环抱，近庵处林木郁郁葱葱。山门前三面临谷，形势高险。庵内依山势起伏分成前、后院落，山门和初祖庵大殿位于前院平坦的台地上。前院内除这两座建筑之外还有一棵古柏，位于殿的东南，传说为禅宗六祖慧能为纪念达摩所植。这株古树与历尽千载的古殿，烘托出浓厚追忆禅宗初祖达摩的纪念性环境气氛（图 6-332）。

初祖庵始建年代不详，现存大殿西山墙上所嵌宋大观元年铭记"达摩旧庵堙废日久……"可知在宋大观以前已经存在。而大殿的建造年代为宋宣和七年（1125 年），这有该殿前槽东内柱上所刻捐赠题记为证。[54] 此后虽有若干次维修，但仍保持着宋代建筑原貌。

1. 初祖庵大殿平面及立面

大殿平面近方形，面宽三开间，通面宽 11.14 米，进深三开间通进深 10.7 米。外观采用九脊顶，正、背面当心间施板门，正面两次间用直棂窗，侧面前次间施木板壁，余皆砌墙。整个建筑坐落在一米高的石砌台基之上。台基仅于前面出踏道，后部室外地平升高，台阶只有一步之差（图 6-333～6-336）。

大殿室内设有前、后内柱各两棵，后内柱稍向后移，与山面柱子不对位，以便放置佛坛。该殿柱子皆用石材，露明者做八边形断面，埋入墙内者做方形抹角。八边形柱径 48 厘米，当心间柱高 353 厘米（含础高 12 厘米）柱高与柱径之比为 7∶1，至角柱生起 7 厘米。柱侧脚正侧两面均为 9 厘米，相当于柱高的 2.5%。

2. 构架

大殿采用彻上明造，由于后内柱向后移动了半架左右，使得构架出现了较为特殊的形式，从内外柱同高的特点看，大殿构架可归属为殿堂式构架一类，虽有的柱子不在椽架中线上，三椽栿却仍延伸到了下平槫中线下部，从而省去了后部的劄牵，而后部乳栿长度只有一个半椽架。使得这座六架椽的构架形成了前、后乳栿对三椽栿的特殊形制。同时在前内柱之上另立短柱，直达平梁之下，靠这根短柱承托前槽的乳栿、劄牵、三椽栿、平梁。后部于乳栿中间立蜀柱承三椽栿。在构架中上下使用了两重三椽栿，下层的与后乳栿互相重叠。两重三椽栿间并有鼪笠驼峰垫托。构架中仅脊槫有叉手支顶，其余各槫未用托脚，有不稳定之感。构架纵向联结构件主要是襻间、串、额等。在脊槫下使用单材襻间，心间襻间与梢间者隔间相闪。在平梁上的蜀柱间并有顺脊串，上平槫下的蜀柱柱头间也有前后两条串，内柱柱头间有内额及正心方等。此外，为承山面出际，于丁栿上立蜀柱，架平梁及阖头栿。

构架中石柱及额方采用规整的形式，而所有大梁皆采用天然木料制作，粗细弯曲任其自然（图 6-337、6-338）。

大殿屋顶坡度较陡，前后橑檐方中线水平距离为 11.96 米，屋顶总举高为 3.75 米，相当于前者的 1/3.18。屋顶虽经后世重修，但山面博风、悬鱼，曲脊等做法尚不失宋风。瓦件多已非原物，只有少量兽面勾头和花边瓪瓦形制古朴，可能仍为宋瓦遗物。悬鱼的年代据墨书题记为咸丰八年（1858 年）补配。

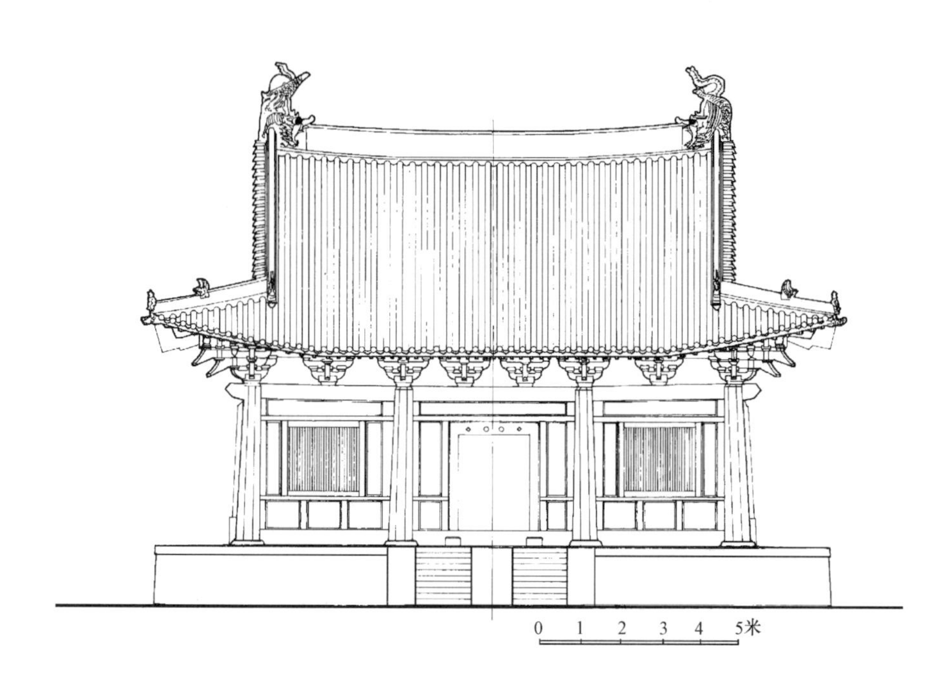

图 6-335 少林寺初祖庵正立面

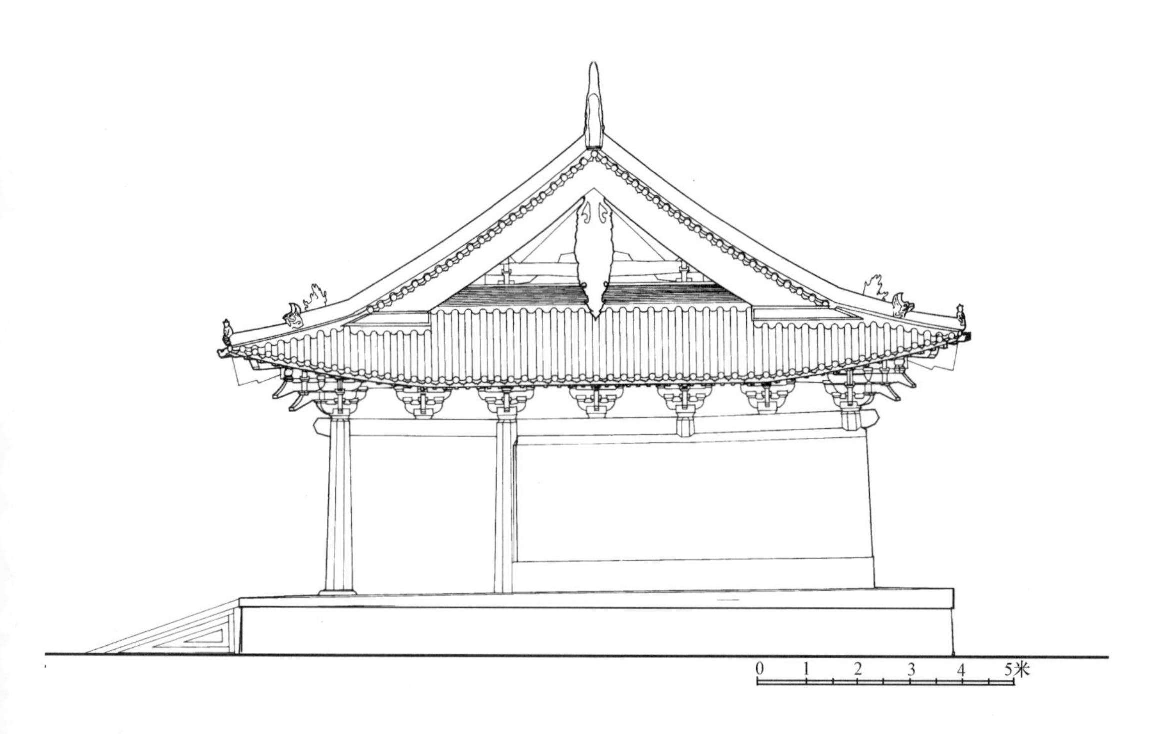

图 6-336 少林寺初祖庵侧立面

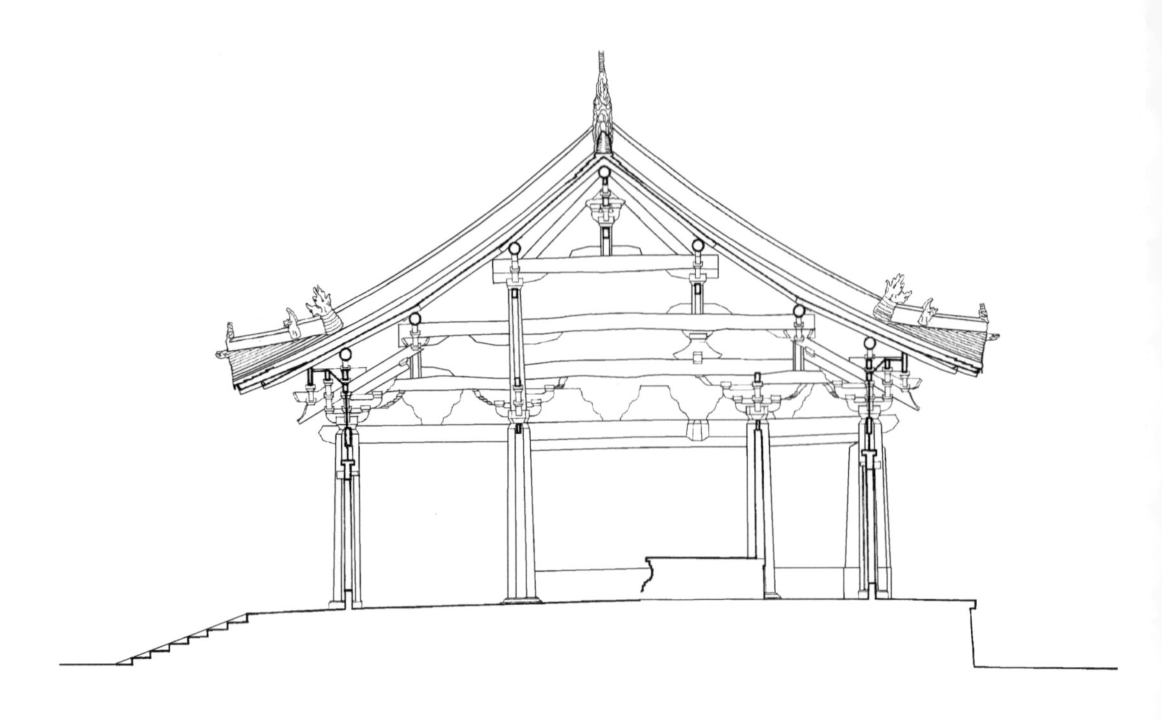

图 6-337 少林寺初祖庵横剖面

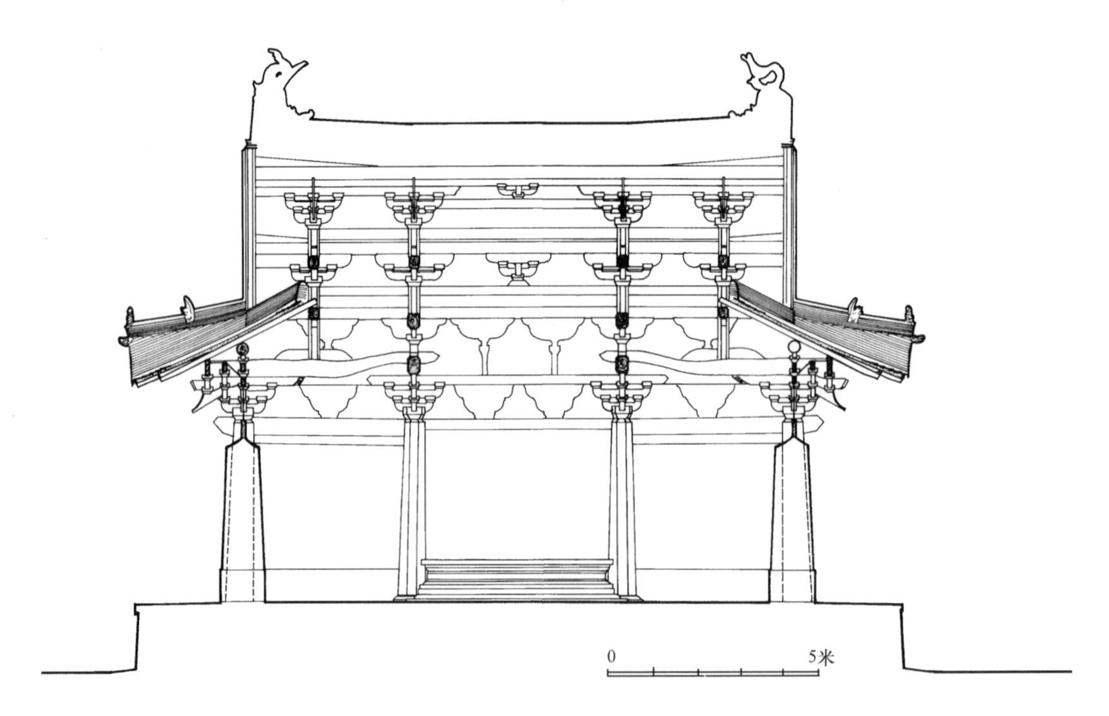

图 6-338 少林寺初祖庵纵剖面

3. 斗栱

大殿共有斗栱 3 种，用材尺寸为 18.5 厘米×11.5 厘米，栔高 7 厘米，约合《法式》六等材。斗栱主要分布于外檐，在内部只有内柱柱头使用了斗栱。外檐斗栱除正、背面当心间用双补间之外，余皆用单补间。

（1）外檐柱头铺作：五铺作单杪单下昂，下昂作插昂，重栱计心造，里转四铺作出单杪偷心造，上承楷头。铺作中除楷头为足材外，华栱、慢栱，令栱皆作单材，楷头前半部为华头子，承插昂，后半部承梁，端头作蝉肚式，比里跳华栱长出 74 分°。柱头铺作所承乳栿或丁栿入斗栱后做成耍头，但这里的耍头与一般建筑中的斗栱做法不同，在外露于令栱之外的部位做成单材，自令栱以内，截面高度渐变，直至慢栱里侧变成梁高，至正心方后截面宽度也不再受斗栱材宽限制，断面尺寸变成28厘米×22厘米。柱头铺作皆用圆栌斗（图6-339）。

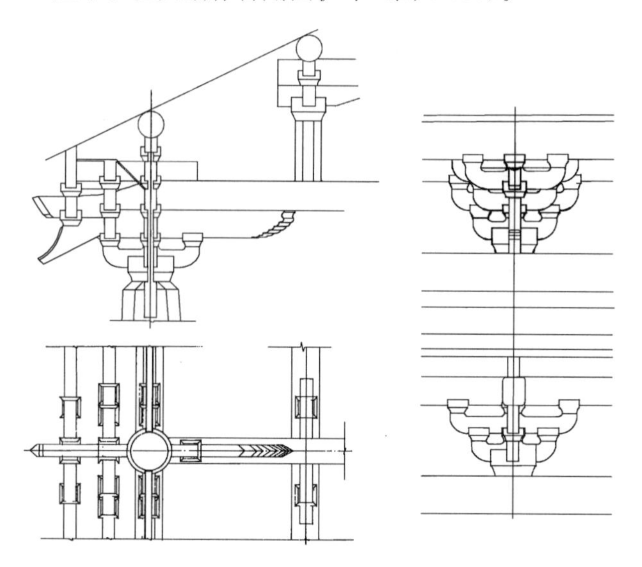

图6-339　少林寺初祖庵外檐柱头铺作

（2）外檐补间铺作：五铺作单杪单下昂，里转五铺作出双杪，重栱计心造。下昂后尾上撤下平槫，挑一材两栔，即一横栱，上下各施一斗。横栱之上并施替木。昂尾下紧贴挑斡及靽楔。栌斗用方形讹角斗（图6-340）。

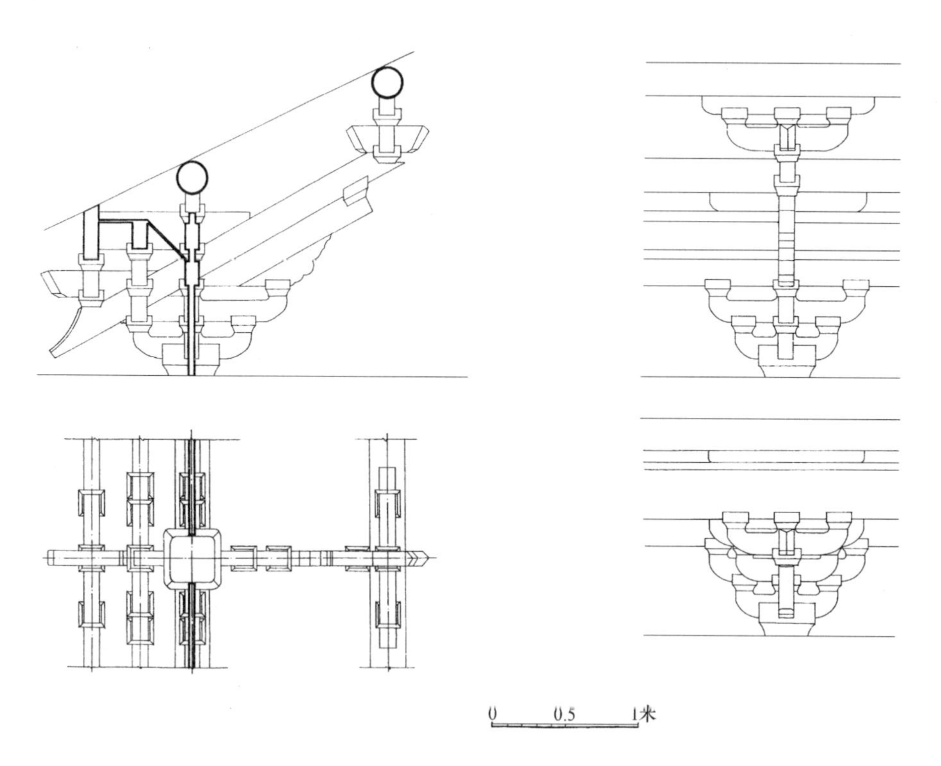

图6-340　少林寺初祖庵补间铺作

（3）转角铺作：五铺作单杪单下昂，重栱计心造，在45角方向出角华栱一缝，里转仅角华栱两跳。外跳列栱齐全，华栱与泥道栱出跳相列，下昂后尾取平与泥道慢栱出跳相列，瓜子栱与小栱头出跳相列，慢栱与切几头出跳相列，令栱做鸳鸯交首栱与瓜子栱出跳相列。角华栱上承角昂及由昂，皆做平昂，角昂里转后成第二跳华栱，由昂里转后成耍头，并于跳头施异形栱，上承角梁尾（图6-341）。

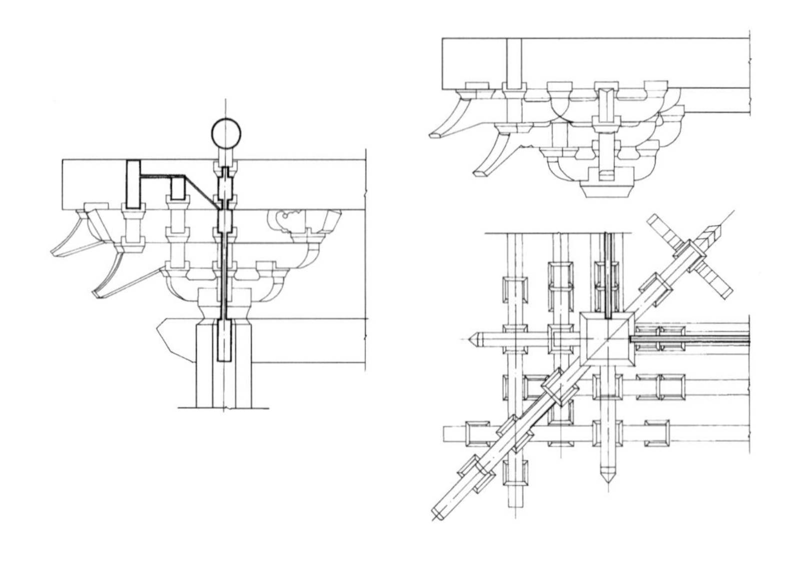

图 6-341　少林寺初祖庵转角铺作

（4）内柱柱头铺作：从殿身横剖面看，外跳出单杪，上承楷头，里跳出双杪，上承楷头及三椽栿。从殿身纵剖面看前内柱斗栱向室外的一面出单杪上承楷头，向内的一面出双杪，上承木方。后内柱内外皆出双杪，上承木方及要头形的方子出头。内柱铺作皆为偷心造，栌斗讹角（图 6-342、6-343）。

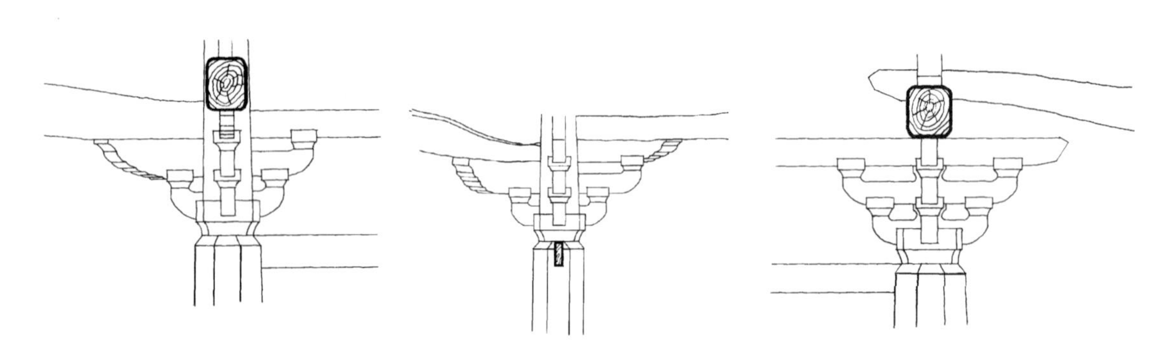

图 6-342　少林寺初祖庵前内柱柱头铺作　　图 6-343　少林寺初祖庵后内柱柱头铺作

此外，在脊槫蜀柱上施丁华抹颏栱一组，脊槫襻间下使用横栱两重承托，上平槫下并有一组令栱，充当补间斗栱。

4. 大殿石刻

大殿石柱雕饰独具特色，外檐露明的八根正八边形石柱，上下略带收分，柱头处向内抹成斜面。每柱八个面中除与墙或装修相接的各面之外，皆施压地隐起雕饰。每面于四周留边框 2.5 厘米，上端留出一段做如意头，下端留出一段做卷草纹，以双线拦出，中部则做枝条卷成式图案。枝条自下部仰覆莲中生出，向上延伸，在翻卷的花叶之间时而出现化生童子、孔雀、飞凤、嫔伽、舞乐人等。花卉品类有牡丹花、宝相花、莲荷花、海石榴等（图 6-344～6-347）（详见表6-18）。

内柱四棵亦作雕饰，但题材手法不同，八个面无明确边棱，采用剔地起突手法雕成，前内柱向外的部分雕天王执剑与降龙，向内的部分雕云卷夹双凤。后内柱向后的一面雕天王执杵及嫔伽，背面雕降龙。

图 6-344 少林寺初祖庵前檐 A-1 石柱雕饰图

图 6-345 少林寺初祖庵前檐 A-4 石柱雕饰图

此外，在墙身下半裙墙部分，内外皆有浅浅的压地隐起式浮雕，题材皆用水浪内间鱼、龙、狮、兽、人物等。

少林寺初祖庵虽是一座规模不大的殿堂，但却有很高的文物价值，它的建造年代几乎与《营造法式》一书的成书年代相同，因此它的技术造作和装饰手法，可以算是对《法式》规定制度的注解。尽管工匠就地取材，使用天然木料做成梁栿，但在诸多结构处理手法上却均按《法式》要求完成。首先看斗栱，《法式》有"如柱头用圆斗，补间铺作用讹角斗"之规定，初祖庵为遵守此项规定的惟一孤例。又如斗栱的分布规律，也是按《法式》要求"当心间用补间铺作两朵，次间及梢间各用一朵"做的。再有补间铺作斗栱后尾交待，采用了"若屋内彻上明造……挑一材两栔（谓一栱上下皆有斗也）"的做法，更是完全忠实于《法式》的制度。斗栱中出跳尺寸及栱、昂单件尺寸也与法式规定基本相同，如华栱第一跳出 30 分°，第二跳出 28.5 分°，《法式》两者皆为 30 分°。又如泥道栱长 62.6 分°，瓜子栱长 62 分°，《法式》两者均为 62 分°。慢栱长 93 分°，比《法式》规定长 1 分°。令栱长 73.3 分°，比《法式》规定长 1.3 分°，华栱长 71.1 分°，比《法式》规定短 0.9 分°。在手工操作的施工条件下能达到这样的程度应认为是基本符合《法式》规定的。

图 6-346　少林寺初祖庵后檐 D-2 石柱雕饰图

图 6-347　少林寺初祖庵后檐 D-3 石柱雕饰图

初祖庵大殿石柱石刻雕饰题材一览表　　表 6-18

部位		编号	内容	
前檐柱	A轴1	*a*	柱西面	牡丹花
		b	柱南面	牡丹花内间孔雀二
		c	柱东南面（正面）	莲花内间化生童子，鹅二，上下相间排列
		d	柱东面	海石榴花内间化生童子五
	A轴2	*a*	柱南面	牡丹花内间化生童子二，凤二，上下相间排列
		b	柱东南面（正面）	海石榴花内间舞乐人，正中为舞蹈者，其余四人手持乐器自上至下依次为钹，鼗牢（?），笙，排筲
		c	柱东面	牡丹花内间化生童子四
		d	柱北面	牡丹花内间化生童子一
		e	柱西北面	宝相花内间化生童子一
		f	柱西面	牡丹花
	A轴3	*a*	柱南面	牡丹花内间化生童子二
		b	柱东南面（正面）	海石榴花内间舞乐人三，手执乐器自上而下依次为琵琶、筲（?），拍板，最上为明代刻字“嘉靖癸未冬十月曲阜鲍继文谒”
		c	柱东面	牡丹花内间嫔伽二（人首鸟身）
		d	柱北面	牡丹花
		e	柱西北面	宝相花内间化生童子二
		f	柱西面	牡丹花
	A轴4	*a*	柱南面	牡丹花内间化生童子五
		b	柱东南面（正面）	海石榴花内间化生童子五
		c	柱东面	牡丹花内间凤二，化生童子一
		d	柱北面	牡丹花

续表

部位		编号	内容	
后檐柱	D轴2	*a*	柱北面	卷草内间化生童子二
		b	柱西北面（正面）	牡丹花内间化生童子一，鸳鸯二，自上而下相间排列
	D轴3	*a*	柱西北面（正面）	宝相花
		b	柱西面	牡丹花
西南山墙柱	B轴1	*a*	柱南面	牡丹花
		b	柱东北面	宝相花
		c	柱东面	牡丹花
东北山墙柱	B轴4	*a*	柱东面	卷草
		b	柱东北面	牡丹花内间二童子（仅具粗形，未刻完）
		c	柱南面	牡丹花
		d	柱西南面	牡丹花
内柱	B轴2	*a*	柱正面（前）	执剑天王一，下部降龙
		b	柱背面（后）	双凤对舞、云卷
	B轴3	*a*	柱正面（前）	执剑天王一，下部降龙，上有大宋宣和七年刻字
		b	柱背面（后）	双凤对舞、云卷
	C轴2	*a*	柱正面（后）	执金刚宝杵天王一，上部嫔伽一
		b	柱背面（前）	降龙一
	C轴3	*a*	柱正面（后）	执钺天王一，上部嫔伽
		b	柱背面（前）	升龙一

佛台四周束腰位置也有雕饰，题材为山水、花树、楼阁之类（详见表6-19）。

初祖庵大殿裙墙及佛雕饰题材一览表 **表6-19**

编号	部位	雕刻内容
①	东北山面墙	水浪纹内间龙四（其中一龙衔蛇），鱼一
②	后檐墙左侧	水浪纹内间山羊一，鱼四，人身鱼尾童子一
③	后檐墙右侧	水浪纹内间力士一，小龙一，蟾蜍一，象一
④	西南山面墙	水浪纹内间云卷，龙五（升、降、行、游，姿态各异）海螺、海龟等海中小动物
⑤	内檐东北面墙	水浪纹内间海马，山羊，骑鹿仙人，殿阁，升龙，降龙，行龙，仙人童子各一
⑥	内檐后墙左侧	水浪纹内间官人一，力士二，侍者二
⑦	内檐后墙右侧	水浪纹内间鱼一，力士一，官人一，侍者二
⑧	内檐西南面墙	水浪纹内间仙人三（坐、立、老各一），力士一，龙一，麒麟一
⑨	佛台正面束腰	卷草内间四狮（二直毛，二卷毛）
⑩	佛台东北面束腰	卷草，双狮，正中绣球一
⑪	佛台西北面束腰	山水树木，殿，塔，亭，桥，车，船，樵夫
⑫	佛台西北面束腰	卷草内狮兽相斗

注[55]：表6-18、6-19皆引自祁英涛《对少林寺初祖庵大殿的初步分析》，《科技史文集》第2辑，上海科技出版社，1979年10月

构架的做法和构架尺寸，也有诸多与《法式》规定相同之处，如．丁栿后尾搭在三椽栿或前内柱上的做法；襻间隔间上下相闪的做法；角柱生起做法；平梁、叉手、蜀柱，丁华抹颏栱的做法；以及柱径、檐出、椽径、橑檐方尺寸等也都按《法式》规定做出。当然，也有明显与《法式》不符之处，如梁用自然材，断面小于《法式》规定，阑额尺寸也小，这可能是受财力限制，不得已而为之的结果。

另外，在雕饰方面，初祖庵也可称得上是忠实于《法式》的重要实例，从题材选择上看，如花纹品类；花纹间以动物、人物；雕刻形制等方面，均与《法式》记载相同。而且雕刻的技艺也

达到了相当高的水平。十二根有雕刻的内、外柱，出现几十幅画面，每幅花叶安排，人物穿插都非常生动，无一雷同。例如在牡丹花、海石榴、莲荷花之间时隐时现的化生童子姿态各不相同，有的双手抓着枝干上攀；有的骑在枝干上四望；有的用双臂各缚一枝；有的手脚并用，成四肢合抱状；有的端坐莲芯；个个生动、天真、栩栩如生。在每一雕饰面上童子之数不等，多者有五个，少的只有一个，有的画面不出现童子，童子雕饰多在正面的前檐柱中（图 6-348）。当心间的两棵柱正面均雕有海石榴花间舞乐人，也是工匠精心之作，其中的海石榴花瓣不同于其他几处的牡丹、莲荷等，未采用的写生花卉的自然状态，而是更加程式化的花瓣，每瓣夸张成涡卷状，瓣瓣都经过认真地推敲，但每一朵花的姿态又全然不同。其间的舞乐人舞姿轻盈，飘带翻卷，伴奏者则个个端坐，手持乐器（图 6-349）。对于动物的雕刻也很生动，最有特色的是凤凰，在 A 轴②号柱和 A 轴④号柱上都采用了牡丹花间凤凰和童子的题材，两凤一上一下，上部的朝下飞舞，长尾上飘，下部的腾空而起，长尾摇曳，体现着几分浪漫的气息（图 6-350）。

图 6-348　少林寺初祖庵前檐 A-1 柱的童子雕饰

图 6-349　少林寺初祖庵前檐 A-2 柱的舞乐人雕饰

图 6-350　少林寺初祖庵前檐 A-2 柱的凤凰雕饰

内柱雕饰手法与外柱不同，八角形的轮廓只体现于柱头和柱脚，柱身的八个棱面则浑然一体，随雕饰起伏，只可分出正面和背面。其正面皆刻一手执宝剑而立的天王，天王头上有降龙，天王脚踩云朵。背面则刻有云朵及双凤对舞。天王各部匀称，造型威武雄壮，尺度与真人大小相近，采用压地隐起手法雕成，利用柱身本身的转折面来表现人物的立体造型，手法异常巧妙。

此外，对室内外的裙墙和佛坛上的石雕处理手法得体。裙墙上的雕饰不似柱上的那么突起，以大片的水浪纹为主，中间隐出动物、人物，整个墙面雕饰概括简练。佛坛束腰雕饰中的双狮滚绣球、山水人物画等皆作得轻松自如。

十一、河北涞源阁院寺文殊殿

1. 文殊殿创建年代

涞源位于河北省中部，北京的西南。该城历史悠久，秦称广昌，汉改称飞狐，辽属蔚州，仍称飞狐县，近世改称涞源。阁院寺位于县城西北，寺内现存建筑有文殊殿、天王殿、藏经楼、钟楼等。其中只有文殊殿形制古朴，等级规格高，其他建筑形制简约，皆为明、清以后所建（图 6-351）。关于寺的建造年代和历史，有以下一些记载：

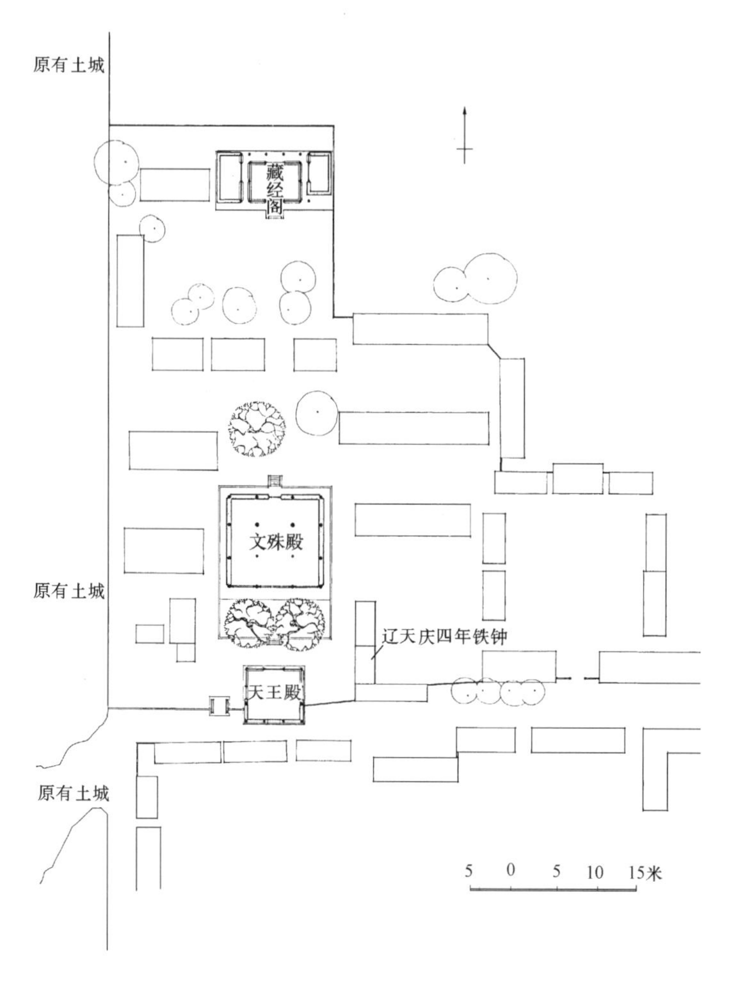

图 6-351 阁院寺寺院总平面

①清光绪年间县志：“阁院禅林，……俗称大寺，东汉时创建，唐时重修……”

②明成化二十三年重修阁院寺碑记：“……汉朝初盖圣像，大唐齐修梵刹，宋时重建……”

③明隆庆二年重修碑记：“涞源为燕云之重地，殿为辽、元补葺之”。

另于大殿之内还有若干重修题记；西四椽栿下有“维大元泰定……重修”；脊方下有嘉靖丙午重修；三椽栿下有“正德二年补修”等多款。

从上述记载看，寺的创建年代没有确凿的史料，而对于文殊殿的建造年代更无确切的记载，从殿前现存的辽应历十六年（966年）残幢和钟楼内所存的辽天庆四年（1114年）铁钟等史料推测，对照建筑本身构件的形制特征，综合分析，寺院在辽代有过大规模的建设活动。文殊殿为一座辽代建筑，但它比辽代经幢的年代要晚，可能接近于上述辽铁钟的年代。大殿经过后世“重修”、“补修”，殿上所存各种历史信息并非均为辽代遗物，例如彩画的时代比建筑结构的年代要晚得多。

2. 文殊殿平面、立面

文殊殿面宽、进深皆为三间，通面宽16.00米，通进深15.67米，整座大殿坐落在0.6米高的台基上，殿周围台基宽2.00米，殿前有9.10米宽的月台。文殊殿外观宏伟、壮观，殿身檐柱高5.3米，采用卷头造五铺作斗栱，最上覆以单檐九脊顶。南立面三间均做格子门，门上开横披窗，门窗格子仍为辽代原物，十分珍贵。北立面仅当心间设一版门，两次间及两山皆为厚约80厘米的夯土墙，墙下距地60厘米处设墙下隔减（图6-352～6-356）。

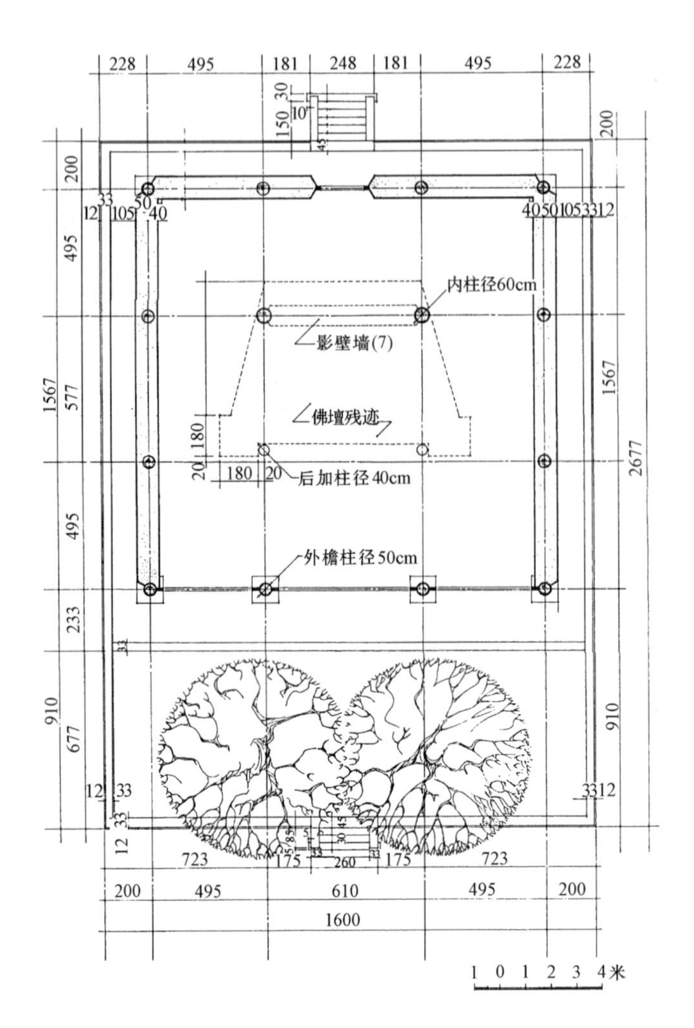

图 6-352 阁院寺文殊殿平面

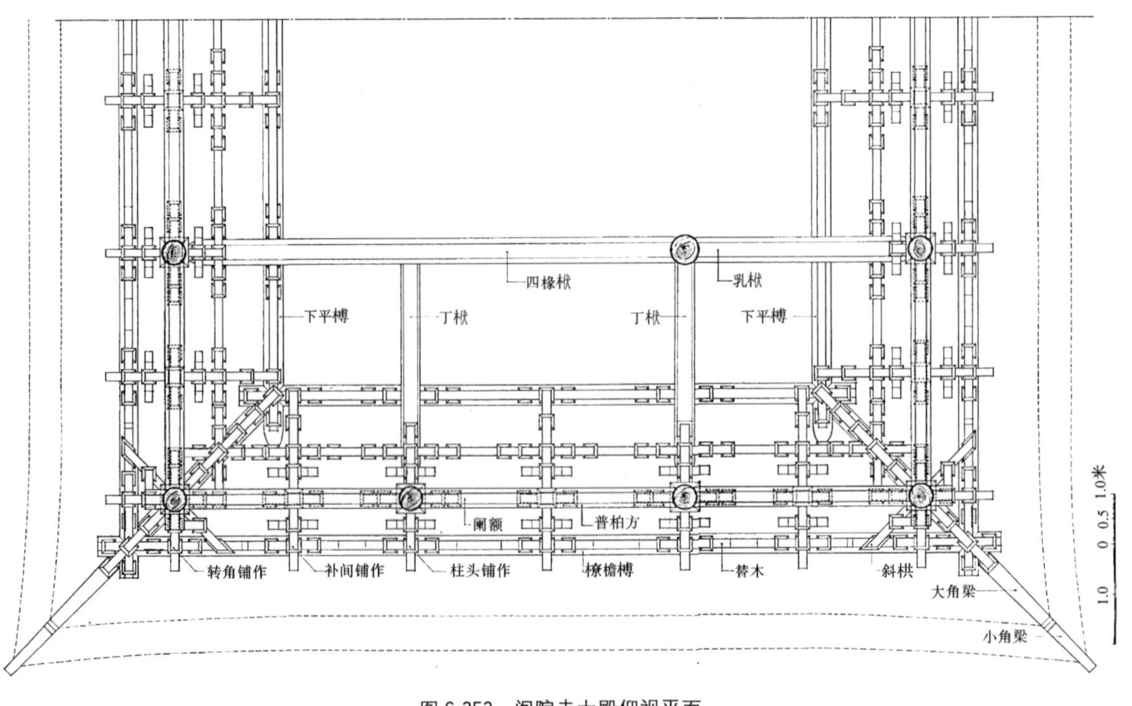

图 6-353 阁院寺大殿仰视平面

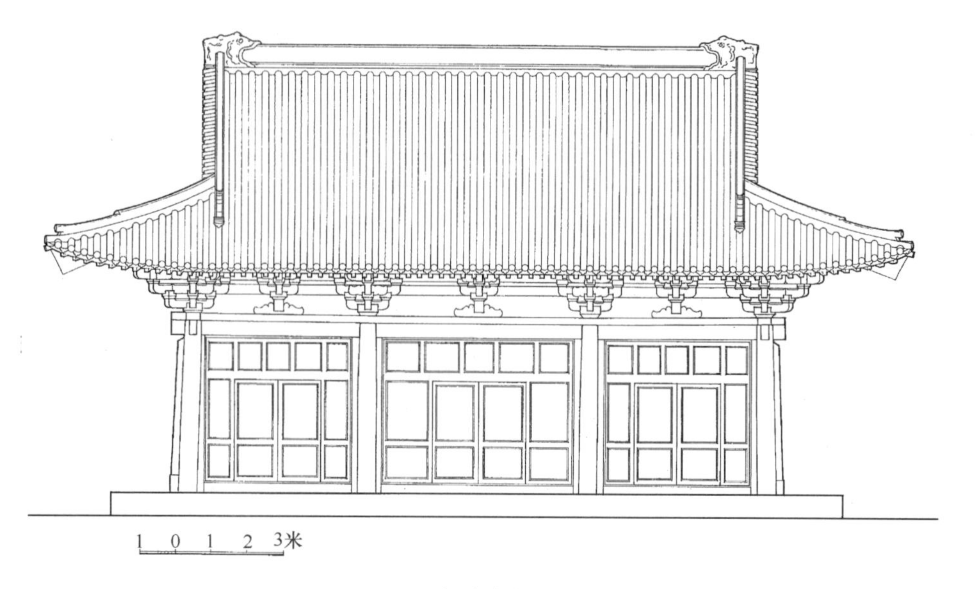

图 6-354　阁院寺大殿正立面

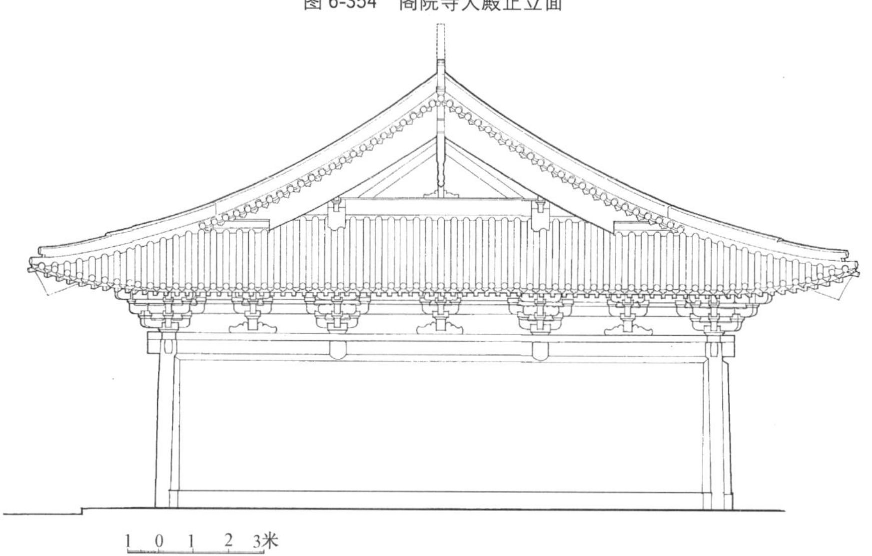

图 6-355　阁院寺大殿侧立面

图 6-356　阁院寺大殿背立面

3. 构架

大殿采用厅堂式构架，两榀主要梁架为六架椽屋乳栿对四椽栿用三柱形式（图 6-357、6-358），内柱直抵上平槫之下。各层梁栿做法无统一规则，乳栿、劄牵和平梁之下均设有随梁方。而主要承载的四椽栿、三椽栿下并无随梁方，且断面高度与乳栿和劄牵相同。四椽栿仅在靠近外檐斗栱的部分，梁上设有一条短短的缴背，以承下平槫及槫下栱方。可见梁栿断面的确定并未从力学方面考虑，带有随意性。此外，于次间丁栿和劄牵之上，另有两榀平梁梁架，以承九脊顶的出际。构架的纵向联结构件主要是设于平梁两端的襻间方，上下共三条，在有内柱的一端，其中最下一条方子充当了内柱上的内额。山面设有丁栿和劄牵。在同样规模的辽代建筑中，只有它采用厅堂式构架。

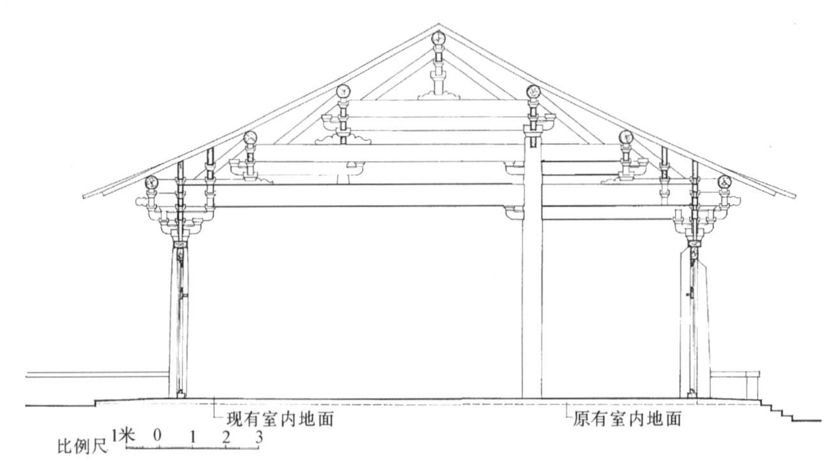

图 6-357　阁院寺大殿横剖面

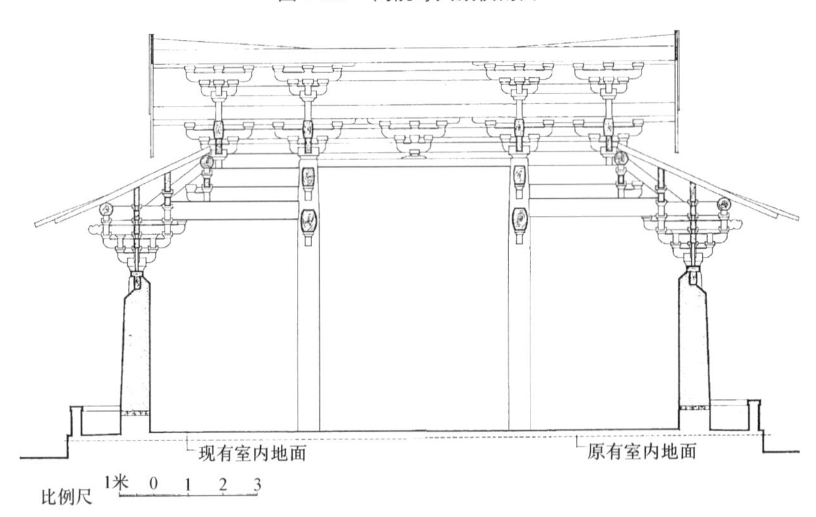

图 6-358　阁院寺大殿纵剖面

4. 斗栱

斗栱仅用外槽一周，各间皆用单补间，内柱柱头间只有随襻间使用的横栱。材高 26 厘米，宽 17 厘米，栔高 14 厘米，相当于《法式》中的二等材。

（1）柱头铺作：共有三种不同做法：

1）前檐柱头铺作：外跳出双杪五铺作计心造，第一跳华栱头承异形栱，第二跳华栱头承令栱与充当异形耍头的梁头相交，上承替木及撩风槫，里转出双杪，下一杪偷心，第二跳承绞栿重栱及素方两重。扶壁栱作泥道栱，上承三重柱头方（图 6-359）。

2）后檐柱头铺作：外跳同上，里转出一杪，跳头承异形栱，与随梁方相绞，绞栿栱依然保留在相应位置，扶壁栱不变（图 6-360）。

图 6-359 阁院寺大殿前檐柱头铺作

图 6-360 阁院寺大殿后檐柱头、补间铺作

3）山面檐柱柱头铺作，外跳同上，里转出三杪，第一跳华栱头承异形栱，第二跳华栱头承重栱，第三跳华栱头直接托着丁栿。丁栿入斗栱后充当衬方头，前伸至橑风槫，扶壁栱不变（图 6-361）。

（2）补间铺作：栌斗位置比柱头铺作升高一跳，下部垫驼峰，立蜀柱。外跳出双杪，第一杪华栱头承异形栱，第二杪华栱头承替木及橑风槫。里转出四杪，直至下平槫，第一杪承异形栱，第二杪承单栱及素方两重，第三杪偷心，第四杪承替木及下平槫（图 6-362）。

图 6-361 阁院寺大殿山面柱头、补间铺作

图 6-362 阁院寺大殿外檐补间铺作

（3）转角铺作：外跳于正侧两面各出双杪并计心，与柱头铺作不同的是异形栱以瓜子栱代之。于 45°方向斜出角华栱一缝，共三杪。泥道栱与华栱相列，瓜子栱伸至角华栱止，未做列栱。令栱与小栱头分首相列。另有抹角栱一缝，与第三跳角华栱于柱中心正交后伸至橑风槫。这一做法与独乐寺山门的转角铺作相同。里跳仅出角华栱五跳，直至下平槫交点的襻间方下。外跳耍头和衬方头伸至里跳角华栱后与瓜子栱及慢栱相列（图 6-363、6-364）。

5. 门窗装修

目前文殊殿前檐三开间的门窗装修仍保留着一些早期的格子门窗，其格子门采用单腰串做法，格心部分与下部障水版部分成 2∶1 的比例。格心纹样皆做四斜方格眼。门额上部的一排横坡窗，也为格子窗。格子形式多样，布局两两对称，有四斜毬纹，四斜毬纹上出条经，簇六毬文，簇六套六方，米字格等多种式样，但所有花格棂条皆较粗宽、透光率较低，这正是格子门作为细木装修发展过程的珍贵记录。（图 6-365～6-371）。值得研究的是门扇上的格子非常简单，与窗格不配套，似为后世修改重装。

图 6-363　阁院寺大殿外檐转角铺作

图 6-364　阁院寺大殿内檐转角铺作

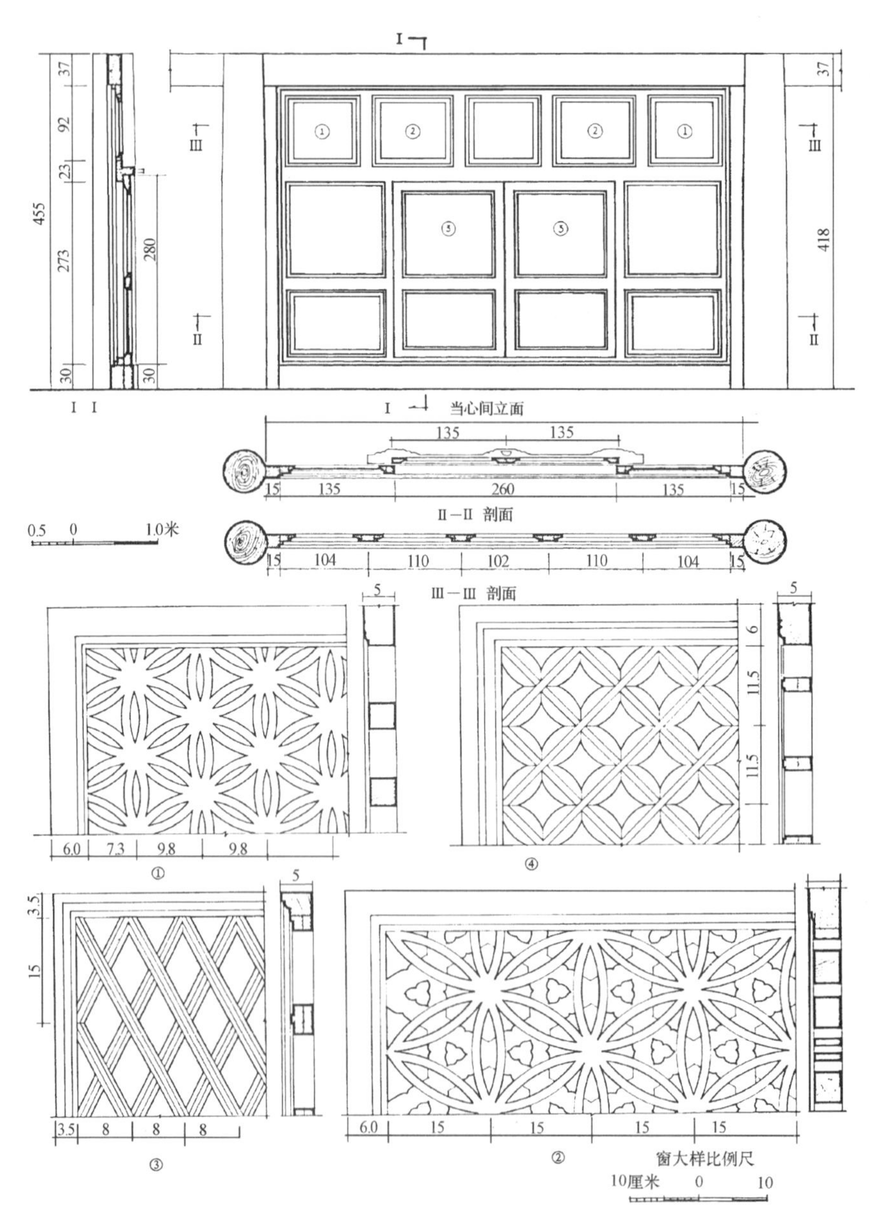

图 6-365①　阁院寺大殿门窗大样之一

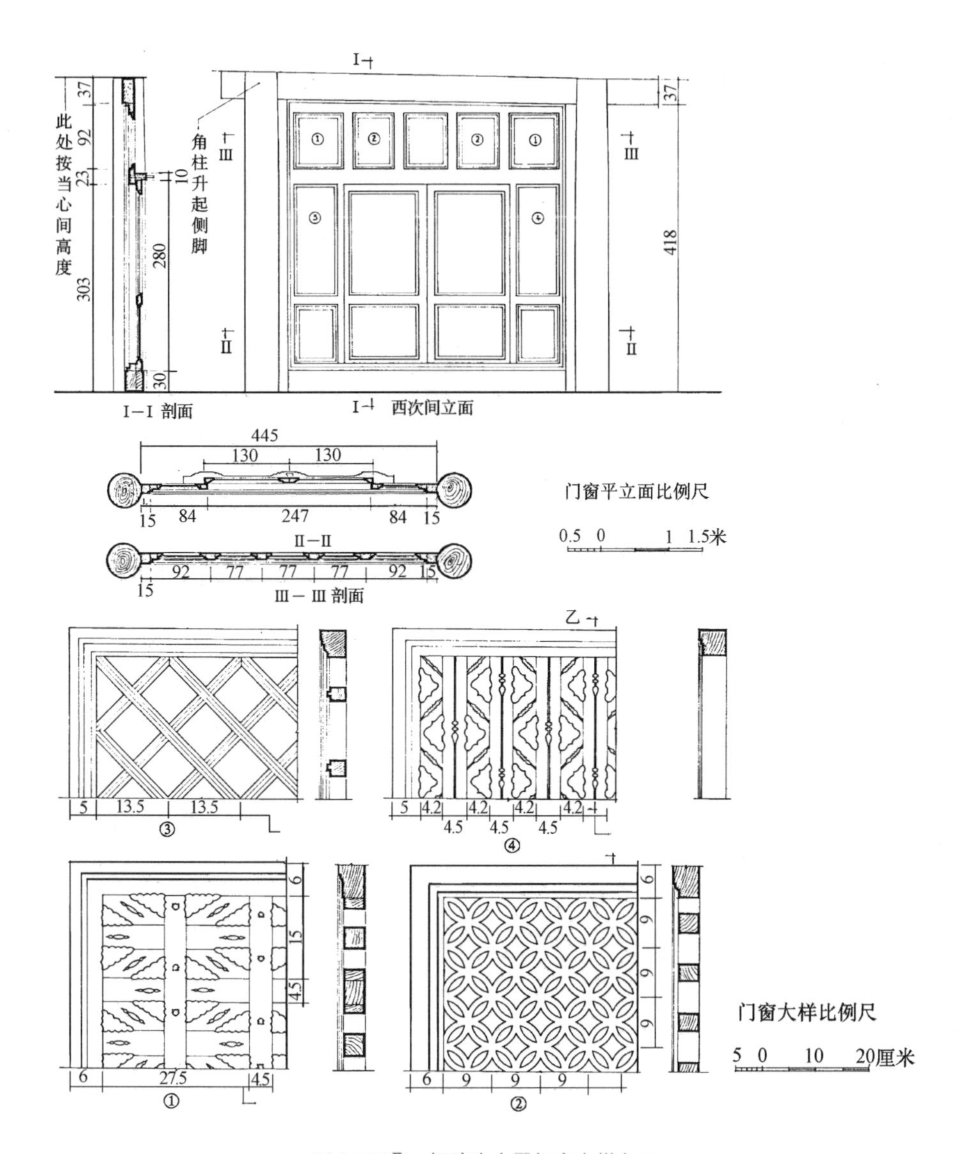

图 6-365② 阁院寺大殿门窗大样之二

图 6-366 阁院寺大殿正立面门窗

图 6-367 阁院寺大殿门窗大样之三

图 6-368 阁院寺大殿门窗大样之四

图 6-369 阁院寺大殿门窗大样之五

图 6-370 阁院寺大殿门窗大样之六

图 6-371 阁院寺大殿门窗大样之七

十二、肇庆梅庵大雄宝殿

梅庵位于广东省肇庆市西郊的一片小山岗上，寺院规模很小，但历史悠久。据寺内所存最早的明万历九年（1581 年）碑载："盖创于宋至道之二年"（996 年）[56]，此庵为祀禅宗六祖慧能而建。"相传六祖大鉴禅师经乃地，尝插梅为标识，庵以梅名，示不忘也！[57]，该寺自创始至今，屡有兴废，并曾于嘉靖年间一度改为夏公祠，至万历元年（1573 年）又复寺院原貌，并"凡禅堂佛像焕然一新"[58]。此后清代又曾有过若干次重修。寺内现存建筑主要有山门、大雄宝殿、祖师殿。寺旁附属建筑有众缘堂、茶香室等。由于多次重修，仅大雄宝殿仍保存了宋代建筑特征，其余几幢已为明清之物了（图 6-372）。

1. 大雄宝殿概貌

现状为面阔五间，进深三间的硬山顶建筑，其中的山墙及屋顶瓦饰皆为后世修缮所为，与当地清晚期建筑相似，门窗也不例外，为后世添加式样，只有当中三间的构架还保存有较多的宋代建筑特征（图 6-373、6-374），现在两梢间内柱与山墙间各存有二条乳栿，与构架前、后檐柱与内柱间的乳栿长度及形式完全相同，且内柱柱头仍留有一栌斗，并在45°方向留有榫卯的卯口。同时两梢间外檐靠近山墙处留有斗栓的卯口（详斗栱一段），说明此处原应有转角铺作。据上述现象推断，此殿当年应为一座面阔五开间，进深十架椽的厦两头造建筑。现存建筑当心间宽4.84米，次间宽3.16米，总进深10.05米。

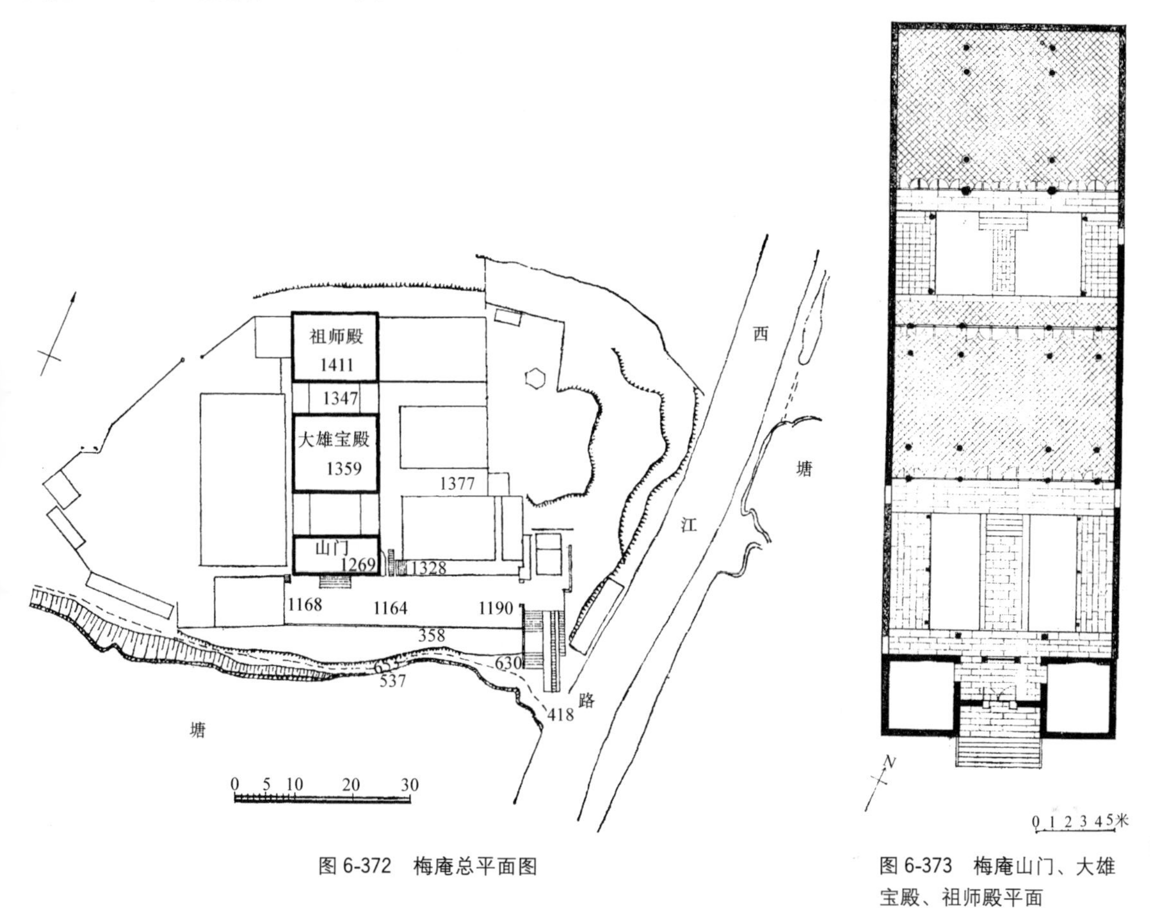

图6-372 梅庵总平面图

图6-373 梅庵山门、大雄宝殿、祖师殿平面

图6-374 梅庵大雄宝殿正立面

2. 构架

该殿构架型制为十架椽屋前后乳栿对六椽栿用三柱的厅堂式，彻上明造，内柱升高至第三缝槫下（此处之槫未做圆截面，而是木方）。在横向所有梁栿皆用月梁，且梁栿断面高宽比接近3∶2[59]。如表6-20所示：

肇庆梅庵大雄宝殿梁栿尺寸表　　表6-20

	广（厘米）	材（分°）	中间宽（厘米）	材（分°）	上宽（厘米）	材（分°）	下宽（厘米）	材（分°）
六椽栿	46	37.7	30	24	25	20.2	25	20.2
四椽栿	39	32	27	22.1	21	17.2	19	15.6
平　梁	33	27	24	19.7	18	14.8	19	15.6

内柱间梁栿有六椽栿、四椽栿、平梁，三者均以斗栱十字相搭作为梁端支座，叠落起来。内柱与外檐柱间设乳栿和劄牵，所有横梁端均设有托脚。在纵向，外檐柱间施普拍方、阑额，内柱间有屋内额，为月梁型，且隔间相闪，在次间两榀梁架间于横梁端部还有襻间作为纵向联结构件。构架中檐柱与内柱均为梭柱，作上下皆有卷杀式。外檐柱高未越间广，柱虽无生起，但有侧脚，前檐柱侧脚2～3厘米（图6-375～6-378）。构架的上述特点皆为宋代建筑中所具备，且与《法式》记载相同。但除此之外，构架中有些构件型制发生变异，有若干细部手法与《法式》或其他一些地域的宋代建筑不同，例如托脚为弧形（或称虾背弓形），这种形式的构件常见于闽、粤明清时期的建筑中。构架中除脊槫外所有槫皆用木方，且断面瘦高，脊槫下施"梁枕"，内柱间内额高度不在柱顶而下降。至于两头皆带卷杀的梭柱，在宋《法式》的文字中卷杀一条也有可能作这样的理解，且曾于宋元实例中见过不止一处，它同时又是广东地域手法的反映，这一做法一直延续到明清时期。

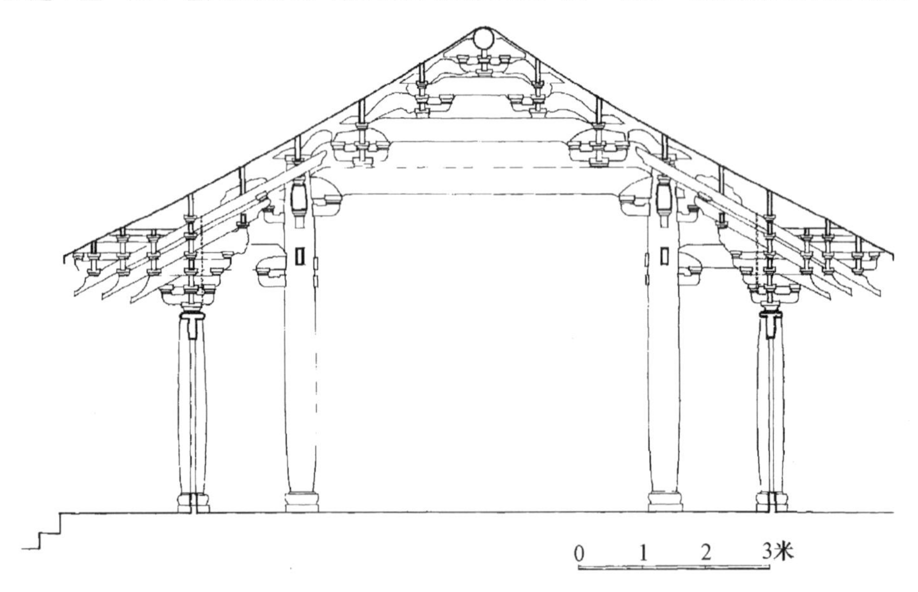

图6-375　梅庵大雄宝殿横剖面

3. 斗栱

大殿斗栱也是与宋代南方所见斗栱非常相似的，但又不尽相同；其特点表现为总体构成相似而细部处理不同。例如斗栱用材，广18～18.6厘米，厚9厘米，每分°=0.9厘米，广与高之比为2∶1强，栔广7.7～8.5厘米，平均值为8.1厘米，合9分°。折成宋尺，材广为五寸七分，介于《法式》六、七等材之间，材厚为二寸八分，《法式》八等材厚三寸，此不足八等材，姑且将斗栱用材算作七等材。斗栱布局仅限于外檐，当心间用双补间，次间用单补间。因心间与次间之比近于3∶2，斗栱分布远近皆匀。

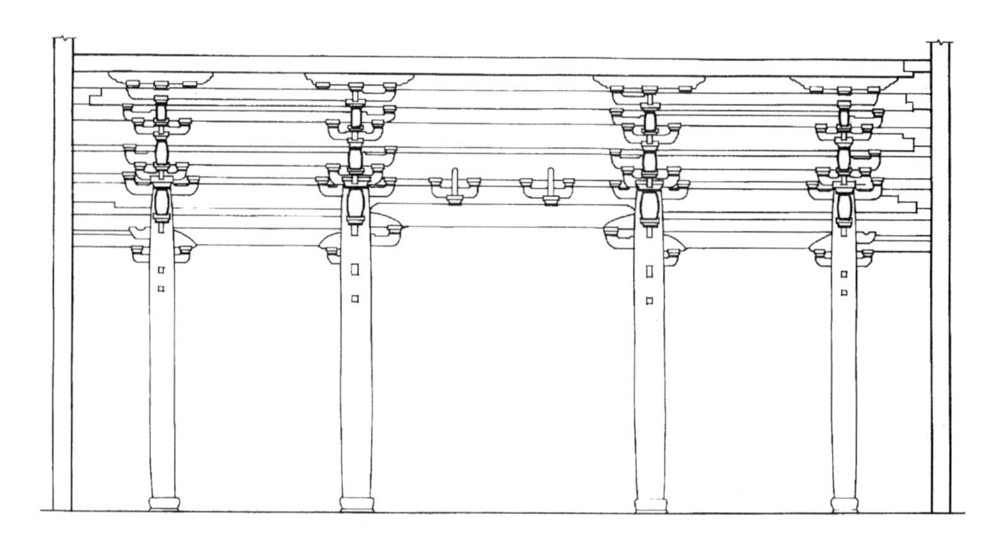

图 6-376　梅庵大雄宝殿纵剖面

图 6-377　梅庵大雄宝殿梁架

图 6-378　梅庵大雄宝殿前内柱乳栿劄牵及外檐铺作里跳

斗栱形制为七铺作单杪三下昂，这种用三条下昂的七铺作斗栱为《法式》所不载，是现存实物中惟一的孤例，其具体做法如下：

（1）柱头铺作：七铺作单抄三下昂里转五铺作出双杪（图 6-379）。里外跳下一杪皆偷心，外跳第二跳用插昂，第三跳用真昂，两者皆作重栱计心，跳头承瓜子栱、慢栱，第四跳用真昂，跳头承令栱与华栱头相交，上承橑檐方及衬方头，衬方头伸出橑檐方做成耍头形。另外在第二、三跳的两组横栱之上也有一类似衬方头的构件，撑于第四跳下昂背与望板之间。里跳仅出双杪，皆偷心。上承乳栿、乳栿入斗栱后前伸到第二跳下昂底，乳栿背上叠置四重斗，第一重大斗承向外出之异形栱头与横栱十字相交，第二重斗承向内出之短栱头与素方相交、第三重斗承劄牵牵首与另一横栱相交，第四重斗承下平槫木方。三下昂昂尾交待各有不同，第一昂昂尾压在乳栿梁首之下，成插昂式。第二昂昂尾被乳栿背上的异形栱跳头上的小料承托，并压于上一层短栱头后尾之下，第三跳昂昂尾压于劄牵牵首之下。三昂昂咀皆做琴面昂式，但长短不一，而仅依昂咀所承交互料之统一水平高度来调整其长度。此者甚为鲜见。扶壁栱为重栱素方、令栱素方上承压槽方。

（2）补间铺作：七铺作单杪三下昂里转出三杪（图 6-380、6-381），上承下昂尾。补间铺作外跳与柱头铺作同，里跳出三杪偷心造华栱，上承鞾楔，楔端部又置一料，自料口内伸出素方一条，第二跳下昂尾即置于此素方上并用斗与第三跳下昂尾相衔。第三跳下昂尾上伸，压于下平槫木方及内柱轴线缝上所施之平槫木方下。补间铺作第二、三跳昂尾皆比柱头铺作下昂尾长，使下平槫及平槫位置的屋面荷载能与前部悬挑的出檐荷载取得平衡。

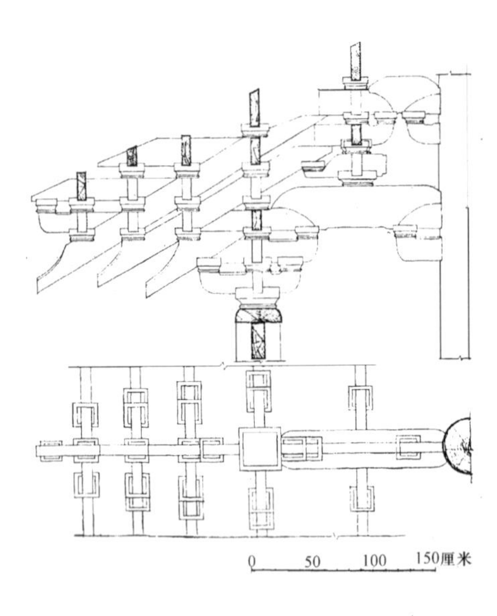

图 6-379 梅庵大雄宝殿柱头铺作

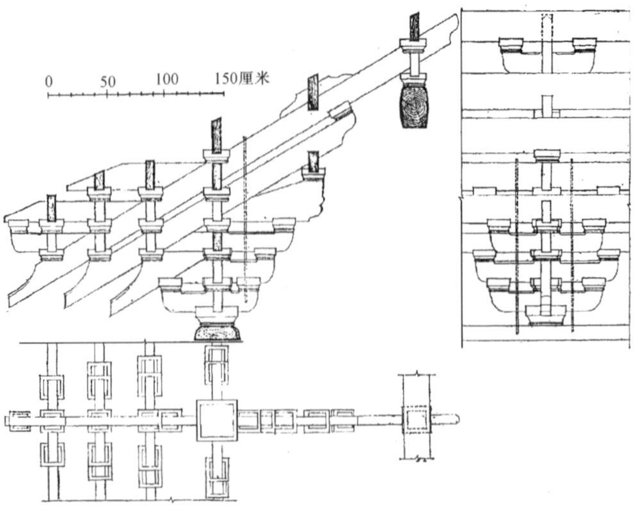

图 6-380 梅庵大雄宝殿柱头铺作

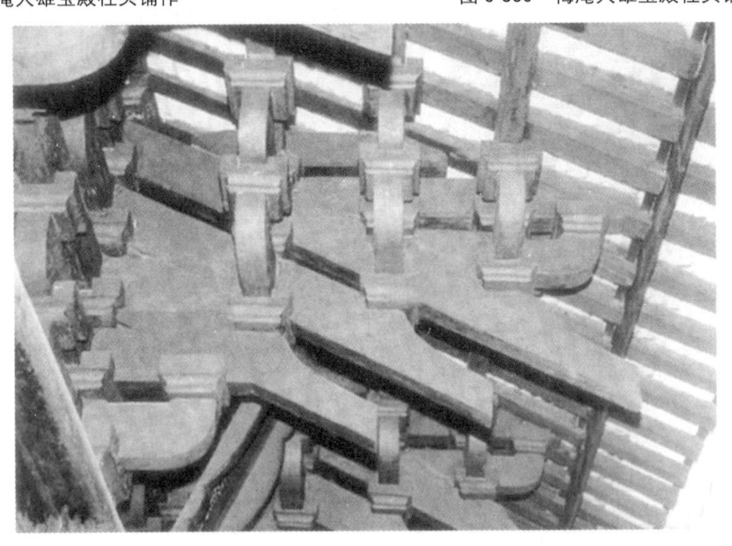

图 6-381 梅庵大雄宝殿补间铺作

在梅庵斗栱中除利用榫卯使构件连成整体之外，又使用了栱栓和昂栓，以加强铺作整体性。栱栓用于正心横栱之中，位于栌斗两侧，栓尾插入普拍方，栓首插入柱头枋。

梅庵斗栱做法与宁波保国寺大殿、福州华林寺大殿斗栱有诸多相似之处，特别是采用长两架的下昂尾，仅这几座南方宋初或五代建筑上使用，而不见于北方同时期者。另外梅庵斗栱中使用皿板，与福州华林寺大殿相同，这种早在战国时期即已出现的做法，在北方建筑遗物中已见不到了，而江南宋元至明清建筑仍使用较多，梅庵斗栱是使用皿板历史延续中的一个节点。

梅庵斗栱中栱的长度处理自由，如华栱第一跳里外长度不一，补间铺作里跳第二、三跳华栱皆很短，是为避免鞾楔过大而采用的权宜之计。另外，慢栱、瓜子栱长度也随所在位置不同而有所不同[60]。详见表 6-21：

肇庆梅庵栱长尺寸表 表 6-21

栱 名	长（厘米）	材（分°）	栱 名	长（厘米）	材（分°）
华 栱	79	69.7	第二跳瓜子栱	71	58.2
泥道栱	94	77	第一跳慢栱	103.5	84.8
正心慢栱	123	108.2	第二跳慢栱	93	76.2
第一跳瓜子栱	75	61.5	令 栱	66	54.1

且各类栱皆未做砍杀的栱瓣，这样的做法应属地域性特征。梅庵代表了岭南地区《法式》问世前的宋代建筑，尽管它与《法式》或北方宋代建筑有诸多不同之处，但却又与《法式》所载之做法有许多可认同之点，可看作是《法式》的源头之一，因之其更具特殊价值，是研究宋代在岭南地区建筑发展的重要遗构。

十三、山西平顺龙门寺等山地寺院

晋东南地区至今尚保存着一批中小型宋、辽、金时期的寺院。它们所处环境多为山区，个体建筑形式、规模也很相似，现以平顺龙门寺为代表，对这些山地寺院的特点作一介绍：

1. 龙门寺总体布局

山西省平顺县城东北40多公里处的石城乡，正当浊漳河流至山西与河南交界处。河的北岸有一条深深的山谷，龙门寺便坐落在这条山谷之中。进入谷口沿着一条小溪，蜿蜒曲折穿行4～5华里，便见一条用不太平整的青石铺砌的香道，大约走上140级踏步，才望到一座建筑遗址，其前方有石兽一对及幡杆石，这是当年的寺院前碑楼遗迹。碑楼正对香道，朝向东微偏南，其侧后方才是朝向正南的山门。从香道的最后几步台阶北望，只能隐约看到树丛及土坎后的山门（图6-382）。由于香道与寺院的高差较大，只有穿过碑亭，登上山门台基之后，才可望见寺院的正殿、配殿及两旁屋顶毗邻的附属建筑，这时人们才感到整个寺院还是颇具规模的（图6-383）。

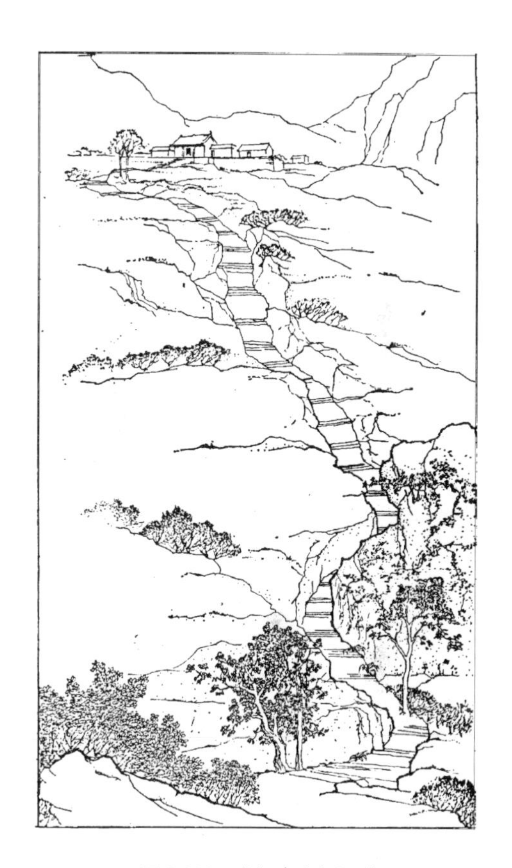

图6-382　龙门寺山门远眺

龙门寺是一组有上百间房屋的建筑群。因寺院建在半山腰的一块缓坡地上，东南低西北高，建筑随地形高低错落。在中轴线上布置了三进院落，四座建筑，即山门、正殿、燃灯佛殿，千佛阁（已毁）。每进院落均有东、西配殿，由于院落地平一进比一进抬高，个体建筑也建在不同的高度上。中轴线建筑采取对称式布局，以显示其在寺院群组中的主体地位。在中轴两侧的附属建筑，随地形自由布局，几个小方院落有前有后，个体建筑有高有低，长短不拘一格，每组院落入口变化多端，恰与中轴群组形成鲜明的对比（图6-384、6-385）。

图6-383　龙门寺山门远眺

寺院中轴群组是整个建筑群中历史最久远的部分，现存的个体建筑共28座，其中最古老的当属西配殿，从它的结构形制来看，早于北宋。其次是正殿，它的方形石柱上保留了北宋绍圣年间捐赠的珍贵题记，证明是宋代所建。第三是山门，其斗栱及结构形制具有元代建筑的风格。山门两旁的行廊从其比例尺度看，也应属早期遗物。其余多为明、清重修或重建者。此外，寺内还保留了造型比例优美的宋代石雕像二尊及明、清石碑若干。较为有价值的是明成化十六年（1480年）龙门寺四至图碑，刻有寺院中轴建筑群。其次是成化十五年（1479年）碑和嘉靖三十九年（1560年）碑，介绍了建寺的一些史料。其余的碑，均为个体建筑重修记，且多为清代所立。

图 6-384　龙门寺鸟瞰

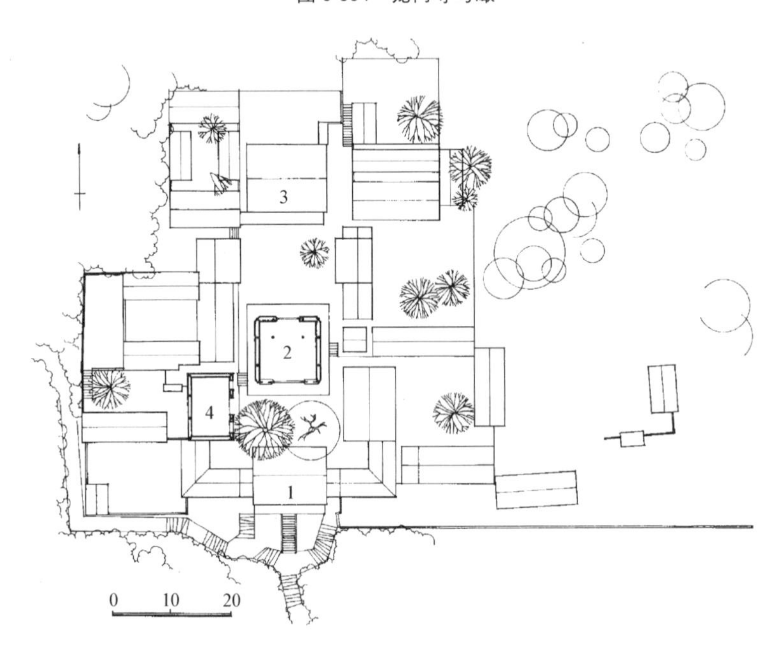

图 6-385　龙门寺总平面

1. 山门　2. 正殿　3. 后殿　4. 西配殿

2. 龙门寺的历史沿革

龙门寺是一座有着悠久历史的寺院，从现在的文字资料和建筑群的布局综合分析，有些个体建筑虽然几经重修，但仍保留着早期的格局，与晋东南地区现有一些年代较早的寺院建筑群有着共同的特征。

根据寺内现存的明嘉靖三十九年碑所载："北齐敕修斯寺"，雍正《山西通志》和乾隆年间《潞安府志》均载"北齐释法聪栖此，文宣帝召见，大悦，敕修寺曰法华，宋太平兴国年间赐今额……"

另据寺内明成化己亥年（1479年）《敕赐龙门惠日院重修碑记》载有"大宋太祖皇帝，建隆元年（960年）二月十二日敕听存留，明年辛光禄大夫检校国子祭酒监察御史师俨衙前将军□□□□□□等，黎城、潞城两县人起盖观音堂一座，并石像三士及门廊屋行廊五十余间，装修完美，御史俨公请额。朝廷寻家，恩须赐大藏尊经，修转轮藏殿，起盖碑楼。……熙宁乙卯，尚是僧德果，卿民相立，请住是寺，日佳一粥，刻苦修葺殿堂寮舍数盈百间，四方官庆献稠垒，增饰圣像，一概奇新矣。……”

从以上记载推断，龙门寺始建于北齐，但现存实物中已经找不到北齐的遗迹了。目前所存寺院可能是建隆二年修建奠定的基础。据宋史太祖本记所载，建隆元年太祖确曾“伐上党”。可知宋太祖是到过这一地区的。同时参考寺内保存的明成化十六年碑上的寺院总图，对照今天所存建筑，除个别已毁之外，中轴三进院落与图基本相符，且房屋的间数确实为五十余间。还有宋代雕像残驱二尊，这些与成化己亥碑的记载情况是一致的。所谓“熙宁己卯（1075年）……修葺殿堂寮舍数盈百间”应是指加了寮舍后而达到百间的数目，如果依现状中轴建筑加上两侧的附属房屋，与“百间”之数相差无几，姑且把寮舍理解为两侧现存寺院附属房屋。

但对建隆年间这次建筑活动还应作进一步的研究，这次建筑虽然奠定了今日寺院的格局，但它终究不是始建，而只不过是一次大规模的重建而已。寺内原有建筑在这次重建时保存完好的并未作改动。碑上对有些建筑也就未予涉及，例如第一进院内的西配殿当属建隆年间添建活动中未涉及到的房屋，这在总平面上也是有迹可寻的。山门两侧的廊屋转折后与西配殿相连接之处，出现了廊子中心线正对配殿后檐墙的现象，这种偶然的交接是不会出现在同期建筑中的，而廊屋与东配殿交接处并非如此。从这样的布局状况，联系到西配殿结构所具有的早期风格，不难得出结论，西配殿是早于建隆年间的建筑。在《山西通志》、《潞安府志》均记载了“龙门寺在石灰里（可能为石城之古称），后唐同光三年（925年）重建，山有三穴胥起龙，故名。……宋太平兴国间赐今额，苏门孙渤有诗刻石。”西配殿很可能就是后唐同光三年重建的。它距建隆二年（961年）不过35年，在短短的35年之间，完全可能保存很好而无需更替。如果西配殿在建隆年间修过，它的地位要比门侧廊屋，行廊都更重要，不会在记录这次修建活动中只字未提。现在建隆年间的建筑未保存下来，观音堂是哪座建筑，也无从考证。惠日院的名称也早已被龙门寺所代替。现存正殿是与建隆二年相隔130余年后的绍圣年间的建筑物。总之，龙门寺的总体布局保留了宋代寺院建筑的特征，它与晋东南地区所保留的其他一些宋代或晚唐的建筑群的特征相似。

3. 龙门寺内个体建筑

（1）正殿

正殿面宽三间，进深六架椽，屋顶作九脊顶，通面阔10.4米，通进深9.9米，平面近方形（图6-386、6-387）。外檐和山面共有10根柱子，内檐仅二柱，减掉两根。前檐四根檐柱及后檐二角柱均为石柱，其余皆为木柱。

石柱上有施主题字。当心间西柱题记为：

“绍圣五年（1098年）戊寅岁四月二十日石城村维那樊亮保家眷平安施柱一条并妻贾氏男樊准樊琦臊哥女子张郎妇解郎妇。”

其余几根上题记未写年号仅有施主姓名，如东角柱题记为：“虑县方山村施主景岫并男永喜。”西角柱题记为：“涉县段曲村施主女弟子刘氏。”

石柱为方形抹角，有较大的收分，底宽36厘米，上宽31厘米。木柱外檐柱皆包在墙内，无法测得其卷杀情况。内檐柱柱径40厘米，微作卷杀。角柱有生起，比平柱高约5厘米。外柱均有明显之侧脚。

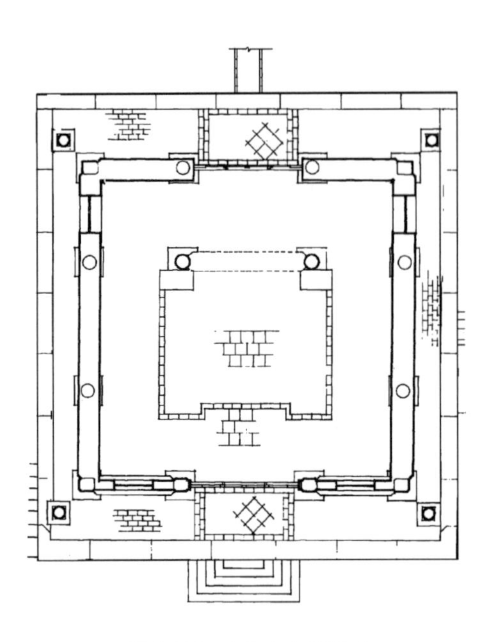
图 6-386 龙门寺大殿平面

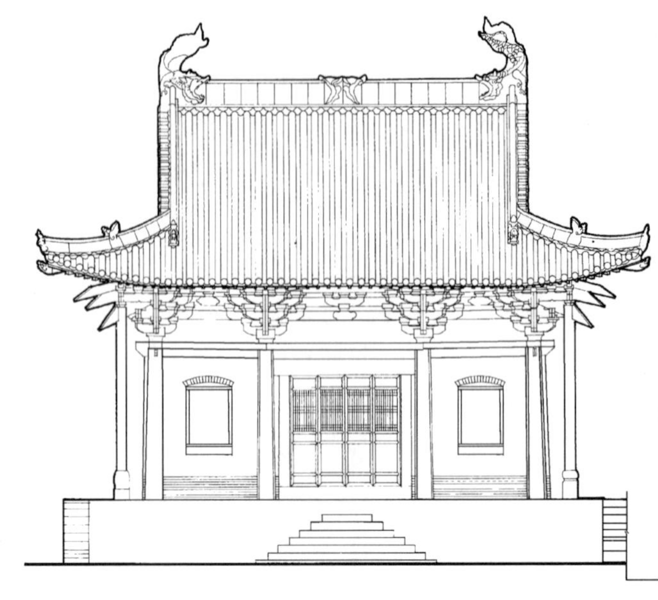
图 6-387 龙门寺大殿立面

横向梁架采用乳栿对四椽栿用三柱（图 6-388）。内柱比外柱稍高，但并未直通上平槫。四椽栿仅把两侧砍平，上、下两面还保留着原木的弯曲，只作了简单的找平。四椽栿上立两蜀柱以承托平梁。平梁与乳栿表面均修得很方整。平梁上置叉手，而省略了托脚。

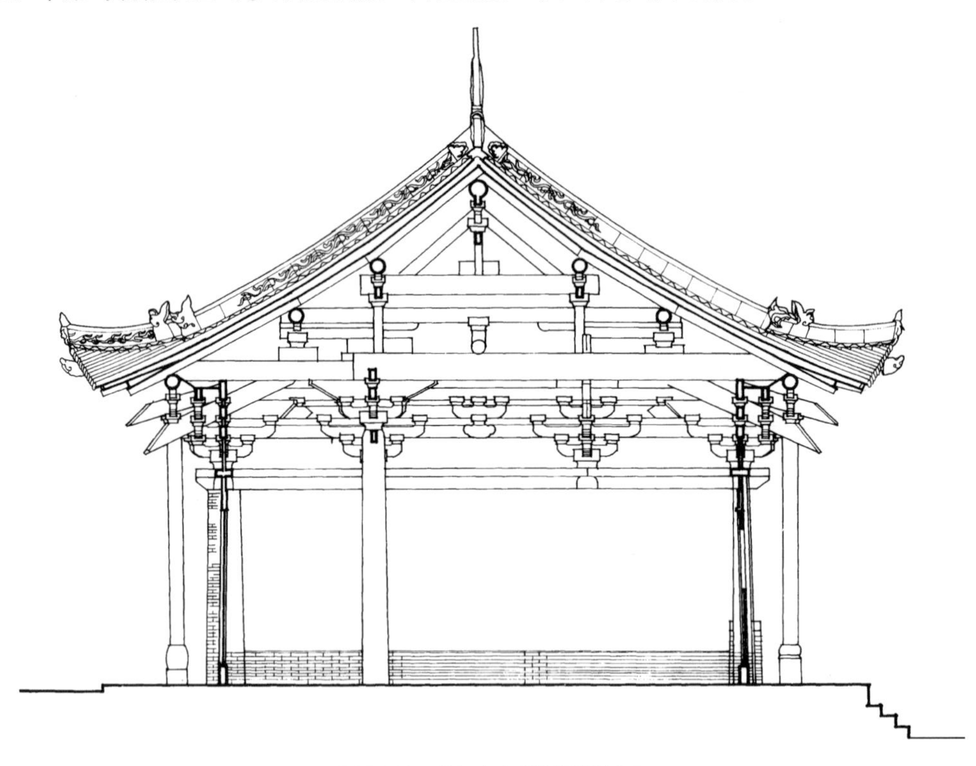
图 6-388 龙门寺大殿明间横剖面

纵向构架在梢间的做法是，自山墙外檐柱至内柱及四椽栿之间搭有丁栿。丁栿上置驼峰，承托着一条比平梁稍长的短梁，以搭椽尾。当心间通过内柱间的阑额及枋子，顺脊串等把两榀横向梁架连系起来（图 6-389）。

外檐柱柱头上置普拍枋，柱间有阑额，普拍枋和阑额在梢间均伸出柱外，以防止散架，加强了构架的整体性。

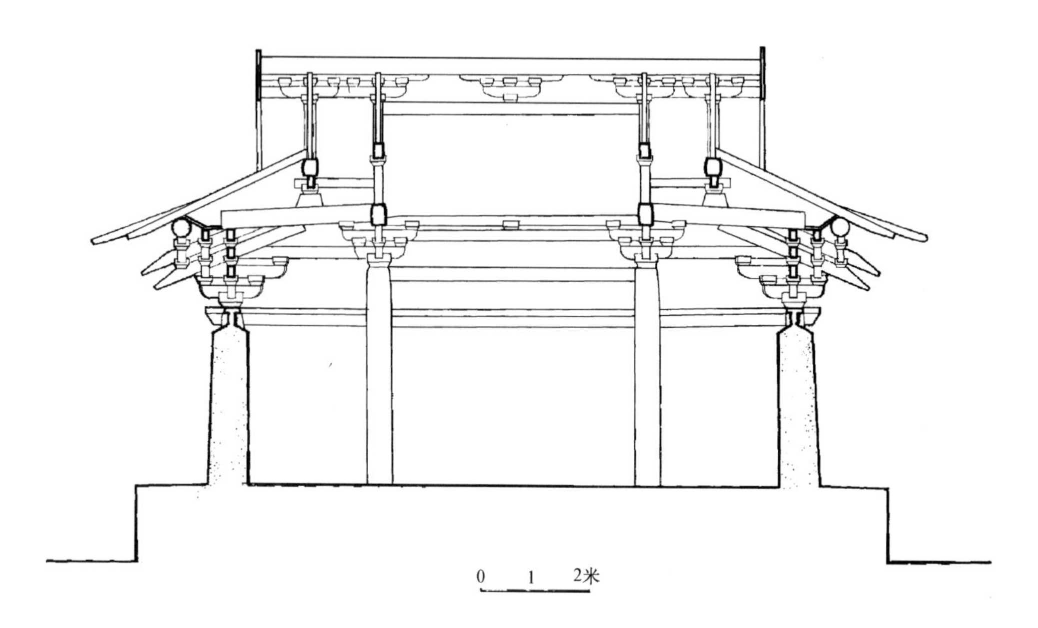

图 6-389 龙门寺大殿纵剖面

斗栱：外檐只有柱头铺作，均无补间铺作。柱头铺作为五铺作单杪单下昂，重栱计心造，里转五铺作偷心造。外跳第一跳承瓜子栱、慢栱，第二跳承令栱与耍头相交，上承替木及橑风榑，耍头作批竹昂形，并随昂势斜伸向上，耍头后尾与昂尾均压在梁下。瓜子栱、慢栱、令栱的两卷头，均抹成一斜面。华栱两卷头在正立面的也抹斜，批竹昂上表面也抹成两斜面，这些属地方工匠手法。

内柱柱头铺作为四铺作卷头造，前后左右均出一跳，跳头上横向做了较大的楮头。纵向为襻间方隔间相闪，方子出头做栱头，后部隐刻出泥道栱、慢栱。

建筑的小木作装修已完全为后世改换，仅山面悬鱼、惹草仍保存着宋代的一些特征（图 6-390）。

整个建筑基本上是宋代遗物，不仅有字迹确凿的宋代石柱为证，而且从建筑的开间比例到木构的细部做法，都保留了宋代的特征，与《营造法式》的规定非常相近。

①开间划分：当心间宽 4.5 米，梢间（即次间）宽 2.75 米，基本与《法式》中“若当心间用一丈五尺则次间用一丈……”相符，形成 3∶2 的比例。

②《法式》规定柱高不越间广，正殿当心间檐柱柱高 3.24 米，而开间广 4.5 米，当心间成为舒展的扁方开间。

③柱子有明显的侧脚、生起。生起尺寸《法式》规定三间生高二寸。正殿角柱比平柱生高 5 厘米左右，与宋营造尺的“二寸”亦很接近。

④用材等第合适。材的断面高 22.5 厘米（合 7.25 寸）宽 14.5 厘米（合 4.7 寸），高宽比为 3∶2，相当于《法式》的四等材。《法式》规定四等材适用于殿三间，与此相符。

⑤细部做法也符合《法式》规定：

昂尾按《法式》要求“如当柱头，即为草伏或丁栿压之”的办法处理。

普柏枋及阑额出柱，均与《法式》要求一致，《法式》规定“凡檐额两头并出柱口……”。

平梁之上的蜀柱及叉手交待得也与《法式》基本上一致。

但也有些做法与《法式》不符，对这些不符之处要作具体分析，有的属于地方工匠的手法，如斗栱抹斜的做法，虽不见于经传，但在山西晋南与晋东南一带的宋代建筑中是一种普遍现象。台基高 1.4 米，比《法式》要求“基高于材五倍”还要超出 30 厘米，这可能是由于就原有地形之故。还应指出的是举高和梁架节点及四椽栿的形制反映了后世重修的痕迹，与《法式》制度是不符的。例如《法式》规定殿的举高为前后橑檐方心距离的1/3，而此殿不足1/3，大约1/3.7。又如内柱一般彻上明造时应直通中平槫，由内柱柱头来支承平梁，四椽栿与乳栿应入柱，而这个殿的梁架中把四椽栿及乳栿均搭在内柱柱头之上，为此并在内柱柱头铺作上用了较长的大楷头，以承托乳栿及四椽栿。因此，把外檐铺作的里跳耍头也加长了，用来取得两者形式上的协调。四椽栿本身木料加工很不规矩，与平梁、乳栿均不统一，显然不是原物。

与龙门寺正殿结构做法相似的还有高平开化寺大殿（图6-391、6-392），晋城青莲寺大殿（图6-393、394），它们的横向构架形式，斗栱特点，同出一辙。

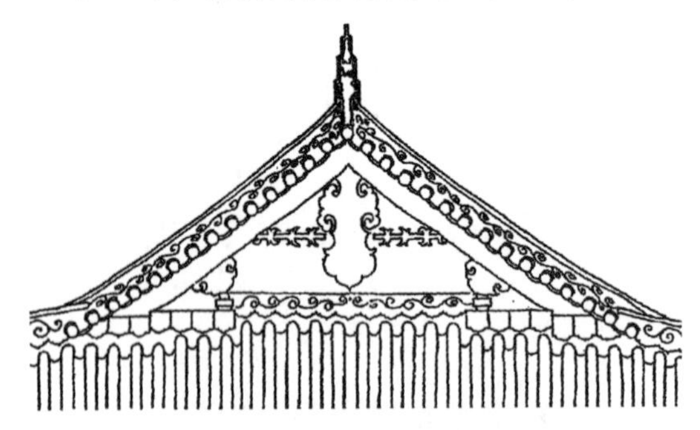

图6-390　龙门寺大殿悬鱼惹草

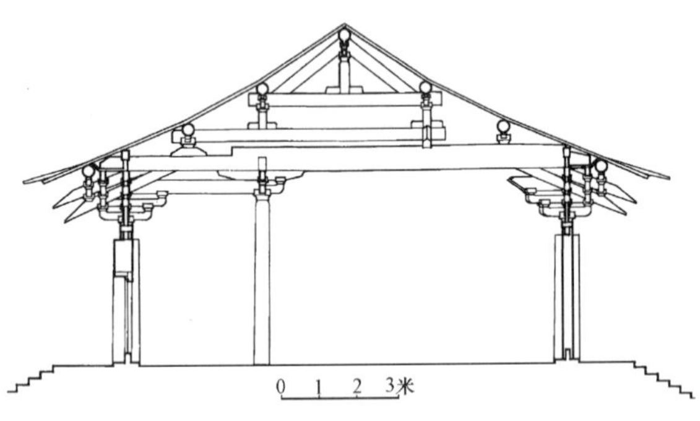

图6-392　山西高平开化寺大殿明间横剖面

图6-391　山西高平开化寺

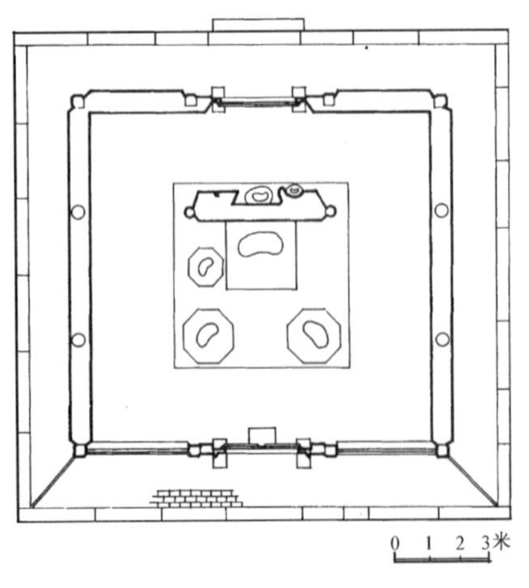

图6-393　山西晋城青莲寺大殿平面

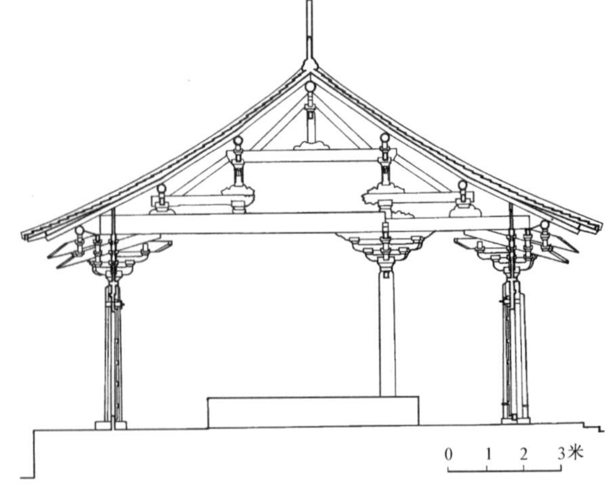

图6-394　山西晋城青莲寺大殿横剖面

（2）前院西配殿

前院西配殿是一座三开间、四架椽、悬山顶的小殿，通面阔不过 9.87 米，通进深仅有 6.8 米。

房屋每缝梁架上仅有一条四椽栿，一条平梁（图 6-395～6-397）。而两者按照明栿的形制加工，梁的两侧面均作琴面，四椽栿梁背入斗口处隐刻出卷杀入瓣及斜项。四椽栿高 41 厘米，底面宽 23.5 厘米，横断面最宽处可达 28 厘米，高宽比也接近 3∶2。支承平梁的驼峰，加工精细，四椽栿上的驼峰做成掏辨卷尖的形式，平梁上的驼峰做成圆讹两肩并卷尖的形式，驼峰上再立蜀柱以承脊槫。悬山两端出际 90 厘米，符合《法式》中“四椽屋出三尺至三尺五寸”的规定。此点最具唐、宋建筑特点。只有一条平梁、一条四椽栿的横向构架中，既使用了叉手，又使用了托脚。

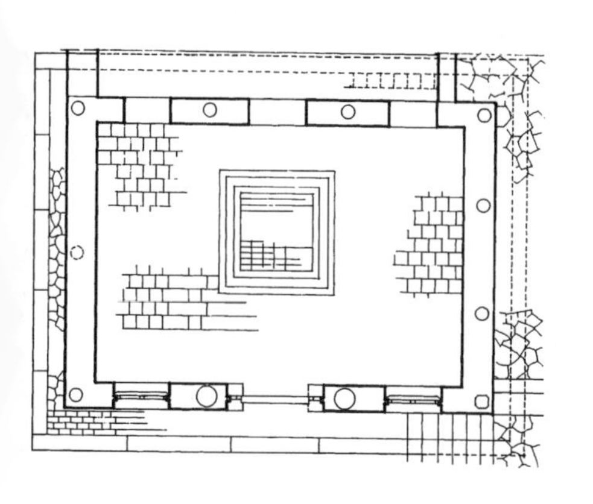

图 6-395　龙门寺西配殿平面

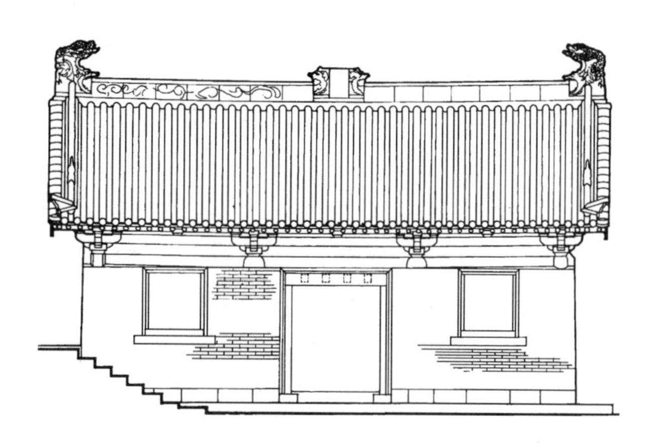

图 6-396　龙门寺西配殿立面

柱子有明显的侧脚、生起。柱子的卷杀因包在墙中，未能完全显现。前檐一个角柱采用了方形抹角石柱，可能是后来置换的。

屋面举高约为前后檫檐枋心距离的1/4，相当于《法式》中规定的厅堂举高，作为配殿的身份是很合适的。

斗栱形制为斗口跳的变体，把梁头出跳作为第二跳华栱，第一跳仅出一实拍短栱。材高 18 厘米，宽 12 厘米，相当于《法式》七等材，材的断面符合高宽比为 3∶2 的合理受力要求。

基于上述的一系列特征，其横向梁架的形制和斗口跳的做法以及低矮的阶基等与五台山南禅寺大殿非常接近。其无普拍枋，柱头铺作偷心造，都是早于宋代建筑的特征。四椽栿背作隐刻入瓣卷杀，而梁底无下䫜的状况，可看成是向着宋代普遍将明栿做成月梁手法的过渡。

综合这些特点来看，西配殿应为后唐同光年间所建。在以宋代建筑为主殿的寺院中，能保留下这座年代更早的建筑，作为研究宋代建筑参照物，是很有价值的，故在此加以介绍。

4. 龙门寺及晋东南地区寺院的环境特色

晋东南的几座寺院，因地处深山幽谷之中，寺前都有一段长长的香道，其中尤以龙门寺最有特色。寺前香道是随着山谷走向由东南向西北布置的，这样便与坐北朝南的寺院在对景关系上形成一个夹角，因此从香道起点看不到寺院，使得那些虔诚的宗教信徒在香道上行进时，被两侧的时高时低的土丘遮挡了视线，眼前只有那数不尽的青石蹬道，但却引发了人们的期待感，经过几次转弯抹角，大约走了三分之二的路程，才能见到远处山门的屋顶。再转过一个矮丘，便见到一处建筑遗址，这里可能就是当年的碑亭所在地。当人们踏上碑亭遗址，山门突现在眼前，香道两侧的矮墙变成由整齐石块砌筑，石碑、古树、石狮、台阶等等的排列也显得井然有序起来，这种秩序感使人们从爬山的疲劳中兴奋起来。高平开化寺的香道处理与龙门寺有所不同，由于开化寺位于一条山谷的尽头，走进山谷就可望见寺院，但香道却在山谷中左右穿行，直至临近寺院时，路的方向似乎将从大门前通过了；但又急转了两个90°的弯，才到寺院门口。晋城青莲寺坐落在漳丹河北岸的一条山谷中，从谷口可望到远处的寺院，但香道临近寺院之前，随着道路标高的抬高，经过了五次转折，最后穿过一座石桥，才登上了寺院门前的平台。山地寺院利用香道的环境处理培养了朝山进香者对宗教的虔诚。

这些寺院的院落空间也很有特色，每座寺院中轴线上的建筑布局严整，而周围的附属建筑则较为自由活泼。龙门寺除中轴以外的几组院落不但有高有低，而且没有轴线关系。青莲寺中轴两侧的建筑虽已被毁，但从一些台基遗址还可辨认出其自由布局的态势，东边随高布亭，西边就低建房。高平开化寺则仅在中轴群组东侧布置附属性建筑，房屋随地势起伏的形势建成，低处建二层楼，高处建单层房屋，院落随地势高低修建，前院半高半低，处理灵活。长子县崇庆寺中轴线上有天王殿、千佛殿，寺门位于千佛殿两侧，中轴建筑两侧的配殿也成错落之势。（图6-398）[61]而龙门寺更有独到之处，在山门两侧保留的廊屋，是宋代建筑群中不可多得的实例。从宋画中可以看到许多建筑群中布置有廊屋，但现存的实例已很难找到，龙门寺保存下来的廊屋，是非常可贵的。廊屋比山门和配殿都要低矮，这亦符合《法式》中要求廊屋用材等级低于殿堂、山门的规定。利用了这样的矮廊，衬托出主体建筑的高大，使本来规模不甚宏伟的建筑群，取得了得体的尺度。

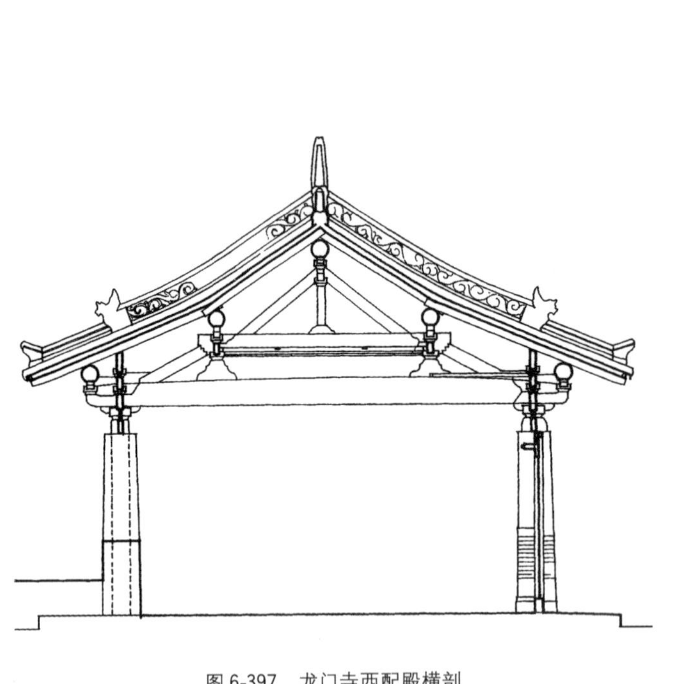

图6-397　龙门寺西配殿横剖

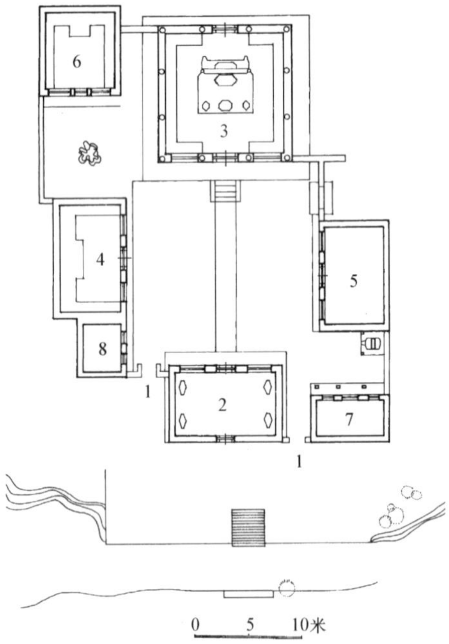

图6-398　山西长子县崇庆寺平面
1. 寺院入口；2. 天王殿；3. 千佛殿；4. 三大士殿；5. 卧佛殿；6. 阎王殿；7. 僧房；8. 小殿

由于寺院建于山地，院落进深和宽度都不大，特别是进深尺寸，一般在10～15米范围，宽度可能加大些，达到17～18米。院落虽小，但建筑群的主殿往往坐落在高台上，台高均在一米至两米。如龙门寺、青莲寺、开化寺皆如此。

而一些平地寺院，院落进深在25米以上，殿宇台基反而较低矮，不足一米，如独乐寺观音阁，善化寺三圣殿，这种殿宇基座与院落进深关系的处理，存在着一种反差，绝非偶然。再看龙门寺，中轴线上前后共三进院落，第一进宽16米，深度只有8米，第二进院落宽深皆在13米左右，第三进宽度同第二进，深度减小至6米，由于主殿地平抬高1.5米，院落空间并不显局促，台阶起着以宽当深的作用。同时在中轴线上殿堂两侧的路上出现的台阶，不仅在功能上解决了前后院落之间的高差问题，而且在空间艺术处理上向人们作了提示，寺院后部尚有多进院落存在，建筑群所具有的深邃感油然而生。

十四、南宋禅宗五山寺院

1. 南宋五山寺院历史沿革

禅宗于晚唐至五代期间分出沩仰、临济、曹洞、云门、法眼五宗，但经过会昌灭法及周世宗的灭佛之后，流行于北方的临济宗受到极大打击，而流行于江南的另外四宗，由于五代时期的吴越王及闽王对佛教采取保护政策，佛教文化盛极一时，在江南发展出临济宗黄龙、杨岐二派，形成所谓的禅宗“五家七宗”，建立了众多佛教寺院，这些寺院建筑以被官方钦定的五山、十刹最具代表性。

（1）临安径山寺：五山第一位，位于临安县之北40里，今余杭县径山山巅。“径山乃天目之东北峰，有径路通天目，故谓之径山”[62]，寺院所处地段形势“奇胜特异，五峰周抱，中有平地，人迹不到”[63]。唐中叶有国一禅师法钦（714～792年）在此结草庵，后因代宗皇帝（宝应元年～大历十四年，公元762年～公元779年）归依此庵，于大历四年（769年）前后升为径山寺，到五代末已具有为屋三百楹之规模[64]。入宋后备受官方重视和支持，北宋时宋太宗至道年间曾赐御书及佛舍利，北宋末苏轼知杭州改为十方刹[65]。南宋时期，宋高宗曾赐御书“龙游阁”匾，宋孝宗赐御书“兴圣万寿禅寺”额，并赐御注之《圆觉经解》。同时著名高僧大慧宗杲于绍兴七年（1137年）入寺，僧众从300人发展到2000人，该寺从此步入兴盛时期，随之出现建设高潮，首先于绍兴十年（1140年）建造千僧阁，据李邴《千僧阁记》称：“于寺之东，凿山开址，建层阁千楹，以卢舍那南向嶢然居中，列千僧案位于左右，设长连床，斋粥于其下。”千僧阁成为僧人坐禅、起居的主要场所。

绍兴十七年（1147年）下一代住持，高僧真歇清了建大殿，为纪念高宗临幸，于乾道四年（1168年）建龙游阁。至淳熙十年（1183年）建西阁，因藏孝宗赐《圆觉经解》，又名圆觉阁[66]。在庆元五年（1199年）寺院失火，“烈风佐之，延燔栋宇，一昔而尽，”[67]后经募集化缘，于第二年重建，嘉泰元年（1201年）落成。这次的重建使寺院面貌巨变，涤除过去由于多次添建，“规模不出一手，虽为屋甚夥，高下奢俭，各随其时”的不统一局面。

寺院新建工程分三区布列，中部一区“宝殿中峙，号普光明，长廊楼观，外接三门，门临双径，驾五凤楼九间，奉安五百应真，翼以行道阁，列诸天五十三善知识”[68]。这是寺院的核心群组，采用廊院式建筑群，山门在前，佛殿在后，两侧为回廊及楼观。据现场地段状况观察，至今在寺院两则仍留有两条土岗，自北向南延伸，并成合抱之势，与“门临双经”之描绘吻合，《千僧阁记》中又称“造千僧阁以补山之阙处”，从现场地形看，西侧土岗很短，与西北之山形成一缺口，千僧阁应位于这里，故与“造千僧阁以补山之阙处”之说也能吻合。在《径山寺记》中称千僧阁“前耸百尺之楼，以安洪钟。下为观音殿，而以其东、西序皮毗卢大藏经函”。对于这段文字可理解为千僧阁坐西朝东，而其前耸百尺之楼应该坐东朝西，这里的“前”字是指“对面”之意。百尺楼实为一钟楼，位在寺院东侧是符合一般惯例的。而观音殿的位置从其作为供奉佛像观音之功能及带有东西序之特点分析，应在中轴线上，以放在普光明殿后为宜。《径山寺记》中还有“开昆那方丈于法堂之上，复层其屋以尊阁”之句，这里的昆字应为辟之意，所谓“方丈于法堂之上”，并非二者在同一建筑中，此处之上字可理解为在法堂后地形较高的位置，从下一句的“复层其屋以尊阁”看，法堂和方丈是楼阁式建筑。这样中轴线上的建筑依次为：山门、普光明殿、观音殿、法堂、方丈。

中轴东侧的建筑有百尺楼，并“凿山之东北，以广库堂”，还于“东偏为龙王殿，以严香火之奉，继为香积橱，以给伊蒲之馔”。

中轴西侧的建筑，“延湖海大众则有云堂，供水陆大斋则列西庑”，以及千僧阁。

此外还有选僧堂名为天慧堂，沐浴处名为香水海等。并修复了僧妙喜之塔，在明月池上建蒙庵。整组寺院建筑“禅房客馆、内外周备”。经过三年时间便完成了，“其兴之神速，高掩前古，而又雄壮杰特，绝过于旧。”[69]

据《径山寺记》的描述，结合当地现存的环境条件，可对径山寺的总体布局有一概括的印象（图 6-399～6-401）。

图 6-399　杭州径山寺遗址

图 6-400　杭州径山寺山门位置

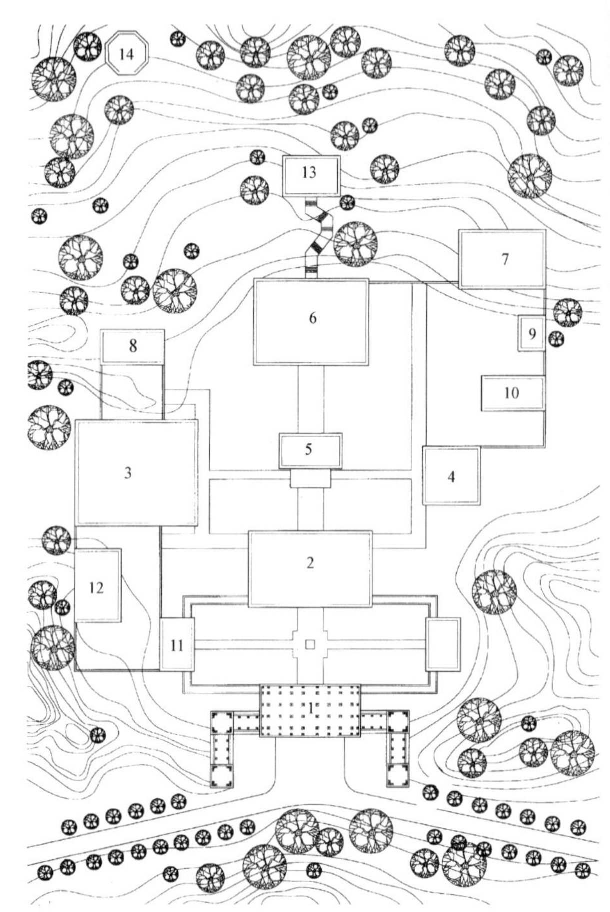

图 6-401　径山寺总平面想象图（嘉泰元年）

1. 山门；　2. 普光明殿；3. 千僧堂；4. 百尺楼；5. 观音殿；
6. 法堂；　7. 库堂；　　8. 天慧堂；9. 龙王殿；10. 香积橱；
11. 西庑；　12. 云堂；　　13. 方丈；　14. 妙喜之塔

在《径山寺记》对于寺中几幢建筑规模的记载，可为了解全寺建筑的规模的重要依据。例如山门，是一座五凤楼形式的建筑，且有九间之大，真可与宫殿之大门比美。北宋东京的宣德楼，也是一座五凤楼式大门，其中部主楼开始仅有五间，北宋末改为七间。而径山寺这座五凤楼式山门达到九间，就开间数而论，比宣德楼还多。一般一座建筑群的大门的大小，标志着建筑群组的大小，从山门的规模可判断径山寺必应是一组大型建筑群。

然而，在寺院中山门并非最显赫者，还应有比它更大的建筑，因此径山寺的主殿普光明殿可能是一座九间以上的大型殿宇。另外从径山寺在中轴线上安排的一系列楼阁建筑看，普光明殿虽未称之为楼阁，但其尺度绝不能太小，否则无法与整个建筑群相匹配。

关于法堂，《大宋诸山图》中有此建筑剖面图，进深为五间，有前后廊，高3层，一层带副阶，二层仍为进深三间，三层仅进深一间，是一座逐层上收的楼阁，而二层外檐之外挑出一附廊，这种做法与河北正定隆兴寺内转轮藏、慈氏阁，于1935年营造学社之测绘图所见相同[70]。两相对照可证明这种附廊是宋代的一种做法。过去转轮藏、慈氏阁上的附廊被认为是清代所为而被拆除，甚为遗憾。现据《大宋诸山图》对法堂作一复原想像图如下（图6-402～6-404）。

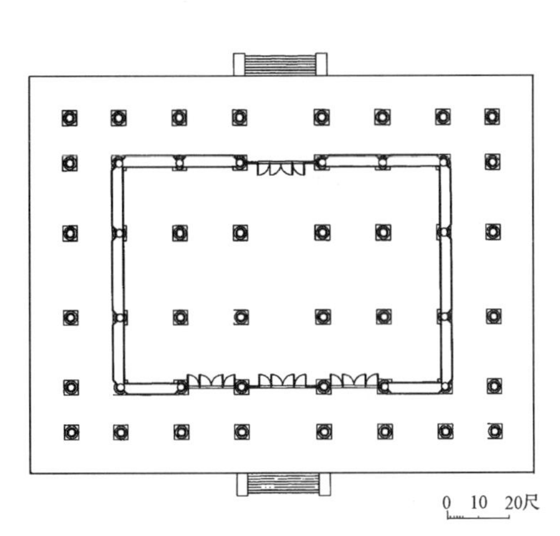

图6-402 径山寺法堂平面

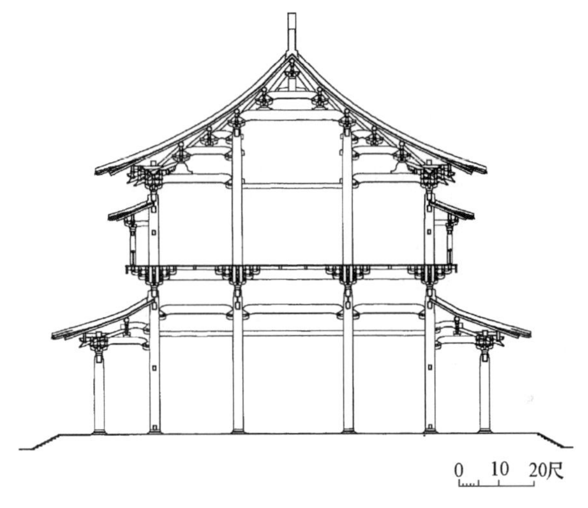

图6-404 径山寺法堂剖面

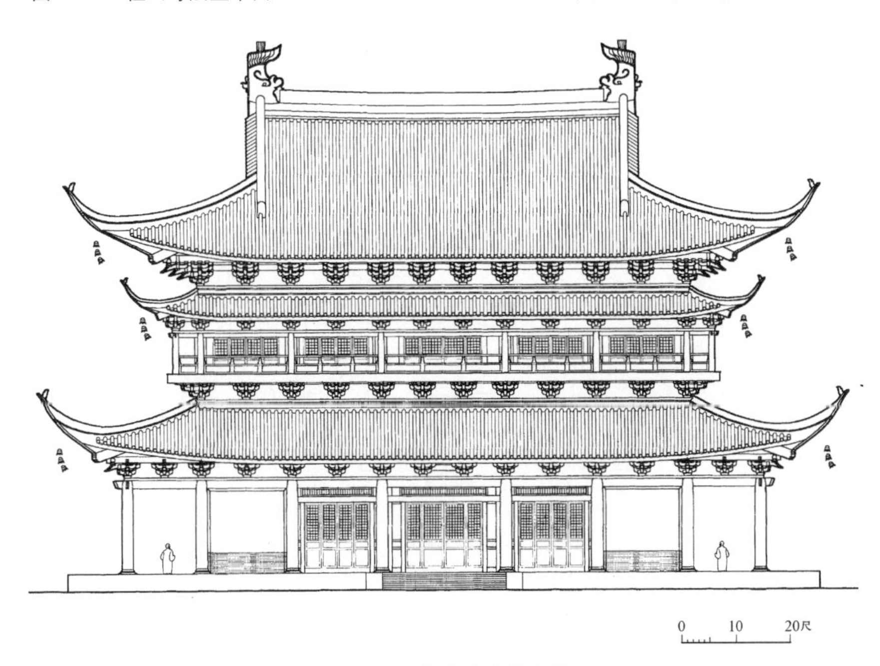

图6-403 径山寺法堂立面

32年以后，到了绍定六年（1233年），寺院再次失火，紧接着又一次重建，三年后完成，据《径山禅寺重建记》中记载了这次的重建活动，主要建筑有“龙游阁、宝殿、宝所、灵泽殿、妙庄严阁、万佛殿等，”[71]龙游阁居翠峰之顶，其下依次才是宝殿、宝所等。并将过去旧有的两僧堂统一成一座大型僧堂，“楹七而□九，席七十有四而纳千焉”，山门仍然是“矧翼五凤而闶离门之虚。”大僧堂与五凤楼之间以廊庑相接。这次重建规模不减庆元。但仅经九年于淳祐二年（1242年）再次失火，并再建。进入元代以后又因火灾，有过几次重建，一为至元十二年（1275年），一为至元二十六年（1289年）。至元末遭兵火罹难，寺院受到重大打击，当时：“两浙五山、径山、灵隐火后凄凉，径山尤甚，居僧不满百人”[72]。明清虽有重建，但规模已大为减小。本世纪初仅有天王殿、韦驮殿、大雄宝殿、东庑、钟楼、妙喜庵等。但后来只有钟楼及其永乐元年（1403年）所铸大钟，一直保存至今。

（2）临安灵隐寺

灵隐寺为五山第二位，位于杭州市西部武林山，其后为北高峰，“东晋咸和元年梵僧慧理建”，至“唐天宝中邑人于北高峰建砖塔七级”。后于会昌中废毁，大中年间复建，北宋淳化以后屡修，并于元丰年间重建寺院，于宋景德年间（1004～1007年）改称“景德灵隐禅寺”。北宋末大殿于宣和五年被烧毁，同年九月重建。南宋时期受到皇室重视，孝宗、理宗皆曾有赐额之举，现据日僧于南宋末所绘《大宋诸山图》可窥见这座寺院布局之概况；寺的中部有山门、佛殿、卢舍那殿、法堂、前方丈、方丈、坐禅室等建筑，置于一条中轴线上，第一进院落较大，东西两厢置钟楼、轮藏，后部在法堂与方丈两侧东为土地，西为檀那、祖师等殿，以上诸殿构成中轴群组。除此之外，东、西各有数组建筑，其中主要殿堂位于佛殿两侧，西部有大僧堂（大圆觉海）、僧寮及僧人生活用房，东部有库堂，内放韦陀像，香积厨、选僧堂等。寺院总体布局因地形所限，成横向展开之势。寺院前临冷泉溪流，有飞来峰、冷泉亭，入寺香道从东侧切入（图6-405～6-407）。

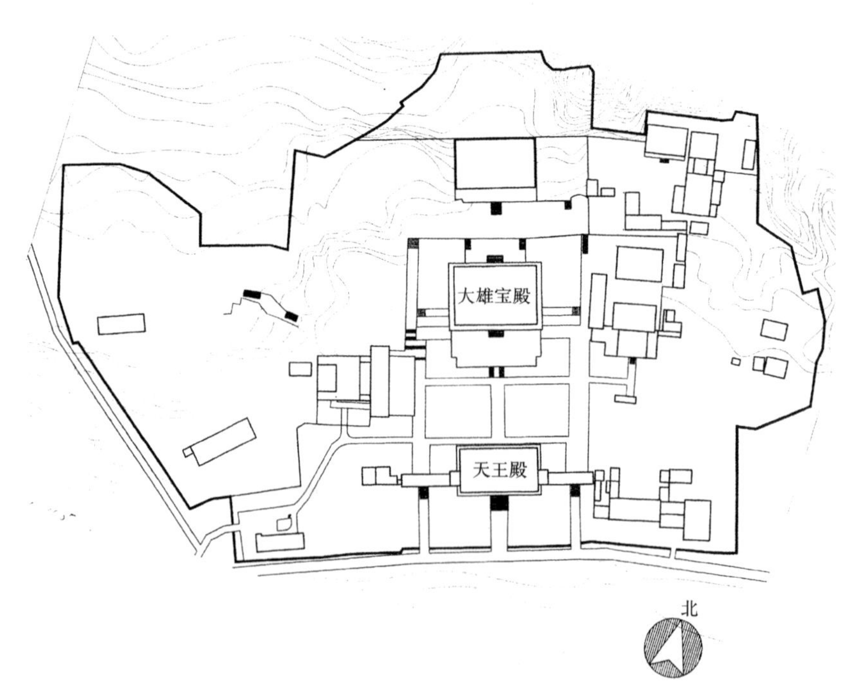

图6-405 临安灵隐寺20世纪后期平面

图 6-406 临安灵隐寺前的冷泉亭现状

图 6-407 临安灵隐寺松林路前导空间现状

现存灵隐寺与南宋时代相比，变化较大，据康熙《灵隐寺志》和乾隆、道光年间寺志记载，该寺经历多次灾异[73]，现存山门为清同治年间所建，大殿为宣统年间重建，天王殿为 1930 年之物，大慈阁为 1917 年所建，现已拆除。山门及大殿两侧建筑也有较大改变。规模难与南宋相比。宋代建筑无一存留下来，仅有那九里松林之香道，和冷泉溪流所构成的幽雅环境，尽管历尽沧桑仍然表现出无穷的魅力。

（3）宁波天童寺

天童寺为五山第三位，位于浙江鄞县太白山麓，距宁波市 30 公里（图 6-408）。西晋永康年间（300～301 年）僧义兴始营草庵，后遭兵火。唐开元二十年（732 年）僧法璿依故迹建精舍、多宝塔。至德年间（756～758 年）移至太白山下。北宋景德四年（1007 年）赐《天童景德禅寺》之额。元祐八年（1093 年）建转轮藏[74]。南宋建炎三年（1129 年）曹洞宗著名高僧宏智正觉入寺，寺院僧众从 200 人增至 2000 人[75]。绍兴二年（1132 年）正觉主持大规模的建设活动，在山门“前为二大池，中立七塔，交映澄澈”[76]。同时重建了山门，“门为高阁，延袤两庑，铸千佛列其上”，还建造了卢舍那阁及大僧堂。关于这座大僧堂，僧宏智正觉曾作了详细记载：“前后十四间，二十架，三过廊，两天井，日屋承雨，下无墙堵，纵二百尺，广十六丈，窗牖床塌，深明严洁”。至绍兴四年（1134 年）完成，“总费缗钱五千有奇”。淳熙五年（1178 年）孝宗亲书“太白名山”赠寺院，为储藏皇帝手书真迹，又“起超诸有阁于卢舍那阁前，复道连属”。绍熙四年（1193 年）寺院住持虚庵怀敞改建千佛阁，并曾得日僧荣西支持[77]。千佛阁为一座七开间三层之宏伟楼阁，据《天童山千佛阁记》称：此阁“横十有四丈，其高十有二丈，深八十四尺，众楹俱三十有五尺。外开三门，上为深井，井而上十有四尺为虎坐，大木交贯，坚致壮密牢不可拔，上层又高七丈，举千佛居之，位置面势无不曲，当外檐三内檐四，……飞跂翼周延四阿，缭以栏楯。”千佛阁之壮观雄丽在当时可算是数一数二的，现绘制想像图以得具体概念（图 6-409、6-410）。这座楼阁尺度超过现存宋、辽楼阁遗物。遗憾的是宝祐四年（1256 年）被烧毁了，以后又有多次毁、建，大约在明代以后规模缩小。南宋时代是天童寺空前繁盛时期，“梵宇宏丽遂甲天下”[78]。

成图于南宋淳祐年间的《大宋诸山图》，对南宋盛期的寺院总体布局作了简要记录，当时该寺分成三大部分，中部沿中轴布局的建筑有山门（即千佛阁）及两侧有钟、鼓楼，三世如来（即佛殿）、法堂、穿光堂、大光明藏、方丈等，佛殿西侧以大僧堂（图中为云堂）为中心，并有轮藏、照堂、看经堂、妙严堂及若干附属建筑。佛殿东侧以库院为中心，库院内供韦陀，并有水陆堂、云水堂、涅槃堂、众寮及附属建筑。从寺院总体布局中，可以看出寺院在向横向扩展中，形成了僧堂与库院相对的格局，并与佛殿共同连成一条横向轴线，这种纵横正交的十字形轴线布局成为南宋禅宗寺院的理想布局方式。

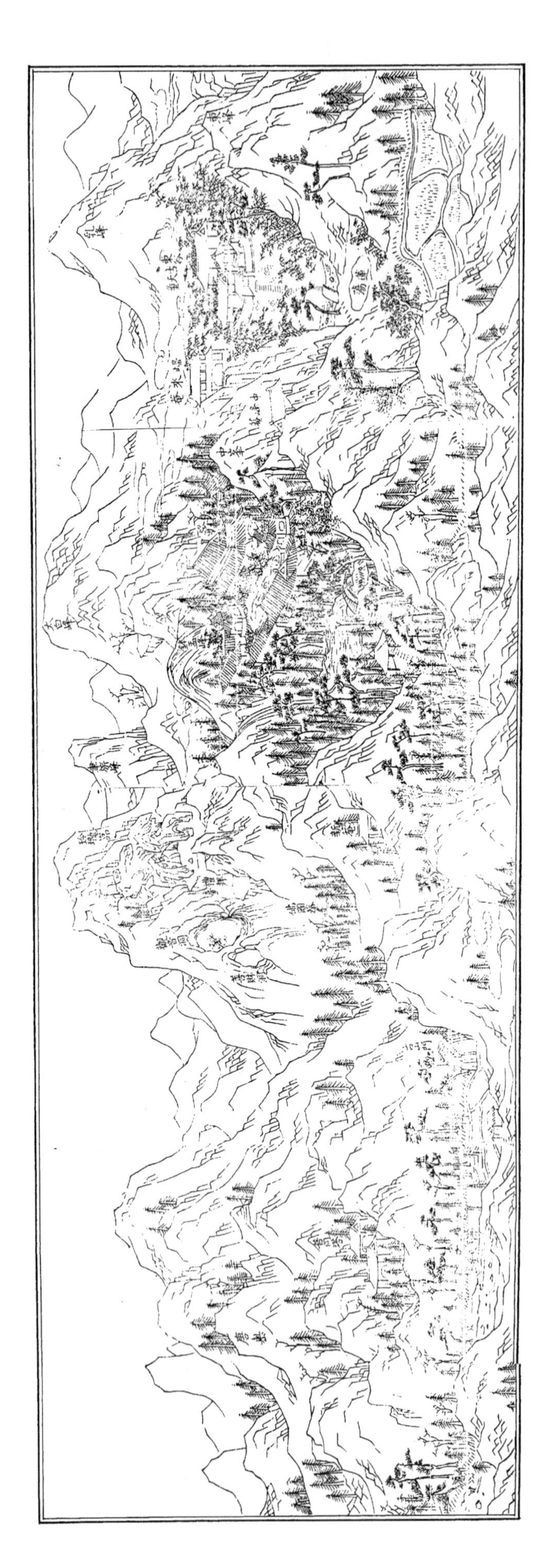

图6-408 宁波天童寺总体布局图

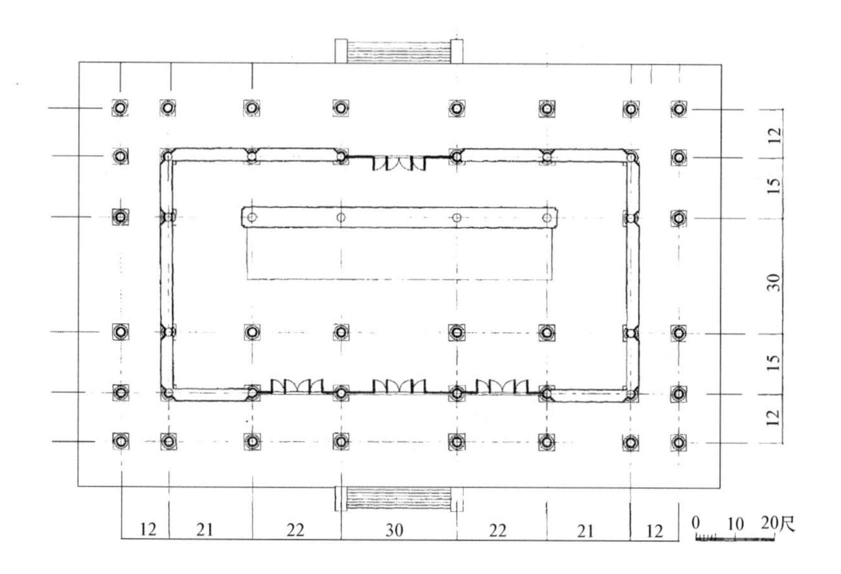

图 6-409 宁波天童寺宋代千佛阁平面复原推想图

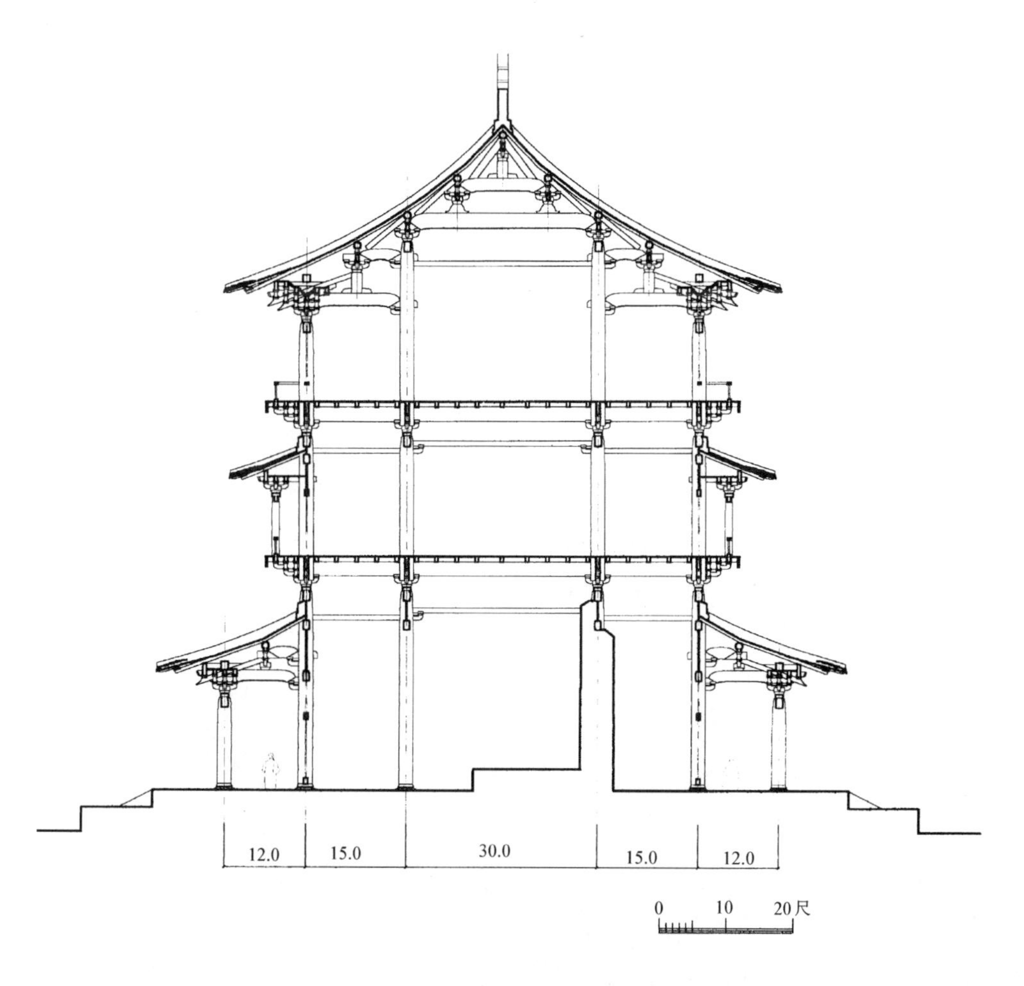

图 6-410 宁波天童寺宋代千佛阁剖面复原推想图

天童寺依太白山势自下而上层层迭起，寺前古松夹道，超脱世俗回归自然的环境特色在宋代已经形成。王安石游天童寺诗："山山叠拓绿浮空，春日莺啼谷口风，二十里松行欲尽，青山捧出梵王宫"，便是很好的铭证。楼钥作了更为准确为记载："游是山者，初入万松关，则青松夹道凡三十里，云栋雪脊层见林表，而倒影池中，未入窥楼阁，已非人间世矣"[79]（图 6-411、6-412）。

图 6-411 宁波天童寺环境前导空间松林路

图 6-412 宁波天童寺环境与现状"青山捧出梵王宫"

（4）临安净慈寺

净慈寺为五山第四位，位于杭州南屏山北麓，寺院所处地段南高北低，寺门向北。后周显德元年（954 年），吴越王钱弘俶为迎接法眼宗高僧道潜而建，始称慧日永明院。至北宋初，宋太宗赐额"寿宁院"，熙宁五年（1072 年）日僧成寻访该寺，记载了当时寺院的建置状况："从兴教寺北隔二里有净慈寺，参拜大佛殿内石丈六释迦像，次礼五百罗汉院，最为甚妙。次礼石塔九重，高一丈许，每重雕造五百罗汉，并有二塔，重阁内造塔。食堂有八十余人，钵皆裹绢……寺内三町许，重重堂廊，敢以无隙，以造石敷地，面如涂漆。"[80]另据《西湖游览志》载，寺前万工池系北宋时期主持僧宗本开凿。依此记载可知净慈寺在北宋时期面貌，寺前有大池，寺内主要建筑有大佛殿、罗汉院、九层塔、楼阁等，彼此有廊庑相连。苏轼曾有诗云："卧闻禅老入南山、净扫清风五百间"[81]，在诗文序中还谈到苏轼所见到的景况，"仆去杭五年……闻湖上僧舍不复往日繁丽，独净慈本长老学者益盛"。由此可见当时这座寺院曾达到"五百间"之规模，独盛一时。

南宋建炎元年（1127 年）发生火灾，绍兴二十三年至二十八年（1153～1158 年），重建五百罗汉殿，当时被誉为"行都道场之冠"。嘉泰四年（1204 年）再次失火，八年后，于嘉定三年（1210 年）开始重建，直至嘉定十四年完成。此时又一次兴盛，达到"云堂千众"，在绍定四年（1231 年），于佛殿前凿双井，后又在山门外西侧于淳祐十年（1250 年）建千佛阁。这时净慈寺已是"为寺甲于杭"的地位。元、明、清各代，又曾有过多次毁坏、重建[82]，现寺内殿宇已全部为后世所建，仅有万工池和双井仍为宋代遗物，成为净慈悠久历史的见证（图 6-413、6-414）。

图 6-413 南宋临安净慈寺万公池

图 6-414 南宋临安净慈寺双井之一

后来在洪武十六年（公元1383年）中轴线上的殿堂失火，洪武二十九年（1396年）罗汉堂失火，正统二年（1437年）大殿火毁、据成化二十年的《重修净慈禅寺碑记》载，“癸亥（洪武十六年，1383年）殿又毁……于戊寅（洪武三十一年，1398年）建法堂、方丈、香积厨，永乐一源德纯复建佛殿，简庵师赜复罗汉堂，宣德壬子（七年，1432年）复山门，正统丁巳（二年，1437年）大殿又毁，己未（正统四年，1439年）建正殿，”复还旧观。乙丑（正统十年，1445年）……钦赐大藏经典……天顺庚辰（四年，1460年）……钦赐白金，乃建僧堂……成化甲午（成化十年，1474年）重修大雄宝殿及三大士、罗汉堂……。”

明后期，弘治、万历又有几次重修，至清初中轴线上的建筑变成：天王殿、大殿、毘卢阁、宗镜堂、永明塔院。后又发生火灾、及兵燹，大殿于嘉庆三年进行了最后一次大修，山门、观音殿于光绪初重建[83]。

（5）阿育王寺

阿育王寺为五山第五位，该寺位于浙江宁波鄞县城以东20公里的宝幢镇。相传西晋太康三年（282年）僧慧达于寺址发掘出一塔，此塔即阿育王所造的四万八千塔之一。为奉安阿育王塔，东晋义熙元年（405年）建亭，南朝宋元嘉二年（425年）始建寺院，梁普通三年（522年）赐额“阿育王寺”。贞明三年（917年）重建九层木塔，显德五年（958年）毁于火，建隆三年（962年）重建[84]。大中祥符元年（1008年）宋室赐额“阿育王山广利禅寺”，又经六十载，于治平三年（1066年）高僧大觉怀琏住持阿育王寺，为奉安赐给怀琏之御书，于熙宁三年（1070年）建宸奎阁，至南宋淳熙年间（1174～1189年）建舍利殿，孝宗于淳熙三年（1176年）赐额“妙胜之殿”，奉安阿育王塔。嘉定年间（1208～1224年）建东西二阁，随之，建法堂。至南宋末，寺内主要建筑有外山门、大权菩萨阁、宸奎、淳熙二阁，舍利殿、法堂、等慈堂、库堂、东、西廊等[85]。至元代“宋德既衰，寺亦随毁”[86]。到了元中叶，曾有一次复兴，寺西现存的六角七层砖塔，便是至正二十五年（1365年）改建。明清间有多次因灾异而重修、重建，格局随之变化[87]。现存建筑多为清末民初之物（图6-415）。

图6-415 万历阿育王山志图

2. 南宋五山寺院建筑特色

五山寺院所处地段多为山地，在总体布局上寺院纵深铺陈余地较少，多取横向展开之势，但仍具中轴严整一区，布列山门、佛殿、法堂、方丈等主要建筑，各寺院在中轴前半部仍为统一的格局，山门、佛殿，而佛殿之后，各寺有所不同，如灵隐寺，将卢遮那殿置于法堂之前，方丈殿则向前扩展出一座前方丈，向后增加坐禅室。天童寺在法堂之后，方丈之前，增设了穿光堂、大光明藏，然后才是方丈殿，与五山同期的天台山万年寺，在佛殿后增加罗汉殿，在法堂后又增加了大舍堂，觅音堂，楞伽室，而其方丈殿偏于一隅。可见寺院后半部的殿堂设置没有严格规矩，但天童寺于中轴后部设“大光明藏”，为明清所见中轴后部设藏经楼之先河。每座主要建筑多随地势变化各居一层台地，寺院沿中轴迭起层层院落成为鲜明特色。各院建筑布列有所不同，有的以廊庑环绕，自成一组，如径山寺普光明殿，有的因山地院落空间压缩成扁方形状，如灵隐寺法堂，穿光堂，前方丈诸院落。中轴群组两侧建筑以僧堂、库院为主，两者各居一方，周围配以附属建筑，天童、灵隐、径山皆如是，形成“僧堂对库院、山门朝佛殿”的格局。寺院纵横轴线于佛殿处相交，成为寺院之核心，而大殿和山门之间的院落处理比较随意。这几座寺院在佛殿与山门之间只有径山寺“列西庑”，天童寺有轮藏与钟楼，其他寺院皆无主要配殿，与四合院式建筑群的建筑布局观念不同。这种寺院布局的特点是以佛殿为中心，形成十字形轴线，建筑沿十字线轴线展开。就功能分析，南北轴线上的建筑为寺院礼佛建筑，不仅祭拜佛像在此，而且宣传佛法也在此，还将寺内住持的建筑“方丈室”也放在中轴上，其意义在于“既为教化主，即处于方丈……非私寝之室也”[88]，这说明宣扬佛法的“教化主”在佛寺中理应占有重要位置，这几座寺的兴旺发展，正是因名僧的进驻，宣扬佛法，主持佛寺，从而吸引了八方香客。所以“方丈”成为主轴线上的重要建筑。东西轴线上的建筑，则以僧众活动为主要功能，不仅有坐禅的千僧堂，还有从选僧至涅槃，以及供僧众使用的生活服务用房。这种十字形轴线展开的布局，以佛殿为中心，将僧堂与佛殿连成一条横向轴线。在僧人通过静坐冥思，彻悟自心，达到心印成佛的过程中，依靠这条横向轴线的引导，感到彼岸就在眼前。这种十字形轴线布局正是禅宗“心印成佛”思想的具体体现。

在寺院中设水池，见于天童、净慈、径山诸寺，阿育王寺是否有池未见记载。可以看出至南宋时期寺院水池之名称尚不统一，有的称“大池”，有的称“明月池”，还有的称“万工池”。可见这些禅宗寺院凿池之举是自南宋逐渐发展起来的。水池的位置也各不同相，有的在山门之前，如天童、净慈二寺，有的在寺院其他部位，如径山寺之明月池，据《径山兴圣万寿禅寺记》推测似在寺院后部。从这些不统一中可知，尚未赋予水池以宗教意义，但对寺院环境的美化有着重要作用。

五山诸寺与自然环境的结合极为出色，不仅利用自然，而且修饰自然。为了使寺院与自然之间结合得更有机，在寺院前导空间种植行道树，既作了空间的限定，界划，使之为进入寺院充满宗教意味的特殊环境作准备，同时通过绿化又使寺院与大自然融为一体，这比那些单纯修建一条香道作为前导更胜一筹。五山十刹中代表性的有灵隐寺前“九里松径”[89]，天童寺“寺之前古松夹道二十里[90]。十刹中的天台国清寺在唐已有“十里松门”之称，南京蒋山太平兴国禅寺“夹路松阴八、九里”[91]。可见五山十刹对禅院美化环境着力经营前导空间已非一时之举，早在唐中叶便已开始，至宋仍继之。同时对寺内环境处理也极为重视，各寺皆有特色，如灵隐寺满植杉松，广种花草，令当时游灵隐者赞叹不已。有诗为证：

“绕寺千千万万峰，满天风雪打山松”[92]。

“山壑气相合，旦暮生秋阴；松门韵虚籁，铮若鸣瑶琴”[93]。

“溪山处处皆可庐，最爱灵隐飞来孤，乔松百丈苍髯须，扰扰天下笑柳蒲”[94]。

灵隐不仅有好松，还有好花，白乐天的《灵隐寺红辛夷花诗》道出了花的感染力。

“紫粉笔含尖火焰，红燕脂染小莲花；

芳情相思知多少，恼得山僧悔出家。”

咏净慈寺诗也有关于寺院环境的，如：

“倚空楼殿白云巅，孤轩半出青松杪”[95]。

在禅寺内不仅种植松树，还种上漂亮的花草，增添美感，随之会激发人们的审美欲望。这与宗教所宣扬的超世、绝欲当然是不协调的，在寺院中对环境的美化，反映了禅宗僧人虽然超世，但却酷爱大自然的矛盾心态。

五山寺院的宋代建筑虽无一幸存者，但其所创造的美好环境却能与日月同辉。

注释

[1] 宿白《独乐寺观音阁与蓟州玉田韩家》。

韩嘉谷《刘成碑考略》。

[2] 据韩嘉谷《独乐寺大事记》载：与独乐寺有关的地震资料：

1057年

《辽史·道宗纪》"清宁三年，七月甲申南京地震，赦其境内。"

《宋史·五行志》："嘉祐二年，雄州北界幽州地大震，大坏城郭，覆压者数万人。

1076年

《辽史·道宗纪》：大康二年"十一月南京地震，民舍多坏。"

1314年

《康熙蓟州志·祥异》："元仁宗延祐元年甲寅八月地震。"

1345年

《元史·五行志》：至正"五年春，蓟州地震，所领四县及东平、汶上县亦知之。"

1356年

《元史·五行志》：至正"十六年春蓟州地震，凡十日，领四县亦如之。"

1476年

《明宪宗实录》：成化十二年十月"辛已，京师地震，蓟州等处亦震有声。"

1481年

《明宪宗实录》：成化十七年五月"戊戌，顺天府蓟州及遵化县地震。""六月，……蓟州及遵化县地震有声，日凡三次。"

1485年

《明宪宗实录》：成化二十一年闰四月"癸已，顺天府蓟州遵化县地震有声，十四、十五日复震，城垣居民有颓仆者。"十一月"癸酉，……顺天府遵化县地震有声。"

1491年

《明孝宗实录》：弘治四年九月"己亥，直隶三屯等营，及滦阳等营，同时地震有声。"

1495年

《明孝宗实录》：弘治八年八月"己未，顺天府蓟州、遵化等城，及永平府滦州各地震有声。"

1496年

《明孝宗实录》：弘治九年二月"壬戌，顺天府蓟州及遵化县，地震二次，俱有声如雷。"

1511年

《明武宗实录》：正德六年十一月"戊午，……蓟州、良乡、房山、固安、东安、宝坻、永清、文安、大城等县，……同日震。"

1519年

《明武宗实录》：正德十四年夏四月"丁亥，……蓟州丰润县及永平府俱地震。"

1523年

《嘉靖蓟州志·祥异》："八月二十八日子时，地震有声。"

1536年

《明世宗实录》：嘉靖十五年十月"庚寅，……是夜京师及顺天、永平、保安诸府所属州县，万全都司各卫所，俱地震有声如雷。"

1548年

《明世宗实录》：嘉靖二十七年七月“戊寅”，……顺天、保安二府各州县地俱震。”

1562年

《明世宗实录》：嘉靖四十一年七月“庚戌，蓟镇喜峰口等处地震。”

1568年

《明穆宗实录》：隆庆二年三月，“甲戌，蓟州遵化县地震有声。”

1569年

《明穆宗实录》：隆庆三年六月“乙酉，……蓟镇三屯营地震。”

1575年

《明神宗实录》：万历三年九月“甲辰，……蓟州三屯营地震如雷。”

1576年

《明神宗实录》：万历四年二月“庚辰夜，蓟辽地震，辛巳又震，滦河断流。”

1581年

《明神宗实录》：万历九年二月“乙卯，……蓟镇三屯营、喜峰口各地震。”

1583年

《明神宗实录》：万历十一年五月“甲辰，三屯营、喜峰口地震。”

1589年

《明神宗实录》：万历十七年七月“壬戌，三屯营地震，越二日复震。”

1591年

《明神宗实录》：万历十九年正月“乙巳，蓟州马兰路（峪）地震。”

1597年

《明史·五行志》：万历二十五年“甲申，京师地震，宣府、蓟镇等处俱震。”

1621年

《明熹宗实录》：天启元年十二月“礼部类奏灾异：……十月二十日遵化、密云、蓟镇各地震。”

1623年

《崇祯长编》：崇祯五年七月“丙辰，……是日昌平、遵化、通州、霸州、文安、良乡、固安诸处，同时地震。”

1624年

《明熹宗实录》：天启四年二月“蓟州、永平、山海地俱震，坏城郭庐舍……。”

1626年

《康熙 蓟州志·祥异》：“熹宗天启六年丙寅五月初六日地震，六月初六日丑时地大震。”

1638年

《二申野录》卷八：明崇祯十一年“正月，蓟镇地震。”

1668年

《康熙蓟州志》：“康熙七年戊申，大水，地震。”

1679年

《清圣祖实录》：“康熙十八年十一月乙巳，直隶巡抚金世德疏：本年地震，……蓟州、固安等县被灾又次之，免十之二。”

《康熙蓟州志》：“十八年乙未七月二十八日巳时，地大震，有声遍于空中，地内声响如奔牛，如急雷，天昏地暗，房屋倒塌无数，压死人畜甚多，地裂深沟，缝涌黑水甚臭，日夜之间频震，人不敢家居。”“州署……西栅曰渔阳古郡，栅外西南谯楼一座，故明崇祯时焚毁，顺治年知州黄公家栋重修，康熙十八年地震倒塌。”

《康熙蓟州志·重修万寿兴隆观记》：“渔阳之东北四十里许，山曰黄花，观日万寿兴隆，……岁月浸久，兼以己未地震之后，栋折榱崩，殿庭倾圮。”

华濬《重修鼓楼碑记》：“建鼓楼于城中之衢，……我朝顺治初，州牧黄君家栋重修，康熙十八年地震又圮。”

王士祯《居易录》：“蓟州独乐寺观音阁凡三层，其额乃李太白书，梁栱榑栌皆架木为之，不施斧凿。己未地震，官廨民舍无一存，独阁不圮。”

1730 年

《道光蓟州志》：雍正“八年八月地震。”

《清史稿・灾异志》：雍正八年“八月十九日，京师、宁河、庆云、宁津、临渝、蓟州、刑台、万全、容城、涞水、新安、东光、沧州同时地震。”

1795 年

《道光蓟州志》：乾隆“六十年六月二十一日亥刻地震。”

1797 年

《道光蓟州志》：嘉庆“二年春三月二十一日大风霾，夏四月十四日大风昼晦，闰六月十三日地震有声。”

1976 年

唐山大地震，独乐寺院墙倒塌，观音阁墙皮部分脱落，梁架未见歪闪。十一面观音像胸部铁箍震断。

[3] 据韩嘉谷《蓟州独乐寺大事记》

(1) 光绪二十六年（1900 年）八国联军破坏独乐寺

徐会沣 1901 年 4 月 1 日奏片：“光绪二十六年十一月初四日，德国洋军二千余名，先后入城抢掠，蹂躏独乐寺。行宫、正殿、宝座及佛像，各处门窗户壁，均被洋兵烧砸，伤损不堪。佛前幔帐陈设，并卧佛所铺被褥，亦被洋兵劫去。”

(2) 民国 17～18 年（1928～1929 年）

梁思成《蓟县独乐寺观音阁、山门考》：“十三年陕军来蓟，驻军独乐寺，是为寺内驻军之始。……十七年春驻孙□□部军队，十八年春始去，此一年中破坏最甚。”

(3) 民国 28 年（1939 年）

蓟县沦陷，独乐寺被日本侵略军占据。

[4] 韩嘉谷《蓟县独乐寺大事记》附录

[5] 祁英涛《蓟县独乐寺观音阁》

[6] 魏克晶《蓟县独乐寺塑像之管见》

[7] 此六角形的夹角度数系按平座柱头平面尺寸推算，两端在侧面内柱处的夹角为 α，即 $\frac{1}{2}\mathrm{tg}\alpha=\frac{370}{454}$，故 $\alpha=78.24°$。

[8] 表 3 中柱头坐标值系据表 1 平面尺寸推出。

[9] 文中斗栱图多摩自梁思成《独乐寺观音阁山门考》

[10] 杜仙洲《义县奉国寺大雄殿调查报告》。文物，1961 年第 2 期。

[11] 转引自曹汛《独乐寺认宗寻亲》。

[12]《大奉国寺庄田记》碑阴。

[13] 横山裘琏《癸己暮春被放后访显斋禅兄》，选自嘉庆《保国寺志》。

[14] 姜宸英《夏杪坐石公精舍漫赋》，选自嘉庆《保国寺志・艺文》。

[15] 同上。

[16] 据嘉庆《保国寺志》。

[17] 同上。

[18] 据《保国寺志》古迹载：

云堂：“宋仁宗庆历年间僧若水建祖堂，奉保国（寺）祖先，明弘治癸丑年僧清隐重建，更名云堂……。”

朝元阁：“在大雄殿之西，明道元年建，今废。”

十六观堂：“在法堂西，宋绍兴间僧仲卿、宗浩同建，今废。”

方丈：“宋天禧四年建，今废。”

其他现存建筑有年代记载者据《保国寺志卷下・寺宇》载：

天王殿，“宋祥符六年德贤尊者建，国朝康熙甲子年，僧显斋重修。乾隆乙丑年，僧体斋重修，乾隆三十年，殿基及殿前明堂，僧常斋悉以石板铺之。僧敏庵偕徒永斋开广筑勘重建殿宇，以石铺之……。”

法堂：“宋高宗绍兴间僧仲卿建，国朝顺治十五年戊戌，西房僧石瑛重建，康熙廿三年甲子僧显斋重修，乾隆五十二年僧常斋同孙敏庵重建。”

净土池：“宋绍兴年间僧宗普凿，栽四色莲花。国朝永熙年间僧显斋立石栏于四围，前明御史颜鲸中题“一碧涵空”四字。

钟楼：“乾隆十九年，甲戌僧体斋同孙常斋新建，……嘉庆戊辰年僧敏庵移建，楼在大殿东”。

斋楼：“计四间，乾隆十九年僧体斋、孙常斋同建”。

厨房：“计三间，在法堂东楼外，乾隆五年僧体斋建，嘉庆戊辰年僧敏庵同徒永斋改建”。

法堂东西楼：计各六间，昔本荒基，乾隆元年僧显斋自云堂迁于斯堂之例。乾隆五年庚申僧唯庵偕徒体斋营造两楼，乾隆十五年僧常斋重建”。

文武祠：嘉庆僧敏庵改建于钟楼后。

东客堂：“嘉庆戊辰年僧敏庵同徒永斋新建”。

“禅堂、鼓楼并余屋……嘉庆庚午年起至壬申年新建”。

[19] 现所见中部的木质平天花为后世添加。

[20] 现佛殿中进深的三椽羌以上有后世所加天花板，当年应为彻上明造，平梁端部所留浅雕花纹可为证。

[21] 明成化元年《重修大华严禅寺感应碑》。

[22]《大同县志·卷五》《山西通志·卷百六十九》。

[23] 同注［21］。

[24]《金史·世宗本记》。

[25] 数据根据柴泽俊《大同华严寺大雄宝殿木结构形制分析》一文算出。此文原载《中华古建筑》中国科学出版社，1990.6。

[26] 详见《大同华严寺大雄宝殿实测》。《中华古建筑》中国科学出版社，1990.6。

[27] 据《山西通志》，《大同县志》记载。

[28] 在曹汛《独乐寺认宗寻亲》一文中曾提出。从三圣殿所供奉佛像的内容看，西方三圣即阿弥陀佛、释迦佛、药师佛，这与后部大雄宝殿内的五方佛内容重复，两者出现在同一座寺院中是不应该的，因此这个位置应以供奉其他内容的佛像，如观音像之类为宜，并认为此处以建造高阁的可能性最大。

[29] 绍圣四年《龙兴寺大悲阁记》“因契丹犯境烧寺、熔其半，以香泥补完之，周显德中，国用空虚，掌计者无远图，收罗天下铜钱，以资调度，于是菩萨像又以泥易其半”。

[30] 绍圣四年《龙兴寺大悲阁记》。

[31] 绍圣四年《真定府龙兴寺铸金铜像菩萨并盖大悲宝阁序》

[32] 摩尼殿宋代题记有四处，①在上檐后明间柱头铺作昂底皮，墨书“皇祐四年二月二十三日立，小都料张德故记”②在上檐内槽西山面补间铺作栌斗底皮，墨书“小都料张（?）从□二十八立，皇祐四年二月二十日三立柱口”③在上檐内槽后明间东补间铺作中散斗底皮墨书“真定府都料王烨（?）”，无年号，但字体及木材材质同①②两题记。④内槽西次间阑额上皮墨书大宋皇祐四年□月廿六日立柱记常寺僧守义故题。转引自祁英涛《摩尼殿新发现题记研究》。

[33] 大悲阁后现存殿宇仅有弥陀殿和毘卢殿，弥陀殿为明代正德五年（1510年）所建，毘卢殿为明万历年间建（1573～1620年），1959年自正定县崇因寺移此。（详见祁英涛《摩尼殿新发现题记研究》）。

[34] 数据转引自祁英涛《摩尼殿新发现题记研究》。

[35] 摩尼殿在明、清皆有修葺，主要在明成化二十二年和清乾隆四十二年至四十五年及道光二十四年，但均非落架大修，详见祁英涛《摩尼殿新发现题记的研究》。

[36]《摩尼殿主要木构件承载能力和节点榫卯研究》，孔祥珍《古建园林技术》第8期。

[37] 四抱厦的结构构件及角梁用的铁钉多处有明成化二年题记（详见祁英涛《摩尼殿新发现题记研究》）。

[38] 田蕙《重修佛宫寺释迦塔记》（原载田蕙编明万历己亥（1599年）《重修应州志》，卷六艺文志。

[39]《古今图书集成》神异典卷108，僧寺部汇考，（佛宫寺）寺在应州治西南隅，初名宝宫寺，五代晋天福间建，辽清宁二年重建，金明昌四年重修，明洪武间置僧正司并王法寺入焉，有木塔五层，额书释迦塔，高三十六丈，周围如之。

《应州续志》卷四寺观，清乾隆三十四年吴炳纂修；佛宫寺在城西北隅，前后创建修理详见旧志，乾隆三十一年重修通志云：旧志载晋天福间建，辽清宁二年重修，考田蕙记寺无旧碑文，仅得石一片，书“辽清宁二年田和尚奉敕募建”十二字。

[40] 田蕙《重修佛宫寺释迦塔记》“……余邦人，也尝疑是塔之来久远，当缔造时弗将巨万而难一碑记，即索之（向寺僧索之），仅得石一片，上书辽清宁二年田和尚奉敕募建数字而已，无他文词……”

[41]《五代史》卷八晋本纪，《辽史》太宗纪下。

[42] 据《重修应州志》卷六艺文志〈应州新修钟楼记〉应州之城左襟太行，右带桑乾……州自国初以来，无钟鸣晨夕者，寄西佛宫寺久之，以故器掷诸隙地，(薛) 敬之虑上下无警，以小钟易之。考铸记肇大金明昌二年冶斤重数千，宜悬之佳处。乃伐木搏埴栩楼，治东过街三十步有奇，周围十丈高六十尺，四面花彩隔扇，正当其城之中……”这里透露金代大钟重数千斤，而明代重修的钟楼周围十丈，高六十尺，即相当于 10 米见方，而这是“以小钟易之”以后所建钟楼尺寸，设想佛宫寺原有钟楼不会小于这座钟楼，现存正定开元寺钟楼建于五代，其规模与此相近，同为寺院钟楼，而开元寺规模比佛宫寺要小得多，显然佛宫寺钟楼应更大些，才能与木塔体量相配。

[43] 1928 年《重修序》

金城释迦木塔创建于辽时，玲珑高峻，无与伦比，浮图之中推为巨擘，登是塔者莫不称为奇观，叹为神功。历年既久，不免为风雨侵蚀人畜践踏，已不复睹昔日之壮观，及经晋国一战（指军阀混战），塔之上下被炮轰击二百余弹，柱、梁、杆 、墙壁、檐、台无不受其损坏，如再迁延不修，恐之数百年之古迹无复保存矣，世荣等慨然有重修之志，于是邀集绅商各界募款兴工，越两月工程告竣，檐、台、柱、檐焕然一新，……”

[44] 张十庆《中日古代建筑大木技术的源流与变迁》。

[45] 据寺僧及当地父老传说：“1936 年由住持大行禅师等化缘募集资金，修整内容为拆除泥灰墙，全部更换为格子门。原因是听信一风水先生苏墨之言，认为宝塔原为八面玲珑，有了泥灰墙便破坏了风水。”以上记载见李世温《应县木塔历史上加固整修评述》。

[46] 木塔中各种斜撑曾引起古建界专家议论，有人提出只有径向斜撑为辽代原物，其余皆后世所加。1993 年国家文物局文保所重新对各类斜撑作 C14 测定，结果证实弦向斜撑也为辽代原物。

[47] 本文中斗栱的所有数据皆引自陈明达《应县木塔》一书。

[48] 同 [47]。

[49] 同表中所列斗栱构造资料参考陈明达《应县木塔》一书。

[50] [51] 同 [47]。

[52] 李世温《应县木塔历史上加固整修述评》，1984. 10，山西省雁北地区文物工作站印发内部资料。

[53] 达摩，南天竺人，为释迦牟尼弟子摩迦叶的第二十八代佛徒。他从印度出发，历时三年于北魏孝昌三年（527 年）经广州，住王园寺（今光孝寺），不久到建康（南京），后北渡长江来到少林寺。在少林寺先后九年，于东魏天平二年（535 年）传法于慧可后离去，后圆寂禹门。相传初祖庵所在地为达摩面壁修禅之处。宋黄庭坚有词《初祖·渔家傲》记述了关于达摩来中国后的境遇，反映了南北不同佛教派别的分歧，导致达摩一苇渡江来到少林寺的故事：“万水千山来此土，本提心印传梁武。对朕者谁浑不顾，成死悟。江头暗折长芦渡，面壁九年看二祖，一花五叶亲吩咐，只履提归葱岭去，君知否? 分明忘却来时路”。

[54] 题记内容为：“广东东路韶州仁化县潼阳乡乌珠经塘村居奉佛男弟子刘善恭，仅施此柱一条，面向真如实际无上佛果，菩提四恩忽报，三有齐资，愿善恭同一切有情早圆佛果，大宋宣和七年佛成道日焚香书”。

[55] 石刻雕饰题材表引自祁英涛《对初祖庵大殿的初步分析》一文（原载《科技史文集》第 2 辑，上海科学出版社，1979）。笔者对照实物对局部作了修正。

[56] 据吴庆州《肇庆梅庵》(《建筑史论文集》第八辑，1987. 5，清华大学出版社）一文载寺内共存五碑，即万历九年黎民表撰《重修梅庵记》；万历十二年谭谕撰《梅庵舍田记》；及康熙三十五年吴联撰《重修佛殿碑记》；乾隆四十六年刘璟撰《重修梅庵碑记》；道光二十一年黄培芳撰《重修肇庆府梅庵碑记》。关于寺的始建年代其中只有万历十二年碑称此庵“肇建于五代”，其余几碑皆与万历九年碑同。

[57] 道光二十一年《重修肇庆府梅庵碑记》。

[58] 引自万历十二年碑。

[59] 据吴庆洲《肇庆梅庵》一文测绘梁栿尺寸折合材分°。

[60] 据吴庆洲《肇庆梅庵》测绘栱长尺寸。

[61]（图 6-392、6-393、6-394、6-398）皆转引自《上党古建筑》。

[62]《咸淳临安志卷》二十五“径山”。

[63] 同上。

[64] 楼钥《经山兴圣万寿禅寺记》(《攻媿集》四部丛刊本)“……国一之后，以会昌沙汰而废，咸通间无上兴之，又后八十余年，庆赏始以感梦起废，为屋三百楹、翦去樗栎、手植杉桧，不知其几，今之参天合抱之木皆是也。”

[65] 同 [62]。

[66] 潜说友纂修《咸淳临安志》卷八十三载陆游《圆觉阁记》。《宋元方志丛刊》第四册，中华书局出版，1990 年 5 月。

[67] 楼钥《径山兴圣万寿禅寺记》《四部丛刊・玫瑰集》。

[68] 同 [67]。

[69]《径山兴圣万寿禅寺记》。

[70] 梁思成《正定调查纪略》,《梁思成文集》一，中国建筑工业出版社，1982. 12。

[71] 吴泳《径山禅寺重建记》，原载《咸淳临安志》卷八十三“径山寺”。

[72]《日工集》转引自关欣也《中国江南之大禅院与南宋五山》（原载日本《佛教美术》144 号昭和五十七年九月，1982 年 9 月）。

[73] 据《灵隐寺志》，乾隆九年《增修云林寺志》，道光九年《续修云林寺志》、《杭州府志》等。整理如下：

(1) 元至大元年至皇庆元年（1308～1312 年）间被改建。

(2) 元至正十九年（1359 年）遭兵燹。

(3) 明宣德五年（1430 年）大殿火灾。

(4) 明隆庆五年（1571 年）大殿火灾。

(5) 清顺治十五年（1658 年）大殿火灾。

(6) 清嘉庆二十一年（1816 年）大殿火灾。

(7) 清咸丰十一年（1861 年）再次火灾。

[74]《明州天童山景德寺转轮藏记》宋拓本藏于日本宫内厅书陵部（转引自关口欣也《中国江南之大禅院与南宋五山》。

[75]《宝庆四明志》。

[76] 楼钥《天童山千佛阁记》。

[77] 日僧荣西于绍熙元年（1190 年）随天童寺新任住持虚庵入寺，获知欲建千佛阁，便称“他日归国，当致良材以为助”。绍熙二年搭乘宋商商船返国，两年后“果致百围之木凡若干，挟大舶，泛鲸波而至焉”。

[78] 胡榘修、方万里、罗濬纂《宝庆四明志》,《宋元方志丛刊》第五册，中华书局出版，1990 年 5 月。

[79]《天童寺千佛阁记》。

[80] 成寻《参天台五台山记》。

[81] 苏轼在杭时间为熙宁四年至七年（1071～1074 年）和元祐四年至七年（1089～1092 年）。当时他在生病休养中游净慈寺，写下这首诗，其全文如下：

卧闻禅老入南山，净扫清风五百间，我与世疏宜独往，君缘诗好不容攀，自知乐事年年减，难得高人日日闻，欲向云公觅心地，要知何事是无还。”(转引自《咸淳临安志》卷七十八)。

[82] 嘉庆十年《敕建净慈志寺》载，至元二十七年（1290 年）火灾，据至正二年入寺的六十一代住持的《重修净慈报恩光孝禅寺记》，由第五十三代至第六十一代住持陆续重建。增建了蒙堂、库堂、旃檀林、观音殿、佛殿、法堂、罗汉殿、山门、选佛场、宗镜堂、千佛阁、钟楼、方丈、藏殿等。

[83] 详见关口欣也《中国江南之大禅院与南宋五山》。

[84]《宝庆四明志》。

[85] 嘉定十六年（1223 年）日僧道无访该寺曾见有西廊、舍利殿。详见关口欣也《中国江南之大禅院与南宋五山》。

[86]《阿育王山舍利宝塔记》。

[87] 万历四十七年（1619年）所编《阿育王山志》载阿育王山图，其中大殿未恢复，中轴上仅有内山门和舍利殿，东侧从南起为祖堂、法堂、禅堂，西侧南起为客堂、中厅、方丈，西侧第二列为承恩堂、厨房、茅篷。

现中轴线上有放生池、天王殿、大雄宝殿、舍利殿、法堂。舍利殿内有石舍利塔一座，内置七宝镶嵌木塔，传此即为阿育王所造之塔。

[88] 宋扬亿撰《古清规序》。

[89] 据《咸淳临安志》载："灵隐寺路九里松，唐刺史袁仁敬所植，左右各三行，相去八九尺"。袁仁敬任刺史在唐开元十三年。

[90]《宝庆四明志》卷十三，禅院载；天童寺古松"大中祥符间僧子凝所植也"。

[91]《金陵梵刹制》。

[92] 潘逍遥《宿灵隐寺诗》(《咸淳临安志》卷八十寺院)。

[93] 林逋同运使陈学士《游灵隐寺寓怀诗》(同上)。

[94] 苏文公《游灵隐寺次韻》(同上)。

[95]《陈文惠公尧佐游永明寺诗》(《咸淳临安志》卷七十八寺院)。

第四节 砖石塔幢

一、佛塔发展概况

在公元10世纪至13世纪的建筑遗存中，砖石塔幢的数量占居首位，较著名者80余座，已被列入国保单位的有20多座（表6-22）。它们大多以宗教性建筑的面貌出现；但有的塔，已超越了宗教的意义，以登高览胜或军事防卫性的建筑而名垂青史。河北定县开元寺料敌塔，就曾是北宋北部边境充当瞭望敌情的一座建筑，故名"料敌"，并修建成这一时期最高的塔。福建泉州于南宋绍兴年间，僧介殊在海边宝盖山建姑嫂塔，在塔上可感受到"手摩霄汉千山尽，眼入沧溟百岛通"的情景，因之成为人们登临远视，瞭望海情，等待出海渔船归来的场所，又是使海船不再迷航的标志。正因为如此，砖石塔幢成为这一历史时期社会政治、文化、经济发展的历史见证，它们包含了各种历史信息，从中可以看到人们对宗教的虔诚，对艺术的追求，对技术的探索，乃至不同民族的爱好，与外域的文化交流等等。它有着丰富的历史、文化价值。

宋、辽、金、西夏佛塔一览表　　表6-22

宋塔					辽塔				
名称	年代	平面	形式	高度	名称	年代	平面	形式	高度
*苏州虎丘塔	建隆二年961	八边形	7层楼阁式	47.68米	*北镇崇兴寺双塔	道宗天祚间935～937	八边形	13层密檐式	43.85米（东）42.63米（西）
景德镇浮梁古城红塔	建隆二年961	六边形	7层楼阁式						
上海龙华塔	太平兴国二年977	八边形	楼阁式	40.4米					
开封繁塔	太平兴国年间976～984	六边形	3层上加7层小塔	31.6米					
*苏州罗汉院双塔	太平兴国七年982	八边形	7层楼阁式	30米					

续表

宋塔					辽塔				
名称	年代	平面	形式	高度	名称	年代	平面	形式	高度
*安徽宣城广教寺双塔	976～997或1096	方形	七层楼阁式	17.2米					
正定广惠寺花塔	早于太平兴国七年982金大定重修1161～1189	八边形大塔带六边形四小塔	单层带花束	40.5米					
松阳延庆寺塔	咸平二年999	六边形	7层楼阁式	38.35米					
井陉花塔	北宋初	一层为方形二层八边形	2层带花束	20余米					
敦煌城子湾花塔	北宋初	八边形	单层带花束						
*苏州瑞光塔	大中祥符二年至天圣八年1009～1030	八边形	7层楼阁式	43.2米（残高）					
曲阳修德塔	天禧二年1019	八边形	高塔身上覆5层密檐		宁城辽中京大明塔	开泰至泰昌四年1012～1098	八边形	13层密檐式	73.12米
四川彭县正觉寺塔	乾兴年间1023～1026	方形	13层密檐式	28米	*朝阳北塔	辽初、重熙十三年1044两次在唐塔基础上重修	方形	13层密檐式	38.7米
*开封祐国寺塔(铁塔)	庆历年间1041～1048	八边形	13层楼阁式	54.66米	*庆州白塔	重熙十八年1049	八边形	7层楼阁式	50米
*定县开元寺料敌塔	至和二年1055	八边形	11层楼阁式	84米	*呼和浩特万部华严经塔	道宗朝1055～1100	八边形	7层楼阁	43米（残高）
*长清灵岩寺辟支塔	嘉祐年间1056～1063	八边形	9层楼阁式	54米					
*当阳玉泉寺铁塔	嘉祐六年1061	八边形	13层楼阁式	17.9米					
江西信丰大圣寺塔	治平元年1064	六边形	9级18层楼阁式	66.7米					
岳阳慈氏塔	始建于唐治平年间1064～1067，建炎年间1127～1130重修	八边形	7层楼阁式实心塔	39米					
*上海松江方塔（兴圣教寺塔）	熙宁年间1068～1077	方形	9层楼阁式	48.5米	房山陀里花塔	咸雍六年1070以前	八边形	单层带花束	30米
*湖州飞英塔	乾道五年至嘉泰元年1069～1201	八边形	7层楼阁式	36.32米（残高）					
*景县开福寺舍利塔	元丰二年1079	八边形	13层楼阁式	63.85米					

续表

宋塔					辽塔				
名称	年代	平面	形式	高度	名称	年代	平面	形式	高度
福州千佛陶塔	元丰五年 1082	八边形	九层楼阁式	6.38米	涿县云居寺塔	大安八年 1092	八边形	6层楼阁式	
镇江甘露寺铁塔	元丰年间 1078～1085 重建	八边形	楼阁式		兴城白塔峪白塔	大安八年 1092	八边形	13层密檐式	43米
广州六榕寺塔	绍兴四年 1097	八边形	9层楼阁式	57米	灵丘觉山寺塔	大安五年或六年，1089或1090	八边形	13层密檐式	43.12米
宜宾旧州白塔	元符年间 1098～1109	方形	13层密檐式	29.5米					
安徽广德天寿寺大圣宝塔	崇宁四年 1105（始建979）	六边形	7层楼阁式	31.34米					
*济宁崇觉寺铁塔	崇宁四年 1105	八边形	7层楼阁式	23.8米	*房山云居寺北塔	天庆间 1111～1120	八边形	二层楼阁带覆钵式	28.5米
					*北京天宁寺塔	天庆九至十年 1119～1120	八边形	13层密檐式	55.38（残高）
					丰润车轴山花塔	辽中期	八边形	单层带花束	28米
					蓟县观音寺白塔	辽	八边形	单层覆钵式	36米
					朝阳八棱观塔	辽	八边形	13层密檐式	34.4米
					朝阳云接塔	辽	方形	13层密檐式	32米
					蓟县盘山古佛舍利塔	辽	八边形	13层密檐式	22.63米
					义县嘉福寺塔	辽	八边形	13层密檐式	42.5米

宋塔					金塔				
名称	年代	平面	形式	高度	名称	年代	平面	形式	高度
					秦皇岛昌黎影源塔		八边形	13层密檐式	30米
					*昌平延寿寺塔林（银山塔林）	皇统五年至大安七年 1145～1209	六边形	7层密檐式	20～30米
晋江安平桥头塔	绍兴八年 1138年	六边形	5层楼阁式	22米					
晋江姑嫂塔	绍兴年间 1131～1162	八边形	5层楼阁式	21.65米					
苏州报恩寺塔	绍兴年间 1131～1162	八边形	9层楼阁式	76米					
大足北山多宝塔	绍兴年间 1131～1162	八边形	7层楼阁式（内部9层）	30余米					
*杭州六和塔	隆兴二年 1164(重建)	八边形	7层楼阁式	59.89米	浑源圆觉寺塔	正隆三年 1158	八边形	9层楼阁式	30米
*莆田释迦文佛塔	乾道元年 1165	八边形	5层楼阁式	36米	正定临济寺澄灵塔	大定间 1166～1189	八边形	9层楼阁式	33米

续表

宋塔					金塔				
名称	年代	平面	形式	高度	名称	年代	平面	形式	高度
邛崃石塔	乾道五年 1169	方形	13层密檐	17米	沁阳天宁寺三圣塔	大定十一年 1171年	方形	13层密檐式	30米
					洛阳白马寺塔	大定十五年以前 1175年以前	方形	13层密檐	35米
					*辽阳白塔	始建于辽，金大定廿九年1189重修	八边形	13层密檐式	71米
*泉州开元寺仁寿塔	绍定元年 1228	八边形	5层楼阁式	44.06米					
*泉州开元寺镇国塔	嘉熙二年 1238年	八边形	5层楼阁式	48.24米					
常熟崇江兴福寺塔	咸淳间 1265～1274（重建）	方形	楼阁式	60余米	鞍山千山香岩寺塔	金	八边形	9层密檐式	20米
武汉兴福寺塔	咸淳六年 1270	八边形	楼阁式	11.25米					
安徽蒙城万佛塔	宋	八边形	13层楼阁式	42.5米	宁城辽中京小塔	金	八边形	13层密檐式	23.84米

宋塔					西夏塔				
名称	年代	平面	形式	高度	名称	年代	平面	形式	高度
九江能仁寺塔	宋	六边形	7层楼阁式		贺兰宏佛塔	1190之后	八边形	高基座单层覆钵塔	28.34米
九江锁江塔	宋	六边形	7层楼阁式						
乐山灵宝塔	宋	方形	15层密檐塔	40米	*拜寺口双塔	西夏	八边形	13层密檐塔	34.01米（东）35.96米（西）
大理千寻塔西两小塔	宋	八边形	楼阁式						
陕西周至大秦寺塔	宋	八边形	7层楼阁式	32米					
陕西彬县开元塔	宋	八边形	7层楼阁式	50米					
*正定凌霄塔	宋、金重修	八边形	9层楼阁式	40米					

注：表中带*号者为国保单位。

塔的类型：宋、辽、金时代是塔蓬勃发展的历史时期，其类型之繁多是空前的，即使在同一类中，每座塔都凝聚着造塔匠师的创作欲望，因此很少有完全相同者。但就总体来看，宋塔与辽塔差别较大，这种差别正是宋、辽在技术与艺术上的先进与落后之别。而金和西夏之塔多承宋、辽之制，略有创新。

（一）宋塔

1. 楼阁式塔

这是宋塔的主要类型，其分布地域最广，就外形特征看，有以下几种式样。

（1）砖外壁、木檐、木平座式塔

这类塔在五代以前未见遗存，自五代以来至宋有较大发展，它成为造型上最丰富，最具艺术魅力的一种砖塔，尤其是有了木平座，人们登塔后可于平座上观光，使塔从埋藏舍利、礼佛而发展成观光游览，在塔的发展史上写下了新的篇章。这种塔以杭州雷峰塔、六和塔、苏州虎丘塔、报恩寺塔、瑞光塔、松江兴教寺塔为代表。它们的平面有六角形、八角形、方形，以八角形为主。总体造型特征是各层出檐深远，平座悬挑大，立面柱、额处理与一般木楼阁几无差别。塔的每一面有的分成三开间，当心间开门洞，两次间砌实墙或开窗。有的整面作为一间来处理，檐下设斗栱，简单者只用柱头铺作，复杂者排满补间铺作。这类塔中最高者为苏州报恩寺塔，高76米，仅次于料敌塔，在本期内居第二。

木檐木平座楼阁式塔的木构部分年久易毁，未能保存至今，因此现存实物多经后世重修，重修后有的产生了风格变易，有的甚至面目全非。如苏州报恩寺塔外檐廊及平座皆为清式（图6-416）。杭州六和塔在清末重修时把原有的7层塔改成了13层，所有的平座都改成了塔身的一层，因此塔的外形已不是宋代楼阁式塔的形象了（图6-417）。只有近年苏州瑞光塔、松江兴教寺塔均为按宋式重修之遗物[1]，尚可使人们窥见宋代楼阁式塔的造型与风格之一斑。

图6-416① 江苏苏州报恩寺塔一

（2）砖外壁、砖檐、砖平座式塔

这类塔较忠实地模仿了木构外檐及平座，但出檐和平座挑出较短，造型不像前一种那样生动活泼，平座也不能登临。代表作有苏州罗汉院双塔，安徽蒙城兴化寺塔，泉州开元寺双石塔等。塔的平面为八角或六角，而无四方形者。这类塔的挑檐部分靠砖斗栱来承托，多用五铺作斗栱，偷心或计心造。计心者只做单栱造，一般于第一跳华栱头承瓜子栱，而第二跳华栱头所承托的构件有较多变化。如蒙城兴化寺塔铺作中的第二跳华栱头承替木加撩风槫，开封铁塔承撩檐枋。挑檐部分也有用四铺作斗栱者，如苏州罗汉院双塔，华栱头承令栱，上承叠涩砖四层，然后是瓦屋面。承平座的做法有三种：一种是用铺作承托，如开封佑国寺塔出华栱两跳承之；另一种是以仰莲瓣多层承托，如蒙城兴化寺塔的下部几层；第三种是用砖叠涩做出平座，如苏州罗汉院双塔。这一类塔现存最高的一座是开封佑国寺塔，高54.66米，这类塔的立面额柱及门窗处理虽仿木构，但却有所取舍，下部多无副阶。

在带平座的楼阁式塔中也有实心不能登临的，如岳阳慈氏塔。

（3）无平座的楼阁式塔

这类塔在模仿木结构的过程中进行了简化，只保留挑檐，仅将檐下做出柱额、斗栱，而去掉平座。这种做法在宋以前的唐塔中是常见的，因此可以认为是唐代砖塔的遗风，只不过平面做成了八边形。例如山西阳城龙泉寺塔，庐山西林寺塔均将平座与檐部合而为一，瓦面所在的位置即各层楼板所在之处，瓦檐之下先做砖叠涩，菱角芽子，然后做出重叠三层的砖斗栱，最上一层为五铺出双杪形

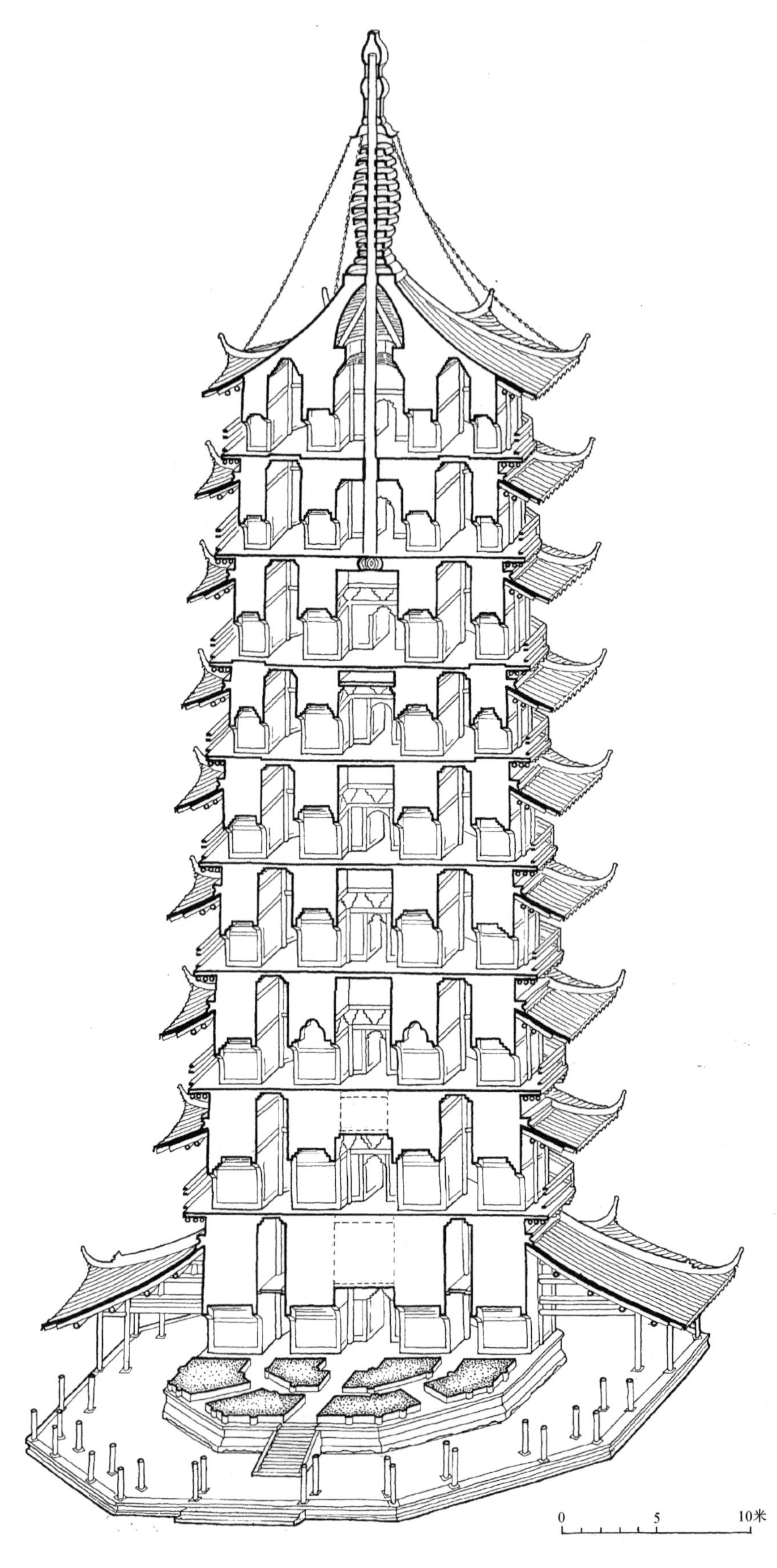

图 6-416② 江苏苏州报恩寺塔二

式，中间一层为四铺作出一杪形式，最下一层又是五铺作出双杪形式。各层斗栱从墙壁壁面挑出长度皆很短（图 6-418）。

（4）无柱额楼阁式塔

这类塔仅仅用层层砖叠涩檐子划分塔身，每层当中除门、窗之外便是白粉墙。典型的例子如定州开元寺料敌塔，这类塔较彻底的摆脱了“仿木构”的束缚，而是按“砖”材料的特点去建造。四川大足北山的多宝塔也属此类，在立面上除了白粉墙上开门窗之外，便是一层层的檐子，塔高不过 30 多米竟出现了 12 层檐子，实际内部的楼层为 7 层，有的部位一层高却占有了两重檐子，工匠采取这样的处理办法可以使塔的高耸感加强（图 6-419）。

凡可登临的楼阁式塔，均采用筒体结构，有的为单壁筒体，有的在单壁筒体中央设中柱，有的为双套筒，有的在下层做砖筒体，上层改为木构，还有的将塔心柱下部做砖上部改木。各层楼面有的以砖发券来完成，有的用木楼板，结构形式多样。塔梯布局也有多种，常见的有穿心式如料敌塔，旋心式如虎丘塔，塔壁内折上式如天宁寺木塔。

2. 密檐式宋塔

宋塔中还存在着一种方形密檐塔，主要分布在四川境内，如宜宾旧州白塔，乐山灵宝塔，彭县正觉塔等，其中最有特点的是在这几座塔中建造最晚的邛崃石塔寺释迦如来真身宝塔。它的上部为 13 层密檐，下部为重层须弥座和带副阶的塔身。在唐代灭亡 250 年之后建造的邛崃石塔，仍然以唐代密檐塔为蓝本。由此可见四川地区，唐文化的滞后性。相比之下，云南大理崇圣寺在唐塔千寻塔之后，在大理国时期（相当宋代）建造的两座小塔，没有尾随方形密檐的千寻塔，而是建成八角形的十层塔，反映了这一地区工匠所具有的创新意识。这类塔的结构也有筒体与实心砌体两种。

3. 花塔

宋塔中有过花塔一类，如现存的正定广惠寺花塔，已倒塌的井陉花塔等。过去它们被误认为辽、金遗物，甚为遗憾。这类塔的特点是在塔身上部出现一高筒形覆钵花束，表面饰以龛、动物、花瓣等装饰。

（二）辽塔

由于辽代统治区对宗教的极度虔诚，辽塔表现着更强的宗教意味，它不引导人们登塔观景，更喜爱以直观的佛传故事雕于塔的外壁之上，向人们进行佛教教化。辽塔无论是哪种外形，绝大多数是不能攀登的，有的做成实心的砖砌体，少数塔内做塔心室或回廊，有的做成砖筒体，内部还设有天宫、地宫。表面再加上装饰性的屋檐、门、窗、额、柱之类，从外部造型来看，有以下

图 6-417 浙江杭州六和塔

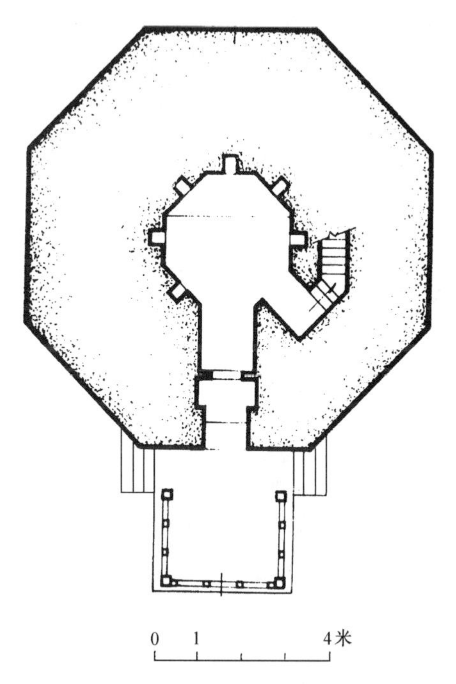

图 6-418 山西阳城龙泉寺塔

图 6-419 四川大足北山多宝塔

图 6-420 河北昌黎源影塔

几类：

1. 密檐塔

（1）八角密檐式

下部有一较高的基座和一段长长的塔身，上部为13层密檐，檐身上有柱额、斗栱、门窗等。这类塔是辽代匠师的一个创造，它盛行于辽，并为金代沿用。这类塔的变化表现在以下几方面：

基座：高低变化较多，有的只是简单砖砌基座，如辽上京南塔，有的则做须弥座、莲座，乃至多层须弥座重复叠落。如北京天宁寺塔，辽中京小塔，北镇崇兴寺塔等。在须弥座的束腰部分，有的将壸门内作剔地起突的狮兽，有的在壸门之间的立柱上雕出力士像之类，最有代表性的如辽中京小塔。而辽中京大塔把束腰部分雕成万字，在此期佛塔中是一孤例。

塔身：处理的方式也有多样，除设有假门假窗之外，一般设佛像，有的佛像按照殿堂中佛像的排列方式作五方佛（大日如来、阿閦佛、无量寿佛、宝生佛、不空成就佛）八大菩萨（文殊、普贤、弥勒、日光、月光、地藏、观音、虚空藏），如北京天宁寺塔、辽中京大塔、北镇崇兴寺双塔。也有在一龛之内设两尊菩萨的；如辽中京小塔。还有的将两尊力士像施于假门假窗两侧的；如北京天宁寺塔。这类塔在塔身佛像的上部常设有伞盖和飞天。河北昌黎源影塔塔身处理更为特殊，每面作成一座城楼，转角部位作成一座阙楼，两者以飞廊、阁道相连，这种做法如同这一时期佛龛之上常用的天宫楼阁，似乎这座宝塔从天宫中拔起。这些处理与佛教经典联系非常紧密(图 6-420)，皆具有象征意义，如朝阳北塔的五方佛代表密宗修法坛场曼荼罗。北京天宁寺塔的佛像代表了华严寺的圆觉道场。这正是辽代佛教流行密宗和华严宗的实证。

塔檐：辽代密檐塔可以认为是沿着唐塔的轨迹向前发展的，但塔的檐部已不满足于一般的叠涩式，在当时仿木构的大潮影响下，密檐的檐下用砖雕出仿木斗栱、椽飞及屋面所覆筒瓦，典型的如北京天宁寺塔，山西灵丘觉山寺塔，昌黎影源塔。第二种虽然檐下无斗栱，仅用砖叠涩挑出，但屋面仍然覆筒、版瓦。这表明唐以前习用的砖叠涩完成出挑和封顶的做法依然在使用，这种以辽中京大、小塔为代表。辽塔密檐多作十三层，据《大般若涅槃经·后分》载“佛告阿难，起七宝塔，……凡十三层”。这十三之意为佛言[2]（人生）有十三大难，修造过十三层塔的人，即示已经受过十三大难之考验，能达到成佛之境地了。

（2）方形密檐塔

在辽塔中有一部分作成方形密檐塔，其分布区域主要在今辽宁省朝阳市一带。其中如市内的北塔、南塔，其附近的凤凰山摩云塔、大宝塔，朝阳县西营子乡的青峰塔等。它们的形制自上而下皆为13层密檐，近方形的塔身、须弥座、基座。塔的结构或作实心砌体，或为空筒，塔身表面皆作佛传故事砖雕，题材、风格大同小异。

2. 楼阁式塔

辽代砖塔中楼阁式数量不多，现存实例有内蒙呼和浩特的万部华严经塔和巴林右旗的庆州白塔，两者均为八角7层仿木楼阁式，每层均用砖刻出柱子、额方、门窗。在平座、檐下均施砖斗栱。万部华严经塔采用木制椽飞，挑梁。庆州白塔比例造型更为优美生动，塔身表面雕饰仍以宗教题材为主，但不像前述之密檐塔那样起伏夸张，而是与建筑的门窗，柱额处理统一成整体，具有较高的建筑艺术水平。另外在北京涿州云居寺还有一座5层八角形的辽代楼阁式塔，塔身的柱额、门窗、斗栱严格地按照木构的造型比例做出，只是出檐及平座挑出较短，各层随着平面内收而将层高压缩，总体造型稳健有力。

3. 花塔

辽塔遗物中有几处花塔，如建于咸雍六年（1070年）的房山陀里花塔（图6-421），丰润车轴山寿峰寺药师塔。

（三）金塔

金代所建佛塔遗物中几乎找不到楼阁式塔，大多为密檐塔，有方形仿唐式的，如河南临汝风穴寺七祖塔，河南洛阳白马寺塔，也有八角形仿辽式的，但塔身不像辽代密檐塔那么多的佛像雕饰，塔身只有柱、额、门窗、斗栱，好像经过了净化，塔身的砖雕比辽塔更精巧、细致，建筑艺术处理比辽塔更高一筹，典型的如河北正定临济寺澄灵塔（图6-422），山西浑源圆觉寺塔。金代还建有塔林，北京昌平银山塔林中17座塔，有五座为金代和尚墓塔，皆为八角13层密檐塔，也如上式。此外还有花塔，与辽花塔同属一类。

图6-421　北京房山陀里花塔

图6-422　河北正定临济寺澄灵塔

（四）西夏佛塔

西夏虽地处西北，但由于其统治者仰慕中原宋文化，夏人认为宋朝“衣冠礼乐非他国比”，同时“与辽国世通姻契”，因此西夏的佛塔既有宋代广泛流行的楼阁式塔，又有辽代流行的密檐塔，及混合式塔。西夏后期，随着与吐蕃关系的日益亲密，藏传佛教地区的覆钵式塔，在西夏急速发展起来。因此，西夏佛塔有四种类型，即楼阁式塔，密檐式塔，辽代混合式塔，覆钵式塔。

1. 楼阁式塔

楼阁式塔的原物已无存，现在银川市西南隅的八角 11 层楼阁式承天寺塔，是经明万历、清嘉庆重修之后保存下来的西夏塔。此塔始建于西夏天祐垂圣元年（1050 年），清乾隆三年（1738 年）毁于地震。另一座八角 7 层的中宁鸣沙州城安庆寺塔，“相传建于谅祚之时”（1049～1068 年谅祚在位），但也经明代重建。另在甘肃安西榆林窟西夏所绘第三窟东壁南侧壁画的五十一面观音像上方有一座 7 层塔，也可归入此类，但这座图像塔只能粗略地反映当时这一类塔的存在而已。

2. 密檐式塔

西夏的密檐塔现存实物尚有几例，如贺兰县贺兰山拜寺沟塔（1990 年被毁），拜寺口双塔，韦州康济寺塔等，它们的建筑年代约在西夏中期以后，自仁宗至夏亡。其平面形制有方形和八角形两类，上部密檐皆 13 层。以拜寺口双塔为例，此塔下部有一段高高的塔身，直接立在地上，下无基座，但有一小台承之，上部为 13 层密檐。两者虽并列寺前，但塔檐细部处理不同，塔高也小有差异，东塔高 34.01 米，底部每面宽 3 米，塔的檐部既有腰檐，又设平座。西塔高 35.96 米，每面宽 3.55 米，塔的檐部将出檐与平座合二为一，每层檐下部用叠涩层层挑出，上部轮廓，做成毘卢帽式花边结束，这种做法在其他地区尚未见过，可算是西夏地区的特点。康济寺塔也是 13 层密檐塔，高 39.2 米，各层也施腰檐及平座，但不同于上例，其檐口有微微上翘之生起，轮廓更加优美。塔刹部分，拜寺口双塔施以小须弥座及相轮，成直线轮廓，而康济寺塔则做成两级束腰式须弥座，轮廓优美。

这三座密檐式塔皆为筒体结构，但砖壁厚度不一，最薄者为拜寺口双塔之东塔，厚 1.87 米。西塔厚 2.8 米，康济寺塔壁厚 2.58 米。

3. 复合式塔

贺兰县宏佛塔为复合式塔的代表，它与北京房山云居寺塔、和蓟县独乐寺前白塔属同一类型，但具体做法不同。下部做三层楼阁式，上部做一覆钟式塔，塔的总高为 28.34 米，上、下几乎是各占一半，楼阁部分各层做出挑檐与平座。这座塔残毁之处甚多，可见到历代修补的遗迹多处，一层外部有后加的夯土墙保护，和后代补开的塔门。二、三层平座，挑檐做法仍清晰可见，平座下部施斗口跳斗栱一层，承托平座栏杆，栏杆用砖砌成寻杖、盆唇、地栿及斗子蜀柱。塔檐下也做斗口跳斗栱，斗栱之上即为叠涩出檐，檐口以上以抹灰做成斜屋面。各层斗栱以下均有砖砌普拍方、柱头及阑额，但在塔身上对于柱身部分已无特别表示，只做成白粉墙。上部的覆钟式塔，置于第三层平座栏杆以上，下部是一十字折角式须弥座，上为覆钟，最上为刹顶，但已残破不全。

宏佛塔虽外表起伏变化很多，但其结构仍为筒体，不能攀登（图 6-423～6-425）。

4. 单层覆钵式塔

在西夏中后期，还有若干受藏传佛教影响的单层覆钵式塔，其中小型的如宏佛塔的天宫中就曾藏有一座小木塔，覆钵成高筒状。

在石嘴山市涝坝沟口北侧山崖上曾有浮雕的覆钵式塔两座，一座钵上饰有仰覆莲，其上为葫芦形塔刹。另一座无莲花雕饰，但上部比例细长，这里原为西夏的省嵬城所在地。

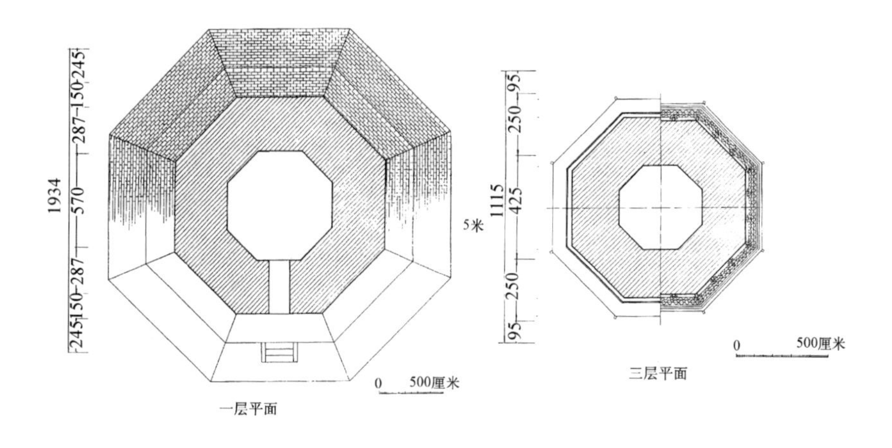

图 6-423　甘肃贺兰县宏佛塔平面图

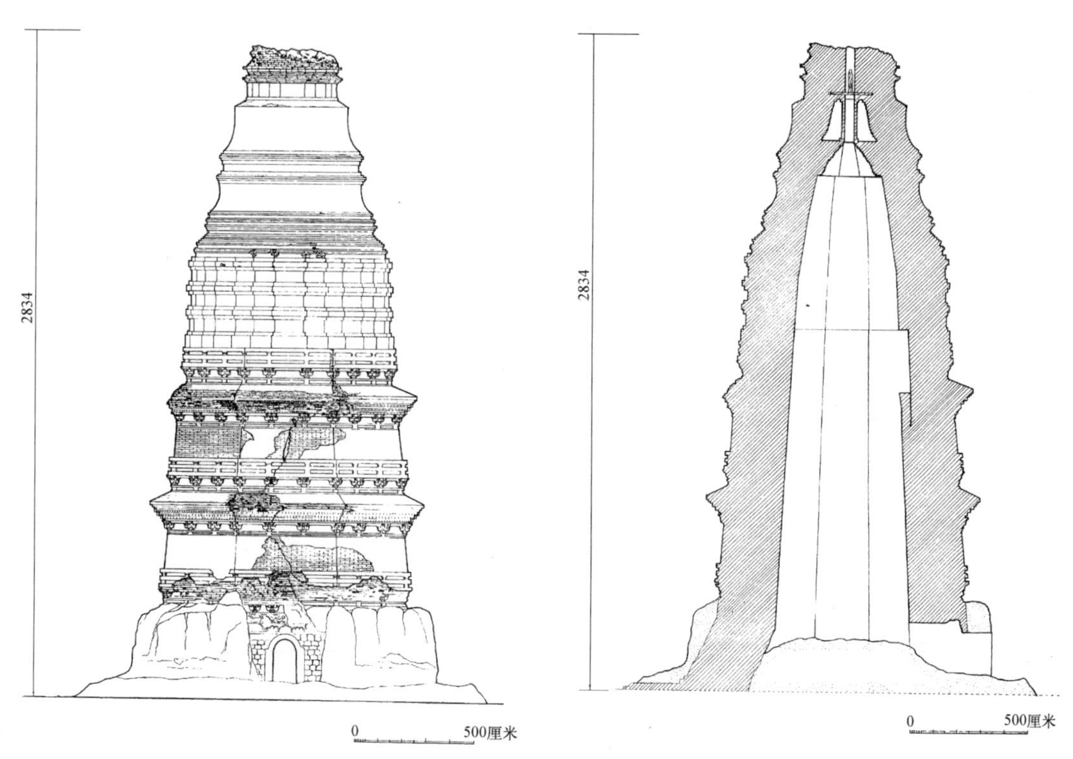

图 6-424　甘肃贺兰县宏佛塔立面图

图 6-425　甘肃贺兰县宏佛塔剖面图

在内蒙额济纳旗黑水城，原为西夏黑水镇燕军司驻地，也保存了二十余座西夏时期的覆钵式塔。覆钵形式有覆钟形、近乎圆形、下方上圆形。覆钵上部为长长的相轮和刹，有的在相轮之下设仰莲座（图 6-426）。

5. 单层亭式塔

在西夏时期也曾有过单层小亭式塔，但已非砖塔。例如甘肃武威西夏二号墓出土的小木塔，总高不过 50～60 厘米，下部为一八面体，上部使用盝顶，顶上有近似覆钵形的塔刹（图 6-427）。塔身木板涂红色，画有斗栱图案，表面书写西夏文，塔顶表面绘云纹图案，中间书有朱红色梵文，塔顶八角形木板里面写有汉文，“故考妣西经略司都案刘德仁，寿六旬有八，于天庆五年岁次庚辰（申）□夏十五日兴工建缘塔，至中秋十三日入课讫”。这座塔虽然很小，但说明西夏时期此种类型之塔的存在，将塔顶做成盝顶式也是很少见的。从葬俗来看不仅僧人以塔埋舍利或作高僧墓塔，当时的官员也在墓中放置小塔，这应是西夏官员对佛教虔诚的一种表现。

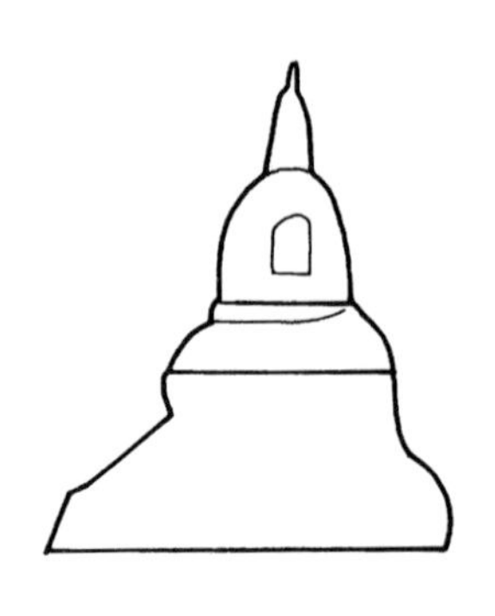
图 6-426 内蒙额济纳旗黑水城覆钵式塔

图 6-427 甘肃武威西夏二号墓小木塔

二、塔幢实例

1. 河北定县开元寺料敌塔

料敌塔位于河北定州南门内。据定州志载：北宋时开元寺僧会能到西天竺取经归来，宋真宗于咸平四年（1001 年）下诏建塔，宋仁宗至和二年（1055 年）塔成，历经 55 年。因定州地处宋辽接壤的军事要地，建塔可兼作瞭望敌情之用，因之此塔修得格外的高，并定名为料敌塔，使这处佛国净土也不可能超尘脱俗。因战乱频繁，建设工程时有停顿，故建塔时间长达半个世纪。

料敌塔为八角 11 层楼阁式砖塔。结构采用厚壁筒体，中央带塔心柱，每层只有回廊空间可供登临，无塔心室。该塔利用塔心柱解决登塔的垂直交通问题，布置成穿心式楼梯，通达各层。楼梯每跑方向不同，采用十字交错式，某层由东向西，另一层则改为由北向南，以使荷载均匀分布。各层回廊皆采用砖叠涩结构，做成楼面。回廊顶部处理有所不同，二、三层回廊的顶部用砖先作出斗栱，上施砖制平棊，平棊上浮雕出球纹、琐纹等各式花纹。四层至七层平棊改为木制，上绘彩画。第八层以上则无斗栱和平棊，只是以砖砌作拱顶。

该塔总高 84 米，为目前全国保存最高的塔。第一层每边边长 9.8 米，每层塔高与直径的比例适度，外观挺拔壮丽。第一层塔身较高，上有腰檐平座，其上各层则只有塔檐而无平座；塔檐采用叠涩短檐。塔身各层均用素平粉墙上开门窗，不再忠实模仿木构。塔刹做法是先用砖砌刹座，上用砖雕出巨大的忍冬花叶和覆钵，覆钵上置铸铁相轮和露盘，最上置青铜宝珠两个。

塔的四正面均辟有门，其余四面则饰以假窗。每樘窗皆用砖浮雕出各种几何纹的窗棂。在外部各层门券上，还绘饰着彩色火焰纹图案，直到腰檐外口为止。

由于塔的第一层高度较大，故于内部上半砌筑一小型塔心室，此室正值一层塔心室天花位置，为承受巨大荷载，小塔心室顶部以八条肋攒成尖栱顶。近年在第二层夹层内还发现了色彩如新的彩画和壁画，是北宋时期的原作，由于塔建成不久这一夹层就被封闭了起来，所以能够得以完好保存，十分珍贵（图 6-428～6-431）。

2. 内蒙古宁城县辽中京大明塔

大明塔位于内蒙古宁城县辽中京遗址内，阳德门外的东南角。其始建年代史籍无记载，但根据对塔上木构件碳十四的测定，这座传说为感圣寺内舍利塔的大明塔，其建造的年代应在辽开泰至寿昌四年之间，即 1012 年至 1098 年。

大明塔是一座典型的辽代密檐式砖塔（图 6-432）。其平面为八边形，南向，共十三级，总高为 73.12 米，建于一个 5 米高的土台之上，体态宏伟。塔的基座高 14.25 米，由须弥座和仰莲平座组成，须弥座以下还有一段很高的台子。须弥座的束腰每一面均用短柱隔为三间，其间雕有“万”字纹。平座由仰莲以及枭混线组成。一层塔身高10.99米，八个方向的每个面，上宽10.21米，下宽

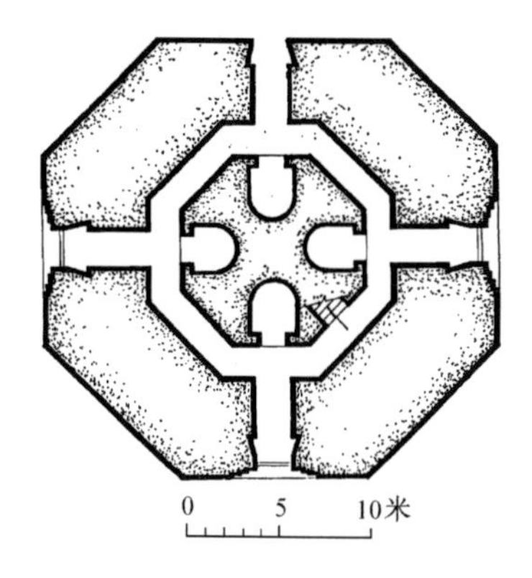

图 6-428 河北定县开元寺料敌塔平面

图 6-430 河北定县开元寺料敌塔立面

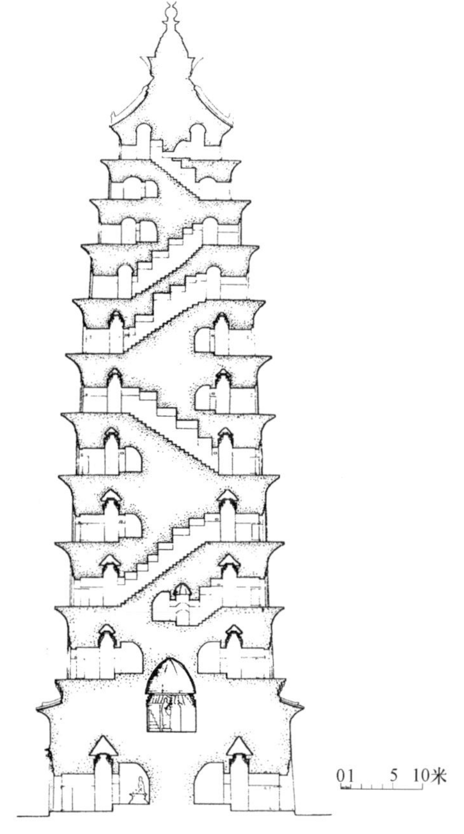

图 6-429 河北定县开元寺料敌塔剖面

图 6-431 河北定县开元寺料敌塔室内平綦

10.63 米，和缓的收分给人以庄重稳定之感。塔身外角雕砌着八根塔形倚柱，上方阴刻有佛教中八大灵塔之名目[3]，以此寓意释迦牟尼成佛的八个不同阶段，下方则为诸菩萨的名称[4]。塔身各面正中均辟有龛，内雕坐佛。龛外是圆雕二胁侍、二力士，其上雕有垂障纹璎珞式宝盖、须弥山和飞天像。在一层塔身之上即为 12 层屋檐，其宽度逐层递减，呈锥体状。故塔檐间距甚密，底层采用斗栱、椽飞，上铺瓦顶构成大檐。斗栱每面除转角铺作外并施补间铺作六朵，用材尺寸为 23 厘米×15 厘米，栔高 11 厘米，补间铺作斗栱做法是从栌斗口挑出一小栱头、一华栱，华栱跳头承替木及撩檐枋，自栌斗口所出横栱为一小栱头、一泥道栱。二层以上的塔檐则改为叠涩外接木椽，上部为反叠涩砖檐。一层檐平出 101 厘米，其余塔檐先自壁面叠砌八层“板檐砖”，挑出90～100厘米，上铺木椽 平出 55 厘米，总共挑出壁面 145～155 厘米。木椽埋砌在塔体内 2.5 米，尾径 15 厘米×15 厘米，椽头 10 厘米×10 厘米，两侧及底面皆有卷杀，塔的最上部以八角形须弥座式塔刹座收顶，刹座高 8.16 米，其

图 6-432　内蒙古宁城县辽中京大明塔立面

上安装紫铜镏金瓶形塔刹，高仅为 2.88 米，从尺寸和式样来看均非辽代原物。

该塔一个显著的特点就是所有斗栱、角梁、檐椽、飞椽、望板均用坚硬的柏木制作，这是与一般的辽塔砖雕仿木的做法不同的。每个椽头均悬有铁铎一只，共 3600 余只。檐头八个角垫“生头木”，舒展如翼，上起戗脊、博脊，戗兽、套兽，均如木构建筑形制。该塔在结构上还有一个重要特色就是塔体自下而上每隔两米左右有一层放射状木拉筋，每层拉筋由垂直壁面的 32 根柏木方和平行壁面的 16 根柏木方咬口搭接成网状木排，相当于现代建筑中抗震拉筋和圈梁的作用。宋代砖塔中也有用木筋的，但仅限于很少几层平行壁面交圈的“拉扯木”，而没有垂直壁面的拉筋。因此，大明塔的抗震性能极好，虽经 1290 年元代大地震（烈度达 9 度），却依旧巍然屹立。

此外，该塔的塔身雕饰极多；所有的佛、菩萨、飞天、宝盖等都是用砖粗砌成形后，经凿、刻、水磨抛光、着色等多道工序而成，造型线条流畅，佛像体态丰满，使这座佛塔更加光彩夺目。

3. 苏州虎丘云岩寺塔

云岩寺塔始建于后周显德六年（959 年），建成于北宋建隆三年（962 年），位于苏州虎丘山顶，故俗称虎丘塔，原有的云岩寺已于清咸丰十年（1860年）焚毁，现仅存此塔。

虎丘塔原为一座带有木腰檐及平座的八边形7层仿木楼阁式砖塔，现腰檐和平座已毁，塔的底层原有很大的副阶也已无存，仅砖构之塔身依然壁立。塔身结构采用厚壁双套筒式，内部各层均设有塔心室及回廊，各层于回廊设木扶梯，以便攀登。塔的外壁八面开门洞，内壁四面开门洞，塔心室与回廊之间靠内壁上的门洞连通。各层回廊顶部及塔心室均用砖叠涩结构砌筑（图6-433）。

此塔底层南北对边距离为13.81米，东西对边距离为13.64米。塔的残高为48米。外观上各层塔身每面分为三间，中辟壶门形栱门，左右隐刻出直棂窗，转角设有半圆形倚柱，上承阑额及斗栱。已毁的木檐之上施平座斗栱，檐下及平座斗栱一至六层均用双补间，第七层为明代重修，已非原貌。檐部斗栱构成上下有所不同，一至四层采用五铺作双杪偷心造，五层六层改用四铺作偷心出单杪，平座斗栱仅第二层用五铺作出单杪，其余各层皆为四铺作出单杪。

虎丘塔内部回廊及塔心室也作出砖雕柱、额、斗栱，回廊转角皆施半圆倚柱，柱身带有卷杀，上承阑额及斗栱，斗栱出跳之上作令栱承平綦方，方上承平綦。室内墙壁与结构构件上皆有隐刻的彩画痕迹，如阑额和门额上有七朱八白及如意头，柱身中部有如意形花饰，另外在内壁上每层有八幅砖刻画，内容不但有芍药、牡丹等花卉，在第五层还有木钩阑、湖石一类的园林小品，这成为当时园林中独立置湖石的实物例证，形象地记录了宋代将单块湖石假山作为观赏对象的情况（图6-434、6-435）。

图6-433　苏州虎丘云岩寺塔立面

图6-434　苏州虎丘云岩寺塔室内

塔心室为方形，四角设圆形角柱，上承斗栱，上部为砖叠涩的八角形藻井。在塔心室通往回廊的内壁门洞上方有砖雕毬纹格子式平綦。

该塔由于置于山顶的斜坡上，且未做基础，仅将塔壁埋深20厘米左右，地基处理为用块石黏土夯筑的工人回填做法，塔体砌筑仅用黄泥做浆，塔身自重约6100吨，对地基的直接压力达90吨/每平方米，因此在塔修建过程中已出现不均匀沉降，在修至第二层时便已发生倾斜，于是进行了纠偏，使塔的外轮廓在竖向形成带有折线的弧形。明末重修时更加大纠偏斜度。但该塔仍未停止向东北方向倾斜，致使1981年至1986年以人工灌注桩的科学方法对塔的地基进行了加固，才使不均匀沉降得到控制。这座古塔成为中国的一座具有千年寿命的斜塔，目前塔顶向北略偏东倾斜

2.34 米，底层北边比南边下沉了 45 厘米，虽为斜塔但塔体是稳固的。

4. 苏州罗汉院双塔

苏州罗汉院双塔位于苏州城东南定慧巷罗汉院旧址内，由吴县王文罕兄弟二人出资于宋太平兴国七年（982 年）兴建，是早期双塔中保存较为完整的一处。后代屡经修缮，但仍大致保持了宋代初建时的风格和形制。

双塔东西并列于罗汉院大殿前院内，一名功德塔，一名舍利塔，形制相同，皆为八角七级空筒楼阁式砖塔，但两者通高不尽相同，均在 30 米左右（图 6-436～6-439）。塔内有活动楼梯可以上下。一层塔身四正面各辟一门可达塔心室。塔心室平面除二层为八角形外，其余各层均为方形平面，每层以 45°交错重叠，各层门窗也随之相互错位，不仅丰富了立面形象，而且加强了塔身的整体性，以防止地震可能因墙面开洞位置集中，出现上下通缝而造成破坏。

图 6-435　苏州虎丘云岩寺塔木钩阑及单块湖石假山

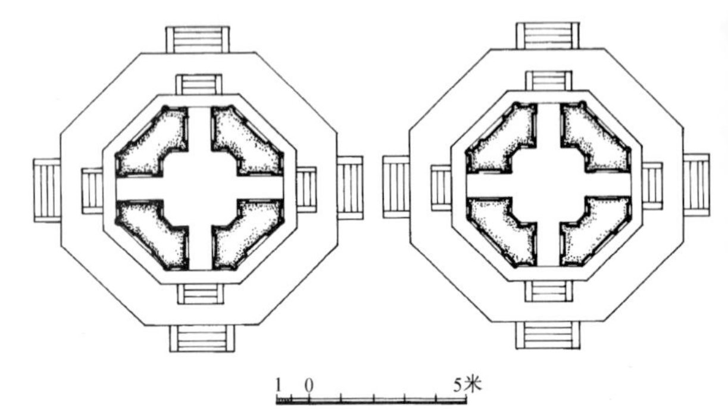

图 6-436　苏州罗汉院双塔平面

图 6-437　苏州罗汉院双塔

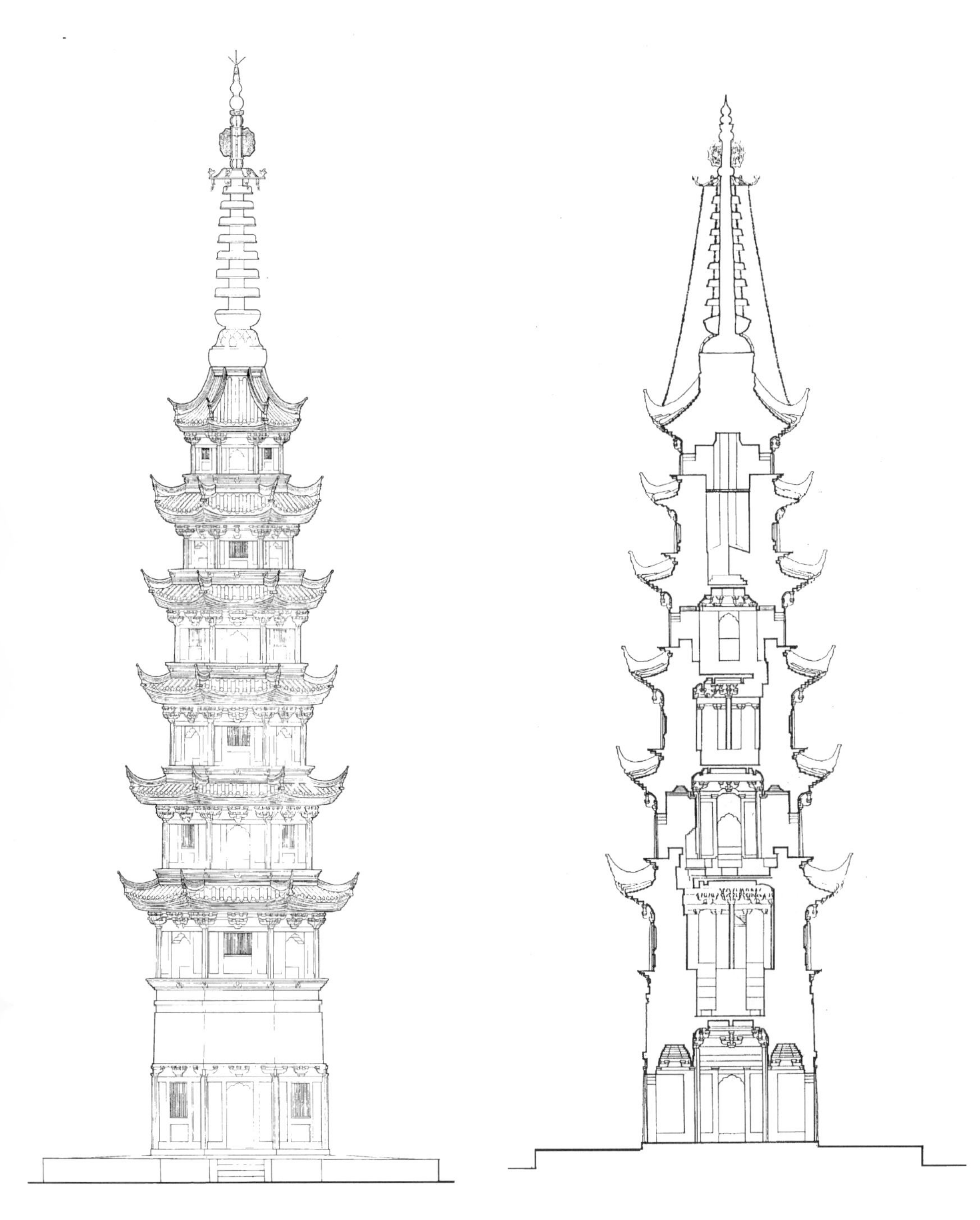

图 6-438 苏州罗汉院双塔东塔正立面

图 6-439 苏州罗汉院双塔东塔剖面

双塔虽系砖结构，但仍追随时尚，模仿木结构形制。塔身四面辟门，门顶皆作壶门形状，其余四面隐出直棂窗，塔身转角处砌出八角形倚柱，柱间砌出阑额、地栿，每面砌槏柱两根，中为直棂假窗，柱做红色，柱间墙刷做黄色。塔心室亦于角部隐出角柱，砌出地栿、额枋等。塔内外柱上均有砖砌斗栱，每面施补间铺作一朵。檐下斗栱除第七层出华栱二跳以外，其余各层均出一跳。各层斗栱之上为塔檐，以菱角牙子与板形檐砖三层逐渐挑出，至角起翘。塔檐上覆瓦，其上为石砌平座。第一层塔身原有塔檐两重，今已毁失。

双塔显著特点为塔顶的巨大铁刹。该刹由刹座、刹身、刹顶三部分构成。刹座为一圆形须弥座，其上为铁质相轮七重，上覆以宝盖，宝盖之上由宝珠、宝瓶组成刹顶。这种构成形制保留了汉、晋、南北朝以来大型塔刹的传统做法。铁刹的高度几占塔总高的四分之一，如此巨大的塔刹是较为罕见的，因其高大，故木质刹杆亦极长大，从塔顶穿过第七层，直入第六层塔身，并于五层顶部设大梁承托，以保证塔刹的隐固。

5. 苏州瑞光塔

瑞光塔位于苏州城南盘门内，瑞光塔本为瑞光寺内之塔，现寺内建筑已全部毁掉，仅存此塔。据《吴县志》载，该寺始建于三国东吴赤乌四年（241年），名为普济禅院，至宋代更名瑞光寺。建寺不久，于赤乌十年（247年），寺中曾建有一塔，但早已毁，现存之塔据塔身所存宋代砖，及塔心室发现的北宋佛像题记、北宋金丝编缕、珍珠镶嵌舍利幢等文物推测建于宋大中祥符二年（1009年）至天圣八年（1030年）[5]，为一座八角七层楼阁式塔（图6-440～6-442）平面的八边形向南偏东8度，残高42.4米，复原后总高53米（图6-443）。塔的一层设有副阶[6]，以上各层皆施木质平座、腰檐，二者皆靠木斗栱来承托。立面每层的八个转角有半圆砖砌倚柱，两角柱间施阑额，额下用槏柱分成三间，当中一间做门或窗。一层只开四门洞，二、三层八面开门洞，四层以上改成四面交错开门洞，另外四面隐刻直棂窗。塔身逐层上收，塔檐也随之上收，几层檐的外轮廓成一弧线（图6-444）。

图6-440 苏州瑞光塔立面

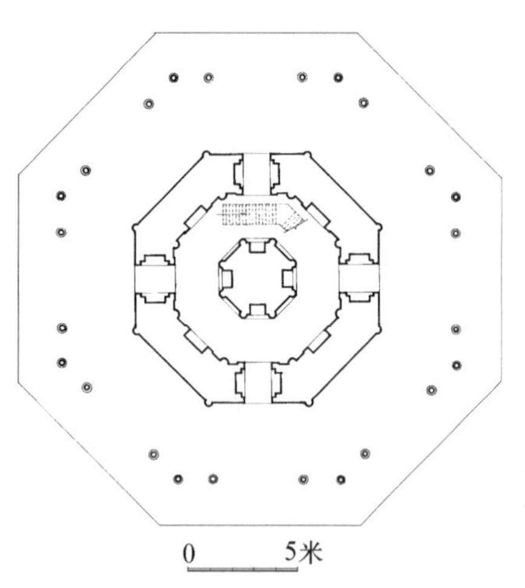

图6-441 苏州瑞光塔一层平面

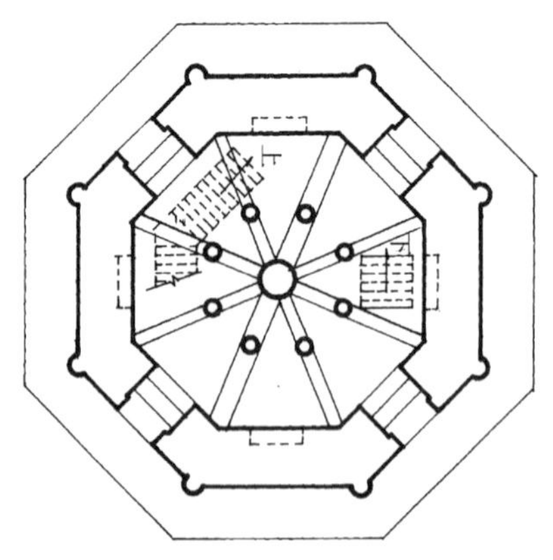

图6-442 苏州瑞光塔六层平面

塔体结构可称之为砖木混合式，下部五层采用砖砌外壁筒体，中央设砖砌塔心粗柱，木构腰檐、平座皆靠插入外壁的斗栱悬挑。各层阑额也皆作木质。外壁与粗塔心柱间以砖叠涩相连，构成回廊的天花和楼板。一层副阶以木构完成。第六、第七两层将砖塔心柱改为木构，这部分高为13.85米，中央立一粗木柱，冲出七层屋顶后变为塔刹，刹柱周围又有八根小木柱，每柱由上、

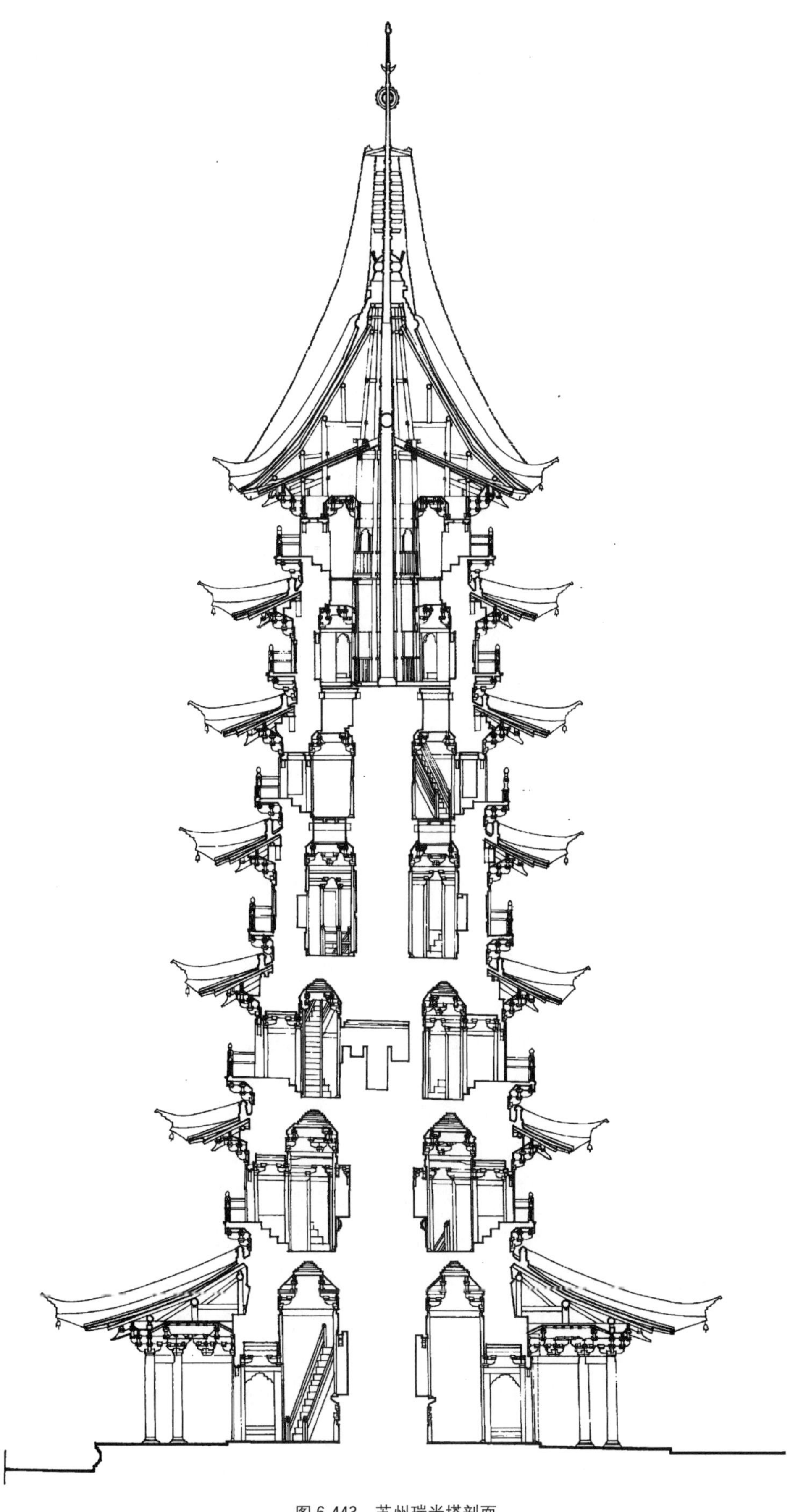

图 6-443　苏州瑞光塔剖面

中、下三段构成，连接处有放射形布置的八条木方与外壁相连，刹柱根部也施对角木梁，形成一八棱台形木构框架，上小下大，上部刹座下的对边距离仅 1.66 米，下部第六层地面处 5.22 米[7]。这部分现存者为明、清重修之物，但江南宋塔中心柱上部改砖为木者非此一例，因此当年宋代仍有可能采用这种做法（图 6-445）。由于这样的结构方式，使该塔内部空间上下不同，下部五层为回廊式，上部两层塔室空间连成一体。利用此框架与外壁共同承六、七层楼板及塔顶角梁。六、七层塔檐做法同下部各层。

砖砌塔身外壁逐层向内收缩，但各层内收值不等，壁厚也随之减薄。底层壁后 1.76 米，至七层减为 1.0 米。

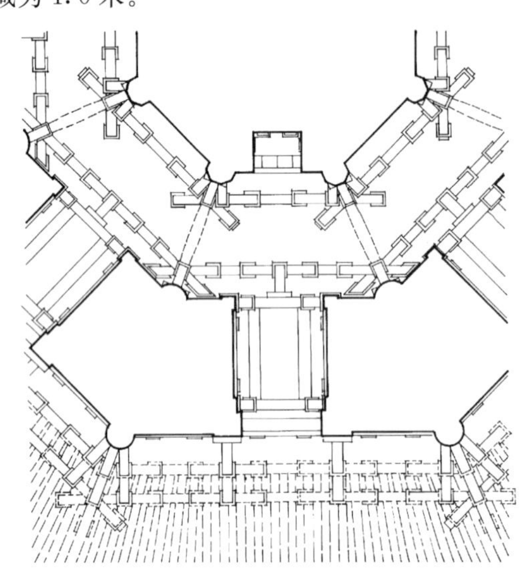

图 6-444　苏州瑞光塔三层仰视

图 6-445　苏州瑞光塔第六层塔心构造

为避免塔壁砖构应力集中，各层所辟门窗与实墙位置错落变化，第一层于东、西、南、北四面辟门，其余四面皆做实墙，第四至七层也如此，并于实墙面上隐出假直棂窗。只有二、三层为八面辟门。

该塔内部于第三层塔心柱中设有暗室，即为天宫，宽 0.97 米，长 2.67 米，高 1.91 米，内藏珍珠舍利幢、佛经、佛像等珍贵文物。

塔身外壁斗栱分成腰檐斗栱及平座斗栱两类，腰檐斗栱有补间铺作及转角铺作两种，补间铺作为五铺作单栱计心卷头造，其中扶壁栱为砖刻，一层扶壁栱刻作重栱，即泥道栱、慢栱。转角铺作用圆栌斗，上出三缝华栱，正、侧两缝与补间铺作同，另加角华栱一缝。于第二跳角华栱之上并施由昂、宝瓶，以承角梁。副阶斗栱为四铺作卷头造。平座斗栱皆为五铺作单栱计心卷头造，但省去令栱，第二跳华栱直接承素方，上铺平座楼板。外壁斗栱中华栱等出跳构件皆嵌入壁内，嵌入长度占全长的 2/5～1/2，尾部做成楔状，例如五层平座华栱全长 1.35 米，嵌入墙内 51 厘米，尾部 26 厘米成楔状（图 6-446）[8]。

塔上斗栱布列：一层柱间施补间铺作一朵，二、三层施双补间，四层以上复改为单补间。斗栱用材广 18 厘米，厚 12 厘米，相当于《法式》六等材。

塔身内部装修：瑞光塔不仅外部作仿木构式，内部回廊、串道也以砖刻及少量木构件来仿造木构建筑之室内，做得惟妙惟肖。例如在外壁内侧转角处施倚柱，柱上施阑额，额上置斗栱。倚柱间有门洞，洞口靠斗栱和槏柱来修饰（图 6-447）。塔心柱很粗，分成八面后，每面于角部做倚柱，上承斗栱。柱间隐出阑额，柱间壁面在一、二、三层均设有佛龛。一层佛龛底部设有平座及永定柱

(图 6-448)。将永定柱造平座用于塔基座处，是对《法式》的补充和发展。二、四层回廊角部内外角柱上斗栱之间有月梁，起联结内外壁之功能。串道中也有斗栱，并隐刻出额方等木构件（图 6-449)。

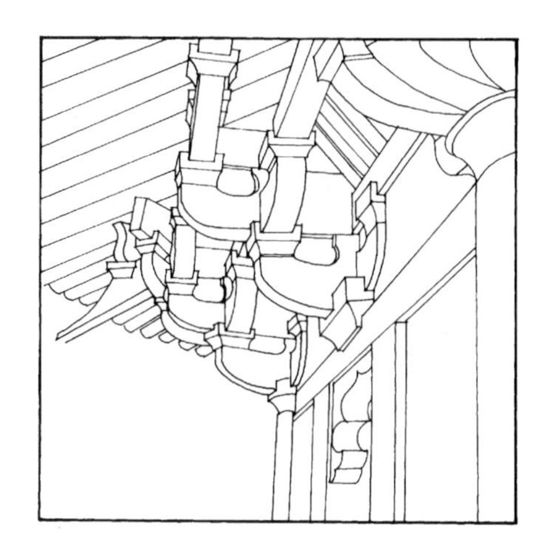

图 6-446 苏州瑞光塔第五层腰檐斗栱

图 6-447 苏州瑞光塔二层串道立面图

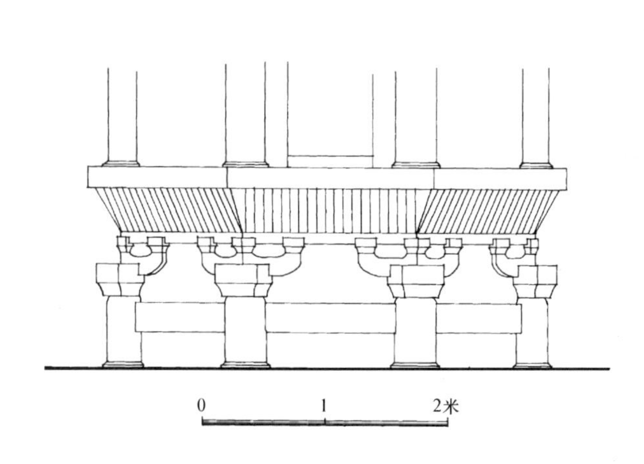

图 6-448 苏州瑞光塔第一层塔心基座立面图

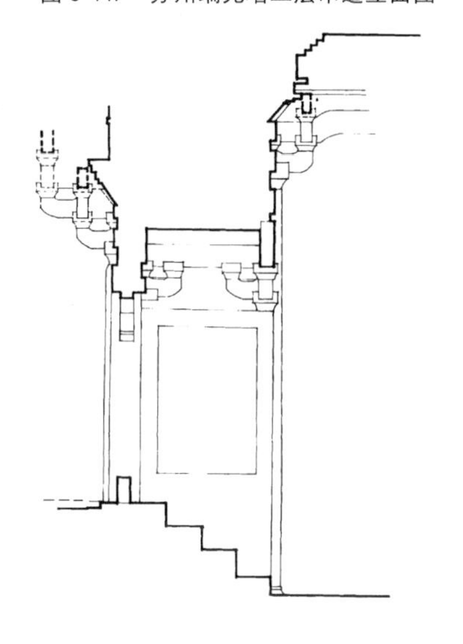

图 6-449 苏州瑞光塔二层串道剖面图

内部回廊外壁一面的斗栱有转角铺作及补间铺作两种，转角铺作各层皆施之。补间铺作仅于一至四层施之。一层用五铺作偷心卷头造，扶壁栱做重栱，其余皆为四铺作卷头造（图 6-450、6-451)。

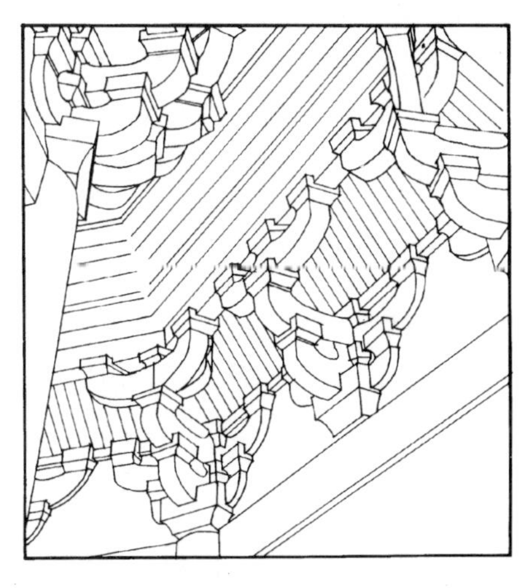

图 6-450 苏州瑞光塔第一层回廊上斗栱

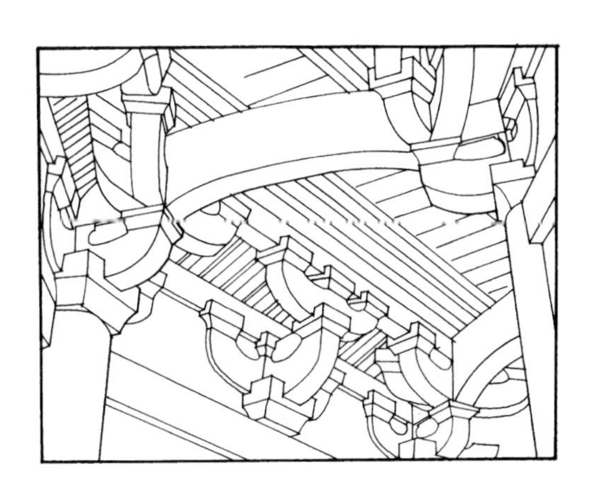

图 6-451 苏州瑞光塔第四层回廊上斗栱

以上各组斗栱皆无要头类构件，这是江南宋代砖塔中普遍施用的做法。

塔内彩画多为后世重修之物，仅于木阑额上留有七朱八白彩画遗迹，白色方块部位稍稍下凹，方块数量多少不等，长额画有六块，短额画四块或两块，每个色块宽约 4.5 厘米，长在 18 厘米至 32 厘米间不等。此外遮椽板上还留有斜方格、曲棱、桃形等多种花纹（图 6-452）。

此外，在第三层发现有天宫一处，长 2.67 米，宽 0.97 米，高 1.91 米，内藏珍珠舍利幢。

瑞光塔虽于南宋建炎和元至正年间曾遭“焚毁”，并于南宋淳熙及明清时期进行多次重修，但这些重修多限于木构外檐或饰面部分，塔身砖结构改动不大，其塔心柱下施平座的做法、塔心柱上部改为木柱的做法、塔心柱与塔壁的关系等对研究宋代塔的结构形制仍是非常有价值的。20 世纪 80 年代初又一次对该塔进行了加固，并对副阶，平座、腰檐进行了复原，使这座近千年的古塔的生命得以延续，为苏州古城风貌增添了光辉。

6. 河南开封佑国寺塔

佑国寺塔位于河南开封城内，因其外部用紫褐色琉璃砖贴面砌筑，看去似铁，故又被称之为铁塔。据文献记载，此塔建于北宋庆历年间（1041～1048 年），是现存最早而又最大的一座用琉璃饰面的建筑（图 6-453、6-454）。

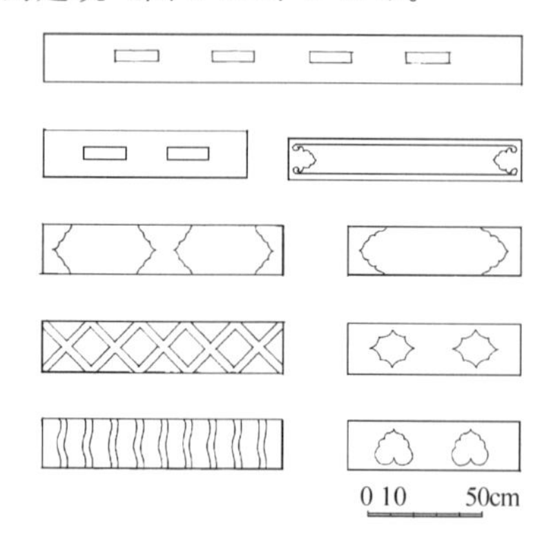

图 6-452　苏州瑞光塔塔内残存的数种装饰花纹

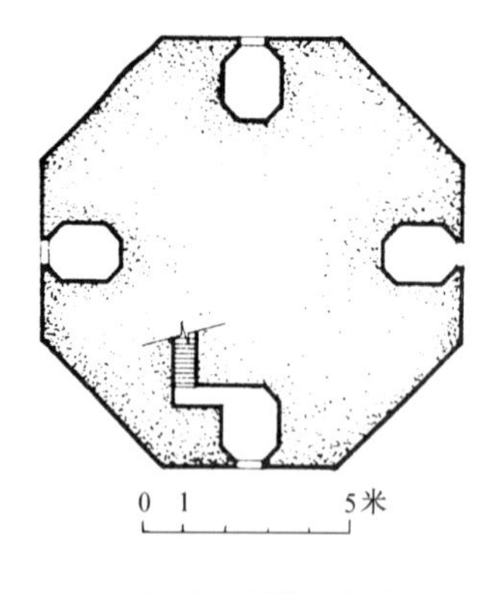

图 6-453　河南开封祐国寺塔平面

图 6-454　河南开封祐国寺塔

铁塔为仿木构楼阁式砖塔，13 层，高 54.66 米。塔的平面为八角形，塔的结构为实心砖砌体，仅于一层和顶层辟塔心室，其余各层只有塔梯空间。塔梯自北门攀登，一层其余三门内均只有一间不等边的八角形小室，没有楼梯可登。塔身四面辟窗，但仅一面为真窗，其余三面均系假窗，在假窗内安装佛龛，真窗的位置则随塔梯盘旋逐层转变方向。

塔身外包砌有琉璃砖瓦，转角处用琉璃砖砌成圆柱，柱子上下分为数段。其东、南、西、北四个正面塔门或佛龛作圭角形，门顶用叠涩方法收作尖顶；叠涩砖的叠涩面呈半圆弧。佛龛中的佛像用整块琉璃烧制，技术高超。塔表面砖的花饰非常丰富，有佛像、菩萨、飞天、麒麟、龙及宝相花等，尤其是一些砖面所饰姿态生动的人物如胡人、胡僧等形象别具一格。饰有佛、菩萨、人物的面砖均用作一横一竖的方式砌筑，各层之间以仰莲瓣砖和卧砖进行分隔，卧砖均为宝相花饰面，每块三朵（图 6-455、6-456）。

塔的每层檐均用琉璃砖瓦，檐下施琉璃斗栱，补间铺作每面六朵，排列甚密，每朵斗栱出华栱两跳，第二跳华栱之上承托琉璃砖挑檐枋。所有出跳华栱均用双砖拼砌而成。

该塔的建筑构件标准化、定型化堪称一绝，其外立面所砌筑的仿木构门窗、柱子、斗栱、额枋、塔檐、平座等均由 28 种不同的标准型的构件拼砌而成，在塔身逐层收分、尺寸逐层递减的状况下，其难度可想而知。该塔经过近千年来无数次自然灾害的侵袭和人为的破坏，却依旧突兀天际，更是充分表现了我国古代建筑工匠的高度创造水平。

图 6-455　河南开封祐国寺塔佛像面砖

图 6-456　河南开封祐国寺塔面砖

7. 朝阳北塔

朝阳北塔位于朝阳市北部，方形密檐式，采用砖筒体结构。下部有一较大的夯土台及砖基座。基座之上又有砖须弥座、塔身，再上为 13 层密檐，最上为宝顶。总高 42.6 米（图 6-457～6-460）。这座塔是在唐塔的基础上于辽初和辽重熙十三年（1044 年）两次重修而成的。而唐塔又是在一座北朝时期的建筑基址上建造的，在唐塔 1.3 米厚的夯土垫层中尚保存着整齐排列的石柱础，每面六个，四角的四个为方形上雕覆斗形或覆盆形，表面作龙、凤、虎等题材的减地平钑式浮雕，其余柱础皆为方形素面石础。础石表面残存火烧痕迹，据此推测原为一座木塔，可能是北魏时期在此所建“思燕佛图”[9]的基址。唐代所建砖塔原为 15 层密檐塔，现在塔的束腰上，于辽代白灰皮下残存有唐天宝年间彩画[10]，分布在唐塔的第 6 至 12 层间（相当于辽塔的第 3 至 9 层）。辽代在重修唐塔时，首先，将夯土基座包成砖基座，宽约 20 米，高约 5 米。并重新包砌下部塔身，将原来的第四层塔檐改成砖砌斗栱式屋檐，覆于塔身之上，每面有补间铺作七朵。经包裹后的塔身格外粗壮，改变了原来的层数和塔身瘦高的比例，致使一层壁面近乎方形。这次重修将唐塔第十四层以上增砌两层，才构成辽塔的 13 层密檐。同时还修补了券门、塔心室，重砌了地宫，增建了天宫，更名为延昌寺塔。

图 6-457 辽宁朝阳北塔立面

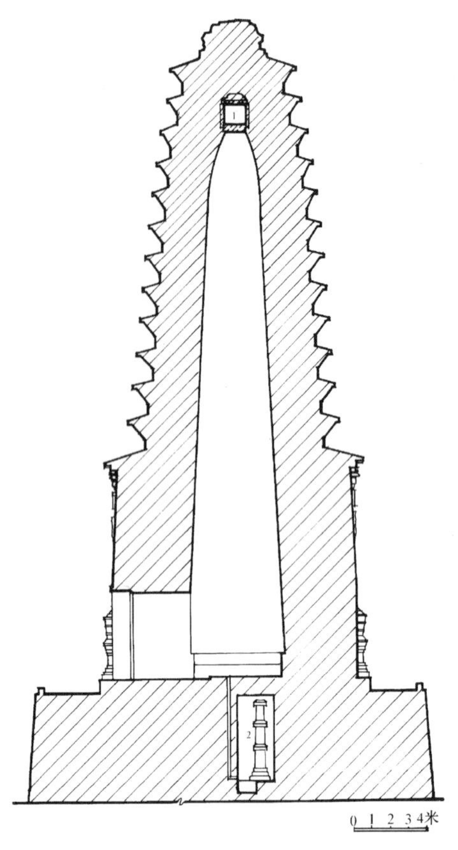

图 6-458 辽宁朝阳北塔剖面

图 6-459 辽宁朝阳北塔须弥座

图 6-460 辽宁朝阳北塔塔身西面雕刻

辽代地宫位于塔基中心偏北，上对塔心室。南北长 2.05 米，东西宽 1.76 米，高 4.48 米，内有高大石幢，几乎充满地宫空间，地宫内存石函及题记砖，据砖上铭文所记，地宫筑于辽重熙十三年（1044 年）。天宫位于第十二层塔檐之内，用六块石板筑成一六面体的盒子，内藏佛舍利（置于精致玛瑙罐中）及金塔、鎏金银塔、菩提树、宝盖、经塔等珍贵佛教文物。1988 年修缮发现天宫时，这个石盒子已上下断裂（图 6-461），据其破坏情况看，应为地震袭击造成，说明此塔经受过较大的地震力，维修前塔壁上也曾发现竖向裂缝，更可为证[11]。

塔心室，位于一层塔身之内，由于塔下藏有地宫的台基很高，从室外地平无法直接抵达塔心室，80年代重修时将台基扩大，并设楼梯可登至台基顶面的平台，再绕至南侧，进入塔心室。塔心室原供奉大日如来佛及菩萨像，现已无存。

塔身雕刻：北塔塔身四面及须弥座上皆满施砖雕，雕刻题材为佛传故事，南面雕宝生佛，坐于莲座之上，其下又有双马生灵座。佛像两侧为胁侍菩萨及两座灵塔，一为净饭王宫生处塔，一为菩提树下成佛塔。宝生佛的头顶之上有伞盖，两侧有飞天。灵塔之上也各有二飞天。塔身其余三面也依同样的形式布局，西面为阿弥陀佛，下施孔雀座，右刻鹿野苑中法轮塔，左刻给孤独园论议塔。北面为布空成就佛，下施金翅鸟座，右刻曲女城边说法塔，左刻耆阇崛山般若塔。东面为阿閦佛，下施象座，右刻庵罗林卫维摩塔，左刻娑罗林中圆寂塔（图6-462）。各面雕刻主次分明，人物刻画细致，菩萨的庄重与飞天的婀娜多姿形成鲜明对比，但各面总体构图佛像排列非常刻板。

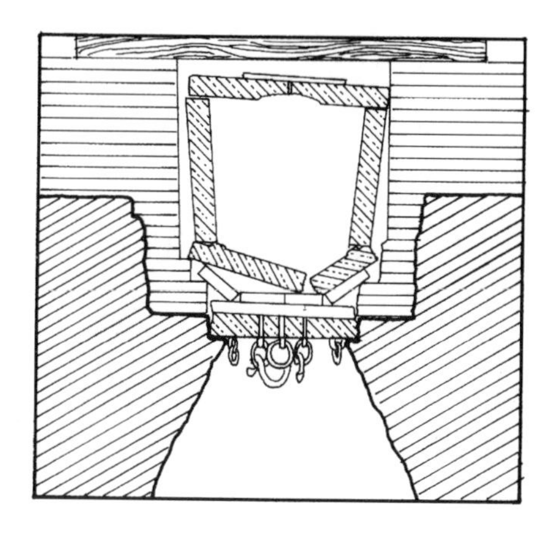

图6-461　辽宁朝阳北塔天宫石盒子破坏状况

图6-462　辽宁朝阳北塔塔身南面雕刻

须弥座束腰上下各砌八层素面条砖，束腰本身改用大砖，分间布柱，柱间作壶门，皆施砖雕，题材有伎乐人物、莲花、饕餮等。转角处作抹角柱，表面雕升龙（图6-463）。

图6-463　辽宁朝阳北塔须弥座雕刻

朝阳北塔依附唐塔生成，在平面和结构上当然为唐塔所制约，但从其在重修中所进行的改造，更能反映辽代佛塔的艺术取向，以充满佛教意味的雕饰呈现在信徒面前。

朝阳北塔不仅给人们留下了辽代佛塔，还留下了唐代和北魏文物，集三代文物于一身的特点，使它具有特殊的价值。为了使现代人能亲睹这三代文物，20世纪80年代重修时已专门开辟了可观北魏柱础及辽代地宫的通道，以飨观者[12]。

8. 辽庆州释迦佛舍利塔

辽庆州释迦佛舍利塔，俗名庆州白塔，位于内蒙古巴林右旗索布日嘎苏木的辽庆州城遗址的西北角，是遗址内仅存的辽代地面建筑。庆州为辽庆陵奉陵邑，白塔是“章圣皇太后特建工程”。据该塔建塔碑铭所载，白塔始建于辽兴宗重熙十五年（1046年），竣工日期虽无明确记载，但据建塔碑铭所记录的工程进度推算[13]，完工日期当在重熙十八年（1049年）。该塔营建于辽代的鼎盛时期，且受到当时辽皇室的特别重视，故在辽代诸塔中，占有显赫的地位（图6-464、6-465）。

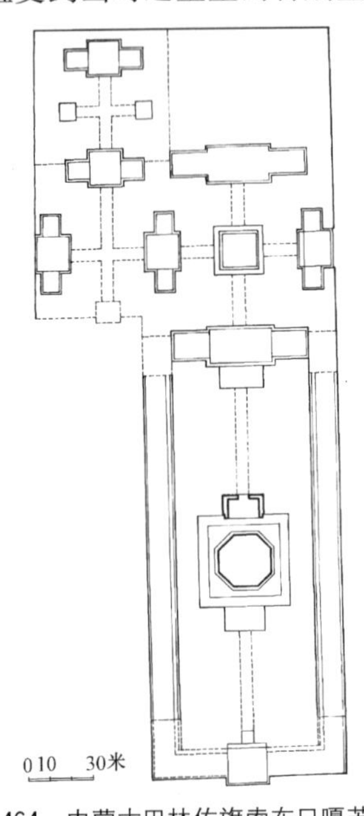

图6-464　内蒙古巴林佑旗索布日嘎苏木辽庆州释迦佛舍利塔平面（庆州白塔）

图6-465　内蒙古巴林佑旗索布日嘎苏木辽庆州释迦佛舍利塔

该塔为八角七级厚壁空心楼阁式塔（图6-466）。塔内原有阶梯可以攀登上顶，后因第一层改建为经堂，阶梯被拆除，现已不能登临。塔内各层采用穹隆顶，构成每层的天花和楼面[14]。全塔由重层四方台基、基座、七级楼阁式塔身及塔顶、塔刹组成。塔本身高69.47米，台基高3.8米，塔总高为73.27米。白塔下部采用夯土地基，塔的基座露于四方台基之上，平面为八角形，每边长约10米，由须弥座和仰莲平座构成。基座面积大于一层塔檐覆盖的范围，这在辽塔中较为少见。七级塔身，各层皆设有砖砌斗栱、腰檐、平座。每层塔身的各面皆逐层内收，整体造型端庄而秀丽。塔身以砖砌倚柱分成三开间，并有砖砌的阑额，普拍方等。塔身四正面当心间用砖砌出门券，内嵌木门框及门扇。一层塔身四斜面当心间以砖雕出直棂假窗，其余各层则隐刻尖栱形假窗。除一层外，每级塔身平座之上原曾设有木栏杆，现已毁失无存。塔檐下所饰砖雕斗栱，与木结构的用材断面不同，是以两层标准砖砌成，材广18厘米，材厚15厘米，广厚比为12∶10。砖雕斗栱分为外檐铺作和平座铺作两类。外檐斗栱为五铺作计心造出双杪，瓜子栱上承令栱与批竹耍头相交。除柱头、转角铺作以外，当心间还施补间铺作一朵，自三层以下，补间铺作采用斜栱形式，铺作间用鸳鸯交手栱来联系。随着塔身逐层内收，斗栱的间距逐层减小，每朵斗栱的间隔布局也随之调整。平座铺作较为简单，不施令栱与耍头。除基座部分为出单杪斗栱以外，其余各层均为出双杪斗栱。顶部塔檐以柏木为檐椽，从塔体内平挑而出。各层腰檐上部未做瓦，均用反叠涩式，以砖砌出屋面坡度，施以仿条瓦砖刻围脊及戗脊。最上层塔顶下部以砖叠涩出檐，屋面铺瓦，屋顶戗脊端部有铸铜鎏金力士，手拉着用于稳定刹顶的铁链。脊饰构件还有凤、贴面兽、套兽等。

图 6-466 内蒙古巴林佑旗索布日嘎苏木辽庆州释迦佛舍利塔立面

塔刹用铸铜鎏金制成，异于辽代流行的铁质塔刹。清代曾因刹杆折断而改制，据留存于塔顶的原刹杆测量，辽代塔刹高为14.92米，几近塔高的五分之一。塔刹由刹座、承露盘、覆钵、相轮、火焰、宝珠等依次累叠而成。

白塔通体上下满布各类雕刻，皆以佛教题材造像及装饰为主。塔身各层四正面的两次间均浅雕天王造像，一、二层塔身饰以飞天、华盖，此外还有二龙戏珠、经幢、行龙等。三、四层间雕有十六尊罗汉造像，塔檐及平座铺作的栱眼壁饰以花卉、狮头及契丹族人物造像。尤为独特的是，塔的斗栱、券门、经幢及塔刹等处均嵌有不同规格形状的铜镜千余枚，与塔檐角梁、檐椽，塔刹等处的风铎交相辉映，使塔的艺术形象更为生动。白塔装饰手法的丰富和华美，反映了当时辽代匠师的创造性。

庆州白塔是在辽代皇室的大力支持下仅用两年时间建造起来的。建塔碑铭详细记录了建造过程及有关工程人员、组织等[15]，反映了辽代兴宗年间大型工程的官式营造组织制度。塔内保存了大批辽代文物，为相关的历史研究提供了珍贵资料。

9. 湖北当阳玉泉寺铁塔

湖北当阳玉泉寺铁塔，正名为佛牙舍利宝塔，位于湖北当阳长坂坡以西玉泉寺山门前。据第二层塔身上“皇宋嘉祐六年辛丑岁八月十五日”的铭记，可知该塔铸造于宋仁宗嘉祐六年（1061年），塔上的铭记还标明了塔的重量“七万六千六百斤”，合53.3吨，是我国现存最高、最重的铁塔（图6-467）。

该塔为八角十三级仿楼阁式塔，高17.9米，以生铁铸成，由塔座、十三级塔身和塔刹三部分构成。塔座为双层须弥座，每角铸有金刚力士像一尊。塔身四面辟有塔门，门顶作壶门形状。各层塔门以45°夹角交错布置，其余四面以佛像、胁侍及其他花纹作为装饰。铁塔忠实模仿木楼阁式塔，除第一层塔身外，其余各层均有塔檐、平座。塔檐下斗栱每面皆施补间铺作一朵，为单杪双下昂六铺作偷心造。令栱之上为橑檐枋，枋上出椽飞。塔檐瓦陇、瓦当等均按木构建筑形制。第十三层平座还铸有钩阑。塔刹为三重葫芦式。每层塔身均向上略有收分，自第五层塔身起铁塔向北略有倾斜。

铁塔按木构形制雕模制范后翻铸而成，塔身分层铸造，逐层扣接安装，未加焊接。塔的铸造工艺精湛，各层的佛像造型及“八仙过海”，“双龙戏珠”等人物故事雕刻都显示出很高的工艺水平。铁塔建造时特意让塔身向北略倾，以适应当地强烈的北风影响，表现了古代工匠的聪明智慧。

10. 福州千佛陶塔

福州鼓山涌泉寺天王殿前，有两座陶塔，东塔称“庄严劫千佛宝塔”，西塔称“普贤劫千佛宝塔”。两塔形制相同，原在福州南台岛上龙瑞寺内，1972年迁现址（图6-468、6-469）。

双塔烧制于宋元丰五年（1082年），为八角九级楼阁式塔。塔用上好陶土烧制，塔表施以紫铜色釉，表面光亮如瓷。塔高6.83米，底座直径1.2米，塔身逐层收分，外观玲珑挺拔，立于八角形石质台基上。陶塔八角形基座分为三层，一层每角塑有力士造像一尊，二层壶门内塑有舞狮等，三层为仰莲瓣托平座。基座之上为塔身，双塔第二层塔身有题识，东塔题识十行，全文79字，内容为募造僧人的名录。西塔题识14行，全文126字，为捐造男女信徒的姓名。塔身构件忠实模仿木构建筑的形制，转角设柱，柱间施阑额、地袱，柱上施斗栱以承挑檐。塔檐精细地做出瓦陇、瓦当、椽飞等。其椽子系采用直椽做法。角梁采用子角梁上翘做法，记录了现已无存的历史信息[16]。起翘曲线优美，且有江南木构建筑的典型风格。檐角悬有风铎。塔檐之上、平座之下又出短檐一重。塔身四面辟有佛龛，内塑佛像一尊，其余四面塑有成行排列的小佛像，每座塔各层塔身共塑佛像 1038 尊，八角塔檐角部别塑僧人、武将等像共 72 尊。塔顶原覆之釜蚀坏，后于 1972 年迁塔时另制三重葫芦式塔刹，系有八根铁链，上冠以宝珠。

陶塔各层塔身均按木构形制雕模后翻制泥坯，上釉烧制后再按榫口逐层安装而成。这两座陶塔制成已历九百余年，而仍然完好如初，充分反映了古代制陶的工艺水平之高超。

11. 内蒙古呼和浩特万部华严经塔

万部华严经塔，位于呼和浩特东郊白塔村，辽丰州古城内。传说塔内曾藏有华严经万卷，故而得名，因其外表涂成白色，又被称为白塔，历史上“白塔耸光”为呼和浩特八景之一。根据《归绥县志》

图 6-467　湖北当阳玉泉寺铁塔

图 6-468　福建福州千佛陶塔

图 6-469　福建福州千佛陶塔细部

载，此塔据传建于辽圣宗时期（983～1031 年），有的学者认为此塔既称万部华严经塔，必与辽代崇佛好经的帝王道宗关系密切，因此推测为道宗朝（1055～1100 年）建造较为合理（图 6-470）。

此塔为八角七层楼阁式砖塔。采用厚壁筒体结构，楼梯分两部设于塔心，分别供登临者上下。塔现存高度 43 米，塔顶已残，其下部为一高大的基座，由覆莲、束腰、斗栱、平座钩阑及三层巨大的仰莲瓣等部分组成。现斗栱以下部分高约 1.35 米的一段被淤泥埋于地下，经风雨侵蚀，外表多剥落。斗栱部分亦多残损，其转角铺作已无完整形象。平座钩阑的阑板分为上下两层，一层阑板饰牡丹、宝相等花纹，另一层作万字花板。平座之上即为三层仰莲瓣，承托塔身。

塔身外表为仿木楼阁式塔，各层均设腰檐平座，层层分别交替设置真、假门窗；第一、三、五、七层的南、北两面和第二、四、六层的东、西两面设圆栱门；反之，奇数层的东、西面及偶数层的南、北面则砌假门，雕出门框、门簪、门钉和门环，并开有通风口。各层四斜面则砌直棂窗，在中上部开通风口。各层角柱为圆形，第三至七层各面则设方形倚柱两根，柱上承普拍枋及斗栱。檐下采用七铺作双杪双下昂斗栱，第二、四层的补间铺作各出 45°斜栱两缝，各层转角铺作亦出 45°华栱。平座斗栱亦为七铺作双杪双下昂斗栱，但其为单栱造，比檐下斗栱简单。第一层塔身南门上有石额一方，篆刻“万部华严经”六字，一、二层均塑有菩萨、天王、力士等像，形态各异，生动逼真。第三层以上则均素面无饰。

万部华严经塔的结构处理，亦颇具特色。整个塔全部以砖砌筑，为加强结构的整体性，在墙体内施用了大量的木枋，犹如钢筋混凝土结构中的钢筋一样。另外在斗栱中，华栱出跳和各层角梁都采用木制。或可称之为砖木混合结构。这种构造方式曾盛行于南方，在北方的辽塔之中也有少量使用者。

此外，第一层塔壁中原嵌有石碑 11 块，现仅存 6 块，均系汉文，书写整齐，内容丰富，为研究我国民族历史的重要史料。

12. 辽宁北镇崇兴寺双塔

崇兴寺双塔位于辽宁省北镇城东北角崇兴寺内，始建于辽道宗天祚年间（935～937 年），是辽道宗的皇后为尊释迦牟尼与多宝如来“二佛同坐”而出资兴建的（图 6-471）。

图 6-470 内蒙古呼和浩特万部华严经塔

图 6-471 辽宁北镇崇兴寺双塔

双塔均为八角 13 级密檐式实心砖塔，东西并列于崇兴寺山门前。东塔高 43.85 米，西塔高 42.63 米，双塔相距 43 米。双塔形制相似，惟东塔从下至上收分不多，塔身挺拔而秀丽，西塔上部数层收分较大。双塔结构相同，由基座、塔身、13 层密檐、塔刹组成。塔下有地宫。现存双塔下有清代光绪年间为保护塔身而加建的长条花岗石包砌台基，台基每边长 7.3 米，净高 3 米。塔本身的基座为砖筑，通高 5.65 米。最下为雕饰丰富的仰覆莲须弥座，其下枭上的覆莲后世改为花卉图案。束腰的门柱和角柱都有雕饰，转角处雕有力士像。每面柱间设有三个壶门，门内刻有伏狮。须弥座之上施仰莲一层，其上为平座。平座以砖制斗栱承托，每面施转角铺作两朵，补间铺作三朵，均为五铺作双杪计心造，平座之上为钩阑，忠实模仿木结构，每面有望柱两根，蜀柱三根，华板四块，上雕万字曲尺纹，瘿项云栱，两侧为刻有莲花、卷草等纹饰的小华板。钩阑之上为大型仰莲平座，平座每角刻有力士。基座之上为高大的塔身，每面中央辟栱形佛龛，内雕坐佛，释迦像下有莲座，后雕火焰式背光。东塔各佛皆着宝冠，西塔则除南面一佛着宝冠外，其余均为螺髻。佛龛栱楣之上雕忍冬等缠枝花纹。龛外两侧雕有胁侍，脚踏莲花，头戴宝冠，披带璎珞，头上有环状背光。佛像与胁侍上方雕有垂帐及带璎珞的华盖飞天像二尊，并嵌有四面铜镜。塔身转角处有圆形倚柱，柱间砌出阑额、普拍方，每面施补间铺作三朵。柱头铺作与补间铺作均为出六铺作三杪计心造，上托撩檐方。方上以木制檐椽、飞子承挑檐，每面有椽、飞各 24 根，椽端均悬有风铎。塔檐上以砖雕出瓦陇、勾头、滴水等。角梁尖上饰以套兽，下悬大风铎。一层塔檐之上为 12 重密檐，每层以砖叠涩出檐，檐下之塔身与叠涩塔檐高度相等，每面均嵌有铜镜。下五层每面有三面铜镜，以上减为两面，塔顶为八角攒尖顶，亦做出瓦垄、条瓦垒脊、勾头、滴水等。塔刹用砖砌出仰莲座两层，居下的一层较上一层为高。仰莲之上立有宝瓶，上竖刹杆。刹杆由八条铁链系于角脊，联结处各有铁质宝珠一枚。东塔刹杆上有圆形相轮五枚，西塔则为三枚，刹尖均为铜制葫芦，系铜合金制成，至今仍光亮耀眼。

13. 内蒙宁城辽中京小塔

辽中京小塔位于内蒙宁城县辽中京遗址内，与位于外城西部的大明塔遥遥相望。该塔年代已无可考，但根据 60 年代维修塔基时所发现的正隆三年（1159 年）纪年砖一块，与造像风格，斗栱特征相印证，此塔当属金代遗物（图 6-472）。

该塔为八角 13 层密檐塔。通高 23.84 米。下部为一由两层须弥座所组成的塔座，高 4.1 米，上层须弥座束腰每个面刻一壶门，内雕剔地起突狮头，八个转角皆雕有力士像一尊。下层须弥座束腰每面分成两间，刻两壶门，内雕小佛像，八个转角也雕有力士。上

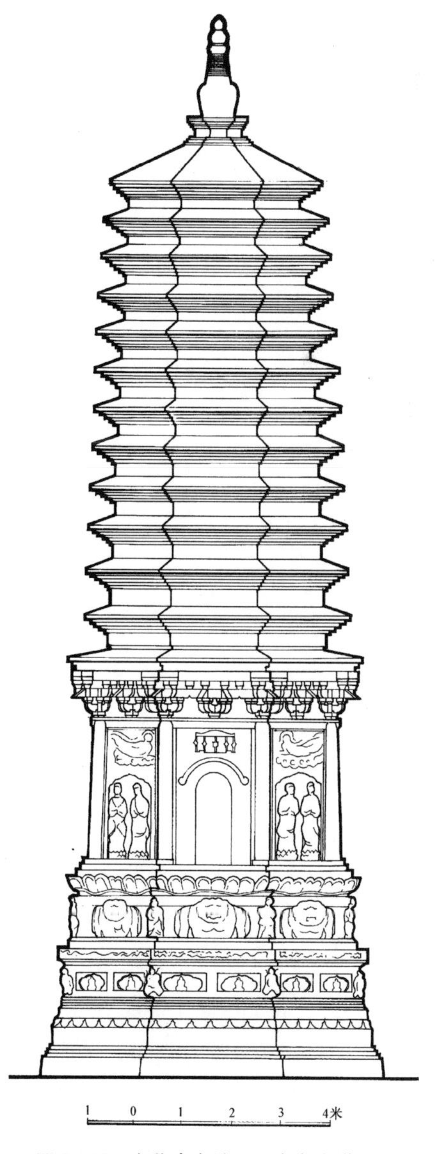

图 6-472 内蒙古宁城县辽中京小塔立面

下枋刻有卷草花纹。两层须弥座之上又施一层大仰莲，承托上部塔身及塔檐。塔身高 3.12 米，每边宽为 2.25 米，四个正面塔壁有佛龛，龛内原有佛像一尊，四斜面则各雕有三胁待和二飞天。塔身八个转角雕砌圆形倚柱，柱头贯以阑额、普柏方，折角部位交叉出头斫截平齐。第一层檐下的砖制斗栱为四铺作单杪计心造，令栱与批竹耍头相交，上承橑风榑。华栱、泥道栱下面垫小栱头。四正面施补间铺作一朵，用 60°斜华栱两缝。第一层塔檐用柏木挑出角梁及椽，二层以上均为砖砌叠涩挑檐。上部 12 层每层有一段矮塔身，逐层递减。塔檐宽度随塔身递减，其递减率逐渐加大，因此塔的外轮廓呈和缓的收分曲线。塔顶由方形须弥座承托覆钵、相轮、宝珠。塔刹全部用砖砌筑，高 2.77 米。中京小塔造型、比例、雕饰在金塔中是颇具代表性的一例。

14. 四川宜宾旧州白塔

旧州白塔,位于四川宜宾市岷江北岸,距市中心约三公里,四周古建筑已荡然无存。从塔身上的铭文和题记推断,该塔约建于北宋崇宁至大观三年(1102～1109 年)间,是北宋末期的遗物(图 6-473)。

图 6-473 四川宜宾旧州白塔

白塔为方形 13 层密檐砖塔，残高 29.5 米，塔外形与西安小雁塔颇似，保持了唐代密檐塔的外形风格。塔身有显著收分，越往上收分越大，外轮廓成抛物线形。该塔建在一方形台基上，台基每边长约 7 米。高大的一层塔身之上为 13 级密檐，每层檐以砖叠涩出挑，其做法是从壁面先挑出两层砖，然后施菱角芽子一重，再用单砖挑出形成檐口。塔檐断面微向内凹，有一定顱度。各层塔檐之间有一小段塔身，高度与塔檐大致相同，总体上看，越往上高度越小。各层塔身于每面中心辟有小窗，窗成“凸”字形，全塔四面共有 48 个窗，只有 10 个真窗，其余实为小龛。各层每面正中小窗两侧各雕小塔一座，小塔之侧再雕“破子棂窗”各一。13 级密檐之上为塔顶，有阶梯形砖砌方刹座两重，下重高度约为上重四倍，二者均带有一定顱度。顶部覆以石板，上承塔刹。原塔刹已残毁，现仅余一半球形铁钵，直径约 77 厘米，球体底部铸有 13 厘米见方之铁柱，穿透石板直插入砖刹座内。铁钵四周铸有四个衔环兽面，为清代形制。铁钵底有匠人题名数字。塔顶现存者为清代重修之物。

塔内部实有五层塔心室可供登临。一层塔身南面雕有一栱形塔门，上施重券，进门即入塔心室。第二层地面在第一重檐下，第五层地面在第八重檐下，其间等距布置三、四层地面。一、五层塔心室并不居平面中心，一层略偏东南而五层略向西北。各层塔心室均供有佛像，上下层之间以蹬道相通，蹬道为壁内折上式，夹筑于塔壁之中，成螺旋式，自下绕各层塔心室而上，直至第五层地面。蹬道到达各层塔心室地面标高处有甬道通向塔心室，甬道皆为券顶。蹬道内以砖叠涩做顶，依蹬道坡度逐渐递升，仅在两端入口处发券。各层塔心室皆具砖砌藻井，第一层塔心室于四角施转角斗栱，每面中心施补间铺作一朵，斗栱系砖制，外包石灰面层，尺度、比例皆迁就砖块，艺术效果大异于木制斗栱。第二、三层仅在四角设转角铺作而无补间铺作。斗栱之上砌筑方形藻井。四层塔心室则做八边形藻井，以立砖按辐射方向环砌于藻井内壁，各立砖向心面削成曲线，藻井正中为八边形明镜，第五层藻井做法类似于第一层。

由于四川地处边远，故旧州塔虽建于北宋末年，仍保持了唐代密檐式塔之遗风，四方形平面，塔檐带颤度等。这种形式的滞后性并不鲜见，如乐山灵宝塔、洛阳齐云塔等皆是。乐山灵宝塔位于今乐山市凌云山，因建于灵宝峰而得名，塔建于北宋初期，类似于旧州白塔，为方形13级密檐壁内折上式塔。塔内有5层可供登临。塔心室作方形或六角形，室内转角处亦有砖制斗栱。塔建于大型基座之上，各层塔身均有小型门窗，以砖叠涩出檐，自第六层起塔身有显著收分。洛阳齐云塔位于洛阳市东十公里处白马寺东南，其前身为中国第一座佛教寺院的白马寺的释迦如来舍利塔，现存之塔为金代遗物，是一座方形13层密檐式砖塔，高约35米，第一层塔身较高，立于砖台之上，底部边长约八米，第一层塔身以上出叠涩短檐13层。整个塔的外部轮廓呈抛物线形状，自第五层始急剧收分，使塔身上部更为圆和，外观隐健、玲珑。这些塔外形上保持了唐塔的特点，但内部结构较之唐塔有了很大改进。

15. 北京天宁寺塔

据藏于塔刹之内的建塔碑记载[17a]，该塔创建于辽天庆九年五月至十年三月（1119～1120年），原名天王寺塔，明代改称天宁寺塔[17b]，为一座八角形实心密檐塔。由基座、塔身、13层密檐、塔刹组成。塔原高203尺，现代实测高度为55.38米。上部塔刹已毁，塔身每面宽6.14米（图6-474、6-475）。

塔下基座由三层矮台、须弥座、平座、钩阑、仰莲组成。下部的矮台第一层为方形，第二、三层改为八角形，须弥座束腰及平座之上均雕有壸门、佛像、狮子等。平座本身由斗栱承托，每面除转

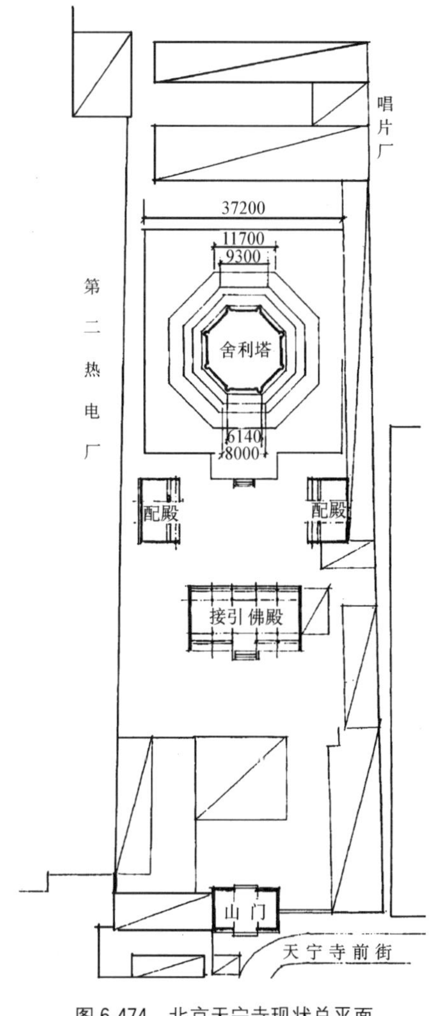

图6-474　北京天宁寺现状总平面

图 6-475 北京天宁寺塔南立面

角铺作外，施补间铺作三朵。钩阑为后世更换，但尚属仿辽风格。仰莲上下共三层，构成莲台。

塔身为仿木构形式，八角均施圆形倚柱。柱间施普拍方、阑额、地栿等，柱两侧并施立颊。塔身四正面设假门，用砖雕出门券、门扇，门楣。东、西两面假门雕做毬纹格子，中施腰花板，下部障水板素平。南面假门做棱花格子，中施腰花板，下部障水板做牙头护缝。北面做版门，上施门钉六排。门扇左右雕出立颊，上部雕出门额及门簪两枚。塔身四斜面均做直棂窗，并于窗下雕出腰串及心柱，仿木门窗装修做得惟妙惟肖。

塔身之上即为13层密檐，除第一层檐本身较高之外，其余各层檐高相等，但塔檐自第三层起，逐渐收缩，每四层成一组。第一组每层收7厘米，第二组每层收12厘米，第三组每层收7厘米，轮廓挺拔优美。

各层檐下皆有斗栱承托，采用五铺作卷头造。独一层做法不同于其他12层。一层转角铺作带有附角斗，并从中出一缝斜华栱。补间铺作仅施一朵，带两缝45度斜华栱，作计心造。其余各层皆施补间铺作两朵，无斜华栱，第二跳偷心。

各层屋檐起翘平缓，出翘甚少，椽飞皆雕出卷杀，博脊作条瓦垒砌。

塔顶及塔刹已非辽代原物，皆经明清重修[17c]。

塔身各面有多尊佛、菩萨塑像，如四正面门楣处皆为砖坯上覆以泥灰细塑，其余各处则用木骨泥塑，塑像布局四正面与四斜面有所不同，四正面每面塑像位置及数量相同，皆于门上塑伞盖，拱券内门楣处塑一佛二菩萨，券门两侧为二力士，力士之上又有二足踏祥云之天女，券脸上塑二龙戏珠。塑像的宗教含义据考南面门楣为“华严三圣”，西面为“西方三圣”，东面为“东方三圣”，北面为密宗的“准提观音”[17d]。四斜面中东南、西南于直棂窗两侧做两夹侍菩萨，窗上墙壁面雕饰为普贤、文殊、驯兽师、象奴等。东北、西北窗两侧雕两菩萨，窗上改为五尊菩萨立像。以上除北面外，其余七面共同表达了一幅《圆觉经》中圆觉道场的场景，是华严宗教理的象征。而北面做密宗塑像表现了辽代华严宗与密宗的融合。

天宁寺塔造型比例优美，宗教内涵丰富，具有很高的艺术和文化价值。

16. 湖州飞英塔

飞英塔位于浙江湖州城北，由内外两塔组成，内塔为石雕小塔，外塔为砖壁木檐、木平座的楼阁式大塔，包于小石塔之外。《嘉泰吴兴志》载，飞英寺创于唐咸通五年（864年），“中和五年改上乘寺，……寺内有舍利石塔……始于中和四年（884年），成于乾宁元年（894年）……开宝中有神光于绝顶，遂后增建木塔于外，绍兴庚午岁（即绍兴十二年，1142年）雷震成烬，知州事常同因州人之请复立是塔”。依此可知现在飞英塔为绍兴十二年以后所建，而《嘉泰吴兴志》修于嘉泰元年（1201年），因此飞英塔的建造时间应在嘉泰元年以前。从内塔上的28款题记中五款带记年者[18]最早的为绍兴二十四年（1154年），也可为佐证。内塔共高5层，其第四层的建造年代据四层所留题记可认定为绍兴二十一年（1161年），石塔最后建成的时间也应距绍兴二十一年不远，而其外包之砖塔大体应在此以后至嘉泰元年的30年间。

飞英塔开始建于佛寺之中，具有佛教文化意义，至明代，因堪舆学之盛，飞英塔被转化成了风水塔，声称“飞英塔实捍卫东北隅士林昌盛”“实主文运”等，并以此募款重修，以至寺虽荒废而塔犹存，并且在塔上保存了明、清重修的种种遗迹。据统计前后重修共有七次，除宋、元各一次之外，明代计有四次，清代道光年间为历史上最后一次。至20世纪80年代又进行了一次科学的重修，使这座具有七百多年历史的古塔得到科学的保护[19]。

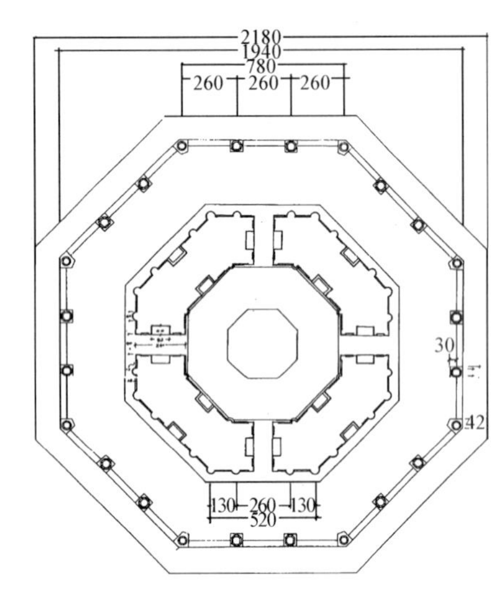

图 6-476 浙江湖州飞英塔平面

飞英塔外塔为八边形七层塔，采用厚壁筒体结构（图 6-476～6-478）。底层带有木构副阶，上部各层于砖壁面向外出木构平座、腰檐。内部为了容纳小石塔，一至四层空间直通，仅于层间壁面挑出木平座。五、六、七层设木楼板，空间被分割成三层。各层皆开四门洞，使内外空间连通，但为保证塔壁结构性能不受损害，门洞位置相互交错，未开门处于壁面隐出假门龛。塔外平座与塔内平座或楼板未处同一水平，外高内低，利用厚厚的塔壁作一跑楼梯，将两者勾通。层间垂直交通由附于塔壁内侧的木楼梯完成，木楼梯随塔壁八边形轮廓盘旋。东北面于首层副阶垂直于塔壁方向设木梯，自室外副阶地平攀至 3.38 米高处，达塔壁所设门洞（高 1.6 米，宽 0.8 米），此即登塔之入口（图 6-479）。此种登塔方式颇为特殊，类似的例子还曾见于浙江松阳延庆寺塔。塔顶部刹柱穿过七层至六层楼面，柱根处用平面成十字相交的两根上下叠落的大梁来稳固。

外塔底层边长 5.10 米，外壁对边距离 12.30 米，副阶进深 3.54 米（柱中—中）。上部各层塔身逐层内收，塔体随之缩小。塔残高 36.32 米。砖壁底层最厚为 2.4 米，以上各层逐层减薄，最薄的第五层为 1.68 米。外部各层层高成逐层递减趋势。但塔内壁层高划分并无一定之规，具有随机性（表 6-23）。

外塔底层外壁各角皆作砖砌圆形倚柱，每面又隐出平柱两根，将壁面划分为三间，心间宽 2.5 米，两次间各宽 1.3 米。在东、西、南、北四面皆辟门洞，宽 0.91 米、高 2.83 米，门洞上部作壶门形轮廓。门洞穿过塔壁的串道两侧，壁面上也隐出壁龛，串道顶部中央以双重八边形木框重叠构成八角井，上覆八条阳马，做成覆钵形砖雕小藻井，周围以平砖及菱角牙子砖相间砌出长方形平棊，处理异常精细。塔壁其余四面内外皆砌做壶门形壁龛，宽 0.91 米，高 1.99 米，凹 0.3 米。龛两侧的方形槏柱，及上下的阑额、地栿，皆于壁面上以砖砌成仿木构形式。

副阶木构早已被毁，现于 20 世纪 80 年代进行了复原、重修。从塔壁柱身残存洞口和副阶柱础，地面铺砖及石柱残物等推测，其原为石柱、木梁，采用乳栿、劄牵，一端插入塔壁柱的洞口中，一端搭于石柱之上，乳栿及劄牵尾部之下并施从壁柱洞口挑出之丁头栱。另于壁柱柱顶施栌斗、令栱、耍头及素方，利用通长的素方承椽尾。

上部各层壁面及门洞处理与底层相同，仅层高逐层递减。塔身外壁尺寸随层数有所变化，但各层斗栱用材基本相同，只是由于后世重修的原因而使斗栱尺寸大小不一。据分析[20]，原有斗栱用材为 16 厘米×10.5 厘米，介于《法式》七、八等材之间，且斗栱细部尺寸及栱瓣卷杀等也均合《法式》规矩。塔身外壁平座每面除转角铺作外，又施补间铺作两朵，采用五铺作出双杪计心卷头造，华栱

图 6-477 浙江湖州飞英塔立面

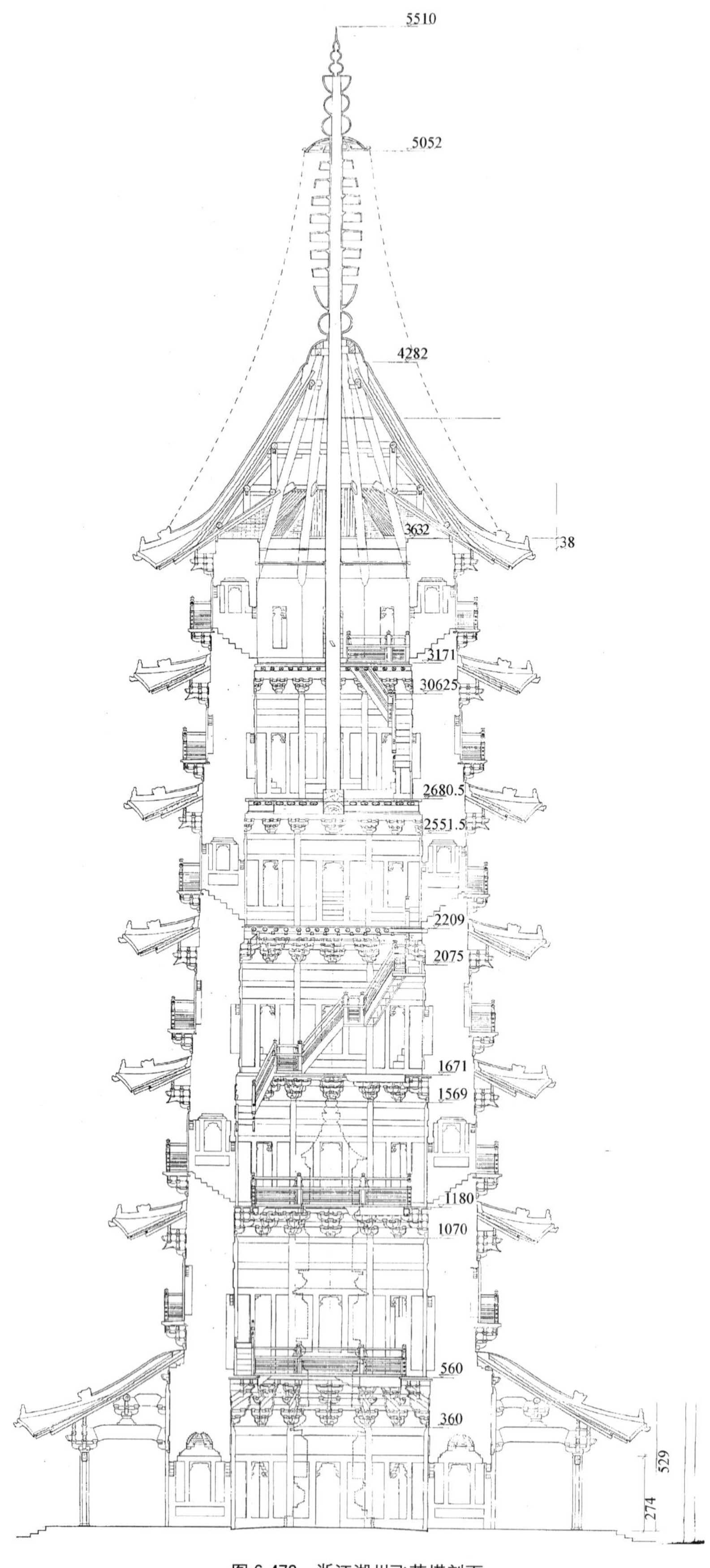

图 6-478 浙江湖州飞英塔剖面

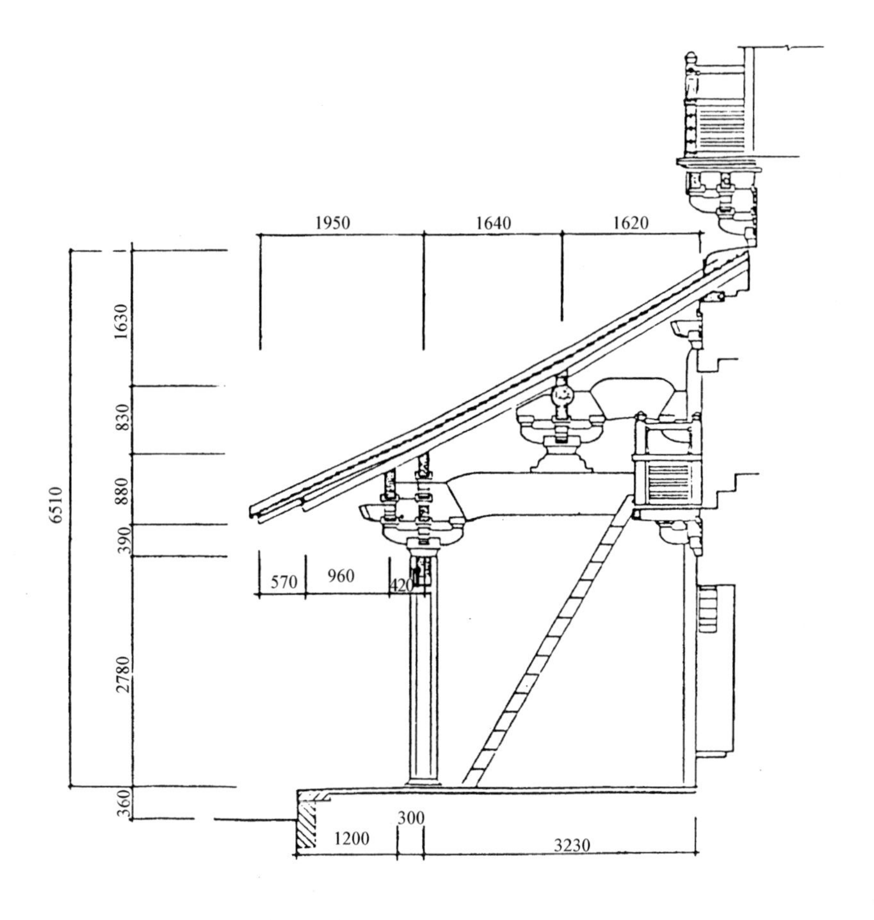

图 6-479　浙江湖州飞英塔自副阶顶部登塔的特殊形式

湖州飞英塔各部尺寸明细表　　　　**表 6-23**

	第一层	第二层	第三层	第四层	第五层	第六层	第七层
外壁面对边距离	12.30	11.14	10.86	10.38	10.02	9.58	9.18
内壁面对边距离	7.5	7.26	7.20	6.94	6.66	5.92	5.76
壁　　厚	2.4	2.07	1.83	1.72	1.68	1.83	1.71
壁厚递减值		0.33	0.24	0.11	0.04	0.15	0.12
外壁各层层高	6.53	5.59	5.25	5.18	4.86	4.8	4.11
外壁各层柱高	5.29	2.35	2.25	2.15	2.06	1.94	4.11
外壁　檐高（下层柱头上及至上层平座栌斗底）	1.24	2.24	2.15	2.04	2.10		
外壁平座高		1.00	0.85	0.81	0.76	0.76	0.85
内壁柱高	3.68	5.10	3.89	4.40	3.42	3.83	5.62
内壁平座高（下层柱头上至上层柱脚）		1.92	1.10	1.02	1.34	1.29	

资料来源：王士伦、宋煊《湖州飞英塔的构造及维修》。

后尾插入塔壁，横栱中最外跳省去令栱，利用第二跳华栱跳头直接承素方，第一跳华栱跳头仅施瓜子栱一重，其上即为素方，扶壁栱作瓜子栱、慢栱两重。

腰檐外端靠倚柱上所施斗栱承托，檐下斗栱除转角铺作外，每面仅施补间铺作一朵，采用五铺作单杪单下昂重栱计心造，扶壁栱用单栱素方。椽子搭于橑檐方上，后尾插入塔壁，檐部虽经后世重修，但仍保存了宋式圆椽、方飞的特点。

塔内壁下部二、三、四层做法相同，各层之间设内挑之平座。各层平座皆靠下层内壁所施内

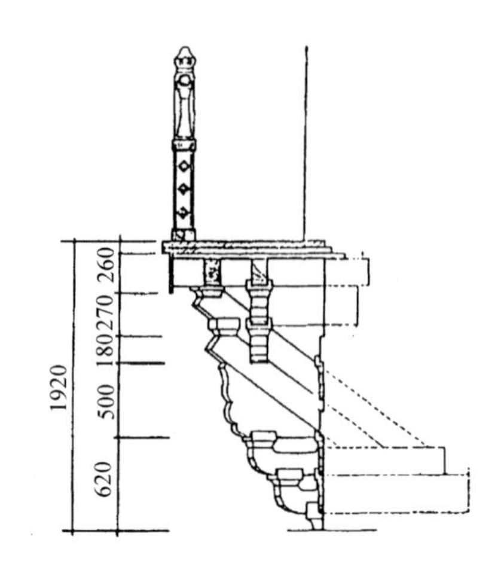

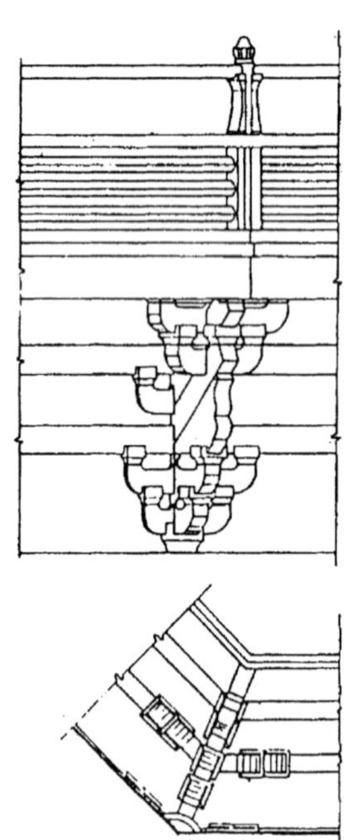

图 6-480 浙江湖州飞英塔七铺作上昂造斗栱

檐斗栱承托，内檐斗栱除转角铺作外，每面施单补间。承二层平座者，依据残留洞口分析为七铺作上昂造（图 6-480）。承托三层平座的斗栱为卷头造五铺作重栱并计心。承四层平座者为五铺作双杪隐刻单上昂，重栱计心造。承五层楼板之木肋者亦用壁面挑出之六铺作斗栱，承六、七层楼板之木梁及肋的斗栱改用五铺作卷头造。

内壁一至六层壁面皆于角部用砖砌出圆形角柱，柱间置阑额、由额、门额、地栿。遇门处，于门洞两侧做槏柱，无门处皆隐出壁龛，门洞与龛上部处理同外壁，龛的下部砌成隔减窗座式。七层内壁光平无饰，为后世重修之物。

从内壁上伸的八条斜撑簇于中央刹柱，并有八条角梁与斜撑相搭，以此为基础布置檩、椽，构成塔顶。此做法并非宋构。自六层以上的木梁、刹柱及塔顶木构，经 C14 测定为距今不超过 250 年和 350 年的期限[21]。塔顶铁刹也是后期所换。

20 世纪 80 年代重修之前，该塔外部木平座、腰檐破坏严重，所剩木构件寥寥无几，铁刹已丢失，但下部五层宋代遗物尚有迹可寻，使文物工作者得以找到复原依据，进行了重修。

飞英塔是江南地区有代表性的宋塔遗构，它的外部造型具有典型性。内部空间因包藏小塔又颇具特殊性，集保护和观赏石塔之功能于一身，因之出现内平座之做法，此可称得上是本时期砖塔中的孤例。

内塔：为石构八边形五层小塔，残高 14.55 米，底层最大边长为 0.75 米，最下为基座，上部各层皆设腰檐、平座。各层内部为实心，仅第五层设天宫，当中并施刹柱，以承塔刹（图 6-481）。内塔基座：下部为单层石座，高 34 厘米，边长 1.44 米。上部为须弥座，两者通高 1.82 米。须弥座束腰上下皆做枭混线脚，刻宝装仰覆莲，其余几层线脚雕有海石榴、卷草纹、回纹等，束腰部位刻有石兽。须弥座下之基台的立面和上表面刻有佛教中象征“九山八海”之山峦、波涛。

内塔塔身：各层塔身做法相同，仅尺寸稍有改变，如柱高从 1.37～1.28 米不等，各层皆于角部施两瓜菱形上下均带卷杀的梭柱，柱间施阑额，额上有七朱八白彩画纹的浅雕。柱脚施地栿。另于梭柱两侧设槏柱，在槏柱之间的长方形塔壁上做了各种宗教性雕饰，其仅于正南、北两面做主题性佛像或建筑装修，其余六面均做整齐排列的数十尊小佛龛。据塔壁第二层南面一龛佛像及题记可知塔的主题佛像为“泗州大圣菩萨圣像”[22]，此处的泗州大圣菩萨曾于“唐景龙二年，……尊为国师”[23]此人能救民于水火，故被世人尊重。据《嘉泰吴兴志》载该寺创始之初称有僧人云皎于唐咸通年间从长安得到泗州大师所赠佛舍利七粒及阿育王饲虎像，因而营建佛塔[24]，这便是石塔上出现泗州大师雕像之缘由。塔壁南北其余几面多为佛传故事，并有装修匾额，详见表 6-24：

飞英塔内塔塔壁雕刻一览表　　　　表 6-24

	南　　面	北　　面
一层	释迦（卧佛）涅槃像	泗州大圣菩萨像
二层	泗州大圣菩萨像	版门，雕成门扇虚掩并带门钉、铺首
三层	释迦牟尼及弟子阿难、迦叶	多宝佛、释迦如来像
四层	西方三圣	一叶观音像
五层	上有五小佛龛 匾额：恭为祝延今上圣寿无［疆］? 下有施主愿文	

其中匾额内容最具时代特征，其所谓“恭为祝延今上圣寿无疆”是指对当朝皇帝的祝福。本来佛典《梵网经》规定：出家人法不向国王礼拜，不向父母礼拜。六亲不敬，鬼神不礼，……”[25]但在宋代和尚礼拜皇帝不乏其例，如《古尊宿语录》卷十九《后住谭州云盖山海会寺语录》曾记载释方会（992～1049 年）之法语云：“师于兴化寺开堂……，遂升座，拈香云”：“此一瓣香，祝延今上皇帝圣寿无穷”[26]，与此塔上匾额如出一辙，这样有趣的巧合正说明宋代佛教世俗化的范围之广，影响之深。这座小石塔的修建，也可作为佛教在南宋仍自觉地为封建王朝政治服务的历史见证。

第五层塔身内部藏一小室方 0.72 米×0.72 米，高 0.92 米，即天宫。开口隐于东南壁表面石佛龛中。

内塔腰檐：用石块雕出斗栱及椽、飞、瓦顶，其斗栱除转角铺作外，每面皆用单补间，采用五铺作偷心造形式。铺作第一杪为典型的华栱，栱身带有三瓣卷杀，华栱头上的交互斗因偷心造而做成两耳斗，斗口内含华头子的两卷瓣，并有隐刻斜线构成华头子的上皮，但其上本应是下昂，却变成了类似栱头的形式，这可能由于受材料的制约，本打算雕成下昂而未成功，于是工匠自行改变做法而成此式（图 6-482）。第二跳之上仍承令栱。其上为圆椽、方飞，端部并微带卷杀。角梁比椽、飞截面加大，老角梁刻作两卷瓣，子角梁头刻作清式六分头式。椽、飞略有出翘、起翘，大、小连檐也刻得极清晰。上即为瓦屋面，勾头、滴水微出连檐之外，形象逼真。

内塔平座：平座下部由五铺作出双杪斗栱承托，斗栱下并刻出普拍方。斗栱布局同上檐，斗栱之上为厚厚的石台面，石块侧面充当雁翅板，并雕以枝条卷成华纹为饰。

内塔塔顶：雕成八角钻尖顶，每角各饰脊兽三枚。塔顶坡度陡峻，总举高约为前后橑檐方距离的1/2强，若按外轮廓算起，顶部坡度几近 60°。顶上原有塔刹已毁。

该塔虽小，但模仿木构惟妙惟肖，雕刻的佛传故事及装饰纹样处处精工细作，体现着虔诚的宗教信徒们的追求，不愧为一件佛教艺术精品。因有外部大塔的保护，尽管由于大塔塔刹垂落砸下，使小塔部分塔檐、平座破坏，但仍能使人较完整地认识它的全貌。它给人们留下了多处宋代建筑的历史信息，功不可没，价值极高。

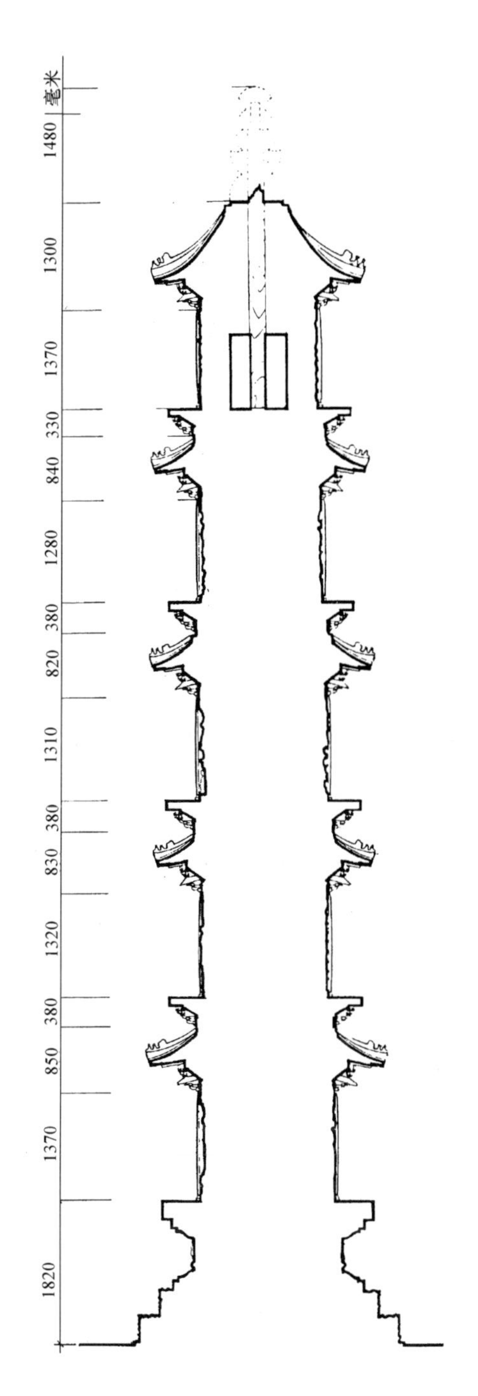

图 6-481　浙江湖州飞英塔内部小石塔

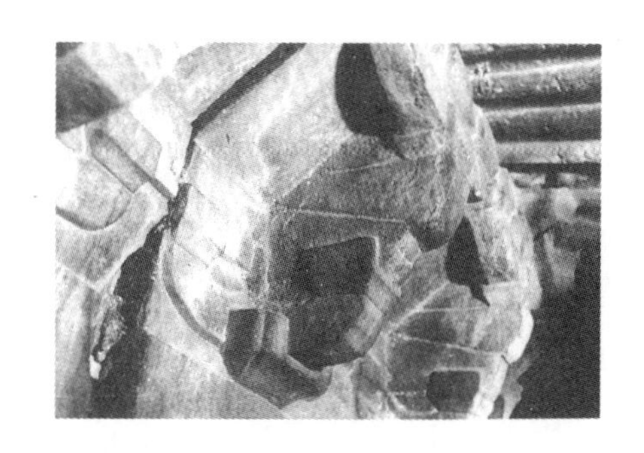
图 6-482　浙江湖州飞英塔内塔腰檐斗栱

17. 安徽蒙城兴化寺塔

安徽蒙城兴化寺塔，位于安徽蒙城县城关东南角，原兴化寺旧址的湖心岛上。塔的建造年代，据保存在该塔第四层、第九层的两通建造碑刻所载内容推断，当建成于北宋崇宁七年（1108年）。宋时塔东建有“兴化寺”，塔名“兴化寺塔”，元代至正年间塔西建“慈氏寺”，塔遂更名“慈氏塔”。今两寺皆废，惟塔留存。因塔内外嵌有雕于琉璃砖面的佛像近万尊，故又名“万佛塔”（图6-483～6-485）。

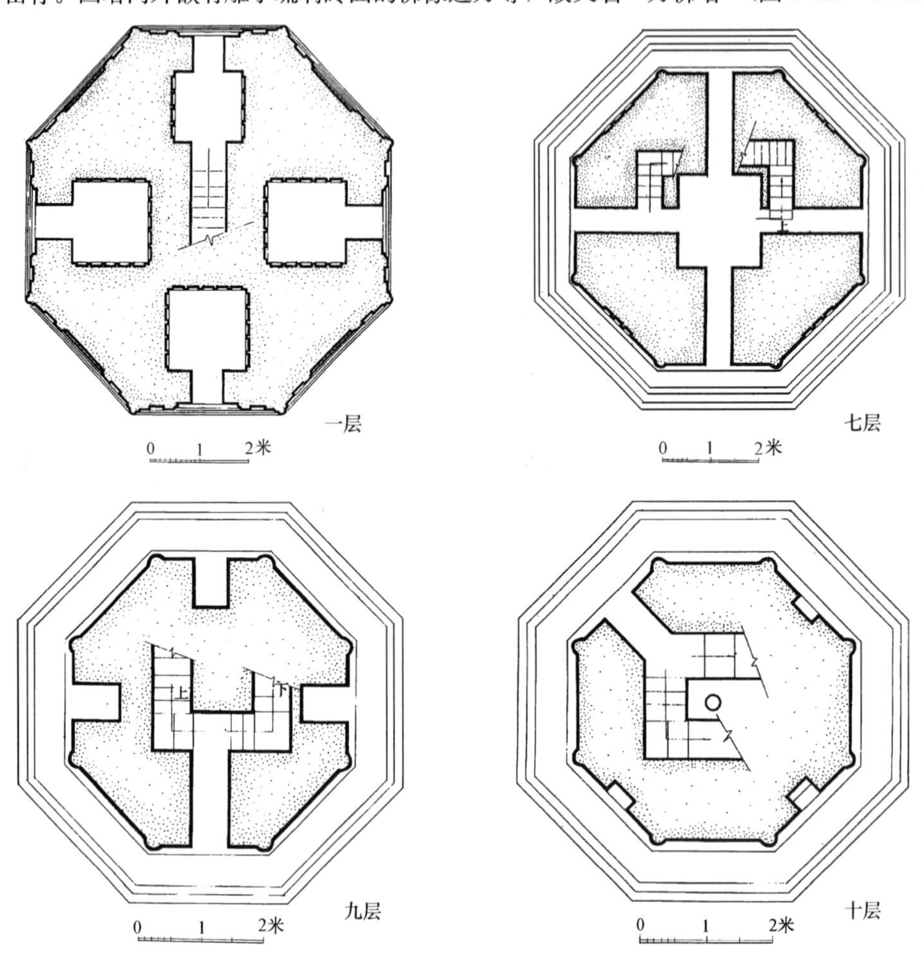

图6-483 安徽蒙城万佛塔平面

该塔为楼阁式砖塔，平面八角形，底部每边长3.1米，共13层，总高42.5米。各层平面形式不同，有的做实心砌体，有的做回廊，有的做八角形塔心室，有的做方形塔心室，塔体构成丰富多彩。塔的立面处理，采用自下而上逐层收缩形式，轮廓线挺拔优美。塔身直接立于一个素平的小基座上，此为宋塔常见的式样。第一层塔身较其余诸层为高，仅在北面有一门，可通上部塔梯，东、西、南三面的塔门仅通一层小室。塔门开在距地面较高处，须于室外架梯才能进入塔内。以上各层塔身四面辟有券门，其余四面砌出假窗，第二层至第七层开东、南、西、北四个窗，上下对齐为一直线，第八、九、十各层窗则以45°角相互错开。假窗的窗格式样有万字格、菱形格、直棂窗以及锁纹窗四种。塔身各层转角砌出倚柱，一层倚柱做瓜楞形，二层倚柱改做方形，第三层至第六层各层转角倚柱又改为圆形。二、三层倚柱有柱头卷杀，形似梭柱。各层柱头之上砌出阑额与普拍方，方上置斗栱。每朵斗栱出双杪或单杪华栱，以齐心斗承托替木，且斗的顱度较大，与宋式斗木栱的形制相似。各朵斗栱间以鸳鸯交手栱联系。随层数的增高补间铺作朵数逐渐减少，六层以下每面施补间铺作六朵，七至九层每面减为五朵，十至十二层减为四朵，十三层仅施铺间铺作三朵。各层以斗栱承托梁枋，枋上以圆形檐椽、方形飞椽承托挑檐。第二、三层用砖砌作塔檐平座，以仰莲瓣承托。自四层以上只出小平台而不设平座。该塔使用大青砖砌筑，主要用长砖，间或使用方砖。砖的尺寸多样，随所在部位的不同而变化。

塔的内外壁以雕有佛像的砖镶砌，并砌有佛龛，随面积的大小和不同部位排列成方形或品字形等不同形式。佛像砖大部分为黄绿褐三彩琉璃砖，多采用一佛居中、旁立两弟子或菩萨的形象。塔内外现存佛像总计八千余尊。

由于塔体采用混合的构造方式，登塔的方法也随之逐层变化，一层、二层采用穿心式，楼梯斜穿塔身中部而上，三层为回廊式，楼梯放置在塔的回廊内，第四层塔心室为方形，楼梯沿内壁折上，五层塔心室则改为八角形，楼梯沿八角形内壁折上，第六层又改为方形塔心室……除一、二层外，塔梯均砌筑在塔外壁壁体内。这种混合的结构方式在宋代砖塔中是少见的。各层塔心室的天花除第十层用圆形叠涩外，余皆做方形或八角形叠涩。

图 6-484　安徽蒙城万佛塔北立面

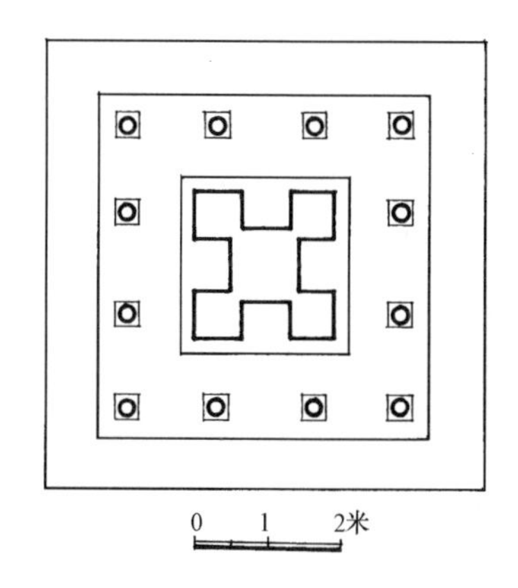

图 6-486　四川邛崃石塔寺宋塔平面

图 6-485　安徽蒙城万佛塔剖面

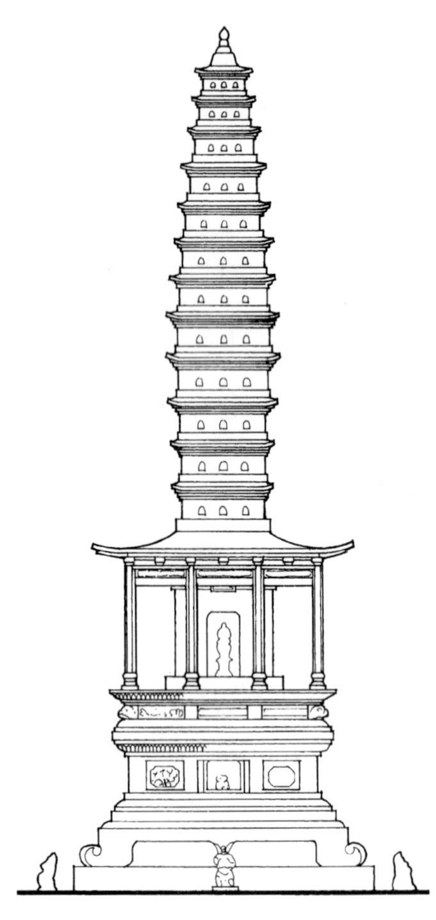

图 6-487　四川邛崃石塔寺宋塔立面

该塔平面做法与北方砖塔的结构方法相近，门、假窗等又具有南方建筑的轻巧风格，可称之为我国南北造塔技术融合的作品。

18. 邛崃石塔

四川邛崃石塔，正名为释迦如来真身宝塔，位于邛崃县高兴乡石塔寺内。寺原名为大悲寺，因有石塔而俗称石塔寺。寺、塔均于南宋乾道五年（1169 年）兴建，但木构建筑经历代重修已非原状，惟石塔仍为宋代原物。石塔位于寺庙山门之前，全寺中轴延长线上，朝向与寺相同（图 6-486、6-487）。

石塔为方形 13 级密檐式实心塔，高约 17 米，全部用棕红色砂岩砌筑。塔身从第二层到第六层，每层略有增大，自第七层以上则逐层缩小，整座塔外轮廓成抛物线形，挺拔秀气。塔最下为素平的石砌台基，每边长约六米。台基之上有双重方形隔身版柱造的须弥座，最下一层须弥座高度约为上层的三倍，二者束腰部分均雕有佛龛、纹饰等。须弥座之上建有副阶，这是现存方形密檐塔中十分珍贵的遗物。它可作为唐代方形密檐塔，也曾存在木构副阶的佐证。副阶围廊每边有石柱四根，下有柱础，柱间有普拍方与阑额，副阶屋顶出檐较深，四角反翘，柱、阑额、屋顶均为石制。副阶以内的第一层塔身每面正中辟有假门，门上各有一石匾，上刻“释迦如来真身宝塔”之类的字样，并刻有建塔年月、书写人姓名等宋人题识。假门之上做叠涩逐层出挑，与副阶檐柱共同支撑副阶屋顶。屋顶以上即为 12 重密檐，各层檐短而薄，均以石刻叠涩挑出，檐下塔身高度较矮，约半米左右。在各层低矮的塔身上每面刻有三个小佛龛，内雕佛像，最上为塔刹，由覆钵两重构成，上冠宝珠。

19. 正定广慧寺花塔

花塔又称华塔，一般被认为是辽、金时期的一种塔，但正定广慧寺华塔却留有唐、宋时期的遗迹，对此，不仅在文献中有所涉及，而且已有实物依据。明嘉靖二十七年（1548 年）碑记称“寺建于隋兴于唐，寺中有浮屠，高数十丈”。明嘉靖三十一年（1552 年）《重修广惠寺华塔记》称：浮屠始建于魏隋之间，历修于唐、宋之际。明万历十二年《重修华塔记》则称此塔“创于赵，修于唐，既毁于金之皇统，复修于金之大定也”。[27]此条成为过去将花塔年代定为金代的依据。最近笔者在花塔考察时，于第二层回廊壁龛的一处剥落表皮的底层彩画上，发现了北宋太平兴国四年的宋代游人题记，由此可推断花塔建于北宋太平兴国四年（979 年）以前，而非金代。但从塔的造型分析，塔的上部高筒覆钵状花束形塔身及表面泥塑浮雕却又像其他几处辽、金花塔的风格及习俗。因此花塔的一、二层为宋以前遗物，三层及上部高筒覆钵形塔身为金大定重修之物。但有的文献称其建于隋、唐，从建筑风格来看可能性不大。因此将此花塔年代定为北宋建造，经金代重修上部。

花塔是一座形制很特殊的塔（图 6-488～6-490），中央有一座大塔，四角有四座小塔，与金刚宝座塔的平面布局相近。中央大塔上、下共四层，残高 31.27 米。第一、二、三层平面皆为正八边形。各层大小、高矮不同，一层对边轴线距离 10.37 米，至外墙皮 11.62 米。二层对边至外墙皮距离仍为 10.37 米。一、二层采用双套筒砖结构。中心为塔心室，四周有回廊。三层平面收缩，只有近似于一、二层内部套筒的大小，作为塔室，周围没有回廊，但却保留着宽大的平座，与三层塔身很不相称。可能正是金皇统时被毁，大定重修时未再恢复。外观所见的第四层，平面近似圆形，内部实际上与第三层空间是相通的，三、四层间无楼板之设。第四层总体造型成高筒覆钵状，表面有力士、须弥座、仰莲瓣、六层小塔，小塔之间有狮、象等动物并有小佛像数尊置于莲座之上。由于这些通身的雕饰很像花束，故被称之为花塔。其上顶部为八角攒尖顶，上部塔刹已毁。

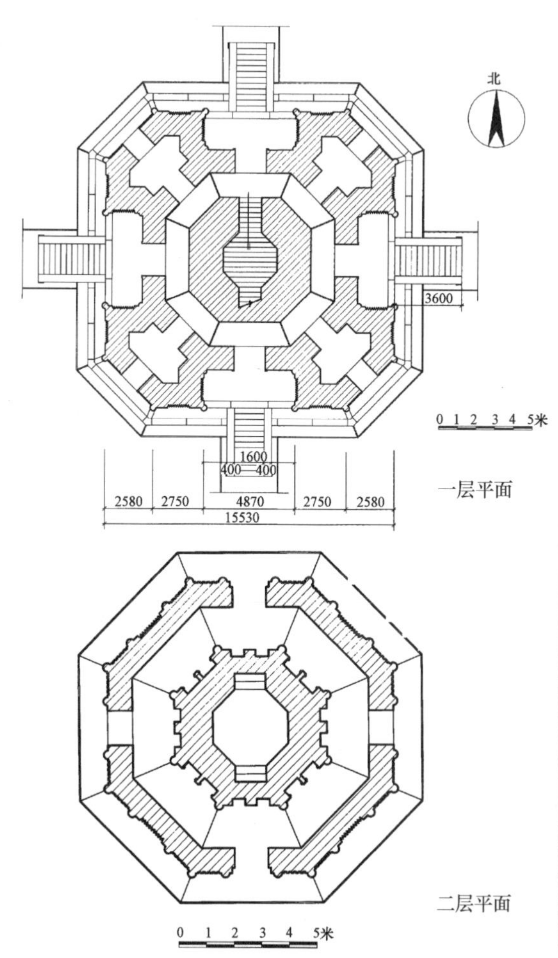

图 6-488　河北正定广惠寺花塔平面

图 6-489　河北正定广惠寺花塔立面

下部三层塔身均采用仿木构形式，一层因被四角小塔遮挡，仅于四正面开券门，门两侧做实墙，表面隐出券脸、地栿，上部砌出阑额，额上置斗栱，上承腰檐及平座。二层塔身每面分作三间，四正面当心间开门，四斜面作直棂假窗。两次间皆做格子假窗。窗下墙做成仿木护缝壁板形式。壁面柱子皆做半圆形倚柱，角柱成 3/4 圆形。柱间置阑额，额上置斗栱，每面除转角铺作之外，施柱头铺作两朵，补间铺作一朵。斗栱之上承腰檐及第三层平座，平座之上承第三层塔身。由于这层塔身体量变小，每面仅做一开间，四正面开门，四斜面做斜方格假窗，窗下墙仿“心柱编竹造”式样，每面隐出两蜀柱及地栿。三层塔身仅设角柱，柱间施阑额，上置斗栱，每面除转角铺作外仅施一朵补间铺作。上承腰檐及第四层塔身。第四层塔身之上除灰塑之外，最上还有一小段短柱，并施柱间阑额，以承斗栱及屋顶之短檐。

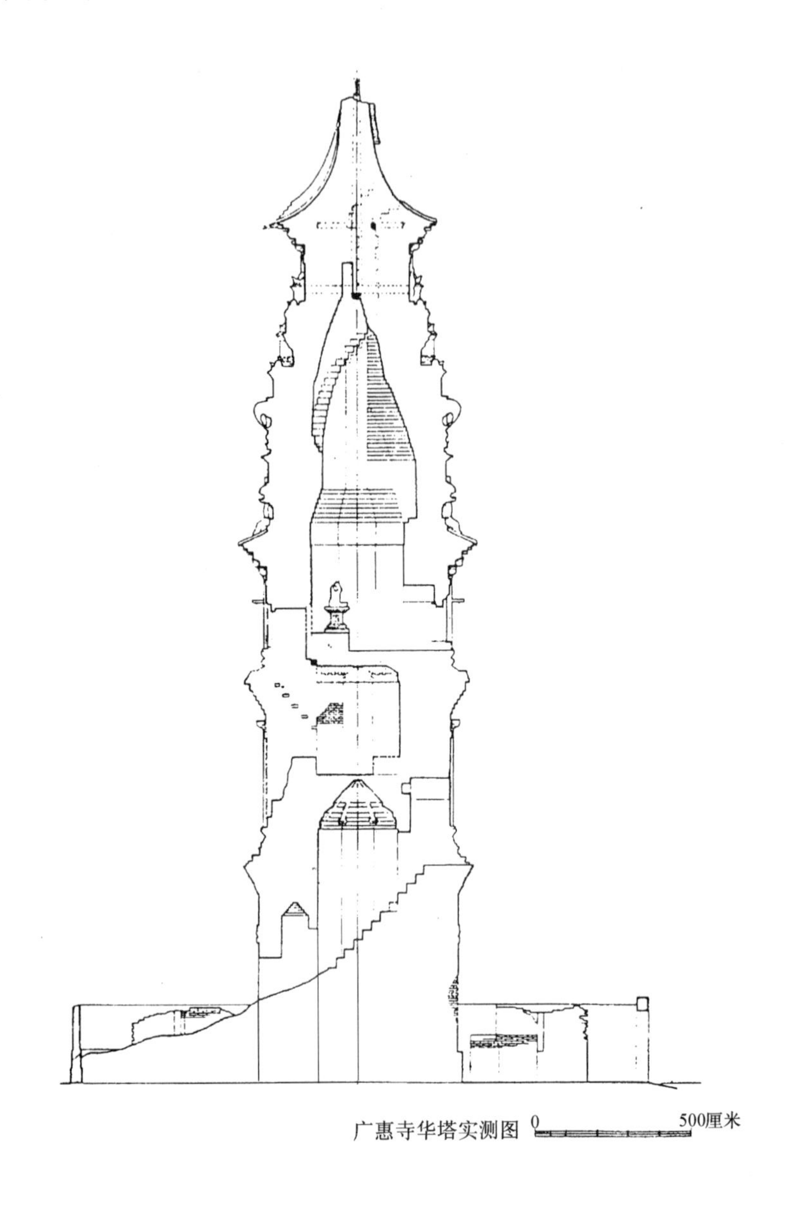

图 6-490 河北正定广惠寺花塔剖面

四角小塔平面为扁六边形，高度与大塔一层檐部取齐，斗栱及檐部做法也随大塔。檐子之上除做坡屋顶之外，并各施一宝顶，使塔的总体轮廓更加生动活泼。小塔壁面除倚柱外，并开有直棂假窗和券洞形窗，小塔塔门设于一层回廊之内。

20. 正定天宁寺木塔

天宁寺木塔宋代名慧光塔[28]，其上部为全木结构，下部为砖木混合结构，故俗称木塔。塔位于正定古城内东西干道北侧西部。据《正定府志》、《正定县志》记载，塔始建于唐，但据 1982 年此塔地宫出土金正隆六年（1161 年）石函铭文载，“自唐代宗朝起寺、建塔，至宋庆历五年重修，又至大金皇统元年再建宝塔一座，时正隆十一月二十八日藏佛牙舍利塔铭”[29]。从现存的实物形制分析，此塔应为宋、金时代的建筑（图 6-491、6-492）。

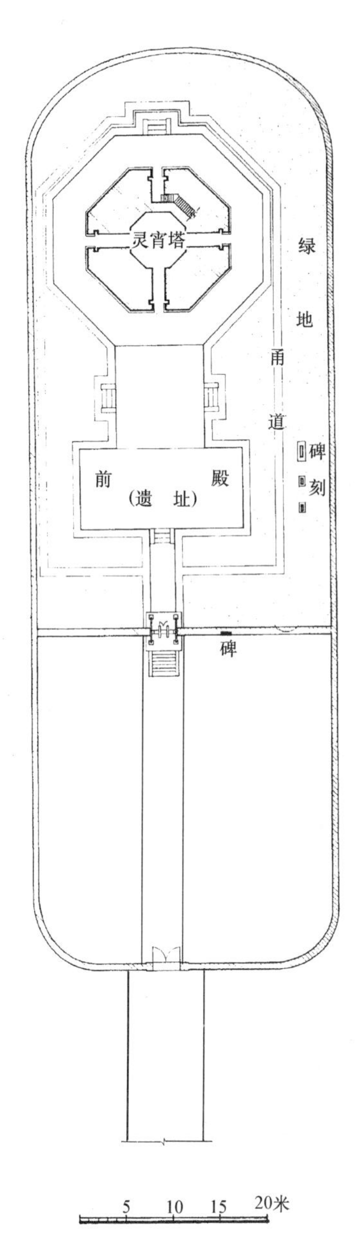

图6-491① 河北正定天宁寺总平面

前东视　横断面　后西视

0 1 2 3 4 5米

图 6-491② 河北正定天宁寺木塔剖面

图 6-491③ 河北正定天宁寺木塔顶层塔心束柱

图 6-492② 河北正定天宁寺木塔塔身细部

图 6-492① 河北正定天宁寺木塔

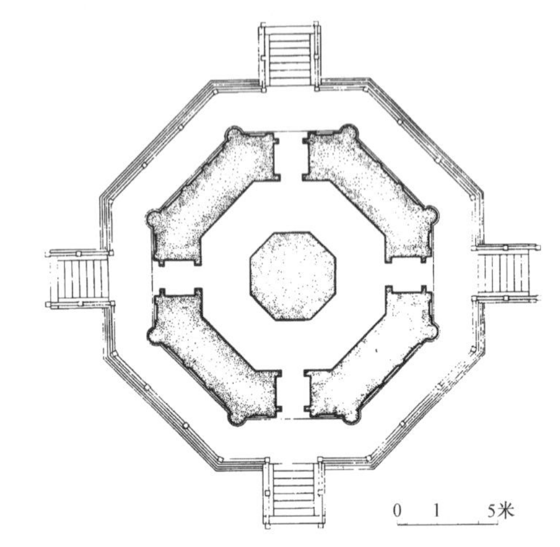

图 6-493 福建泉州开元寺仁寿塔平面

塔平面为八边形，共9层，总高41米，下面的四层用砖砌塔身，以木构为塔檐，下三层的斗栱和二至四层的平座也用砖砌。四层塔檐及五层以上的塔身则全部为木构，自第二层起，各层高度递减，五层以上木构部分的高度递减尤甚，内部空间随之减小，外轮廓急剧收刹。整个塔的造型给人以稳定柔和的感觉。塔身所用斗栱由下至上均为四铺作出单杪。下三层砖砌部分每面有补间铺作三朵，上部六层每面两朵。下面的三层或许因为材料的关系，斗栱的权衡颇嫌局促，上面六层则甚为豪放。塔刹为铁铸，作橄榄形轮廓，上下小中间大。第八、九层原塔身已残毁，现存者为修复之物。

该塔一层东、南、西、北各开一门，但东、南、西门仅通一层之塔心室，北门为登塔入口。塔梯下部四层采用壁内折上式，按顺时针方向沿塔壁盘旋而上，至第五层改用单跑木楼梯，脱开塔壁，架设于塔心室中。

该塔结构上最大的特点是，上部保存了塔心束柱和放射形梁的结构形式，塔心柱由九条圆木捆绑在一起的束柱组成。以塔心柱为核心，在上部三层中置放射式横梁，形如伞状，每根横梁一端各搭在塔心束柱中的一根上，另一端搭在八个角的角柱上。这种做法在早期木塔中使用颇多，但现存实例较少。木塔下部用砖构，其木质的塔心柱未能落地，但仍不失为这种结构形式的一个重要例证(图 6-491②)。

21. 泉州开元寺双石塔

泉州开元寺双石塔，为仿木楼阁式石塔，两塔分立于大殿前东、西廊外，相距二百米（图 6-493、6-494）。

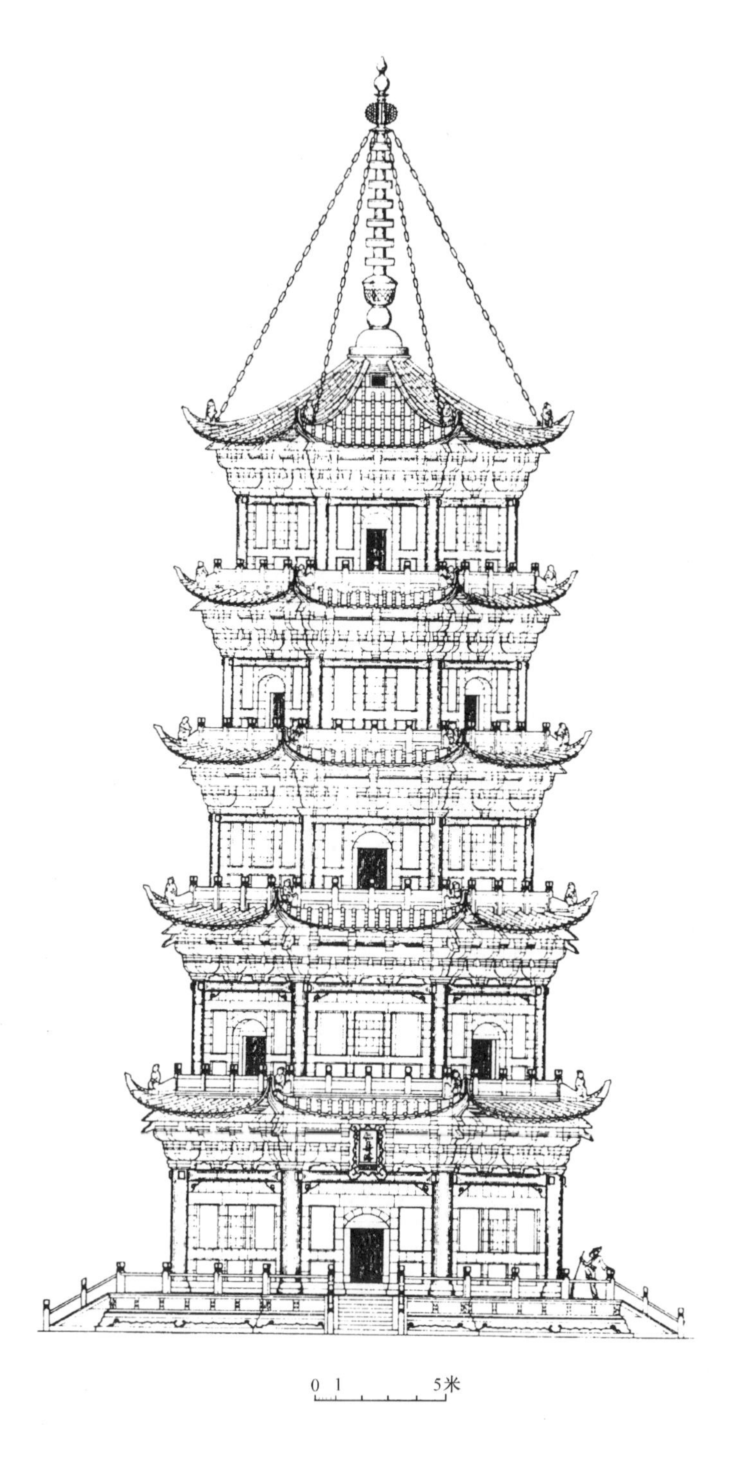

图 6-494 福建泉州开元寺仁寿塔立面

位于西侧的仁寿塔，俗称西塔，始建于五代梁贞明二年（916 年），初为木塔，因其在南宋绍兴乙亥（1155 年）和淳熙年间（1174～1189 年）两次失火，故改为砖塔，后于绍定元年（1228 年）又改用石材砌筑。

石塔平面为八边形，采用筒体带塔心柱结构。该塔内部也忠实模仿木塔楼层的形式，上下共五层，每层在靠塔心柱一侧的楼面留出方孔，以安设塔梯。塔心柱为石砌实心柱体，无塔心室，仅在正对塔门的一面设长方形佛龛，内置佛像。塔心柱与外壁之间设有内回廊。楼层的结构是从内外壁挑出大石块叠涩两重，上覆排列石条作为楼板，石条厚 10 厘米。楼板底部设有起联系作用的条形肋梁，此肋梁首尾相接，形成八边形环梁。同时在楼板下部，还设有递角梁。

该塔高45.066米，须弥座高1.2米，八边形边长7.6米，对角长22米，一层外围周长44.48米，塔身上下有收分，在对角线方向每层收1米，第五层收1.6米。立面每层设有腰檐平座，檐部以石材雕出瓦陇形式，至角部角梁上翘，使檐口形成起翘曲线。平座利用腰檐围脊部位做成石钩阑，以保证登塔者的安全。塔身八面中仅于四个面开门，另外四面隐出假窗，上下各层交错布置。门和假窗两侧雕有天王、力士及诸菩萨像。各层每面均雕出阑额，阑额以上置五铺作出双杪偷心造斗栱以承塔檐，下部的两层均施补间铺作两朵，上部的三层仅施补间铺作一朵。塔的基座采用近似隔身板柱造做法，但柱子不是平板，而是雕花小圆柱，柱间施花板，基座下部雕一层圭角线脚。塔基四周围以栏杆。

镇国塔位于开元寺东侧，始建于唐咸亨年间（670～674年），绍兴乙亥（1155年）灾毁。淳熙丙午（1186年）重建，宝庆丁亥（1227年）再次遭灾后，改建成砖塔，嘉熙戊戌（1238年）又改建为石塔。

其平面亦为八边形，结构与仁寿塔相似。

镇国塔高48.27米，须弥座对角长18.0米，边长7.5米。比仁寿塔高3.2米。一层外围周长46.4米，塔身收分做法与仁寿塔同，仅第五层收分稍小[30]。其基座与仁寿塔不同，为须弥座式。座身上下刻莲瓣、卷草各一层，八个转角处，刻有承托基座的力士像各一尊。束腰部分壶门内刻佛传故事及狮、龙等动物者39幅。

镇国塔与仁寿塔在立面处理上小有不同，如斗栱的布局镇国塔每层补间铺作均为二朵，以罗汉枋相连，且在上部三层者以鸳鸯交首栱连栱交隐。仁寿塔上部三层每层仅施补间铺作一朵。

这两座塔皆用金属塔刹，由覆钵、七层相轮和火焰、宝珠等构成，由于铁刹高大，在塔顶八角的垂脊上系铁链八条拉护，以使之稳固。

泉州双塔造型优美，结构精巧，规模宏大，堪称全国石塔中最高者，在技术和艺术处理上均充分显示了闽南地区古代石工高超的技术水平。

22. 宁夏贺兰山拜寺口双塔

拜寺口双塔是西夏时期两座重要的密檐式塔，位于银川西北50公里贺兰县境内，在贺兰山东麓一个名为拜寺口的山口北边之台地上，两塔东西对峙，相距约80米。

双塔的平面均为八角形，采用厚壁空筒式结构，塔身直接砌筑于平地之上而不设基座，细部处理两塔稍有不同（图6-495、6-496）。

东塔的内部为圆锥形空筒，由于塔壁很厚，底层直径仅2.8米，空间很小，在塔身正南、正北的三、九层和正东第七层上开有采光洞口。第一层楼板尚存，楼板西侧开有方形楼梯口，在塔壁里侧相应部位，砌出放置楼板的台面，由此可知原塔是可登临的。

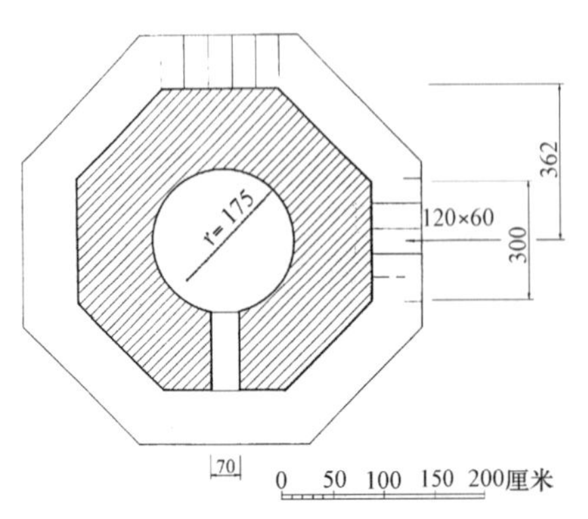

图6-495① 宁夏贺兰山拜寺口双塔东塔平面图

塔总高34米，底面边长3.0米，直径7.24米，从底层至顶层，逐层收分，至顶部每边长为2.77米，直径6.68米，外廓呈直线型锥体，挺拔有力。一层塔身较高，约5.8米，占总高的六分之一，其壁面平素无装饰，表面敷以白灰，仅于下部开一小门洞。塔体下部还有30厘米由乱石砌成之基础，极不规整，当为后世补砌。每层塔身均施腰檐平座，腰檐是由层数不等的菱角牙子和

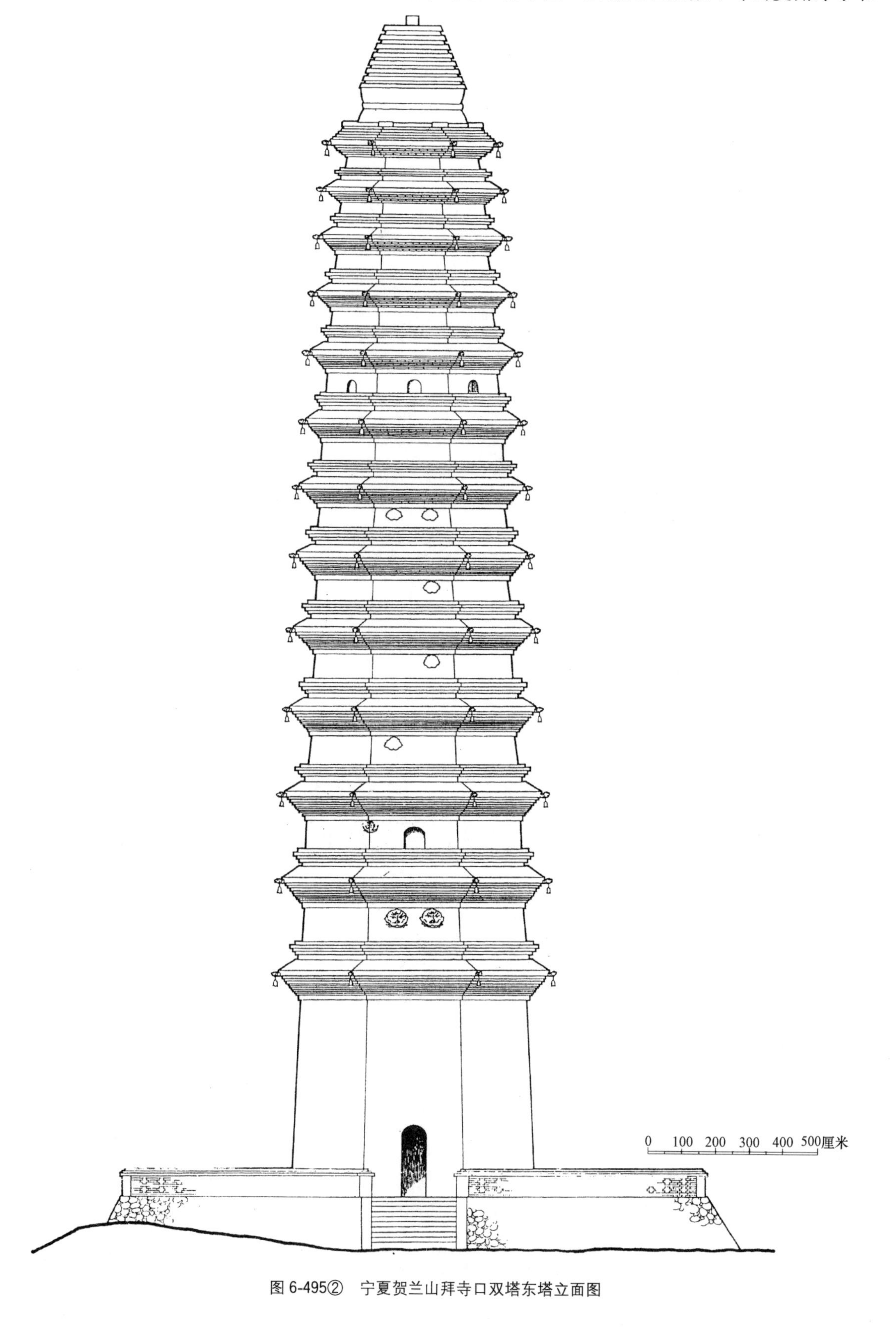

图6-495② 宁夏贺兰山拜寺口双塔东塔立面图

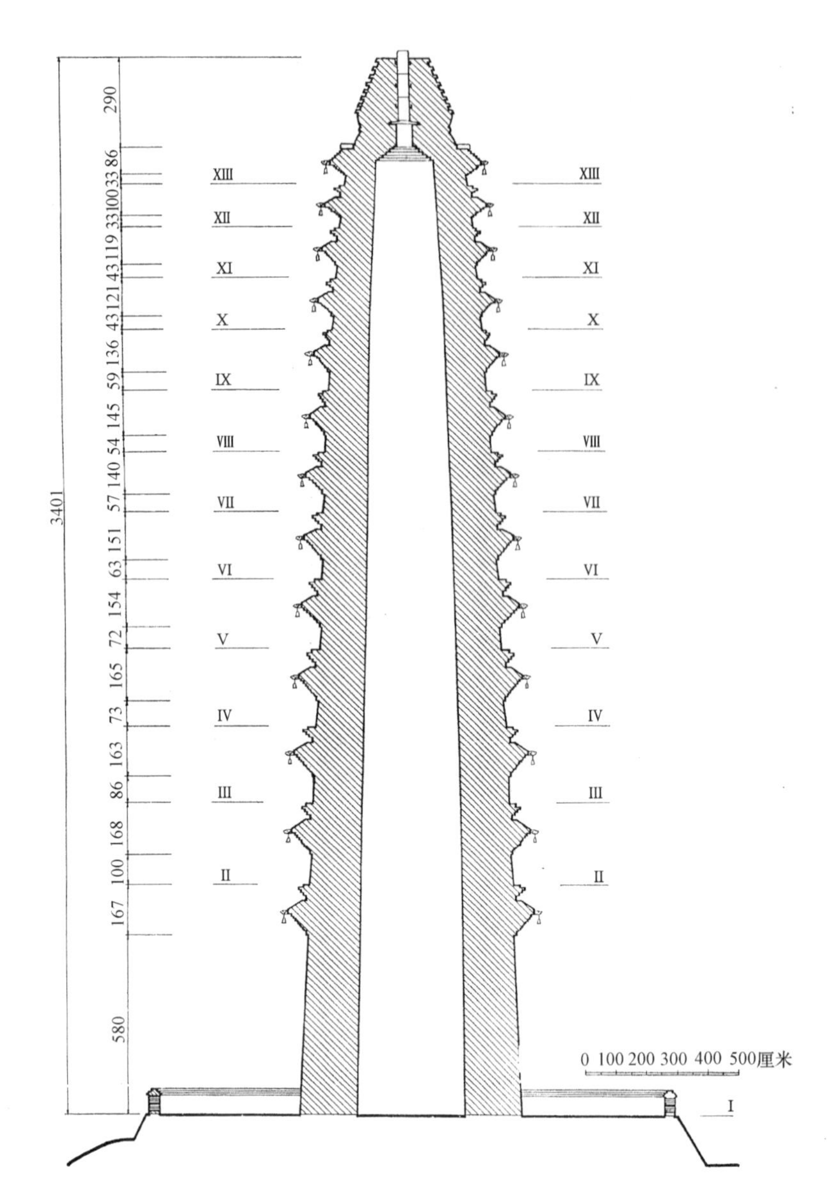

图 6-495③ 宁夏贺兰山拜寺口双塔东塔剖面图

反正叠涩砖构成，其上，又由砖叠涩砌出平座。腰檐上的砖块上、下层之间敷有红、黄色石灰，菱角牙子则用红、青色石灰，各种颜色交相辉映，但现已大部脱落。塔顶上砌有八角形平座，每角置一圆形石础，高约16厘米，径50厘米，表面雕双层覆莲，中有一孔，内留残木。平座中间为圆形刹座，下为仰覆莲须弥座，上承寓意"十三天"的相轮，现仅有九层，顶上露出两皮砖高的圆形刹杆，估计当年有木框支撑的伞盖。

塔的外观最引人注目的是在二层以上，每层每面都有造型独特的影塑兽面两个，左右并列，两兽之间为彩绘云托日、月图案，均用红线勾边，线条流畅，转角外有影塑火焰宝珠，这种装饰甚为少见。

西塔平面结构与东塔相似，只是内部空筒更为狭小，底层直径2.05米，其塔心室上下贯通，为正圆锥体。筒中上下布置若干木梁，下层为一层一字横梁，其上数米又平行置两根横梁，与下层梁的方向垂直，如此按一定间距交错布置木梁于空筒内。塔室底层后壁设有佛龛，呈半圆形，高60厘米，深65厘米，其内佛像已毁。整个塔壁用砖实砌，黄泥做浆，无窗洞。

西塔总高为35.96米，底边长3.15米，直径8.4米，较东塔粗壮高大，一至九层塔身的收分不大，十层以上急剧收杀，使其外轮廓呈抛物线形。一层塔身高大，素面无装饰，上部每层将腰

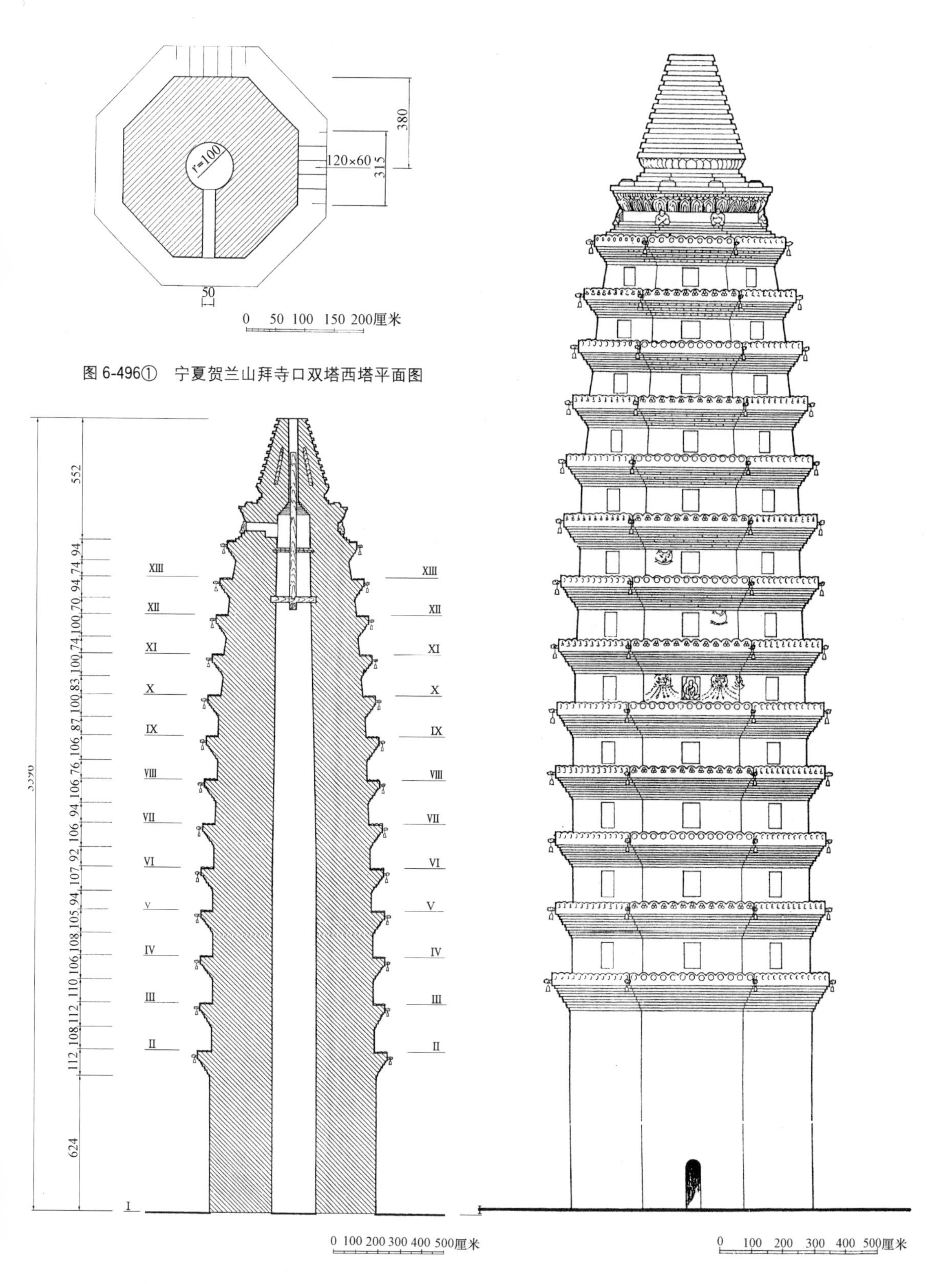

图 6-496① 宁夏贺兰山拜寺口双塔西塔平面图

图 6-496③ 宁夏贺兰山拜寺口双塔西塔剖面图

图 6-496② 宁夏贺兰山拜寺口双塔西塔立面图

檐与平座合一。平座外缘做成比瓦当稍大的花边形轮廓，表面嵌有宝珠，颇有装饰效果。塔顶上承八角形须弥座式刹座，座上施仰莲并作砖檐线脚，从而使塔在外观上似乎增加了一层。刹座转角外饰以砖雕力士，刹座之上也做了十三天相轮，今仅存 11 层。

西塔在十三层密檐之间的塔壁表面，装饰尤多，每面中央仅施一竖长形佛龛，二至十一层龛中塑有立僧、罗汉、护法金刚、供养人像等。十二层的龛内塑有主藏臣、女宾、兵、马、象、供养人、法轮、宝珠等。十三层的龛内塑有佛八宝。佛龛两侧影塑兽面、口衔流苏、联珠。各层转角处在偶数层饰火焰、宝珠，奇数层饰云托日月，外悬套兽、风铎。塔壁外表饰以白灰，但在塔檐及角部有以红、蓝、绿色相间壁饰，这些遍布整个塔身的雕塑和图案很有地域特征，反映了西夏人的审美情趣。

总之，拜寺口双塔是西夏文化的重要见证。它在结构和细部处理上别具特色，塔身直接起于地面而无基座，底层高大却无装饰，塔心为空筒，塔刹为“十三天”相轮等都具有唐代早期砖塔的特点，而其正八边形平面及密檐式形制却又具宋辽金时期北方塔式的特点，可谓“杂用唐宋，兼而有之”。

此外，在雕塑处理上，它也和一般辽、金佛塔迥然不同，其上兽面设置的位置及其数量之多，也是同时期塔上所罕见的，表现出西夏文化的特点。

另外，西塔正东壁第十三层佛龛右侧所存西夏文字更是其为西夏建筑之实证。

总之，拜寺口双塔对研究西夏文化有重要意义。

23. 经幢

经幢，是一种刻经的石柱，在佛教诸宗派中，密宗和净土宗的寺院尤多立之。经幢在寺院中的位置比较自由，有的在大殿前仅立一座的，也有的在殿前或寺院前立两座至四座的。刻陀罗尼经之幢始于初唐，五代，辽、宋仍盛行，如杭州梵天寺前的一对经幢，建于北宋乾德三年（965年）。灵隐寺前的一对经幢，为北宋开宝二年（969年）建造（图6-497），山西高平定林寺存有宋代经幢一座（图6-498），大同下华严寺薄迦教藏殿前存有辽代经幢一座。现存最大，雕饰最为精美者可以河北赵县之陀罗尼经幢为代表（图6-499）。

赵县陀罗尼经幢，据《赵州志》载，该幢本来坐落在城内开元寺旧址，始建于北宋景祐五年（即宝元元年，1038年），但寺院早已泯灭，仅存的经幢，至元代已孤立于丁字街上[31]。当年此幢由礼宾副使知赵州王德成督办，本州人士何兴、李玉等人建造。经幢由幢座、幢身、幢顶三部分组成，高16.4米。幢座由三层须弥座构成，幢身平面为八边形，也分成三段处理。幢顶为一座三层八边形小塔，整座经幢由多层八面体叠落而成。各层形体粗细交替变化，总体成逐渐收缩趋势，层间多有装饰。

幢座的三层须弥座处理各不相同，第一层采用方形平面，边长约6米。最下部为22厘米高的覆莲，每面48瓣。其上为两层叠涩方石，中为束腰，分成内外两个层次，外部一层仅有仰覆莲、石柱将束腰每面分成三间，里面一层用小一级的仰、覆莲、石柱，再将石面分成四小间，每间当中刻一妇人半掩门，两旁站二金刚力士，四面共有16座小门及32尊力士雕像。第二层须弥座改为八角形平面，上下做三层叠涩，束腰角部皆施仰覆莲式倚柱，八角雕有佛八宝，即法螺、法轮、宝伞、白盖、莲花、宝瓶、双鱼、盘长等，用以象征佛教法理[32]。第三层须弥座也为八边形，上做盝顶，下为覆莲，束腰处做一列柱廊，每面三开间，共24间，每间内雕刻题材不同，有房屋、佛像等。在三层须弥座之上即为须弥山，用以承托幢身，须弥山上还刻有寺、塔、禽兽及攀山小路等。

幢身部分在八棱柱的平面上刻满经文，一级幢身正面刻有“奉为大地水陆苍生敬造佛顶尊胜陀罗尼经”的题款。三级幢身之间均做雕饰，如一、二级间先做一重华盖，八角各悬一朵莲花，各面雕有璎珞、流苏。华盖之上又有一束腰形小须弥座，八角各出四狮及四象头。小须弥座之上做仰莲瓣两层，下层16瓣，上层8瓣，每瓣上皆刻一尊小佛像。二、三级间只存华盖及莲瓣。

图 6-497 杭州灵隐寺前经幢

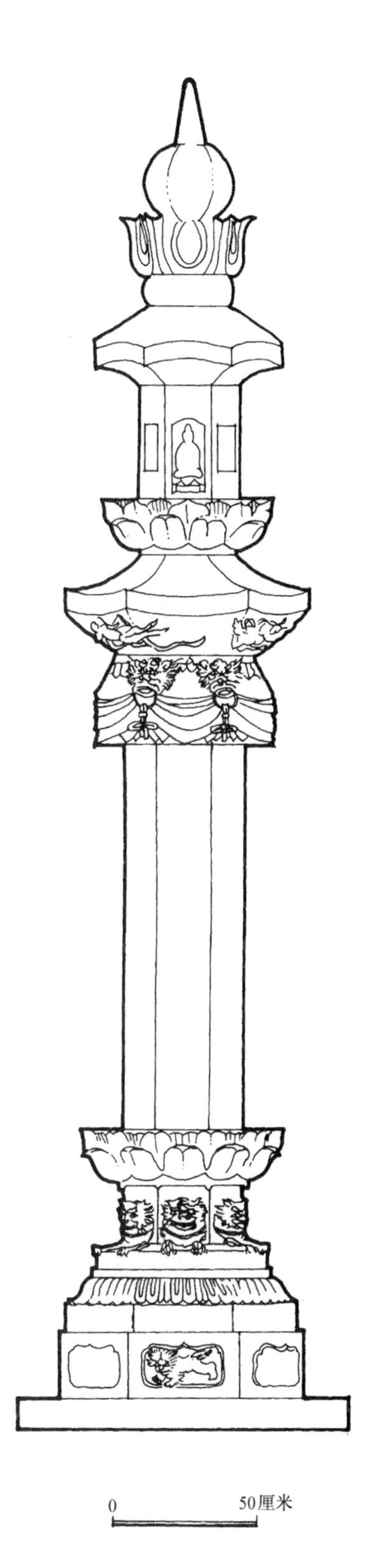

图 6-498 山西高平县定林寺经幢立面

图 6-499 河北赵县陀罗尼经幢立面

幢顶的三层小塔，从一八边形城台中长出。城台周边刻有人物骑马出行的浮雕，表现悉达多太子出游四门的故事情节。塔身一、三层做出仿木构八角塔式挑檐。二层顶部改为平座栏杆，塔身并做若干雕饰，一层每面皆做一龛，内置一尊佛像。最上以铜制火焰宝珠结顶。这部分已非宋代原物。

这座经幢通过如此多的雕饰，表达着佛教密宗对世界的观念，即认为世界是由地、水、火、风、空五大物质现象和“识”即精神现象组成，而前面的五大物质现象被概括为“胎藏界”，后者被概括为“金刚界”。在密宗僧徒修法时所设的供养诸菩萨的坛场称为曼荼罗，于是唐玄宗时期，不空和尚曾“建两部曼荼罗，开灌顶之坛”[33]。这两部曼荼罗即为胎藏界曼荼罗和金刚界曼荼罗。而其中“胎藏界者，……故以中台八叶院为曼荼罗之总体，即莲花曼荼罗也”[34]。赵县陀罗尼经幢如此复杂的体型可能与胎藏界曼陀罗，有着某种联系。在《密教纲要》中曾称“胎藏曼荼罗以中台八叶为中心，而四方绕之，其重数为三”，这与幢的造型处理是完全吻合的。一些表现曼荼罗的绘画多以八组上施佛像的莲瓣作为装饰母题，在经幢中被多次使用。八边形的城和三层小塔或许代表着中台八叶院。由此可知，这座经幢不仅以经文表达佛教法理，而且以其造型、装饰题材强化了主题。

注释

[1] 瑞光塔为东南大学建筑系复原设计，松江兴教寺塔为同济大学建筑系复原设计。

[2] 见金大安八年《重修净戒院水井村邑人造香幢记》。

[3] 八大灵塔名目为：

净饭王宫生处塔　菩提树下成佛塔

鹿野园中法轮塔　耆阇崛山般若塔

庵罗林卫维摩塔　娑罗林中圆寂塔

给孤独园论议塔　曲女城边说法塔

[4] 菩萨的名称有：观世音、慈氏、虚空、普贤、妙吉祥、金刚手、地藏、除盖障等

[5] 关于塔的建造年代，诸多志书记载不一，现塔内存有佛像和砖铭，为断定年代提供了依据，砖铭题字为：

“弟子范迪为亡妻顾氏十六娘舍砖一万片砌第三层塔大中祥符三年庚戊岁记”此砖在第三层塔心柱西南面下部。

“弟子顾知宠并妻赵十四娘舍塔砖壹万片己酉岁记”己酉为大中祥符二年；此砖在第三层塔心柱东面下部。

另外在第三层塔心柱西面佛龛上部由于壁面砖刻失落，发现内藏一石刻如来像，高 31.9 厘米，像背面留有墨书题记：

“弟子唐延庆与家眷等石佛一尊入瑞光禅院第三层塔内天圣八年一月二十一日”

据张步骞《苏州瑞光寺塔》（原载《文物》1965 年 10 期）一文判断，大中祥符二年为准备造塔时间，天圣八年为塔的完工时间。

[6] 塔之顶部及副阶原已毁，现已复原，详见戚德耀、朱光亚《瑞光塔及其复原设计》，东南大学学报 1985 年第 10 期。

[7] 数据出处同 [6]。

[8] 此文中之数据引自《瑞光塔及其复原设计》

[9] 朝阳历史上曾为北燕首府，名龙城，公元 436 年被北魏所灭，北魏孝文帝祖母原为北燕公主，因思念先祖而建佛塔，名“思燕佛图”。详见朝阳市博物馆编《朝阳历史与文物》，辽宁大学出版社 1995 年。

[10] 据张剑波、王晶辰、董高《朝阳北塔的结构勘察与修建历史》分析，天宝并非唐塔始建年代，因书“天宝”二字的彩画之下还有一层更旧的抹灰层，因此判断唐塔建造年代为初唐。《文物》1992 年第 7 期。

[11] 笔者问过参加修缮工程的工程师董高，证实塔壁维修前有竖向裂缝。

[12] 这条通道为 1984～1992 年重修时所作，位于大台基内，这也是使维修后台基加宽的原因。

[13] 详见张汉军《辽庆州释迦佛舍利塔兴造历史及其建筑构制》，《文物》1994. 12。

[14] 项春松《佛教的盛行与辽式佛塔述略》。

[15] 建塔碑铭记载白塔营造是由“玄宁军节度使检校太师守右千牛卫上将军提点张惟保”，“庆州僧录宣演大师赐紫沙门蕴珪”等人“奉宣提点勾当”组织营建；“塔匠都副作头”、“匠作头”、“诸色工匠”等实施。详见张汉军：《辽庆州释迦佛舍利塔兴造历史及其建筑构制》，《文物》1994. 12 期。

[16] 它说明两个问题：第一，现存于日本古建筑中的直椽作法，在宋代仍然使用，后来才失传了。第二，子角梁高翘的做法，至少可上溯到宋代。由此对《法式》中所列子角梁尺寸较短而难以支撑屋檐荷载的问题，通过把子角梁翘起而得到圆满解决。

[17] a. 建塔碑于公元 1991 年至 1992 年大修时从塔刹内拆出，其原文如下：

大辽燕京天王寺建舍利塔记：

“皇叔、判留守诸路兵马都元帅事、秦晋国王，天庆九年五月二十三日奉旨起建天王寺砖塔一座，举高二百三尺，相继共十一个月了毕。……”转引自王世仁《北京天宁寺塔三题》，《建筑史研究论文集》1996 年，中国建筑工业出版社。

b. 又据《顺天府志》载该寺于明“宣德中改曰天宁”。转引自《北京天宁寺塔三题》。

c. 王世仁《北京天宁寺塔三题》，《建筑史研究论文集》1996 年，中国建筑工业出版社。

d. 同 c。

[18] 内塔五款带记年的题记分布在塔的不同层间，最早者即绍兴二十四年题记，位于底层南面，第一层边框上还有一款绍兴二十四年题记，第二层边框上有二款绍兴二十五年题记，第四层中有一款为：“在城费谔与家眷等施钱壹佰文入寺，添助造第四层宝塔，绍兴三十一年三月初九日谨题。”这也是时代最晚的一款。石塔上的题记年号是随着塔的建造而显出先后的。

[19] 飞英塔于 1982 年 5 月由浙江省考古研究所文保室勘测、复原，1984～1986 年完成维修工程。本文所引有关塔的资料均为浙江省考古研究所文保室提供，有关历史资料详见王士伦、宋煊《湖州飞英塔的构造及维修》。

[20] 详见王士伦、宋煊《湖州飞英塔的构造及维修》。

[21] 此为国家文物局 C14 测定数据。

[22] 内塔第二层南面塔壁题记：

“大宋国南京应天府下邑县管界，今在湖州乌程县霅水乡望溪里丘墓村居住弟子郭信，施财一百二十贯足，携造泗州大圣菩萨圣像，功德伏用上报四恩，下资三宥，法界众生，在严福智，成就菩提。绍兴二十五年五月初二日郭信谨题。”

[23] 李昉《太平广记》卷九六《僧伽大师传》。

[24] 泗州大师为唐中宗时期人，逝于景龙四年(710 年)，距寺之创建的咸通年间(860～874 年)相差一个半世纪，云皎不可能得到泗州大师赠物，此种记载颇牵强，但可为创建石塔并雕泗州大师像找到理由、愚弄百姓。

[25]《梵网经》即《梵网经卢舍那佛说菩萨心地戒品第十，(姚秦) 释鸠摩罗什译《大藏经》本。转引自陈植锷《北宋文化史述论》360、361 页。

[26] (宋) 赜藏主《古尊宿语录》上海佛学书局。

[27] 转引自刘友恒《正定四塔名称及创建年代考》，详《文物春秋》1996 年 1 期。

[28] 1982 年地宫出土宋石函铭文载“睢阳刘曾奉为资荐先考大夫先妣仕和县君宋氏先妣焦氏生界所藏舍利置慧光塔下永充供养，崇宁二年九月丙戌曾谨记”。转引自刘友恒《正定四塔名称及创建年代考》，详《文物春秋》1996 年 7 期。

[29] 转引自刘友恒《正定四塔名称及创建年代考》，详《文物春秋》1996 年 1 期。

[30] 泉州开元寺仁寿塔与镇国塔的所有尺寸系据福建省测绘局 1986 年所测资料，转引自王寒枫《泉州东西塔》福建人民出版社，1992 年出版。

[31] 元代纳新《河朔访古记》：赵县城内“丁字街有一浮图，俗曰大石塔，高四、五丈，制作极工，上刻古薤叶篆亦妙，宋景祐五年西厢人所建也。”

[32] 佛八宝每件物品皆有一定的象征意义，如法螺象征具菩萨意、妙音吉祥；法轮象征大法圆转，万世不息；宝伞象征张弛自如、曲复众生；白盖象征遍复三千，净一切业；莲花象征出五浊世，无所污染；宝瓶象征福智圆满，具空无漏；双鱼象征坚固活泼，解脱坏劫。

[33]《密教纲要》。

[34]《密教纲要》。

第五节 道教建筑

一、道教建筑发展的历史背景

在宋代道教与佛教同样是受官方控制的，但道教所标榜的以“神仙”来解决世间难题，可更直接的被统治者利用，受到北宋统治者的格外看重，于是导演出“神仙下降、有天书颁赐”、“圣祖降灵”等活动。如真宗皇帝曾赴泰山还天书，借以“镇服四海、夸示戎狄”。在与辽订立澶渊之盟以后，仍未能减少内心恐惧，但宋统治者发觉辽素有“敬畏天命”之俗，于是又想借助“神力”以慑服辽之君臣[1]。徽宗皇帝比真宗更有过之，自称梦遇老子，并以“教主道君皇帝”自诩。因此，宋代对道教格外青睐，甚至强行命令推崇道教，崇道抑佛，因此宋代不仅建造道教宫观建筑，而且还将有些佛寺也改为道观。南宋初，由于目睹徽宗亡国的教训，曾一度降温，使道教发展暂缓，而到了理宗时期再次利用道教来为其摇摇欲坠的宝座助一臂之力。

道教本身的教旨随着唐代炼丹术的失败而发生了变化，不再以虚幻的“神仙可成”来吸引百姓，而是从现实社会中找到神仙，于是偏造了若干仙人故事，如对吕洞宾的信仰即形成于北宋，并发展成“八仙”。还吸收民间方术，提倡内丹炼养。与此同时，一批在社会动乱之际不愿仕宦的儒生和失意的官僚，也加入了信仰道教的行列，他们谈儒书，习禅法，求方术。对于道教在思想上的发展，起了推动作用，把坐禅与炼丹融合在一起。使儒家思想渗入道教之中。道教宫观与佛教寺院形式也愈加相似，且更与礼制建筑混合，使得有的宫观具有了“家庙”的职能，称之为“宫庙”，如临安景灵宫，宗教意义大大削弱。

二、道观的建置状况

唐末五代，社会动乱，道观毁坏严重，入宋以后，因受帝王支持，屡有道观兴建。自宋太宗始至真宗达到高潮，据史载，宋太宗曾先后在京城建太一宫、洞真宫、上清宫等。在亳州建太清宫，在苏州建太乙宫，在终南山建上清太平宫，但禁止民间增建道观。到宋真宗大中祥符元年（1008 年），在大搞“天书”接还的活动中，即诏“天下并建天庆观”。且“诏天下宫观陵庙，名在地志，功及生民者，并加崇饰”。第二年又诏命在京城建玉清昭应宫，供奉“天书”。此宫自大中祥符二年（1009 年）四月下诏后历时七年建成，规模宏伟、壮丽，全宫有房屋共计 2610 间，修建过程中质量要求严格，“屋宇少有不中成式者，虽金碧已具，必令毁而更造”。建设耗资巨大，仅铸造玉皇像、圣祖像、真宗御像之类便耗金一万两，银五千两。大中祥符九年（1016 年）诏命在都城建景灵宫，在曲阜寿丘建景灵宫和太极观，在茅山建元符观，在亳州建明道宫供奉老子。与此同时民间也纷纷建起道观，一时掀起建设道教建筑的高潮。此后，于徽宗朝掀起了又一次增建、扩建宫观的高潮。当时曾在京师修建玉清和阳宫，以安置道教神像。作迎真馆，以迎天神降临。并建葆真宫、宝成宫、九成宫、上清宝箓宫等。崇宁大观年间在茅山建元符万宁宫，在龙虎山辽建上清观，增建灵宝观等。并于政和七年（1117 年）诏命在全国州府皆建神霄玉清万寿宫，各县仿建神霄下院，以供奉长生大帝君、青华帝君和徽宗本人神位。这些宫观成为神化帝王的统治工具，因此得以畅通无阻地建造起来。帝王本想以此来巩固自己的统治，但事与愿违，反而加速了北宋王朝的覆灭。南宋时期，道教发展处于低潮，但道观建设活动仍然继续，临安在南宋统治的一百多年中兴建宫观近三十处，打破了在北宋时独具“东南佛国”“冠于诸郡”的状况，佛寺“一统天下”的局面发生了变化。从高宗南渡之时起，便开始了道观修建活动，首批有万寿观、东太乙宫、显应观、四圣延祥观和三茆宁寿观等五处。其后的皇帝孝宗、理宗、宁宗、度宗等人都曾建筑或改建过一些宫观，当时有十大宫观直属皇城司管理。这十处宫观中以东太乙宫和宗阳宫规模最大，东太乙宫有十三殿、一钟楼、一馆，馆内有八斋和一小圃。宗阳宫有十三殿、一轩、一馆、二楼、三堂，此外还有一座园圃。除十大宫观外，另有二十余处道观，但规模都不大，其中尚可称道的有建于绍兴二十九年（1159 年）的通玄观，观内有寿域楼、万玉轩、望鹤亭、谒斗坛、白鹤泉、鹿泉等。

宋代之道教宫观中有以下几类建筑（表 6-25）：

临安道观建筑一览表　　表 6-25

观　名	年代地点	奉　神　殿	斋戒之殿	道众馆斋	钟楼	法堂	经藏	迎　客	园　圃
四圣延祥观	绍兴间建在孤山	北极四圣殿（奉四圣）会真门三清殿		清宁阁蹦真道馆		法堂	藏殿（琼章宝藏）		
三茆宁寿观	在七宝山	太元殿（奉三茆真君）观内有三座神御殿							
开元宫	嘉泰年间宁宗旧居改建在太和坊内，今后市街南端西侧	明离殿（祀已立夏） 宣明王殿（宁宗神御） 璇玑殿（北辰殿）（奉北斗） 衍庆殿（奉真武） 顺福殿 神佑殿 }（奉元命）		阳德馆（在宫北）					
龙翔宫	宝庆年间建在后市街	大门 中门昭符门 ①正阳之殿 ②后殿为设醮殿 ③三清殿 ④后殿（奉元命） ⑤顺福殿（奉太皇元命） ⑥寿元殿（奉南斗） ⑦景德殿（奉十一曜）		南真馆（在宫西）高士三斋内侍之舍羽士之室	钟楼（和应之楼）		经楼（凝真之章）藏殿（琅函宝藏）	福庆殿在宫左，（待车驾款谒）	
宗阳宫	咸淳四年建在三圣庙桥东，占用德寿宫部分用地	大门 中门 ①正殿（奉三清） ②福顺殿（奉太皇元命） ③虚皇殿应真门（北门） ④毓瑞之殿（奉感生帝） ⑤申佑殿（奉元命） ⑥通真殿（奉佑圣） ⑦景纬 ⑧寿元 ⑨北辰		介真馆在宫西 ①大范堂 ②观复堂 ③观妙斋 ④会真斋 ⑤澄妙斋 ⑥常净斋	玉籁之楼 栾简之楼 琼璋宝书殿			福临殿（降辇殿） 进膳殿 劲霜轩	圃 ①志敬堂 ②清风堂 丹邱元圃亭 垂福堂

续表

观名	年代地点	奉神殿	斋戒之殿	道众馆斋	钟楼	法堂	经藏	迎客	园圃
万寿观	绍兴年建在新庄桥西	①太霄殿(奉昊天) ②宝庆殿(奉圣祖) ③长生殿(奉长生帝) ④(西)纯福殿(奉元命) ⑤后殿 ⑥会圣宫 ⑦齐武殿(应天璇运)		神华馆					
东太乙宫	绍兴年建在新庄桥南	殿门 ①大殿(云休殿)及挟殿 ②元命殿后改称延寿 ③三清殿 ④火德殿 两庑 ①长生殿(奉南极) ②通真殿(奉佑圣) ③中佑殿(奉元命) ④顺福殿(奉太皇) ⑤北宸殿(奉北斗) ⑥介福殿(奉元命) ⑦崇禧殿(奉元命)	廖阳斋殿	崇真馆(在宫南)有斋八	钟楼(琼音之楼)		藏殿(琼章宝藏)		小圃武林亭
西太乙宫	淳祐间建在西湖孤山	正殿(黄庭之殿) 殿门(景福门)(奉太乙十神帝像) 德辉堂(元命殿) 明应堂(太皇元命殿) 迎真殿(在宫右)		通真斋 素养斋				延祥殿以备临幸	陈朝之桧小亭
佑圣观	淳熙诏原孝宗邸改建为道观	观门绍定重建 佑圣殿 后殿(奉元命)		延真馆在观之右，有道纪堂、虚白斋			藏殿(琼章宝藏)		
显应观	在东城外，聚景园之北，湖之东	显应殿(神位曰护国显应兴圣普佑真君)	崇佑馆在观之东						
洞霄宫	大涤山	通真门 九锁山门 外门 双牌门 三门 ①三清殿 ②璇玑殿(供奉北斗) ③佑圣殿 ④张帝祠 ⑤龙王仙宫祠 ⑥虚皇坛 ⑦昊天阁	斋宫	方丈室 十八斋 选道堂	钟阁	演教堂	经阁	云堂 旦过寮	十一亭 假山 库院

注：本表据《梦梁录》卷八及《洞霄图志》整理而成。

1. 祭奉神殿

这是每座宫观必须有的部分，由于宫观规模不同神殿数量多少不一。小型的仅一、两座，大型的可达10多座，例如四圣延祥观就只有四圣殿和三清殿，而东太乙宫有云休、延寿、三清、火德、长生、通真、中佑、顺福、北宸、介福、崇禧诸殿。所祭奉的神除一般道教之神以外，还有本朝被神化的帝王或先帝，以及可祈求长命的“元命”之神。此外，还有当时被帝王或百姓所认同的某位世间人士。如显圣观供奉一位县令，帝王自以为得到过他的恩典，便尊其为神了。临安的十大宫观中有奉神殿五座以上的占了一半。奉神殿的数量是宫观规模的标志。

2. 斋馆

在每座道观中都有名之为“馆”或“斋”的建筑，这类建筑坐落在宫观的东、西、南、北各方皆可，无一定位置。从《梦梁录》中所载开元宫“宫北建阳德馆，以存修真之道侣”一语，可知其为道教信徒修真之所。有的宫观中，把这样的区域统称为“馆”，馆之中再分为斋、堂之类；也有的直接称斋。余杭县南的洞霄宫内，共有十八斋，供本宫内三个不同的道教派系使用。临安龙翔宫的南真馆，在宫西，其中分为高士三斋，羽士之室和内侍之舍等不同等第的修真建筑。

3. 藏经殿阁

这类建筑并非每座道观中必有，多出现在较大型的宫观中，建筑形制有的只是一层的殿，称藏殿，有的为楼或阁，例如洞霄宫内有经阁，龙翔宫内有经楼，名“凝真之章”，同时还有藏殿琅函宝藏。宗阳宫的栾简之楼和琼章宝书也属经楼、藏殿之类。经楼可能兼有讲经、藏经之功能。从临安十观看，有经楼者均不再设法堂，因之推测经楼兼有法堂之功能。而洞霄宫内演教堂与经阁并存，则经阁应以藏经为主。藏殿在宋代佛寺中，已发展得很有特色，在道观中也不逊色，其有的作为储藏道经之用，有的仅仅作为放置道教轮藏之用，不藏书。例如《青城山会庆建福宫飞轮道藏记》中曾指出，飞轮道藏所储藏的是非纸笔所为的，真自天然之书，是无形的经。而“轮藏”便是这种供道徒及信众转动的无形的经。在临安十观中，据《咸淳临安志》载，四圣延祥观于绍兴十五年建的藏殿内有“轮藏”和“琼章宝藏”，这可能是即有储经之柜又有轮藏的例子。在文献中提到有轮藏的道观有以下几处：“山东东平州万寿宫有延祐五年（1213年）所建《上清飞天法轮宝藏》，淳熙七年（1180年）的《蓬莱轮藏记》碑称其建于四明观西。宜兴通真观有嘉定初年（1208年）所建轮藏。南昌建德观有淳祐二年（1242年）所建轮藏。湖北均州五当山有端平年间（1234～1236年）所建轮藏。四川江油有淳熙八年（1180年）所建飞天藏。可见，建轮藏之风遍及各地道观，但存留至今的只有四川江油飞天藏一处。

4. 法堂、钟楼、斋宫

法堂；作为宗教宣讲场所，但专门设立法堂在宋代道观中并不普遍，仅占十之三、四。究其原因可能因道教为中土自生之教，百姓多有所闻，不像佛教传自异域，教理令人难解。少数高士需要进一步研读，修炼道教哲理，则多在斋、馆中进行。

钟楼；道观以钟声作为举行宗教仪礼“开清止净”的信号，因此道观中出现了“钟楼”之建筑，但不普遍，有的道观有钟而未建楼，如三茆宁寿观中有座唐钟被誉为稀世之珍，“禁中每听钟声，以奉寝兴食息之节”。但此观却无有关钟楼的记载。

斋宫；道教崇敬神仙，注重祭祀祈祷，道经中说“学道不修斋戒，徒劳山林矣”。（《云笈七签》卷37）认为凡是要仰仗神力的事，如祈福、禳灾、求仙、延寿、超度亡灵等，都要修斋，一切道场法事，均需先行斋戒之事。所谓斋戒，即以神仙禀质，清净高雅，整洁肃穆，故要求祭祀者必须在祭祀之前沐浴更衣，不饮酒，不吃荤，整洁心、口、身，以示虔诚。斋宫、斋殿便是道众进行斋戒活动的场所。

5. 客堂

在一些大型道教宫观中，需要接待皇帝及皇室成员及贵宾，于是专门建有供这些人食、宿的殿宇，如临安宗阳宫的降辇殿、进膳殿，龙翔宫的福庆殿，西太乙宫的延祥殿皆是。除此之外，在道观中有子孙道观与十方道观之别，对于十方道观需有专门接纳各地前来的道侣之所，如洞霄宫就有云堂和旦过寮，它们的性质虽也为客堂，但不同于前者，而与各观的馆、斋性质更为相近。

6. 园圃、山林

建于城市中的较大型道观，均有附属之园圃，以满足人们与自然的亲和、交往之需求。例如东太乙宫在崇真馆内有小圃，并建有武林亭。宗阳宫有一处园圃，内有志敬堂、清风堂，山池及池旁的垂福堂，还有丹邱元圃亭。“圃内四时奇花异木，脩竹松桧甚盛。”这座寺观园林具有相当的规模。四圣延祥观西依孤山，为林和靖故居，“花寒水洁，气象幽古”，（《武林归事》夹注）内有小蓬莱阁、瀛屿堂，堂内“四壁肖照山水”（同上）也是一处著名的道观园圃，被列入皇家御园。

建于山林中的道观，更重林泉之经营，例如河南嵩山的崇福宫，被誉为“天下宫观之首”。其中不但有宋真宗御容殿，还有若干园林建筑，并有佳花名木、怪石岩壑。崇福宫中泛觞亭之流杯渠石刻一直流存至现代。

宋景定癸亥（1263年）所建洞霄观，在余杭县东部之安乐山，观址“松林掩映，流水回环，植梅一坞”，春景迷人。又如宋咸淳年间（1266～1274年）所建元阳观，在大涤山后，那里“山深林密，门径萧然，颇有尘外意”。余杭县南湖的岳祠道院也是“巨石林立，流水周旋”，余杭的清真道院“为屋五六十楹，而门庑殿堂，斋阁庖湢咸有法度。松杉重阳，花卉迭芳，白书无声，不类人境。”观门内有流泉，方池，“畜金鲫百数，扣栏槛，悉至取食……”（《清真道院记碑》大德庚子年）。

三、道观布局

一座道观之内，殿宇如何布置，完整的建筑群组已无一例，在宋《平江府图碑》中所绘延庆观，姑且算作一件珍贵文物，但与现存的苏州玄妙观三清殿之规模相对照，也只能说明它不过是一种符号性的道观图而已，难以说明当时道观建筑群的形制。现只能依据文献探讨道观建筑群组之特点：

1. 临安宗阳宫

这是临安规模最大的一座宫观，建于咸淳四年（1268年），以南宋宫殿德寿宫用地的一半建宫。入德寿宫大门后便是中门，名曰开明门，门内有三座殿宇，即正殿、顺福殿、虚皇殿，正殿奉三清，顺福殿供奉太皇元命，虚皇殿奉太虚之神。在开明门“之左有玉籁之楼、景纬之殿、寿元之殿”；在开明门之“右有栾简之楼，琼璋宝书，北辰之殿”；这两楼四殿，左右对称；分列在三殿两侧。虚皇殿“直北有门，曰真应”，门内又建三殿；“中建毓瑞之殿，以奉感生帝，后为申佑殿奉元命。通真殿奉佑圣”。以上便是祭神殿一区。另外，文献明确记载“宫西有介真馆，堂曰大范、观复、观妙，斋曰会真、澄妙、常净”。此外还有为接纳皇室成员的降辇殿、进膳殿及园圃区。这一区推测可能在东部并延至北部较为合乎常理。

从文献记载可以看出这座城市型宫观明显地分成四区，即：祭祀崇拜区、修真区、行宫区、园林区。各区建筑性质、规格各有不同。若以等级而论，祭祀区最高行宫区、园圃区次之，修真区更次之。从建筑群的组合来看，祭祀崇拜区的建筑包含着一种三座殿式的格局。在临安诸观中还可看到一种前后殿式的格局，如龙翔宫，在祭祀崇拜区内前部为正阳殿及后殿，后部为三清殿及后殿，这种布局的情况下可能采取工字殿的形式。利用孝宗旧邸改建的佑圣观，也为前后殿格局。另外还有一种在正殿两端带有挟殿，如东太乙宫的主殿云休殿和它的挟殿琼璋、宝室。这种格局较为特殊。

2. 大涤山洞霄宫

洞霄宫是一座山岳道观，在宋代是著名的三十六洞天之一。即所谓“洞天福地”，是道教所寻求的理想仙境。洞霄宫位于浙江余杭县南十八里的大涤山与天柱山之间，其历史可上溯至汉代元封三年，汉武帝“始建宫坛于大涤洞前，投龙简为祈福之所”。唐高宗弘道元年奉敕建天柱观，“四维壁封千步，禁樵采为长生之林”。唐中宗时曾赐观庄一所。乾宁二年（895 年）吴越王重建，北宋真宗大中祥符五年（1012 年）改名为洞霄宫。并赐田十五顷。仁宗时召道院详定天下名山洞府，凡二十处，此处居第五位。每年都有较大规模的宗教活动。政和二年（1112 年）、绍兴二十五年（1155 年）对许多建筑重建、重修，建设活动延续至元初。宋末元初人士邓牧所作《洞霄图志》对此作了较为详细的记载。

洞霄宫建筑群在外门之外即设有两道山门，第一山门为“通真门”，绍兴年间建，入门后经十八里山林方达第二道门，即“九锁山门”，入二道山门再经三里才达到宫之外门。这三里路途风景优美，路经龙、凤二洞、棲真洞，过会仙桥，翠蛟亭后，左右崖石夹道，势若双阙紧逼门前。进入外门之后，过“元同桥”便直达“三门”。而三门前又有左、右两门：左门篆“天柱泉”，因门后有池，右门篆“大涤洞”，从此可入宫。

三门以内，便是这所宫的核心部分，正中为虚皇坛。坛后即三清殿，坛左右有东、西庑，东庑充当库院，西庑作为斋宫。三清殿之后有演教堂、聚仙亭和方丈室。在演教堂两侧有“左右两石，天造地设。后有苍崖横峙，因借人力，垒成峰峦，中作小洞。洞中小路委曲，出登其绝”，聚仙亭则处假山之中，过亭“翼步櫚而上”便达方丈室。在中部组群之外，还有许多建筑分列两侧。东庑之后有绍兴二十五年建昊天殿和钟阁、经阁，东庑之东有旋玑殿。三门偏东有佑圣殿。西庑之后有龙王仙宫祠、云堂、旦过寮、十八斋、选道堂等建筑。其中云堂、旦过寮均为接待外来道士的游居之所，十八斋则为道院，供宫内不同派系的道士研习道教教理使用。在这组建筑的北侧、左侧各七斋，右侧四斋，环池而建。此外还有 10 座亭子分散在宫的四周。元初《洞霄图志》所刻插图与文献记载虽小有出入，但仍可供参阅（图 6-500）。

按这段记载可知这组道教宫观组成模式，中部为道教崇祀空间，东侧有管理用房及藏储部分，西侧为起居生活用房，宫前有很长的前导空间。

从洞霄宫中可以看到这一时期山岳道观所特有的布局方式和特点。

①选择山岳中最有特色的环境布置主要建筑群组。洞霄宫正是在溪流，山洞，水池，山崖之间，巧妙地穿插建筑。例如在“左右崖石夹道，势若双阙”之处建起“外门”。进入外门之后，由于正当大涤洞的洞口，又有天柱泉流过，于是因势利导地修了左、右二门和正面的三门，出现了一组以门为主体的空间，在这里没有主要殿堂，但却揭示出一幅道教仙境的主体画面，表现出非常完美的“仙人洞府”的景象。进入三门之后，层殿、重阁交相辉映，创造出一种充满理想的神仙世界。从文中描绘看，这里的进深方向并不很大，所以建筑群向左右展开，而前后方向上不得不利用不同标高的地段来布置建筑，因此，自演教堂至方丈室地形发生了突变，古代道师利用这

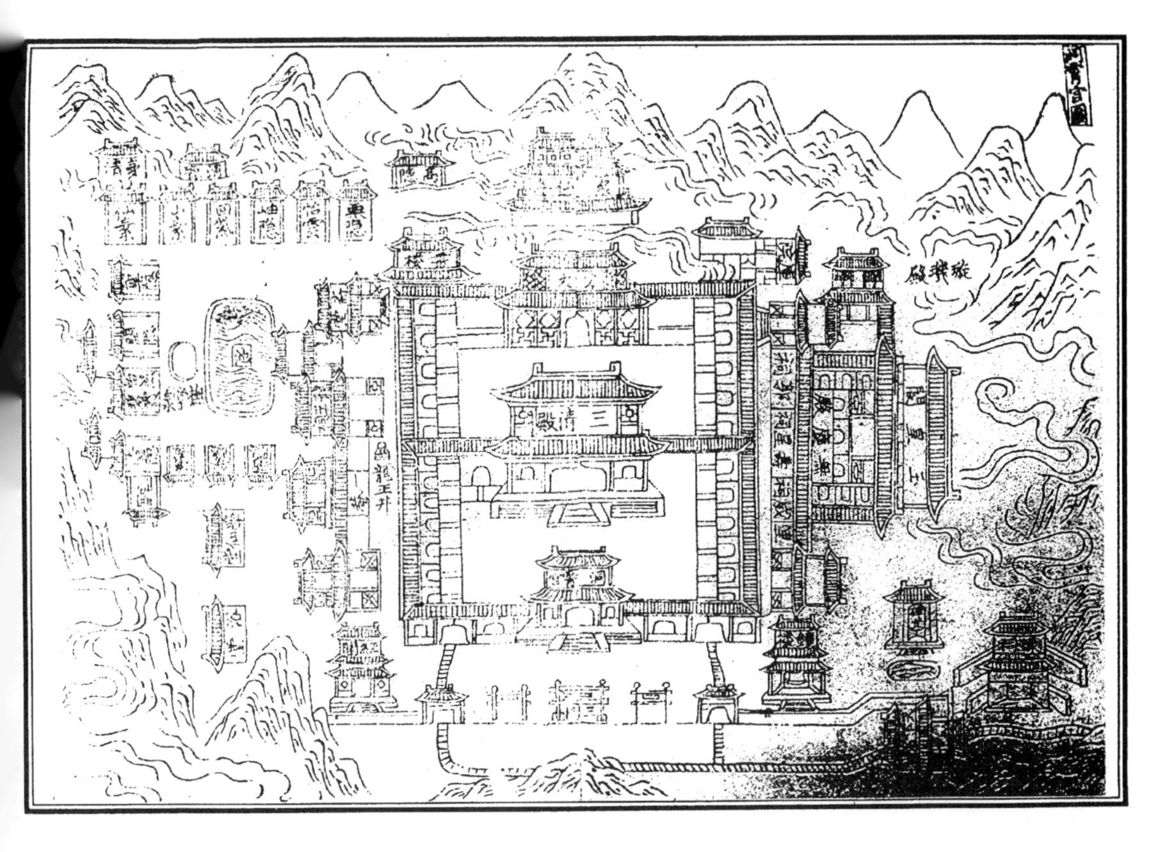

图 6-500 浙江余杭大涤山洞霄宫图

突变的地形，堆叠假山和山洞，使之必须穿过山洞，才能到达方丈室。而洞中“小路委曲”，人们在黑暗的洞内走过委曲的路之后，便登上山崖，利用洞内光线的变化给人们心理上带来的不寻常的感受，从而创造了“出登其绝”的效果。这里的人工洞的堆叠不同于一般园林之处，在于利用山洞创造道教的洞府思想和仙境。走出山洞来到“方丈室”，正是寓意了一种“成仙之路”的思想。因方丈室为道观中道长所居之室，道长是现实世界修炼水平最高的象征。

②利用几道山门，控制纵深空间。洞霄宫建在山上，如何向世人说明它的存在，又如何使信奉者离开喧闹的尘世，一步步走入神仙世界，这便是洞霄宫在山下布置两重大门的原因。第一重门，通真门，近余杭县，而远离洞霄宫，南宋绍兴年间建了这重门。到淳祐年间又种了十八里林木，直到第二重门，“九锁山门”。九锁山门位于山下，距离宫门仍有三里。洞霄宫靠这两重门向外延伸了二十一里，而这一段纵深空间的引导性正在于这两重门的设置，使得散乱无序的大自然变得从属于这一宗教建筑群了。特别是十八里林木的栽植更明确了这样的思想，它成为宗教与世俗之间的过渡地段，通过这种过渡地段启迪了人们对宗教的感情。

注释

[1] 对此《宋史》卷八真宗本记中曾写道：“契丹其主称天，其后称地，一岁祭天不知其几，猎而手接飞雁，鸨自投地，皆称为天赐，祭告而夸耀之。意者宋之诸臣，因知契丹之习，又见其君有厌兵之意，遂进神道社教之言，欲假是以动敌人之听闻，庶几足以潜消其窥觎之志欤?”

第六节　现存道观实例

现存道观建筑实例建于宋、辽、金时期的极少，有些道观虽为宋、辽、金所创，现仍延续存在，但建筑已为后世重建，这种类型的道观有12处，如表6-26所示：

在上述这些宋代创建的道观中，皆已无宋代建筑遗存，目前留有实物者仅有屈指可数的几处，即苏州玄妙观三清殿、莆田玄妙观三清殿、四川江油窦圌山云岩寺飞天藏殿及飞天藏。这几处道观本身并非宋代创建，它们各自有较长的历史。此外，在河南济源尚留有一座奉仙观，这是惟一的一座保留金代建筑物的道观。

宋代道教宫观一览表 表6-26

名　称	始建年代	建造地点	当时规模与历史	现　状
①太一宫	宋建隆三年（962年）	西安，长安县		存宋、明石刻数方
②碧霞元君祠	大中祥符年间（1008～1016年）	泰山极顶	金为昭真观，明改为碧霞灵佑宫，清改碧霞元君祠	存正殿五间，东西配殿，皆清代重建
③天师府	大中祥符九年（1016年）	江西贵溪上清镇	大中祥符九年立上清观，房舍达500余间，占地50000m²，经元、明、清历代重修并建“嗣汉天师府”	现存后期建筑有头门、二门、三门、前厅、正厅及天师府的大门、仪门、三省堂、养生殿等
④玉皇庙	熙宁九年（1076年）	山西晋城东13公里	金泰和七年（1207年）重建，经元、明、清重修	现存三进院落，有玉帝殿，东庑，西庑。西庑内存元代塑像二十八宿。并存宋、金、元、明、清历代碑刻
⑤西山万寿宫	政和六年（1116年）	江西新建县逍遥山	原有游维观，宋徽宗诏令仿西京洛阳“崇福宫”重建，有六殿、五阁、十二小殿、七楼、三廊、七门，元代全部焚毁，清代重建	现存同治六年重建前三殿、中三殿、后三殿及文昌宫、逍遥津、戏台、山门等
⑥东岳庙	政和六年（1116年）	西安市东门内昌仁里	南宋、元被毁，明万历重修	现存大殿、后殿、东西庑、三门等
⑦通元观	绍兴二十九年（1159年）	杭州七宝山东麓	多次毁建	观后崖壁间存宋刻道教造像三龛，观内存数间清代建筑
⑧蓬莱阁	北宋嘉祐间（1056～1063年）	山东蓬莱县北丹崖山	明清重修，扩建	现存晚期建筑蓬莱阁及三清殿、吕祖殿、天后宫、龙王宫等
⑨神清宫	始建于宋	山东崂山芙蓉峰西麓	明代以后多次重修	现存建筑有三清殿、玉泉殿等
⑩八仙庵	始建于宋	西安东关长乐坊	历代扩建	现存三进院落
⑪云台观	始建于宋	四川三台县云台山	重建于明，清代增修	现存明清建筑三皇观、回龙阁、城隍庙、灵宫殿、拱辰楼、钟鼓楼等
⑫翠云宫	始建于宋	陕西华阴县华山莲花峰		现存明代建筑山门、正殿等

一、苏州玄妙观三清殿

玄妙观始建于西晋咸宁二年（276年），初名真庆道观，唐更名开元宫，北宋大中祥符年间更名天庆观。宋室南渡，金兵屠戮平江时观毁，后经南宋时王映、陈岘、赵伯骕等人主持修复，为当时著名大型道观之一，在南宋绍定年间所刻之《平江府图碑》中尚可窥见有关此观面貌之一斑（图 6-501）。图中所绘天庆观有棂星门、中门，三清殿及两廊，其中三清殿为重檐顶，两侧带有挟殿形式。此观于元代至元年间改称玄妙观，后历经多次重修，扩建，但三清殿未改其宋构主体，只是重修后的外立面已非宋式原貌。现在观中除三清殿之外，尚存山门、雷尊殿、斗姆阁等晚期建筑。后期最盛时总占地曾达到500亩，现已有所减少。

1. 平面及立面

三清殿面宽九间，通面宽 43 米，进深六间。通进深 25 米余，坐落在一低矮的石砌阶基上，前出月台，并围以石钩阑，东、西、南三面设踏跺。殿内于外檐柱网网格交点皆施内柱，形成满堂红式的内柱柱网，这在北方同时代的建筑中是未曾有过的现象，《法式》对此也无记载。它体现着一种结构标准化的理念，后世明清殿阁建筑中仍有此种做法。该建筑采用重檐九脊顶，下檐本为副阶，但现在室内副阶与殿身的空间是相通的，仅空间高度不同而已。大殿正面当中三间及背面当心间皆装格子门四扇，其余各间除尽间为实墙之外，皆施以窗。正面窗式为壶门形，周围施木板，两山及背面皆用直棂窗。该殿外立面之形象已非南宋原物，屋顶瓦饰及门窗装修皆不具宋风。疑为嘉庆二十二年（1817 年）遭雷火后重修之物[1]（图 6-502、6-503）。

2. 结构

殿身部分在天花以上所施构架已非宋式。每榀梁架有前后檐柱及三条内柱，即两金柱、一中柱。中央三间其后金柱系下部金柱升高至槫下，中柱则于下部中柱柱头斗栱上用叉柱造方式重新立起一中柱。前金柱为立于内柱柱头铺作上的蜀柱。殿顶前后共 12 架，草栿部分自外檐柱与金柱之间先施一条三椽栿，其上立蜀柱，再施乳栿、劄牵，两者皆插于上金柱柱身，各缝之槫即搭于蜀柱与梁端之交结点上。短梁背上有木方插于蜀柱脚，同时从水平方向支顶槫，上金柱与中柱间的构架也按此法做成。这部分梁架与明清常见之穿斗架有诸多相似之处，故推测为明清期间重修之物（图 6-504）。天花以下部分，其柱间内额与铺作分槽形成若干组闭合的木框，使整个建筑具有极好的刚性（图 6-505）。

下檐构架：深两椽架，于外檐柱头铺作上施乳栿，栿尾插入上檐檐柱。并于入柱处以丁头栱承之。乳栿背上施一组十字栱，以承劄牵，牵尾入柱。乳栿之下更施顺栿串一条。串首入下檐柱柱头，串尾入上檐柱。其与乳栿之间有一组单栱支替式斗栱。乳栿、劄牵皆作月梁，形制与《法式》规定相近，但梁广超过柱径，是为鲜见，构架在纵向有阑额、普拍方为联结构件，下檐柱断面采用正八边形，柱础仍用覆盆式，以八边形柱櫍来过渡（图 6-506）。

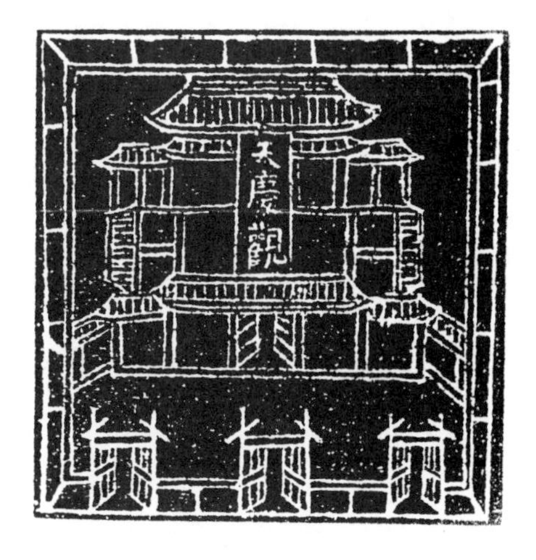

图 6-501　《平江府城图》碑中的苏州玄妙观三清殿棂星门

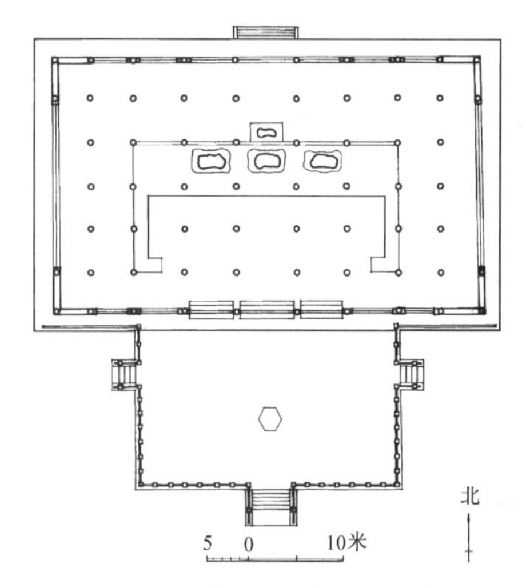

图 6-502　苏州玄妙观三清殿平面

图 6-503　玄妙观三清殿立面局部

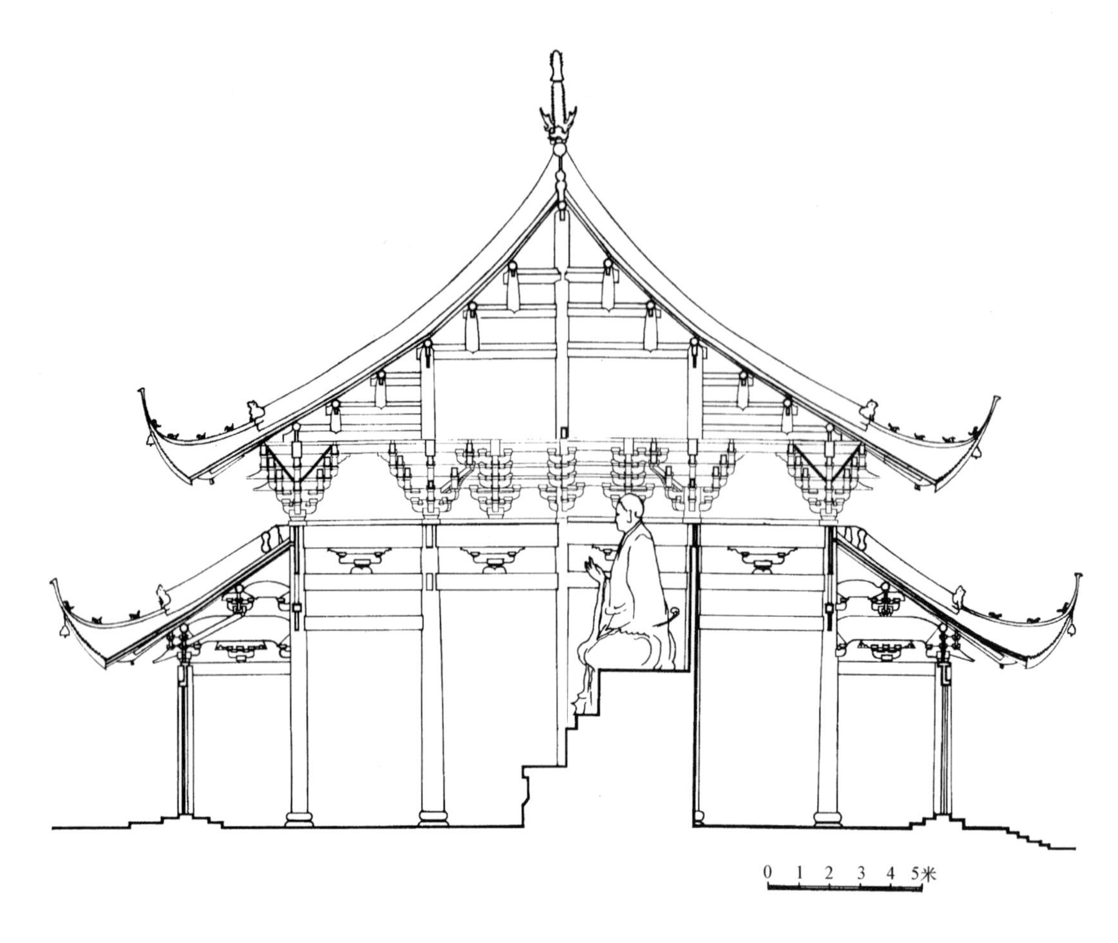

图 6-504 玄妙观三清殿剖面

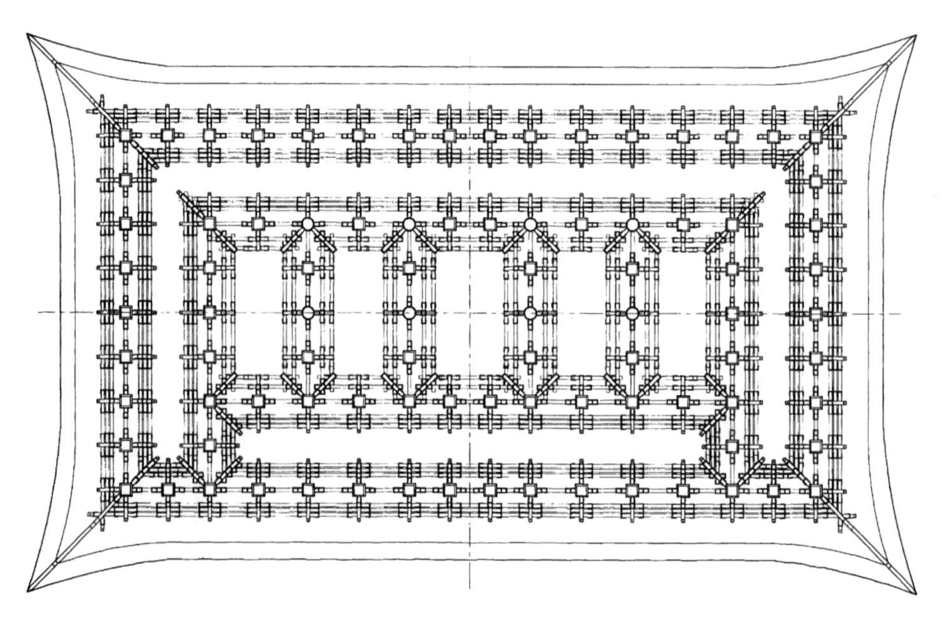

图 6-505 玄妙观三清殿上檐斗栱仰视图

整组构架中之阑额尺寸格外瘦高，上檐有阑额、由额两道，其间施明清隔架科式斗栱。其下并加施一道木方。内额在当中四缝用数层木方拼合成，高 2 米余，凡此种种做法均具强烈地域特色。

3. 斗栱

下檐斗栱用材广 19 厘米，厚 9 厘米，栔高 8 厘米。约合《法式》的六等材，但材之高宽比近 2∶1，与《法式》不同，断面偏瘦，上檐斗栱用材广 22～24.5 厘米，厚 16～17 厘米，平均高 23.8 厘米，宽 16.5 厘米，约合《法式》三等材，且高宽比近 3∶2，栔高 9.5 厘米，与《法式》用材比例相近。斗栱配列比《法式》金箱斗底槽更为复杂，在开间方向，内檐各缝皆施铺作。在中央三间之后金柱皆用插栱代替柱头铺作，出跳栱直接插入柱身。

（1）下檐柱头铺作：四铺单昂斗栱，里转出一杪，承乳栿，乳栿以斜项入斗口，前伸后充外跳耍头，耍头端部做清式菊花头式。耍头与令栱正交，上承橑檐方，耍头背上伏衬方头。正心一缝有泥道栱、慢栱、柱头方及榑。柱头铺作中下昂较特殊，此昂后尾平伸成里跳华栱，昂嘴下缘微微上曲，在近栌斗处刻成两瓣。昂嘴上缘也成一凹曲面（图 6-507、6-508）。

（2）下檐补间铺作：四铺作下昂造，昂尾上彻下平榑挑一材两梁，里转出一杪华栱，并于栱端斗口出鞾楔以承托昂尾，外跳于栌斗口出华头子承下昂，昂嘴、耍头形制皆同柱头铺作（图6-509）。

图 6-506　玄妙观三清殿下檐梁架

图 6-507　玄妙观三清殿下檐柱头铺作、补间铺作

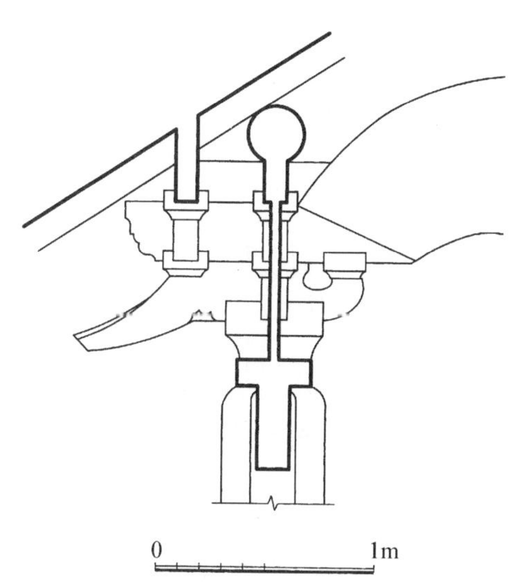

图 6-508　玄妙观三清殿下檐柱头铺作

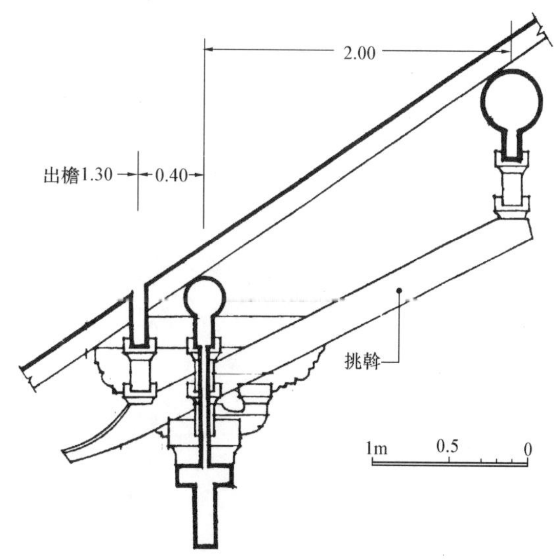

图 6-509　玄妙观三清殿下檐补间铺作

（3）下檐转角铺作：在柱头铺作外跳基础上斜出角昂一缝，第一跳角昂端承托正侧两面令栱之列栱，及由昂，由昂之上原有角神或宝瓶，现已无存。列栱做法为泥道栱与平下昂出跳相列，慢栱与切几头出跳相列，令栱与小栱头出跳相列（图 6-510）。

（4）上檐柱头铺作与补间铺作：七铺作双杪双假昂；里转七铺作出四杪，里外第一杪偷心，其余各跳皆作单栱计心造。扶壁栱为重栱造，泥道栱上施慢栱承柱头方，跳头横栱皆施令栱。这组斗栱中的假昂出跳及昂咀完全是平行华栱的，下缘靠交互斗处隐刻两瓣，昂咀上缘做琴面。这种平出昂的做法在宋代斗栱中少见。柱头铺作以上承三椽栿及牛脊槫，而于斗栱遮椽板之上设木方及蜀柱。这部分的做法似后世修理所为（图 6-511）。

图 6-510　苏州玄妙观三清殿下檐转角铺作

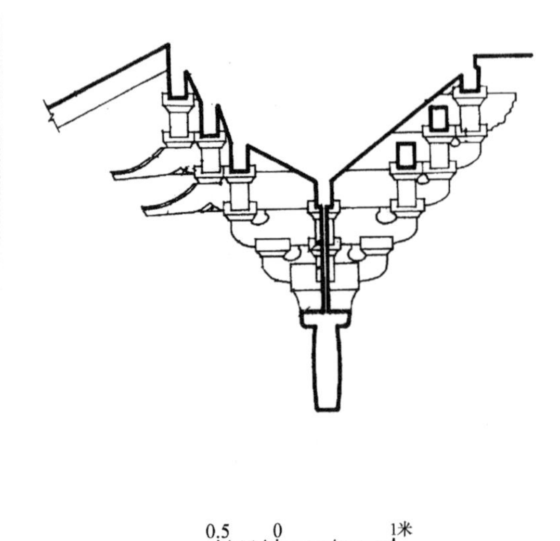

图 6-511　苏州玄妙观三清殿上檐柱头与补间铺作

（5）上檐转角铺作：正、侧两面皆为七铺作双杪双下昂，另于 45°方向施角华栱、角昂一缝，但其与正、侧面不同，第一跳为华栱，其余三跳皆为下昂，最上未施由昂。正、侧两面第二、三、四跳计心，但第二、三跳跳头所施令栱未延伸至角昂处做列栱，仅第四跳跳头令栱与小栱头分首相列。这种做法也颇鲜见（图 6-512）。

（6）内檐中间四缝补间铺作：六铺作上昂造，双杪单上昂，下一杪偷心，左右对称。第二跳跳头施鞾楔以承上昂并与令栱正交。第三跳上昂内抵第二跳华栱中部，外跳承令栱及算程方。自上昂端至算程方之间以要头（未出头）及素方填充，自华栱至算程方上皮共高六材五栔，与《法式》上昂制度相同（图 6-513）。

图 6-512　苏州玄妙观三清殿上檐转角铺作

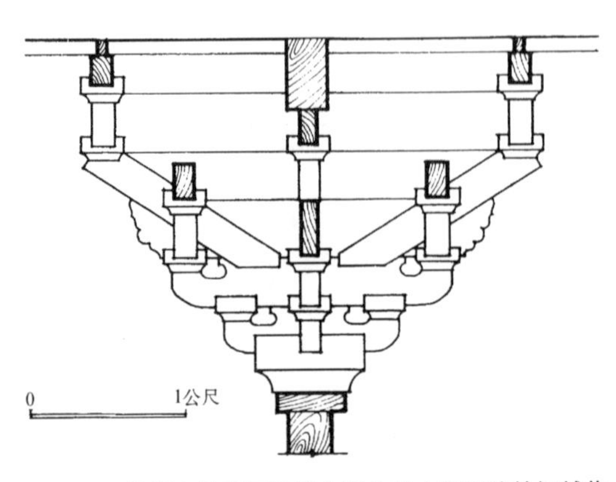

图 6-513　苏州玄妙观三清殿上檐内檐中间四缝补间铺作

（7）内檐后金柱转角铺作：不施栌斗，而将角华栱及泥道栱、慢栱直接插入柱身，角华栱两端之上为靽楔和上昂尾，在第二跳跳头及角上昂跳头皆施十字相交之令栱，以承素方及算桯方（图 6-514）。

（8）内檐东、西第二缝上之斗栱：其外侧与外檐斗栱里跳相同，即出四杪华栱，第一杪偷心，二、三、四杪皆单栱计心。里跳与第三缝斗栱相同，即六铺作上昂造。里外做法均受相对斗栱之左右，也是不多见的。

4. 其他

殿内尚留有宋代砖须弥座一座，上承太上老君像。座高 1.75 米，采用束腰式须弥座，但束腰位于座高一半以上的位置，其下施多层线脚，颇觉繁琐。束腰本身砌作十字形花纹，束腰以上又施刻有香印纹、万字纹、三角纹之砖线脚，再上为枭混线，最上以平板方砖压顶（图 6-515）。

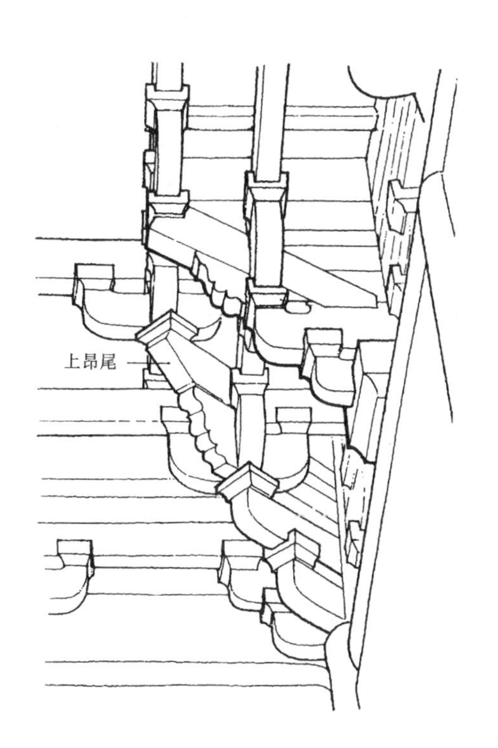

图 6-514 苏州玄妙观三清殿内檐后金柱转角铺作

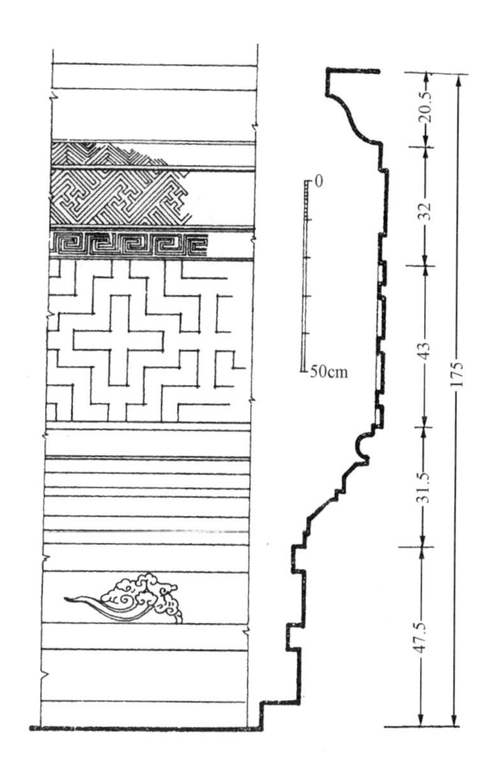

图 6-515 苏州玄妙观三清殿须弥座

二、四川江油窦圌山云岩寺飞天藏

江油窦圌山云岩寺是一处有较长历史的宗教建筑群，据文献载，"云岩寺在窦圌山，唐乾符间（874～879）敕建。"（《江油县志》光绪 29 年刊本）又据清雍正五年十二月初六日铁钟铸记载："窦圌山古号云岩观，其双峰耸翠，直接云霄，飞天藏玲珑，轮回运转，斯成天工人巧……至淳熙七年由僧人真明燃指修建。"另外，在清乾隆戊寅年（二十三年，公元 1758 年）十月初一日《重建云岩寺合山功德碑》称："若山建寺即自唐始也，宋元以来六启庙宇，然残碑阙如，独飞天藏针记淳熙庚子七年（1180 年），今仍旧制"。从以上记载可知云岩寺古为道观，南宋淳熙间又曾为佛寺，其中的飞天藏即这次所建，现存者仍保留了淳熙七年的旧制。

飞天藏是道教建筑中的一种特殊小建筑，它与佛教的储藏佛经之转轮藏，外表相似，但却不作储存道藏之用，而在飞天藏上下安置有若干星官神灵像，又称星辰车，众信徒可通过推转星辰车来满足其祈神愿望。

这座道教建筑能在佛寺中保存下来，与历史上佛、道二教在此活动的背景关系密切，反映到这座宗教建筑中，曾出现过“分东西二院，东禅林，西道观”[2]的现象。因此才会出现这座建筑屡由僧人重修的现象。

飞天藏造于寺内西配殿飞天藏殿中，此殿为储“飞天藏”而建，大殿本身建造年代无确切记载，但其结构仍保留了宋代建筑的若干特征（图 6-516）[3]。

1. 飞天藏形制

飞天藏总高近 10 米，径 7.2 米，置于殿内中部当心间的两缝梁架之间。

外部特征：

飞天藏由藏座、藏身、天宫楼阁及藏檐四个部分组成（图 6-517、6-518）。

（1）藏座：藏座下部为挡板，上部为须弥座。挡板素平，在一侧有一小木门可进入飞天藏内。须弥座悬出挡板，形制同一般的须弥座，有圭脚、束腰、上枋、下枋和一些线脚。束腰上原有沥粉堆金彩画，后被破坏，现仅存部分拓片，束腰之上又有叠合仰莲花瓣一排。

（2）藏身：藏身分为内、外槽，两者相距很近。外槽柱立于须弥座上，柱间有上下额，额间有花板。下额之下有雕花绰幂头。上额之上为普拍方，上置十铺作斗栱，承托腰檐。腰檐有檐椽与飞子，在转角处随角梁放射式排列。飞子端头有明显的卷杀，转角处用老角梁与仔角梁。仔角梁弯曲出檐口外，向上伸后变成角脊，檐口有木刻瓦当、滴水，钉在望板端部。望板上部由于在人的视线以上，不铺瓦条，檐口有大小连檐。藏身内槽八面均装壁板，壁板左右及上部周边皆用花板环绕，壁板中部挂有木雕造像，每面 6～8 尊，为道教诸神。腰檐上部为平座。平座之上即为天宫楼阁。天宫楼阁之上又有一层统一的藏檐，成盝顶形状结束。

（3）天宫楼阁：飞天藏的天宫楼阁极其复杂，分为上下两部分，分别安置在各自的平座上。下层平座为正八边形，在藏身腰檐之上。平座斗栱的坐斗安置在木方上，均为七铺作。除转角铺作外，每面施补间铺作六朵，共有三种类型。平座上铺板，置钩阑，周边设雁翅板，雁翅板下边沿刻成惹草、如意头形状。下面的天宫楼阁为重层式，上部的为单层式。

图 6-516　四川江油窦圌山飞天藏殿

图 6-517①　飞天藏一

图 6-517② 飞天藏二

重层天宫楼阁由三种基本单元组成，一种为凸字形平面的小亭，一种为一字形平面的小殿，两者有行廊相连。小亭轴线正对八面之每面中线，小殿中线正对八个角的转角部位，恰好使原有的八边形藏身通过小殿抹角形成了正 16 边形。小亭凸出的两根柱子断面为圆形，另外四根断面为八边形。柱子断面下大上小，收杀明显，且柱子有明显的侧脚。柱上端用一层阑额。阑额在凸字形的外转角处出头，出头部分截成垂直面，抹去上角。小亭装修中部采用欢门形式，两旁的挟屋各安一扇格子门，天宫楼阁的第一层之上又有腰檐平座，随小亭、小殿、行廊凹凸布置，只是平座在行廊部位做成了小桥形式。

重层天宫楼阁第一层腰檐斗栱坐在阑额上，没有补间铺作，只在柱头上置六铺作斗栱。凸字形小亭的额上正中置华带牌一块。腰檐不用飞子，檐椽做成向上弯曲的形状，端头有卷杀，在角梁处呈放射形排列。角梁只用一根，亦做成弯曲形状，向上翘起呈象鼻形。望板上不做瓦条，只在檐口处做瓦当与连檐，也无滴水。腰檐上安置平座，也为凸字形平面。平座斗栱安置在一块凸字形板上，斗栱共五朵，其中补间铺作一朵，均为五铺作。雁翅板也在下边沿刻成如意头形状，平座勾阑形式均与下层平座同。

重层天宫楼阁一字形小殿底层面阔只用一开间两根柱子，柱子断面均为圆形，两根柱子均有侧脚与收分，上施阑额，阑额在转角处出头，做法同凸字形小亭，阑额下施欢门。腰檐用五铺作斗栱，共四朵，用双补间。斗栱安置在普拍枋上，阑额上正中间置华带牌。腰檐做法也与小亭相同腰檐上安置平座，平座亦为一字形平面，平座斗栱坐在一块木板上，斗栱共用三朵，均为五铺作，补间铺作一朵，转角铺作二朵，共计两种类型。雁翅板、勾阑做法一同下层平座。

在重层天宫楼阁之上，置八边形平座，其上置单层天宫楼阁。平座斗栱安置在木方上。斗栱均为七铺作，除转角铺作外，每面施补间铺作六朵。转角铺作与补间铺作各一种。平座周边设雁翅板，雁翅板下边沿亦刻成曲线花纹，形式不同于下层平座，类似于垂花头式样。平座钩阑同下层平座。

单层天宫楼阁中的小建筑也分两种类型。一种为凸字形平面，除挟屋亦用欢门外，其他形制同凸字形重层天宫楼阁的底层。另一种是一字形平面，形制同一字形重层天宫楼阁的底层，一字形单层天宫楼阁位于飞天藏每面的正中央，凸字形单层天宫楼阁位于飞天藏的转角处。同下边一样，飞天藏的八边形在此也变成了十六边形。一字形单层天宫楼阁与凸字形单层天宫楼阁用行廊连接。

上、下层天宫楼阁行廊形制完全相同，其檐下斗栱安置在一木方上，木方架在凸字形天宫楼阁与一字形天宫楼阁之最外边的木柱上。每个行廊用斗栱两朵，均为四铺作，斗栱上用单坡顶，檐椽端头有卷杀，无飞子。望板上也无瓦条，望板端部有木制瓦当，连檐。

4）藏檐：上层单层天宫楼阁上有环藏一周的藏檐，托檐斗栱坐在木方上。每面有补间铺作六朵，计两种类型，转角铺作为一种类型，共计有三种类型的斗栱。檐椽上没有飞子，檐椽做成向上曲翘式，端部有卷杀，角梁用一层，不用仔角梁。并做成向上曲翘式。望板上无瓦条，檐口用木板制成勾头、滴水。

2. 结构特点

飞天藏外部的八个面所见之物皆靠内部骨架承托，骨架之中心为一根通长的大木柱，在这根木柱上悬挑出数根木梁，木梁端部由悬空柱和横枋构成一个八棱体框架，框架外面再悬挂上外部的梁枋和天宫楼阁，由于框架由一根中柱支承，所以横枋需交错插入木柱（图 6-519），上下共五层，每层有四条，每条皆穿柱而设，下部的两层，处于藏座部位，木枋高 26 厘米，四条木枋，采取两两处在同一标高的构造方式。第三层的木枋，处于藏身部位，枋高 40 厘米，四条木枋处于四个标高。第四、五两层木枋断面减小至 10 厘米高。构造方式同第三层。木枋与悬空柱的联结方式是将第三层以下用一根柱把面下几层木枋连成一体，在第一、二层部位木枋自柱穿出 50 厘米，外部再加一道悬空柱。第四、五层木枋用单独一根悬空柱联结。另外，在中部大立柱的最下端，为一铸铁轴承式底座，称为“藏针”（图 6-520）。飞天藏在人力推动下转动即靠中心大立柱在藏针的凹槽中转动，而立轴上部，端头做成束腰形，与架在当心间左右两缝梁架上的两条木枋相依托，以保证立柱在转动时的稳定性。

飞天藏的表层所见之斗栱，均采用半边斗栱，出跳长每层相同，均为两跳长的构件，只在最上部有一长条衬方，将最外一跳与斗槽板拉住，这样便形成一个三角形支架，用以承托挑檐重量(图 6-521)。

3. 飞天藏表层结构与建筑艺术特征

(1) 总体比例：飞天藏由藏座，藏身，天宫楼阁三大部分组成，这三部分的比例为 2.53∶3.47∶3.76。其中藏座有 55 厘米的高度处于地平以下，人们所看到的部分实为 1.98 米。这部分未采用《法式》中的那种须称座形式，仅在表面做了些线脚和图案雕饰。

藏身：采用带回廊的八边形小亭的模式，总高为 3.47 米，柱高 2.7 米，开间宽 2.2 米，但并非把一座亭子按比例缩小，例如开间与柱、额、枋的比例，与一般建筑相比，柱、额、枋做得格外纤巧，柱子直径不过 13.5 厘米，并做了收分和侧脚。额枋做成两层，每层之高仅 12 厘米，柱高与开间宽度之比为1∶0.81。打破了一般建筑柱高不越间宽的惯例。

图 6-518 飞天藏天宫楼阁

图 6-519 飞天藏内部构造

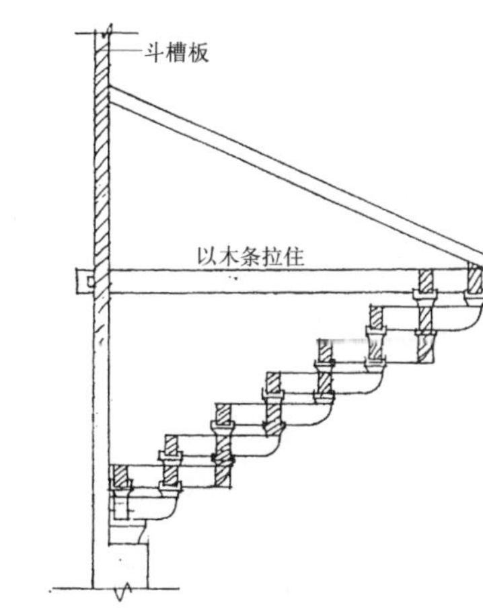

图 6-520 飞天藏藏针底座

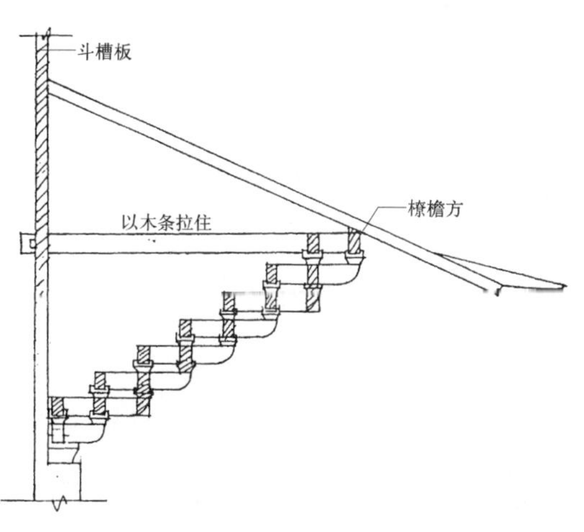

图 6-521 飞天藏藏身腰檐斗栱构造示意图

藏身上部的屋檐由十铺作斗栱承托，这在法式中是没有的，斗栱总高 38.5 厘米，自栌斗中线向外总挑出 50 厘米。挑檐平出总尺寸为 42 厘米，屋檐做盝顶式，檐部总高 77 厘米，檐部与藏身高度之比为1∶4.5。

上下两层天宫楼阁，在高度上所占比例很突出，但具体到每一层中，天宫楼阁中的一座凸字形小亭子只不过 80 厘米高，在总高近 10 米的比例中，仍然显得很轻巧的。正是利用了这些小建筑与藏身在比例上的差距，来增强天宫楼阁高高在上的神秘感。

（2）斗栱：飞天藏自下而上，共有 6 层铺作层，而其铺作类型竟有 20 种之多，各种类型的铺作，从构件类型到组合方式皆有变化，与一般常见的建筑斗栱有很大的不同，由于铺作的承受荷载功能比一般建筑上使用的简单，因而为其变化提供了较大的自由度，这样便促进了铺作在装饰性方面的发展。飞天藏中铺作变化的特点和类型如下：

1）藏身腰檐斗栱：采用出七跳的十铺作斗栱，每面有补间铺作 5～7 朵，八个角各有一朵转角铺作。共有四种出跳类型：

①转角铺作：出跳部分有三缝，第一缝自八边形之对角线方向出跳，第二、三缝皆从八边中交角的两个边的延长线方向出跳，所有出跳构件皆用平伸下昂。所有横栱均沿边长方向作单栱、素方，两层栱方的构造方式随补间，所出现的列栱有两种，一种是平伸昂与泥道栱相列，一种为平伸昂与瓜子栱相列（图 6-522①②）。

②补间铺作甲类，出跳构件除去从正身出跳者外，还带有虾须栱、昂，出跳规律为昂栱交替。第一跳出昂则第二跳出栱，虾须栱、昂，与正身出跳的栱、昂相交之后，其后尾延伸，成米字形格局。横栱为重栱，但两层重栱栱头均以 45°抹斜，不过抹的方向不同，若瓜子栱栱头面朝外，则慢栱栱头面朝里（图 6-523①、②）。

③补间铺作乙类：与补间铺作甲类合规律相同，只是出跳的栱、昂位置对调（图 6-524①②）。

④补间铺作丙类：这是一种无正身出跳的网状如意斗栱，所有出跳栱皆作虾须栱，在连出两跳后，自跳头转 90°再出虾须栱两跳。横向则以瓜子栱与素方组合成整体（图 6-525①②）。

图 6-522①　飞天藏藏身腰檐斗栱转角铺作

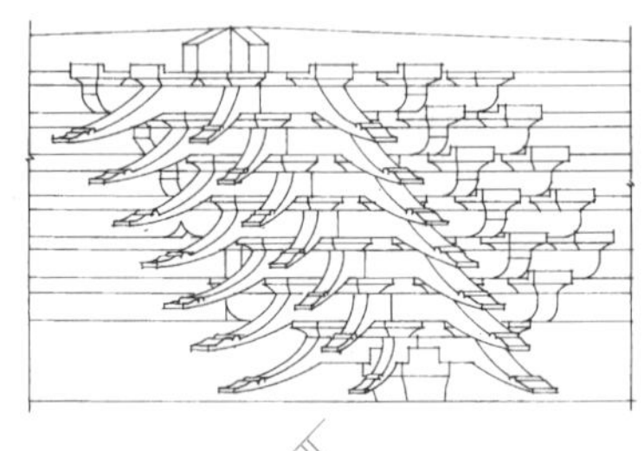

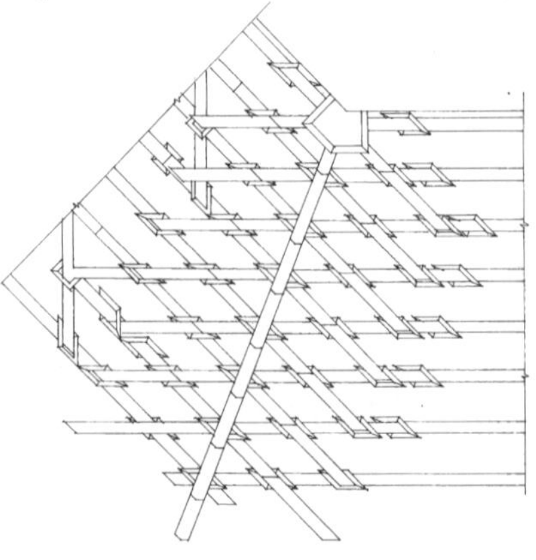

图 6-522②　飞天藏藏身腰檐斗栱转角铺作平面及立面

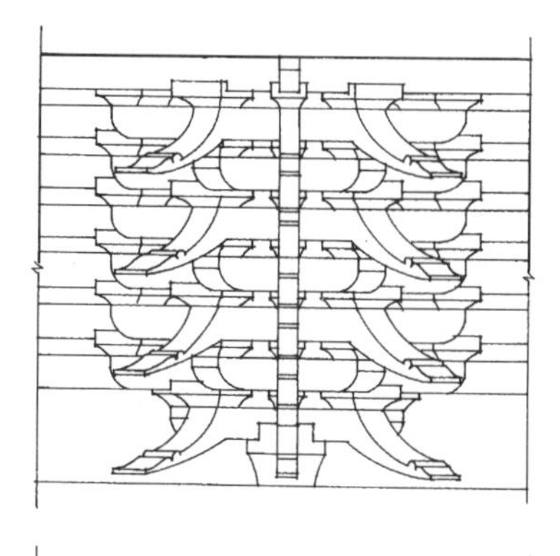
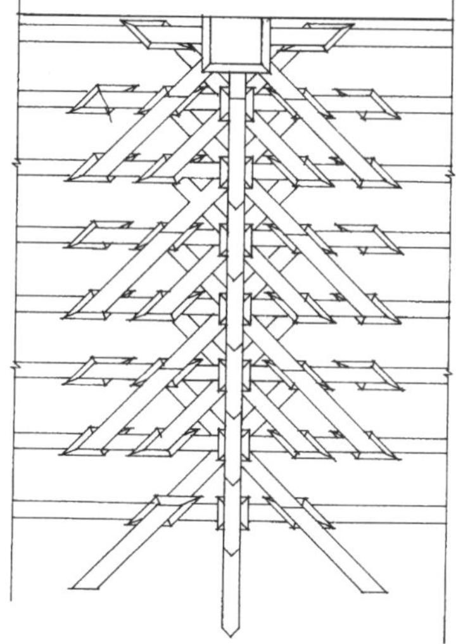
图 6-523① 飞天藏藏身腰檐斗栱补间铺作甲类平面、立面

图 6-523② 飞天藏藏身腰檐斗栱补间铺作甲类

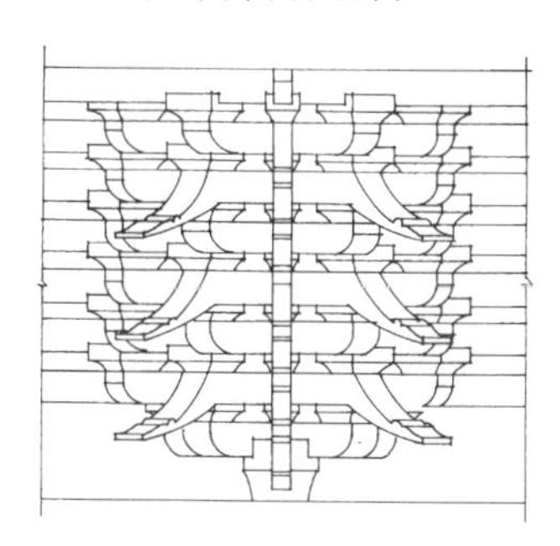
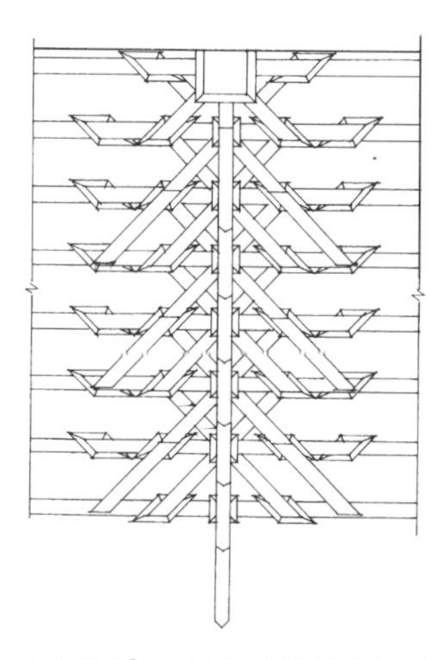
图 6-524① 飞天藏藏身腰檐斗栱补间铺作乙类平面、立面

图 6-524② 飞天藏藏身腰檐斗栱补间铺作乙类

2）平座斗栱：在藏身以上有两层平座，均为承托天宫楼阁而设。平座铺作高度相同，均采用七铺作卷头造斗栱，但具体组合情况稍有不同。

①上层平座铺作：比较简单，只有一种转角铺作和一种补间铺作，每种铺作组合规律与藏身腰檐相同，只是铺作出跳减少（图 6-526、6-527）。

②下层平座转角铺作：同上层，仅横栱头向里抹斜。

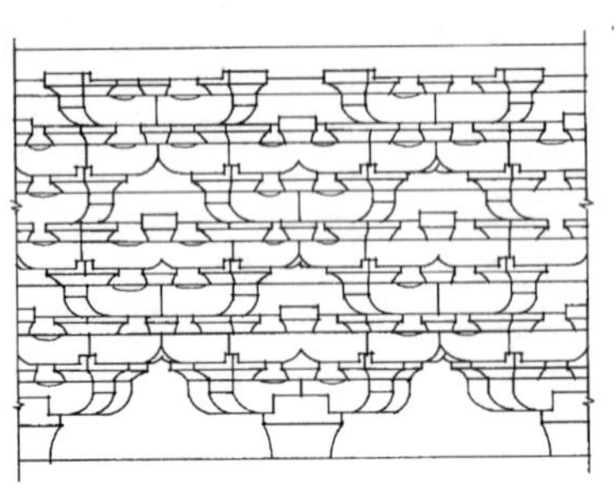

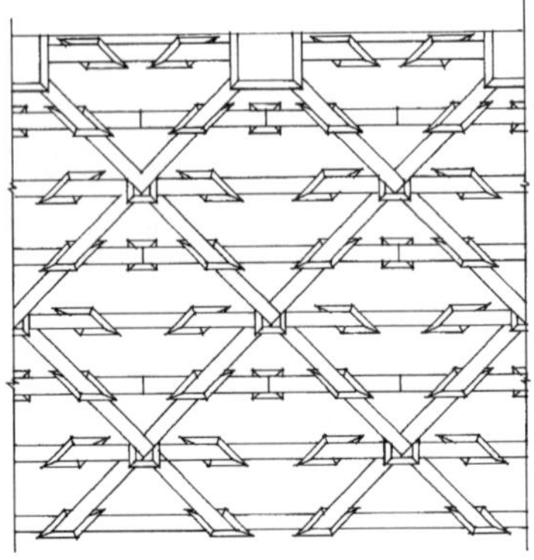

图 6-525① 飞天藏藏身腰檐斗栱补间铺作丙类平面、立面

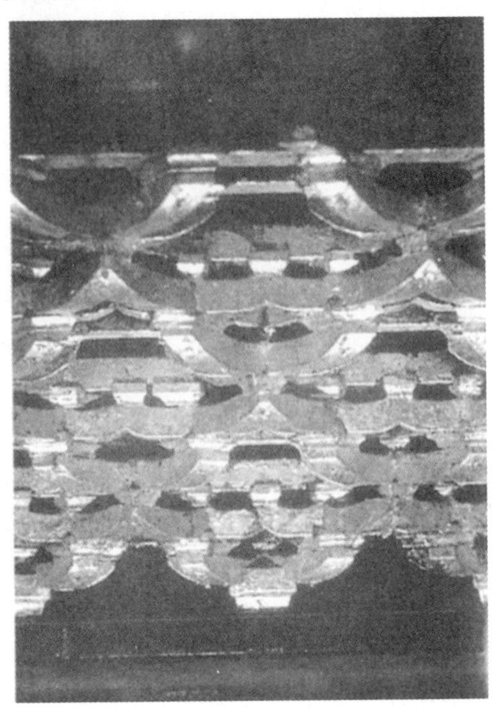

图 6-525② 飞天藏藏身腰檐斗栱补间铺作丙类

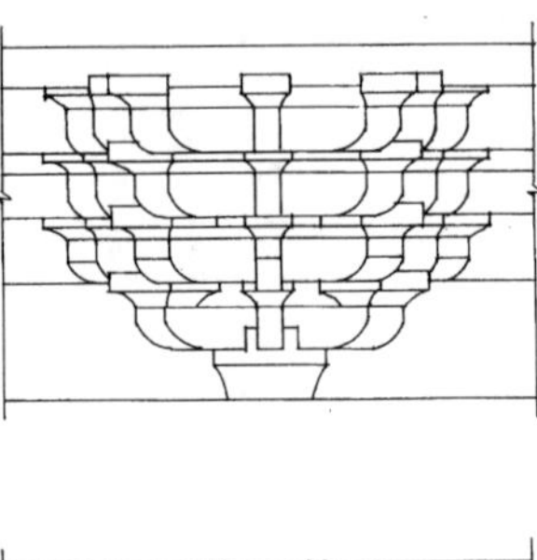

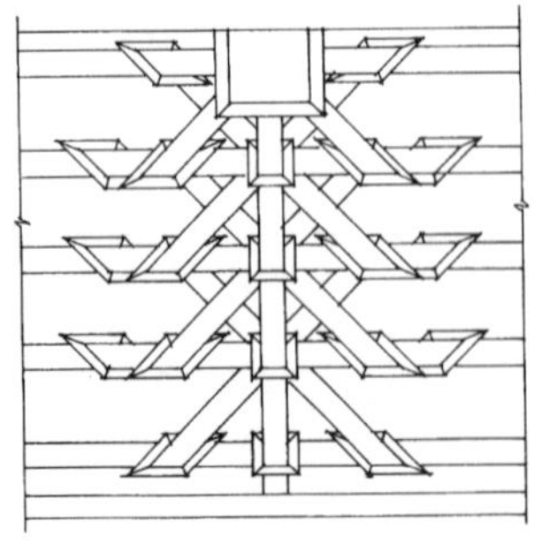

图 6-526 飞天藏天宫上层平座补间铺作平面、立面

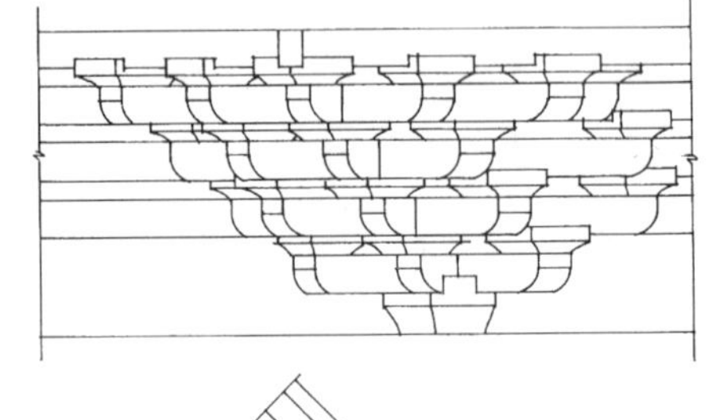

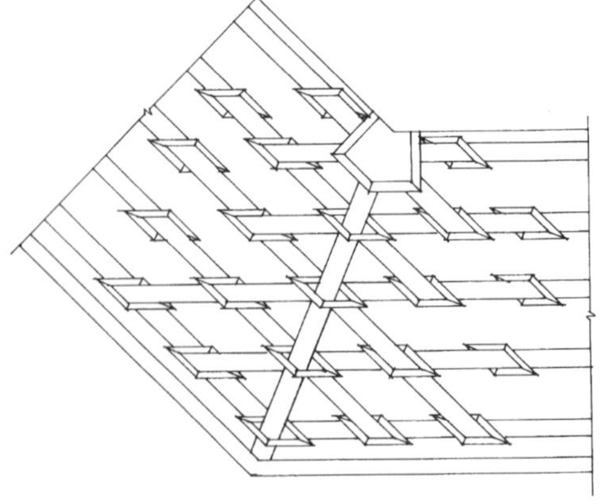

图 6-527 飞天藏天宫上层平座转角铺作平面、立面

③下层补间铺作甲：也与上层同。

④下层铺间铺作乙：则与腰檐补间铺作丙类基本相同，亦是如意斗栱，但 45°方向的斜网格变小。

⑤下层补间铺作丙：形式较为特殊。在第一跳虾须栱头所承托的第二跳华栱为正身出跳栱，自此栱头挑出两缝向内的斜华栱。这两条栱即第三跳华栱，相交后再从这个栱头挑出一个正身出跳栱和虾须栱，此即为第四跳。这种出跳方式在当时和以后的建筑斗栱中都非常少见。

(C) 藏檐斗栱：藏檐铺作共有三种：

①转角铺作，与上层平座转角铺作基本相同，为七铺作斗栱，仅交互斗造型稍有不同，平面成正方形的平盘斗，但以角朝前，斗的方位与出跳华栱差 45°。

②补间铺作甲：七铺作斗栱，由正身华栱与虾须栱组合而成。在第二跳，第三跳部位皆出现了米字形格局，出跳斜栱后尾延长。泥道栱较长，栱头向外抹斜（图 6-528）。

③补间铺作乙：七铺作斗栱，在第一跳正身华栱与第三跳正身的跳头出现米字形格局的虾须栱。泥道栱较长，栱头向里抹斜（图 6-529）。

藏檐斗栱也皆用卷头造。

以上三类斗栱用材相同，材高 3 厘米，宽 2 厘米可归属于同一类。

(D) 天宫楼阁斗栱：这部分斗栱用材减小，材高 2.3 厘米，宽 1.3 厘米。整个铺作比前一类简化，更接近建筑物常见的铺作构成形式，但也作了许多变化，共有 8 种类型：

①凸字形小亭檐部转角铺作：这是一组六铺作斗栱，由于凸字形小亭的转角部分，形成了两个阳角，一个阴角，这里采用三组斗栱组合在一起的布局方式。但两个阳角处的转角铺作组合方式又有所不同，靠外的阳角铺作，采用正身出三跳，同时带有两缝虾须栱，第一缝从栌斗口出，第二缝从第二跳跳头出。而靠里的阳角铺作则只出一缝角华栱，共三跳，在第二跳跳头又多加了一缝与其垂直的抹角栱。阴角铺作则只出一缝角华栱，共三跳。在第一跳跳头前部有一缝与其垂直的栱，这条栱同时从阳角铺作栌斗中伸出。三组铺作在正身方向皆有出跳华栱，而且均为计心造（图 6-530）。

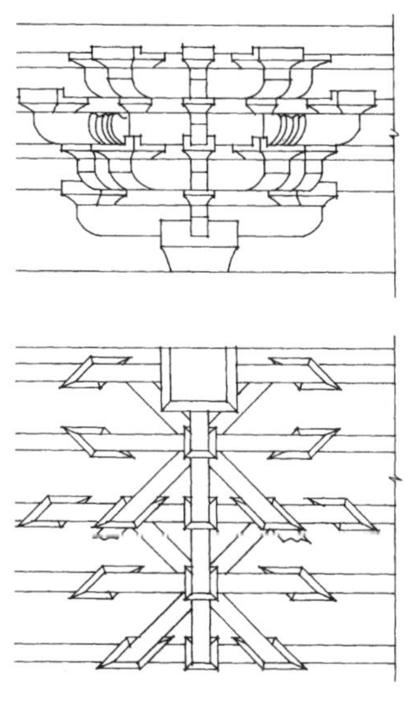

图 6-528 飞天藏藏檐补间铺作甲平面、立面

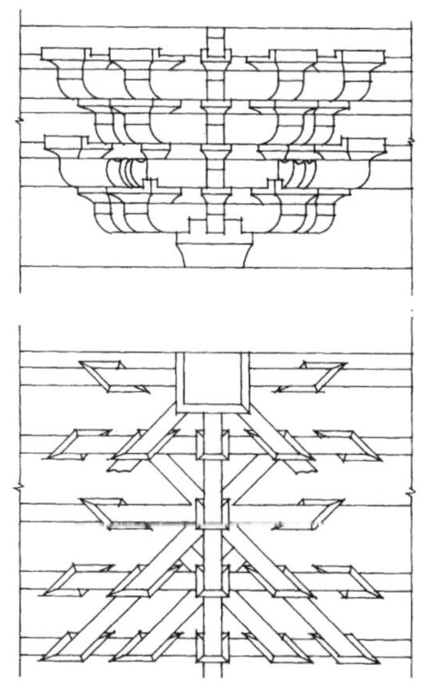

图 6-529 飞天藏藏檐补间铺作乙平面、立面

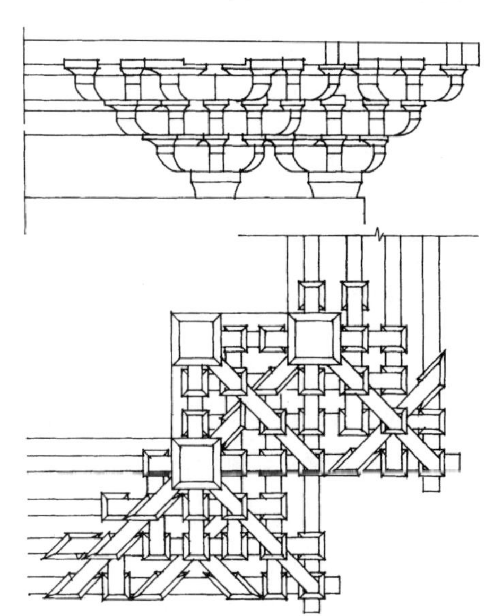

图 6-530 飞天藏凸字形天宫楼阁檐部转角铺作平面、立面

②凸字型小亭平座转角铺作，这是一组五铺作斗栱，只在两个阳角处布置两组转角铺作。

③凸字形小亭平座补间铺作：五铺作，带两缝虾须栱（图6-531）。

④一字形小殿转角铺作，五铺作，除角华栱外，还有一缝抹角栱，与角华栱正交于栌斗心（图6-532）。

⑤一字形小殿补间铺作：五铺作，在第一跳正身华栱跳头出现米字形格局的斜华栱（图6-533）。

⑥一字形小殿平座转角铺作，铺作构成同檐部，但出跳缩短（图6-534）。

⑦一字形小殿平座补间铺作：五铺作，带两缝虾须栱（图6-535）。

⑧天宫楼阁行廊铺作：皆为四铺作，带有虾须栱两缝（图6-536）。

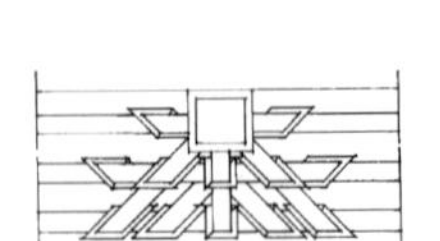

图6-531 飞天藏天宫楼阁小亭补间铺作平面

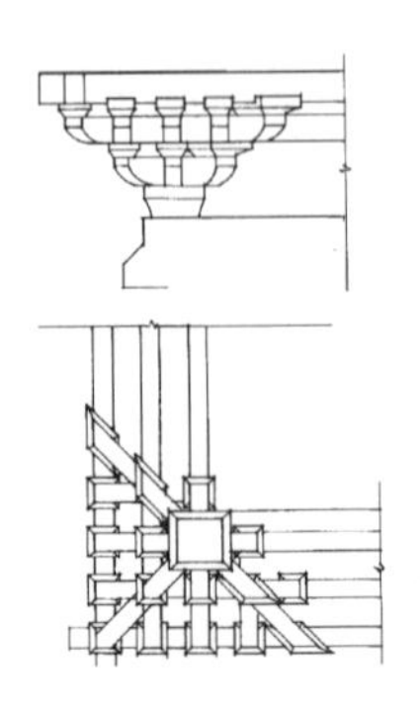

图6-532 飞天藏天宫楼阁小殿转角铺作平面、立面

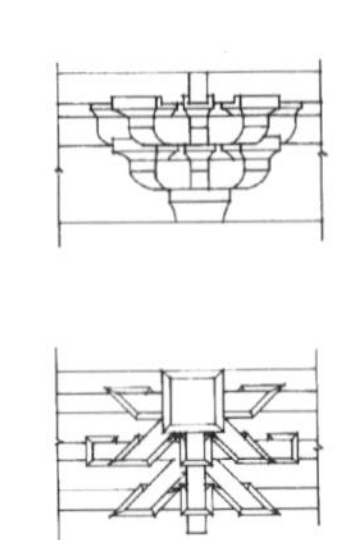

图6-533 飞天藏天宫楼阁小殿补间铺作平面、立面

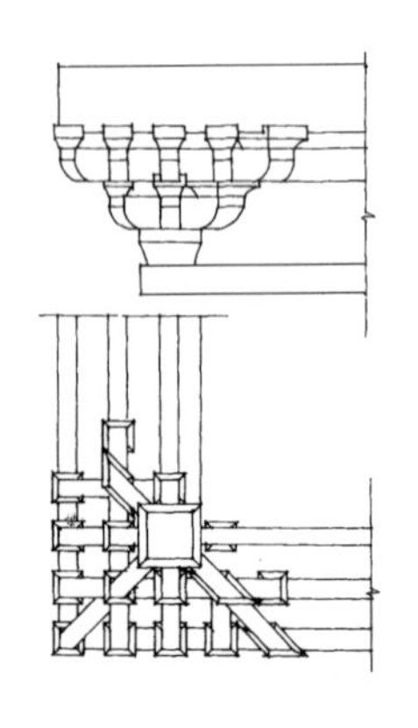

图6-534 飞天藏天宫楼阁小殿平座转角铺作平面、立面

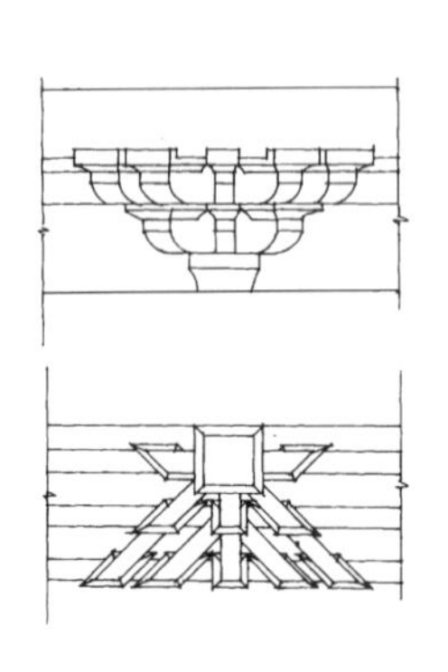

图6-535 飞天藏天宫楼阁小殿平座补间铺作平面、立面

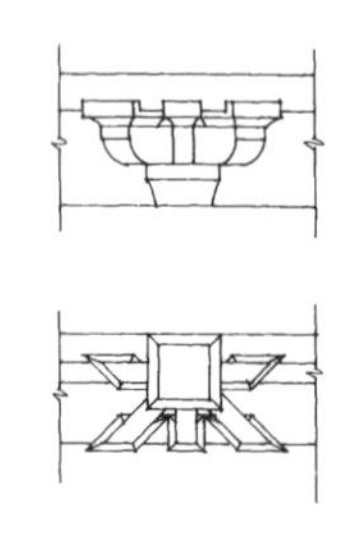

图6-536 飞天藏天宫楼阁行廊铺作平、立面

飞天藏斗栱类型之丰富，组合之巧妙，在宋代建筑遗物中是首屈一指的，成为后世斗栱从受力构件走向装饰性构件的先驱。

3）装修及装饰雕刻：飞天藏的天宫楼阁部分有格子门四种，主要是花格形式不同，有四直球纹，四斜方格眼，直棂带横桯（类似后世之码三箭），龟背纹等，反映了当时常用的“格子”类型。格子部分与障水版之比例与《法式》相近。

天宫楼阁中的平座钩阑，做得极简单，采用单钩阑形式，于两方形望柱间置一条寻杖和两条卧棂栏杆中间安蜀柱。

飞天藏藏身上的装饰雕刻有龙柱和檐枋花板，内槽板花板等，花板每面三块，每幅由三、四朵花构成。雕刻花纹题材多样，如有《法式》中所列举的牡丹花，莲荷花，海石榴花。此外还可辨认出一些未见于《法式》者，如蜀葵，秋葵，山茶，菊花等品类。所雕对象写实，生动，技巧娴熟。花板花叶翻卷，微露枝条，属于“支条卷成”做法。花、叶表面起浮婉转，富于变化。每一片花瓣，叶片都颇具匠心。（图 6-537～6-547）这正反映了当时的“以真为师，以似为工”的风气，不但在绘画中如此，在建筑装饰中也如此。

此外，木雕人像反映了宋代的人物雕刻艺术水平，这些人像布置在飞天藏的不同部位，有的在藏身的内槽壁板上（现留有痕迹），有的悬在腰檐上，有的在天宫楼阁内，雕像有坐、有立、有跪、形状各异，男女老少皆有，上至“三清”“四辅”下至真人、仙女。人物表情虔诚恬静，衣服纹理流畅，自然得体（图 6-548）。

这些木雕雕工精细，头发、胡须丝丝可见，像高一般在 40～50 厘米高左右，有的像下有基座，宝山或云朵。

图 6-537　飞天藏藏身雕刻

图 6-538　飞天藏木雕上楣大样之一

图 6-539　飞天藏木雕上楣大样之二

图 6-540　飞天藏木雕上楣大样之三

图 6-541　飞天藏木雕上楣大样之四

图 6-542 飞天藏木雕上楣大样之五

图 6-543 飞天藏木雕上楣大样之六

图 6-544 飞天藏木雕上楣大样之七

图 6-545 飞天藏木雕上楣大样之八

图 6-546① 飞天藏内槽柱两侧木雕花板大样一至三

图 6-546② 飞天藏内槽柱两侧木雕花板大样之四至八

图 6-547 飞天藏内槽壁板下部木雕花板大样之一至六

图 6-548 飞天藏木雕人像

现存木雕人像共有 70 多尊，已全部摘下保存在寺内。其中宋代木雕只有 40 多尊，由于年代久远，木质已松脆。后代补刻的人像，刻工粗糙，艺术水平下降。据记载，原有木雕共 204 尊。

三、福建莆田元妙观三清殿

1. 概述

莆田元妙观位于莆田市北，正当兼济河自北向东转弯处。观北靠东岩山。据宋李俊甫《莆阳比事》载："道观始于祥符，盛于宣政，佛寺或废为神霄玉清宫，未几复旧，今天庆观三殿宏丽，甲于八郡。……"另据现三清殿当心间正脊下墨书："唐贞观二年敕建，宋大中祥符八年重修，明崇祯十三年岁次庚辰募缘修建。"此外，在弘治《八闽通志》及《兴化府莆田县志》中均记载："宋大中祥符二年奉敕建，名天庆观"。据以上记载可知，该观创于宋大中祥符年间。此后，元成宗元贞元年（1295 年）改名为玄妙观，清康熙后改称元妙观。

元妙观占地 24 亩，原中轴线上自南而北有山门、三清殿、玉皇殿、九御殿、四官殿、文昌殿等。两侧有东岳殿、西岳殿、五帝庙、五显庙、太师殿、元君殿等。为屋甚众，规模宏大。现仅存三清以南及其左右诸殿（图 6-549）。

三清殿现状为宋、清两代之遗构，面阔七间，进深六间，重檐歇山顶，剥去清构，实际宋代仅为一座面宽五间，进深四间之殿。通面宽 23.3 米，通进深 11.7 米。从大殿石柱风化情况看，当年为一座带前廊的殿宇。从结构做法上分辨，只有当中三开间保存了宋代遗构。两梢间已被明、清时期改动（图 6-550～6-553）。

2. 大殿宋代遗构形制

大殿当中三开间的四缝梁架形制接近《法式》中的“八架椽屋前后乳栿用四柱”的类型。构架内外柱不同高，乳栿一端搭在外檐柱头铺作上，另一端插入内柱，并有两跳丁头栱承托。四椽栿搭在内柱柱头铺作上，上承平梁等构件。构架柱子下为花岗石材，外檐柱近柱头处改为木材。内柱下部三分之二为花岗石材，上部三分之一为木材。

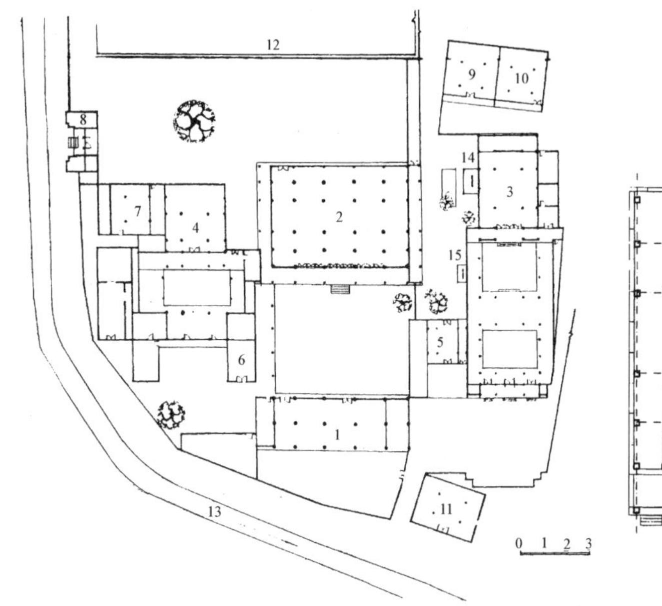

图 6-549　福建莆田元妙观总平面

1. 山门；　2. 三清殿；　3. 东岳殿；
4. 西岳殿；　5. 五帝庙；　6. 五显庙；
7. 文昌三代祠；　8. 关帝庙大门；　9. 太师殿；
10. 元君殿；　11. 寿康社；　12. 莆田四中科学楼；
13. 兼济河；　14. 神霄玉清万寿宫碑；
15. 祥应庙记碑

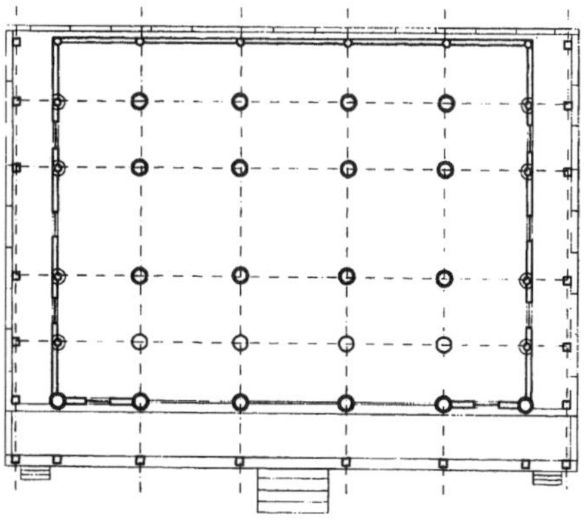

图 6-550　福建莆田元妙观三清殿平面

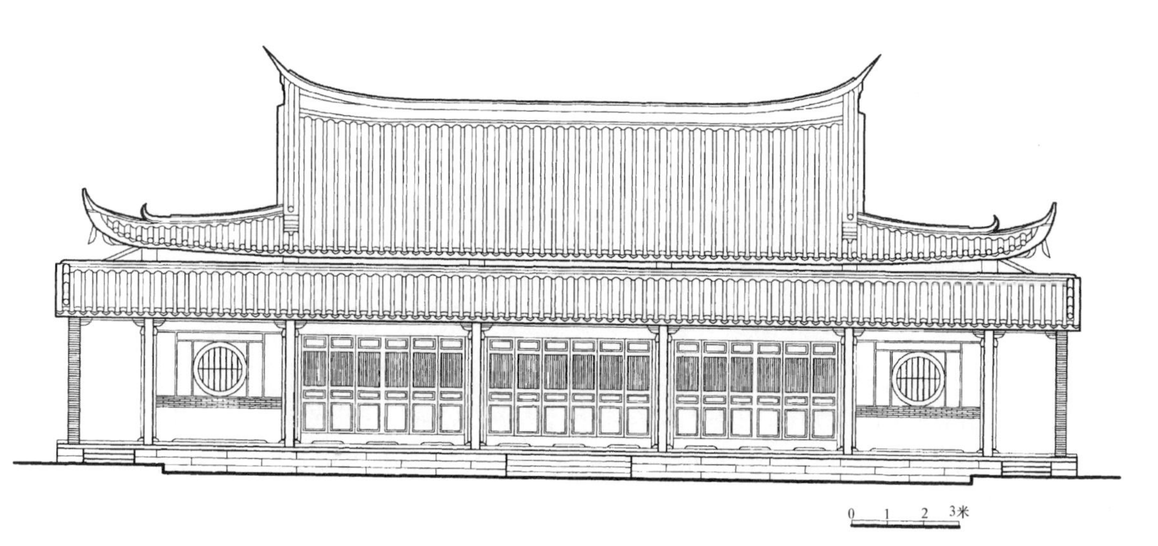

图 6-551　福建莆田元妙观三清殿立面

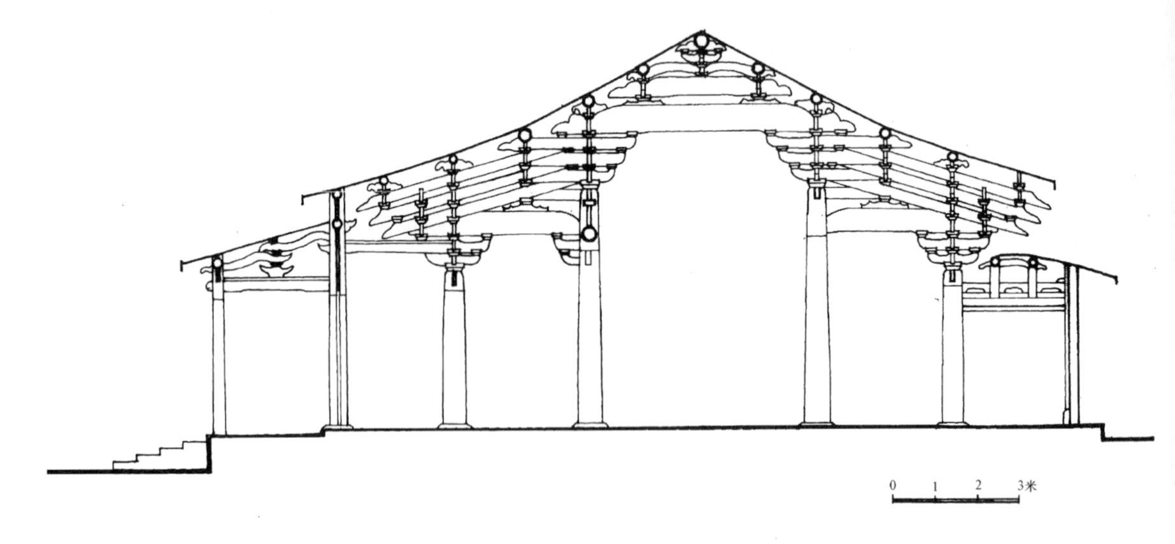

图 6-552 福建莆田元妙观三清殿横剖面

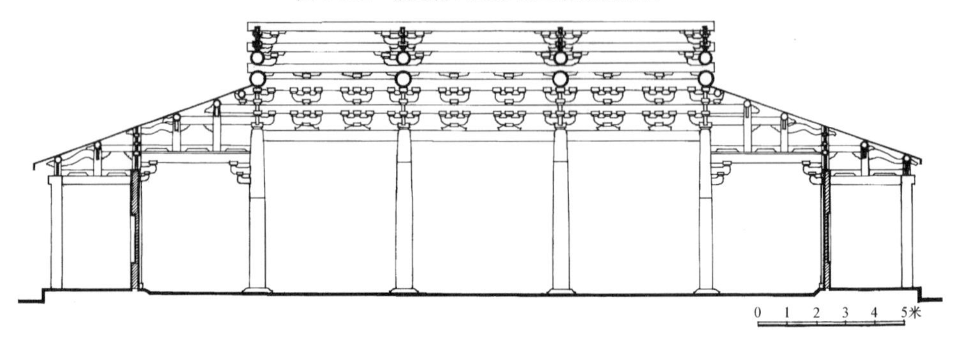

图 6-553 福建莆田元妙观三清殿纵剖面

构架中的纵向联结构件较少，除现存的柱头方、阑额之外，前内柱间有月梁形门额及地栿之榫口遗迹。

构架中主要构件及节点处理均带有浓厚的地方特色，为《法式》所不载，其主要特点如下：

(1) 梁栿断面为圆形，下部铲平，上部两肩卷杀曲线平缓，两端无斜项，下部无起顱。

(2) 四椽栿，平梁梁首均刻作八瓣轮廓。

(3) 乳栿上的劄牵之首被柱头铺作第一下昂尾压住，牵尾插入内柱柱头。

(4) 脊檩加粗，檩下不用蜀柱而改用一组斗栱支承。斗栱的下部有两条弧形短木，伏于平梁之上，斗栱的上部有一条与梁首刻瓣相似的异形栱，上开抱槫口，以防槫的滚动。其他各槫之下也有这种异形栱。

3. 斗栱

构架中的斗栱也极具地方色彩。斗栱用材广 27～29 厘米，厚 11.8 厘米，栔广 7.2 厘米，材的广与厚之比为 15∶6，与《法式》用材比例不同。就材广看用材等第相当于二等材，而材厚仅达《法式》六等材强。斗栱配列也很特殊，外檐斗栱采用单补间，而内槽改成了双补间。

(1) 外檐柱头铺作：采用七铺作双杪双下昂，二、四跳计心。里转出双杪偷心造。外跳第二跳跳头上承瓜子栱、慢栱、素方，第四跳承令栱与下昂形耍头相交，上承橑檐方。昂尾及耍头后尾平行向上向内伸过下平槫后，与内柱柱头铺作三跳华栱后尾分层相抵。在下平槫缝于乳栿背上施驼峰、散斗，承第一跳昂尾，其上再施横栱两重，承第二跳昂尾和耍头尾。里跳出双杪承乳栿，乳栿过正心方后前伸充当华头子。

(2) 外檐补间铺作：外跳同柱头铺作，里跳出华栱三杪及栱头形鞾楔，承下昂尾及耍头尾，昂尾、耍头尾皆伸至下平槫缝止，上挑两材三栔及替木。

（3）内柱柱头铺作：仅施三杪华栱，偷心造，柱中心缝施单栱、素方两重。华栱里跳承四椽栿，后尾外伸与外檐柱头铺作昂尾相碰。最上一跳华栱外伸至下平槫缝，做八瓣异形栱头，其上并开抱槫口。

（4）内檐补间铺作：皆无出跳栱，仅施扶壁栱，和单栱素枋两重。

此外，斗、栱、昂等构件的细部也反映了许多地方手法，如昂咀做成曲线，当地匠人称其为“古鸡”。斗底有皿板，斗的欹比耳高，栱端皆做四瓣卷杀，每瓣皆向内凹，成一弧面，内𩑶0.5～0.8厘米。

此外，现在殿内还存有宋代覆盆形16瓣莲花柱础24个，成为判别大殿原有规模的有力物证。

四、河南济源奉先观三清殿

奉先观位于济源县城西北一公里，始建于唐垂拱元年（685年），但观内建筑已无唐代遗物，其中三清殿建于金代初年，其余建筑有玉皇殿、配殿、山门等皆为后世所建。三清殿成为北方道观中最早的建筑遗物。奉先观规模不大，只有前后两进院落，三清殿为第二进院落的主殿。

1. 概貌

三清殿面宽五间，进深七架椽，悬山顶，坐落在约一米高的台基之上，殿前出一月台。该殿仅于前檐设门窗，其余三面皆做实墙。室内采用减柱造，仅当心间设内柱两根，此柱位于屋顶后半坡的上平槫下，次间柱为后世添加。

2. 构架

采用石柱和自然材的梁栿及内额。当心间构架形制为厅堂式，七架椽屋前四椽栿对后三椽栿用三柱。在减掉内柱的次间构架则以蜀柱立于长两间的大内额上。梁架在内柱后部虽用三椽栿，但椽架长度实际与构架前半部不同，后部三个椽架的总长相当于前部两个椽架的长度。两山构架与内部不同，从已露明部分判断，可能为前乳栿后三椽栿用四柱形式，但柱已包入墙中，仅露出部分蜀柱和劄牵。在构架中外檐柱皆用石柱，断面为方形抹角，柱身略有收分，柱脚断面为55厘米×55厘米，柱头为50厘米×50厘米，檐柱平柱高4.01米，至角逐间生起，并有侧脚。内柱为木柱，因使用天然材，上下粗细不匀，柱下径为70厘米，上部逐渐变细。梁栿也均使用天然材，外形微微上凸，表现出工匠对梁中部会产生挠度有所理解，故以此法抗弯。梁栿断面也依梁的长度变化而有所选择，四椽栿较粗，平梁最细（图6-554～6-556）。

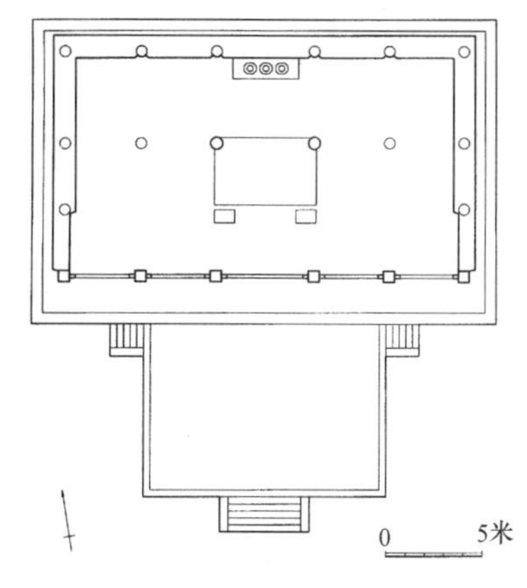

图6-554　河南济源奉先观三清殿平面

图6-555　河南济源奉先观三清殿外观

构架中最有特点的是由于内柱减柱而采用了大内额代之，内额上立蜀柱以承次间梁架。但梁架形式基本未变。内额一端插于内柱柱身，另一端插于山面柱身。

3. 斗栱

斗栱与梁栿不同，做得比较规整，有统一的用材尺寸。材高21厘米，材宽15厘米。斗栱主要分布在前、后檐，前檐有柱头铺作，补间铺作。当心间用双补间，次、梢间用单补间。后檐仅做柱头铺作（图6-557、6-558）。

图6-556 河南济源奉先观三清殿梁架

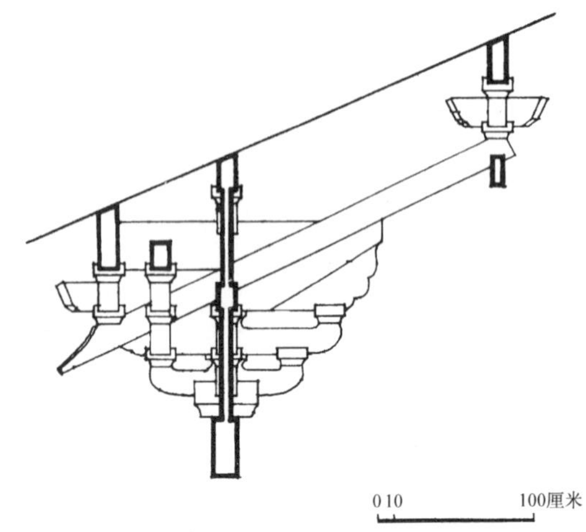

图6-557 河南济源奉先观三清殿外檐补间铺作侧面

图6-558 河南济源奉先观三清殿外檐补间铺作

（1）前檐柱头铺作为五铺作单杪单下昂，里转出双杪，上承楷头，再承四椽栿。四椽栿在外檐充当衬方头。

（2）后檐柱头铺作：外跳同上，里转出单杪，承楷头，上承三椽栿，三椽栿伸至外檐充当耍头。

（3）两山檐柱柱头铺作：外跳同前檐，铺作中的昂尾向后伸至下平槫下，充当了蜀柱旁的托脚，而梁架中的乳栿入斗栱后，在斗栱中充当华头子，交待简洁合理。

（4）前檐补间铺作为五铺作单杪单下昂，里转出双杪，上承鞾楔托下昂尾，昂尾下垫有一材挑斡，上彻下平槫，槫下做令栱，昂尾所承耍头与令栱相交。

此外，殿内仅两内柱下保存了覆莲柱础，平面尺寸仍遵守“倍柱之径”的规矩，但形式很扁，莲瓣仅突起 3 厘米。外檐柱下柱础用块石，未再加工。大殿瓦屋面为现代重修之物，但仍保存了“条瓦垒脊”的做法。两山博风板仍为旧物，由窄木板拼合而成，但不似金代原物。大殿前面所设月台三面出踏步，踏步垂带两侧皆做象眼。

整座殿宇外观严肃，齐整，仅内部因材施用，随意支撑，表现出浓厚的地域色彩。

注释

[1] 三清殿自建成后多次因灾害而重建或重修，最后一次灾异据《苏州府志》载“嘉庆二十二年三清殿毁于雷火，尚书韩封等修。”另据石蕴玉《重修圆妙观三清殿记》也载“嘉庆二十二年，岁在丁丑，孟秋之月，击雷破柱，毁其西北一隅，维时大司寇韩公葑衔恤在籍，率众捐金，鸠工修治……是役也，经始于戊寅四月，落成于己卯九月，韩公为之倡，而蒋待诏敬，董封君如兰等实成其事。”

[2] 清光绪二十九年《江油县志》。

[3] 罗哲文《江油县发现宋代木构建筑》，文物，1964 年三期。

第七章　园　　林

宋、辽、金时期，中国园林继唐代全盛之后，持续发展而臻于完全成熟的境地。作为一个园林体系，它的内容和形式均趋于定型，造园的技术和艺术达到了历来的最高水平。各种文献记载的园林为数众多，包括以皇家园林、私家园林、寺观园林为主流的全部园林类型。在中国古典园林的发展史上，两宋实为一个承先启后的成熟阶段。这种情况固然取决于园林本身的发展规律，而与当时封建社会的经济、政治、文化方面的历史背景也有着直接的关系。

第一节　总说

宋代，地主小农经济十分发达，城市商业和手工业空前繁荣，资本主义因素已在封建经济内部孕育。宋代却又是一个国势羸弱的朝代，处于隋唐鼎盛之后的衰落之始。北方和西北的少数民族政权辽、金、西夏相继崛起，强大的铁骑挥戈南下。宋王朝从建国初的澶渊之盟到经历靖康之难，最后南渡江左，偏安于半壁河山，以割地赔款的屈辱政策换来了暂时的安定局面。一方面是城乡经济的高度繁荣，另一方面则无论统治阶级的帝王、士大夫或者一般庶民都始终处于国破家亡的忧患意识的困扰中。社会的忧患意识固然能够激发有志之士的奋发图强、匡复河山的行动，同时也相反地导致人们沉湎享乐、苟且偷安的心理。而经济发达与国势羸弱的矛盾状况又成为这种心理普遍恣长的温床，终于形成了宫廷和社会生活的浮荡、侈靡和病态的繁华。且看《东京梦华录·序》所描写的北宋都城东京（今开封）的情况：

"太平日久，人物繁阜。垂髫之童，但习歌舞，斑白之老，不识干戈，时节相次，各有观赏，灯宵月夕，雪际花时，乞巧登高，教池游苑。举目则青楼画阁，绣户珠帘。雕车竞驻于天衢，宝马争驰于御路。金翠耀目，罗绮飘香，新声巧笑于柳陌花衢，按管调弦于茶坊酒肆。八荒争凑，万国咸通。集四海之珍奇，皆归市易。会寰宇之异味，悉在庖厨。花光满路，何限春游。箫鼓喧空，几家夜宴。……"

南宋偏安江左，北方河山沦陷。而都城临安（今杭州）却成了纸醉金迷的温柔乡，《武林旧事》这样描写都人春游西湖的情形：

"西湖天下景，朝昏晴雨，四序总宜。杭人亦无时而不游，而春游特盛焉。承平时，头船如大绿、间缘、十样锦、百花、宝胜、明玉之类，何啻百馀。其次则不计其数，皆华丽雅靓，夸奇竞好。而都人凡缔姻、赛社、会亲、送葬、经会、献神、仕宦、恩赏之经营，禁省台府之嘱托，贵珰要地，大贾豪民，买笑千金，呼卢百万，以至痴儿呆子，密约幽期，无不在焉。日靡金钱，靡有纪极。故杭谚有"销金锅儿"之号，此语不为过也。"

在这种浮华，侈靡、讲究饮食服舆和游赏玩乐的社会风气的影响之下，上自帝王、下至庶民无不大兴土木、广营园林。皇家园林、私家园林、寺观园林等大量修建，其数量之多，分布之广，较之隋唐时期有过之而无不及。

园林建筑的个体、群体形象以及小品的丰富多样，从传世的宋画中就可以看得出来。王希孟的名画《千里江山图》，仅一幅山水画中就表现了个体建筑的各种平面：一字形、曲尺形、折带形、丁字形、十字形、工字形，各种造形：单层、二层、架空、游廊、复道、两坡顶、九脊顶、五脊顶、攒尖顶、平顶、平桥、廊桥、亭桥、十字桥、拱桥、九曲桥等；还表现了以院落为基本模式的各种建筑群体组合的形象及其倚山、临水、架岩跨涧结合于局部地形地物的情况；建筑之得以充分发挥点缀风景的作用，已是显而易见的了。园林的观赏树木和花卉的栽培技术在唐代的基础上又有所提高，已出现嫁接和引种驯化的方法。当时的洛阳花卉甲天下，素有花城之称。欧阳修《洛阳牡丹记》记述洛阳居民爱花的情况：“洛阳之俗，大抵好花。春时，城中无贵贱，皆插花，虽负担者亦然。花开时士庶竞为游遨，往往于古寺、废宅有池台处为事，并张幄帘，笙歌之声相闻，最盛于月波堤、张家园、棠棣坊、长寿寺、东街与郭令宅，至花落乃罢”。周叙《洛阳花木记》记载了近六百个品种的观赏花木，其中牡丹 109 种、芍药 41 种、桃 30 种、梅 6 种、杏 16 种、梨 27 种、李 27 种、樱桃 11 种、石榴 9 种、林檎 6 种、木瓜 5 种、奈 10 种、刺花 37 种、草花 89 种、水花 19 种、蔓花 6 种，杂花 82 种；还分别介绍了许多具体的栽培方法：四时变接法、接花法、栽花法、种祖子法、打剥花法、分芍药法等。刊行出版的除了这些综合性的著作之外，还有专门记述某类花木的如“梅谱”、“兰谱”、“菊谱”等，不一而足。太平兴国年间由政府编纂的类书《太平御览》，从卷 953 到卷 976 共登录了果、树、草、花近三百种，卷 994 到卷 1000 共登录了花卉 110 种。石品已成为普遍使用的造园素材，江南地区尤甚。相应地出现了专以叠石为业的技工，吴兴叫做“山匠”、苏州叫做“花园子”。园林叠石技艺水平大为提高，人们更重视石的鉴赏品玩，刊行出版了多种的《石谱》。所有这些，都为园林的广泛兴造提供了技术上的保证，也是当时造园艺术成熟的标志。

中唐到北宋这一段时间，是中国文化史上的一个重要的转折阶段。在这个阶段里，作为传统文化主体的儒、道、佛三大思想都处在一种蜕变之中。儒学转化成为新儒学——理学，佛教衍生出完全汉化的禅宗，道教从民间的道教分化出向老庄佛禅靠拢的士大夫道教。从两宋开始，文化的发展也像宗法政治制度及其哲学体系一样，都在一种内向封闭的境界中实现着从总体到细节的不断自我完善。与汉唐相比，两宋士人心目中的宇宙世界缩小了。文化艺术已由外向拓展转向于纵深的内在开掘，其所表现的精微细腻的程度则是汉唐所无法企及的。

宋代的科举取士制度更为完善，政府官员绝大部分由科举出身。开国之初，宋太祖杯酒释兵权，根除了晚唐以来军人拥兵自重的祸患。文官的地位高于武官，文官执政可说是宋代政治的特色。这固然是宋代积弱的原因之一，但却成为文化发展繁荣的一个重要因素。文官多半是文人，能诗善画的文人担任中央和地方重要官职的数量之多，在中国整个封建时代没有任何朝代能与之比拟。

中唐以后，诗词无论在内容和风格上都发生了明显的变化。对田园闲适生活的品赏和身边琐事的吟咏，在文人的作品中逐渐多起来。到了宋代，诗词完全失去盛唐的闳放、波澜壮阔的气度，主流已转向缠绵悱恻、空灵婉约。宋代士大夫知识分子出于对国家社会的责任感而激发出强烈的忧患意识，成就了许多光照千古的爱国诗篇，但这类诗篇毕竟只占诗人们的作品中的很小一部分，多数则是吟咏感情生活以及描写风景名胜、茶酒书画、花草树木、庭园泉石等的题材，园林诗和园林词成为宋代诗词中的一大类别，它们或即景生情，或托物言志，通过对叠石为山，引水为池

图 7-1 荆浩《匡庐图》

图 7-2 马远《踏歌图》

以及花木草虫的细腻描写而寄托作者的情怀。那婉约空灵的格调几乎都以“深深庭院”的风花雪月，池泉山石作为载体，则是中国文学史上的显然事实。

绘画艺术在五代、两宋时期已发展到高峰境地，宋代乃是历史上最以绘画艺术为重的朝代，画家获得了前所未有的受人尊崇的社会地位。

两宋继五代之后，政府特设“画院”罗致天下画师，兼采选考的方式培养人才。考试常以诗句为题，因而促进了绘画与文学相结合。自汉唐以来利用绘画辅佐推行政教的情形到宋代已完全绝迹。画坛上呈现为人物、山水、花鸟鼎足三分的兴盛局面，山水画尤其受到社会上的重视而达到最高水平。正如郭熙《林泉高致》所说：“直以太平盛日，君亲之心两隆，苟洁一身，出处节义斯系，豈仁人高蹈远引，为离世绝俗之行，而必与箕颖埒素，黄绮同芳哉？……然则林泉之志，烟霞之侣，梦寐在焉，耳目断绝。今得妙手，郁然出之，不下堂筵，坐穷泉壑，猿声鸟啼，依约在耳，水光山色，滉漾夺目。斯岂不快人意，实获我心哉，此世之所以贵夫画山水之本意也”。五代、北宋山水画的代表人物为董源、李成、关仝、荆浩四大家，从他们的全景式画幅上，我们可以看到崇山峻岭、溪壑茂林，点缀着野店村居，楼台亭榭（图 7-1）。以写实和写意相结合的方法表现出“可望、可行、可游、可居”的士大夫心目中的理想境界，说明了“对景造意，造意而后自然写意，写意自然不取琢饰”的道理。南宋，马远、夏珪一派的平远小景，简练的画面构图偏于一角，留出大片空白（图 7-2），使观者的眼光随之望入那一片空虚之中顿觉水天辽阔，发人幽思而萌生出无限的意境。值得注意的是，两宋的山水画都十分讲求以各种建筑物来点缀自然风景，画面构图在一定程度上突出人文景观的分量，表明了自然风景的“园林化”的倾向。而直接以园林作为描绘对象的也不在少数，从北宋到南宋，园林景色和园林生活愈来愈多地成为画家们所倾注心力的题材，不仅着眼于园林的整体布局，甚至某些细部或局部如叠山、置石、建筑小品，植物配置等亦均刻画入微（图 7-4）。另外，自唐代文人涉足绘画艺术而萌芽的“文人画”，到两宋时异军突起，造就了一批广征博涉，多才多艺，集哲理、诗人、绘画、书法诸艺于一身的文人画家。苏轼（东坡）便是其中的佼佼者，被有些学者誉之为“欧洲文艺复兴式的艺术家”。宋代艺坛的诸如此类的情况，意味着诗文与绘画在更高层次上的融糅，诗画作品对意境的执着追求。在这种情况下，文人广泛参与园林规划设计，园林中熔铸诗画意趣比之唐代就更为自觉，同时也开始重视园林意境的创造。不仅私家园林如此，皇家园林和寺观园林也有同样的趋向。山水诗、山水画、山水园林互相渗透的密切关系，到宋代已经完全确立。

图 7-3　赵磊《八达游春图》

图 7-4　刘松年《四景山水图》

文化的空前发达，也相应地培育了文人士大夫的造园兴趣，他们有的直接参与园林的规划设计，有的著文描述某些名园，从而发展了《园记》这种文学体裁。文人士大夫的造园活动大为开展，逐渐形成民间的“士流园林”，士流园林更进一步地文人化，则又促成了两宋“文人园林”的兴盛局面。

宗教方面，佛教发展到宋代，内部各宗派开始融汇，相互吸收而复合变异。天台、华严、律宗等唐代盛行的宗派已日趋衰落，禅宗和净土宗成为主要的宗派。禅宗势力尤大，不仅是流布甚广的宗教派别，而且还作为一种哲理渗透到社会思想意识之中，甚至与传统儒学相结合而产生新儒学——理学，成为思想界的主导力量。而禅宗本身也完成了汉化的最终历程，成为地道的“汉地佛教”。相应地，佛寺的园林更趋同于私家园林，世俗化的倾向也更为明显。道教在其早期就不断吸收佛教的教义内容，摹仿佛教的仪典制度。宋代道教更向佛教靠拢。道观的园林也像佛寺一样，表现为趋同于私家园林和世俗化的明显倾向。

综上所述，宋代的政治、经济、文化的发展把园林推向了成熟的境地，同时也促成了造园的繁荣局面。两宋各地造园活动的兴盛情况，见诸文献记载的不胜枚举。以北宋东京为例，有关文献所登录的私家、皇家园林的名字就有一百五十余个[1]，名不见经传的想来也不少，此外还有许多寺观园林、公共园林、衙署园林、茶楼酒肆附设的园林，甚至不起眼的小酒店亦置“花竹扶疏”的小庭院以招徕顾客。东京园林之多，达到了“百里之内，并无阒地”[2]的程度，无异于花园城市了。南宋都城临安紧邻风景优美的西湖及其周围的群山，皇家占地兴造御苑，寺庙建造园林，而私家园林更是精华荟萃。西冷桥、孤山一带“俱是贵官园圃，凉堂画阁，高台危榭，花木奇秀，灿然可观”。“里湖内诸内侍园囿楼台森然，亭馆花木，艳色夺锦；白公竹阁，潇洒清爽。沿堤先贤堂、三贤堂、湖山堂，园林茂盛，妆点湖山[3]。形成了“一色楼台三十里，不知何处觅孤山”的盛况。

这个时期，私家、皇家、寺观三大园林类型都已完全具备中国风景式园林的四个主要特点——本于自然而又高于自然、建筑与自然的融糅、诗画的情趣、意境的涵蕴。也就是说，这四个特点到宋代已经全面地、明确地在造园艺术上体现出来了。园林的创作方法逐渐向写意转化。

北宋大体上仍然沿袭着隋唐园林的写实与写意相结合的传统，南宋，文人画出现于画坛，导致人们的审美观倾向于写意的画风。这种审美观必然会浸润于园林的创作，对后此的写意山水园的兴起也有一定的促进作用。元、明园林创作方法趋向于写意的主导，南宋园林实为其转化的契机。

私家园林中的士流园林的全面文人化，促成了“文人园林”的兴盛。文人园林作为一种风格几乎涵盖私家的造园活动，导致私家园林在元、明以后达到了它所取得的艺术成就的高峰，江南园林便是这个高峰的代表。

皇家园林集中在东京和临安两地，受到文人园林的影响，比起隋唐它们的规模变小了，皇家气派也有所削弱，但规划设计则趋于精密细致，出现了接近私家园林的倾向。某些御苑定期开放任人参观游览，皇室经常以御苑赏赐臣下，也经常把臣下的园林收为御苑。这些情况在历史上并不多见，也从一个侧面反映出两宋封建政治的一定程度的开明性和文化政策的一定程度的宽容性。

寺观园林由世俗化而进一步地文人化。禅宗与儒家合流，意味着佛教与文人士大夫在思想上的沟通。文人士大夫大多崇尚禅悦之风，而禅宗僧侣则日愈文人化。许多禅僧都擅长书画，诗酒风流，经常与文人交往，以文会友。道教在这时候逐渐出现分化的趋向，其中的一种趋向便是向老庄靠拢，强调清净、空寂恬淡、无为的哲理，表现为高雅闲逸的文人士大夫情趣。同时，一部分道士也像禅僧一样逐渐文人化，“羽士”、“女冠”经常出现在文人士大夫的社交活动圈里。在这种情况下，佛寺园林和道观园林由世俗化进而达到文人化的境地，当然也是不言而喻的事情。它们与私家园林之间的差异，除了尚保留着一点烘托佛国、仙界的功能之外，基本上已完全消失，所以说，文人园林的风格也涵盖了大多数寺观的造园活动。两晋南北朝，僧侣和道士纷纷到远离城市的山水风景地带建置佛寺、道观，促成了全国范围内山水风景的首次大开发。开发的动力固然得之于佛、道宗教活动的需要，也与当时宗教界、知识界的普遍向往山林，追求隐逸的心理状态有着直接的关系。宋代，佛教禅宗崛起，禅宗教义着重于现世的内心自我解脱，尤其注意从日常生活的细微小事中得到启示和从大自然的陶冶欣赏中获得超悟。禅僧的这种深邃玄远、纯净清雅的情操使得他们更向往于远离城镇尘俗的幽谷深山。道士讲究清静简寂，栖息山林有如闲云野鹤，当然也具有类似禅僧的情怀。再加上僧、道们的文人化的素养和对自然美的鉴赏能力，从而掀起了继两晋南北朝之后的又一次在山野风景地带建置寺、观的高潮，客观上无异于对全国范围内的风景名胜区特别是山岳风景名胜区的再度大开发。除了新开发建设的地区之外，过去已开发出来的如传统的五岳、五镇、佛教的大小名山、道教的洞天福地等则设施更加完善，区域格局更为明确。因此，宋代以寺、观为主体的风景名胜区的数量之多，远迈前代。如今，散布在全国各地的传统风景名胜区中的绝大多数在宋代均已成型，元明以后开发建设的几乎是凤毛麟角了[4]。

除了那些远离城市，以山岳为主的风景名胜区的大量开发之外，在一些经济、文化发达地区，城内及附廓的公共园林，城近郊的风景游览地亦多有见于文献记载的，甚至乡村聚落内也有公共园林的建置。

宋代不仅是中国园林发展史上的一个重要的阶段，随着佛教禅宗传入日本，宋代的造园艺术继唐代之后再度影响日本，促成了盛极一时的禅宗园林如书院造庭园，枯山水以及茶庭等的相继兴起。宋代文人园林对日本的禅僧造园起到了一定的启迪作用，唐宋文人如白居易、苏东坡等人的园林观也就在这时候开始为日本宫廷和民间造园界的人士普遍接受。

注释

[1] 根据《东京梦华录》、《东都志略》、《枫窗小牍》、《汴京遗迹志》、《宋书·地理志》、《玉海》诸书及散见于宋人文集、笔记中所记园林名字的粗略统计。

[2] 孟元老《东京梦华录》卷六。

[3] 吴自牧《梦粱录》卷十九。

[4] 周维权:《中国名山风景区》·北京，清华大学出版社，1996。

第二节 北宋东京园林

一、皇家园林

东京作为都城，必然也是皇家园林荟萃之地。

东京的皇家园林均为大内御苑和行宫御苑。属于前者的有后苑、延福宫、艮岳三处；属于后者的分布在城内外，城内计有撷芳园、景华苑两处，城外计有琼林苑，宜春园、玉律园、金明池、瑞圣园、牧苑等处（图7-5）。其中比较著名的为北宋初年建成的"东京四苑"——琼林苑、玉津园、金明池、宜春苑，以及宋徽宗时建成的延福宫和艮岳。而艮岳尤为著名，它不仅是北宋的一座名园，甚至可以视为中国古典园林成熟时期的标志，一个具有划时代意义的园林作品。

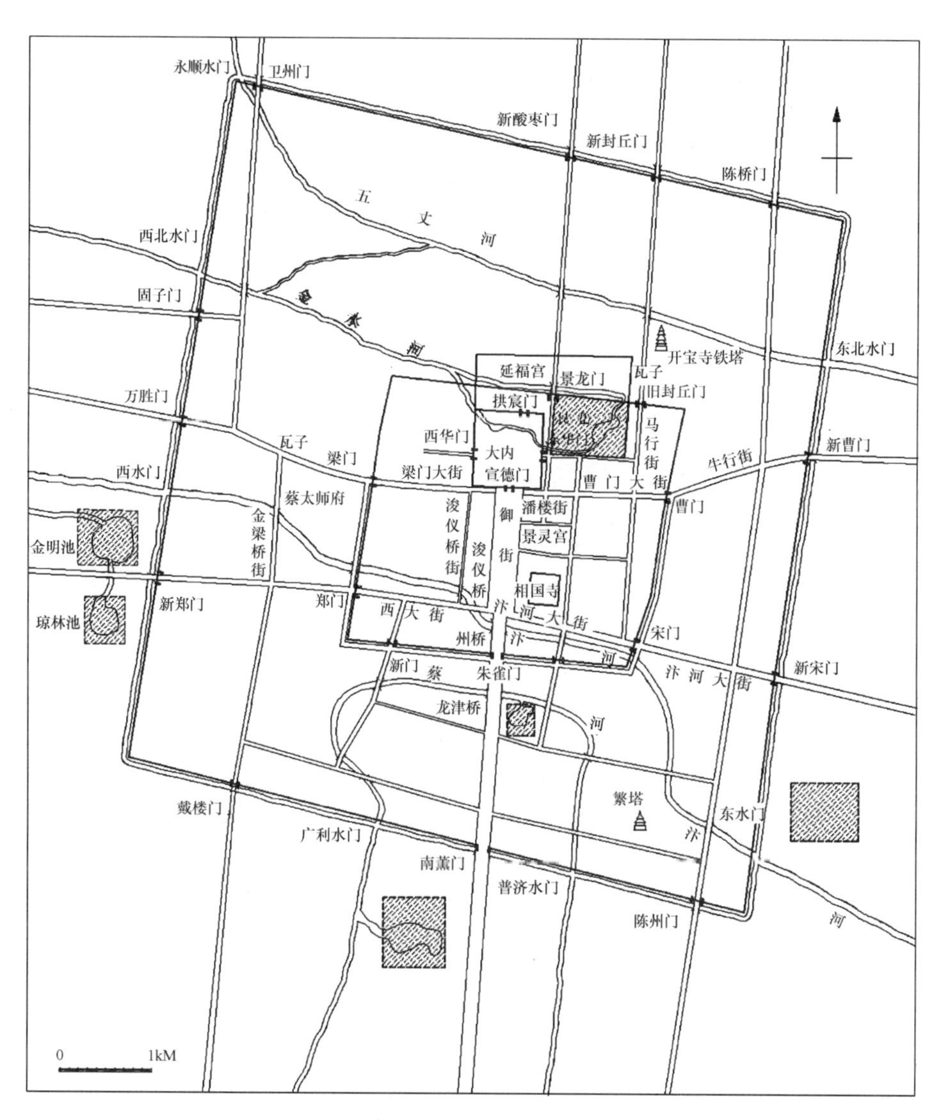

图7-5 东京城及主要宫苑分布示意图

1. 艮岳

宋徽宗赵佶笃信道教，政和五年（1115年）于宫城之东北建道观“上清宝箓宫”。后又听信道士之言，谓在京城内筑山则皇帝必多子嗣，乃于政和七年（1117年）“命户部侍郎孟揆于上清宝箓宫之东筑山，像余杭之凤凰山，号曰万岁山，既成更名曰艮岳”[1]。因其在宫城之东北面，故名艮岳。艮岳既成，又继续凿池引水、建造亭阁楼观、栽植奇花异树。用了五六年的时间不断经营，到宣和四年（1122年）终于建成了这座历史上最著名的皇家园林。园门的匾额题名“华阳”，故又称“华阳宫”。它的规模并不算太大，但在造园艺术方面的成就却远迈前人，具有划时代的意义。

艮岳的建园工作由宋徽宗亲自参预，徽宗精于书画，是一位素养极高的艺术家。具体主持修建工程的宦官梁师成“博雅忠荩，思精志巧，多才可属”。此二人珠联璧合，则艮岳之具有浓郁的文人园林意趣，自是不言而喻。建园之先经过周详的规划设计，然后制成图纸，“按图度地，庀徒僝工”[2]。徽宗经营此园，不惜花费大量财力、人力和物力。为了广事搜求江南的石料和花木，特设专门机构“应奉局”于平江（今苏州）。委派朱勔主管应奉局及“花石纲”事务。“纲”即宋代水路运输货物的组织，全国各地从水路运往京师的货物都要进行编组，一组谓之一“纲”。据《宣和遗事》：

> “（朱勔）初才致黄杨木三四本，已称圣意。后步步增加，遂至舟船相继，号做花石纲。在平江置应奉局，每一发辄数百万贯。搜岩剔薮，无所不到。虽江湖不测之澜，力不可致者，百计出之，名做神运。凡士庶之家，有一花一木之妙者，悉以黄帕遮复，指做御前之物。不问坟墓之间，尽皆发掘。石巨者高于数丈，将巨舰装载，用千夫牵挽，凿河断桥，毁堰拆闸，数月方至京师。一花费数千贯，一石费数万。”

如此巧取豪夺，殚费民力，因而激起民愤。北宋王朝的覆亡，与此不无关系。

园圃建成，宋徽宗亲自撰写《艮岳记》，到过艮岳的僧人祖秀也写了一篇《华阳宫记》，对园内景物作了详尽的描述，这是两篇有关艮岳的重要文献。此外，南宋人张淏把宋徽宗和祖秀之文删繁就简，另成《艮岳记》一篇；《枫窗小牍》、《宋史·地理志》也有片段记载。综合这些文献，我们大体上可以获得艮岳的概貌情况（图7-6）。

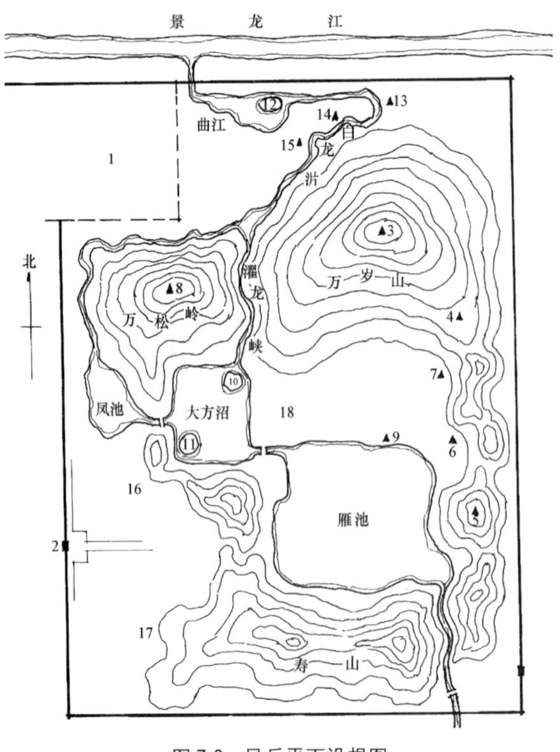

1. 上清宝箓宫；
2. 华阳门；
3. 介亭；
4. 萧森亭；
5. 极目亭；
6. 书馆；
7. 萼绿华堂；
8. 巢云亭；
9. 绛霄楼；
10. 芦渚；
11. 梅渚；
12. 蓬壶；
13. 消闲馆；
14. 漱玉轩；
15. 高阳酒肆；
16. 西庄；
17. 药寮；
18. 射圃

图7-6　艮岳平面设想图

艮岳属于大内御苑的一个相对独立的部分，建园的目的主要是以山水而“放怀适情，游心赏玩”。建筑物均为游赏性的，没有朝会、仪典或居住的建筑。园林的东半部以山为主，西半部以水为主，成“左山右水”的格局。山体从北、东、南三面包围着水体。北面为主山“万岁山”，先是用土筑成，大轮廓体型模仿杭州凤凰山，主峰高九十步是全园的最高点，上建“介亭”。后来从洞庭、湖口、丝溪、仇池的深水中，从泗滨、林虑、灵壁、芙蓉之山上开采上好石料运到东京，乃再加石料堆叠而成为大型的土石山。山上“蹬道盘行萦曲，扪石而上，既而山绝路隔，继之以木栈，倚石排空，周环曲折，有蜀道之难”。山南坡怪石林立，如紫石岩、祈真蹬等均极险峻，建龙吟堂、揽秀轩；山南麓“植梅万株，绿萼承华，芬芳复郁”，建萼绿华堂、巢凤阁、八仙馆、书馆、昆云亭等。从主峰顶上的介亭遥望景龙江“长波远岸，弥十余里；其上流注山间，西行潺湲”，景界极为开阔。万岁山的西面隔溪涧为侧岭“万松岭”，上建巢云亭，与主峰之介亭东西呼应成对景。万岁山的东南面为小山“横亘二里曰芙蓉城”，仿佛前者的余脉。水体南面为稍低的次山“寿山”又名南山，双峰并峙，山上建噰噰亭，山北麓建绛霄楼。

从园的西北角引来景龙江之水，入园后扩为一个小型水池名“曲江”，可能是模拟唐长安的曲江池。池中筑岛，岛上建蓬莱堂。然后折而西南，名回溪，沿河道两岸建置漱玉轩、清澌阁、高阳酒肆、胜筠庵、萧闲阁、蹑云台、飞岑亭等建筑物，河道至万岁山东北麓分为两股。一股绕过万松岭，注入凤池。另一股沿万岁山与万松岭之间的峡谷南流成山涧，“水出石口，喷薄飞注如兽面”，名叫白龙沜、濯龙峡，旁建蟠秀、练光、跨云诸亭。涧水出峡谷南流入方形水池“大方沼”，池中筑二岛，东曰芦渚，上建浮阳亭，西曰梅渚，上建雪浪亭。大方沼“沼水西流为凤池，东出为研（雁）池，中分二馆：东曰流碧，西曰环山。有阁曰巢凤，堂曰三秀”。雁池是园内最大的一个水池，“池水清且涟漪，鸟雁浮泳其面，栖息石间，不可胜计”。雁池之水从东南角流出园外，构成一个完整的水系。万岁山之西南有两处园中之园：药寮、西庄；前者种“参术、杞菊、黄精、芎䓖，被山弥坞”；后者种“禾、麻、菽、麦、黍、豆、粳、秫，筑室如农家之象”，也作为皇帝演耤耕礼的籍田。

这座历史上著名的人工山水园的园林景观十分丰富，有以建筑点缀为主的，有以山、水、花木而成景的。宋人李质、曹组《艮岳百咏诗》列举了园内一百余处景点的题名：

艮岳、介亭、极目亭、圌山亭、跨云亭、半山亭、萧森亭、麓云亭、清赋亭、散绮亭、清斯亭、炼丹亭、璿波亭、小隐亭、飞岑亭、草圣亭、书隐亭、高阳亭、噰噰亭、忘归亭、八仙馆、环山馆、芸馆、书馆、潇闲馆、漱琼轩、书林轩、云岫轩、梅池、雁池、砚池、林华苑、绛霄楼、倚翠楼、奎文楼、巢凤阁、竹冈、梅冈、万松岭、蟠桃岭、梅岭、三秀堂、萼绿华堂、岩春堂、蹑云台、玉霄洞、清虚洞天、和容厅、泉石厅、挥云亭、泛雪亭、妙虚斋、寿山、杏岫、景龙江、鉴湖、桃溪、回溪、滴滴岩、榴花岩、枇杷岩、日观岩、雨花岩、芦渚、梅渚、榠查谷、秋香谷、松谷、长春谷、桐径、百花径、合欢径、竹径、雪香径、海棠屏、百花屏、腊梅屏、飞来峰、留云石，宿露石、辛夷坞、橙坞、海棠川、仙李园、紫石壁、椒崖、濯龙峡、不老泉、柳岸、栈路、药寮、太素庵、祈真磴、踯躅岗、山庄、西庄、东西关、敷春门。

从园的总体到局部，艮岳造园艺术的成就是多方面的。我们可以根据有关文献的记载，试作如下的表述。

园林的筑山之模仿凤凰山不过是一种象征性的做法，重要的在于它的独特构思和精心经营。万岁山居于整个假山山系的主位，西面的万松岭为侧岭，东南面的芙蓉城则是延绵的余脉。南面的寿山居于山系的宾位，隔着水体与万岁山遥相呼应。这是一个宾主分明，有远近呼应，有余脉延展的完整山系，既把天然山岳作典型化的概括，又体现了山水“画论”所谓“先立宾主之位，决定远近之形”；“客山拱伏，主山始尊”的构图规律。整个山系“岗连阜属”，脉络是连贯的，并非各自孤立的土丘。其位置经营也正合于“布山形，取峦向，分石脉”的画理[3]。

筑山的用石也有许多独到之处。石料都是从各地运来的“瑰奇特异瑶琨之石”，而以太湖石、灵壁石之类为主，均按照图样的要求加以选择。故“石皆激怒抵触，若踶若啮，牙角口鼻，首尾爪距，千姿万状，殚奇尽怪”，配置树木藤萝而创为“雄拔峭峙、巧夺天工”的山体形象。山上道路是“斩石开径，凭险则设蹬道，飞空则架栈阁”；“山绝路隔，继之以木栈，倚石排空，周环曲折，有蜀道之难”。万岁山上多设奇特的石景，如：“得紫石滑净如削，面径数仞，因而为山，贴山卓立。山阴置木柜，绝顶开深池。车驾临幸，则驱水工登其顶，开闸注水而为瀑布，曰紫石壁，又名瀑布屏”。山腹构大山洞数十处，洞中石隙埋藏雄黄、卢甘石。前者可驱蛇虺，后者能在天阴时散发云雾，“蒸蒸然以像岚露”。寿山有“瀑布下入雁池”，则是另一处类似紫石壁的人工注水瀑布。

经过优选的石料千姿百态，故艮岳大量运用石的单块“特置”。在西宫门华阳门的御道两侧辟为太湖石的特置区，布列着上百块大小不同、形态各异的峰石有如人工的“石林”。“左右大石皆林立仅百余株，以神运、昭功、敷庆、万寿峰而名之。独神运峰广百围，高六仞，锡爵盘固侯。居道之中，束石为亭以庇之，高五十尺”。重要的峰石均有命名，居中最大的一块甚至封以爵位。“其余石，或若群臣入侍帷幄，正容凛若不可犯，或战栗若敬天威，或奋然而趋，又若伛偻趋进，其怪状余态，娱人者多矣”。水池中山坡上亦有特置的峰石，“其他轩榭庭径，各有巨石，棋列星布”，均根据它们各自的姿态由宋徽宗予以赐名，分别刻在石之阳面。《华阳宫记》登录的这些赐名计有：“朝日升龙、望云坐龙、矫首玉龙、万寿老松、栖霞扪参、衔日吐月、排云冲斗、雷门月斧、蟠螭、坐狮、堆青凝碧、金鳌玉龟、叠翠独秀、栖烟亸云、风门雷穴、玉秀、玉窦、锐云巢凤、雕琢浑成、登封日观、蓬瀛须弥、老人寿星、卿云瑞霭、溜玉、喷玉、蕴玉、琢玉、积玉、叠玉、丛秀，而在于渚者曰翔鳞，立于溪者曰舞仙，独居洲中者曰玉麒麟，冠于山者曰南屏小峰，而附于池上者曰伏犀、怒猊、仪凤、乌龙，立于沃泉者曰留云、宿雾，又为藏烟谷、滴翠岩、抟云屏、积雪岭，其间黄石仆于亭际者曰抱犊天门。又有大石二枚配神运峰，异其居以压众石，作亭庇之，置于寰春堂者曰玉京独秀太平岩，置于绿萼华堂者曰卿云万态奇峰”。

石峰尤其是太湖石峰的特置手法在宋代宫苑里面已普遍运用，这种情况多见于宋画中。《历代宅京记》记大内后苑的前殿仁智殿的庭院中列二巨石“高三丈，广半之”，东边的赐名“昭度神运万岁峰”，西边的赐名“独秀太平岩”，皆由宋徽宗御书刻石填金字。而艮岳则无论石的特置或者叠石为山，其规模均为当时之最大者而且反映了相当高的艺术水平，故《癸辛杂识》这样写道：

“前世叠石为山未见显著者，至宣和艮岳始兴大役。连舻辇致，不遗余力。其峰特秀者，不特封侯或赐金带，且各图为谱。”

“各图为谱”即把它们的形象摹绘下来而成为石谱。为了安全运输巨型太湖石，还创造了以麻筋杂泥渚洞之法。

园内形成一套完整的水系，它几乎包罗了内陆天然水体的全部形态：河、湖、沼、溪、涧、瀑、潭等等的缩影。水系与山系配合而形成山嵌水抱的态势，这种态势是大自然界山水成景的最理想的地貌的概括，符合于堪舆学说的上好风水条件，体现了儒、道思想的最高哲理——阴阳、虚实的相生互补，统一和谐。后世“画论”所谓“山脉之通按其水径，水道之达理其山形”[4]的画理，在艮岳的山水关系的处理上也有了一定程度的反映。

园内植物已知的共七十余个品种，包括乔木、灌木、果树、藤本植物、水生植物、药用植物、草本花卉、木本花卉以及农作物等，其中不少是从南方的江、浙、荆、楚、湘、粤引种驯化的，

《艮岳记》登录的品种计有：枇杷、橙、柚、橘、柑、榔、栝、荔枝之木，金蛾、玉羞、虎耳、凤尾、素馨、渠那、茉莉、含笑之草。它们漫山遍冈，沿溪傍陇，连绵不断，甚至有种在栏槛下面、石隙缝里的，几乎到处都被花木掩没。植物的配置方式有孤植、对植、丛植、混交，大量的则是成片栽植。《枫窗小牍》记华阳门内御道“两旁有丹荔八千株，有大石曰神运、昭功立其中，旁有两桧，一夭矫者名作朝日升龙之桧，一偃蹇者名作卧云伏龙之桧，皆玉牌填金字书之”。园内按景分区，许多景区、景点都是以植物之景为主题，如：植梅万本的“梅岭”，在山岗上种丹杏的“杏岫”，在叠山石隙遍栽黄杨的“黄杨巘”。在山岗险奇处丛植丁香的“丁嶂”。在赭石叠山上杂植椒兰的“椒崖”，水泮种龙柏万株的“龙柏陂”，寿山西侧的竹林“斑竹麓”，以及海棠川、梅岭、万松岭、梅渚、芦渚、萼绿华堂、雪浪亭、药寮、西庄等。因而到处郁郁葱葱，花繁林茂。例如，景龙江北岸：“万竹苍翠蓊郁，仰不见日月”，曹祖《艮岳百咏诗》描写万松岭：

苍苍森列万株松，终日无风亦自风；
白鹤来时清露下，月明天籁满秋风。

林间放养珍禽奇兽“动以亿计”（?），仅大鹿就有数千头，设专人饲养。园内还有受过特殊训练的鸟兽，能在宋徽宗游幸时列队接驾，谓之“万岁山珍禽。”金兵围困东京时，“钦宗命取山禽水鸟十余万尽投之汴河……。又取大鹿数百头杀之以饷卫士”，[5]足见艮岳蓄养禽鸟之多，无异于一座天然动物园。

园内“亭堂楼馆，不可殚纪”，集中为大约四十处。几乎包罗了当时的全部建筑形式，其中如书馆“内方外圆如半月”，八仙馆“屋圆如规”等都是比较特殊的。建筑的布局除少数为满足特殊的功能要求，绝大部分均从造景的需要出发，充分发挥其“点景”和“观景”的作用。山顶制高点和岛上多建亭，水畔多建台、榭，山坡上多建楼阁。唐代已开始在风景优美的地带兴建楼阁，至宋代而此风大盛，楼阁建筑的形象也更为精致，屡屡出现在宋人的山水画中。因此，皇家园林里面亦多有楼阁的建置作为重要的点景建筑物，同时也提供观景的场所。除了游赏性的园林建筑之外，还有道观、庵庙、图书馆、水村、野居以及摹仿民间镇集市肆的“高阳酒家”等等。可谓集宋代建筑艺术之大成，而建筑作为造园的四要素之一，在园林里面的地位也就更为重要了。

据各种文献的描写看来，艮岳称得起是一座叠山、理水、花木、建筑完美结合的具有浓郁诗情画意而较少皇家气派的人工山水园，它代表着宋代皇家园林的风格特征和宫廷造园艺术的最高水平。它把大自然生态环境和各地山水风景加以高度的概括、提炼和典型化而缩移摹写。建筑发挥重要的造景作用，但就园林的总体而言则是从属于自然景观，试看《艮岳记》的具体描写：

“岩峡洞穴，亭阁楼观，乔木茂草，或高或下，或远或近，一出一入，一荣一凋。四面周匝，徘徊而仰顾，若在重山大壑，深谷幽岩之底，而不知京邑空旷坦荡而平夷也，又不知郛郭寰会纷萃而填委也。真天造地设，神谋化力，非人力所能为者也。”

宋徽宗在同一篇文章里还谈到他对这座园林的景观的感受：

“东南万里，天台、雁荡、凤凰、庐阜之奇伟，二川、三峡、云梦之旷荡。四方之远且异，徒各擅其一美，未若此山并包罗列。又兼其胜绝，飒爽溟涬，参诸造化，若开辟之素有。虽人为之山，顾其小哉。”

这些描述，虽不免有溢美夸张之词，而此园之概括自然界山川风物之灵秀，能于小中见大、移地拓基的情况则是可想而知的。

2. 延福宫

延福宫位于宫城之北，构成城市中轴线上前宫后苑的格局。政和三年（1113年），为兴建此宫而把宫城北门外的内酒坊、裁造院、油醋库、柴炭库、鞍鞯库拆迁至他处，又迁走两所佛寺、两座军营。延福宫的范围南邻宫城，北达内城北墙，东西宫墙即宫城东西墙的延伸，设东、西两个宫门。有关宫内园林及建筑的情况，《宋史·地理志》卷八十五言之甚详：

"……始南向，殿因宫名曰延福，次曰蕊珠，有亭曰碧琅玕。其东门曰晨晖，其西门曰丽泽。宫左复列二位。其殿则有穆清、成平、会宁、睿谟、凝和、崑玉、群玉，其东阁则有蕙馥，报琼、蟠桃、春锦、垒琼、芬芳、丽玉、寒香、拂云、偃盖、翠葆、铅英、云锦、兰薰、摘金，其西阁有繁英、雪香、披芳、铅华、琼华、文绮、绛萼、秾华、绿绮、瑶碧、清阴、秋香、丛玉、扶玉、绛云。会宁之北叠石为山，山上有殿曰翠微。旁为二亭，曰云岿、曰层巘。凝和之次阁曰明春，其高逾三百一十尺。阁之侧为殿二，曰玉英、曰玉涧。其背附城（即内城北墙）。筑土植杏，名曰杏岗。覆茅为亭，修竹万竿，引流其下。宫之右为佐二阁，曰宴春，广十有二丈，舞台四列，山亭三峙。凿圆池为海，跨海为二亭，架石梁以升山，亭曰飞华。横度之四百尺有奇，纵数之二百六十有七尺。又流泉为湖，湖中作堤以接亭，堤中作梁以通湖，梁之上又为茅亭、鹤庄、鹿砦、孔翠诸栅，蹄尾动数千。嘉花名木，类聚区别，幽胜宛若生成，西抵丽泽（宫门），不类尘境。"

延福宫由当时的五个大宦官——童贯、杨戬、贾祥、蓝以熙、何䜣——分区负责监修，按各自的规划，成为各不相同的五个区，号称延福五位。其后又跨内城北墙之护城河扩建一区，即延福第六位。关于此区情况，《枫窗小牍》有概略记载："跨城之外浚濠，深者水三尺，东景龙门桥，西天波门桥。二桥之下，叠石为固，引舟相通，而桥上人物外自通行不觉也，名曰景龙江。其后又辟之，东过景龙门至封丘门。此特大概耳，其雄胜不能尽也。"此区之景龙江夹岸皆奇花珍木，殿宇鳞次栉比，又名撷芳园。逐渐往东拓展的部分名曰景华苑，此园山水秀美，林木畅茂，楼观参差，堪与延福宫、艮岳比美。

3. 后苑

后苑位于宫城之西北。据《历代宅京记》：后苑东门曰宁阳，苑内的主要殿堂为崇圣殿、太清楼。其西又有宜圣、化成、金华、西凉，清心等殿，翔鸾、仪凤二阁，华景、翠芳、瑶津三亭。经内宫墙之两重门出入后苑，"十数步间，过一小溪桥有仁智殿，溪中有龙舟。仁智殿下两巨石，高二丈，广半之。东一石有小碑刻'昭庆神运万岁峰'，西一石刻'独秀太平峰'，乃宋徽宗御书，刻石填金。殿后有石垒成山，高百丈，广倍之，最上刻石曰香石泉山。山后挽水上山，水自流下至荆王涧，又流至涌翠峰，下有太山洞。水自洞门飞下，复由本路出德和殿，迤逦至大庆门外，横从右升龙门出后朝门，榜曰启庆之宫。"

4. 琼林苑

琼林苑位于外城西墙新郑门外干道之南，乾德二年（964年）始建，到政和年间才全部完成。苑之东南隅筑山高数十丈，名"华觜冈"。山"高数十丈，上有横观层楼，金碧相射"。山下为"锦石缠道，宝砌池塘，柳锁虹桥，花萦凤舸。其花皆素馨、茉莉、山丹、瑞春、含笑、射香"[6]，大部分为广闽、二浙所进贡的名花。花间点缀梅亭、牡丹亭等小亭兼作赏花之用。入苑门，"大门牙道皆古松怪柏，两旁有石榴园、樱桃园之类，各有亭榭"[7]。可以设想，此园除殿亭楼阁，池桥画舫之外，还以树木和南方的花草取胜，是一座以植物为主体的园林，都人称之为"西青城"，苑内于射殿之南设球场，"乃都人击球之所"。每逢大比之年，殿试发榜后皇帝例必在此园赐宴新科进士，谓之"琼林宴"。

5. 金明池

金明池位于新郑门外干道之北，与琼林苑遥遥相对。太平兴国元年，乃于此地凿池引金水河之水注之，以教习水军。宋太平兴国七年（982 年），宋太宗曾临幸观水战。政和年间，兴建殿宇，进行绿化而成为一座以略近方形的大水池为主体的园林，周长九里三十步（图 7-7）。据《东京梦华录》卷七：池南岸的正中有高台，上建宝津楼，楼之南为宴殿，殿之东为射殿及临水殿。宝津楼下架仙桥连接于池中央的水心殿。仙桥“南北约数百步，桥面如虹，朱漆阑楯，下排雁柱，中央隆起，谓之骆驼虹”。池北岸之正中为奥屋，即停泊龙舟之船坞。环池均为绿化地带，别无其他建置。金明池原为宋太宗检阅“神卫虎翼水军”的水操演习之地，因而它的规划不同于一般园林，呈规整的类似宫廷的格局。到后来水军操演变成了龙舟竞赛的斗标表演，宋人谓之“水嬉”。金明池每年定期开放任人参观游览，“岁以三月开，命士庶纵观，谓之开池，至上已车驾临幸毕即闭”。每逢水嬉之日，东京居民倾城来此观看，宋代画家张择端的名画《金明池夺标图》（图 7-8），生动地描绘了这个热闹场面。《东京梦华录》卷七详细记载了“驾幸临水殿观争标锡宴”的情况：

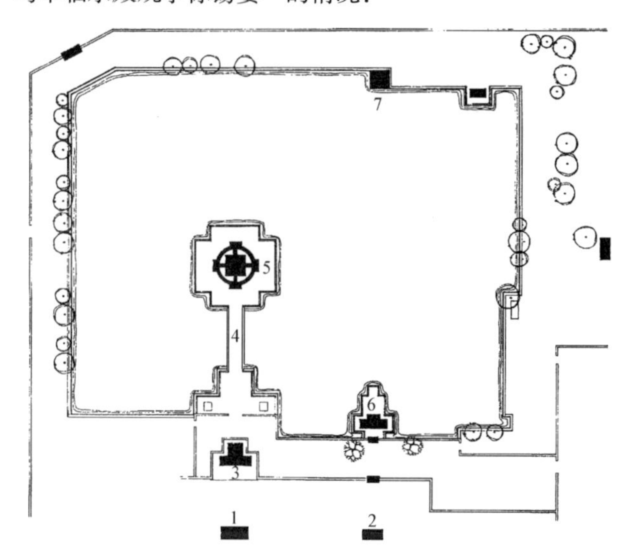

图 7-7　金明池平面设想图

图 7-8　《金明池夺标图》

"驾先幸池之临水殿锡宴群臣。殿前出水棚，排立仪卫。近殿水中，横列四彩舟，上有诸军百戏，如大旗、狮豹、棹刀、蛮牌、神鬼、杂剧之类。又列两船，皆乐部。又有一小船，上结小彩楼，下有三小门，如傀儡棚，正对水中乐船。上参军色进致语，乐作，彩棚中门开，出小木偶人，小船子上有一白衣垂钓，后有小童举棹划船，缭绕数回，作语，乐作，钓出活小鱼一枚，又作乐，小船入棚。继有木偶筑毬舞旋之类，亦各念致语，唱和，乐作而已，谓之"水傀儡"。又有两画船，上立鞦韆，船尾百戏人上竿，左右军院虞侯监教鼓笛相和。又一人上蹴鞦韆，将平架，筋斗掷身入水，谓之水鞦韆。水戏呈华，百戏乐船，并各鸣锣鼓，动乐舞旗，与水傀儡船分两壁退去。有小龙船二十只，上有绯衣军士各五十余人，各设旗鼓铜锣。船头有一军校，舞旗招引，乃虎翼指挥兵级也。又有虎头船十只，上有一锦衣人，执小旗立船头上，余皆著青短衣，长顶头巾，齐舞棹，乃百姓卸在行人也。又有飞鱼船二只，采画间金，最为精巧，上有杂采戏衫五十余人，间列杂色小旗绯伞，左右招舞，鸣小锣鼓铙铎之类。又有鳅鱼船二只，止容一人撑划，乃独木为之也，皆进花石朱缅所进。诸小船竞诣奥屋，牵拽大龙船出诣水殿，其小龙船争先团转翔舞，迎导于前。其虎头船以绳索引龙舟。大龙船约长三四十丈，阔三四丈，头尾鳞须，皆雕镂金饰，皇板皆退光，两选列十阁子，充阁分歇泊中，设御座龙水屏风。皇板到底深数尺，底上密排铁铸大银样如卓面大者压重，庶不欹侧也……"

琼林苑亦与金明池同时开放，届时苑内百戏杂陈，允许百姓设摊做买卖，所有殿堂均可入内参观。对此，《东京梦华录》卷七亦有记载：

"池苑内院酒家艺人占外，多以采幕缴络，铺设珍玉、奇玩、疋帛、动使、茶酒器物关扑。有以一笏扑三十笏者。以至车马、地宅、歌姬、舞女，皆约以价而扑之。出九和合有名者，任大头、快活三之类，余亦不数。池苑所进奉鱼耦果实，宣赐有差。后苑作进小龙船，雕牙缕翠，极尽精巧。随驾艺人池上作场者，宣、政间，张艺多、浑身眼、宋寿香、尹士安小乐器，李外宁水傀儡，其余莫知其数。池上饮食：水饭、凉水绿豆、螺蛳肉、饶梅花酒，查片、杏片、梅子、香药脆梅、旋切鱼脍、青鱼、盐鸭卵、杂和辣菜之类。池上水教罢，贵家以双缆黑漆平船，紫帷帐，设列家乐游池。宣、政间亦有假凭大小船子，许士庶游赏，其价有差。"

金明池东岸地段广阔，树木繁茂，游人稀少，则辟为安静的钓鱼区。但钓鱼"必于池苑所买牌子方许捕鱼。游人得鱼，倍其价买之，临水斫脍，以荐芳樽，乃一时之佳味也"[8]。

6. 玉津园

玉津园在南熏门外，原为后周的旧苑，宋初加以扩建。苑内仅有少量建筑物，环境比较幽静，林木特别繁茂，故俗称"青城"。空旷的地段上大半种植以麦为主的农作物，均进供内廷。每年夏天，皇帝临幸观看刈麦。在苑的东北隅有专门饲养远方进贡的珍奇禽兽的动物园，养畜大象、麒麟、驺虞、神羊、灵犀、狻猊、孔雀、白鸽，吴牛等珍禽异兽。北宋前期，玉津园每年春天定期开放，供都人踏春游赏，苏轼有《游玉津园》诗。

承平苑囿杂耕桑，六圣临民计虑长；
碧水东流还旧派，紫坛南峙表连冈；
不逢迟日莺花乱，空想疏林雪月光；
千亩何时耕帝籍，斜阳寂历锁云庄。

7. 宜春苑

宜春苑在新宋门外干道之南，原为宋太祖三弟秦王之别墅园，秦王贬官后收为御苑。此园以栽培花卉之盛而闻名京师。“每岁内苑赏花，则诸苑进牡丹及缠枝杂花。七夕中元，进奉巧楼花殿，杂果实莲菊花木，及四时进时花入内”[9]。诸苑所进之花，以宜春苑的最多最好，故后者的性质又相当于皇家的“花圃”。宋初，每年新科进士在此赐宴，故又称为迎春苑。以后逐渐荒废，改为“富国仓”。宋神宗时，王安石曾赋诗咏宜春苑的荒废情况：

宜春旧台沼，日暮一登临；

解带行苍藓，移鞍坐绿阴；

树疏啼鸟远，水静落花深；

无复增修事，君王惜费金。

8. 芳林园

芳林园在城西固子门内之东北，宋太宗为皇弟时之赐园。太宗即位后，名潜龙园，于淳化三年（992年）临幸，登水心亭观群臣竞射。凡中的者由太宗亲自把盏，群臣皆醉。稍后拓广园地，改名奉真园，园景朴素淡雅，于山水陂野之间点缀着村居茅店。天圣七年（1029年），改名芳林园。

9. 含芳园

含芳园在封丘门外干道之东侧，大中祥符三年（1010年）自泰山迎来“天书”供奉于此，改名瑞圣园。此园以栽植竹子之繁茂而出名，宋人曾巩有诗句咏之为：

北上郊园一据鞭，华林清集缀儒冠；

方塘潾潾春先绿，密竹娟娟午更寒。

二、私家园林、寺观园林及城市绿化

东京除了皇家园林之外，还有大量的私家园林和寺观园林分布在城内及近郊的附廓一带，茶楼酒肆园林和公共园林也有见于文献记载的。“大抵都城左近，皆是园圃，百里之内，并无阒地。”

东京的佛寺、道观很多，寺观园林大多数在节日或一定时期内向市民开放，任人游览。寺观的公共活动除宗教法会和庙会之外，游园活动也是一项主要内容，因而这些园林多少具有城市公共园林的职能。四月八日佛诞生日，城内“十大禅院各有浴佛斋会，煎香药糖水相遗，名曰浴佛水。迤逦时光昼永，气序清和，榴花院落，时闻求友之莺。细柳亭轩，乍见引雏之燕。”[10]寺观的游园活动不仅吸引成千上万的市民，皇帝游幸也是常有的事，《东京梦华录》卷六详细记载了正月十四日皇帝到五岳观迎祥池游览并赐宴群臣归来时的盛况：

“正月十四日，车驾幸五岳观迎祥池，有对御。至晚还内，围子亲从官皆顶毬头大帽，簪花、红锦团答戏狮子衫，金镀天王腰带，数重骨朵。天武官皆顶双卷脚袱头，紫上大搭天鹅结带宽衫。殿前班顶两脚屈曲向后花装幞头，着绯青紫三色燃金线结带望仙花袍，跨弓箭，乘马，一札鞍辔，缨绋前导。……诸班直皆幞头锦袄束带，每常驾出有红纱帖金烛笼二百对，元宵加以琉璃玉柱掌扇灯。快行家各执红纱珠络灯笼。驾将至，则围子数重外，有一人捧月样兀子锦覆于马上。天武官十余人，簇拥扶策，喝曰：“看驾头”。次有吏部小使臣百余，皆公裳，执珠络毬杖，乘马听唤，近侍余官皆服紫绯公服，三衙太尉、知阁御带罗列前导，两边皆内等子。……教坊钧客直乐部前引，驾后诸班直马队作乐，驾后围子外左则宰执侍从，右则亲王、宗室、南班官。驾近，则列横门十余人击鞭，驾后有曲柄小红绣伞，亦殿侍执之于马上。”

东京的城市绿化很出色，市中心的天街宽二百余步，当中设御道，御道中央为皇帝专用的步行道，用朱漆杈子将两旁的车马道分开。天街两侧的廊下为普通人行道，它们与御道之间用“御沟”分隔。两条御沟内“尽植莲荷，近岸植桃、梨、杏，杂花相间。春夏之间，望之如绣”。其他街道两旁一律种植行道树，多为柳、榆、槐、椿等中原乡土树种。“连骑方轨，青槐夏荫”，“城里牙道，各植榆柳成荫”[11]。护城河和城内四条河道的两岸均进行绿化，由政府明令规定种植榆、柳。这从张择端《清明上河图》中也能看得出来，此图所绘汴河两岸及沿街的行道树以柳树为主，其次是榆树和椿树，间以少量的其他树种。

注释

[1] 李濂：《汴京遗迹志》。

[2] 宋徽宗：《艮岳记》。

[3] 笪重光：《画荃》。

[4] 同上。

[5]《宋史・地理志》卷八十五。

[6] 孟元老：《东京梦华录》卷七。

[7] 同上。

[8] 同上。

[9]《玉海》卷一七一。

[10] 孟元老：《东京梦华录》卷八。

[11] 孟元老：《东京梦华录》卷一。

第三节　北宋洛阳园林

中原地区经济繁荣，文化昌盛，洛阳又是北宋的政治中心——西京之所在地。造园活动之兴旺自不待言，园林见于文献记载的也比较多。

洛阳为汉唐旧都，历代名园荟萃于斯。北宋以洛阳为西京，公卿贵戚兴建的邸宅、园林当不在少数。宋人李格非写了一篇《洛阳名园记》，记述他所亲历的比较名重于当时的园林十九处，大多数是利用唐代废园的基址。其中十八处为私家园林，属于依附住宅的宅园性质的有六处：富郑公园、环溪、湖园、苗帅园、赵韩王园、大字寺园（公隐园），属于单独建置的游憩园性质的有十处：董氏西园、董氏东园、独乐园、刘氏园、丛春园、松岛、水北胡氏园、东园、紫金台张氏园、吕文穆园，属于以培植花卉为主的花园性质的有两处：归仁园、李氏仁丰园。《洛阳名园记》是有关北宋私家园林的一篇重要文献，对所记诸园的总体布局以及山池、花木、建筑所构成的园林景观描写具体而翔实，足以代表中原地区私家园林的一般情况。

一、私家园林

1. 富郑公园

此园为宋仁宗、神宗两朝宰相富弼的宅园（图 7-9），园在邸宅的东侧，出邸宅东门的探春亭便可入园。园林的总体布局大致为：大水池居园之中部偏东，由东北方的小渠引来园外活水。池之北为全园的主体建筑物四景堂，前为临水的月台，“登四景堂则一园之胜景可顾览而得”，堂东的水渠上跨通津桥。过桥往南即为池东岸的平地，种植大片竹林，辅以多种花木。“上方流亭，望紫筠堂而还。右旋花木中，有百余步，走荫樾亭、赏幽台，抵重波轩而止”。池的南岸建卧云堂，与四景堂隔水呼应成对景，大致形成园林的南北中轴线。卧云堂之南为一带土山，山上种植梅、竹林，建梅台和天光台。二台均高出于林梢，以便观览园外借景。四景堂之北亦为一带土山，山腹筑洞四，横一纵三。洞中用大竹引水，洞的上面为小径。大竹引水出地成明渠，环流于山麓。山之北是一大片竹林，“有亭五，错列竹中：曰丛玉，曰披风，曰漪岚，曰夹竹，曰兼山”。此园的两座土山分别位于水池的南、北面，“背压通流，凡坐此，则一园之胜可拥而有也”。据《园记》的描述情况看来，全园大致分为北、南两个景区。北区包括具有五个水洞的土山及其北的竹林，南区包括大水池、池东的平地和池南的土山。北区比较幽静，南区则以开朗的景观取胜。

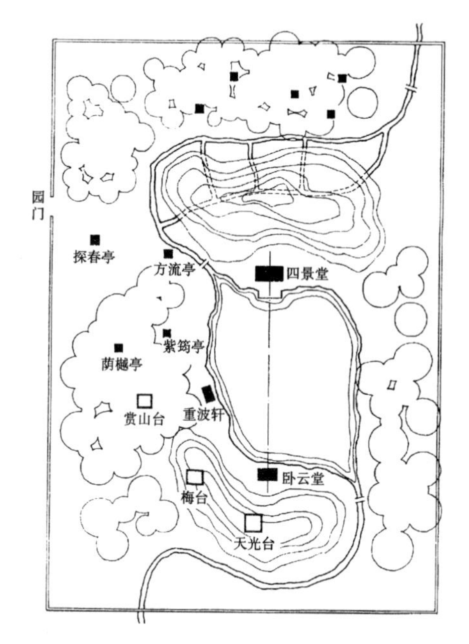

图 7-9　富郑公园平面设想图

2. 环溪

环溪是宣徽南院使王拱辰的宅园（园 7-10），它的总体布局很别致：南、北开凿两个水池，在这两个水池的东、西两端各以小溪连接，形成水环绕着当中的一块大洲的局面，故名环溪，主要的建筑物均集中在大洲上，南水池之北岸建洁华亭，北水池之南岸建凉榭，都是临水的建筑物。多景楼在大洲当中，登楼南望“则嵩高、少室、龙门、大谷、层峰翠巘，毕效奇于前”。凉榭之北有风月台，登台北望“则隋唐宫阙楼殿，千门万户，岧峣璀璨，延亘十余里，凡左太冲十余年极力而赋者，可瞥目而尽也”。凉榭的西面另有锦厅和秀野台，其下可坐百人。园中遍种松树、桧树，各类品种的花木千株。花树丛中辟出一块块的林间隙地好像水中的岛屿一样，“使可张幄项各待其盛而赏之”。显然，此园的特点是以水景和借景取胜。

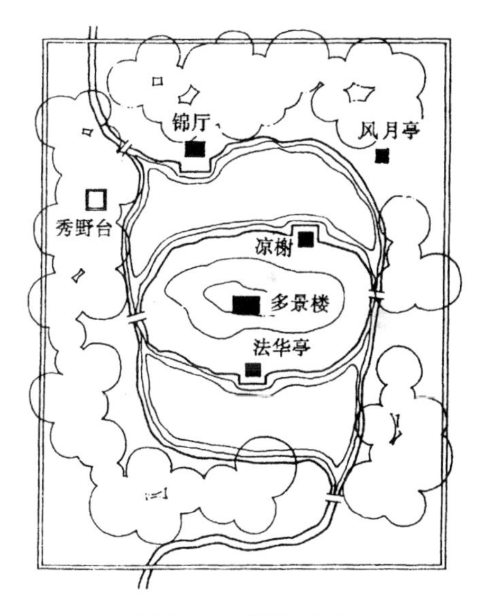

图 7-10　环溪平面设想图

3. 湖园

原为唐代宰相裴度的宅园，宋代归属何人，《洛阳名园记》没有提到。

园林的主体是一个大湖，湖中有大洲旧名百花洲，洲上建堂。湖北岸又有大堂四并堂，堂之名出于谢灵运《拟魏太子邺中集诗》序“天下良辰、美景、赏心、乐事，四者难并”之句。大洲多种花木，环池多种成片的树林和修竹。百花洲堂和四并堂为园中的主要建筑物，两者隔水呼应成对景。其余的建筑物则分布在环池的地段上，各与其周围的局部环境和植物配置相结合而成为景点：桂堂位于东、西交通道路之枢纽；迎晖亭突出于湖西岸之水面；梅台、知止庵隐蔽在林莽之中，循曲径方能到达；环翠亭超然高出于竹林之上；翠樾亭前临渺渺大湖，既有池亭之胜，犹擅花卉之妍。当时的洛阳人认为，一座园林再好也不可能兼有以下六者：“务宏大者少幽邃，人力胜者少苍古，多水泉者艰眺望”，惟独湖园却能够兼此六者。故它在当时是颇有些名气的，《洛阳名园记》亦给予它以很高的评价：“虽四时不同，而景物皆好”。

4. 苗帅园

节度使苗授之宅园，原为唐开宝宰相王溥的私园。“园既古，景物皆苍老”。园内古树甚多，有七叶树二株“对峙，高百尺，春夏望之如山然”，大松七株，另有“竹万余竿，皆大满二、三围，疏筠琅，如碧玉椽”。园废之后，为苗授购得加以改建。此园利用原有的优越的绿化条件，建堂于两株七叶树之北，建亭于竹之南。从东面引来伊水支津之活水，成小溪“可浮十石舟，今创亭压其溪”。引水绕七株大松间，汇而为池，池中植莲荇，“今创水轩，板出水上。对轩有桥亭，制度甚雄侈”。

5. 赵韩王园

赵普之宅园。赵普乃宋代的开国功臣，封韩王，此园“初诏将作营治，故其经画制作，殆侔禁、省”。园内“高亭大榭，花木之渊薮”，足见其华丽程度，堪与宫廷或衙署比美。

6. 大字寺园

原为唐代白居易的履道坊宅园，园废后改建为佛寺。北宋时，“张氏得其半，为会隐园，水竹尚甲洛阳。但以其图考之，则某堂有某水，某亭有某木，至今犹存。而曰堂曰亭者，无复仿佛矣”。足见此园基本上保持原履道坊宅园的山、水、树木，而建筑物则为新建的。

7. 董氏西园、东园

两园均为工部侍郎董俨的游憩园。

西园的特点是“亭台花木，不为行列区处周旋，景物岁增月葺所成”。园门设在南面，“自南门入，有堂相望者三”。靠西的一堂临近大池，由此过小桥，有一高台。台之西又有一堂，周围竹林环绕。林中种石芙蓉花，泉水自花间涌出。此堂“开轩窗四面，甚敞，盛夏燠暑，不见畏日，清风忽来，留而不去，幽禽静鸣，各夸得意”，故《洛阳名园记》认为这里乃是洛阳城中“最得山林之乐”的地方。园林的北半部开凿大池，以大池为主体构成水景区，池南有一堂，其前正对一高亭。此堂虽不大“而屈曲甚邃，游者至此，往往相失，且前世所谓迷楼者类也”。

东园正门在北，入门有古栝树一株，“可十围，实小如松实，而甘香过之”。园之西半部为大池，池中建含碧堂。水从四面的暗沟喷泻入池中而不溢出池外，类似今之喷水池。有酒醉者走登含碧堂，辄醒，故俗称之为醒酒池。园东半部的平地上建置主要厅堂及流杯亭、过碧亭。

8. 独乐园

独乐园是司马光的游憩园，规模不大而又非常朴素，但《洛阳名园记》语焉不详。司马光自撰《独乐园记》则记述比较具体翔实：园林占地大约二十亩，在中央部位建读书堂，堂内藏书五千卷。读书堂之南为弄水轩，室内一小水池，把水从轩的南面暗渠引进，分为五股注入池内，名“虎爪泉”。再由暗渠向北流出轩外，注入庭院有如象鼻。自此又分为二明渠环绕庭院，在西北角上会合流出。读书堂之北为一个大水池，中央有岛。岛上种竹子一圈，周长三丈。把竹梢札结起来就好像打鱼人暂栖的庐舍，故名之曰钓鱼庵。池北为六开间的横屋，名叫种竹斋。横屋的土墙、茅草顶极厚实以御日晒，东向开门，南北开大窗以通风，屋前屋后多植美竹，是消夏的好去处。池东，靠南种草药一百二十畦，分别揭示标签记其名称。靠北种竹，行列成一丈见方的棋盘格状，把竹梢弯曲搭接好像拱形游廊。余则以野生藤蔓的草药攀缘在竹竿上，其枝茎稍高者种于周围犹如绿篱。这一区统名之曰采药圃，圃之南为六个花栏，芍药、牡丹、杂花各二栏。花栏之北有一小亭，名浇花亭。池西为一带土山，山顶筑高台，名见山台。台上构屋，可以远眺洛阳城外的万安、轩辕、太室诸山之景。独乐园在洛阳诸园中最为简素，这是司马光有意为之。他认为：孟子所说的“独乐乐，不如与众乐乐”乃是王公大人之乐，并非贫贱者所能办到；颜回的“一箪食、一瓢饮，不改其乐”，孔子所谓“饭蔬食饮水，曲肱而枕之，乐在其中矣”，这是圣贤之乐，又非愚者所能及。人之乐，在于各尽其分而安之。自己既无力与众同乐，又不能如孔子、颜回之甘于清苦，就只好造园以自适，而名之曰“独乐”了。园林的名称含有某种哲理的寓意，园内各处建筑物的命名也与古代的哲人、名士、隐逸有关系。司马光《独乐园七题》诗的第一首《读书堂》起句为“吾爱董仲舒”，其余六首的起句亦以六位古人居句之首：《钓鱼庵》为严子陵，《采药圃》为韩伯休，《见山台》为陶渊明，《弄水轩》为杜牧之，《种竹斋》为王子猷，《浇花亭》为白居易。园名以及园内各景题名都与园林的内容、格调相吻合，后者因前者的阐发而更能引起人们的联想，这座园林所表现的意境的深化，已经十分明显了。

9. 刘氏园

右司谏刘元瑜的游憩园。《洛阳名园记》着重叙述此园的建筑之比例尺度合宜，及其与周围花木配置之完美结合。园内“凉堂高卑，制度适惬可人意。有知木经者（即喻浩所著《木经》）见之，其云：近世建造，率务峻立，故居者不便而易坏，惟此堂正与法合”。在园的西南，“有台一区，尤工致。方十许丈也，而楼横堂列，廊庑回缭，栏楯周接，木映花承，无不妍稳，洛人目为刘氏小景”。

10. 丛春园

门下侍郎安焘的游憩园。此园以植物成景取胜，园内“乔木森然，桐、梓、桧、柏、皆就行列”。建筑物不多，“大亭有丛春亭，高亭有先春亭。丛春亭出荼蘼架上，北可望洛水”。从亭上能借景园外，远眺洛水天津桥一带的景致，而且能听到洛水涌流的声音。《洛阳名园记》的作者李格非“尝穷冬月夜登是亭，听洛水声，久之，觉清冽侵人肌骨。不可留，乃去”。

11. 松岛

原为五代时旧园，北宋时归真宗、仁宗两朝宰相李迪所有，后又归吴氏辟作游憩园。此园因其多古松而得名。“松岛，数百年松也。其东南隅双松尤奇”。中外还“自东大渠引水注园中，清泉细流，涓涓无不通处”。“颇葺亭榭池沼，植竹木其旁”。建筑的布局亦能因地制宜：“南筑台，北构堂，东北曰道院，又东有池，池前后为亭临之”。

12. 水北胡氏园

此为二园，相距仅十许步，位于洛阳北郊邙山之麓，瀍水流经其旁，造园颇能利用地形和自然环境而巧于因借。“因岸穿二土室，深百余尺，坚完如埏植，开轩窗其前以临水上。水清浅则鸣漱，湍瀑则奔驶，皆可喜也”。穿岸而成的土室，大概类似今之窑洞。土室开轩窗临水，把水及其附近之景借入园内。其他的建筑亦能充分发挥借景的作用，例如玩月台：“其台四望，尽百余里，而萦伊缭洛乎其间，林木荟蔚，烟云掩映，高楼曲榭，时隐时见，使画工极思不可图”。以建筑与自然环境相结合而突出其观景和点景的效果，更是此园一大特色：“有亭榭花木，率在二堂之东。凡登览徜徉，俯瞰而峭绝，天授地设，不待人力而巧者，洛阳独有此园耳”。

13. 东园

仁宗朝宰相文彦博的游憩园，原为药圃，后改建为园林。此园以水景取胜，“地薄东城，水渺弥甚广，泛舟游者如在江湖间也。渊映、瀍水二堂，宛宛在水中，湘肤、药圃二堂间，列水石。”

14. 吕文穆园

太宗朝宰相吕蒙正的游憩园，此园亦以水景取胜。“伊、洛二水自东南分注河南城中，而伊水尤清彻。园亭喜得之，若又当其上流，则春夏无枯涸之病。吕文穆园在伊水上流，木茂而竹盛。有亭三，一在池中，二在池外，桥跨池上，相属也”。

15. 归仁园

原为唐代宰相牛僧儒的宅园，宋绍圣年间，归中书侍郎李清臣，改为花园。面积占据归仁坊一坊之地，是洛阳城内最大的一座私家园林。园内“北有牡丹、芍药千株，中有竹千（?）亩，南有桃李弥望”，还有唐代保留下来的“七里桧”。

16. 李氏仁丰园

此园为花木品种最齐全的一座大花园，当时洛阳花木计有“桃、李、梅、杏　莲、菊各数十种，牡丹、芍药，至百余种。而又远方奇卉，如紫兰、茉莉、琼花、山茶之俦，号为难植，独植之洛阳辄与其土产无异。故洛中园圃，花木有至千种者”。而李氏园则“人力甚治，而洛中花木无不有”。园内建“四并、迎翠、濯缨、欢德、超然五亭”，作为四时赏花的坐息场所。

另外，《洛阳名园记》中还提到一处寺观园林，即“天王院花园子”。此园“盖无他池亭，独有牡丹数十万本”，每到开花时期，园内“张幕幄，列市肆，管弦其中。城中士女，绝烟火游之。过花时则变为丘墟”。

二、洛阳私园特点

根据《洛阳名园记》对这十几座名园的状写，看来还有四点值得一提：

1. 除依附于邸宅的宅园之外，单独建置的游憩园占大多数。无论前者或后者，主要是供公卿士大夫们进行宴集、游赏等活动，如《宋史·文彦博传》所载：“（文）彦博其在洛也，洛人邵雍、程颢兄弟皆以道自重，宾接之如布衣交。与富弼、司马光等十三人，用白居易九老会故事，置酒赋诗相乐，序齿不序官，为堂绘像其中谓之洛阳耆英会，好事者莫不慕之”。这种活动当时参加的人很多，园内一般均有广阔的群众性的回旋余地，如在树林中辟出空地“使之可张幄次”，且多有宏大的堂、榭、如环溪的“凉榭、锦厅，其下可侍数百人”等等。

2. 洛阳的私家园林都以莳栽花木著称；有大片树林而成景的林景，如竹林、梅林、桃林、松柏林等，尤以竹林为多。另外，在园中划出一定区域作为“圃”，栽植花卉、药材、果蔬。某些游憩园的花木特别多，以花木成景取胜，相对而言山池、建筑之景仅作为陪衬。如李氏仁丰园“花木有至千种者”，归仁园内“北有牡丹、芍药千株，中有竹千（?）亩，南有桃李弥望”，则是专供赏花的花园。

3. 所记诸园都没有谈到用石堆叠假山的情况，足见当时中原私家园林的筑山仍以土山为主，仅在特殊需要的地方如构筑洞穴时掺以少许石料，一般少用甚至不用。究其原因，可能由于上好的叠山用石需远道从南方运来，成本太高，园主人不愿在这上面花费过多。也可能中原私家园林因佳石不易得而提倡堆筑土山或石少土多的土石山，就好像江南的吴兴地近太湖盛产优质石料故造园多用石叠山，以石取胜一样，都是因地制宜而产生的各不相同的地方特色。

4. 园内的建筑形象丰富，但是数量不多，布局疏朗。园中筑“台”，有的作为园景之点缀，有的则是登高俯瞰园景和观赏园外借景之用（图 7-11）。建筑物的命名均能点出该处景观的特色，也有一定的意境含蕴，如四景堂、卧云堂、含碧堂、知止庵等。

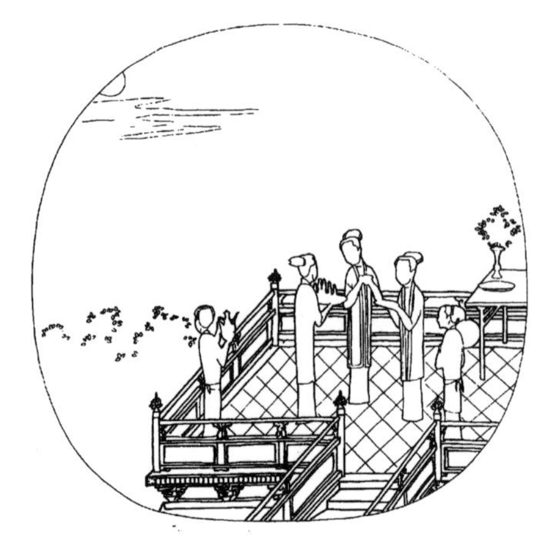

图 7-11　宋画中的台

第四节　南宋临安园林

临安即杭州，西邻西湖及其三面环抱的群山，东临钱塘江，历来就是一座风景城市。

一、皇家园林

临安的皇家园林也像北宋东京一样，均为大内御苑和行宫御苑（图 7-12）。大内御苑只有一处，即宫城的苑林区——后苑。据《武林旧事》记载：宫城包括宫廷区和苑林区，在周长九里的地段内计有殿三十、堂三十二、阁十二、斋四、楼七、台六、亭九十、轩一、观一、园六、庵一、祠一、桥四，这些建筑都是雕梁画栋十分华丽。

行宫御苑很多，德寿宫和樱桃园在外城，大部分则分布在西湖风景优美的地段，较大的如：湖北岸的集芳园、玉壶园，湖东岸的聚景园，湖南岸的屏山园、南园，湖中小孤山上的延祥园、琼华园，三天竺的下天竺御园，北山的梅冈园、桐木园等处。这些御苑“俯瞰西湖，高挹两峰；亭馆台榭，藏歌贮舞；四时之景不同，而乐亦无穷矣”[1]。其余的分布在城南郊钱塘江畔和东郊的风景地带，如玉津园、富景园等。

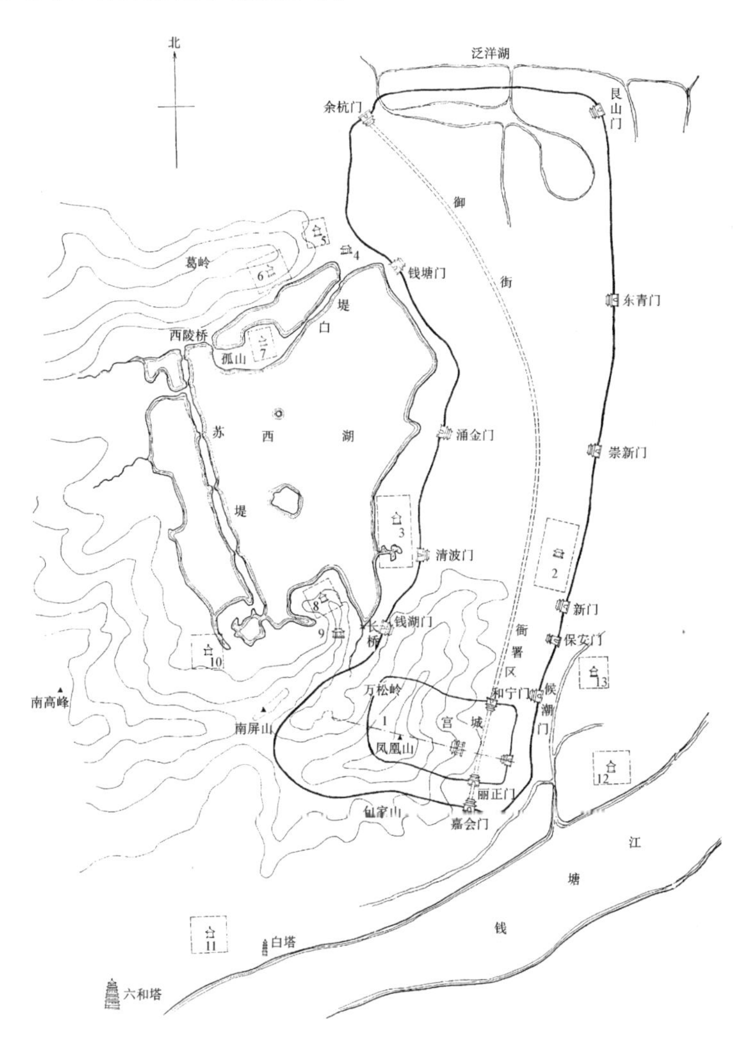

1. 大内御苑；
2. 德寿宫；
3. 聚景园；
4. 昭庆寺；
5. 玉壶园；
6. 集芳园；
7. 延祥园；
8. 屏山园；
9. 净慈寺；
10. 庆乐园；
11. 玉津园；
12. 富景园；
13. 五柳园

图 7-12　南宋临安主要宫苑分布图

1. 后苑

后苑即宫城北半部的苑林区，位置大约在凤凰山的西北部，是一座风景优美的山地园。这里地势高爽，能迎受钱塘江的江风，小气候比杭州的其他地方凉爽得多。地形旷奥兼备，视野广阔，“山据江湖之胜，立而环眺，则凌虚骛远，瓌异绝胜之观举在眉睫[2]。故为宫中避暑之地，《武林旧事》卷三：

“禁中避暑多御复古、选德等殿，及翠寒堂纳凉。长松修竹，浓翠蔽日，层峦奇岫，静窈萦深。寒瀑飞空，下注大池可十亩。池中红白菡萏万柄，盖园丁以瓦盎别种，分列水底，时易新者，庶几美观。置茉莉、素馨、建兰、麋香藤、朱槿、玉桂、红蕉、阇婆、詹葡等南花数百盆于广庭，鼓以风轮，清芬满殿……初不知人间有尘暑也。”

所谓大池即山下人工开凿的“小西湖”，由一条长一百八十开间的爬山游廊“锦廊”与山上的宫殿相联系。《马可波罗游记》对此有一段文字的描写：

“（廊）宽六步，上有顶盖。这走廊很长，一直走到湖边，走廊两边，有寝宫十处……各有花园。在这些房间里住有一千处女，侍候国王。有的时候，国王同后妃一同出游，带着处女数人，泛舟湖上。舟上满复绫绸。”

《武林旧事》卷二记禁中赏花的情况甚详：

“禁中赏花非一，先期后苑及修内司分任排办，凡诸苑亭榭花木，妆点一新，锦帘绡幕，飞梭绣球，以至裀褥设放，器玩盆窠，珍禽异物，各务奇丽。又命小珰内司列肆关扑，珠翠冠朵，篦环绣段，画领花扇，官窑定器，孩儿戏具，闹竿龙船等物，及有买卖果木酒食饼饵蔬茹之类，莫不备具，悉仿西湖景物。起自梅堂赏梅，芳春堂赏杏花，桃源观桃，灿锦堂金林檎，照妆亭海棠，兰亭修禊，至于钟美堂赏大花为极盛。堂前三面，皆以花石为台三层，各植名品，标以象牌，覆以碧幕。台后分随玉绣球数百株，严如镂玉屏。堂内左右各列三层，雕花彩槛，护以彩色牡丹画衣，间列碾玉水晶金壶及大食玻璃官窑等瓶，各簪奇品，如姚魏御衣、黄照殿红之类几千朵，别以银箔间贴大斛，分种数千百窠，分列四面。至于梁栋窗户间，亦以湘筒贮花，鳞次簇插，何翅万朵。堂中设牡丹红锦地裀，自殿中妃嫔，以至内宫，各赐翠叶牡丹、分枝铺翠牡丹、御书画扇、龙延、金盒之类有差。下至伶官乐部应奉等人，亦沾恩赐，谓之随花赏。或天颜悦怿，谢恩赐予，多至数次。至春暮，则稽古堂、会瀛堂赏琼花，静侣亭、紫笑净香亭采兰挑笋，则春事已在绿阴芳草间矣。大抵内宴赏，初坐、再坐，插食般架者，谓之排当。否则但谓之进酒。”

《南渡行宫记》也有关于后苑的记述：

“廊（锦胭廊）外即后苑，梅花千树曰岗，亭曰冰花亭，枕小西湖，曰水月境界，曰澄碧。牡丹曰伊洛传芳，芍药曰冠芳，山茶曰鹤丹，桂曰天阙清香，棠曰本支百世。佑圣祠曰庆和泗州、曰慈济钟吕、曰得真。橘曰洞庭佳味，茅亭曰昭俭，木香曰架雪，竹曰赏静，松亭曰天陵偃盖。以日本国松木为翠寒堂，不施丹艧，白如象齿，环以古松。碧琳堂近之。一山崔嵬作观堂，为上焚香祝天之所……山背芙蓉阁，风帆沙鸟，咸出履下。山下一溪萦带，通小西湖。亭曰清涟，怪石夹列，献瑰呈秀，三山五湖，洞穴深杳，豁然平朗，翚飞翼拱，凌虚楼对。”

据此，可以想见后苑的山地景观之美以及花木之胜。一些丛植的花木均加以命名，而且颇有意境。建筑物布置疏朗，大部分是小体量的如亭、榭之类，一般都按周围的不同的植物景观特色而分别加以命名。此外，尚有专门栽植一种花木的小园林和景区，如：小桃园、杏坞、梅岗、瑶圃、柏木园等，这都是仿效东京艮岳的做法。

2. 德寿宫

德寿宫位于外城东部望仙桥之东。宋高宗晚年倦勤，不治国事，于绍兴三十二年（1162 年）将原秦桧府邸扩建为德寿宫并移居于此。宋人称之为“北内”而与宫城大内相提并论，足见其规模和身份不同于一般的行宫御苑。据《梦粱录》卷八载：“其宫中有森然楼阁，匾曰聚远，屏风上书苏东坡诗：”赖有高楼能聚远，一时收拾付闲人”，以寄其意。其后苑分为东、西、南、北四区，亭子很多，花木尤盛，南宋人李心传《建炎以来朝野杂记》乙集卷三对此有如下的描述：

> “德寿宫乃秦丞相旧第也，在大内之北，气象华胜。宫内凿大地，引西湖水注之，其上叠石为山，象飞来峰。有楼曰聚远。凡禁御周回地分四分。东则香远（梅堂），清深（竹堂）、月台梅坡、松、菊三径（菊、芙蓉、竹）、清妍（酴醾），清新（木樨），芙蓉冈。南侧载忻（大堂乃御宴处），忻欣（古柏湖石），射厅临赋（荷花仙子），灿锦（金林檎），至乐（池上），半丈红（郁李），清旷（木樨），泻碧（养金鱼处），西则冷泉（古梅），文杏馆静乐（牡丹），浣溪（大楼子海棠）。北侧绛华（罗木亭），旱船俯翠（茅亭），春桃盘松（松在西湖，上得之以归）。”

所谓“四分地”即按景色之不同分为四个景区：东区以观赏各种名花为主，如香远堂赏梅花，清深堂赏竹，清妍堂赏酴醾，清新堂赏木樨等。南区为各种文娱活动场所，如宴请大臣的载忻堂，观射箭的射厅，以及跑马场、球场等。西区以山水风景为主调，回环萦流的小溪沟通大水池。北区则建置各式亭榭，如用日本椤木建造的绛华亭，茅草顶的倚翠亭，观赏桃花的春桃亭，周围栽植苍松的盘松亭等。后苑四个景区的中央为人工开凿的大水池，池中遍植荷花，可乘画舫作水上游。水池引西湖之水注入，“叠石为山以象飞来峰之景。有堂，匾曰“冷泉”。把西湖的一些风景缩移写仿入园，故又名“小西湖”。周益公进端午帖子诗云：

聚远楼高面面风，冷泉亭下水溶溶；
人间炎热何由到，真是瑶台第一重。

园内的叠石大假山极为精致，山洞可容百余人，宋孝宗曾赋诗以咏之，其中有句云：

山中秀色何佳哉，一峰独立名飞来；
参差翠麓俨如画，石骨苍润神所开。
忽闻仿象来宫囿，指顾已惊成列岫；
规模绝似灵隐前，面势恍疑天竺后；
孰云人力非自然？千岩万壑藏云烟。

3. 集芳园

在葛岭南坡，前临湖水，后依山冈。椐《西湖游览志》：此园本张婉仪别墅，绍兴年间收属官家，藻饰益丽。蟠翠雪香、翠岩倚绣、挹露玉蕊、清胜诸匾皆宋高宗御题。淳祐间，宋理宗以赐贾似道，改名后乐园，咸极楼阁林泉之幽畅，“内有假山石洞，通出湖滨……又有初阳精舍、警室、熙然台、无边风月见天心、琳琅步归舟等不一[3]。

4. 玉壶园

在钱塘门外，南宋初为陇右都护刘某之别业。后归御前，改为宋理宗之御苑。

5. 聚景园

在清波门外之湖滨，园内沿湖岸遍植垂柳，故有柳林之称。每盛夏秋首，芙蕖绕堤如锦，游人舣舫赏之。主要殿堂为会芳殿，另有鉴远堂、芳华亭、花光亭以及瑶津、翠光、桂景、艳碧、凉观、琼若、彩霞、寒碧、花醉、澄澜等二十余座亭榭，学士、柳浪二桥。南宋诸帝中以孝宗临幸此园最多，故殿堂亭榭的匾额亦多为孝宗所题。宁宗以后逐渐荒芜，元代改建为佛寺。每当阳春三月，柳浪迎风摇曳，浓荫深处莺啼阵阵，成为西湖十景之一的“柳浪闻莺”之所在。

6. 屏山园

在钱湖门外南新路口，面对南屏山，故名，亦称南屏御园。园内有八面亭，一片湖山俱在目前，宋理宗时改称“翠芳园”。

7. 延祥园

在孤山四圣延祥观内，又名四圣延祥观御苑。据《梦粱录》卷十九载：

> 此湖山胜景独为冠，顷有侍臣周紫芝从驾幸后山亭赋诗云：“附山结真祠，朱门照湖水；湖流入中池，秀色归净几；风帘逻旌幢，神卫森剑履；清芳宿华殿，瑞霭蒙玉扆；仿佛怀神京，想像轮奂美；祈年开新宫，祝厘奉天子；良辰后难会，岁暮得斯喜；况乃清樾中，飞楼见千里；云车倘可乘，吾事兹已矣；便当赋远游，未可回屐齿”。

8. 琼华园

琼花园西依孤山，原为林和靖故居，园内花寒水深，气象幽古。

9. 玉津园

玉津园本为东都之旧名，在嘉会门外南四里，“绍兴四年金使来贺高宗天中圣节，遂射宴其中。孝宗尝临幸游玩，曾命皇太子、宰执、亲王、侍从、五品以上官及管军官讲宴射礼[4]。后来皇帝临幸日稀，园内景物逐渐衰败。

10. 南园

南渡后所创，“光宗朝赐平原郡王韩侂胄，后复归御前，改名庆乐，嗣赐荣王与芮，又改胜景”[5]。

二、私家园林

临安的私家园林建设，南宋时达到了空前的规模。

正当唐末五代中原战乱频仍的时候，江南钱氏地方政权建立的吴越国却一直维持着安定承平的局面。因而直到北宋时江南的经济、文化都得以保持着历久发展不衰的势头，在某些方面甚至超过中原。宋室南渡，江南遂成为全国最发达的地区。私家园林之兴盛，自是不言而喻。

临安作为南宋的“行在”，既是当时的政治、经济、文化中心，又有美丽的湖山胜境。这些都为民间造园提供了优越的条件，因而自绍兴十一年南宋与金人达成和议，形成相对稳定的偏安局面以来，临安私家园林的盛况比之北宋的东京和洛阳有过之而无不及，各种文献中所提到的私园名字总计约近百处之多。它们大多数分布在西湖一带，其余在城内和城东南郊的钱塘江畔。

西湖一带的私家园林，《梦粱录》卷十九记述了比较著名的16处，《武林旧事》卷五记述了45处，其中分布在三堤路5处，北山路21处，葛岭路14处。

1. 南园

南园位于西湖东南岸之长桥附近，为平原郡王韩侂胄的别墅园。据《梦粱录》卷十九：园内“有十样亭榭，工巧无二，俗云鲁班造者。射圃、走马廊、流杯池、山洞，堂宇宏丽，野店村庄，装点时景，观者不倦”。另据《武林旧事》卷五：园内“有许闲堂、容射厅、寒碧台、藏春门、凌风阁、西湖洞天、归耕庄、清芬堂、岁寒堂、夹芳、豁望、矜春、鲜霞、忘机、照香、堆锦、远尘、幽翠、红香、多稼、晚节香等亭。秀石为上，内作十样锦亭，并射圃、流杯等处”。这座园林是南宋临安著名的私园之一，陆游《南园记》对此园有比较详尽的描述：南园之选址“其地实武林之东麓，而西湖之水汇于其下，天造地设，极湖山之美”。因此而能够“因其自然，辅之雅趣”。经过园主人的亲自筹划，“因高就下，通室去蔽。奇葩美术，争列于前，清流秀石，拱揖于外。飞观杰阁，虚堂广厦，上足以际俎豆，下足以奏金石者莫不毕备。升而高明显敞，如蜕尘垢；入而窈窕邃深，疑于无穷”。所有的厅、堂、阁、榭、亭、台、门等均有命名，“悉取先侍中魏忠献王（韩琦）之诗句而名之，堂最高者曰许闲，上为亲御翰墨以榜其额，其射厅曰和容，其台曰寒碧，其门曰藏春，其阁曰凌风，其积石为山曰西湖洞天，其潴水艺稻、为囷、为场、为牧牛羊畜雁鹜之地曰归耕之庄。其他因其实而命之名，堂之名则曰夹芳、曰豁望、曰鲜霞、曰矜春、曰岁寒、曰忘机、曰照香、曰堆锦、曰清芬、曰红香；亭之名则曰幽翠、曰多稼”，以此来标示园林景观的特点。故“自绍兴以来，王公将相之园林相望，皆莫能及南园之仿佛者”。韩侂胄被杀后收归皇室所有，淳祐年间赐福王，改名庆乐园。

2. 水乐洞园

在满觉山，为权相贾似道之别墅园。据《武林旧事》卷五：园内“山石奇秀，中一洞嵌空有声，以此得名”。“又即山之左麓辟荦确为径，循径而上，亭其山之巅。杭越诸峰，江湖海门尽在目睫，洵奇观也”。建筑有声在堂、界堂、爱此留照、独喜玉渊、漱石宜晚、上下四方之宇诸亭。水池名“金莲池”。

3. 水竹院落

在葛岭路之西泠桥南。亦为贾似道的别墅园。主要建筑物有奎文阁、秋水观、第一春、思剡亭、道院等。此园“前忱湖唇，左挟孤山，右带苏堤，波光万顷，与阑槛相直，无少障碍，又有道院舫亭等，杰然为登览之最[6]。

4. 后乐园

在葛岭南坡，原为御苑集芳园，后赐贾似道。据《西湖游览志》。此园“古木寿藤多南渡以前所植者，积翠回抱，仰不见日”。建筑物皆御苑旧物，皇帝御题之名均有隐喻某种景观之意。例如，“蟠翠”喻附近之古松，“雪香”喻古梅，“翠岩”喻奇石，“倚绣”喻杂花，“挹露”喻海棠，“玉蕊”喻荼蘼，“清胜”喻假山。此外，山上之台名“无边风月见天地心”，水滨之台名“琳瑯步归舟”等。架百余“飞楼层台，凉亭燠馆”。“前挹孤山，后据葛岭，两桥映带，一水横穿，各随地势，以构筑焉”。山上“架廊叠磴，幽渺逶迤，极其营度之巧”，并“隧地通道，杭以石梁，旁透湖滨”。

5. 廖药洲园

在葛岭路，“内有花香、竹色、心太平、相在、世彩　苏爱、君子、习说等亭”[7]。

6. 云润园

在北山路，为杨和王府园，“有万景大全、方壶云洞、潇碧天机、云锦紫翠、间濯缨、五色云、玉玲珑、金粟洞、天砌台等处。花木皆蟠结香片，极其华洁，盛时凡用园丁四十余人，监园使臣二名”[8]。

水月洞

据《淳祐临安志》：“（园）在大佛头西，绍兴中，高宗皇帝拨赐杨和王（存中），御书水月二字。后复献于御前。孝宗皇帝拨赐嗣秀王（伯圭）为园，水月堂俯瞰平湖，前列万柳，为登览最”。

7. 环碧园

据《淳祐临安志》；“（园）在丰豫门外，慈明皇太后宅园，直柳洲寺之侧，面西湖，于是为中，尽得南北两山之胜”。

8. 湖曲园

湖曲园·据《淳祐临安志》：“（园）在慧照寺西，旧为中常侍甘氏园，岁久渐废，大资政赵公得之。南山自南高峰而下，皆趋而东，独此山由净慈右转，特起为雷峰，少西而止，西南诸峰，若在几案。北临平湖，与孤山相拱揖，柳堤梅岗，左右映发”。

9. 裴园

即裴禧园，在西湖三堤路。此园突出于湖岸，故诚斋诗云：“岸岸园亭傍水滨，裴园飞入水心横，傍人莫问游何处，只拣荷花开处行”[9]。

10. 云洞园

在钱塘门外·据《咸淳临安志》：园的面积甚广，筑土为山，中有山洞以通往来。山上建楼，又有堂曰“万景天全”。主山周围群山环列，宛若崇山峻岭，其上有亭曰“紫翠间”，桂亭可以远眺，“芳所荷亭”、“天机云锦”诸亭皆园内最胜处。

临安东南郊之山地以及钱塘江畔一带气候凉爽，风景亦佳，多有私家别墅园林之建置，《梦粱录》记载了六处。其中如内侍张侯壮观园、王保生园均在嘉会门外之包家山，“山上有关，名桃花关，旧扁蒸霞，两带皆植桃花，都人春时游者无数，为城南之胜境也”。钱塘门外溜水桥东西马塍诸圃，“皆植怪松异桧，四时荷花，精巧窠儿，多为龙蟠凤舞飞禽走兽之状，每日市于都城，好事者多买之，以备观赏也”。方家峪的赵冀王园，园内层叠巧石为山洞，引入流泉曲折。水石之奇胜，花卉繁鲜，洞旁有仙人棋台[10]。

临安城内的私家园林多半为宅园，内侍蒋苑使之宅园则是其中之佼佼者。据《梦粱录》卷十九的记载：蒋于其住宅之侧“筑一圃，亭台花木最为富盛。每岁春月，放人游玩，堂宇内顿放买卖关扑，并体内庭规式，如龙船、闹竿、花篮，花工用七宝珠翠，奇巧装结，花朵冠疏，并皆时样。官窑碗碟，列古玩具，铺陈堂右，仿如关扑，歌叫之声，清婉可听，汤茶巧细，车儿排设进呈之器，桃村杏馆酒肆，装成乡落之景。数亩之地，观者如市”。

三、寺观园林

临安是当时江南地区的佛教中心，佛寺建置很多，道观亦不少。因而寺观园林遍布各处，尤以环西湖一带最为密集。它们与皇家御苑、私家别墅彼此配合，形成了西湖的湖山范围内寺观建设、园林建设与山水风景开发相结合的情况。

早在东晋时，环西湖一带已有佛寺的建置，咸和元年（326 年）建成的灵隐寺便是其中之一。隋唐，各地僧侣游方慕名纷至沓来，一时围绕西湖南、北两山寺庙林立。吴越国建都杭州的一段承平时期，寺庙的建置更多了，如著名的昭庆寺、净慈寺等均建成于此时。与佛教广泛建寺的同时，道教也在西湖留下了踪迹，东晋的著名道士葛洪就曾在北山筑庐炼丹，建台开井。到唐代，西湖之所以逐渐形成为风景游览地，历来地方官的整治建设固然是一个因素，寺观建置所起的作用也不容忽视。

在西湖之山水间大量兴建私家园林和皇家园林，具体情况已如前述。而佛寺兴建之多，绝不亚于园林，此两者遂成为西湖建筑的两大主要类型。由于大量佛寺的建置，杭州成了东南的佛教圣地，前来朝山进香的香客络绎不绝。东南著名的佛教禅宗五山（刹），有两处在西湖——灵隐寺和净慈寺。为数众多的佛寺一部分位于沿湖地带，其余分布在南北两山。它们都 能够因山就水，选择风景优美的基址，建筑布局则结合于山水林木的局部地貌而创为园林化的环境。因此 ，佛寺本身也就成了西湖风景的重要景点。西湖风景因佛寺而成景的占着大多数，而大多数的佛寺均有单独建置的园林。杭州西湖集中荟萃寺观园林之多，在当时的全国范围内恐怕也是罕见的。现举数例，以略窥一斑。

1. 灵隐寺

在北高峰下，为宋代禅宗五山的第二山。

明人田汝成《西湖游览志》一书中有一段文字描写当年寺前的飞来峰至冷泉亭一带之景色：

“飞来峰界乎灵隐天竺两山之间，盖支龙之秀演者。高不踰数十丈而怪石森立，青苍玉削若骇豹蹲狮，笔卓剑植，衡从偃仰，益玩益奇。上多异木，不假土壤，根生石外，矫若龙蛇。郁郁然丹葩翠蕤，蒙幂联络。冬夏长青，烟雨雪月，四景尤佳……冷泉亭，唐刺史元芎建，旧在水中，今依涧而立……白乐天记（《冷泉亭记》）略云：“东南山水余杭为最，就郡则灵隐寺为最，就寺则冷泉亭为最。亭在山下水中，寺西南隅，高不倍寻，广大累丈，撮奇搜胜，物无遁形。春之日，草薰木欣，可以导和纳粹，畅人气血；夏之日，风冷泉渟，可以蠲烦析酲，起人幽情。山树为盖，岩石为屏。云从栋生，水与阶平……潺湲洁澈，甘粹柔滑。眼目之嚣，心舌之垢，不待盥涤，见辄除去……”

2. 三天竺寺

在灵隐寺之南，三寺相去不远，因选址得宜而构成一处优美清静的小景区。据《武林旧事》的描述：

“灵竺之胜，周围数十里，岩壑尤美，实聚于下天竺寺自飞来峰转至寺后，诸岩洞皆嵌空玲珑，莹滑清润，如虬龙瑞凤，如层华吐萼，如绉縠叠浪，穿幽透深，不可名貌。林木皆自岩骨拔起，不土而生。传言兹岩韫玉，故腴润若此也，石间波纹水迹，亦不知何时有之。由下竺而进，夹道溪流有声，所在多山桥野店。”

3. 韬光庵

在北高峰南麓之巢杞坞，距灵隐寺约二里。“（灵隐）寺前不数武，细泉戛戛而鸣，紫薇婷婷而舞。木石参差，亭馆崔错者为包家园。舍园而前，仰空濛入蓊蔚，山岚在衣，磴响生足。大壑阴阴而日渗，文瀑袭袭以雨飞。足疲行倦，而一寺适当可憩之所者为韬光。从寺门而盼，高岑层层送霁。攀古萝而上，荒砌步步生寒。砌断萝空，一坪坦焉。其上近可以眺湖而远可以眺江者；为岑之顶……[11]”

这里还有“韬光观海”之景，清人翟灏记云：“（韬光庵）殿庑有烹茗井，相传为白乐天汲水烹茗处。顶有石楼方丈，正对钱江尽处，即海萧士瑋《南归日记》云‘初至灵隐求所谓“楼观沧海口，门对浙江潮”者，竟无所有，至此乃了了在目矣。’世称韬光观海”[12]。

其余诸寺，类皆如此。

宋代，许多文人官僚，在担任地方官的期间，对当地邑郊风景游览地的开发颇多建树，如苏东坡之整治杭州西湖和惠州西湖。欧阳修任滁州太守时，曾主持开辟了丰乐亭和醉翁亭两处风景区，并为此而写下了著名的散文《丰乐亭记》和《醉翁亭记》。

南宋临安的西湖是一处大型的邑郊风景游览地，它的开发建设不仅有地方官的参与，也是园林建设、寺观建设与山水风景开发相结合的典型的一例。西湖在古代原为钱塘江入海的湾口处的泥沙淤积而形成的“潟湖”，秦汉时叫做武林水，唐代改称钱塘湖，又以“其地负会城之西，故通称西湖”。西湖的北、西、东三面处在南北两山环抱之中，东面开豁而紧邻于杭州城。东晋、隋唐以来，佛寺、道观陆续围绕西湖建置，地方官府对西湖也不断疏浚、整治。唐代，李泌任杭州刺史时曾开凿六井，兴修水利；白居易在杭州刺史任内主持筑堤保湖、蓄水溉田的工程，同时还大量植树造林，修造亭、阁以点缀风景。西湖得以进一步地开发而更添风景之特色。白居易离任后仍对之眷恋不已：“未能抛得杭州去，一半勾留是此湖”。杭州因此而成为“绕郭荷花三十里，拂城松树一千株"的闻名全国的风景城市了。唐末五代，中原战乱频仍，东南地区的吴越国政权却维持了百余年的安定太平局面。吴越国建都杭州，对西湖又进行了规模颇大的风景建设，置军士千人专门疏浚西湖，名"撩湖兵"。疏通涌金池，把西湖与南运河联系起来。北宋废撩湖兵，历任的地方官都对西湖作过整治，其中成效最大的当推苏轼。元祐四年（1089年），苏轼第二次知杭州时，"西湖葑积为田，漕河失利取给，江湖舟行多淤，三年一淘为民大患，六井亦几于废"。[13]为此，他采取了根治的措施：用二十万个民工把湖上的葑草打撩干净，并用葑草和淤泥筑起一条长三里的大堤，沟通南北交通。堤上遍植桃柳以保护提岸，后人把它叫做"苏堤"。在湖中建石塔三座，塔以内的水面一律不许种植，塔以外则让百姓改种菱芡，从而彻底改变了湖面葑积的状况。同时又浚茆山、盐桥河二以通漕，"复造堰闸以为湖水之蓄聚，限以余力完井"[14]。经过这一番整治之后，西湖划分为若干大小水域，绿波盈盈，烟水渺渺，苏轼为此美景写下了千古传唱的诗句：

水光潋滟晴方好，山色空蒙雨亦奇；
欲把西湖比西子，浓妆淡抹总相宜。

南宋以杭州为行都，又对西湖作更进一步的整治，因而"湖山之景，四时无穷；虽有画工，莫能摹写"，著名的"西湖十景"，南宋时就已形成了。西湖及其周围又无异于一座特大型的公共园林，建置在环湖一带的众多小园林则是点缀其间的园中之园，既有私家园林，也有皇家园林和寺庙园林。诸园各抱地势，借景湖山，开拓视野和意境。湖山得园林之润饰而更加臻于画意之境界，园林得湖山之衬托而把人工与天然凝为一体。所以说，西湖一带的园林分布虽不一定有事先的总体规划，但从诸园选址以及皇家、私家园林相对集中的情况看来，确是考虑到湖山整体的功能分区和景观效果并以之作为前提的。

总的看来，小园林的分布是以西湖为中心，南、北两山为环卫，随地形及景色之变化，借广阔湖山为背景，采取分段聚集，或依山、或滨湖，起伏疏密，配合得宜，天然人工浑然一体。充分发挥了诸园的点景作用，扩展了观景的效果。诸园的布局大体上分为三段：南段、中段和北段[15]。

南段的小园林大部分集中在湖南岸及南屏山、方家峪一带。这里接近宫城，故以行宫御苑居多，如胜景园、翠芳园等。私家和寺庙园林也不少，随山势之蜿蜒，高低错落。其近湖处之集结名园佳构，意在渲染山林，借山引湖。

中段的起点为长桥，环湖沿城墙北行，经钱湖门、清波门、涌金门、至钱塘门，包括耸峙湖中的孤山。在沿城滨湖地带建置聚景、玉壶、环碧等园辍饰西湖，并借远山及苏堤作对应以显示湖光山色的画意。继而沿湖西转，顺白堤引出孤山，是为中段造园的重点和高潮。孤山耸峙湖上，碧波环绕，本是西湖风景最胜处。唐以来即有园亭楼阁之经营，婉若琼宫玉宇。南宋时尚遗留许多名迹，如白居易之竹阁，僧志铨之柏堂，名士林逋之巢居梅圃等。绍兴年间南宋高宗在此营建御苑祥符园，理宗作太乙西宫，再事扩展御苑而成为中段诸园之首。以孤山形势之胜，经此装点，更借北段宝石山、葛岭诸园为背景，与南段南屏一带诸园及中段之滨湖园林互相呼应，蔚为大观。不仅如此，还于里湖一带布置若干别业小圃，形成隔水之陪衬。孤山及其附近遂成为西湖名园荟萃之区，以至于"一色楼台三十里，不知何处觅孤山"了。

北段自昭庆寺循湖而西，过宝石山，入于葛岭，多为山地小园。在昭庆寺西石涵桥北一带集结云洞、瑶池、聚秀、水丘等名园，继之于宝石山麓大佛寺附近营建水月园等，再西又于玛瑙寺旁建置养乐、半春、小隐、琼花诸园，入葛岭更有集芳 挹秀、秀野等园，形成北段之高潮。复借西泠桥畔之水竹院落衔接孤山，又使得北段之园林高潮与中段之园林高潮疑为一体，从而贯通全局之气脉。

总观三段小园林的布置，虽说未经事先之规划，但各园基址的选择均能着眼于全局。因而形成总体结构上的起、承、转、合，疏密有致，轻重急徐的韵律。长桥和西泠桥则是三段之间的衔接转折的重要环节。这许多皇家、私家、寺庙园林既因借于湖山之秀色，又装点了湖山之画意。西湖山水之自然景观，经过他们的点染，配以其他的亭、榭以及南北两山对峙呼应之雷峰塔和保俶塔作为总绾全局之构图重心。西湖通体既有自然风景之美而又渗透着以建筑为主的人文景观之胜，无异于一座由许许多多小园林集锦而成的特大型的天然山水园林。这些小园林“俯瞰西湖，高挹两峰。亭馆台榭，藏歌贮舞。四时之景不同，而乐也无穷矣”。在当时国家山河破碎，偏安半壁的情况下，诗人林升感慨于此，因题壁为诗云：

山外青山楼外楼，西湖歌舞几时休；
暖风熏得游人醉，直把杭州作汴州。

环湖园林，除南、中、北段比较集中之外，也还有一些散布在湖西面的山地以及北高峰、三台山、南高峰、泛洋湖等地。

临安的西湖，南宋时已形成具有公共园林性质的特大型风景游览地。以后，历经元、明、清历朝历代的持续开发经营，终于发展成为闻名中外的风景名胜区。

注释

[1] 吴自牧：《梦粱录》卷十九。
[2] 田汝诚：《西湖游览志》。
[3] 周密：《武林旧事》卷四。
[4] 田汝诚：《西湖游览志》。
[5] 吴自牧：《梦粱录》卷十九。
[6] 同上。
[7] 周密：《武林旧事》卷五。
[8] 同上。
[9] 同上。
[10] 同上。
[11]《武林掌故丛编》湖山叙游。
[12] 瞿灏：《湖山便览》。
[13]《宋史》苏轼传。
[14] 同上。
[15] 贺业钜：《南宋临安城市规划研究》，见《中国古代城市规划史论丛》，北京，中国建筑工业出版社，1986。

第五节　两宋江南地区的私家园林

两宋人文昌盛，民间的私家造园活动兴旺发达，遍及全国各地。上文介绍过洛阳、临安两地的情况，可视为中原地区和江南地区的私家园林的代表。

宋代关中经济已呈衰落，江南地区的经济则长期发达而跃居全国之首。经济发达必然导致文化繁荣，此两者又是促成园林兴盛的基本条件。因而早在宋代，江南即已成为民间造园活动最兴盛的地区，奠定了以后的“江南园林甲天下”的基础。有关私家园林的文献记载比较翔实的，除了临安外，还有吴兴、平江、润州、绍兴等地。

一、吴兴

吴兴即今湖州，是江南的主要城市之一，靠近富饶的太湖，南宋人周密写了一篇《吴兴园林记》描写该地，“山水清远，升平日，士大夫多居之。其后秀安僖王府第在焉，尤为盛观。城中二溪横贯，此天下之所无，故好事者多园池之胜”，并记述了亲身游历过的吴兴私家园林三十六处，其中最有代表性的是南、北沈尚书园即南宋绍兴年间尚书沈德和的一座宅园和一座别墅园。俞氏园、赵菊坡园、韩氏园、叶氏石林亦各具特色。

1. 南沈尚书园、北沈尚书园

南园在吴兴城南，占地百余亩，园内“果树甚多，林檎尤盛”。主要建筑物聚芝堂、藏书室位于园的北半部，聚芝堂前临大池，池中有岛名蓬莱。池南岸竖立着三块太湖石，“各高数丈，秀润奇峭，有名于时”。此园是以太湖石的“特置”而名重一时。沈家败落后这三块太湖石被权相贾似道购去，花了很大的代价才搬到他在临安的私园中。

北园在城北门奉胜门外，又名北村，占地三十余亩。此园“三面背水，极有野趣”，园中开凿五个大水池均与太湖沟通，园内园外之水景连为一体。建筑有灵寿书院、怡老堂、溪山亭，体量都很小。有台名叫“对湖台”，高不逾丈。登此台可面对太湖，远山近水历历在目，一览无余。

南园以山石之类见长，北园以水景之秀取胜，两者为同一园主人因地制宜而出之以不同的造园立意。

2. 俞氏园

俞氏园为刑部侍郎俞澄的宅园，此园“假山之奇，甲于天下”。对于俞氏园的假山，周密《癸辛杂识》另有较详尽的描述：“盖子清（子清为俞澄别号）胸中自有丘壑，又善画，故能出心匠之巧。峰之大小凡百余，高者至二、三丈、奇奇怪怪，不可名状。乃于众峰之间，萦以曲涧，甃以五色山石，傍引清流，激石高下，使之有声淙淙然，下注大石潭。上有巨竹寿藤，苍寒茂密，不见天日，植名药奇草、薜荔、女槿、丝红叶碧。潭旁横石作杠，下为百果。潭水溢，自此出。然潭中多文色班鱼，夜月下照，光景零乱，如穷山绝谷间也”。

赵氏菊坡园

赵氏菊坡园是新安郡王赵师夔之私园，园的前部为大溪，“修堤画桥，蓉柳夹岸数百株，照影水中，如铺锦绣”。园内“亭宇甚多，中岛植菊至百种，为菊坡，中甫二卿自命也”。中甫即赵师夔之孙。

3. 叶氏石林

叶氏石林，尚书左丞叶梦得之故园，“在弁山之阳，万石环之，故名。且以自号”。弁山产奇石，色泽类似灵璧石，罗列山间有如森林。此园“正堂曰兼山，傍曰石林精舍，有承诏、求志、从好等堂，及静乐庵、爱日轩、跻云轩、碧琳池，又有岩居、真意、知止等亭。其邻有朱氏怡云庵、涵空桥、玉涧……大抵北山一径，产杨梅，盛夏之际，十余里间，朱实离离，不减闽中荔枝也”。叶梦得自撰《避暑录话》中多有记述此园景物的：

> “吾居东、西两泉，西泉凿于山足……汇而为沼，才盈丈，溢其余流于外。吾家内外几百口，汲者继踵，终日不能耗一寸。东泉亦在山足，而伏流决为涧，经碧琳池，然后会大涧而出……两泉皆极甘，而东泉尤冽。
>
> 吾居虽略备，然材植不甚坚壮，度不过可支三十年……今山之松多矣，当岁益种松

一千，桐杉各三百，竹凡隙地皆植之……三十年后，使居者视吾室败，伐而新之。

山林园圃，但多种竹，不问其他景物，望之自使人意潇然。竹之类多，尤可喜者筀竹，盖色深而叶密。吾始得此山，即散植竹，略有三、四千竿，杂众色有之。”

范成大《骖鸾录》记乾道壬辰冬游北山叶氏石林：

“石林松桂深幽，绝无尘事，至则栋宇多倾颓，惟正堂无恙。堂正面，弁山之高峰层峦，空翠照衣袂。自堂西过二小亭，佳石错立道周。至西岩，石益奇且多，有小堂曰承诏，叶公自归守先茔，经始此堂，后以天官召还，受命于此，因此为名。其旁登高有罗汉岩，石状怪诡，皆嵌空点缀，巧过镌剥。自西岩回步至东岩，石之高壮儡砢，又过西岩，小亭亦颓矣。”

《吴兴园林记》对其余的园林则描述甚为简单，但也颇有一语而道出其造园特色的，例如：韩氏园，园内有“太湖三峰各高数十尺，当韩氏全盛时，役千百壮夫，移植于此”。丁氏园，“在奉胜门内。后依城，前临溪，盖万元亨之南园、杨氏之水云乡，合二园而为一。后有假山及砌台。春时纵郡人游乐，郡守每岁劝农还，必于此舣舟宴焉”。莲花庄，“在月河之西，四面皆水，荷花盛开时，锦云百顷，亦城中所无也。”倪氏园，“倪文节尚书所居，在月河，即其处为园池，盖四至傍水，易于成趣也”。赵氏南园，“赵府之园在南城下，与其第相连，处势宽闲，气象宏大，后有射圃、崇楼之类，甚壮”。王氏园，“王子寿使君，家于月河之间，规模虽小，然回折可喜。有南山堂，临流有三角亭，苕、霅二水之所汇。苕清、霅浊，水行其间，略不相混，物理有不可晓者”。赵氏瑶阜，“兰坡都承旨之别业，去城既近，景物颇幽，后有石洞，尝萃其家法书刊石为《瑶草帖》”。赵氏绣谷园，“旧为秀邸，今属赵忠惠家。一堂据山椒，曰霅川图画，尽见一城之景，亦奇观也”。赵氏苏湾园，“菊坡所创，去南关三里而近，碧浪湖、浮玉山在其前，景物殊胜，山椒有雄跨亭，尽见太湖诸山”。钱氏园，“在昆山，去城五里，因山为之。岩洞奇秀，亦可喜。下瞰太湖，手可揽也，钱氏所居在焉，有堂曰石居”。等等。

二、平江

平江即今苏州，自唐以来就是一座手工业和商业繁荣的城市，位于物产丰饶的苏南平原，靠近太湖，大运河环绕城外西、南二面，西北达东京，东南通临安，扼南北交通之要道，水陆交通均很方便。城内河道纵横，是典型的江南水乡城市。平江经济繁荣，文化也很发达，加之气候温和，风景秀丽，花木易于生长，附近有太湖石、黄石等造园用石的产地，为经营园林提供的优越的社会条件和自然条件。大批官僚、地主、富商、文人定居于此，竞相修造园、宅以自娱。北宋徽宗在东京兴建御苑艮岳时，就曾于平江设“应奉局”专事搜求民间奇花异石，足见当时的私家园林不在少数。它们主要分布在城内、石湖尧峰山、洞庭东山和洞庭西山一带，包括宅园、游憩园和别墅园。

1. 沧浪亭

沧浪亭在平江城南，据园主人苏舜钦自撰的《沧浪亭记》：北宋庆历年间，因获罪罢官，旅居苏州，购得城南废园。据说是吴越国中吴军节度使孙承佑别墅废址，“纵广合五、六十寻，三向皆水也。杠之南，其地益阔，旁无民居，左右皆林木相亏蔽”。废园的山池地貌依然保留原状，乃在北边的小山上构筑一亭，名沧浪亭。“前竹后水，水之阳又竹，无穷极，澄川翠轩，光影会合于轩户之间，尤与风月为相宜”。看来园林的内容简单，很富于野趣。苏舜钦死后，此园屡易其主，后归章申公家所有。申公加以以扩充、增建，园林的内容较前丰富得多。据《吴县志》：“为大阁，又为堂山上。堂北跨水，有名洞山者，章氏并得之。既除地，发其下，皆嵌空大石，人以为广陵王时所存，益以增累其隙，两山相对，遂为一时雄观。建炎狄难，归韩蕲王家。韩氏筑桥两山之上，名曰飞虹，张安国书匾。山上有连理木，庆元间犹存。山堂曰寒光，旁有台，曰冷风亭，又有翊运堂。池侧曰濯缨亭，梅亭曰瑶华境界，竹亭曰翠玲珑，木犀亭曰清香馆，其最胜则沧浪亭也”。元、明废为僧寺，以后又恢复为园林，并迭经改建，至今仍为苏州名园之一。

2. 乐圃

在平江城内西北雍熙寺之西。园主人朱长文，嘉佑年间进士，不愿出仕为官，遂起为本郡教授，筑园以居，著书阅古。园之名为乐圃，盖取孔子“乐天知命故不忧”颜回“在陋巷……不改其乐”之意。此园“虽敝屋无华，荒庭不甃，而景趣质野，若在岩谷”，颇具城市山林之趣。朱长文自撰《乐圃记》记述园内景物及园居生活甚详：

圃中有堂三楹，堂旁有庑，所以宅亲党也。堂之南，又为堂三楹，名之曰邃经，所以讲论六艺也。邃经之东，又有米廪，所以容岁储也。有鹤室，所以蓄鹤也。有蒙斋所以教童蒙也。邃经之西北隅，有高岗，名之曰见山。冈上有琴台，台之西隅，有咏斋，予尝抚琴赋诗于此，所以名云。见山岗下有池，水入于坤维，跨流为门，水由门萦纡曲引至于冈侧。东为溪，薄于巽隅。池中有亭，曰墨池，予尝集百氏妙迹于此而展玩也。池岸有亭，曰笔溪。其清可以濯笔。溪旁有钓渚，其静可以垂纶也，钓渚与邃经堂相直焉。有三桥：度溪而南出者谓之招隐，绝池至于墨池亭者谓之幽兴。循冈北走，度水至于西圃者谓之西涧。西圃有草堂，草堂之后有华严庵。草堂西南有土而高者，谓之西丘。其木则松、桧、梧、柏、黄杨、冬青、椅桐、柽、柳之类，柯叶相幡，与风飘扬，高或参云，大或合抱，或直如绳，或曲如钩，或蔓如附，或偃如傲，或参如鼎足，或并如钗股，或圆如盖，或深如幄，或如蜕虬卧，或如惊蛇走，名不可以尽记，状不可以殚书也。虽霜雪之所摧压，飚霆之所击撼，槎枒摧折，而气象未衰。其花卉则春繁秋孤，冬曝夏倩，珍藤幽葩，高下相依。兰菊猗猗，兼葤苍苍，碧鲜覆岸，慈筠列砌，药录所收，雅记所名，得之不为不多。桑柘可蚕，麻纻可缉，时果分蹊，嘉蔬满畦，摽梅沈李，剥瓜断壶，以娱宾友，以约亲属，此其所有也。予于此圃，朝则诵羲、文之《易》、孔氏之《春秋》，索《诗》、《书》之精微，明礼乐之度数。夕则泛览群史，历观百氏，考古人之是非，正前史之得失。当其暇，曳杖逍遥，陟高临深，飞翰不惊，皓鹤前引，揭历于浅流，踌躇于平皋，种木灌园，寒耕暑耘，虽三事之位，万钟之禄，不足以易吾乐也。

元末，乐圃归张适所有，筑室曰乐圃材馆。明宣德年间，杜琼得东隅地居之，名曰东原，结草为亭曰延绿。万历中，申文定公致政归，构适适园于此。清乾隆年间，毕沅尚得见适适园之旧址。

平江及其附近县治之私家园林，见于文献记载的尚有南园、隐园、梅都官园、范家园、张氏园池、西园、郭氏园、千株园、五亩园、何仔园亭、北园、翁氏园、孙氏园、洪氏园、依绿园、陈氏园、郑氏园、东陆园等处。

平江、吴兴靠近太湖石的产地洞廷西山，其他的几种园林用石也产于附近各地。故叠石之风很盛，几乎是“无园不石”。因而叠石的技艺水平亦以此两地为最高，已出现专门叠石的技工，吴兴谓之山匠”，平江则称之为“花园子”。

三、润州

润州即今镇江，位于长江下游之南岸，与扬州隔江相对。这里依靠长江水路交通之便，经济、文化相当发达，多有私家园林的建置。其中的砚山园和梦溪园，分别由宋人的两篇《园记》作为详细著录。

1. 砚山园

著名书画家米芾用一方凿成山形的古砚台，换取苏促恭在甘露寺下沿长江的一处宅基地，筑园名海岳庵。嘉定年间，润州知府岳珂购得海岳庵遗址，筑砚山园。继任知府冯多福撰《砚山园记》，记述园内景物：

蔡氏《丛谈》载米南宫以砚山于苏学士家易甘露寺地以为宅，好事者多传道之。余思欲一至其处，且观所谓“海岳庵”者，米氏已不复存，总领岳公得之为崇台别墅。公好古博雅，晋宋而下书法名迹宝珍所藏，而于南宫翰墨，尤为爱玩。悉摘南宫诗中语名其胜概之处。前直门街，堂曰宜之，便坐曰抱云，以为宾至税驾之地。右登重冈，亭曰陟巘。祠象南宫，扁曰英光。西曰小万有，迥出尘表；东曰彤霞谷，亭曰陟春漪。冠山为堂，逸思杳然，大书其扁曰鹏云万里之楼，尽摸所藏真迹。凭高赋咏，楼曰清吟，堂曰二妙。亭以植丛桂，曰洒碧，又以会众芳，曰静香，得南宫之故石一品，迂步山房，室曰映岚，洒墨临池，池曰涤研。尽得登览之胜，总名其园曰研山。酣酒适意，扶今怀古，即物寓景，山川草木，皆入题咏。公文采振耀一世，篇章脱手争传，施之有政，谈笑办治，当调度抢攘，羽檄旁午，应酬刻决，动中机会，以其余才余智，兴旧起废，自我作新，人汲汲，已独裕如。兹园之成。足以观政，非徒侈宴游周览之胜也。

2. 梦溪园

园在润州城之东南隅。园主人沈括，嘉祐年间进士，平生宦历很广，多所建树，又是一位著名的学者，于天文、方志、律历、音乐、医药、卜算无所不通，晚年写成《梦溪笔谈》。沈括在三十岁时曾梦见一处优美的山水风景地，历久不能忘，以后又一再梦见其处。十余年后，沈括谪守宣城，有道人介绍润州的一处园林求售，括以钱三十万得之，然不知之园之所在。又后六年，括坐边议谪废，乃结庐于浔阳之熨斗洞，拟作终老之居所。元祐元年，路过润州，至当年道人所售之园地，恍然如梦中所游之风景地，乃叹曰：“吾缘在是矣”。于是放弃浔阳之旧居，筑室于润州之新园，命名为“梦溪园”，并自撰《梦溪园记》记述其改建后之情况：

“巨木蓊然，水出峡中，渟萦杳缭环地之一偏者，目之曰：“梦溪”。溪之土耸然为邱，千本之花缘焉者，“百花堆”也。腹堆而庐其间者，翁之栖也。其西荫于花竹之间，翁之所憩“毂轩”也。轩之瞰，有阁俯于阡陌，巨木百寻哄其上者，“花堆”之阁也。据堆之巅，集茅以舍者，“岸老”之堂也。背堂而俯于“梦溪”之颜者，“苍峡”之亭也。西“花堆”有竹万个，环以激波者，“竹坞”也。度竹而南，介途滨河锐而垣者，“杏嘴”也。竹间之可燕者，“萧萧堂”也。荫竹之南，轩于水澨者，“深斋”也。封高而缔，可以眺者，“远亭”也。居在城邑而荒芜古木与鹿豕杂处，客有至者，皆频额而去，而翁独乐焉。渔于泉，舫于渊，俯仰于茂木美荫之间，所慕于古人者：陶潜、白居易、李约，谓之“三悦”。与之酬酢于心目所寓者：琴、棋、禅、丹、茶、吟、谈、酒，谓之“九客”。居四年而翁病，涉岁而益羸，滨槁木矣，岂翁将蜕于此乎？”

3. 盘洲园

乾道年间，同中书门下平章事兼枢密使洪适，致仕回故乡江西波阳家居，选择城北面一里许的一片山清水秀的地段，筑别业“盘洲”，从此不再出山。洪适自撰《盘洲记》，记述这座别墅园内山水、建筑、植物的景观甚为详尽：

“我出吾“山居”，见是中穹木，披榛开道，境与心契，旬岁而后得之。乃相嘉处，创洗心之阁。三川列轴，争流层出，启窗卷帘，景物坌至，使人领略不暇。两旁巨竹俨立，斑者、紫者、方者、人面者、猫头者、慈、桂、筋、笛，群分派别，厥轩以有竹名。东偏，堂曰双溪。波间一壑，于藏舟为宜，作舣斋于栏后，泗滨怪石，前后特起，曰云叶、曰啸风岩。北践柳桥，以蟠石为钓矶。侧顿数椽，下榻设胡床，为息偃寄傲之地。假道可登舟，曰西浒。绝水问农，将营饭牛之于垄上，导涧自古桑田，由兑桥济，规山阴遗迹，般涧水，剔九曲，荫以并闾之屋，垒石象山，杯出岩下，九突离坐，杯来前而遇坎者，浮罚爵。方其左为鹅池，圆其右为墨沼，一泳亭临其中。水由员沼循池而西，汇于方池，两亭角力，东既醉，西可止……池水北流，过詹卜涧，又西，入于北溪。自一咏而东，仓曰种秫之仓；亭曰索笑之亭；前有重门，曰日涉。……启“文枳关”，度“碧鲜里”，傍“柞林”，尽“桃李蹊”，然后达于西郊。茇蓼弥望，充仞四泽，烟树缘流，“帆樯上下，类画手铺平远景，柳子所谓“迩延野绿，远混天碧”者，故以“野绿”表其堂。有轩居后，曰：“隐雾”，九仞巍然，岚光排闼。厥名“豹岩”。陟其上，则“楚望”之楼，厥轩“巢云”。古梅鼎峙，横枝却月，厥台“凌风”。右顾高柯，昂霄蔽日，下有竹亭，曰：“驻屐。”“宾洲”接畛，楼观辉映，无日不寻棠棣之盟。跨南溪有桥，表之曰：“濠上”，游鱼千百，人至不惊，短蓬居中，曰：“野航”。前后芳莲，龟游其上。水心一亭，老子所隐，曰“龟巢”。清飔吹香，时见并蒂。有白重台、红叶多者。危亭相望，曰：“泽芝”。整襟登陆，苍槐美竹据焉。山根茂林，浓阴映带，溪堂之语声，隔水相闻。倚松有“流憩庵”，犬迎鹊噪，屐不东矣。“欣对”有亭，在桥之西，畦丁虑淇园之弹也，请使苦苣温菘避路，于是“拔葵”之亭作。蕞尔丈室，规摹易安，谓之“容膝斋”。履阈小窗，举武不再，曰“芥纳寮”。复有尺地，曰“梦窟”。入“玉虹洞”，出“绿沉谷”，山房数楹，为孙息读书处，厥斋“聚萤”，山有厥，野有荠，林有笋，真率肴然，咄嗟可办，厥亭“美可茹”。花柳夹道，猿鹤后先，行水所穷，云容万状，野亭萧然，可以坐而看之，曰“云起”。西户常关，雉兔削迹，合而命之曰：“盘洲。”

四、绍兴

浙江绍兴的“沈园”为南宋名园之一，遗址在城内木莲桥洋河弄，现仅存葫芦形的水池名葫芦池。池上跨小桥，池边有叠石假山。南宋诗人陆游与夫人唐婉感情甚笃，迫于婆媳不和而离异。若干年后两人在沈园邂逅相遇，陆游感慨万端，题壁写下著名的《钗头凤》诗，晚年再过此园，又作《咏沈园诗》多首：

斜阳城西画角衰，沈园非复旧楼台；
伤心桥下春波绿，犹是惊鸿照影来。

第六节　文人园林

早在唐代，许多著名文人担任地方官职，出于对当地山水风景的向往之情而利用他们的职权，于风景名胜的开发多有建树。这些文人出身的官僚不仅参与风景名胜的建设，环境的绿化和美化，而且还参与营造自己的私园。凭借他们对自然风景的深刻理解和对自然美的高度鉴赏能力来进行园林的规划，同时也把他们对人生哲理的体验、宦海浮沉的感怀融铸于造园艺术之中。于是，文人官僚的士流园林所具有的那种清沁雅致的格调得以更进一步地提高、升华，更著上一层文人的色彩，这便出现了“文人园林”。所以说，文人园林乃是士流园林之更侧重于以赏心悦目而寄托理想、陶冶性情、表现隐逸者，也泛指那些受到文人趣味浸润而“文人化”的园林。如果把它视为一种艺术风格，则后者的意义更为重要。它的渊源可上溯到两晋南北朝时期，到唐代已呈兴起的状态。见于文献记载的如王维的辋川别业，白居易的庐山草堂，杜甫的成都浣花溪草堂等便是滥觞之典型。

宋代，文人主政，文人与官僚合流的情况更为普遍。于是唐代开始兴起的文人园林，到宋代已成为私家造园活动中的一股潮流，占士流园林的主导地位。同时，在宋代的文人士大夫阶层中，除了传统的琴、棋、书、画等艺术活动之外，品茶和古玩鉴赏也开始盛行。它们作为文人的共同习尚，大大地丰富了文人生活艺术的内容，交织构成文人精神生活的主体。而进行这些活动需要有一个共同的理想场所，这个场所往往就是园林。因此，文人的这些共同的习尚不仅促进了造园的发达，而且使得园林著上更多的文人色彩，成为文人园林兴盛的一个因素。

中唐以后逐渐兴起的品茶风气，到宋代而普遍盛行于知识界，品茶已成为细致，精要的艺术即所谓“茶艺”，包括烹调方法、饮用仪注、茶具、茶室、茶庭等。茶艺不仅普及于民间，还流行于寺庙、宫廷。宋徽宗在《大观茶论》的序文中说过这样的话：

“荐绅之士，韦布之流，沐浟膏泽，熏陶德化，咸以高雅相从事茗饮，故近岁以来，采择之精，制依之工，品第之胜，烹点之妙，莫不咸造其极……天下之士，厉志清白，竞为闲暇修索之玩，莫不碎玉锵金，啜英咀华，校篋司之精，争鉴裁之妙。”

他还提倡以“清、和、淡、洁、韵高致静”为品茶的精神境界。因此，茶艺能适应并发扬文人性格中的“淡泊以明志，宁静而致远”的一面，同时也要求一个“淡泊、宁静”的环境来进行茶艺活动，而山水园林则是再适合不过的环境了。于是，品茶赏茗与文人园居的闲适生活便结下不解之缘，这在宋人诗词中亦多有记述的。

唐代以前，收藏文物古玩以宫廷内府为主，从中唐开始，士大夫多有博雅好古之人，收集古器物，鉴赏古字画的风气逐渐在他们之间流行起来，到两宋而臻于极盛，发展成为一门学问，刊行了不少有关的专著，苏轼、欧阳修、蔡襄、陆游、赵明诚、李清照等著名文人均精于此道。米芾更是嗜古成癖，他“精于鉴裁，遇古器物书画则极力求取，必得乃已”[1]。这样一种高雅的艺术鉴赏活动，自然要求一个同样高雅的“淡泊宁静”的环境，则亦非园林莫属。所以米芾父子列陈文玩的“宝晋斋”，周围皆“高梧丛竹，林越禽鸟”，以幽雅的园林环境来衬托斋内“异书古图、右左栖列”的幽雅气氛，可谓相得益彰了。

早在唐代，大诗人白居易经营洛阳履道坊宅园时已把操琴活动作为园居的功能之一。他在《池上篇·序》中这样写道：

“每至池风春，池月秋，水香莲开之旦，露青鹤唳之夕，拂扬石，举陈酒，援崔琴，弹姜《秋思》，颓然自适，不知其他。酒酣琴罢，又命乐童登中岛亭，合奏《霓裳散序》，声随风飘，或凝或散，悠扬于竹烟波月之间者久之，曲未尽而乐天陶然，已醉于石上矣。”

可以想见那一派有如高山流水的琴音与园林山水环境的契合，对文人的精神生活能产生何等深刻的陶冶作用。这种情况到宋代更为普遍，朱长文曾著《乐圃记》描写他自己规划经营的私园“乐圃’的景观：

“……冈上有琴台，琴台之西有咏斋，此予尝附琴赋诗于此，所以名云。见山冈下有池，……池中有亭，曰墨池，余尝集百氏妙迹于此而展玩也。池岸有亭，曰笔溪，其清可以濯笔。”

园中设琴台、墨池、笔溪这样一些景点，意在表明园主人对诗、书、琴艺和法帖的珍爱，并以之构成为园林造景内涵的雅趣。

诸如此类的情况，足以说明以琴、棋、书、画、品茶、文玩鉴赏为主要内容的文人精神生活与园林的密切关系。前者以后者作为理想的活动场所，不仅促进了造园艺术的发展，而且还使得园林著上更浓郁的文人色彩，则不言而喻必然会成为刺激文人园林兴盛的一个因素。

文人园林广泛浸润于文人士大夫的造园活动，也影响及于皇家园林和寺观园林。《咸淳临安志》论宋代私园之“有藏歌贮舞流连光景者，有旷志怡神蜉游尘外者，有澄想瞰观运量宇宙而游牧其寄焉者”。看来，前者显然着重在生活之享受；后两者则寓有魏晋南北朝以来一脉相承的隐逸思想的表现，即属于文人园林风格的范畴。文人的诗文描写吟咏，文献的记载当然也就更多地集中在此类园林上，如上文介绍过的有关中原、江南地区的一部分士流园林的文字材料。根据这些材料，再参佐其他的记载，我们可以把宋代文人园林的风格特点大致概括为简远、疏朗、雅致、天然四个方面。

1. 简远

简远即景象简约而意境深远，这是对大自然风致的提炼与概括，也是创作方法趋向写意的表征。简约并不意味着简单、单调，而是以少胜多，一以当十。造园诸要素如山形、水体、花木、建筑不追求品类之繁富，不滥用设计之技巧，也不过多地划分景域或景区。所以，司马光的独乐园因其在“洛中诸园中最简素”而名重于时。简约是宋代艺术的普遍风尚。李成《山水决》论山水画：“上下云烟起秀不可太多，多则散漫无神；左右林麓铺陈不可太繁，繁则堆塞不舒”。《宣和画谱》则直接提出山水画要“精而造疏，简而意足”的主张。这在马元、夏珪的创作实践中表现得尤为明显，画面上大部留白或淡淡的远水平野，近景只有一截山岩或半株树枝，都让人体味到辽阔无垠的空间感。山水画的这种画风，与山水园林的简约格调也是一致的。

意境的创造在宋代文人园林中开始受到重视，除了以视觉景象的简约而留在余韵之外，还借助于景物题署的“诗化”来获致象外之旨。用文字题署景物的做法已见于唐代，如王维的辋川别业，但都是简单的环境状写和方位、功能的标定。到两宋时则代之以诗的意趣即景题的“诗化”。北宋文人晁无咎致仕后在济州营私园归去来园，园中景题皆“摭陶（渊明）词以名之”，如松菊、舒啸、临赋、遐观、流憩、寄傲、倦飞、窈窕、崎岖等，意在“日往来其间则若渊明卧起与俱”。洪适的私园盘洲园，园内景题有洗心，啸风、践柳、索笑、橘友、花信、睡足、林珍、琼报、绿野、巢云、濠上、云起等。《洛阳名园记》所记诸园以及临安诸园的景题也有同样的情况，能够寓情于景，抒发园主人的襟怀，诱导游赏者的联想。一方面是景象的简约，另一方面则是景题的“诗化”，其所创造的意境比之唐代园林当然就更为深远而耐人寻味了。

2. 疏朗

园内景物的数量不求其多，因而园林的整体性强，不流于琐碎。园林筑山往往主山连绵，客山拱状而构成一体，且山势平缓，不作故意的大起大伏，《洛阳名园记》所记洛阳诸园甚至全部以土山代石山。水体多半以大面积来造成园林空间的开朗气氛，如《吴兴园林记》描写莲花庄：“四面皆水，荷盛开时锦云百顷”；文璐公园：“水渺弥甚广，泛舟游者如在江湖间也”。植物亦以大面积的丛植或群植成林为主，林间留出隙地，虚实相衬，于幽奥中见旷朗。建筑密度低，数量少，而且个体多于群体。不见有游廊连接的描写，更没有以建筑而围合或划分景域的情况。因此，就园林总体而言，虚处大于实处。正由于造园诸要素特别是建筑布局之着眼于疏，园林景观乃益见其开朗。

3. 雅致

官僚士大夫通过科举取得晋身之阶，但出处进退都不能以自己的意志为转移。两宋时期朝廷内外党祸甚烈，波及面极广。知识分子宦海浮沉，祸福莫测，再加上社会的普遍的忧患意识，因而呈身居显位亦莫不忧心忡忡。他们之中的一部分人既不甘于沉沦，那么，追求不同流俗的高蹈，沉湎隐逸的雅趣便成了逃避现实的惟一的精神寄托。这种情况不仅表现在诗、词、绘画等文学艺术上，园林艺术也有明显的反映。譬如，园中种竹十分普遍而且呈大面积的栽植，《洛阳名园记》所记十七处私家园林中的绝大多数都提到以竹成景的情况，有“三分水，二分竹，一分屋”的说法。竹是宋代文人画的主要题材，也是诗文吟咏的主要对象。它象征人品的高尚、节操。苏轼甚至说过这样的话：“可使食无肉，不可居无竹；无肉令人瘦，无竹令人俗”。园中种竹也就成了文人追求雅致情趣的手段，作为园林的雅致格调的象征，当然是不言而喻的了。再如菊花、梅花也是入诗入画的常见题材，北宋文人林逋（和靖）喜爱梅花，喻之为“梅妻”，写下了“疏影横斜水清浅，暗香浮动月黄昏”的咏梅名句。在私家园林中大量栽植梅、菊，除了观赏之外也同样具有诗、画中的“拟人化”的用意。唐代的白居易很喜爱太湖石，宋代文人爱石成癖则更甚于唐代。米芾每得奇石，必衣冠拜之呼为“石兄”，苏轼因癖石而创立了以竹、石为主题的画体，逐渐成为文人画中广泛运用的体裁，因此，园林用石亦盛行单块的“特置”，以“漏、透、瘦、皱”作为太湖石的选择和品评的标准亦始于宋代。它们的抽象造型不仅具有观赏价值，也表现了文人爱石的高雅情趣。此外，建筑物多用草堂、草庐、草亭等，亦示其不同流俗。园中多有流杯溪涧或流杯亭，象征一向为文人视为高雅韵事的“曲水流觞”。景题的命名，主要为了激发人们的联想而创造意境。这种由“诗化”的景题而引起的联想又多半引导为操守、哲人、君子、清高等的寓意，抒发文人士大夫的潇洒脱俗，孤芳自赏的情趣，也是园林的雅致特点的一个主要方面。

4. 天然

宋代私园所具有的天然之趣表现在两方面：力求园林本身与外部自然环境的契合，园林内部的成景以植物为主要内容。园林选址很重视因山就水、利用原始地貌，园内建筑更注意收纳摄取园林外之“借景”，使得园内园外两相结合而浑然一体。文献中常提到园中多有高出于树梢的台，即为观赏园外借景而建置的《洛阳名园记》中有一段文字描写胡氏园的选址及借景的情况：

“（园）在邙山之麓，瀍水经其旁。（园主）因岸穿二土室，深百余尺，坚完如埏埴。开轩窗其前，以临水上，水清浅则漱，端瀑则奔驶，皆可喜也。有亭榭花木，率在二堂之东，凡登览徜徉，俯瞰而峭绝，天授地设，不待人力而巧者。”

临安西湖诸园，因借远近山水风景的更是千变万化，各臻其妙。园林的天然之趣，更多的则是得之于突出园内的大量植物配置。文献和宋画中所记载、描绘的园林绝大部分都以花木种植为主，多运用树木的成片栽植而构成不同的景载主题，如竹林、梅林、桃林等，也有混交林。往往借助于“林”的形成来创造幽深而独特的景观。例如，司马光的独乐园在竹林中把竹杪扎结起来做成两处庐、廊的摹拟，代替建筑物而作为钓鱼时休息的地方。环溪留出足够的林间空地，以作为树花盛开时的群众观赏场地。再如芗林园内的梅台，“最有思致，丛植大梅，中为小台，四面有涩道。梅皆高棱覆之，盖自梅洞中蹑足而登，则又下临花顶，尽赏梅之致也”[2]。这些，都确是别开生面的构思。宋人喜欢赏花，园林中亦多种植各种花卉，每届花时则开放任人游赏参观。园中还设药圃、蔬圃等，甚至有专门种植培育花卉的“花园子”。蓊郁苍翠的树木，姹紫嫣红的花卉，既表现园林的天然野趣，也增益浓郁的生活气息。宋代园艺技术的特别发达，与营园之重视植物的造景作用也有直接的关系。

上述四个特点是文人的艺术趣味在园林中的集中表现，也是中国古典园林体系的基本特点的外延。文人园林在宋代的兴盛促成了中国园林艺术继两晋南北朝之后的又一次重大升华。两宋文化发展之登峰造极，文人广泛参与造园活动以及政治、经济、社会的种种特殊因素固然为之创造了条件，而当时艺坛出现的某些情况也是促成文人园林风格异军突起的契机。

从殷周到汉代，绘画大抵都是工匠的事。两晋南北朝以后逐渐有文人参与，绘画逐渐摆脱狭隘的功利性而获得美学上的自觉和创作上的自由，成为士流文化的一个组成部分。宋代"文人画"的兴起，意味着绘画艺术更进一步地文人化而与民间的工匠画完全脱离。文人画是出自文人之手的抒情表意之作，其风格的特点在于讲求意境而不拘泥细节描绘，强调对客体神似更甚于形似，诚如苏轼名言："论画以形似，见与儿童邻"。如果说，文人画及其风格的形成乃是文人参与绘画的结果。那么，文人园林及其风格的形成也同样是文人广泛参与园林规划的结果。文人参予造园者如司马光、欧阳修、苏轼、王安石、苏舜钦、米芾等人均见于史载，宋徽宗赵佶亦以文人的身份具体过问艮岳的建园事宜。宋代文人园林的四个特点与文人画的风格特点有某些类似之处，文人所写的"画论"可以引为指导园林创作的"园论"。园林的诗情正是当代文人诗词风骨的复现，园林的意境与文人画的意境异曲同工。诗词、绘画之以园林作为描写对象的屡见不鲜。诸如此类的现象，均足以说明文人画与文人园林的同步兴起，绝非偶然。

宋代艺术逐渐放弃外部拓展而转向开掘内部境界，在日愈狭小的内部境界中纳入尽可能丰富的内涵，出现了诸如"壶中天地"、"须弥芥子"、"诗中有画，画中有诗"之类的审美概念，从而促成了各个艺术门类之间更广泛地互相借鉴和触类旁通。在这种情况下，文人画之影响文人园林当属势之必然。征诸文献记载，亦不无蛛丝马迹可寻。

诗、画艺术给予园林艺术的直接影响是显然的，而宋代所确立的独特的艺术创作和鉴赏方法对于文人园林的间接浸润也不容忽视。

两晋南北朝以来，诗画艺术的创作和鉴赏在老庄哲学的启迪下已经有意识地运用直觉感受、主观联想的方法，把先秦两汉的比兴式的象征隐喻发展为"以形写神"的理论。特别重视作品的风、骨、神、气，正如《文心雕龙》所谓"辞之待骨，如体之树骸；情之含风，犹形之包骨"。但一直是处在比较粗糙的水平上，到了宋代，受到佛教禅宗的影响才产生一个跃进。

宋代社会的忧患意识和病态繁荣，文人士大夫出处进退的祸福无常，逐渐在这个阶层中间造成了出世入世的极不平衡的心态，赋予他们以一种敏感、细致、内向的性格特征。唐代逐渐兴盛起来的佛教禅宗到这时已经完全中国化了，禅宗的"直指本心、见性成佛"的教义与文人士大夫的敏感、细致、内向的性格特征最能吻合，因而也为他们所乐于接受。于是，在文人士大夫之间"禅悦"之风遂盛极一时。禅宗倡导"梵我合一"之说，合我心者是，不合我心者非；"悟"而后是，未"悟"则非。南宗禅的所谓"顿悟"，就是完全依靠自己内心的体验与直觉的感受来把握一切，无需遵循一般认识事物的逻辑、推理和判断的程序。这种通过内心观照，直觉体验而产生顿悟的思维方式渗入到宋代文人士大夫的艺术创作实践中，便促成了艺术创作之更强调"意"，也就是作品的形象中所蕴涵的情感与哲理，更追求创作构思的主观性和自由无拘，故苏轼云："言有尽而意无穷者，天下之至言也"。从而使得作品能够达到情、景与哲理交融化合的境界——完整的"意境"创造的境界。因此，宋人的艺术创作轻形似、重精神，强调直写胸臆，个性外化。所谓"唐人尚法，宋人尚神"，"书画之妙，当以神会"[3]。苏轼、米芾、文同都是倡导、运用这种创作方法的巨匠，也都是善于谈论禅机的文人。鉴赏方面，则由鉴赏者自觉地运用自己的艺术感受力和艺术想像力去追溯、补充作家在构思联想的内心感情和哲理体验。所谓“说诗如说禅，妙处在悬解”，形成以“意”求“意”的欣赏方式。这种中国特有的艺术创作和鉴赏方法在宋代的确立乃是继两晋南北朝之后的又一次美学思想的大变化和大开拓，它对于宋代园林艺术的潜移默化从而促进了文人园林的兴起及其四个特点的形成，当然也是不言而喻的事情。

注释

[1]《宋史·米芾传》。

[2] 李格非：《洛阳名园记》。

[3] 沈括：《梦溪笔谈》。

第七节 辽、金园林

一、辽代园林

辽代皇家园林主要是辽南京的园林，见于文献记载的有内果园、瑶池、柳庄、粟园、长春宫等处[1]（图7-13）。

“瑶池“在宫城的西部，池中有岛名瑶屿，岛上建瑶池殿。

“内果园”在子城之东门宣和门内，据《辽史·圣宗纪》：“太平五年（1025年）十一月庚子，（帝）幸内果园，京民聚观”；“开泰五年，驻跸南京，幸内果园，宴，京民聚观，求进士七十二人，命赋诗第其工拙……燕民以车驾临幸，争以土物来献，上赐饮。至夕六街灯火如昼，士庶嬉游，上亦微服观之”。

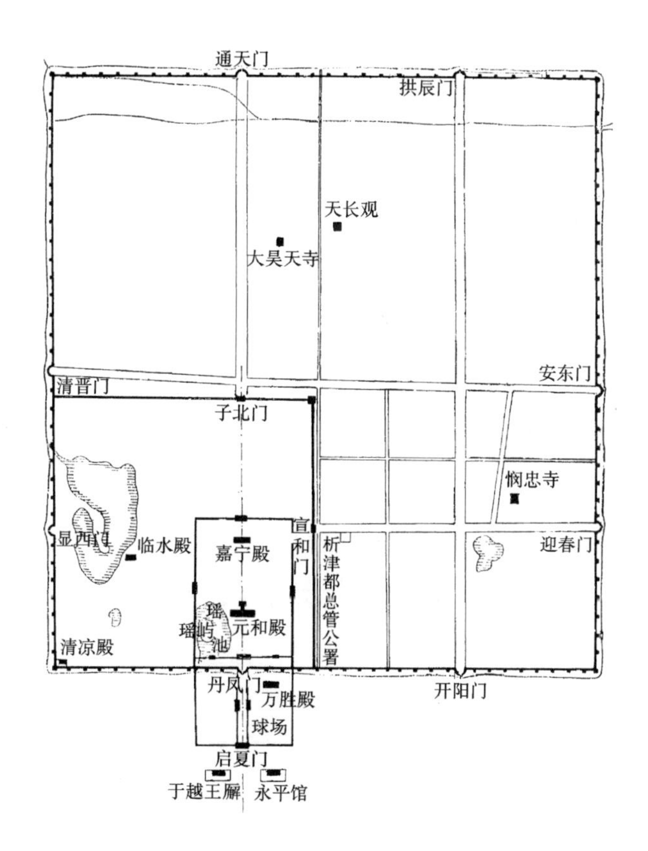

图7-13 辽南京城平面及宫苑分布示意图

“柳庄”在子城西北部。

“粟园”在外城西北之通天门内。

“长春宫”在外城之西北，为辽帝游幸赏花、钓鱼的一处行宫御苑，以栽植牡丹花著称。

辽代贵族、官僚的邸宅多半集中于子城之内、子城西部湖泊罗布，故亦多私家园林的建置。据《辽史·游幸表》：“重熙十一年（1042 年）闰九月，幸南京，宴皇太弟重元弟，泛舟于临水殿宴饮”。

辽代佛教盛行，南京城内及城郊都有佛寺的建置。著名的如昊天寺、天泰寺、竹林寺、大觉寺等，其中不少附建园林的。城北郊的西山、玉泉山一带的佛寺，大多依托于山岳自然风景而成为皇帝驻跸游幸的风景名胜，如中丞阿勒吉施舍兴建的香山寺。此外，城东南郊的“延芳淀”方百余里，春时鹅鹜所聚，夏秋多菱芡，亦为皇帝春猎和经常游幸的风景区。

二、金代园林

金代从中都城扩建之日起即开始在城内经营宫苑，包括大内御苑和行宫御苑。到金章宗时，金王朝的版图扩大到中原、淮北。大定年间，与南宋议和，政局稳定、经济繁荣，城内御苑已不能满足皇帝的欲望，于是又向城外发展，在中都城的近郊和远郊增建新的御苑行宫多处，皇家园林建设的数量和规模已十分可观。

城内御苑见于文献记载的有西苑、南苑、东苑、北苑、兴德宫等处[2]。

西苑　位于皇城西部，利用辽南京子城西部的许多大小湖泊、岛屿建成，其中楼、台、殿、阁、池、岛俱全（图 7-14）。湖泊的面积相当大，有鱼藻池（亦名瑶池）、浮碧池、游龙池等，统

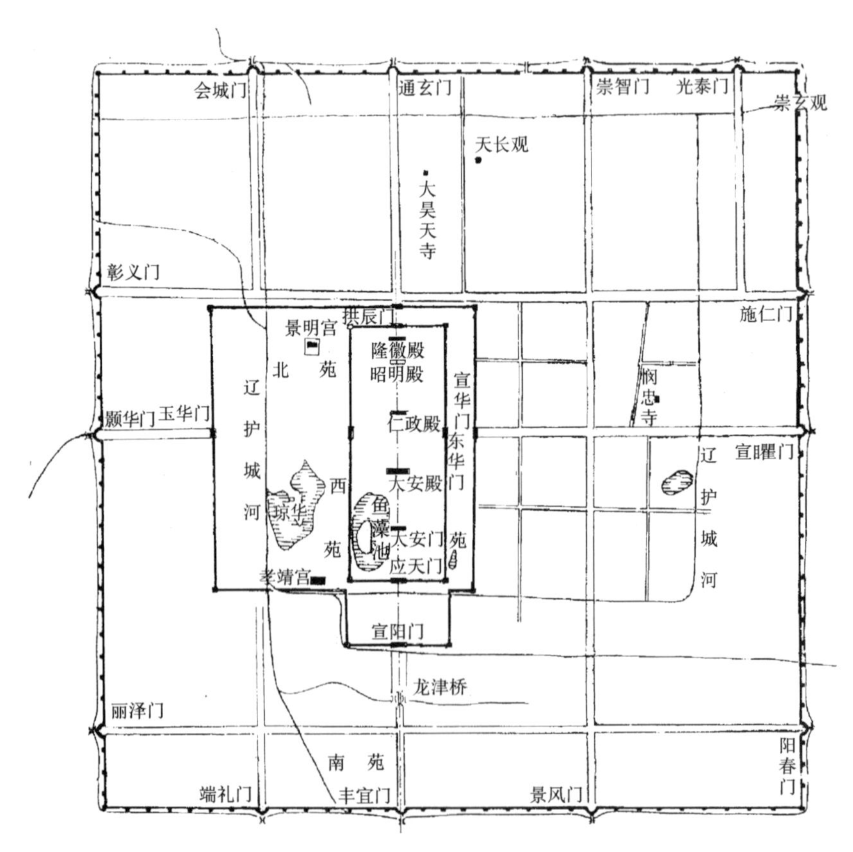

图 7-14　金中都城平面及宫苑分布示意图

称之为太液池。池中有岛，如琼华岛、瀛屿等·琼华岛上建琼华阁。西苑又名西园，包括皇城内的同乐园和宫城内的琼林苑两部分，除了多处湖泊、岛屿之外，尚有瑶光殿、鱼藻殿、临芳殿、瑶池殿、瑶光台、瑶光楼、琼华阁等殿宇。果园、竹林、杏林、柳庄等以植物成景的景区以及豢养禽鸟的鹿园、鹅栅等。这是金代最主要的一座大内御苑，金代文人多有诗文描写园内的优美景色，例如：

晴日明华构，繁阴荡绿波；
蓬丘沧海尽，春色上林多。
流水时虽逝，迁莺暖自歌；
可怜欢乐极，钲鼓散云和。

（师柘·《游同乐园》）[3]。

春妇空苑不成妍，柳影毵毵水底天；
过节清明游客少，晚风吹动钓鱼船。
石作垣墙竹映门，水回山复九桃源；
毛飘水面知鹅栅，角出墙头认鹿园。

（赵秉文·《同乐园二首》）[3]

芳遥层峦百鸟啼，芝廛兰畹自成蹊；
仙舟倒影涵鱼藻，画棟销香落燕泥。
淑景睛熏红树暖，蕙风轻泛碧丛低；
回头醉梦俄惊觉，歌吹谁家在竹西。

（冯延登·《西园得西字》）[3]

南苑　又名南园、煦春园，位于皇城之南偏西，有煦春殿、常武殿，还有一座小园林广乐园。《金史·世宗纪》："大定三年（1163年）五月，以重五，幸广乐园射柳。皇太子、亲王，百官皆射，胜者赐物有差。上复御常武殿赐宴、击球，自是岁以为常"，另据《金史·五行志》："大定二十三年(1183年）正月辛巳，广乐园灯山焚，延及煦春殿"。可知广乐园是一处供皇帝百官射柳、观灯的园中之园。

东苑　又名东园、东明园，位于皇城内东墙内侧迤南，利用辽代内果园遗址建成。苑内楼观甚多，设门与宫城内之芳园相通，故芳园亦成为东苑之一部分·据《金史·章宗纪》："泰和七年五月，幸东园射柳"，另据《大金国志》："大定十七年（1177年）四月三日，国主与太子诸王在东苑赏牡丹。晋王允献赋诗以陈，和者十五人"。

北苑　位于宫城之北偏西，苑中有湖泊、荷池、小溪、柳林、草坪，湖中有岛，主要殿宇为景明宫、枢光殿。金人诗文中也有描写北苑风光的：

柳外宫墙粉一团，飞尘障面卷斜晖；
潇潇几点莲塘雨，曾上诗人开直衣。
蒲报阁阁乱蛙鸣，点水杨花半白青；
隔岸风来闻鼓吹，柳荫深处有园亭。

（赵秉文·《北苑寓直》二首）[3]

以上四苑均为大内御苑，另有行宫御苑兴德宫，位于外城东北。

中都城近郊和远郊的御苑比较多，其中有行宫御苑，也有离宫御苑，主要的为以下几处。

建春宫　位于中都城南郊，始建于金章宗时。其后，皇帝经常到此驻跸多日并接见臣僚、处理政务，说明此宫内建有规模较大的殿宇。

长春宫　又名光春宫，在中都城东郊，为辽代延芳淀之旧址。宫内湖泊罗布，有芳明殿、兰皋殿、辉宁殿等殿宇。皇帝经常在这里举行“春水”活动。

大宁宫　在中都城的东北郊，这里原来是一片湖沼地，上源为高梁河。大定十九年（1179年）开始建设，建成不久即更名寿宁宫，又更名寿安宫，明昌二年更名万宁宫。大宁宫是一座规模很大的离宫御苑，世宗每年必往驻跸，章宗曾两次到大宁宫，每次居住达四个月之久，并在这里接见臣僚、处理国政。大宁宫水面辽阔，以水景取胜，人工开拓的大湖名太液池，湖中筑大岛名琼华岛，岛上建广寒殿。史学《宫词》形容其为：“宝带香褠水府仙，黄旗彩扇九龙船；熏风十里琼华岛，一派歌声唱采莲”。足见当年翠荷成片，龙舟泛彩，歌声荡漾的图景。大宁宫内共建有殿宇九十余所，文臣赵秉文《扈跸万宁宫》诗中这样描写：“一声清跸九天开，白日雷霆引仗来；花萼夹城通禁御，曲江两岸尽楼台。柳荫隙日迎雕辇，荷气分香入酒杯；遥想熏风临水殿，五弦声里阜民财”。把大宁宫比拟为唐长安的曲江，足见当年景物之盛况。金章宗时的“燕京八景”中，大宁宫竟占两景：琼岛春荫、太液秋波。据清人高士奇《金鳌退食笔记》：“余历观前人记载，兹山（琼华岛）实辽、金、元游宴之地……其所垒石，巉岩森耸，金、元故物也，或云：本宋艮岳之石，金人载此石自汴至燕，每石一准粮若干，俗呼为“折粮石”。堆筑琼华岛的山体形象，据说是以艮岳的寿山为蓝本，而琼华岛上的假山石也是东京的旧物。宋徽宗为了追求一已享乐而大起“花石纲”，把江南的奇花异石运至东京修造艮岳，转眼之间，国破家亡，徽宗本人也成为俘虏，客死五国城。他所搜括得来的珍玩，包括这些玲珑奇特的太湖石，又都成了金国的战利品。

玉泉山行宫　在中都城北郊的玉泉山，早在辽代即已草创。金章宗时在山腰建芙蓉殿，章宗经常临幸避暑、行猎。玉泉山以泉水闻名，有泉眼五处。泉水出石隙间，潴而为池，再流入长河以增加高梁河之水量，补给大宁宫园林用水。玉泉山行宫是金代的“西山八院”之一，也是燕京八景之一的“玉泉垂虹”之所在。“西山八院”是金章宗在西山一带的八处游憩之所，据《春明梦余录》：“其香水院在金口山、石碑尚存。稍东为清水院，今改为大觉寺。玉泉山有芙蓉殿，基存。鹿园在东便门外通惠河边”。

玉泉山行宫和大宁宫同为金代中都城郊的两处主要的御苑，后来北京的历代皇家园林建设都与这两处御苑有着密切的关系。

钓鱼台行宫　在中都城之西北郊，即今之玉渊潭。辽代，此处为一蓄水池，汇聚西山诸水面成大湖泊。金代建成御苑，皇帝经常临幸。此园盛时，极富于花卉水泊、垂柳流泉等自然景观之美。以后逐渐衰败，明人严嵩《钓鱼台》诗描写其荒凉之景象：

金代遗纵寄草莱，湖边犹识钓鱼台。

沙鸥汀鹭寻常在，曾见龙舟凤舸来。[4]

离中都较远的地方，也有离宫御苑的建置，如在今大房山脚下的金陵行宫、在今保定西北的光春行宫、在今宣化的庆宁行宫、在今张北的大渔泺行宫、在今玉田的玉田行宫、在今滦县的石城行宫等处。

金王朝在文化方面由于追慕北宋而获得高度发展，园林当然也不例外，在其兴盛时期，中都城内外以及北方各地都有贵族、官僚、文人、地主、奴隶主建置的私家园林。首都中都的城市规划和宫苑建设完全模仿北宋的东京。私家造园受到北宋影响，想来数量不会少，但见于文献记载的却只有寥寥四处：中都近郊的“崔氏园亭”和“赵园”，城内的“趣园”和礼部尚书赵炳文的

“遂初园”。前三者均语焉不详，后者据《遂初园记》：园在城之西北隅与趣园相邻，占地三十亩，“有奇竹数千，花水称是”，园内主要建筑有琴筑轩，翠贞亭、味真庵、闲闲堂、悠然台等。园之以“遂初”为名，大概寓有致仕官僚为警戒自己“归心负初言”之意。赵炳文《遂初园》诗中曾谈到他游赏该园时之感慨：

人生衣食尔，所适饱与温；
逮其得志间，归心负初言。
少壮慕富贵，老大爱子孙；
此心本无累，利欲令智昏。
嗟我复何为，未能返丘园；
物外恐难必，开图对一樽。

中都的佛寺和道观很多，其中不少都是独立小园林的建置，或者结合寺观的内外环境而进行园林化的经营，有的则开发成为以寺观为主体的公共游览地。

城东北郊的庆寿寺，环境幽静清雅，路铎《庆寿寺晚归》诗描写其为：

九陌黄尘没马头，眼明佛界接仙洲；
清溪照眼红渠晚，禅榻生凉碧树秋。
少室宗风开木义，裕陵遗墨烂银钩；
对谈不觉山衔月，只为松风更少留。

据此，可知该寺内树木繁茂，还有“清溪”、“红渠”等水景，足见其园林情况之一斑。城西北郊的西山一带早在唐、辽时即为佛寺荟萃之地，金代又陆续修建大量寺院，其中香山寺的规模尤为巨大。香山为西山的一个小山系，据金代李宴《香山记略》：“相传山有二大石，状如香炉，原名香炉山，后人省称香山”。香山寺址原为辽代中丞阿勒吉所施舍，金章宗大定年间加以扩建，改名永安寺。附近有章宗的“祭星台”、“护驾松”、“感梦泉”等。感梦泉是一处泉眼，相传章宗以香山缺乏佳饮为憾事，乃祷于天，夜梦发矢，其地涌出一泉。既醒，乃命侍者往觅，果有泉汩汩出。汲之以进章宗，品尝之，甘洌澄洁，迥异他泉，遂命名为感梦泉。之后，结合永安寺和其他佛寺、名胜的经营而建成“香山行宫”，章宗曾数度到此游幸、避暑和狩猎。从此以后，香山及西山一带遂逐渐发展为佛教圣地和公共游览地。

中都城内及郊外分布着许多由人工开凿和天然的河流、湖泊，其中不乏风景优美之处，往往进行绿化和一定程度的园林化建设而开发成为供士民游览的公共园林。

西湖（即今之莲花池）在城西郊，到明代仍然“广袤数十亩，旁有泉涌出，冬不冻”。赵炳文有诗咏之为：

倒影花枝照水明，三三五五岸边行；
今年潭上游人少，不是东风也世情。

卢沟桥跨越卢师河上，造型精美的石桥及桥下水流与河岸植柳之景相映成趣，为中都门户之一，也是都人常游之地。赵炳文《卢沟》诗云：

河分桥柱如瓜蔓，路入都门似犬牙；
落日卢沟桥上柳，送人几度出京华。

城北郊的玉泉山，山嵌水抱，湖清似镜，湖畔林木森然。除了一处行宫御苑之处，大部分均开发成为公共游览胜地。赵炳文《游玉泉山》诗生动地描写此地景观：

夙戒游名山，出郊气已豪；
薄去不解事，似妒秋山高。
西风为不平，约略山林梢；
林尽湖更宽，一镜涵秋毫。

诸如此类的公共游览地和公共园林，再加上分布城内外的众多宫苑、私家和寺观园林，更增益了中都城市和郊野景观之美，在金章宗时，便出现了“燕京八景”的景题：居庸叠翠、玉泉垂虹、太液秋风、琼岛春荫、蓟门飞雨、西山积雪、卢沟晓月、金台夕照。

注释

[1] 见于杰、于光度：《金中都》，北京，北京出版社，1989。

[2] 同上。

[3] 转引自于杰、于光度：《金中都》。

[4] 转引自于敏中等：《钦定日下旧闻考》卷二十九。

第八章 教 育 建 筑

第一节 教育建筑发展的历史背景

“华夏之文化，历数千载之演进，造极于赵宋之世”[1]。这一判断，准确地说明了宋代文化之繁荣。正因此，具有世界意义的中国四大发明之三，指南针、火药、印刷术皆产生于北宋，决非偶然。许多盖世之大学问家产生于两宋，据统计当时的哲学家（儒者）达1349人，画家达535人，词人达681人[2]。在这些历史表象的背后，反映出两宋文教之发达。这与当时所采取的“兴文教、抑武事”[3]的基本国策是分不开的。由于宋代统治者深刻体会到“王者以武功克定，终须用文德致治”[4]的道理，各朝皇帝皆提倡读书，宋太祖认为“帝王之子，当务读经书，知治乱之大体”[5]。太祖还令“武臣读书，知为治之道”[6]。宋太宗指出，“夫教化之本，治乱之原，苟非书籍，何以取法”[7]。宋代的几位皇帝本人也皆善读书，真宗“所政之暇，唯务观书”[8]。仁宗“圣性好学，博古通今”[9]。因此，倡导科举取仕，规定“凡内外职官，布衣草泽，皆得充举”[10]。促使世人追求“学而优则仕”的道路。宋代的启蒙读物《神童诗》所讲的“天子重英豪，文章教尔曹，万般皆下品，唯有读书高。”正是当时社会风气的写照。在百姓中“为父兄者，以其子与弟不文为咎；为母妻者，以其子与夫不学为辱”[11]。

北宋开国的前几十年，由于战乱，政务繁忙，还顾不上发展教育，但到了仁宗景佑年间（1034—1038年），“范仲淹作学于吴（平江），又创于润（润州）……仁宗开天章阁，召辅臣八人问以治要，文正公复以学校为对。于是诏天下皆立学”[12]。这样便促进了教育的发展，在江西“虽荒服郡县，必有学”[13]。在安徽歙县“远山深谷，居民之处，莫不有师有学”，“虽穷乡僻壤，亦闻读书声”[14]。尽管在南宋初年，高宗时期曾因“戎事未暇”，把主管教育的中央机构国子监归并到礼部，但在绍兴八年（1138年）正式定都临安后，经官员多次上书请求，于绍兴十二年（1142年）十一月高宗下诏临安府，“措置”（筹办）太学，次年正式恢复，绍兴十六年（1146年）又成立武学，绍兴二十六年（1156年）建立医学，其他学科也相继恢复。不仅中央官学发展，地方官学也得到广泛发展，例如在广西地区就有府学县学34所[15]。至于经济发达的江浙一带，除府县学之外，书院在两宋时代兴盛起来，全国共有203所[16]。此外还有乡校、家塾、舍馆、书会等各种类型的学校难以计数。在临安“每里巷须一二所，弦诵之声，往往相闻”[17]。在吴郡“师儒之说始于邦，达于乡，至于室，莫不有学。”[18]在绍兴“自宋以来，益知向学尊师择友，南渡以后，弦诵之声，比屋相闻。”[19]在福州则“城里人家半读书”[20]。由于各科学校的广泛兴办，使得全民文化水平有所提高，据文献记载“吴、越、闽、蜀，家能著书，人知挟册”[21]。有的地区如福建永福县“家尽弦诵，人知律令，非独士为然。工农商各教子读书，虽牧儿馌妇，亦能口诵古人语言”[22]。这正是两宋文化繁荣的写照，更可证明当时教育的普及，适应这种文化水平的教育建筑，随之发展起来。

注释

[1] 陈寅恪《金明馆丛稿二编》。

[2] 张家驹《两宋经济重心南移》，引余英《宋代儒者地理分布统计》。

[3] 司马光《稽古录》卷十七。

[4]《宋朝事实》卷三圣学。

[5] 司马光《涑水记闻》卷一。

[6]《宋史纪事本末》卷七。

[7]《宋会要辑稿》崇儒四。

[8]《青箱杂记》卷三。

[9]《东轩笔记》卷三。

[10]《宋史纪事本末》卷七。

[11] 洪迈《容斋随笔》卷五。

[12] 范成大《吴郡志》卷四载朱长文〈吴郡图经续记〉。

[13]《宋文鉴》卷八二〈南安军学记〉。

[14] 民国《歙县志》。

[15] 徐吉军《论宋代文化高峰形成的原因》，《浙江学刊》1988年第四期。

[16] 张柳泉《中国书院史话》，教育科学出版社，1981年。

[17] 耐得翁《都城纪胜》"三教外地"条。

[18] 范成大《吴郡志》卷四载张伯玉〈六经阁记〉。

[19] 康熙《会稽县志》卷七风俗记。

[20]《淳熙三山志》卷四十。

[21] 叶适《水心别集》卷九。

[22] 方大琮《铁菴方公文集》卷三三〈永福辛卯劝农文〉。

第二节 学校、书院、贡院

一、两宋时期的教育体制与学校类型

两宋时期学校因教育体制可分成三类，在中央的为中央官学，其包括有国子学、四门学、太学、武学、广文馆、医学、算学、书学、画学、宗学等。在地方的州县则有府学、县学。此外还有一类，是民办的书院，北宋曾以四大书院（或称六大书院）著称于世。

中央官学中的国子学，是七品以上官员子孙的学校。开始设于宋太宗端拱二年（989年），当时生员人数不定，后来以二百人为限，生员称为国子生。八品以下官员子弟及庶人中之俊异者则入太学，称为太学生。庆历四年（1044年）在东京正式建立太学。在此之前，庆历三年曾创办四门学，招收八品以下官员和平民子弟，太学成立后便废除。北宋神宗时期，太学制度逐渐完善，生员人数迅速增加，"元丰二年（1079年）颁学令，太学置八十斋，各斋五楹，容三十人"[1]，学生分成三等，即外舍生、内舍生、上舍生，称之为三舍制。初入学者为外舍生，开始名额不限，后定额为700人，元丰年间增至2000多人，每月举行一次私试，每年一公试，经公试的一、二等生可升入内舍。内舍生定额200人，元丰年间增至300人。内舍生中经考试，成绩达到优、平二级者，便可升入上舍。上舍生仅一百人。生员在校由官府供给食宿。徽宗时期对太学更加重视，并"命将作少监李诫即城南门外相地营建外学，是为辟雍"[2]，外学则专为外舍生而建。一般在各州县考选之太学生，需先入外学，经过考试后再补入内舍、上舍。当时太学中的"外舍亦令出居外学"，因之，使太学生员人数空前，外舍达3000人，内舍达600人，上舍达200人。并曾一度停止科举取仕的制度，而采用舍选

入仕的做法[3]。宣和三年（1121 年）取消外舍生，废除三舍法，随之恢复科举考试[4]。南宋太学建校初期，规模较小，生员以 300 人为额[5]，后逐渐增至 700 至1000 人。

北宋元祐元年（1086 年）还曾出现过一种“以待四方游士试京师者”的学校称广文馆，有生员 2400 人，至绍圣元年（1094 年）停办。

宗学，是皇族子弟学校，始建于元祐元年（1086 年），不久罢置。在靖国元年（1101 年）又复建。南宋绍兴四年（1134 年）始置皇族子弟学校，分小学和大学，一般八岁开始入小学，二十岁入大学，称为宫学。嘉定九年（1216 年）改称宗学。

武学，相当于现代的军事学院，初建于庆历三年（1043 年），同年八月停办，至熙宁五年（1072 年）于东京武成王庙恢复武学，学生以一百人为限。南宋绍兴二十六年（1156 年）临安重开武学。武学课程为《孙子》等兵书及骑射。武学毕业后，愿从军者经过殿试可任命为将领。

此外尚有律学、医学、算学、画学等专科学校，其中，律学建于熙宁六年（1073 年），专业分为律令大义、断案、大义兼断案三科。医学最初称太医局，建于熙宁九年（1076 年）。南宋重建于绍兴二十六年（1156 年）。学生限额为 300 人，设有方脉、针科、疡科三个专业。医学的高班上舍生和部分内舍生可为其他学校的学生治病。算学始建于北宋崇宁三年（1104 年）。生员限额 210 人，学习天文、历算。书学建于崇宁三年（1104 年），学习篆、隶、草三本及文化课。大观四年（1110 年）将书学并入翰林书艺局。画学与书学同时存在，同时停办。画学中分为佛道，山水、人物、鸟兽、花竹、屋木等六个专业，除学绘画外，还辅以文化课。

以太学为代表的中央官学主要学习诗、书、易、礼、春秋、论语、孟子等，是为统治者培养统治人才的最高学府。而府、县学则与太学属同类性质。专科学校是为培养专门人材而设的学校。如画学，可以称得上是中国最早的官办美术学院。

两宋的学校放宽了生员出身等第，不限于贵族、高官，逐渐向庶民子弟开放。学校教育加入了实习的科目，如武学、医学均设有实习课。同时专科学校发展，重视专门人材的培养。这些在中国古代教育史上具有重要意义，曾起到促进教育发展的作用。宋代比唐代的教育在制度上也有所发展，自熙宁四年（1071 年）起陆续增设地方上主管教育的官员。从中央至地方增加教育经费，增加了武学，画学两专科学校。

两宋时期的书院是一种特殊的教育场所。书院，在唐代有过“丽正殿书院”，后改为“集贤殿书院”，但这里只是藏书和修书的机构。作为教育人才的书院始于南唐升元四年（940 年）建的白鹿洞学馆。至北宋便有了闻名的白鹿洞、岳麓、嵩阳、睢阳书院，当时这些书院是不列入国家学制的教育机构。书院在南宋时期有较大发展，这是因为“沿及南宋讲学之风丰盛，奉以一人为师，聚律数百，其师既殁，诸弟子群居不散，讨论绪余……遂遵其学馆为书院”[6]。宋代书院掌教者称为“山长”或“洞主”，它们可能是某一学派的有威望的学者，不受官府控制。宋代书院教学内容以“理学”为主，因此可以认为书院是随着理学的兴盛而发展的，但南宋时期也有讲心性之学，事功之学的书院。书院的讲学方式仿效禅林，因而其选址也多模仿禅林，选在风景名胜所在的山林之间，如岳麓书院选在岳麓山黄抱洞下，其地森林繁茂，流泉潺潺。嵩阳书院在嵩山脚下，象山书院在象山，武夷精舍在武夷山。也有一些书院设在城市中，如建康明道书院，建“在学宫西北。”[7]

二、两宋教育建筑的形制及实例

1. 宋代学宫建筑的构成

（1）祭奠先圣先师的“庙”

这是中国封建时期的学校中所特有的建筑。唐太宗贞观四年（630 年）诏各州县学皆立孔子庙，是为学宫中普遍立庙的先声。[8]把孔子作为主要的祭奠者，在宋代，不但在“庙”中要祭奠孔子，而且把祭奠范围扩大到孔子的弟子及一些儒学家，据宋史礼载：“塑先圣、亚圣、十哲像，画七十二贤及先儒二十一人像于东西庑之木壁。”南宋临安太学将十哲仍放在大成殿，仅于东、西庑彩画七十二贤及前朝贤士公卿诸像。同时，还为一些对教育事业或办学的有功之臣，修筑祠堂，加以释奠。宋代学宫中的“庙”较唐代有了较大的变化，增加了东、西庑、光贤祠等“从祀”建筑，一般设有大成殿，大成门，东、西庑，先贤祠等。大成殿内设孔子像，殿前东、西庑有先圣、亚圣、十哲、七十二贤人及先儒二十一人像。先贤祠多设在大成殿两侧的院落中。例如在平江府学中就曾有纪念陆贽、范仲淹、范纯仁、胡瑗、朱长文的“五贤堂”，位于讲堂之左[9]。又如《嘉定赤城志》载，其庙学内有思贤堂、三老堂、颂喜堂等纪念先贤的建筑，位于明道堂（讲堂性质）以东。赤城州学中也有思贤堂、三老堂、颂喜堂。此外还有四先生祠，祀周濂溪、程颢、程颐、朱熹。在记载中设有先贤词的还有建康府学，临安府学，仁和县学等。

武学中释奠的不再是文人而是武将，临安府学中有武成王殿，奉姜太公为昭列武成王。医学中则奉祀医师神应王，设有神应大殿。

（2）存放皇帝诏书、御礼、御札的建筑

凡受过皇帝恩典的学校，皆有这类建筑，例如临安太学设有首善阁，临安宗学和府学中皆设有御书阁。平江府学的御书阁为淳熙十四年（1187年）建，其前身为六经阁，该阁“临泮池，构层屋……作楹十有六，栋三，架霤八、桷三百八十有四，二户六牖，梯衡楶棁、圬墁陶甓称是”[10]。故六经阁毁于兵火，“淳熙十四年，郡守赵彦操，即六经阁旧址为之，以奉高宗皇帝所赐御书。”[11]御书阁“度为三楹两翼，三其檐。为高六十尺，为广七十有五尺”[12]。从这段记载可知，阁的平面宽约25米，高约20米，三层，七开间，规模宏大，“若飞从天外，行人骇观，凝立如植”[13]。另有建康府学的御书阁，高6丈3尺（约21米），纵广5丈4尺，（约18米），横广6丈，（约22米），也具有相当规模。据《景定建康志》府学图载可知，御书阁为二层，七开间，楼下为议道堂，九开间（图8-1）。

（3）讲堂及学校办公厅堂

讲堂是学校中最核心的建筑，但数量随学校规模而定，少的只有一座，多的如东京太学“建讲书堂四”。临安太学有崇化堂、光尧石经之阁。皇帝巡视太学时曾在崇化堂接见太学师生，礼仪之后讲官开始“讲读经义”。太学中的教职员办公室位于崇化堂两侧。临安宗学中属讲堂类的有明伦堂、立教堂、汲古堂等。临安医学讲堂为正纪堂。临安府学讲堂为养源堂。建康府学讲堂有明德堂、议道堂，堂的两侧有办公室，教授厅设在府学西围墙之外。赤城庙学讲堂为明道堂。曲阜金代孔庙中的学堂、教授厅位于“学”之东，各自成一独立的四合院，分别设门出入，学堂中厅堂数量较多，分成前后两进（图8-2）。

（4）斋舍

即生员宿舍。各校斋舍多少不等，大的学校如太学，可达二十斋。府学，县学，只有斋舍五、六幢，斋舍多布置在释奠及讲堂区两侧。例如建康府学有东、西序各三斋，东序三斋名说礼、进德、守中。西序三斋名由义、育材、兴贤。临安太学的二十斋分三期建成，“斋各有楼，揭（皆）题名于东西壁，厅之左右为东西序，对列位次，……”[14]每斋均有高雅的名称，如守约、养正、持志、节性、循理、务本、笃信……多含有培育人的品德情操之意。从文字上推想每斋成一小型三合院，主房下为厅，上为楼，厅之左右为东、西序，有的斋还有小亭，例如观化斋，内即有“伦魁、宰辅二亭”，东西序名桂台、拱奎。笃信斋则有“状元、宰相二亭”，东、西序名龙斗、桂台。

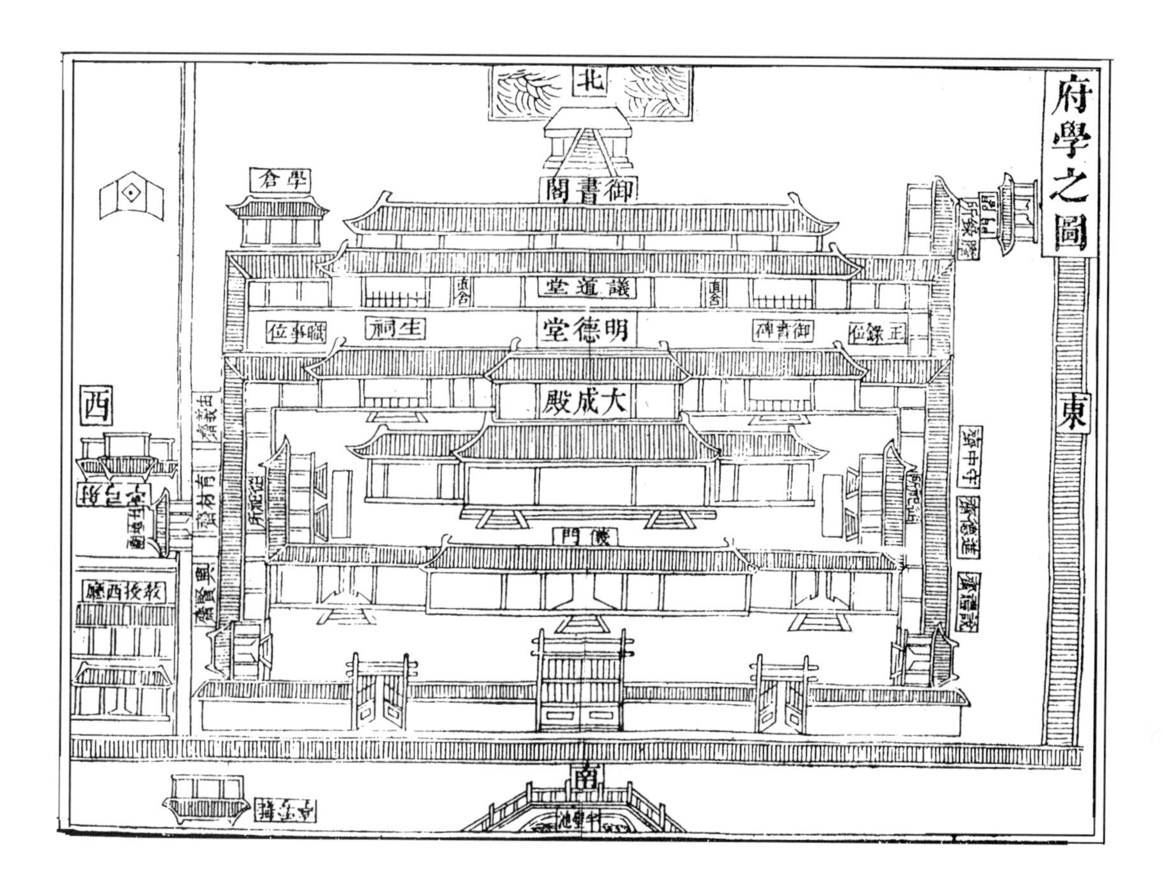

图 8-1 《景定建康志》所载府学图

临安武学有斋舍六幢，其名为受成、贵谋、辅文、中吉、经远、阅礼。含意与培养武将的素养相结合，别有一番情趣。

（5）射圃

供学生习射箭或从事其他体育训练的场地。临安太学和建康府学以及曲阜孔庙之学宫皆有射圃。

（6）学校后勤事务用房，如“学仓”、“直房”、“仓廪”之类的建筑，多位于庙或学的两侧或后部。

2. 太学、府、县学之布局

学校的总体布局由于“庙”与“学”的位置不同，可分成三种类型：

（1）前庙后学

释奠部分与讲堂、藏书楼等由一条中轴线贯穿，其左右可布置斋舍，典型的例子为建康府学。

建康府学即今南京夫子庙的前身，作为府学的始建年代为北宋天圣七年（1029 年），但不在今址，景祐中才迁徙至此，建炎兵毁后，至绍兴九年（1139 年）重建。“为屋百二十有五间，南向以面秦淮，增斥讲肄，列置斋庐，高明爽垲，固有加于前，不侈不陋，下及庖圃，罔不毕具”[15]。

建康府学空间层次多，序列丰富，最南有半壁池，池成半圆形，以栏杆环绕，池北为一条东西向道路，路南有三座门，皆为乌头门形制，称前三门，即相当于后世所称的棂星门。门内为一狭长院落，院内正中有仪门，五开间，单檐顶。仪门两侧还有两座小门，与从祀所连成曲尺形建筑。仪门内为大成殿，殿作三开间重檐顶，并带左右两挟屋。大成殿后即进入“学”的部分，有单层的明德堂，和两层的御书阁，阁的下层称为议道堂，作为师生集会讲论场所，阁北还有一台。在这条中轴线上，前后共四进院落，大成殿两侧为生员斋舍及办公室，东序有说礼、进德、守中三斋，西序有兴贤、育材、由义三斋、议道堂两侧有正录、职事等办公用房，此外还有学仓、公厨、客位等附属用房置于学堂四周。教授厅在西围墙外，其后为射圃，建有射弓亭及射把。

（2）庙学并列

庙学并列的例子很多，又有左庙右学和右庙左学之区别。

右庙左学的例子有临安太学、府学、仁和县学、赤城府学、嘉定学宫等。临安太学于绍兴十三年（1143年）就岳飞故宅建学，据《梦粱录》载："学之偏西建大成殿，殿门外立二十四载，……两庑彩绘七十二贤"[15]可知，西侧为庙，中部为学，"有崇化堂，首善阁，光尧石经阁"，"崇化堂之后东西为祭酒、司业位两庑"[16]。太学的生员斋舍在东侧，射圃在后部。左学右庙的例子还有临安府学[17]、仁和县学，先于绍兴三年（1133年）建庙，至嘉定五年（1212年）筑屋庙左为学[18]。赤城府学，康定二年（1041年）即庙建学，景祐二年（1035年）庙徙东城，后建学于庙东[19]。嘉定县学宫，创于南宋嘉定十二年（1219年），庙西、学东，庙中有大成殿、戟门，学宫有明伦堂，及四斋。并于淳祐十年（1250年）年开凿泮池。

左庙右学的代表为平江府学（图8-3）。

平江府学于景祐二年（1036年）范仲淹守乡郡时，"奉请立学，得南园之巽隅，以定其址。[20]"五十三年以后至"元祐四年（1089年）复得南园隙地，广其垣。绍兴十一年（1141年）建大成殿，绍兴十五年（1145年）创讲堂，辟斋舍，乾道九年（1173年）造直庐，淳熙二年建仰高、采芹二亭，淳熙十六年（1189年）建御书阁、五贤堂在讲堂左"[21]。从选址至建成，前后历经一百五十三载。平江府学总体布局是"广殿在左，公堂在右，前有泮池，旁有斋室……为屋总百有五十楹"[22]。平江府学中孔庙建置有大成殿、东、西庑、大成门、棂星门，门前临通衢，衢南侧有洗马池。学宫建置以讲堂为核心，堂前有泮池，六经阁"直公堂之南，临泮池，构层屋"[23]。后毁于兵，因其址建御书阁，高七十尺，广七十五尺，三层。教授厅在大成殿北。以上记载与平江图碑所刻建筑有所不同，图碑中未见御书阁，学宫前仅刻有一亭，而不见采芹、仰高二亭。而泮池在学宫中部这一特点图文相符，且也成为诸多学宫中最有特色之处，一般学宫泮池位于庙前，

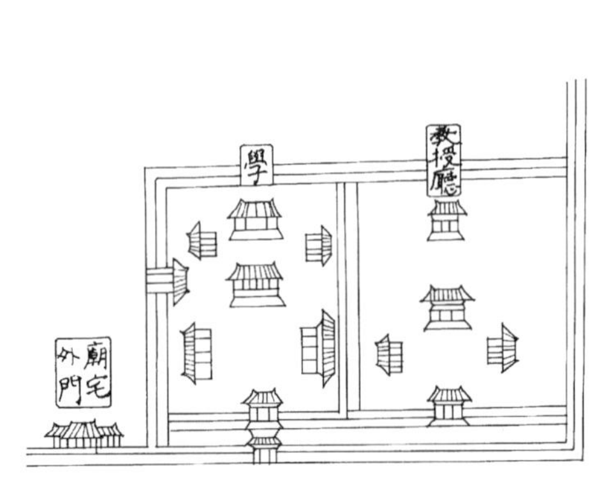

图8-2　曲阜金代孔庙中的学堂

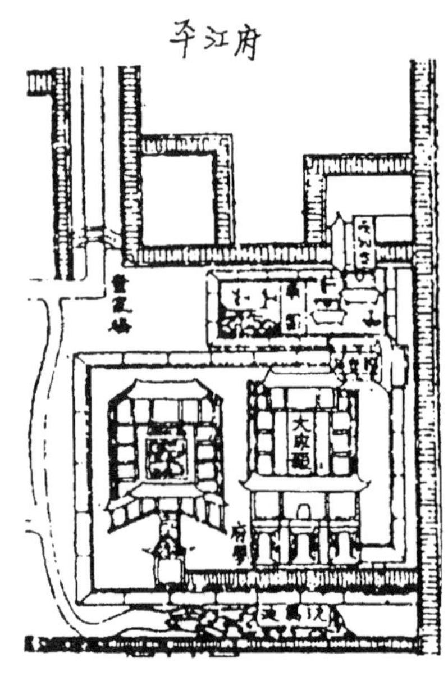

图8-3　平江府学

在大成门内或外。平江府学将御书阁放置于泮池之南侧，也颇具特色。

3. 书院

宋代书院实物未能保存下来，《景定建康志》所载“明道书院图”为这一时期书院布局的珍贵史料（图 8-4）。从图中可看出，书院不像学宫那样有一套程式化的建筑模式，院中主要建筑为两组工字形平面的房屋。前面一组即春风堂，二层楼，带天井。楼下七开间，广十丈，深五丈，是一座讲堂，中设讲座，四周设厅。春风堂楼上为御书阁，五开间，广八丈，深四丈五尺，室内环列经籍。后面一组为主敬堂，三开间，广三丈八尺，深二丈三尺，是会食，会茶的场所。书院的释奠部分有祭祀先圣、先贤神位的殿堂——燕居堂，位于主敬堂之后，还有纪念书院创办人程明道的祠，置于春风堂前，三开间，广四丈，深三丈。祠堂东西两侧还各有十五间的廊子。书院山

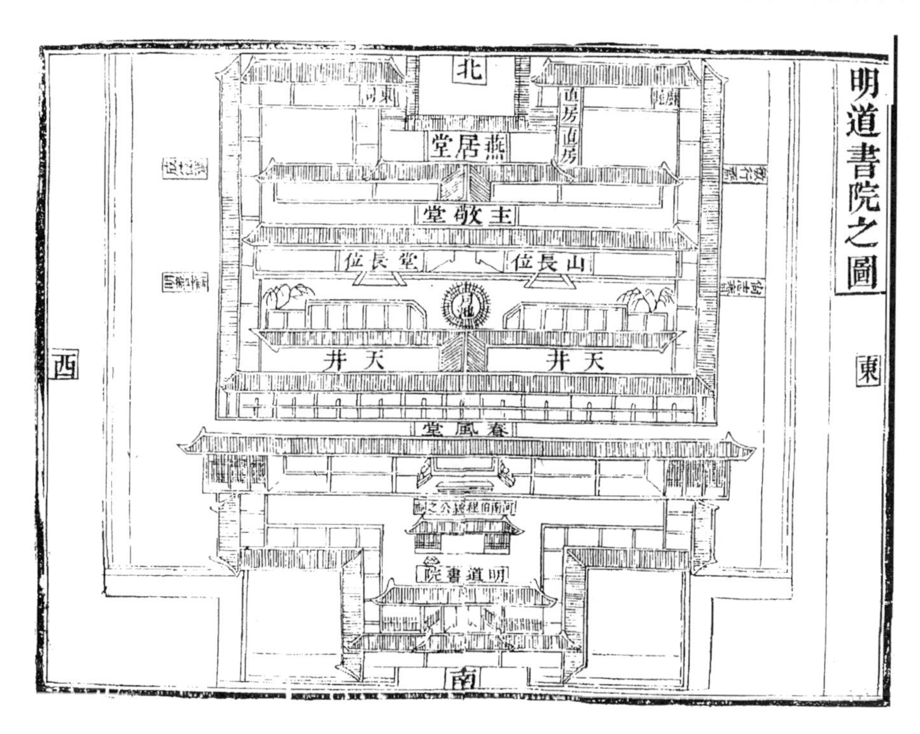

图 8-4　明道书院

长、堂长的办公室，设在主敬堂左、右。六座斋舍有四座设在主敬堂前院落的东、西序位置，有两座后续添在春风堂前。据《景定建康志》卷二十九载，六座斋舍名称及位置如下：尚志斋、三间，在主敬堂前，东序之南。明善斋、三间，在主敬堂前西序之南。敏行斋、三间，在主敬堂前东序之北。成德斋、三间，在主敬堂前西序之北。省自堂、在春风堂前之左，系续添。养心斋、在春风堂前之右，系续添。其他附属用房，如公厨、米敖、钱库、值房等也都分别设在每进院落两侧的建筑中。此外还有大门、中门各三间。另外在春风堂与主敬堂之间设有荷池，在书院之西设有蔬园[24]。这座书院规模不大，建筑形制更接近民居。

4. 贡院

贡院是举行科举考试的建筑，唐以前考试分成乡试、省试两级，宋以后则有了礼部举行的国家级考试，同时还有州试、府试、乡试等。宋初由于“兵兴，百事鲁莽，有司不暇治屋庐，以待进士，始夺浮屠黄冠之居而寓焉。”[25]又据《方舆览胜》记载，“宋制州试也有贡院，与礼部贡院皆就僧寺试之。”北宋礼部贡院则在东京开宝寺。到了南宋临安便有专门的贡院建筑。据载，礼部贡院是临安最大的贡院，东西两廊各有一千余间考试试场，可容纳数千人考试。此外还有临安府贡院和两浙转运司贡院，这里是两浙人士举行考试的场所。

从《景定建康志》所载《重建贡院之图》可以了解宋代贡院建筑的主要特点（图 8-5）。该建筑中部一区有大门，中门，工字殿形式的正厅，衡鉴堂等，左右两侧在中门与正厅之间的院落两旁皆为考生试场，前部及后部为官吏办公室及吏舍。考生试场后世称号房，每座号房采用天井院形式，若干组天井院连成一片。每缝考试之日，大门和中门都设监官，严禁出入。门外还有吏胥巡视。考生入大门不得挟带书籍。考试完毕由封弥官亲自封锸卷匮，故在大门和中门东侧设有封弥所。启封后分发批卷评分，然后放榜。礼部贡院规模比建康府贡院要大得多，建康府贡院只不过一百多间房屋，而礼部贡院在中门和正厅之间设有一千余间考试试场，可以想象当时的场面该有多么宏大。

考场建筑除贡院以外，还建有别试所，为接纳试官子弟亲朋应试的建筑。

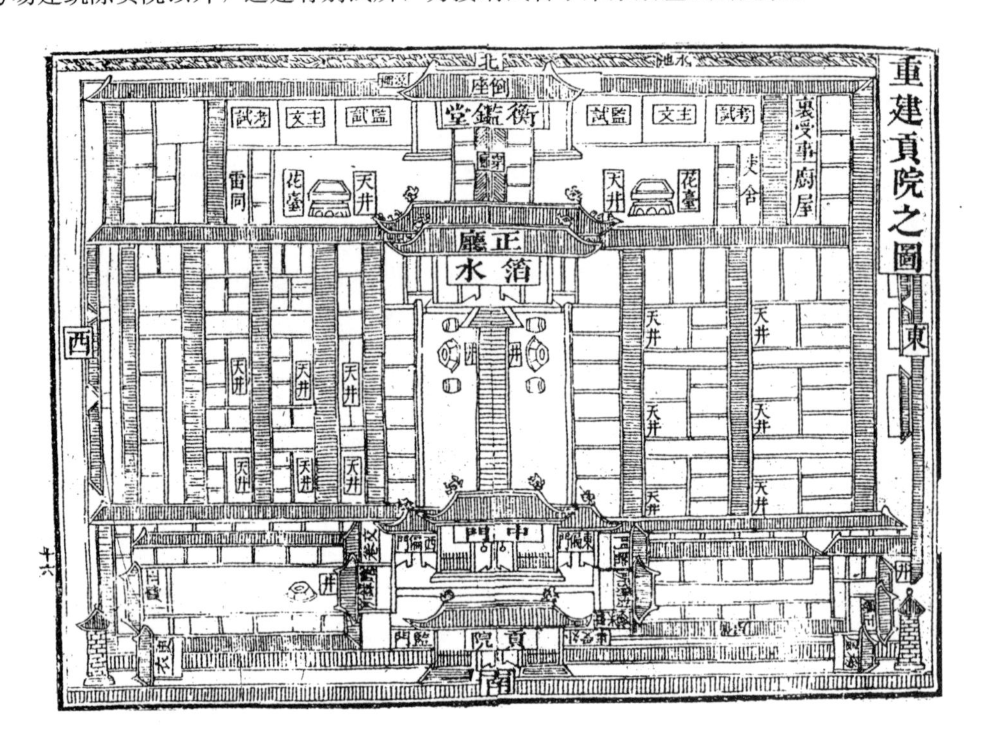

图 8-5 《重建贡院之图》

注释

[1]《宋史》卷 157，选举志。

[2]《宋史》卷 157，选举志。

[3]《宋史》卷 155，选举志。

[4]《嘉泰会稽志》卷一。

[5]《宋会要辑稿》崇儒一。

[6] 黄以周《论书院》。

[7]《景定建康志》卷二十九。

[8] 详《曲阜孔庙建筑》，中国建筑工业出版社，1987 年。

[9] 范成大《吴郡志》卷四。

[10] 范成大《吴郡志》卷四载张伯玉〈六经阁记〉。

[11] 同注 [9]。

[12] 范成大《吴郡志》卷四载洪迈〈御书阁记〉。

[13] 范成大《吴郡志》卷四载洪迈〈御书阁记〉。

[14]《咸淳临安志》卷十一。

[15]《景定建康志》卷二十八叶梦得作〈府学记〉。

[16] 吴自牧《梦粱录》卷十五学校。

[17]《咸淳临安志》卷十一。

[18]《咸淳临安志》卷五十六。

[19]《嘉定赤城志》卷四，赤城在今浙江临海、仙居一带。

[20] 范成大《吴郡志》卷四。

[21] 同上。

[22] 范成大《吴郡志》卷四朱长文〈吴郡图经续记〉。

[23] 范成大《吴郡志》卷四载张伯玉〈六经阁记〉。

[24]《景定建康志》卷二十九。

[25]《景定建康志》卷三十二。

第九章　居住与市井建筑

第一节　居住建筑

一、居住建筑发展的历史背景

中国古代的居住建筑，发展到这个时期，已达到封建时代的较高水平，这是指在宋代的统治范围内而言。辽、金地区仍与其差距甚大[1]。宋代住宅不仅在个体建筑方面技术日趋完备，而且在对建筑人文精神的追求方面表现得尤为突出。在官颁文书中明确规定建筑的等级，如《宋史·舆服志》载：住宅之称谓；“执政亲王曰府，余官曰宅、庶民曰家”。在建筑配置上，对于各类住宅均有的“门”，首先不是考虑使用功能的需要，而是着眼于礼制功能的差别，“诸道府公门得施戟，若私门，则爵位穹显，经恩赐者，许之……六品以上宅舍许作乌头门，父祖舍宅有者，子孙许仍之。”对于建筑的装修、色彩、斗栱的使用则规定“凡庶民家不得施重栱藻井，及五色文采为饰，仍不得四铺飞檐”。在建筑规模体量上也加以控制，即“庶人舍屋许五架，门一间两厦而已”。在宋代按稽古定制还规定有“一凡屋舍，非邸殿楼阁临街市之处，毋得为四铺作闹斗八，非品官不得起门屋，非宫室寺观不得彩画栋宇，及朱、黔漆梁柱、窗扇、雕镂柱础”[2]。这些似乎束缚了住宅一类建筑的发展，可能在城市中它表现着一种法律的权威性。然而在一些发达的农村，却能见到冲破这种等级制束缚，反映着当时人们对“文运”“科甲”充满美好憧憬，对子孙后代寄予无限希望的住居设计思想，如在村落的规划之中，突出“文化”，注重“伦理教化”。同时也渗入对风水的附和，且将风水的吉、凶，以文运发达与否作为衡量标准。

当时有相当多的村落仍然是血缘村落，全村皆同姓，聚族而居是这一时期农村住宅的特点，并被传为美谈，提倡“使人知父子兄弟之亲……爱其祖，则知爱其宗族矣”[3]。这正是伦理型文化所使然。

二、宋代村落规划

（一）村落选址

浙江永嘉的楠溪江中游，有一批村落，在唐末至南宋期间，村民因逃避战乱等原因来到楠溪江所建。由于这里气候温和，土地肥沃，同时水路通达，交通便利，于是便居住下来，逐渐繁衍生息，形成村落（图 9-1）。这些村落从其现存的家谱及《永嘉县志》所载相关史料判断，始建于五代的有苍坡村，始建于北宋的有芙蓉村、鹤阳村、廊下村、渠口村，始建于南宋的有豫章村、溪口村、蓬溪村、塘湾村、岩头村。其中的苍坡、芙蓉、溪口的村民是为避五代末南闽之乱而来

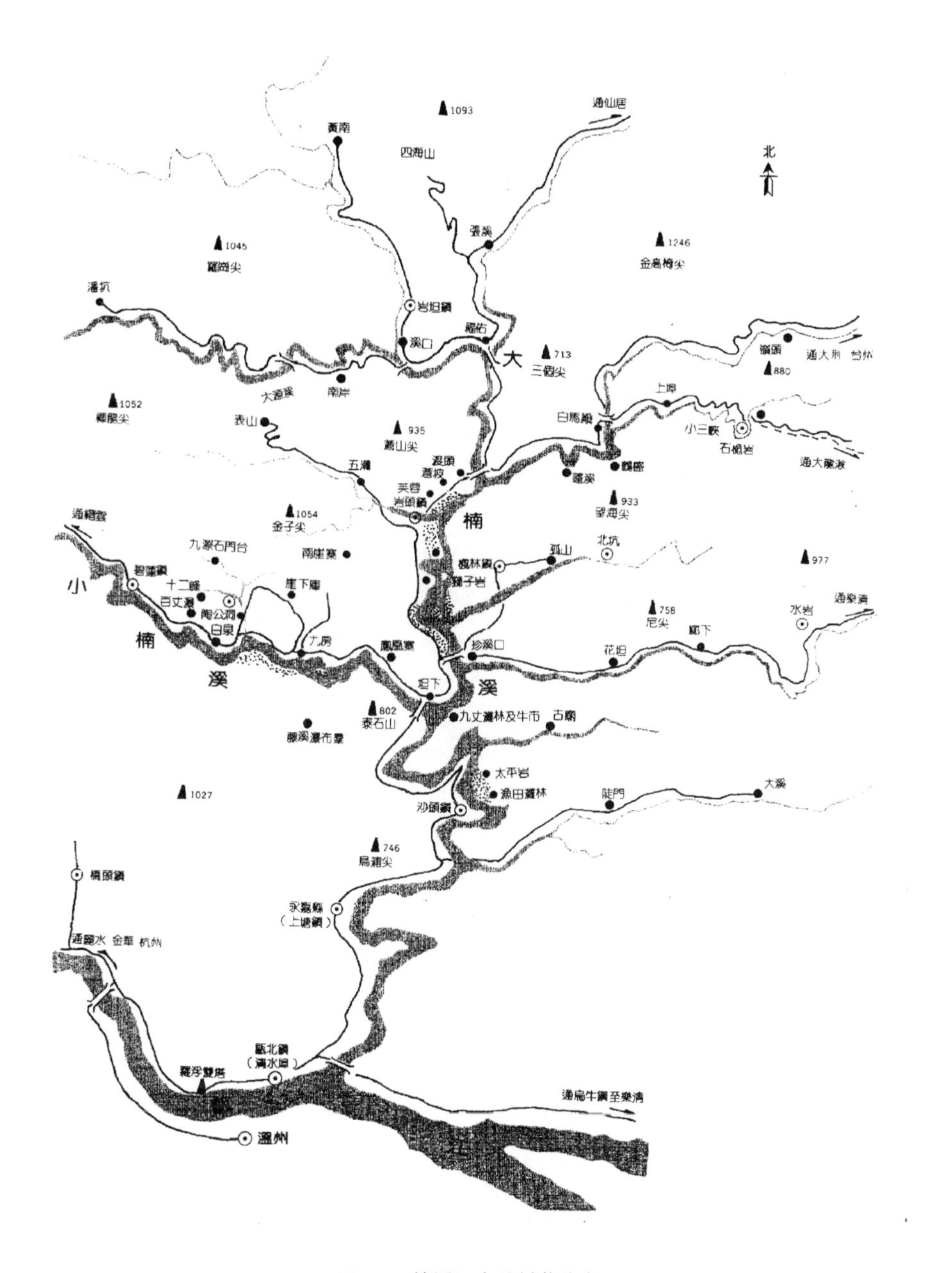

图 9-1 楠溪江中游村落分布图

自福建，豫章村的村民是随宋室南渡经江西而来，也有浙江名门谢灵运之后所建的村子如鹤阳村[4]。楠溪江是一条大体成南北走向的河流，水流自北而南，曲曲折折伸出若干支流，这批宋村大多在楠溪江两侧支流一旁，村子临支流者水多成东西走向，村子处于这些支流的河谷之中，有较多的平地，可供耕耘，为居住者提供了生活的物质条件。四周山上林木苍郁而偶露岩石，那些树木、石头，为建设房屋提供了建筑材料。唐宋之际风水堪舆术的兴盛，促使人们以风水择吉作为村落选址的依据，楠溪江的一些村落也多如此。例如建于宋天禧年间（1017—1021 年）的芙蓉村，村南有楠溪江支流流过，村北有三个山峰，状如芙蓉，被称为芙蓉三岩，又称纱帽岩（图 9-2）。南宋时，曾在村中辟芙蓉池，池中建芙蓉亭[5]，并以此为中心布置村中的建筑。这个村的形势被风水师们称为“前横腰带水，后枕纱帽岩，三龙捧珠，四水归心”[6]的格局。在南宋时，这个村子曾出了 18 位高级朝官，被誉为十八金带，并归结为是由于村子风水好。至今在村中的陈氏大宗祠中还保留着一幅楹联，上联是“地枕三崖，崖吐名花明昭万古”；下联是“门临象水，水生秀

图 9-2 楠溪江芙蓉村纱帽岩

气荣荫千秋。”这成为该村讲究风水的铭证。遗憾的是芙蓉村在元代曾被毁，元末明初复建，个体建筑未能留下宋代遗物。

楠溪江中游的村子处在河流弯曲之处，即风水术中所谓腰带水格局者还有建于北宋的鹤阳村、方巷村、豫章村、花坦村、廊下村等。

另外，北宋建村的渠口村选址正如形法派堪舆家所推崇的风水吉地模式，后有霁山为祖山，前有虎屿山为案山，东有雷峰，西有凤山为左辅右弼，小南溪自虎屿之南流过，溪水之南更有前山，以为朝山。当然，在楠溪江也有些村子处于不利的风水格局之下，但通过人为的改造自然，如开池挖沟，使之逢凶化吉，以满足人们的心理需求。楠溪江的这些村落，虽然讲究风水，但却很少按照宋代官方所推崇的“五音姓利”之说来选择宅居地形，甚至与官编《地理新书》所规定的禁忌相违，这反映了风水术流行的地域差别。

在村落选址中对山水环境的重视，是重要特色之一。许多村子都是由于这里的环境优美，引来村民。早在南朝时期，梁人陶弘景在《答谢中书书》中曾描写了这里的风光：“山川之美，古来共谈。高峰入云，清流见底，两岸石壁，五色交辉。青林翠竹，四时具备。晓雾将歇，猿鸟乱鸣，昔日欲颓，沈鳞竞跃。实是欲界之仙都，自康乐以来未复有能与其奇者”[7]。至乾隆《永嘉县志》中仍称楠溪江是“山峰挺秀，洞水呈奇”，因此成为人们理想的住居环境。谢灵运的后裔“诜五公游楠溪，见鹤阳之胜，又自郡城迁居鹤阳。”[8]塘湾、渠口等村的始祖也皆称是因“爱其山水之胜，遂家焉”。其中塘湾郑氏宗谱清楚地记载了始迁祖选址的事，“至其地，见夫奇峰突兀，怪石峥嵘，面临雷壁，背枕天岩。九峰围屏，共巽山而拱秀；双溪环带，合曲涧而流芬。福地瑯环奚多让乎?”[9]这里的山山水水有如仙境一般，令人神往。于是定居下来。优美的环境，陶冶着楠溪江人的情操，在宋代这里曾成为文化最发达的地区，它的山水也有几分功劳吧！

这些村落的选址的另一特点，即是考虑安全、益于隐藏。楠溪江的地理环境恰好具有这样的特点，正如《浙江通志》称“楠溪太平险要，扼绝江、绕郡城，东与海会，斗山错立，寇不能入”。自晚唐开始，因避乱来此建村者络绎不绝。在北宋时期所建的村子，不但处于天险奇峰的山水之间，而且还修了寨墙、寨门，防卫性很强。塘湾村最为典型，四面环山，仅北方敞开一个小口，在这里又有一条溪流成为出入子村的一道障碍，当年修栈道作为唯一的内外交通要道，其安全性可以想见。还有一些村子三面环山，另一面敞开，或修寨墙以为设防，或靠溪流为阻隔，形成易守难攻的住居点。在当时的社会背景下，深受儒家“中和”思想影响的人们，不愿变革，渴望天下永远太平。在南宋时曾任永嘉县尉的花坦村始迁祖操隐公来楠溪江定居，正是绝好的例证，据《珍川朱氏宗谱，始祖操隐翁朱公墓志》载，操隐公当年，“见世荒乱，民多聚盗，弃官不仕，家于温（按：即温州）。初居城东花柳塘。初欲隐，但目击理乱，关心竟不能释。再迁罗浮（在楠溪江下游），而大乱扣（?）城。对其子曰：此不足以隐吾迹矣！东观西望，乃定居于清通乡之珍川。其地山明水秀，禽鸟合鸣，林谷深邃，景物幽清。乃置功名于度外，付理乱于不闻。”达到了隐居的目的。

更有直呼为世外桃源者，如处在楠溪江向东伸的支流珍溪上游的廊下村所处的地段，“山连雁荡，入径已觉清幽；地肖龙头，过岭方知奥旷。水环如带，可数游鳞；峰列为屏，时渡为鸟。桑麻菜其蔽野，枫棂馥乎盈山。彷彿乎桃源之幽隐，盘谷之窈深焉。”[10] 这些村民虽称以世外桃源而自居，但他们并不脱离社会，而是亦耕亦读，通过科举走入仕途，前述芙蓉村之十八条金带，正是这种耕读生活所追求的目标。

（二）村落规划

在楠溪江的这批“宋村”之中，规划思想最为突出的特点是将村民的生活功能与伦理教化功能融为一体，将风水之吉凶祸福与对文运发达的期盼结合起来。最有代表性的，在宋代的规划建设活动有据可依的是苍坡村（图 9-3）。

苍坡村的村民“李氏”于后周显德二年（955 年）来到楠溪江[11]，与当地一女子结婚，在河边田间建起了第一座住屋，经过一段时间的自由发展，出现了三个条形的区块，每一条代表李氏的一房。到了北宋至和二年（1055 年），在村子的东南部，建起了李氏大宗，使村子有了公共活动场所，同时也是伦理教化的场所，是维系血缘村落永不解体的纽带。正如司马光所言：“圣人教之以礼，使人知父子、兄弟之亲，人之爱其父，则知爱其兄弟矣，爱其祖，则知爱其宗族矣。”过了 70 余年，七世祖李嘉木于南宋建炎二年（1128 年）在村子的东南角建起了一座亭子，名为望兄亭，因其兄长李秋山迁往东南部一公里以外的方巷村，李嘉木建亭以表对兄长的思念之情（图 9-4）。

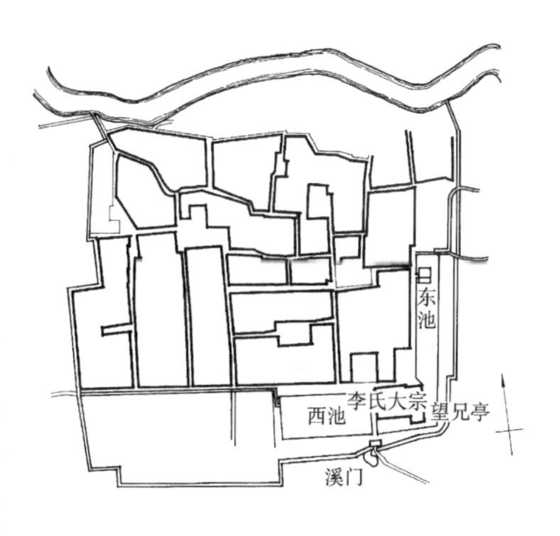

图 9-3　楠溪江苍坡村平面图

图 9-4　楠溪江苍坡村望兄亭（此建筑非宋代原物）

与此同时，李秋山在自己的方巷村边也建起了一座送弟阁，以表兄弟手足之情（图 9-5）。后来八世祖李邗（霞溪）为悼念征辽阵亡之兄李邦（锦溪），（亡于宋宣和二年，公元 1120 年）在村子的东北部建起一组纪念馆。李邗本于徽宗朝任迪功郎，后因兄亡，痛而退隐还乡[12]。“卜筑林塘扁湖之西，曰肖堂，湖之东，曰水月堂，寄兴伤咏，以终老焉”。[13]村子中的这几处公共建筑尽管采用的形式不同，有祠堂、有亭阁、厅堂，但其中心思想都是借建筑来表达对祖宗、兄弟怀念的亲情。这正是伦理文化影响下的血缘村落规划不可缺少的内容。

图 9-5 楠溪江方巷村送弟阁（此建筑非宋代原物）

到了南宋淳熙五年（1178 年），九世祖李嵩请国师李自实进行了一次全面的规划，确定了寨墙、池塘、水渠、街道的位置[14]。这次的规划以当时流行的风水之术为依托，从村落与周围环境的关系上入手来确定村子的道路、池塘之位置。如村西侧有一座三峰突起的小山，被看成是“火”的象征。而按后天八卦配五行，西部本应为“金”才吉利，这里变成“火”，有了过胜的“火”则需利用“水”去克“火”，于是在村子的东南部，开凿西湖，使北部的山倒映其中。这个号称西湖的池塘成长方形，南北只有 35 米宽，东西 80 米长。于湖南测筑坝蓄水，这条坝同时又充当村子南部的寨墙。在西湖的北侧规划了一条东西向的长街，东端经李氏大宗门前通村子的另一水池东湖，即水月堂前之湖。街的西端直指西部的山，并将这条街命名为笔街，而西山可看成为“笔架”，在笔街上作一台，以条石围合，称为砚台。砚台两旁各搁置一块大石条，长 4.5 米，宽 0.5 米，厚 0.3 米，并将一头打斜，状如磨过的“墨锭”。而全村被喻为一张纸，苍坡村的规划便以“文房四宝”纸、墨、笔、砚来寓意[15]，将本来不吉的火焰山转意为笔架山，西湖又可被看成墨池，于是形成了“文笔蘸墨”的新格局，用以激励子孙后代奋发读书，走“学而优则仕”的道路，夺取功名以光宗耀祖。国师李自实在寨门上的题联“四壁青山藏虎豹，双池碧水储蛟龙”道出了其规划的理想。苍坡村规划所反映的思想与宋代以文取仕，以文治国政策有着必然的联系（图 9-6）。

在苍坡村南部，位于小南溪南岸的豫章村，为南宋建村，也有类似的规划，村子成西北、东南方向的长条状，在村的西南部有座山，称为笔尖山，村前挖有“砚池”，正好使笔尖山倒映其

图 9-6 楠溪江苍坡村砚池及笔架山现状

中，也被称之为“文笔蘸墨”，后来，这个村中出了“一门、三代、五进士”，更被认为是好风水的结果。这种“文笔峰”、“墨沼”是当时规划思想中流行的一种模式，在蓬溪村也曾见到。

苍坡村的街道以笔街为主干道，成鱼骨形向南、北伸展，南边的次街很短便抵寨墙，北边的次街向北伸展后中间又穿插横街，形成不规则的网络，街道的一侧便是水渠。这些水渠流经住宅的侧面或后面，为居民用水提供了方便条件。

苍坡村的规划在李嵩在世时便开始实施，李嵩去世后夫人梘溪刘氏继续完成，在宋朝已实现。目前所见的个体建筑虽已为后世更替，而现状仍能基本保存宋时规划面貌，是极珍贵的古代村落规划遗存。

三、宋代住宅

1. 绘画中的住宅

宋代绘画《文姬归汉图》、《中兴祯应图》、《千里江山图》、《江山秋色图》、《四景山水图》、《宧月看潮图》以及《平江府城图》中的子城图等（图 9-7～9-15），为研究宋代住宅提供了极珍贵的资料，当然需说明的是这每一幅画所绘的内容，均带有画家的主观想象、取舍，与实际不能等同，但它毕竟是社会客观存在的反映，在今天无一宋代住宅实例的情况下，姑且以此为参照，对其形制作一探讨。

图 9-7 宋画《文姬归汉图》中的住宅

图 9-8 《中兴祯应图》(局部)

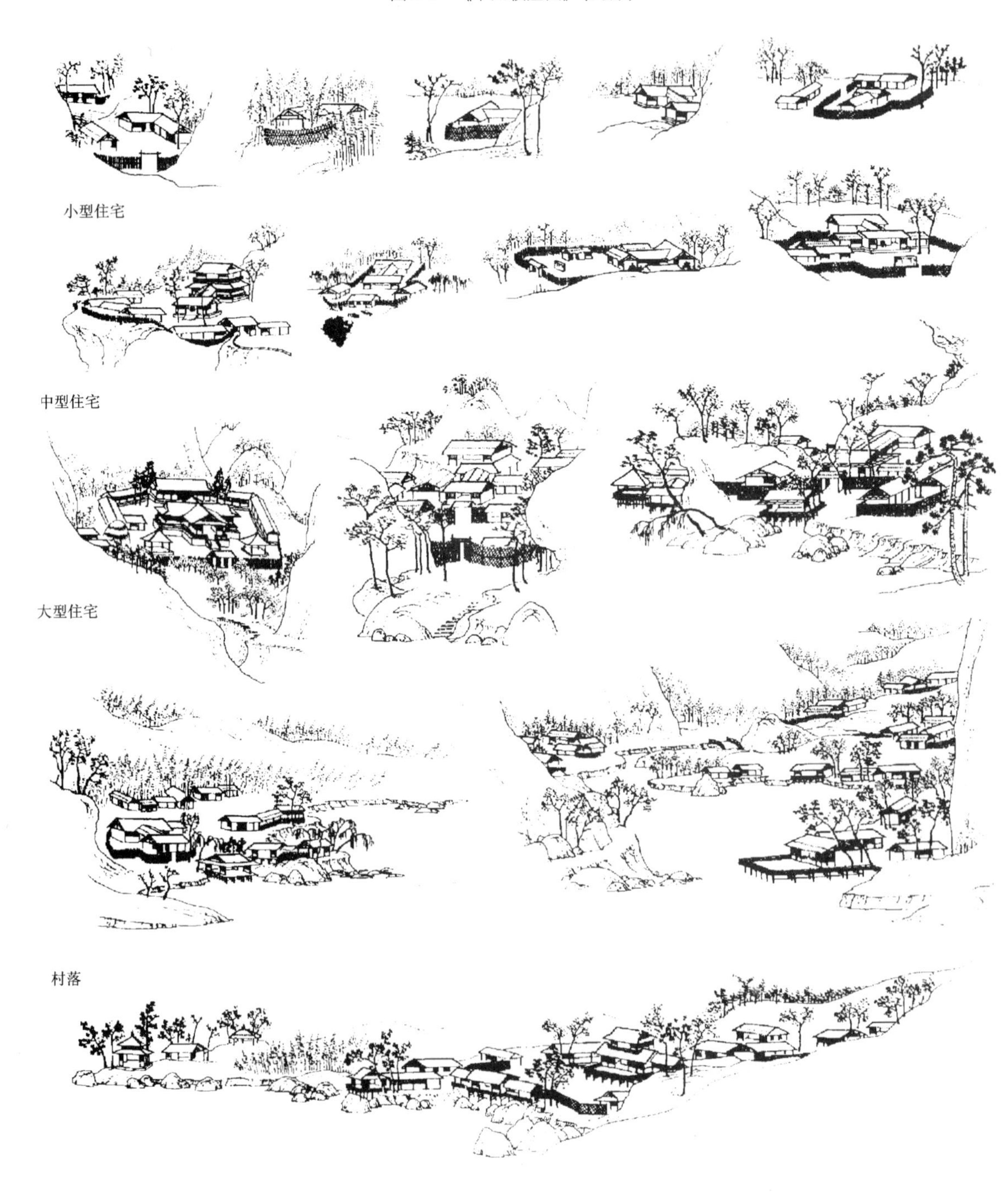

图 9-9 《千里江山图卷》中的宋代住宅

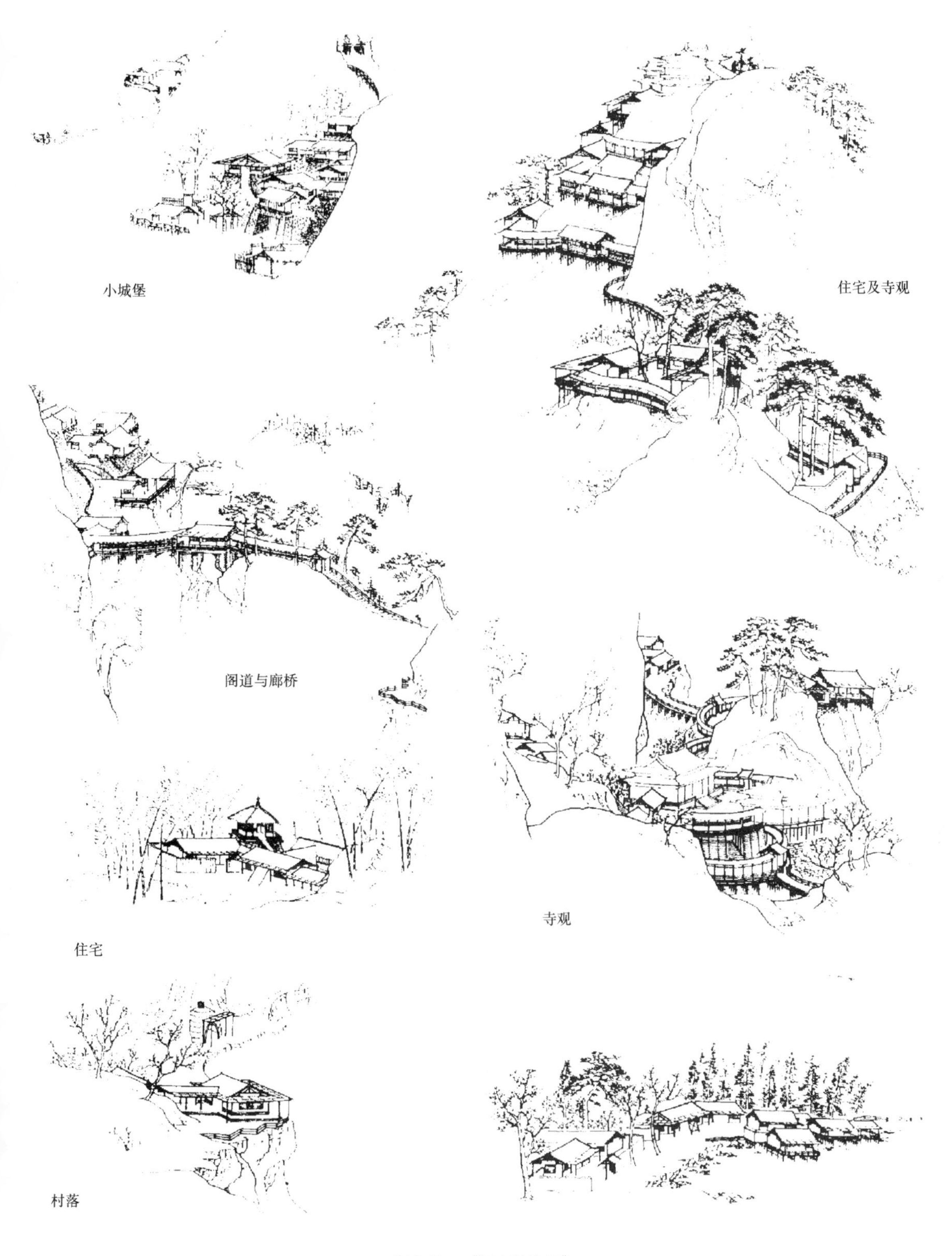

图 9-10 《江山秋色图》

从宋画中可看出住宅明显的等第差别，品官住宅大都采用多进院落式，有独立的门屋，主要厅堂与门屋间形成轴线。建筑物使用斗栱、月梁、瓦屋面。住宅后部带有园林。例如平江府城图碑，子城前部为府治，后部自“宅堂”以后为住宅，中轴线上设有工字厅，左右置东、西斋。再后为花园，有生云轩、瞻仪堂、坐啸亭、四昭亭、秀野亭、逍遥阁、曲廊等园林建筑。工字厅后并有水池作为居住空间与游赏空间的过渡。也有将住宅置于官署一侧者，如《景定建康志》府廨

图 9-11 《四景山水图》之一

图 9-12 《四景山水图》之二

图 9-13 《四景山水图》之三

图 9-14 《徂月看潮图》

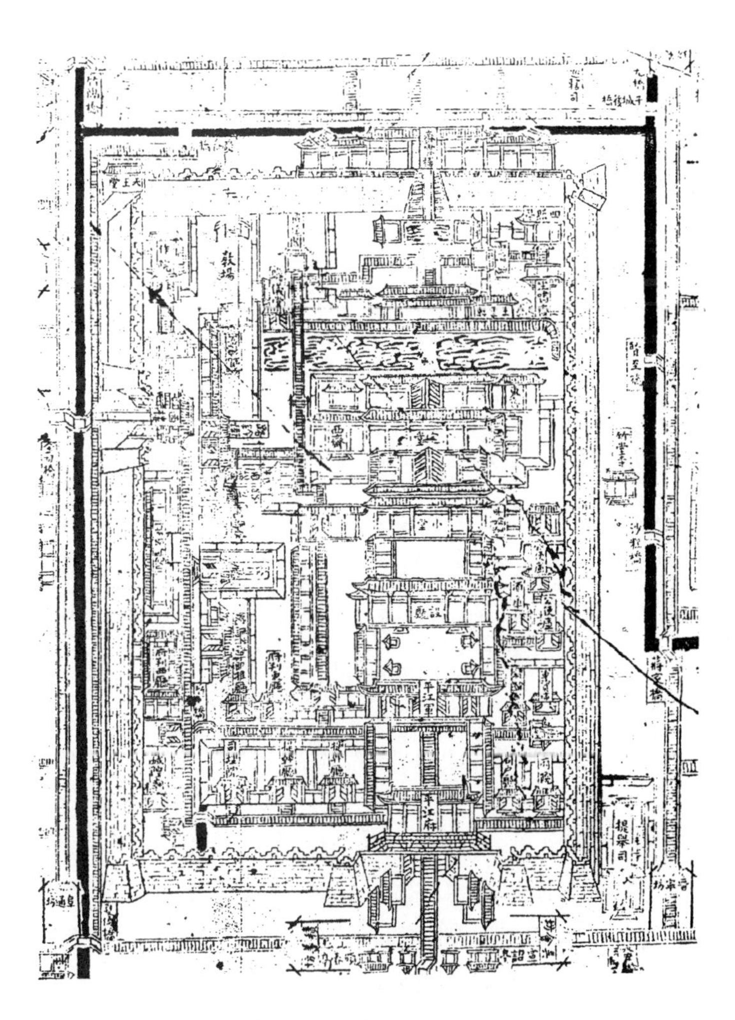

图 9-15 《平江府城图》子城图中的品官住宅

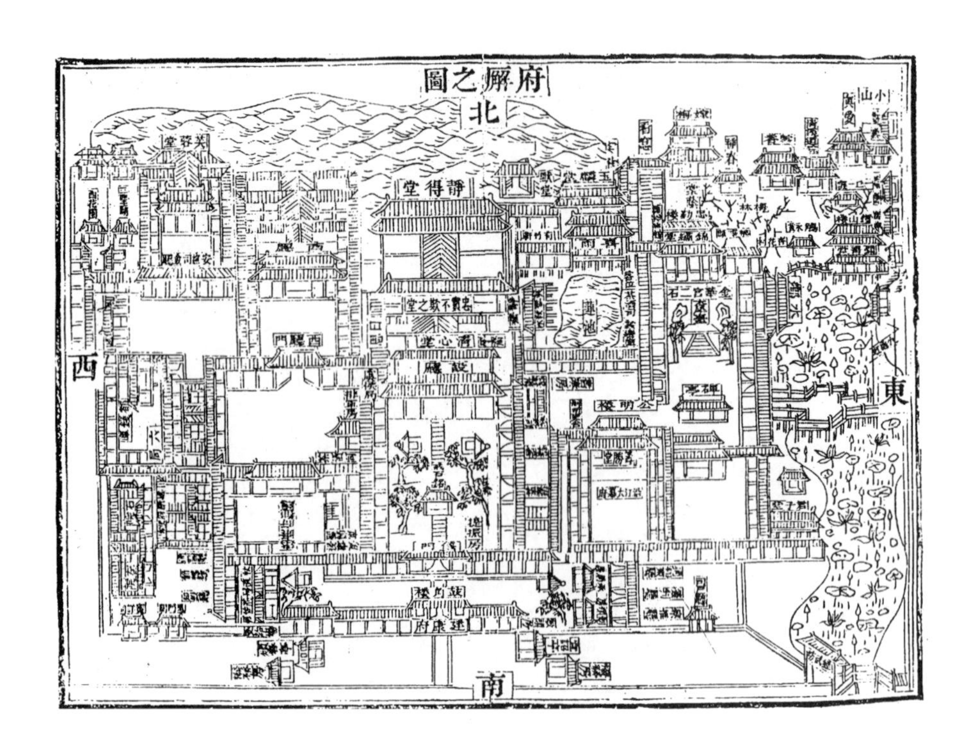

图 9-16 《景定建康志》《府廨图》中的品官住宅

之图所绘（图 9-16），住宅即在官署以东，主要厅堂有锦绣堂、忠勤楼、嫁梅阁等。《文姬归汉图》所绘之住宅前半部分，临街为门屋一座，入门后有一影壁，绕过影壁才可见到主要厅堂及两厢房屋，这进院落并有廊屋三面环绕。此画对建筑结构交待清楚，主要厅堂三间，采用八架椽屋、抬梁式构架。门屋三间，采用四架椽屋，前后乳栿分心用三柱式构架。所有建筑皆做悬山顶、瓦屋面、月梁，并使用了斗栱。建筑的台基的高低表现出建筑等第的差别，主要厅堂较高，从其踏道步数推测，基高约 2.5 尺，厢房台基降低，门屋台基高度介于正厅与厢房之间，并采用断砌造。《中兴祯应图》所绘为一座王府，门屋形制与《文姬归汉图》相似，仅进深稍小，入门后无影壁，正厅较前者等级要高，作九脊顶，前出抱厦。《桓月看潮图》表现出大型府第中所设楼阁的特点，这座楼阁设有腰檐、平座。阁的建筑等级规制较高，使用了斗栱，屋顶山面的搏风版、悬鱼、惹草皆有雕饰，门窗装修采用四直方格眼。画室内家具很少，更表明其为私家楼阁的性质。

与品官住宅形成对比的是郊野农舍，在王希孟《千里江山图卷》、《江山秋色图》和《清明上河图》中均可看到规模大小不一的郊野农舍，小者三、五间，大者十数间，皆成院落型。宅院无论大小，皆多有围墙和院门。主要建筑有一字、丁字、曲尺、工字等不同形式，其中工字形者尤多，表现出一种新的时尚。一般住宅做两坡悬山顶，偶有九脊顶者，个别的还做了二层楼带平座腰檐。临水者则做干阑式。总的看这些农舍较为简朴，使用茅草顶者还占有相当大的比例，这反映了当时农村经济还不甚发达的情况。

2. 文人笔下的住宅：三山别业

三山别业是大诗人陆游的故居，他一生中有 40 年居此[16]。三山别业在江苏山阴，宋《嘉泰会稽志·卷九》载："三山在县西九里，地理家以为与卧龙冈势相连，今陆氏居之"。别业由住宅、园林、园圃等组成，住宅部分与园林融为一体，共用一门，园圃四周环绕。住宅大门为"柴门"南向，据《新作柴门》诗注曰："故庐本西向设门，绍兴壬子岁，始剪荆棘，移门南向"。宅内的主体建筑也成南北布局，南为堂，北为室。据《居室记》称："陆子治室于所居堂之北，其南北二十有八尺，东西十有七尺，东、西、北皆为窗，窗皆设帘障，视晦、明、寒、奥为舒卷启闭之节。

南为大门，西南为小门，冬则析堂与室为二，而通其小门以为奥室；夏则合为一，而辟大门以受凉风”[17]。由此可知堂与室的关系，二者紧密相连，可析为二，也可合而为一。从室的尺寸来考察，可知其为南北长，东西窄的房屋，南北可分为三间，东西可作四架椽屋构架。再从其与室相连处看，既有大门，又有西南小门，堂与室成⊥形关系，室的正南方开大门通堂，使两者可合而为一，则势必此门应达到堂的一个开间宽度才较为合理。而室宽17尺，合5.44米，同时又有西南小门，推测堂的开间可能在3.0～3.3米，如果室与堂以对称格局相连，则所余尺寸开一小门恰好合适。从当时住宅建筑尺度推测，南部之堂可能为一座五开间的建筑，总长为五间，约15.5米，即50尺。在陆游另一诗题《堂东小室，深丈，袤半之，戏作》中曾写道：“小室舍东偏，满窗朝日妍”，由此推测堂的东侧还有一间小室，进深只有堂的一半。又另一诗题为《东偏小室，去日最远，每为避暑之地，戏作五字》推测，小室位于南堂东北角，只有这里朝东南，才是“满窗朝日妍”，而由于前檐退后，与堂的前檐相比则又“去日最远”，这个房间由于有堂的山墙遮挡，夏季日照时间短，所以比其他房间凉爽，故称其“每为避暑之地”。而这小室“深丈”也指的是小室开间宽度为一丈，即近3.3米，由于小室处于南堂尽间，从室内空间观察小室，则将开间方向称为“深”，小室“袤半之”是指其广为南堂总进深之半。按一般居室稍广者可为六架椽屋，总进深大约在8～9米，小室占据其一半也是合乎逻辑的。从陆游于开禧元年（1205年）81岁时写的诗称“结庐十余间，着身如海宽”[18]看，南堂有五间，北室为三间，再加上院中的亭榭，确实也就是十余间的规模。关于庭院及院中建筑也有若干诗词谈到；如《渔隐堂独坐至夕》诗中曾有：“中庭日正花无影，曲沼风生水有纹，三尺桐丝多静寄，一尊玉瀣足幽欣。”由此可知，此住宅院中有水池，花草，梧桐等。《示儿》诗中云：“舍西乃筑有步塘”，推知塘的位置偏西。另在《小院》一诗中称“小院回廊夕照明，放翁宴坐一筇横”，说明院中有回廊，且在下午可被夕阳照得非常明亮，因之推测其位置在主要堂室以西。另据：《冬暮》有“临水小轩初见月，满庭残叶不禁霜”，以及《书感》诗小注称：“余村居筑小轩，以昨非名之”，可知在池边有“昨非轩”。这座小轩四周有竹，有花，故称“小轩幽槛雨丝丝，种竹移花及此时”[19]。院内也多竹，“虚堂四檐竹修修”[20]。另外陆游又曾写道：“竹间仅有屋三楹，虽号吾庐实客亭”[21]，并自注“小庵才两间”。说明在院内竹林中建造有一座三楹两间的庵。据诗题《老学庵北作假山，既成，雨弥月不止》看，此庵名为老学庵，庵北有假山。

此外还有东斋、西斋、小楼等建筑名称在诗词中出现，但位置不详。据以上分析绘出三山别业主要建筑平面关系想像图（图9-17）。

以上便是三山别业的核心部分，除此之外周围还有一些园圃，如陆游在《小园》诗中曾谈到“新作小溪园”，后又写过《新辟小园》诗和《小园》诗，称此园是“小园草木手栽培，袤丈清池数尺台”。另有诗题为《予所居三山，在镜湖上，近取舍东地一亩，种花数十株，强名小园》。这些均表明在住宅之东新辟了一座小花园，园内可能有流水，故又称小溪园。从《南园观梅》“南圃移花及小春”[22]看，应有“南园”或称“南圃”。此外还有“药圃”、“疏圃”之类。在住宅周围这些园圃风格都很简朴、素雅，建筑物不多，如《开东园路，北至山脚》称“清构东畔剪蓁菅，曾设柴门尽日关，远引寒泉或碧沼，稍通密竹露青山……更上横岗寻所爱，小儿试觅屋三间”。陆游所追求的风格是“小筑随高下，园池皆自然”[23]，不仅小园如此，整个三山别业都非常简素，他自称“敝庐虽陋甚，鄙性颇所宜，欹倾十许间，草覆实半之”，只有十多间的住屋茅草屋占了一半。踌躇满志的陆游，一生未能实现自己的爱国理想，反而屡受昏官弹劾，只能借三山别业那纯朴的茅屋，清澈的泉水，刚劲的花木以自慰，他曾写道：“清泉绕屋竹连墙，回首微官意已忘”[24]，这

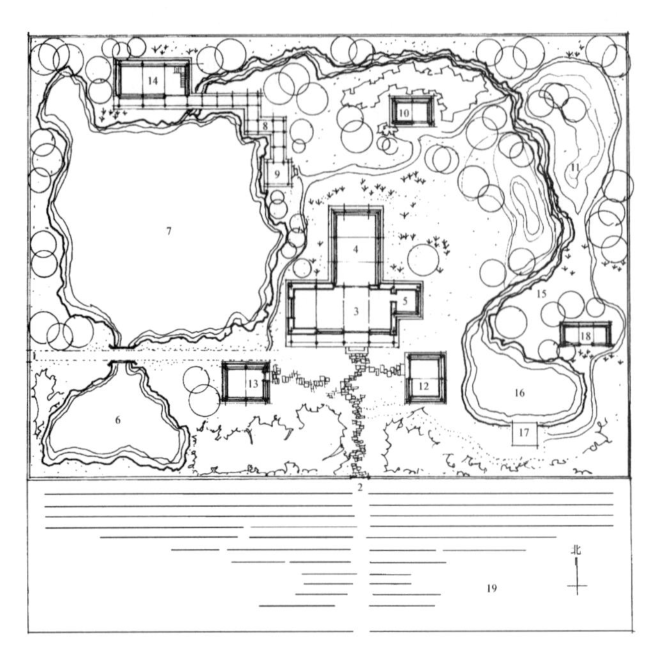

1. 老门；
2. 大门；
3. 堂；
4. 室；
5. 小室；
6. 塘；
7. 曲沼；
8. 四廊；
9. 小轩；
10. 小庵；
11. 小溪园；
12. 东斋；
13. 西斋；
14. 小楼；
15. 小溪；
16. 东园小沼；
17. 东园露台；
18. 东园小屋；
19. 南圃

图 9-17　三山别业复原推想图

位伟大的爱国诗人在“我居万竹间，萧萧送此生”[25]的迷茫中了其一生[26]。

此外，在一些有关边陲风土人情的宋代文献中记载了四川、云南、贵州、广东、广西、海南等地的山林区域居民的住屋情况，如《太平寰宇记》载：“今渝之山谷中……乡俗构屋高树，谓之阁阑”[27]。在昌州“悉住丛菁，悬虚构屋，号阁兰”[28]。窦州人“以高栏为居，号曰干阑。”[29]这里的渝即今重庆附近，昌州为四川剑南，窦州为广东信宜。这些地区的民居称呼虽小有差异，但实为同一类型，即干阑式建筑。这一时期干阑建筑的具体形制在一些著述中也有些粗略的描述；如《岭外代答》载：“属民编竹、苫茅为两重，以上自处，下居鸡豚，谓之麻阑”[30]。依上述可知这种麻阑是两层楼屋，以编竹为墙，以茅草为顶，上层住人，下层养家禽。在《桂海虞衡志》中记载广西桂林地区的住屋有类似的做法；“民居苫茅为两重棚，谓之麻阑，上以自处，下蓄牛豕。棚工编竹为栈，但有一牛皮为裀席”[31]。在海南岛也有“屋宇以竹为棚，下居牧畜，人处其上”[32]的民居。

注释

[1] 据《大金国志·初兴风土》载：“女真人多依山谷，联木为栅，扉既掩，复以草，绸缪寒之，穿土为床，煴火其下，而寝食起居其上。”依这段记载看，金人住居水平很低。

[2]《古今图书集成·经济集编·考古典》第三十五卷“宫室总部”。

[3] 司马光《家范》就曾褒扬过这种聚族而居者，“国朝公卿，能守法而久不衰者，为故李相昉家，子孙数世，二百余口，犹同居共爨。因田园邸舍所收，及有官者俸禄，皆聚之一库，计口日给并饭，婚姻丧葬所弗，皆有常数，分命子弟掌其事，其规模大邸出于翰林学士宗谔所制也……圣人教之以礼，使人知文子兄弟之亲，人知爱其父，则知爱其兄弟矣，爱其祖则知爱其宗族矣。”

[4] 本文中有关以上几村史料据北京清华大学建筑学院主持汉声杂志社编辑《楠溪江中游乡土建筑》，台湾汉声杂志社出版，1991 年。

[5] 芙蓉村建村年代据胡理琛《南溪江风景区分村建筑人文思想的启迪》，《建筑学报》1989 年 1 期。

[6] 转引自《楠溪江中游乡土建筑》，台湾汉声杂志社出版，1991 年。

[7] 谢中书指南朝山水诗大家谢灵运，其号谢康乐。《答谢中书书》转引自《楠溪江中游乡土建筑》，台湾汉声杂志社

出版，1991年。

[8]《重修鹤阳谢氏宗谱序》。

[9]《棠川郑氏宗谱・重修棠川郑氏宗谱序》。

[10]《珍溪朱氏合族副谱・廊下即景诗序》。

[11] 本节中所引用村落的年代均据《楠溪江游乡土建筑》，台湾汉声杂志社出版，1991年。

[12] 据光绪《永嘉县志・杂志・遗闻》。

[13] 康熙五十一年《苍坡李氏族谱序》。

[14] 同 [11]。

[15] 胡理琛《楠溪江风景区乡村建筑人文思想的启迪》，《建筑学报》1989年1期。

[16] 据其诗题称：《乾道之初，卜居三山，今四十年……》。

[17]《古今图书集成・经济集编・考工典》，宫室总部・艺文。

[18] 引自《感遇》。

[19] 引自《杂感》。

[20] 引自《睡起》。

[21] 引自《题庵壁》。

[22] 引自《龟堂自咏》。

[23] 引自《小筑》。

[24] 引自《幽居戏咏》。

[25] 引自《夜听竹闻雨声》。

[26] 本文诗词转引自邹志方、章生建《三山别业考信录》稿。

[27]（宋）乐史《太平寰宇记》卷一百三十六渝州。

[28] 同上　卷八十八　剑南东道七　昌州。

[29] 同上　卷一百六十三　岭南道　窦州。

[30]（宋）周去非《岭外代荅》卷10　蛮俗。

[31] 马端临《文献通考》卷三百三十引（宋）　范成大《桂海虞衡志》。

[32]（宋）赵汝适《诸蕃志》卷下。

第二节　市井建筑

社会经济的发展和社会生活的变革，特别是商品需求和交换的巨大增长，给两宋的城市面貌带来了一些新的变化，其中之一是市井建筑有了巨大发展。打破了以前里坊制城市中盛行的坊市分离制度，在东京、临安等大城市，店铺林立，街市繁闹，有的渐渐发展为规模庞大的商业街；有的地方专业商店逐渐演变为按行业相对集中，沿街建店的行业街。使城市焕发出了前所未有的生机，而古代城市结构也因之发生了根本性的变化。

由于工商业的迅速发展，使中国封建社会长期以来所形成的重农抑商的传统观念遭到了强有力的冲击，商人的社会作用日益为人们所认识，开始出现了“工商亦为本业”的思潮。社会上崇商弃农，士商渗透和官商融合渐成风气。这种社会风气在全国工商业最发达的一些城市，反映得尤为突出，对市井建筑的发展起了推波助澜的作用。

狭义的市井建筑即指商业建筑，《管子・小匡》中有：“处商必就市井”。两宋时期由于社会经济与生活的发展变化，市井建筑的外延已有了很大拓展，除传统意义上的商业店铺之外，还包括工商一体的手工业作坊，城市服务业建筑，与商业和服务业相关的文化娱乐性建筑，以及一些城市管理设施等。其建筑类型主要有酒楼、店肆、旅邸、榻房、演艺场所（瓦子）等等。

宋代的市井建筑主要有三种构成形式。一种大体是由住宅改做而成，以院落式为主，临街设为店面，院内或作经营，或作住宅，或为作坊。整体平面布局和建筑形式多与民宅无异，只加以商业性装修，重点在临街的店堂门面（图 9-18）。第二种是根据街道和行业个性，特别进行自由布局，建筑形式亦较灵活，常有平面凸凹和体型高下的变化。以上两类市井建筑以悬山顶居多，但出山不远，这是因为商业用地地皮紧张，房屋密连，而悬山顶交叉组合较为容易，且本身构造也较简单。然而一般在街的拐角处多用歇山十字脊屋顶，使建筑造型完整，又丰富了景观。第三种是专为商业活动所建的房屋，即“赁官地创屋，与民为面市，收其租。”[1]也有的称之为“市廊”[2]，它们是建在道路两侧，类似廊庑的长屋，用以作为定期商业活动的开市场所。这种建筑物本身非常简单，建造者投入资金少，赚得租金快，利润高，一些官员常常利用职权占得街道两侧建起大批市廊，与民争利。

图 9-18　临街的店堂门面《清明上河图》

一、饮食业建筑

饮食业在两宋时期极为繁盛。粗分有酒楼、饭馆、茶肆、市食点心铺等。细分则一类之中又有种种区别。以规模和等级论，饮食业建筑当以酒楼称著。

北宋东京的酒店数以万计，城中许多地方“多是酒家所占”。《东京梦华录》中有“彩楼相对，绣旆相招，掩翳天日”，说的正是这种情景。当时店大资多的酒户，向官府承包造酒及售酒，称为正店。著名的有白矾楼、仁和店、宣城楼、班楼、八仙楼等。据载当时东京的正店有 72 家之多。那些无力造酒，而从正店批发之后零售的酒店称为脚店，脚店的数量不可胜数。如仅在白矾楼取酒沽买的脚店就多达三千户。正店与脚店在宋时统称为酒户，是宋代的主要税户。据宋神宗熙宁年间的统计，每年酒税达四十万贯，与同期的东京商税相等，由此亦可想见酒业之盛酒店之多。

当时，去酒楼，成为市民生活中的乐事，在《汴京遗事》诗中就曾写道："梁园歌舞足风流，美酒如刀解断愁，忆得少年多乐事，夜深灯火上矾楼"。这不仅是个人行为，而且"当时，侍从文馆士人大夫为燕集，以至市楼酒肆，往往皆为游息之地"[3]。

宋代的酒店布局和建筑形式可分为楼阁型，宅邸型和花园型。楼阁型以二至三层的楼阁为主体，楼阁大多取九脊顶（歇山式），设有腰檐、平座。首层布置散座，上层分隔为一间间的阁子雅座。或者有廊庑环绕，前辟庭院。或者不留空隙，全为楼阁占据。《清明上河图》中的大型酒楼即取后者形式（图 9-19）。宋代酒楼十分豪华讲究，如东京的樊楼、欣乐楼。据《东京梦华录》载："白矾楼，后改丰乐楼，宣和间更修三层相高，五楼相向，各有飞桥栏槛，明暗相通，珠帘绣额，灯烛晃耀。"这座酒楼由五座楼房组成，彼此独立而又相望，靠飞桥作为连络通道，这是一座相当庞大的建筑群。因这座酒楼西临皇宫，所以其"内西楼，后来禁人登眺，以第一层下视禁中"。东京的欣乐楼在大门和楼阁之间设百步柱廊，廊子很大，可供数百名酒女等待酒客呼唤侍酒。

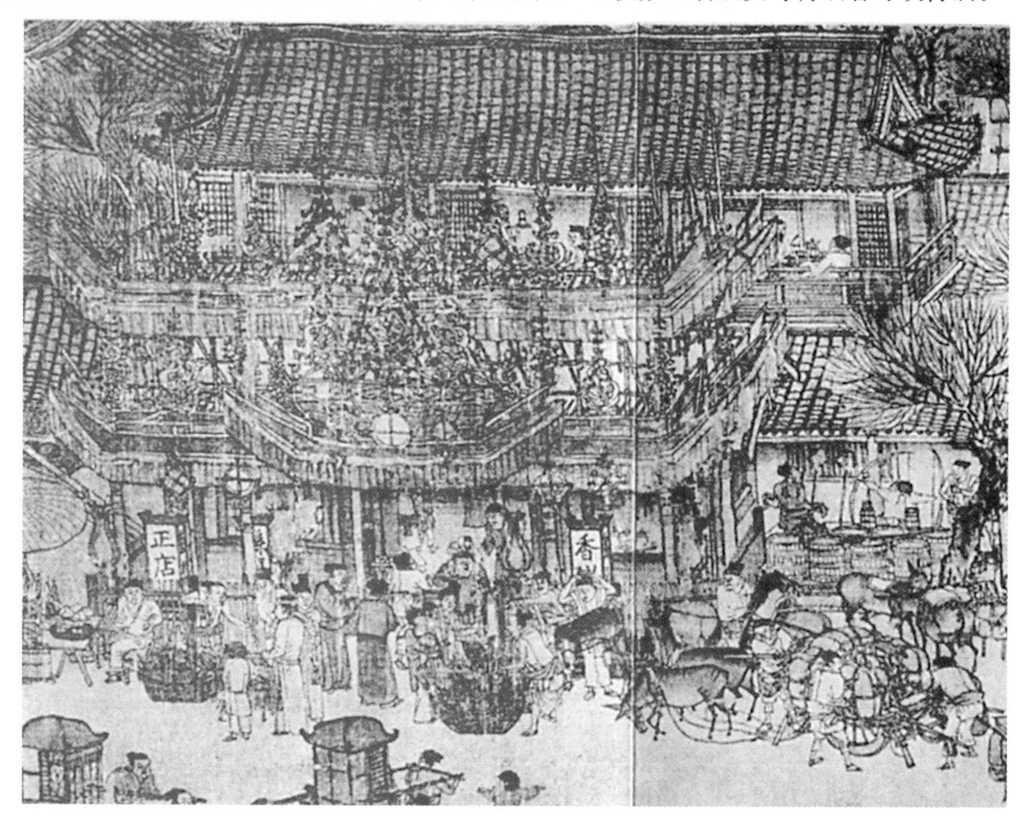

图 9-19　酒楼《清明上河图》

不仅东京如此，其他城市也有这种大酒楼，如相州（即河南安阳）入城便见康乐楼、月白风清楼，"又二大楼夹街，西无名，东起三楼，秦楼也。望傍巷中，又有琴楼，亦雄伟，观者如堵"[4]。在《吴郡志》中曾记载：平江府乐桥南有清风楼，乐桥东南有丽景楼，饮马桥东北有花月楼，此外还有跨街楼、黄鹤楼等。在平江府城图碑中可以找到丽景、花月、跨街等楼，其中的丽景、花月皆建于淳熙十二年（1185 年），雄盛甲于诸楼。值得注意的是这些酒楼中三层者皆为北宋末所建，而平江图碑所载平江府城图及事林广记所载东京图未见三层楼，由此推测"三层楼"的酒楼兴起于北宋末年，至南宋并未普及。

宅邸型酒店的特点是店中设有若干院落和厅堂，廊庑也多做成单间阁子，可同时供若干人饮宴使用。正如《东京梦华录》中所记："诸酒店必有厅院，廊庑掩映，排列小阁子，吊窗花竹，各垂帘幕，命妓歌笑，各得稳便"。

花园型酒店是一种上流酒店，园中建轩、馆、亭、台，种植花木，使酒店融于园林之中，其中有一些是利用旧园设店。东京新郑门西的宴宾楼即附设亭榭、池塘、秋千、画舫，使酒店有游宴之特色。城内张八家园宅正店亦属此类。《东京梦华录》卷二记："遇仙正店，前有楼子，后有台，都人谓之'台上'，此一店最是酒店上户"，即是这种花园型酒店，其"楼子"后所设之台多雕栏玉砌，铺装讲究，或傍池塘，或隐于花间，环境格外幽雅，可集饮宴、观景于一身。

宋时大型酒店装修十分富丽，门口设置高大的"彩楼欢门"，装杈子、帘幕，悬挑栀子灯，以招徕顾客。《清明上河图》中，有字号可见的如"孙记正店"、"十千脚店"彩楼高耸，气象壮观。而无字号的酒店门前，从其绣旗酒招，亦可辨认，图中十千脚店的大门两边墙上，书有"天之美禄"四字，横头有"稚酒"字样，该店应是一家推销梁宅园子正店所造的美禄酒的脚店，美禄酒为当时汴京名酒之一。从图中可看到该脚店的彩楼欢门相当高大，上面高挑一面大幅酒招，上写"新酒"，门前人来人往，后楼也相当宽敞高大（图 9-20）。宋代酒楼前的彩楼欢门可分为两种形式，一种做成一面拍子，与屋身柱梁榫卯结合。一种本身组成独立的构架，围成四方形或多角形。有的仿楼阁造型设腰檐、平座，有的以帘幕分层，作上下划分。彩楼欢门的构造和造型特点是平地立柱，纵横用粗细不同的圆木相绑扎，顶部两侧或四角斜出三角形片状构架，正面或四面中部高高耸出三角框架，这些木框架有主有次，高低错落，极富装饰性。较大型的彩楼欢门，下部还围以栅栏，形成一区栅栏小院，使入口环境更佳。

南宋临安的酒楼分官营和私营两种，官营的著名酒楼如和乐楼、和丰楼、中和楼、春风楼、太和楼、太平楼、丰乐楼、春融楼等。官营酒楼属户部点检所管辖，备有金银器皿和官妓，是士大夫和豪富之家挥霍享乐之所，一般百姓无缘问津。

民营酒楼亦有高级酒楼和小酒店之分。临安的高级酒楼如熙春楼、三园楼、赏心楼、花月楼等，每楼各有"小阁十余，酒器悉用银。以竞华侈"。如三园楼，"店门首彩画，欢门设红绿杈子，绯绿帘幕，贴金红纱栀子灯，装饰厅院廊庑，花木森茂，酒座潇洒。[5]民营酒楼不仅店面宽阔舒展，且内部分阁设座，互不相扰，如三园楼即是，入店门后"一直主廊，约一、二十步，分南北两廊，皆济楚阁儿，稳便坐席"，[6]主廊内有侍酒女侍奉。这类酒店阁内设二、三或十余座位不等，座位亦宽敞舒适，店内陈设十分豪华，饮具精致，所用壶、碟、盘、碗、杯、筷等，以及夏天降温用的水盘，冬天取暖用的火箱，全饰金银，干净铮亮。无论公私酒楼，各家又均备乐队，少则十余人，多则数十人，至阁中为顾客奏乐助兴。

宋时的小酒店相对较为简朴，一般多沿街巷或河道作敞开式布置，一至三间不等，单层歇山或悬山式，多在主体前或侧面加建单坡的披檐，用以遮阳避雨，同时为了增大营业面积，有的建筑接出向内倒坡的瓦檐，设天沟排水，为的是不遮挡室内的光线。临水者常向水面悬挑，构成生动活泼的建筑外形。这些小酒店若依功能及形式的差别，尚可分为多种，如分茶酒店，又叫茶饭店，以卖酒为主、兼营添饭配菜；包子酒店、指兼卖各种包子和肠血粉羹之类的酒店；宅子酒店，指外门装饰如仕宦宅舍，或是仕宦宅子改作的小酒店；直卖店，指专卖酒的酒店；散酒店，指散卖一、二碗酒的小店[7]。这些小酒店都"不甚尊贵，非高人所往"，装修亦较简单，但数量极多，为一般百姓驻足之所（图 9-21）。

与酒店在功能和形式上相类似的饮食业建筑还有茶肆。北宋东京茶肆相当普遍且各有特色，如"矾楼畔有一小茶肆，甚潇洒清洁，皆一品器皿，椅桌皆济楚，故买茶极盛"[8]，且以拾金不昧著称于世。临安城内茶肆众多，著名者有八仙、清乐、珠子等二十余家。大茶坊的装修亦较讲究，店内张挂名人字画，摆设花架，插四时花草及安放奇松异桧于门前，用以吸引顾客。茶肆在建筑

图 9-20　脚店《清明上河图》

图 9-21　小酒店《岩山寺壁画》

风格和环境气氛上较酒店清雅。“茶楼多有都人子弟占此会聚习学乐器”，[9]或清唱之所，有的则成为行会例会聚首之处。

除酒楼、茶肆外，宋代的熟食店也很讲究，在饮食业中仅次于酒店，细分也有多种，然“每店各有厅院、东西廊，称呼座次”[10]。有的还讲究行业及经营特色，如“瓠羹店，门前以枋木及花样启结缚如山棚，上挂成边猪羊，相间三、二十边，近里门面窗户，皆朱绿装饰，谓之‘欢门’”[11]。很多熟食店不但尽力装点门面，而且还在店内张挂名人字画，进行室内布置，用以招徕顾客。

二、服务业建筑

服务业建筑中以旅店、塌坊（货栈）最为兴旺，这些建筑遍布于城市的大街小巷。特别是在两宋都城由于有大小官员入京“朝对”，外邦来华使节，各路商贾，再加上应试举子，四时游客，佛教信徒等各界人士，经常出入往来，旅店客源络绎不绝。以临安为例，其流动人口常在四、五万之多，约占府城人口的十分之一，如遇科举考试、太学招生时，要高达二十万人。流动人口的急剧增加，促进了临安旅馆业的迅速发展，与当时的商店一样冲破了旧坊市分制的禁锢，移向街头，四处遍设，并有旅店、邸舍、旅邸、客邸、馆舍等多种称谓。按文献记载，东京旧城东南角汴河沿岸一带是邸店中心区，因为这里交通便利，又与东京城最繁华的商业区相连，故如《东京梦华录》卷三中所说：“东去沿城皆客店，南方官员、商贾、兵级皆于此安泊”。《清明上河图》中所绘邸店盛况，也恰是这一地带，图中所绘沿河之处，两岸邸店甚多，均为旅客歇息之处，其中一家邸店书有“久住王员外家”字号，其房屋高大，院落深邃，楼上有一人正端坐读书，似为进京赶考的举人客居于此（图 9-22）。在王员外家东边，亦有一处大字招牌，上有“久住”二字，是另一较大型的邸店。位于临安城市中心地带的旅舍，大多房屋宽敞，设备优良，服务周到，既有

图 9-22 邸店《清明上河图》

单人房间，又有夫妻套间；既可小住几日，也可长期租用。平时搭伙邸店，请客时可代办宴席。位于河道码头的旅舍，数量亦极密集，而且兼营货物存放，便于商贾投宿。在风景区旅舍也不少，脍炙人口的“山外青山楼外楼，西湖歌舞几时休”的诗句，就是南宋诗人林升题写在西湖边的邸舍墙壁上的。

由于经营邸店遂即成了发财致富的捷径。因此，从北宋初年起，官僚、商人、官私房产主，纷纷经办旅店业务。如名相赵普，派人到秦陇贩运木材，“广第宅，营邸店，夺民利”。沧州节度使米信于“京师龙和曲筑大第，外营田园，内造邸舍，日入月算，何啻千缗”[12]。由于经营邸店可获厚利，故官吏们竞相造邸舍而一发不可收，以至宋廷屡禁而莫能止。到北宋末年，首台（御史中丞）何执中“广殖资产，邸店之多，甲于京师”，“日掠百二十贯房钱”[13]。当时官府也直接经营邸店业务，主管机构称为左右厢宅店务。真宗时左右厢宅店务掌管有官屋二万三千三百间，每年收入达十四万贯左右。至仁宗时，官营邸舍更增至十万六千余间，呈上升趋势。

临安城的塌坊主要分布在水陆码头，“城郭内北关水门里有水路周回数里，自梅家桥至白洋湖、方家桥，直到法物库市舶前，有慈元殿及富豪内侍诸司等人家于水次起造塌坊十数所，为屋数千间，专以假赁与市郭间铺席宅舍、及客旅寄藏货物，并动具等物，四面皆水，不惟可避风烛，也可免偷盗，甚极为便利”[14]。这种高级客货栈，不仅规模大，设备齐全，而且夜间有兵座巡查，安全可靠，客旅称便。此外，在码头或集市附近，还常常设有众多的简易货栈，有“廊”（使商品免受雨淋日晒的栈房）和“堆朵场”（露天货栈）。塌坊和堆朵场有的按日、有的按月收取保管费，时称“巡廊钱”。

三、商业手工业建筑

在商业建筑中，以金银彩帛铺、药铺等较为显赫，《东京梦华录》云：“南通一巷，谓之界身，并是金银帛交易之所，屋宇雄壮，门面广阔，望之森然”（图 9-23）。《清明上河图》中所绘一家彩帛铺颇为引人注目，该铺房檐处书有横幅，“王家罗明（?）匹帛铺”即是一家经营绸缎的商店，出售罗、锦和其他彩色丝织品。药铺如《东京梦华录》中记载的刘家药铺，“高门赫然，正门大屋达七间之多”。《清明上河图》中所能辨认的药铺有“李家输卖……”、“杨家应症……”、“刘家上色沉檀栋香”、“赵太丞家”等（图 9-24），该行业店铺数量在画面中与酒户相近。再据《东京梦华

图 9-23　钱庄

图 9-24　药铺《清明上河图》

录》述及东京医药和香药铺者甚多，说明药铺在宋代商业建筑中占有一定的比重。药铺比较讲究气派和典雅，装修中除考虑招徕顾客外，还注意药店本身所应具有的气氛，《东京梦华录》记："出界身北巷，巷口宋家有生药铺，铺中两壁皆李成所画山水"。

两宋的商业店铺大体上不离两种类型，即或者临街式，或者院落式。临街式店铺常是将院子临街一面向外敞开作铺面房，较简单的临街式商店没有后院。临街式店铺面阔一至五间不等，七间的较少，以三间居多。稍大型的店铺后面布置的庭院和房屋，作业库房、居室或作坊。大型店铺有时把边上一间开作门道，车辆可进出院内。临街的铺面房一般为单层，多用双坡悬山式屋顶。院落式商店多为大型店铺，往利用旧有住宅改建而成（图 9-25）。

图 9-25　院落式店铺《清明上河图》

宋代另有一种自产自销或兼及批发的作坊店铺。这种将手工业与商业合二为一的店铺在经营和布局上带有一定的特殊性，每一店铺的生产制作技艺大多为世代相传，比较重视产品的质量和牌子，较具代表性的如两宋书铺。早在北宋熙宁年间刻书之禁放松后，私刻书籍日益兴盛，至南宋已蔚然成风，临安的私刻、坊刻更为全国之首，当时的印刷书坊有“经铺”、“经籍铺”、“文字铺”等多种。据文献记载，当时临安城内，大小书铺林立，至今尚能找到铺名的临安时期大书铺就有 16 家。今棚桥附近是南宋临安最大的“书市”，大小店铺毗连，经史子集齐备，购书十分方便，深受文人学士称道。其中棚北睦亲坊陈宅书籍铺和棚北大街陈解元书籍铺，是陈氏父子开的两家大书铺，他们刻印了唐宋以来的名人诗词文集与笔记小说一百多种，雕版工致，纸墨精细，深受读者欢迎，生意亦极兴隆。当时这些刻印书铺多是前店后坊的布局，有刻工十余人，大者有数十人，既雕版印刷又兼及出售。

此外，还有一些不带店铺的手工业作坊，如磨坊即属此类，宋画《闸口盘车图》所绘的一座水磨坊，建于一条小溪之上，磨盘通过立轴与下部水轮联系，靠水力推动（图 9-26）。主要建筑坐

图 9-26　水磨坊《闸口盘车图》

落于平座上，采用三开间带夹屋形式，当心间做十字脊，造型异常活泼。

四、娱乐性建筑

在北宋崇宁、大观年间，在京师等地兴起了一种民间娱乐性场所，称为瓦子及勾栏，前者即指大城市中娱乐场所集中的地方，后者专指瓦舍中演出百戏杂剧的戏场、戏台。瓦子之名的由来，据《梦粱录》卷十九《瓦舍》条载："瓦舍者，谓其'来时瓦合，去时瓦解'之意义，易聚易散也。不知起于何时。顷者京市甚为士庶放荡不羁之所，亦为子弟流连破坏之门，杭城绍兴间驻跸于此……因军士多西北人，是以城内外创立瓦舍，招集妓乐，以为军卒暇日娱戏之地。今贵家子弟郎君，因此荡游，破坏尤甚于汴都也"。

汴京东角楼一带曾是北宋瓦子勾栏最为集中的地方，与北宋汴京相比，南宋临安的瓦子，无论在数量抑或规模上更有过之而无不及，《武林旧事》卷六列举了23个瓦子的名称及地点，其中城外17处，城内5处。城外瓦子都在诸军营寨左右，是西北军卒暇日娱戏的场所，隶属于殿前司管辖，城中五瓦则归修内司，是市民游艺的地方，诸瓦中以北瓦最大，有勾栏13座。

瓦子中表演的技艺项目繁多，内容丰富，如有引人入胜的"说话讲史"，惟妙惟肖的傀儡戏，奇特惊险的杂技，情节完整的杂剧，巧借灯光的皮影戏等数十种。这就要求瓦子勾栏的建筑在功能和形式上具有很大的适应性和可塑性。瓦子勾栏的具体建筑形象文献中虽少有提及，宋画中亦难窥其面，但通过敦煌壁画对唐宋时期舞台、乐台的描绘，似可见其影像一、二。由壁画所示，当时的舞乐台，其台身主要有三种形式，一是全部用柱架空；二是砖石台壁，内包夯土台心；三是前两种的结合，即砖石台壁后退，沿边一周仍是木柱构架。舞乐台的平面多作方形或长方形，台面以上均沿台边周设钩阑，台面铺锦筵。有的舞台两侧列坐乐队，中间是舞人，有的并列三台，舞人乐队分置，三台之间有平桥连接。据《南部新书》记载，宋以前的戏场多设于佛寺的庭院之中，至宋代始有专供娱乐观演的瓦舍。宋梅尧臣《宛陵集》中收入的〈莫登楼〉诗："露台吹鼓声不休，腰鼓百面红臂韝，先打六么后梁州，棚帘夹道多夭柔。"从侧面反映了在露台上演戏和观众看戏的场面，其中的"棚帘夹道"是观众支起的看棚，数量很多，以致"夹道"的程度。《东京梦华录》卷六曾记元宵节于御街宣德楼前搭建露台："楼下用枋木垒成露台一所，彩结栏槛……教坊钧容直、露台弟子，更互杂剧……万姓皆在露台下观看，乐人时引万姓山呼。"有的露台很大，如《武林旧事》卷二"元夕"条所记："……至二鼓，上乘小辇，幸宣德门，观鳌山。……其下为大露台，百艺群工，竞呈其伎。"露台乃是一种用木构件搭筑的四面凌空；观众四面围观的舞台。这大概与那种"来时瓦合，去时瓦解"的瓦舍相似吧！又见同卷记酸枣门下亦建置露台。《东京梦华录》卷八在描绘每年六月的祭神场景时曾写道："二十三日御前献送后苑作与书艺局等处制造戏玩……作乐迎引至庙，于殿前露台上设乐棚，教坊钧容直作乐，更互杂剧舞旋……诸司及诸行百姓，献送甚多，其社火呈于露台之上，所献之物，动以万数"。由文中可知舞台上不但设栏槛，还有乐棚一类的建筑物。

把戏台作为一座完整的建筑物，置于院落的一侧，戏台对面及两厢的建筑皆为观众席的中国传统演出建筑之模式，在金代墓葬中留下了珍贵的遗物，在宋代史料中也曾有过"舞亭"、"舞楼"等称谓，[15]据此推测，带有舞楼、舞亭的演出场所在市井中也会存在，这种舞台不再是临时用木构搭建，四面围观的简单形式，而是一座富有装饰的永久性建筑物，如稷山金墓中的舞亭，台座取须弥座式，座上为一建筑，利用这座建筑的一开间形成舞台台口；以阑额、普拍方作成台口大梁。柱梁以上施柱头铺作及补间铺作，有的将补间铺作中加添斜华栱，以使其更有装饰效果。上部屋顶多取九脊顶，山面朝前，山花上的悬鱼也多加修饰、变化，有的变成卷草花饰。在金墓中的“舞楼”与“舞亭”之差别主要表现在台座部分，舞楼将台座变成建筑的一层，台下中部开门洞。舞亭或舞楼的平面皆成凸字形，台的三面临空，只有后面封死。

宋、金时代在娱乐性建筑中完成了从“露台”向正式的舞台的转变，在演出建筑发展史上写下了重要的一页。

注释

[1]《续资治通鉴长编》卷三百“元丰二年九月、丙子条”载。

[2]《续资治通鉴长编》卷七十“大中祥符元年十一月癸亥条”载：“次郓州，上睹城中巷陌迫隘，询之，云：“徙城之始，衢路显敞，其后守吏增市廊以收课。即诏毁之”。

[3]《墨客挥犀》卷十

[4] 楼钥《北行日录》卷上　乾道五年十二月十五日条。

[5]《梦粱录》卷十六“酒肆”。

[6]《梦粱录》卷十六“酒肆”。

[7]《都城纪胜》“酒肆”。

[8]《摭青杂记》转引自《宋人小说类编》卷四之九《茶肆高风》

[9]《都城纪胜》“茶坊”。

[10]《东京梦华录》卷之四“食店”。

[11]《东京梦华录》卷之四“食店”。

[12]《友会谈丛》。

[13]《闲燕常谈》。

[14]《梦粱录》卷十九塌房。

[15] 山西万荣县桥上村后土庙的北宋天禧四年（1020年）《河中府万泉县新建后土庙记》碑阴有“修舞亭都级那头李廷训”的记载。另外，山西沁县关帝庙北宋元丰二年（1079年）《威胜军关亭候新庙碑》碑文中有建造“舞楼一座”之记载，以上材料转引自杨富斗《稷山新绛金元墓杂剧砖雕研究》，《考古与文物》1987.2

第十章　建筑著作与匠师

第一节　《营造法式》评介

一、成书年代与《营造法式》的性质

《营造法式》是北宋末徽宗崇宁二年（1103 年）出版的一部建筑典籍，它又是由官方颁发、海行全国的一部带有建筑法规性质的专书。这部书的出版主要目的是为了建筑工程管理需要，通过对建筑技术做法编著法式制度，对建筑施工所需的劳动力制定功限定额，对材料的使用制定用料限额，以达到在当时生产力和生产关系的水平之下，实现科学管理的目的。它的产生不是偶然的，这不仅与当时的生产力发展水平、生产关系状况有着密切关系，同时又与北宋的政治经济形势有着密切关系。王安石变法成为编制《营造法式》的契机，而自秦、汉历隋、唐、五代，建筑技术水平的不断提高、日臻完善则成为编制法式的物质基础。

1. 北宋建筑行业的发展，使官手工业达到空前规模。

将建筑业作为官方控制的手工业，专门从事皇家建筑工程活动，由来已久，相应的便产生了一套管理机构。随着官手工业的发展，这套管理机构日益庞大，例如在汉代设将作少府，掌修宗庙、路寝、宫室、陵园等皇家所属土木工程。到了唐代设将作监，其下再设四署，左校管理梓匠，右校管理土工，中校管理舟车，甄官管理石工、陶工。宋代将作监规模进一步扩大，分工更细，将作监下有十个部门，即：①修内司、②东西八作司、③竹木务、④事材务、⑤麦麸场、⑥窑务、⑦丹粉所、⑧作坊物料库、⑨退材场、⑩帘泊场。

其中东西八作司又领有以下八作：

①泥作、②赤白作、③桐油作、④石作、⑤瓦作、⑥竹作、⑦砖作、⑧井作。

另据《宋会要辑稿》载与土木工程有关者共二十一作：即大木作、锯匠作、小木作、皮作 、大炉作、小炉作、麻作、石作、砖作、泥作、井作、赤白作、桶作、瓦作、竹作、猛火油作、钉铰作、火药作、金火作、青窑作、窑子作等[1]。

在宋代的官手工业中还有一个变化，就是工匠地位有所改变。前朝的徭役制在政治动乱的年代逐渐被“和雇”制所代替，官府所需工匠不再靠征调徭役，而是通过招募、给酬的方式来完成。于是对雇工制定了“能倍工，即偿之，优给其值”的政策。劳作工匠可依技艺的巧拙，年历的深浅，取得不同的雇值，这样便刺激了劳动者的积极性。随之工匠世代相传之经验做法不断加以改进，生产技术进一步娴熟，因此沈括在《梦溪笔谈》中称“旧《木经》多不用……”这说明即使像著名工匠喻皓所掌握的《木经》，到了北宋末已觉得不适用了。在官手工业得到发展之后，需要有一套新的定额标准来满足工程管理的需要，这种社会需求正是《营造法式》产生的物质

基础。

2. 北宋官方对建筑业管理不善，需加强法制。

北宋开国后大兴土木，东京的十几处皇室建筑，有半数以上是开国之初的几十年内建造的。有的建筑规模很大，如玉清昭应宫有2620间房屋，每日用工达3万多人。在这样大规模的建设活动中，管理不善便出现了巨大浪费，如开先殿只有一根柱子毁坏，但却全部更换。有的“屋宇少有不中程式，虽金碧已俱，必令毁而更造”[2]。再加上监官虚报冒领，因此到了天圣元年（1023年）竟有430处工程“累年不结绝”。由于没有一套完善的管理制度，便造成财政亏损、国库空虚。在仁宗至和元年（1054年）的诏书中已察觉到这类问题：其称“比闻差官修缮京师官舍，其初多广计功料，既而指羡余以邀赏，故所修不得完久。”于是要求“自今须实计功料申三司，如七年内损堕者，其监修官吏工匠并劾罪以闻。”[3]但即使下了这样的诏书，仍未能制止监官们中饱私囊的现象。至神宗时期，王安石变法，提出“凡一岁用度及郊祀大事，皆编著定式”，以完善管理制度。熙宁五年（1072年）令将作监编制一套“营造法式”。过了将近二十年，于元祐六年（1091年）才完成，但是这部“元祐法式衹是料状，别无变造用材制度，其间工料太宽，关防无术”[4]，“徒为空文，难以行用”[5]。由于元祐法式未能解决严格管理的问题，所以在哲宗绍圣四年（1097年）皇帝又下圣旨，命李诫重别编修。李诫于元符三年（1100年）完成，并于崇宁二年（1103年）出版，海行全国。

二、《营造法式》一书的主要内容

《营造法式》（以下简称《法式》）由“总释、总例”，“诸作制度”、“诸作功限”、“诸作料例”及“各作图样”等五个部分组成，共计三十四卷。在这三十四卷之前，还有一卷“看详”，阐明建筑行业的通行规矩，并且针对由于“方俗语滞”、“讹谬相传”所造成的建筑构件一物多名的情况，通过考究群书，定出统一的称谓。同时还说明了《法式》编写的特点。现将五个部分的内容简要介绍如下：

1. 总释、总例

共二卷，四十九篇，这一部分属考究经史群书的条目。《法式》编者李诫从《周官考工记》、《易·系辞》、《礼记》、《尔雅》、《义训》、《博雅》、《说文》、《释名》、《鲁灵光殿赋》、《春秋》等七十部古代文献中辑录有关建筑各部构件及做法的条目共计283条，清理了历代建筑所用的名词术语，总结了文献中所反映的建筑经验。对于有些条目，在引出相关文献之后，还添加了宋代使用情况的注释，这些注释是对于相关制度章节的补充。例如“铺作”条，在引《景福殿赋》中“桁梧复叠，势合形离”句后加注“桁梧，斗栱也，皆重叠而施，其势或合或离。”在引《含元殿赋》中“云薄万栱”，“悬栌骈凑”之句后加注“今以斗栱层数相叠，出跳多寡次序，谓之铺作”。则补充了大木作制度中未加阐明的“斗栱”、“铺作”等词的概念。又如“斗八藻井”条，引《西京赋》“蒂倒茄于藻井，披红葩之狎猎”之句后注“藻井当栋中，交木如井，画以藻文，饰以莲茎，缀其根于井中，其华下垂，故云倒也。”这段注文则对“藻井”为何有此称谓及其在建筑中的位置均作了说明。这对于人们理解有关制度是至关重要的。此外还说明宋《法式》如何根据前人经验修订一些制度，如定功制度按《唐六典》修订，取正、定平、举折、筑墙等制度按《周官·考工记》修订。

“总例”则是对编写著作制度的一些原则所作的说明。例如何谓构件的“广、厚”？指出“称广厚者谓熟材”。何谓构件的“长”？称“长者皆别计出卯”。在这一节中还交待了“功限”、“料例”中有关称谓的含意。

2. 诸作制度

所谓“诸作制度”是指建筑行业所属各工种的“制度”，例如关于木工工种的有大木作、小木作、锯作等方面的制度，关于石工工种则有石作制度。《法式》用了十三卷的篇幅编写出木、竹、瓦、石、泥、窑、砖、雕、彩绘等不同工种的制度，每种工种的制度所包括的内容既有建筑设计的一些原则，建筑构件的细部尺寸，建筑构造做法，又有这一工种的技术操作规程，以及建筑材料的特性等方面的内容。其详情将在第四节中分类加以介绍。

3. 诸作功限

《法式》自卷十六至卷二十五以十卷的篇幅开列了各工种的用功定额，首先从用功性质上作了分类，即有以下几类：

总杂工：指任何工种均通用的类型，如搬运、掘土、装车等。

供诸作功：即主要工种的辅助性工作，供作功在各工种中所占比例不同；砌砖、结瓦时需有供砖、瓦及灰浆者，供作功与本作功之比为 2∶1。如大木作钉椽，每一功，供作一功。小木作安卓每一件及三功以上者，每功供作五分功。

各工种用功：是指建筑构件制作、安装、雕饰、描画装染等所用之功，现举例如下：

造作功：使构件成形所需之功，如造覆盆柱础，首先是造素覆盆所需之功。造铺作，首先是将一组铺作中的每个斗和栱的分件加工成形所需之功。

雕镌功：对于需要雕饰的构件，在加工成形之后作进一步加工所需的用功量。

安卓功：石作中称“安砌功”，木作斗栱中称“安勘绞割展拽功”，就是将构件安装就位所需之功。例如将一只长 7 尺的殿阶螭首，经用 40 功造作镌凿后，以 10 功完成安装就位。这时安砌功为造作镌凿功的 2.5/10。而铺作，“安勘绞割展拽每一朵，取所用斗栱等造作用十分中加四分”，即为铺作造作功的 4/10，由于铺作榫卯复杂，安装铺作的用功量占有相当高的比例，在转角铺作中则占到 8/10 至 10/10。小木作中造作功与安卓功的比例无一定之规，如造一樘乌头门，方 22 尺者造作功为 97.6 功，安卓功为 10.78 功，两者之比为 1.1/10。造一樘四斜毬纹格子门，造作功 40 功，安卓功 2.5 功，两者之比为 0.63/10。造一胡梯，高一丈，拽脚长一丈，广三尺，作十二踏，用斗子蜀柱，单钩阑造，造作功 17 功，安卓功 1.5 功，两者之比为 0.8/10。总的来看小木作的造作功所占比例超过其他工种。

功限中所列用功量是以等值劳动为基础来计算的，为了求得不同功种、不同劳动条件的“等值”，《法式》详细制定了计功的标准所本。例如搬运功，“诸于三十里外搬运物一担，往复一功”；依此折算“往复共一里，六十担亦如之”，然而一担的重量如何？《法式》便一一定出各种材料的单方重量，同时还定出辅助功的用功量，如担土者需有辅助工掘土搓篮，掘土搓篮用功为 330 担一功。搬运用船时，距离在 60 步以外溯流拽船每 60 担一功，顺流驾放每 150 担一功，装卸用功在内。

《法式》功限制度除作为定额本身的价值之外，还成为各作制度的补充文献。在功限中，为了计功方便，对有些复杂的部件中所用分件及数量全部列出，如一朵转角铺作中的上百个分件，这对人们理解铺作的构成提供了重要的依据。如石作功限，补充了雕镌制度的使用范围。彩画作功限，提供了各种彩画制度使用于不同屋舍的状况。

4. 诸作料例

《法式》卷二十六、二十七共载有石作、大木作、竹作、瓦作、泥作、砖作、窑作、彩画作等八个工种的用料定额，其中还记载了当时使用的材料规格，如木材中较大木方有大料模方、广厚方、长方、松方等，小木方有小松方、常使方、官样方、截头方、材子方、方八方、常使方八方、方八子方等，柱料有朴柱、松柱等，并给出各种木料的使用部位（表 10-1）。这反映了当时官手工业中对建筑材料的管理状况。另一方面，料例中还记载了材料的配比，例如彩画中所用色彩的配制，砌墙所用石灰与麻刀的配比等。

5. 图样

《法式》自卷二十九至卷三十四以六卷的篇幅绘制图样 218 版，产生了中国建筑史上空前完整的一套建筑技术图，其图样类型有以下若干方面：

宋代常用木材规格（宋营造尺） 表 10-1

名　称	长	广（径）	厚	使　用　部　位
大料模方	80～60	3.5～2.5	2.5～2.0	充 12～8 椽栿
广厚方	60～50	3.0～2.0	2.0～1.8	充 8 椽栿、檐栿、绰幕大檐头
长方	40～30	2.0～1.5	1.5～1.2	充出跳 6～4 椽栿
松方	28～23	2.0～1.4	1.2～0.9	充 4～3 椽栿、大角梁、檐额、压槽方、高 15 尺以上版门、佛道帐所用斗槽版、压厦版、裹栿版等
小松方	25～22	1.3～1.2	0.9～0.8	
常使方	27～16	1.2～0.8	0.7～0.4	
官样方	20～16	1.2～0.9	0.7～0.4	
截头方	20～18	1.3～1.1	0.9～0.75	
材子方	18～16	1.2～1.0	0.8～0.6	
方八方	15～13	1.1～0.9	0.6～0.4	
常使方八方	15～13	0.8～0.6	0.5～0.4	
方八子方	15～12	0.7～0.5	0.5～0.4	
朴柱	30	径 3.5～2.5		充 5 间 8 架椽以上殿柱
松柱	28～23	径 2.0～1.5		充 7 间 8 架椽以上副阶柱 5～3 间 8～6 架椽殿柱或 7～3 间 8～6 架椽厅堂柱

测量仪器图共 5 版，包括有望筒、水池景表、水平、水平真尺等测量仪器的轴测图。

石作图样共 20 版，包括有石雕纹样、石构件形制图。

大木作图样共 58 版，包括有构件形制、成组构件形制、建筑物总体或局部图样。

小木作图样共 29 版，包括有常用木装修及特殊木装修的形制及其雕饰纹样图。

雕木作图样共 6 版，绘有建筑上常用的混作，剔地起突、剔地挖叶、剔地平卷叶、透突平卷叶华版，华盘等图样。

彩画作图样共 90 版，绘有不同形制的彩画纹样。

三、《营造法式》编写的特点

1. 建立统一的技术标准

编制《法式》的初衷是为了控制功料，但如果简单地开出一个功料定额清单，势必重蹈元祐法式的复辙，即“只是料状，别无变造用材制度”，“徒为空文，难以行用”。李诫针对元祐法式的问题，首先对当时的建筑技术作了全面的总结，这样便编写出了各工种的制度，使得“及有营造位置尽皆不同”时仍然有据可依。这实际上成为当时在建筑工程中建立起来的统一技术标准。面对木构建筑的复杂技术做法，及广大的地域中不同地区工匠派别的差异，如果没有统一的技术标准，则难以编制出统一的工料定额。当时的官手工业并没有一支完全稳定的队伍，无论匠人是来自军工或和雇，素质都是不齐的，就连对于建筑构件的称谓都可一物多名，如对檐的称呼多达 14 种，就连最普通的构件“柱子”称谓也有“柱”、“楹”之别，梁的名称有三，即“梁”、“宗㽉”、“欐”。有的构件称谓使人费解，如角梁，被称为“觚棱”，“阳马”，“阙角”……之类。至于每一构件的形制，乃至建筑某一部位的做法，也同样会有多种不统一或不科学的状况，例如北宋著名工匠喻皓所撰《木经》中，关于踏道的制度称“阶级有峻、平、慢三等。宫中则以御辇为法，凡自下而登，前竿垂尽壁，后竿展尽臂，为峻道；前竿平肘，后竿平肩，为慢道；前竿垂手，后竿平肩，为平道。”（图 10-1）像这样的规定带有相当随意成分，御辇长度可能有变化，人的手臂长短也有变化，无法说出台阶的准确坡度，当然也就难以规定功料定额。因此具有实践经验的李诫，首先编出各作制度，将工匠经验及诸作谙会整理、发掘，使建筑各部之造作规矩呈现在各作制度之中。

图 10-1　喻皓《木经》所载踏道制度示意图

中国木构建筑的特点是结构形制复杂、变化多，装饰品类多，木雕、石雕、彩画均需使用。再加上建筑需满足不同等第的使用要求，体量大小需加以变化，建筑构件又需满足预制装配的要求。面对这诸多变化因素，要想制定统一功料定额，必须首先找出各工种的技术特征，如大木作，首先制定出“用材制度”，使建筑的结构纳入以材分°模数为系统的轨道，这可称之为古代的一项系统工程。又如对于装饰中的石雕和彩画，这在任何一幢建筑上都会是个性很强的，同时又是无序的，难以统一的，《法式》将石雕归纳成四种主要雕刻类型，将彩画归纳成五种主要彩画类型，并以工序的多少、纹样的繁简，技术难度的差异，排列出适于不同建筑等第的装饰标准。

2. 有定法而无定式

制定《法式》的目的不是将建筑限定在固定的模式之内，而是为了整理出技术通则，便于管理。李诫在编制《法式》的宗旨中提出了“变造用材制度”，其中的“变造”体现了一种变化造作之意，例如卷四大木作制度一，整卷介绍斗栱的做法，其将斗栱的制度分成“用材之制”、“造栱之制”、“造昂之制”、“造耍头之制”、“造斗之制”、“总铺作次序”、“造平座之制”等小节来阐明有关斗栱的各种制度，包括构件形制、组合规律、变化原则以及技术加工要点等各个方面，但却未讲一组具体的斗栱。工匠依据制度所定原则可以造出多种斗栱，例如一朵六铺作斗栱，可以有单栱造、重栱造、偷心造、计心造、卷头造、下昂造、上昂造等十余种形式(图 10-2)。又如彩画作制度，首先指明彩画绘制程序、晕染方法、主要色调等，然后便明确指出“用色之制，随其所写，或深或浅，或轻或重，千变万化。任其自然”。在制度中不仅有“量”的要求，尺寸的控制，而且也指出艺术风格的特征，如对五彩遍装彩画，其艺术效果是“取其轮奂鲜丽如组绣华锦之文尔”，其所绘花纹既可是“华叶肥大，不露枝条”的丰满格调，也可是“华叶肥大，微露枝条”透出几分清秀。总之，留给匠师创作的机会。《营造法式》虽称《法式》但仍不失其灵活性，以保证建筑创作的千变万化，其特点是有定法而无定式。

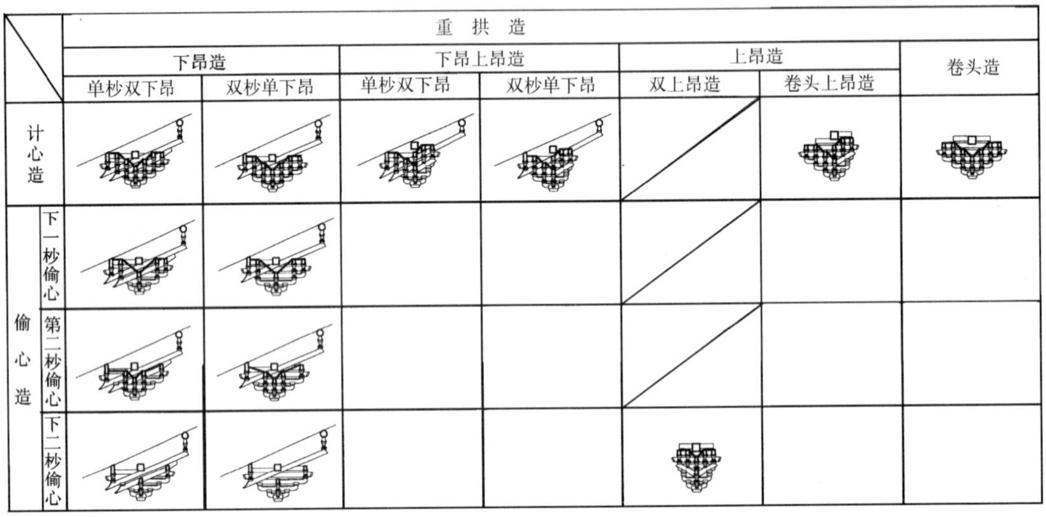

		重拱造						
		下昂造		下昂上昂造		上昂造		卷头造
		单杪双下昂	双杪单下昂	单杪双下昂	双杪单下昂	双上昂造	卷头上昂造	
计心造								
偷心造	下一杪偷心							
	第二杪偷心							
	下二杪偷心							

图 10-2　六铺作斗栱变化图

3. 制定用功用料定额，比类增减，控制功料。

在明确了技术标准的基础上，《法式》便提出了若干关于用功、用料的标准。

在用功标准上首先对自然界造成的全年功日长短的差别作了规定，将功日分成长、中、短三类，“称长功者谓四月、五月、六月、七月；中功谓二月、三月、八月、九月；短功谓十月、十一月、十二月、正月。”以中功为准，长功加 10%，短工减 10%。

第二，对人员素质的标准指出“诸式内功限并以军工计定，若和雇人造作者即减军工三分之一。”并解释为“谓如军功应计三功即和傭人计二功之类。”这条是针对当时情况而定的特殊制度，北宋因赵匡胤以陈桥兵变掌权，为防政局变化，自开国以来便有几十万军队驻守东京，这些军队在平时即充作军工，成为皇室建设的主力，而到北宋末，即《法式》制定的年代，距开国时已几十年过去，军工中老弱者增多，因之军工定额比和雇工匠要低。

第三，从技术难度上分出上、中、下三等。在卷二十八诸作等第中对各工种作了专门的分等：例如石雕，能做剔地起突或压地隐起华或平钑华者，为上等功，能做覆盆柱础、石碑者为中等，只能做放在次要位置的石版或石块者为下等。

第四，制订出建筑每一部位的“标准件”用功定额。由于建筑物的大小、形制是随客观条件而变化的，例如一组形制相同的斗栱，在用材等第不同时，用功则不同。对这种变化如果一一开列出用功数量，将会不胜其繁，且仍有可能挂一漏万，到施工中又临时不可察找。因之《法式》总例中提出：“诸造作并依功限，计长广各有增减法者，各随所用细计；如不载增减者，各以本等合得功限内，计分数增减。”于是《法式》卷十六至卷二十五各作功限便订出了标准用功量，卷二十六至二十八又定出了标准的用料数量。在标准的用功量中，对大木作首先指明建筑的用材等第，如斗栱，指出“造作功并以六等材为准”同时给出“比类增减”的办法，即“材每加一等，增加××功”，“材每减一等，递减××功”。不能以用材的等级来计的，则用工作面的尺寸大小为标准，再比类细计。如筑基“诸殿、阁、堂、廊等基址开掘，方八十尺（谓每长、广、方深各一尺为计），就土铺填打筑六十尺各一功，若用碎石、砖、瓦、石札者其功加倍。”在各作功限中对用功的技术质量，除化分等级之外并区分出技术工种与辅助工种，即“供作功”、“造作功”、“安卓功”三类，各有自己的定额标准。

对于用料，总例中提出“诸营缮计料，并于式内指定一等，随法计算；若非泛抛降，或制度有异，应与式不同，及该载不尽各色等第者，并比类增减。”例如瓦作用料：“用纯石灰结瓦每一口，甋瓦一尺二寸二斤，（即浇灰结瓦用五分之一，每增减一等，各加减八两，至一尺以下，各减所减之半，下至垒脊条子瓦同。其一尺二寸瓪瓦准一尺甋瓦法）。”此处以一尺二寸瓦用的石灰量为准，比类增减。

《法式》用十三卷的篇幅，制定出建筑所用功料定额，较科学地将用功性质、数量、用料数量作了分类，其“功分三等，第为精粗之差，役辨四时，用度长短之晷，以至木议刚柔而理无不顺，土评远弥而力易以供”。在实践中能够做到“类例相从，条章具在”。这不仅可以制止贪官的虚报冒领，达到官防有术的目的，同时《法式》所制定的功限、料例，也为当时建筑工程管理提出了较科学的方法和具体额度，该书也可算是中国古代工程管理学的杰作。

4. 全书图文并茂

李诫在总诸作看详中称“须于画图可见规矩者皆别立图样以明制度”。

例如在石雕纹样图中表现出不同构件所施石雕纹样的不同风格，同为剔地起突华，在柱础上使用时，需随覆盆外轮廓作凹突变化，而在角石上者则可自由突起，用以表现石狮的跳跃，行龙的奔腾。

在流杯渠图中，表现了风字渠与国字渠的不同纹样及流杯渠与出入水斗子的平面关系（图 10-3）。

在石钩阑图中表现单钩阑与重台钩阑形制之差别（图 10-4、10-5）。

在望柱、柱头及下座图中，不仅表现出望柱与柱头、下座的雕刻形制，而且表现出三者的插

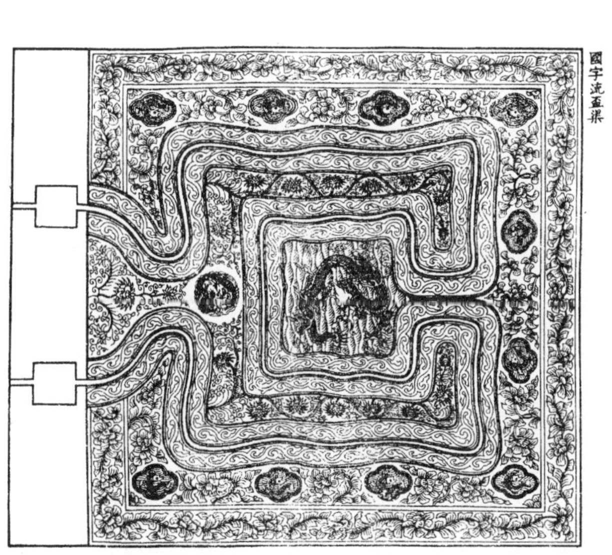

图 10-3　流杯渠石雕纹样

图 10-4　单钩阑

榫关系（图 10-6、10-7）。

在门砧图中表现出需开挖的池、槽位置及雕刻位置（图 10-8）。

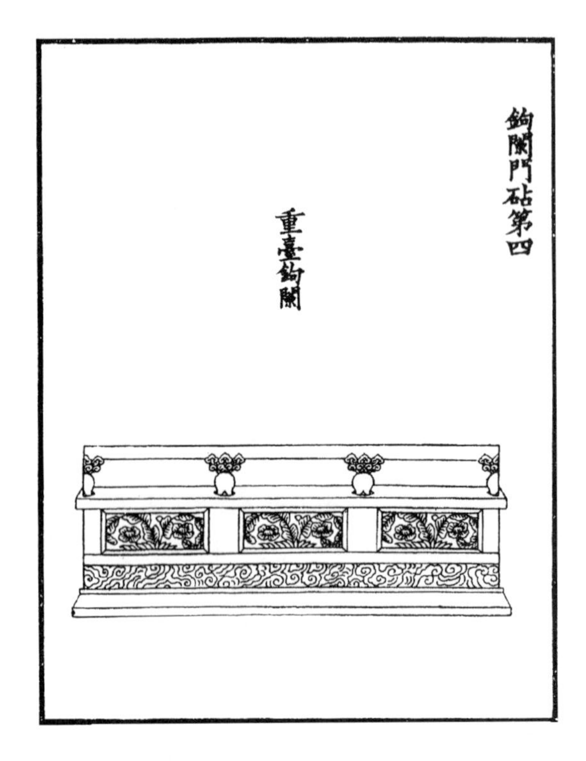

图 10-5　重台钩阑

图 10-6　望柱

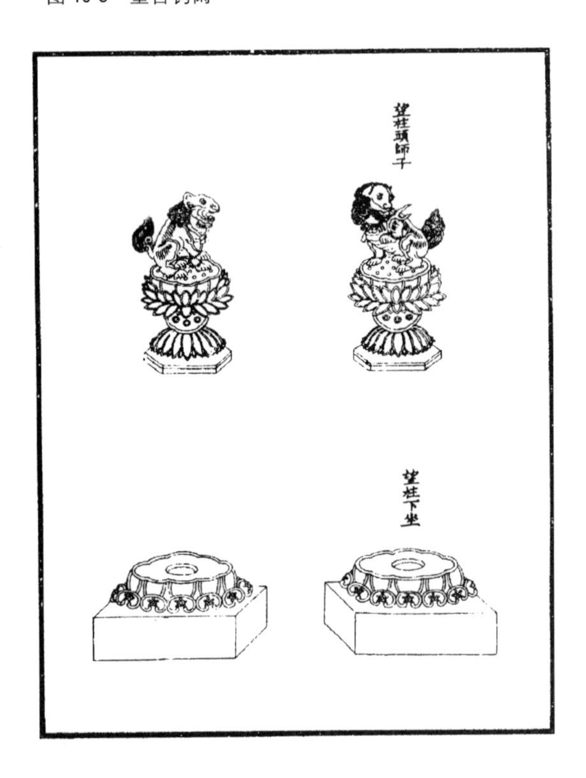

图 10-7　望柱柱头及望柱下坐

图 10-8　门砧

又如在大木作制度图样中从以下几方面补充了制度难以用文字表述的部分：

(1) 构件形制图

1) 表现出构件卷杀的做法。

2）表现出卯口位置、形状、开凿方法；尤其是列栱，与角部45°方向的构件相交后，榫卯变得非常复杂，频添了45°方向的卯口，《法式》卷三十绘制了8种列栱情况，若无这些图样，很难想像转角铺作中栱的长短变化和榫卯，更难在施工中做好这类构件（图10-9～10-12）。又如“拼合柱”，内部使用暗鼓卯，若无图则难以说清楚（图10-13）。

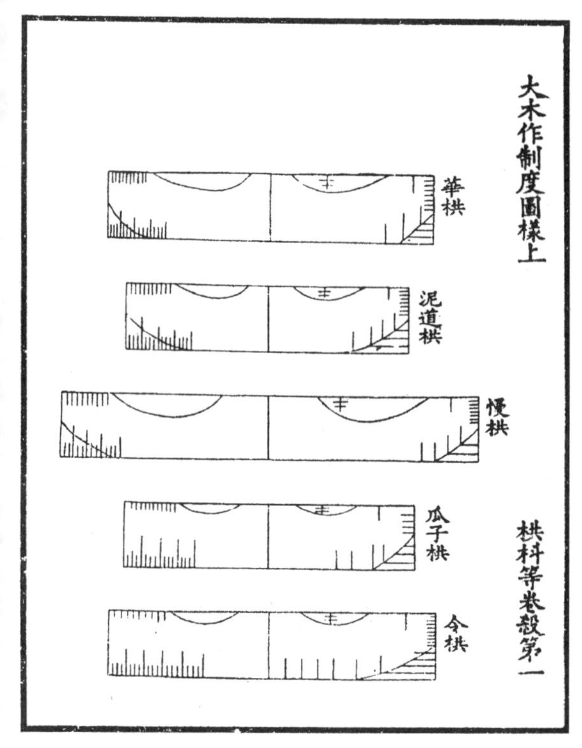

图10-9　斗栱卷杀

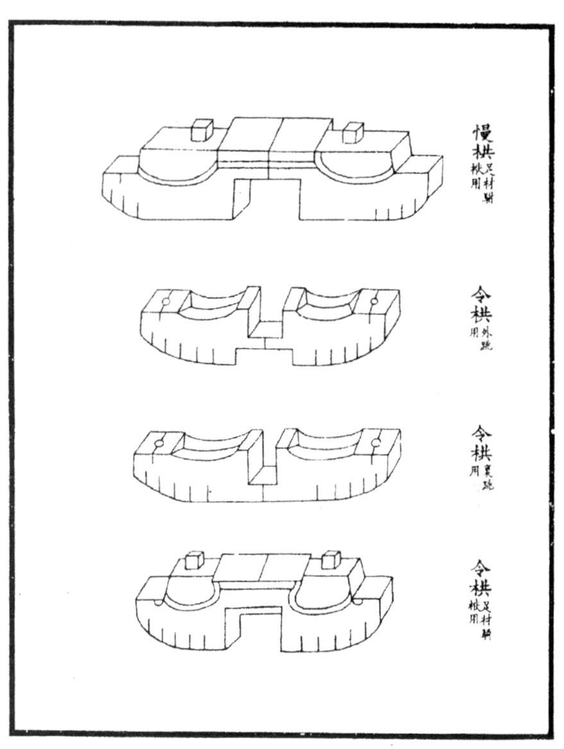

图10-10　斗栱卷杀、开榫

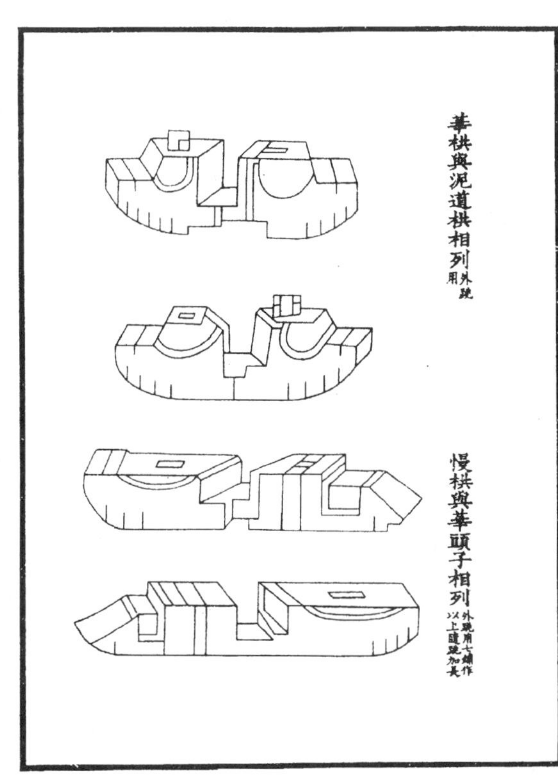

图10-11　列栱

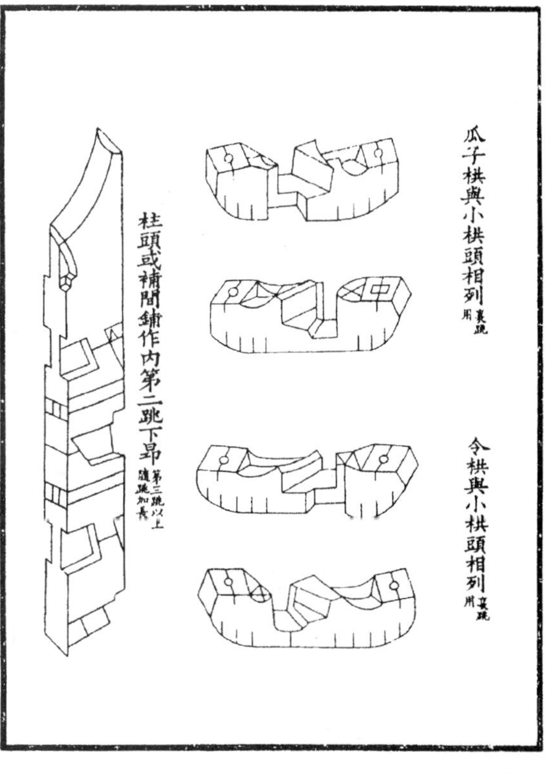

图10-12　下昂开榫与列栱

（2）整组构件组合的形制

如斗栱中的栱、昂、斗的基本组合类型，同时注明何种为几铺作（图 10-14）。

（3）建筑局部图样

关于建筑转角部位、柱、额、斗栱、椽、飞、翼角的关系，有四版八幅图样，不仅表现单层房屋，而且表现了楼阁建筑在使用平座情况下的角部处理情况（图 10-15）。

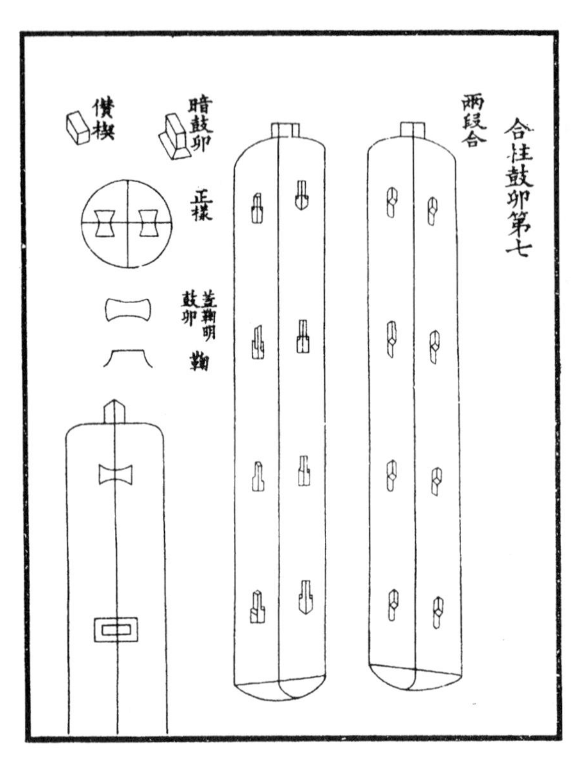

图 10-13　拼合柱

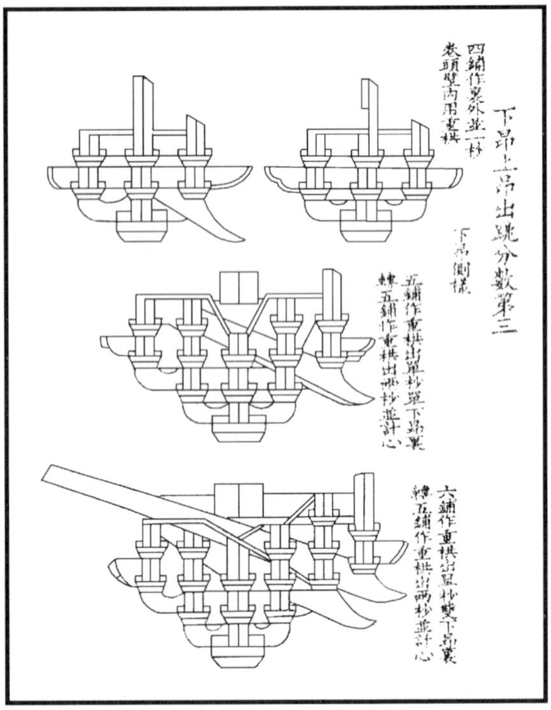

图 10-14　整组斗栱图

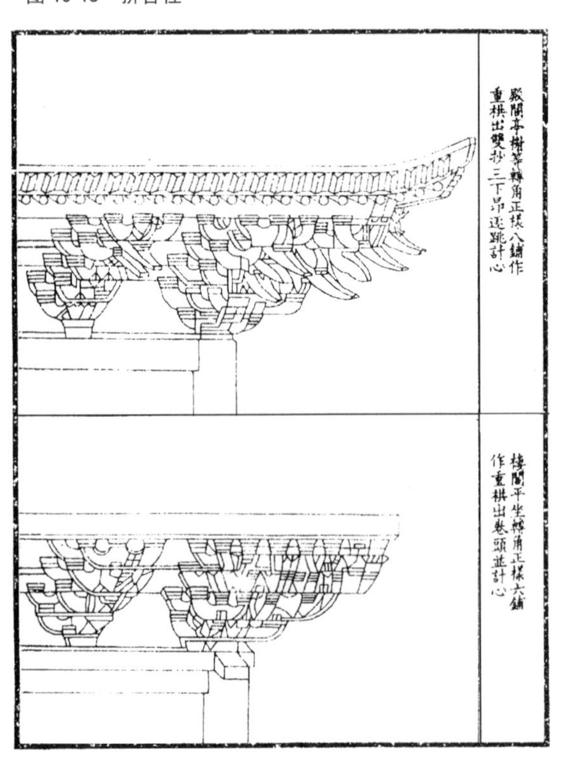

图 10-15　建筑转角立面、平座立面

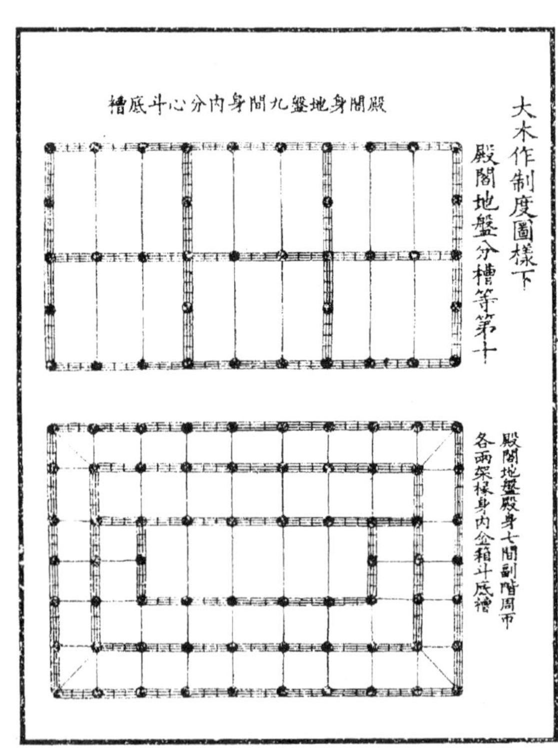

图 10-16　建筑地盘图

（4）建筑物的总体图

图样中有关建筑物总体方面的有地盘图，即平面；侧样图，即横剖面；槫缝袢间图，即纵剖面（图 10-16～10-18）。其中侧样图占的比重最大，共载有殿堂侧样 4 幅，厅堂侧样 17 幅，几乎将当时木构建筑各种常用的梁架形式皆包括进来，不仅说明了大木作制度所涉及的问题，而且是对宋代木构建筑构架类型的总结。

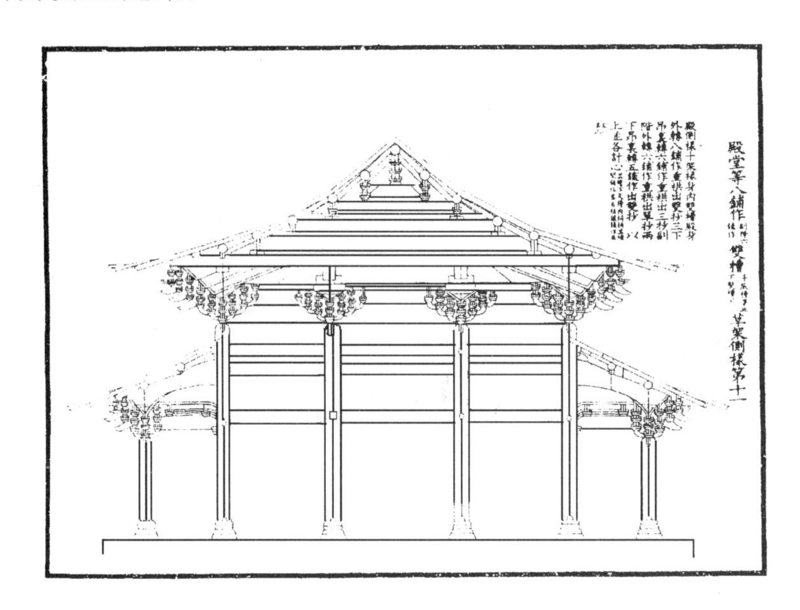

图 10-17　建筑侧样图

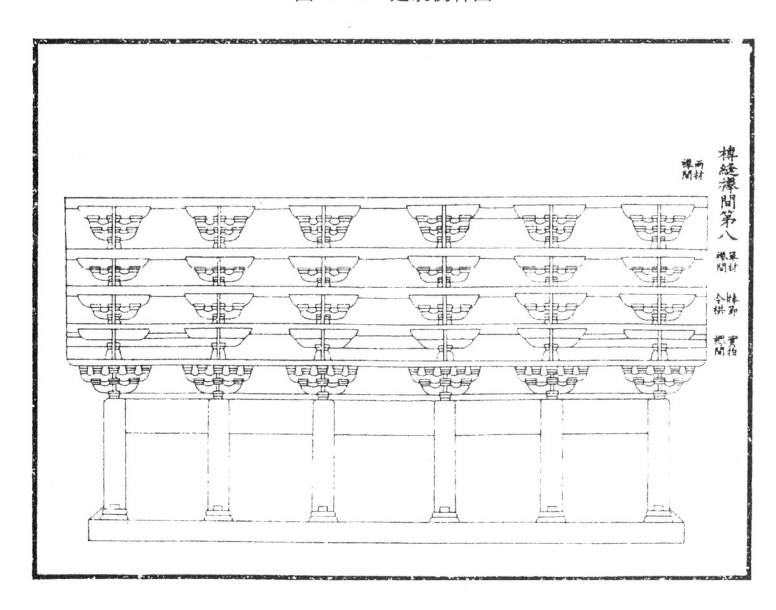

图 10-18　槫缝襻间图

在小木作图样中具体描绘出以下的几类装修图样：

（1）常用木装修形制图：包括室外装修常用门窗 16 种，室内装修中的隔断 4 种，木钩阑 4 种（图 10-19～10-22）。

（2）特殊木装修型制图：小者如牌匾，大者如佛道帐、壁藏、转轮藏（图 10-23）。

（3）装修中使用的装饰纹样，如平棊图案，绘出 19 种纹样（图 10-24）。

在雕木作图样中绘有“混作”，“写生华”、“剔地起突华”、“剔地洼叶华”等不同雕刻手法所用纹样（图 10-25）。

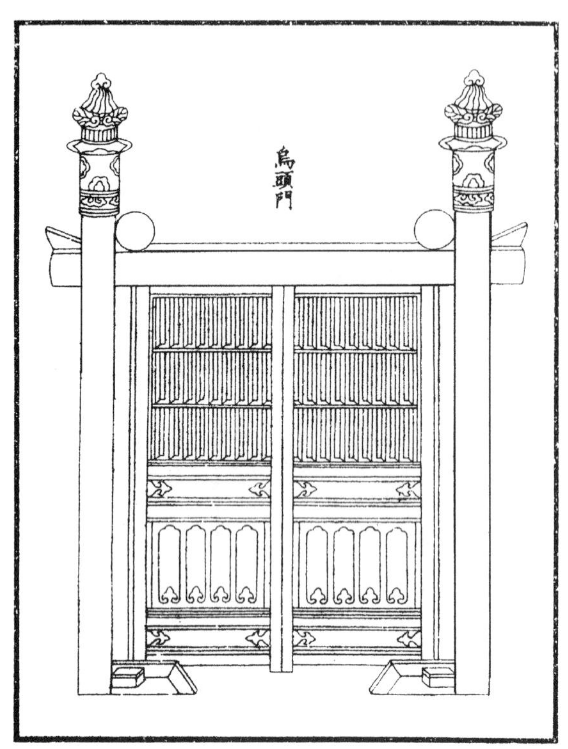

图 10-19　乌头门

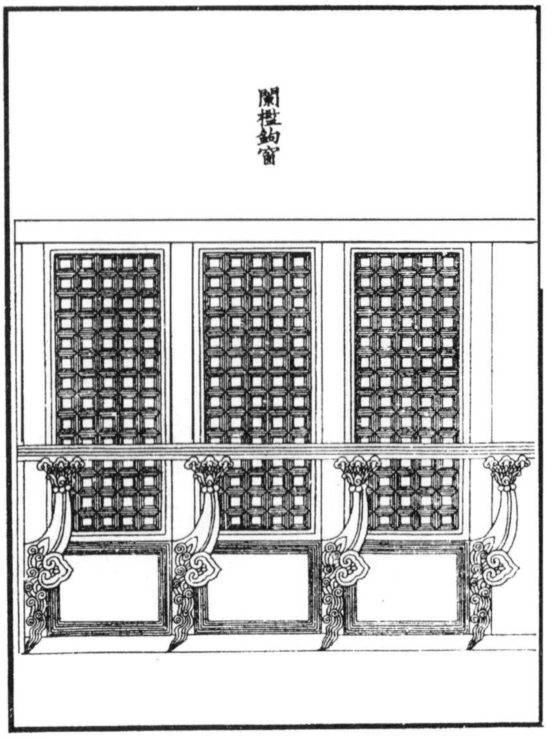

图 10-20　阑槛钩窗

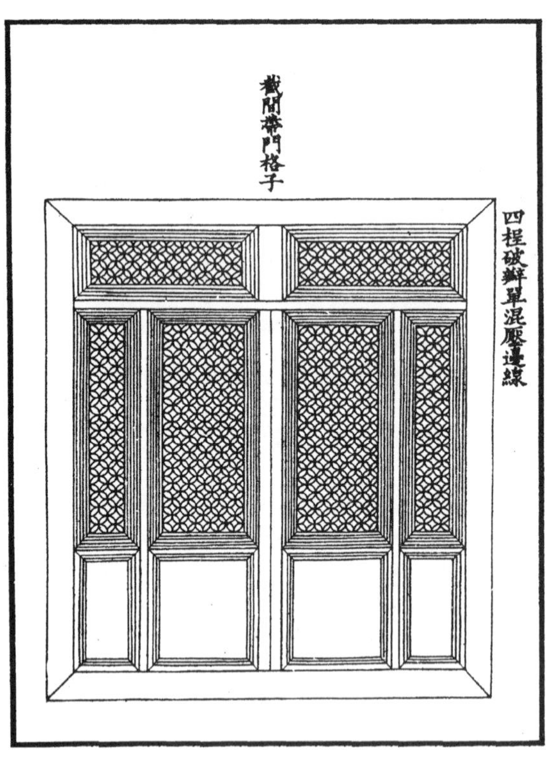

图 10-21　截间带门格子

图 10-22　木钩阑

彩画作图样所占篇幅最多，表现有五彩遍装、碾玉装、青绿叠晕棱间装、解绿结华装、丹粉刷饰彩画在梁、额、斗栱、椽飞、栱眼壁等处的纹样，以及需填充的不同色彩之部位。在华卉纹样中绘出铺地卷成、枝条卷成、写生华等不同风格的华叶处理方式（图 10-26）。

《法式》六卷图样的制图方法有的近于今天的正投影图，如地盘图、侧样图、华纹图等，有的为轴测图，如构件开榫，其中最精彩的是斗的各种轴测图，由于榫卯位置各不相同，于是将斗从正、

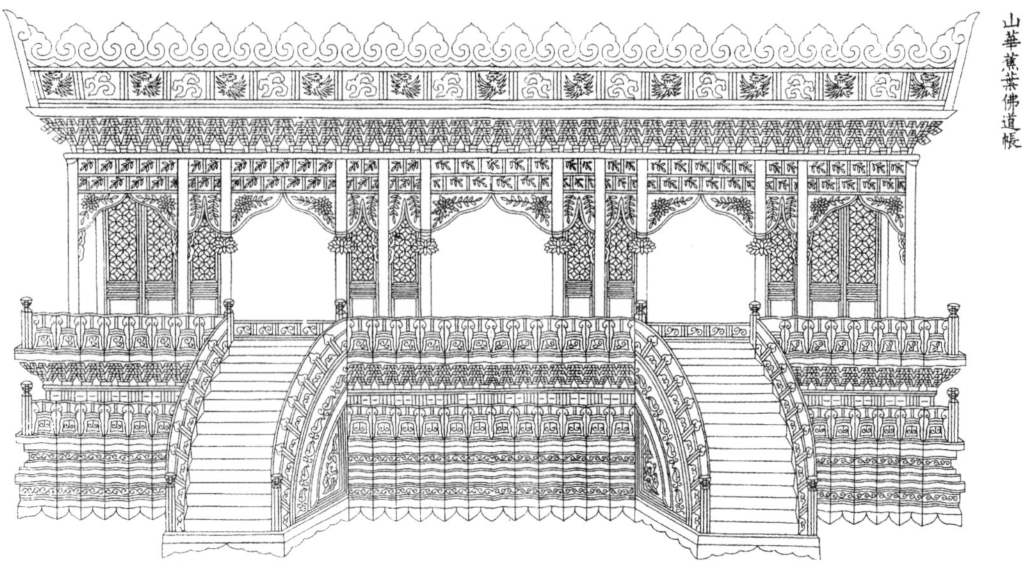

图 10-23 佛道帐

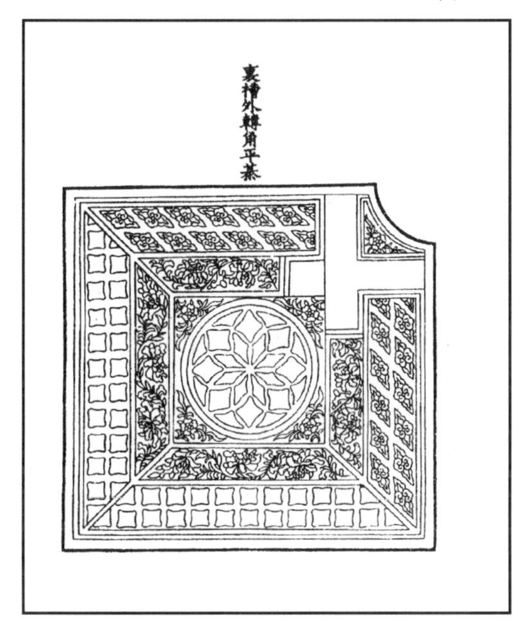

图 10-24 平棊

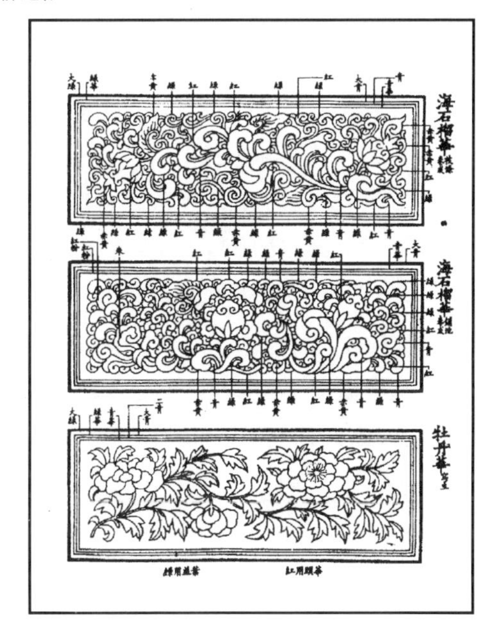

图 10-26 彩画图样

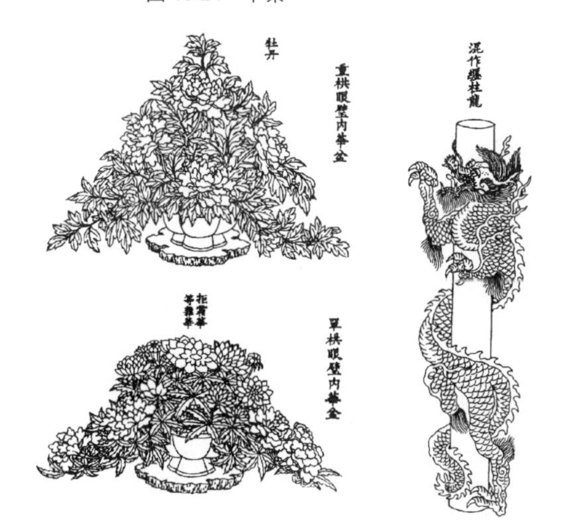

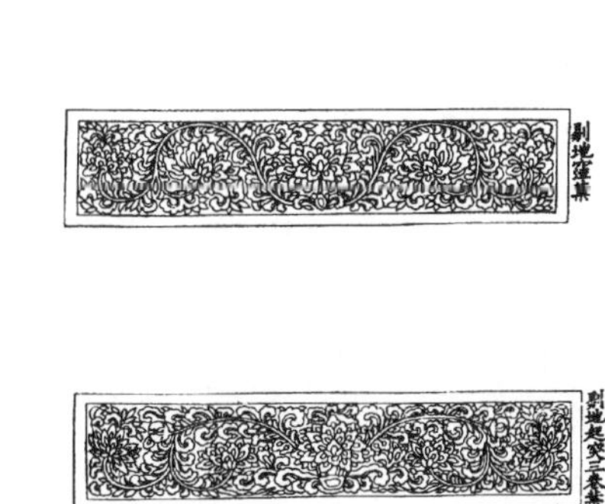

图 10-25 雕木作：剔地起突华，剔地洼叶华，写生华

侧、仰、覆各种角度绘其轴测。还有近似于一点透视的立面图，如佛道帐，为表示台阶、柱廊，于画面左右向中央作透视。这些图样反映了在12世纪中国工程制图学所达到的水平。遗憾的是今天所见各版本的图样几经传抄，已非原貌，可以肯定《法式》宋版图样定会更为令人赞叹不已。

注释

[1]《宋会要辑稿》职官三〇之七

[2]《汴京遗迹志》

[3]《宋会要辑稿》职官三〇。

[4]《营造法式》劄子。

[5]《营造法式》总诸作看详。

第二节 《营造法式》所载各主要工种制度

一、大木作制度

1. 用材制度

《法式》卷四大木作制度，卷首便是用材制度。这是一项至关重要的制度，正如《法式》序中所称：建筑工程“不知以材而定分°”，势必造成“弊积因循”，因之李诫便首先制定了大木作结构的用材制度；即“凡构屋之制皆以材为祖，材有八等，度屋之大小因而用之……凡屋宇之高深，名物之短长，曲直举折之势，规矩绳墨之宜，皆以所用材之分°以为制度焉。”这项用材制度与今天建筑工程中所使用的模数制度有某些相似之处，姑且称其为“材、分°”模数制。

(1)“材、分°”模数制的意义

“材、分°”模数制的内容包括了三个部分:第一部分阐明“材、分°”模数对于木构建筑的重要性,即“凡构屋之制,皆以材为祖”,意思是说,建造房屋的制度,在任何情况下都要以“材”作为最基本的依据。

第二部分阐述材的形制、等级以及每等材的使用范围。“材”有“足材”、“单材”之分，单材是斗栱中栱或木方的断面，高15份宽10份，这当中的一份在《营造法式》中称为一分°（读作fen，为与分字区别故加去声符号）。足材高21分°，宽10分°。单材与足材之差称为“栔”，栔高6分°，宽4分°。“材”总共有八个等级，最大者9寸×6寸，最小者4.5寸×3寸（见表10-2）。

材栔等第及尺寸表　　表10-2

等第	使用范围	材的尺寸（寸）		分°的大小(寸)	栔的尺寸（寸）	
		高（15分°）	宽（10分°）	材宽的1/10	高（6分°）	宽（4分°）
一等材	殿身九至十一间用之；副阶、挟屋减殿身一等；廊屋减挟屋一等。	9.0	6.0	0.6	3.6	2.4
二等材	殿身五间至七间用之。	8.25	5.5	0.55	3.3	2.2
三等材	殿身三间至五间用之；厅堂七间用之。	7.5	5.0	0.5	3.0	2.0
四等材	殿身三间，厅堂五间用之。	7.2	4.8	0.48	2.88	1.92
五等材	殿身小三间，厅堂大三间用之。	6.6	4.4	0.44	2.64	1.76
六等材	亭榭或小厅堂用之。	6.0	4.0	0.4	2.4	1.6
七等材	小殿及亭榭等用之。	5.25	3.5	0.35	2.1	1.4
八等材	殿内藻井，或小榭施铺作多者用之。	4.5	3.0	0.3	1.8	1.2

第三部分阐述“材、分°”模数制在大木作制度中怎样运用，即所谓“凡屋宇之高深，名物之短长，曲直举折之势，规矩绳墨之宜，皆以所用材之分°以为制度焉”。人们在大木作制度中可以看

到，对于木构建筑的梁、柱、槫、椽、额以及斗栱上的各种构件之长短、曲直，以及加工过程中每一工序的规矩方圆如何下墨线，都是用几材、几栔、几分°来度量的。然而，对于所谓“屋宇之高深”，亦即房屋的开间、进深、乃至于柱高，在法式制度中并未作明确的规定。对此非但不能看作是编者的疏忽，反而应该看作是编者有意为工匠留有余地的做法，使得工匠可以根据客观条件运用“材、分°”制度进行设计与施工，这样“材、分°”制度才不是生硬、僵化的条文，恐怕这就是在《法式》序中所谓的“变造用材制度”的“变造”之含意。

“材、分°”模数制为什么要以栱、方的断面作为大木构架的基本模数？这主要是由于栱、方在大木构架中是截面最小的构件，同时又是多次被重复而有规律的使用着的构件，它与大木构架有着不可分割的密切联系。那么，这种以一个构件的截面——“材”作为模数，比单纯的数字模数包含了哪些更深刻的概念呢？从“材、分°”模数制在大木作制度中的运用，可以察觉到，它包含着强度、尺度、构造三方面的概念，这是其他模数制所未能具备的特点。

1）关于强度的概念

在大木作制度中，用“材、分°”模数来度量的主要结构构件如大梁、阑额等，均具有较为科学的断面形式，这是为建筑史学者所公认的。关于梁的断面形式问题将在下一节中详细讨论。同时，还可看到，在《法式》所推崇的木构体系中，出现了“足材”，在大木作制度中使用足材为模数单位的构件主要是华栱、丁头栱（图 10-27）。当时在建筑中，铺作（即一朵斗栱）承托挑檐的重量，是结构受力构件的重要部分，华栱是一朵铺作中主要的悬挑构件，一条华栱可以看成是一个短短的悬臂梁，它比铺作中其他横向的栱受力要大得多，因此断面需要加大，但工匠们并不是笼统地放大其断面的高度和宽度，而是仅仅增加断面高度，使其高度比为 21∶10，以提高悬臂梁抵抗弯矩的能力。这样的处理是多么明确地体现着结构力学的基本原理啊！足材的使用更加明确的证实了工匠们寓强度概念于“材、分°”模数体系中的意图。

2）关于构造的概念

使用斗栱体系的中国木构建筑，每一幢房屋正是因为使用整齐划一的“材”作为栱、方的断面，才能保证栱、方搭接时具有标准化的构造节点，才能把几十个形状各有不同的斗、栱、昂、耍头搭成一朵朵铺作。所以“材、分°”模数制所包含的构造概念是可想而知的。它所表现出来的构造规律是材、栔相间组合，高六分°的栔，不仅是足材与单材之差，而且还相当于除了栌斗以外几种小斗的平和欹的高度。例如：在一朵五铺作斗栱中，正心位置有泥道栱、慢栱、柱头方等构件，同时还夹有两层小斗，共高三材两栔（图 10-28）。这种材、栔相间组合的构造方式，成为铺

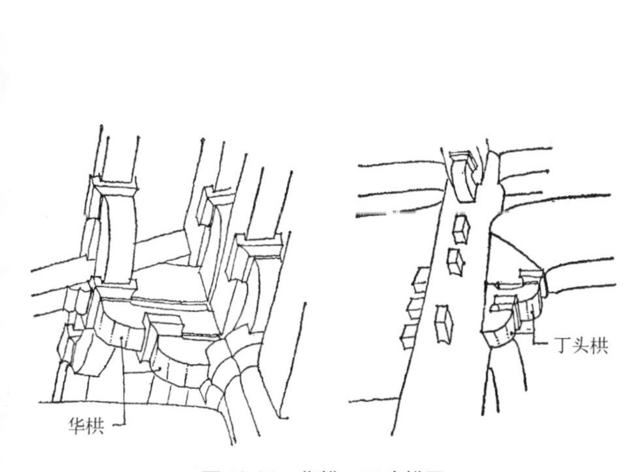

图 10-27 华栱，丁头栱图

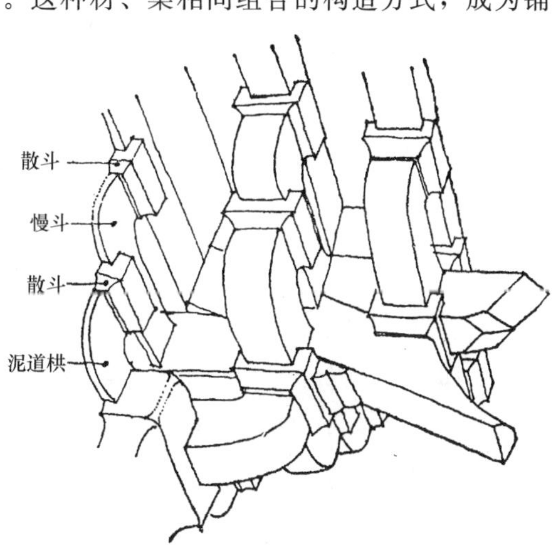

图 10-28 材栔相间组合（五铺作）

作各处节点构造的基本格局。在法式制度中，当谈到几材几栔时，如果不特别指明是梁高或柱径，用以表示构件的具体尺寸，笼统的称几材几栔就意味着几层栱或方与斗相间叠落在一起的构造做法。在大木作制度中阐述木结构的某些构造节点时，往往直接使用几材几栔的文字标明，例如说明单栱计心造的构造节点时写到："凡铺作逐跳计心……即每跳上安两材一栔"。同时用小号字注释为"令栱素方为两材，令栱上斗为一栔"。在此还可以对制度正文中所写的"每跳上安两材一栔"理解为当时工匠们中广为流传的口诀或专用词汇之类，有如今天瓦工在施工中把砖砌体的构造简称为"一顺一丁"、"五顺一丁"来代替对具体砌法的说明。而小号字则是法式制度的编者李诫，经过"勒人匠逐一讲说"了解工匠们的行话后所加的注解（图 10-29①）。又如在说明重栱计心造时，法式制度正文以大字标明"即每跳上安三材两栔"，同时用小字注释为"瓜子栱、慢栱、素方为三材，瓜子栱上斗，慢栱上斗为两栔（图 10-29②）。类似的情况还有关于下昂或挑斡后尾与下平槫之间的节点构造（图 10-29③），法式制度正文用大字写道："若屋内彻上明造，即用挑斡，或只挑一斗，或挑一材两栔"。然后用小字注释，"谓一栱上下皆有斗也"。上述种种可以证实，所谓几材几栔，就是某种构造方式的代名词。据此推想，在施工交底时，匠师们只要讲明某一节点是用几材几栔，也就等于今天给出了具体的节点构造大样，对于工匠来说，结构的某一位置上用几材几栔，必定是某种构造方式，这种构造方式已是同行之间众所周知的节点做法了。

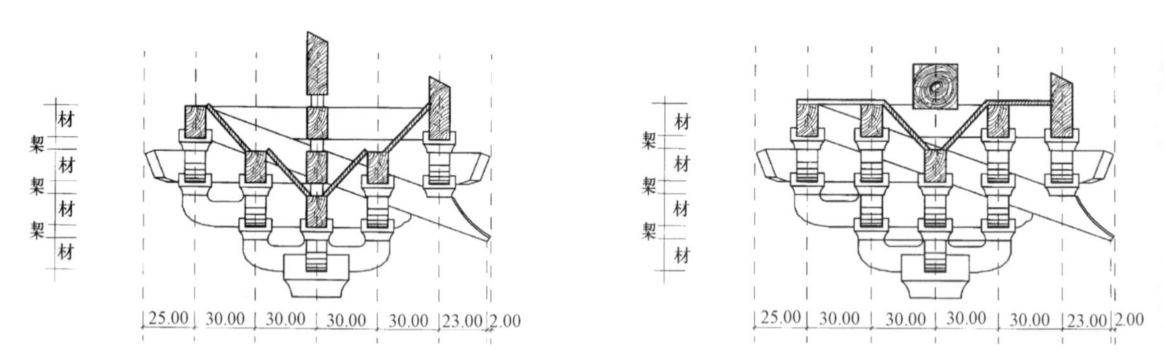

图 10-29①　单栱造铺作每跳上安两材一栔

图 10-29②　重栱造铺作每跳上安三材两栔

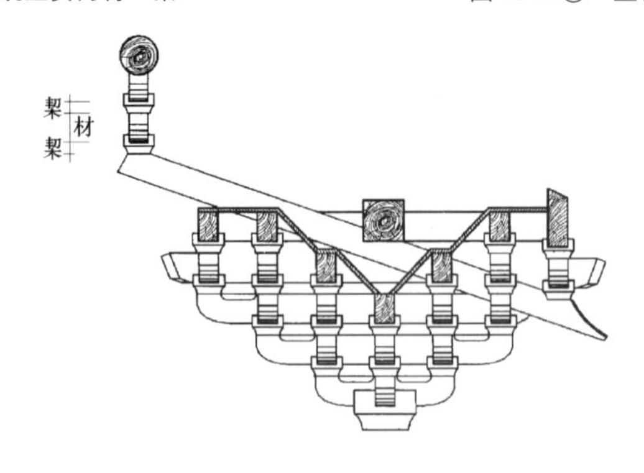

图 10-29③　昂尾挑一材两栔

3）关于尺度概念

房屋结构的强度大小和构造节点的标准化，与"材、分°"制的密切关系，在法式制度的字里行间，比较明显的反映出来了。那么"材、分°"制与建筑艺术的关系又如何呢？经过仔细研究便可发现，制定"材、分°"制的人把材分成八等，分别用于不同等第的建筑，而且在用材制度中规定同一幢房屋上有时需要使用不同等第的材，例如带副阶的大殿，其副阶用材，《法式》规定"副阶材分°减殿身一等"，如果殿身用二等材，则副阶用三等材。副阶用材等第降一级，就意味着副阶所采用的构件都比殿身采用的构件要有所减小。在当时官式建筑中普遍使用斗栱的情况下，斗栱的大小敏锐地反映着建筑的尺度，如果殿身和副阶斗栱材分°等第相同，由于副阶比殿身低矮，处在接近人的部位，副阶斗栱势必显得粗笨。这样处理是出于对建筑尺度的考虑。表明当时的工匠们已经认识到人们所感受的建筑物之大小，不仅用绝对尺寸为衡量标准，而且可以利用相互对比和衬托，得到一种相对的印象（图 10-30）。

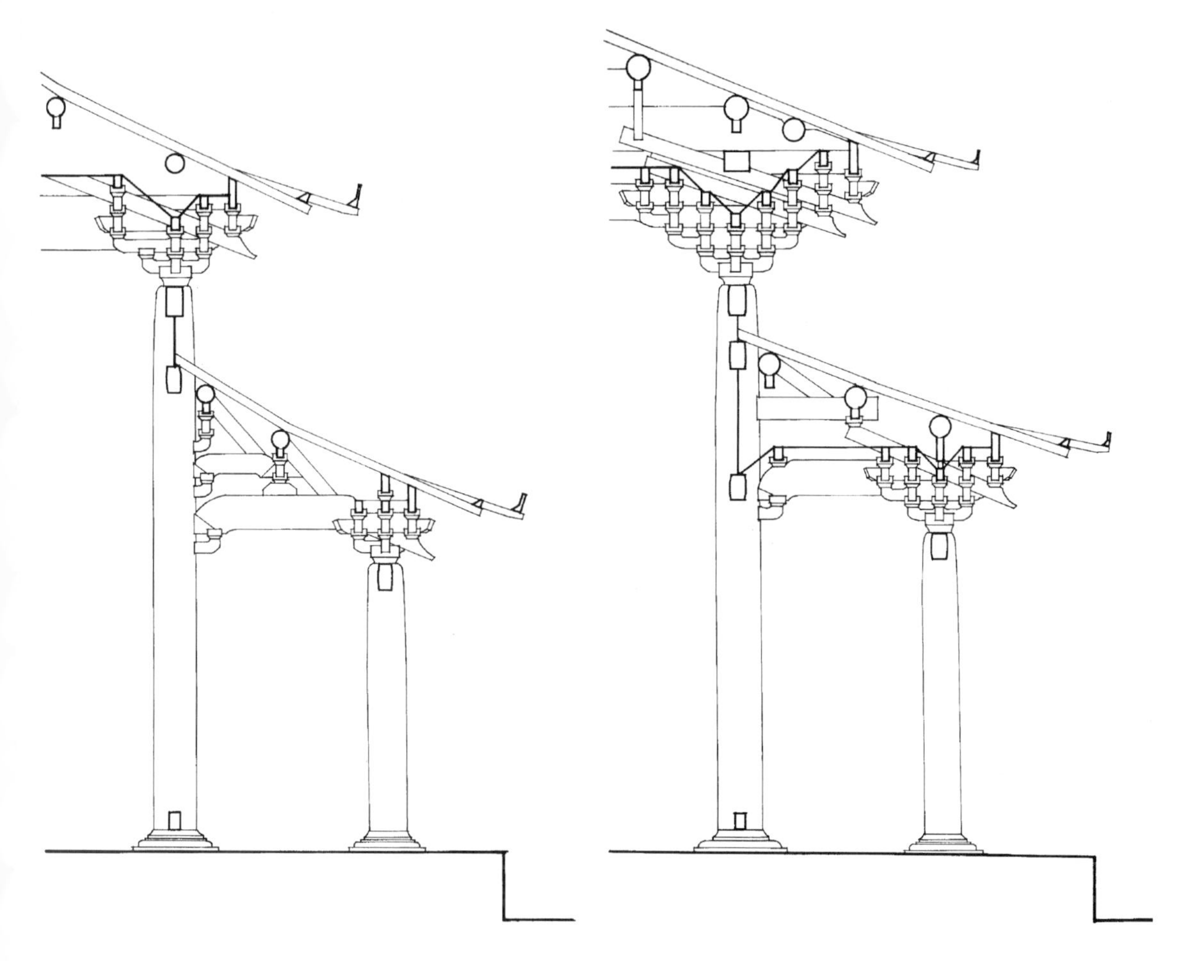

图 10-30　殿身、副阶用材比较图

在八等材中，“材、分°”制度明文规定七、八等材用于殿内藻井，这也是通过调整材、分°大小来体现建筑尺度的又一例证。八等材只及一等材断面的 1/4，使用八等材的藻井，作为大殿室内装修的构图中心，显得格外精细工巧，与大殿殿身所具有的粗壮构件形成强烈的对比，这样既可利用藻井把殿身衬托得更加雄伟，又可通过大殿本身粗壮的梁、柱、斗栱，反衬出藻井的精美。

在用材制度中还有“殿挟屋减殿身一等，廊屋减挟屋一等，余准此”的规定。对此可理解为控制建筑群中主要建筑与附属建筑之间尺度关系的规定。挟屋即大殿两旁与殿身相连的房屋，廊屋则是建筑群中的回廊。由于中国古代建筑受到材料的局限，不可能把个体建筑建造得规模很大，为满足一定的功能要求，需要使用群体组合来完成。在建筑艺术处理上要求建筑群中的建筑主次分明，主要建筑的体量由于材料的局限也不可能做得太大，这就需要正确处理主要建筑与从属建筑的关系，以取得主次分明的艺术效果。“材、分°”制度规定降低廊屋和挟屋的用材等第，正是为了这样的目的。按照用材制度所提供的原则，并参考若干建筑群的实例，对建筑群的用材等第安排可以作如下的设想（图 10-31）：

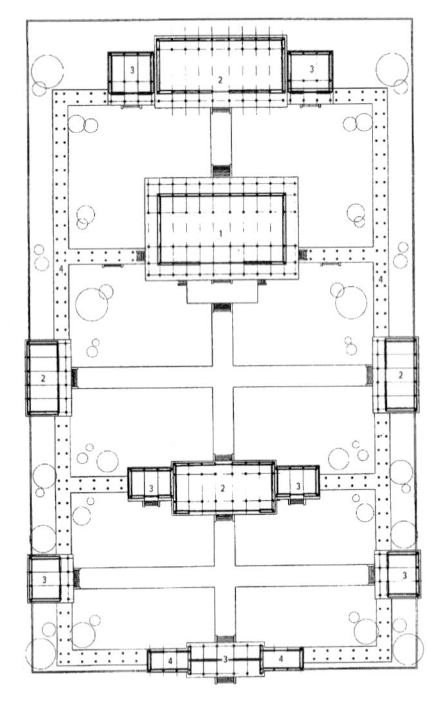

图 10-31　建筑群中每幢建筑的用材等第

图中所绘为一个三进院落的建筑群，主要建筑布置在第二进院落，使用第一等材，其余建筑的用材等第均降低一级或两级。同时，附属建筑的开间、进深也小于主要建筑，通过次要建筑与主要在建筑总体量和细部构件大小的差异来烘托主要建筑。采用这种建筑艺术处理方式的建筑群实例如山西大同善化寺，其中的大殿和三圣殿的用材等第介于二、三等材之间，山门用四等材，普贤阁用五等材。

“材、分°”制所能考虑的建筑尺度问题还是局限在一定范围之内的，它主要是控制大木构架的尺度，而有些构件如建筑的窗台、栏杆的高度，门窗的细部尺寸，对建筑尺度的影响也是很大的。而这些构件不属大木作，所以不用材、分°来控制。《法式》在其他卷章中对于它们所反映的尺度问题也是非常重视的。

“材、分°”制中对于八等材的尺寸规定并不是以等差级数递减的，而是明显地把它们分成三组，一、二、三等为一组，每等材之间高度相差 0.75 寸，宽度相差 0.5 寸。四、五、六等材为第二组，每等材之间高度相差 0.6 寸，宽度相差 0.4 寸。七、八等材为第三组，两者之间也是高度相差 0.75 寸，宽度相差 0.5 寸。之所以分成明显的三组，可以理解为其目的在于适应不同等级和规模的建筑之需要，第一组主要适用于殿阁类型的大型房屋，第二组主要适用于厅堂类型的中型房屋，第三类主要适用于小亭榭及殿内藻井。这就表示殿阁类型的建筑群内的每幢建筑，主要使用第一组材，如图所示，而厅堂类型的建筑群中的每幢建筑，基本上在第二组中选择其用材等第。这两类建筑群中的附属建筑，如亭榭之类，则采用第三组材。对于上述三类建筑中建筑物的用材等第这样安排，再配以辅助的条件，例如大木作制度中对于构件按照用于殿阁还是厅堂分别规定细部尺寸的做法，便可以使建筑群中的个体建筑取得较为适当的尺度。然而第一组的三等材和第二组的四等材之间的尺寸差，比其他各等材之间的差都更小，高度上差 0.3 寸，宽度只差 0.2 寸，这又是为什么呢？这种现象的出现可以看作是允许殿阁和厅堂两类建筑群中个体建筑的用材等第互相渗透的。在殿阁类型的建筑群中，允许出现四等材的房屋，使这种房屋与建筑群中的其他房屋在尺度上小有差别。同样，在厅堂类型的建筑群中也允许出现三等材的建筑，它既可显得较为雄伟，又不至于鹤立鸡群。

这种“材、分°”模数制的产生，是与当时的生产力、生产关系状况密切相关的，由于当时的官属建筑都是利用官手工业的施工队伍进行施工的，在施工过程中，工匠们采取专业化分工，制作梁架的工匠承担着整个建筑群中所有这类构件的加工、安装，制作斗栱的工匠则承担着建筑群中所有大小不同的房屋中斗栱的加工、安装，当工匠们接受施工任务时，没有条件看到象今天这样详细的施工图纸，而是靠主持工程的都料匠进行口头交底，当然也就不可能讲得面面俱到，往往只能粗略地交待有关建筑开间、进深的总体控制范围、间数、斗栱朵数、铺作数等。工匠们便会根据他们世代相传，经久可以行用的一套规矩，确定建筑的用材等第，进行构件加工，最后拼装成一幢幢房屋。“材、分°”模数制既保证了他们所加工的构件具有标准化的节点，从而准确无误地拼装，又保证了构件具有足够的强度。同时使建筑群中的每一幢建筑具有适宜的尺度。“材、分°”模数制的生命力还在于施工中简化了复杂的尺寸，同一类型的构件，它们的材、分°尺寸是相同的，在不同等第的建筑上使用时，只需记忆它的材、分°尺寸，而不必去记忆它的实际尺寸。从今天工地砌砖使用“皮数竿”的情况推想古代在施工中，工匠们只需利用八等材制成的材、分°标杆尺，便可进行放线，加工，减少施工的差错。由此看来“材、分°”模数制所蕴含的设计与施工经验异常丰富，是其他模数制所不能比拟的。

但是，对于一幢建筑物的开间、进深等大尺寸，并不能用材、分°模数制去衡量，这要由匠师按照实际情况去设计，有的学者从《法式》卷十七功限中找出一条“造作功并以六等材为准”的文字，于是便以此为据，将卷四、卷五大木作制度中的有关开间、进深方面作为举例所开列的个别尺寸，用六等材计算出建筑开间或进深用材的分°数，并将此变成通则[1]。这种做法缺乏科学的严密性，例如涉及房屋总进深的椽架长度，《法式》指出：“每架平不过六尺，若殿阁或加五寸至一尺五寸”，对此可理解为殿阁椽架一般长 6 尺，极限长度为 7.5 尺，厅堂则在 6 尺以下。若一律按六等材折成材分°模数，于是得出椽长为 150 分°至 187.5 分°的结论，并用以作为通则。但其按此所绘图样，比例失衡。且作者将六等材用于殿阁，即与用材制度所规定的范围相违。另外从作者所引证明此结论的材料看，一为下昂料例尺寸，一为小木作裹栿板料例尺寸。下昂本为斜置的构件，且斜度不定，将下昂真实长度的尺寸所折成的昂尾之分°数与压槽方至下平榑之间椽的水平投影尺寸所得之分°数相比，证明两者相同，从而说明椽架水平长不过六尺“足以确证……是以六等材为准的”是毫无意义的，两者没有可比性。至于裹栿板料例所列尺寸肯定含有加荒部分，也不能以此为推算依据。在诸多现存遗构中，椽长与材分°并无整齐划一的关系，且一幢建筑中常出现使用不同椽架长的情况，依下表所列的 23 幢建筑中有价值的 42 个关于椽架尺寸的数据来看，其中椽架在 6 尺以下者占 29%，在 6.5 尺至 7.5 尺者占 36.8%。两者之和为 65.8%，但无一使用六等材的例子。椽架长度与用材等第没有什么直接关系，例如在使用二等材，三等材，五等材的建筑中都选择了共同的椽架长——七尺左右，若按材分°制去计算，它们应该有较大的差别。因此，可以认为《法式》对椽架所定的数值系经验值，使用时可直接借鉴，不必用材分°去推算。至于建立在六等材基础上的建筑开间、进深尺寸的模数制通则也是不能成立的。

椽架长与用材关系表 表 10-3

建筑名称	用材等第	椽 架 长（尺）	椽架平不过6尺者	椽架平长6～6.5尺者	椽架平长6.5～7.5尺	椽架平长>7.5尺
镇国寺大殿	四	5.87～4.46	○ ○			
华林寺大殿	一	6.03～5.37	○	△		
独乐寺山门	三	7.77～5.81	○			×
独乐寺观音阁上层	三	5.7～4.28	○ ○			
虎丘云岩寺二山门	五	5.56～5.38	○ ○			
永寿寺雨花宫	三	7.4～6.5		△	✓	
保国寺大殿	五	6.68～4.68	○		✓	

续表

建筑名称	用材等第	椽架长（尺）	椽架平不过6尺者	椽架平长6～6.5尺者	椽架平长6.5～7.5尺	椽架平长>7.5尺
奉国寺大殿	一	8.5～7			✓	×
晋祠圣母殿殿身	五	5.75	○			
广济寺三大士殿	三	7.09～6.97			✓ ✓	
开善寺大殿	三	7.51～7.22			✓	×
下华严寺薄伽教藏殿	三	7.3			✓	
隆兴寺摩尼殿殿身	五	7.89～7.25			✓	×
善化寺普贤阁上层	四	8.15～7.1			✓	×
上华严寺大雄定殿	一	9.0				×
佛光寺文殊殿	三	6.78			✓	
崇福寺弥陀殿	三	8.8～8.59				× ×
善化寺三圣殿	二	8.46～6.75			✓	×
善化寺山门	三	8.25～7.34			✓	×
隆兴寺转轮藏上层	五	7.3～6.1		△	✓	
隆兴寺慈氏阁上层	五	6.76～5.46	○		✓	
总计（不同椽长）			11	3	14	10
不同椽长百分比			29.0%	7.9%	36.8%	26.3%

注：1. 本表数据采自陈明达《大木作制度研究》；

2. 表中以○、△、✓、×四种符号代表使用不同用椽长度的建筑物。

从《法式》编著的宗旨来看，其以有定法而无定式为原则，绝不会将开间、进深都用材分°模数去加以限定的。

（2）“材、分°”模数制的渊源

“材、分°”模数制到底从何时开始在木构建筑中应用，尚无确切的记载，由于材与斗栱的密切关系，可以认为材的概念形成于斗栱的发展过程中。从史料来看，最早的斗栱只有一种大斗，见于西周初的铜器“矢令毁”上（图10-32）。矢令毁虽然不是建筑，但在其表面以雕饰模仿建筑上的斗栱等物在《礼记·礼器》一书上是有过记载的。所以这个令毁上的斗应当认为是当时建筑物上的斗栱之斗，而且这个大斗是放在四根短柱上，斗之间有联络的横方，嵌入斗口中。这种柱、斗、方的组合关系与在后世建筑物上所见到的何其相似也！斗与栱组合在一起的例子现存最早的材料是战国的采桑猎钫（图10-33）和战国中山王陵的铜方案（图10-34）。前者由于是浮雕类雕饰，对于斗栱的形制刻画得尚欠清晰，后者则有着更为精细的加工。铜方案的四角均有龙头，上顶短柱，

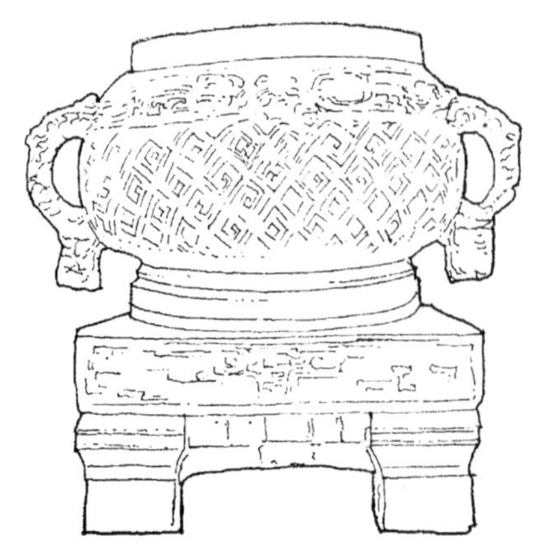

图10-32　西周青铜器矢令毁上的斗栱形象

图10-33　战国青铜器采桑猎钫上的斗栱形象

柱上置斗及横栱，栱的两端，又有两个短柱和斗，承托着方案四周的边框，边框做成一条方子，嵌入斗口内。其所用之斗的耳、平、欹各部分的比例匀称，轮廓挺拔优美。由此例推断，建筑上的斗栱，造型已较为考究，栱、方以榫卯嵌入斗口的构造方式已成为一种定型的构造被运用着。只是栱的形象与一般建筑物上所用之栱有所不同。到了汉代，无论在画像砖、崖墓、明器中，还是在汉阙中，都可找到成朵的斗栱了；简单的为一个大斗，上置横栱，横栱上又有三个散斗，上承横方，典型的如四川牧马山出土的东汉明器（图 10-35），四川渠县冯焕阙、沈府君阙和山东高唐汉墓出土的望楼。复杂者在一朵斗栱上有两三层横栱，横栱具有相同的断面，如河北望都汉墓出土的望楼。有的明器上还有从柱或墙壁挑出的方子，也与横栱断面相同，这说明当时已具有使用统一的“材”之概念。

在汉代的建筑遗物中，四川雅安高颐阙，对“材”的运用更前进了一步。高颐阙建于公元 209 年，它虽为当年陵寝建筑前的门阙，并且是用石构建造的，由于它的细部全部采用仿木构浮雕形式，因而也可借以窥见木构建筑之一鳞半爪。

高颐阙是个子母阙（图 10-36），母阙檐部具有三组完整的斗栱和三个单置的大斗，子阙部分只有两组斗栱和三个大斗，从这两个大小不同的阙所使用的斗栱中，多处反映了匠师用材的意图。

①母阙的三组斗栱中，横栱的形制虽有弓臂和曲臂两种，但它们却都使用着共同的材和栔，且横栱的材高与上部方子的材高完全相同。

②子阙的两组斗栱的栱与方也有共同的标高。

③子阙与母阙的角斗栱上均显现出方子之断面，即“材”的大小，子阙与母阙的用材尺寸不同，但断面之高宽比几乎相同，子阙材的高宽比为 11.20：10，母阙材的高宽比为 11.21：10。由此证明了其具有使用不同等第之材的概念。两组斗栱用材尺寸可参见表 10-4。

图 10-34 战国中山王陵的铜方案上的斗栱形象

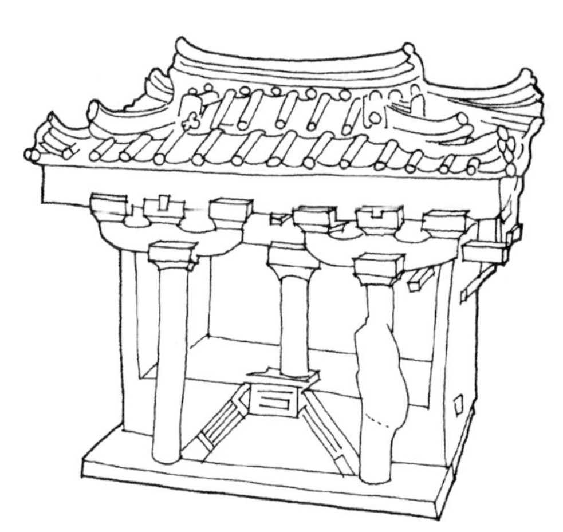

图 10-35 四川牧马山崖墓出土东汉明器上的斗栱形象

高颐阙雕饰之斗栱材、分°尺寸表 表 10-4

	母阙		子阙	
	实际尺寸	折合成分°数	实际尺寸	折合成分°
材高	12.2cm=3.7 寸	11.21 分°	9.2cm=2.8 寸	11.20 分°
材宽	10.8cm=3.3 寸	10 分°	8.3cm=2.5 寸	10 分°
栔高	6.6cm=2 寸	6 分°	5.5cm=1.7 寸	6.8 分°
弓臂栱长	50cm=15.2 寸	约 46 分°	45cm=13.3 寸	约 53 分°
曲臂栱长	50cm=15.2 寸	约 46 分°		

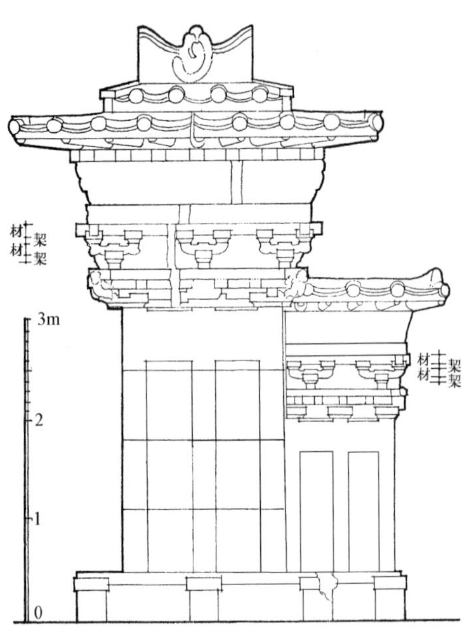

图 10-36 高颐阙上的斗栱形象

图 10-37 两城山汉画像石中的栱

高颐阙由于使用了不同等第的材，比较成功地区别了母阙和子阙的不同尺度和体量。

④无论是母阙还是子阙的每一朵斗栱中，无论栱的造型有何变化，斗与栱或方组合在一起时，都采用了同样的构造组合方式，将一材大小的断面嵌入斗口中，反映着木结构标准化的节点构造做法。

高颐阙地处四川，是一座地方官吏陵墓的门阙，建筑等级并不算高，而却能体现这样一些木构建筑用材的基本概念，可以想见当时对材、分°制的运用已较为普遍。特别是在较难加工的石构件上，居然可以体现出斗栱用材的细致差别，说明工匠对于材、分°制的运用已达到一定的熟练程度了。

此外，在山东两城山出土的汉画像石中，还有挑出的华栱之图形。（图 10-37）这张图中华栱比方子要粗大，或许可以用足材栱来类比，工匠用加大构件断面的方式来承托悬挑的荷载。类似的例子在明器中也可看到，挑出的栱比横栱断面要高，也是使用足材栱的一种雏形。这正是对“材”赋予强度概念的体现。

同时，从文献中可以看到汉代对“材”的重视，《汉书》记载，汉代主管建筑工程的将作大将所辖下属官员当中，已有专门主管“材”的吏。

西晋初年《傅子》一书曾经指出，“构大厦者，先择将而后简材”。根据李诫对这句话的注释可知，这里所谓的“材”并非一般材料的材，当是指“方桁”，也就是木方子。“简材”也就是选择建筑的用材等第，这在当时已被认为是建造大厦的人首先需要解决的问题。

经过南北朝、隋唐、五代的发展，到了北宋，“材、分°”模数制终于达到了成熟的阶段，这不仅表现在《法式》对于用材制度的推崇，而且还表现在“材、分°”高宽比在《法式》成书前的宋代遗构中的日趋统一。从下表所列的 33 个建筑用材的情况可知，在公元 10 世纪以前的例子中，有的材偏高，有的材偏方，材的高宽比在15∶10（±0.5）的范围之内的建筑仅占 1/3，到了 11 世纪，则材的高宽比在15∶10（±0.5）范围之内的建筑占了 91%，12 世纪的遗物中则占 80%。由此可见《法式》把材的高宽比定 15∶10 正是基于建筑实践基础之上的结果（图 10-38）。

另一方面宋代的社会舆论对“材、分°”制的推崇也是前所未有的。“材”在北宋又称为“章”，所谓“章”就是“章法”之意。李诫称“构屋之法，其规矩制度皆以章栔为祖”，并借用对人的“举止失措者，谓之失章失栔”来比喻建筑，认为必须有用材制度这样的章法来管理全国的建筑工程，以免出现失章失栔的情况，这正是《法式》作为法规性典籍颁发全国的目的之一。

建筑用材比较表[①] **表 10-5**

建筑名称	年代（公元）	用材等第	所用材的尺寸（高×宽）		
			厘米	宋营造寸	分°
敦煌198窟窟檐	893	七	18×12.5	5.47×3.8	15.63×10.9
敦煌427窟窟檐	970	七	18×12.5	5.47×3.8	15.63×10.9
敦煌437窟窟檐	970	八	16×10.5	4.86×3.19	16.2×10.6
敦煌444窟窟檐	976	七	18.5×11	5.62×3.65	16.6×9.11
敦煌431窟窟檐	980	八	15×10.6	4.56×3.22	15.2×10.7
南禅寺大殿	782	三	24×16	7.29×4.86	14.5×9.7
佛光寺大殿	857	一	30×20.5	9.12×6.23	15.2×10.4
镇国寺大殿	936	五	22×16	6.69×4.86	15.2×10.1
华林寺大殿	964	一	33×17	10×5.17	16.67×8.6
独乐寺山门	984	三	24.5×16.8	7.45×5.11	14.9×10.2
独乐寺观音阁	986	四	24×16.5	7.29×5.02	15.19×10.5
虎丘云岩寺二山门	995～997	五	20×13	6.08×3.95	13.82×8.16
永寿寺雨花宫	1008	四	24×16	7.29×4.86	15.19×10.13
保国寺大殿	1013	五	21.5×14.5	6.53×4.4	14.84×10
保国寺大殿藻井	1013	七	17×11.5	5.17×3.5	14.77×10
奉国寺大殿	1020	一	29×20	8.81×6.08	14.68×10.13
晋祠圣母殿殿身	1023～1031	五	21.5×15	6.53×4.56	14.84×10.36
晋祠圣母殿副阶	1023～1031	五	21.5×15	6.53×4.56	14.84×10.36
广济寺三大士殿	1024	四	24×16	7.29×4.86	15.19×10.13
开善寺大殿	1033	四	23.5×16.5	7.14×5.02	14.88×10.46
华严寺薄伽教藏殿	1038	四	24×17	7.29×5.17	15.19×10.77
善化寺大殿	11世纪	二	26×17	7.9×5.17	15×8.62
华严寺海会殿	11世纪	四	24×16	7.29×4.86	15.19×10.13
隆兴寺摩尼殿殿身	1052	五	21×15	6.38×4.56	14.5×10.36
隆兴寺摩尼殿副阶	1052	五	21×15	6.38×4.56	14.5×10.36
应县木塔	1056	三	25.5×17	7.75×5.17	15.5×10.34
佛光寺文殊殿	1137	四	23.5×15.5	7.14×4.71	14.88×9.81
华严寺大殿	1140	一	30×20	9.12×6.08	15.2×10.13
崇福寺弥陀殿	1143	三	25×16	7.6×4.86	15.2×9.72
善化寺三圣殿	1128～1143	二	26×17	7.9×5.17	15×8.62
善化寺山门	1128～1143	四	24×16	7.29×4.86	15.19×10.13
隆兴寺转轮藏殿	12世纪	五	21×15	6.38×4.56	14.5×10.36
玄妙观三清殿殿身	1179	四	24×16	7.29×4.89	15.19×10.13
玄妙观三清殿副阶	1179	六	19×9	5.78×2.74	14.4×6.85
隆兴寺慈氏阁	12世纪	五	21.5×15	6.38×4.56	14.5×10.36
善化寺普贤阁	11世纪	五	22.5×15.5	6.84×4.71	15.56×10.7
少林寺初祖庵	1125	六	18.5×11.5	5.62×3.5	14×8.8

注：①资料来源：陈明达《营造法式大木作制度研究》，其中用材等第本文略作调整。

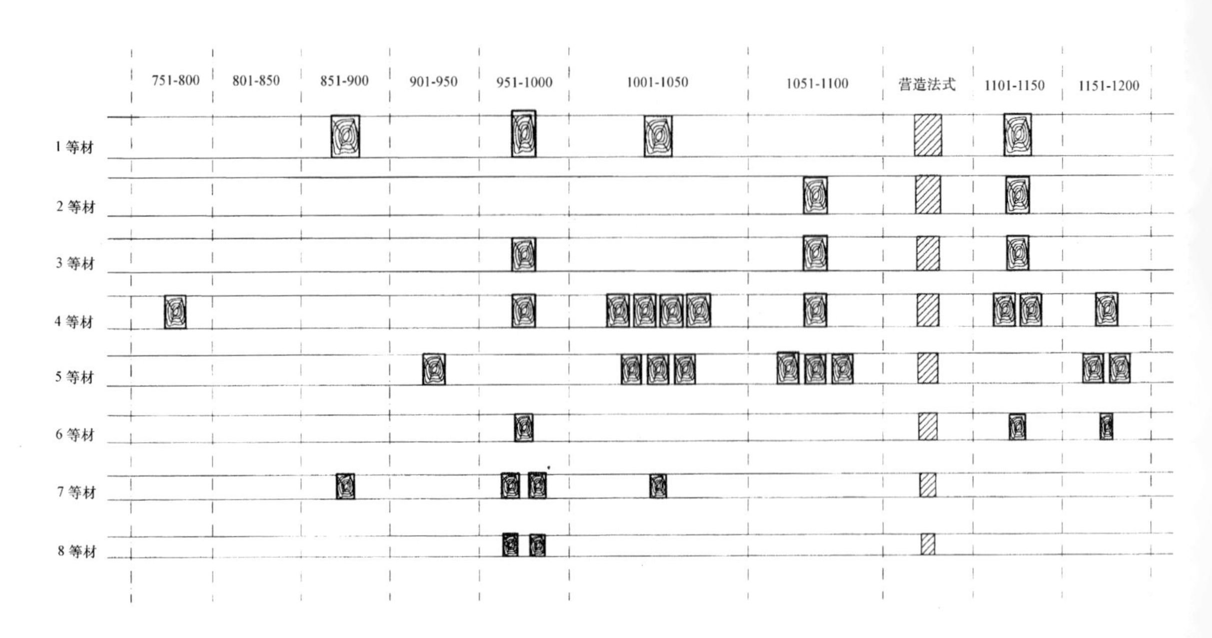

图 10-38　建筑遗物用材比较图（本图按 632～633 页表 10-5 绘制）

北宋灭亡之后，南宋时代为了使南方工匠熟习《法式》，并运用于当时的官式建筑中，曾进行过重刊。但到后来，经过若干次战乱，发达的中原文化，受到了落后奴隶主贵族统治的扫荡，“材、分°”模数制便付诸东流，代之而起的是清代的“斗口”模数制。

（3）“材、分°”模数制与“斗口”模数制比较

“斗口”模数制载于清工部《工程做法》，这种模数制的特点是，在有斗栱的建筑中，以斗栱的斗口作为模数，来衡量建筑的开间、进深以及梁、柱、斗栱等构件的大小。《工程做法》卷二十八斗科做法中对斗口模数制作了如下的记载，“凡斗科上升、斗、栱、翘等件长短高厚尺寸，俱以平身科迎面安翘、昂斗口宽尺寸为法核算。斗口有头等才，二等才以至十一等才之分，头等才迎面安翘、昂斗口宽陆寸，二等才斗口宽五寸五分，自三等至十一等才各处减五分，即得斗口尺寸。”从表面看来，似乎“斗口”模数制与“材、分°”模数制非常相似，斗口就相当于材宽。有人认为两者不过是名异实同罢了，且“斗口”模数制比“材、分°”模数制等级增多，尺寸增减划一，取消了栔的名称，这些都使得运用更方便，认为应算是有所进步。然而“斗口”模数制是否比“材、分°”模数制更先进呢？其实不然，斗口模数制几乎没有继承“材、分°”模数制所蕴涵的深刻理念。在建筑设计与施工中“斗口”模数制的地位也远比不上“材、分°”模数制。

清《工程做法》中斗栱的栱、方断面比例有 14：10、20：10 两种，这似乎接近《营造法式》的单材和足材之比例，但是“斗口”模数制在运用时已找不到与栱、方断面的关系，例如用斗口作为梁的模数单位，按《工程做法》规定可得出以下的尺寸：（以七架梁为例）

梁宽＝金柱径＋2 寸＝6 斗口＋2 寸＋2 寸＝6 寸口＋4 寸

梁高＝（6 斗口＋4 寸）×120％

梁之断面高：宽＝12：10

将这样的大梁断面高宽比，与用“材、分°”模数制衡量的大梁所得的断面高宽比相比较，科学性降低了，构件变得过于肥胖。这是因为“斗口”模数制不具有“材、分°”模数制所特有的双向尺寸模数之特点，因此也就失去了材分模数制所包含的强度概念。

清式梁架的构造节点多数不再与斗口模数发生必要的联系；宋式建筑的大梁，凡是与斗栱相搭者，多要求以一个材或几材几栔的断面大小进入斗口，而清式建筑中的这种构造方式的运用已

大大减少。又如宋式建筑在梁架的纵向使用攀间，小型房屋用单材攀间，大型房屋用双材攀间，攀间与梁柱相交时也都是以材为基础，进行构件组合。而清代则通用三位一体的檩、垫、枋做法，其节点构造也不存在与“斗口”模数制的关系了。因此，“斗口”模数制仅在斗栱的组合中包含有构造的概念，与梁架其他部位的节点构造处理已无联系。

《法式》把“材”分成八等，并规定每个等第的使用范围，以此作为建筑群中控制建筑尺度的手段之一。《工程做法》卷二十八介绍“斗口”模数制时，并未详细规定各个等第斗口之使用范围。前面二十七卷分别介绍了各种规模和类型房屋的大木做法，但涉及的斗口使用范围仅限于4寸、3寸、2.5寸三种类型。在现存实例中虽可见到4寸以下的各种斗口之运用，但始终未见有使用6寸、5.5寸斗口的房屋，因此至今不明其规定一、二等斗口的实际意义何在。在《工程做法》中也没有像《营造法式》中对于一个建筑群中的房屋用材的匹配关系作出应有的明确规定。凡此各种都反映了“斗口”模数在控制建筑尺度方面的概念之削弱。

“斗口”模数制之所以会出现这些情况，很主要的原因是由于清式建筑斗栱的结构功能削弱，尺寸也大大减小，实例中最大的斗栱是城楼上使用的四寸斗口，而它只不过相当于宋式建筑的六等材。总之“斗口”模数制已基本失去了“材、分°”模数制的特点，而是向数字模数制靠近了。

2. 斗栱：《法式》中称铺作

(1) 铺作定义

“斗栱”一词在宋以前已经使用，如唐孔颖达疏《礼、礼器》“管仲镂簋朱紘，山节藻棁”时称“山节谓柱头有斗栱，形如山也”。但在《法式》大木作制度中，除对“斗”和“栱”的单独称谓之外，对于整组的斗栱概称“铺作”。为什么将“斗栱”称为铺作，李诫在总释中曾引《景福殿赋》中的“桁梧复叠，势合形离”，并解释道：“桁梧，斗栱也，皆重叠而施，其势或合或离。”在另一段《含元殿赋》的引文“悬櫨骈凑”一句之下，对铺作的含意说得更清楚了，谓之“今以斗栱层数相叠出跳多寡次序谓之铺作”。

在这里，铺作表示的意义是，由多层斗和栱按一定的秩序叠落在一起的构造方式。在《法式》大木作制度中更有“总铺作次序”一节，专门描述一组组斗栱的构造特点：

出一跳谓之四铺作；

出二跳谓之五铺作；

出三跳谓之六铺作；

出四跳谓之七铺作；

出五跳谓之八铺作。

这段文字确切写明了“出跳多寡次序”与铺作数的关系，每出一跳增加一铺作。

同时《法式》将这种对构造方式的称谓扩展成对一朵斗栱的称谓，于是就有了“柱头铺作”、“补间铺作”、“转角铺作”三类。这或许是在李诫“勒人匠逐一讲说”的过程中演化而成的，这样“铺作”便成为“斗栱”的同义语。

然而为什么“出一跳谓之四铺作”，而不是一铺作呢？这正是前面所谓的“斗栱层数相叠”之含义，四铺作则有四层构件相叠，也可以说是铺有四层木构件。如图所示（图10-39），第一层为栌斗，第二层为华栱，第三层为耍头，第四层为衬方头。四铺作虽然只出一跳，但其中栌斗、耍头、衬方头却是三层不可缺少的相叠之构件，对任何一朵铺作，无论出几跳，这三层构件在大多数情况下都是不可缺少的。无栌斗就不成其为一朵铺作，无耍头就不能保证最上的横栱——令栱的准确位置，无衬方头就不能保证橑檐枋的准确位置，令栱和橑檐枋全靠耍头和衬方头支撑。所以必须将一朵铺作的出跳数加三，才成为铺作数，可以写成如下的公式：

出跳数　X+3=铺作数　Y

何谓出跳数?《法式》大木作制度中指明："凡铺作自栌斗口内出一栱或一昂皆谓之一跳，传至五跳止。"这个定义虽可使人们得到一个关于出跳的笼统的概念，但不够严格。例如一朵八铺作斗栱虽然出了五跳，但从栌斗口内出的栱只有第一跳华栱，其他几跳并不是直接从栌斗口内出的，而是从交互斗口内出的（图10-40）。另一方面，这出一栱或一昂能够成为一跳亦是有条件的。出跳的栱或昂必须是一个悬挑构件，其端部要作为上层出跳构件的支点，才算出了一跳，在一般的柱头铺作和补间铺作中，跳头所支承的上一层构件有下列几种不同情况（图10-41）。

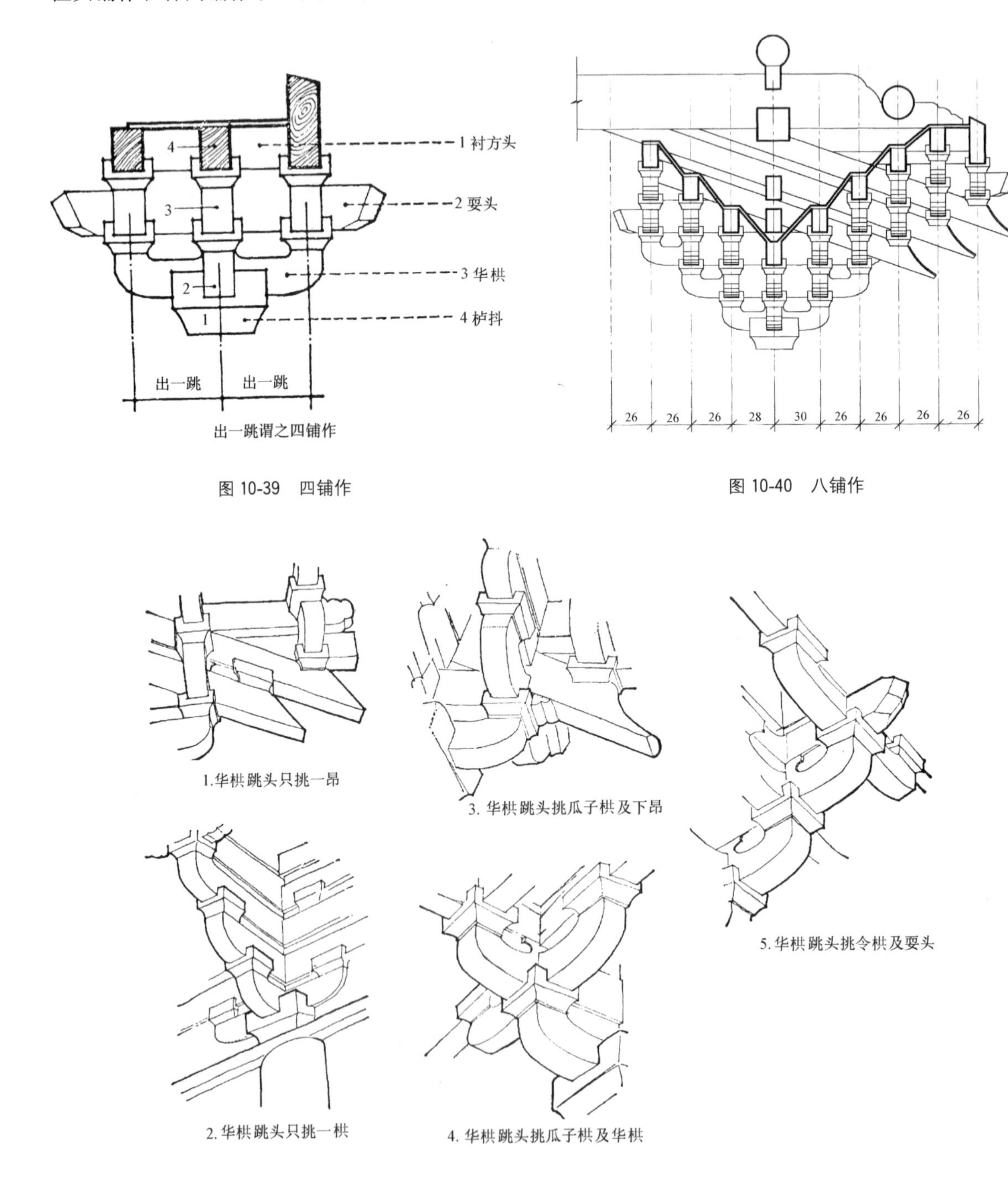

图10-39　四铺作

图10-40　八铺作

图10-41　华栱跳头承托构件图

1. 山西应县佛宫寺木塔；2. 山西太原晋祠圣母殿；3. 河南登封少林寺初祖庵；4、5. 山东长清灵岩寺

①单纯支承一条华栱。

②单纯支承一条昂（下昂或上昂），使用下昂时，跳头与昂之间一般还夹有华头子，使用上昂时跳头与昂之间夹有鞾楔。

③支承十字相交的瓜子栱与华栱。

④支承十字相交的令栱与耍头。

⑤支承十字相交的瓜子栱与华头子及下昂。

在有些古建实例中，虽然有时出了一个昂，但却不称其为一跳。例如福建福州华林寺大殿的斗栱（图10-42），从外表看出了两栱三昂，但它却不是由八层构件相叠而成的八铺作，原因是第三昂为耍头的变体，这朵铺作将耍头做成昂的形式，这层昂在其悬挑部分的跳头上，未设支撑上面构件的支点，因此不能算是出了一跳。同时还省掉了衬方头，严格说来只不过是六层构件相叠，但按习惯仅称其为七铺作。

还需说明的是，一朵铺作的里跳，往往看不见衬方头，但仍需按铺作计数的公式去计算，在公式中的"3"是个常数。

有的学者提出用橑檐方作为计数是不可缺少的构件，这似乎与"铺作"之定义不符，因橑檐方是被铺作承托的构件，它不是铺作中铺垫的一部分。

（2）铺作中的斗、栱、昂

《法式》大木作制度称："造栱之制有五"，"造斗之制有四"，"造昂之制有二"，这是将一组组复杂的铺作分解后归纳成的主要构件类型。其所谓的五种栱即华栱、泥道栱、瓜子栱、慢栱、令栱。四种斗即栌斗，交互斗、齐心斗、散斗。两种昂即上昂、下昂。之所以将斗和栱、昂贯以不同的名称，主要是每种构件在斗栱中所处的位置不同，受力情况不同，榫卯卯口开割形式不同。由于施工中斗栱都是先预制分件，然后拼装成一组铺作，对于一幢大型建筑中，可能出现数以千计的斗、栱构件，为了保证斗栱的受力合理，构造合理，施工容易辨认，必须给每个构件以"正名"，并对其形制作出严格的尺寸规定。

1）五种栱及其变化：

《法式》将铺作中的栱分为"足材栱"与"单材栱"两大类，足材栱只有华栱一种，单材栱则有泥道栱、慢栱、瓜子栱、令栱四种。

《法式》称"华栱或谓之杪栱，又谓之卷头，亦谓之跳头"。大木作制度中多次出现"杪"（音秒）字，在形容铺作中的华栱时，常称为"出几杪"，或"下一杪……""第二杪华栱……"这个"杪"字到底意义如何呢？据《说文》"木标末也"，《方言》"杪小也，木细枝谓之杪"。杪具有末端、树梢之意，这与"跳头、卷头"的意思是一致的，不仅如此，在《法式》卷四总铺作次序一节中曾有"凡铺作逐跳上安栱，谓之计心。若逐跳上不安栱而再出跳或出昂者，谓之偷心"。并注明"凡出一跳南中谓之出一枝，计心谓之转叶，偷心谓之不转叶，其实一也。"这更清楚的说明用树枝来比喻出跳的华栱，用树枝上长出树叶来形容计心造，不长树叶来形容偷心造也是非常形象的。然而，有些版本由于多次传抄，误将杪字写成了"抄"（音超），若用抄字来形容华栱，当然是令人费解的，对于这种传抄的错误必须纠正。

《法式》之所以把栱分成"足材"与"单材"两类，这是与它们受力情况的差别相吻合的。足材栱处在垂直于建筑立面的位置，并层层出跳，又可称之为出跳的栱。单材栱则皆处于平行于建筑立面的位置，足材栱的前端，承托着跳头上面的横栱，故需有较大的断面以承受悬挑之力。因之榫卯卯口必须开在栱身的下部。而横栱呈简支梁式，受力较华栱小，用单材，与华栱相交时，榫卯卯口开在栱身上部。四种横栱中慢栱最长，当然要有特殊的名称，其他三种栱，长短相近，只是使用位置不同，其中的泥道栱因处于柱中线上，栱身须开槽，以容纳栱眼壁板，并须用闇栔填充栱眼，个性明显。瓜子栱与令栱的差别最小，只是因位置不同而在长度上作了调整。瓜子栱因需承托慢栱，为保证慢栱可自瓜子栱两端伸出一定长度，所以瓜子栱本身仅长 62 分°，比慢栱小了 30 分°。令栱为了与瓜子栱区别，而加长至 72 分°。

然而，在实际应用中，面对建筑的复杂情况，每种构件又会产生诸多变化，《法式》通过小注的方式，对可能引起的变化作了补充说明，概括起来有以下几个方面：

①栱长加长——骑槽檐栱、角华栱、鸳鸯交首栱

华栱，在铺作数增多时，栱长"随所出之跳加之，每跳之长，心不过 30 分°，传跳虽多，不过 150 分°"。这种多跳长的华栱，即为骑槽檐栱。另外当华栱位置发生变化时，如在转角铺作中，需斜出角华栱一缝，其长"以斜长加之"。其次是横栱，当两朵铺作邻近时，会将横栱"连栱交隐"做成鸳鸯交首栱。其长度需随具体情况酌定（图 10-43）。

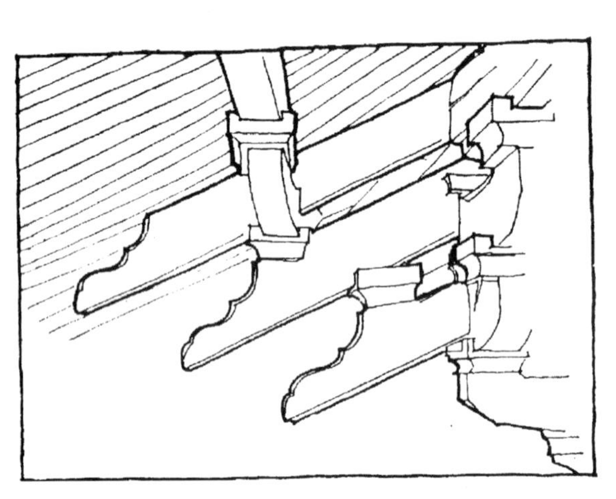

图 10-42　福建华林寺大殿下昂图

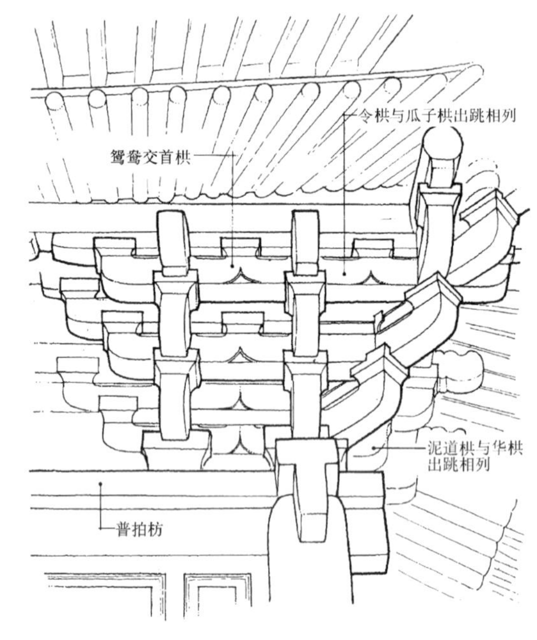

图 10-43　鸳鸯交首栱

②栱的外形变化——里跳卷头变成楮头或木方

华栱本为左右对称的卷头形式，当施于厅堂柱头铺作中时，里跳变成楮头形式，即"若造厅堂里跳承梁，出楮头者长更加一跳，其楮头或谓之压跳"（图 10-44）。还有里跳变成短木方的华栱，使用于平座斗栱中。

③栱长截短——丁头栱及虾须栱

丁头栱是嵌于内柱柱身以承托梁尾的半截华栱，因其与柱成"丁"字形而得名，丁头栱长 33 分°，用两跳时长则加一跳。半截华栱有时也用于铺作之中，即"里跳转角者，谓之虾须栱，用股卯到心（指铺作中心）"。这里的铺作位于丁字形分槽之上，在丁字形槽的两个内转角上所施铺作中，需沿 45°斜出跳一缝半截华栱，即为虾须栱。虾须栱实例见于宁波保国寺大殿（图 10-45）。

④栱身开口变化——骑栿栱、绞栿栱、骑昂栱、绞昂栱

柱头铺作里跳往往会遇到梁栿，《法式》卷十七载："凡铺作……柱头内骑绞梁栿处，出跳皆随所用"，这样便出现了骑栿和绞栿栱。骑绞栿栱均为横栱，即瓜子栱、慢栱、令栱之类，与梁栿

图 10-44 压跳（正定隆兴寺山门）

图 10-45 保国寺大殿铺作中的虾须栱

垂直相交。其特点是改变原有榫卯开口，使其加大至能容纳梁栿的程度，凡开口在栱身下部者为骑栿栱，开口在栱身上部者为绞栿栱。骑栿栱需加大栱身高度，《法式》卷四令栱条称："若里跳骑栿则用足材"。不仅令栱如此，瓜子栱、慢栱、骑栿者也需用足材。而开口大小"皆随所用"，在单栱造的铺作中，"其瓜子栱并改作令栱"。栱与梁栿相交者当梁栿广 3 材以上时会产生一种栱身正当梁栿的中部情况，使得无法开挖栱身卯口，在实例中便将栱身一分为二，插入梁栿，《法式》卷十八"殿阁身内转角铺作用栱斗等数"一节中曾于"七铺作独用"条下记有"瓜子丁头栱四只"，当即此种情况，它出现在金箱斗底槽的身内转角铺作中，这里的瓜子栱变成了半截栱，并与梁栿成丁字形，故称"瓜子丁头栱"（图 10-46）。

骑昂、绞昂栱与前者不同，不需加宽栱身开口，而是需将栱口随昂势开斜，放过昂身。绞昂者栱口在上，骑昂者栱口在下。

2）四种斗及其变化

斗在铺作中是将栱、昂组合起来的节点，由耳、平、欹三部分构成。根据所处位置，所需容纳的栱、昂方向的差别，产生了不同的形式和尺寸。

①栌斗：用于铺作下部。是铺作中最重要，体积最大的一种，有方、圆、讹角等不同形式，方形者长、广皆 32 分°，至角 36 分°，圆形者径 36 分°，高 20 分°，一般为十字开口的四耳斗，当遇到无出跳的铺作时，则变成两耳、顺身开口，在转角处因需容纳角华栱而减掉角部斗耳的一角。斗耳间需作暗榫——隔口包耳，以保证华栱栱身位置，限制其产生位移。

②交互斗：用于铺作出跳跳头，是华栱、昂与瓜子栱或令栱相交的节点，因之也是四耳斗，但并非正方形，长 18 分°，广 16 分°。开口处施横包耳。骑昂交互斗，需于斗底斜开卯口与昂身上窄下宽的镫口相衔。承昂交互斗则于斗口处作斜面，与昂势吻合。于屋内"梁栿下用者，谓之交栿斗"，尺寸增大，长 24 分°广 18 分°。这时变成顺身开口的两耳斗，开口宽从 10 分°增至 16 分°，以保证梁栿入斗栱时，栿项断面承载力不致削弱太大。交互斗在承替木时也做成顺身开口的两耳栿。

③齐心斗：施于铺作中横栱中心，为方形斗，长、广皆 16 分°。从《法式》卷三十图样及卷四齐心斗条可知有三种不同形式；四耳者用于泥道栱、平座出头木等处，两耳者用于内檐一般横栱中心；三耳者用于铺作外跳令栱之上，承橑檐方与衬方头。此外还有一种无耳的平盘斗，用于角上出跳的跳头。

④散斗：施之于铺作横栱两端。长 16 分°广 14 分°，顺身开口，两耳。在偷心造时也可用于华栱跳头。当泥道栱上用时，需于一侧开榫口以容栱眼壁板。

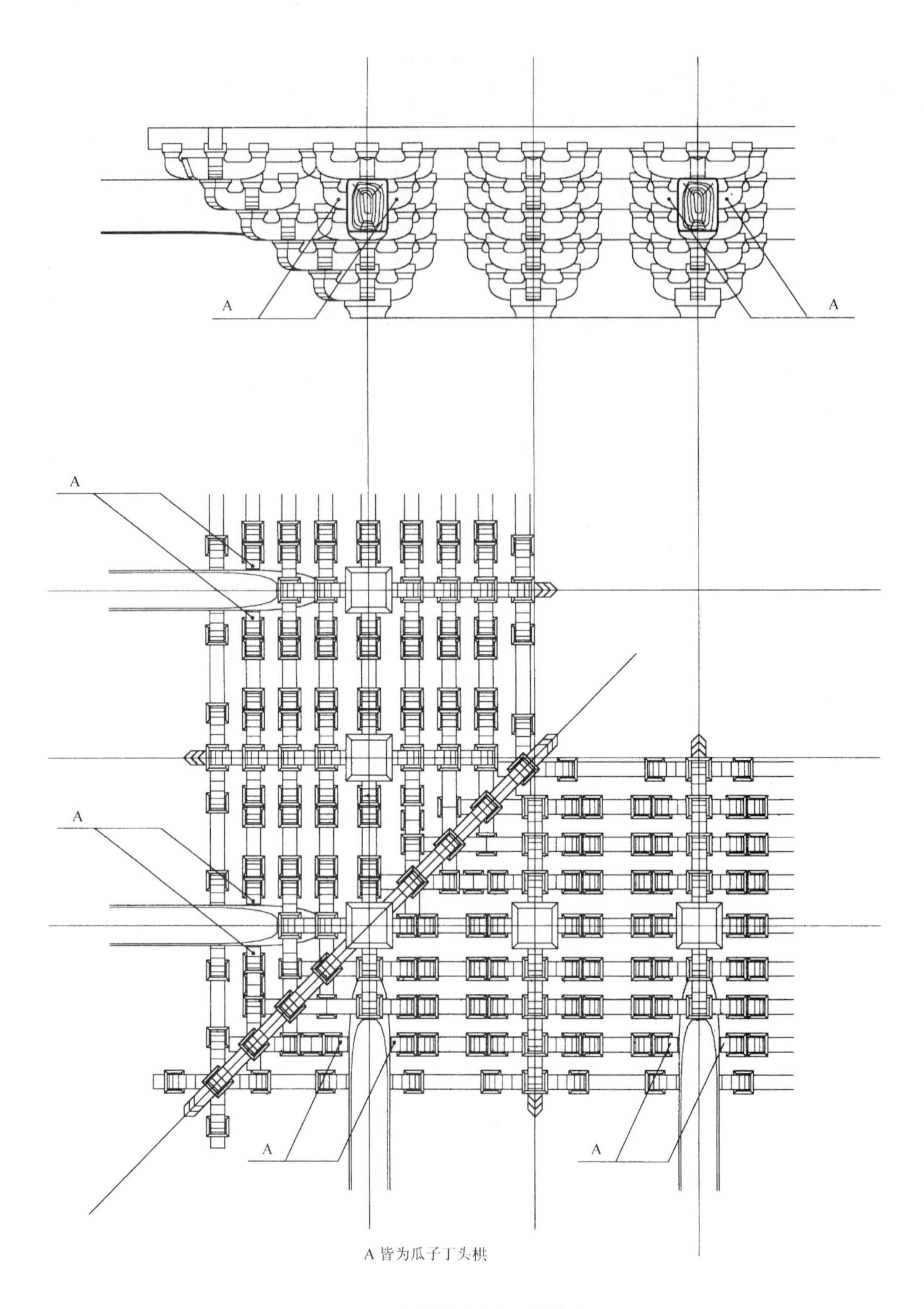

图 10-46 七铺作用瓜子丁头栱想象图

《法式》规定交互斗、齐心斗、散斗皆高 10 分°，耳、欹皆高 4 分°，平高 2 分°，但在实际施工中斗的耳、平、欹三部分以“平及耳”的高度最不稳定，因一组斗栱拼装后需再作找平，使之与建筑中的其他斗栱连成整体，形成铺作层，这时便靠调整耳、平的高度来满足找平的需要（图 10-47）。

3）下昂、上昂

①下昂：早期的斗栱，本无“昂”类的构件，随着斗栱的发展才在一组铺作中加入了这种斜

图 10-47　散斗“耳”和“平”的尺寸变化实例（大同下华严寺薄迦教藏落架大修时拆下的散斗）

置的构件。下昂的出现是为满足大挑檐的需要，使挑檐深远而又不因斗栱层层挑出，把檐口抬得过高，于是用斜向的昂来支承檐口，同时又可将悬挑屋顶的重量用昂尾部屋面的重量来平衡。下昂的斜度，《法式》未作规定，因这取决于檐椽的坡度，而檐椽坡度又需依举折制度根据每幢建筑的进深求出，不是一个固定的数值。因此昂的斜度可依具体情况而定；但对下昂的总长规定为“若昂身于屋内上出皆至下平槫”对昂尾的处理，《法式》提出四种办法（图 10-48）：

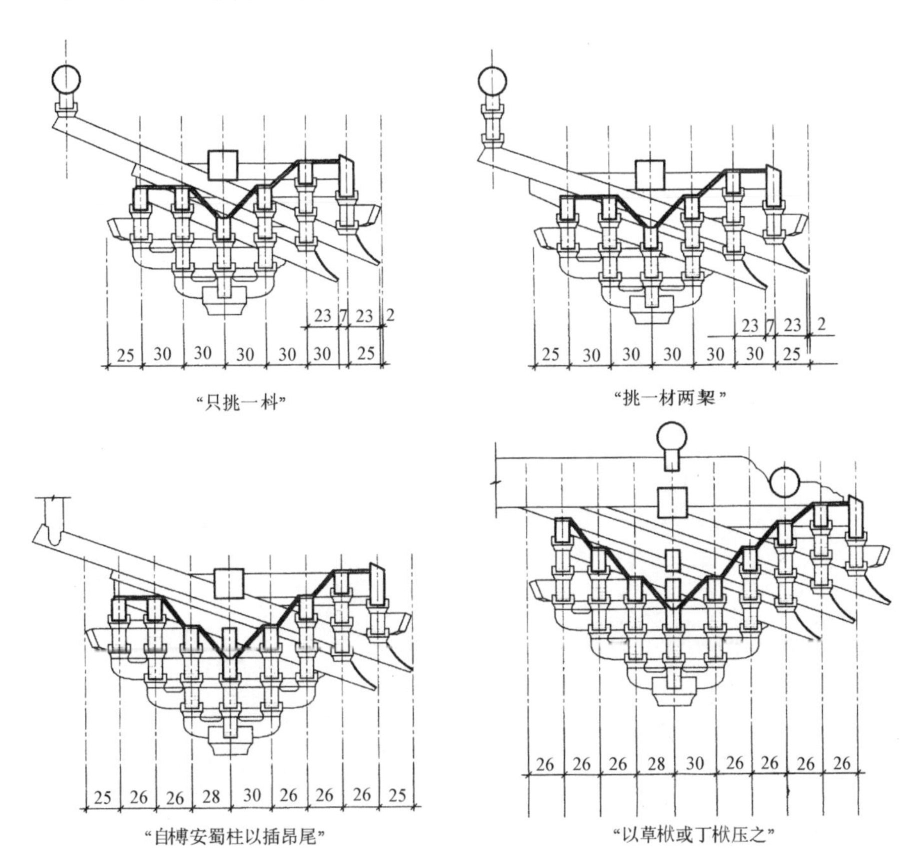

图 10-48　昂尾交待图

"若屋内彻上明造即用挑斡，或只挑一斗"。即指昂尾上仅有一个单斗支替木的距离，与下平槫之高差 18 分°。

"或挑一材两栔"。即指昂尾上有两斗一栱，一替木，与下平槫之高差 39 分°。

"如用平棊，即自槫安蜀柱以插昂尾"。

"如当柱头，即以草栿或丁栿压之"。

前三种反映出昂尾与下平槫之间高差值的随意性，这正暗示出昂的斜率之不定性。

昂首《法式》记载有"琴面"与"批竹"等三种形式：第一种自承托昂的交互斗"外斜杀向下，留厚二分"，为昂咀，"昂面中顱二分，令顱势圆和"，昂咀表面为凹曲面。第二种在此基础上于昂面，"随顱加一分，讹杀至两棱"，昂咀表面为双曲面，谓之琴面昂。第三种"自（交互）斗外斜杀至尖者，其昂面平直，谓之批竹昂"。此外实物中常见的还有一种可称之为琴面批竹昂，即于批竹昂昂面再起一弧面（图 10-49、10-50）。

图 10-49　批竹昂（应县木塔）

图 10-50　琴面昂（济源奉先观）

下昂因长度变化使昂的称谓发生变化的情况有二，一为“插昂”，仅有昂首而无昂尾，常用于四铺作，“其长斜随跳头”，实例见于应县净土寺大殿（图 10-51）。一为挑斡，其前半部分不出昂，而用栱，仅于后半作昂尾。这种做法的实例见于虎丘二山门（图 10-52）。此外，昂的长度也可因位置不同而发生变化，如转角铺作，角昂即需“以斜长加之”。

图 10-51　插昂（净土寺大殿）

下昂断面只有一材，而其在铺作中需承受较大的弯曲应力，因之《法式》对昂身遇到栱、方构件时的榫卯要求只开浅槽，即为深二分°开在昂下皮之斜方口，两侧面各开子廕深一分°，与之搭交的构件则需按昂的斜度开出与昂相衔的卯口，以满足昂身承受弯曲应力的需要。还应注意的是在承昂斗口及昂上坐斗处，昂身皆“斜开镫口”，以防止斗的下滑。

②上昂：其作用与下昂相反，当遇到出挑部分需要挑得高时，便使用类似斜撑的上昂，代替层层挑出的华栱，可收事半功倍之效。最常使用之处为内檐用以承托天花和外檐平座斗栱。实例中用上昂者见于苏州玄妙观三清殿内檐铺作，应县净土寺大殿藻井及平棊铺作（图 10-53）。《法式》所列上昂做法皆由栱及上昂组成铺作，未见与下昂并用者，实例中浙江金华天宁寺大殿则出现外跳用下昂里跳用上昂的做法。此殿建于元代，晚于《法式》成书年代，可能为后世产生的新法（图 10-54）。

（3）铺作组合与变异

铺作组合从使用构件类型来区分有三种，即卷头造、下昂造、上昂造。卷头造是指用斗和栱组成铺作，《法式》中多用于内檐铺作，实例中多见于辽代建筑。下昂造是指用斗、栱和下昂组成的铺作，用于外檐铺作。上昂造是指用上昂与斗和栱组成的铺作，用于内檐及平座铺作。

铺作组合从横栱与出跳栱、昂的关系来区分，有偷心造与计心造之别；偷心造者指出跳的栱、昂跳头上不施横栱，计心造者指出跳的栱、昂跳头上皆施横栱。《法式》卷三十所绘下昂造铺作侧样及卷三十一所绘殿堂侧样中的下昂造及内檐卷头造铺作皆为计心造，这正是《法式》所推崇的铺作组合方式。而偷心造斗栱在《法式》图中仅见于卷三十所绘上昂造铺作侧样，上昂造的六、七、八铺作皆采用偷心造形式，但却施骑斗栱，来弥补因偷心造使出跳栱、昂失稳，容易发生位移、扭转的问题。且上昂造侧样的里（外）跳仍然采用计心造（图 10-55）。实例如苏州玄妙观三清殿内檐铺作，采用六铺作上昂造下一杪偷心外转七铺作卷头造一下杪偷心（图 10-56）。但在卷四“总铺作次序”一节中曾谈及局部偷心的做法，举如：

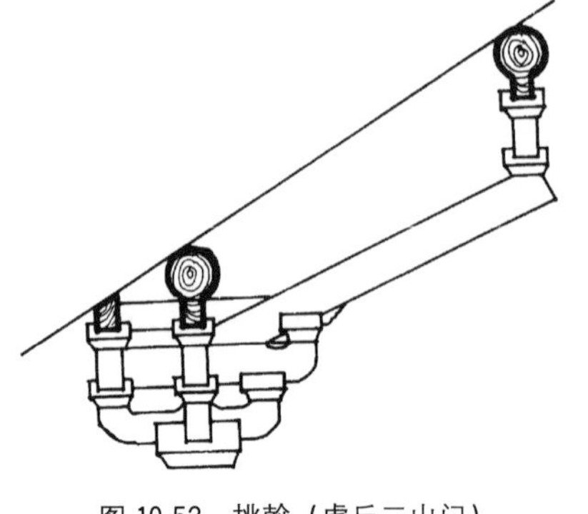

图 10-52 挑斡（虎丘二山门）

图 10-53 应县净土寺藻井铺作中的上昂

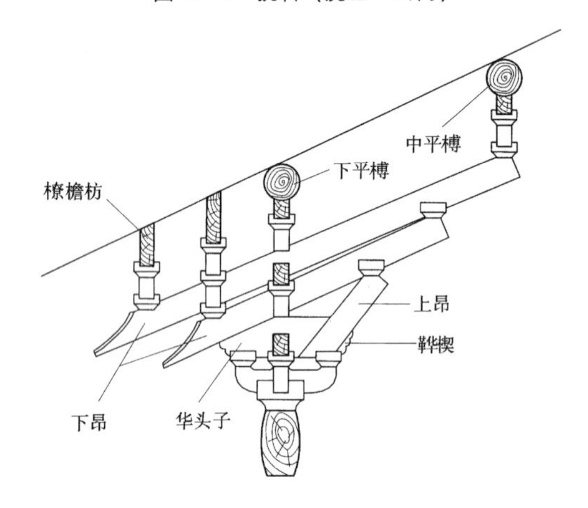

图 10-54 金华天宁寺大殿外檐补间铺作中的上昂

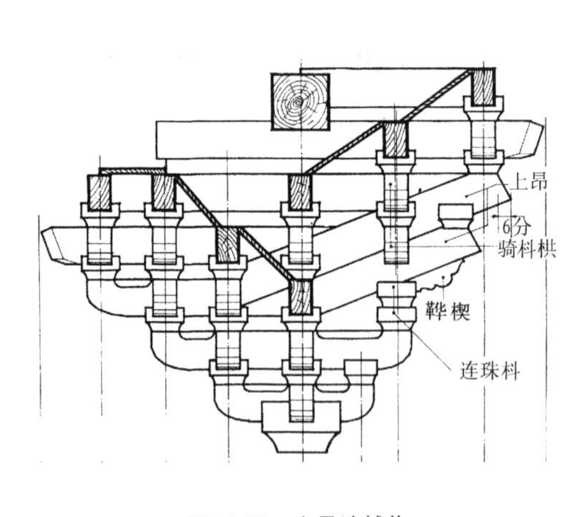

图 10-55 上昂造铺作

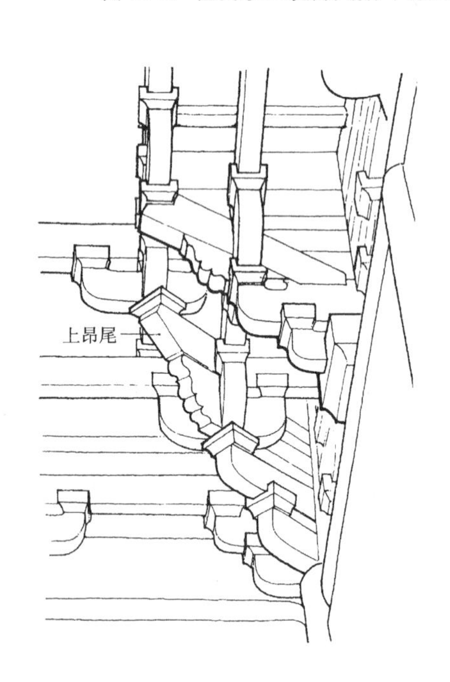

图 10-56 苏州玄妙观三清殿上昂

"五铺作一杪一昂若下一杪偷心：……"

"单栱七铺作两杪两昂及六铺作一杪两昂，若下一杪偷心……"

"八铺作两杪三昂，若下两杪偷心……"（图 10-57）。

在实例中使用全偷心者在宋代以后几乎找不到了，但大多数建筑尚未使用全计心造，而是采用了局部偷心做法。现存的 11 个七铺作实例中有 9 个均采用了局部偷心做法。如独乐寺观音阁上檐，应县木塔一层均采用双杪双下昂，一、三杪偷心。玄妙观三清殿、保国寺大殿皆采用双杪双

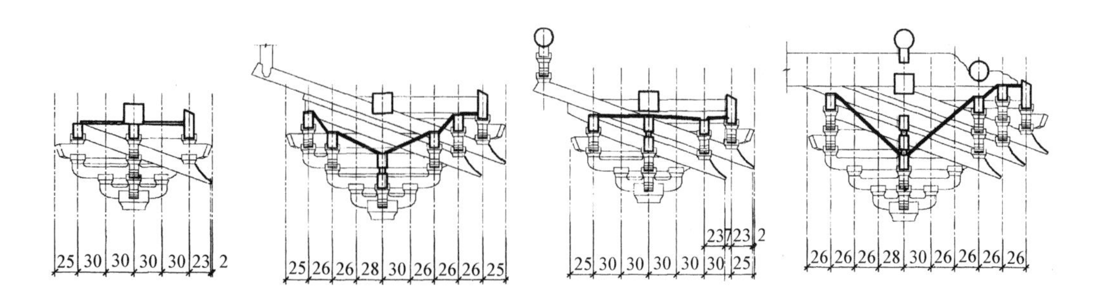

图 10-57 法式“总铺作次序”所列偷心造

下昂下一杪偷心。

在铺作中，计心也好，局部偷心也好，均遇到如何安置横栱问题，跳头上只用一层者为单栱造，构造简明清晰。跳头上用二层者为重栱造，艺术效果隆重，显示出“桁梧复叠、势合形离”的宏伟气势。《法式》殿堂图样皆绘“重栱造”，同时，在卷十七、卷十八，大木作功限一、二中所列举的“殿阁外檐铺作”“殿阁身槽内铺作”“楼阁平座铺作”等的“四铺作至八铺作内外并重栱计心”。这表明重栱计心造是当时殿堂斗栱的主要做法。

1)《法式》中的铺作类型（图 10-58）

《法式》中所涉及的铺作组合有若干不同情况，从而形成了以下诸多形式。

①单斗支替：用于槫下，早期建筑遗物中也有用于外檐者，如云岗北魏 9 窟。

②单栱支替：用于槫下单材襻间。

③重栱支替：用于槫下两材襻间。

④斗口跳：用于厅堂柱头铺作，梁头伸出柱外作华栱头。

⑤把头绞项造：用于厅堂柱头铺作，梁头伸出柱外作耍头。

⑥四铺作卷头造：用于厅堂外檐铺作时，里跳可作华栱头，也可作两跳长的楮头，其补间铺作可用挑斡，上彻下平槫。

⑦四铺作插昂造：用于外檐铺作。

⑧五铺作重栱计心下昂造：用于外檐铺作。

⑨五铺作重栱计心上昂造：用于内檐铺作，及平座铺作。

⑩五铺作重栱计心卷头造：用于内檐铺作，平座铺作。

⑪五铺作单杪单昂下一杪偷心：用于外檐铺作。

⑫六铺作重栱计心单杪双下昂：用于外檐铺作。

⑬六铺作重栱计心卷头造：用于内檐铺作，平座铺作。

⑭六铺作双杪单上昂偷心；跳头当中施骑斗栱，里转出三杪重栱计心造：用于内檐铺作，平座铺作。

⑮六铺作单杪双下昂下一杪偷心单栱造（里转无规定）：用于外檐铺作。

⑯六铺作双杪单下昂下一杪偷心单栱造（里转无规定）：用于外檐铺作。

⑰七铺作双杪双下昂重栱计心造；里转六铺作出三杪重栱计心造：用于外檐铺作。

⑱七铺作重栱计心卷头造：用于内檐铺作，平座铺作。

⑲七铺作双杪双上昂偷心；跳内当中施骑斗栱，里转六铺作出三杪重栱计心造：用于内檐铺作，平座铺作。

⑳七铺作双杪双下昂下一杪偷心单栱造（里转无规定）：用于外檐铺作。此类型以重栱造更合

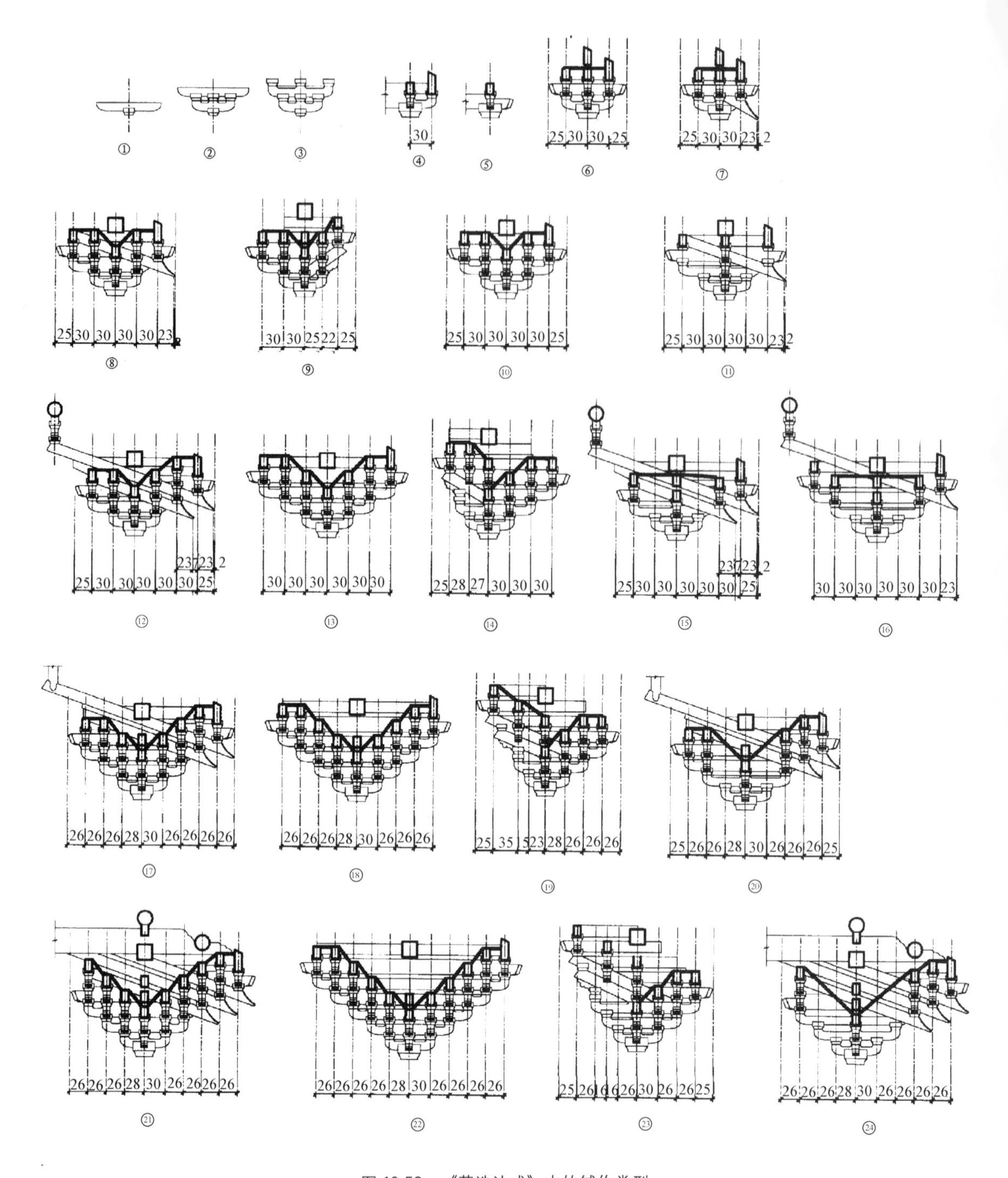

图 10-58 《营造法式》中的铺作类型

理，如图 10-58 所示。

㉑八铺作双杪三下昂重栱计心造；里转六铺作出三杪重栱计心造：用于外檐铺作。

㉒八铺作重栱计心卷头造：用于内檐铺作，平座铺作。

㉓八铺作三杪双上昂偷心；跳内当中施骑斗栱，里转六铺作出三杪重栱计心造：用于内檐铺作。

㉔八铺作双杪三下昂下两杪偷心单栱造（里转无规定）：用于外檐铺作。此类型以重栱造更合理，如图 10-58 所示。

2）减铺与减跳

上一段所列铺作可谓《法式》所归纳的标准型，从这些标准型可以看出在一朵铺作中存在着

"减铺"问题，这主要发生在下昂造铺作中，由于昂尾上斜，对里跳的栱必须减少一层或两层，才能使一朵铺作里跳构件长度不至太短，每个构件均能较好的满足承载要求。因此《法式》卷四造栱之制规定"若累铺作数多，或内外俱匀，或里跳减一铺至两铺"。这里还特别强调了"累铺作数多"，因之主要是指七、八铺作才会发生里跳减铺。还有一种情况，即需考虑室内装修中平棊的高度和位置，看是否需要减铺。因此在《法式》卷四总"铺作次序"一节中载有"若铺作数多，里跳恐太远，即里跳减一铺或两铺"之做法。这种情况对处在乳栿位置的天花尤为重要，因这里只有两椽长的宽度，即12尺，若外檐铺作里跳和身槽内铺作均为七铺作或八铺作的卷头造，对于三等材的房屋而言，七铺作者，铺作本身出跳长度为5.4尺，两侧铺作占去的空间宽度为10.8尺，中部作平棊之处的宽度为1.2尺，这显然不够美观，若减掉两跳则铺作出跳，一侧仅占去3尺，中部平棊尚余6尺，对于平棊宽度的尺寸是合适的，但这样作可能带来一个新的问题，就是平棊较低，因之《法式》中还提出"若平棊低，即于平棊下更加慢栱"，这是指在里跳最后一跳的令栱本为一单栱，在这时改成由重栱来承平棊方（图10-59）。因一般入斗栱的乳栿高42分°，最后一跳跳头变成重栱之后，恰好可容纳下乳栿，平棊方则搭在乳栿背上，使之不会剜割梁面。

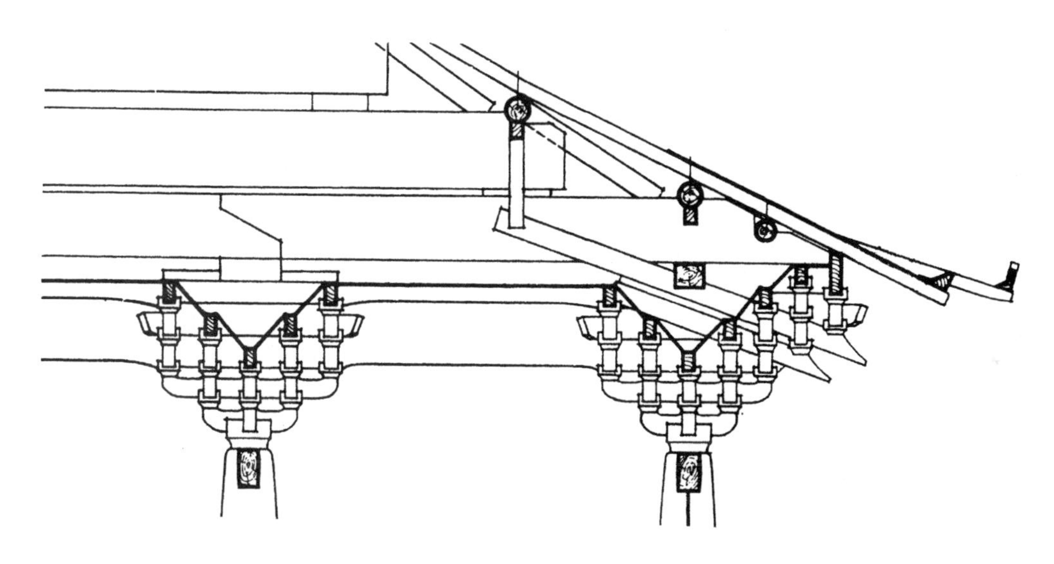

图 10-59　里跳减铺后跳头用重栱以承平棊

减铺的另一种含意是就建筑整体而言的，如《法式》卷四中指出"副阶、缠腰铺作不得过殿身，或减殿身一铺"。这样做可取得主次分明的艺术效果。对于楼阁建筑《法式》卷四中曾有"凡楼阁上屋铺作或减下屋一铺"的规则，这或许是因楼阁上屋比下屋内收后尺寸变小，铺作也随之减少，如应县木塔。但现存此时期之楼阁，往往上、下屋铺作皆相同，由此文语气"或"字来看，这是一项非常灵活的规定。

"减跳"在《法式》卷四"总铺作次序"一节中，当谈到有关补间铺作与转角铺作的关系时提出"凡转角铺作须与补间铺作勿令相犯，或梢间近者，须连栱交隐，（补间铺作不可移远，恐间内不匀）。或于次角补间近角处从上减一跳。"从这项规定可知"减跳"是发生在建筑的局部位置上，指个别的一朵铺作，"减跳"虽然实际上也是减少了一层华栱或方，但仅出现在七铺作里跳，从外观上可以识别其特殊性，即此处的补间铺作少了一跳，从立面上的铺作层中明显退后一跳（图10-60）。

3）列栱

在转角铺作中由于自栌斗内需出三缝栱，栱的形式、卯口、长度皆需发生变化，这些变异的

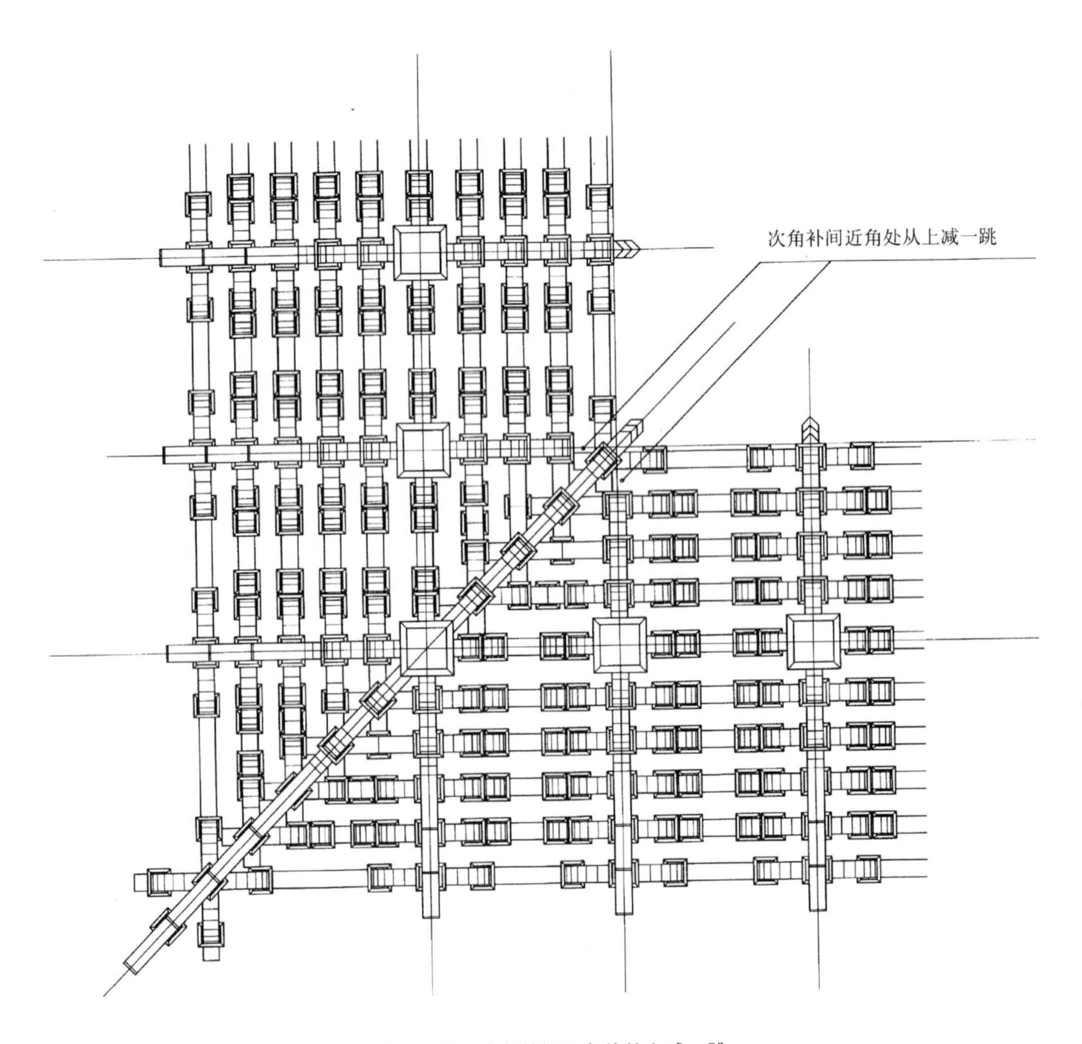

图 10-60 次角补间近角处从上减一跳

栱即为列栱。

《法式》卷四造栱之制中有一节专门叙述列栱的特征，“凡栱至角相交出跳则谓之列栱，”其意为原有的“横栱”经过角栌斗或角华栱上的交互斗之后变成为“出跳的栱”，反之，出跳栱则变成横栱。例如泥道栱与华栱出跳相列，这条栱的一端为泥道栱，另一端为华栱。在铺作组合中每一种铺作在转角处皆会使用列栱，因而使栱的形制在转角铺作中发生较大变化，铺作铺数越高列栱越复杂。《法式》卷四，所举的列栱有如下数种：

①“泥道栱与华栱出跳相列”。

②“瓜子栱与小栱头出跳相列”；小栱头即长度比华栱稍短的栱，仅长 23 分°，以三瓣卷杀。其上施散斗。

③“瓜子栱与华栱头相列”，用于平座铺作。

④“慢栱与切几头相列”，“切几头”是一种如同家具中几案出头被截断的形式。

⑤“慢栱与华头子出跳相列”，在角内用下昂时使用。

⑥“令栱与瓜子栱出跳相列”，这里两者皆为横栱，似乎与列栱本意相驳，实际这里的瓜子栱仍处于出跳栱的位置，只是型制采用瓜子栱。

此外，在《法式》卷十八，大木作功限中所记转角铺作列栱出现了若干“分首相列”或“分首相列身内隐出鸳鸯交首栱”的列栱，如：

“瓜子栱列小栱头分首”

“瓜子栱列小栱头分首，身内隐出鸳鸯交首栱”

“慢栱列切几头分首”

“慢栱列切几头分首，身内隐出鸳鸯交首栱”

“令栱列瓜子栱分首”

“令栱列瓜子栱分首，身内隐出鸳鸯交首栱”

“华栱列瓜子栱分首”

“华栱列慢栱分首”

所谓分首相列，即指栱的两端被分隔开来，因转角铺作的构成是由正、侧、角三面均设出跳栱，卷四所谓列栱长度，皆指经跨越45°方向的角华栱后，仍维持原栱长，或变成小栱头、切几头之类的构件，有些栱在跨越45°方向的角华栱的过程中，同时跨越正或侧方向的出跳栱，这样列栱便加长了，因之列栱两端被出跳华栱和角华栱分隔开，例如第一跳华栱跳头上的瓜子栱与其相列的小栱头便处在第一跳角华栱之外，此即分首相列。而第二跳华栱头上的瓜子栱与其相列的小栱头被分隔得更远，且在第二跳华栱头与角华栱头之间的一段栱身需隐刻成鸳鸯交首栱。在一朵外檐转角七铺作斗栱中，使用了14条列栱，有9条为分首列栱（图10-61）。

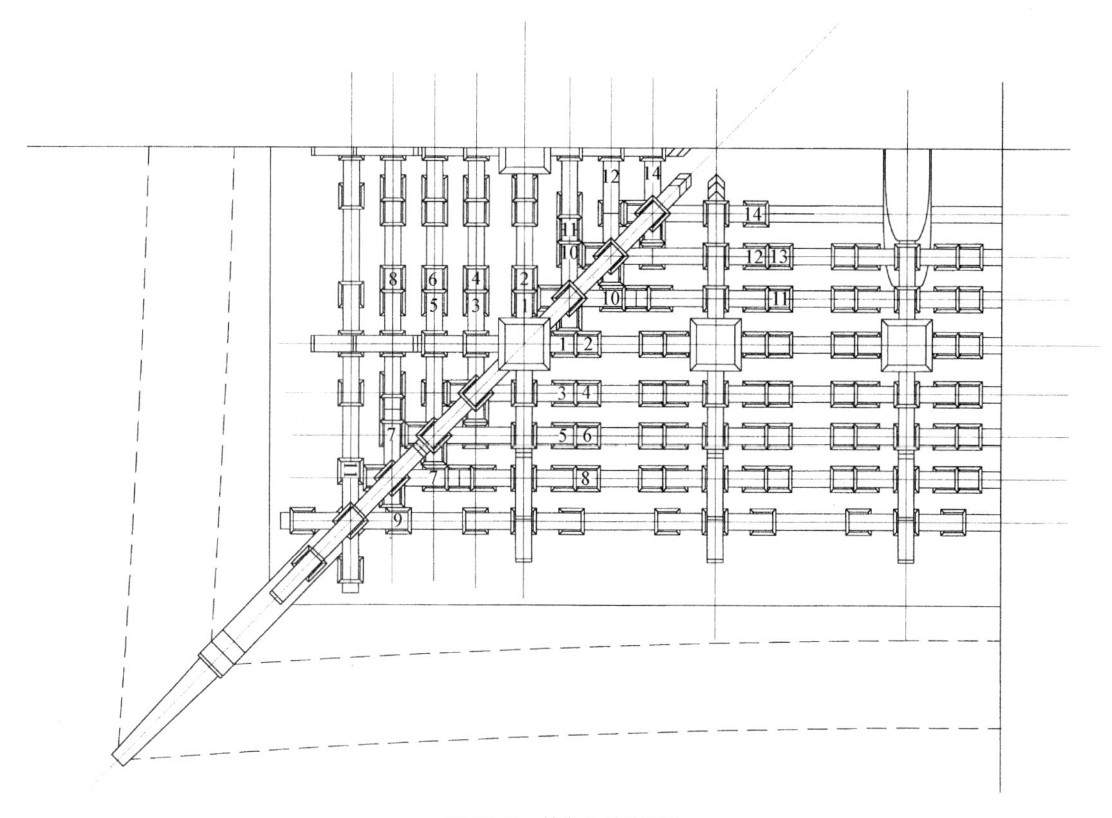

图 10-61 转角七铺作列栱

1. 泥道栱与华栱出跳相列；2. 慢栱与华栱出跳相列；3. 瓜子栱列小栱头分首；4. 慢栱列切几头分首；5. 瓜子栱列小栱头分首，身内隐出鸳鸯交首栱；6. 慢栱列切几头分首；7. 瓜子栱列小栱头；8. 慢栱列切几头分首，身内隐出鸳鸯交首栱；9. 令栱列瓜子栱；10. 瓜子栱列小栱头；11. 慢栱与切几头分首，身内隐出鸳鸯交首栱；12. 瓜子栱列小栱头分首，身内隐出鸳鸯交首栱；13. 慢栱列切几头分首，身内隐出鸳鸯交首栱；14. 令栱列小栱头分首

除了栱与栱相列者外，还有栱与其他构件相列者，如慢栱与耍头相列，用于四铺作斗栱中，华头子列泥道栱，用于四铺作插昂造斗栱。令栱与耍头分首相列，用于楼阁平座铺作。华栱列柱头方，用于平座铺作。还有耍头列方桁者用于楼阁平座。

四至八铺作的列栱可多达16种之多，现将各种列栱使用部位列表如下（表10-6）：

列栱类型及使用位置（据《法式》卷十八整理） 表 10-6

列栱名称	使用位置				
	外檐转角铺作√ 身内转角铺作△ 平座转角铺作○				
	四铺作	五铺作	六铺作	七铺作	八铺作
①华栱列泥道栱	√△	√△	√△	√△	√△
②慢栱列切几头		√△	√△	√△	√
③瓜子栱列小栱头分首		√	√	√	√
④瓜子栱列小栱头分首身内隐出鸳鸯栱		△	√△	√△	√
⑤令栱列瓜子栱		√	√△	√△	√
⑥慢栱列切几头分首		△	√△	√△	√
⑦令栱列小栱头			√	√	√
⑧瓜子栱列小栱头		△	△	√△	√
⑨第二杪华栱列慢栱	○	○	△○	√△○	√
⑩华头子列慢栱		√	√		
⑪令栱列瓜子栱分首	√△				
⑫华头子列泥道栱	√				
⑬耍头列慢栱	√△				
⑭令栱列小栱头分首	△	△	△	△	
⑮骑栿令栱分首身内交隐鸳鸯栱		△			
⑯耍头列慢栱分首	○	○	○	○	
⑰耍头列令栱分首	○	○	○	○	
⑱华栱列瓜子栱分首		○	○	○	
⑲华栱列慢栱分首			○	○	
⑳第三杪华栱列柱头方			○		
㉑第四杪华栱列柱头方				○	

4）扶壁栱

在一列铺作纵中线上使用的栱称之为扶壁栱，又称影栱。按《法式》所载计心造标准型的铺作，扶壁栱也应是标准的，如重栱造者即为泥道栱、慢栱、素方。但如铺作采用局部偷心造时，扶壁栱便需进行调整；《法式》中提出了如下的调整方案：

“五铺作一杪一昂若下一杪偷心，则泥道重栱上施素方，方上又施令栱、栱上施承椽方。”

“单栱六铺作一杪两昂或两杪一昂，若下一杪偷心，则于栌斗之上施两令栱两素方，（方上平铺遮椽版）或只于泥道重栱上施素方。”

“单栱七铺作两杪两昂……若下一杪偷心，则于栌斗之上施两令栱两素方（方上平铺遮椽版），或只于泥道重栱上施素方。”

“单栱八铺作两杪三昂，若下两杪偷心，则泥道栱上施素方，方上又施重栱素方”（方上平铺遮椽版）。

从以上诸条可以看出，《法式》对偷心造的扶壁栱所提出的模式为“令栱、素方、令栱、素方”或“重栱、素方、重栱、素方”，其核心思想即加施素方，使居于正心位置的素方在两重以上，从而弥补了偷心造所减少的跳头素方可能引起的薄弱受力点，以保证铺作在受到外力时少发生位移。现存实例中比《法式》所提出的正心素方更多，有的将正心位置的泥道栱或慢栱、令栱全部改成素方，或只留一条泥道栱，其上皆为若干层素方（图 10-62）。

5）铺作的分布与分槽

①铺作分布：

铺作，从早期仅置于柱头满足大挑檐的需要，发展到宋代增加了补间铺作一、两朵，宋以后，补间铺作数量增多，到清代平身科则达到六朵之多。这一变化反映出对铺作功能的认识，从单纯的悬挑功能发展成“铺作层”的概念。这样便使古代建筑对铺作的运用产生了质的飞跃，在结构中不再是一个个孤立的构件，而是出现了对结构整体的把握，铺作层犹如一条圈梁，将各间的梁架连成整体。为了形成铺作层，《法式》对补间铺作的处理犹为重视，首先要求补间铺间铺数至少与柱头铺作相同，同时对补间铺作的分布情况作出规定，“当心间须用补间铺作两朵，次间及梢间各用一朵，其铺作分布令远近皆匀。”接着又结合开间划分的不同情况，作了进一步的注解，第一种情况是：“若逐间皆用双补间，则每间之广丈尺皆同。”第二种情况是：“如只心间用双补间者，假如心间用一丈五尺，则次间用一丈之类。”第三种情况是：“或间广不匀，即每补间铺作一朵，不得过一尺。”对于第一、二种情况，铺作分布与开间划分的关系讲得非常清楚，在这两种情况下，每朵铺作之间的间距是完全相等的。惟有第三种情况比较复杂，《法式》未指明间广尺寸的大小和间广不匀的条件，只提供了一条原则，在铺作分布远近皆匀的前提下，“每补间铺作一朵不得过一尺”。但由于这句话所要说明的意思讲得不够透彻，所以使得人们对它有各种不同的理解。可认为这一尺可能是指两朵相邻的铺作在立面上的净空；也可认为这一尺可能是指铺作中到中随着建筑开间的递减而递减的距离，也就是相邻两开间的铺作中到中的差。结合现存的若干古建实例看，第二种理解是较为合理的。这里主要讲的是间广不匀的情况，现存的唐、宋、辽、金时代的古建实例也多为间广不匀的情况，对弄清这“一尺”的含意提供了有力的佐证。

根据表7所列的建筑来看，随着开间的递减，铺作的中到中距离也在递减，其中有一半以上的建筑，其铺作中到中的递减差额在一尺以内[2]，这些建筑物上铺作的分布也确实比较均匀。剩下不足一半的建筑物，其铺作分布有远有近，铺作的中到中距离有大有小，如晋祠圣母殿上檐当心间的铺作中到中比次间铺作中到中距离差95厘米，将近三尺，而次间补间铺作中到中比梢间补间铺作中到中的距离只差17厘米，铺作这样的分布，完全不符合所谓“远近皆匀”的原则，也就无从讨论了。所以“每补间铺作一朵不得过一尺”可以理解为铺作中到中的距离之递减幅度不得过一尺。

然而，相邻两朵铺作之间的净空不得过一尺的理解又如何呢？由于这个问题是出现在间广不匀的范畴之内，也就是开间从当心间起要逐渐递减，如果既满足了两朵铺作之间的净空不得过一尺的要求，又要使开间有所递减，那么可以想像，这时开间逐间递减的幅度就非常之小了，无论几开间的房屋，从当心间到梢间递减的总尺寸都要限制在一定范围之内，如果逐间皆用单补间，这个范围就只有2尺；如果当心间用双补间，除次间比当心间可递减“1/3当心间宽度”之外，次间至梢间的递减值仍只有2尺，而且这2尺是一

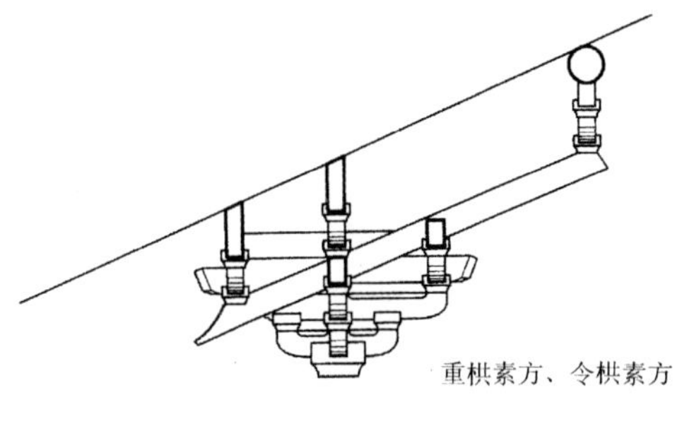
重栱素方、令栱素方

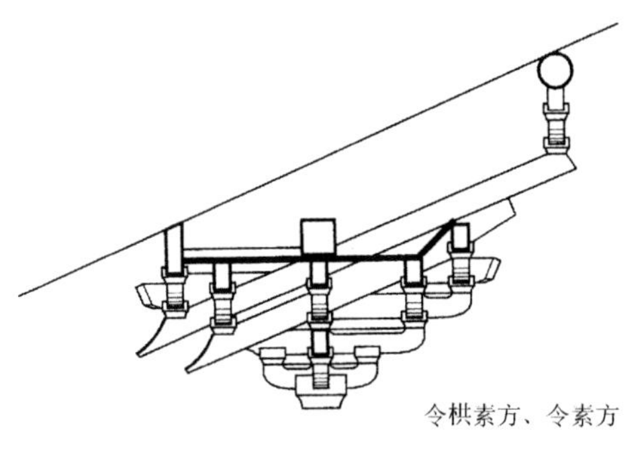
令栱素方、令素方

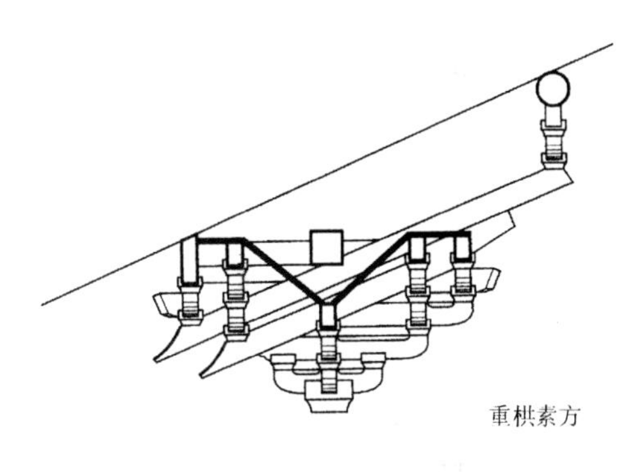
重栱素方

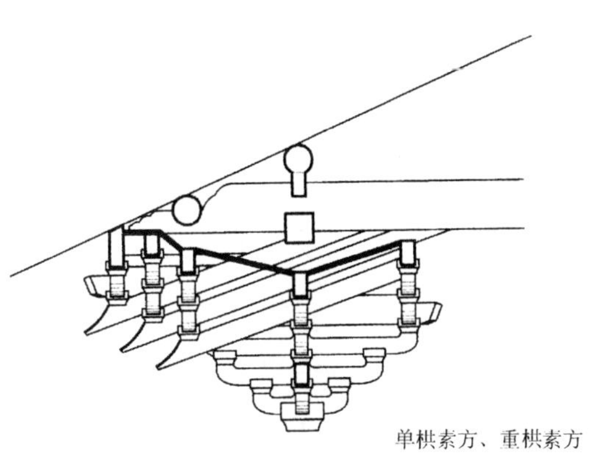
单栱素方、重栱素方

图10-62　扶壁栱

种极端的情况，即会使梢间的铺作之间的净空等于零，在实际建造房屋时是不可能这样处理的，总要使两朵铺作之间离开一段距离。虽然梢间铺作的分布《法式》允许作些特殊处理，如在梢间间广很小时，补间铺作可与转角铺作连栱交隐。即使这样，这 2 尺的范围仍然控制着梢间另一半的铺作间距。从表 10-7 中所列的奉国寺大雄宝殿、晋祠圣母殿、隆兴寺摩尼殿、玄妙观三清殿等 13 座五开间和七开间的建筑上所反映的开间递减总值，有 11 座是超过 2 尺范围的，仅佛光寺大殿、佛光寺文殊殿的开间递减总值在 2 尺的范围以内。由此可见，即要求开间间广有不匀的效果，又把开间递减的总尺寸控制在 2 尺的范围之内，对于开间较少的建筑如三开间，尚可做到，在开间多的建筑上是难以实现的。上述的佛光寺大殿和佛光寺文殊殿虽然符合这种情况，但其开间尺寸变化很小，几乎称不上间广不匀，佛光寺大殿仅梢间比第二次间递减了二尺，其余几间开间是完全相等的，且补间铺作非常简单，可以说这两个建筑是一种特例。

《法式》大木作制度中普遍贯彻“有定法而无定式”的指导思想，若认为铺作之间净空要求不超过一尺是成立的，等于是限制建筑开间的变化，与制度中总的指导思想是有矛盾的。所谓的铺作中到中递减差控制在一尺之内的意思，就是不要使开间递减幅度发生突变，而是均匀的减下来，而且依照开间多寡递减的总尺寸有所不同。这样的推断是符合历史上若干建筑实例的实际情况的，也是符合“令铺作分布远近皆匀”的原则的。

《营造法式》成书前后木构建筑遗物铺作分布一览表（单位：厘米） 表 10-7

建筑名称	年代（公元）	用材等第	间数	开间位置	开间尺寸	补间铺作数（朵）	铺作中距	铺作中～中递减差	斗栱间空当	当心间至梢间总递减值
山西平遥镇国寺万佛殿	963	四	3	当心间	452	1	226	50	61	100
				梢间	352	1	176		11	
福建福州华林寺大殿	964	一	3	当心间	648	2	216	−13	32.16	190
				梢间	458	1	229			
天津蓟县独乐寺山门	984	三	3	当心间	610	1	305	43.3	115	86.5
				梢间	523.5	1	261.7		71.5	
天津蓟县独乐寺观音阁	984	三	5	当心间	454	1	227	11.5		156
				次间	431	1	215.5			
				稍间	298	1	149	66.5		
江苏苏州虎丘云岩寺二山门	995～997	五	3	当心间	600	2	200	25		250
				梢间	350	1	175			
浙江宁波保国寺大殿	1013	五	3	当心间	562	2	187.3	29.8		247
				梢间	315	1	157.5			
辽宁义县奉国寺大殿	1020	一	9	当心间	590	1	295	5	100	89
				次间	580	1	290	23.5	95	
				次间	533	1	266.5	16.5	71.5	
				次间	501	1	250.5	0	55.5	
				梢间	501	1	250.5		55.5	
山西太原晋祠圣母殿	1023～1031	五	5	当心间	498	1	249	45	68（隐刻）	124
				次间	408	1	204	17	28（隐刻）	
				梢间	374	1	187		12（隐刻）	

续表

建筑名称	年代（公元）	用材等第	间数	开间位置	开间尺寸	补间铺作数（朵）	铺作中距	铺作中～中递减差	斗栱间空当	当心间至梢间总递减值
山西太原晋祠圣母殿副阶	1023～1031	五	7	当心间	498	1	249	45	68（隐刻）	184
				次间	408	1	204		28（隐刻）	
				次间	374	1	187	17	12（隐刻）	
				梢间	314	1	157	30	连栱交隐	
山西大同下华严寺薄伽教藏殿	1038	三	5	当心间	585	1	292.5	26	82.5	128
				次间	533	1	266.5		56.5	
				梢间	457	1	228.5	38	18.5	
河北涞源阁院寺文殊殿	1044	二	3	当心间	610	1	305	57.5	150	115
				梢间	495	1	247.5		95.75	
河北正定隆兴寺摩尼殿殿身	1052	五	5	当心间	572	2	190.7	−60.3		132
				次间	502	1	251			
				梢间	440	1	220	31		
河北正定隆兴寺摩尼殿副阶	1052	五	7	当心间	572	1 位于龟头殿	286	35		134
				次间	502	1	251			
				次间	440	1	220	31		
				梢间	438	1	219	2		
河南登封少林寺初祖庵大殿	1125	六	3	当心间	420	2	140	−33.5		73
				次间	347	1	173.5			
山西大同善化寺山门	1128～1043	三	5	当心间	618	2	206	13.3	31	98
				次间	578	2	192.7			
				梢间	520	1＋附1①			17.6	
山西大同善化寺三圣殿	1128～1043	二	5	当心间	768	2	256			252
				次间	734	1	367	−91		
				梢间	516	1＋附1①				
山西大同上华严寺大雄宝殿	1140	一	9	当心间	710	1	355	25.5		200
				次间	659	1	329.5			
				次间	593	1	296.5	33		
				次间	578	1	289			
				梢间	510	1＋附1①		7.5		
山西朔州崇福寺弥陀殿	1143	三	7	当心间	620	1	310	−2.5	100	70
				次间	625	1	312.5	31.5	102.5	
				次间	562	1	281		71	
				梢间	550	1	275	6	65	
江苏苏州玄妙观三清殿殿身	1179	三	7	当心间	635	1	317.5	56		192
				次间	523	1	261.5	−0.5		
				次间	524	1	262			
				梢间	443	1	221.5	40.5		

续表

建筑名称	年代（公元）	用材等第	间数	开间位置	开间尺寸	补间铺作数（朵）	铺作中距	铺作中～中递减差	斗栱间空当	当心间至梢间总递减值
江苏苏州玄妙观三清殿副阶	1179	六	9	当心间	635	2	211.6	37		250
				次间	523	2	174.3	−0.3		
				次间	524	2	174.6			
				次间	443	2	147.6	27		
				梢间	385	1	192.5	44.9		
河北正定隆兴寺转轮藏殿下层腰檐	12世纪	五	3	当心间	538	2	179.3	−34.2		111
				梢间	427	1	213.5			
上层	12世纪	五	3	当心间	516	2	172	−33		106
				梢间	410	1	205			
平座	12世纪	五	3	当心间	527	2	175.7	−30.3		115
				梢间	412	1	206			
副阶	12世纪	五	3	当心间	538	2	179.3	−34.2		111
				梢间	427	1	213.5			
河北正定隆兴寺慈氏阁下层腰檐	12世纪	五②	3	当心间	505	2	168.3	−29.3		110
				梢间	395	1	197.5			
上层			3	当心间	498	2	166	−10.3		145
				梢间	353	1	176.3			
永定柱平座			3	当心间	505	2	168.3	−9.2		150
				梢间	355	1	177.5			
副阶			3	当心间	498	2	166	28		110
				梢间	388	1	194			

注：1. 角部增加了附角斗一缝；

2. 各層用材不一致。

《法式》之所以这样重视补间铺作的安排，不仅为了立面造型的美观，而且为了取得均匀的受力效果，据计算证实“补间铺作与柱头铺作在承受来自榇檐方的荷载时，其分配比例大致相等。”[3]补间铺作的完善化改善了柱头铺作的受力状况，由于在计算中发现柱头铺作的荷载集中于昂尾，使其易受剪力破坏。补间铺作的存在和增多朵数，可减少柱头铺作剪力破坏的趋势[4]。

②铺作分槽：

对铺作除去需要远近皆匀之外，在建筑物内部如何分布？《法式》卷三十一大木作制度图样中载有殿阁地盘分槽图四幅，即：

“殿阁身地盘九间身内分心斗底槽”；

“殿阁地盘殿身七间副阶周匝各两架椽，身内金箱斗底槽”；

“殿阁地盘殿身七间副阶周匝各两架椽身内单槽”；

“殿阁地盘殿身七间副阶周匝各两椽身内双槽”（图10-63）。

这里的“地盘”当指建筑物的平面图，而“分槽图”即为建筑物的仰视平面图，相当于柱头部位的平面；因之可将其分解为两个概念来理解。“分槽图”的尺寸与平面图有所不同，因为柱子有侧脚，柱头平面小于柱脚平面尺寸是不言而喻的。而“槽”的概念从《法式》卷四对多跳华栱的称谓为“骑槽檐栱”，在铺作正心最上置“压槽方”等可知，即一列铺作所在的纵中线[5]。在建

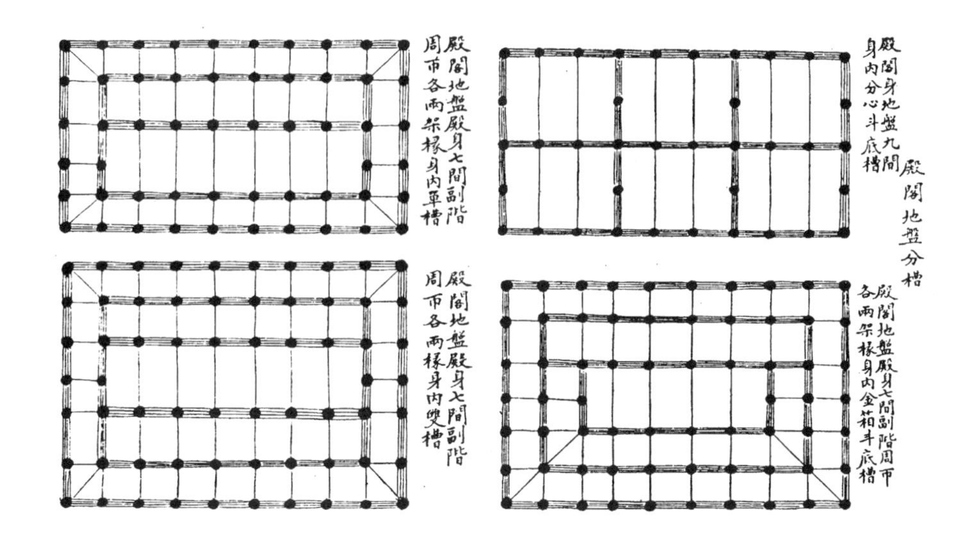

图 10-63 《法式》分槽图

筑物中，由于柱网形式的不同，便形成不同的铺作分布方式。凡建筑内部只设一列内柱，柱上布置斗栱者称"身内单槽"，在中心设一列中柱，柱上布置斗栱称"分心槽"，若在建筑内部设两列内柱，柱上布置斗栱称"身内双槽"，在建筑内部柱子成环状布列，其上设一周斗栱者称"金箱槽"。由于一朵朵位于槽上的铺作，随出跳跳头横栱的方向布置着素方，计心造每一跳的跳头皆有一条素方，且铺作正心位置又有正心方与扶壁栱共同工作，这样在一幢建筑中便出现了由多条高低位置不同的木方组成了一个闭合的木框，且木框在每朵铺作位置又有由足材栱形成的与之垂直相交的短木，于是木框便形成一个立体的长方形网络层，这就是铺作层，它的构成模型不是平面的，而是类似今日的空间结构。在带有角华栱、虾须栱或斜华栱的铺作层中，这种"空间结构"在水平面位置出现几组 45°方向的斜构件，则更加完善。遗憾的是在《法式》制度中只提到虾须栱、角华栱，尚无关于使用斜华栱的信息。但早在《法式》成书之前，已有使用斜华栱的实例，如建于北宋皇祐四年（1052 年）的河北正定隆兴寺摩尼殿。晚于《法式》的例子有山西大同善化寺三圣殿（1128～1143 年）和大同上华严寺大雄宝殿（1140 年）等。

3. 大木构架

(1) 构架类型

《法式》将当时的建筑分成三大类：殿堂、厅堂、余屋，其构架类型也随之分三类，并于卷三十一中绘出殿堂与厅堂的侧样图。余屋类除使用与厅堂构架相同者外，在《法式》卷五举折制度一节中曾有"柱梁作"一词，即指第三类构架。除此之外还有楼阁建筑一类。

1) 殿堂式构架

用于等级高的建筑，其特点有三：

①使用明栿草栿两套构架，其分工是"凡明梁只搁平棊，草栿在上，承屋盖之重"。

②内外柱同高。柱间置阑额、地栿，形成柱框层。

③有明确的铺作层。

每幢殿堂构架即由屋盖、铺作层、柱框层叠落而成。此外，带副阶者又需于殿身四周插入副阶构架，即半坡屋盖、铺作层、副阶柱框层（图 10-64、10-65）。

《法式》卷三十二所载殿堂侧样四式，带副阶者三，殿身部分皆为三层叠落式，其殿身草栿均依殿身总进深作多层叠梁，明栿部分依内柱数目、位置和斗栱分槽形式的不同而有所变化，图样

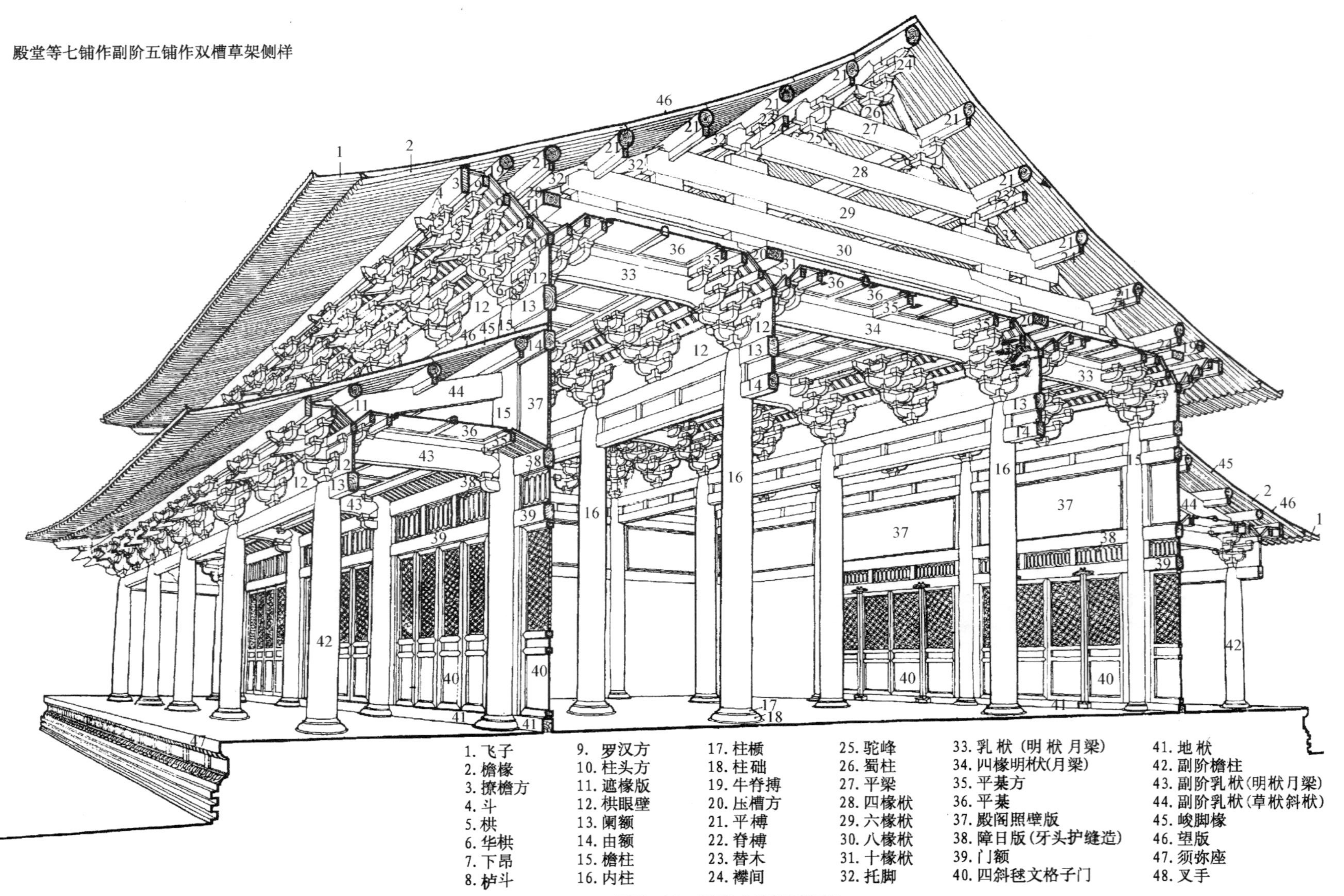

图10-64　殿堂式构架示意图

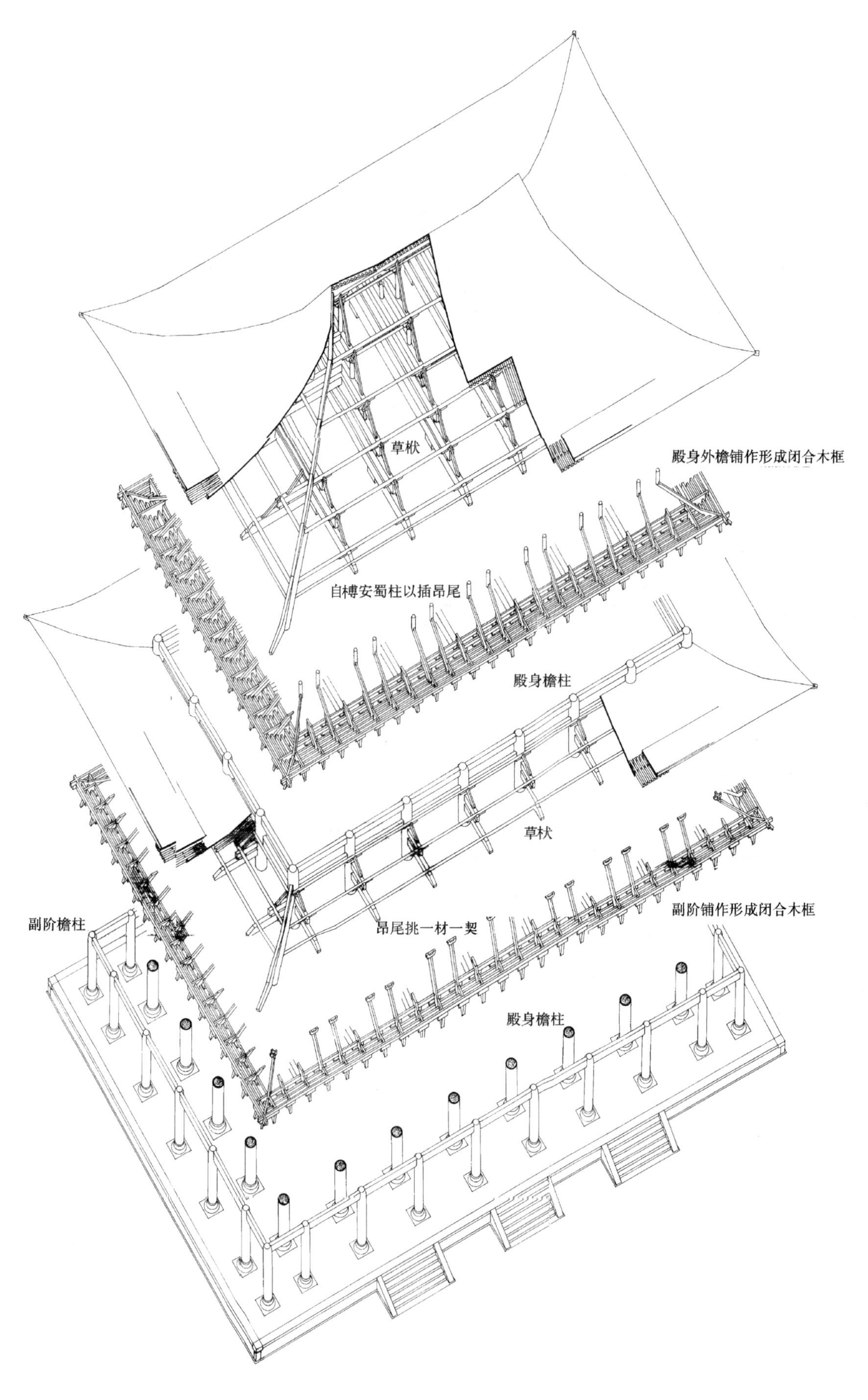

图 10-65 殿堂式构架分层图

中的明栿构架形式如下（以下几例殿堂有副阶者皆作殿身七间，无副阶者则为殿身九间）：

（A）双槽或金箱斗底槽式

十架椽，身内双槽（斗底槽准此），外转八铺作重栱出双杪三下昂，里转六铺作重栱出三杪。明栿与草栿无严格对位关系，前、后明栿长约三椽，明栿构架形式为前后三椽栿用四柱。若为金箱斗底槽，则最后一次间不用梁架，改做柱间阑额，上施内槽铺作，与外檐铺作相应。副阶外转六铺作重栱单杪两下昂，里转五铺作出双杪。以上并各计心。副阶梁架皆施乳栿；明乳、草栿各一条，栿首入外檐铺作，栿尾插入殿身檐柱柱身，明栿下以丁头栱承之。

（B）双槽式

十架椽，身内双槽，外转七铺作重栱出双杪两下昂，里转六铺作重栱出三杪。明栿构架同上。副阶外转五铺作重栱出单杪单昂，里转五铺作出双杪。以上并各计心。副阶构架形式、做法同上例。

（C）单槽式

八架椽身内单槽，外转五铺作重栱出单杪单下昂，里转五铺作重栱出双杪。明栿与草栿无严格对位关系。明栿构架采用五椽栿对三椽栿用三柱形式。副阶外转四铺作插昂造，里转出一跳。副阶构架形式做法同上例。

（D）分心槽式

十架椽，身内单槽，外转六铺重栱出单杪两下昂，里转五铺作重栱出双杪，以上并各计心。明栿构架为前后五椽栿分心用三柱式。

2）厅堂式构架特点

①内外柱不同高。内柱升高至所承梁首或梁下皮，其上再承槫。

②梁栿皆作彻上明造，无草栿，梁尾插入内柱身。梁栿间使用顺脊串、襻间等纵向联系构件较多。

③铺作较简单，最多用到六铺作，一般用四铺作，由于内柱升高，梁栿后尾可直接插入内柱柱身，不再使用铺作，因之未形成铺作层，以外檐铺作为主（图10-66）。

厅堂构架随房屋进深大小，内柱多少而产生了许多变化，《法式》卷三十一绘厅堂侧样有19种之多，可分成如下几类：

前后通檐用二柱：《法式》中仅用于四架椽屋。实例中有六架椽屋通檐用二柱者，如山西平遥镇国寺大殿。

用三柱者：十架椽屋分心用三柱。
八架椽屋乳栿对六椽栿用三柱。
六架椽屋分心用三柱。
六架椽屋乳栿对四椽栿用三柱。
四架椽屋分心用三柱。
四架椽屋劄牵、三椽栿用三柱。

用四柱者：十架椽屋前后三椽栿用四柱。
八架椽屋前后乳栿用四柱。
八架椽屋前后三椽栿用四柱。
六架椽屋前乳栿后劄牵用四柱。

用五柱者：十架椽屋分心前后乳栿用五柱。

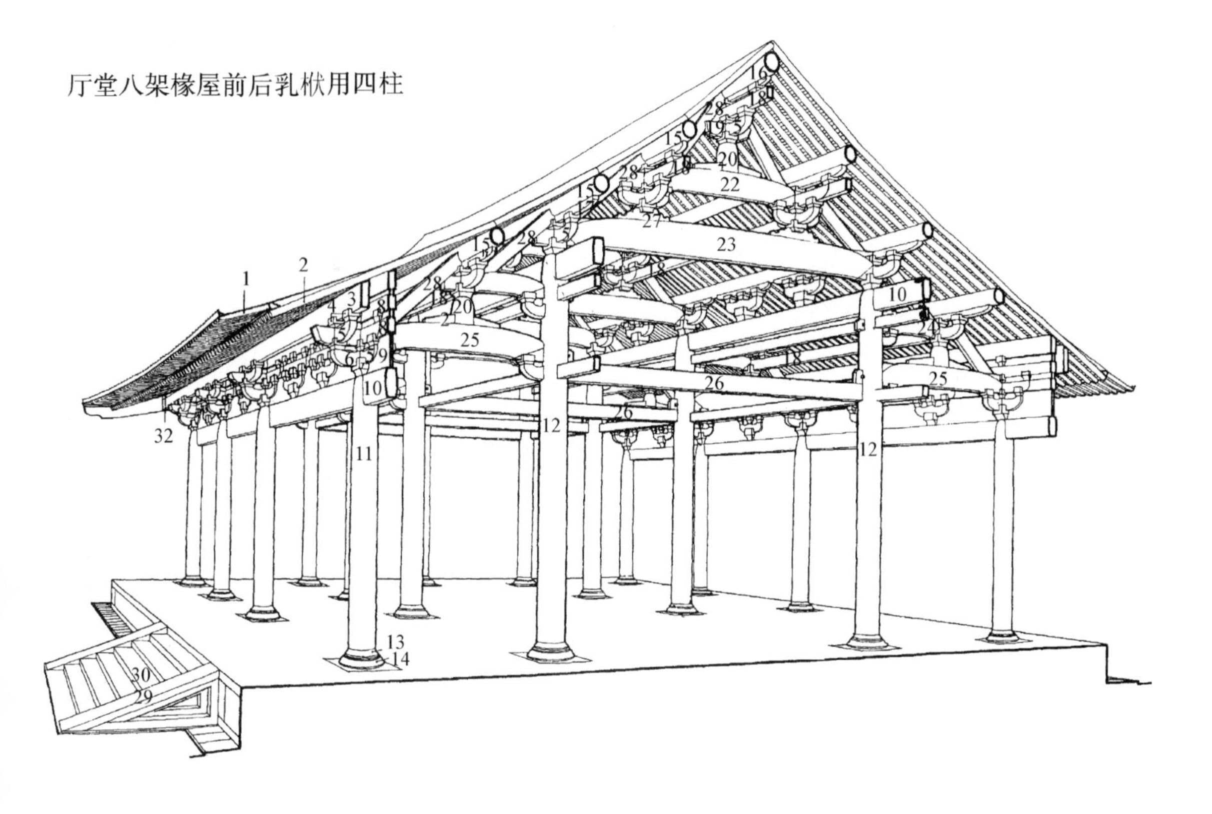

图 10-66 厅堂式构架示意图

1. 飞子；2. 檐椽；3. 橑檐方；4. 斗；5. 栱；6. 华栱；7. 栌斗；8. 柱头方；9. 栱眼壁板；10. 阑额；11. 檐柱；12. 内柱；13. 柱櫍；14. 柱础；15. 平槫；16. 脊槫；17. 替木；18. 襻间；19. 丁华抹颏栱；20. 蜀柱；21. 合楷；22. 平梁；23. 四椽栿；24. 劄牵；25. 乳栿；26. 顺栿串；27. 驼峰；28. 叉手、托脚；29. 副子；30. 踏；31. 象眼；32. 生头木

八架椽屋分心乳栿用五柱。

用六柱者：十架椽屋前后并乳栿用六柱。

十架椽屋前后各劄牵乳栿用六柱。

八架椽屋前后劄牵用六柱。

3）柱梁作

据《法式》卷五举折一节载："举屋之法，如殿阁楼台，先量前后橑檐方相去远近，分为三份（若余屋柱梁作或不出跳者，则用前后檐柱心），从橑檐方背至脊槫背举起一份……"这段文字说明柱梁作一类构架在"余屋"类建筑中使用，这种构架的形式故名思义是由柱梁组成，而具体型制《法式》未作进一步记载，从实物资料分析，构架仅采用梁柱相搭，多不使用斗栱，或仅用"单斗支替一类，如《清明上河图》中所见的民居（图 10-67）。《法式》余屋类建筑主要指仓廪、库屋等。

4）楼阁构架

楼阁建筑《法式》未将其算作一类。因其屋盖部分可采用殿堂式构架或厅堂式构架，关于楼层之间的结构仅于卷四造平座之制一节谈到有三种做法：

（A）插柱造平座，即楼阁上层"柱根叉于（平座层）栌斗之上"。平座由柱框层（即短柱、阑额、梁栿等所形成的结构框架）和平座铺作层构成，柱框层又置于楼阁下一层的铺作层上。实例如天津蓟县独乐寺观音阁、山西大同善化寺普贤阁等。

图 10-67 清明上河图中的柱梁作

（B）缠柱造平座，即楼阁上层柱比平座柱退入一柱径，这时柱根落在地板的铺板方及下部柱头方上，到了转角之处，由于上层柱在正侧两面皆退入一柱径，平座铺作便于角上安栌斗三枚，围绕在上层柱周围，故称缠柱造。未见实例。

（C）永定柱造平座，楼阁上层柱与平座层的关系同 A 或 B，而平座层不依附于楼阁下层，直接自地立柱构成平座层的柱框层，柱框层之上即为平座铺作层，例如河北正定隆兴寺慈氏阁（图10-68）。

由上列三种做法可知，无论哪一种，在楼层之间皆有一个平座层，在室内承托楼板，在室外形成挑台，可供登临远眺。一般在平座铺作之下设腰檐一周。有时平座层在室内作为暗层，只起结构作用，不能作为使用空间，如应县木塔。也可不做暗层，室内空间直通上层，如河北正定隆兴寺转轮藏殿。这种由一层层叠落起来的楼阁在竖直方向缺乏刚性构件，是其最大的缺憾。在受到水平荷载时便会产生不均匀变形，使楼阁发生倾斜或扭转。

（2）梁、额类构件长度及位置

《法式》将构架中的梁类构件作了分类，凡横向叠搭于柱上者称为“梁”或“栿”，纵向搭于

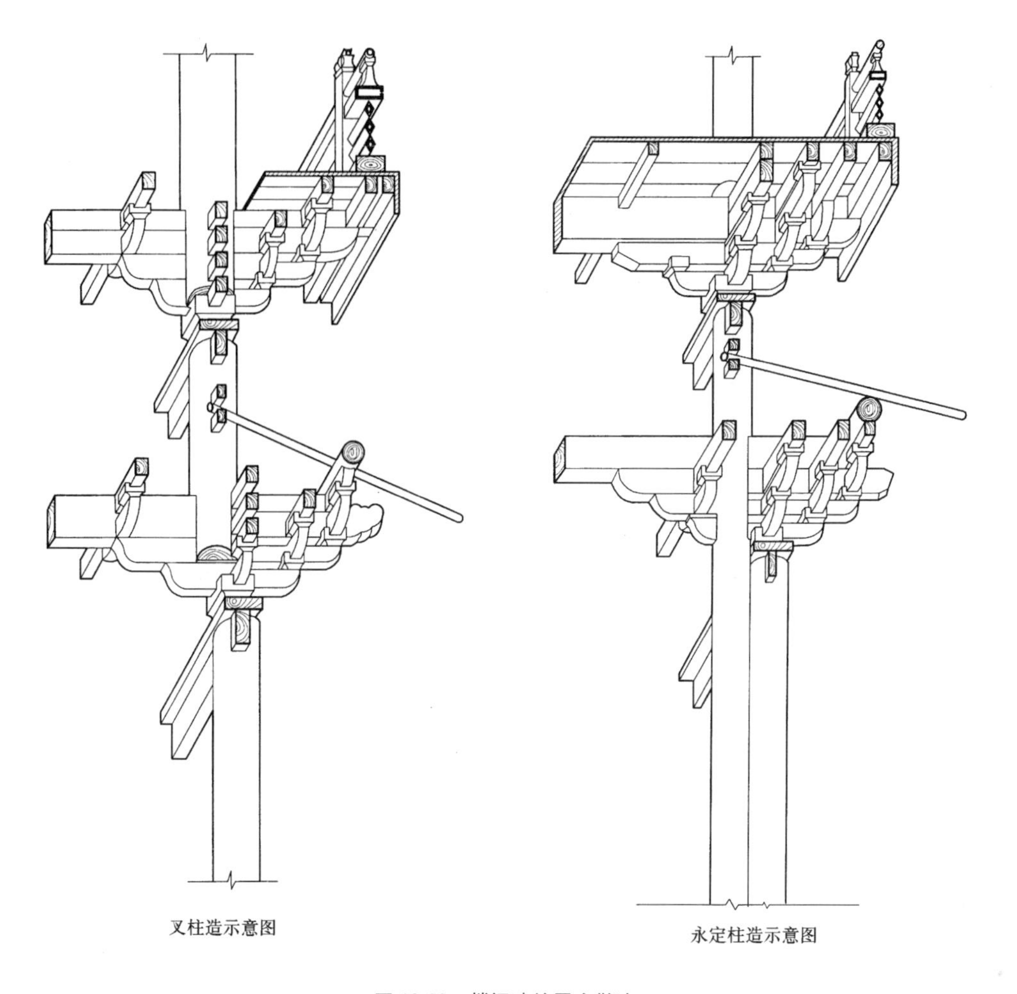

图 10-68 楼阁建筑平座做法

柱上者称额，施于坡屋面四角者称为“角梁”。

1）梁类：梁类构件多以长度和位置来区分其性质。

梁的长度以椽的水平投影长度来计量，几椽长的梁便称之为几椽栿。《法式》卷五所载之梁有以下几种：

①檐栿：一般指前后檐柱或内柱间的长梁，长度可从三架椽至八架椽，即称三椽栿、四椽栿……八椽栿。

②乳栿：指外檐柱与内柱间两椽长的短梁。

③平梁：位于屋顶最上部两椽长的梁。

④劄牵：位于乳栿之上或其他部位一椽长的短梁。

⑤丁栿：在山面与主要梁架成丁字形位置的短梁，长度多为两椽。

⑥阁头栿：位于九脊顶山面，以承山面檐椽后尾的梁。

以上几类梁皆可做明栿，也可做草栿。

2）额类：额类构件，多位于纵列柱之间，长皆随间广，仅位置和断面会产生各种变化，就其位置看有以下几种：

①阑额：安于檐柱柱头之间。

②由额：安于殿身阑额之下，以承副阶椽尾。

③屋内额：安于内柱柱头之间。

④门额、额：位于阑额之下与其平行者，为安装门窗装修所施构件皆称为额，在门上者也可称为门额。

3）角梁类

①大角梁与子角梁，搭于转角铺作橑檐方与下平槫交角之间的梁，前伸至檐头者即为大角梁，子角梁伏于大角梁背，前伸至飞檐头，子角梁尾《法式》原称“至柱心”，即指到檐柱中心，若按《法式》图样中檐角起翘不高的情况看，有可能因前部悬挑太长而发生倾覆。在实例中出现过三种做法，一为太原晋祠圣母殿，采用的做法是将子角梁后尾上再插一根短短的续角梁，伸至下平槫（图 10-69①）。另一种做法是做高翘角，将子角梁尾插入大角梁中，倾覆的可能性变小了，南方现存明清时期建筑的高翘角做法正是这样，这种做法在宋代砖石建筑遗物中可以找到先例，如福建鼓山涌泉寺前之陶塔。因之《法式》所记可能是南方高翘角建筑中子角梁的做法。第三种做法是，子角梁尾与大角梁尾共同伸至下平槫交角，如正定隆兴寺摩尼殿（图 10-69②）。

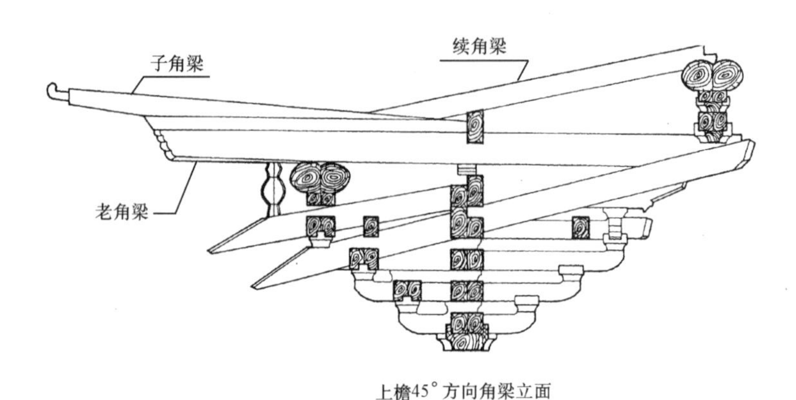

图 10-69①　太原晋祠圣母殿上檐角梁图

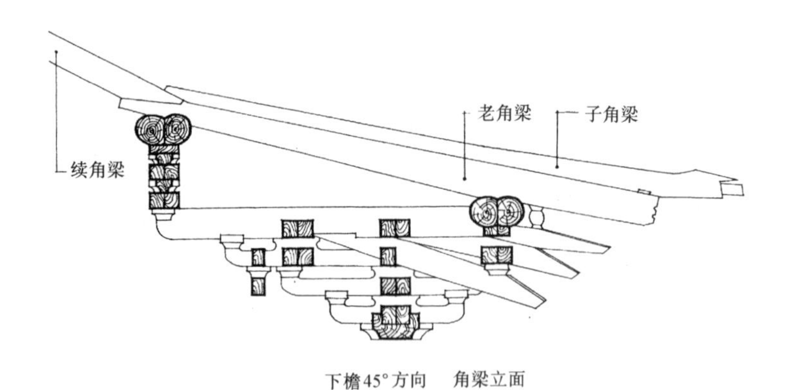

图 10-69②　正定隆兴寺摩尼殿角梁图

②隐角梁与续角梁：在四阿顶建筑中随大角梁后尾至脊槫还需将角梁延续下去，搭于各层平槫的交点，便形成续角梁。为了使角梁与续角梁背的折线交成一条优美的曲线轮廓，往往需要在转折点上再加垫木条，此即称之为隐角梁。

③隐衬角栿：《法式》卷五造梁之制一节载有“凡角梁下又施隐衬角栿，在明梁之上，外至橑檐方，内至角后栿项柱，长以两椽材斜长加之”，对此位置和高度所施之梁称之为隐衬角栿，未见宋代实例。

（3）梁、额造型及断面

在构架中的草栿皆作长方形断面的直梁，而明栿则有直梁与月梁之分，明栿为直梁者断面仍为长方形，月梁者不仅上下表面起鰤，使整条梁成眉月形，而且两侧面也要卷杀，作成微凸起的弧面。额类构件中尽管均为露明者，但无月梁式，断面皆为长方形，仅两侧面做卷杀成弧面。《法式》卷四造梁之制所载梁的断面如下表所示。

从表 8 可以看出：

①梁的断面尺寸是随着梁的长度而变化的。梁越长，断面尺寸越大。

②梁的断面尺寸与梁表面加工的精粗程度有关。凡表面作了较精细加工的，断面尺寸就可小些；凡表面仅作粗加工的，断面尺寸就要大些。这是因为考虑到粗糙的面层承载能力稍差的缘故。因此表 10-8 中明栿与草栿尺寸不同。

《营造法式》卷五造梁之制所载梁断面一览表 **表 10-8**

梁的类型	建筑类型	梁的长度	梁的断面 高×宽（分°）			
			采用四至五铺作斗栱的建筑		采用六至八铺作斗栱的建筑	
			明栿	草栿	明栿	草栿
直梁	殿阁	六至八椽檐栿	60×40	60×40	60×40	60×40
		四至五椽檐栿	42×28	45×30	42×28	45×30
		乳栿及三椽栿	36×24	30×20	42×28	42×28
		出跳劄牵	30×20	30×20	30×20	30×20
		不出跳劄牵	21×14	21×14	21×14	21×14
		平梁	30×20	30×20	36×24	36×24
	厅堂	四至五椽檐栿	36×24			
		三椽栿	30×20			
月梁	殿阁或厅堂	六椽上栿	60×40		60×40	
		五椽栿	55×36		55×36	
		四椽栿	50×34		50×34	
		乳栿及三椽栿	42×28		42×28	
		平梁（总进深四至六椽）	35×23			
		平梁（总进深八至十椽）	42×28		42×28	
		劄牵	35×23		35×23	

③由于不同类型的建筑对梁的强度要求有所不同，如殿阁一类的建筑要求的强度高，因其所承托的屋顶，构造做法复杂，瓦饰厚重，荷载的重量大，所以把梁的断面尺寸加大。而厅堂一类的建筑荷载重量稍轻，所以梁的断面尺寸就小些。

④表面经艺术加工、作成稍稍弯曲的月梁，与未经艺术加工的直梁，断面大小是不同的。因为考虑到梁面经艺术加工，作成弧形表面后，承载力的有效值减弱，所以将梁断面稍稍放大（图 10-70）。还有其他一些因素，如考虑到建筑上所用斗栱的等级，满足建筑艺术处理的要求，或因梁头出跳的构造要求等，也对某些梁的断面尺寸作了调整。

此外，《法式》还对梁首、梁尾的处理也作了规定，一般月梁梁首断面均减至一个“足材”的大小，即 21 分°×10 分°，然后或进入斗栱的斗口中，或插入柱身。

《法式》对于梁长度和断面尺寸的规定，是把技术要求与艺术要求加以综合考虑之后而制定出来的。今天，分析其对梁受力情况的认识程度，可以看出，这不仅是总结了当时工匠的实践经验，而且是有所提高的科学结论。关于这个问题，一方面可从与《法式》成书前后的中国古代建筑遗物的比较中得到证实，另一方面也可从与西方材料力学发展史的有关论断的比较中得到证实。

现在，来看一下比《法式》成书年代晚三、四百年的达·芬奇的论断。达·芬奇所提出的在当时被认为具有普遍意义的原理是："任何被支承而能自由弯曲的物件，如果截面和材料都均匀，则距支点最远处，其弯曲也最大。"[6]他通过实验得出的结论是："两端支承的梁的强度与其长度成反比，而与其宽度成正比。"[7]也就是说，同样断面的梁，长度越长，强度就会越小。同样长度的梁，宽度越大，则强度越高。把这个结论与《法式》的总结相对照，可以看出《法式》关于梁的长细比的规定中已包含了长度与强度成反比关系的这层意思，而达·芬奇对于梁的强度与宽度关系所下的结论，远不如《法式》对于梁的高宽比的规定更接近于问题的实质。《法式》规定梁的高度尺寸是宽度的 1.5 倍，说明当时已认识到梁的高度尺寸之大小比梁的宽度尺寸之大小在受力中更为重要，而达·芬奇并未认识到这一点。到了 17 世纪，伽利略才在这点上突破了达·芬奇的结论。伽利略在《两种新科学》一书中提出："任一条木尺或粗杆，如果它的宽度较厚度为大，则依宽边竖立时，其抵抗断裂的能力要比平放时为大，其比例恰为厚度与宽度之比。"[8]在这里，伽利略已证实了影响杆件受力的关键是断面高度，杆件立放时承载能力好，说明强度与断面高度有密切关系。竖立与平放时的强度之比恰为厚度与宽度之比的结论，说明杆件的宽度变化对强度影响不大。但未给出杆件断面高宽比的最恰当的比例。因此，在这个问题上，伽利略的结论还未达到《法式》将梁断面的高宽比确切地定为 3∶2 的结论之深度。

继此之后，17 世纪下半叶至 18 世纪初的一位数学、物理学家帕仑特（Parent，1666～1716 年）在讨论梁的弯曲的一篇报告中，当谈到如何从一根圆木中截取最大强度的矩形梁时，总结出了一种科学的方法，即要求矩形梁的两边 AB 与 AD 的乘积必须为最大值，这时矩形梁的对角线 DB 即为圆木直径，它恰巧被从 A 和 C 所作的垂直线分为三等分[9]（图 10-71）。

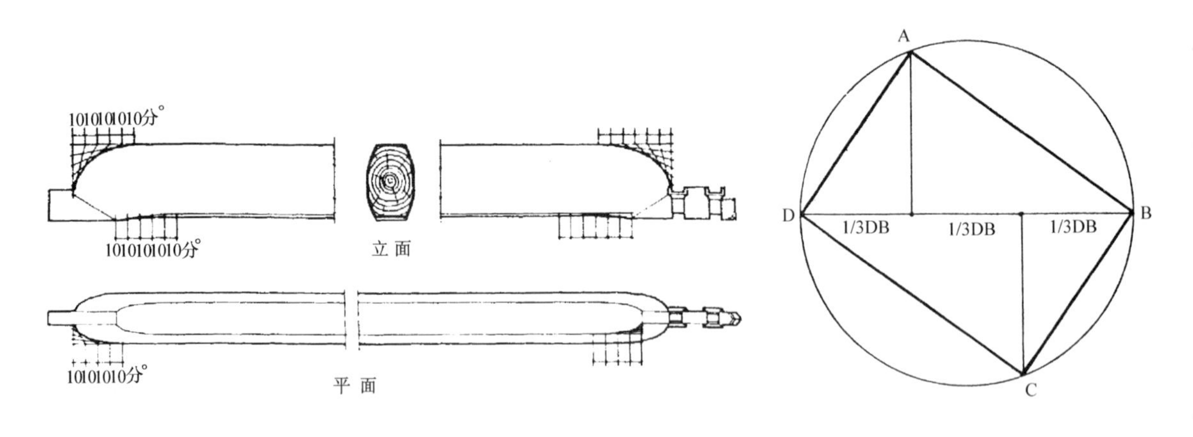

图 10-70　月梁

图 10-71　从圆木中截取最大强度的距形梁图解法

根据这个结论，可以求出矩形梁长短边的比例关系，当短边为 2 时，长边为 2.8。这与《法式》中所规定的梁断面高宽比 3∶2 较为接近了。

18 世纪末至 19 世纪初，英国科学家汤姆士·杨（Thomas Young，1773～1829 年）也证实了帕仑特的结论，并进而发现从一已知圆柱体中取一根矩形梁时，"刚性最大的梁是其截面高度与其宽度成$\sqrt{3}$∶1 的比例；而强度最大的梁乃是高度与宽度两者成$\sqrt{2}$∶1 的比例；但最富于弹性的梁乃是其高度与宽度相等的梁”[10]。

拿这个结论与《法式》关于梁断面高宽比的结论相对照，可以看出$\sqrt{3}$ ：1 即 3.46 ：2，$\sqrt{2}$ ：1 即2.8 ：2。《法式》规定梁断面高宽比为 3 : 2，可以看成是取了两者的中间值，既考虑到刚度，也考虑到强度。

也许有人会认为，《法式》只不过是当时实践经验的总结，未必会作这样的考虑。可是，从保留下来的当时的实物看，绝非以简单的“实践经验的总结”所能解释。从表 10-9 所列的 24 个建筑物中有关梁断面尺寸的 95 个参数，可以看出，50％左右的梁断面高宽比是在$\sqrt{2}$ ：1 至$\sqrt{3}$ ：1 的范围内，而只有 37％的梁断面高宽比是在 1.5（±0.1）：1 的范围内。《法式》将梁断面的高宽比确切地规定为 3 : 2 的比例关系，应当承认这是古代匠师经过对梁的强度、刚度作了仔细研究之后而得出的结论。因此，应当把这个结论看成一种理论性的上升。

梁栿实例尺寸表 **表 10-9**

序号	建筑名称	年代（公元）	檐栿		乳栿		平梁	
			椽架及长度（厘米）	断面尺寸（厘米）及高宽比	长度（厘米）	断面尺寸（厘米）及高宽比	长度（厘米）	断面尺寸（厘米）及高宽比
1	南禅寺大殿	782	四椽栿＝967	45×33＝1.36：1			297	33×27＝1.22：1
2	佛光寺大殿	857	四椽栿＝882	54×43＝1.26：1	430	430×28＝1.54：1	437	45×33＝1.36：1
3	镇国寺大殿	936	六椽栿＝1028	41×26＝1.46：1			366	44×28＝1.57：1
4	华林寺大殿	964	四椽栿＝684	54×59＝0.91：1	384	54×59＝0.91：1	350	52×56＝0.92：1
5	独乐寺山门	984			429	54×30＝1.8：1	486	49×28＝1.75：1
6	独乐寺观音阁下层	986			332	39×25＝1.56：1		
	平座				298	34×16.5＝2.06：1		
	上层		四椽栿＝732	56×28＝2：1	293	40×26＝1.54：1	366	43×23＝1.55：1
7	永寿寺雨花宫	1008	四椽栿＝897	47×34＝1.38：1	422	44×31＝1.42：1	474	37×20＝1.85：1
8	保国寺大殿	1013	三椽栿＝578	76*×36.5*＝2.08：1	311	45*×26*＝1.73：1	428	61*×24.5*－2.5：1
9	奉国寺大殿	1020	四椽栿＝996	71×48＝1.48：1	498	54×38＝1.42：1	498	54×38＝1.42：1
10	晋祠圣母殿殿身	1023～1031	六椽栿＝1104	53×40＝1.33：1	368	36×30＝1.2：1	368	32×24＝1.33：1
	副阶				308	30×22＝1.36：1		
11	广济寺三大士殿	1024	三椽栿＝673	53×35＝1.5：1	446	45×26＝1.73：1	454	45×26＝1.73：1
12	开善寺大殿	1033	四椽栿＝953	70×38＝1.84：1	480	57×38＝1.5：1	481	48×27＝1.78：1
13	华严寺薄伽教藏	1038	四椽栿＝937	51×34＝1.5：1	455	45×24＝1.39：1		
14	善化寺大殿	11 世纪	四椽栿＝1016	75×34＝2.2：1	450	52×32＝1.6：1	508	45×24＝1.39：1
15	华严寺海会殿	11 世纪	四椽栿＝968	64×40＝1.7：1	479	47×30＝1.2：1	464	50×29＝1.72：1
16	隆兴寺摩尼殿殿身	1052	四椽栿＝952	72×25＝2.88：1	440	45×25＝1.8：1	470	40×23.5＝1.7：1
	副阶				397	50×26＝1.9：1		
	东龟头殿				397	50×26＝1.9：1		
	西龟头殿				384	50×26＝1.9：1		
	南龟头殿				614	47×22＝2.14：1		
	北龟头殿				412	33×20＝1.65：1		

续表

序号	建筑名称	年代（公元）	檐栿		乳栿		平梁	
			椽架及长度（厘米）	断面尺寸（厘米）及高宽比	长度（厘米）	断面尺寸（厘米）及高宽比	长度（厘米）	断面尺寸（厘米）及高宽比
17	应县木塔一层塔身				521	47×30=1.57∶1		
	一层副阶				329	42×28=1.5∶1		
	应县木塔一层暗层		六椽栿=1294	65×40=1.62∶1	475	25.5×17=1.5∶1		
	二层塔身				475	48×30=1.6∶1		
	二层暗层		六椽栿=1250	64×40=1.625∶1	452	25.5×17=1.5∶1		
	三层塔身				444	45×30=1.5∶1		
	三层暗层		六椽栿=1228	60×32=1.875∶1	408	25.5×17=1.5∶1		
	四层塔身				403	44×30=1.47∶1		
	四层暗层		六椽栿=1164	52×30=1.73∶1	385	25.5×17=1.5∶1		
	五层塔身		六椽栿=1158	60×32=1.875∶1	382	44×29=1.52∶1		
18	善化寺普贤阁下层	11世纪	四椽栿=1025	56×40=1.40∶1				
	平座		四椽栿=995	54×42=1.29∶1				
	上层		四椽栿=978	54×42=1.29∶1			522	44×29=1.76∶1
19	佛光寺文殊殿	1137	四椽栿=868	60×39=1.54∶1	434	44×25=1.76∶1	434	44×25=1.76∶1
20	崇福寺弥陀殿	1143	四椽栿=1130	62×47=1.32∶1	550	42×30=1.4∶1	565	41×30=1.37∶1
21	善化寺三圣殿	1128～1143	六椽栿=1407	72×34=2.12∶1	519	52×30=1.73∶1	452	37×28=1.32∶1
			六椽栿=1407	62×34=1.82∶1			452	23×28=0.82∶1
22	善化寺山门	1128～1143			499	49×24=2.01∶1		
23	隆兴寺转轮藏下层	12世纪			405	30×27=1.1∶1		
	副阶				380	37×20=1.85∶1		
	平座				405	30×18=1.67∶1		
	上层		四椽栿=852	49×32=1.53∶1	405	47×32=1.47∶1	450	50×32=1.56∶1
24	隆兴寺慈氏阁平座	12世纪	四椽栿=786	50×35=1.42∶1	353	32×24=1.33∶1		
	副阶		三椽栿=482	38×26=1.46∶1				
	上层		四椽栿=786	54×37=1.46∶1	353	32×24=1.33∶1	433	36×25=1.44∶1

注：表中梁栿尺寸原始数据（长、宽、高），引自陈明达《营造法式大木作制度研究》；其中带 * 号者，系按笔者实测资料作了改动。

还有一点需要指出，即《法式》所规定的梁断面尺寸，普遍比现存唐宋时代一般古建筑实物的梁断面尺寸稍大，这可能是由于《法式》一书中所定的规章制度专门适用于修建供皇族使用的建筑工程，因而对工程质量和安全度特别重视的缘故。

12世纪初（1103年）成书的《法式》竟然能得出这样有价值的结论，在时间上比西方科学家帕仑特的结论早约600年，在科学性上已被后世许多科学家的实验和实践所证实，这是不能不令人赞叹的。

（4）屋顶：

1）屋顶形式：《法式》记载了三种屋顶。

①四阿顶：是一种带有四面坡的屋顶，清式称庑殿顶，主要用于殿阁类建筑。按《法式》规定，四阿顶的四条戗脊[11]平面投影多不在角部的45°线上，这样作是为了避免正脊太短，则将正脊两端增出。《法式》卷五“阳马”一节载，“若八椽五间至十椽七间，两头并增加脊槫各三尺”，这样角梁上部尽处便自45°投影线交点向外移出三尺。实例如山西大同善化寺三圣殿，即属八椽五间一类，其脊槫确有增出1.35尺[12]，不足三尺。河北新城开善寺大殿虽仅六椽五间，脊槫也增出了1.3尺，而善化寺大殿属十椽七间者，未见增出，其他实例脊槫增出者也不多。估计当时尚未作为普遍通行的制度（图10-72）。

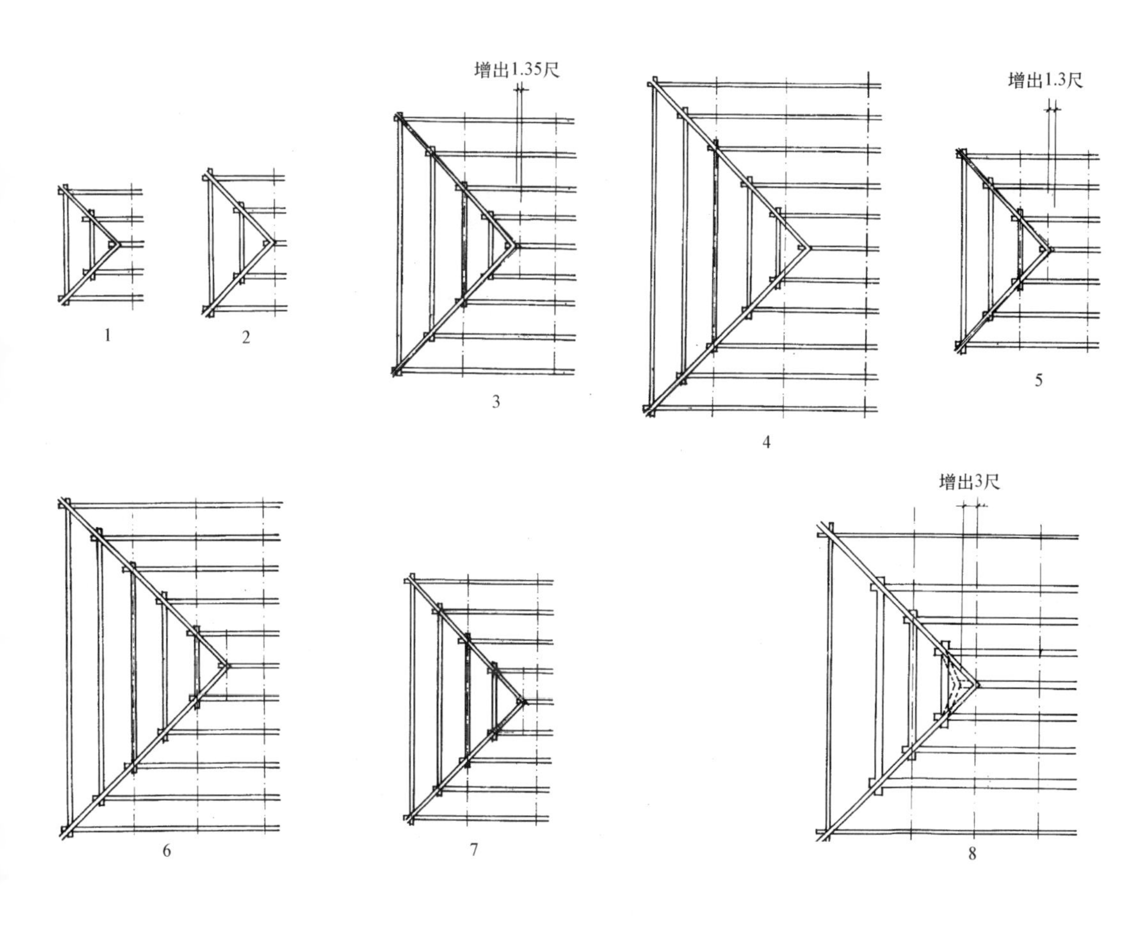

图10-72　四阿顶脊抟增出图

1. 独乐寺山门　2. 善化寺山门　3. 善化寺三圣殿　4. 善化寺大雄宝殿
5. 开善寺大殿　6. 奉国寺大殿　7. 广济寺三大士殿　8. 宋营造法式

②厦两头造（九脊顶）：清式称为歇山顶，既可用于厅堂类建筑，也可用于殿阁类建筑。

据《法式》卷五“阳马”一节载：“凡厅堂若厦两头造，则两梢间用角梁转过两椽，（亭榭之类转一椽，今亦用此制作为殿阁者，俗谓之曹殿，又曰汉殿，亦曰九脊殿）。由此可知厅堂建筑使用时称之为“厦两头造”，用于殿阁时即称其为“九脊顶”了。“厦两头”一词可解释为在一座两坡顶的房屋两头加上披檐为两厦，一般两厦宽为两椽，小亭榭为一椽。另一种解释为“厦”字音同“杀”，即斫杀，切掉之意，对两坡顶的建筑两头切掉一间上部的屋顶，再用角梁转过两椽，构成厦两头造。其构造特点是屋顶的两坡顶部分，两端须作出际。卷五“栋”一节中有出际之制，要求“若殿阁转角造即出际长随架”（图10-73）。

由于九脊顶出际长了，便需“于丁栿背上随架立夹际出子，以柱槫梢，或更于丁栿背上添阁头栿”。这是指对出际之槫应增加支点，此处做法见于河南登封少林寺初祖庵大殿山面，此殿仅三开间，转角处随角梁仅转一椽，但槫从当心间两缝梁架伸出，中间本无支点，因之必须立夹际柱子以助槫梢，并用阁头栿承山面之椽尾（图 10-74）。

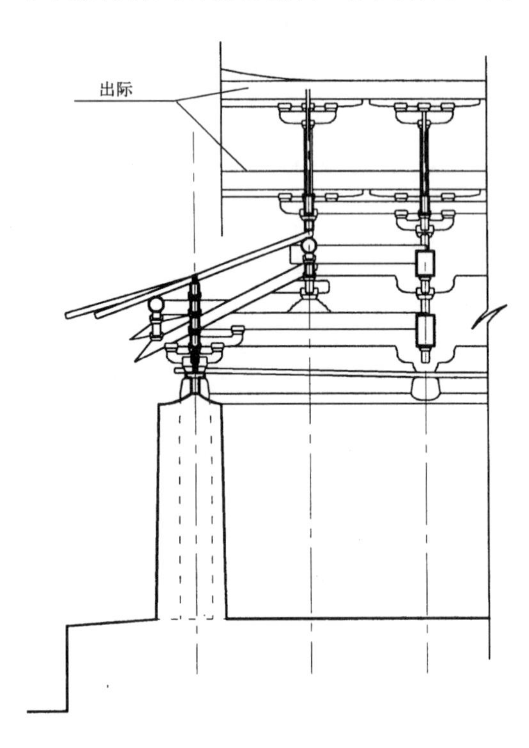

图 10-73 厦两头造（山西榆次永寿寺雨花宫）

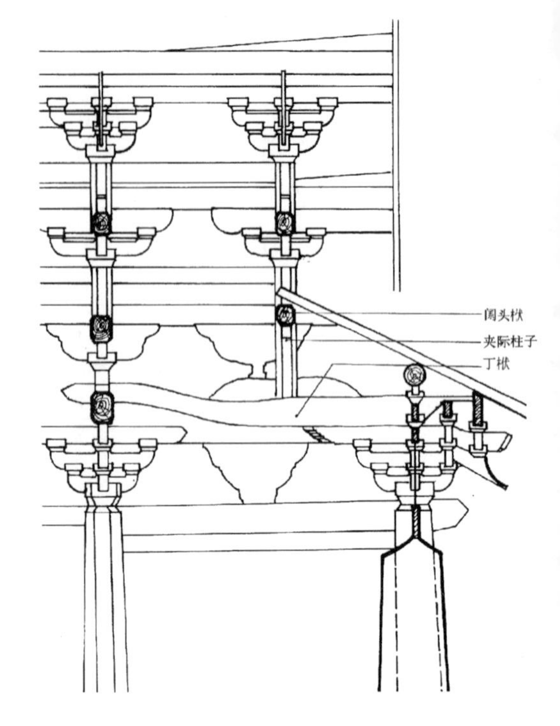

图 10-74 夹际柱子（初祖庵大殿）

③不厦两头造：即两坡顶，相当于清式的悬山顶。用于厅堂类建筑其特点有二，第一不是平直的坡顶，而是成双曲面的坡顶。在横剖面方向依举折制度做出凹曲线，在纵向由于柱之生起及槫梢所加生头木，又使屋面也成凹曲面。第二屋顶自梢间需出际，按《法式》规定“两梢间两际各出柱头……如两椽屋出二尺至二尺五寸，四椽屋出三尺至三尺五寸，六椽屋出三尺五寸至四尺，八椽至十椽屋出四尺五寸至五尺”。

2）举折制度：

举折制度由两部分构成，一是举屋之法，即定总举高，也就是屋顶从橑檐方背至脊槫背的总高度，其尺寸以前后槫檐枋心的距离（A）为基数，依建筑等第的不同，总举高的计算方法也不同。

殿阁：$H_{D}=\frac{A_{D}}{3}$

厅堂：瓪瓦厅堂 $H_{TT}=\frac{A_{T}}{4}+\frac{A_{T}}{4}\times 8\%$

瓪瓦厅堂 $H_{TB}=\frac{A_{T}}{4}+\frac{A_{T}}{4}\times 5\%$

廊屋：瓪瓦廊屋 $H_{LT}=\frac{A_{L}}{2}\times 5\%$

瓪瓦廊屋 $H_{LB}=\frac{A_{L}}{2}\times 3\%$

二是折屋之法，是指屋顶在每缝平槫位置所发生的转折，第一折在上平槫一缝，从脊槫与橑檐方之间的连线交点上下落 10%H，第二折在中平槫处，从第一折点至榇檐方之间的连线下落 20%H，依次类推为 40%H，80%H……将所有折点求出后即可连成屋面曲线（图 10-75）。

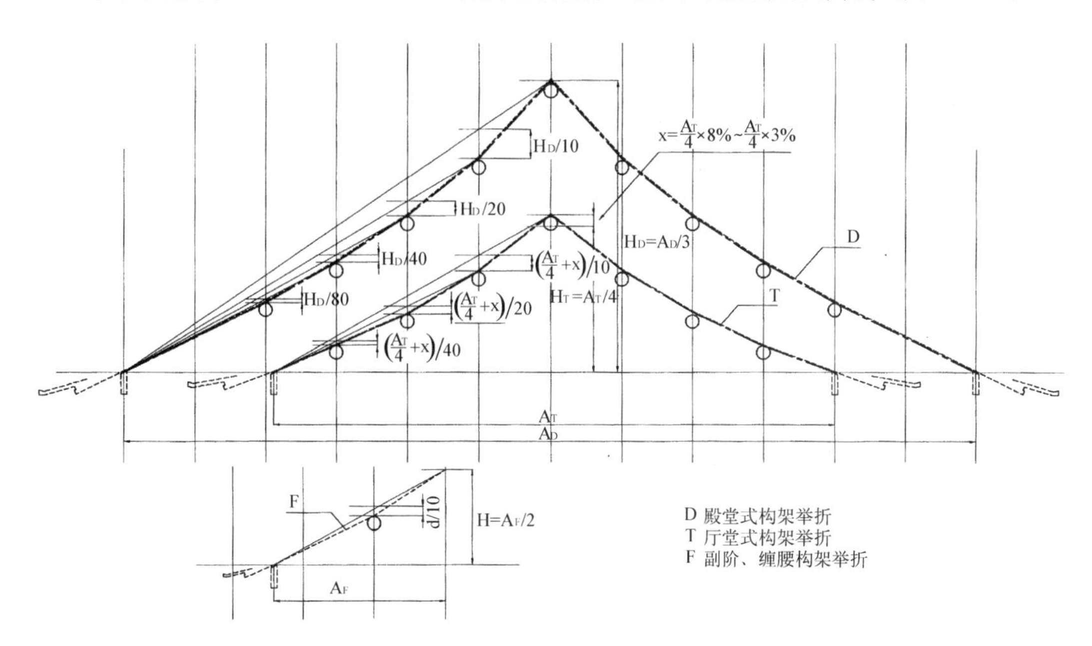

图 10-75 屋面举折图

（5）椽架、出檐、椽径、布椽

椽架是指椽在两槫之间的水平投影长度，《法式》规定“每架平不过六尺，若殿阁或加五寸至一尺五寸”，即指一般建筑椽架长在 6 尺以下，大型殿阁可达 7.5 尺，这样的规定与现存同期实物一致，但也有个别超出者，如上华严寺大雄宝殿，椽架长达 9 尺，奉国寺大殿椽架长达 8.5 尺。椽架越长，断面势必须相应加大，所耗材料随之增多。《法式》采取了适中的态度，是恰当的。明清建筑的椽架变得短，明显地是出于节省材料的目的。

按照举折制度求出了榇檐方以内的屋面曲线，而在榇檐方以外至檐头，这部分《法式》将其归属为“造檐之制”，其中主要是两项内容，一为屋檐宽度，一为至角生出尺寸，檐宽取决于建筑物的大小，即属于殿堂还是厅堂或余屋，同时又与承托挑檐的椽子粗细密切相关。《法式》先依建筑类型制定椽的材分°，一般殿阁为 9～10 分°，厅堂为 7～8 分°，余屋 6～7 分°。檐出宽度则可转换成真实尺寸后的椽径，分成两级，即：椽径 5 寸者檐出（指檐椽挑出）4～4.5 尺，另加飞檐尺寸，相当于檐出的 60%；等于 2.4～2.7 尺，则总的出檐为 6.4～7.2 尺，合 2.04～2.30 米，这应属殿阁类建筑所用尺寸。另一级为椽径 3 寸者，总出檐为 5.6 尺，合 1.79 米。若遇不适此两类或更小的建筑，则应比类调整。建筑遗物中出檐尺寸普遍小于《法式》规定，仅上华严寺大雄宝殿达 2.76 米，超过《法式》规定范围。

屋檐檐角生出随建筑规模而定，即“一间生四寸，三间生五寸，五间生七寸（五间以上约度随宜加减）”。为何檐角生处既不定为材分°数，又不定为按檐宽的某种比例，究其原因可能与檐角的上翘存在一定对应关系，《法式》虽未专门订出上翘尺寸，但却有柱子依次生起之值，（详见用柱之制一节），再加上正心方至角部所加的生头木，共同影响着屋檐上翘。虽然生出比生起值要大，但屋檐的生出与起翘仍然是相近的。

《法式》对于椽的布局特别指明：“令一间当心，若有补间铺作者，令一间当要头心”，也即以椽当对准房屋中线或每一开间的中线，但却未提及柱中心线位置是否必须为椽当。在清式建筑中，由于柱中线位置正当檩子相接之缝隙，无法钉椽，故柱中心线处必为椽当。而宋式建筑则不然，由于槫相接处采用了螳螂头口之榫卯，不影响钉椽，所以柱中心线处可不作椽当。椽子到了屋顶转角处如何安排？《法式》指出“若四裴回转角者，并随角梁分布，令椽头疏密得所，过角归间（至次角补间铺作心）”。但椽尾如何交待？未作规定。此期遗构有两种做法，一种为椽尾交于一点，此点即补间铺作中线与角梁中线之交点，椽子成扇形展开，大多数遗构如此。另一种为短椽，即可将椽皆平行放置，但翼角椽子易损坏，已无木构遗物，见于福州鼓山涌泉寺前宋代陶塔。不过此种做法在日本古代木构建筑中保存了下来。

（6）用柱之制

《法式》对柱子粗细，柱的造型乃至柱在构架中如何安置皆有详细规定。

1）柱径：殿阁，两材两栔至三材。厅堂，两材一栔。余屋，一材一栔。

2）柱身：需做卷杀，但如何做？《法式》载：“凡杀梭柱之法，随柱之长分为三份，上一份又分为三份，如柱卷杀渐收至上径，比栌斗底四周各出四分°，又量柱头四分°，紧杀如覆盆样，令柱顶与栌斗底相副，其柱身下一份杀令径围与中一分同”。这段文字最令人费解处是最后一句，即柱身下部的三分之一做不做卷杀？按文字中“下一份杀令径围与中一份同”这中一份是指柱身的中一份？还是柱身上一份又分成三份后的中一份？若是前者则不需“杀”了，这是一般常见的建筑用柱情况，下段无卷杀，但江南所存木构或石构建筑常见有下一份也作卷杀的例子，如宋初遗物，杭州灵隐寺大殿前石塔之柱，柱身即带有下部卷杀（图 10-76、10-77）。木构建筑的例子可以找到元代浙江武义延福寺大殿。从字面上理解既然称之为“梭柱”，即应上、下皆有卷杀才是。

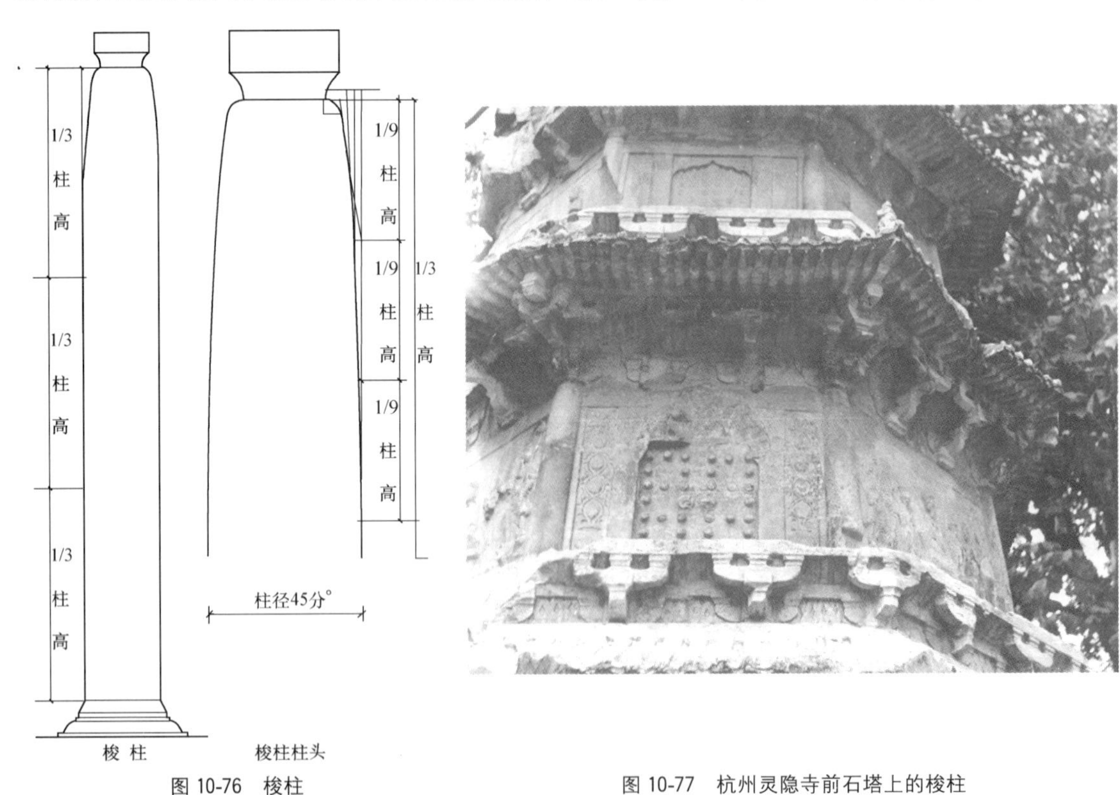

图 10-76 梭柱

图 10-77 杭州灵隐寺前石塔上的梭柱

3）生起与侧脚：柱在构架中安置时采用了生起和侧脚的办法，用以加强构架的整体性。所谓生起即当心间柱为平柱，自当心间向角渐次生高，每间生二寸，“若十三间殿堂，则角柱比平柱生高一尺二寸”。侧脚是指外檐柱柱脚向外侧移，正面柱“每长一尺侧角一分”即 10‰，侧面柱“每长一尺即侧脚八厘”为 8‰，这样使柱子出现了一个向内的倾角。生起、侧脚共同工作，便产生了一种内聚力，可与上部屋盖下压而产生向外扩张的力量取得平衡。

4）柱高：关于柱高，《法式》仅记有“若副阶廊舍下檐柱虽长，不越间之广”。而一般无副阶的殿堂或厅堂到底柱高如何确定?《法式》未作规定，从实例看檐柱高也皆不越心间之广。但两者未看出有何固定的比例关系。当时的建筑，檐柱柱径也较后期粗壮，径与高之比最大者仅1/7，少量细者达1/10。《法式》对柱高未作规定，说明这部分是可以由设计者灵活掌握的。

5）拼合柱：柱子的用材较大，在无大料可供时允许采用拼合柱。《法式》卷三十图样中绘有以两段或三段拼合成一根柱子的做法，在梁类构件也有“上加缴背，下贴两夹”的做法，这说明在宋代工匠已开始探索组合天然材料，使小材可大用的问题。不仅《法式》如此，且留下了木构架使用拼合柱的珍贵遗例——浙江宁波保国寺大殿。这是木构建筑技术向前发展的又一重要方面。

二、壕寨与石作制度

壕寨制度：主要内容包括“取正、定平、立基、筑基、城、墙、筑临水基”等方面的制度，相当于现代平整土地，施工放线，开挖基槽等类型的工作，以及筑土城、土墙的土工技术，筑驳岸及临水屋基技术。其中介绍了当时施工中使用的测量仪器：景表、望筒、水池景表、水平、真尺等的型制和使用方法。还制定了房屋阶基高度、地基处理、墙壁打筑、城墙夯筑等应遵循的规矩、准则。

例如：中国古代建筑虽无基础深埋，但仍需对地基加以治理，《法式》规定“凡开基址，须相视地脉虚实，其深不过一丈，浅止于五尺或四尺”，然后用碎砖瓦、石札加土，分层夯实回填。在筑临水建筑之基时，不仅开挖、夯筑，还要求扩大开挖面，并钉木桩，即“开深一丈八尺，广随屋间数之广，其外分作两摆手，斜随马头布柴梢，令厚一丈五尺，每岸长五尺钉桩一条。（[桩]长一丈七尺、径五寸至六寸皆可用），梢上用胶土打筑令实”。

又如：对当时仍普遍使用的夯土墙，《法式》将其分成三类，每类有不同的高厚比。

建筑物之墙：

高∶厚＝3∶1，“其上斜收比厚减半”。

露墙，即院落四周的围墙：

高∶厚＝2∶1，“其上斜收面之广比高五分之一”。

抽纴墙：

高∶厚＝2∶1，“其上斜收面之广比高四分之一”（图10-78）。

城墙也为夯土筑成，但比一般土墙厚得多，《法式》规定“每高四十尺，则厚加高一十尺，其上斜收减高之半”，并可依此比例加减（图10-79）。城墙下部需做地基处理，开深五尺，并于城中埋永定柱、夜叉木等，以保证夯土的坚牢。

石作制度：在中国古代建筑中几乎没有多少石构建筑，可能是由于中国人受阴阳五行思想的影响，只在陵墓中用石建造。然而一些高等级的木构建筑，又需用石头来作辅助材料，因为它可防潮，于是有了石台基、石坛、石柱础之类，使木结构具有坚实的基础。还有石碑、石桥之类为的是传之久远。《法式》石作制度就是把与木构密切配合的特别是皇家建筑中常用的石构件的形制、加工程序、雕镌制度作了整理、定出规章。

1. 常用石构件类型及形制

（1）台基

木构建筑的台基高度，是随大木作用材制度而定的，“基高于材5倍”。依此规定一等材的大

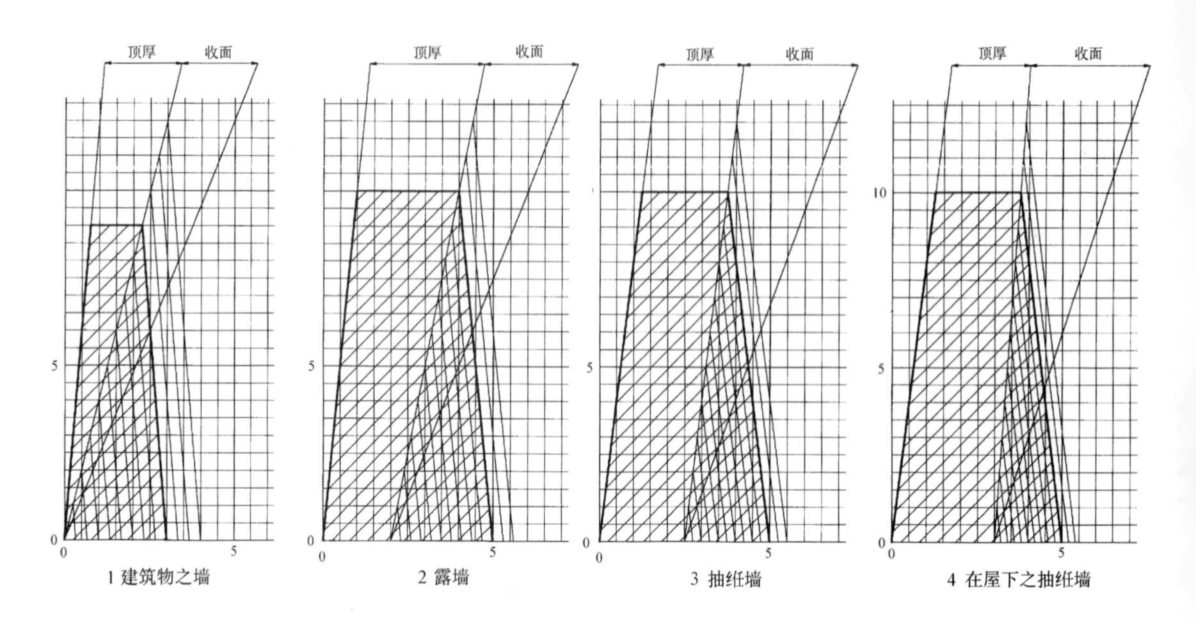

图 10-78 筑墙之制图

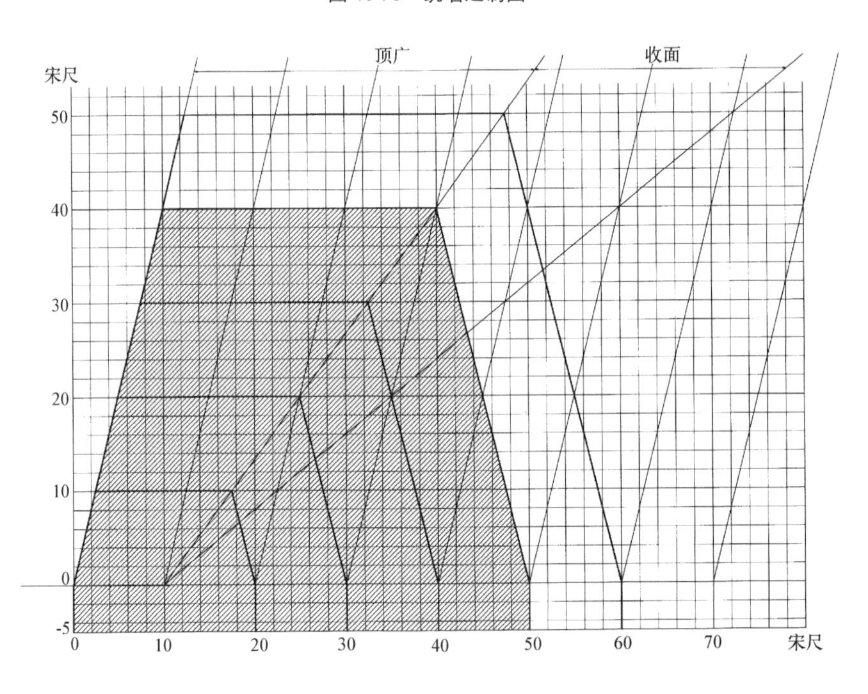

图 10-79 筑城之制图

殿可高达四尺五寸，而六等材的厅堂台基高不过三尺，八等材的小亭榭，台基仅高二尺二寸五分。当然这个数值还允许调整，即“如东西广者，又加五分至十分……若殿堂中庭修广者，量其位置随宜加高，所加虽高不过于材六倍”。对于需要更高台基的建筑，则应构筑基坛来解决。石台基的宽度，即自外檐柱中心线向四边伸出的尺寸，石作制度中无规定，《法式》卷十五砖作中规定砖阶基“自柱心出三尺至三尺五寸”。此可成为确定石台基宽度的参照。石台基并非全部用石块砌实，而是仅限于基墙表层砌石，内部则需回填土。从平面看，台基外椽周边砌压阑石一周，石段长 3.0 尺，宽 2.0 尺，厚 6 寸。至角作角石，2.0 尺见方，厚 0.8 尺。从立面看，角部设角柱。阶基下施土衬石。基墙有两种做法，一种为石块平砌，一种为叠涩坐，由石条层层叠涩而成，中间为束腰，束腰中施隔身版柱，版柱间作起突壶门（图 10-80）。法式卷二十九仅有殿基叠涩座角柱图样，与现存宋代实物对照，可知此类阶基之全貌。

（2）坛

石坛《法式》称，作三层，是指大型建筑的基坛。其尺寸依建筑性质而定，看其是用于宫殿，还是用于礼制建筑。《法式》未载坛高。其每一层的立面做法为下施土衬石，上以数层石段叠涩而成，中为束腰，可用隔身版柱造，或柱间做壶门。实物中有只做一层室内佛坛的，如正定隆兴寺大悲阁所存宋代佛坛（图 10-81）。

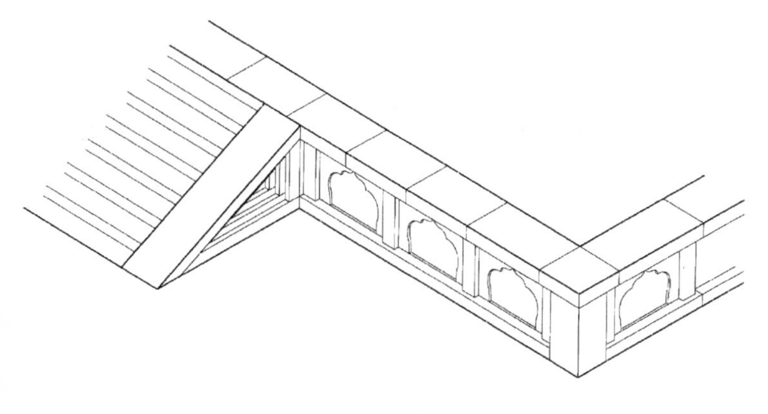

图 10-80 石阶基示意图

图 10-81 壶门造佛坛

（3）钩阑

有单钩阑与重台钩阑两类，《法式》对两者长、高皆作了限定。重台钩阑每段高四尺，长七尺。单钩阑每段高三尺五寸，长六尺。其他构件皆依钩阑高度的百分比列出详细尺寸，即以“每尺之高积而为法”。《法式》对钩阑的尺寸限定可理解为最大值，在实际应用中即使有所调整，也不应再增大，钩阑高度若再增大将会影响使用功能，《法式》所给的高 3.5～4 尺相当于 1.14～1.3 米，正符合人体尺度，而钩阑长度则与钩阑总体造型，石段开采的可能性，乃至重量大小，对施工操作是否便利等诸多因素相关，《法式》控制尺寸 6～9 尺相当于 1.97～2.3 米间，正是综合以上诸因素所得的理想尺寸（图 10-82、10-83）。

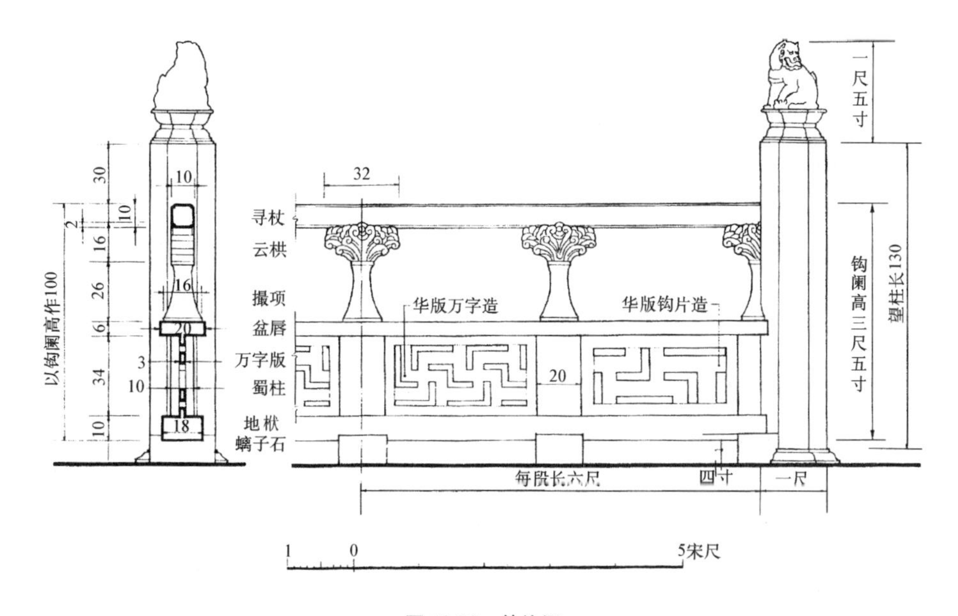

图 10-82 单钩阑

两类钩阑除尺寸差别外，重台钩阑于盆唇与地栿间做上、下两重华版，单钩阑则仅做万字版式或一重华版。绍兴八字桥使用的单钩阑，与《法式》规定相仿，只是万字版或华版用素版代之（图 10-84）。

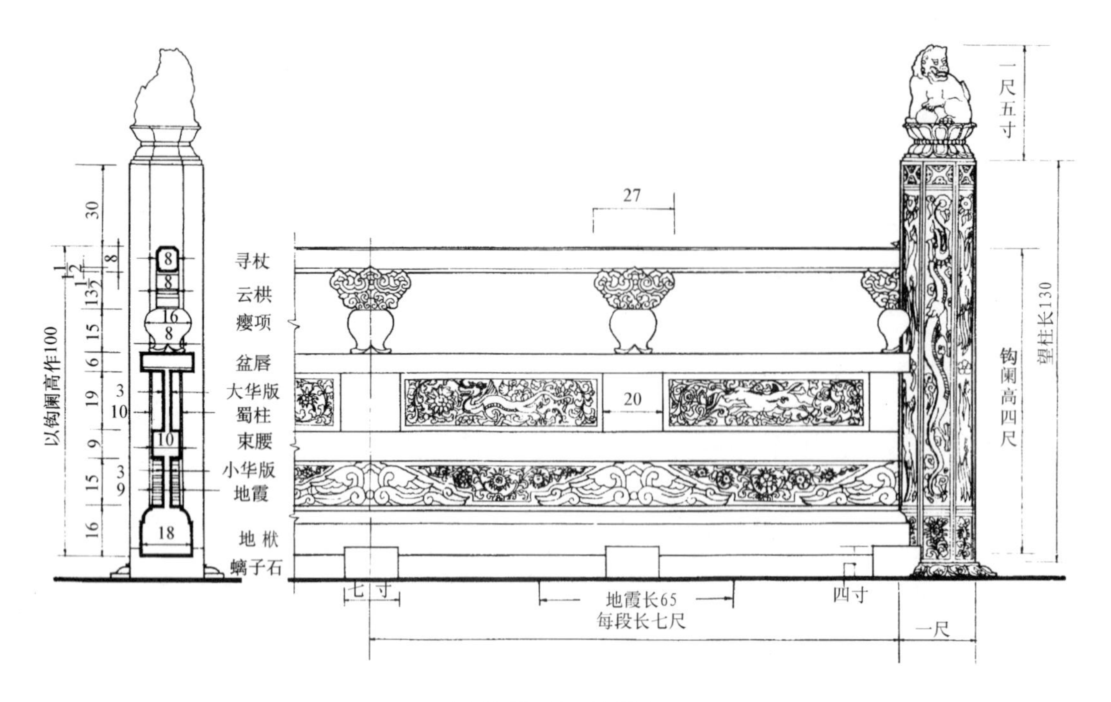

图 10-83　重台钩阑图

图 10-84　绍兴八字桥单钩阑

（4）柱础

重要建筑的柱础采用正方形础石上突出起圆形覆盆，常用者有素覆盆，也有带动植物纹样的。础石“方倍柱之径”，厚为方的5/10～8/10，覆盆高为础石边长的1/10。覆盆径可依所雕纹样花饰调整，一般覆盆上部均有厚度相当于覆盆高的1/10之“盆唇”，作为雕饰的结束，并与上部木柱櫍相接（参见图10-91）。

（5）踏道

每座建筑前的台阶称踏道，踏道由踏石、副子、象眼组成。踏道宽随建筑开间，高随台基，长为高的一倍。踏道两侧做象眼，随踏道高低由三至六层石条砌筑，逐层向内退入。实例如登封少林寺初祖庵大殿踏道（图10-85）。

（6）门砧、限

门砧是为固定门轴所用的长方形石块，置于大门门轴下部，一半在外一半在内。在内的一半有的开一圆孔，以容纳门轴，如在极大的门扇之下，则将圆孔改成凸起的半圆球，称为鹅台石砧（详见小木作制度）（图 10-86）。门限即门槛，置于大门下部，两个门砧之间。在大型建筑群的大门之下使用时，往往将门限去掉，在门砧处改施卧立柣，以便安装可拆卸的门限，便于车马通行，这种做法称之为断砌造（图 10-87）。

图 10-85　初祖庵踏道与象眼

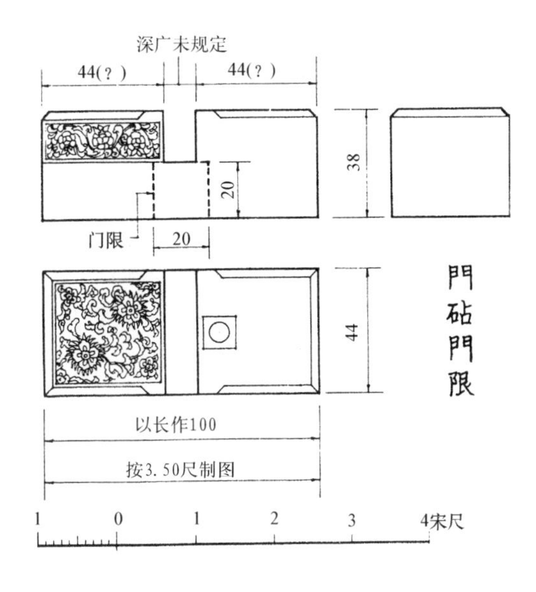

图 10-86　门砧、限

除此之外，《法式》所载石构件还有殿阶螭首、殿内斗八、流杯渠、卷輂水窗、水槽、马台、井口石、山棚鋜脚石、幡竿颊、赑屃鳌座碑、笏头碣等。

2. 石构件的造作次序

《法式》对石构件的加工编制出一套完整的工序，即“造作次序”，作为施工管理的依据。由于各种具有不同艺术处理的石构件，所采用的加工程序有所不同，于是又以石构件的加工特点为基础，编制了雕镌制度。

在“造作次序”中将石构件的加工归纳成六道工序：

（1）打剥：用錾（小凿）把石面凸起的部分凿掉。

（2）粗搏：粗加工，使石构件表面呈现出所需轮廓。

（3）细漉：密布錾凿，使表面凹凸变浅。

（4）褊棱：用褊錾琢凿棱角，令四边周正。

（5）斫砟：依雕饰类型，用刀斧斫一遍至三遍不等，为雕镌作好准备。

（6）磨砻：用沙石加水磨去表面斫纹，使之光滑。

前三道工序对于任何一种雕镌制度都是必不可少的通则，而后面的几道工序可依据雕镌的具体情况调整先后次序，如雕镌剔地起突覆盆柱础，其褊棱和磨砻皆需置于雕镌华文完成之后。

3. 石构件的雕镌制度

《法式》在石作制度中首次对建筑石雕的镌刻类型作了分类，即“其雕镌制度有四等，一曰剔地起突，二曰压地隐起，三曰减地平钑，四曰素平”。随着其所具有的不同艺术效果，而被使用在不同等第的建筑之不同部位。

（1）“剔地起突”相当于现代的高浮雕，或半圆雕，“地”即指雕饰物的最低部位，“地”本身大体在同一高度，或称同一平面或弧面。其上做出层层雕刻，雕刻的最高点则可有所差异，深浅层次较多，《法式》卷十六石作功限中所记使用此类雕饰的有下列部位。

1）柱础：

- 剔地起突海石榴花内间化生，四角水地内间鱼兽之类。
- 剔地起突水地云龙或牙鱼、飞鱼、宝山。

2）角石：

- 角石两侧造剔地起突龙凤间华或云文……（或）面上镌作狮子。实例如蓟县独乐寺的山门（图 10-88）。

图 10-87　卧立柣

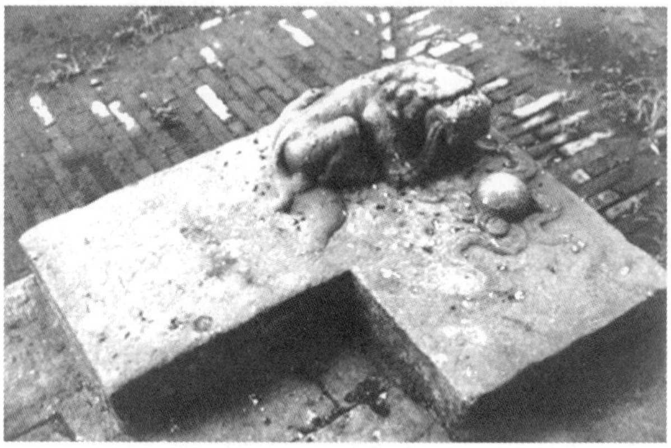

图 10-88　蓟县独乐寺山门角石

3）方角柱、版柱：

- 造剔地起突龙凤间华或云文。
- 版柱上造剔地起突云地升龙。

4）压阑石：

- 造剔地起突龙凤间华。

5）殿阶基：

- 束腰造剔地起突莲华。

6）殿内斗八：

- 斗八心内造剔地起突盘龙一条，云卷水地。

7）望柱：

- 造剔地起突缠柱云龙。

8）门砧、门限：

- 造剔地起突华或盘龙。

9）（石）坛：

- 束腰剔地起突造莲华。

10）马台：

- 造剔地起突华，实例见于北宋皇陵（图 10-89）。

11）幡竿颊：

- 造剔地起突华。

12）赑屃鳌座碑碑首：

- 造剔地起突盘龙云盘，实例如登封中岳庙宋碑，其仅雕盘龙，未雕云盘（图 10-90）。

13）赑屃鳌座碑的土衬（石）：

- 周回造剔地起突宝山水地。

图 10-89　宋永裕陵上马台

图 10-90　登封中岳庙宋碑

14）赑屃鳌座碑的碑身：

• 两侧造剔地起突海石榴花或云龙。

剔地起突的雕刻最富于艺术表现力，常常用以表现带有明确主题的装饰，但有时也用其做成图案式的花边，如有些碑身所用的边饰。由于剔地起突雕刻的艺术效果最生动，因此被用于高等级的建筑中的一些重要部位。

（2）压地隐起

是一种浅浮雕，“地”大体在一个面上，雕刻的最高点也都在装饰面的轮廓线上。但最高点和最低点之间可有少量的层面变化，图案的外缘轮廓皆非直线，而是由凹、凸弧线构成，以表现翻卷的花、叶或动物的动态。

《法式》卷十六石作功限所记使用压地隐起的部位如下：

1）柱础：造压地隐起诸华，实例如苏州罗汉院大殿（图 10-91）。

2）角石：造压地隐起华。

3）方角柱：造压地隐起华。

4）压阑石：造压地隐起华。

5）殿内斗八：斗八心外诸斗格内并造压地隐起龙凤化生诸华。

6）单钩阑：华版内作压地隐起华龙或云龙。

7）重台钩阑：盆唇、瘿项、地栿、蜀柱并作压地隐起华。

8）钩阑望柱：造压地隐起华。

9）流杯渠：剜凿水渠造，河道（即“渠”）两边面上络周华，造压地隐起宝相华、牡丹华。砌垒底版造，河道两边上遍造压地隐起华。

10）马台：造压地隐起华。

11）幡干颊：造压地隐起华。

由上所举诸条可知，压地隐起雕饰多用于无主题的装饰华纹，常以连续图案方式出现，这种华纹用功较剔地起突少得多，但仍具有较强的装饰性，在建筑中使用的部位较多，装饰效果较华丽。

（3）减地平钑

即“地”与雕刻上表面完全平行的一种雕饰，可用“剪影式”突雕来形容它，有如将“剪纸”的纸加厚而成，突起的上表面与地之间雕刻棱角刚直，不见圆滑曲面（图10-92、10-93）。《法式》卷十六中所记使用这类雕刻者如下：

图10-91　压地隐起花柱础苏州罗汉院大殿柱础

图10-92　减地平钑（宋永裕陵望柱）

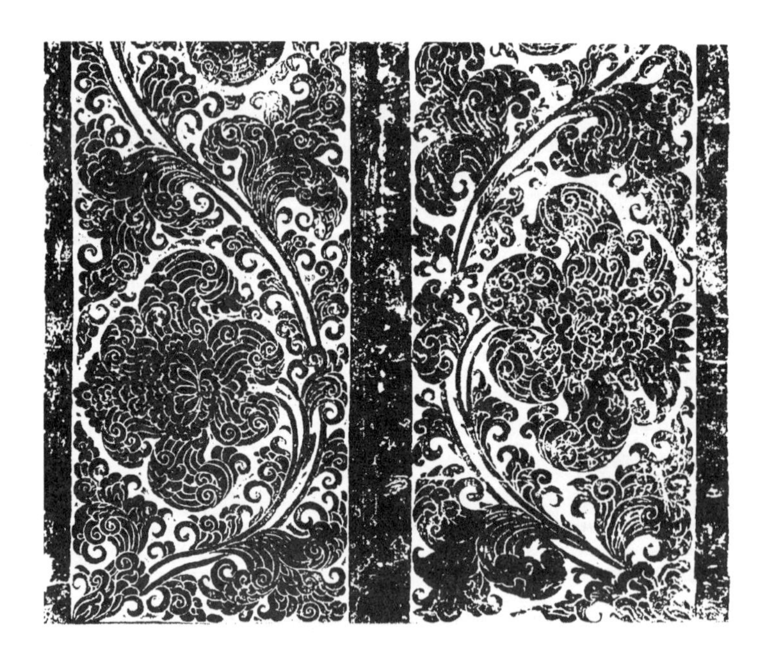

图10-93　阴纹线刻永裕陵望柱拓片

1）柱础：造减地平钑诸华。

2）角石：两侧造减地平钑华。

3）坛、殿阶基：头子、版柱造减地平钑华。

4）压阑石：造减地平钑华。

5）踏道副子石：造减地平钑华。

6）钩阑望柱：造减地平钑华。

7）马台：造减地平钑华。

8）赑屃碑碑身：络（即为“统”之意）周造减地平钑华。

9）笏头碣：碑身络周，方直座或叠涩坐造减地平钑华。

《法式》所列出的减地平钑使用部位，比前两者要少，这种雕饰手法最宜表现轮廓规律性强的图案，如植物花叶，几何纹一类，给人的艺术感受不是图案本身，而是图案与地之间疏密布局所产生的韵律美，图案的总体轮廓，优美洒脱的线条均可更清晰的呈现出来。这种手法的作品在先秦到秦汉时期的画像石、画像砖中，尤为多见，它给人以“古拙之美”的感受。

另有一种阴纹线刻的雕饰，是在光平的石面上用刀笔刻出优美的图案或人物，此种雕饰在《法式》卷三石作制度中未有明确交待，在卷十六功限中也未曾提及，但在实际工程中使用很多，其施工程序与减地平钑相近，也是需要雕镌的，只不过未去掉“地”，卷二十八曾记有“平钑华”一词，或可理解为即指此种。故也应归属于此类。艺术效果与减地平钑不同，雕刻的体积感不强，具有一种含蓄的美（图 10-94）。

图 10-94　阴纹线刻（元德李皇后陵望柱拓片）

此外，《法式》在雕镌制度中还提到“素平”一种，但功限“雕镌功”中没有此类，因此可以说它不需“雕镌”，但为何又将其归为雕镌制度呢？从实物看，一个雕刻物在某个部位会出现一些平面，如柱础，覆盆部位做了雕刻，而盆唇部位多为光平的石面。又如石栏杆，花版部位可以雕剔地起突华，而蜀柱或盆唇，束腰则用光面。这样在许多情况下，平面与雕刻面是同时存在，因此将“素平”列入雕镌制度，是就雕刻物整体而言的。另外还有一种由多重线脚组成的石构件，如须弥座，全用“素平”石面叠落而成，总体上靠线脚轮廓的变化，达到雕刻物的艺术效果，于是把这一类使用“素平”的处理手法归入雕镌制度之中，也是合乎情理的。

这四种雕镌制度在一座建筑物中如何互相配合有赖于总体设计，并非建筑等第越高，越费工就越好，如一座建筑的须弥座，完全用“剔地起突”并不一定比完全用“素平”的总体效果好。每种雕刻类型只求在一定部位具有感人的效果，《法式》卷十六所列每种雕镌制度不同的使用部位，是有道理的，有的部位或建筑部件只作要某一等第便恰到好处，如笏头碣，只有减地平钑一种雕镌手法即是典型的例子。而柱础则可有四种不同的手法。

这四种雕镌制度的产生可上溯到先秦时代，到汉代，已可很熟练的运用和驾驭它们，唐宋时期达到更完美的程度。但自南宋以后出现追求技巧的表现，忽略了对总体艺术效果的把握。特别是清代中、晚期的一些作品，以处处施用剔地起突，乃至透雕为时尚，以对技巧的表现代替了对艺术的追求，甚至以玩弄技巧为目的，还往

图 10-95　海石榴华
（初祖庵大殿檐柱拓片）

图 10-96　宝相华（永裕陵望柱拓片）

往被某些评论者誉为“精美绝伦”，是令人遗憾的。《法式》所总结的四种雕镌制度，有的灿烂、有的华丽、有的古朴、有的含蓄，只有运用得体，才能产生魅力无穷的艺术作品。这四种雕镌手法都是要随建筑总体造型来安排的，如覆盆柱础，其任何一种雕镌手法的总轮廓皆要求大体成“覆盆”的轮廓。在建筑群组中也有时需要放置独立于建筑造型之外的雕刻物，如石狮、石碑的鳌座之类，这种今日称为圆雕者不在上述四类之内，《法式》卷十六曾有“鳌座写生镌凿”之称。以此推之，可有石狮写生镌凿，石相生写生镌凿……等，在卷二十八诸作等第中曾有“石刻镌刻混作，剔地起突及压地隐起，或平钑华（混作谓螭首或钩阑之类）右为上等……”由此可将圆雕归入“混作”之中，其制作过程与前述六道工序有所不同。

4. 石雕纹样

《法式》载“所造华文制度有十一品：

一曰海石榴华，实例如少林寺初祖庵大殿柱身（图 10-95）。

二曰宝相华，实例如宋永裕陵西列望柱柱身（图 10-96）。

三曰牡丹华，实例如少林寺初祖庵大殿檐柱（图 10-97）。

四曰蕙草。

五曰云文，实例如宋永昭陵西列马台（图 10-98）、苏州瑞光塔塔基须弥座束腰。

六曰水浪，实例如杭州灵隐寺大殿前石塔基座（图 10-99）。

七曰宝山，实例如宋永昌陵瑞禽石屏（图 10-100）。

八曰宝阶。

以上并通用。

九曰铺地莲华，实例如正定隆兴寺残存柱础、济源奉先观大殿柱础（图 10-101）。

十曰仰覆莲华，实例如蓟县独乐寺出土柱础（图 10-102）。

十一曰宝装莲华，实例如江苏苏州甪直宝圣寺大殿柱础（图 10-103）。

以上并施之于柱础。

《法式》还指出在“华文之内，间以龙、凤、狮、兽及化生之类者，随其所宜分布用之（图 10-104）。

在宋代建筑遗物中，苏州罗汉院大殿及登封少林寺初祖庵大殿的石柱皆采用了压地隐起手法，雕镌出海石榴华间化生童子，宝相华间鹤、雁、凤等，与《法式》所载制度一致。柱础施用华纹品类除九至十一品三类为数甚众之外，雕作其他几种华纹者也不鲜见。

三、小木作制度

《法式》以六卷的篇幅来阐述小木作制度，在全书中占的比例最多，大木作制度只有两卷，其他各作仅一卷，或不足一卷。小木

图 10-97 牡丹华
（初祖庵大殿檐柱拓片）

图 10-98 云纹（宋永昭陵马台拓片）

图 10-99 水浪（杭州灵隐寺大殿前石塔基座）

图 10-100 宝山（宋永昌陵瑞禽石屏）

图 10-101 铺地莲华（河南济源奉先观大殿柱础）

图 10-102 仰覆莲华（蓟县独乐寺出土的柱础）

图 10-103 宝装莲华（江苏苏州角直保圣寺大殿柱础）

图 10-104 水浪间龙凤纹（山东长清灵岩寺大殿柱础）

作所涉及的内容非常广泛，品类繁多，作工复杂，因之所占篇幅在《法式》中堪称为最。同时还可由此证实，宋代建筑的装修正处在蓬勃发展的历史阶段。其大体可分成如下几类：

①一般建筑常用木装修：如门、窗、天花、照壁屏风、截间版帐、藻井、平闇。

②特殊建筑装修：宗教建筑中所用的佛帐、道帐、壁藏、转轮藏。

③室外小建筑：井亭子、叉子、露離。

④实用性木装修：胡梯、版引檐、擗帘杆、垂鱼惹草、地棚等。

在制度中规定了各种装修的形制和总体控制尺寸及细部构造及尺寸，面对这些装修的复杂构造，如何适应各种不同使用情况？《法式》采用了百分比的办法，以控制各处的尺寸变化，即部件以其“每尺之高积而为法”，如一桯门，只要定了门高，其他各处细部尺寸便可用门高乘以细部尺寸，即“积而为法”计算出来。这是一种简明有序的控制构件总体造型和细部尺寸关系的方法，同时对于满足官方控制工料也较方便。当遇到有斗栱者，用材不再与大木作的材分°制度发生关系，而是直接给出了斗栱的尺寸，如“斗八藻井”条中所载，其使用的六铺作下昂重栱造斗栱，材广一寸八分，厚一寸二分。这比大木作中的八等材广四寸五分、厚三寸要小得多，而大木作中曾有八等材用于殿内藻井之说，现存实例中也有依大木作用材制度做藻井者，如浙江宁波保国寺大殿及苏州北寺塔三层塔心过道顶部砖构仿木藻井，说明以八等材作藻井也是可行的。然而要制作更精致的藻井仍需依小木作尺寸来做。这个例子说明小木作本来并未独立成一个工种，而是随着当时技术的发展，逐渐需求精细的施工，于是分化出来，独立成一个工种。保国寺大殿和苏州北寺塔均属北宋初期之遗物，而《法式》成书在半个世纪以后了，这正是当时小木作得到迅速发展的结果，同时还说明当时大木作与小木作所管辖的范围正处在一个交替时期，本属“大木作”工种的装修逐渐改变成由“小木作”工种去完成。

现将常用木装修作一简介：

1. 门窗：

（1）门

《法式》卷六、卷七记载的门有版门、合版软门、格子门、乌头门。这几类门从构造上看可分为三类，一类是版门，以实心木板拼合而成；一类是格子门，门扇上部为镂空花格，下部为木板；另一类为乌头门，这种门虽然门扇上部也为空格，下部为木板，但均为双扇，两旁带有夹门柱。从功能上看，版门使用范围最广，最大的可作城门，中等可作为建筑群入口的门殿及大殿之门，小型的可作为厅、堂之门。格子门只限于作为殿、堂或厅堂之门。乌头门只作为建筑群之门，安装在建筑群的围墙上。

《法式》将各种门的比例、尺度及构造做法作了规定：

1）版门：门高在7～24尺范围，双扇者其高宽比为1∶1或1∶0.8，即“广与高方”，“如减广者不得过五分之一”。单扇版门，只限于7尺高的小门。版门的构造特点是门扇中的拼板“身口板”用横木方“楅”串连，并有暗榫——“搭”及“透栓”从木板中间穿透。每扇两侧有较拼板更厚的边框即肘版、副肘版（图10-105、10-106）。版门除门扇之外还有门框，上框为额，下框为地栿，两侧门框为立颊，为了固定门扇，在额的背后有鸡栖木，两端开圆孔，以容上部门轴，下部门轴则立于石门砧上。门的大小不同，固定门扇的构件也有所区别，7尺小门，门上不需用通长的鸡栖木，下部也不做石门砧，上下只用一块短木“伏兔”即可。而高12尺以上的大门，为防止木门轴磨损，上下套“铁筒子”，下部石砧成凸起的半圆球，称为“鹅台石砧”，使之与铁筒子匹配。高20尺以上的门，对门轴上下需作进一步处理，上部门轴安铁锏，鸡栖木承门轴的圆孔内安

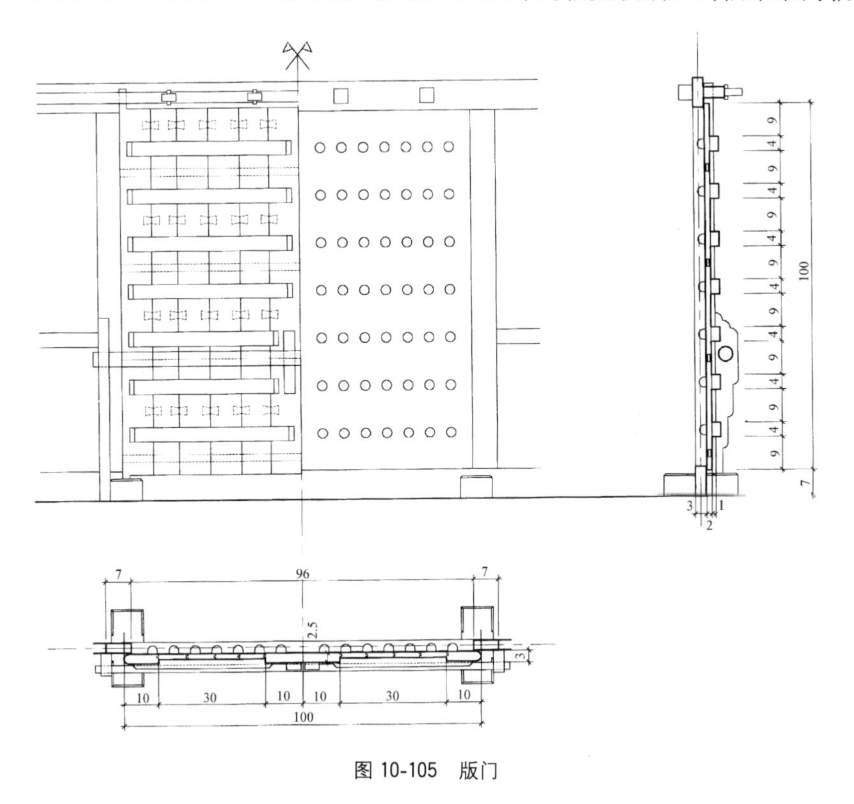

图10-105　版门

铁锏，下部门轴安铁靴臼，石地栿门砧安铁鹅台，铁靴臼套在铁鹅台上。经过这样的处理，在开关门扇时，利用铁构件相互摩擦，使木门轴得到保护。为了将双扇版门关闭还有楹镲柱、伏兔手拴门关等构件附于门背面。

图 10-106① 开元寺钟楼版门

图10-106② 开元寺钟楼版门上的“搭”

2）软门：也是一种拼板木门，软门尺寸较小，高 8～13 尺，广与高方，构造做法简化，去掉了肘版、副肘版。拼版带护缝木条并有腰串、腰花版者称为“牙头护缝软门”，仅带护缝者称“合版软门”。门的固定方式与关闭方式同版门（图 10-107、10-108）。

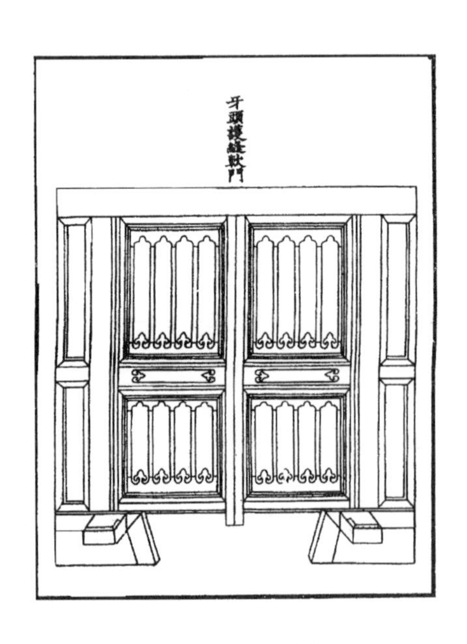

图 10-107 牙头护缝软门

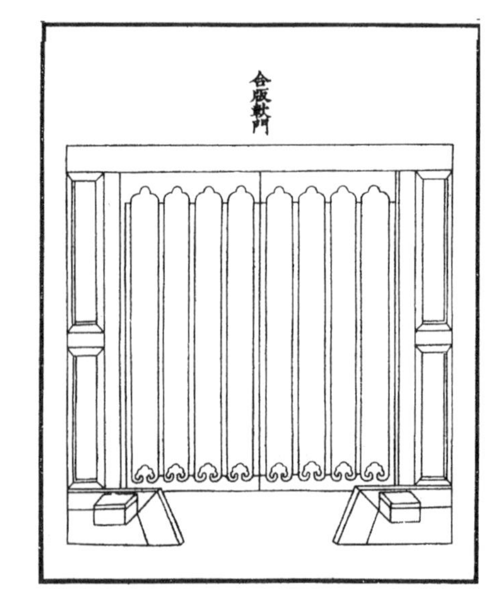

图 10-108 合版软门

3）格子门：在当时算是一种较精致的门，依建筑开间宽窄，分成四扇或六扇，总高度在 6～12 尺，每扇以木方子围合成外框，框内以腰串作横向分隔，成上、中、下三部分，上部做空花格，中部仅有窄窄的一条做腰花版，下部做障水版。空格与障水板的高度之比为 2∶1。桯及腰串尺寸按《法式》规定均可求得，但腰花版宽度原文未记，需依具体门扇大小进行设计。以便调整腰花版的比例。格子部分《法式》记有“四斜毬纹”，“四直方格眼”，“四斜毬纹上出条径重格眼”，“两明格子”等，这是常用的形式，实物中还有比这些更加复杂的格子纹样（图 10-109～10-113）。

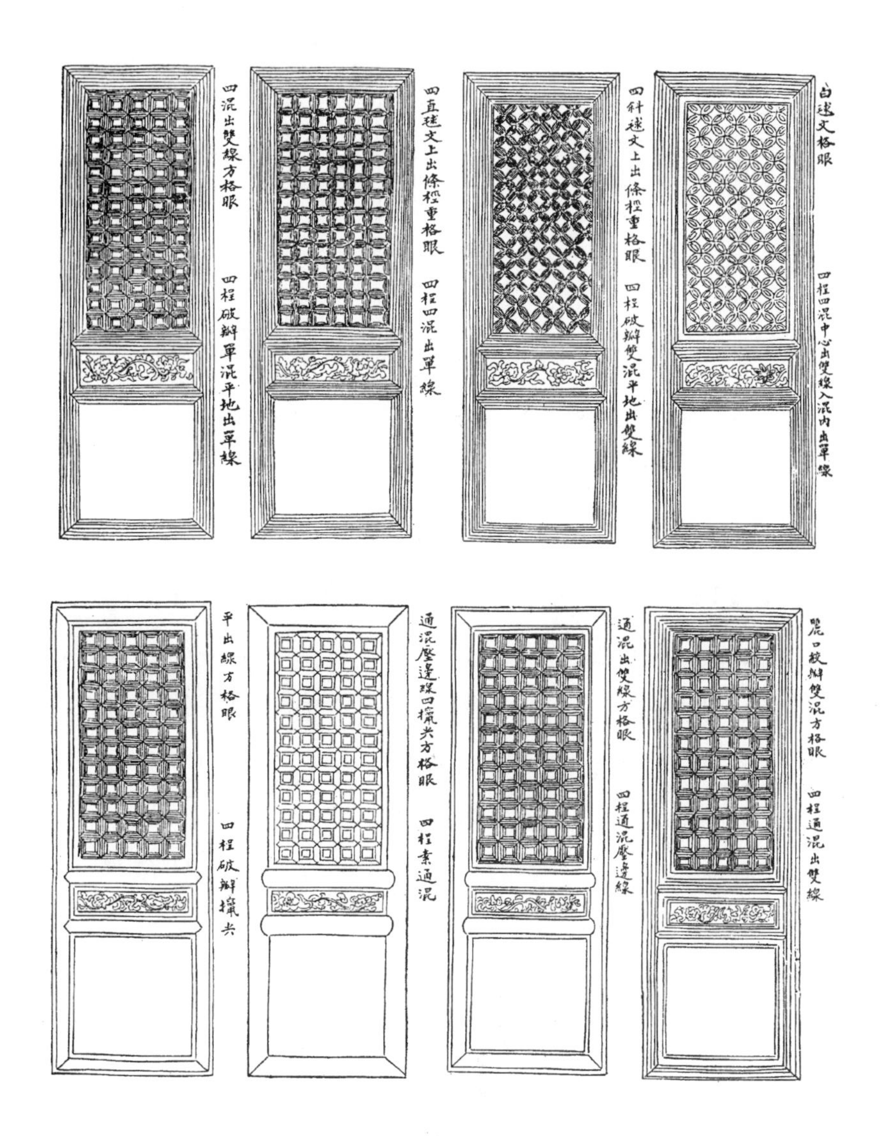

图 10-109　《营造法式》中的各式格子门

毬纹格子的毬纹直径依门扇宽度在 3 至 6 寸间调整，毬纹所形成的花瓣皆应做成双数，以保证四角皆有一瓣入角。

对于毬纹表面可加装饰性线脚，即“上出条径”，断面形式为“四混出双线或单线。”两明格子门即是门的内外两面皆使用带线脚的花格两片，中间可夹纱或夹纸，朝内的格子做成可拆装的。两明格子门的腰华版、障水版也为两重。桯和腰串均要随之加厚。

《法式》所记四直方格眼的格子做法较简单，但对格子本身断面形式有所修饰，分为七等。

- 四混绞双线（或单线）
- 通混压边线，心内绞双线（或单线）。
- 丽口绞瓣，双混（或单混出线）。
- 丽口素绞瓣。
- 一混四撺尖。

图 10-110　四斜毬纹格子门

图 10-111　少林寺塔林中早期砖塔上的格子门

图 10-112　北京银山塔林中金代砖塔上的格子门

- 平出线。
- 方绞眼（图 10-114）。

格子门的腰华版在木版表面安雕华。

障水版由窄木版拼合而成，《法式》卷三十二图样中所绘格子门障水版表面皆施牙头护缝。

在历史上，格子门出现较晚，宋代仍处在发展前期，格子纹样比较简单，即使是毬纹格子，棱条是用长条木方加工而成的，按《法式》规定最小的毬纹直径 3 寸（9.84 厘米）。棱条宽 0.9 寸（2.95 厘米）长 2.1 寸（6.89 厘米），这样的花格透光率仍然不高，一片毬纹格子，棱条所占面积达 72.5%，透光率只有 27.5%[13]。若将棱条本身再做成空心的，挖去瓣的总面积的 30%，做成卷三十二所绘“挑白毬纹格眼”（图 10-115）则可提高透光率到 52%。但总的透光系数仍然是不高的。如果做成上出条径者，则只能是透光率较低的状况。

格子门的四周边框称为“桯”，《法式》规定了桯的表面起线脚，断面形式有六等：

- 四混中心中双线，入混内出单线（或混内不出线）。

图 10-113 北京银山塔林中金代砖塔上的格子门

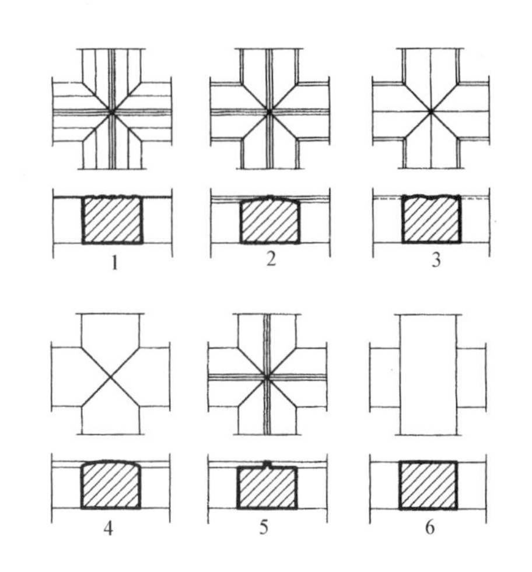

1. 四混绞双线；2. 通混压边线，心内绞双线；3. 丽口绞瓣双混；4. 一混四撺尖；5. 平出线；6. 方绞眼

图 10-114 格子断面线脚（方格眼）

图 10-115 挑白毬纹格眼

- 破瓣双混平地出双线（或单混出单线）。
- 通混出双线（或单线）。
- 通混压边线。
- 素通混。
- 方直破瓣（图 10 116）。

腰串也要随桯起线脚。

当线脚遇到 90°转角时有“撺尖”与“叉瓣”两种做法，前者两相交构件的交口成一斜直线，称为撺尖。后者两相交构件的交口成箭头形，称为叉瓣，如图 10-116 所示。

4）乌头门：是一种安置于围墙上的门，高 8～22 尺，广与高方。若高 15 尺以上则广可减少 1/5。门的两侧有两根高高的冲天柱，称挟门柱，柱断面为方形，柱高为门高的 1.8 倍，下部栽入地下，上部施乌头，乌头为套于柱顶的陶缶，可以遮住柱顶以防朽烂。两颊门柱之间安额，门扇便依附于挟门柱和额。门扇本身形制与格子门有所不同，每扇上下由一腰串分中，腰串以上做空棂，腰串以下有腰花版、障水版、促脚版，其间也有横向的“串”作分割。腰花版及促脚版表面常常雕有花纹，障水版多用牙头护缝装饰。空棂做直棂式，中间加一条或两条承棂串，直棂背后有“左右结角，当心绞口”的罗文楅，以防止门的变形。为防止门在整体上前后歪闪，于两挟门柱前后各施抢柱两条（图 10-117）。

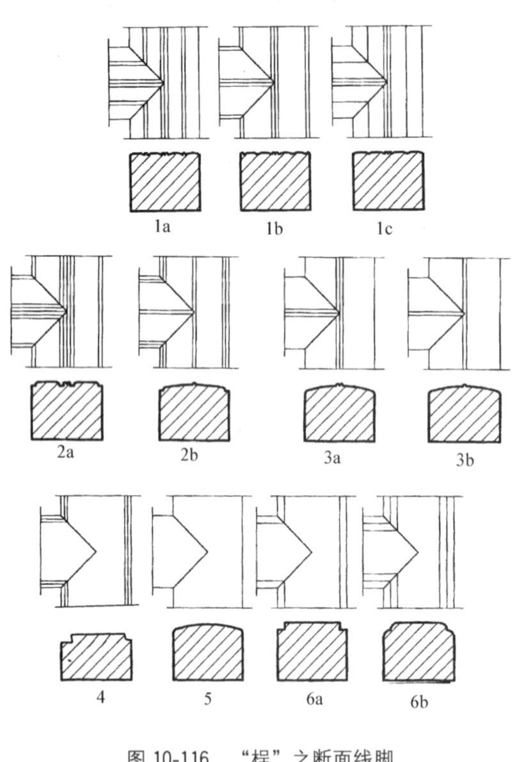

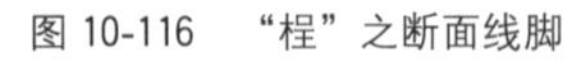

图 10-116 “桯”之断面线脚

1. 四混中心出双线，入混出单线（或混内不出线）；
2. 破瓣双混平地出双线，（或单混出单线）；
3. 通混出双线（或单线）； 4. 通混压边线；
5. 素通混； 6. 方直破瓣

图 10-117 乌头门

（2）窗

《法式》中所载之窗有破子棂窗、版棂窗、闪电窗、（水纹窗）、阑槛钩窗等，从功能上看，可分为“高窗”和“看窗”两类，闪电窗与水纹窗多施于墙壁高处，但也可做看窗。[14] 由于棂条的弯曲，人在走动时外望可见光线闪动的效果，故称闪电窗。这几类窗多为死扇，只有阑槛钩窗是可开启的。

1）棂条窗的高宽尺寸之确定

窗与门的比例不同，《法式》规定了窗高尺寸，而窗宽则要求依据棂条数量算出来。对于破子棂、版棂、闪电等棂条间距皆为 1 寸，棂条本身的断面大小三者各不相同。版棂窗皆以宽 2 寸厚 7 分为定法，闪电窗则以棂条曲广 2 寸 7 分，实广 2 寸，厚 7 分为定法，“曲广”之意即指“以广二寸七分直棂，左右剜刻，取曲势造成实广二寸”。同时《法式》还规定“每间广一丈，用二十一棂，若广增一尺则更加二棂”。由此可知版棂窗与闪电窗的窗宽是随开间大小来变化的。当开间宽一丈时，棂条及空档的宽度为：

21×2 寸＋（21-1）×1 寸＝62 寸

而窗的其他名件又是以窗每尺之高积而为法的。版棂窗高为二尺至六尺，依据窗高可以得出上下边框即上下串和左右边框立颊尺寸。而其中的横钤、立旌之长又是以间广每尺之宽积而为法的，依上述制度可算出间广一丈时，不同高度的版棂窗，各种名件之尺寸，现以窗高为2～6尺，列表如下（表10-10）：

版棂窗名件尺寸表 （单位：寸） 表10-10

窗高	棂子			上下串			立颊			横钤			立旌			开间
	长	宽	厚	长	宽	厚	长	宽	厚	长	宽	厚	长	宽	厚	
2尺	17.4	2	0.7	10尺	2.0	1.55	2尺	2.0	1.55		3.5	3.5	2尺	3.5	3.5	10尺
3尺	26.1	2	0.7	10尺	3.0	1.7	3尺	3.0	1.7		3.5	3.5	3尺	3.5	3.5	10尺
4尺	34.8	2	0.7	10尺	4.0	1.85	4尺	4.0	1.85		3.5	3.5	4尺	3.5	3.5	10尺
5尺	43.5	2	0.7	10尺	5.0	2.0	5尺	5.0	2.0		3.5	3.5	5尺	3.5	3.5	10尺
6尺	52.2	2	0.7	10尺	6.0	2.15	6尺	6.0	2.15		3.5	3.5	6尺	3.5	3.5	10尺

注：横钤长随两立旌间之宽。

由以上结果可知开间为一丈时，当窗高增加一尺，在宽度方向只有立颊宽度增加了一寸，则窗宽仅增加2.0寸。当建筑开间变化时，窗宽变化稍大；因其中棂数增加，立旌宽度发生变化。

由此得出结论：

开间不变仅窗高变化，每增高1尺、窗宽仅增加2寸（表10-11）。而开间在一丈以上时，每加宽1尺，同一高度的窗加宽6.7寸（表10-12）。

据名件尺寸及棂宽、棂数、棂子空当可求得版棂窗宽尺寸 表10-11

窗高	窗宽（21棂+20当+2当+2立颊+2立旌）（寸）	增宽值（寸）
2尺时	62+2+2×2+3.5×2=75	
3尺时	62+2+3×2+3.5×2=77	2
4尺时	62+2+4×2+3.5×2=79	2
5尺时	62+2+5×2+3.5×2=81	2
6尺时	62+2+6×2+3.5×2=83	2

大殿开间宽与版棂窗宽关系表 表10-12

开间宽	棂子数	棂当数	立旌宽（寸）	窗宽=棂数×棂宽+（当数+2）×当宽+2立颊宽+2立旌宽（寸）					增长（寸）
				窗高2尺	窗高3尺	窗高4尺	窗高5尺	窗高6尺	
11尺	23	22	3.85	81.7	83.7	85.7	87.7	89.7	
12尺	25	24	4.2	88.4	90.4	92.4	94.4	96.4	6.7
13尺	27	26	4.55	95.1	97.1	99.1	101.1	103.1	6.7
14尺	29	28	4.9	101.8	103.8	105.8	107.8	109.8	6.7
15尺	31	30	5.25	108.5	110.5	112.5	114.5	116.5	6.7

不仅如此，每一开间还需要考虑减去柱径值，才能容纳窗宽。

按《法式》大木作中规定，殿柱径为二材二栔至三材，厅堂柱径为两材一栔至两材，若以二材二栔为准计算3～6等材的殿柱径，以三材为准计算1～2等材的殿柱径，以二材一栔为准计算3～5等材的厅堂柱径，以二材为准计算6等材的厅堂柱径数值如表10-13：

殿柱径与厅堂柱径数值 表10-13

用材等第	一	二	三	四	五	六
殿柱径（寸）	27	24.7	21	20	18.5	16.2
厅堂柱径（寸）			18	17.28	15.12	12

依此可进一步求出窗子高宽与建筑用材等第间的关系如表10-14：

版棂窗高宽尺寸与建筑用材等第关系 表 10-14

间　宽	窗　高	窗　宽	柱　径	建筑用材适应范围
10尺	2尺	7.5尺	<2.5尺	2～6等
10尺	3尺	7.7尺	<2.3尺	3～6等
10尺	4尺	7.9尺	<2.1尺	殿4～6等，厅堂3～6等
10尺	5尺	8.1尺	<1.9尺	殿5～6等，厅堂3～6等
10尺	6尺	8.3尺	<1.7尺	殿6等，厅堂5～6等

这里出现了极不合理的现象，当开间为一丈时6尺高的大窗只能用于六等材的大殿或五～六等材的厅堂，二等材的建筑只能使用2尺高的小窗。从表12的数据看，当间广一丈时选择4尺高以下的窗，可适应较理想的建筑用材等第。因此需进一步找出各种尺寸的窗子最合理的使用范围，现依表10-11及10-12数据，找出限定范围如下：建筑开间在13尺以上者，使用版棂窗，窗高不受限制，开间为13尺时，窗高6尺可用于一等材以下之大殿，开间为12尺时窗高5尺可用于二等材以下之大殿，开间为11尺时，窗高4尺可用于三等材以下之建筑。开间为10尺时窗高4尺可用于四等材以下之大殿及3等材以下之厅堂（图10-118）。

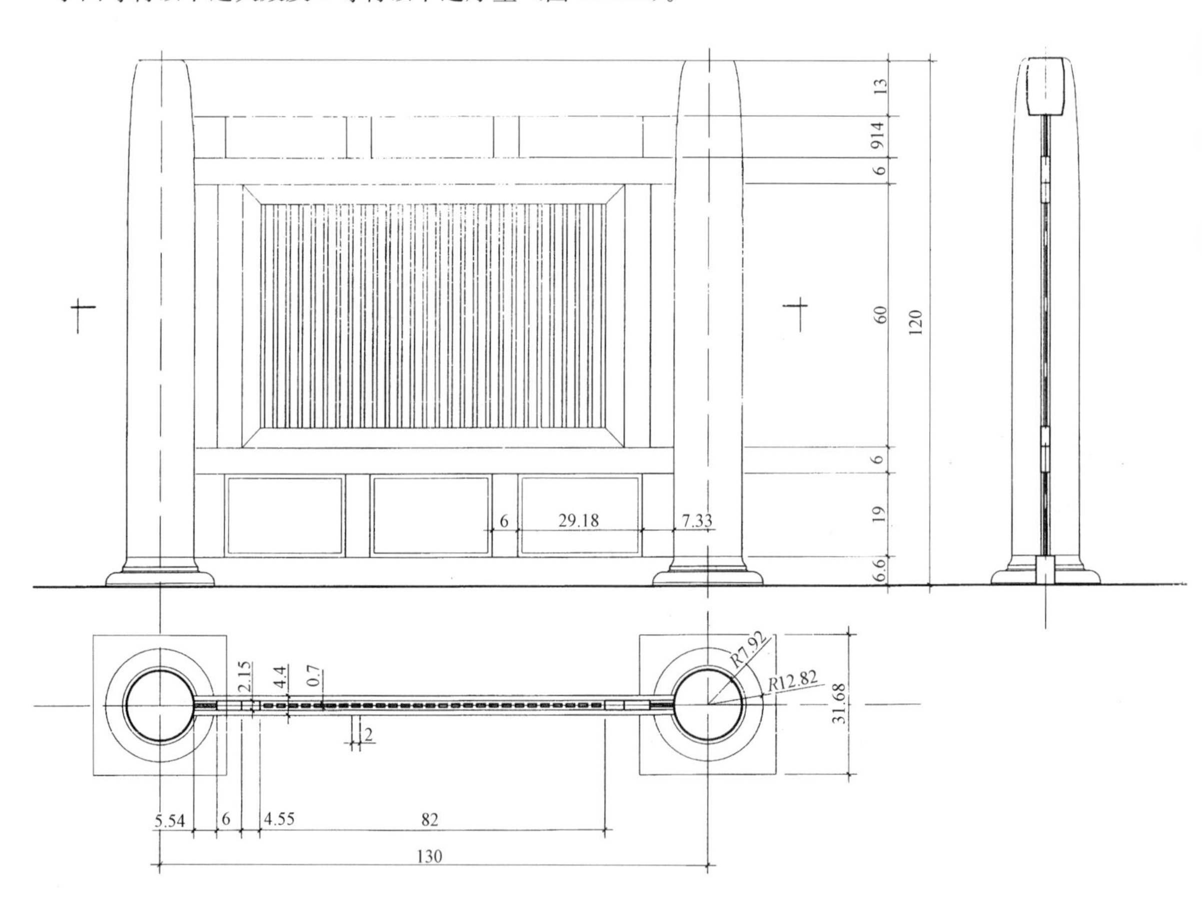

图 10-118　版棂窗

闪电窗也复合上述规律，但窗高仅限于2～3尺，故窗宽变化不大（图10-119）。

破子棂窗也是一种直棂窗，只是棂条断面为三角形，系由正方形沿对角线结角解开，故称破子棂。破子棂窗高4～8尺，窗宽仍需用棂条数来推算，棂当以空一寸为定法，但棂条宽厚随窗高变化，每间广一丈用十七棂，广加一尺则加二棂。破子棂窗窗棂插入上、下子桯，左右为立颊，其外为额及腰串。按《法式》规定以窗高积而为法，可推算出窗的名件尺寸及窗宽（表10-15及表10-16）。

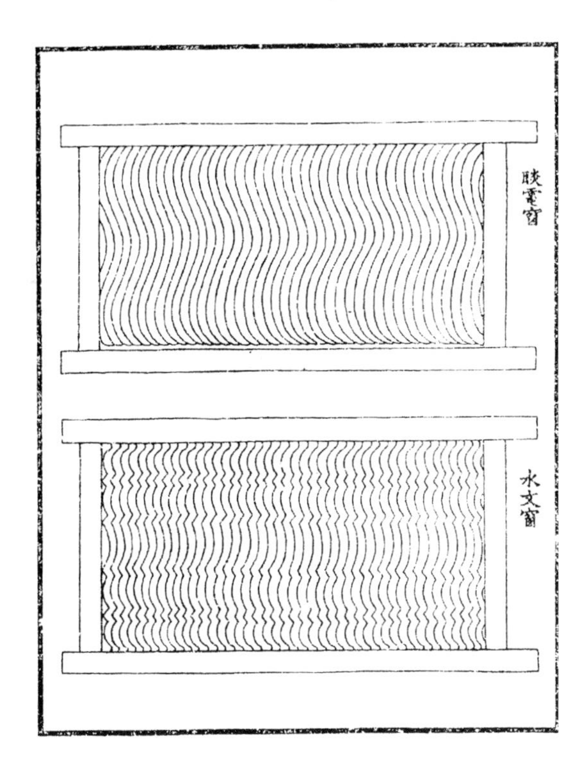

图 10-119 闪电窗、水文窗

破子棂窗名件尺寸表（单位：寸） **表 10-15**

窗高	额及腰串			立颊			子桯			棂子			棂当	棂数	间广
	长 同间广	宽 窗高×0.12	厚 窗高×0.05	长 同窗高	宽 同额	厚 同额	长 随棂空	广 窗高×0.05	厚 窗高×0.04	长 窗高×0.98	广 窗高×0.56	厚 广/2	1寸 为定法		
4尺		4.8	2.0	40	4.8	2.0		2.0	1.6	39.2	2.24	1.12	1	17	一丈
5尺		6.0	2.5	50	6.0	2.5		2.5	2.0	49	2.8	1.4	1	17	一丈
6尺		7.2	3.0	60	7.2	3.0		3.0	2.4	58.8	3.36	1.68	1	17	
7尺		8.4	3.5	70	8.4	3.5		3.5	2.8	68.6	3.92	1.96	1	17	
8尺		9.6	4.8	80	9.6	4.0		4.0	3.2	78.4	4.48	2.24	1	17	

据名件尺寸及棂宽、棂数、棂子空当可求得破子棂窗宽尺寸 **表 10-16**

窗高	窗宽［17×棂宽+18×1寸+立颊广×2寸］	窗宽增长值（寸）
4尺	17×2.24+18+9.6=65.68	
5尺	17×2.8+18+12=77.60	11.92
6尺	17×3.36+18+14.4=89.52	11.92
7尺	17×3.92+18+16.8=101.44	11.92
8尺	17×4.48+18+19.2=113.36	11.92

对照表 10-15、10-16 及柱径尺寸，当间广一丈时，仅能用 5 尺以下之窗，安于三等材以下的建筑之上。6 尺高以上者，均越出间广。若用 6 尺窗则必须减少棂数。如果仍按《法式》中以 17 棂为基准，每增一尺增加两棂，则需将间广随窗高变化作一调整。例如：6 尺之窗：间广 1.1 丈，用 17 棂，可适于四等材以下之建筑，间广 1.15 丈，用 17 棂，可适于三等材以下之建筑，间广 1.2 丈，用 17 棂，可适于一、二等材之建筑，若使用更高的窗则需将开间的宽度下限再提高。同时“广加一尺则加二棂”也不能通用，只能适于 5 尺以下的窗（图 10-120）。

2）棂条窗窗下墙做法

a. 障水版造：腰串以下，地栿以上安心柱、槫、颊，柱间用障水版，并加牙头牙脚。

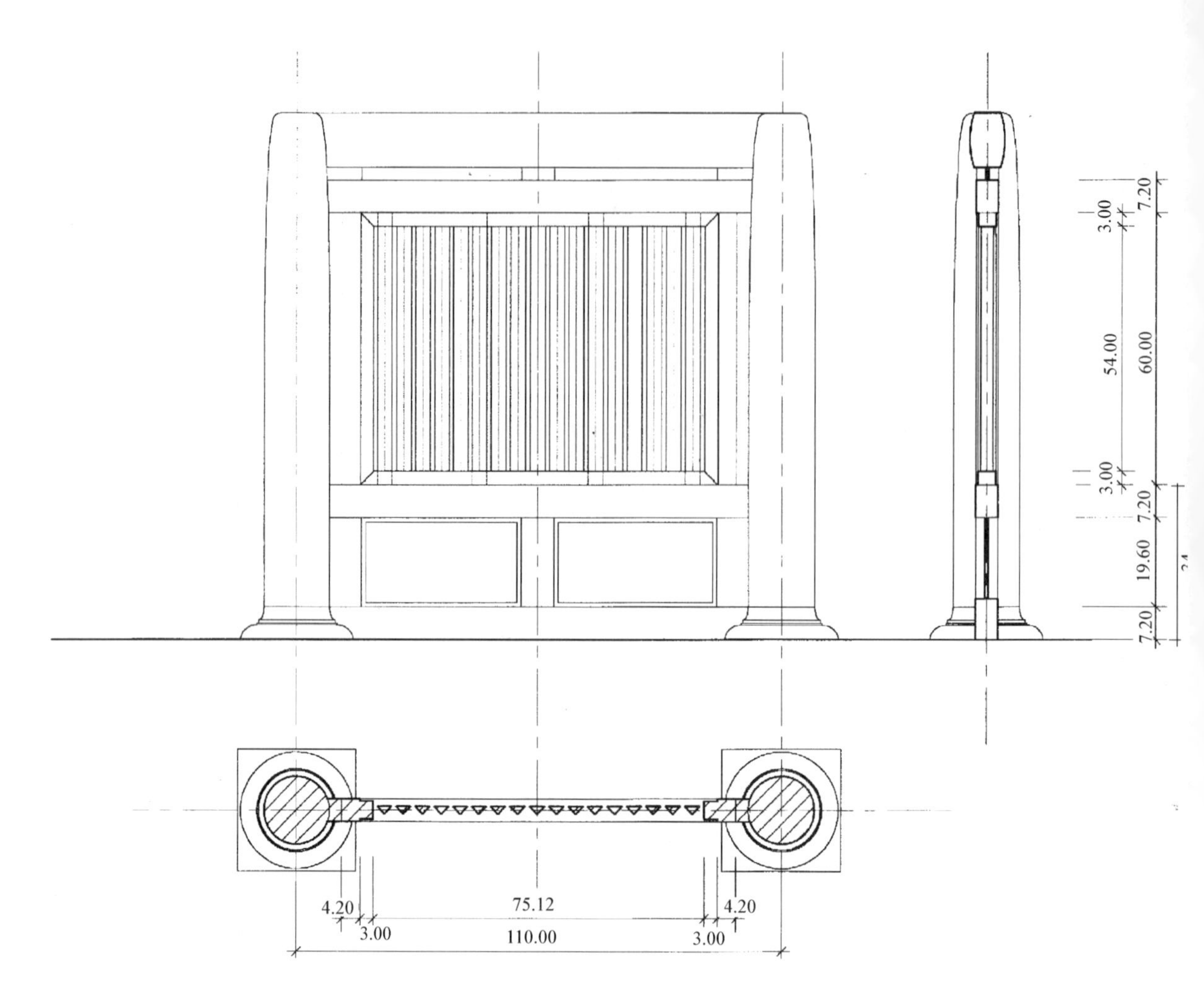

图 10-120　破子棂窗

b. 心柱编竹造：将上述之障水版换成编竹抹泥墙。

c. 隔减窗坐造：腰串下砌砖墙，腰串系横纹木方，可隔潮，防止砖墙毛细现象对木窗的腐蚀（图 10-121）。

3）阑槛钩窗

是一种通间安置的带钩阑的大窗，类似江南清代流行的长窗，窗的下部有一段低矮的窗下墙，上覆木版，称为槛面。《法式》规定槛面高一尺八寸至二尺，槛面之上设钩窗，窗高五尺至八尺，阑槛钩窗总高七尺至一丈。窗宽则随开间，每间分成三扇，每扇窗做成四直方格眼形式。此外在槛面之上、窗之外有一矮钩阑，寻杖由托柱、鹅项承托，鹅项端用云栱纹来装饰。槛面以下、地栿以上，装障水版。钩窗做活扇，可推开，供人坐于槛面板上，凭栏眺望。也可关闭，用通长的“卧阑”自室内锁住。宋画雪霁江行图所绘阑槛钩窗形制与《法式》小有不同，在槛面板下的障水版做有勾片棂条，更具装饰性（图 10-122）。

2. 钩阑

即木栏杆，形式与石栏杆相仿，即有重台钩阑与单钩阑之分，二者区别在于华版设置不同，单钩阑仅设一重，总高在 3～3.6 尺间，重台钩阑有两重华版，总高在 4～4.5 尺间。华版以上的透空部分，皆设寻杖、云栱、瘿项等。木制钩阑施于楼阁、殿、亭等处，与建筑大木结构关系密切，因此《法式》指出：“凡钩阑分间布柱令与补间铺作相应，如补间铺作太密，或无补间者，量其远近，随宜加减。”这样便将木钩阑与斗栱间找到逻辑关系。即钩阑望柱位置对斗栱中线或柱中线，

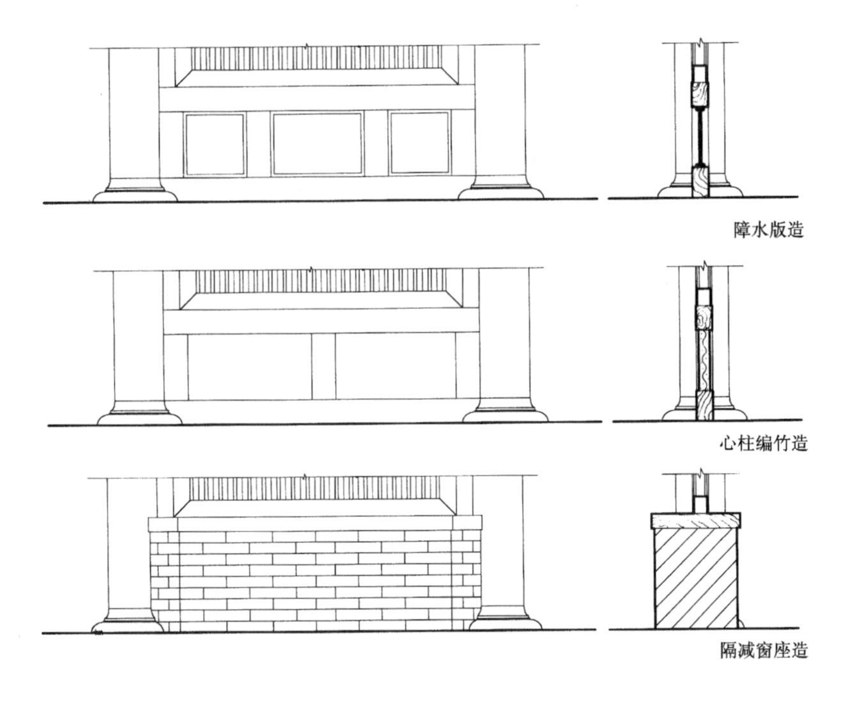

图 10-121 窗下墙做法

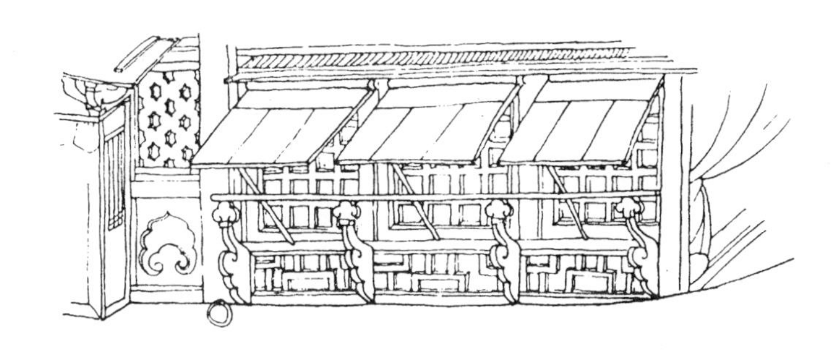

图 10-122 宋画雪霁江行图中的阑槛钩窗

到了角部，《法式》指出"角柱外一间与阶齐，其钩阑之外，阶头随屋大小，留三寸至五寸为法"。也允许在转角处"不用望柱，即以寻杖绞角"。这些不仅对建筑立面处理是至关重要的，而且使钩阑本身交待得非常完美。木钩阑虽说立面形式与石钩阑相似，但构件断面变化加多，如寻杖断面可有圆混、四混、六混、八混等不同形式。望柱柱头，用"破瓣仰覆莲，当中用单胡桃子或作海石榴头。"这些反映了对木与石的不同加工要求（图 10-123）。

3. 天花

《法式》记载了三种天花的形制与做法，即藻井、平棊、平闇。

（1）斗八藻井

最具装饰性，是一种有着悠久历史的天花形式，沈约《宋书》称："殿屋之为圆泉方井↔兼荷华者，以压火祥"。《法式》卷二关于斗八藻井的一条注释写道："藻井当栋中，交木如井，画以藻文，饰以莲茎……"这些或可说明建筑使用藻井的形制、含意和由来。

宋代斗八藻井由三个部分构成：即方井、八角井、斗八。三者叠落在一起。方井边长八尺，高一尺六寸，于算桯方之上，置六铺作下昂造斗栱，每面施补间铺作五朵，此斗栱只有半攒，至正心处即用斗槽版封死，上部用压厦板遮盖。于方井铺作之上施随瓣方，抹角勒做八角，构成八角井，于随瓣方上施七铺作上昂重栱，八角井每边用一朵补间铺作。斗栱仍为半攒，构造同方井。八角井径六尺四寸，高二尺二寸。于八角井铺作之上再施随瓣方，以承八条弧形角梁，称之为

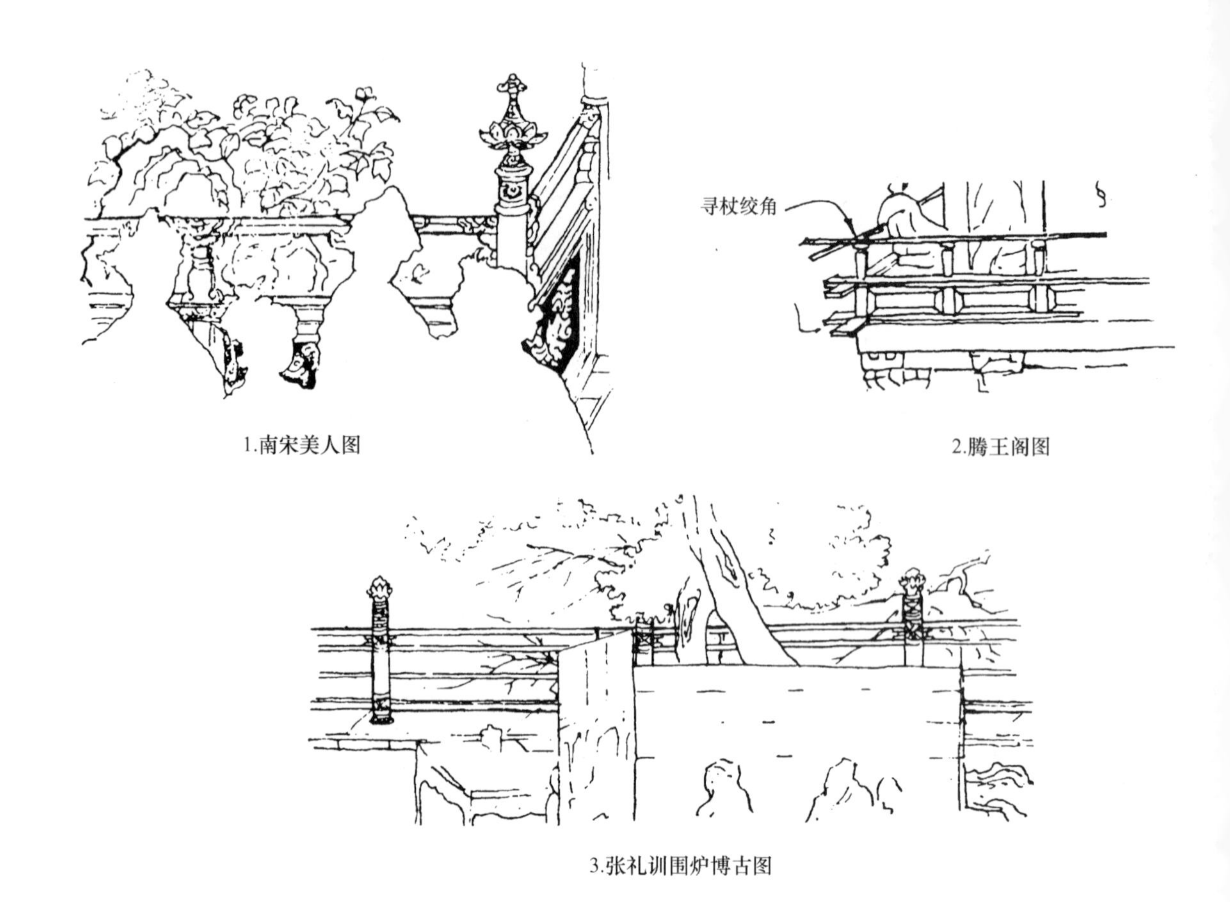

1.南宋美人图

2.腾王阁图

3.张礼训围炉博古图

图 10-123 宋画中的木钩阑

"阳马"，八条阳马簇于顶心，构成"斗八"，其下径四尺二寸，高一尺五寸。阳马之间施背版，版上贴华纹。顶心之下有垂莲或雕华云捲之类的装饰，并于中心安"明镜"。斗八藻井斗栱用材广一寸八分，厚一寸二分。藻井中的受力构件断面尺寸仍以藻井每尺之径积而为法，不用斗栱所用之材来度量（图 10-124）。

《法式》中还记有小斗八藻井，不仅尺寸缩小，而且减少方井一重，只有八角井和斗八，八角井径四尺八寸，其上斗八高八寸，总高为二尺二寸。八角井中的斗栱也减少一铺作，用五铺作卷头造，用材变得更小，广六分，厚四分。其他做法与斗八藻井相似，实例如宁波保国寺大殿藻井，但尺寸稍大，采用方井与八角井合而为一的做法。

两种斗八藻井不仅尺寸有别，而且使用位置完全不同，斗八藻井用于"殿内照壁屏风之前，或殿身内前门之前，平棊之内"，小斗八藻井仅"施于殿宇副阶之内"。

（2）平棊

是一种带有几何形格子的天花，天花板《法式》称"背版"，形成大格子的方木条称"桯"。桯内用小方木条"贴"分成小格子，背版置于贴上，四周有压缝条——护缝。等级高的建筑背版的下面常做贴络华文的木雕。一般的建筑绘彩画。背版由多块木板拼合而成，其上面施护缝条及"楅"，以保证拼板的牢固（图 10-125）。宁波保国宁大殿在藻井两侧的平棊采用与《法式》所载不同的背版分格形式，与藻井配合得十分妥帖（图 10-126），美观大方。

平棊上的格子可长可方也可作菱形、三角形，背版上的贴络华文有盘毬、斗八、叠胜、琐子、簇六毬文、罗文、柿蒂、龟背、斗廿四、簇三簇四毬文、六入圜华、簇四雪华、车钏毬文等十三品，华文可互相间杂使用，也可间龙凤及华文窦雕，还可于云盘或华盘内施明镜。

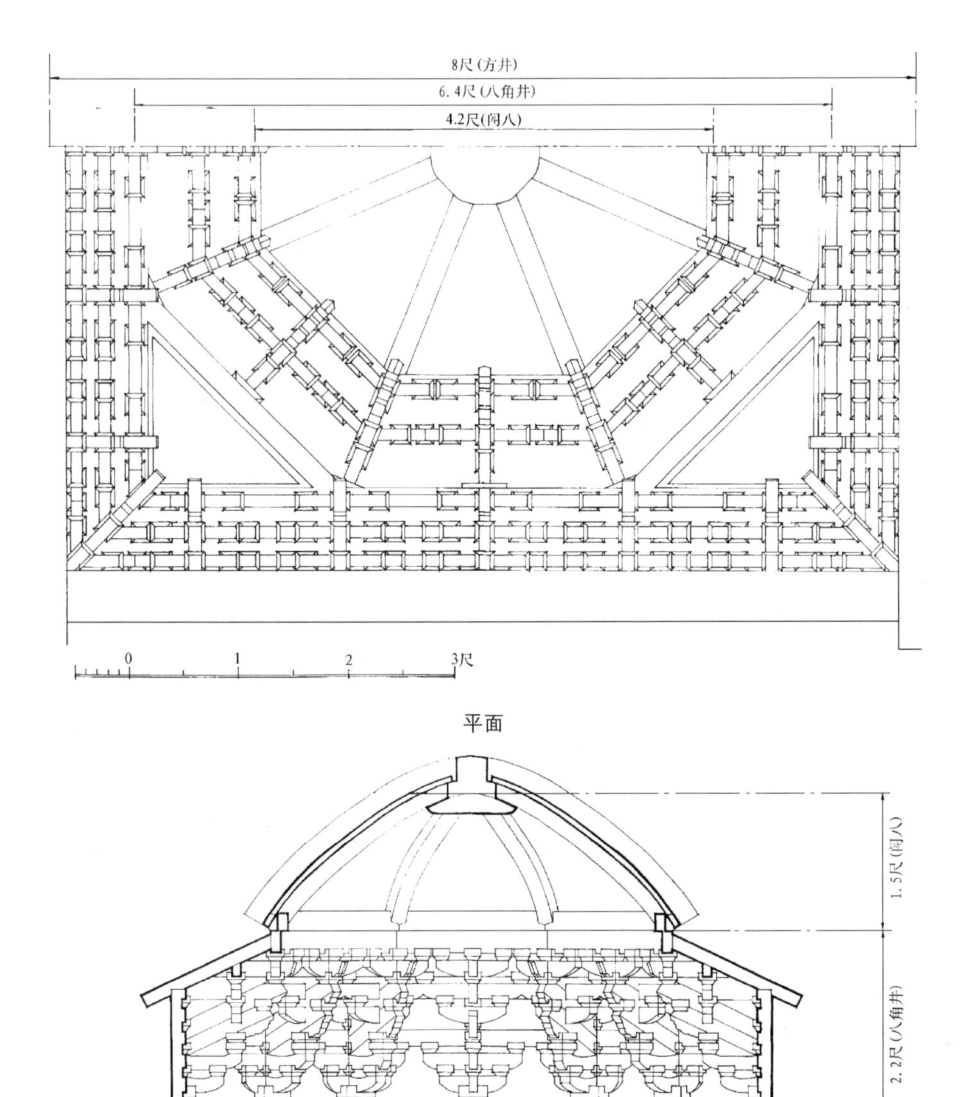

平面

剖面

图 10-124 斗八藻井

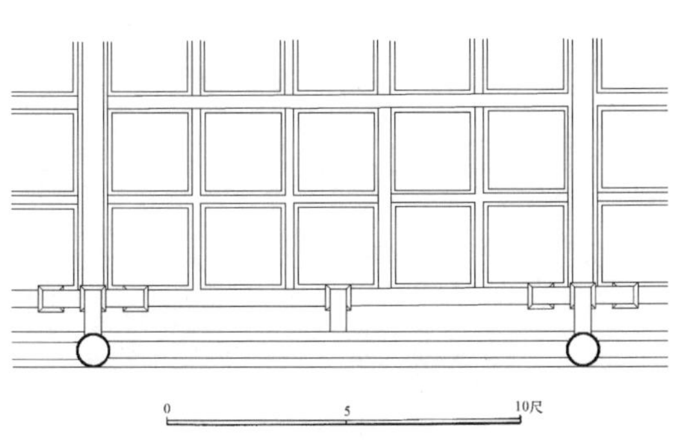

图 10-125 平棊

（3）平阇

《法式》称“以方椽施素版者谓之平阇”，即以与椽子尺寸相近的方木条组成密列的小方格，格子上盖背版，背版不做雕饰（图 10-127）。

平棊或平阇皆靠斗栱之上的算程方承托。

4. 木隔断

《法式》中的木隔断有截间版帐，殿内截间格子，堂阁内截间格子。此外如屏风一类，从功能上看也可归属到室内隔断中，但《法式》仅述及屏风之骨架，而未讲屏风表面做法，之所以如此可能因屏风表面往往用丝绸或纸覆盖，上面再施字画，而这些不属“小木作”工种来完成。木制屏风《法式》中未予记载。

（1）截间版帐

是一种最简单的木隔断，高 6 尺至 1 丈，广随间广，也可施于梁栿之下以分隔开间。版帐上下

图 10-126 保国寺大殿平棊与藻井

图 10-127 独乐寺观音阁平阇

施额及地栿，中部施腰串，左右施通高立柱——槏柱。在额、栿、串之间施小立柱——榑柱。作为版帐骨架，骨架之间以木板填充。木板拼缝处施压缝条——护缝，木版四周也有压缝条——难子，木板上、下施“牙头”——一种如意头形状的装饰。《法式》规定版帐所用构件皆以每尺之高积而为法，但木板厚度定为0.6寸（约2厘米），不随门高尺寸变化（图10-128）。

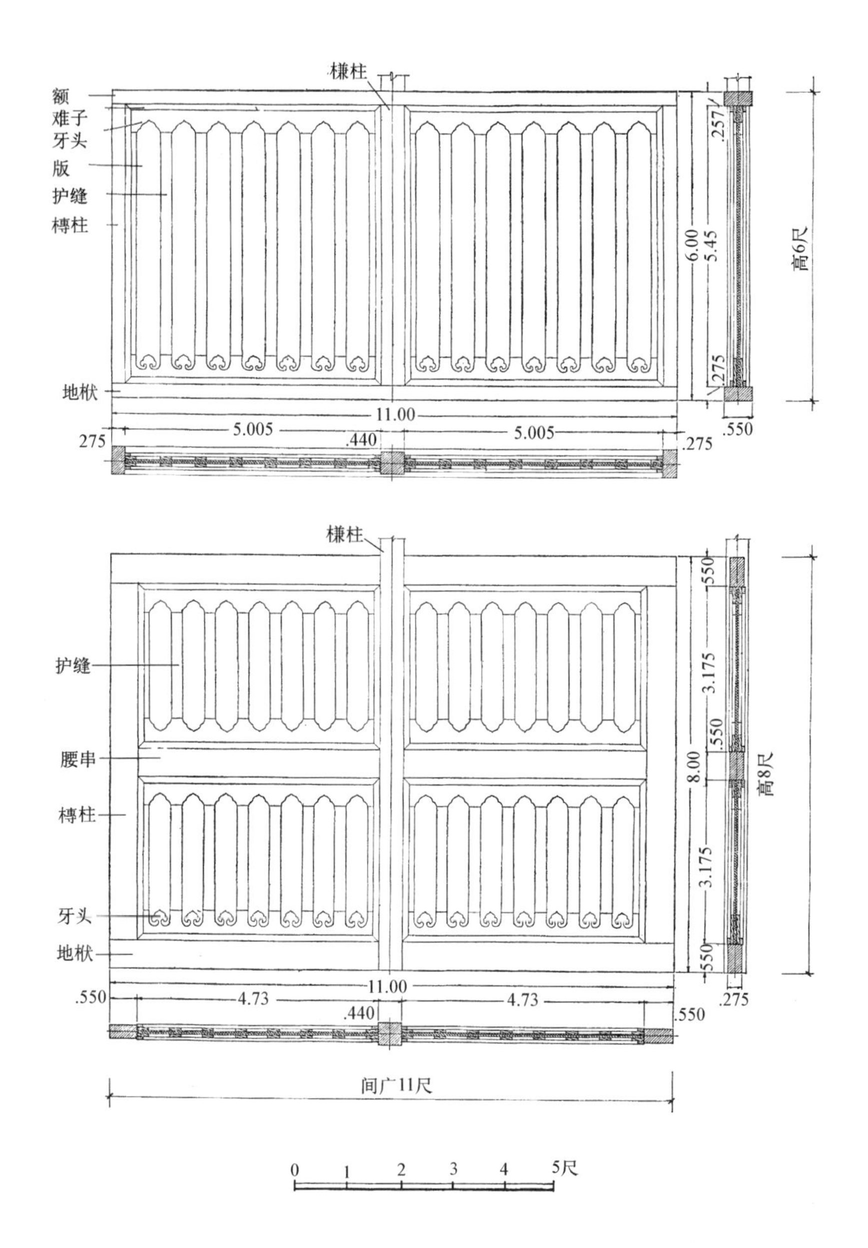

图10-128　截间版帐（上下两图说明对《法式》文字的不同理解）

（2）截间格子

与版帐不同之处在于腰串以上部分做成毬纹格子形式，腰串以下部分做成障水版。《法式》载有“殿内截间格子，高一丈四尺至一丈七尺，”单腰串造。腰串以上的花格部分高度为腰串以下障水版部分高度的一倍。花格可分成两间，而与其配套的障水版分成三间。在格子与障水版处的心柱、榑柱、桯等名件广厚皆以版帐的每尺之通高积而为法。但毬纹条径长宽取决于毬纹径之大小，厚以0.6寸为定法。《法式》载堂阁内使用的截间格子比殿内者要矮，高为一丈，广为一丈一尺，对高广尺寸皆作了限定，但在实际应用中，仍需调整。堂阁内截间格子采用双腰串造，且有带门与不带门之分。不带门者，当心设桯（即小立柱），将花格与腰串、障水版从整体上分成左右两部分，如同门扇，但为死扇，不能开启，如《法式》卷三十二所绘（图 10-129、10-130）。截间开门格子，四周以额、地栿、槫柱为依托，中间施毬纹格子门两扇，门扇之上有门额及上部窗亮子。门扇两侧有做门框，两边留“泥道”，上部亮子及泥道皆做毬纹格子（图 10-131）。

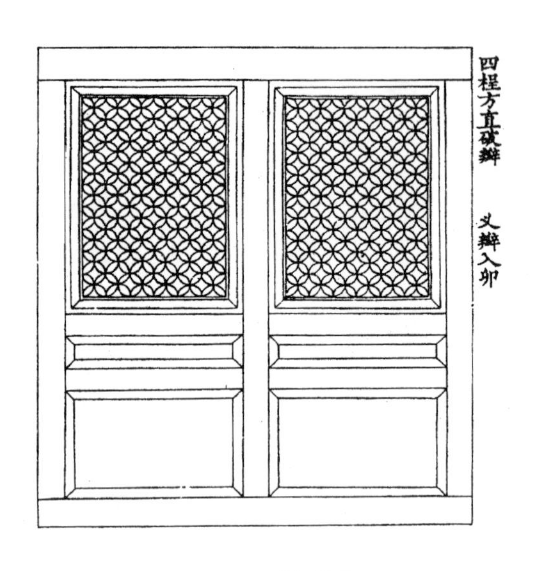

图 10-129　截间格子一

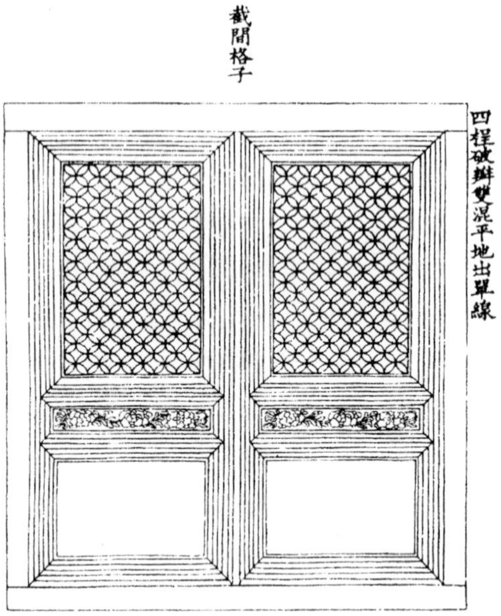

图 10-130　截间格子二

截间格子有如后世之碧纱橱一类，高度控制在一丈以内，每一扇格子的四周边框——桯的断面，均带有凹凸线脚，风格饱满，以显示装修的精美。《法式》卷七“堂阁内截间格子”条下所列桯的断面有五：

①面上出心线，两边压边线；

②瓣内双混或单混；

③方直破瓣；

④破瓣双混平地出线；

⑤破瓣单混压边线。

桯与桯或腰串的交接方法有两种：

①撺尖造

②叉瓣造

截间版帐、殿内截间格子、堂阁内截间格子三者从《法式》所给尺寸的不同可以看出使用状况的差别，版帐高六尺至一丈，可作为只遮挡下部空间时使用，或者将上部封以其他材料。殿内截间格子最低高一丈四尺，高者达一丈七尺，相当于 4.6～5.6 米高，推测在自上而下将空间封死的情况下使用，如果高于一丈七尺者，仍可于上部再用其他方式，如木板一类来封死。堂内截间格子有带门与不带门者之别，说明也是将空间上下封死者，高度限定为一丈，在格子上部也可加封木板。格子部分正好处于人的视线范围，空灵剔透，具有较强的装饰效果。可用于等级较高的建筑中。

5. 木楼梯

《法式》称胡梯，用于楼阁建筑之中，其构造特点是用一跑长的两条木方——两颊，以 45°角的坡度，斜置于楼梯的地面与休息版之间，即所谓每跑“高一丈，拽脚长随高”。每跑楼梯之宽 3

尺，踏步由两块木板组成，立者称“促版”，平者称“踏版”，置于两颊所开挖的凹槽之间，上下共12级。为了使两颊夹紧促踏版，于每跑中部踏版下使用一条穿透两颊的棍，棍端“卯透外，用抱寨”即木销钉销紧。

胡梯两颊之上安木钩阑，先于胡梯两端施望柱，钩阑寻杖盆唇插于上下两望柱间，盆唇与颊之间立望柱，将阑版用蜀柱分作四间，每间用三条卧棂，钩阑斜高三尺五寸。《法式》规定，胡梯名件广厚以梯每尺之高积而为法，钩阑名件广厚以鉤阑每尺之高积而为法（图 10-132）。

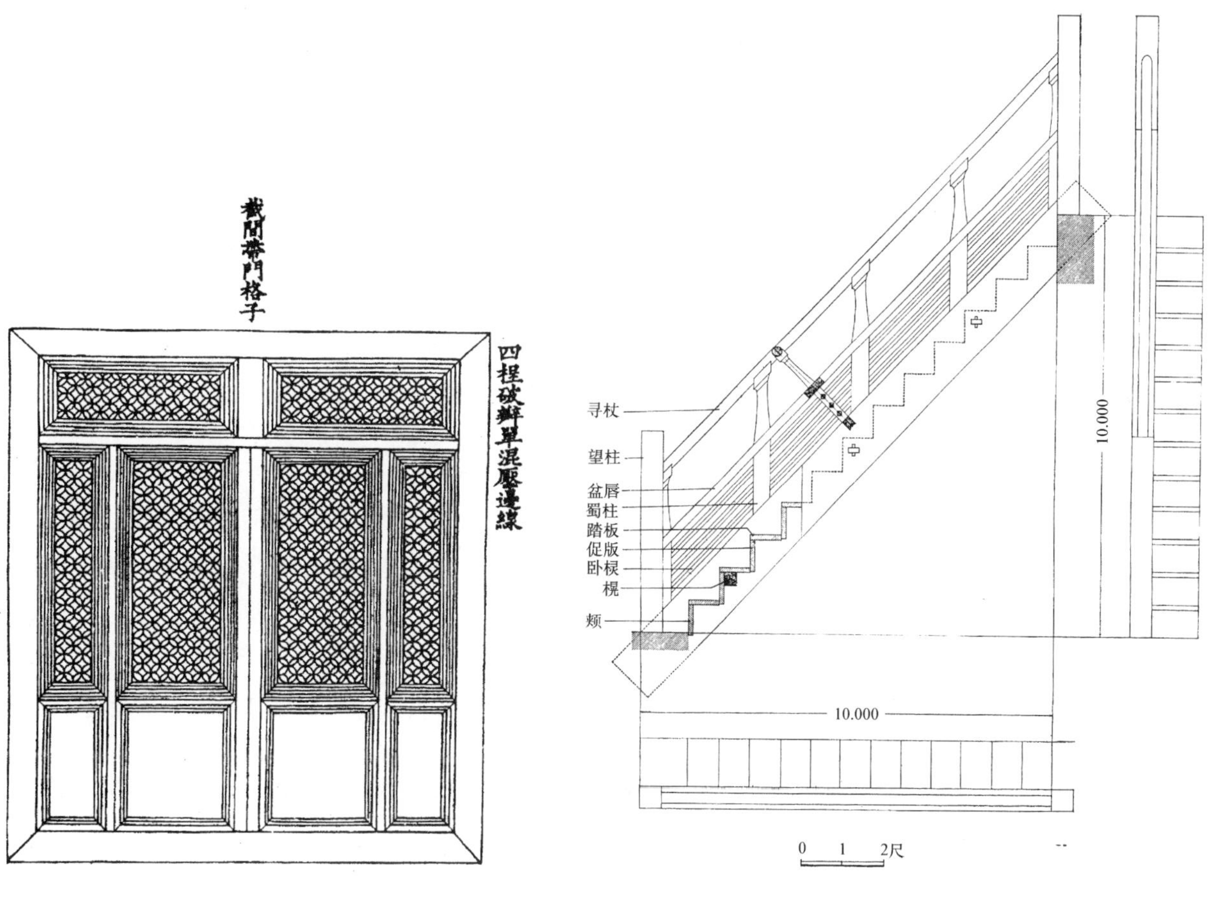

图 10-131　截间格子三

图 10-132　胡梯

胡梯在使用中根据楼层高度可做两跑或三跑。但总的看《法式》所定的楼梯坡度陡，梯跑窄，踏步高，但节省空间。与《法式》规定相似的楼梯实物见于应县佛宫寺释迦塔，蓟县独乐寺观音阁，大同善化寺普贤阁等处。

6. 佛道帐、转轮藏、壁藏

小木作制度的第四、五、六卷专门介绍了这类宗教建筑中使用的特殊木装修，它们有如缩小比例的建筑模型。因其中的每个构件都需制作精细，故归属在小木作中。

（1）佛道帐

即安放神像的龛，形制有如一座带外廊的殿宇，放在台座上。有的在殿宇顶部又施一层更小的殿宇，称之为天宫楼阁。这种带天宫楼阁的佛道帐，从顶到地面，高度可达二丈九尺。规模小的有“牙脚帐”，高不过一丈五尺，更小的有“九脊小帐”，高仅有一丈二尺。这三种帐深浅宽窄不一。天宫楼阁佛道帐宽度可随其所在的佛殿大小来定，深度最大达一丈二尺五寸。牙脚帐宽三丈，深八尺。九脊帐宽八尺，深四尺（图 10-133）。

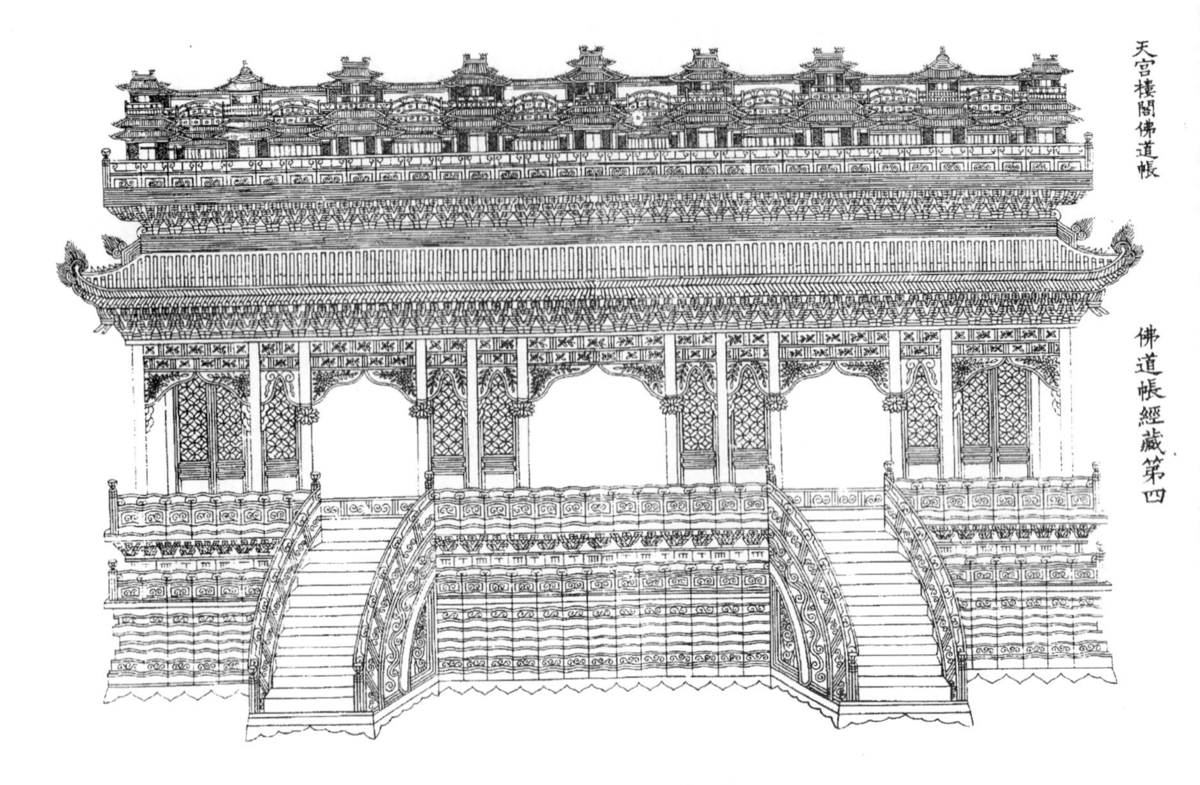

图 10-133 天宫楼阁佛道帐

(2) 转轮藏

是一种可以转动的藏经橱，平面为八角形。造型似一座小亭子的模型。分为内外两层，外层帐身下有基座，上有腰檐，顶部带有天宫楼阁三层。总高二丈，径一丈六尺，每边边长六尺六寸六分。外槽帐身柱采用“隔斗欢门帐带造”。帐的下部基座雕成山峰、水浪。内层中部有一转轮，径九尺，高八尺，挂在中心立柱上，立柱长一丈八尺，径一尺五寸（约 43 厘米）。转轮上下作成七层，每层分成八格，每格内放两枚经匣。中央立柱下部立在铁板上，铁板上凸一圆包，称为铁鹅台，鹅台上扣有一小段铁管，将中心木柱插入管内。转轮便靠中心的木柱转动而随之转动（图 10-134）。内层表面仍做成建筑形式，下为须弥座、钩阑，座径一丈一尺四寸四分，高三尺五寸帐身高八尺五寸，径一丈，八面柱间各装两扇毬纹格子门，柱上用隔斗、欢门、帐带造，这部分并不转动。现存的宋代转轮藏遗物有正定隆兴寺转轮藏和江油云岩寺飞天藏两处形制与《法式》所载小有不同，两者皆为内外连成一体，成整体转动。

(3) 壁藏

是一种藏经用的书架，依壁而设，形式如同一座进深很浅的小建筑，立面作出了基座、帐身、腰檐、平座、天宫楼阁等。总高一丈九尺，总宽约四丈，深四尺。帐身高仅八尺，也采用欢门帐带造，帐身部分上下分成七格，每格放经匣四十枚（图 10-135）。现存实物如大同大华严寺薄迦教藏殿壁藏，其藏经柜表面皆设有门扇，更显精美。

四、彩画作制度及建筑色彩

木构建筑施以彩画，作为装饰并兼有防腐功能，是中国建筑最古老的传统之一。从文献记载可上溯到春秋时代，如《论语》中的“山节藻棁”记载了斗栱上画出“山”与“藻”的纹饰。《西都赋》中有“绣楠云楣，镂槛文棍，故其馆室次舍，彩饰纤缛，裛以藻绣，文以朱绿”记载了建筑物的斗栱——楠之上有锦绣之纹及云纹，连檐——棍之上画有华纹，馆室之中，缠饰朱绿藻文的

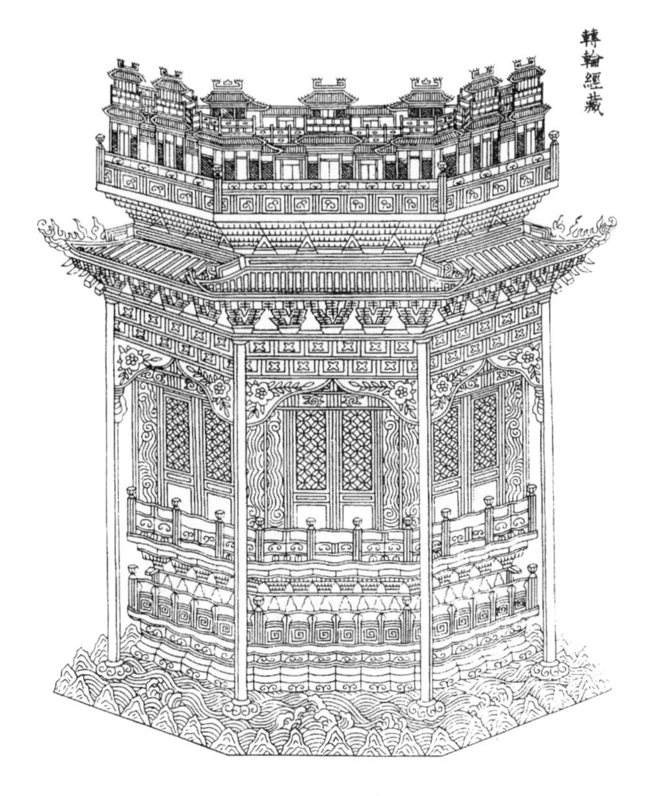

图 10-134 转轮藏

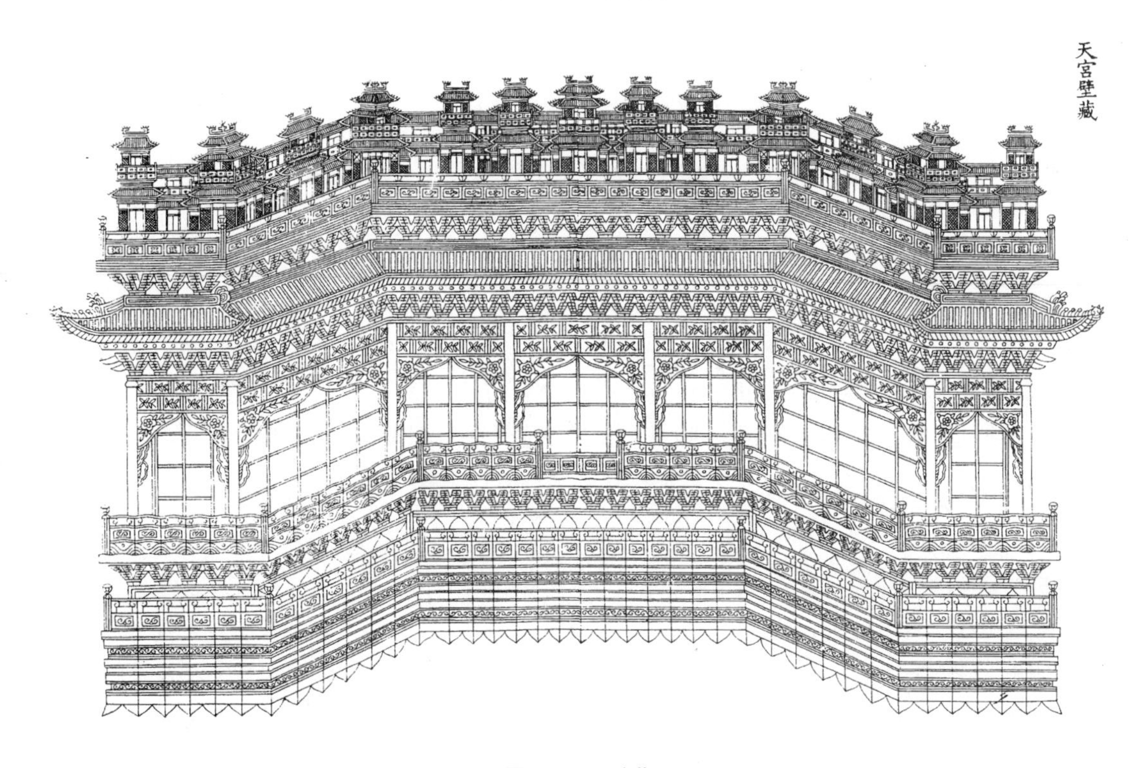

图 10-135 壁藏

绣片。又《吴都赋》有“青琐丹楹，图以云气，画以仙灵”，记载了红柱子上画有青色的琐纹，云纹及神仙灵奇之物。《后汉书》曾记“作阴阳殿，连阁通属……刻镂为青龙白虎，画以丹青云气”。在汉代大将军梁冀的府第“柱壁雕镂加以铜漆，窗牖皆有绮疏青锁，图以云气仙灵”[15]。可见当时建筑彩画已有相当的发展。然而，带有彩画的汉代建筑早已湮没，在建筑物上所见彩画遗物，最早者如汉代明器，历代墓室乃至石窟壁画，均为砖石上所涂彩绘。中国木构建筑前期的彩画到底形制如何？从文献的只言片语仍不能清晰的传达给后人。《营造法式》卷十四首次将彩画制度完整的记载下来，并于卷三十三，三十四绘制图样，予以补充。从卷十四的记载，明确了宋代彩画的类型，每种类型彩画在建筑的各部位所使用的不同题材，每种类型彩画的用色规律，宋代彩画的施工程序，彩画颜料的配制方法与使用经验，以及每种彩画所设想的艺术效果。

1. 宋代彩画的类型及绘制要点

宋代彩画有以下六类，也可称之为六个等级，每类彩画的总体效果不同，在建筑群中使用时，可与建筑物的等第相匹配。

（1）五彩遍装

是各类中色彩最华丽的一种，它要求于每一建筑构件均绘彩画，且需施用多种颜色，以达到五彩缤纷灿烂辉煌的艺术效果。同时，五彩遍装彩画是惟一可以用金的彩画。其绚丽程度可想而知。在彩画绘制时需依据构件所处不同部位，选择不同纹样题材。《法式》对这些作了详细记载，常用的纹样有华纹、琐纹、飞仙、飞禽、走兽、云纹等类别，每类又有若干品。

1）五彩遍装各种华纹品类：

①华文九品：

a. 海石榴华、宝牙华、太平华；

b. 宝相华、牡丹华；

c. 莲荷华；

以上为植物华纹，可用于建筑的各个部位（图 10-136）。

d. 团科宝照、团科柿蒂、方胜合罗；

e. 圈头合子；

f. 豹脚合晕、梭身合晕、连珠合晕、偏晕；

g. 玛瑙地、玻璃地；

h. 鱼鳞旗脚；

i. 圈头柿蒂、胡玛瑙。

以上为锦纹图案，主要用于方子、桁条、斗栱、飞子面、连檐等构件（图 10-137）。

②琐纹六品：

a. 琐子、连环琐、玛瑙琐、叠环、密环；

b. 簟文、金铤、银铤、方环；

c. 罗地龟纹、六出龟纹、交脚龟纹；

d. 四出、六出；

e. 剑环；

f. 曲水、王字、万字、斗底、钥匙头、丁字、天字、香印；

以上为几何纹图案，以圆、方、六边形、八边形等基本形，经过多次互相叠加、交错构成。主要用于橑檐方、椁、柱头、斗身、栱头、椽头、普拍方等部位（图 10-138、10-139）。

③飞仙之类二品：

a. 飞仙；

b. 嫔伽、共命鸟。

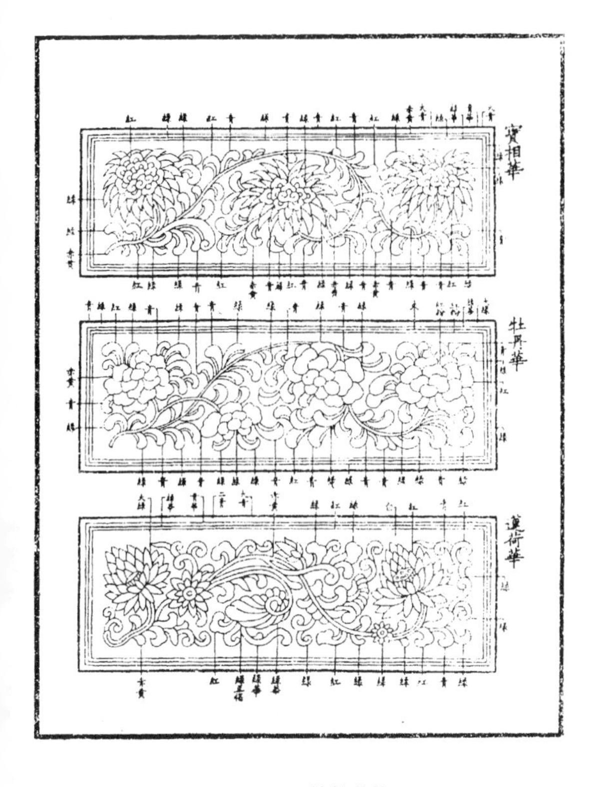

图 10-136 植物华纹

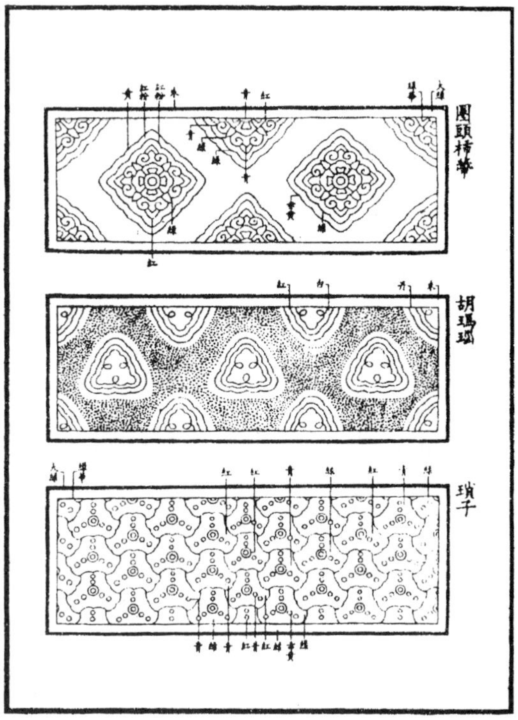

图 10-137 锦纹

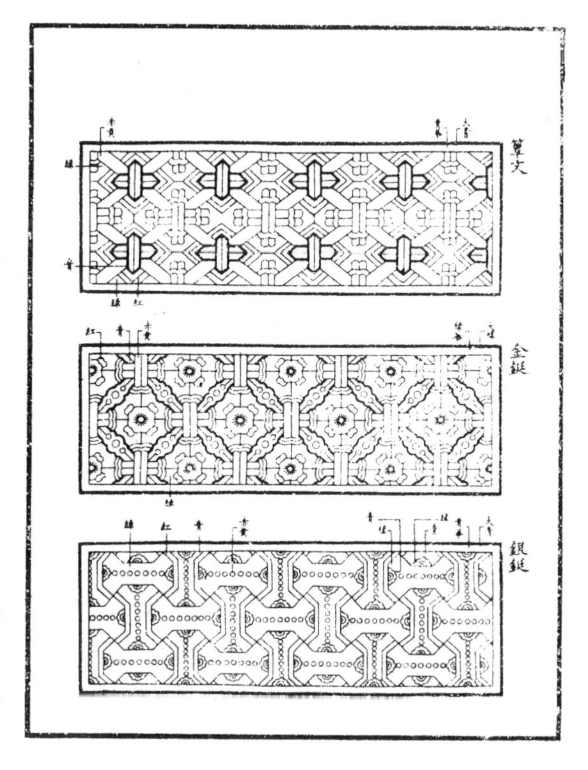

图 10-138 几何纹之一

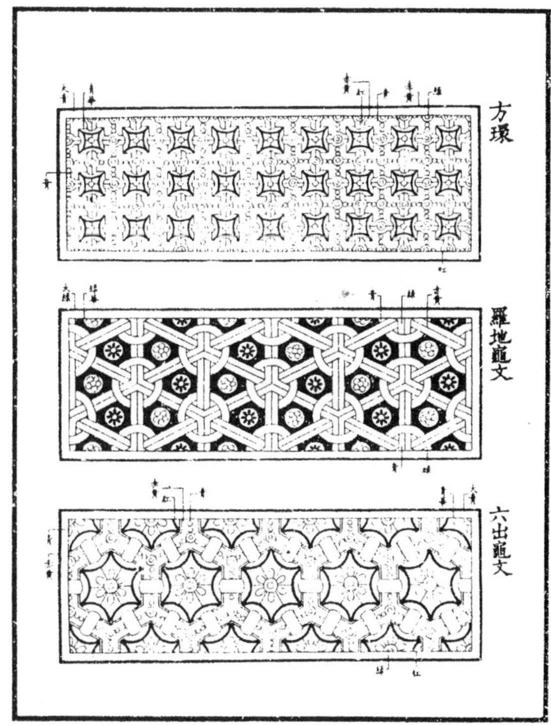

图 10-139 几何纹之二

④飞禽之类三品：

a. 凤凰、鸾、孔雀、仙鹤；

b. 鹦鹉、山鹧、练鹊、锦鸡；

c. 鸳鸯、谿鸡、鹅、华鸭。

⑤走兽之类四品：

a. 狮子、麒麟、狻猊、獬豸；

b. 天马、海马、仙鹿；

c. 羚羊、山羊、华羊；

d. 白象、驯犀、黑熊。

⑥骑跨牵拽走兽人物有三品：

a. 拂菻；

b. 獠蛮；

c. 化生。

⑦骑跨天马、仙鹿、羚羊、仙真有四品：

a. 真人；

b. 女真；

c. 金童；

d. 玉女；

以上为仙人、飞禽、走兽一类，一般多与华纹结合使用，如海石榴华间凤凰，莲荷华间化生童子之类（图 10-140～10-143）。

图 10-140　飞仙

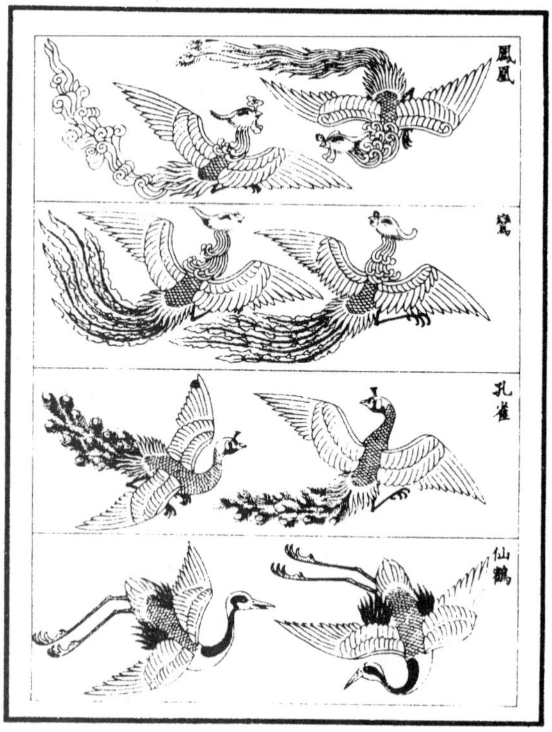

图 10-141　飞禽

⑧云文二品：

a. 吴云；

b. 曹云、蕙草云、蛮云。

2）五彩遍装各构件彩画形制：

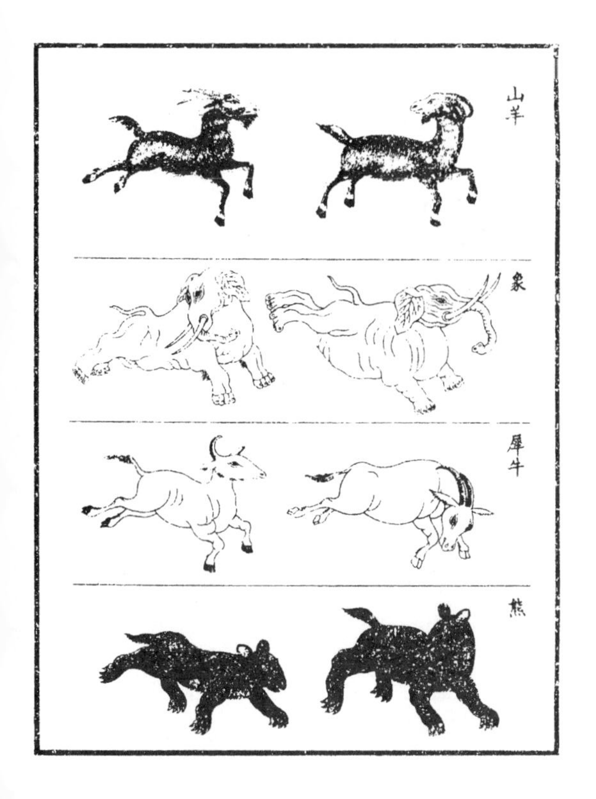

图 10-142 走兽

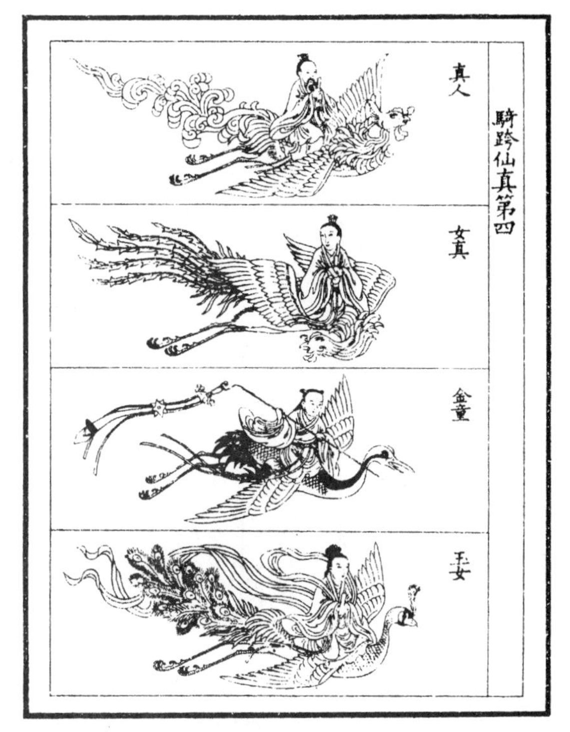

图 10-143 骑跨仙真

以上三十三品不同题材的纹样在五彩遍装彩画中如何匹配使用，《法式》卷十四作了详细规定：

①柱：

柱头：指与阑额相交处，华纹有两种：

a. 细锦：用锦纹图案一类。

b. 琐纹。

图案之下做红或青或绿叠晕一道。

柱脚：指柱櫍以上的部位，华纹与柱头相应。

柱櫍：作青瓣或红瓣叠晕莲华。

柱身：彩画有六种（图 10-144）；

a. 海石榴等华。

b. 诸类华内间飞凤。

c. 碾玉华内间五彩飞凤。

d. 海石榴华内间六入瓣团华科（科内画华）。

e. 宝牙华内间柿蒂科，科内间化牛或龙凤之类。

f. 枝条卷成海石榴华，内间四入瓣团华科。

②额：包括阑额、檐额、由额等。

额端彩画据《法式》卷三十三图样有九种，额的端头长度范围按《法式》称“长加广之半”，而卷三十三图样所绘长度皆近乎广之倍。端头处理是以如意头为基础的各种图案，其构成如下（图 10-145）：

a. 单卷如意头。

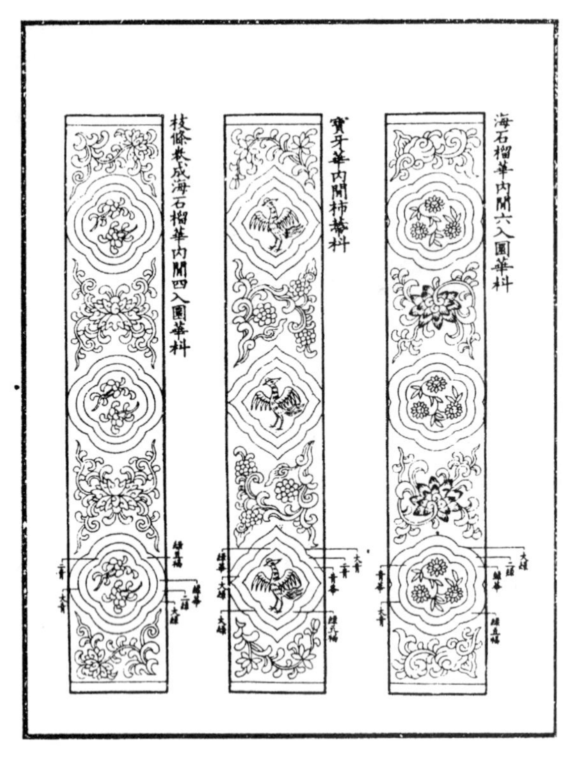

图 10-144　柱身彩画

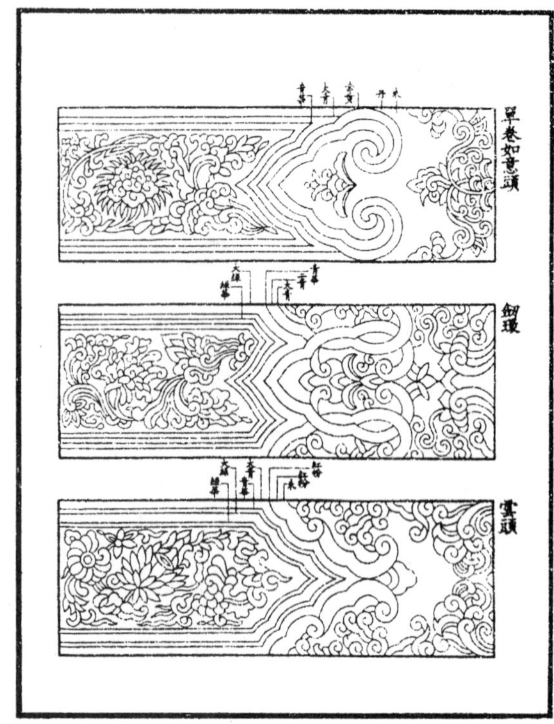

图 10-145　额端彩画

b. 三卷如意头：一正两反相交构成三卷。

c. 簇三如意头：三个如意头簇拥在一起，中间大而完整，两边向外倾斜，不甚完整。

d. 合蝉燕尾：由两个半如意头拼合，尾部构成一个反方向如意头。

e. 云头：由两个半如意头组成，如意头轮廓成云卷状。

f. 豹脚：由三个如意头以一整二半式拼成，使额方方心端部成𠃌形。

g. 叠晕：以一个如意头为主，加两个半如意头尖，使额方方心端部成𠃌形。

h. 牙脚：如意头部份与叠晕相似，如意头以外的额端华纹为卷叶托莲花。

i. 剑环：以一整二半如意头互相套叠。

额身彩画：

a. 红地作青碾玉华纹。

b. 青地作五彩华纹。

c. 随两边缘道作分脚如意头[16]。

③梁栿（图 10-146、10-147）：

a. 植物华纹；

b. 五彩净地锦；

c. 鱼鳞旗脚；

d. 植物华纹间行龙、飞禽走兽之类。

④斗栱（图 10-148）：

a. 植物华纹；

b. 五彩净地锦及团科或柿蒂类华纹；

c. 斗内可用玛瑙地、玻璃地；

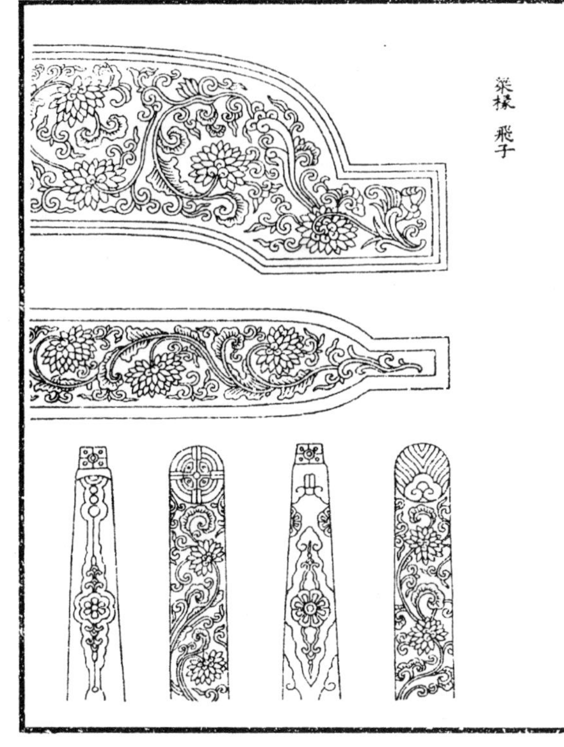

图 10-146 梁椽飞子之一

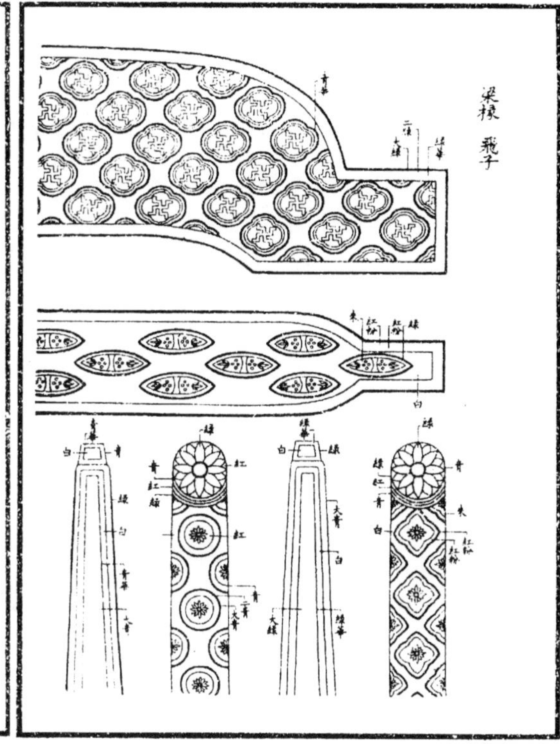

图 10-147 梁椽飞子之二

d. 斗内还可用四出、六出、剑环等几何纹；

e. 栱上可用鱼鳞旗脚。

⑤椽子：

椽头面子彩画：

a. 随径之圆形作叠晕莲华，色彩青红相间；

b. 作出焰明珠；

c. 作簇七车钏明珠；

d. 叠晕宝珠："深色在外，令近上，叠晕向下棱，当中点粉点为宝珠心"，此宝珠即为偏于椽头上部的圆形，向下叠晕时每一放大之圆上部皆与椽头上边边缘相切。

e. 叠晕合螺玛瑙。

椽身彩画：近头处先画青、绿、红晕子三道，每道宽度在一寸以内。

再于后部画彩画，"身内作通用六等华，"此处的六等华的"等"字有等级的含义，即可以按照建筑的等第高低选取不同的华纹，卷三十四的椽身图样在五彩遍装名件中，画了四种，一种类似"鱼鳞旗脚"，一种类似胡玛瑙中的三个如意纹拼成的图案，另外两例为五彩净地锦，这四种基本可归为锦纹类。在碾玉装名件中，画了两种，皆为枝条华纹类。解绿结华装中只画了一种鳞片纹，更为简单。从这些图例来看，可以按其绘制的复杂程度或难度分出不同的六个等级，于是便称为"六等华"。而"通用"二字可理解为当时在彩画匠师中所通用的一些画样。

a. 素地锦：以青或绿或红为地，其上画各种团科、方胜华纹。又称净地锦；

b. 遍地华：以白色为地，用浅色如青华、绿华、朱彩圈华纹外轮廓，华纹以内随辩之方圆描五彩华。

⑥飞子：

飞子头彩画：

a. 四角柿蒂；

b. 玛瑙。

飞子身彩画：分为三个面，分别画不同彩画。

a. 下面用遍地华，两侧壁作两晕青绿棱间装；

b. 下面用素地锦：两侧壁作三晕或两晕棱间装。

⑦大连檐：立面彩画

a. 三色叠晕柿蒂华；

b. 霞光。

在《法式》卷十四中指明豹脚合晕可用于大、小连檐，但从卷三十三所绘纹样的复杂程度看，不适于用在大连檐位置，在小连檐上更不可能使用。

⑧普拍方：彩画用曲水类，可作曲水、王字、万字、斗底、钥匙头等式。

⑨方桁：即方子和榑。可画行龙，飞禽、走兽之类，其地应以云文补空。

⑩平綦：《法式》卷十四未记平綦所用华纹品类，仅于卷三十三中图版 31～34 有平綦图样四幅，两幅方形、两幅长方，用所用彩画华纹如下（图 10-149）：

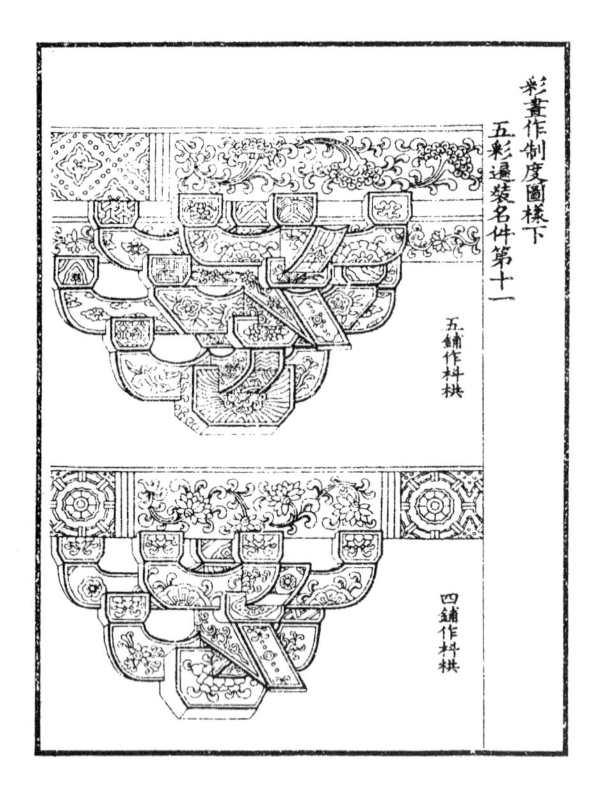

图 10-148　斗栱彩画

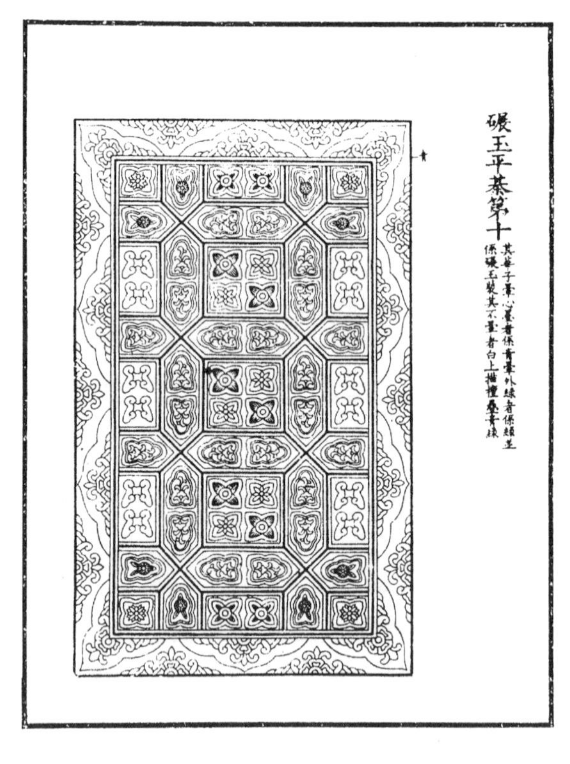

图 10-149　平綦彩画

a. 图版 31，长方形平綦：中部以四瓣柿蒂为图案母题，组成方形、长方形、六边形图案，边框作偏晕。

b. 图版 32，方形平綦：中部为正八边形，出现八个方胜合螺纹，其间空当用梭身合晕文补空，八边形外有两圈方形边饰，内一圈仍用四瓣柿蒂纹，外一圈用连珠合晕纹（稍有变形）。

c. 图版 33，长方形平綦：中部全部用四瓣柿蒂为母题，沿 45°方向排列，仅对柿蒂纹内部图案作了变化，共有七种不同画法。外圈用变形了的连珠合晕纹。

d. 图版 34，方形平綦：中部为正六边形，以三瓣形华填满，六边形外套以圆型，其外再套两圈方形边框，内部一圈用四入瓣团科，外部一圈用连珠合晕。

从以上的几幅平棊图样分析，平棊彩画不出六等华范围。

⑪栱眼壁：《法式》卷十四未记栱眼壁彩画形制，仅于卷三十三中载有图版六幅，从中可知其题材如下（图 10-150～10-152）：

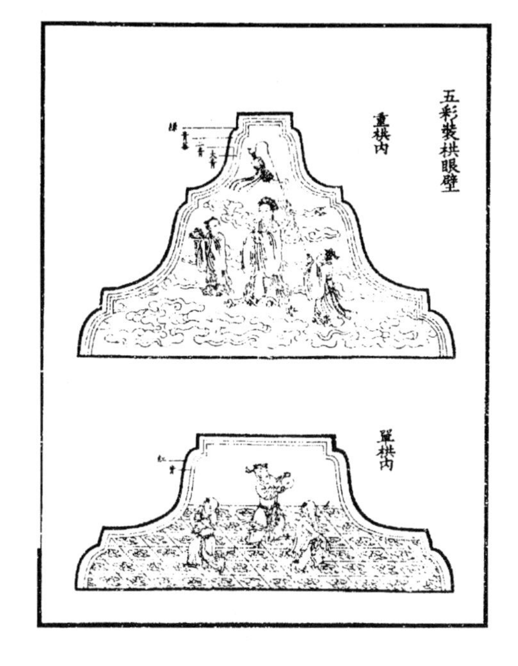

图 10-150　五彩遍装栱眼壁彩画

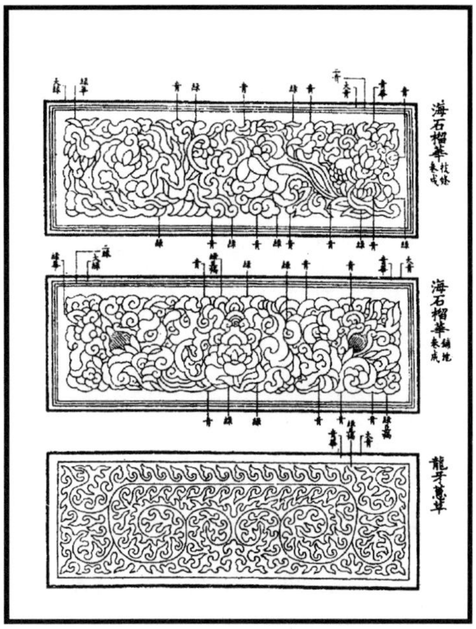

图 10-151　碾玉装彩画

a. 仙人：真人、童子；

b. 写生华：盆栽华、牡丹华、莲荷华；

c. 程式化的花卉：莲荷华、宝相华。

施用五彩遍装彩画的梁、额、方、栱等主要构件，无论是画五彩华纹还是画五彩锦纹，均要求“四周皆留缘道”，即在构件边棱处，以青、绿或红由深入浅退晕做出边框，《法式》规定“梁栿之类缘道广二分，斗栱之类缘道广一分”，这里的“二分”或“一分”从卷十四彩画制度前后行文分析，应指构件总宽的 2/10 或 1/10。对于斗栱来讲，用 1/10 的宽度作边框，是合适的，因为斗栱构件本身宽度不大，按大木作制度规定为 15 分°，既使用一等材，缘道宽不过 0.9 寸，相当于 2.9 厘米。然而对于梁、额之类的大构件，若取其 2/10 作彩画边框，则会显得粗笨，如一条檐栿、月梁明栿，宽度为 42 分°，其 2/10 为 8.4 分°，若用一等材，则缘宽达到 5 寸，相当 16.4 厘米，似显过宽。对照卷三十三彩画图样看，梁额之外缘也以总宽的 1/10 为宜。

外缘道之内还有一道空缘，空缘之内为彩画华文部分，空缘也需晕染，色彩由浅入深，以与外缘道对晕，空缘之宽减外缘 1/3。外缘与空缘所形成的边框总宽在彩画画面中所占比例为 1.6/10 左右。

3）五彩遍装彩画的着色法则：

①间装之法：华纹与地的色彩关系如下：

青地：华纹赤、黄、红、绿相间，外棱用红叠晕。

红地：华纹青绿，心内以红相间，外棱用青或绿叠晕。

绿地：华纹赤、黄、红、青相间，外棱用青、红或赤黄叠晕。

有些构件，不限于以上三类，还可考虑有更多变化，如阑额，两端有华牙，牙头部份可用青、绿，地为赤黄。或以朱为牙，地用二绿。在青、红、两种地上所绘华纹往往使用绿色枝条，这时需用藤黄汁罩面，同时用丹华或薄矿水节淡青、红地。有时在白地上画单枝条，如栱眼壁上所绘华纹，枝条用二绿，枝条边缘的黑线需用绿华合粉压盖，表面再罩以三绿、二绿，将边缘与枝条之间的色差节淡。

②叠晕之法：《法式》五彩遍装彩画所绘华纹或锦纹、几何图案等皆采用叠晕的画法来完成，而不是将颜色平涂上去，这样画出的各处华纹效果生动、活泼，总体灿烂夺目。所谓叠晕就是将颜色由浅入深，分成若干层次，如青、绿、红三色可分成如下12个层次：

青色：青华、三青、二青、大青。

绿色：绿华、三绿、二绿、大绿。

红色：朱华、三朱、二朱、深朱。

绘制彩画华纹时：由浅入深晕染，在浅色之外留粉地一晕，在深色之内以更深颜色压盖，如大青之内用深墨压心；大绿之内以深色草汁罩心，深朱之内以深色紫矿罩心，这样可达画龙点睛的效果。除此之外，对二绿往往用藤黄汁罩盖。华纹画完之后再将所露之地剔填预定的颜色。

叠晕在各构件中应用时需作对晕。

外棱：深色在外，浅色在内。

空缘：浅色在外，深色在内，与地连成一片。

华纹：浅色在外，深色在内，并以深色压心。

关于彩画用金，在构件外缘可贴金线，做金色外缘，金缘之内再做青或绿叠晕，金缘之广为叠晕之广的五分之一。也有以“五彩间金”者，似应属在华纹部分做金线或点金。

（2）碾玉装

是一种以青、绿为主色调的彩画，如梁、栱等，外棱缘道用青或绿叠晕，华纹也多用青、绿描绘，偶有其他颜色，以为点缀。整个画面内外多层叠晕，光彩闪烁，犹如磨光的玉石，故称碾玉装。其所施纹样，如华纹、琐纹、飞走之类，形式也多同五彩遍装，但均采用程式化的图像，不再出现“写生华”。由于写生华强调的是真实感，色彩必须依据原生华叶颜色，花朵该红则红，该黄则黄，不可能皆为青、绿，而碾玉装强调的是总体色调为青绿，因之不宜表现写生华。另外，有些锦纹，本适合五彩表现者被去掉，如豹脚合晕、偏晕、玻璃地、鱼鳞旗脚，琐子等，另增龙牙蕙草一款。由于它更适合与建筑物红墙、黄瓦的总体色调搭配，故为后世所继承、发展（图10-151）。

1）碾玉装彩画着色、配色之法

①间装、对晕碾玉：以青、绿两色间装、对晕，以外缘绿色为例，其做法如下：

a. 外缘用绿色退晕由深变浅；

b. 于浅绿地上用赭笔勾勒华纹轮廓；

c. 随赭笔轮廓量留粉道一条，然后起晕，由浅入深，最后以深色压心。华纹色彩青、绿相间布局；

d. 用深青剔地；

e. 空缘用青晕自外向内由浅入深，外侧与外缘道对晕，内侧与地融为一体。

若外缘为青晕，则于淡青地上描华、晕染，以深绿剔地、空缘用绿晕。在华叶晕染中，凡遇青绿色彩界限不清时，则将绿色表面罩以藤黄汁，形成绿豆褐色，以区分之。

②映粉碾玉，是碾玉装的另一种类型，其华叶部分叠晕，以二青或二绿斡淡，然后以粉笔傍赭笔轮廓勾勒，使粉线非常突出。这种画法只宜小面积使用。

2）碾玉装各构件彩画形制

①柱：

柱头：

a. 碾玉华纹。

b. 五彩锦。

柱身：

a. 碾玉华纹或间白画（可能为线描华纹而不做叠晕）。

b. 素绿。

柱脚：

a. 碾玉华纹。

b. 五彩锦。

柱櫍：

a. 红晕莲华。

b. 青晕莲华。

②梁、额、斗栱：碾玉诸华。

③椽子

椽头：

a. 出焰明珠。

b. 簇七明珠。

c. 莲华。

椽身：

a. 碾玉华。

b. 素绿。

④飞子：

飞子头正面：合晕。

飞子身：

a. 底面合晕，两侧面退晕或素绿。

b. 底面碾玉，两侧面同。

⑤其他部位：皆做碾玉或素绿。

碾玉装也隅有用金者，《法式》卷二十五彩画作功限中有“抢金碾玉”形制之称谓，但做法不明。

（3）青缘叠晕棱间装、三晕带红棱间装

这种是以青、绿颜色晕染边棱，基本不画华纹的一种彩画，此类又分成三种做法，一种为青绿两晕，一种为青绿三晕，一种为青绿红三晕，其主要用于斗栱之类的构件。晕染着色之法如下：

1）青绿两晕棱间装

外缘，深色在外，浅色在内，宽 2 分°。身内，浅色在外，深色在内，浅色之外另压粉线一道。

具体晕染次序如下：

外缘用青：	外缘用绿：
大青，以墨压深	大绿，以草汁压深
二青；	二绿；
青华；	绿华；
压粉线一道；	压粉线一道；
身内用绿：	身内用青：
绿华；	青华；
三绿；	三青；
二绿；	二青；
大绿，以草汁压深。	大青，以墨压深。

2）青绿三晕棱间装

其外缘做青、绿两晕，宽同五彩遍装，即2分。身内再做一晕。三者均需深、浅对晕。

3）三晕带红棱间装

其外缘用青、红或绿、红两晕，宽2分，身内用绿或青晕，三者深浅对晕。晕染次序如下：

外缘用青红：	外缘用绿红：
大青	大绿
二青	二绿
青华	绿华
朱华	朱华
二朱	二朱
深朱，以紫矿压深	深朱
当心用绿叠晕	当心用青叠晕。

4）不做叠晕部位的构件之画法

在叠晕棱间装一类彩画中，柱子、椽、飞等处彩画不用叠晕，做法如下：

柱子：

柱头：四合青绿退晕如意头。

柱身：

a. 笋文。

b. 素绿。

c. 碾玉装。

柱櫍：

a. 青晕莲华。

b. 五彩锦。

c. 团科方胜素地锦。

椽子：

椽头：

a. 明珠。

b. 莲华。

椽身：素绿。

飞子：正面青绿退晕，两侧面素绿。

大小连檐：青绿退晕。

（4）解绿装饰屋舍与解绿结华装

这是一种将梁额斗栱等构件施以土朱为主的暖色调，而柱椽又作绿色调的彩画。所谓“解绿”可理解为将绿分解之意，《法式》称“材昂斗栱之类，身内通刷土朱，其缘道及燕尾、八白等并用青、绿叠晕相间。”据此可知，是将这些构件刷土朱后用青、绿叠晕为缘道。将青绿分解为构件边缘之装饰。其所称之“燕尾”，应指阑额一类构件在构件端部所做的装饰华纹，在《法式》卷三十三图样中的的檐额、梁、枓之类，“两头相对作如意头”之后，出现一道线脚，形状似燕尾。“八白”之意详见“丹粉刷饰”彩画一节。燕尾和八白等处也将采用青、绿叠晕并与构件外缘连成一体。在以青、绿叠晕为外缘时，仍要两者相间使用，如栱用绿则斗用青。

1）解绿装

梁额栱方彩画在四周缘道叠晕之内，两头相对作如意头、燕尾，中部通刷土朱，作进一步装饰；其做法有二：

①松纹装

画松纹者于梁额身内先用土黄，然后以墨线绘松叶图案，上罩紫檀色（以土朱加墨配制）。

②卓柏装：用于梁、额、斗栱，作丹地，地上画簇六毬纹与绘松纹相间。

2）解绿结华装

于斗栱、方、桁、椽、梁额等构件作合朱[17]地，上绘各式五彩华纹。

3）解绿装柱、椽、飞及额上壁的彩画

①柱：

柱头、脚通刷朱，然后绘彩画：

a. 用雌黄画方胜及团华图案；

b. 用五彩画四斜毬纹或簇六毬纹锦。

柱身：

a. 通刷合绿[18]，画荀纹

b. 只刷素绿。

柱櫍：未作规定。

②椽子：

椽头：做青绿叠晕明珠；

椽身：通刷合绿。

③飞子：未作规定；

④榑：绿地荀文或素绿。

⑤额上壁彩画：若有斗栱者，即为栱眼壁，据《法式》卷三十四所绘图样，此即指栱眼壁处彩画。但无斗栱者仍有额上壁彩画。有斗栱者，栱眼壁彩画有两种：

a. 单枝条华：用青绿叠晕勾边，内画五彩华纹。

b. 影作彩画：所绘题材为组合式图案；重栱造者，最下为翻卷华叶，托一大朵莲华，华上有一斗，斗上又有一朵小莲华。单栱造者下部翻卷华叶变矮而规矩，上部小莲华取消。其着彩方法为身内通刷土朱，翻转华叶以青绿叠晕，一半为青一半为绿。莲华作青晕，斗作青底绿晕。并以白粉线道勾勒轮廓（图 10-152）。

（5）丹粉刷饰与土黄刷饰

1）刷饰彩画特点

这是一种用暖调色彩涂饰建筑构件的彩画，各部位颜色皆为平涂，用白粉或墨线勾边（即缘道），不再做叠晕。有些构件，在一个面上可以使用两种颜色涂饰，并可用直线勾出简单色块边界，色块形状有长方形，三角形，由五边形构成的燕尾形等。其用色规律，按《法式》卷十四规定：“材木之类面上用土朱通刷，下棱用白粉阑界缘道（两尽头斜讹向下），下面用黄丹通刷（昂栱下面及耍头正面同）”。

2）刷饰屋舍构件色彩配置与比例

①梁额七朱八白彩画：在梁额一类的构件中，常在立面通刷土朱后，于构件中部刷长方形白色色块，两个白色块间仍为土朱地的颜色，一条长的额方之上，可以出现八条白色块，白色块之间有七块土朱地，故名“七朱八白”彩画，是丹粉刷饰类中常见的一种彩画。白色块宽可取梁，额宽的 1/5、1/6 或 1/7[19]，在实物中白块之长为构件总长的 1/15，当遇到乳栿，三椽栿之类的短梁时，便做两朱三白，或四朱五白之类，实例如浙江宁波保国寺大殿梁栿（图 10-153），杭州灵隐寺大殿前石塔阑额也雕有这类彩画的轮廓。

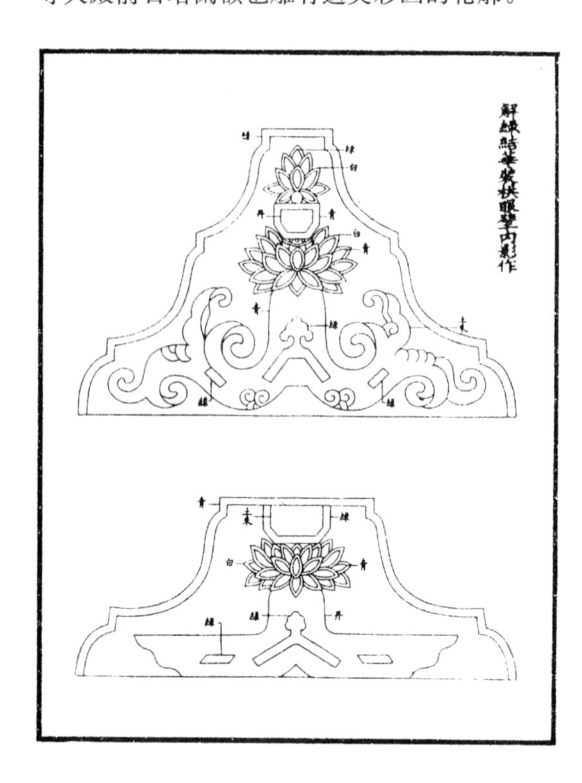

图 10-152 解绿装栱眼壁彩画

图 10-153 阑额上的七朱八白彩画（保国寺大殿）

②构件缘道宽度：斗栱、额、栿、替木、叉手、托脚、驼峰、大连檐等，缘道宽取构件广的 1/8，实际尺寸控制在 1 寸～5 分之间。

③栱、替木、耍头、梁头等构件的端头彩画：对于这些构件的端部刷饰采用黄丹与白色燕尾相结合的形式。

④柱子：柱头、柱脚刷黄丹，长度相当于阑额宽，上下做白粉线，柱身通刷土朱。

⑤门窗、平阁、版壁等皆通刷土朱，但子桯及牙头、护缝刷黄丹。这样可使装修在建筑物中显得更鲜亮。

⑥栱眼壁：影做莲华、斗及下脚翻卷华叶，以土朱、黄丹间装，并以粉笔勾勒轮廓。在丹粉刷饰一类彩画中也可使用土黄配墨线代替土朱，但其中的门窗装修刷饰仍同土朱刷饰制度。

(6) 杂间装

1) 杂间装彩画特点是将以上五类彩画在一幢建筑物中互相品配使用，这样不但可使建筑艺术处理具有某种特殊效果，而且可得省工省料之利。

2) 杂间装彩画配置举例：

①五彩间碾玉装：建筑中6/10用五彩装，4/10用碾玉装。

②碾玉间画松纹装：建筑中以松纹装为主，碾玉装占3/10。

③青绿三晕棱间装及碾玉间画松纹装：三者可取3、2、5（原文作4，有误）之比例。

④画松纹间解绿赤白装；取5、5比例。其中的解绿赤白装与前述之解绿装应有所不同，即在解绿装的构件身内通刷土朱后，用白色做燕尾及“八白”之类。

⑤画松纹、卓柏间三晕棱间装，取6、3（原文作2有误）、1的比例。

前述五种彩画使用时，反映着建筑等级之差异，五彩遍装和碾玉装为高档，而“刷饰”则属低档，叠晕、解绿装为中档。在现存建筑遗物中，如大同下华严寺薄迦教藏殿平棊所绘为解绿结华装，而义县奉国寺大殿梁方所绘飞仙、人物、云气等为五彩遍装，辽庆陵地宫、白沙宋墓等也均为五彩遍装。

2. 宋代彩画施工

(1) 衬地

在《法式》卷十四中有“总制度”一节，即叙述了宋代彩画的施工程序，由于彩画是直接画在木料之上，不同于清式的彩画画在地障之上。木材表面的孔隙可吸收许多颜料，若直接按每种彩画的最终画面效果布色，则难以达到预期效果，因此在施工过程中需“先遍衬地，次以草色和粉，分衬所画之物，其衬色上方布细色，或叠晕或分间剔填。”这里的衬地是指刷胶水，上施白色或浅色。“草色”之“草”字，意为“草稿”之草，并非“青草”之草。《法式》针对不同类型彩画提出的不同衬地之法如下：

1) 遍刷胶水，包括所有木构件和壁画之墙面。

2) 五彩遍装：在胶水干后上刷白土，候白土干后再刷铅粉，使地成为白色。

3) 碾玉装或青绿棱间装，以及刷雌黄、合绿的部位：在胶水干后，用青淀和茶土以1∶2的配比涂刷，使地为淡青色。

4) 贴真金地，用鳔胶水刷，候干，刷白铅粉五遍，候干，刷土朱铅粉五遍，成“立粉”之状，在“立粉”上刷薄胶水，贴金，以棉按实，以玉或玛瑙之类的硬物压光。

(2) 衬色与禁忌

宋代彩画以青、绿为主色，余色隔间品合，青色为生青，绿色为石绿，红色为朱砂，皆为矿物颜料，价格较昂贵。同时考虑到矿物颜料有透明度。因此在彩画绘制过程中先以草色打底，如青色之草色不用生青，而以螺青合铅粉为地；绿色不用石绿，而以槐华汁合螺青、铅粉为地；红色以紫粉合黄丹为地。然后再涂表层颜色；这样可使表层更加鲜丽。此即《法式》所称的“衬色之法”。表层的颜色为主色青、绿、红，每种皆分成四个色度，如青即大青、二青、三青、青华。施用时浅色再加白色外晕，深色再于大青之内用墨或矿汁压深。其他颜色如藤黄、紫矿、雌黄，仅作为配色，点缀画面。《法式》不但从画面艺术效果的角度总结了色彩配置的经验，如“染赤黄，先布粉地，次以朱华和粉压晕，次用藤黄汁通罩，次以深朱压心”。通过布粉地、压晕、通罩、压心，四个步骤才完成。又如“合草绿汁，以螺青华汁用藤黄相合，量宜入好墨数点及胶水少许”，这里的“好墨数点”“胶水少许”是多么难得的经验啊！《法式》还从颜料化学性能的角度提出若干禁忌，更是难能可贵的，例如铅粉在绘画中是不可缺少的，但它会起化学反应，《法式》指出：“雌黄忌铅粉、黄丹地上用，恶石灰及油不得相近”，之所以如此，我们必须考察一下这些颜料的化学成分，方可明其原因：

铅粉：$PbCO_3 \cdot Pb(OH)_2$，即碳酸铅与氢氧化铅的混合物

雌黄：即 As_2S_3 硫化砷

黄丹：含有 PbO 氧化铅

石灰：即 CaO 氧化钙

画彩画时，颜料必须用水调制，这样便会产生下列反映：

①雌黄遇铅粉：

$$2As_2S_3+2[PbCO_3 \cdot Pb(OH)_2]+6H_2O \rightarrow 6PbS+4H_3AsO_3+3H_2CO_3$$

琉是非常活跃的因素，与铅相遇便会产生 PbS 即硫化铅，为黑色。从颜色来看，雌黄为黄色，铅粉为白色，两者叠加之后，从直观上是不会想像其为黑色的，然而由于会产生 PbS，当然要变黑。

②雌黄遇黄丹：

$As_2S_3+PbO+3H_2O \rightarrow 3PbS+2H_3AsO_3$ 也产生了黑色 PbS。

③“恶石灰”之意即怕与石灰放在一起，因石灰为 CaO，遇水变成 $Ca(OH)_2$，是强碱，而 As_2S_3 能溶于强碱溶液。

④为何与油不得相近？“油”即指桐油，是干性油，雌黄中的硫会使干性油进一步交连、固化，使油膜变硬、变脆，从而降低了桐油的性能，因此雌黄不能与桐油相近。

《法式》将工匠的经验作了精辟的总结，对保证彩画质量是非常重要的环节，今天人们常常见到早期壁画中的人物脸部变成黑色，正是由于工匠不明配色中所蕴藏的科学道理，而《法式》能将事物表象背后的东西挖掘整理，写入制度条文之中，其所具有的科学价值令人赞叹！

对于有些矿物颜料在使用时需用胶罩面，以保证色泽稳定，《法式》记载了丹粉刷饰一类，指出所用土朱需刷两遍，“并以胶水笼罩”。这类古老经验一直保留到今天的彩画施工之中。对颜料配制，《法式》也提供了诸多经验，如“黄丹用之多涩燥者，调时入生油一点”；有些颜料如藤黄需用热水调制，而且“不得用胶”。而雌黄，则捣细后“用热水淘细华入别器中”，用时需“澄去清水，方入胶水”。又如在五彩遍装彩画中赤黄不是简单的用黄红颜料调出的“凡染赤黄，先布粉地，次以朱华合粉压晕，次用藤黄汁通晕，次以深朱压心。”调制草绿的方法是“以螺青华汁用藤黄相和，量宜入好墨数点及胶少许。”这些宝贵经验皆出自有实际操作经验的匠师之手，这正是李诫所称“勒人匠逐一讲说”，将工匠“世代相传，经久可以行用之法”写入《法式》的极好证明。

3.《法式》彩画纹样辨析

从《法式》卷十四的彩画制度和卷三十三、三十四的彩画图样，可以从文字上对宋代彩画作以上的疏理。然而彩画毕竟是有具体形象之物，现存图样所记彩画线条，由于《法式》自宋出版以后经多次传抄，难以准确反映宋代所绘彩画原貌，对照传世的诸多版本，其中经传抄走形最严重的是植物华纹部分，考察现存敦煌唐、宋、金时代所绘洞窟壁画中的植物纹样，以及宋、辽陵

墓及建筑中的石雕纹样（图 10-154），发现了现存版本纹样中的种种问题，同时也在走形的图样中寻觅到宋代彩画纹样的点滴信息，从而找到当时所绘华纹图案的一些规律。另一方面彩画华纹之称谓对彩画华纹流传的准确性起着重要作用，有些华纹众所周知，如牡丹华、莲荷华，各版本所绘皆可辨认。而另一些如海石榴华、宝相华、宝牙华、太平华，则所绘形象各有不同，使人难以辨认。这些华到底为何物？来历如何？

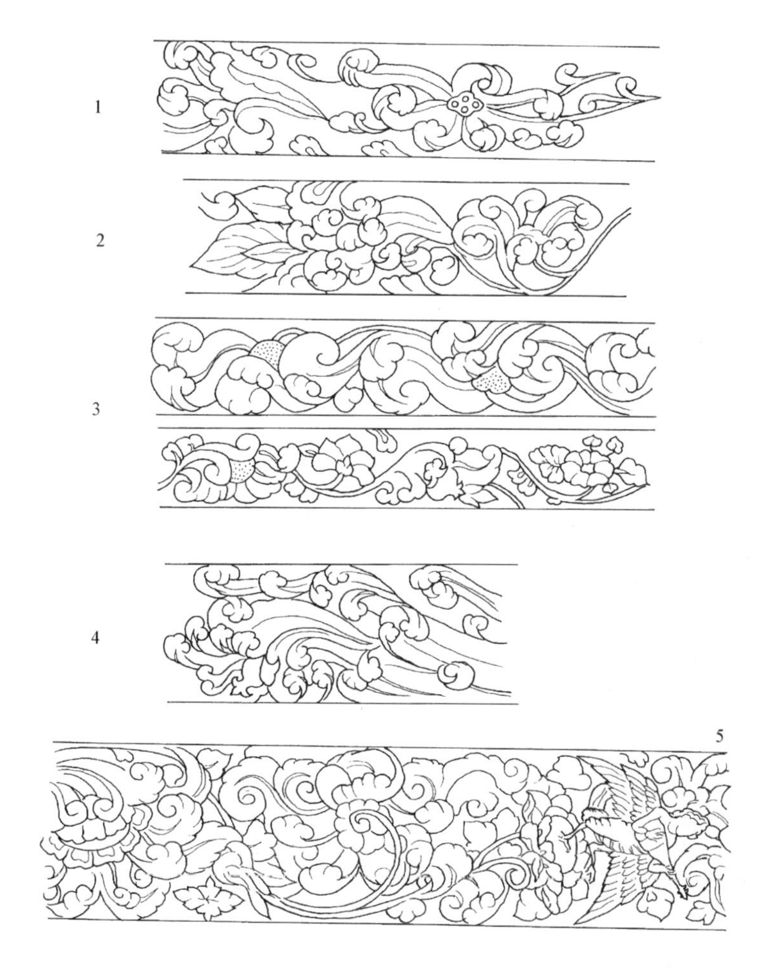

图 10-154　唐代洞窟绘画及碑刻中的植物纹样
1. 敦煌莫高窟 41 窟，盛唐；2. 西安庞留村唐墓墓志石边饰，至德三年；
3. 敦煌莫高窟 231 窟，开成四年；4. 敦煌莫高窟 444 窟，盛唐；5. 敦煌莫高窟 159 窟，中唐

海石榴华：据宋陈景沂《全芳备祖》[20]载："石榴华中，一名海榴，凡华名海皆自海外来"。清楚的说明了海石榴华即石榴华，在《法式》卷三十三图样中，凡标"海石榴华"者，画面中皆有以小石榴果实为中心的一朵华。这种形状的图案在敦煌最早的流行时间为唐贞观年以后，这与唐代与西域的文化交流有着密切关系。到开元年间，形成较稳定的形式，在中、晚唐的壁画边饰中多处可见到这种带石榴果实的"海石榴华"（图 10-155），不仅敦煌如此，在西安碑林中，许多唐碑也有类似形象。至宋代石刻中也有多处"海石榴华图案"，如登封中岳庙宋碑侧面所刻华纹，宋陵望柱上的华纹等（图 10-156）。从敦煌到西安到登封到巩县；从公元 8 世纪到 12 世纪，这样广泛的地域，这样长的历史区段，都可找到"海石榴华"的石刻图案，它出现在《法式》的彩画范例之中是有着多么深厚的根基啊！

宝相华：这是中国传统图案中应用最多的一种，但它原本是自然界写实的华，属蔷薇科[21]。但在宝相华图案中，从敦煌可看到它的发展过程，它吸取了莲华的整体结构，加以变形，将华瓣

图 10-155 唐代壁画边饰中的“海石榴华”

作成云朵勾卷的状态，变成一朵程式化的华（图 10-157）。《法式》彩画中的宝相华性格不鲜明。

太平华：宋代诗词中多有关于太平华的吟咏[22]，陆游的《剑南诗稿五·太平花》自注，“花出自剑南，似桃四出，千百包骈萃成朵。天圣中献至京师，仁宗赐名太平瑞圣花”[23]。另据宋祁《益部方物略记》[24]“太平花原产四川青城中……数十跗共为一花，繁密若缀，先后相继，新蕊开而旧未萎也……蜀人号称丰瑞花”。《法式》彩画图样中的太平华与上述特征稍有不同。看不到“似桃四出”但却有无数花瓣骈萃成朵。

图 10-156 中岳庙宋碑所刻海石榴华图案

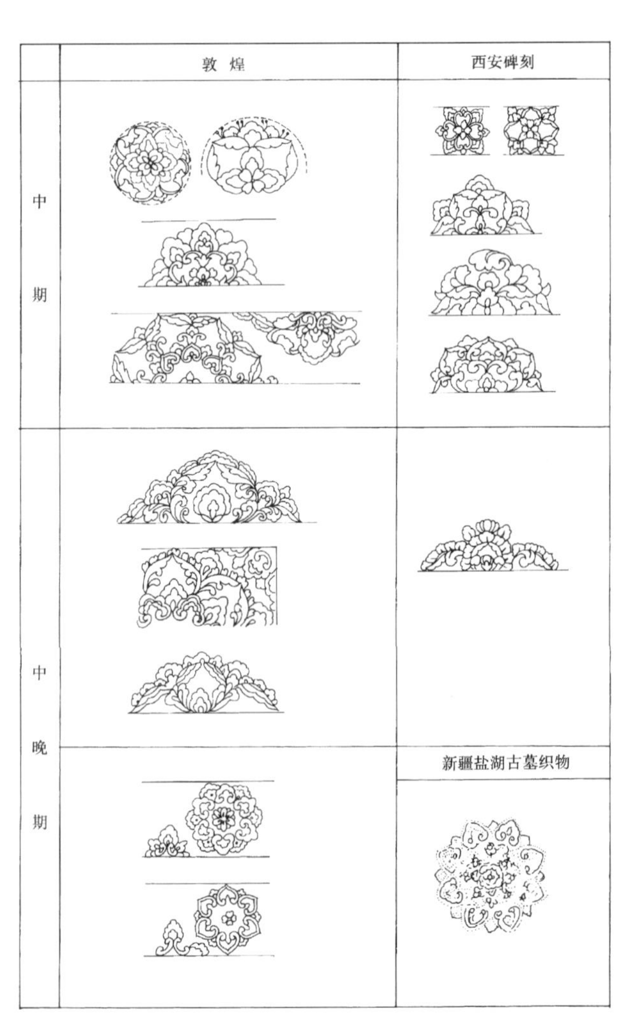

图 10-157 敦煌壁画中的宝相华

宝牙华：不见有文献记载。

依上考察，宝相华、太平华、宝牙华在《法式》彩画图案中并不是完全写实的花，而是经人工修饰后的花，经与各版本对照，并参照绘画遗物，三者的区别可归纳为：

宝相华：中间为莲华，周围有众多华瓣式勾卷或平展支托。

太平华：中间为勾卷云头花蕊，周围有多层云头状花瓣，最外为平展花瓣。

宝牙华：花朵中间为桃子形花包，周围有多重尖瓣。

叶片形象：

《法式》卷三十三所绘彩画纹样中叶片形象在版本传抄过程中失真最甚，从现存唐代、宋代石刻、瓷器中的华纹叶片和敦煌图案中的华纹叶片与之对照，便可发现多数叶片的特点是长叶翻卷，叶端成云头状，同时伴有一些小叶，小叶似新生的叶芽，尚未长到翻卷的时日，每幅画面都是叶子宽厚、繁茂，有力的向四周伸展出来。现存各版本的彩画图案最好的故宫博物院图书馆所藏《营造法式》，此版本原为清初藏书家钱曾收藏的版本，简称“故宫本”，在它的彩画植物华纹图样中，尚可找以叶子翻卷，平宽舒展的痕迹，而其他版本有的已根本找不出唐宋纹样中叶子的脉络，如翁本（图 10-158），完全失去原形。有的把叶子全部绘成菊花瓣形状。又如四库本的叶子变成密密麻麻的涡卷，令人花叶难辨（图 10-159）。而敦煌莫高窟唐代卷草纹，辽庆陵碑边，宋陵望柱、嵩山中岳庙宋碑等为研究《法式》彩画中叶子翻卷的规律，提供了可借鉴的宝贵史料（图 10-160）。

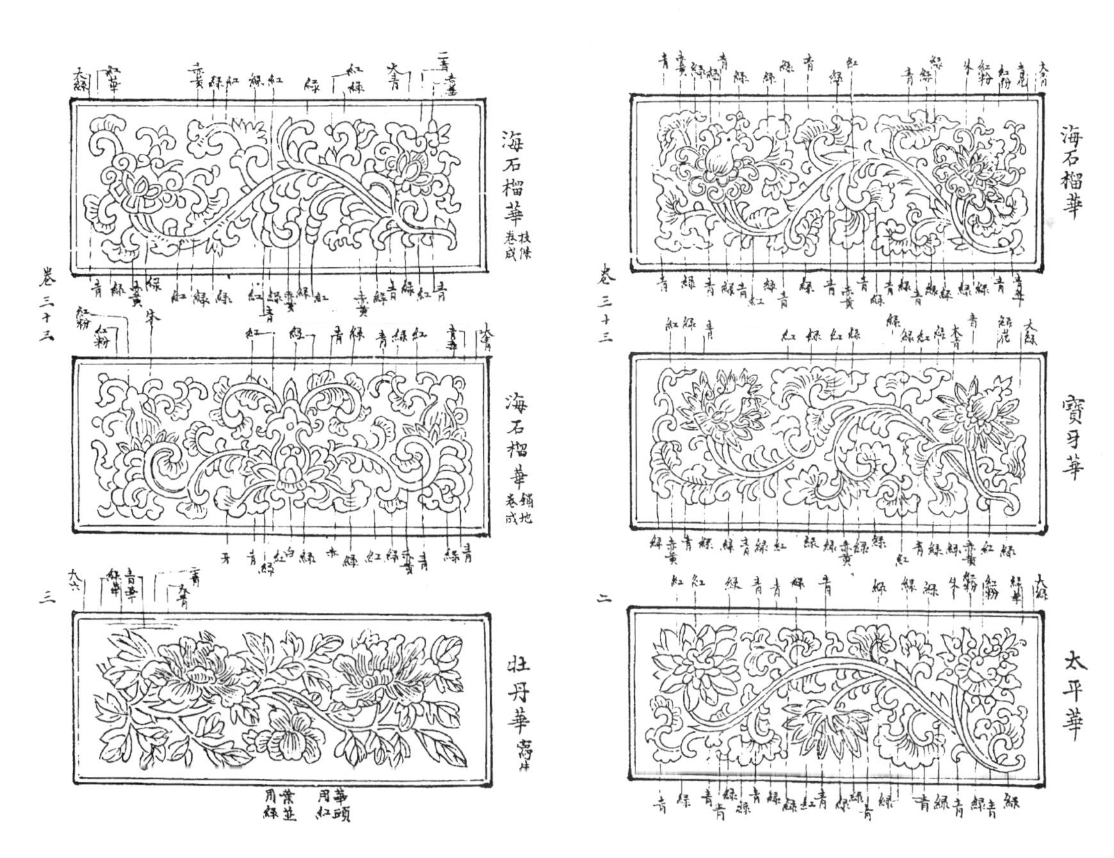

图 10-158 《营造法式》翁同和藏本彩画图样

4.《法式》彩画图案特点

《法式》以植物华纹为题材的彩画图案，有三种不同的风格。一为“铺地卷成”，其特征是“华叶肥大，不露枝条”，每一朵华皆在众多的肥大叶片支托之下盛开。另一种为“枝条卷成”，其

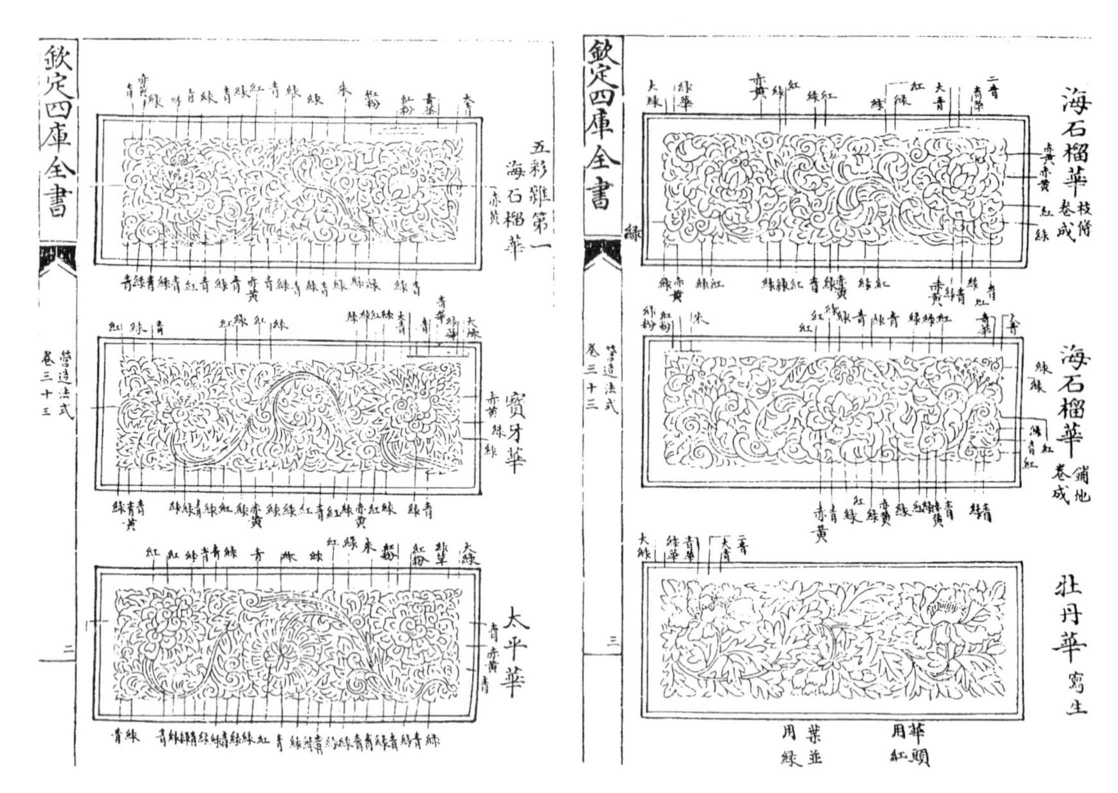

图 10-159 《营造法式》四库本彩画图样

图 10-160 辽庆陵碑边石雕花纹

特征是“华叶肥大而微露枝条”。第三种为《写生华》，比较真实地反映花卉本来形象，常绘牡丹花和莲荷花。在五彩遍装和碾玉装每种各十幅花卉图案中，除两幅为写生华之外，只有一幅铺地卷成，其余皆为枝条卷成风格，它成为最常见的彩画风格，枝条卷成图案构成是波状的二方连续纹，枝条便是一条波状曲线。波峰之下和波谷之上各安排一朵花，花的姿态成一正一反式，一般在波谷之上的花为正面，有花蕊。而波峰之下为花的反面，即花蒂所在的面。每朵花便依托在主波纹枝条中出现的回卷细枝上，肥大的卷叶沿枝条伸展，并环抱在花朵周围。一些小叶用来填补图案构图中的花叶稀疏部位。在这样的构成原则之下又可有许多变化，如《法式》卷三十三所绘“额柱彩画”纹样。在额心与额端彩画交接处，随额端纹样的变化，主枝上的回卷分枝有单、有双、有交叉、有叠压。分枝上又有一两朵蓓蕾，含苞待放。这正是宋式彩画的风格，不拘程式，千变万化任其自然，不仅“写生华”具有任其自然的风格，程式化的“铺地卷成”或“枝条卷成”也仍追求千变万化，一花一叶皆翻卷自然。（图 10-161、10-162），那枝条和花叶皆奔放，而有力，肥厚而丰满，表现出植物之茂盛、生机勃勃的态势。

图 10-161　彩画图样　海石榴华　枝条卷成

图 10-162　彩画图样　海石榴华　铺地卷成

《法式》对彩画色彩的总风格也提出了原则，如要“取其轮奂鲜丽如组绣华锦之文尔，至于穹要妙夺生意，其用色之制随其所写，或深或浅，或轻或重，千变万化，任其自然。”由此可知，不管是以花卉为题材还是以锦纹、琐纹为题材，其所追求的效果皆是色彩鲜丽，如同纺织品中的锦缎效果。而对色彩尽管规定了每种颜色的色度等级，仍可随着所绘彩画题材的变化，或深或浅，任其自然。据此绘制植物华纹题材彩画数张，作为复原研究的阶段成果（图 10-163～10-166）。

5. 宋代建筑非木构部分之色彩

一幢建筑，彩画为木构部分做了修饰，色彩美轮美奂，而其他部位也需有适当颜色，与之匹配。在《法式》瓦作、窑作制度中透露了当时屋面用瓦的色彩。彩画作功限中透露了装修色彩，在泥作制度中详细记载了施用颜色的墙壁之做法。

图 10-163　彩画图样　牡丹华　写生华

图 10-164　彩画图样　五彩额柱　豹脚

图 10-165　彩画图样　五彩额柱　单卷如意头

图 10-166　彩画图样　五彩额柱　剑环

（1）屋面瓦色

琉璃瓦：以绿色为主

青棍瓦：黑灰色，表面油光

灰白瓦：浅灰色

(2) 门窗及装修色彩

1) 版壁

①刷土朱间黄丹或土黄，护缝牙子抹绿。

②刷合朱牙头护缝解染青华。

③通刷素绿，牙头护缝解染青华。

2) 平阇

①刷土朱间黄丹或土黄，难子解染青绿。

②刷素绿难子解染青绿。

③刷合朱难子解染青绿。

3) 门：

①软门：

a. 刷合朱，牙头护缝解染青绿。

b. 通刷素绿抹绿牙头，护缝解染青华。

c. 刷合朱，朱红牙头，护缝解染青绿。

②格子门：

a. 刷合朱格子。

b. 刷合朱，抹合绿方格眼或合绿毬纹。

c. 刷合朱画松纹，难子壶门解压青绿。

d. 抹合绿，于障水版之上描染戏兽、云子。

e. 刷合朱，朱红难子、壶门，牙子解染青绿。

f. 刷土朱间黄丹。

③乌头绰楔门：

a. 刷合朱，难子、牙头、护缝压染青绿，棖子抹绿

b. 刷土朱间黄丹，牙头、护缝解染青绿。

版门：《法式》未记载，推测为通刷土朱或合朱，而不用绿。

4) 窗

①抹合绿，难子刷黄丹、立颊、串、地栿刷土朱。

②通刷合朱。

③刷土朱间黄丹。

5) 槛面钩阑

①通刷合朱，万字、钩片、难子解染青绿。

②抹合绿，万字、钩片、难子解染青绿。

③通刷合朱，障水版描染戏兽、云子。

④抹合绿，障水版描染戏兽、云子。

6) 墙面颜色

《法式》卷十三泥作制度所总结的墙面做法分成三层，即底层，石灰泥层，色灰面层。底层先用粗泥搭络不平处，待粗泥干后用中泥赶平，候稍干，用细泥抹一层即完成底层全部工序。底层上做面灰泥一层，要求“候水脉定，收压五遍”令泥面有光泽出现，干厚一分三厘。其上再做色灰，其颜色有四种：

①青灰：呈浅灰色；其配比方法有三：

石灰 5/10＋软石炭 5/10；

石灰 10 斤＋粗墨 1 斤；

石灰 10 斤＋黑煤 11 两＋胶水 7 钱。

②红灰：呈土红色，其配比方法有二：

石灰 15 斤＋土朱 5 斤＋赤土 11 斤 8 两。用于殿阁，色泽较浓。

石灰 17 斤＋土朱 3 斤＋赤土 11 斤 8 两。用于其他类型建筑。

③黄灰：呈浅黄色：

石灰 3 斤＋黄土 1 斤。

④破灰：呈白色带黄点：

石灰 1 斤＋白蔑土 4 斤 8 两＋麦麸（麦壳）0.9 斤。

以上色灰抹好之后需压光，以耐风雨剥蚀。

五、瓦作与砖作制度

1. 结瓦与用瓦制度

《法式》卷十三瓦作制度所载宋代木构建筑的瓦屋面用瓦有两种类型，一为甋瓦，可施之于殿阁、厅堂、亭榭等建筑上；一为瓪瓦，仅用于厅堂及常行屋舍。瓦屋面下需先用“铺衬”一层，置于椽上；其上再铺泥、结瓦。《法式》所载铺衬有三种：

柴栈：用粗树枝做成。

板栈：用木板做成。

竹笆苇箔：

殿阁七间以上者：竹笆 1 重＋苇箔 5 重。

殿阁五间以下者：竹笆 1 重＋苇箔 4 重。

厅堂五间以上者：竹笆 1 重＋苇箔 3 重。

厅堂三间以下至廊屋：竹笆 1 重＋苇箔 2 重。

散屋：苇箔 2～3 重。

也可只用苇箔，以两重代替竹笆一重。或全部用荻箔代之，两重荻箔可代三重苇箔。

铺衬之上用胶泥或石灰先做找平层（即清式之苫背），然后结瓦。

瓦的尺寸大小对建筑的尺度有一定影响，因之随建筑等第的高低，也需将瓦件分成若干等第。《法式》瓦作、窑作制度列出了当时常用的瓦件尺寸（表 10-17、10-18）。

窑作所列瓦件尺寸 表 10-17

			宋代瓦件尺寸				单位：宋营造尺		
甋瓦	长		1.4	1.2	1	0.8	0.6	0.4	
	口径		0.6	0.5	0.4	0.35	0.3	0.25	
	厚		0.08	0.05	0.04	0.035	0.03	0.025	
瓪瓦	长		1.6	1.4	1.3	1.2	1	0.8	0.6
	大头	宽	0.95	0.7	0.65	0.6	0.5	0.45	0.4
		厚	0.1	0.07	0.06	0.06	0.05	0.04	0.04
	小头	宽	0.85	0.6	0.55	0.5	0.4	0.4	0.35
		厚	0.08	0.06	0.055	0.05	0.04	0.035	0.03

瓦作所列常用瓦件尺寸表 **表 10-18**

建筑等第	甋瓦(寸)			瓪瓦(寸)					垒脊条瓦
	长	径	厚	长	大头		小头		
					广	厚	广	厚	
殿阁厅堂等五间以上用	14	6.5	(0.8)	16	9.5	(1.0)	(8.5)	(0.8)	用长 13 寸者,(厚 0.6)
殿阁厅堂等三间以下用	12	5	(0.5)	14	7.0	(0.7)	(6)	(0.6)	用长 13 寸者,(厚 0.6)
	10	4	(0.4)	13	6.5	(0.6)	(5.5)	(0.55)	用长 13 寸者,(厚 0.6)
散屋	9	3.5	(0.35)	12	6	(0.6)	(5)	(0.5)	用长 12 寸者,(厚 0.6)
小亭榭方一丈以上	8	3.5	(0.35)	10	5	(0.5)	(4)	(0.4)	用长 10 寸者,(厚 0.6)
小亭榭方一丈	6	2.5	(0.25)	8	4.5	(0.4)	(4)	(0.35)	用长 8 寸者,(厚 0.6)
小亭榭方九尺以下	4	2.5	(0.25)	6	4	(0.4)	(3.5)	(0.3)	用长 6 寸者,(厚 0.6)

注:1. 瓪瓦厚系据“窑作”尺寸补足,长径皆为“瓦作”所定。但垒脊条瓦未说明厚度,故参照瓪瓦小头厚度补足。
2. 甋瓦广、厚皆选“窑作”尺寸,长按“瓦作”所定。
3. 合脊甋瓦皆同屋面所用等第,小亭榭合脊瓦仍用长 9 寸者。

结瓦之前须将烧好的瓦矫正外形,去掉不平整或歪曲之处,修正瓦身里棱,令“四角平稳”,谓之“解挢(翘)”。并需检查筒瓦之半圆是否与半圆模型吻合,有出入者也需修正,谓之“撺窠”。经过“解挢”、“撺窠”后的瓦铺上去可使瓦垄匀齐,防止雨水渗漏。

在铺瓦过程中需将檐头筒瓦钉于小连檐上,仰瓪瓦之下,须于小连檐上施燕颔版(即相当于清式建筑的瓦口),以防下滑。对于大型殿堂,六椽以上者,还须加施瓦钉,于正脊之下第四块及第八块瓦的位置再钉之,并需预先在铺衬之上放置横板两条,以承钉脚。

2. 屋脊及脊兽

宋代建筑瓦屋面以条瓦垒脊,脊的高低靠瓦的层数来调整,依建筑等第《法式》规定如表 10-19:

屋脊高厚尺寸表 **表 10-19**

建筑等第		正脊			垂脊			备注
		高		厚	高		厚	
		条瓦层数	尺寸	尺寸	条瓦层数	尺寸	尺寸	
殿阁	三间八椽或五间六椽	31	34.9 寸	下厚(在线道瓦以上处)10～8 寸上收$\frac{2}{10}$	29	33.1 寸	下厚(在线道瓦以上处)8～6 寸上收$\frac{1}{10}$	脊高尺寸含线道瓦之厚 3.5 寸
	每增两椽加两层,最高层数	37	40.3 寸		35	38.5 寸		脊高尺寸含线道瓦之厚 3.5 寸
厅堂	堂屋三间八椽或五间六椽	21	24.4 寸	下厚 10～8 寸上收$\frac{2}{10}$	19	22.6 寸	下厚 8～6 寸上收$\frac{1}{10}$	脊高尺寸含线道瓦之厚 3.0 寸
	厅屋三间八椽或五间六椽	19	22.6 寸	下厚 10～8 寸上收$\frac{2}{10}$	17	20.8 寸	下厚 8～6 寸上收$\frac{1}{10}$	脊高尺寸含线道瓦之厚 3.0 寸
	每增两椽加三层,最高层数	25	28 寸		23	26.2 寸		脊高尺寸含线道瓦之厚 3.0 寸

续表

建筑等第		正脊			垂脊			备注
		高		厚	高		厚	
		条瓦层数	尺寸	尺寸	条瓦层数	尺寸	尺寸	
门楼屋	一间四椽	11～13	15.4寸～17.2寸	下厚10～8寸上收$\frac{2}{10}$	9～11	13.6寸～15.4寸	下厚8～6寸上收$\frac{1}{10}$	厅堂者门脊高不得过厅
	三间六椽	17	20.8寸	下厚10～8寸上收$\frac{2}{10}$	15	19寸	下厚8～6寸上收$\frac{1}{10}$	殿门脊依殿制
	每增两椽加二层，最高层数	19	22.6寸		17	20.8寸		
廊屋	四椽	9	8.3寸					脊高尺寸含线道瓦之厚2.5寸
	最高	11	9.8寸					脊高尺寸含线道瓦之厚2.5寸
常行散屋	六椽	7～9	7.8～9.6寸		5～7	2.5寸～3.5寸		用大当沟者
	六椽	5～7	6.0～7.8寸		3～5	1.5寸～2.5寸		用小当沟者
营屋	两椽	3	1.8寸		3			
	最高		5	3.2寸	5			

注：脊高尺寸=条瓦层数×（瓦厚+灰缝［按0.5瓦厚］）+线道瓦厚+合脊甋瓦高

屋顶鸱兽尺度：

鸱尾、脊兽是屋顶中不可缺少的装饰构件，同时也是有一定实用功能的构件，可遮盖钉、脊桩之类。吻兽与建筑尺度关系同样密切，也须随建筑等第定其高低。现据《法式》卷十三整理如表10-20：

屋顶鸱尾、脊兽尺寸表 （单位：尺） **表10-20**

建筑等第		鸱尾[①]	正脊兽		垂脊兽		套兽[②]	嫔伽	蹲兽		滴当火珠	正脊当中火珠[④]	
		高	正脊层数	高	正脊层数	高	径	高	枚数	高	高	径	备注
殿阁	八椽九间	有副阶 9～10			37	4	四阿9间 1.2	1.6	8	1.0	0.8	2.5	
		无副阶 5～7			35	3.5	九脊11间 1.2	1.6	8	1.0	0.8	2.5	
	七　间	7.5			33	3.0	四阿7间九脊9间1.0	1.4	6	0.9	0.7	2.5	
	五　间	7.0			31	2.5	四阿8间九脊5～7间0.8	1.2	4 0.8	0.6	2.0		
	三　间	5～5.5					九脊3间0.6	1.0	2	0.6	0.5	1.5	
	楼阁三层	7.0					四阿5间九脊5～7间0.8	1.2	4	0.8	0.6	2.0	
	楼阁二层	5～5.5					九脊3间0.6	1.0	2	0.6	0.5	1.5	
	挟　屋	4～4.5											

续表

建筑等第		鸱尾[1]	正脊兽		垂脊兽		套兽[2]	嫔伽	蹲兽		滴当火珠	正脊当中火珠[4]	
		高	正脊层数	高	正脊层数	高	径	高	枚数	高	高	径	备注
厅堂			25	3.5		3.0	五间以上厦两头造 0.8	1.2	4	0.8	0.5		
厅堂			23 21	3.0 2.5		2.5 2.0	3～5 间[3]厦两头造 0.6	1.0	2	0.6	0.5		
厅堂			19	2.0		1.8	不厦两头造	1.0	1	0.6	无		
廊屋		3～3.5	9	2.0		1.8							
廊屋			7	1.8		1.6							
散屋			7	1.6		1.4							
散屋			5	1.4		1.2							
亭榭	小亭殿	2.5～3											
亭榭	厦两头造、四角、八角撮尖						用 8 寸瓪瓦者 0.6	0.8	4	0.6	0.4	1.5	四角亭方 10～12 者
亭榭	厦两头造、四角、八角撮尖											2.0	方 15～20
亭榭	厦两头造、四角、八角撮尖						用 6 寸瓪瓦者 0.4	0.6	4	0.4	0.3	2.5	八角亭方 15～20 者
亭榭	厦两头造、四角、八角撮尖						斗口跳或四铺作者 0.4	0.6	2	0.4	0.3	3.5	方 30 以上者

注：①表中鸱尾高 3 尺以上者需施铁脚及铁束子，安抢铁，以保持稳定。抢铁之上安五叉拒鹊子。鸱尾之内有柏木支撑。

②套兽施于子角梁端，嫔伽施于翼角，蹲兽在其后，滴当火珠在檐头第一块华头瓪瓦上。

③用于厅堂五间至二间中斗口跳及四铺作者。

④正脊当中火珠系两焰夹脊，两面造盘龙或兽面。每火珠一枚内施柏木竿一条作为支撑。

⑤凡兽头皆须顺脊用铁钩钩住。套兽，嫔伽皆需用钉钉牢。

3. 用砖制度及规格

砖在木构建筑中用得不多，主要用砖部位为垒阶基，铺地面，做窗下墙或土坯墙下部的一段（称为“墙下隔减”），砌踏道等。也有用砖砌须弥座者。以上各部分形制如下：

（1）垒阶基

木构建筑的砖阶基并非整座殿宇全部用砖铺满，而是只将台基四周用条砖砌起厚厚的砖墙，中部靠土填实。阶基边缘的这道墙，充当了挡土墙的角色。《法式》卷十五砖作制度中规定了砖墙厚度与基高的关系（图 10-167）。

殿堂亭榭基高 4 尺以下者；阶基外墙两砖相并垒砌；

殿堂亭榭基高 5 尺至一丈；阶基外墙三砖相并垒砌；

楼台　基高　一丈以上至二丈；四砖相并垒砌；

二丈至三丈　五砖相并垒砌；

二丈以上；六砖相并垒砌。

殿阶基自外檐柱中心线伸出的宽度在 3～3.5 尺范围，阶基面层的砌法有二，一为平砌，即面层成一直面但仍有 1.5％的收分。另一种为露龈砌，即每层砖皆上收一分，这一分相当于砖厚的 1/10，楼台亭榭可上收二分。一般表层砖经过打磨，光滑美观，相并砖未经加工，《法式》称之为细砖和粗砖，当细砖砌 10 层时则粗砖只需砌 8 层。

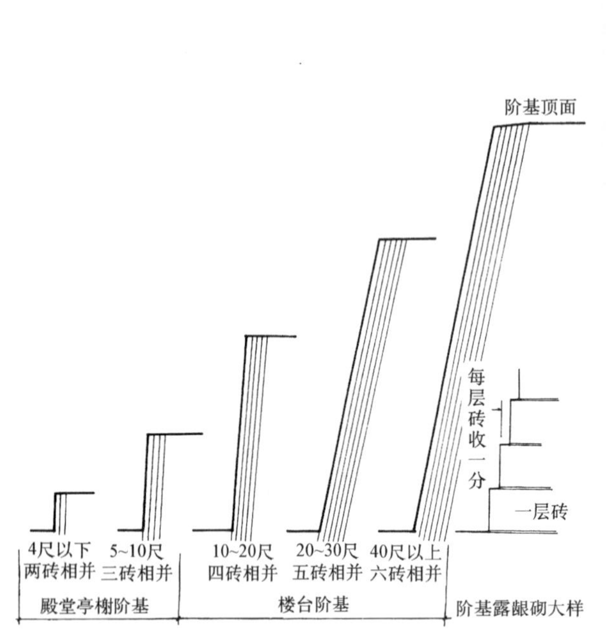

图 10-167　殿堂亭榭垒阶基之制

图 10-168　墙下隔减（正定隆兴寺摩尼殿）

（2）铺地

室内外皆用方砖铺砌，室内地面有 0.2%的坡度，室外阶基部分自内向外下垂，坡度为 2%～3%。阶头可用压阑砖代替压阑石。阶基之外施砖散水。地面砖也需打磨上表面和四侧面，每侧面皆向内收 1%，以保证接缝细密而且灰浆饱满。

（3）墙下隔减

施之于建筑下半部的砖墙，其比土墙更具防潮性，故称“隔减（碱）”，由于隔减墙上要承土墙，故厚度很大，殿阁有副阶者，内墙下的隔减墙厚达 6～4.5 尺，高 5～3 尺。如无副阶或厅堂墙厚减至 4～3.5 尺，高 3～2.4 尺，廊屋之类厚 3～2.5 尺，高 2～1.6 尺，隔减墙上收随阶基上收制度。现存辽、金殿堂可见此做法，但高、厚均减少很多，一般高在 2～3 尺间，厚在 3 尺左右（图 10-168）。

（4）踏道

砖踏道形制与石踏道大同小异，只是踏道坡度放缓，为 1∶2.5。踏步每步高四寸，宽一尺，两侧有一砖宽的两颊，随踏步斜砌。两颊侧面做象眼，层层退入，以二寸为律。有时在大门之类的建筑前部以砖砌慢道，即后世的礓礤。坡度更缓，为 1∶3.87，其宽随间广，两侧也须做坡度相同的慢道，称之为三瓣蝉翅。

为了蹬上高台或城墙需做露道，两边砌双线道或四线道为边，当中平铺或侧砖虹面垒砌（当中稍高起，表面成弧形）。

（5）须弥座

将条砖加工成混肚、罨牙、合莲等不同形状，以 13 层砖砌成须弥座，将束腰、仰覆莲、壶门等造型惟妙惟肖地表现出来（图 10-169）。除此之外，用砖砌筑的构筑物还有城壁、城壁水道，卷輂河口、马台、马槽、井壁等，其中城墙所用多为异型砖，如走趄砖，趄条砖，牛头砖等。宋代城壁尚未普遍包砖，仅于城门或城墙转角等处用砖砌筑。

（6）《法式》所记宋代建筑用砖规格如下（单位尺）（表 10-21）

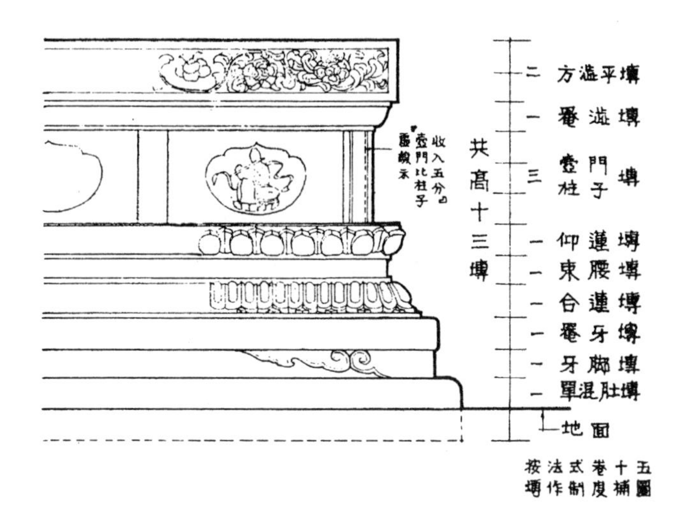

图 10-169　砖须弥座

宋砖规格表（单位：宋营造尺）　　**表 10-21**

方　砖	2×2×0.3 1.7×1.7×0.28 1.5×1.5×0.27 1.3×1.3×0.25 1.2×1.2×0.2		牛头砖	1.3×0.65×0.25（0.2）	
条　砖	1.3×0.65×0.25 1.2×0.6×0.6		走趄砖	1.2×0.6（0.55）×2	
压阑砖	2.1×1.1×0.25		趄条砖	1.2（1.15）×0.6×0.2	
砖　碇	1.15×1.15×0.43		镇子砖	0.6×0.6×0.2	

方砖：2.0×2.0×0.3　用于殿阁 11 间以上；

1.7×1.7×0.28　用于殿阁七间以上；

1.5×1.5×0.27　用于殿阁五间以上；

1.3×1.3×0.25　用于殿阁、厅堂、亭榭；

1.2×1.2×0.2　用于行廊、小亭榭、散屋。

条砖：

1.3×0.65×0.25；

1.2×0.6×0.2。

压阑砖 2.1×1.1×0.25。

砖碇 1.15×1.15×0.43。

牛头砖 1.3×0.65×0.25（0.2）用于城壁。

走趄砖 1.2×0.6（0.55）×2 用于城壁。

趄条砖 1.2（1.15）×0.6×0.2 用于城壁。

镇子砖 0.6×0.6×0.2。

六、雕作与旋作制度

1. 木雕使用部位

在木构建筑中使用木雕作为装饰是顺理成章的事，然而中国的木构建筑以彩画为主要装饰手段，木雕处于从属的地位，其所用部位，多配合木装修起画龙点睛作用。从《法式》卷十二雕作制度及卷二十四雕作功限可知主要有以下部位：

（1）照壁

（2）佛道帐

（3）钩阑

（4）牌带

（5）格子门腰华版

（6）平棊、藻井

（7）垂鱼、惹草

（8）叉子

除此之外在建筑遗构中偶见于大木作施缠龙柱者，但未被《法式》收入。《法式》所载木雕缠龙柱仅限于小木作的钩阑望柱或佛道帐所用龙柱。

2. 木雕的雕镌制度

（1）混作与半混

混作相当于圆雕及半圆雕，要求“雕刻成形之物令四周皆备”，即四周皆需有完整的交待。其主要题材为人物、动物。《法式》卷十二载混作有八品：

1）神仙：真人、女真、金童、玉女。

2）飞仙：嫔伽、共命鸟。

3）化生：手执乐器、花草之类。

4）拂菻：异族或外域人士，手牵走兽或执旌旗、矛戟之类。

5）凤凰、孔雀、鹦鹉等鸟类。

6）狮子、狻猊、麒麟、天马、海马等动物。

以上施之于钩阑柱头之上或牌匾四周。

7）角神：施于建筑物的大角梁之下。

8）龙、盘龙：缠龙施之于佛道帐、转轮藏之柱及钩阑望柱。盘龙则施之于藻井。

半混为将雕刻一面贴于“地上”的雕饰手法，所作雕刻表面起伏较大，类似混作。半混华饰有时贴于版壁上，又称贴络华纹。卷二十四所列半混华纹有雕插写生华，如牡丹、芍药之类，多用于栱眼壁。贴络华纹有龙凤、仙人、云纹、香草文、故事人物等。可用于平棊、格门障水版等处。

（2）起突卷叶华

与石雕中的剔地起突相似，即“于版上压下四周，隐起身内华叶”，并再将华叶作进一步雕镂，使叶片翻卷“令表里分明”，以叶片三卷为上品，对枝条经剔削使之圆混相压，华文雕刻深度要大于枝叶，总体构图须华叶均衡，并需匀留四边。此类也可做“透突”，即将某些突起部位做透雕，这种雕刻常用于梁额、格子门的腰华版、牌匾、钩阑华版，云栱，寻杖头，椽头盘子，平棊。所雕华纹有海石榴、宝牙、宝相三品，并可于华内间龙、凤、化生、飞禽之类。

（3）剔地洼叶华

相当于石雕中的压地隐起，雕刻起浮比起突卷叶华要小，其做法是“于平地上隐起华头及枝条，（其枝梗并交起相压）减压四周叶外空地。”此类用于腰华版，平綦。所雕华文除海石榴、牡丹、莲荷等华之外，还有万岁藤、卷头蕙草、蛮云等。华内也可间龙凤。

（4）平雕透突

“平雕”推测为剪影式的雕刻，雕刻物上表面为平面，当遇到华纹枝叶叠压穿插时，可将叠压处用透突手法表现。

（5）实雕

“就地随刃雕压出华纹”，不需剔地。华纹四周以斜面隐出华形、叶形。常用于钩阑中的云栱、地霞，叉子之首及叉子促脚版，垂鱼、惹草等处，在石雕遗物中也有此类，但《法式》石作制度中缺载，幸有雕作记载，才免遗漏之憾。

四川江油云岩寺飞天藏上所存南宋木雕为仅存的宋代珍贵木雕遗物。其中有仙人、玉女等为混作，阑额下华版为透突剔地洼叶华，抱框处华版为起突卷叶华。

3. 旋作

《法式》卷十二还记载了旋作制度，是木构建筑中所用圆形、半圆形、扁圆、瓶形等几何形构件的制作和使用制度，如支托角梁的宝瓶，柱头上的胡挑子或仰覆莲，门上的木浮沤，椽头盘子等，其比例尺寸见表 10-22（图 10-170）：

殿堂屋宇上用旋作名件尺寸表（单位：寸）　　**表 10-22**

椽头盘子	R=椽径（6～3）h=1/5R（1.2～0.6）
支角梁宝瓶	高 a=设计尺寸，肚径 b=0.6a，头长 c=0.33a 足高 d=0.2a
莲华柱顶	径 R=设计尺寸 高 $h=\frac{R}{2}$
仰覆莲华胡桃子柱头	径 R=设计尺寸 高 h=R
门上木浮沤	径 R=设计尺寸 高 h=0.7R

图 10-170　旋作名件图之一种：椽头盘子

注释

[1] 陈明达《大木作制度研究》

[2] 一宋尺=32 厘米。

[3] 徐明福等《宋清传统建筑斗栱结构行为定量分析之初探》，台湾国立成功大学建筑研究所，1988 年。

[4] 徐明福等《宋清传统建筑斗栱结构行为定量分析之初探》，台湾国立成功大学建筑研究所，1988 年。

[5] 然而也有人将铺作层所分割出来的空间称之为槽，但这从学术上讲是没有依据的。上列四种分槽形式皆以铺作纵中线为依据才能成立。故应纠正社会上那种不严格的称谓。

[6] S・P・铁木生可著，常振檝译：《材料力学史》（中译本），上海科学技术出版社，1961 年，第 5 页。

[7] 同上。

[8] 同上，第 12 页。

[9] 同上，第 38 页。

[10] 同上，第 81 页。

[11] 此处借用清式建筑名词。

[12] 据陈明达《营造法式大木作制度研究》推算。

[13] 注:毬纹透光率计算:

$$毬纹面积\ S=\frac{\pi r^2}{4}=\left(r^2-\frac{\pi r^2}{4}\right)$$

$$设\ r(半径)=1\quad S=\frac{3.1416r^2}{4}-\left(r^2-\frac{3.1416}{4}r^2\right)=0.785-(1-0.785)=0.57\qquad 占\ 72.6\%$$

空格面积为 0.215　　占 27.4%

[14]《云仙杂记》载："帝观书处，窗户玲珑相望，金铺玉观，辉映溢目，号为闪电窗。"这里的闪电窗当为看窗。

[15]《后汉书・梁翼传》

[16] 何谓"分脚如意头"《法式》未绘图样，推测与华纹九品中的"豹脚合晕"一款类似。

[17]"合朱""合绿"《法式》原文无说明，推测可能为几种不同色度的朱或绿混合后的颜色。

[18] 同上。

[19]"八白"，当构件广为一尺以下者宽 1/5，广为一尺五寸以下者宽 1/6，广 2 尺以上者宽为 1/7。

[20] 宋陈景沂《全芳备祖》四库全书子部书类。

[21]《全芳备祖》收《宝相花》五言绝句载：开荣同此春，淡艳自生光，不为露益色，不为风益香；节换叶已密，尚可见余芳。

[22]《全芳备祖》收《醉太平花》诗：

紫芝奇树谩前闻，

未若此花叶气薰；

种向春台岂无象；

望中秀色似多云。

范成大《太平瑞圣花》诗：

雪外扪三岭，烟中濯锦州；

密赞文杏蕊，高结彩云球；

百世嘉名重，三登瑞气浮；

挽春同往夏，看到火西流。

[23] 陆游《太平花》诗：扶床踉跄出京华，头白车出来一家，宵肝至今劳圣它，泪痕空对太平花。

[24]［宋］　宋祁《益部方物略记》，四库全书史部地理类。

第三节　李诫

李诫，字明仲，河南郑州管城县人，出生年月不详，北宋大观四年（1110 年）二月壬申卒于河南，葬郑州管城县梅山。

李诫出身于官吏家庭，其曾祖父曾任尚书虞部员外郎，官阶至金紫光禄大夫。祖父曾任尚书、祠部员外郎、秘阁校理，官至司徒。父亲为龙图阁直学士，官至大中大夫，左正议大夫。元丰八年（1085 年）正逢哲宗登基，其父趁登基大典为李诫恩补了一个小官——郊社斋郎，不久便调至济阴县任县尉。当时，该县境内盗贼扰民，群情激愤，李诫练卒为民除害有功，晋升承务郎。元祐七年（1092 年）入将作监任职，直到其逝世前约三年离职。李诫官场生涯前后总共 22 年，有 13 年均在将作监供职。从最下层的官员开始，步步升迁，至将作监，他一生的主要精力均贡献于将作。

将作监职能按宋史《职官志》记载："凡土木工匠板筑造作之政令总焉。辨其才干器物之所须，乘时储积以待给用，庀其工徒而授以法式；寒暑蚤暮，均其劳逸作止之节。凡营造有计帐，则委官覆视，定其名数，验实以给之。岁以二月治沟渠，通壅塞。乘舆行幸，则预戒有司洁除，均布黄道。凡出纳籍帐，岁受而会之，上于工部。"[1]由上可知，将作监不但要领导具体建设项目，而且还负责制订建筑管理之政令，储备人力物力，管理工匠，并向其传授技术及法规，制定劳动日定额，汇总上报建设帐目，乃至治理河渠、整修道路等等。为了完成这些繁杂的工作，于将作监中设有"监"、"少监"、"丞"、"主薄"等官员。"监掌管宫室、城郭、桥梁、舟车营缮之事，少监为之二，丞参领之。"[2]李诫初入将作之时，仅为最下层之小官——主薄，具有丞务郎官阶。4年以后，即绍圣三年（1096年），以丞事郎官阶升为将作监丞。6年后即崇宁元年（1102年）升为将作少监，在此次晋升之前，于元符中曾主持完成皇家重要工程建设项目——五王邸。此时李诫已入将作10年，"其考工庀事必究利害坚窳之制，堂构之方与绳墨之运，皆已了然于心。"[3]于是，被指定承担由皇帝下令编修的《营造法式》一书。此书完成后，皇帝下诏，颁之天下。随之李诫因此而被提升为将作监的少监。第二年，即崇宁二年（1103年），李诫曾被调离将作监，以通直郎官阶出任京西转运判官，但"不数月，复召回将作任少监。"[4]主持建造重要礼制建筑"辟雍"。辟雍建成后，大约在崇宁三年（1104年），被升为将作监的最高官职"监"，此后主管将作监共5年，最后因为为父奔丧，而去职返里[5]。

李诫出任将作监的5年中，领导完成许多重要建设项目；随之，官阶也与日递增。例如尚书省建成后升为奉议郎，龙德宫、棣华宅建成后升为承议郎，汴京皇城之朱雀门落成后升为赐五品服的朝奉郎，皇城之景龙门和九成殿落成后升为朝奉大夫，从此步入高级官阶。以后又完成了开封府廨、太庙、慈钦太后佛寺等工程，同时晋升为朝散大夫、右朝议大夫（赐三品服）和中散大夫。李诫自承务郎升至中散大夫，共升迁16级，其中属于"吏部年格迁者七官而已"[6]。其余9次皆因其在将作监的工作成绩卓著而被晋升。

大约在大观三年（1109年），李诫因父病被皇帝恩准离职，陪同国医返家探父。父病逝后李诫仍居丧在家，不久又被委以新职——知虢州，但"未几，疾作，遂不起……"[7]于大观四年（1110年）二月病逝。

李诫一生的主要活动可以他在将作监的13年为代表，他成为当时北宋在建设方面的高级官员兼技术专家，不但领导建造了著名的建筑多处，而且还领导过园林建筑的建造活动，如龙德宫便是一例。据《汴京遗迹志》载，"景龙江北有龙德宫，初元符三年，以懿亲宅潜邸为之，及作景龙江，江夹岸皆奇花珍木，殿宇比比对峙……其地岁时次第展拓，后尽都城一隅焉，名曰撷芳园。山水秀美、林麓畅茂，楼观参差"。[8]从时间上可推知，龙德宫原是徽宗潜邸，后次第展拓，成为北宋东京的一座著名皇家园林。李诫在崇宁二年修建龙德宫之时，正是徽宗当朝后将私邸扩建成皇家园林之时，这一工程之重要和质量要求之高是可想而知的，恐怕只有李诫这样经验丰富的官员才能胜任。从史籍中还可看到，当时凡国家级重要工程，皇帝必诏李诫前来商议，如"崇宁四年（1105年）七月二十七日，宰相蔡京等进呈库部员外郎姚舜仁，请即国丙巳之地建明堂，绘图以献上。上曰先帝常欲为之，有图，见在禁中，然考究未甚详，仍令将作监李诫同舜仁上殿。八月十六日李诫同舜仁上殿。"[9]由此可见李诫在国家建设中的地位之重要。

在他的一生中除从事建筑事业外，还有着广泛的爱好，他博学而多才多艺。书画兼长。家中"藏书数万卷，其手钞者数千卷"[10]，且"篆、籀、草、隶皆能入品"。曾用小篆书写"重修朱雀门记"，被刻石嵌于朱雀门下。皇帝得知他的画"得古人笔法"，便派人送去谕旨求画，李诫以五马图进献皇帝。

他还著有《续山海经》十卷，《续同姓名录》二卷，《古篆说文》十卷，《琵琶录》三卷，《马经》三卷，《六博经》三卷[11]。但遗憾的是这些著作均已失散，使今人难以鉴赏李诫之文采。幸好尚存《营造法式》这一重要典籍，它虽无法代表李诫一生所取得之全部成就，人们却可从中窥见一斑。

《营造法式》的问世，不仅是李诫个人经验之总结，而是全面、准确地反映了中国在 11 世纪末至 12 世纪初整个建筑行业的技术科学水平和管理经验。它不仅向人们揭示了北宋的建筑技术、建筑科学、建筑艺术风格，还反映出当时的社会生产关系，建筑业劳动组合，生产力水平等多方面的状况。

这部《营造法式》的编制初始目的尽管是为了控制工料，达到官防有术，但由于李诫的才干和丰富的实际经验，使这部书超出一般定额规范的范围，而对各工种的技术做法进行了整理、加工、提高乃至上升到一定的理论高度，从而使该书具有很高的科学价值。从这部书的体例到内容，都反映出李诫超乎一般将作官吏的智慧和才干。

由于李诫掌握了一套科学的编书方法，使这部书在中国古代类似的技术性典籍中，独放异彩。

例如在《法式》序中李诫把“参阅旧章，稽参众智”作为它编书的基础。这里所谓“参阅旧章”，是指查找古典文献中有关土木建筑方面的史料。李诫共查得 283 条，在法式书中占 8%。而“稽参众智”是指李诫向各行业的工匠调查每个行业中世代相传的口诀、经验，并将其整理、总结出各行业的技术制度和管理制度，这方面共计 3272 条，在全书中占 92%。李诫如此重视群众智慧，这在当时是难能可贵的。

又如，以建筑的标准化、定型化作为编写各工种制度的指导方针，反映出李诫将提高建筑施工管理水平；引入科学化的轨道。

李诫在说明各工种的制度时，绘制大量图纸，两相对照使用，以保证建筑技术标准的正确执行，突破工匠口耳相传，师徒相继的模式，推动了建筑“生产力”的发展。

李诫所编制度、功限、料例皆反映出其所具有的辩证思维特征，使《法式》不是束缚建筑发展的教条，而是为工匠留有施展才干发挥创造性的天地。

《营造法式》成书后，曾被朝廷颁发全国各地官署，在社会上并引起了一定的反响，有些官员未能得到官方颁发的书籍，便自己抄录备用。例如河南陈留县的县尉晁载之，于崇宁五年（1106 年）编辑《续谈助》一书时，曾节录前十五卷的各作制度，并注明：“右钞崇宁二年正月通直郎试将作少监李诫所编营造法式，其宫殿佛道龛帐，非常所用，皆不敢取。”这里晁载之仅从作为一个县尉可能遇到的建设问题出发作了节录。另外，地处安徽的官员庄季裕，在他的笔记《鸡肋篇》中曾摘录了《营造法式》前四卷的部分资料。宋室南迁，定都临安，在绍兴十二至十三年间，曾有过一定规模的建设活动，较大的工程有太社、太稷、皇后庙、都亭驿、太学、圜丘坛、景灵宫等。当时的临安知府王唤[12]需领导这些建设工程，但因“朝廷在江左，典笈散亡殆尽，省曹台阁，皆令老吏记忆旧事，按以为法”，朝廷并命诸州县求访遗书，王唤在绍兴十三年七月曾建议由他领导的临安府负责在秘阁举办曝书会，寻觅亡佚典籍。以后于绍兴十五年（1145 年）重刊了《营造法式》，在重刊题记中王唤曾写到：平江府今得绍圣营造法式旧本，并目录、看详共一十四册，绍兴十五年五月十一日校勘重刊。”需指出的是王唤曾于绍兴十四年正月出任平江知府[13]，《营造法式》绍圣旧本是他在平江府时得到的，于是马上便重刊了。正是由于他任临安府守时的建设活动，促使他寻找《营造法式》，而这次重刊可以清楚地说明社会上对《营造法式》之需要。宋以后，它仍成为指导营造活动的权威性典籍。从现在所发现的宋刻元补版本的《法式》残页，说明元代也曾有过印刷《法式》的活动。明以后仍有人在刻印、钞录并使用它，例如曾在南京为官的赵琦美不仅收藏过此书，而且在他的墓表中记载："官南京都察院炤磨，修治公廨，弗约而功倍，君曰：吾取宋人将作营造式也。"正是因为《营造法式》一书的价值，引起历代藏书家的兴趣，特别是自明以后，诸多藏书家，四处寻觅这部巨典，他们不惜出巨资，雇工抄录，尽管他们对营造学可能是外行，但却仍给予高度评价。如瞿宣颖称："疏举故书义训，通以令释，由名物之演嬗，得古今之会通一也。北宋故书多有不传于今者，本编所引，颇有佚文异说，足资考据，二也。凡一物之作必究其形式、尺度、程序，咸使可寻，由此得与今制相较，而得其同异，三也。所用工材，虽无由得其价值，而良窳贵贱，固可约略而得，四也。程功之限，雇役之制，搬运之价，兼得当时社会经济状况。五也。华纹形体若拂菻、狮子、嫔伽、化生之类，得睹当时外族文化影响，六也。"陈銮跋称："诫生平恒领将作……国家大役事皆出其手，故度材程功，详审精密，非文人纸上谈可比。"邵渊耀跋称"李明仲营造法式一书，考古证今，经营惨淡，允推绝作。"张镜蓉跋称："自来政书考工之属，能罗括众说，博洽详明深悉，夫饬材辨器之义者，无踰此书。"

李诫的名字将随着《营造法式》这一千古绝作在建筑史上所放出的光辉而流芳千古。

附：《营造法式》版本流传表[14]：

《营造法式》版本流传表

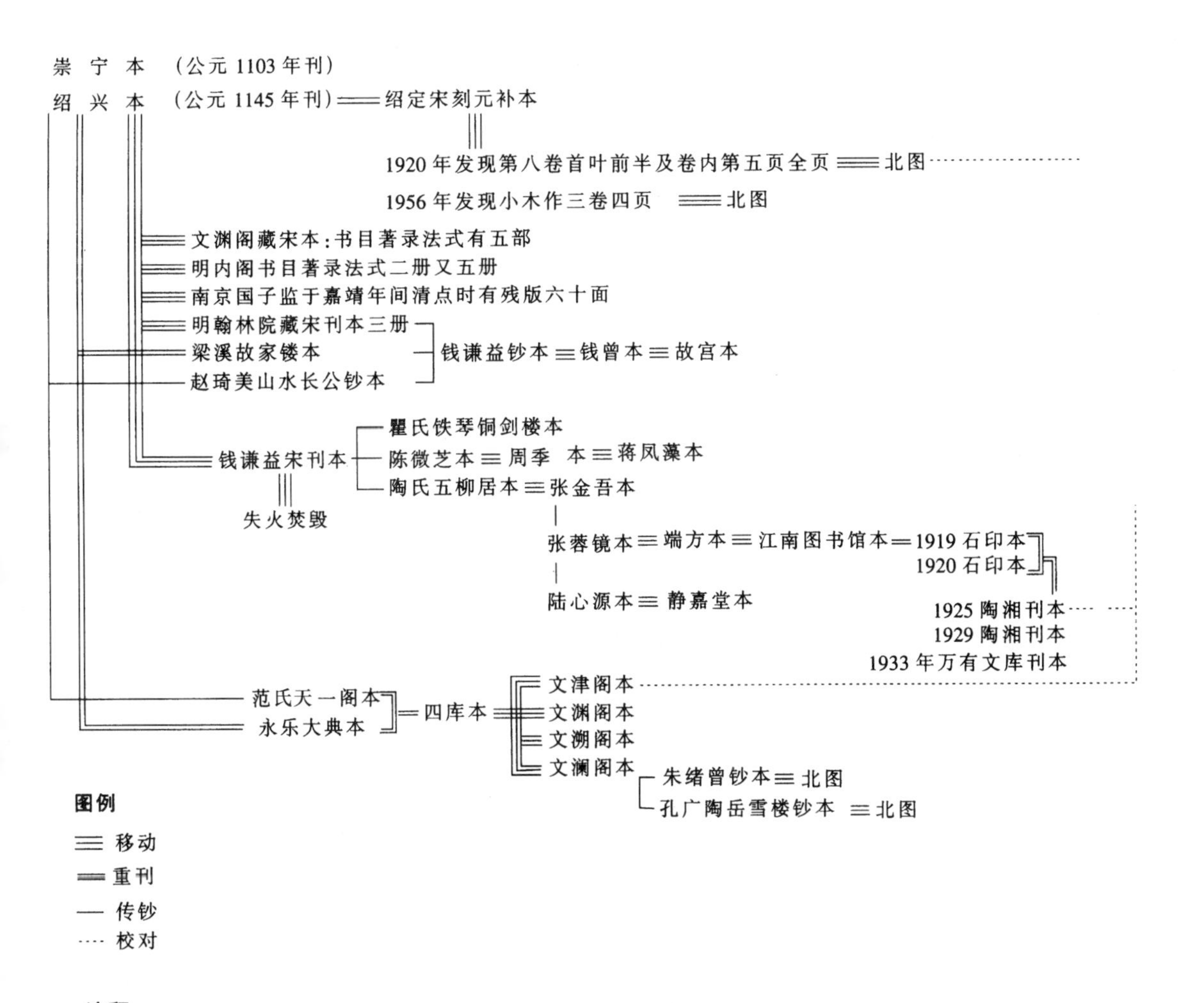

注释

[1]《宋史·职官志》卷一百六十五，将作监。中华书局1983年重印本。

[2]《宋史·职官志》卷一百六十五，将作监。中华书局1983年重印本。

[3]《李公墓志铭》。

[4]《李公墓志铭》。

[5] 按封建礼制，居丧必须辞官。

[6]《李公墓志铭》。

[7]《李公墓志铭》。

[8]《续资治通鉴长篇》。

[9]《续资治通鉴长篇》。

[10]《李公墓志铭》。

[11]《李公墓志铭》。

[12] 据《宋会要》王映于绍兴十三年知临安。

[13] 光绪重修《苏州府志》卷五十一职官条："王映字显道，华阳人，绍兴十四年三月以宝文阁直学士右通奉大夫任，……"

[14]《营造法式》版本流传表据竹岛卓一《营造法式の研究》，谢国桢《营造法式版本源流考》，陈仲箎《营造法式》初探整理。

第十一章　宋、金桥梁

宋代桥梁的发展达到了古代桥梁史的高峰。其技术水平之高超，施工方法之巧妙，都是空前的。如木栱结构的虹桥，筏形基础、植蛎固基的泉州洛阳桥，石梁结构与浮桥相结合的可开启式潮州广济桥，以及浮运架桥法等，都在世界桥梁史上享有盛名，是众所周知的。与宋代并存的金代，亦有技术水平、艺术造诣都达到很高水准的桥梁，如中都卢沟桥。宋、金桥梁至今尚存者为数众多，其类型也是多种多样，可以说凡中国古代桥梁所包括的类型，在宋、金桥梁中基本都出现过。以上这些已足见宋、金桥梁在中国桥梁史中的地位。

现将宋、金桥梁分类如下：

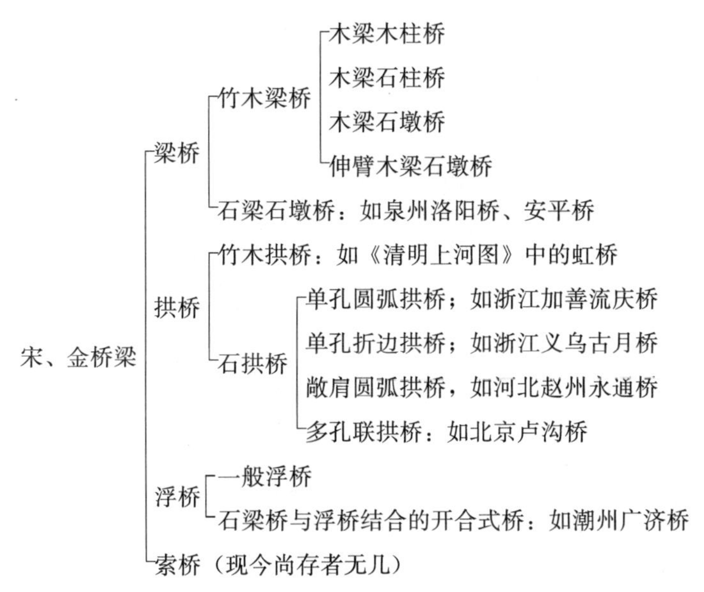

第一节　梁桥

中国早期的桥大多是梁桥。梁桥，是用梁作为桥的主要承重构件，以跨越河谷等天然或人工障碍的桥型。一般情况下，梁平直安置，因此相对拱桥而言，梁桥又称平桥。

梁桥的结构是用桥柱或桥墩支撑梁和桥面。根据建造材料的不同，梁桥可分为竹木梁桥和石梁桥两类。依跨空距离而论，梁桥又有单跨和多跨之分。

不同功能要求的梁桥，因所处地形环境不同，可以采用不同组合的桥柱、墩、梁和桥面，有的并加以变化多端的桥屋，使简单的梁桥亦变得丰富多彩。

宋代建造了大量的木、石梁桥，但因距今已近千年，木梁桥所存较少，只能在宋代绘画中见到，石梁桥现存尚多。

一、木梁桥

1. 木梁木柱桥

以竹木建造的梁桥，结构和构造工艺简便易行，但桥的跨径和坚韧耐久力则相对较差。现在宋代木梁柱桥已无存，但在宋代名画《清明上河图》和《江山秋色图》中皆有木平桥（图 11-1、11-2）。这类桥当时在东京曾有多座，文献中也曾记载过，如《东京梦华录》记："投西角子门曰相国寺桥，次曰州桥（正名天汉桥），正对于大内御街。其桥与相国寺桥皆低平不通舟船……"。[1]另有宋画《金明池夺标图》中绘有五孔木梁柱桥，桥面呈弧形，这是为了便于通航，同时又美化了造型（图 11-3）。对此桥《东京梦华录》中也曾有过记载："……又西去数百步乃仙桥，南北约数百步，桥面三虹，朱漆阑楯，下排雁柱，中央隆起，谓之'骆驼虹'，若飞虹之状。桥尽处五殿正在池中心。"[2]这样的桥型一直流传到现代，如浙江嘉善幸福桥，就是采用多跨骆驼虹式的木梁柱桥。

图 11-1 《清明上河图》中的木梁、柱平桥

图 11-2 《江山秋色图》中的木梁、柱平桥

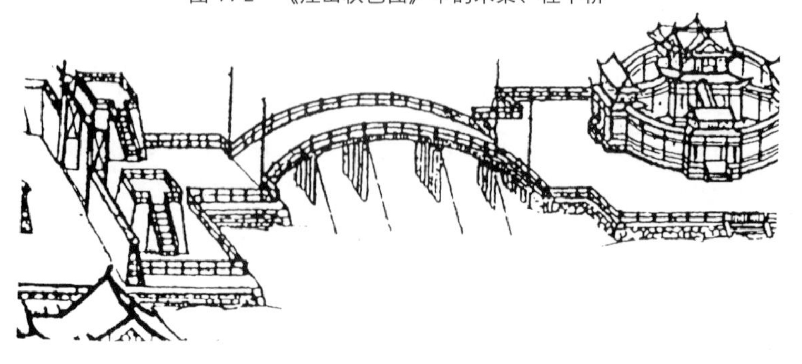

图 11-3 《金明池夺标图》中的木梁、柱拱桥

2. 木梁石墩桥

以堆石为步墩，上搁木梁，古称“杠”，又曰“步渡”，即原始木梁石墩桥。这种石墩比用木桩或石柱作桥墩出现更早。宋代所建木梁石墩桥至今尚存，例如：

浙江省鄞县百梁桥即是一座木梁石墩桥。据《鄞县志》载：为“宋元丰元年（1078 年）建，长二十八丈，阔二丈四尺，为屋于其上，计二十楹，七洞。每洞十四梁，中间十六梁……明隆庆五年（1571 年）重建，万历二年（1574 年）完工。”桥现尚完好，实量桥全长 69.4 米，宽 6.2 米。桥七孔，其净跨在 8.2～9 米间，每跨梁因粗木不易得，改用 18～20 根较细木梁，则总数已超百根，故有“百梁”之称。桥屋乃 22 间。桥墩石砌尖端。

宋绍兴十五年（1145 年）所建福建永春通仙桥，是石墩木梁廊桥。位于晋江上游桃溪和仙溪汇合的永春、南安交界处。《永春县志》载，从宋建炎元年至景炎三年（1127～1278 年）的一百多年间，永春县就曾修过这类通衢上的大桥 31 座，保存至今较为完整的，仅有这座通仙桥了。桥全长 85 米，宽 5 米。四个船形桥墩以利分水，全是大青石条砌成。墩下松木叠架，每当枯水时节，整齐的松木桩仍清晰可见。墩上架 22 根长 18 米，径三四十厘米的松木大梁，梁上铺木板，设木栏[3]。

3. 伸臂木梁桥

这类桥的木梁一端靠河岸或柱墩压重，另一端单向伸向河心，再在左右伸臂端架上简支木梁，以增加梁跨。伸臂木梁桥又分为单向式和双向平衡式两种。这一类桥型中宋造双向平衡式木梁桥尚有遗物。

浙江鄞县的鄞江桥是典型的双向伸臂式木梁桥，该桥位于鄞县鄞江乡。《鄞江志》载：“桥在县西南五十里，宋元丰年间建（1078～1085 年）……跨兰江桥亘有三十八丈，横径三丈，上覆屋二十八间”。实际桥长 76 米，宽 7 米，桥墩中至中最大跨径为 13 米。木伸臂置于桥墩顶面，向左右伸出，形似“扁担”，伸臂总长 8.4 米，而 13 米长的主梁，由墩和伸臂共同承托，变为有刚性和弹性支点的多支点连续梁。

湖南醴陵的绿江桥（图 11-4），历史悠久，桥跨也较大。《醴陵县志》载：桥始创于宋宝祐年间（1253～1256 年）“有宋时，邑之好义者椓大木为杙（短桩）于潭底，而累崎石（石条）杙于上。为墩七，雁齿挤排，架木成梁。”七百多年来，桥上梁木曾重修多次，现桥总长为约 210 米，宽约 5 米。

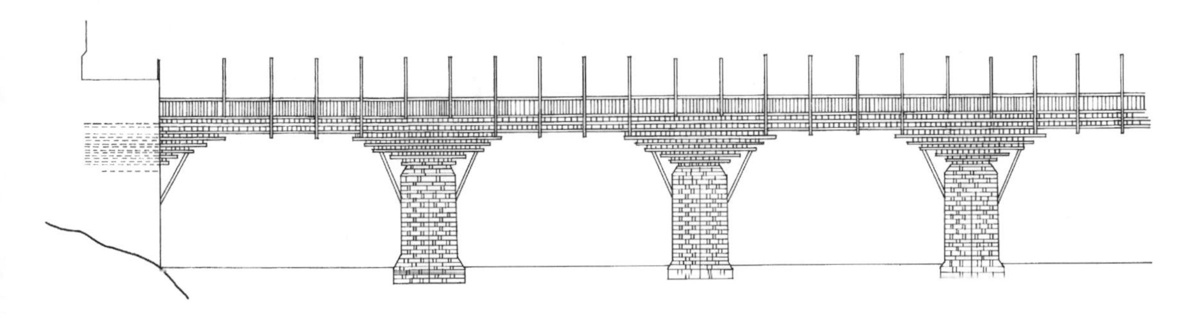

图 11-4　湖南醴陵绿江桥

福建泉州金鸡桥也是一座伸臂木梁桥。《泉州府志》记金鸡桥：“宋宣和间（1119～1125 年）邑人江常始造浮桥。嘉定间（1208～1224 年）僧守静造石墩十七，架木梁，覆以亭屋，长一百丈有余（约 320 米）。”金鸡桥规模较大，但历数代，至明末已拆桥址为坝址了[4]。解放后曾做坝引水，再次拆去桥墩遗迹，发现墩下“睡木基础”（或称卧牛木）。

在层层石砌桥墩下有巨大松木两层，纵横层叠作为卧桩，每根全长15～16米，尾径40～50厘米，出土时未变质。其下即沙积层。这种“睡木沉基”是福建河流入海口处桥梁基础常用的一种类型。

二、石梁桥

石梁桥在我国使用最为普遍，城市、乡村均可见到。石料虽属脆性材料，受压性能良好而受拉、弯性能差，作梁板等受弯构件是不够理想的。然而因石料比木料坚固耐用，因此广泛用于造桥。石梁桥中又有石板桥一类，石板和石梁的区别则在于梁、板截面的高宽之比，一般宽大于高二倍以上者归为板桥类。

石梁桥的结构简单，下部以石柱或石墩作支撑，上部结构有石板、石梁或梁板结合三种做法。

1. 石柱梁桥

在浙江尚保留着较多的宋代石柱梁桥，其构造特征是利用联排石柱上架横梁，作为桥面梁、板支撑物。每排石柱数量多少依桥面广窄而定，可用三、四或五根石柱并列。列柱并非垂直竖立，均向中部微微倾斜，犹如木构建筑中的柱之侧脚。这种梁桥长度一般在20米至30米之间，根据河面宽窄，可作三跨、五跨。一般由于石柱稳定性差，不可能太高，桥面高出河面尺寸较小，河中又有排柱阻隔，通航能力不高。因此这类桥多建在河流流速不大的浅河道上，只供人畜通行。现存遗例如温州的一些宋桥（图11-5、11-6）。在浙江个别地区，因循这类桥梁的习惯做法，稍加改进，如将连排石柱做成上、下两层，以提高桥面与河水面间净空，同时又在联排柱柱间加设十字撑梁，使连排柱稳定性有所改善。例如平阳县昆阳镇东门口的八角桥，此桥长16.8米，中部主跨7米，左右次跨4.9米，桥宽4.55米（图11-7）。该桥中跨联排石柱向前后伸展，使桥面成亚字形，据当地传说曾于桥身左右突出部位置神龛，以满足当时群众心理需求，但造桥者的本意可能还在于增加主跨桥柱的稳定性。

图11-5　浙江温州宋代石柱梁桥（一）

图11-6　浙江温州宋代石柱梁桥（二）

2. 石墩梁桥

在福建省，尤其是泉州府。这类桥梁尤多。

泉州地处福建东南沿海，扼晋江下游，正当江海交汇处，内外水路相通，从南朝起便有与海外往来之记录。当时佛教盛行。《高僧传》记，印度僧人枸那里罗陀，曾经泉州外航。到了唐代中期，泉州已是“市井十里人”，“还珠入贡频”[5]，成为海内外商人汇集的一个商埠。北宋时期，结束了五十多年的割据局面，社会相对稳定，经济进一步发展，对外交通和贸易也迅速发展起来。哲宗元祐二年（1087年），正式在泉州设置了“福建市舶司”，从而确立了泉州作为重要贸易港口

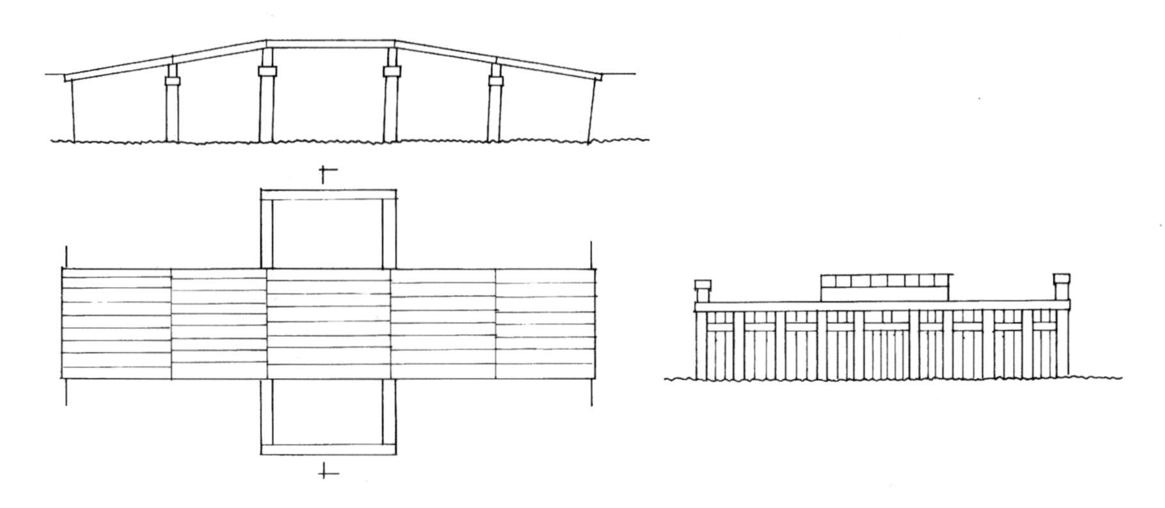

图 11-7 浙江平阳县昆阳镇八角桥示意图

的地位。并发展成为南宋最大之贸易港。

由于泉州港崛起，交通运输被重视。加之福建多山，木材、石料易得，因而桥梁事业得以蓬勃发展。其中尤以石梁桥及木梁石墩桥为主，为工甚巨，“郡境之桥，以十百丈计者不可胜记”[6]。北宋庆元四年（1198 年）一次就在漳州造石桥 35 座。据《泉州府志》中所记，称宋修、宋建及具体标明宋代建桥年号者就有 110 座之多。起自宋太祖建隆年间（960～962 年）至宋理宗宝庆年间（1253～1258 年）。其间宋绍兴年间（1137～1162 年）的 30 年中修建的石墩梁桥，载明桥长者共计 11 座，总长达 5147 丈（约 16470 米），平均年修桥约 550 米。宋代泉州僧人修桥载于志书者共 30 余人。仅僧道询一人主持下，就造石桥 6 座，即清风桥、登瀛桥、獭窟屿桥、弥寿桥、青龙桥和凤屿盘光桥，前后历时 50 余年。佛教以修桥补路为广积功德之举，泉州与天竺（印度）直接来往，佛教兴盛，再加上政治经济条件较好，便形成和尚大量修桥的一方盛事。

自唐以后泉州各代所建石桥，以宋代建造为数最多，共 139 座。宋代石桥中有 113 座修造于南宋（见表 11-1、11-2）。

福建地区的石墩梁桥，在桥梁史上占有重要地位，其中泉州的十大名桥可为代表，（见表 11-3）十桥中除金鸡桥为木伸臂梁石墩桥外，其余九桥均为石梁石墩桥。

唐以来泉州石桥统计表 **表 11-1**

县 份	唐	五 代	宋	元	明	清	年代失记	总 数
晋江（含府城）	1	2	52	4	1	3	43	106
南安			24	3	3	1	31	62
惠安			17	3	7	4	12	43
安溪			8		3	3	26	40
永春			33	15	16	24	52	140
德化		1	5	2	11	23	45	87
合计	1	3	139	27	41	58	209	478

注：此表转引自庄景辉《论宋代泉州石桥建筑》，《文物》1990 年第 4 期。

宋代泉州石桥一览表　　表 11-2

县份	桥名	时间	修建者	长度
晋江	陈翁桥	建隆间		
	小桥	太平兴国间		
	大桥	太平兴国间		
	林田桥	端拱二年		
	青濠桥	淳化间		
	吟啸桥	咸平间	邑人王养、僧行珍	15 丈
	万安桥（洛阳桥）	皇祐五年	守蔡襄、僧义波等	360 丈
	悲济桥	皇祐间	僧法超	80 丈
	通济桥	元祐间	侍禁傅琎	
	湖柄南桥	元符间		
	湖柄北桥	元符间		
	前埭桥	元符间	僧怀应	
	林湾桥	元符间	僧怀应	
	高港桥	元符间	僧怀应	
	濠市桥	大观间	僧宗爽	
	濠溪桥	大观间	僧宗爽	
	古陵桥	绍兴三年		17 丈
	安平桥	绍兴八年	僧祖派	811 丈
	普利大通桥	绍兴十二年	给事中江常、僧智资	200 丈
	建隆桥	绍兴十六年		
	梅溪桥		里人苏展	50 余丈
	瓷市桥		里人苏展	
	石笋桥	绍兴二十年	僧文会	80 余丈
	苏埭桥	绍兴二十四年	僧守徽	2400 余丈
	东洋桥	绍兴间		432 丈
	玉澜桥	绍兴间	僧仁惠	1000 余丈
	适南桥	绍兴间	司户王元	
	龙津桥	绍兴间		36 丈
	长溪桥	绍兴间		26 丈
	安济桥	乾道八年	僧了性	
	金谷桥	乾道八年	僧继辨	
	海岸长桥	乾道间	僧智镜	770 余间
	陈坑桥	淳熙元年	里人陈公亮	骊水 140 道
	万金桥	淳熙四年		
	龙潭桥	淳熙八年	里人彭映、僧白昕	
晋江	玉虹桥		里人彭映	
	济龙桥	淳熙十五年		
	上保桥	绍熙间		
	下保桥	绍熙间		
	康溪桥	庆元二年	僧绍杰	
	甘棠桥	庆元四年	僧了性	
	棠阴桥	庆元四年	僧了性	
	龟山桥	庆元四年		
	顺济桥	嘉定四年	守邹应龙	150 余丈
	玉京桥	嘉定四年	道士黄玄华	
	应龙桥	嘉定五年	里人吴谦光	
	龙尾桥	宝庆二年	僧员光	
	应台桥	淳祐二年		
	吴店桥	淳祐八年	蔡常卿	40 间
	凤屿盘光桥	宝祐间	僧道询	400 余丈
	登瀛桥	南宋	僧道询	
	清风桥	南宋	僧道询	
南安	严浦桥	宋初	僧宗佑	
	从龙桥	元祐间	僧普足	
	双桥	绍圣间	僧智从	
	春利桥	绍圣间	里人陈公研	
	永安桥	绍兴间	里人黄懋	
	北平桥	绍兴间	里人翁辅	100 丈有奇
	通济桥	淳熙初	里人蔡楫如	
	镇安桥	淳熙九年	里人杨春卿	300 余丈
	化龙桥	淳熙间	里人黄懋	
	徐亭桥	庆元间		
	驰通桥	嘉泰间	僧广德	
	龙济桥	开禧间	僧守静	
	上陂桥	开禧间	僧行传	130 余丈
	云泮桥	嘉定十年	令王彦广	
	金鸡桥	嘉定间	僧守静	100 丈有奇
	龙躍桥	嘉定间		
	观光桥	宝庆元年	里人黄以宁	
	弥寿桥	端平间	僧道询	60 余丈
	长坝桥	嘉熙间	里人张真	
	大盈桥	嘉熙间	里人王弁	
	板桥	淳祐三年	里人王克谐	
	梯云桥	淳祐间	僧明愍	

续表

县份	桥名	时间	修建者	长度
南安	观国桥	淳祐间		
	珠渊桥	宋		
惠安	龙江桥	端拱间		
	菱溪桥	治平二年	令张介	
	张店桥	治平二年		
	躍津桥	崇宁间	里人谢文龙	
	仁寿桥	靖康间	里人连大德	
	陈公桥	绍兴八年	令彭元达	
	谷口桥	绍兴间		
	子桥	绍熙间		
	獭窟屿桥	开禧间	僧道询	
	通济桥	淳祐间	令赵时铣	
	青龙桥	宝祐间	僧道询	
	龙津桥	宋		
	巨济桥	宋		
	大德桥	宋		
	惠宁桥	宋		二里许
	琼田延寿桥	宋		
	得仙桥	宋	里人黄姓	
安溪	双济桥	北宋	僧普足	
	谷口桥	北宋	僧普足	
	两港桥	淳熙九年	僧全一	
	西洋桥	淳熙间	僧惠明	32 间
	龙津桥	庆元五年	令赵师戬	68 丈
	凤池桥	嘉定间	令陈密	
	永安桥	南宋	僧惠清	
	黄塘桥	南宋		
永春	永镇桥	建隆间	僧普足	
	隆兴桥	绍兴元年	范天成	
	石井桥	绍兴二年	里人陈有仁	
	连芳桥	绍兴二年	庄谧	
	高骞桥	绍兴二年	陈知柔	
永春	观澜桥	绍兴二年	里人林胜奇	
	镇春桥	绍兴二年	陈知柔	
	亚魁桥	绍兴二年	僧白云	
	梯云桥	绍兴二年	肖添兴	
	芳桂桥	绍兴三年	陈知柔	
	乘驷桥	绍兴三年	苏子美	
	庆云桥	绍兴三年	何泰	
	通德桥	绍兴五年	县尉徐安	
	蓝田桥	绍兴六年	范天成	
	金龟桥	绍兴十年		
	化麟桥	绍兴十一年		
	通仙桥	绍兴十五年	知县林延彦	
	画锦桥	绍兴十五年		
	登瀛桥	绍兴十八年		15 丈
	壶口桥	绍兴间		
	黄龙桥	绍兴间	僧知海	
	龟龙桥	绍兴间	僧法师	29 丈
	云龙桥	绍兴间	令林聘	
	白叶桥	淳熙二年	苏德成	
	桃溪桥	淳熙五年	林均福	
	漳溪桥	淳熙间	僧月海	
	龙济桥	淳熙间	里人温显	
	登云桥	淳熙十六年	里人黄维之	
	云津桥	嘉定十一年		
	东岳桥	嘉定间		
	攀龙桥	绍定四年	郑子泰	
	桃源桥	淳祐间		
	登龙桥	宋	林国材	
德化	龙津桥	熙宁间		
	大卿桥	绍兴间		
	惠政桥	宋		
	双桂桥	宋		
	奖溪桥	宋		

注：此表转引自庄景辉《论宋代泉州石桥建筑》，《文物》1990 年第 4 期。

福建泉州十大名桥 表 11-3

桥名	桥址	修建年代	桥长	桥宽	孔数	石梁	桥墩	建桥者	典籍
洛阳桥（万安桥）	泉州市洛阳江口	宋皇祐五年至嘉祐四年 公元 1053～1059 年	360 丈	1.5 丈	47	每孔 7 根，长 11.8 米，宽 0.5～0.6 米，厚 0.5 米，	双尖 长 18.4 米，宽 4.25 米	蔡襄等	《泉州府志》
安平桥（五里桥）	安海港海湾上（现安海乡西田丰）	宋绍兴八年起，绍兴二十一年成 公元 1138～1151 年	811 丈	3.38 米	362	每孔 4～7 根，长 7～11 米，宽 0.5～0.8 米，厚 0.37～0.78	方形，单尖、双尖 长 4.5～5.0 米，宽 1.8～2.0 米	僧祖派 赵今衿	《石井镇安平桥记》，《清源县志》。
石笥桥（履坦；浮桥）	泉州市临漳门外，跨晋江	宋绍兴二十年 公元 1150 年	70.5 丈	1.7 丈		长 14.5 米，宽 1.0 米	双尖 宽 2.0 米	僧文会	《泉州府志》

续表

桥名	桥址	修建年代	桥长	桥宽	孔数	石梁	桥墩	建桥者	典籍
东洋桥（东桥）	安海港东，安海黄敦至对岸宗埭	宋绍兴二十二年公元1152年	432丈		242				《大清一统志》《读史方舆纪要》
玉澜桥	泉州南门外二十三都，现石狮乡	宋绍兴年间公元1132～1162年				每孔4根，长3～4米，宽0.4～0.5米	双尖	僧仁惠	《福建通志》，《读史方舆记要》
海岸长桥	晋江县罗山乡	宋乾道年间公元1165～1173年			770余	长3～4米	方形	陈君亢	《泉州府志》
金鸡桥	南安县九日山下	宋嘉定年间公元1208～1224年	100余丈		18	石墩木伸臂梁		僧守静	《泉州府志》
顺济桥（新桥）	泉州西南，跨晋江	宋嘉定四年公元1211年	150余丈	1.4丈	31			邹应龙	《泉州府志》
凤屿盘光桥（乌屿桥）	泉州东北三十八都	宋宝祐年间公元1253～1258年	400余丈	1.6丈	160			僧道询	《泉州府志》，《读史方舆记要》
下辇桥	泉州三十五都	元至正年间公元1341～1368年			620			僧法助	《泉州隆庆府志》

注：此表转引自茅以升《中国古桥技术史》。

（1）福建泉州洛阳桥

福建泉州洛阳桥，是宋代石墩梁桥中的典型代表。

1）洛阳桥概况

洛阳桥又名万安桥（图11-8），位于泉州东北20里处，架设在晋江、惠安两县交界处的洛阳江入海尾间上，旧为万安渡，因跨洛阳江故名洛阳桥。

从洛阳江北岸惠安县境内起始，有一段石垒桥堤，桥由堤接出，经过洛阳江心一座小岛（名中洲）继续向南，直达南岸晋江县境。桥全长834米，砌出水面的船形桥墩共46座，墩上架梁，梁上铺板[7]。桥面宽7米，桥栏高约1米。现桥上遗存有多处建筑及文物：如中洲上的“中亭”，亭内有修桥碑12座；“西川甘雨”亭，亭内有“天下第一桥”横额；石塔5座，位于扶栏之外（图11-9～11-13）；桥头有石刻武士像4尊。此外，桥南街尾有蔡祠，奉祀宋郡守蔡襄。祠内存宋《万安桥》碑一座，明、清碑八座；福建明代修桥的给事中知泉州蔡锡石像一尊。桥北为照惠庙、真身庵。庵为纪念造桥僧人义波而建。其他尚有各处散布修桥碑记26处。

图11-8 福建泉州洛阳桥之一

图11-9 福建泉州洛阳桥之二

图 11-10 福建泉州洛阳桥之三

图 11-11 福建泉州洛阳桥之四

图 11-12 福建泉州洛阳桥之五

图 11-13 福建泉州洛阳桥之六

2）洛阳桥的修建和修理

《福建通志》载："宋庆历初（1041 年）郡人李宠甃石作浮桥，皇祐五年（1053 年）僧宗善以及郡人王实、卢锡倡为石桥，未就。后蔡襄守郡，踵而成之，以蛎房散置石基，益胶固焉"。蔡襄祠内现存，传说蔡襄所写的修桥碑文称："泉州万安渡石桥，始造于皇祐五年四月庚寅，以嘉祐四年（1059 年）十二月辛未讫工。垒址于渊，酾水为四十七道，梁空以行，其长三千六百尺，广丈有五尺。翼以扶栏，如其长之数而两之，靡金钱一千四百万，求诸施者。渡实支海，去舟而徒，易危而安，民莫不利。职其事者卢锡、王实、许忠、浮图义波、宗善。等十五人，既成，太府莆阳蔡襄为合乐燕颂而落之。明年秋，蒙召还京，道由是出，因纪所作，勒于岸右。"蔡襄的碑记，言简意赅，是为洛阳桥的重要史料。

洛阳桥自修建至今，历时九百余年，据省、府、县志记载和民间传说，先后修理和重建共计十六次。其修理时间相隔最长的约一百七十余年，平均约五十年修一次。但大修尚不过四次：即绍兴八年（1138 年）。万历三十五年（1607 年）乾隆二十六年（1761 年）。现存之桥梁，即经此次重修者。

3)洛阳桥在桥梁工程上的重大成就

洛阳桥,仅就其技术数据讲,在泉州诸石桥中并非最出众的。其长度为834米,合250.2丈,不及长约400余丈的凤屿盘光桥。它使用的石梁约2尺见方,33尺长,也没有虎渡桥(江东桥)的石梁庞大(梁5尺高,7尺宽,7丈多长)。但其名声远在诸桥之上。原因在于它在石桥建造技术方面的许多创举,为中国古代桥梁工程的发展作出了重大贡献。

洛阳桥所处地段自然环境和地质情况都较差,据《泊宅篇》:“泉州万安渡,水阔五里,上流接大溪,外即海也。每风潮交作,数日不可渡……留从效等据漳、泉,恃此以负固。蔡襄守泉州,因故基修石桥,两岸依山,中托巨石……”《府志拾遗》:“万安桥未建,旧设渡渡人,每岁遇飓风大作,或水怪为祟,沉舟而死者无算。”又县志记万安桥桥址:“……水道更移,曩者深坎,今为平沙,水盛则四溢横流,穿溪荡浦,风涛复噬齿之,渊趾剥落,梁塌……”系指河床不仅淤砂相当厚,而且河槽极不稳定,迁徙无常。若力求将桥建成,必先解决桥梁基础问题。欲在这种环境险恶地段建筑桥基,决非一般普通结构所能胜任。然而造桥匠师首先在江底随着桥梁中线铺满大块石,并向两侧展开至相当宽度,成一条横跨江底的石基,有如现代的“筏形基础”。

然而洛阳江水深流急,所抛大石可能被山洪、海潮卷走,冲到大海,因而对于如何稳定填砌在江底的大石块,便是问题的关键。造桥工匠们看到航海船只,船底上生长许多蛎房,胶结得相当牢固,很难剥去,因而从中受到启发,也将蛎房散置在石基上,利用蛎房繁殖,把全部石块胶固成一个整体。从而解决了建桥的基础问题。为了保证桥基的稳固,官方曾“于桥之南北,表石为召,以识其界,禁敢取蛎界内者。”但若干年后的明代人称“岁久禁驰,则界有窃者,而附址之蛎,亦为窃者所肃,人莫不虑此。”[8]

繁殖蛎房胶固石基,使全部石基成一个整体,确是桥梁工程史上的重大发明。也是中国古代利用“生物工程”解决建筑问题的重要例证,洛阳桥修成后80余年,虽曾因经一次飓风遭到损坏[9],但那80年的完好使用足以证明蛎房固基技术确有相当的功效。

石基修好后,即在石基上建筑桥墩,用大长条石齿牙交错,互相叠压,按层并砌。利用其自重抵抗山洪和海潮的冲击力,以保持稳定。并将桥墩作成尖形,以分水势。在波涛最汹涌处,墩上再添建石狮石塔或石亭等,既可增加石桥的美观,又加重了石墩上面的压力,得以抵御洪水的水平推力。桥墩间距并不一律,其净跨大多在一丈五、六尺上下。沿岸开采的石梁,预先放在木浮排上,等到两座邻近桥墩完成后,即趁涨潮时,运至两桥墩间,候潮退,木排随之下降,使石梁正确地落在石墩上。这就是所谓的“浮运架桥法”。

洛阳桥是宋代东南沿海跨大江的石梁墩桥的代表。自洛阳桥建成之后,福建沿海的大江、大河陆续建成很多大型石梁墩桥,如十余年后,嘉祐间建有凤屿盘光桥;百年后,绍兴三十年(1160年)建石笥桥;元代又有万寿桥;其他各省仿效兴建者不胜枚举。

(2)福建省其他著名石墩梁桥

1)安平桥

俗称“五里桥”(图11-14),长近五里,现实长2100米,人称“天下无桥长此桥”。在郑州黄河大桥建成之前(1905年建),安平桥一直是我国最长的一座大桥,也是古代工程最为浩大的石墩梁桥之一。

安平桥位于晋江县安海、水头镇间,从晋江安海镇跨海直到南安县水头镇。建于宋绍兴年间。据《安海志》载:“安海渡介晋江、南安,隔海相望六、七里,往来以舟渡。绍兴八年(1138年)僧祖派始筑石桥,里人黄护与僧智资各施万缗为之昌,派与护亡,越十四载未竟。绍兴二十一年(1151年)郡守赵公令衿卒成之”,前后历时16年。“工程之巨大,在古代桥梁中,可谓首屈一指。

图 11-14 福建泉州安平桥

其长 801 丈，广 1.6 丈，酾水 362 道。桥面用巨大石梁拼成，每根梁重约 12～13 吨，下部桥墩仍用条石纵横叠砌而成。桥墩形式有方形，尖端船形，半船形等多种。”[10]

安平桥上还有一座六角五层砖木结构宋塔和五座桥亭。它们与这座八百年的古桥共同向人们诉说着历史的变迁。近代的安海湾已经逐渐为泥沙所淤积，沧海变桑田，如今安平桥下却是一片片青翠田畴，桥下的海水已被稻禾绿浪所取代。

2）顺济桥

该桥在福建晋江县德济门外，位于笱江下游，《闽书》载笱江旧以舟渡，宋嘉定四年（1211年）造桥，“长一百五十余丈，翼以扶栏，以其近顺济宫，故名顺济。以其造于石笱桥后，俗名为新桥，元至正间（1341～1367 年）修葺……。”清《怀荫布记》：“泉州桥梁，其跨江而当孔道者，东有万安，南有顺济。顺济桥则嘉定四年前太守邹景初建也。长百五十丈，广丈四尺，为间三十有一，扶拦夹之”。该桥跨径不一，最大的四丈，石梁截面约三尺见方，其重量达二、三吨。在几百年以前，能安置如此沉重的石梁，不能不使今人惊异。当也需采用浮运法架设。

这座桥平面的中心线不是直线的，而是向上游方向稍弯成弧线。桥墩顺着水流的方向在上下游均筑成三角分水尖[11]。

3）乌屿桥

又名凤屿盘光桥，在泉州。乌屿岛位于洛阳桥东不足五里的江心，这里岛东为后渚港，“旧有石路，潮至不可行。宋宝祐间（1253～1258 年），僧道询募建石桥，百六十间，长四百余丈，广一丈六尺”[12]。《闽书》曰：“是桥与洛阳桥，海中相望如二虹然”。通过这座桥使在岛东港湾停泊的海船货运得以与陆路交通衔接。

4）龙江桥

在福清县海口乡方良里江近入海处（图 11-15）创建于宋政和三年（1113 年），为我国现存较完整的石墩石梁桥。龙江桥全长 476 米，共 42 孔，平均每孔长度为 11 米左右，桥宽约 5 米，翼以扶栏，气势雄伟。桥墩上两边各用挑梁伸出约 60～80 厘米，桥墩两头做分水尖，长 9.6 米，宽 3 米左右。《福清县志》云：“龙江桥在万良里，江阔五里，深五、六丈，始太平寺僧垒石为台，宋政和三年癸巳，林迁兴、僧妙觉募缘成之，空其下为四十二间，广三十尺，翼以扶栏长一百八十余丈，势甚雄伟，费五百万，名曰螺江，绍兴庚辰改名龙江。万历三十三年（1605 年）重修，清顺治十二年（1655 年）邑侯朱迁瑞重修”。龙江桥每孔用 5 根石梁，上盖石板。桥墩基础，亦用牡蛎固结。

5）江东桥

我国古代桥梁中，石梁最多最巨大的应首推福建漳州江东桥（图 11-16、11-17），其每根石梁重达 100～200 吨。江东桥又名虎渡桥，在今漳州东 40 里处。《读史方舆纪要》载："柳营江在漳州府东四十里，上有虎渡桥。"这座桥本为浮桥。

图 11-15 福建福清县龙江桥

图 11-16 福建彰州江东桥之一

"宋绍兴间浮梁于下游以渡。嘉定七年（1214 年）易以板梁，丰石为址，釃水为十有五道两层之，名通济桥。嘉熙元年（1237 年）圮于火，乃易梁以石而不屋，越四年及成，长二百丈，址高十丈，釃水二十五道，东西各有亭"[13]。

全桥总长 336 米，桥宽 5.6 米左右，由三块巨梁组成，共 19 孔，孔径大小不一，其中最大孔径为 21.3 米左右。每块石梁都在 100 吨以上，最大石梁长 23.7 米，宽 1.7 米，高 1.9 米，重近 200 吨。其净重的弯矩，产生的拉力达 50 公斤/每平方厘米，已接近极限强度，故历经岁月石梁折断，重修时无法更换，乃于两墩之间，添筑一小墩，用较小的石梁代替。

这样巨大的石梁，在宋时并无机械设备，其开凿制作已不易，而架设工程如何进行，数百年来未得到确凿的解释。据推测这种巨大石梁的运输安装工作，可能是用大船或木筏浮运至桥下，然后利用潮汐之江水涨落而安装于桥墩之上[14]。

3. 特殊形式的石梁桥

现存宋代的梁桥中，有一些颇具特色，或是平面布置灵活，或是功用独特。

（1）浙江绍兴八字桥（图 11-18、11-19）[15]，位于绍兴市区的东南，因为跨于三条河流交汇处，根据实际需要，建造了这座具有三个桥孔不同大小、不同方向、形式特殊的桥。《绍兴府志》

图 11-17 福建彰州江东桥之二

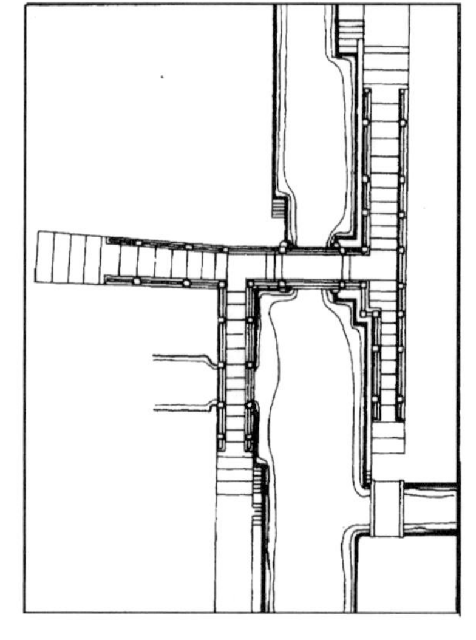

图 11-18 浙江绍兴八字桥平面

图 11-19 浙江绍兴八字桥

载："以两桥相对斜状如八字而得名"。在主孔桥下面的第五根石柱上刻有"时宝祐丙辰仲冬吉日建"，即宋理宗宝祐四年（1256 年）建。但志书记载，此为"重建之年月"。又据《嘉泰会稽志·桥梁》载："八字桥在府城东南，两桥相对而斜，状如八字，故得名"。由此可知在宋嘉泰间（1201～1204 年）八字桥已存在，但因坍塌后重建。

八字桥主桥跨越一条南北向通航河道上。两岸房屋林立，东岸有一南北向大道，与河流平行。由主桥往南约十余米处西侧有一条支流注入。再南十余米处，东侧又有一条支流注入。沿西侧支流北岸有东西通行大道，直趋主桥，经数十级踏步可爬上主桥桥面，过桥后，于桥东端垂直于主桥做南、北两踏道，以便与主航道东岸南北大道相接，向南的踏道，则跨过东侧支流。在主桥西端垂直于主桥做向南伸踏道，以便跨过西侧支流。八字桥在跨越三条河的同时，与三条大道连贯相接，布局巧妙。

该桥于通航主河道采用九根石柱构成的壁柱式桥台，主孔石梁略上弯，梁搁于石柱壁上。石梁跨径 4.5 米，桥洞净空 5 米。石柱高约 4 米，紧贴在两侧墙上，桥面条石并列，向上微微拱起，净宽 3.2 米。桥上所遗宋代石钩阑造型古拙，石柱的望柱头雕成覆莲形式，寻杖下有云拱、蜀柱，栏板素平，与《营造法式》石作制度中的单钩阑属同一类型，但栏杆长度较长。

（2）山西晋祠鱼沼飞梁（图 11-20），是我国古桥中仅存的一个十字形石梁桥。

鱼沼飞梁建于晋祠圣母殿前的鱼沼上。沼为矩形，东西宽约 14.8 米，南北长 17.9 米，四周沼墙用 30 厘米×35 厘米×100 厘米的条石排砌，累层而上。墙顶除与石梁联结处外，皆立汉白玉栏杆，整齐素雅。西墙开六个进水洞，以受圣母神座之下的泉源。南北壁各开三洞，北接善利泉，南通难老泉，众泉汇于沼内。因沼内养鱼，故称鱼沼。

十字形石梁跨越鱼沼之上。正桥东西向，长约 18 米，宽 6 米。桥中间南、北向各有宽 4.2 米的斜坡桥，每翼长约 6 米。十字交叉处为 6.5 米见方的平台，平台下用 10 根石柱支撑。整座桥下有 34 根青石柱，截面为小八角形，厚、宽皆 40 厘米，柱顶置木制斗栱，上为松木大梁，直径 15 厘米。梁上铺 3 厘米厚松板，板上再铺灰及方砖。在东端桥头望柱北侧刻有"鱼沼"二字，南侧雕"石梁"二字。圣母殿为北宋建筑，鱼沼飞梁与殿同期建成。

宋桥中还有一些具有特殊功用的梁桥，如桥与闸相结合。据《浙江通志》记，义乌新吴桥在

图 11-20　鱼沼飞梁

宋淳熙四年（1177 年）建，于“桥下置闸，以节绣湖水”。还有桥与坝相结合的例子，如福建莆田木兰陂，利用水坝顶部石梁与墩台作为桥。

注释

[1]《东京梦华录》卷一，河道。

[2]《东京梦华录》卷七，〈三月一日开金明池琼林苑〉。

[3] 通仙桥屡遭兵火，几经重修。明弘治十三年（1500 年）时曾在桥上架廊屋。最近一次修葺是在 1963 年，更换朽坏木梁，铺桥板。使古桥恢复了昔日风姿。

[4] 明《朱鉴记》载，明成化乙未（1475 年）金鸡桥修复后“其规模视昔有加；墩十有七，每墩架挑木九十有九，铺巨梁木，上则建长亭八十三间，旁则翼遮屏三十有四。”“明万历十一年（1583 年），佥事王豫议开溪引水达晋江南乡，拆桥址为坝址，坏过半”。

[5] 包何之《送李使君赴泉州》诗，原载《全唐诗》卷七。

[6]《读史方舆纪要》。

[7] 现洛阳桥面及栏杆均为钢筋混凝土结构，已非原物。

[8] 明·王慎中《万安桥记》。

[9]《泉州府志》卷 10《桥渡·万安桥》。

[10] 茅以升《中国古桥技术史》，北京出版社，1986 年 5 月。

[11] 公元 1921 年建筑漳浮公路，因该桥适为联络漳市必经之地，乃将石梁桥面拆去，改建为钢筋混凝土连续梁式桥。在改建以前检查发现墩台基础情况良好，因而未动。改建后的桥名更为“东新桥”。

[12]《读史方舆记要》。

[13] 同［12］。

[14] 江东桥在宋建成后，据《读史方舆纪要》记述：“淳祐初（1241 年）又毁于兵。明洪武三十年仍其旧址，以木为梁，构亭其上。正统、天顺间屡修，成化十年，飓风坏桥，二十三年（1487 年）修复，至嘉靖十九年（1540 年）重修，四十四年（1565 年）砌石栏”。又《福建通志》载：“康熙二十四年重筑以石，四十八年（1700 年）郡人重修。乾隆间桥石中断，又捐修。”在抗战之前，为通汽车又曾改造。在其老墩上加筑矮墩，上架钢筋混凝土桥

面，老石梁隐蔽于新桥面之下。在抗战时期，桥身被敌机炸毁成二三段，解放后得以修复。

[15] 现存八字桥于乾隆四十八年（1783年）重修。

第二节　拱桥

拱桥是中国古代桥梁中占重要地位的一种类型，曾在世界桥梁史中负有盛誉。

拱桥在墩台间是以拱形的构件来作承重结构的。拱桥的类型，以材料看，有石、砖、竹、木拱桥之别，其中以石拱桥最为普遍。以拱券种类分，有半圆、马蹄、全圆、圆弧、椭圆、抛物线及折边拱券等。按拱券多少和排列形式又可分单孔拱桥，多孔联桥和敞肩圆弧拱桥。就拱桥的风格来说，北方的和山区的拱桥厚重，南方水乡的拱桥轻巧。古代各地工匠根据本地区具体情况和需要，因地制宜，就地取材，曾创造出多种有地方风格和特色的拱桥。

宋代修建的拱桥，为数甚多，尚有很多保存到今天。文献记载更有相当数量。如苏州，据《苏州府志》载："桥之载于图籍者，三百五十九"，写明宋时重建或始建的桥梁共85座，其中很多是石拱桥。至于全国来说就更多了。

一、竹木拱桥

用竹、木材料作拱，是利用了竹、木可以受拉、压、弯的特点，而竹、木又是成形的杆件，所以拱是将细长的竹竿或木杆组合而成。"中国历史上民间利用竹木架拱搭桥的结构形式，在世界桥梁史中是罕见的"[1]。

木拱创于宋代，始建于山东益都，享盛名于河南开封，即宋时东京。以桥屋保护的木拱桥，加意维护，则可存达500年之久。本节主要介绍木拱桥。

虹桥：《清明上河图》中的汴水虹桥，是宋代木拱桥的代表。

《清明上河图》是北宋末年著名画家张择端的一幅工笔长卷。在这幅长525厘米，宽25.5厘米的画卷中，描绘了皇城东南郊汴河两岸，东京街市的景象。其中画面中心最精彩的部分即是"虹桥"。画家对虹桥严谨写实的描绘，为今天研究宋代木拱桥提供了图示原型。

汴水原来是引黄河水，后来引洛水。在洪水季节，水流很急。《宋会要》记："大中祥符四年（1011年），陈留有汴河桥与水势相戾，往来舟船多致损溺……五年，京城通津门外新置汴河浮桥，未及半年，累损公私船，经过之际，人皆忧惧。寻令阎承翰规度利害，且言废之为便，可依奏废拆"。浮桥被废，如何架设固定之桥，一般采用立柱或石墩，上架横梁的梁桥，在通航河道上，行船与桥柱或墩之间时常发生矛盾，即使跨度达千米以上的近代桥梁，桥墩仍需要采取防撞措施。古代桥梁，一般跨度最大在10米左右。船撞桥墩之事更常有发生。只有向大跨发展，河中不设桥墩，才可以避免撞船之患。因之便有人建议造"无脚桥"。《宋会要》载："天禧元年（1017年）正月……内殿承魏化基言，汴水悍激，多因桥柱坏舟，遂献此桥木式。编木为之，钉贯其中。诏化基与八作司营造。至是，三司度所废工逾三倍，乃请罢之"。魏化基所献"无脚桥"因太费工而作罢。但在山东益都（青州）却出现了一座飞桥，致使汴水也效仿之。

据《渑水燕谈录》记："青州城四面皆山，中贯洋水，限为二城。先时跨水植柱为桥，每到六七月间，山水暴涨，水与柱斗，率常坏桥，州以为患。明道年间（1032～1033年）夏英公（竦）守青，思有以捍之。会得牢城废卒，有智思。叠巨石周其岸，取巨木数十相贯，架为飞桥无柱，至今五十余年不坏。庆历中（1041～1048 年）陈希亮守宿，以汴桥坏，率常损官舟，害人命，乃法青州所作飞桥，至今汾汴皆飞桥，为往来之利，俗曰虹桥”。在《宋史》〈陈希亮传〉也载此事："希亮知宿州，州跨汴为桥。水与桥争，常坏舟。希亮始作飞桥，无柱，以便往来，诏赐缣以褒之。仍下其法，自畿邑至于泗州皆为飞桥。"文中宿州即今安徽宿县。

以上记载说明公元 11 世纪上半叶出现"飞桥"，并被再推广到汴京，以及汾河、汴河、泗水诸河道上。《清明上河图》上所绘虹桥将文献中的"飞桥"、"无脚桥"的形象留存下来，使后人能得知宋代造桥的技术水平。

张择端以写实的手法，合乎透视的原理，画出的这座木桥。可以从画上推出桥的尺度。桥上栏杆是宋代钩阑特有的卧棂栏杆（图 11-21）。扶手是一根通长的寻杖。寻杖以下为盆唇、蜀柱、地栿所构成的框架。蜀柱间施二根卧棂。每根蜀柱上置斗子撮项。为了增加木栏杆的牢靠性，在每根蜀柱外部，盆唇以下设斜撑。全桥仅于两端桥头各置二根望柱，位于桥面分作两摆手处，每边望柱中间有蜀柱 23 根。从栏杆上靠立着的人数看来，其中二蜀柱间有二人挤得较紧，估计约宽 80 厘米。由此便估算全桥望柱间，长约 19.2 米。

图 11-21　虹桥《清明上河图》

对于汴河宽度，在《古今图书集成·职方典》中曾记载："周世宗显德四年（957 年）疏汴河水入五丈河，初导河自开封历陈留，其广五丈"。又据《宋会要》记："大中祥符八年（1015 年）马元方请浚汴河，中流阔五丈，深五尺"。由此可知，河宽约 16.5 米，按《清明上河图》中推测，望柱中至中较河宽略长 2.7 米。这也是相当合理的。《宋会要》又记："大约汴舟重载入水不过四尺，今深五尺，可济遭运"。说明虹桥的高度对通航是无碍的。桥上除了凭栏观看船只的人们外，栏杆内两边设有摊贩，按层次看来，从栏杆一边至另一边，至少宽 6～7 米。栏杆以内路面和街道是一色的，桥面似乎铺了某种材料，或即采取了培土压拱的措施，故俗称土桥。栏杆以外，很明显地看得出横铺着木板。每二蜀柱间，一般并列 4 块木板，每块约宽 20 厘米。《汴都赋》记："城中则有东西之阡，南北之陌。其衢四达，其途九轨，车不埋毂，互入不争"，形容街道的宽广。桥上的交通相当繁忙，并且车辆的载重量也不轻。《东京梦华录》记："东京搬载车大者曰太平，上有箱无盖，箱如构栏而平。板壁前出两木，长二三尺许。驾车人在中间，两手扶捉鞭绥驾之。前列骡或驴二十余，前后作两行；或牛五七头拽之。车辆轮与箱齐，后有两斜木脚拖夜；中间悬一铁铃，行即有声，使远来者车相避。仍于车后系骡驴二头，迂下峻险桥路，以鞭（吓）之，使倒坐缍车，令缓行也，可载数十石”。这种载重量犹如一辆卡车。如何克服下桥之惯性？一方面用倒坐缍车，起下桥的制动作用。同时桥面坡度不能太大。画中的虹桥上，虽然未画有太平车，但根据《宋会要》记载，汴京除平桥之外，都可以放重车通过。因此虹桥之坡度绝不会太大。

桥上设桥市，这虽在“天圣三年（1025 年）诏在京诸河桥上，不得令百姓搭铺占栏，有妨车马过往”，但禁而不绝，画上依然可见占栏如故，增加了桥的载重。

《清明上河图》所取的透视角度，清楚地看出桥的结构，据《中国古桥技术史》〈木拱桥〉一节分析：“从桥下看去，在桥的宽度内一共并列有 21 组拱骨。拱骨为大圆木，径约 40 厘米，其上下两面锯或锛成平面。21 组拱骨，分成两个系统。最外面一组拱骨，称为第一系统，是 2 根长拱骨和 2 根短拱骨；再里面一组称为第二系统，是由三根等长的拱骨组成。如此相间隔地二个系统排比过去，第一系统共计 11 组，第二系统 10 组。每一系统单独存在时是一个不稳定的结构，于是在二个系统的交会点，设置横贯全桥宽度的横木，全桥共设五根。横木可联系拱骨，使成稳定结构，和在横向分配活载的作用。横拱骨在下面和上面两个与另一系统的拱骨相交的倾斜面，也可能局部锛成平面，使其接触密贴，结构稳定。《渑水燕谈录》称：“取巨木数十相贯”中的“贯”字，确切地形容了这一结构。拱骨与横木之间的联结，从图上所画线条看，可能是绑扎式结构，或是某种特制的箍形铁件。每根横木端部，钉有长方木板一块，上画兽头，拱骨上横铺桥面板，顺拱势到接岸处成反弯曲线，使与道路（连接）和顺，也增加了桥的美观。拱桥产生推力，所以“叠巨石固其岸”，即用方正的条石砌筑桥台，台上并留有纤道，考虑十分周到”（图 11-22）。

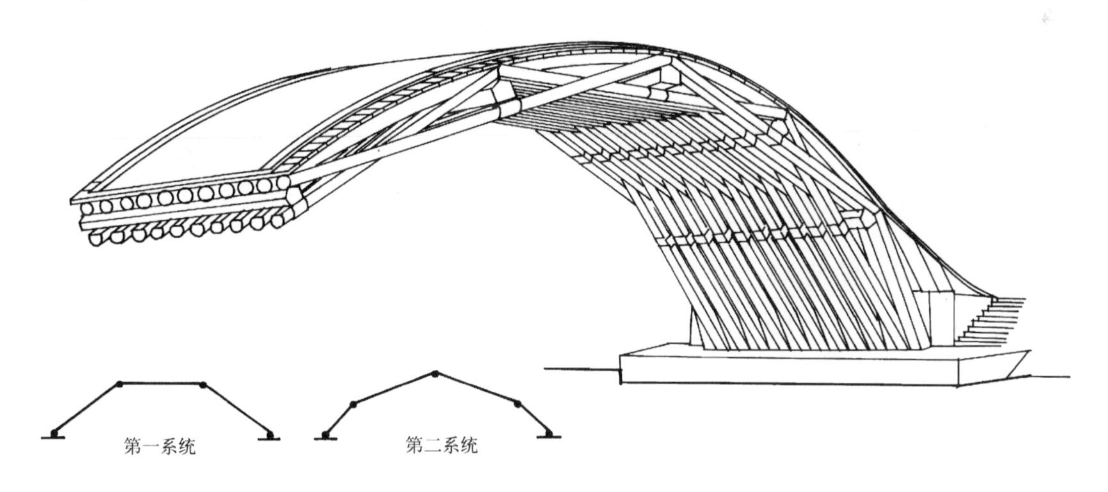

图 11-22　虹桥结构分析图（摹自《中国古桥技术史》）

虹桥作为我国独创的桥梁结构形式而载入世界桥梁史。是宋代造桥匠师的骄傲。

北宋靖康元年（1126 年），汴京全陷，宋室南渡，汴水失去了输送漕银的重要作用。元至元二十七年（1290 年）黄河涨泛，河道淤浅。至明代“汴水之流小如线”。河道都没有了，自然虹桥也就不见踪影了。

而虹桥的技术却在大江南北流传着。《渑水燕谈录》记有“汾、汴皆飞桥”，可见虹桥技术曾推广至山西。宋室南迁，士工农商随之南下，也把虹桥技术带到江南，在木材丰富的浙西南、闽东北山区，虹桥技术一直流传到今天。

二、石拱桥

由木、石梁桥发展到木、石拱桥，是古代桥梁演进的轨迹。由于石材的耐久性，使得石拱桥更能存之久远。如《奉化县志》记浙江奉化县东北 4 里的惠政桥，自宋乾德间（963～968 年）建成后，至南宋嘉定间（1208～1224 年）的 250 年中，经历了木梁及桥上覆屋、石梁、石拱和加固堤岸及基础四个阶段，更有许多桥例是从先架设浮桥开始而最终改进成为永久性的石拱桥。

1. 单孔圆弧拱桥

石拱桥中最为简单的是单孔石拱桥。就拱的形状而言，又有单孔圆弧拱和单孔折边拱之分。

浙江嘉善流庆桥：是现存宋代的单孔圆弧拱桥之一（图 11-23）。流庆桥位于浙江省嘉善县陶庄乡集镇北郊，正对北街，南北向横跨柳溪河上。桥长 15.5 米，高 4.2 米，宽 2.25 米，其单孔圆弧拱由四道分节并列发券组成。桥墩用不规则的长条石平行砌筑，设明柱和长系石各一对。据《嘉善县志》记，此桥为宋代陶大猷建造。清代乾隆六十年（1795 年）重修时更换过顶部一道券石，但基本保持了宋代原构。浙江省内现存的德清县寿昌桥、杭州留下镇忠义桥、临安县元同桥等也均为宋代所建单孔圆弧拱桥。

图 11-23 浙江嘉善流庆桥

2. 单孔折边拱桥

这类桥可以认为是由伸臂式梁桥演化出来的，在浙江石桥中尚保留着三、五、七边的折边拱桥，反映了从“梁桥”发展成“拱桥”的历程。

浙江义乌古月桥则是典型的单孔折边拱桥（图 11-24）。古月桥位于义乌市东朱乡，横跨龙溪之上，桥全长 31 米，净跨 15 米，宽 4.9 米，两端桥台用不规则条石垒砌，桥拱由六组五边形条石砌筑而成，石梁的折角处均置一道角隅横石，将并列的条石串连起来。角隅石比桥身略宽，以加强桥身的整体性。桥的拱脚部位砌筑石块，各道折梁之上镶铺石板，构成桥面板，顶部桥面板侧面刻有“皇宋嘉定癸酉季（1213 年）秋闰月建造”的题记。

宋代所建单孔五边形折边拱桥遗物还有浙江建德县西山桥。

3. 敞肩圆弧拱桥

所谓敞肩，是指大拱两肩原为实腹的部分挖空为空腹，以小拱架于大拱之上，这样既可减轻石拱桥自重，从而减少拱券厚度和墩台的尺寸，又可以增大桥梁的泄洪能力。所谓圆弧拱，是用小于半圆的弧段，作为拱桥的承重结构，在相同的跨度情况下，可以较半圆拱大幅度地降低桥梁高度；反之在相同的桥梁高度时可得到较半圆拱更大的跨度。

敞肩圆弧拱桥首创于我国，这一桥型的出现使造桥技术产生了巨大的飞跃。

我国现存最早的敞肩圆弧拱桥是建于公元7世纪初隋代的河北赵州安济桥，在安济桥之前的敞肩圆弧拱桥已不可考，但安济桥之后，在宋代、金代亦仍建造了许多这种类型的桥，存留至今的还不少。

（1）永通桥

河北赵县永通桥（图11-25），俗称小石桥。位于赵县西门外的清水河上，据《畿辅通志》载金明昌年间（1190～1196年）赵州人裒钱所建。《赵州志》明王之翰《重修永通桥记》："吾郡出西门五十步，穹窿莽状如堆碧，挟沟浍之水，……桥名永通，俗名"小石"。盖郡南五里，隋李春所造大石桥……而是桥因以小名，逊其灵矣。桥不楹而耸，如驾之虹，洞然大虚，如弦之月，尝夹小窦者四，上列倚栏者三十二，缔造之工，形势之巧，直足颉颃大石，称二难于天下。"又："岁丁酉，乡之张大夫兄弟……为众人倡，而大石桥焕然一新。……比戊戌，则郡父老孙君、张君，欲修以志续功……取石于山，因材于地。穿者起之，如砥平也；倚者易之，如绳正也。雕栏之列，兽状星罗，照其彩也。文石之砌，鳞次绣错，巩其固也。盖戌之秋（1598年），亥之夏（1599年），为日三百而大功告成"。这里虽记述公元16世纪末期的一次修缮。但却为研究永通桥史之宝贵资料。该桥形式为单跨敞肩拱桥，大拱之上伏有四小拱。桥全长32米。两岸小拱外端边墙之间的尺寸为25.5米，大

图11-24 浙江义乌古月桥

图11-25 河北赵县永通桥

拱净跨估计接近此数[2]。大拱券为圆弧，圆半径约18.5米。桥面净宽（栏杆之间）一端为6.22米，一端为6.28米。该桥由21道拱券并列砌成，拱石厚40厘米，眉石厚25厘米。其结构布置和安济桥基本相同。现桥上栏板已为明正德二年（1507年）及清乾嘉年间重修时更换，其中正德所换者于寻杖之下采用斗子蜀柱或驼峰托斗等，形式古朴，宋、金之风犹存。

（2）景德桥

山西晋城景德桥（图11-26）在晋城县西关。据《凤台县志》记："城西关桥一名沁阳桥，金大定乙酉（1165年）知州黄仲宣创建，成于明昌辛亥（1191年），经四百余年不坏。成化壬辰（1472年）大水塞川而下，桥毁而遗石尚存。"据考察[3]，明成化八年（1472年）大水冲毁东门桥及南大桥，惟景德桥犹存。1956年整修一新。该桥采用大拱上负二小拱形式，桥长30米。桥拱净跨21米，矢高3.7米，并列25道拱券，券石厚73厘米，护拱石厚26厘米，桥宽5.63米，两端

半圆小拱，净跨 3.1 米，拱石厚 58 厘米。桥上栏板已为后世更换，券面上留有石刻甚为精美。

（3）普济桥

山西原平普济桥（图 11-27）在原平县崞阳镇南关。州志载："金泰和五年（1205 年）义士游完建"。明、清都有过修缮，并于清道光间重建。该桥采用大拱上负四小拱形式，桥主孔拱净跨 18 米，矢高 6.2 米，主拱石厚 65 厘米，护拱石厚 20 厘米。两肩各有净跨为 3.2 米和 1.8 米的两个小拱，但拱券为横联法砌筑。

图 11-26　山西晋城景德桥

图 11-27　山西原平普济桥

4. 多孔联拱桥

由于古代水陆交通的发展，在一些较大的河流、渠道上，需要建造更大跨度的永久性桥梁，但受到建桥材料和技术的限制，于是出现了多孔联拱桥。

多孔联拱桥又分为两大类型，即厚墩联拱和薄墩联拱。其中薄墩薄拱桥以我国东南地区为多，其他地区则多取厚墩形，这是由于水文地质条件决定的。

宋、金时代所建多孔厚墩联拱桥中最为著名的是金大定二十九年（1189 年）所建北京南郊之芦沟桥（图 11-28）。

芦沟桥在北京广安门外 15 公里的永定河上。永定河在清康熙三十七年（1698 年）以前名"芦沟"，一名"桑干"，至北京西郊东北流经芦师山之西，故得名芦沟。芦沟之名，始自唐代。因水混浊，又称小黄河、黑水河。由于经常涨水泛滥，河道迁移不定，又称无定河。康熙三十七年，大加疏浚，并筑长堤，改名永定。现在其上游怀来县以上仍称为桑干河。

芦沟桥址，自古以来就是燕蓟地区通往华北平原的重要渡口。在芦沟桥未建之前，这里曾经有过浮桥或木梁桥。金代定都中都（北京）以后，旧时的浮桥或木梁桥已不能适应需要，为了在军事和经济上加强对华北地区的控制，于是，决定修建一座永久性的石桥。《金史·河渠志》载：

图 11-28　北京卢沟桥

“（大定）二十八年（1188年）五月，诏卢沟河使旅往来之津要，令建石桥，未行而世宗崩。大定二十九年（1189年）六月，章宗……诏命造舟，既而更命建石桥。明昌三年（1192年）三月成，敕命曰广利。”从此七百多年来，芦沟桥成为北京通往华北各地的交通枢纽。

《古今图书集成·考工典》：“桥东筑城，为九道咽喉。五更他处不见月，惟芦沟桥见之。”所以在金代“芦沟晓月”便已列为燕京八景之一了。

在元代，意大利旅行家马可波罗在《马可波罗游记》中对芦沟桥作了高度评价。他写道：“自从汗八里城（大都皇城）发足以后，骑行十里，抵一极大河流，名称普里桑乾。……河上有一美丽石桥。各处桥梁之美鲜有及之者。桥长三百步，宽逾八步，十骑可并行于上……纯用极美之大理石为之。桥两旁皆有大理石栏，又有柱，柱顶别有一狮，此种石狮甚巨丽，雕刻甚精。……桥两面皆如此，颇壮观也。”

芦沟桥建成至今，虽然历代多次修缮，但是经过详细勘查，桥的基础和主要结构依为金代原物，无多大改动。

芦沟桥为十一孔联拱石桥，桥主要部分长212.2米，加上两端引桥，总长266米。十一孔为不等跨圆弧拱[4]。

中央一孔最宽，为13.45米，两侧逐跨递减，边跨最窄者11.40米。桥面净宽7.5米，最外边总宽9.3米。拱券石厚95厘米，护拱石厚20厘米。圆弧矢跨比约为1∶3.5。券石用框式横联法砌筑，拱石与拱石之间有腰铁联系。桥墩前尖后方，呈船形，迎水面砌作分水尖，尖长4.5～5.2米，约占墩长的十分之四，分水尖宽5米，各墩宽自6.5～7.9米不等。每个桥墩分水尖前部，垂直安置一根约26厘米边长的三角形铁柱，以其锐角迎击冰块，以保护桥墩，人称“桥龙剑”。分水尖凤凰台上，压有6层共达1.82米厚的压面石，以增加分水尖的压重。为了保护拱脚不被流水冲坏，在拱脚和拱址石与墩身分水尖之间流冰水位以下，作流线型过渡。

墩下地质为冲积的砂平卵石，打了短木桩，以便将土壤挤紧。所以《古今图书集成·考工典》称：“芦沟桥，金·明昌初建，插柏为基，雕石为栏。”桥墩基础，坚实稳固。桥石加工�密。明、清两代有过多次修缮，使此桥能较好的保存至今。

历尽八百年的沧桑岁月，仍无多大沉陷。且于1975年，桥上曾通过429吨重的平板车。当时第五第六孔（金代原物）最大变形量仅为0.52和0.49毫米，桥仍处于弹性变形范围之内，表现出惊人的承载能力[5]。

芦沟桥不仅结构坚牢，桥上石雕也素为历代称道，现桥头立石华表两对。桥面两旁设石栏杆。共269间，南面139间，北面130间。栏板平均高85厘米，望柱高1.4米，柱头刻仰复莲座，座上刻石狮。

明人称芦沟桥“左右石栏刻为狮形，凡一百状，数之辄隐其一”[6]。还有的说“数之辄不尽。”[7]元代人的诗中更夸张的描绘为“阅残浮世千狮子，踏破晴霜万马蹄。”[8]因此民间便有“卢沟桥的狮子数不清”之说，现已经文物工作者清点查明，在这269间栏杆的望柱上共雕狮子485只。这些狮子的造型千姿百态，有的昂首望天，有的侧身转首呼唤同伴，有的凝视桥上过往行人，有的竖起双耳捕捉信息，有的母子玩耍、嬉戏不疲，无不令人赞叹。这些狮子中金代原物已为数不多了，但凡金代遗构明显具有姿态挺拔，身躯瘦长的造型特点，在狮群中较为出众。

第三节 浮桥

浮桥是在江河上利用可浮体连接成的一种特殊形式的桥梁，由舟船构成的浮桥又称舟桥，也有用车轮、竹木排筏等浮体架设的浮桥。

浮桥因为不需要建造桥墩，所以不论江水深浅均可架设，又因为采取联舟、系索、锚碇的方法，也就不论江面宽窄，从理论上都可以修建极长的浮桥。因此，在古代不能修建桥梁的大江大河，却都修建过浮桥。

宋代在黄河、长江这样的大江巨河上都曾建造过浮桥。

在黄河上的浮桥，如熙宁六年（1073年）神宗曾诏在甘肃兰州附近的“河州安乡城黄河渡口置浮桥”[9]。《续资治通鉴长编》也记有：“宋·绍圣四年（1097年）四月枢密院言，兰州日近修复金城关，系就浮桥”。

北宋末年，还要在河南浚县大伾山附近修建两座黄河浮桥，徽宗并亲自赐名曰天成桥和圣功桥。《宋会要辑稿》记：“政和四年（1114年）十一月二十二日，都水使者孟昌龄言，请于通利军依大伾等山，徙系浮桥。其地势下可以成河，倚山可为马头，又有中墠，正如河阳长久之利，从之。五年六月二十九日，诏居山至伾山浮桥，赐名天成桥；大伾山至汶子山浮桥，赐名荣充桥。续诏改荣充桥曰圣功桥”[10]。大伾山浮桥是利用“中墠”一河两桥的做法。

宋太祖赵匡胤派曹彬、潘美等率师十万伐江南，曾于安徽当涂采石矶长江江面上架设浮桥，一举攻下南唐首都金陵（南京），迫使南唐后主投降。被认为长江上第一座正规的军用浮桥是宋代的采石矶浮桥[11]。

浮桥的一个显著特点是开合自如。由于浮桥不设墩台，以舟船浮于水面，拆撤架设都很方便，在常有大船通行或大量流放排筏的河流上，修建浮桥是很适宜的。更有一些桥梁，在两岸建一段石桥，而河心一段用浮桥相连。这样既利通航，又较比永久。宋代乾道年间（1165～1173年）修建的广东潮州广济桥既是这种类型，也是中国古代开合式桥梁中较为著名的一座。

广济桥在广东潮州市城东，通常称为湘子桥。桥横跨韩江，东西两岸各建有一段石桥，河心一段以浮桥相连，可开可合，以适应水陆交通之需要（图11-29）。

广济桥地处闽、浙百粤交通要冲，创建于宋代。那时，大型航海船舶由海洋直达大埔，同时，庞大的木排又由上游顺流而下出海，大船和木排，均需经过广济桥。因此，两段石桥中间留有大开口，连以浮桥，可开可合。如遇大船木排过桥，可将浮桥之浮舢解开数只，事后仍将浮船归位，行人车马依然可通行。这种活动式的桥梁，古代桥工在800余年前已创造出来，又为我国桥梁史上的一大贡献。后来韩江上的货物改在汕头驳运，而庞大木排也逐渐稀少，在明代修理时，曾在浮船上架设石梁，（此时已无需解开通航）因传说河中流水湍急，不可为墩，而原始创设开关活动

图11-29 广东潮州广济桥（湘子桥）

式桥之意义，已被掩失。

广济桥创建于公元1169年。东岸长283米，西岸长137米，中间浮桥长97米。宽约5米[12]。据《广东通志》载："广济桥旧名济川桥。西岸桥墩创于宋乾道间（1165～1173年）……东岸桥墩创于宋绍熙间（1190～1194年）……久之桥基倾。"又明姚友直《广济桥记》载；"郡东城外曰恶溪，旧有长桥，垒石为基，为墩二十有三，高者五、六丈，低者四、五十尺，墩石以丈计者五千有奇，中流激湍不可为墩，设舟二十有四，为浮梁，固以栏楯，铁缘三连亘以渡往来，名曰济川。……自宋启建时，或数岁始成一墩，历数十年桥始成。"从这些记载可知，这座桥的修建历时数十年，当时施工之困难。又明吴兴祚《重建广济桥记》载："该桥所跨之韩江中流急湍，莫能测，于东西尽处立矶，矶各纳级二十有四以升降，浮舟以通之，桥之制未有也。"工程之艰巨，非一般桥梁工程所可比拟。今天广济桥已易为钢筋混凝土桥了[13]。

注释

[1] 茅以升《中国古桥技术史》，北京出版社，1986年5月。

[2] 券脚已被弃积渣土埋没，无法测得净跨。

[3] 同 [1]。

[4] 据《中国古桥技术史》载：拱净跨分别为11.40、12.00、12.60、12.80、13.18、13.45、13.30、13.15、12.64、12.47、12.35米。

[5] 解放后修缮卢沟桥时，加了钢筋混凝土桥面。为了保护这座珍贵的古代桥梁，现在卢沟桥的南侧，已另建了一座新桥。卢沟桥已作为全国重点文物予以保护。

[6] 明蒋一葵《长安客话》。

[7] 明刘侗《帝京景物略》。

[8]《析津志辑佚》引杨庸斋诗。

[9]《宋会要辑稿》方域十三。

[10]《宋会要辑稿》方域十三。

[11] 茅以升《中国古桥技术史》。

[12] 录自茅以升《中国古桥技术史》第五章。

[13] 广济桥在明、清均经过重新修建，大规模的修建达十四次之多。1939年日寇侵占潮州后也曾改建过，将中流浮桥改建悬索吊桥，曾通车一次。在1958年又曾进行过一次重修，修建之前全桥长517.95米，计二十个桥墩，十九孔，各孔跨径不一。桥面材料也不统一，有三种：第1、4、5三孔为钢筋混凝土桥面；第2、3、6三孔，一半是钢筋混凝土桥面，一半是石桥面；第7孔完全为旧石桥面。中流部分，以木制浮船18只，用钢缆联系，船上铺设木板为桥面，连接东西两部分的石桥，以维持两岸间的交通。两岸石桥的中线不在一根直线上，相交成一小角度，中间稍向下游弯出。所有桥墩均用韩山的大青麻条石砌置。桥墩大小不一，形态各异，墩宽从6米至13米不等，墩长11米至22米不等，墩式基本为长六边形，上下游作成尖形，以杀水势，但边线不整齐，随意转折。全桥桥墩形状之所以各不相同，是由于桥梁建成后桥墩先后损坏，修理时期不同，又未照顾到原有规格。该桥的桥墩高低也不统一，桥面坡度不甚顺适，东西两段各有一通航孔隆起，中部浮桥又随水位高低而变化。1958年重修后，在中流浮船处，将浮船拆撤，改建成下行式钢桁，桥三孔，跨径34.72米，新建高桩承台双柱式桥墩二个。所有旧桥墩，概行修理加固。桥面采用钢筋混凝土预制梁、板，宽7米，并于两旁安装了栏杆。

第十二章　建筑艺术、技术、装饰

第一节　建筑艺术风格与审美取向

以伦理型文化为主体的中国古代思想体系，对建筑的发展具有重要影响，到了宋代这种影响有被进一步强化的方面，通过《营造法式》对用材等第的制订，使许多建筑群具有等第鲜明的差序格局。这在宫殿、陵墓、礼制建筑及宗教建筑中表现得尤为突出。这些建筑群追求长长的轴线，空间序列的展开，建筑高低大小的尺度变化，乃至对技术做法上的一系列等级要求。如北宋皇陵，每一座帝、后陵之间从参拜神道的长短，象生的多少，上宫下宫尺度，陵台层数等方面，皆表现出严格的礼制秩序和差序格局。北宋宫殿虽然利用后周之旧，但仍通过改造旧城，辟出御街。这条街从宫城南门宣德门南去，经朱雀门，直抵城市的南城门南薰门。从而确立了宫殿在城市中的主体地位。在宗教建筑群中主殿、配殿、山门、廊庑，从建筑用材等第到院落空间大小，位置正、侧，均有不同。宗教的神灵也被纳入世俗的等级之中。总之，伦理文化以无比强大的力量规范着建筑的体量变化、群体的组合、城市的布局。使建筑艺术的发展受到极大的影响。

伦理型文化最重伦理教化，张彦远在《历代名画记》中曾指出，“夫画者，成教化，助人伦，穷神变，测幽微，与六籍同功，四时并运”。在北宋以文治国的社会背景下，建筑也参与到“成教化、助人伦”的大潮中，于是有学校、书院一类建筑产生。学校中专门设有“庙”区以尊孔。不仅如此，而且将颇具教化功能的个体建筑建在村落、住宅群体中。如江西赣江边的流坑村，于宋代建状元楼，在表彰先贤的同时，教化子孙。浙江永嘉楠溪江，在两村分别建望兄亭、送弟阁，以示不忘兄弟手足之情，为村落规划增添了伦理精神。此外，在一些建筑装饰题材中出现凤、鹤、莺、鸳鸯等飞禽，如《法式》卷三十三所载禽兽图样；实例如少林寺初祖庵大殿石柱雕刻，也是伦理含意的象征。《诗经》谓“鸣鹤在阴，其子和之”，表父子之情。《禽经》有“鸟之属三百六十，凤之长，又飞则群鸟从，出则王政平，国有道”，用以象征君臣之道；“鸳鸯匹鸟也，朝倚而暮偶，爱其类也”，用以象征夫妻之情。另外《诗经》还有“莺其鸣矣，求其友声”，表明交友之道。建筑上通过这些带有伦理寓意的飞禽作为装饰题材，以施其“成教化、助人伦”的功能。

然而，随着当时社会经济的发展，产生了一种与伦理文化相对抗的因素，冲破了那一系列的成规，使建筑逐步摆脱过去的模式，而突飞猛进的向前发展，这表现在城市、佛寺、市井、住宅乃至个体建筑之中。在城市中坊巷制取代了里坊制，城市面貌焕然一新，威严的宫殿被繁华的街市包围着，象征封建王权、政权的建筑对城市规划的控制性作用被淡化。不仅京城如此，一些地方性城市随着商贸的繁荣，不再围着原有中心的行政建筑向四周扩展，而是依交通、港阜的条件偏于某一方向发展，泉州、明州、扬州无不是朝着反礼制秩序的方向发展的。不仅城市如此，在宗教建筑中也产生了新的变化，以南宋五山为代表的一批寺院，改变了过去一条轴线贯穿五六座殿宇的模式，而着重体现禅宗教派的“心印成佛”思想，形成了“山门朝佛殿，库院对僧堂”的以佛殿为核心的十字轴格局，提高了僧众的地位，千僧堂之类的建筑与佛殿、库院处于同一条横向轴线之上。

儒家认为“与天地合其德”，善体天地生生之德的人是“大人”，道家称“通天地人之谓道”。在这一时期的建筑中，追求“与天地合德”的思想在园林、住宅、寺观等类型的建筑中皆有所表现。它们以对自然的崇敬、亲合、顺从的态度，进行着环境的设计与美化。例如在南宋五山诸寺中，以种植数十里松林路作为前导空间，使建筑群组能与所处环境有机结合，当人们通过那几十里林路之后，忘却了尘世的喧嚣，这时才见到“青山捧出梵王宫”。又如楠溪江的村落，面对不利的风水形势，采用人工挖池、修路，化解当时人们认为的不利因素，并以文房四宝之象征物寓意村落环境，引导人们关心文运兴衰，激励人们进取向上，使村落规划中的山水环境与人的生活彼此相因，交融互摄，达到了非常完美的境地。

随着宋代经济的发展，商业、手工业的繁荣，在包括建筑业在内的官手工业队伍中实行着“能倍工即赏之，优给其值”的政策，鼓舞着工匠，去探索、钻研，使能工巧匠辈出。在技术娴熟的基础上，建筑造型日益丰富多彩，建筑风格日趋华丽。这种变化表现在一些个体建筑中，改变了单一的几何形平面，出现了十字形、工字形、曲尺形、丁字形平面。随之屋顶也由多顶穿插上下重叠而成；现存正定隆兴寺摩尼殿是由一个大的重檐九脊顶覆盖殿身及副阶，四个小的半九脊顶插入下檐，覆盖着大殿四面所出抱厦。一些宋代界画中所绘之建筑屋顶更为复杂，滕王阁高两层，主阁为丁字形，并带左右两挟阁，其下副阶周匝。主阁作重檐九脊顶，挟阁作单檐九脊顶，副阶于转角部位放大成角亭，再做一九脊顶，挟阁侧面还附有一座平卷棚式屋顶的抱厦。在有些建筑中还使用了十字脊式两个正交的九脊顶，如黄鹤楼图、闸口盘车图所示。现存宋代建筑虽大多不像宋画中的楼阁那么复杂，但均采用了造型活泼的九脊顶形式，由此不难看出在宋代人们的审美取向。至于建筑群组中亭台楼阁的高低错落，曲折多变的总体造型，更是丰富多彩。从宋画《明皇避暑图》，《晴峦萧寺图》均可看出当时建筑群的绚丽风貌（图 12-1）。

在城市的繁华街市中，尽管建筑等第不高但追求华丽却首屈一指，无论是文献中的描写，还是绘画中的表现均可见到店铺处处廊庑掩映，彩楼、欢门此起彼伏，宋代建筑柔和绚丽的风格跃然而出。

与宋同时代的辽代木构建筑仍承唐代遗风，多采用单一的长方形平面，上覆较为严肃的四阿顶，轮廓刚劲有力。装修多维持版门、直棂窗的传统做法，风格简朴、浑厚。辽代砖塔除一般楼阁式塔之外，新创八角密檐塔，轮廓挺拔而有韵律，仅表面装饰增多，风格日渐华丽。

与南宋并存的北方金代木构建筑，对宋、辽建筑的一些特点，加以综合、发展，在总体形态上，仍取辽代模式，在细部做法上追求新奇、变化。例如屋顶多作四阿顶，建筑开间比例偏高，斗栱中出现了米字形或花瓣形平面，如善化寺三圣殿外檐补间铺作。在装修方面，做工精细、纹样复杂，可以精美的弥陀殿门窗格子为代表，它成为这 历史时期最杰出的小木作作品。金代砖构建筑忠实模仿木构建筑，无论是总体造型，或者是细部处理，处处仿得惟妙惟肖，达到了登峰造极的地步。如在一些砖塔上立面所见的以砖雕仿木装修，格外生动玲珑。在砖墓中，除四壁做出仿木装修为背景之外，并有砖雕人物突出壁面，刻画出墓主生活中最得意的场面，这正反映出建筑艺术追求“隐喻性”的新趋势。但建筑风格日趋繁琐。

建筑色彩和彩画对建筑风格有着举足轻重的影响，虽然这时的建筑彩画遗物寥寥无几，只有义县奉国寺大殿梁方彩画，薄伽教藏殿经过补绘的天花彩画，定县料敌塔地宫彩画，辽庆陵及民间白沙宋墓彩画等。而且它们都是内檐彩画，但《营造法式》所归纳的多种彩画形制、风格、施工方法，为我们提供了有价值的材料，与实物相对照，却可得知当时建筑彩画的风格和发展趋势。可以看出追求绚丽、灿烂的装饰取向，企图达到“轮奂鲜丽，如组绣华锦之纹尔”，也即锦缎的装饰效果。同时在某些建筑上还留有一些简单的七朱八白彩画遗迹，如保国寺大殿梁枋表面，杭州灵隐寺大殿前双石塔梁枋表面均留有长方形浅凹槽，当年这类效果简素的彩画也占有一定比例。它们不是时代的主流，但却对绚丽、灿烂的装饰时尚起着主从分明的衬托作用，这正是“差序格局”所需要的。

图 12-1① 《明皇避暑图》

图 12-1② 《晴峦萧寺图》

第二节　木构建筑技术

一、结构类型及体系的发展

《法式》总结了三种结构体系，即“殿堂式”、“厅堂式”、“柱梁作”。在现存遗构中仅留有前两种，但除此之外尚有新的体系出现，如“殿堂与厅堂混合式体系”，“古代空间结构体系”。从遗构中可以看出这时期在结构体系方面所表现的木构发展之欣欣向荣的局面。

1. 抬梁式水平分层体系

属殿堂型建筑构架，《法式》记载了四种类型。

A. “身内单槽”式构架；

B. “身内双槽”式构架；

C. “金箱斗底槽”式构架；

D. “分心斗底槽”式构架。

这些不同类型的构架，在进深方向的规模无严格定制，现存遗构皆小于《法式》所载十架椽之规模，最大者不过八架椽，小者仅四架。可以认为当时对殿堂体系的运用未受房屋规模的限制，只是一种建筑级别高低的观念而已，且用材等级下限也超出《法式》规定，例如本为殿小三间才使用的五等材，却在这时期的几个五至七间的殿堂式构架中被采用。现举例如下：

（1）A类遗构：

1）八架椽屋身内单槽用三柱，副阶周匝。

例如山西太原晋祠圣母殿。

采用彻上明造，乳栿对六椽栿，但梁栿断面较小，梁端未入斗栱。前檐为了加大使用空间，将檐柱落在副阶柱与内柱间的四椽栿上。因此构架中梁柱结构关系处理比《法式》复杂。但在殿身檐柱与内柱柱头部位仍然存在着一个由铺作层构成的闭合木框（图 12-2A）。

2）六架椽屋身内单槽用三柱，无副阶。

例如：山西晋城青莲寺大殿；

山西榆次雨花宫。

《法式》殿堂型身内单槽的例子没有进深在八架椽以下者，而上两例将进深缩小为六架椽，但仍然用殿堂类构架。雨花宫的乳栿及四椽栿的做法是梁端皆入外檐柱头铺作，更近《法式》标准侧样。青莲寺大殿仍然将梁置于铺作之上，这应算是民间工匠习用的做法。以上两例均为彻上明造，但上部构件处理有所不同，雨花宫的抬梁逐级缩短，青莲寺大殿则用置于前、后檐的乳栿、劄牵、蜀柱承托平梁，这样做既省料又巧妙地解决了问题(图 12-2A)。

（2）B类遗构：无实例。

（3）C类遗构：

1）八架椽屋金箱斗底槽，无副阶，采用明栿、草栿两套系统。

例如：独乐寺观音阁；

　　下华严寺薄伽教藏殿（图 12-2C）。

2）八架椽屋金箱斗底槽，副阶周匝。

例如：隆兴寺摩尼殿。仅殿中央佛像上空局部施藻井，其他部分皆彻上明造(图 12-2C)。

这几例殿身采用金箱斗底槽部分皆为五开间建筑，其内外柱布置成两周，彼此间用乳匝连成整体，摩尼殿更于其四周做副阶周匝。而明栿中其当心间的两榀梁架仍为前后乳栿对四椽栿用四柱的形式，只有次间与梢间之间的梁架取消，改用内柱间架屋内额，并于内柱柱头安置铺作，承托山面乳栿。构架整体性较其他几类更好。

（4）D类遗构：

四架椽屋分心槽用三柱。

例如：蓟县独乐寺山门；

　　大同善化寺山门。

《法式》所载使用分心槽的建筑规模可达十架椽，而这两座山门皆只有四架椽，它们的进深虽小，但却采用地道的殿堂建筑构架，在内、外柱柱头上皆施五铺作斗栱，铺作层架构规整，形成了闭合的木框。独乐寺山门与《法式》小有不同，分心柱上的铺作承托了一条前后通长的四椽栿，本可将四椽栿一分为二，分别搭在内柱柱头铺作上，以节约长、大木料。善化寺山门考虑到这点，便使用了前后两条乳栿（图 12-2D）。

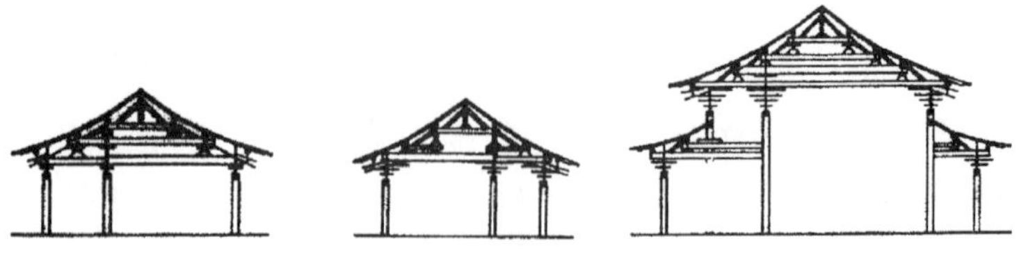

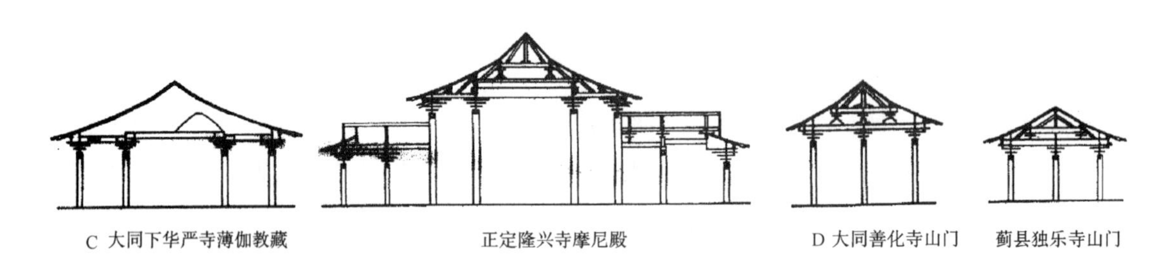

图 12-2 殿堂式构架比较图

A类 身内单槽 雨花宫 青莲寺 晋祠圣母殿；C类 金箱斗底槽 大同下华严寺薄伽教藏 隆兴寺摩尼殿；D类 分心斗底槽 独乐寺山门 善化寺山门

2. 抬梁式内柱升高体系

属厅堂型建筑构架，《法式》记载了六种类型；即：

A. 有一列升高的内柱，置于构架中心；

B. 有一列升高的内柱，置于构架一侧；

C. 有二列升高的内柱，对称布置；

D. 有二列升高的内柱，非对称布置；

E. 有三列升高的内柱，分心对称布置；

F. 有四列升高的内柱，前后承乳栿或劄牵；

在实例中构架属 B 类者最多，C、D 类者次之，其余几类极为少见。

（1）B 类遗构：

1）河北新城开善寺大殿

六架椽屋，四椽栿对乳栿用三柱，内柱直抵第二层的四椽栿。内柱柱头斗栱做得极简单，只有一个栌斗，上托替木，再托四椽栿。前部四椽栿与后部乳栿均插于内柱上，只有外檐柱设有铺作，形成一组闭合的木框（图 12-3B）。

2）山西高平开化寺大殿

六架椽屋，四椽栿对乳栿用三柱，前后檐柱皆承托五铺作斗栱，而内柱上只承托一栱和一条替木（栱是乳栿后尾的出头），因此内柱升高两材；四椽栿搭过内柱柱头，乳栿有上下两层，下层搭在内柱柱头上，上层压在昂尾上并靠内柱柱头上的楷头承托。檐柱部位以正心枋为主，形成闭合木框(图 12-3B)。

3）河北涞源阁院寺大殿

六架椽屋四椽栿对乳栿用三柱，内柱升高至上平槫下，下层的四椽栿与乳栿插入内柱柱身，上一层的三椽栿和劄牵也插入内柱柱身，在外檐柱的柱头铺作中，有四层叠落的正心枋，形成了一个闭合的木框。该构架与法式最为接近，是难得的典型厅堂构架系统的实例（图 12-3B）。

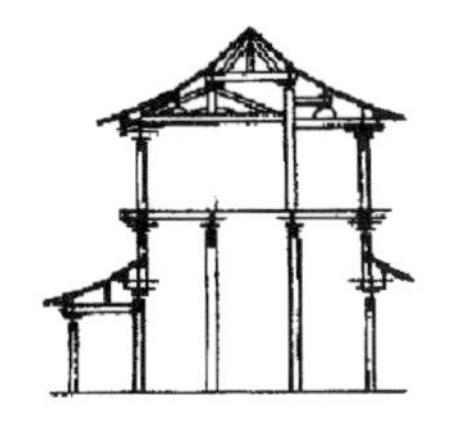
B 正定隆兴寺转轮藏

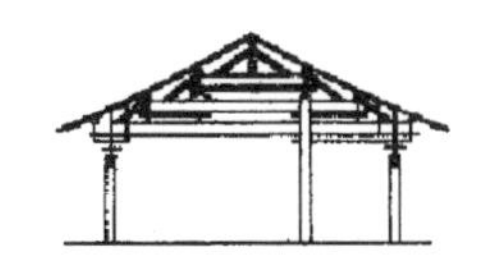
涞源阁院寺大殿

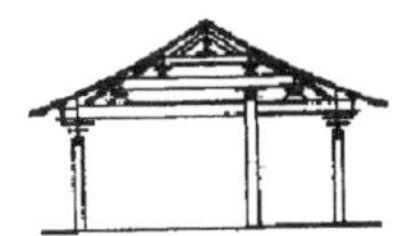
新城开善寺大殿

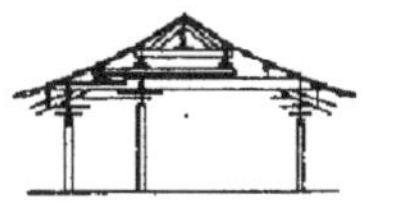
高平开化寺大殿

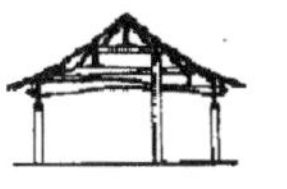
临汝风穴寺佛殿

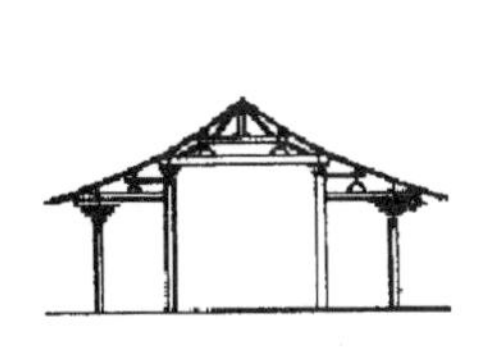
C 朔州崇福寺弥陀殿

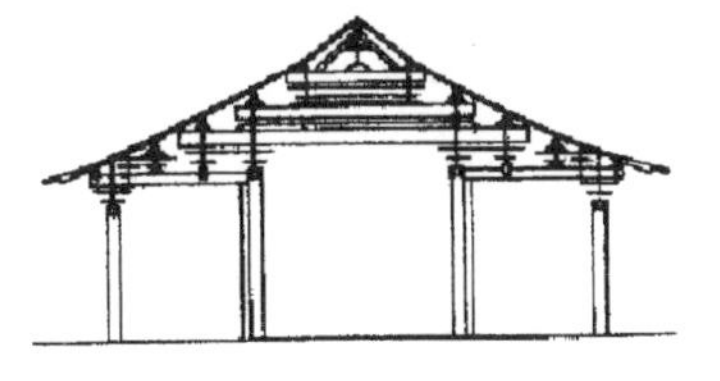
大同上华严寺大雄宝殿

D 登封少林寺初祖庵

图 12-3　厅堂式构架

B类　内柱升高于一侧

正定隆兴寺转轮藏　新城开善寺大殿　高平开化寺大殿　涞源阁院寺大殿　河南临汝风穴寺佛殿

C类　内柱升高　对称布置

朔州崇福寺弥陀殿　大同上华严寺大雄宝殿

D类　内柱升高　非对称布置

登封少林寺初祖庵

4）河南临汝风穴寺中佛殿

构架形制同上，也是四椽乳对乳栿用三柱，内柱升高至上平榑，但梁架采用稍有弯曲的天然木材，梁端在外檐柱上者伸入柱头铺作，因补间铺作为四铺作单下昂造，则柱头铺作只好用假的插昂，昂下华头子后部做成了楷头。其上的三椽栿梁头，平梁梁头也都伸入一组斗栱。反映了工匠在梁架处理中非常注意斗栱节点的作用（图 12-2B）。

5）河北正定隆兴寺转轮藏殿上层构架

采用六架椽屋四椽栿对乳栿用三柱形式，后内柱升高。其特点在于前部的四椽栿以上梁架处理，四椽栿本身仍然是前端搭在前檐柱头铺作上，后尾插入内柱，但其在梁中立蜀柱，自蜀柱柱头有两根斜撑向左右下斜直抵四椽栿两端。形成近似现代桁架的做法，这在宋代建筑遗存中是唯一的孤例。上部的平梁就搭在这个带斜撑的蜀柱和内柱柱头上。比起一般叠梁式做法的梁架平面刚度有所改善（图 12-3B）。

（2）C类遗构：

山西朔州崇福寺弥陀殿

1）采用八架椽屋，前后乳栿对四椽栿用四柱的形式，前后内柱均升高至中平榑，乳栿之上做劄牵，四椽栿之上做平梁。整个构架非常接近《法式》（图 12-3C）。

2）山西大同上华严寺大雄宝殿中部五开间的梁架也属此类，但与《法式》有所不同，内柱仅升高至六椽栿下（图 12-3C）。

（3）D类遗构

河南登封少林寺初祖庵大殿

采用六架椽屋前后乳栿用四柱的构架形式，但与《法式》有所不同。此殿采用石柱，因此内外柱下半部分仍是同高的，但在前内柱之上又增设了一段木柱，以插柱造手法插于前内柱柱头铺作之上。后内柱位置不在上平榑下，后移动了半个椽架，后部的乳栿只有一架半长，在这条乳栿之上又叠搭着一条三椽栿，因此构架中最下一层的梁，出现了前后乳栿均搭在内柱柱头铺作上的情况，三椽栿前端插在前内柱上半部，后端插在后檐下平榑之下的蜀柱上，三椽栿两端同时又被前后乳栿后尾之楷头承托着。第二层梁为劄牵对三椽栿，第三层则为平梁，它的柱子尽管有内外柱同高的现象，它的梁架却完全是厅堂系统的作法，并且更接近于“乳栿对四椽栿”的厅堂型梁架。此殿梁架还大量使用弯曲的天然木材，这正是地方工匠的灵活变通办法（图 12-3D）。

3. 抬梁式殿堂、厅堂混合型体系

在这时期的建筑遗物中，出现了一种《法式》未载的结构体系，这种体系的构架具有一般厅堂型内柱升高、下层梁尾入内柱的特点，且内柱高低不一。同时又在内柱柱头上施带多层栱方的复杂铺作，在梁栿间对应于内柱柱头的位置，也施用铺作，于是在外檐柱间与内柱间分别出现了两组由铺作中的素方构成的闭合木框，这两组木框所在位置一高一低，它们与梁栿和柱子共同构成了一个近似现代建筑中的空间结构体系，在承受水平方向的外力时，比单纯使用殿堂或厅堂式构架更具优势。采用这种体系的建筑如义州奉国寺大殿，宁波保国寺大殿、大同善化寺大雄宝殿、莆田玄妙观三清殿等。

（1）十架椽屋型

1）义州奉国寺大殿：构架采用十架椽屋用四柱形式，前后二内柱不同高，前内柱位于上平榑一缝，但高度仅相当于下平榑分位，前内柱与外檐柱间置四椽栿。后内柱位于中平榑分位，高度较后檐柱高五材四栔。后内柱上置七铺作偷心卷头造斗栱，以承六椽栿，此六椽栿前端由置于四椽栿中的扶壁栱方承托。扶壁栱方由一泥道栱及五条素方组成，它与后檐柱上的七铺作五条素方，以及两山梢间内柱上的栱方组成闭合的刚性环状木框。前内柱上的栱方并与此组木框相交。同时在外檐铺作中还存在着由正心重叠的六层素方及外跳第二层计心造瓜子栱、慢栱上的两条素方组成的另一组刚性环状木框，大殿主要梁栿六椽栿、四椽栿、乳栿以及内、外柱皆与这两组木框互相穿插，组成整个建筑的构架（图 12-4）。

图 12-4　混合式构架

2）大同善化寺大雄宝殿；该殿当心间及次间构架为十架椽屋，前四椽栿、中六椽栿、后乳栿用四柱。内柱升高，四椽栿及乳栿分别插入前后内柱。在后内柱柱头上的铺作中出现多层叠落的木枋，在前四椽栿中部也有一组这样的铺作，它们与梢间内柱上的铺作共同形成一组闭合的木框。同时，在外檐铺作中还存在着另一组由木枋构成的闭合的木框。这两组处在不同高度的木框对加强构架的整体性有着极其重要的作用（图 12-4）。

（2）八架椽屋型

保国寺大殿；仅三开间，用了 12 根外檐柱，四根内柱，构架采用八架椽屋前三椽栿、后乳栿用四柱形式，前后内柱不同高，前内柱在上平榑分位，后内柱在下平榑分位。大殿内、外柱间不仅有乳栿或三椽栿一端置于外檐柱头铺作；一端插入内柱柱身，而且还有柱头铺作中的下昂；从外檐伸向内柱柱身或内柱柱头铺作，由梁栿、昂尾形成了一个稳定的“三角形结构”，它们支撑在后内柱的两个方向和前内柱的一侧，在整个建筑物上存在着六组这样的三角形结构。与此同时，在前内柱间，自阑额至由额间有五条素方组成的扶壁栱，在后内柱间阑额以上有两条素方组成的扶壁栱，前后内柱间又有屋内额相连系，于是在四内柱间存在着一个由阑额、由额、屋内额及素方组成的核心木框。在外檐铺作中又有由素方构成的另一组环形木框。两组环形木框，通过六组三角形结构，连成整体。由此看来保国寺大殿的结构已具有现代空间结构的某些特点（图 12-4）。

4. 具有空间型结构性质的木构体系

在公元 10 世纪前后，一些辽代的木构建筑中出现了对木构体系的新探索，最有代表性的建筑为应县佛宫寺木塔，其采用八边形环状双套筒结构，特别是在外圈柱、阑额之间曾设十字交叉的剪刀撑，在暗层的内圈柱间使用了近似的三角形桁架，同时在内外柱间又设有 V 形斜撑，这些做法使木塔结构在弦向和径向都得到了加强，从而使它超越了一般传统木构架的受力性能，因此可以经受剧烈地震的考验（图 12-5）。

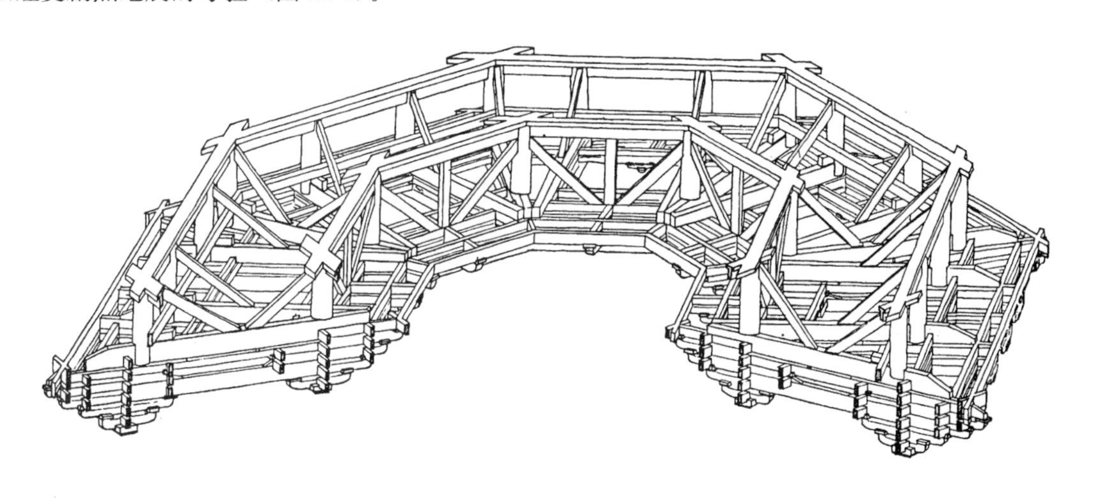

图 12-5-① 应县木塔暗层构架轴测图

在以独乐寺观音阁为代表的楼阁建筑中，也于木构架中使用了较多的斜构件，而使其结构性质发生变化，性能产生质的飞跃。观音阁中使用斜构件的部位有下列几处：

（1）建筑四角施有水平方向的递角栿。

（2）暗层内柱间使用四根抹角栿，使水平面出现了六边形框架。

（3）外檐柱间墙内皆施柱间斜撑，暗层内柱间也设 V 形柱间斜撑。

除此之外，在上檐、平座、腰檐等部位的三组铺作层构成框架中的三个水平刚性环。

以上诸多措施均表现出其具有空间结构的一些特征（图 12-6），产生了良好的抗震性能。

正是由于空间型结构的出现，才使建造具有高大室内空间的建筑成为可能，并可存之久远，在中国木构发展史上写下辉煌的一页。

图 12-5-② 应县木塔暗层的空间结构

图 12-6 独乐寺观音阁的空间结构

二、平面柱网的变化

木构建筑的柱网布置既要满足使用功能要求，又要考虑构架形式，有时两者会产生矛盾；随着结构技术的进步，矛盾逐步得到解决。在这一时期的建筑中，匠师们大胆地减柱、移柱，改变传统构架形式，产生了若干新型柱网平面。在一些佛寺殿宇中表现最为突出，为了扩大礼佛空间，多减掉前内柱或将其移位，这样作尽管带来了构架的复杂性，但却取得了前所未有的空间效果。减柱、移柱做法主要发生在辽、金时期的建筑上，最早的遗构为建于辽开泰九年（1020 年）的义州奉国寺大殿，这座开间九间，进深五间的殿宇，当中七间均减掉了前部和中部两列内柱，但其余内柱仍在原柱网之中。后来建于金天会十五年（1134 年）的佛光寺文殊殿和金皇统三年（1143 年）的崇福寺弥陀殿则不但减柱，而且将内柱移出外檐柱网格交叉点之外，从而改变了传统的传力体系，梁栿荷载不是直接传给内柱，而是通过置于内柱上的近似桁架式巨大内额传力。因平面柱网变革所出现的这种近似桁架的构件，在中国木构发展史上留下了探索组合梁做法的重要一页。在宋代建筑中使用减柱造的例子不多，仅有晋祠圣母殿一例。使用移柱造的未见遗例，但却在南宋遗构、遗迹中留有使用满堂红的柱网之例，如苏州玄妙观三清殿和日本留学僧所绘《临安府径山寺海会堂图》、《天童寺配置图》、《灵隐寺僧堂图》等，这应属江南地域的地方性做法（图 12-7）。

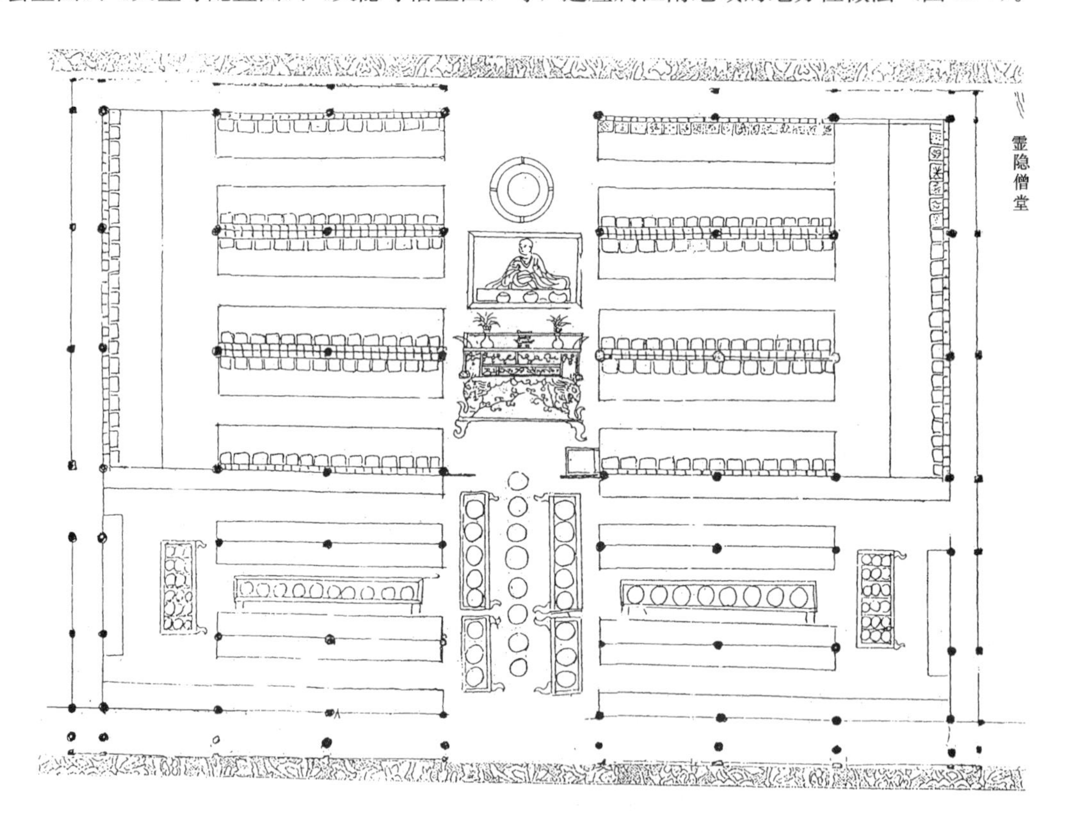

图 12-7 建筑柱网变化举例：灵隐寺僧堂柱网配置图

建筑长宽比例：从遗构统计资料看，大致可分成三种类型，一为接近方形者，一为宽深比为 2∶1的长方形，一为宽深比为 3∶2 的长方形，三者各占 1/3。开间方向从三间至九间，变化幅度较大，而进深方向多为三间或五间，个别的例子进深达七间，如隆兴寺摩尼殿，而其开间也为七间。一般长方形建筑，开间比进深多两间至四间。

建筑上部构架随柱网变化，一般建筑只有在两山使用不同的构架组合形式，如增加山柱，或改变柱网排列方式，以适应承托屋顶角梁的需要。但在移柱、减柱的建筑中出现了各间构架形式皆不同的作法，如善化寺三圣殿，五开间中使用了三种不同构架。崇福寺弥陀殿，七开间中出现了四种不同构架。

柱网与椽架的关系：在《法式》殿堂侧样中椽架整齐划一，内柱与上部槫缝无对位关系，屋面荷载通过槫传至草栿再传至内柱柱头铺作，最后传给内柱。这样内柱位置可依使用功能进行调整。但在这时期的建筑遗构中，无论是彻上明造，还是采用明栿、草栿两套系统的殿堂式建筑，皆将内柱与上部相应的槫缝对位，传力系统直截了当，如独乐寺观音阁、隆兴寺摩尼殿，索性在内柱柱头铺作上立蜀柱，直抵平槫。晋祠圣母殿内柱柱头铺作与平槫之间隔着两层大梁，但通过梁栿在槫缝分位设置大斗、驼峰、替木等；仍可直接完成屋面荷载的传递。至于厅堂式构架或殿堂厅堂混合式构架，更是完全遵循这一规律。但出现一种特殊现象，这就是椽架长度在一缝梁架中不等，以此来满足内柱位置调整的需要。如保国寺大殿，八架椽的最上部两架之长超出其他椽架约30%，两者相差64厘米。还有的建筑将下平槫与外檐柱之间的距离缩短，从而使下平槫与橑风槫的间距为一个椽架之长，如正定隆兴寺摩尼殿、晋城青莲寺大殿皆如是。由上几例可以看出，匠师们恪守的原则是宁可改变椽架长度，也要使内柱与槫缝对位。

三、对木构模数制的运用

1. 建筑用材等第

《营造法式》大木作制度所总结的木构用材制度，在这一时期的建筑中普遍地应用着，通过对现存实例24幢建筑用材状况的考察，有60%的建筑用材与《法式》所定用材制度基本相符，其余40%的建筑用材往往低于《法式》一等或两等。从梁栿断面的高宽比来看，实例有关梁栿尺寸的88个参数中有55.7%的梁栿高宽比在$\sqrt{2}$：1至$\sqrt{3}$：1的范围内，有30%的梁栿采用了与法式所定“材”的高宽比相同的比例。至于梁栿断面尺寸的绝对值大多数建筑比《法式》所定要小一等，个别的相差较多。如正定隆兴寺摩尼殿，断面比例与《法式》不同，乳栿高宽比为2：1，四椽栿接近3：1，只有北龟头殿的乳栿使用了3：2的比例，但绝对值仅相当一足材，比《法式》所定乳栿尺寸要小得多。另外，个别建筑梁栿用材超出《法式》规定，如新城开善寺大殿乳栿、檐栿均超出《法式》一等。

在使用殿堂与厅堂混合式构架的建筑中，斗栱用材多按殿堂来计，梁栿用材多取厅堂等级，如义县奉国寺大殿的四椽栿只有36分°×24分°，乳栿和平梁只有27分°×19分°，在这类建筑中仅宁波保国寺大殿三椽栿和平梁断面用材与殿阁类相近，但其乳栿用材仍然偏小。

以上所述用材等第偏低的现象，究其原因可能有二：一是这些建筑地处偏远区域，未必能遵循《法式》规定，二是这些建筑皆为寺院建筑；而《法式》系针对官方承建的重要工程编制，要求的安全度比一般建筑要大才是。

2. 建筑群用材等第

在建筑群的配置方面能够严格按《法式》原则区别主次，体现差序格局者为数不多，主要是由于建筑群中的房屋经后世重修、重建的较多，凡经明、清重修者很难保持原貌。但仍留有基本保留了辽、金建筑遗物的大同善化寺，每幢建筑依其在建筑群中的地位，选择了不同的用材等第，如大殿用二等材，三圣殿用二等材，山门用三等材，普贤阁用四等材。使这一群组主次分明，尺度完美。较好地反映了辽、金时期建筑群的用材特点。

在个体建筑中《法式》曾规定副阶用材减殿身一等，但多未按此行事，如正定隆兴寺摩尼殿、晋祠圣母殿皆采用了殿身与副阶相同的用材等第。而苏州玄妙观三清殿殿身用三等材，副阶用六等材。

3. 运用材分°模数制、处理木构架节点

通过材栔相间的组合，可以使各种复杂的构造纳入斗栱的模式之中。在这一时期的建筑遗物中，以斗栱为节点的构造标准化普遍被采用，其做法千姿百态，大大超出《法式》所列图样范围，处处体现着匠师们的创造精神。

（1）梁柱节点

如外檐柱头铺作，其做法有下列数种：

1）梁首入柱头铺作后做成华头子：如善化寺三圣殿、保国寺大殿、应县木塔一层（图 12-8①）。

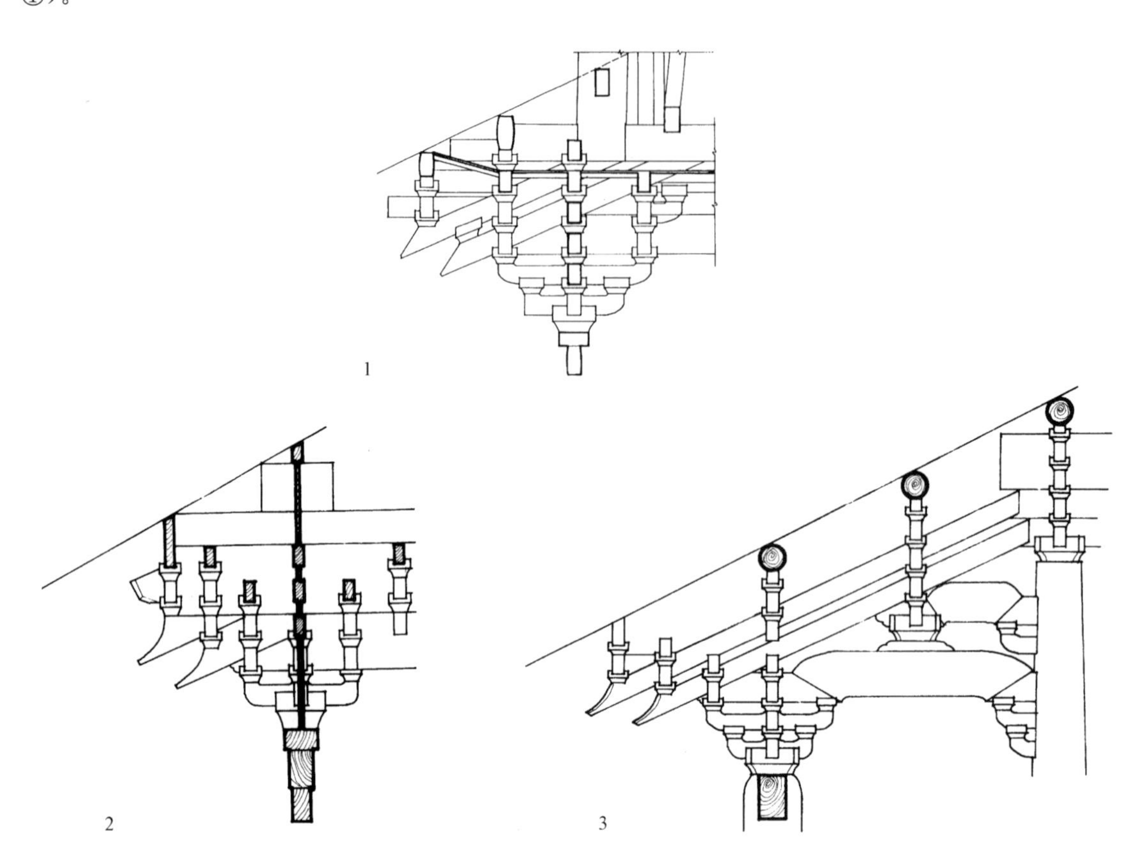

图 12-8① 梁柱节点做法之一
1. 应县木塔；2. 大同善化寺三圣殿；3. 宁波保国寺大殿

2）梁首入柱头铺作后作成出跳华栱：如独乐寺观音阁（图 12-8②）。

3）梁首入柱头铺作形成把头绞项造：如平顺龙门寺西配殿（图 12-8③）。

4）梁首入柱头铺作后做成耍头：如独乐寺山门、下华严寺薄伽教藏、善化寺大雄宝殿（图12-8④）。

5）梁首不入铺作，乳栿或檐栿置于铺作之上，充当衬方头者如太原晋祠圣母殿、苏州玄妙观三清殿。位于橑风槫位置者如平顺龙门寺正殿（图 12-8⑤）。

（2）梁与梁相接的节点

这一时期建筑以内柱柱头铺作来解决乳栿与檐栿的相接关系。皆以卷头造铺作承托，实例如太原晋祠圣母殿，晋城青连寺大殿（图 12-9）。

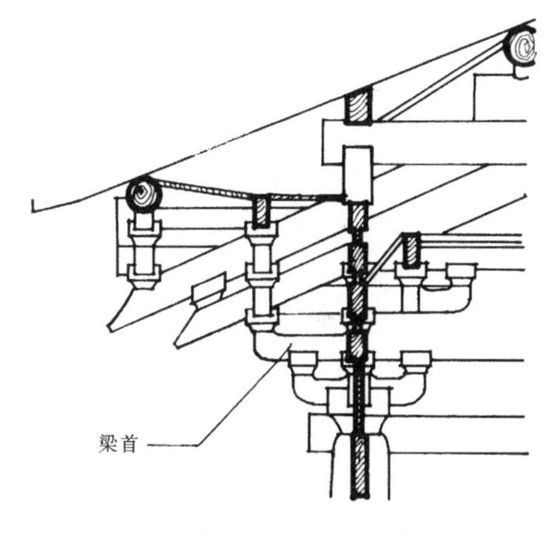

图 12-8② 梁柱节点做法之二
蓟县独乐寺观音阁

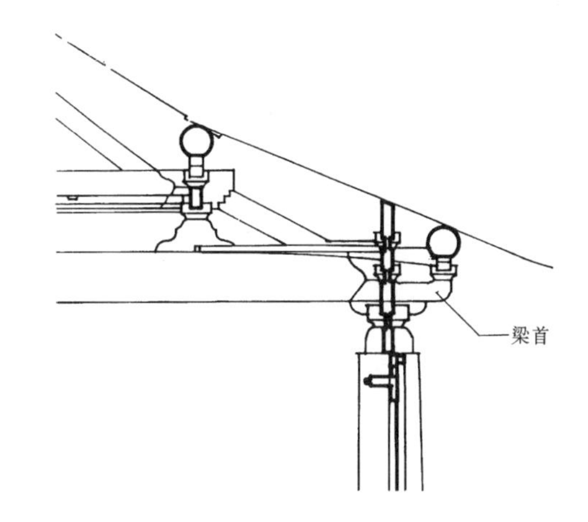

图 12-8③ 梁柱节点做法之三
平顺龙门寺西配殿

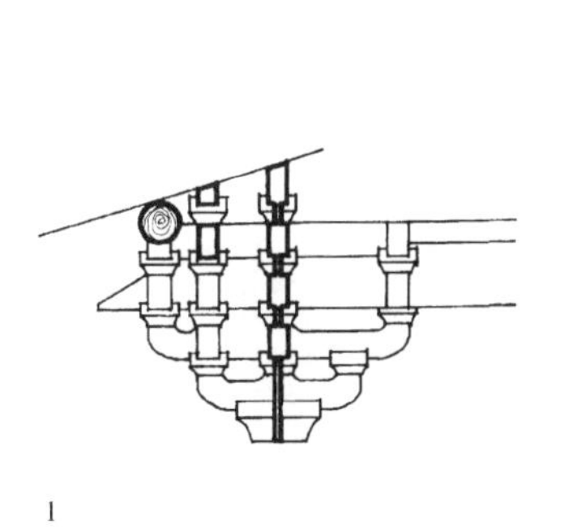

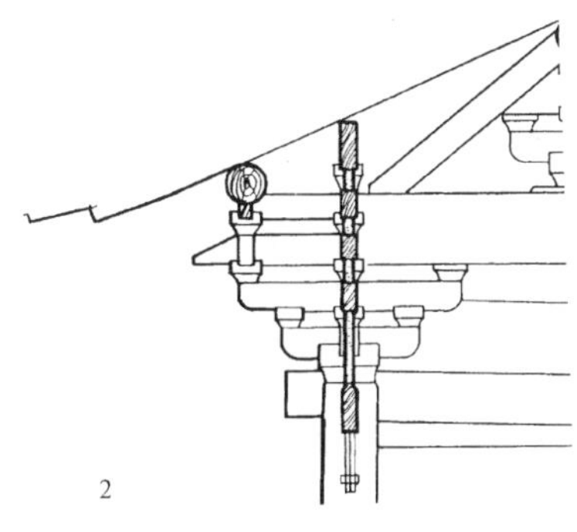

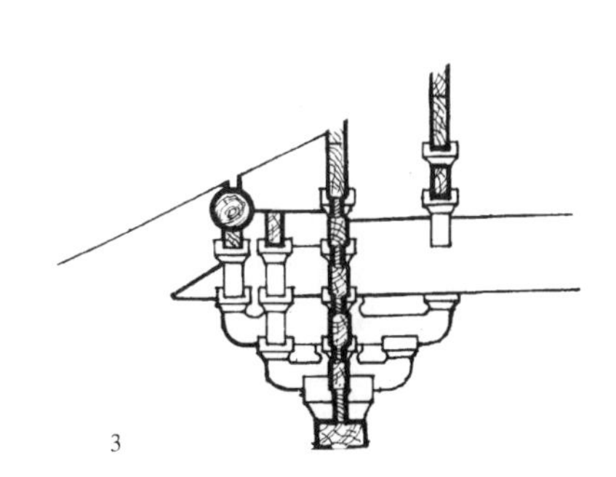

图 12-8④ 梁柱节点做法之四
1. 大同下华严寺薄伽教藏；2. 蓟县独乐寺山门；3. 大同善化寺大雄宝殿

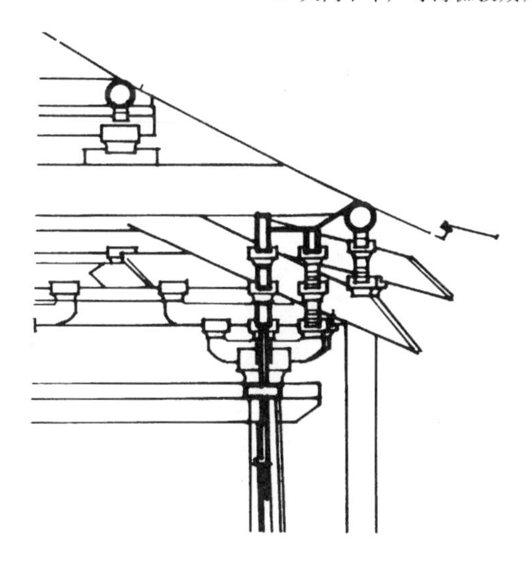

图 12-8⑤ 梁柱节点做法之五 平顺龙门寺正殿

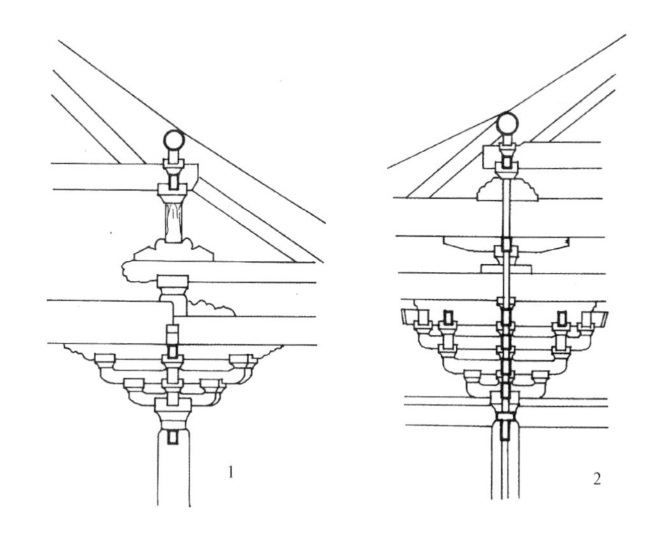

图 12-9 梁与梁相交节点做法
1. 太原晋祠圣母殿；2. 晋城青莲寺大殿

（3）梁与襻间、蜀柱、驼峰的关系

通过置于驼峰或蜀柱上的大斗作节点，将梁首及襻间分别从两个相互垂直的方向入斗口，有时大斗上先做十字栱一层，再承梁及襻间。这类节点多用于平梁、劄牵、三椽栿等。梁首多以足材入大斗，出方头（图 12-10）。

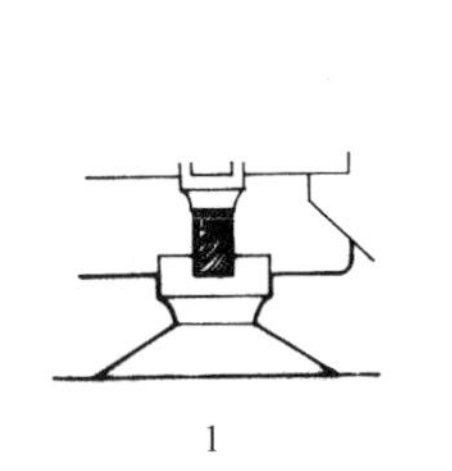

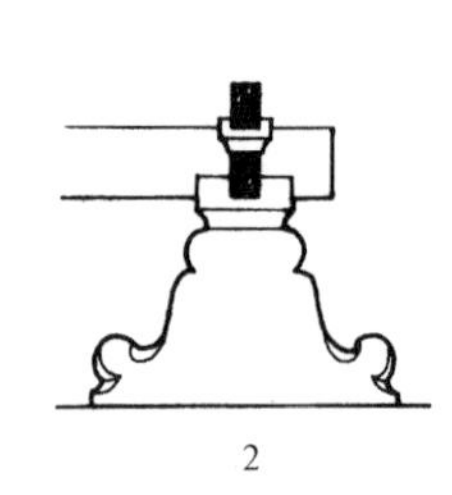

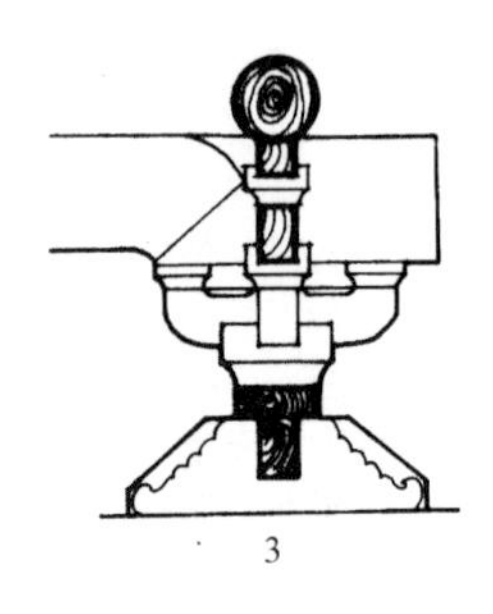

图 12-10 梁与襻间、蜀柱、驼峰关系
1. 易县奉国寺大雄宝殿；2. 正定隆兴寺转轮藏；3. 大同善化寺山门

(4) 槫与槫相接

多取单斗支替或令栱支替的方式承槫，如隆兴寺摩尼殿，也有采用三斗支替者，替木加长。朔县崇福寺弥陀殿以素方支通长替木承槫，隐刻令栱于素方之上，宁波保国寺大殿以重栱支素方再承槫(图 12-11)。但无论哪种做法，皆以材栔相间组合为节点的构造基础。

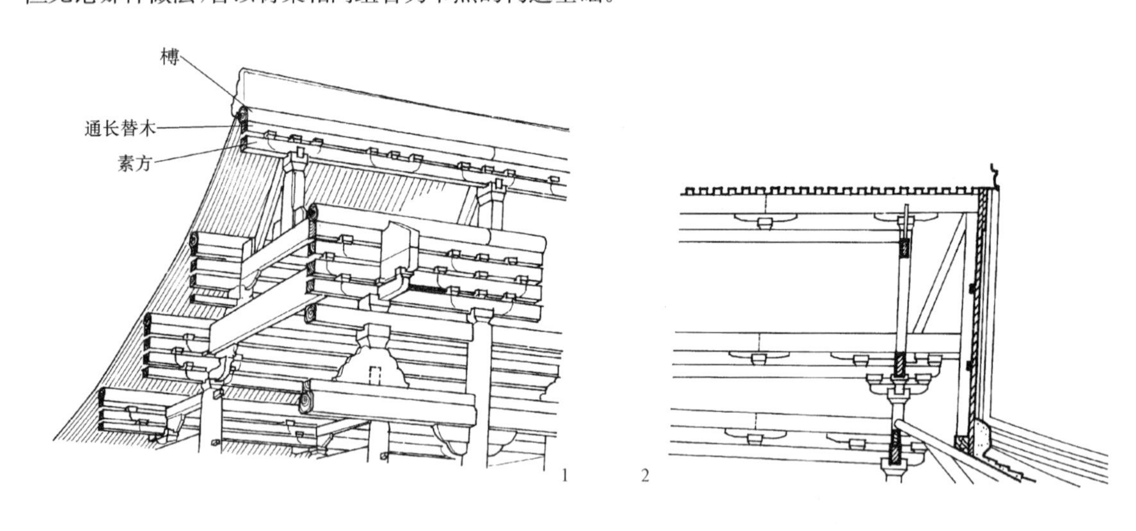

图 12-11 槫与槫相接节点
1. 素方支替承槫(朔县崇福寺弥陀殿)；2. 替木承槫单斗支替(正定隆兴寺摩尼殿)

(5) 脊槫与蜀柱节点

除采用单斗支替、令栱支替、重栱支替的构造方式之外，《法式》要求再做一"丁华抹颏栱"与其十字相交，以限定脊槫和叉手的相对位置，但这一时期的遗构普遍未采用这一做法，仅见于元代遗构河北定县慈云阁一例。

四、铺作

《营造法式》对这一时期的铺作进行了归纳整理，具有权威性，然而在实物当中，由于地域的广阔，以及随时代进步所产生的变化，使人们看到了一幅幅多姿多彩的，颇具匠心的创造性作品，现从以下几个方面作一观察：

1. 从"偷心造"转变为"计心造"

成书于公元 1100 年的《法式》所推崇的铺作是全计心造，这样可使铺作层的网架更为完善。然而，在《法式》成书前的木构建筑中，铺作使用全计心造者极少，从现存的 18 幢木构建筑遗物来看，早期的 10 座仅有苏州虎丘二山门一例在檐下使用计心造做法，独乐寺观音阁仅在平座柱头铺作用了计心造，两者只占总数的20%。接近公元1100年的八幢建筑上使用的23个类型的铺作中，有11组采用了计心造，处于外檐者7组，处于平座者4组。在《法式》“海行全国”以后，无论是在宋代统治区，还是辽、金地区，采用计心造者日益增多，现存遗构10幢，共18组铺作，采用计心造铺作共14组，处于外檐铺作者12组，处于平座铺作者2组，占总数的89%。为什么会出现这种变化，引起匠师们思考问题的起点是在转角铺作，用偷心造斗栱承托巨大的翼角，很不隐固，于是在公元984年建造的独乐寺山门和观音阁上檐转角铺作中出现了抹角华栱，与其同时期建于公元966年的涞源阁院寺文殊殿，也使用了这种办法，从阁院寺文殊殿的仰视平面图可以直观地觉察到这种做法的目的（图12-12①），工匠们将抹角栱放在转角铺作第三跳的高度，这样

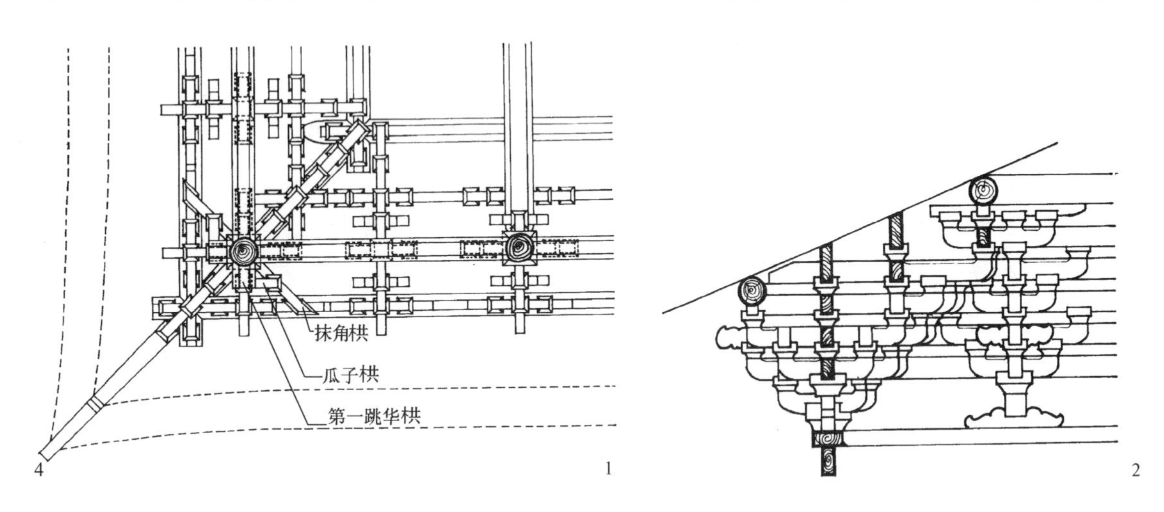

图12-12① 抹角华栱之一

1. 涞源阁院寺文殊殿斗栱仰视平面；2. 涞源阁院寺文殊殿补间、转角铺作立面

便需在其下设一只能承托抹角栱的瓜子栱，这只瓜子栱位于第一跳正身华栱的跳头上。而从整个铺作层来看，在柱头铺作和补间铺作第一跳华栱的跳头上也增加了一个翼形栱，翼形栱本身尚未负担承托上部荷载的功能，可能是出于对艺术效果的考虑，是为了与角部的瓜子栱相呼应。过了近半个世纪，在宝砥广济寺大殿（建于1024年）、新城开善寺大殿（建于1033年）和下华严寺薄伽教藏殿（建于1038年）等建筑中，将抹角华栱降到了第一、二跳的位置，第一层的抹角华栱与第一跳正身华栱，皆直接从栌斗口伸出，承托着第一层瓜子栱，其上又有第二层抹角华栱与正身华栱，承托着第二跳瓜子栱，最后再承托橑风槫（图12-12②）。这三个建筑的外檐柱头和补间铺

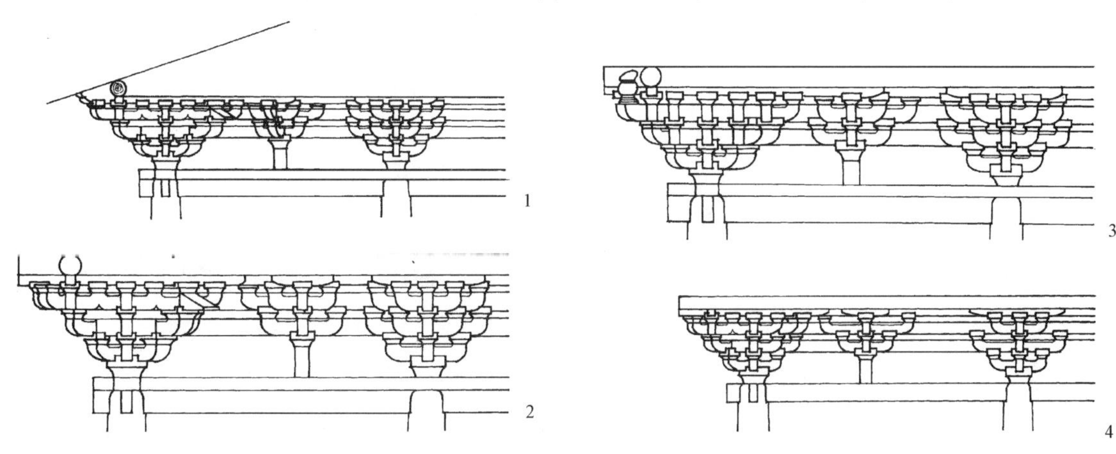

图12-12② 抹角华栱之二

1. 宝砥广济寺三大士殿；2. 新城开善寺大殿；3. 大同下华严寺薄伽教藏；4. 蓟县独乐寺山门

作外跳已全部做成计心了，但里跳仍然保留着偷心的做法。与此同时，还有补间铺作从简单到复杂的变化，在上述的几座辽代建筑中，补间铺作铺数低于柱头铺作，下部用蜀柱支托着栌斗，后来随着转角铺作中瓜子栱的使用，蜀柱被取消了，栌斗置于阑额之上，铺作铺数与柱头相同。在《营造法式》的铺作制度中，便是这样清一色的计心造铺作，使斗栱与素方构成了空间的网格，铺作层便达到了较完善了程度。

2. 铺作组合与变异

(1) 铺作铺数与出跳数

在这一时期的建筑中，外檐铺作最高使用七铺作，大木结构中无一八铺作实例，只有正定隆兴寺转轮藏殿的小木作“转轮藏”藏经柜上使用了八铺作斗栱。一般铺作铺数外跳依出跳栱、昂多少而计，然而在实例中出现将耍头做成昂头的形式，既有平出者，如应县木塔、广济寺三大士殿、善化寺大殿；也有斜出者，如永寿寺雨花宫、隆兴寺摩尼殿、转轮藏上层（图 12-13）。这些构件没有悬挑功能，不能算是出跳的昂，在计算铺作铺数时，是必须排除的。《法式》中的铺作，外跳比里跳跳数要多一跳或两跳，但在实例中却不尽然，有的铺作里跳多于外跳，如正定隆兴寺摩尼殿，外跳做单杪单下昂，里跳变成了出四杪。宁波保国寺大殿，外跳做双杪双下昂，里跳有的部位变成了出五杪。且其出杪已无悬挑意义，只是填充昂尾下的空间罢了（图 12-14）。到了元

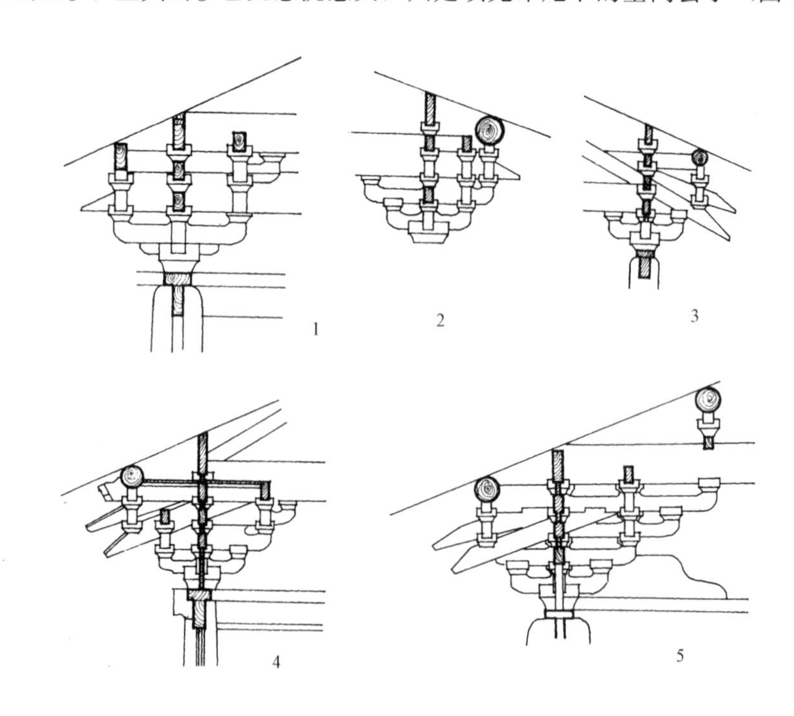

图 12-13 铺作中的假昂
1. 应县佛宫寺木塔；2. 宝砥广济寺三大士殿；3. 榆次永寿寺雨花宫；
4. 正定隆兴寺转轮藏上层；5. 正定隆兴寺摩尼殿

代的金华天宁寺大殿，便把这多余的里跳华栱以一条上昂取而代之，匠师们处理得简洁明确，这成为后世溜金斗栱的先声。《法式》从建筑整体上的考虑也提出了减铺的要求，如副阶、缠腰或与殿身相同，或减殿身一铺，实例多遵循这一规矩，只有苏州玄妙观三清殿，殿身采用七铺作，副阶只有四铺作，两者相差三铺，是为特例。又如《法式》还要求楼阁建筑上屋减下屋一铺，实例中楼阁并未遵照此法，而应县木塔，却采用了逐层向上减铺的做法，这是由于建筑艺术的需要，木塔出檐逐层减小，可造成总体轮廓高耸挺拔的艺术效果。在实例中还有一种减铺状况，发生在

补间铺作，即将补间铺作下部施蜀柱，上部减少了耍头一铺，如应县木塔、广济寺三大士殿，下华严寺薄伽教藏殿皆采用了这种减铺不减跳的做法（图 12-15），这些实例均出现在《法式》成书之前的辽代建筑中，是铺作发展过程中尚未完善的产物。

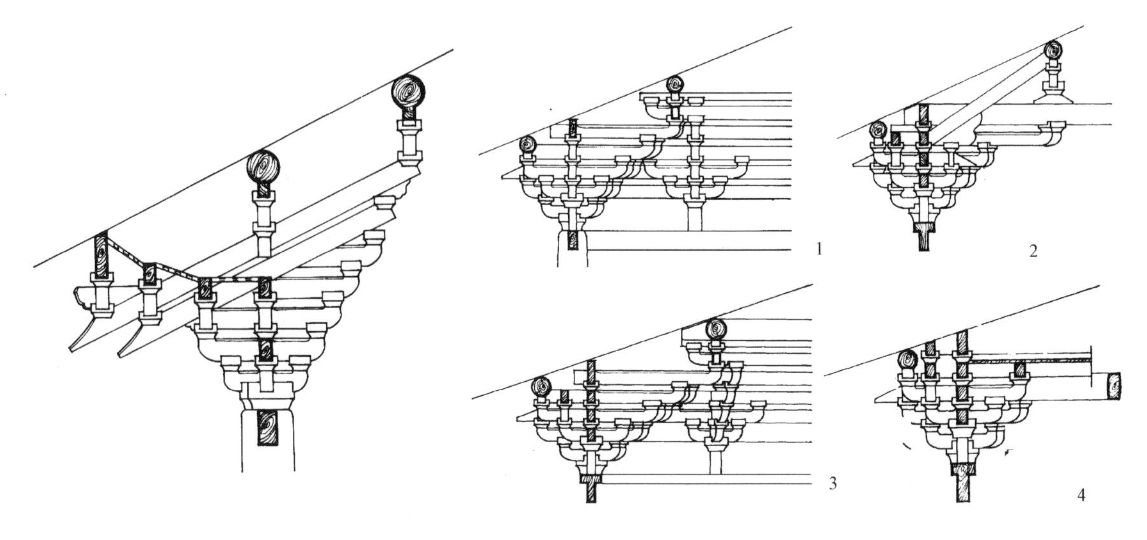

图 12-14　铺作里跳比外跳多
（宁波保国寺大殿）

图 12-15　减铺不减跳
1. 蓟县独乐寺山门；　2. 宝砥广济寺三大士殿；
3. 大同下华严寺薄伽教藏；4. 新城开善寺大殿

（2）下昂造、卷头造

外檐铺作中，下昂造铺作占有较大优势，因其斗栱总高减少，既可以满足挑檐深远需求又可使檐口降低，便于遮挡风雨，保护木构及墙体。从独乐寺观音阁上檐和下檐的不同处理可以看到这种优越性。两者皆出四跳，上檐采用双杪双下昂，铺作总高（从栌斗底至橑檐方背）为 2.21 米，下檐采用出四杪卷头造，铺作总高为 2.58 米，两者相差 37 厘米（图 12-16）。这意味着檐口高度上檐可以降低 37 厘米。因此在多数情况下皆采用下昂造铺作。只有处于山西大同这个少雨干燥的地域，一些辽代建造的殿堂采用了卷头造铺作。且多为五铺作，出檐较短。下昂造比卷头造铺作构造复杂，施工难度大，特别是昂尾的处理，《法式》中曾提出过四种做法，在实例中又有多种与《法式》不同的做法：

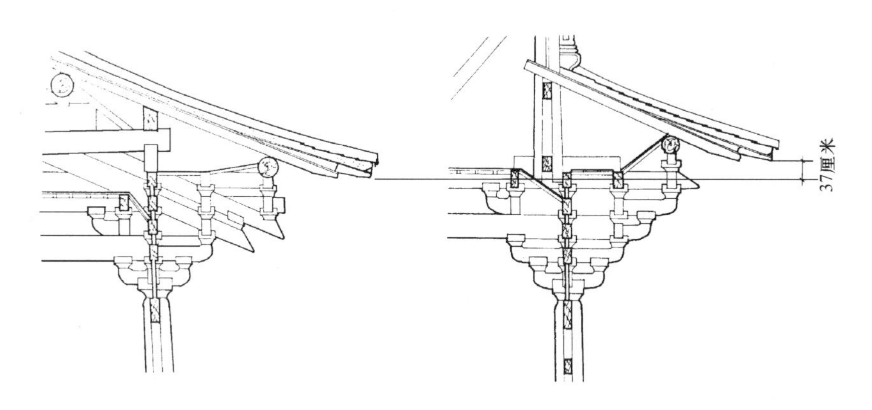

图 12-16　卷头造与下昂造铺作总高比较图（蓟县独乐寺观音阁上、下檐）

柱头铺作昂尾有直接用明栿压之的做法，这主要出现在彻上明造的实例中，如山西平顺龙门寺大殿（图 12-17-1）。

昂尾压于里跳华栱之下，上部再以梁栿压之，如正定隆兴寺摩尼殿（图 12-17-2）。

昂尾插入内柱柱头铺作，如浙江宁波保国寺大殿，使外檐铺作与内檐铺作通过“昂”这个斜置的构件联结起来，使铺作层所形成的空间网架更为稳定，从而加强了建筑构架的整体刚性（图12-17-3）。

昂尾压在檐栿之上的劄牵牵首之下，如榆次永寿寺雨花宫（图12-17-4）。

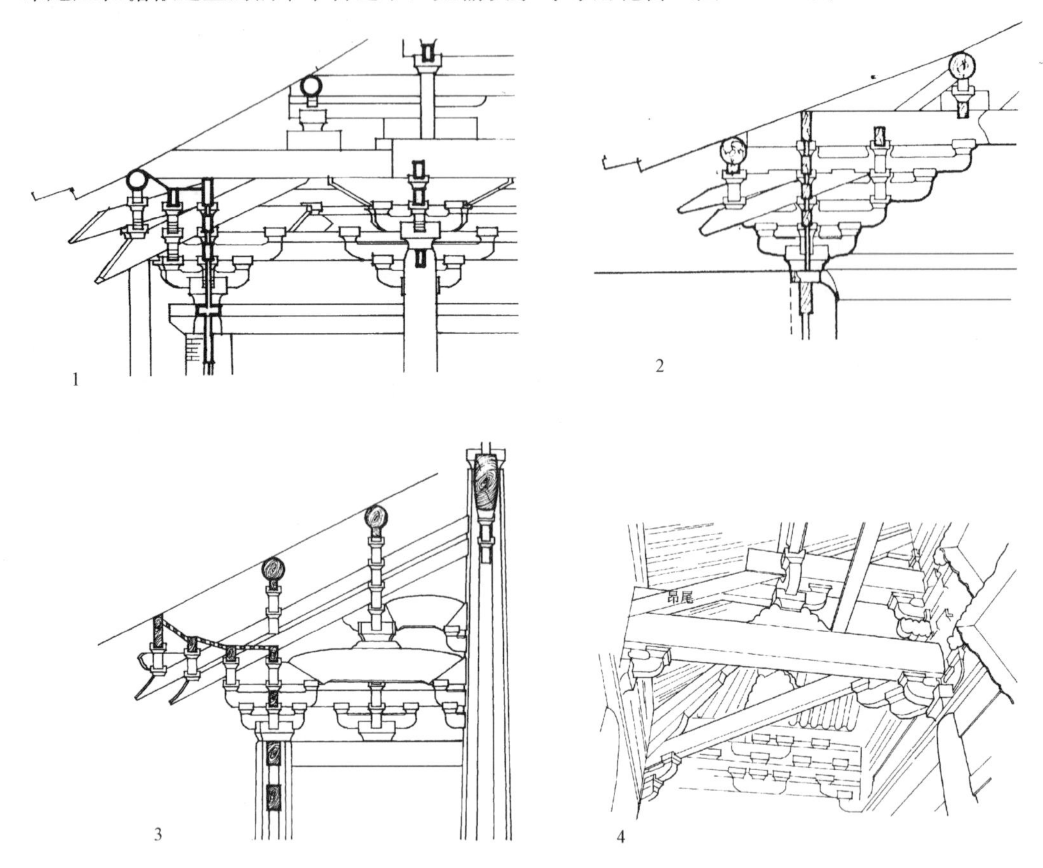

图12-17　昂尾交代几种做法　柱头铺作昂尾

1. 平顺龙门寺大殿；2. 隆兴寺摩尼殿；3. 宁波保国寺大殿；4. 榆次雨花宫

下昂造铺在实例中出现了与华栱平行的昂（12-18），如晋祠圣母殿的五铺作和苏州玄妙观三清殿的七铺作皆出现了这种平伸的昂，这种做法未被《法式》收入，但却为元以后至明清建筑上使用的假昂开了先河。

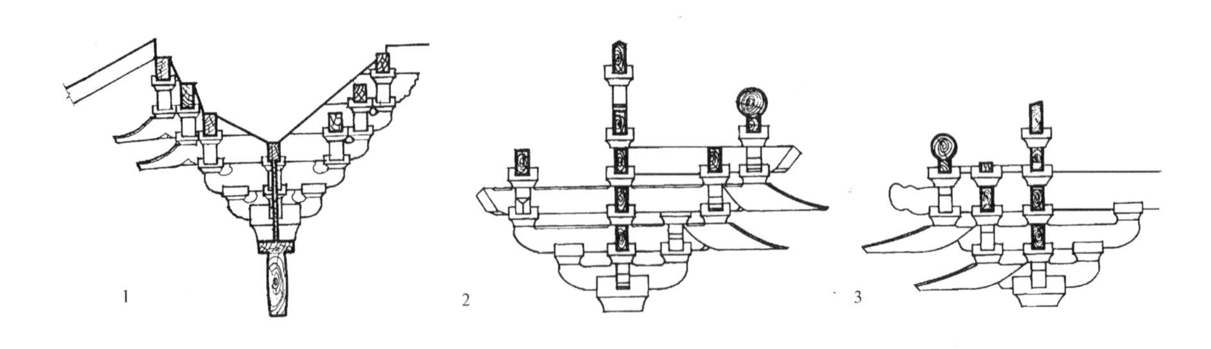

图12-18　假昂

1. 苏州玄妙观三清殿；2. 太原晋祠圣母殿补间铺作；3. 太原晋祠圣母殿柱头铺作

在外檐平座铺作中现存实例皆用卷头造，其里跳皆出木方。采用上昂造者仅湖州飞英塔内檐平座一例。

内柱柱头铺作主要采用卷头造，在殿阁型的构架中，因为内柱柱头铺作需承托乳栿与檐栿，若这两条梁处于同一水平高度，则柱头铺作采用左、右对称式，如隆兴寺摩尼殿、晋祠圣母殿等，若檐栿高于乳栿，则承檐栿一侧的铺作需增加铺数，如独乐寺观音阁上层，以出一杪承乳栿，以出四杪承檐栿。观音阁下层也有类似做法（图 12-19）。这与《法式》所载有所不同。

（3）关于扶壁栱的配置

扶壁栱是处于柱头方之下的栱，对于一组铺作的坚固性至关重要，《法式》要求铺作若为计心、重栱造，则扶壁栱采用泥道重栱上加素方，而铺作为单栱偷心造时，扶壁栱既可用泥道重栱，也可用两重单栱、素方。实例中完全遵照这些原则设置扶壁栱者极少，如苏州虎丘二山门和玄妙观三清殿曾使用泥道重栱，元代的金华天宁寺曾使用两重的单栱素方。而大多数建筑皆采用一重泥道栱上施多重素方，这样在外檐柱中线上便形成了以多层木方为中坚的铺作层（图 12-20～12-22）。

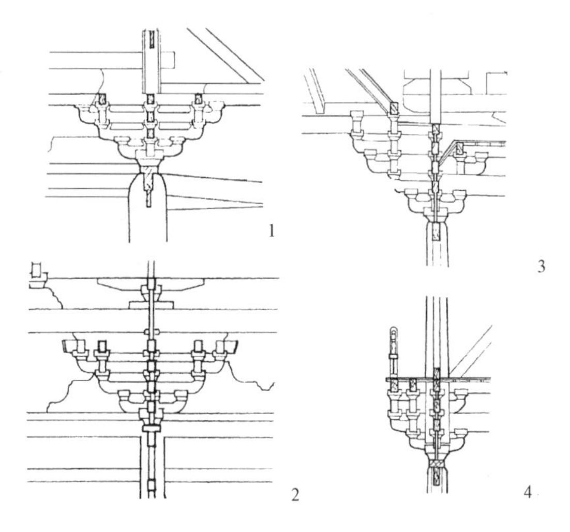

图 12-19 内檐柱头铺作
1. 正定隆兴寺摩尼殿；2. 太原晋祠圣母殿；
3、4. 蓟县独乐寺观音阁上、下层

图 12-20 扶壁栱 大同善化寺三圣殿

图 12-21 扶壁栱 金华天宁寺

图 12-22 扶壁栱 泥道栱上施多重素方者

（4）斜华栱的运用

这一时期的建筑非转角铺作中出现了不少使用斜华栱的建筑，最早者为北宋皇祐六年（1054年）的摩尼殿，以后直至金天会六年至皇统三年（1128～1143 年）的善化寺三圣殿为最后一例，主要分布在山西、河北地区。从平面看有＊形、＊形、求形等多种，它们的技术意义在于减小两朵铺作之间木方的跨度，但发展到后期已成为玩弄技巧的产物了（图 12-23～12-25）。

图 12-23 斜华栱 正定隆兴寺摩尼殿

图 12-24 斜华栱 大同善化寺三圣殿

图 12-25 斜华栱 应县木塔

五、建筑总体特征（与艺术处理合一的技术特征）

1. 屋顶

屋顶是古典木构建筑最具特色的部分，它蕴涵着建筑等第、规模、尺度等诸多信息；就造型而论，四阿顶庄重、严肃，九脊顶活泼、华丽，不厦两头造的两坡顶朴素、大方，斗尖顶（即清式的攒尖顶）挺拔、轻盈。除此之外这一时期还出现了多种屋顶组合在一幢建筑物上的做法，例如宋画所绘滕王阁、黄鹤楼，它们比上述四种单一形式的屋顶艺术效果更为灿烂辉煌。从时代和地域风格看，辽、金建筑喜用四阿顶，从四架椽屋的三间小殿到十架椽屋的九间大殿皆在使用四阿顶，九脊顶用得不多。而宋代建筑遗构绝大多数为九脊顶建筑，当然在宋画《清明上河图》中所绘城门楼和《瑞鹤图》中所绘宣德门仍为四阿顶。宋人青睐九脊顶可能与追求歌舞升平的社会风尚有某种联系，故而更推崇绚丽多彩、轻巧亲切的格调。

现存遗构就屋顶举折来看，大体在《法式》所总结的举高与前后橑檐方间距之比为1/3～1/3.8范围之中，只有个别辽代建筑仍承唐风，举高与前后橑檐方间距之比在1/4～1/4.35，接近佛光寺的1/4.8。如上华严寺大雄宝殿和下华严寺海会殿。

为了使四阿顶建筑造型完美，《法式》指出“如八椽五间至十椽七间，增出三尺”，这时遗构增出普遍较小，如十椽七间的善化寺大殿未见有增出。而八椽五间的三圣殿仅仅增出了43.3厘米，只有一尺三寸五分。六椽三间的开善寺大殿增出也为一尺三寸。《法式》总结的增出尺寸相当于0.5椽架的长度，而这几个实例增出只有0.2椽架长，《法式》校正了这些四阿顶做法中正脊短的造型缺陷。

九脊顶和不厦两头造式两坡顶皆需于屋顶两端出际，《法式》要求九脊顶"出际长随架"，然而这一尺寸是基于九脊顶山面坡顶为两椽长时才合适，有些小型建筑山面坡顶仅为一椽长，则出际也随之减小。

屋顶形式与建筑等第、身份之间尚未确立统一的标准，在建筑群中曾出现中轴线上的殿宇采用清一色的庑殿顶，两侧者用九脊顶之例，如善化寺。但也有像独乐寺这样的建筑群，主要建筑观音阁使用九脊顶，而山门却使用四阿顶。又如隆兴寺中轴线上的摩尼殿与两侧的转轮藏、慈氏阁皆使用了九脊顶的例子，当然摩尼殿的重檐并加四抱厦，具有使其等第抬高的艺术效果。更有甚者，南宋皇陵中的永思陵，中轴线上使用了"直废造"的殿宇，即不厦两头造的两坡顶，由此更可证当时选择何种形式的屋顶，尚无明确的等第含义。

2. 外檐下檐柱与立面造型比例的关系

(1) 柱高与开间比例

据《法式》归纳，当时的建筑开间划分有三种，一为逐间相等，一为自心间始逐间递减，一为当心间加大至次间的一倍半。而建筑的立面造型，与柱高有着密切的关系，核心问题之一是如何确定建筑柱高与开间的关系，特别是当心间柱高与开间的关系。《法式》曾有"柱高不越间广"之原则，这主要是指当心间柱高与间广的关系，但柱高到底与间广之间采取怎样的比例，《法式》未曾规定，这时期的建筑遗构所采用的当心间皆遵循"柱高不越间广"的通则，但开间比例不一，其中当心间使用单补间的31例中其开间与柱高之比如下：

开间：柱高＝1∶0.7～0.79者共12例，占39%。

开间：柱高＝1∶0.8～0.9者共8例，占26%。

开间：柱高＝1∶1者共8例，占26%。

其余3例柱高比开间稍大，如上华严寺大雄宝殿，柱高超过开间宽度13厘米（详见表12-1）。至于当心间使用双补间者，不再有柱高超过心间宽度的情况，但柱高与心间宽度之比并没有比前者降低，例如有9例开间：柱高为1∶0.7～0.79，有4例为1∶0.8～0.99。只有极少数例子开间与柱高之比下降至1∶0.63至1∶0.65，如虎丘二山门和正定隆兴寺摩尼殿副阶。因之，当心间放宽后，柱高也随之增高。可以认为这一时期大多数建筑当心间与柱高的比例控制在1∶0.8上下。

(2) 柱高与出檐比例

中国古代建筑具有深远的出檐，产生出一种独特的艺术效果，然而这种艺术效果不仅来自出檐本身，而且关系到它与建筑各部分的比例，特别是柱高之间的比例。清代工匠流传一句口诀是"柱高一丈出檐三尺"，这是对清代建筑柱高与出檐关系的概括。而宋、辽、金时期又如何呢？据遗构看，若出檐从柱中心线算起，那么可以说多在"柱高一丈出檐五尺以上"，据统计，柱高与出檐之比在1∶0.7～0.79者占22%，在1∶0.6～0.69者占30%，1∶0.5～0.59者占37%。实例中檐部挑出最大者为义县奉国寺大殿，出檐长度4.33米，檐部挑出最短者为虎丘二山门，出檐长度1.74米。如果不计铺作出跳数，单纯看悬挑部分的长度，亦即柱高与上檐出之比，在1∶0.4者占41%，在1∶0.3～0.39者占52%，檐部纯悬挑尺寸最大者为大同华严寺大雄宝殿，长达2.76米。

需要进一步分析的是主要影响出檐长度的决定因素是什么？从表12-1中可以看出用材等第起着重要作用。随着用材等第的提高，出檐值迅速上升。同一铺作铺数情况下实物出檐值多低于《法式》所定值。

宋、辽、金建筑立面相关尺寸及比例一

建筑名称	用材等第	当心间宽（厘米）	当心间铺作		当心间檐柱		总檐出	净悬挑
			补间铺作铺作数、朵数	栌斗底至橑檐方背总高	柱高	柱径		
独乐寺山门	三	610	五铺作 1	174.5	437	50	259	175
独乐寺观音阁下层	三	472	（柱头七铺作）无	258	406	48	322	156
独乐寺观音阁上层	三	454	七铺作 1	221	424	48	332	142
虎丘二山门	五	600	四铺作 2	87.5	382	38	174	131.5
梅庵大雄宝殿	六～七	484	七铺作 2	110	282	39	235	
永寿寺雨花宫	三	485	（柱头五铺作）无	154	408	48	248	170
保国寺大殿	五	562	七铺作 2	175	422	56	295	130
奉国寺大殿	一	590	七铺作 1	248	595	67	433	242
晋祠圣母殿副阶	五	498	五铺作 1	148	386	48	226	146
广济寺三大士殿	五	548	五铺作 1	175	438	51	217	137
开善寺大殿	三	579	五铺作 1	173.5	482	53	266.5	181.5
下华严寺薄伽教藏殿	三	585	五铺作 1	169	499	51	279	198
善化寺大殿	二	710	五铺作 1	193	626	67	310	212
隆兴寺摩尼殿龟头殿	五	482	五铺作 1	159	382	53		
应县木塔副阶	二	447	七铺作 1	170.5	420	58	276	191
善化寺普贤阁下层	四	517	五铺作 1	125	503	53	248	170
善化寺普贤阁上层	四	512	五铺作 1	160	382		249	170
佛光寺文殊殿	三	478	五铺作 1	158	448	56	255	160
上华严寺大雄宝殿	一	710	五铺作 1	215	724	67	376	276
崇福寺弥陀殿	三	620	七铺作 1	208	593	53	402.5	229
善化寺三圣殿	二	768	六铺作 2	226	618	58	352	193
善化寺山门	三	618	五铺作 2	164	586	47	256	163
隆兴寺转轮藏殿副阶	五	538	四铺作 2	106	377	36		
隆兴寺转轮藏殿上层	五	516	五铺作 2	137	512	54		
隆兴寺慈氏阁副阶	五	498	四铺作 2	98	359	33		
隆兴寺慈氏阁上层	五	498	六铺作 2	174	454	35		
玄妙观三清殿副阶	六	635	四铺作 2	250	493	56	368.5	219

注：1. 本表原始数据主要录自陈明达《营造法式大木作制度研究》，个别建筑数据为笔者补充。

2. 表中“总檐出”为出跳长＋檐出＋飞子出。

“净悬挑”为檐出＋飞子出。

览表（单位：厘米） 表 12-1

单檐建筑总高（地面至脊槫背）	当心间宽/柱高	柱高/总檐出	柱高/铺作总高	柱高/单檐建筑总高	檐柱长细比
876	1/0.72	1/0.59	1/0.40	1/1.44	8.74
	1/0.86	1/0.82	1/0.64		8.46
	1/0.93	1/0.78	1/0.52		8.83
758.5	1/0.64	1/0.46	1/0.23	1/1.26	10.05
745	1/0.59	1/0.82	1/0.38	1/2.60	7.33
952	1/0.84	1/0.61	1/0.38	1/2.3	8.50
1149	1/0.75	1/0.10	1/0.42	1/2.72	7.54
1591	1/1.01	1/0.73	1/0.42	1/2.67	8.88
	1/0.78	1/0.59	1/0.38		8.04
	1/0.80	1/0.50	1/0.4	1/2.55	8.59
	1/0.83	1/0.47	1/0.36	1/2.24	9.09
	1/0.85	1/0.56	1/0.34		9.78
	1/0.88	1/0.50	1/0.31	1/2.45	9.37
	1/0.79	1/	1/0.42		7.20
	1/0.93	1/0.66	1/0.41		7.24
	1/0.97	1/0.49	1/0.25		9.49
	1/0.75	1/0.65	1/0.42		
	1/0.93	1/0.57	1/0.35		8.00
	1/1.02	1/0.52	1/0.30		10.80
	1/0.96	1/0.68	1/0.35	1/2.52	11.19
	1/0.80	1/0.57	1/0.37	1/2.58	10.66
	1/0.95	1/0.44	1/0.28	1/1.94	12.47
	1/0.70		1/0.28		9.36
	1/0.99		1/0.27		9.48
	1/0.72		1/0.27		10.88
	1/0.91		1/0.38		12.97
	1/0.78	1/0.78	1/0.51		8.80

(3) 柱高与铺作总高比例

柱高与铺作总高之间采用合适的比例，对建筑总体造型有相当的影响，据从遗构中统计，柱高与铺作总高之比在1∶0.3～0.39者占41%，在1∶0.2～0.29者占31%。以上两部分占遗构总数的72%，在这一范围内的实例均为采用五铺作以上者。对于一些特殊例子如平座柱与平座铺作的比例关系不在讨论范围之内，一般建筑铺作为柱高的1/3左右，年代较早者可达1/2.5。

(4) 柱高与单檐建筑总高之比

建筑总高与建筑总进深和铺作等第皆有很大关系，凡四架椽屋使用五铺作以下者，柱高可达建筑总高的一半。若六架椽屋以上，使用五至七铺作者，则柱高与建筑总高之比在1∶2.2～2.7范围。这时柱高与铺作总高相加后可占到建筑总高的一半。由此可见屋顶在建筑总体所占比例之巨。

(5) 柱之生起与侧脚

这时期的木构建筑普遍采用柱生起与侧脚的技术措施，以防木构架因上部大屋顶重量下压，柱子向四周散脱，《法式》曾规定柱子侧脚为柱高的1%～8‰，但实物均超过这一数值。侧脚方向《法式》所定仅为向内侧倾，而实物中出现既向内侧倾，又向当心间侧倾的双向侧倾做法，如应县木塔。至于柱之生起，皆多遵《法式》自心间起逐间生起。但与《法式》每间生起二寸之法，小有出入，少数超出二寸可达6.5寸之多，如善化寺大雄宝殿。也有不足二寸者，如独乐寺观音阁，保国寺大殿二例均不足1寸。一般生起在2寸～3寸者约占60%。但从中看不出与用材有何关系。

3. 柱子自身比例造型与技术做法

(1) 柱之长细比

随着“扁方为美”的开间比例观念而定的外檐下檐柱之长细比，较明清时期粗壮。遗构中柱高与柱径之比在1∶8～1∶9者有15个，占44%，在1∶7以上的有8个占23.5%，在1∶10以上有11个，占32.5%”。而重檐建筑上檐柱的长细比则在1∶13.6～1∶16.9的范围，有个别特例超过这一比例，如隆兴寺慈氏阁平座，永定柱的长细比为1∶23。

(2) 柱身造型

《法式》造柱之制一节中有“梭柱”的称谓，顾名思义柱子外形如“梭”形，而现在北方辽、金及北宋遗构，多见柱身上部带卷杀做法，但在江南却有多例为上下均带卷杀者，最早如建于北宋初的杭州灵隐寺石塔、闸口白塔（图12-26①），北宋大中祥符八年（1015年）重修的莆田元妙观三清殿（图12-26②），乃至元延祐四年（1317年）重修的武义延福寺大殿皆采用了上下均做卷杀的地道的梭柱。

(3) 拼合柱

柱子在一幢建筑中作为主要承受荷载之构件，需要使用长大粗壮的木料，本无可厚非，但随着木材多年消耗，资源匮乏不可避免，《法式》中于是记载了拼合柱的做法图样，现存唯一宋代使用拼合柱的木构宁波保国寺大殿采用了与《法式》不同的做法，将四根细的圆形木料，用透拴穿成一体，表面再加竖向木条，巧妙的做成瓜梭形式（图12-27）。在江浙一带的宋代石塔中也使用了不止一例的瓜棱柱，而且外形略带卷杀。拼合柱的意义不仅在于解决木料的缺乏问题，而且对以后木构建筑发展产生深远影响，后世利用它将楼阁的插柱造通过拼合改变成包镶柱，可加长柱子，于是出现了楼阁上下层内柱采用通长木料的通柱造，从而摒除了插柱造容易出现层间变形，造成楼阁上下层柱歪闪的弊端。

图 12-26① 梭柱之一 杭州闸口白塔

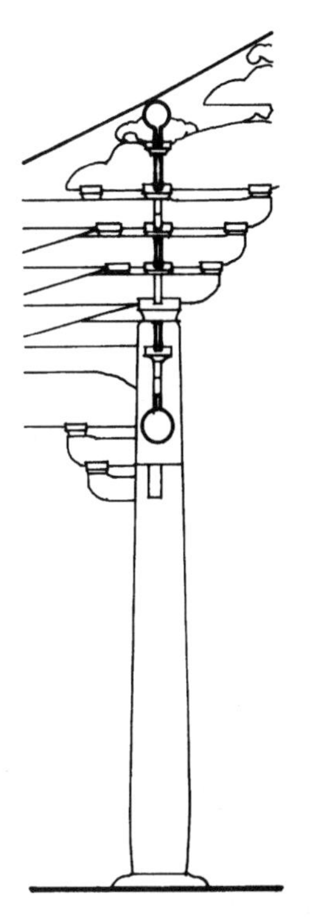

图 12-26② 梭柱之二 莆田元妙观三清殿

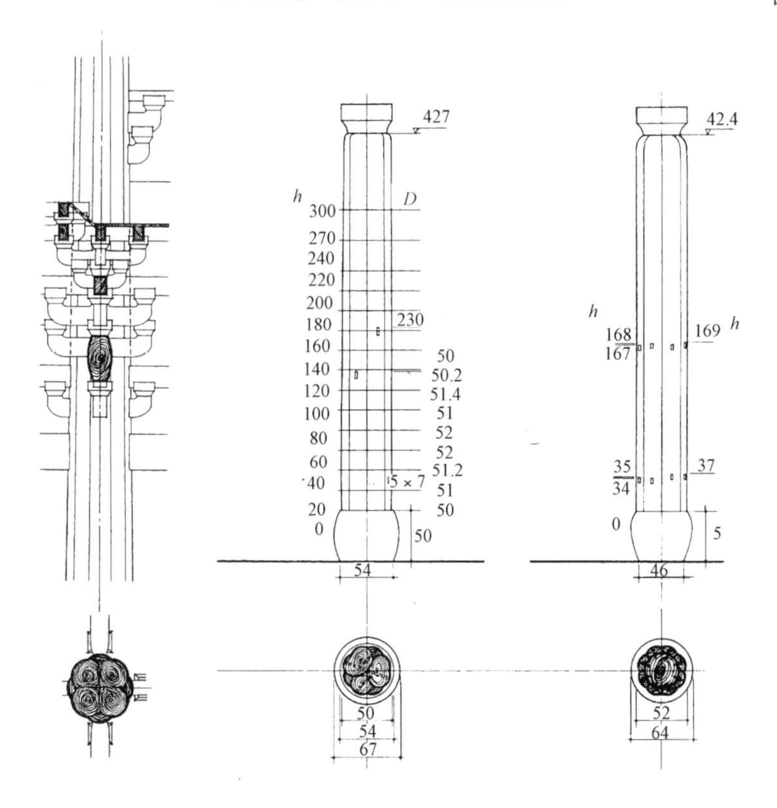

图 12-27① 宁波保国寺大殿 拼合柱成瓜棱形式

图 12-27② 宁波保国寺大殿瓜棱柱

六、木装修与家具

宋、辽、金时期是木装修得到广泛发展的历史阶段，从《法式》六卷的小木作已露端倪，在建筑遗存中这一时期的木装修虽属凤毛麟角，仅有极少的几例，但已可看出比《法式》的总结又有所前进，例如辽、金木构建筑中所留下的格子门，比《法式》的毬纹格子花型增多，做工更为复杂。对此，辽、金砖塔和砖墓中所存之仿木装修更可为之佐证。例如崇福寺弥陀殿门窗使用了三角纹，透雕古钱纹，六出吊钟花瓣毬纹。山西侯马金代董氏墓格子门、河南洛阳涧西金墓格子门有龟纹、菱形、十字、万字等花格式样，花格间又镶嵌花卉或动物之类的画面。这些格子门的腰华版和裙版部分也满雕花卉和人物故事纹样（图 12-28）。

东南西格子门

东北面格子门

东面格子门

西面格子门

西北面格子门

西南面格子门

图 12-28　格子门　洛阳涧西金墓

室内装修的建筑遗存主要是天花，《法式》所载天花仅有平闇、平棊、大斗八、小斗八藻井，但这一时期遗存已无单纯使用平闇者，独乐寺观音阁、应县木塔将藻井与平闇组合使用。宁波保国寺大殿将藻井、平棊、平闇组合成一体。藻井形式多样；有八边形截顶锥、菱形覆斗井，如应县净土寺大殿。八棱锥式八角井，如独乐寺观音阁、华严寺薄伽教藏。穹隆式八角井，如保国寺大殿、苏州报恩寺塔三层塔心室。在天花做法中最为华丽的是将天宫楼阁与平棊、藻井组合成一体，如应县净土寺大殿，在这座三开间的殿宇中，于天花下，沿外墙和开间轴线上的梁栿两侧皆设有天宫楼阁，为这个佛国世界增添了神秘色彩（图 12-29）。

宗教建筑中常用的特殊室内装修，转轮藏、壁藏、佛道帐等，其做工之精细、构思之巧妙在当时的木装修中是无与伦比的，现存的北宋正定隆兴寺转轮藏、南宋四川江岫飞天藏为两宋时期的孤例，均采用了整体转动的做法，与《法式》所记藏身不动、仅中央转轮可动的形式不同。飞天藏外形与《法式》所载转轮藏也不同，带有多重天宫楼阁，其上使用了 624 朵斗栱，分成两类共 24 种，其类型虽多，但基本构件并不多，全靠巧妙组合。由于斗栱用材很小，藏身为 3.0 厘米×2.0 厘米。天宫楼阁为 2.3 厘米×1.3 厘米，出跳栱长只有 4 厘米。而栱身仍做出了卷杀，昂嘴刻出了卷瓣，各种小斗欹顱准确。另外藏身柱虽无卷杀，但有收分与侧脚，阑额表面做琴面，椽、飞、角梁均带卷杀、天宫楼阁尺度更小，但处处一丝不苟，其制作工艺之精良，实令今人叹为观

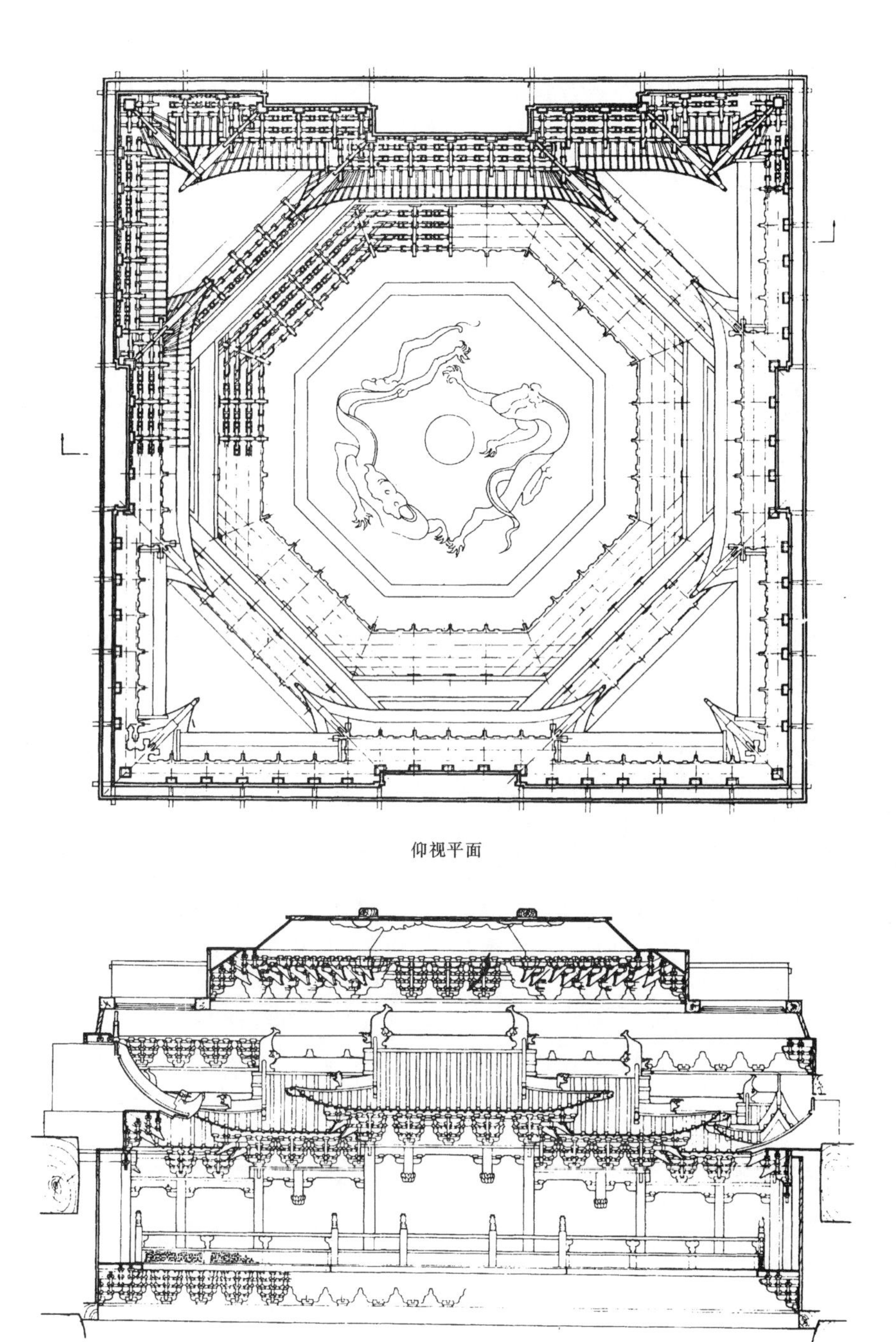

图 12-29 藻井及天宫楼阁 山西应县净土寺大殿

止，足证当时木装修技术之娴熟。

再有飞天藏上还保留着若干块木雕花板，雕有各种写生华卉，采用铺地卷成风格，花叶翻卷自然，雕刻起伏得体。藏身缠龙柱、木雕神像皆为宋代木雕之精品。

飞天藏为有宋一代木装修之代表作，其所达到的高超水平是这一历史时期木装修得到迅猛发展的佐证。

随着木装修的发展，小木作技术的提高，家具的制作也有了很大提高，首先在家具的结构方面，产生了变化，改变了隋唐时期的箱形壶门式结构体系，使用了类似建筑的梁柱式体系之框架。

无论是桌或椅，皆有明确的四立柱和穿插于立柱间的横木方，然后在上面盖版，形成桌面或凳面，椅子则将两立柱升高做成靠背骨架，如《村童闹学图》、《汉宫图》、《小庭婴戏图》（图 12-30～12-32）及其他宋画或宋辽金墓室中所绘家具皆如此（图 12-33、12-34）。从宁波东钱湖史诏墓前石椅及《宁波宋椅研究》中所载复原图[1]，可知宋椅的尺度、构件形制及构造的一些特点（图 12-35）。如后背稍向后倾，倾角约 93°～95°，前腿有侧脚，前后腿皆为六边形断面，以平面朝前、后、侧面出棱线，称“剑脊线”。后腿上升变成靠背侧框，断面改成圆形。座屉前面支在前腿上，后面以边抹出榫，与椅子后腿卯接起来。靠背中部设立梃，采用打槽装板式，背顶搭脑（即横梃）两侧挑出椅背。椅腿四面皆有横撑，椅前设有踏脚。讲究的家具大量使用装饰性线脚，在桌面与四条桌腿间增加向内收紧的束腰，同时在桌腿上部加入枭混曲线，下部做云头形轮廓，造型优美刚劲，如宋画《五学士图》、《溪亭客话图》等（图 12-36、12-37）。有的家具在柱梁体系中将立柱加以美化，作成如意头纹，具有弧线轮廓，显得异常轻巧。如宋画《槐荫消夏图》中的榻（图 12-38）。此外还出现了可折叠的交椅，四周挖空的圆凳，显出家具形式朝着多样化的方向发展的趋势（图 12-39）。

不仅日用家具有了发展，一些特殊家具也因此而精细起来，例如赤峰博物馆藏一辽墓的棺床，由带有壶门式的须弥座承托，须弥座与棺床四周皆以勾片栏杆围绕，是为辽代小木作的精品。

图 12-30 宋画家具《村童闹学图》

图 12-31 宋画家具《汉宫图》

图 12-32 宋画家具《小庭婴戏图》

图 12-33 白沙宋墓壁画中的家具

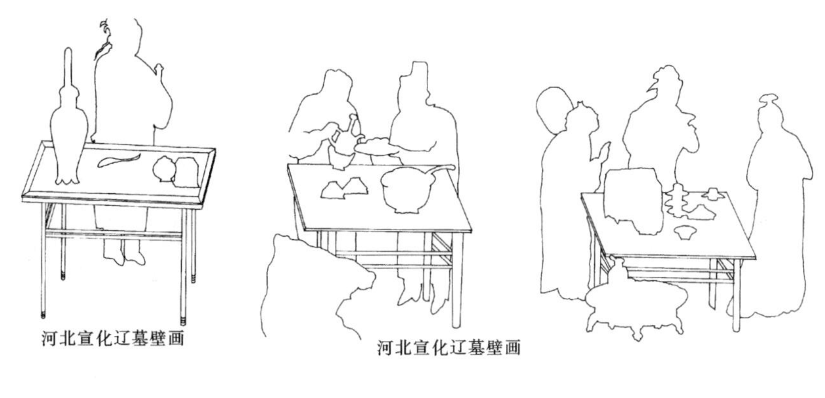

图 12-34 河北辽墓壁画中的家具

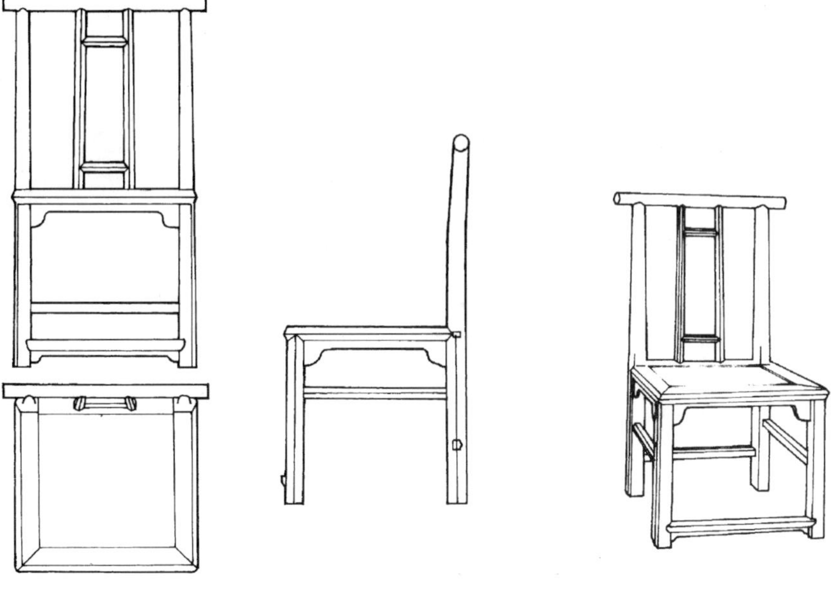

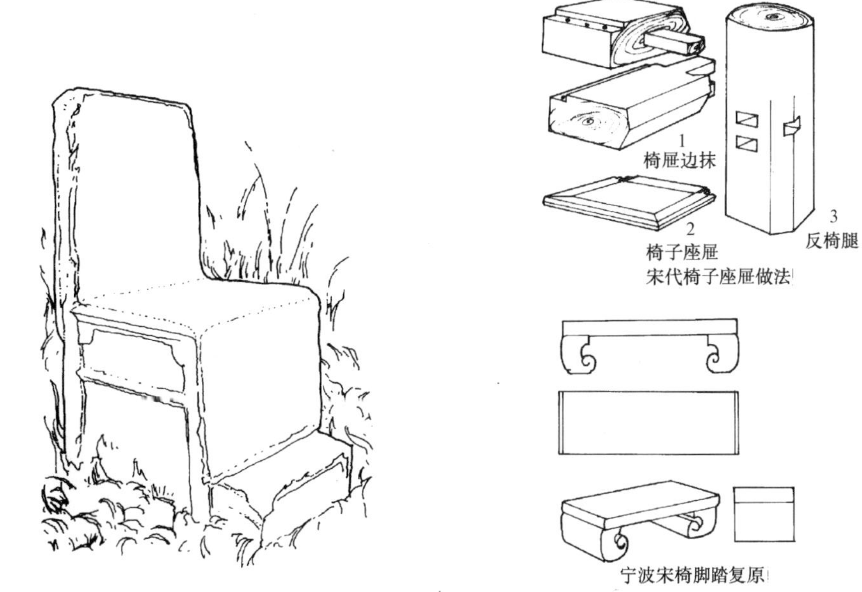

图 12-35 宋代椅子

图 12-36 宋画《五学士图》中的家具

图 12-37 宋画《溪亭客话图》中的家具

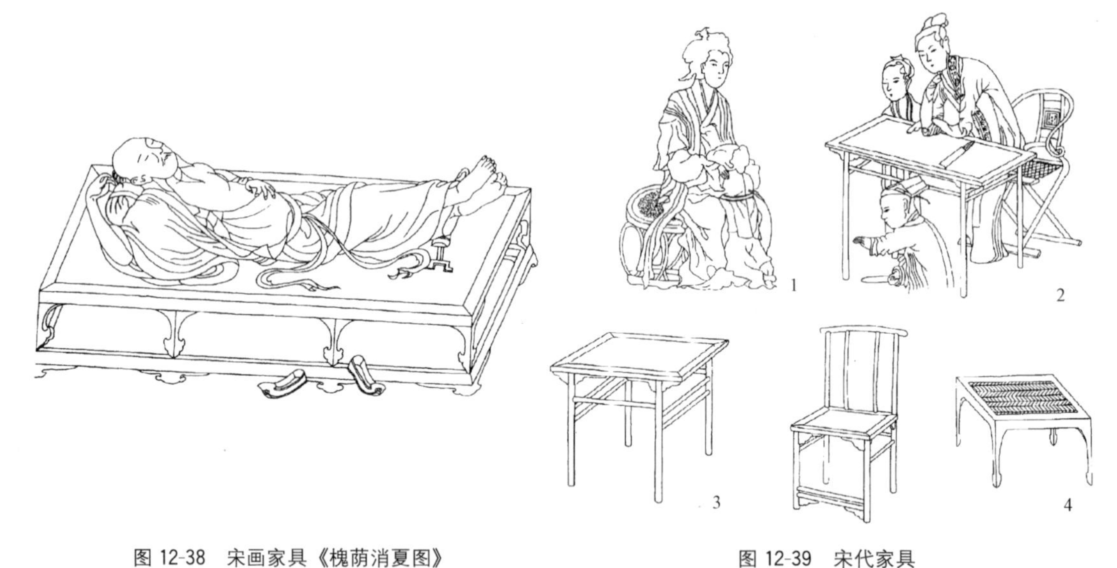

图 12-38 宋画家具《槐荫消夏图》

图 12-39 宋代家具

1. 圆凳——宋画浴婴图；2. 长桌、交椅——宋画蕉荫击球图；3. 长方桌、靠背椅——河北钜鹿出土；4. 方凳——小庭婴戏图

注释

[1]详见陈增弼《宁波宋椅研究》,《文物》1997 年第 5 期。

第三节 砖石建筑技术

一、结构体系的发展

以木构为主的中国建筑，用砖石建造的房屋数量有限，发展缓慢，且使用范围仅限于少数类型，在这一时期主要用于建造佛塔和陵墓。塔的结构类型较前朝增多，过去的厚壁单筒式结构继续使用并有所发展，又出现了双套筒结构、单筒带中心柱结构，薄壁筒体结构以及花塔之类的复合式的特殊结构等，在宋朝地区广泛使用。并建造出现存历史上最高的砖塔——定县开元寺料敌塔，最高的石塔——泉州开元寺双塔。宋塔在如何满足登高望远的功能方面，提出了多种前所未有的塔梯构造方式，从而使塔的性质发生转变，不再是单纯具有宗教意义的建筑，而成为可以瞭望敌情、海情等具有实用功能的建筑。这些可登临的宋塔，外形以仿木楼阁形式为主，需要作出挑檐、斗栱、平座之类的构件，从而促进了对砖石材料加工方面的技术比过去有所提高。辽代地区和西夏地区的佛塔多为不能登高的塔，结构以实心砌体或方形筒体为主，造塔技术略逊于宋，但更重表面装饰，雕砖技术仍具较高水平。

二、砖砌体的辅助用材

由于砖砌体用小块材料制作，抗拉、抗弯、抗剪能力受到限制，因此在砖结构建筑中，仍有部分构件仰赖木材为其充当悬挑构件或抗弯、抗剪构件。例如，楼阁式砖塔，其平座腰檐，尽管可以用砖砌斗栱，承上部瓦檐或托平座，但挑出有限，造型上不够理想，如开封铁塔。因之有些砖塔采用木制斗栱、挑檐、木制平座，如苏州瑞光塔、杭州六和塔。也有的斗栱仍用砖烧制，楼层铺板和腰檐椽飞用木制，如蒙城兴化寺塔。还有的斗栱、平座用砖构、挑檐用木构，如苏州虎丘塔。这些塔初建时省工、造型艺术效果好，但易毁坏，今天所见这类塔已无一例能完整保存原有木构部分，随着历代重修，早已面目全非[1]；如杭州六和塔，自南宋重建以后，檐部及平座经过三毁三建，现存者只留宋代砖塔心，外檐部分已是光绪二十六年（1900 年）重修后的面貌了。

在当时的砖塔中，使用木材做门窗过梁及楼板、楼梯者不乏其例，更有将木料作为砌体内的木筋者，如安徽宣教寺双塔，塔壁在底层每隔数皮砖使用一层水平交圈的木筋，木筋用四、五厘米厚的木板作成。塔体上下有多层这类木筋，有如现代建筑中的圈梁。此塔在各层券门上部、阑额位置及平座悬挑部位、塔身角部等处还埋入木板，用以增强砖砌体的抗拉性能。这种做法在江南不止一例，还见于松江方塔、湖州飞英塔、苏州瑞光塔等。

三、砖石建筑基础与地基

由于木构建筑采用浅基作法，在砖石建筑中仍然依此法则，无论是高层砖塔，还是临水码头，跨水石桥，均为浅基。有些建筑对地基作了加固处理，其具体做法有以下几种：

1. 利用天然地基，局部人工回填，上作浅基：例如苏州云岩寺虎丘塔，北部回填厚度 6.2 米，南部 2.2 米。于其上做塔基，仅有二皮砖，约厚 10 厘米。浙江松阳延庆寺塔也是采用石块填筑山坡后上作三皮砖之基础。

2. 人工开挖回填地基，其上再作浅基：《法式》曾载有以人工夯筑多层碎石渣为地基，另据文献东京城垣[2]和玉清昭应宫[3]皆采用换土办法，从外地运来好土作为地基。现存实例苏州瑞光塔，曾于塔外皮向外 6 米范围进行开挖，以 1∶1 放坡，挖一较大基坑，然后分层回填黏土和卵石，其上再砌 5～6 皮砖作为浅基。

3. 木桩加固地基，其作法是先打木桩，将地基土壤挤紧。然后填小石块、砖块、石灰、黏土等，然后夯实。如建于北宋初期（977 年）的上海龙华塔，在距室外地平下约 1.4 米深的部位打木桩，木桩尺寸为 14 厘米×18 厘米×150 厘米，间距 80 厘米。分布方式为满堂乱桩，其上满垫一层厚木板，板上做塔的基础。这部分比室外地平以上所见之塔座稍稍放宽，但比现代基础之大放脚要小得多。

另有些高等级的大型建筑，建两层砖石台基，在第二层台基上立永定柱做平座，平座之上建房屋，这样既可避免木构被水浸蚀，又可收到较好的建筑艺术效果，如金明池图中所绘宝津楼和临水殿宋画皆是（图 12-40）。除了对建筑，高塔的地基采用木桩加固之外，在临水之岸边或桥下也有类似做法。例如《法式》在卷輂水窗的地基做法中曾指出使用木桩的部位有三：

图 12-40 永定柱平座 宝津楼 临水殿

①“如单眼卷輂，自下两壁开掘至硬地，各用地钉（木橛也）打筑入地……”。

②“于水窗当心平铺石地面一重……于上下出入水处，侧砌线道三重，其前密钉擗石桩（即木桩）二路……”。

③“于卷輂之外，上下水随河岸斜分四摆手，亦砌地面，令与厢壁平，……地面之外侧砌线道三重，其前密钉擗石桩三路（图 12-41）”。北京的金中都城垣遗址中的水门即发现了这种木桩（图 12-42）。在《法式》的“筑临水基”一节载有：“斜随马头布柴梢……每岸长五尺钉桩一条，”也是采用木桩作护岸，来加固码头。在宋画《水殿招凉图》（图 12-43）、《清明上河图》中均曾于岸边画一排木桩。另外浙江宁波地区确曾发现宋代临水建筑或码头的岸边有木桩若干埋于泥土之中，可为佐证。尽管使用木桩加固地基并不理想，但其做法反映了当时的匠师已认识到打桩可以固基的道理。

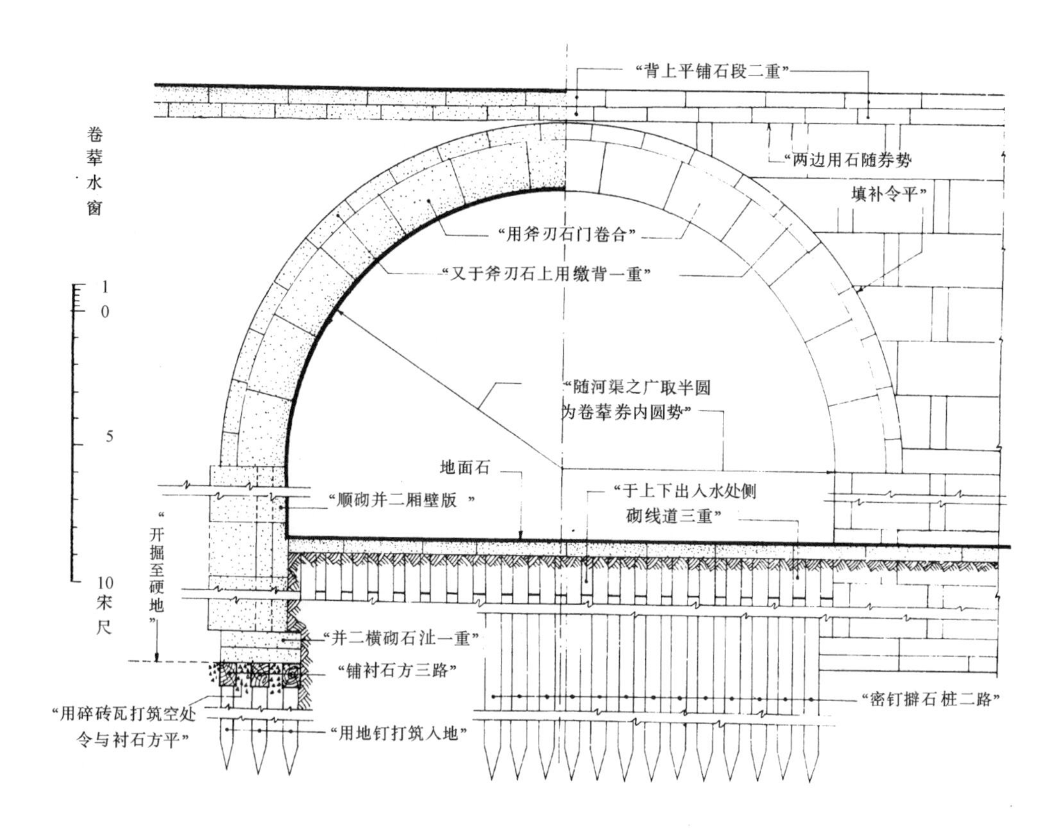

图 12-41 《法式》卷輂水窗地基做法图

图 12-42 金中都水门遗址中的木桩

图 12-43 《水殿招凉图》

四、砖石材料加工技术的发展

从文献和实物可看出这一时期对砖石加工技术已有完整的施工程序，如石料的开采、粗加工、细加工到成品，所经工序一一录入《法式》。砖瓦的制作从合泥、制坯、到烧窑、出窑后的再加工，也都显现出已具有一套制度。据浙江出土的几件宋代陶制兽件看，其泥胎细腻，表面光滑，正是这种技术水平的佐证（图 12-44）。除此之外，值得进一步指出的是对异型砖的制作技术，已达到相当高的水平，例如在佛塔中出现的巨大雕砖壁面佛像，均靠多块小砖拼筑而成，人物面部造型，起伏准确，衣纹精美洒脱。须弥座上有多处佛教人物故事及花卉砖雕，也处处做得极其完美（图 12-45）。有的塔体带有重楼、城阙、垂莲吊柱、飞廊阁道、天宫楼阁等雕饰，也均由多块小砖拼砌出来，见不到变形或色泽不匀，其烧砖水平之高超令今人赞叹。砖的砌筑水平与此同步发展，处处一丝不苟，因之才能准确砌出80余米之高塔。砖发券技术不仅在陵墓中广泛使用，而且发展到地面建筑，在厚壁筒体的宋塔中曾使用筒券为楼梯空间顶部结构，更有以筒券做城门洞者，如四川金堂佛顶山石城，为南宋末抗元所筑，是现存筒券城门的最早遗物（图12-46）。

图12-44① 浙江出土宋代陶兽 之一

图12-44② 浙江出土宋代陶兽 之二

图12-44③ 浙江出土宋代陶兽 之三

图12-44④ 浙江出土宋代陶兽 之四

图12-44⑤ 浙江出土宋代陶兽 之五

图12-45 朝阳北塔佛像砖雕

琉璃砖瓦的烧制技术也有较大提高，北宋开封祐国寺塔通身用琉璃面砖及瓦顶（图12-47～12-49），在大型木构建筑中使用琉璃作屋面或剪边，山西的一处不大的寺院已是“椽铺玳瑁，瓦甃琉璃”了[4]，仅山西一省现存宋金琉璃的建筑已有14处（详见表12-2）。这足以说明琉璃使用之普遍，同时从一些实物也可看出琉璃烧制水平。如上华严寺大雄宝殿，金天眷二年（1139年）补配的北部鸱尾，高4.5米，宽2.8米，由八块拼合而成。下华严寺薄伽教藏鸱尾为金大定二年（1162年）补葺，高3.5米，宽2.1米，由11块拼成。崇福寺弥陀殿，金皇统六年（1146年）所做鸱尾、垂兽、戗兽、脊刹等皆保存下来，其中鸱尾由20余块拼成，高3.5米，宽3.2米。这些大的鸱尾由多块拼合，必须使花纹、色彩均保持同一烧制效果，才能取得拼合后的统一效果，技术上具有相当的难度，西夏王陵出土的一个琉璃鸱尾，高1.52米，宽58厘米，厚32厘米，完全做成整体，更反映琉璃烧制的技术之较高水平（图12-50、12-51），同时，从这些琉璃饰件所反映的琉璃色泽多样、均匀、鲜亮等方面皆具相当水平。说明琉璃烧制技术已日臻完善。

图12-46　四川金堂石城城门筒券

图12-47　开封祐国寺塔上的琉璃砖之一

图12-48　开封祐国寺塔上的琉璃砖之二

图12-49　开封祐国寺塔上的琉璃砖之三

山西宋、辽、金建筑中所存琉璃一览表 表 12-2

建筑名称	建筑或瓦饰年代	瓦件	鸱尾	脊兽	其他	备注
太原晋祠圣母殿	天圣年建（公元 1023～1032 年）崇宁元年重修（公元 1102 年）	少量筒瓦				
介休后土庙	元祐二年建（公元 1087 年）	少量筒瓦				
太原芳林寺	熙宁二年建（公元 1029 年）			蹲兽黄绿海狮二枚		
朔州崇福寺弥陀殿	金皇统六年（公元 1146 年）烧制瓦件	瓦件勾头滴水	鸱尾	垂兽、戗兽、背兽	脊刹及刹前武士	
绛县太阴寺大雄宝殿	金大定二十年建（公元 1180 年）			垂兽四枚		形状与崇福寺者同
大同上华严寺大雄宝殿	金天眷二年（公元 1140 年）		北侧鸱尾			
大同下华严寺薄伽教藏	金大定二年（公元 1162 年）		南、北鸱尾			
高平定林寺雷音殿	金泰和四年十一月（公元 1204 年）			垂兽垂脊上飞马	塔式脊刹	年代据脊刹边缘处题记
晋城玉皇庙后大殿	金泰和七年（公元 1027 年）重修时遗物	瓦件勾头滴水		后坡垂兽	正脊中央狮子，侧脊“二十八宿”仙人	年代据重修碑文
永济普救寺、繁峙岩山寺、长子法兴寺、平顺龙门寺、浑源大云寺						皆存瓦件或兽件

注：本表据柴泽俊《山西琉璃》一书整理而成，文物出版社，1991 年 5 月。

图 12-50 大同上华严寺大雄宝殿鸱尾

图 12-51 大同下华严寺薄伽教藏殿鸱尾

注释

[1] 苏州瑞光塔现代重修时，经科学考据后艺术效果尚佳。

[2] 明李濂《汴京遗迹志》卷1，宋京城（嘉庆二十五年刊本）。

[3] 洪迈：《容斋随笔》卷11，宫室土木（四部丛刊本）。

[4] 北汉天会十四年（970年）《洪山寺重修佛殿记》碑，洪山寺在山西介休。

第四节　建筑装饰雕刻

建筑装饰是表现建筑艺术的一个重要方面，它较容易反映出每个时代人们的审美理想。它与相关艺术，如绘画、雕刻和工艺美术的关系更为密切，因而更直接地反映出这个时代总的艺术风格。《营造法式》曾对与建筑装饰有关的各个部分，例如屋顶、门窗、台基栏杆、彩画、石刻等的形制、做法、尺度都有比较具体的制度。而且这个时期留下的建筑装饰资料也比整体建筑要多，从地上实物，地下墓室，绘画、雕刻中均可认识它们的形象，从而能够进一步掌握宋、辽、金时代建筑艺术的总面貌。

一、屋顶装饰

宋代的大型建筑喜欢用九脊顶，它比起四阿顶形象要丰富得多，它比庑殿顶多四条屋脊和两个山花面，因此装饰的部位与可能性就比庑殿顶要多。

屋脊上的鸱尾是屋顶上的重要装饰。《汉纪》“柏梁殿灾后，越巫言海中有鱼虬，尾似鸱，激浪即降雨，遂作其象于屋，以压火祥。”道出了这一装饰物的来历。

在《营造法式》卷十三瓦作制度中专门写有“用鸱尾之制”，但是在这章里只写了各类房屋上用鸱尾的高度，例如“殿屋八椽九间上以，其下有副阶者鸱尾高九尺至一丈（若无副阶高八尺），三间至七间高七尺至七尺三寸，三间高三尺至五尺五寸。”从最大的九间以上的殿堂，到楼阁、殿挟屋、廊屋、小亭的鸱尾都规定有明确的高度大小，并且还有在多高的鸱尾上该用铁脚子、铁束子，该安抢铁、五叉拒鹊子等的规定，但通篇却没有鸱尾形象的说明。从现存的宋、辽、金建筑上的鸱尾和宋画中建筑上的鸱尾，可以看到这个时期鸱尾的形象大体上有如下几个特点：一是造型比以前时代的更丰富了。唐代鸱尾是身、尾朝上，头在下，张嘴吞脊，但鸱尾身上只在沿外边有鱼鳍，身上较少装饰，而宋、辽、金时期的鸱尾除边沿有鱼鳍外，身上也满布鱼鳞，头部的嘴、眼和鱼尾也比以前细致了。因而常被称之为鸱吻，其整体形象有稍高的呈矩形，也有稍矮的近于方形者。二是鸱尾的形象从鱼向龙转化。到了宋、辽、金时期，这种鸱吻的头部造型越来越似龙头（图12-52-1），这种现象在宋画《瑞鹤图》和独乐寺山门、大同下华严寺壁藏上的鸱吻上都可以明显地看到，鼓出的眼，头上的角和须，身上的鳞都和当时龙的造型一致。三是在一些地方建筑上出现了更为生动的鸱吻造型。福建泰宁甘露庵蜃阁的鸱吻头部已经有了龙的形象（图12-52-4），有趣的是它的尾部却做成鸟头形象，尾尖为鸟嘴，其后有眼有羽翅，造型妥帖自然。山西朔县崇福寺弥陀殿上的鸱吻完全由一条龙盘卷成鸱吻形（图12-52-5），龙头在下，张嘴吞脊，上有龙身、龙腿、龙爪，身上满布鳞片。在《大唐五山诸堂图》中所表现的南宋金山寺佛殿和何山寺钟楼上的鸱吻完全是一条鱼（图12-52-6、12-52-7），鱼嘴含脊，鱼身弯曲向上，具有很强的动态。自从汉代建筑将鸱尾安上了屋脊之后，它的造型似乎就没有一个统一的形式，所以在《法式》里也没有关于鸱尾形象的具体说明。如果说在宫殿、寺庙建筑上的鸱尾还多少有些相似的造型格式的话，那么在各地方建筑上，其鸱尾的造型则更为多样，写实的鱼形，程式化的鱼形，鱼龙混合形，直至完全脱离了“鱼”的造型。

九脊顶比起四阿顶除了多出四条屋脊外，还多有两个山花面，在这山花面上有悬鱼和惹草的

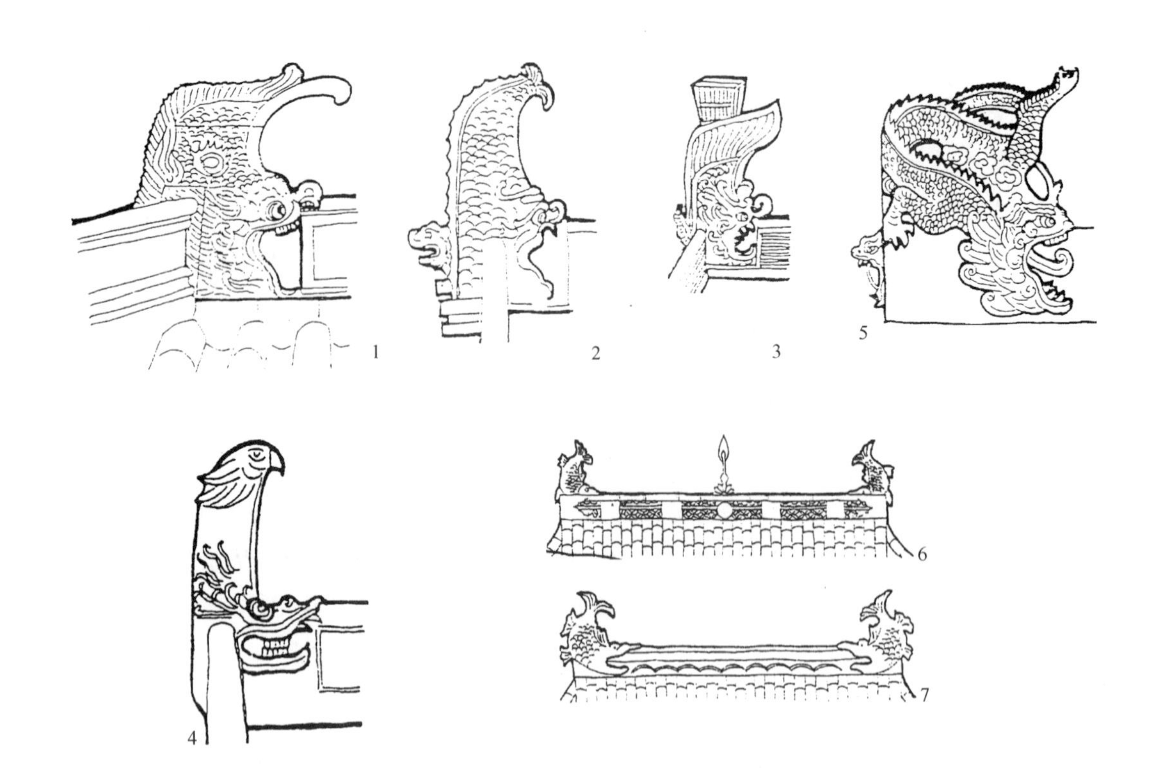

图 12-52 宋辽金时期的鸱吻
1. 蓟县独乐寺山门鸱吻； 2. 大同下华严寺壁藏鸱吻；3. 宋画瑞鹤图鸱吻； 4. 福建泰宁甘露庵蜃阁鸱吻；
5. 朔县崇福寺弥陀殿鸱吻；6. 金山寺佛殿鱼形吻； 7. 何山寺钟楼鱼形吻

装饰，这种装饰也同样用在悬山屋顶的山面上。关于悬鱼（或称垂鱼）和惹草，《法式》卷七有专门的说明与规定："凡垂鱼，施之于屋山搏风版合尖之下；惹草施之于搏风版之下，搏水之外"（图 12-53）。这是指明了它们在山面搏风版上的位置；从构造上看，搏风版左右两部分都在合尖处拼接，在这里安垂鱼能起到加固拼接合缝的作用；当然主要还是为了装饰。惹草则落在槫头上，起遮朽的作用，而同时又具有装饰性。《法式》规定了"垂鱼长三尺至一丈，惹草长三尺至七尺，其广厚皆取每尺之长积而为法。垂鱼版：每长一尺，则广六寸，厚二分五厘。惹草版：每长一尺，则广七寸，厚同垂鱼"。垂鱼，惹草的尺寸随着建筑的大小有一个很大的伸缩余地，但它们的长宽比例规定了分别为 10∶6 和 10∶7。关于垂鱼、惹草上的装饰花纹在"造垂鱼惹草之制"中指明，"或用华瓣，或用云头造。"从实例看，宋画《滕王阁图》、《黄鹤楼图》和金代岩山寺南殿壁画中建筑上的垂鱼、惹草造型比例皆与法式规定基本相符，从外部轮廓看，它们的装饰花纹也像是由华瓣和云纹所组成（图 12-54①②）。在装饰中，华瓣和云纹并不一定都单独使用，这两种花纹往往会合并使用而组成比较华丽的纹饰，这类例子在敦煌壁画和一些石刻雕饰中均可见到。在这个时期的建筑上尚存有垂鱼和惹草的实物。不过它们是后世补配的[1]，因此与《法式》所记不同。如河南登封少林寺初祖庵大殿上的垂鱼（图 12-55），其比例较《法式》规定的要瘦长；山西长子县法兴寺大殿悬山屋顶上的垂鱼（图 12-56），造型很值得注意，它上面的装饰纹样虽已分辨不清，但就其外形来看却很像两条鱼，头在上，尾在下，悬挂在搏风版合尖之下。"垂鱼"名称之由来，想必应该是鱼垂悬于搏风版下而得之，为何要在此处挂鱼，它是否与设鱼虬之像于屋顶以厌火祥有类似的象征意义。有关法兴寺大殿本身的建造年代没有确切记载，只有殿内塑像为北宋政和元年（1111 年）所造，因此可以推知此殿建造年代不会早于宋，从搏风版的形制看，比宋更晚，也就是说垂鱼真正为鱼形者尚未见到早期实例，但并不能证明当时垂鱼就没有鱼形的例子，因为在后世的民间房屋上，各种鱼形的垂鱼用得不少，宋代以及早于宋代的地方建筑上想来也应该有真正鱼形的垂鱼，否则垂鱼或者悬鱼名称之由来就不可思议了。

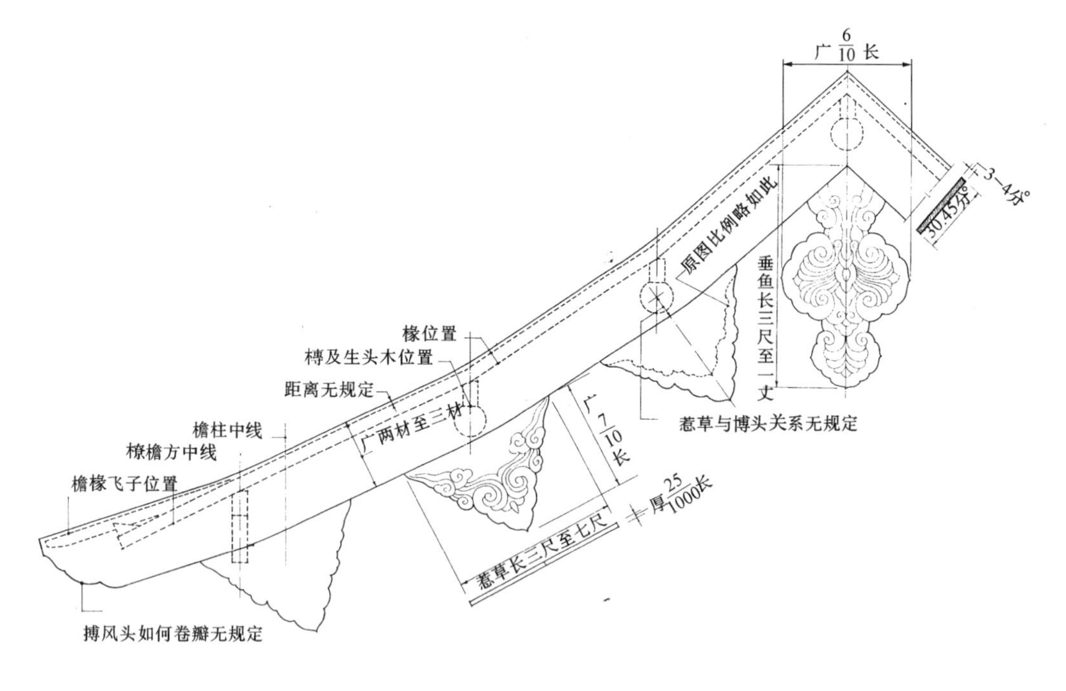

图 12-53 《营造法式》悬鱼·惹草

图 12-54① 宋画黄鹤楼中的悬鱼·惹草

图 12-54② 宋画滕王阁中的悬鱼·惹草

图 12-55 登封少林寺初祖庵大殿悬鱼·惹草

图 12-56 长子县法兴寺大殿悬鱼·惹草

二、石雕装饰

宋、辽、金时期的建筑中石雕装饰用得比较广泛，凡是建筑上用石料的部分，往往多在表面加以雕刻美化。例如立柱下面的石柱础、大殿的台基，台基四周和桥上的石栏杆，佛像下面的基座，石碑碣、上马台、夹幡竿的颊竿石等等，都可以发现在它们的上面做了各式各样的雕饰。

1. 柱础

《法式》卷三石作制度中，曾将柱础作了概括地描述："造柱础之制：其方倍柱之径，方一尺四寸以下者，每方一尺，厚八寸；方三尺以上者，厚减方之半；方四尺以上者，以厚三尺为率。若造覆盆，每方一尺，覆盆高一寸；每覆盆高一寸，盆唇厚一分。如仰覆莲花，其高加覆盆一倍。如素平及覆盆用减地平钑、压地隐起华，剔地起突；亦有施减地平钑及压地隐起于莲瓣上者，谓之宝装莲华"（图 12-57）。在这一段文字中，既说明了石柱础的形制及各部分的尺寸关系，又列举了几种柱础上的雕饰手法。从这个时期留存下来的石柱础看，大多与法式上所说的形制相符。柱础石上为什么要有覆盆，覆盆与木立柱相接处还有一小层盆唇，而且对它们的厚薄也有了相应的规定。从力学的观点来看，这一层覆盆并非必要，但从石柱础的造型来看，这覆盆恰恰是由圆柱到方础石的一个过渡，在视觉上使之不感到生硬和突然，尤其是那一层盆唇，又是覆盆与圆柱之间的一个小过渡，使它的造型更显细致与完美。值得注意的是，柱础石上的雕刻装饰恰恰多集中在最引人注目的覆盆这一部分上，正是由于覆盆上雕饰花纹的不同而形成了丰富多采的柱础形式。

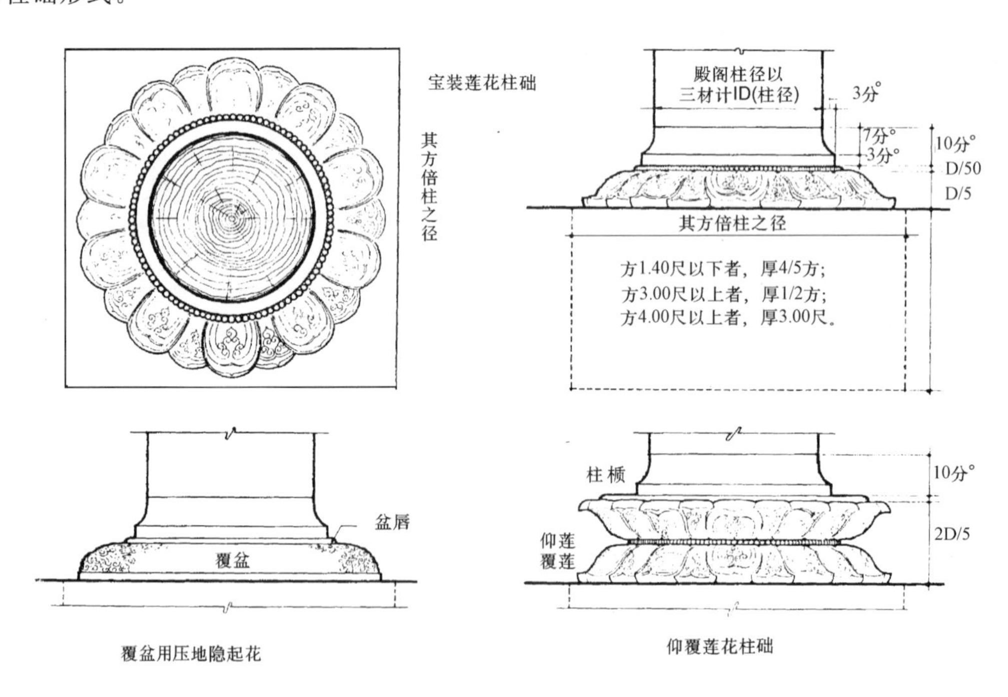

图 12-57 《营造法式》柱础图

柱础上的雕饰华文，在《法式》的石作制度中记有 11 品。从现存这时期柱础来看，所列十一种花饰可以说包括得比较全了。有的在一个柱础上，用的只是一种花纹，以常见的牡丹花和莲花用得最为普遍（图 12-58）。有的一个柱础上用的却是由多种纹样组合成的花饰，在山东长清灵岩寺大殿的柱础上用的是龙和水浪组合成的龙水纹饰（图 12-59）；苏州罗汉院大殿柱础上有用牡丹花与化生童子组合成的纹样。即使用某一种华文作装饰，也会有多样的形式；同是牡丹花，它们的构图、花样却有不同。柱础上用得最多的莲花，它的形式更加丰富。有用莲荷组成花带，用压地隐起的手法雕在覆盆上的；有将整座覆盆做成一周莲花瓣形式称为铺地莲花的；有将两层莲瓣上下相叠而成仰覆莲的；有在莲瓣上又加雕饰的宝装莲花，再加上莲花造型上的差异，雕法上的不同，式样更显多样（图 12-60）。

图 12-58① 写生华柱础

图 12-58② 莲荷华柱础

图 12-59① 龙水纹柱础

图 12-59② 罗汉院大殿牡丹华带化生童子柱础

图 12-60-1 素覆盆柱础

图 12-60-2 宝装莲花柱础

有些建筑在一座大殿众多的立柱下，柱础上的雕饰并不都一样。山东长清灵岩寺大殿柱础有用龙水纹、水浪纹，也有用莲瓣作装饰的。苏州角直保圣寺大殿柱础有用铺地莲华、宝装莲华和牡丹化生作装饰的。苏州罗汉院大殿的柱础，有的在覆盆上面还有一层石柱櫍，或在覆盆表面有压地隐起的牡丹花，也有不加雕饰的素覆盆。柱础上面的柱櫍有呈八角形的，有呈莲瓣形的（图 12-61）。一般来说，木柱易朽坏需要更新，而石柱础却不易损坏而得以延用，所以这些具有不同雕饰的柱础应该还是宋代初建时期的原物。当然也不能排除初建时即利用旧物。这些多样柱础的使用说明当时已经将柱础作为一个重要的装饰部位而加以细心经营了。

图 12-61 素覆盆带八角櫍柱础

2. 阶基

石阶基多用作重要殿堂建筑的台基，或佛塔、佛像的基座。带有石雕的阶基主要出现在须弥座中，例如福建泉州开元寺石塔的阶基（图 12-62、12-63）和河北正定隆兴寺大悲阁内的佛坛。须弥座是由印度随着佛教传入中国的。佛教称“须弥座”本是须弥灯王的佛座，在《维摩诘经》中《不思议品》称“东方度三十六恒河沙国，有世界名须弥相，其佛号须弥灯王”。这种基座传入中国后扩大了它的使用范围，被作为一种讲究的基座形式。经过不断地应用，须弥座逐渐有了它自身比较固定的形制。《法式》石作制度曾有殿阶基式样，它们由上、下方和中间的束腰组成，在方和束腰之间有枭混线脚作为过渡。

在须弥座的各部分多有雕饰。宋画《维摩演教图》中文殊菩萨坐的石座（图 12-64）可以说是这一时期典型的须弥座。它的上、下方雕着卷草纹，上、下枭混部分是仰覆莲瓣，束腰用回纹作

图 12-62 泉州开元寺镇国塔须弥座、阶基

图 12-63 泉州开元寺仁寿塔须弥座细部

图 12-64 《维摩演教图》中的须弥座

边饰，里面雕着水浪纹，束腰角上有花瓶形束柱，甚至在石座的面上也布满了雕饰。现存的福建泉州开元寺石塔下的须弥座也是几乎充满了雕饰。下方雕的是连续卷草纹，上、下枭混线是仰覆莲瓣，束腰部分则是一幅幅由人物或花草组成的画面，它们中间由带节的小束柱间隔，在转角处雕有力士像，屈身跪地，用肩扛着上面的重量。正定隆兴寺大悲阁殿内的佛座高达 2.2 米，束腰部分是一个个壶门，壶门内雕有乐伎像，在各壶门之间和基座的转角处都有力士和蟠龙做成的小柱。可贵的是这些乐伎、力士和蟠龙，它们的形象无一雷同，组成了一幅生动繁漪的舞乐场景（图 12-65～12-68）。尤其值得注意的是这座台基上的力士雕像，它们或在束腰的转角，或在束腰的中间，有的双腿着地，肩扛着基座上方，双手撑在腿上，用力支撑着石座的重量；有的单腿跪地，低着脑袋以肩顶着上方；所有这些力士都瞪眼咧嘴，浑身肌肉突出，在这里，艺匠们用艺术夸张的手法，使这些石人形象表现出极大的力度，从而加强了石人的艺术感染力（图 12-69、12-70）。从这些力士雕像上可以看到这个时期的石雕既继承了唐代讲求整体神态塑造的艺术风格，又表现了宋代艺术追求写实的现实主义创作特点。

图 12-65　正定隆兴寺大悲阁佛坛舞伎像一

图 12-66　正定隆兴寺大悲阁佛坛舞伎像二

图 12-67　正定隆兴寺大悲阁佛坛乐伎像一

图 12-68　正定隆兴寺大悲阁佛坛乐伎像二

阶基除了在基座上有雕饰外，在阶基面上的四个角也有石雕装饰。天津蓟县独乐寺观音阁大殿阶基四角的角石上，各有一头狮子雕刻（图 12-71），用的是剔地起突雕法，狮子伏在地上，狮身曲屈，四肢卷伏，狮头微扬，尾拖地，带有强烈的动态感。雄狮前有一绣球，绣球四周连着飘带，呈滚动之势。雌狮前有一幼狮，对着母体作嬉戏状。这一对石狮，体态不大，也不像普通大门两旁和陵墓前的石狮那样蹲立在石座上，但它们仍表现出了狮子的威武气慨。狮子作为兽中之王，被用在重要建筑大门两旁和陵墓之前作为护兽，可以增添主体建筑的威势，在阶基四周的石狮或者其他兽类，也同样起着这种作用。

图 12-69　正定隆兴寺大悲阁佛坛力士像一

图 12-70　正定隆兴寺大悲阁佛坛力士像二

图 12-71　蓟县独乐寺观音阁殿阶基角石狮

3. 钩阑

钩阑即栏杆，用在阶基周边和石桥的两旁乃至石塔四周。早期的钩阑多用木制，在宋画中能见到多种式样的钩阑（图 12-72）。比较简单的是在两根木望柱中间安儿根横木的卧棂栏杆，望柱上下都有些装饰；比较讲究的是寻杖栏杆，在望柱的上面要有通长的扶手，称为寻杖，下面有盆唇、地栿，由盆唇、立柱、地栿组成的方框中，用木条拼成各式纹样，或用整块木板加以雕刻作花饰，显得很华丽，成为一座建筑中既有实际功能又起到装饰作用的重要部分。但是露天的木栏杆经不起日晒雨淋，很容易受到腐蚀而损坏，所以逐渐被石栏杆所代替。宋代的石栏杆在《法式》的石作制度里叙述得比较具体，从形制、尺寸大小、到花饰纹样都有明确的规定。按《法式》来看，宋代的石栏杆上面的雕饰比较多，望柱头上有蹲兽；望柱身、大小华版上都雕满了各式华文；瓶状的瘿项和云纹组成的云栱本身就是一件雕饰品。单钩阑虽比重台钩阑简单，但八角形的望柱头上仍安有蹲兽，万字纹的华版和盆唇上的撮项云栱，使整座栏杆简洁而不单调，华贵而不繁褥。可惜地是这时期留存下来的实物很少。浙江绍兴宋代的八字桥石钩阑是一种民间比较简单的式样，虽不能代表这个时期的雕饰水平，但其构成骨架却与《法式》钩阑制度相同（图 12-73），而有些民间建筑使用的石钩阑比《法式》简化了许多，如泉州开元寺石塔塔基栏杆，只有望柱、寻杖、地栿和实心栏版，减掉了盆唇、蜀柱、云拱、瘿项。

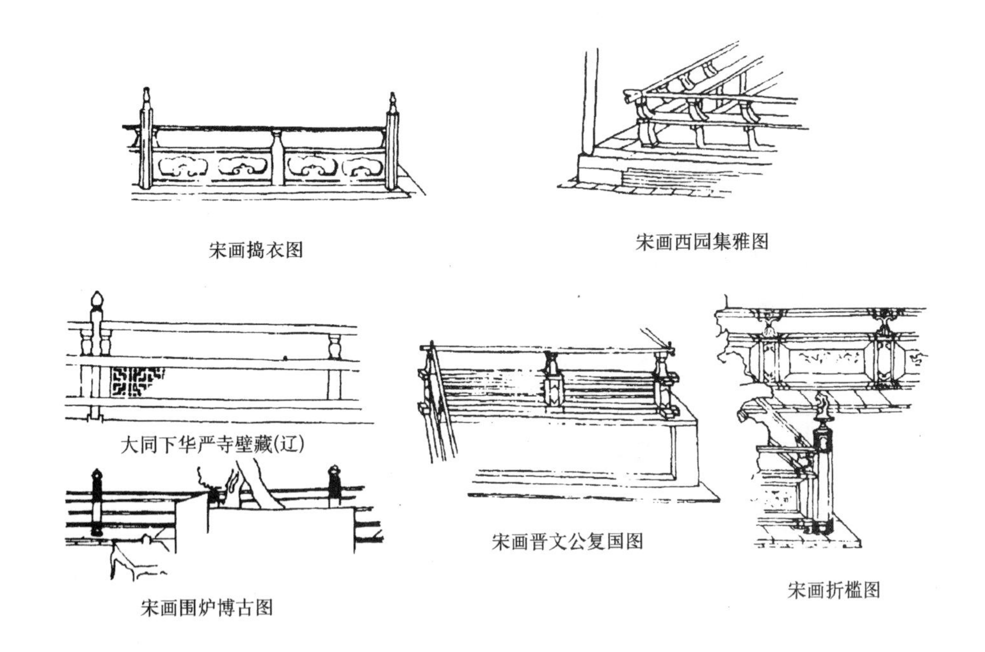

图 12-72 宋画中的木栏杆

图 12-73 绍兴八字桥石栏杆

4. 碑碣

宋、辽、金时期的碑碣留下来的不少，从它们的形制看，与前朝的唐碑可以说没有什么不同。石雕装饰集中在碑头和基座部分，有时在碑身的两个侧面也雕有边饰。碑头多呈圆弧形，用六条盘龙组成，龙头在下，龙身、龙肢相互交错在一起，中央留出篆额天宫。碑身正侧两面边饰多采用减地平钑手法，雕出华纹图案，登封中岳庙宋碑碑身侧面海石榴纹，尽管雕刻只有浅浅的一层，但纹样飘逸洒脱，异常精美。碑下基座称鼇座，其形象是一只龟身负驼峰石，承受着整座碑身的重量（图 12-74）。如果从风格上来看，宋碑的石龟比早期的要显得略为清秀。在《法式》里，将石碑的形制也作了规定，碑下为鼇座，中为碑身，上为碑首。在碑身与碑首之间还有一层云盘相隔，云盘上雕满了云纹，它代表了这个时期石碑的典型形制，造型端庄，雕饰适度而得体（图 12-75）。

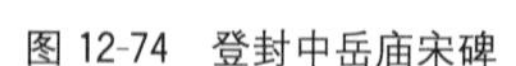

图 12-74 登封中岳庙宋碑

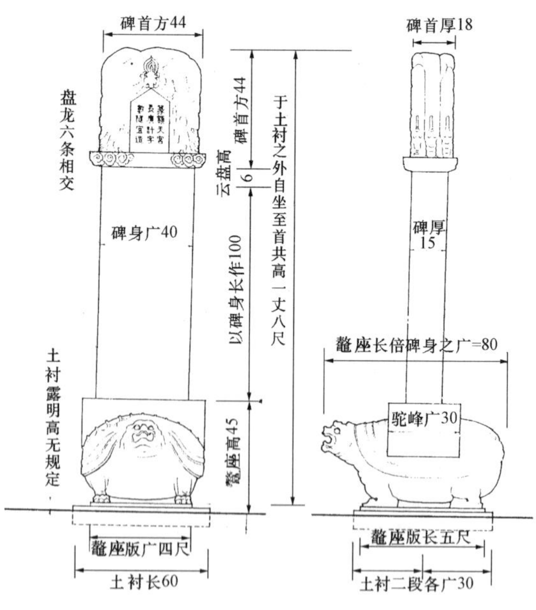

图 12-75 《法式》中的宋碑

5. 马台

马台是供上马时踏脚用的石台，作二级或多级踏步状。这种马台自然多设在宫殿、陵墓和品官们的住宅门前，因此台上多附有雕饰。河南巩县宋陵前的马台采用剔地起突手法，于顶面和侧面皆雕龙纹，但几个面的构图不同，石雕顶面方形之中嵌一圆形，中央雕一行走之龙，而龙头置于圆心位置，龙身向下与双脚蹬地的前腿相连，作行走之势，龙尾与后腿则上扬，甩过头顶，整个龙身曲线刚劲有力。马台侧面雕云、龙纹，龙身采用回首姿态，后腿用力踩着云朵前行。龙的动态生动活泼，与云纹配合得深浅得体。

三、砖雕装饰

宋、辽、金时期的砖雕装饰遗物集中在地面上的塔和地下的墓室里。砖雕手法与石雕的四种手法相似，只是构件稍大者需用多块拼成。拼装工艺的好坏，对作品的艺术效果有一定的影响，但多数作品制作精良，有的虽经数百年风雨剥蚀，仍棱角分明，起伏有致，具有很好的装饰效果。

1. 砖塔上的雕饰

这可以散布在北方广大地域的辽、金密檐式砖塔为代表。在密檐式塔下面的基座和塔身两个部分的雕饰最多（图 12-76～12-79）。塔身部分，不论是四边形塔还是八边形塔，每一个面都成为一个独立的装饰面。通常形式是中央有佛或者菩萨像，盘腿端坐于莲花宝座之上，左右各有胁侍，佛像上方有宝盖，有的还有飞天。在比较宽的塔身面上菩萨像的两边还加有密檐小宝塔的雕刻，塔身面窄的就只有一座佛像。所有这些菩萨、胁侍像、飞天、宝盖、小宝塔都是用砖雕成，突出于墙面之外。有的在砖外还抹了白灰面层，在白灰上施彩绘，其实这样反倒失去了砖雕的艺术特点。砖塔上的这种布局在早期石窟寺中常能见到，例如在云岗第 21 窟的塔心柱上，每一层的各个开间里都雕有佛像。在山西太原天龙山石窟第三窟中，正面及侧面窟壁上也是这种佛像居中的布置方式。因为这类塔心柱或石窟正面的壁面雕像都是信徒们顶礼膜拜的主要对象。后来寺院建起了大殿，殿内放置佛像，代替了早期佛塔在寺院中居中的地位，佛塔退居到寺后或者寺旁。所以唐塔身上少有佛像布置。但是辽、金时期，在砖塔上又出现了这些佛像居中的布置。并赋予其新的文化内涵，例如北京天宁寺塔，“塔身

图 12-76 辽宁北镇双塔基座

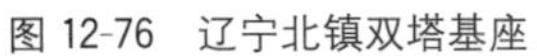

图 12-77 辽金砖塔塔身
1. 易县双塔庵东塔（金）；2. 涿县普寿寺塔（辽）

图 12-78 辽宁朝阳南塔局部

塑像是按《圆觉经》布置的圆觉道场”[2]。

塔的基座也是雕刻装饰集中的部分（图 12-80、12-81）。基座多数都由一层或者两层须弥座组成。须弥座束腰部分有壶门，上面有斗栱托起平座，平座之上有三层莲瓣，莲瓣之上为塔身。这种装饰在石材砌筑的基座上也常见到。壶门是指束腰上凹入壁体的小龛，为什么叫壶门，按《集传》说：“壸，宫中之巷也，言深远而严肃也。”也许就因为这些龛深入墙壁，里面所雕的人物或其他，有着深层的寓意，而且在束腰上整齐地排列，所以含有“深”及“严肃”之意，故称之谓壸门。北京天宁寺塔基座上的壸门里面，各有一狮子的头和伸在前面的两条腿，仿佛正欲从门中跃出，具有一种动态感（图 12-82）。辽宁朝阳凤凰山塔基座上的壸门里各有不同的雕像，其中有端坐的菩萨，有击鼓、吹笛的乐伎，有翩翩起舞的舞伎，姿态各异，在基座上组成一幅欢乐的佛国世界图景（图 12-83）。

这一时期在南方留下一批楼阁式塔，采用砖塔心与木构外檐相结合，砖塔心部分不有少雕饰如今还保存得相当完整。例如浙江杭州六和塔，其外檐木结构为清末重建，但它的砖筑塔心部分仍是宋代的原物，在每一层的塔心须弥座上几乎都有砖雕装饰。这些砖雕形式多样，内容丰富，图面丰满华丽，构图规律明确（图 12-84～12-99）。从这些装饰的母题来看，可以分为植物、动物、

图 12-79　朝阳无垢净光禅师塔局部

图 12-81　朝阳南塔基座

图 12-80　北京天宁寺塔基座

图 12-82　北京天宁寺塔壸门

图 12-83　朝阳凤凰山塔基座砖雕

人物和几何图案几种类型。植物类型中有牡丹、莲荷、菊、石榴、橘、茉莉、黄花等，其中以牡丹、莲荷用得较多。动物图案中有麒麟、狮子、鹿、蝙蝠、孔雀、飞鸽、飞鱼等。这里的人物图像主要是飞仙，他们身披飘带，有的在拉琴，有的在击鼓，有的吹奏乐器，看来是一群乐伎。在几何形纹饰中，种类并不多，仅用直线、斜线组合成图案，在束腰上连续展开。从这些装饰的组合来看，在比较长的束腰上，两头有如意形花纹作为开端，中间可称作束腰心。在这一部分，有用同样的植物卷草、团花等距离排列的；有用不同式样的花草纹等距离排列的；有用飞天与云纹相间排列的。在较短的束腰上，只有它的中心位置用较复杂的组合团花作装饰。

这种须弥座束腰上的装饰是由多块砖拼合而成，一块砖上有一雕花，砖的高度皆相当于束腰之高，而宽度则以雕饰的大小而定，植物团花比较小，人物、飞天比较长。这种方法在制作上比较方便，一种母题一个尺寸，可以成批地重复生产。在组合上也比较自由，可以由创作者随意选用而组合成多种不同式样的束腰装饰。

砖塔心中，除于须弥座上加雕饰之外，还有的在壁面上雕出画幅，如虎丘塔；有的用砖雕成平棊，如料敌塔；有的雕成藻井，如苏州报恩寺塔，甚至雕出梁枋彩画的轮廓，如虎丘塔。凡此种种，大体不越木构建筑装饰之蓝本。

2. 墓室中的砖雕

在前面的陵墓部分已经说到，宋、辽、金时期，有大量民间的坟墓留存下来，这些墓，许多都是全部用砖筑造，但是它们的结构却不是像汉墓那样，用大块长方形砖做墓壁和墓顶，而是用

图 12-84 杭州六和塔须弥座砖雕（植物）之一

图 12-85 杭州六和塔须弥座砖雕（植物）之二

图 12-86 杭州六和塔须弥座砖雕（植物）之三

图 12-87 杭州六和塔须弥座砖雕（植物）之四

图 12-88 杭州六和塔须弥座砖雕（植物）之五

图 12-89 杭州六和塔须弥座砖雕（植物）之六

图 12-90 杭州六和塔须弥座砖雕（植物）之七

图 12-91 杭州六和塔须弥座砖雕（植物）之八

图 12-92 杭州六和塔须弥座砖雕（植物）之九

图 12-93 杭州六和塔须弥座砖雕（动物）之十

图 12-94 杭州六和塔须弥座砖雕（动物）之十一

图 12-95 杭州六和塔须弥座砖雕（动物）之十二

图 12-96 杭州六和塔须弥座砖雕（动、植物）之十三

图 12-97 杭州六和塔须弥座砖雕（动、植物）之十四

普通砖完全模仿木结构的形式砌造，有立柱、横梁，梁下有斗栱，屋顶有藻井，四壁用格子门窗。一些宋墓，室内较简单，除表现木结构之外，装修不多，只有版门，直棂窗之类，有时加上人物，家具，如夫妻对坐。而金代墓室雕饰增多，在门窗、藻井以及四面墙壁、基座上都布满了砖雕装饰，其间还雕有墓主人及侍童侍女，乃至各式杂剧人物。例如山西侯马董氏墓是两座规模很小的金代墓，墓室呈方形，在那不足 5 平方米的墓室中，四壁都布满了各式砖雕。董海墓南面是大门，前室门左右两边各有一屏风，上面雕着凤凰、仙鹤和牡丹花及各式花草。墓北壁分为三间，中央明间设一大几，几两旁坐着墓室男女主人，几上放置果盒；北壁两旁次间各有万字纹格子门一扇（图 12-100、12-101）。董明墓前室壁面也有墓主坐几旁的雕刻，只是将两侧改成屏风，上面雕有孔雀

图 12-98 杭州六和塔须弥座砖雕（人物）之十五

图 12-99 杭州六和塔须弥座砖雕（人物）之十六

图 12-100 山西侯马董海墓前室砖雕

立于牡丹丛中的太湖石上，还有荷花、石榴等花果纹样（图 12-102）。墓室东西两面满刻六扇格子门，格心和裙版上雕满了各种式样的棂格花纹。墓室顶上藻井也布满雕饰，其中有八仙人物和各式花草。由于这些墓室长年深埋于地下，因此这些砖雕保存得都很完整，给我们提供了一大批当时砖雕艺术的珍贵藏品。但其装饰风格繁琐，艺术品位不高。

图 12-101　山西侯马董海墓后室砖雕

图 12-102　山西侯马董明墓砖雕

3. 石雕和砖雕装饰的文化内涵

宋、辽、金时期的石雕、砖雕装饰，题材广泛，有各式人物、禽兽、植物花草、云文、水浪以及各种形式的几何纹样。这些装饰纹样在组合上与前代相比有哪些特点？又包含着哪些特定的内容？概括地说，有如下两方面。

（1）再现世俗生活

这个特点突出地表现在一些地主、品官墓室的砖雕之中。如山西侯马与稷山的金代墓室中，可以说墓室等于是墓主人生前的住宅四合院。主人夫妇坐在北面正房前，两旁有侍童侍女。南面雕有戏台，台上有杂剧演员正在演戏，墓主一面观剧，一面宴饮，连茶几上的食品、酒具都刻画得十分具体而细致。这在白沙宋墓墓室的壁画上也曾有类似的场景，也是男女主人对坐几旁，身后有侍人，几上放有果品与酒具，其所表现的正是墓主日常生活的一幕。这种按照世俗生活塑造艺术品的现实主义创作方法在这个时期已经占有相当地位了。墓室内的四合院两侧则是房屋的格子门窗，再配以门旁的屏风，台下的须弥座。墓顶的藻井，将墓主的豪华生活生动地再现了出来。在雕刻手法上，用剔地起突、压地隐起相结合，大凡人物都用半混作，在有些墓室中甚至将杂剧演员作混作的处理，以突出这些乐俑和舞俑的生动形态。格子门、屏风上的装饰用较浅的减地平鈒，这四周高低不同的雕刻更加强了这座墓室的热闹和富丽的气息。

对墓室加以装点粉饰以象征墓主人死后的生活，这种虽死犹生的观念由来已久。汉墓曾可见到在砖上用线刻人物、禽兽、植物花草，在墓室中搁置房屋、人物、牲畜等明器。它们散置在墓室中，相互之间无有机联系，只具有象征性的意义。隋、唐以后墓室里的明器和各式俑的品种、材料都比过去大大丰富。无论人或兽，其形象概括性强，善于将真实的人和兽加以提炼、简化，有时甚至用漫画式的夸张手法来表现，从而达到了古代明器艺术的高峰。宋、辽、金时期的墓室雕饰与前面各时代相比，至少有两点不同。第一，更加注重整体环境的塑造，把墓室当作一个完整的建筑空间加以布置，它把零散搁置的俑和建筑结合在一起，无论是人物、动物都是这个整体环境中的一个有机部分，是这个生活场面中的一分子。这样，墓室的表现力更强了，它反映墓主人的生活更加逼真了。第二，从人物、建筑的造型来看，这个时期比过去更接近现实。人物的比例、衣着、表情都讲求真实，较少用概括的手法。在河南、山西地区金墓中发现的一批砖雕乐舞俑中，可以看到代表着这一时期典型的砖雕人物形象，其中有吹笛的、击鼓的、拍板的，有手舞足蹈翩翩起舞的，边击鼓边舞蹈的，神态都极自然（图 12-103～12-107）。这些人物的神韵可能比不上汉唐出土的俑，但他们更接近生活，使人感到亲切。墓室中门窗、藻井、屏风、斗栱式样完全模仿木构建筑，各部分尺寸虽相应缩小，但比例合适。墓室虽小，但所形成的建筑空间仍较真实。

图 12-103　山西襄汾金墓砖雕之一

图 12-104　山西襄汾金墓砖雕之二

（2）沿用传统题材

在人物题材的装饰中往往具有的明显的思想内涵，例如山西稷山马村金墓 M1 号墓室北壁有两块砖浮雕，一为“赵孝舍己救弟”，一为“蔡顺拾椹奉亲”，内容是古代宣扬孝行的两个人物故事。有的并没有这种明确的思想含义，例如正定隆兴寺大悲阁佛座以及一些砖塔基座上的力士，在雕刻装饰中往往将他们放在基座的角上，或跪或蹲，用肩扛着上面的重量。

兽类中，龙、凤、虎、狮、象、马、羊、瑞禽、角端都见采用。除了象和瑞禽、角端在前代未见采用以外，其余都是传统的题材。其中以狮子用得比较多，河南巩县每一座皇陵陵门外都有石雕的狮子。在规模不大的砖墓墓室中，有的在墓门两旁也放着砖雕的狮子，甚至在有的砖塔基座的一个个小壶门里还藏着一只只小狮子。狮子在汉朝自外国传入中国后，就以它凶猛的性格而被用来作为护卫兽，所以一般都放在建筑大门的两旁。狮子虽不属四大神兽之列，但是它的作用却比属于神兽的老虎更大，如《兽经》称“狮为百兽之王，每一振发，虎豹折服。”这个时期的狮子造型与唐代相比，形象更接近于真实，狮子的头、身和四肢比例更符合实际而较少应用夸张手法，但就其整体来看却失去了狮子那种凶猛而威武的气势，在总体神态上不如唐代石狮凶猛。但造型更为生动（图 12-108）。

图 12-105　山西襄汾金墓砖雕之三

图 12-106　山西襄汾金墓砖雕之四

图 12-107　河南焦作金墓童佣砖雕

图 12-108　宋陵石狮

在植物花饰中，采用的种类也很多，常见的有宝相、牡丹、莲荷、菊、石榴、茉莉、橘等，其中用得最多的是宝相花、牡丹花和莲荷花。在石柱础、碑边饰及众多的砖雕装饰中多喜用牡丹花纹。唐宋之际世称“牡丹花之富贵者也”，用以象征富贵、吉祥。莲荷作为装饰纹样的题材，比牡丹用得更广泛。由于莲花具有“出污泥而不染”的秉性而千古传颂，用以象征纯洁、清高。在装饰中常见到的莲瓣，是由荷花开放时的花瓣所组成。这种莲瓣装饰在须弥座、藻井、平綦、柱础以及佛像背光上都见采用，而在须弥座及柱础上用得最多。须弥座束腰上下枭混部分多用莲瓣作装饰。佛塔身下由几层莲瓣组成为一个承托的莲座，在佛像下用的也称之为莲座，即所谓的“佛生莲座”。有时又称之为莲台，唐代僧人所著《诸经要集》称“故十方诸佛同出于污泥之浊，三身正觉，具坐于莲台之上”。说明了佛坛或佛像下部使用莲座、莲台的含义。

注释

[1] 初祖庵大殿两山悬鱼墨书题记为清咸丰八年（公元 1858 年）补配。

[2] 王世仁《雪泥鸿爪话宣南》，原载于《宣南鸿雪图志》，中国建筑工业出版社，1997.8。

附录 宋、辽、金、西夏时期建筑活动大事年表

年 代	建 筑 活 动	备 注
公元 918 年	辽建皇都城，后更名为上京	据《辽史》地理志
公元 935～937 年	辽兴建辽宁北镇崇兴寺双塔	
公元 938 年	辽把原唐代幽州城升为南京	
公元 961 年	北宋建成苏州虎丘云岩寺塔	
公元 962 年	北宋太祖赵匡胤下招扩建皇城	据《宋会要》一之一一·东京杂录
公元 964 年	北宋重修河南登封中岳庙	
公元 964～1115 年	北宋陆续修建琼林苑	
公元 968 年	北宋增修东京外城	据《续资治通鉴长编》卷九
公元 971 年	北宋建成河北正定隆兴寺大悲阁	据宋绍圣四年《隆兴寺大悲阁记》
公元 976 年	北宋重修汾阴后土庙	
	北宋重修衡山南岳庙	
公元 976～984 年	北宋修建东京繁塔	
公元 977 年	北宋建成太祖永昌陵	据《宋史》礼制二十五
	北宋建上海龙华塔	
公元 979 年	北宋扩建太原晋祠	
公元 982 年	北宋兴建苏州罗汉院双塔	
公元 984 年	辽重修河北蓟县独乐寺	据朱彝尊《日下旧闻考》卷三十所引《盘山志》
公元 996 年	北宋创建广东肇庆梅庵	据寺内明万历九年黎民表所撰《重修梅庵记》碑
公元 997 年	北宋建成太宗永熙陵	据《宋史》太宗本纪
公元 1003 年	北宋再次重修河南登封中岳庙	
公元 1007 年	辽建陪都中京大定府	据《辽史》地理志
公元 1008 年	北宋增修东京外城	据《续资治通鉴长编》卷六十八
约公元 1009～1030 年间	北宋修建苏州瑞光塔	根据塔身所存宋代砖铭及塔心室北宋佛像题记等文物推断
公元 1012 年	北宋下诏以砖累皇城	据《续资治通鉴长编》卷七十七
公元 1013 年	北宋修建宁波保国寺大殿	据嘉庆《保国寺志》
约公元 1013～1098 年间	辽建成中京大明塔	
公元 1016 年	北宋建成东京玉清昭应宫	
公元 1016 年～1018 年	北宋增修东京外城	据《续资治通鉴长编》卷八十七、卷九十一
公元 1020 年	辽建成辽宁义县奉国寺	据《大元国大宁路义州重修大奉国寺碑》
公元 1021 年	北宋曲阜孔庙增扩殿庭	
公元 1022 年	北宋曲阜孔庙建御赞亭	
	北宋建成真宗永定陵	据《宋史》真宗本纪

续表

年代	建筑活动	备注
公元1023年	北宋增修东京外城	据《续资治通鉴长编》卷一百
公元1038年	北宋修建曲阜孔庙五贤堂	
	北宋建河北赵县陀罗尼经幢	据《赵州志》
公元1049年	辽修建庆州释迦佛舍利塔	根据建塔碑铭记载的工程进度推算
公元1050年	西夏建成宁夏银川承天寺塔	
公元1052年	北宋建成河北正定隆兴寺摩尼殿	根据殿内题记
公元1053～1059年	北宋修建泉州洛阳桥（万安桥）	据《泉州府志》
公元1055年	北宋建成河北定县开元寺料敌塔	据《定州志》
公元1056年	辽建成山西应县佛宫寺释迦塔	据田蕙《重修佛宫寺释迦塔记》
公元1056～1063年	北宋建长清灵岩寺辟支塔	
公元1057年	辽建成锦州大广济寺	
公元1061年	北宋铸造湖北当阳玉泉寺铁塔	据第二层塔身铭记
公元1062年	辽建成大同华严寺	据《辽史》地理志
公元1063年	北宋建成仁宗永昭陵	据《宋史》礼制二十五
公元1067年	北宋建成英宗永厚陵	据《宋史》英宗本纪
公元1068～1077年	北宋建上海淞江方塔	
公元1069年	北宋在东京宫城内修建庆寿、宝慈二宫	据《宋会要》方域一
公元1071年	北宋在东京宫城后苑修建玉华殿	据《宋会要》方域一
公元1074年	北宋在东京宫城内修建玉华殿后的山亭、祥鸾阁、基春殿	据《宋会要》方域一
公元1075年	北宋在东京宫城内修建睿思殿	据《宋会要》方域一
公元1075～1078年	北宋增修东京外城，并大开城壕	据《宋会要》方域一
公元1078年	北宋建浙江鄞县百梁桥	据《鄞县志》
约公元1078～1085年间	北宋建浙江鄞县鄞江桥	据《鄞县志》
公元1079年	北宋修建景县开福寺舍利塔	
	北宋在东京宫城内修建承极殿	据《宋会要》方域一
公元1082年	北宋在东京延福宫内造神御殿	据《宋会要》方域一
	北宋烧制福州千佛陶塔（双塔）	据塔上题记
	北宋再修曲阜孔庙	
公元1085年	北宋建成神宗永裕陵	据《宋史》神宗本纪
公元1100年	北宋建成哲宗永泰陵	据《宋史》礼制二十六
公元1102年	北宋重建晋祠圣母殿及鱼沼飞梁	
约公元1102～1109年间	北宋建四川宜宾旧州白塔	据塔身铭文和题记推断
公元1103年	北宋官方颁发出版《营造法式》	据宋《营造法式》劄子
公元1104～1107年	北宋修建明堂	据《宋会要》礼二四
公元1105年	北宋修建济宁崇觉寺铁塔	
公元1108年	北宋建成安徽蒙城兴化寺塔	据塔身第四、九层碑刻
公元1110年	《营造法式》的编者李诫去世，葬于郑州管城县梅山	据《李诫墓志铭》
公元1113年	北宋建福建福清县龙江桥	据《福清县志》
	北宋扩建宫城，建新延福宫	据《宋史》卷八十五地理志
公元1117年	宋徽宗诏命在全国州府皆建神霄玉清万寿宫，各县仿建神霄下院	
公元1117～1122年	北宋在东京宫城的东北面修建皇家园林“艮岳”	
公元1119～1120年	辽创建北京天宁寺塔	据塔刹内建塔碑记

续表

年代	建筑活动	备注
公元1120年	北宋泉州由砖城改建为石城	据《晋江县志》
公元1121年	北宋修建福建晋江顺济桥	据《怀荫布记》
公元1124年	金始筑都城皇城	
公元1125年	北宋建河南登封少林寺初祖庵大殿	据大殿西山墙所嵌铭记
公元1128年	南宋建泉州开元寺仁寿塔	
公元1128～1143年	金重修大同善化寺	据《西京大普恩寺重修大殿碑》
公元1129年	南宋以临安为行在所，开始临安行都建设	
约公元1131～1162年间	南宋建福建晋江县安平桥	据《安海志》
公元1132年	南宋临安建成大内南门正门及门外东西阙亭、东西待漏院	
公元1132～1134年	南宋高僧宏志正觉主持修建宁波天童寺山门、卢舍那阁及大僧堂	
约公元1132～1162年间	南宋修建泉州玉澜桥	据《福建通志》《读史方舆记要》
公元1137年	金建成山西五台山佛光寺文殊殿	
公元1138年	南宋正式定临安为行都并开始扩建都城	
	南宋修建泉州开元寺镇国塔	
	金加号白城为上京	据《金代故都上京会宁府遗址简介》
公元1138～1151年	南宋修建泉州安平桥（五里桥）	据《石井镇安平桥记》《清源县志》
公元1139年	南宋临安在大内建成慈宁宫	
公元1140年	南宋临安径山寺建成千僧阁	据李邴《千僧阁记》
公元1142年	南宋临安在大内建造文德、垂拱、崇政等殿	
公元1143年	金建成山西朔县崇福寺弥陀殿	
公元1145年	南宋在临安行宫内建造敷文阁、钦先孝思殿	
	南宋修建福建永春桥	据《永春县志》
公元1146年	金改建上京宫殿	据《大金国志》
公元1149年	金修复曲阜孔庙正殿	
公元1150年	南宋修建泉州石笱桥	据《泉州府志》
公元1151年	金下令迁都，并开始扩建燕京城（原辽南京），修建皇城、宫城	
公元1152年	南宋修建泉州东洋桥（东桥）	据《大清一统志》《读史方舆记要》
公元1153年	金正式迁都至原辽南京，改名中都	
公元1153～1158年	南宋净慈寺建五百罗汉殿	据曹勋《五百罗汉记》
公元1154年	南宋临安在大内建造天章等六阁	
公元1155年	金在中都（今北京房山县西北）云峰山下营建皇陵区	
公元1156年	南宋临安在大内建造纯福殿	
公元1158年	南宋临安增筑皇城东南外城及西华门，并在行宫内建福宁殿	
	金建浑源圆觉寺塔	
公元1162年	南宋高宗将原秦桧府邸扩建为德寿宫	
公元1164年	南宋临安在大内建造选德殿（又名射殿）	
	南宋建临安六和塔	
公元1165年	南宋建莆田释迦文佛塔	
公元1165～1191年	金修建山西晋城景德桥	据《凤台县志》

续表

年代	建筑活动	备注
公元1166～1189年	金建正定临济寺青塔	
公元1168年	金建晋祠献殿	
公元1169年	南宋兴建四川邛崃石塔	
公元1169～1173年	南宋修建广东潮州广济桥	据《广东通志》
约公元1169～1201年间	南宋修浙江湖州飞英塔	据内塔第四层题记推断
公元1171年	南宋临安建立太子宫门	
公元1173年	南宋修建泉州顺济桥（新桥）	据《泉州府志》
公元1176～1178年	金出资大修河南登封中岳庙	
公元1177年	南宋修建浙江义乌县吴桥	据《浙江通志》
公元1180年	南宋修建四川江油云岩寺飞天藏	据清代铁钟铸记及《重建云岩寺合山功德碑》
公元1188年	南宋建成高宗永思陵	据《宋史》高宗本纪
	南宋在临安大内建造焕章阁	
公元1189年	金修建燕京卢沟桥	据《金史》河渠志
公元1190年	西夏建贺兰山宏佛塔	
约公元1190～1196年间	金修建河北赵县永通桥	据《畿辅通志》
公元1191～1195年	金修复曲阜礼庙殿堂、廊庑、门、亭、斋、厨等各类建筑360余楹	
公元1193年	南宋宁波天童寺住持虚庵怀敞改建千佛阁	据《天童山千佛阁记》
公元1194年	南宋建成孝宗永阜陵	据《宋史》孝宗本纪、《宋会要》礼三七
公元1196年	南宋临安在行宫内建造华文阁	
公元1200～1201年	南宋重修临安径山寺	据《径山寺记》
公元1201年	南宋建成光宗永崇陵	据《宋会要》礼三七
	南宋在临安行宫内建造宝膜阁	
约公元1201～1204年间	南宋修建绍兴八字桥	据《嘉泰会稽志·桥梁》
公元1205年	金建山西原平普济桥	据当地州志
约公元1208～1224年间	南宋修建泉州金鸡桥	据《泉州府志》
公元1213年	南宋修建浙江义乌古月桥	据顶部桥面板侧面题记
公元1225年	南宋建成宁宗永茂陵	据《宋史·宁宗本纪》
公元1226年	南宋临安大内建造宝章阁	
公元1236年	南宋再次重修临安径山寺	据《径山禅寺重建记》
公元1237年	南宋修建福建漳州江东桥	据《读史方舆记要》
公元1243年	南宋于四川钓鱼山上筑钓鱼城	
约公元1253～1258年间	南宋修建泉州凤屿盘光桥（乌屿桥）	据《泉州府志》、《读史方舆记要》
公元1265年	南宋建成理宗永穆陵	据《宋史》理宗本纪
	南宋临安大内建造显文阁	
公元1275年	南宋建成度宗永绍陵	据《宋史》度宗本纪

插 图 目 录

第一章 绪论

第二章 城市

第三章　宫殿

第四章　祠庙

工业出版社，1987）
图 4-10 孔庙金代碑亭斗栱（同上）
图 4-11 鲁国图（摹自《孔氏祖庭广记》南京工学院建筑系曲阜文物管理委员会编．曲阜孔庙建筑．中国建筑工业出版社，1987）
图 4-12 宋代孟庙图（摹自《洪武六年图碑》南京工学院建筑系曲阜文物管理委员会编．曲阜孔庙建筑．中国建筑工业出版，1987）
图 4-13 宋汾阴后土祠庙貌碑摹本（萧默．敦煌建筑研究．文物出版社，1989）
图 4-14 宋汾阴后土祠鸟瞰图(刘敦桢．中国古代建筑史．中国建筑工业出版社,1984 年 图 116-2)
图 4-15 宋真宗碑楼一层平面复原想象图
图 4-16 宋真宗碑楼二层平面复原想象图
图 4-17 宋真宗碑楼立面复原想象图
图 4-18 宋真宗碑楼剖面复原想象图
图 4-19 《大金承安重修中岳庙图》碑拓片（《中国营造学社汇刊》六卷四期）
图 4-20 《大金承安重修中岳庙图》碑摹绘（陈同滨等．中国古代建筑大图典．今日中国出版社，1997）
图 4-21 南宋南岳庙平面复原想象图
图 4-22 晋祠鸟瞰图（刘敦桢．中国古代建筑史．中国建筑工业出版社，1984）
图 4-23 晋祠总平面（同上）
图 4-24 晋祠圣母殿平面（同上）
图 4-25 晋祠圣母殿正立面（张驭寰等．中国古代建筑技术史．科学出版社，1985）
图 4-26 晋祠圣母殿明间横剖面（同上）
图 4-27 晋祠圣母殿纵剖面（国家文物局文保所资料室提供）
图 4-28 角梁及转角铺作（摹自柴泽俊等．太原晋祠圣母殿修缮工程报告．文物出版社，2000）
图 4-29 上檐柱头铺作（同上）
图 4-30 上檐补间铺作、柱头铺作里跳
图 4-31① 上檐转角铺作立面
图 4-31② 上檐转角铺作外观
图 4-32 下檐柱头铺作外观
图 4-33 下檐柱头铺作及转角铺作
图 4-34 内檐柱头铺作（摹自柴泽俊等．太原晋祠圣母殿修缮工程报告．文物出版社，2000）
图 4-35 鱼沼飞梁
图 4-36 晋祠献殿平面（张驭寰等．中国古代建筑技术史．科学出版社，1985）
图 4-37 晋祠献殿正立面（同上）
图 4-38 晋祠献殿横剖面（同上）
图 4-39 北宋明堂复原想象图平面
图 4-40 北宋明堂复原想象图立面
图 4-41 北宋明堂复原想象图剖面

第五章　陵墓

第六章 宗教建筑

图 6-50　独乐寺观音阁上层北面内檐补间铺作（同上）
图 6-51　独乐寺观音阁上层内檐转角铺作（同上）
图 6-52　独乐寺观音阁上层平阁
图 6-53　独乐寺观音阁藻井
图 6-54　独乐寺观音阁上层内钩阑束腰纹样(《中国营造学社汇刊》三卷二期)
图 6-55　独乐寺观音阁楼梯大样(《中国营造学社汇刊》三卷二期)
图 6-56　奉国寺总平面图（20 世纪 40 年代测图，奉国寺纪略）
图 6-57　奉国寺大殿平面（张驭寰等．中国古代建筑技术史．科学出版社，1985）
图 6-58　奉国寺大殿立面
图 6-59　奉国寺大殿剖面（张驭寰等．中国古代建筑技术史．科学出版社，1985）
图 6-60　奉国寺大殿剖透（同上）
图 6-61　奉国寺大殿构架
图 6-62　奉国寺大殿构架尽间山面丁栿及屋内额
图 6-63　奉国寺大殿外檐柱头铺作、补间铺作
图 6-64　奉国寺大殿外檐转角铺作
图 6-65　奉国寺大殿内檐梢间后金柱柱头铺作（张驭寰等．中国古代建筑技术史．科学出版社，1985）
图 6-66　奉国寺大殿内檐补间铺作
图 6-67①②　奉国寺大殿彩画（张驭寰等．中国古代建筑技术史．科学出版社，1985）
图 6-68　奉国寺大殿柱础
图 6-69　保国寺总平面（清华大学建筑学院测绘）
图 6-70　保国寺鸟瞰（清华大学建筑学院资料室）
图 6-71　保国寺大殿（同上）
图 6-72　宁波保国寺大殿平面图（清华大学建筑学院测绘）
图 6-73　保国寺大殿正立面（同上）
图 6-74　保国寺大殿侧立面（同上）
图 6-75　保国寺大殿横剖面（同上）
图 6-76　保国寺大殿纵剖面（同上）
图 6-77　保国寺大殿瓜楞柱平面及立面之一（同上）
图 6-78　保国寺大殿瓜楞柱平面及立面之二（同上）
图 6-79　保国寺大殿瓜楞柱（清华大学建筑学院资料室）
图 6-80　保国寺大殿宋代佛坛平面、立面（清华大学建筑学院测绘）
图 6-81　保国寺大殿前檐柱头及补间铺作（清华大学建筑学院资料室）
图 6-82　保国寺大殿前檐柱头铺作（清华大学建筑学院测绘）
图 6-83　保国寺大殿前檐转角铺作（同上）
图 6-84　保国寺大殿山面柱头铺作（同上）
图 6-85　保国寺大殿山面前内柱分位柱头铺作（清华大学建筑学院资料室）
图 6-86　保国寺大殿山面东南侧补间铺作（清华大学建筑学院测绘）
图 6-87　保国寺大殿山面西北侧补间铺作（同上）

图 6-420　河北昌黎源影塔　（同上）
图 6-421　北京房山陀里花塔（同上）
图 6-422　河北正定临济寺澄灵塔
图 6-423　甘肃贺兰县宏佛塔平面图（雷润泽，于存海，何继英．西夏佛塔．文物出版社，1995）
图 6-424　甘肃贺兰县宏佛塔立面图（同上）
图 6-425　甘肃贺兰县宏佛塔剖面图（同上）
图 6-426　内蒙额济纳旗黑水城覆钵式塔（同上）
图 6-427　甘肃武威西夏二号墓小木塔（同上）
图 6-428　河北定县开元寺料敌塔平面（张驭寰等．中国古代建筑技术史．科学出版社，1985）
图 6-429　河北定县开元寺料敌塔剖面（同上）
图 6-430　河北定县开元寺料敌塔立面（同上）
图 6-431　河北定县开元寺料敌塔室内平棊
图 6-432　内蒙古宁城县辽中京大明塔立面(《文物》)
图6-433　苏州虎丘云岩寺塔立面
图 6-434　苏州虎丘云岩寺塔室内
图 6-435　苏州虎丘云岩寺塔木钩阑及单块湖石假山
图 6-436　苏州罗汉院双塔平面（苏州古建筑调查记．刘敦桢文集（二），1984）
图 6-437　苏州罗汉院双塔
图 6-438　苏州罗汉院双塔东塔正立面（苏州城建学院提供）
图 6-439　苏州罗汉院双塔东塔剖面（同上）
图 6-440　苏州瑞光塔立面
图 6-441　苏州瑞光塔一层平面［朱光亚．苏州瑞光塔复原设计．南京工学院学报，1981（2）］
图 6-442　苏州瑞光塔六层平面（同上）
图 6-443　苏州瑞光塔剖面（东南大学建筑系提供）
图 6-444　苏州瑞光塔三层仰视（朱光亚．苏州瑞光塔复原设计．南京工学院学报，1981（2）］
图 6-445　苏州瑞光塔第六层塔心构造（同上）
图 6-446　苏州瑞光塔第五层腰檐斗栱（同上）
图 6-447　苏州瑞光塔二层串道立面图（同上）
图 6-448　苏州瑞光塔第一层塔心基座立面图（同上）
图 6-449　苏州瑞光塔二层串道剖面图（同上）
图 6-450　苏州瑞光塔第一层回廊上斗栱（同上）
图 6-451　苏州瑞光塔第四层回廊上斗栱（同上）
图 6-452　苏州瑞光塔塔内残存的数种装饰花纹（同上）
图 6-453　河南开封祐国寺塔平面（刘敦桢．中国古代建筑史．中国建筑工业出版社，1984）
图 6-454　河南开封祐国寺塔
图 6-455　河南开封祐国寺塔佛像面砖
图 6-456　河南开封祐国寺塔面砖
图 6-457　辽宁朝阳北塔立面
图 6-458　辽宁朝阳北塔剖面

第七章 园林

第八章 教育建筑

第九章 居住与市井建筑

第十章　建筑著作与匠师

图 10-156　中岳庙宋碑所刻海石榴华图案［梁思成．营造法式注释（卷上）．中国建筑工业出版社，1983］
图 10-157　敦煌壁画中的宝相华（摹自马世长．敦煌图案．中国新疆美术摄影出版社，新西兰霍兰德出版有限公司，1992）
图 10-158　《营造法式》翁同和藏本彩画图样
图 10-159　《营造法式》四库本彩画图样
图 10-160　辽庆陵碑边石雕花纹（四村实造、小林行雄．庆陵．1952）
图 10-161　彩画图样　海石榴华　枝条卷成
图 10-162　彩画图样　海石榴华　铺地卷成
图 10-163　彩画图样　牡丹华　写生华
图 10-164　彩画图样　五彩额柱　豹脚
图 10-165　彩画图样　五彩额柱　单卷如意头
图 10-166　彩画图样　五彩额柱　剑环
图 10-167　殿堂亭榭垒阶基之制
图 10-168　墙下隔减（正定隆兴寺摩尼殿）
图 10-169　砖须弥座（《中国建筑参考图集》图版一）
图 10-170　旋作名件图之一种：椽头盘子（陶本《营造法式》）

第十一章　宋、金桥梁

图 11-1　《清明上河图》中的木梁、柱平桥
图 11-2　《江山秋色图》中的木梁、柱平桥
图 11-3　《金明池夺标图》中的木梁、柱拱桥
图 11-4　湖南醴陵绿江桥（茅以升．中国古桥技术史．编译出版社，1986）
图 11-5　浙江温州宋代石柱梁桥（一）
图 11-6　浙江温州宋代石柱梁桥（二）
图 11-7　浙江平阳县昆阳镇八角桥示意图（张书恒．浙江宋代桥梁研究．浙江省文物考古研究所学刊．1993）
图 11-8　福建泉州洛阳桥之一（许言）
图 11-9　福建泉州洛阳桥之二（许言）
图 11-10　福建泉州洛阳桥之三（许言）
图 11-11　福建泉州洛阳桥之四（许言）
图 11-12　福建泉州洛阳桥之五（许言）
图 11-13　福建泉州洛阳桥之六（许言）
图 11-14　福建泉州安平桥（陆德庆．中国石桥．人民交通出版社，1992）
图 11-15　福建福清县龙江桥（同上）
图 11-16　福建彰州江东桥之一（彰州文管会提供）
图 11-17　福建彰州江东桥之二（彰州文管会提供）
图 11-18　浙江绍兴八字桥平面（陈从周，潘洪萱．绍兴石桥．上海科学技术出版社，1986）

第十二章　建筑艺术、技术、装饰